EUROPA-FACHBUCHREIHE
für elektrotechnische, elektronische, mechatronische und informationstechnische Berufe

Tabellenbuch Elektrotechnik

Tabellen | Formeln | Normenanwendung

25. neu bearbeitete und erweiterte Auflage

Bearbeitet von Lehrern und Ingenieuren an beruflichen Schulen und Produktionsstätten (siehe Rückseite)

VERLAG EUROPA-LEHRMITTEL · Nourney, Vollmer GmbH & Co. KG
Düsselberger Straße 23 · 42781 Haan-Gruiten

Europa-Nr.: 30103
Europa-Nr.: 30160 XXL, mit CD

Autoren des Tabellenbuchs Elektrotechnik:

Häberle, Gregor	Dr.-Ing., Abteilungsleiter	Tettnang
Häberle, Heinz	Dipl.-Gewerbelehrer, VDE	Kressbronn
Jöckel, Hans-Walter	Dipl.-Ing. (FH), Oberstudienrat	Friedrichshafen
Krall, Rudolf	Dipl.-Päd. Ing., Berufsschuloberlehrer	St. Leonhard
Schiemann, Bernd	Dipl.-Ing., Studiendirektor	Durbach
Schmitt, Siegfried	staatl. gepr. Techniker, Techn. Oberlehrer	Bad Bergzabern
Tkotz, Klaus	Dipl.-Ing. (FH)	Kronach

Leitung des Arbeitskreises:
Dr.-Ing. Häberle, Tettnang

Bildbearbeitung:
Zeichenbüro des Verlags Europa-Lehrmittel, Ostfildern

Maßgebend für das Anwenden der Normen sind deren Fassungen mit dem neuesten Ausgabedatum, die bei der VDE-VERLAG GmbH, Bismarckstr. 33, 10625 Berlin und der Beuth Verlag GmbH, Burggrafenstr. 6, 10787 Berlin erhältlich sind.

25. Auflage 2013

Druck 5 4 3 2 1

Alle Drucke derselben Auflage sind parallel einsetzbar, da sie bis auf die Behebung von Druckfehlern untereinander unverändert sind.

ISBN 978-3-8085-3227-0
ISBN 978-3-8085-3049-8 XXL, mit CD

Umschlaggestaltung: braunwerbeagentur, 42477 Radevormwald
unter Verwendung eines Fotos der Bilddatenbank
www.fotolia.de : © erdquadrat-fotolia.com

Satz: Tutte Druckerei & Verlagsservice GmbH, 94121 Salzweg
Druck: B.O.S.S Druck und Medien GmbH, 47574 Goch

Vorwort zur 25. Auflage

Die Weiterentwicklungen der Technik und der Lernorganisationen führte schon in der vorigen Auflage zu einer Überarbeitung und Erweiterung des Buches. Neue und aktualisierte Inhalte der 25. Auflage sind nachstehend *kursiv* (schräg) gedruckt.

• Teil M Mathematik, Physik, Schaltungstheorie, Bauelemente	Formelzeichen, Größen und Einheiten, mathematische Zeichen, Potenzen, Vorsätze, *logarithmisches Maß Dezibel,* Kraft, Kraftmoment, Arbeit, Leistung, Wärme, Ladung, Spannung, Stromstärke, Widerstand, Felder, Wechselgrößen, *Schalten von Kondensatoren und Spulen*, Drehstrom, *Oberschwingungen*, Dioden, Transistoren, *IGBTs*, Thyristoren, magnetfeldabhängige und fotoelektronische Bauelemente.
• Teil TM Technische Dokumentation, Messen	Technisches Zeichnen, Maßeintragung, Schaltpläne, Schaltzeichen, Vergleich von Schaltzeichen, *Zweirichtungszähler, Funksteuerempfänger,* Erstellen einer Betriebsanleitung. Messgeräte und Messwerke, Messkategorien, *Messen in elektrischen Anlagen, Elektrizitätszähler, Oszilloskope,* Messen mit Sensoren.
• Teil EI Elektrische Installation	Arbeiten in elektrischen Anlagen, Leitungsverlegung, Leitungsführung, *Installationsschaltungen,* Sprechanlagen, Dimmertypen, Elektroinstallation mit Niedervolt-Halogenlampen, feldarme Elektroinstallation, Gebäudeleittechnik und Gebäudesystemtechnik, *Projektierung beim KNX,* Hausanschluss, *Fundamenterder,* Hausinstallationen, Leitungsberechnung, *Strombelastbarkeit von Kabeln,* Lichttechnik, *Beleuchtungstechnik, LED-Leuchtmittel.*
• Teil SE Sicherheit, Energieversorgung	Erste Hilfe, Arbeitsschutz, Arbeitssicherheit, Unfallverhütung, Differenzstromgeräte, *Basisschutz, Fehlerschutz, zusätzlicher Schutz,* Leiter für die Schutzmaßnahmen, Kraftwerksarten, Isolierstoffklassen, *Transformatoren*, Freileitungsnetze, Erdkabel, *Eigenerzeugungsanlagen, intelligente Stromnetze,* Brennstoffzellen, Primärelemente, *Akkumulatoren,* SSV-Anlagen, elektromagnetische Verträglichkeit EMV, Blitzschutz, Qualität der Stromversorgung, Kompensation, *Sicherheitstechnik, Energieeinsparverordnung, Energie-Effizienz,* Hausgerätetechnik, *Stromtarife.*
• Teil IK Informations- und kommunikationstechnische Systeme	Zahlensysteme, Codes, Schaltalgebra, Flipflops, DAU, ADU, Modulation und Demodulation, *Mikrocomputer*, Netze der Informationstechnik, Komponenten für Datennetze, Ethernet, *Funk-LAN*, AS-i-Bussysteme, PROFIBUS, Identifizierungssysteme, Anschluss an das Telefonnetz, Internet, *Antennenanlagen*, SAT-Anlagen, *Querkommunikation mit Sicherheitstechnologie.*
• Teil AS Automatisierungs- und Antriebssysteme, Steuern und Regeln	Stromrichter, *Schaltnetzteile*, Kippschaltungen, Steuerrelais, Speicherprogrammierbare Steuerungen SPS, *Wortverarbeitung bei SPS*, Steuerungstechnik, Hilfsstromkreise, Ablaufsteuerung GRAFCET, *Schütze*, Motorschutz, elektrische Ausrüstung von Maschinen, *Regelungstechnik*, Drehstrommotoren, Wechselstrommotoren, Gleichstrommotoren, *Effizienz von Antrieben,* Servomotoren, Kleinstmotoren, Linearantriebe, *Planung von Automatisierungsanlagen, EU-Maschinenrichtlinie.*
• Teil W Werkstoffe, Verbindungstechnik	Periodensystem, Stoffwerte, Stahlnormung, Magnetwerkstoffe, Isolierstoffe, Leitungen, Erdkabel, *Steckverbinder*, lötfreie Anschlusstechnik, *Gewinde, Schrauben und Muttern, Dübel.*
• Teil BU Betrieb, Umfeld, Umwelttechnik, Anhang	Organisationsformen, Arbeiten im Team, Arbeitsplanung, Kosten und Kennzahlen, Qualifikationen der Elektrofachkraft, Durchführung von Projekten, Umgang mit Konflikten, Kommunikation mit Kunden, Umwelttechnische Begriffe, *gefährliche Stoffe*, Elektroschrott, *Normen, Brandschutzschalter* , Kurzformen, fachliches Englisch, Sachwortverzeichnis, Firmen und Dienststellen.

Normänderungen wurden übernommen, z. B. bei den Begriffen nach DIN VDE 0100-200. Allgemein ist zu beachten, dass vielfach die Normen verschiedene Formen zulassen, z. B. in DIN EN 61082 (Dokumente der Elektrotechnik, Regeln) Stromverzweigung mit oder ohne „Punkt". Davon wurde, wie in der beruflichen Praxis, auch im Buch Gebrauch gemacht.

Verlag und Autoren danken für die zahlreichen Benutzerhinweise, die zu einer weiteren Verbesserung des Buches führten. Gerne nehmen wir auch künftig konstruktive Verbesserungsvorschläge dankbar entgegen. Diese können auch mit E-Mail an lektorat@europa-lehrmittel.de gerichtet sein.

Herbst 2013 — Der Autoren-Arbeitskreis

Hinweis: Die Seite Betriebsdaten von Käfigläufermotoren wurde auf die letzte Buchseite verlegt, damit sie für Anlagenberechnungen leichter auffindbar ist.

Inhaltsverzeichnis Contents

Inhaltsverzeichnis Contents

Inhaltsverzeichnis Contents

Inhaltsverzeichnis Contents

Lernfelder, Hauptabschnitte des Buches, Prüfungsteile
Selection of Learning Fields, relevant Sections of this Book, Parts for Exams

Lernfeld	Lernfeld (Aufgabe)	enthalten im Hauptabschnitt HA vom Tabellenbuch Elektrotechnik		Prüfung Teil	
		HA	Seiten (Beispiele)	1	2
1	Elektrotechnische Systeme analysieren und Funktionen prüfen	G TM	Durchführung von Projekten, Arbeitssicherheit, Unfallverhütung, Widerstände, Kondensatoren, Dioden, Transistoren, RLC-Schaltungen Schaltzeichen, Stromlaufpläne, Kennlinien	X	X
2	Elektrische Installationen planen und ausführen	TM EI W	Installationspläne, Schaltzeichen Ausschaltung, Serienschaltung, Wechselschaltungen, Lichttechnik, Beleuchtungstechnik, Gebäudesystemtechnik Leitungen in Niederspannungsanlagen	X	X
3	Steuerungen analysieren und anpassen	TM IK AS	Schaltzeichen, Arten von Diagrammen, Messinstrumente Schaltalgebra, KV-Diagramm, digitale Zähler, Mikrocomputer Verstärker, Operationsverstärker, Schütze	X	X
4	Informationstechnische Systeme bereitstellen	G TM IK	Filter, Oberschwingungen, Kühlung DA-Umsetzer, AD-Umsetzer, analoge Informationsverarbeitung, Codeumsetzer, Oszilloskop Dualzahlen, Binärcodes, Funk-LAN, PROFIBUS, Industrial Ethernet, Internet-Zugang, Antennen	X	X
5	Elektroenergieversorgung und Sicherheit von Betriebsmitteln gewährleisten	TM SE	Batterien, Bezugspfeile, Wechselgrößen, aktive Bauelemente der Energietechnik, Transformatoren, Stromrichterschaltungen Freileitungen, Schutzmaßnahmen, Blitzschutz, Lichtschranken	X	X
6	Anlagen und Geräte analysieren und prüfen	TM SE W	Halbleiterspeicher, optische Speicher, Schnittstellen, Bildschirmarbeitsplätze, Leitungen, Steckverbinder	X	X
7	Steuerungen für Anlagen programmieren und realisieren	AS	Sensoren, Messwerterfassung, Aktoren, Ablauf-Funktionspläne, Kleinsteuerungen, SPS, SPS-Programmierung, Regelungstechnik, Drehzahlregelung		X
8	Antriebssysteme auswählen und integrieren	G AS	Dreiphasenwechselstrom, Drehstrom Antriebstechnik, Sicherheit von Maschinen, Motoren, sicherheitsbezogene Steuerungen Pneumatik, Hydraulik		X
9	Kommunikationssysteme in Wohn- und Zweckbauten planen und realisieren	TM EI IK	Schaltpläne, Dokumentation über Anlagen Gefahrenmeldeanlagen, Videoüberwachung Modulationen, Demodulationen, Ethernet		X
10	Elektrische Anlagen der Haustechnik in Betrieb nehmen und instandhalten	EI AS IK	Hausanschluss, Leitungsberechnung, KNX-TP EU-Maschinenrichtlinie, USV-Systeme, Überspannungsschutz Funksteuerung, PROFINET, Gateways		X
11	Energietechnische Anlagen in Betrieb nehmen und in Stand setzen	EI AS	Umwelttechnik, Umgang mit Elektroschrott Überwachung der Stromkreise, Anlagendiagnose, Materialflusssysteme, Wartungspläne		X
12	Energie- und gebäudetechnische Anlagen planen und realisieren	BU AS	Computerunterstützte Planung, Lastenheft, Pflichtenheft Antriebe von Schützen, Kleinsteuerungen, Schützschaltungen, Hilfsstromkreise		X
13	Energie- und gebäudetechnische Anlagen in Stand halten und ändern	SE IK AS	Photovoltaik, Qualität der Stromversorgung Anschluss an das Telefonnetz, Antennen, Überlast- und Kurzschlussschutz		X

Literaturverzeichnis List of Literature

Automatisierungstechnik	Verlag Europa-Lehrmittel, Haan-Gruiten	Baumann u.a.
Betrieb von elektrischen Anlagen	VDE-Verlag, Berlin	DIN VDE 0105
Digitale Übertragungstechnik	B. G. Teubner, Stuttgart	Gerdsen
Drehzahlvariable Drehstromantriebe mit Asynchronmotoren	VDE-Verlag, Berlin	Budig
Elektrische Niederspannungsanlagen von Gebäuden	VDE-Verlag, Berlin	DIN VDE 0100
Elektrische Anlagen in Wohngebäuden	Beuth-Verlag, Berlin	DIN 18015
Fachwissen Betriebs- und Antriebstechnik	Verlag Europa-Lehrmittel, Haan-Gruiten	Fritsche u.a.
Elektrische Energieversorgung	Friedrich Vieweg & Sohn, Braunschweig/Wiesbaden	Heuck u.a.
Elektrische Messgeräte und Messverfahren	Springer-Verlag, Berlin	Jahn u.a.
EMV nach VDE 0100	VDE-Verlag, Berlin	Rudolph u.a.
Fachkunde Elektrotechnik	Verlag Europa-Lehrmittel, Haan-Gruiten	Tkotz u.a.
Fachkunde Industrieelektronik und Informationstechnik	Verlag Europa-Lehrmittel, Haan-Gruiten	Grimm u.a.
Handbuch Elektromagnetische Verträglichkeit	VDE-Verlag GmbH, Berlin	Habiger u.a.
Handbuch Elektrotechnik	Friedrich Vieweg & Sohn, Braunschweig/Wiesbaden	Böge u.a.
IT-Handbuch	Westermann-Schulbuchverlag, Braunschweig	Hübscher u.a.
Leistungselektronik	Carl Hanser Verlag, München	Bystron
Moderne Leistungselektronik und Antriebe	VDE-Verlag, Berlin	Hofer
Netzrückwirkungen	VDE-Verlag, Berlin und VWEW-Energieverlag, Frankfurt a.M.	Hörmann u.a.
Optische Übertragungstechnik	Hüthig & Pflaum Verlag, München/Heidelberg	Wrobel u.a.
Professionelle Stromversorgung	Franzis-Verlag GmbH, München	Freyer
Praxis Elektrotechnik	Verlag Europa-Lehrmittel, Haan-Gruiten	Feustel u.a.
Schutz durch DIN VDE 0100	Verlag Europa-Lehrmittel, Haan-Gruiten	Fritsche u.a.
Sensoren, Messaufnehmer	expertverlag, Renningen	Bonfig u.a.
Tabellenbuch industrielle Computertechnik	Verlag Europa-Lehrmittel, Haan-Gruiten	Grimm u.a.
Tabellenbuch Informations- und Systemtechnik	Verlag Europa-Lehrmittel, Haan-Gruiten	Burgmaier u.a.
Tabellenbuch Mechatronik	Verlag Europa-Lehrmittel, Haan-Gruiten	G. Häberle u.a.
Taschenbuch Elektrotechnik	Carl Hanser Verlag, München	Philipow u.a.
Transformatoren	VDE-Verlag, Berlin und VWEW-Energieverlag, Frankfurt a.M.	Janus u.a.

Teil G: Mathematik, Physik, Schaltungstheorie, Bauelemente
Part G: Mathematics, Physics, Theory of Circuits, Components

Mathematik

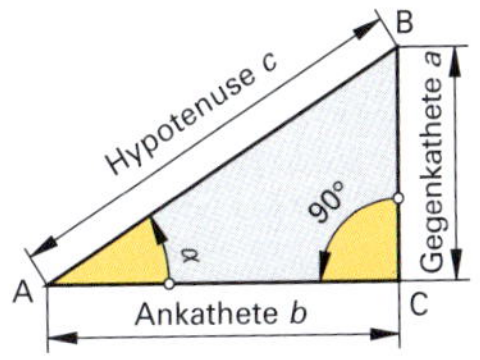

Physik

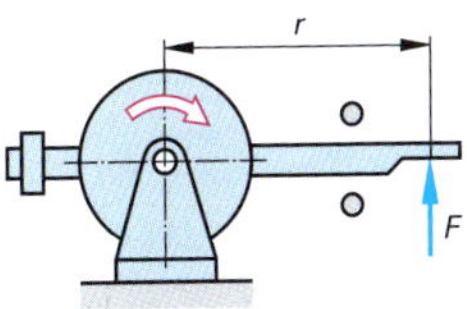

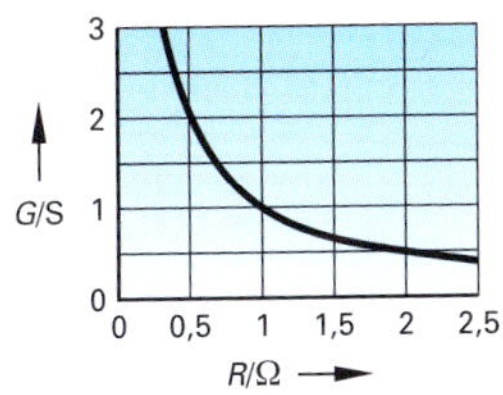

Schaltungstheorie

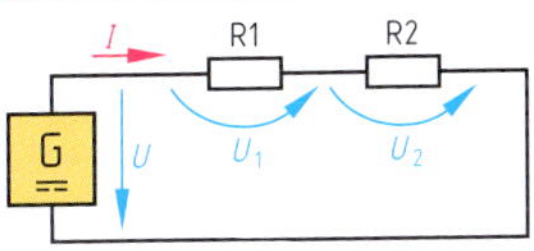

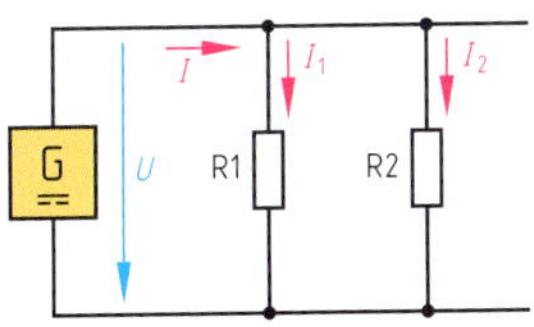

Bauelemente

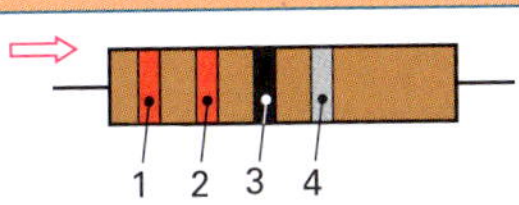

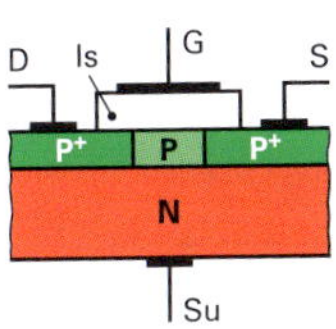

Formelzeichen dieses Buches **Formula Symbols of this Book**

Kleinbuchstaben

Formelzeichen	Bedeutung
a	Beschleunigung
b	Breite
c	1. spez. Wärmekapazität 2. elektrochemisches Äquivalent 3. Ausbreitungsgeschwindigkeit von Wellen 4. Beiwert
d	1. Durchmesser 2. Abstand 3. Verlustfaktor
e	Elementarladung
f	Frequenz
g	1. Fallbeschleunigung, Ortskoeffizient 2. Tastgrad
h	Höhe
i	zeitabhängige Stromstärke
l	1. Länge 2. Abstand
m	1. Masse 2. Strangzahl
n	1. Drehzahl, Umdrehungsfrequenz 2. ganze Zahl 1, 2, 3 … 3. Brechzahl
p	1. Polpaarzahl, 2. Druck 3. Prozentsatz
q	Querstromverhältnis
r	1. Radius 2. Rate 3. differenzieller Widerstand
s	1. Strecke, Dicke 2. Siebfaktor 3. bezogener Schlupf 4. Korrektur
t	Zeit
u	zeitabhängige Spannung
$ü$	1. Übersetzungsverhältnis 2. Übersteuerungsfaktor
v	Geschwindigkeit
w	1. Energiedichte 2. Führungsgröße
x	Regelgröße
y	Stellgröße
z	ganze Zahl, z. B. Lagenzahl

Großbuchstaben

Formelzeichen	Bedeutung
A	1. Fläche, Querschnitt 2. Ablenkkoeffizient 3. Dämpfungsmaß
B	1. magn. Flussdichte 2. Blindleitwert 3. Gleichstromverhältnis 4. Zahlenbasis 5. Bandbreite
C	1. Kapazität 2. Wärmekapazität
D	1. Elektr. Flussdichte 2. Dämpfungsfaktor
E	1. elektrische Feldstärke 2. Beleuchtungsstärke
F	1. Kraft, 2. Faktor, 3. Fehler
G	1. Leitwert, Wirkleitwert 2. Verstärkungsmaß 3. Gewichtskraft
H	magnetische Feldstärke
I	1. Stromstärke, 2. Lichtstärke
J	1. Stromdichte 2. Trägheitsmoment
K	1. Konstante 2. Faktor 3. Kapital
L	1. Induktivität 2. Pegel
M	1. Kraftmoment 2. Speicherkapazität
N	Windungszahl
P	Leistung, Wirkleistung
Q	1. Ladung, 2. Wärme 3. Blindleistung 4. Gütefaktor
R	1. Wirkwiderstand 2. Federrate 3. Festigkeit
S	1. Scheinleistung 2. Steilheit 3. Schlupf (absolut) 4. Übertragungsgröße
T	1. Periodendauer 2. Übertragungsfaktor 3. Temperatur in K
U	Spannung
V	1. Volumen 2. Verstärkungsfaktor
W	1. Arbeit 2. Energie
X	Blindwiderstand
Y	Scheinleitwert
Z	1. Impedanz, Scheinwiderstand 2. Wellenwiderstand 3. Schwingungswiderstand

Griechische Kleinbuchstaben

Formelzeichen	Bedeutung
α (alpha)	1. Winkel 2. Temperaturkoeffizient 3. Zündwinkel
β (beta)	1. Winkel 2. Kurzschluss-Stromverstärkungsfaktor
γ (gamma)	1. Winkel 2. Leitfähigkeit
δ (delta)	Verlustwinkel
ε_0	elektrische Feldkonstante
ε (epsilon)	Permittivität
ζ (zeta)	Arbeitsgrad, Nutzungsgrad
η (eta)	Wirkungsgrad
ϑ (theta)	Temperatur in °C
$\varkappa$ (kappa)	Leitfähigkeit (neben γ üblich)
λ (lambda)	1. Wellenlänge 2. Leistungsfaktor
μ (müh)	1. Permeabilität 2. Reibungszahl
μ_0	magn. Feldkonstante
π (pi)	Zahl 3,1415926…
ϱ (rho)	1. spezifischer Widerstand 2. Dichte
σ (sigma)	1. Streufaktor 2. mechanische Spannung
τ (tau)	Zeitkonstante
φ (phi)	Winkel, insbesondere Phasenverschiebungswinkel
ω (omega)	1. Winkelgeschwindigkeit 2. Kreisfrequenz

Griechische Großbuchstaben

Formelzeichen	Bedeutung
Δ (Delta)	Differenz
Θ (Theta)	elektrische Durchflutung
Φ (Phi)	1. magnetischer Fluss 2. Lichtstrom
Ψ (Psi)	elektrischer Fluss
Ω (Omega)	Raumwinkel

Spezielle Formelzeichen werden gebildet, indem man an die Formelzeichen-Buchstaben einen Index oder mehrere Indizes anhängt oder sonstige Zeichen dazu setzt.

Indizes und Zeichen für Formelzeichen dieses Buches
Indexes and Signs for Formula Symbols in this Book

Ziffern, Zeichen

Index, Zeichen	Bedeutung
0	1. Leerlauf 2. im Vakuum 3. Bezugsgröße
1	1. Eingang, 2. Reihenfolge
2	1. Ausgang, 2. Reihenfolge
3, 4, …	Reihenfolge
^, z.B. $\hat{u}$	Maximalwert, Höchstwert
ˇ, z.B. $\check{u}$	Tiefstwert, Kleinstwert
^ˇ, z.B. $\hat{\check{u}}$	1. Spitze-Tal-Wert 2. Schwingungsbreite
', z.B. u'	1. bezogen auf, 2. Hinweis, 3. Ableitung
△	in Dreieckschaltung
Y	in Sternschaltung

Kleinbuchstaben

Index	Bedeutung
a	1. Abschalten 2. Ausgang, 3. außen 4. Ableit-, 5. Anker
ab	abgegeben
auf	aufgenommen
b	1. Bit, 2. Blindgröße, 3. Brems-
c	1. Grenz- (cut-off) 2. Form (crest)
d	1. Gleichstrom betreffend 2. Dauer-, 3. Digit, 4. Dämpfung
e	1. Eingang, 2. Empfang
eff	Effektivwert
f	1. Frequenz 2. Abfalls- (fall)
ges	Gesamt-
h	hoch, oben
i	1. innen, 2. induziert 3. Strom-, 4. ideell 5. Ist-, 6. Impuls
in	hinein, zugeführt
j	Sperrschicht (von junction)
k	1. Kurzschluss- 2. kinetisch
m	1. magnetisch 2. Mittelwert 3. Messwerk, gemessen
max	maximal, höchstens
mec	mechanisch
min	minimal, mindestens
n	1. Nenn-, 2. Normal-, 3. Rausch- (noise)
o	Oszillator-
out	heraus, abgegeben
p	1. parallel, 2. Pause 3. Puls, 4. potenziell 5. Druck, 6. Prüf-, 7. Leistungs-
q	Quer-
r	1. in Reihe 2. Bemessungs- (von rated) 3. Anstiegs- (rise) 4. Resonanz 5. Remanenz
s	1. Sieb- 2. Signal-, 3. Serie 4. in Wegrichtung 5. Soll-, 6. spezifisch
sch	Schritt
t	tief, unten
th	thermisch, Wärme-
tot	total, gesamt
u	Spannungs-
v	1. Vor-, 2. Verlust 3. Vergleich 4. visuell, Licht-
w	1. Wirk-, wirksam 2. Führungsgröße 3. Wellen-, 4. Wind-
x	1. unbekannte Größe 2. in x-Richtung
y	1. Stellgröße 2. in y-Richtung 3. Sternschaltung
z	1. Zwischen- 2. Zentripetal- 3. Zickzackschaltung
zu	zugeführt
zul	zulässig

Großbuchstaben

Index	Bedeutung
A	1. Strommesser 2. Antenne, 3. Anode 4. Anzug, Anlauf 5. Anlagenerdung 6. Abtast-
B	1. Basis 2. Betriebserdung (Netz) 3. Bau-, 4. Betriebs-
C	1. Kollektor, 2. kapazitiv 3. Takt, 4. koerzitiv 5. Cluster
D	1. Drain, 2. Daten
E	1. Emitter 2. Entladen, 3. Erde
F	1. Vorwärts- (forward) 2. Fläche, 3. Fehler-
G	1. Gate 2. Gewicht 3. Glättung
H	1. Hysterese 2. Hall-, 3. Höhe
K	1. Katode 2. Kopplung (Gegen-) 3. Kühlkörper 4. Kippen 5. Kanal, Strecke
L	1. induktiv, 2. Last 3. links, 4. Laden 5. höchstzul. Berührungs- spannung 6. Lorentz-
M	Mitkopplung
N	1. Bemessungs-, 2. Nutz-
Q	Quer-
R	1. Rückwärts- (reward) 2. Wirkwiderstand 3. rechts 4. Regel- 5. Rot
S	1. Source, 2. Schleife 3. Sattel-, 4. Schalt- 5. Schleusen- 6. Sektor
T	1. Transformator- 2. Träger 3. Spur (track)
U	Umgebung
V	1. Spannungsmesser 2. Verstärkungs- 3. Volumen
X	am X-Eingang
Y	1. am Y-Eingang 2. Sternschaltung
Z	1. Zener- 2. zulässig

Griechische Kleinbuchstaben

Index	Bedeutung
α (alpha)	in Richtung des Winkels α
σ (sigma)	Streuung
φ (phi)	Phasenverschiebung betreffend

Griechische Großbuchstaben

Index	Bedeutung
Δ (Delta)	eine Differenz betreffend

Die Indizes können kombiniert werden, z. B. bei U_{CE} für Kollektor-Emitter-Spannung. Indizes, die aus mehreren Buchstaben bestehen, z. B. sch, können bis auf den Anfangsbuchstaben, z. B. s, gekürzt werden.

Internationale Formelzeichen International Formula Symbols

vgl. DIN EN 60027-4: 3-08

Größe	Formelzeichen bisher	Formelzeichen ab Oktober 2010		Einheit, Einheitenzeichen
		Vorzugszeichen	Ausweichzeichen	
Stromstärken und verwandte Größen				
Bemessungsstrom	I_N	I_{rat} oder I_r	I_N	Ampere, A
Nennstrom	I_n	I_n oder I_{nom}	–	
Dauerkurzschlussstrom	I_{kd}	I_k	I_{SC}	
Stoßkurzschlussstrom	I_s	$\hat{I}_k$	$\hat{I}_{SC}$	
Stoßkurzschlusswechselstrom	i_s	I_{kO}	I_{SCO}	
transienter Strom (kurzzeitiger Strom)	i	I_k'	I_{SC}'	
Subtransienter Strom (sehr kurzzeitiger Strom)	i_s	I_k''	I_{SC}''	
Strombelag	I'	A	entfällt	Ampere je Meter, A/m
Spannungen und verwandte Größen				
Bemessungsspannung	U_N	U_{rat} oder U_r	U_N	Volt, V
Nennspannung	U_n	entfällt	entfällt	
Induzierte Spannung	U_i	U_g		
Leerlaufspannung	U_o	U_o		
Leistungen und verwandte Größen				
Bemessungsleistung	P_N	P_{rat} oder P_r	P_N	Watt, W
Bemessungsscheinleistung	S_N	S_{rat} oder S_r	S_N	Voltampere, VA
Nennleistung	P_n	P_n oder P_{nom}	entfällt	Watt, W
Eingangsleistung	P_1 oder P_e	P_{in}		
Ausgangsleistung	P_2 oder P_a	P_{out}		
mechanische Leistung	P	P_{mec}		
Verlustleistung	P_v	P_t		
Leistungsfaktor	$\cos\varphi$	λ (Lambda)		eins (keine Einheit)
Wirkfaktor	–	$\cos\varphi$		
Kraftmomente, Drehmomente				
Drehmoment, Kraftmoment	M	T (von Torsion)	M	Newtonmeter, Nm
Nennmoment	M_n	entfällt	entfällt	
Bemessungsmoment	M_N	T_{rat} oder T_r	M_{rat} oder M_r	
Kippdrehmoment	M_K	T_b	M_b	
Haltemoment	M_H	T_H	M_H	
Sattelmoment	M_S	T_u	M_u	
Anzugsmoment	M_A	T_l	M_l	

nom von nominal = Nenn-, rat von rated = bewertet, T von torque = Drehmoment, Wirkfaktor = Kosinus der Grundschwingung (ohne Oberschwingungen), Leistungsfaktor = Verhältnis Wirkleistung zu Scheinleistung (mit Oberschwingungen)

Größen und Einheiten Quantities and Units 1

Länge, Fläche, Volumen, Winkel

Größe	SI-Einheit (sonst. Einh.)	Einheitenzeichen, Einheitengleichung
Länge	Meter (Seemeile) (Meile) (Zoll, Inch)	m 1 sm = 1852 m 1ml = 1609,344 m 1″ = 25,4 mm
Fläche	Quadratmeter	m^2
Volumen	Kubikmeter (Liter)	m^3 $1\ l = 1\ dm^3 = 1/1000\ m^3$
Winkel (ebener) (siehe Seite 20)	Radiant (Grad)	rad $1° = \frac{\pi}{180}$ rad,
Raumwinkel	Steradiant	sr

Zeit, Frequenz, Geschwindigkeit, Beschleunigung

Größe	SI-Einheit (sonst. Einh.)	Einheitenzeichen, Einheitengleichung
Zeit	Sekunde (Minute) (Stunde) (Tag)	s 1 min = 60 s 1 h = 60 min = 3600 s 1 d = 24 h
Frequenz	Hertz	1Hz = 1/s
Drehzahl, Umdrehungsfrequenz	je Sekunde (je Minute)	1/s = 60/min
Kreisfrequenz	je Sekunde	1/s
Geschwindigkeit	Meter je Sekunde (Knoten)	m/s 1 kn = 1 sm/h = 0,5144 m/s 1 km/h = $\frac{1}{3,6}$ m/s
Winkelgeschwindigkeit	Radiant je Sekunde	rad/s
Beschleunigung	–	m/s^2

Mechanik

Größe	SI-Einheit (sonst. Einh.)	Einheitenzeichen, Einheitengleichung
Masse	Kilogramm (Karat) (Tonne)	kg 1 Kt = 0,2 g 1 t = 1000 kg
Dichte	–	kg/m^3, kg/dm^3
Trägheitsmoment	–	$kg \cdot m^2$
Kraft	Newton	$1\ N = 1\ kg \cdot m/s^2$
Kraftmoment, Drehmoment	–	Nm
Impuls	Newtonsek.	$1\ Ns = 1\ kg \cdot m/s$
Druck	Pascal (Bar)	$1\ Pa = 1\ N/m^2$ $1\ bar = 0,1\ MPa = 10\ N/cm^2$
Flächenpressung, Festigkeit, Elastizitätsmodul	–	N/mm^2
Arbeit, Energie	Joule (Elektronvolt)	1 J = 1 Nm = 1 Ws 1 eV = 0,1602 aJ
Leistung	Watt	1 W = 1 J/s = 1 Nm/s

Elektrizität

Größe	SI-Einheit (sonst. Einh.)	Einheitenzeichen, Einheitengleichung
elektrische Ladung, elektrischer Fluss	Coulomb	$1\ C = 1\ A \cdot 1\ s = 1\ As$
Flächenladungsdichte, elektrische Flussdichte	Coulomb je Quadratmeter	C/m^2
Raumladungsdichte	Coulomb je Kubikmeter	C/m^3
elektr. Spannung, elektr. Potenzial	Volt	1 V = 1 J/C
elektr. Feldstärke	Volt je Meter	1 V/m = 1 N/C
elektr. Kapazität	Farad	1 F = 1 As/V = 1 C/V
elektr. Strombelag	Ampere je Meter	A/m
Permittivität, Dielektrizitätskonstante	Farad je Meter	1 F/m = 1 C/(Vm)
elektr. Stromstärke	Ampere	1 A = 1 C/s
elektr. Stromdichte	Ampere je m^2	A/m^2
elektr. Widerstand, Wirkwiderstand, Blindwiderstand, Scheinwiderstand	Ohm	1 Ω = 1 V/A
elektr. Wirkleitwert, Blindleitwert, Scheinleitwert	Siemens	$1\ S = \frac{1}{1\ \Omega}$
spezifischer elektr. Widerstand	Ohmmeter	1 Ωm = 100 Ωcm $1\ \Omega mm^2/m = 1 \mu\Omega m$
elektrische Leitfähigkeit	Siemens je Meter	$1\ Sm/mm^2 = 1\ MS/m$
Leistung	Watt	$1\ W = 1\ V \cdot 1\ A$
Blindleistung	(Var)	$1\ var = 1\ V \cdot 1\ A$
Scheinleistung	(VA)	$1\ VA = 1\ V \cdot 1\ A$
Induktivität	Henry	1 H = 1 Vs/A
Arbeit, Energie	Joule (Wattstunde) (Elektronvolt)	1 J = 1 Ws 1 Wh = 3,6 kNm 1 eV = 0,1602 aJ

Magnetismus

Größe	SI-Einheit (sonst. Einh.)	Einheitenzeichen, Einheitengleichung
elektrische Durchflutung	Ampere	A
magn. Feldstärke	Ampere je Meter	A/m
magnetischer Fluss	Weber	$1\ Wb = 1\ T \cdot 1\ m^2 = 1\ Vs$
magn. Flussdichte magn. Polarisation	Tesla	$1\ T = 1\ Wb/m^2 = 1\ Vs/m^2$
Induktivität	Henry	1 H = 1 Vs/A
Permeabilität	Henry je Meter	1 H/m = 1 Vs/(Am)
magn. Widerstand	–	1/H = A/Vs

Größen und Einheiten Quantities and Units 2

Größe	SI-Einheit (sonst. Einh.)	Einheitenzeichen, Einheitengleichung
Elektromagnetische Strahlung (außer Licht)		
Strahlungsenergie	Joule	1 J = 1 Nm = 1 Ws
Strahlungsleistung	Watt	1 W = 1 J/s
Strahlstärke	Watt/Sterad.	W/sr
Strahldichte	–	$W/(sr \cdot m^2)$
Bestrahlungsstärke	–	W/m^2
Licht, Optik		
Lichtstärke	Candela	cd
Leuchtdichte	Candela je m^2	cd/m^2
Lichtstrom	Lumen	lm
Lichtausbeute	Lumen je Watt	lm/W
Beleuchtungsstärke	Lux	$1\ lx = 1\ lm/m^2$
Brechwert von Linsen	– (Dioptrie)	1/m 1 dpt = 1/m
Wärme		
Celsius-Temperatur	Grad Celsius	°C
thermodynamische Temperatur	Kelvin	K (0 K ≙ −273,15 °C)
Temperaturdifferenz	Kelvin	K
Wärme, innere Energie	Joule	1 J = 1 Ws
Wärmestrom	Watt	1 W = 1 J/s
Wärmewiderstand (von Bauelementen)	Kelvin je Watt	K/W
Wärmeleitfähigkeit	–	$W/(K \cdot m)$
Wärmeübergangskoeffizient	–	$W/(K \cdot m^2)$
Wärmekapazität, Entropie	Joule je Kelvin	J/K
spezifische Wärmekapazität	–	$J/(kg \cdot K)$
Chemie, Molekularphysik		
Stoffmenge	Mol	mol
Stoffmengenkonzentration	–	mol/m^3
stoffmengenbezogenes Volumen (molares Volumen)	–	m^3/mol
Molalität	–	mol/kg
molare Masse	–	kg/mol
molare Wärmekapazität	–	$J/(mol \cdot K)$
Diffusionskoeffizient	–	m^2/s

Größe	SI-Einheit (sonst. Einh.)	Einheitenzeichen, Einheitengleichung
Kernreaktionen, ionisierende Strahlung		
Aktivität einer radioaktiven Substanz	Becquerel	1 Bq = 1/s
Energiedosis	Gray	1 Gy = 1 J/kg
Energiedosisrate	Gray je Sekunde	Gy/s
Äquivalentdosis	Sievert	1 Sv = 1 J/kg
Äquivalentdosisrate	Sievert je Sekunde	1 Sv/s $= 1\ J/(kg \cdot s)$
Ionendosis	Coulomb je Kilogramm	C/kg
Ionendosisrate	Ampere je Kilogramm	1 A/kg $= 1\ C/(kg \cdot s)$
Akustik		
Schalldruck	Pascal	$1\ Pa = 1\ N/m^2$
Schallschnelle	Meter je Sekunde	m/s
Schallgeschwindigkeit (Ausbreitungsgeschwindigkeit)	Meter je Sekunde	m/s
Schallfluss	–	$1\ m^3/s$ $= 1\ m^2 \cdot 1\ m/s$
Schallintensität	–	W/m^2
spezifische Schallimpedanz	–	$Pa \cdot s/m$
akustische Impedanz	–	$Pa \cdot s/m^3$
mechanische Impedanz	–	$N \cdot s/m$
äquivalente Absorptionsfläche	Quadratmeter	m^2
Sonstige Bereiche		
Entfernung in der Astronomie	(Astronomische Einheit) Parsec	1 AE = 149,6 Gm 1 pc = 30,857 Pm
Lichtgeschwindigkeit	km/s	$c \approx 300\,000$ km/s
Lichtjahr Lj	km	$1\ Lj = 9{,}461 \cdot 10^{12}\ km$
Masse in der Atomphysik	(Atomare Masseneinheit)	$1\ u = 1{,}66 \cdot 10^{-27}\ kg$
längenbezogene Masse von textilen Fasern und Garnen	Tex	1 tex = 1 g/kg
Fläche von Grundstücken	Ar Hektar	$1\ a = 100\ m^2$ 1 ha = 100 a

Mathematische Zeichen Mathematical Symbols

Zeichen	Bedeutung	Beispiel
Allgemeine Zeichen		
$\ldots n$	und so weiter bis n	$k = 1, 2, 3, \ldots, n$
$\ldots$	und so unbegrenzt weiter	$n = 1, 2, 3, \ldots$ $\sqrt{2} = 1{,}41421 \ldots$
Schaltalgebra		
$\neg a, \bar{a}$	NICHT a (NOT a)	$\overline{a \wedge b} = \neg (a \wedge b)$
$\wedge$	UND (AND)	$a \wedge b$ oder $\wedge (a, b)$
$\vee$	ODER (OR)	$a \vee b$ oder $\vee (a, b)$
$\bar{\wedge}$	NICHT UND (NAND)	$a \mathbin{\bar{\wedge}} b = \overline{a \wedge b}$
$\bar{\vee}$	NICHT ODER (NOR)	$a \mathbin{\bar{\vee}} b = \overline{a \vee b}$
Mengenlehre		
$\in$	Element von	$a \in M$: a ist Element von M
$\subset$	Teilmenge	$M_1 \subset M_2$: M_1 ist Teilmenge von M_2
$\cup$	Vereinigungsmenge	$\{1, 2\} \cup \{3, 4\} = \{1, 2, 3, 4\}$
$\Rightarrow$	daraus folgt	$a \cdot b = c \Rightarrow a = c/b$
Arithmetik		
$=$	gleich	$P = U \cdot I$
$\neq$	nicht gleich, ungleich	$4 \neq 5$
$\sim$	proportional	$u \sim r$
$\approx$	etwa	$\pi \approx 3{,}14$
$\hat{=}$	entspricht	$1\ \text{cm} \mathrel{\hat{=}} 20\ \text{N}$
$<$	kleiner als	$2 < 3$
$>$	größer als	$5 > 2$
$\leq$	kleiner gleich	$a \leq 10$
$\geq$	größer gleich	$n \geq 7$
$\ll$	wesentlich kleiner	$R \ll 100\ \text{k}\Omega$
$\gg$	wesentlich größer	$R_x \gg R_n$
$\cdot, \times$	mal, multipliziert	$a \cdot b = ab$, $12 \times 3 = 36$
$-, /, :$	durch, geteilt, zu, dividiert	$\frac{7}{2} = 7/2 = 7 : 2$
%	Prozent, von Hundert	$1\,\% = 10^{-2}$, $50\,\% = 0{,}5$
‰	Promille, von Tausend	$1\,‰ = 10^{-3}$, $8\,‰ = 0{,}8\,\%$
( ), [ ], { }	runde, eckige, geschweifte, spitze Klammern	$[a\,(b - c) + d\,]^2$
$\lvert z \rvert$	Betrag von z	$\lvert 4 \rvert = 4$, $\lvert -7 \rvert = 7$
$n!$	n Fakultät	$n! = 1 \cdot 2 \cdot 3 \cdot \ldots \cdot n$, $3! = 6$
Σ	Summe	$\Sigma I = I_1 + I_2 + I_3 + \ldots$
Π	Produkt	$\Pi k = k_1 \cdot k_2 \cdot k_3 \cdot \ldots$
$\sqrt{\ }$	Quadratwurzel aus	$\sqrt{16} = 4$
$\sqrt[n]{\ }$	n-te Wurzel aus	$\sqrt[3]{8} = 2$
π	pi	$\pi = 3{,}14159 \ldots$

Zeichen	Bedeutung	Beispiel
∞	unendlich	$n = 1, 2, 3, \ldots, \infty$
$\rightarrow$	gegen, nähert sich, geht über	$x \rightarrow a$, x nähert sich dem Wert a
$f(x)$	Funktion von x	$f(I) = I^2 \cdot R$
i oder j	imaginäre Einheit	$\mathrm{i}^2 = \mathrm{j}^2 = -1$
$\underline{Z}$	komplexe Größe Z	$\underline{Z} = R + \mathrm{j}X$
Geometrie, Vektoren		
$\parallel$	parallel	$g_1 \parallel g_2$, R1 $\parallel$ R2
$\upuparrows$	gleichsinnig parallel	$g \upuparrows h$
$\uparrow\downarrow$	gegensinnig parallel	$g_1 \uparrow\downarrow g_2$
$\perp$	rechtwinklig zu, senkrecht auf	$g \perp h$
$\triangle$	Dreieck	$\triangle$ ABC
$\cong$	kongruent, deckungsgleich	$\triangle \text{ABC} \cong \triangle \text{DEF}$
$\sim$	ähnlich	$\triangle \text{P}_1\text{P}_2\text{P}_3 \sim \triangle \text{ABC}$
$\sphericalangle$	Winkel	$\sphericalangle \text{ABC} = \sphericalangle (\overline{\text{BA}}, \overline{\text{BC}})$, $\sphericalangle (\vec{a}, \vec{b})$
$\overline{\text{AB}}$	Strecke AB	$\overline{\text{P}_1\text{P}_2}$
$\overset{\frown}{\text{AB}}$	Bogen AB	$\overset{\frown}{\text{AB}} = \sphericalangle \gamma$
$\vec{A}, \vec{B}$	Vektor A, Vektor B	$\vec{C} = \vec{A} + \vec{B}$
$\lvert \vec{A} \rvert$	Betrag des Vektors A	$\lvert \vec{F} \rvert = 50\ \text{N}$
Differenzieren, Integrieren		
Δ	Differenz	$\Delta U = U_2 - U_1$
y'	y Strich	y' ist die erste Ableitung von y,
$\frac{\mathrm{d}y}{\mathrm{d}x}$	$\mathrm{d}y$ nach $\mathrm{d}x$	erster Differentialquotient $y' = \mathrm{d}y/\mathrm{d}x$
$\int$	Integral	$\int f(x)\,\mathrm{d}x$, $\int_a^b f(x)\,\mathrm{d}x$
Potenzen, Logarithmen		
a^x	a hoch x	5^3, 10^x
exp	Exponentialfunktion	$\exp x = \mathrm{e}^x$, mit $\mathrm{e} = 2{,}718\ldots$
log	allgemeiner Logarithmus	
$\log_a$	Logarithmus zur Basis a	$\log_3 9 = 2$
lg	Zehnerlogarithmus	$\lg 2 = 0{,}30103\ldots$
lb	Zweierlogarithmus	$\mathrm{lb}\ 8 = 3$
ln	natürlicher Logarithmus	$\ln 10 = 2{,}3025\ldots$
Trigonometrie		
sin	Sinus	$\sin \alpha$
cos	Kosinus (auch Cosinus)	$\sin^2 \alpha + \cos^2 \alpha = (\sin \alpha)^2 + (\cos \alpha)^2 = 1$
tan	Tangens	$\tan \alpha = \sin \alpha / \cos \alpha$
cot	Kotangens	$\cot \alpha = 1/\tan \alpha$
arcsin	Arkussinus	$\sin \alpha = x \Rightarrow \arcsin x = \alpha$
arccos	Arkuskosinus	$\cos \alpha = x \Rightarrow \arccos x = \alpha$
arctan	Arkustangens	$\tan \alpha = x \Rightarrow \arctan x = \alpha$
arccot	Arkuskotangens	$\cot \alpha = x \Rightarrow \operatorname{arccot} x = \alpha$

Potenzen, Vorsätze, Logarithmen, Dreisatzrechnung

Exponents, Unit Prefixes, Logarithms, Calculation using the Rule of Three

Potenzen

Werte kleiner als 1 können als Vielfaches von Zehnerpotenzen mit negativen Exponenten dargestellt werden. Werte größer als 1 können als Vielfaches von Zehnerpotenzen mit positiven Exponenten dargestellt werden.

Wert	0,001	0,01	0,1	1	10	100	1 000	10 000	100 000	1 000 000
Zehnerpotenz	10^{-3}	10^{-2}	10^{-1}	10^{0}	10^{1}	10^{2}	10^{3}	10^{4}	10^{5}	10^{6}

In der Digitaltechnik wird mit Zweierpotenzen gearbeitet. Hier ist die Basis 2.

Wert	1/128	1/64	1/32	1/16	1/8	1/4	1/2	1	2	4	8	16	32	64	128
Zweierpotenz	2^{-7}	2^{-6}	2^{-5}	2^{-4}	2^{-3}	2^{-2}	2^{-1}	2^{0}	2^{1}	2^{2}	2^{3}	2^{4}	2^{5}	2^{6}	2^{7}

Dezimale Vorsätze

Vorsatzzeichen	Vorsatz	Bedeutung (Faktor)	Vorsatzzeichen	Vorsatz	Bedeutung (Faktor)
y	Yokto	10^{-24}	da	Deka	10
z	Zepto	10^{-21}	h	Hekto	10^{2}
a	Atto	10^{-18}	k	Kilo	10^{3}
f	Femto	10^{-15}	M	Mega	10^{6}
p	Pico	10^{-12}	G	Giga	10^{9}
n	Nano	10^{-9}	T	Tera	10^{12}
µ	Mikro	10^{-6}	P	Peta	10^{15}
m	Milli	10^{-3}	E	Exa	10^{18}
c	Zenti	10^{-2}	Z	Zetta	10^{21}
d	Dezi	10^{-1}	Y	Yotta	10^{24}

Binäre Vorsätze

Vorsatzzeichen	Vorsatz	Bedeutung (Faktor)	
–	–	–	
–	–	–	Bei großen
Ki	Kibi	2^{10}	Massenspei-
Mi	Mebi	2^{20}	chern gelten
Gi	Gibi	2^{30}	oft die Bedeu-
Ti	Tebi	2^{40}	tungen der
Pi	Pebi	2^{50}	physikalischen
Ei	Exbi	2^{60}	Größen.
Zi	Zebi	2^{70}	
Yobi	Yobi	2^{80}	

Vorsätze dürfen nicht kombiniert werden. Zu einer Einheit gehört maximal ein Vorsatz.

Logarithmen

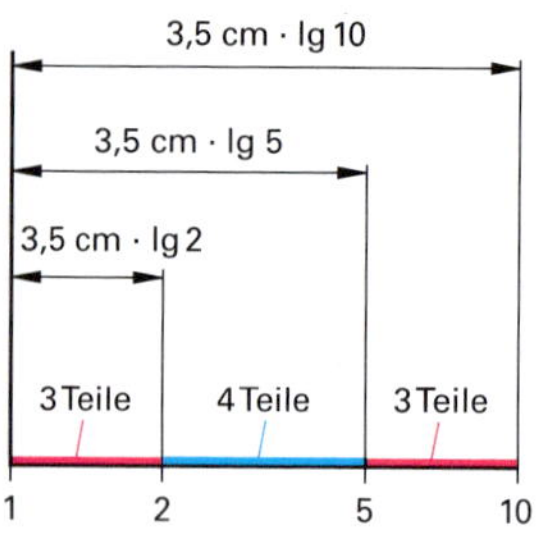

Logarithmische Teilung

Der Logarithmus (log) gibt an, mit welcher Zahl eine Basis zu potenzieren ist, um das Logarithmusargument zu erhalten. Es gilt

$a^b = c, \ \log_a c = b$

Der Zehnerlogarithmus (lg) hat die Basis 10. Der natürliche Logarithmus (ln) hat die Basis der e-Funktion (e = 2,718...). Der Zweierlogarithmus (lb) hat die Basis 2.

Große Zahlenbereiche können mit einem logarithmischen Maßstab gestrafft dargestellt werden.

$$\log_a c = \frac{\ln c}{\ln a} = \frac{\lg c}{\lg a}$$

$$\log_a(cd) = \log_a c + \log_a d \qquad (1)$$

$$\log_a \frac{c}{d} = \log_a c - \log_a d \qquad (2)$$

$$\log_a(c^m) = m \cdot \log_a c \qquad (3)$$

$$\log_a \sqrt[n]{c} = \frac{1}{n} \log_a c \qquad (4)$$

$$\lg x = \ln x / \ln 10 \qquad (5)$$

$$\ln x = \lg x / \lg e \qquad (6)$$

$$\mathrm{lb}\, x = \lg x / \lg 2 \qquad (7)$$

Dreisatzrechnung

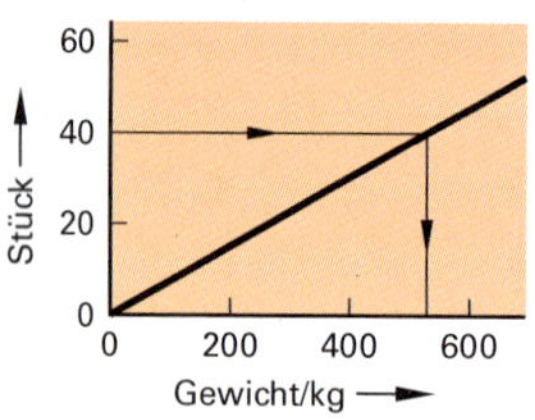

Dreisatzrechnung für ein proportionales Verhältnis

Lösungsschritte	Beispiel
Proportionales Verhältnis (Einheit durch Division)	
1. Aussage	*n* Elemente wiegen *a* kg
2. Berechnung für 1 Objekt	1 Element wiegt *a*/*n* kg
3. Berechnung für *z* Objekte	*z* Elemente wiegen *z* · *a*/*n* kg
Invers proportionales Verhältnis (Einheit durch Multiplikation)	
1. Aussage	*n* Arbeiter brauchen *a* Stunden
2. Berechnung für 1 Objekt	1 Arbeiter braucht *n* · *a* Stunden
3. Berechnung für *z* Objekte	*z* Arbeiter brauchen *n* · *a*/*z* Stunden

Logarithmisches Maß Dezibel Logarithm Scale Decibel

Logarithmisches Maß Dezibel

Begriff, Erklärung	Formel, Hinweis	Bemerkungen, Beispiel
Übertragungsfaktor *T* **Verstärkungsfaktor *V*** **Dämpfungsfaktor *D***	Zunahme > 1 und Abnahme < 1: $T = V = S_2/S_1$ **1** $D = S_1/S_2$ **2**	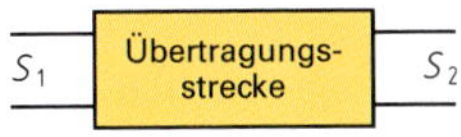 S_1, S_2 Übertragungsgrößen
Leistungsbezogene Maße Verstärkungsmaß *G* Dämpfungsmaß *A* Zur Kenntlichmachung des logarithmischen Maßes setzt man hinter den eigentlich einheitslosen Zahlenwert den Zusatz dB an Stelle einer Einheit.	**Verstärkungsmaß** $G = 10 \lg (P_2/P_1)$ **3** **Dämpfungsmaß** $A = 10 \lg (P_1/P_2)$ **4** $G = -A$ **5** $A = -G$ **6** dB für Dezibel (sprich Dezi-Bell) (nach amerikanischem Wissenschaftler Bell)	**Beispiel 1:** Eine Filterschaltung nimmt die Leistung von 500 mW auf und gibt 250 mW ab. Wie groß sind a) Dämpfungsfaktor *D* und b) Dämpfungsmaß *A*? a) $D = S_1/S_2$ $= 500 \text{ mW}/250 \text{ mW} = \mathbf{2}$ b) $A = 10 \lg (500 \text{ mW}/250 \text{ mW})$ $= \mathbf{3{,}01\ dB}$
Spannungsbezogene Maße, druckbezogene Maße Verstärkungsmaß *G* Dämpfungsmaß *A* Schalldruckübertragungsmaß $\ddot{U}_p$ Auch hier Zusatz dB an Stelle einer Einheit.	**Verstärkungsmaß** $G = 20 \lg (U_2/U_1)$ **7** $G = -A$ **8** **Dämpfungsmaß** $A = 20 \lg (U_1/U_2)$ **9** $A = -G$ **10** Schallüberdruckmaß $\ddot{U}_p = 20 \lg (p_2/p_1)$ **11**	**Beispiel 2:** Ein Verstärker wird mit 3 mV angesteuert und gibt 5 V ab. Wie groß sind a) Verstärkungsfaktor, b) Verstärkungsmaß? a) $V = U_2/U_1 = 5 \text{ V}/3 \text{ mV} = \mathbf{1667}$ b) $G = 20 \lg (U_2/U_1)$ $= 20 \lg (5 \text{ V}/3 \text{ mV}) = \mathbf{64{,}4\ dB}$

Pegel in dB(*)   (* steht für ergänzende Angabe)

Pegel, allgemein	Ein Pegel ist der Abstand von einem *vereinbarten* Bezugswert aus.	Der Bezugswert sollte bei Pegelangaben genannt werden.
Leistungspegel L_P Kennzeichnung durch dB (1mW) oder dBm, Spannungspegel L_U Kennzeichnung durch dB (1µV) oder dBm = dB (1mV) Schalldruckpegel L_p eigentlich Kennzeichnung durch dB (20 µN/m²)	**Leistungspegel** $L_P = 10 \lg (P/1 \text{ mW})$ **12** **Spannungspegel** $L_U = 20 \lg (U/1\ \mu\text{V})$ **13** **Schalldruckpegel** $L_P = 20 \lg (p/20\ \mu\text{N/m}^2)$ **14**	Die vereinbarten Bezugswerte sind bei L_P 1 mW, bei L_U 1 mV, bei L_p 20 µN/m². **Beispiel 3:** Eine Antenne liefert 80 mV. $L_U = ?$ $L_U = 20 \lg (U/1 \text{ mV}) = \mathbf{38\ dBm}$
Bewerteter Schalldruckpegel Kennzeichnung je nach Korrektur durch dB(A), dB(B) oder dB(C)	Gemessen wird der Schalldruckpegel, die Messwerte werden für Frequenzen ungleich 1000 Hz durch ein Filter A, B oder C verändert.	Der bewertete Schalldruckpegel in dB(A) entspricht weitgehend der vom Menschen empfundenen Lautstärke in Phon.

A Dämpfungsmaß (von attenuation)
D Dämpfungsfaktor
G Verstärkungsmaß (von gain)
L_P Leistungspegel (von level)
L_p Schalldruckpegel
L_U Spannungspegel
lg Zehnerlogarithmus
P Leistung
p Druck
T Übertragungsfaktor
U Spannung
V Verstärkungsfaktor
Indizes:
1 Eingang, 2 Ausgang der Übertragungsstrecke

Winkel, Winkelfunktionen, Prozentrechnen
Angles, Trigonometric Functions, Percentage Calculation

Abbildungen	Erklärungen	Bemerkungen, Formeln

Winkel

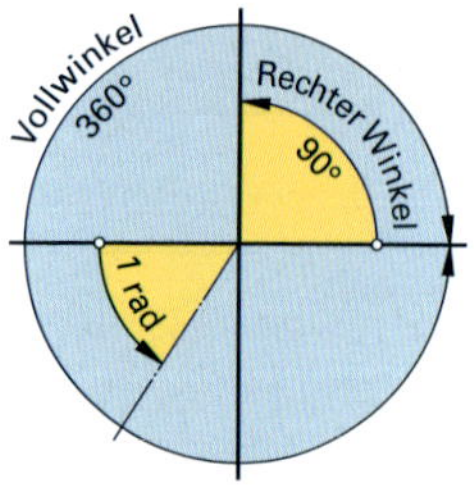

Winkelmaße

Der Winkel hat die Einheiten Grad, Neugrad oder Radiant.

Der *Vollwinkel* beträgt

a) in Grad 360°
b) in Neugrad 400 gon
c) in Radiant 2π rad

Die Einheit Radiant entspricht in einem Kreis dem Verhältnis von Kreisbogenlänge zum Kreisradius.

$$\alpha_r = \alpha^\circ \cdot \frac{\pi}{180^\circ} \quad (1)$$

$$1 \text{ rad} = \frac{360^\circ}{2\pi} = 57{,}296^\circ$$

Wichtige Winkel

Vollwinkel	Gestreckter Winkel	Rechter Winkel
360°	180°	90°
$2 \cdot \pi$ rad	π rad	$\frac{\pi}{2}$ rad
400 gon	200 gon	100 gon

In der Vermessungstechnik noch üblich: 1 gon = $(\pi/200)$ rad

Winkelfunktionen

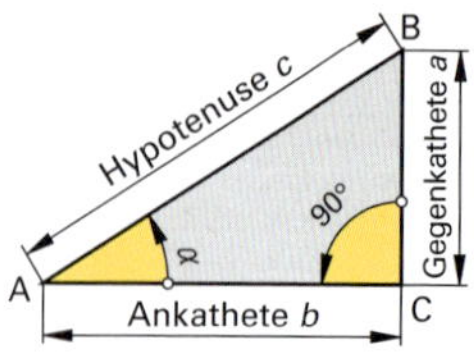

Rechtwinkliges Dreieck

Die längste Seite (c) des rechtwinkligen Dreiecks nennt man *Hypotenuse*. Sie liegt dem rechten Winkel gegenüber. Die beiden anderen Seiten (a und b) des Dreiecks bilden den rechten Winkel. Diese Seiten bezeichnet man als *Katheten*. Dem spitzen Winkel α gegenüber liegt seine Gegenkathete (a). Die dem Winkel α anliegende Kathete ist seine *Ankathete* (b).

Einen Winkel in einem rechtwinkligen Dreieck kann man durch seine Winkelgrade oder durch das *Verhältnis zweier Dreiecksseiten* festlegen. Das Seitenverhältnis hängt von der Größe des Winkels ab. Deshalb nennt man Seitenverhältnisse im rechtwinkligen Dreieck *Winkelfunktionen* (Funktion = Abhängigkeit) oder trigonometrische Funktionen.

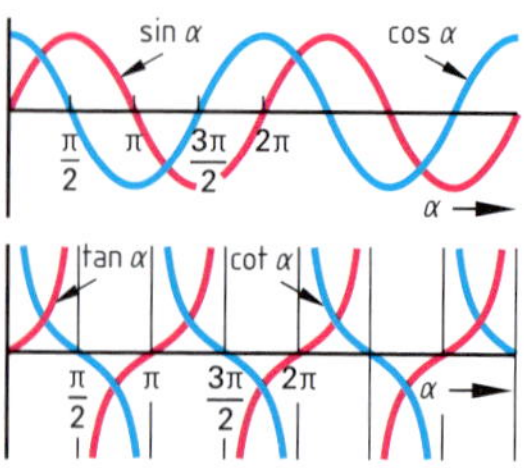

Winkelfunktionen

$$\text{Sinus} = \frac{\text{Gegenkathete}}{\text{Hypotenuse}}$$

$$\text{Kosinus} = \frac{\text{Ankathete}}{\text{Hypotenuse}}$$

$$\text{Tangens} = \frac{\text{Gegenkathete}}{\text{Ankathete}}$$

$$\text{Kotangens} = \frac{\text{Ankathete}}{\text{Gegenkathete}}$$

$$\sin\alpha = \frac{a}{c} \quad (2)$$

$$\cos\alpha = \frac{b}{c} \quad (3)$$

$$\tan\alpha = \frac{a}{b} \quad (4)$$

$$\cot\alpha = \frac{b}{a} \quad (5)$$

Prozentrechnen

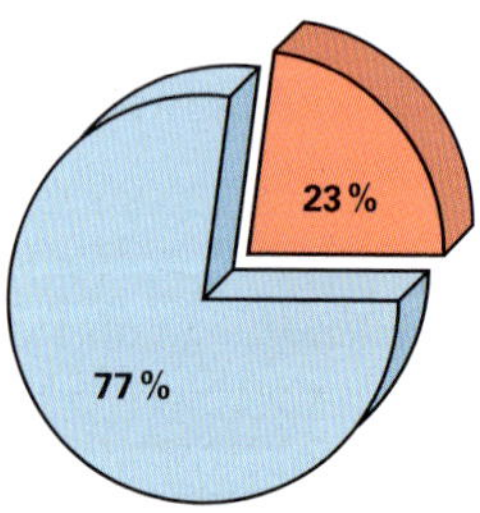

Prozent (lat. pro cent) bedeutet „von Hundert". Die Gesamtmenge (Grundmenge) setzt man immer gleich Hundert, die Teilmenge (Prozentsatz) drückt man in Prozent (= Hundertstel) aus.

23% von 300 € sind **69 €**

Prozentsatz – Grundwert – Prozentwert

$$\text{Prozentsatz} = \frac{100 \cdot \text{Prozentwert}}{\text{Grundwert}} \quad (8)$$

Prozentberechnung

$$p = \frac{P \cdot 100\%}{G} \quad (6)$$

Zinsberechnung

$$Z = \frac{K_0 \cdot p \cdot n}{100\%} \quad (7)$$

Zinseszinsberechnung

$$K_n = K_0 \cdot \left(1 + \frac{p}{100\%}\right)^n \quad (9)$$

a, b, c	Seiten im rechtw. Dreieck
G	Grundwert
K_0	Anfangskapital
K_n	Kapital nach n Jahren
n	Laufzeit in Jahren
P	Prozentwert
p	Prozentsatz in %, Zinssatz in %
Z	Zinsen je Jahr
α, β, γ	Winkel im Dreieck
α°	Winkel in Grad
α_r	Winkel in Radiant

Beziehungen zwischen den Winkelfunktionen
Relations between Trigonometric Functions

Winkelbeziehungen im rechtwinkligen Dreieck

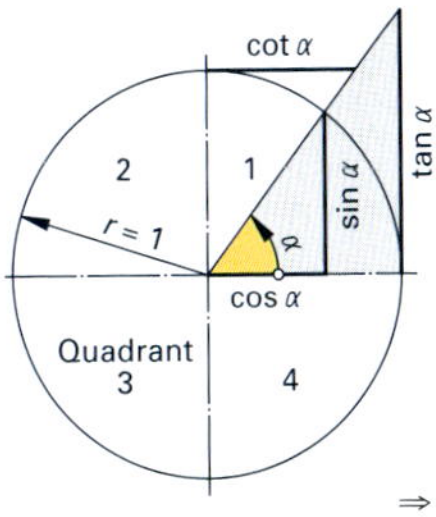

Nach dem Lehrsatz des Pythagoras:

$$\sin^2\alpha + \cos^2\alpha = 1$$ **1**

Weil $\tan\alpha = \dfrac{\text{Gegenkathete}}{\text{Ankathete}}$

und $\cot\alpha = \dfrac{\text{Ankathete}}{\text{Gegenkathete}}$

$$\Rightarrow \quad \tan\alpha \cdot \cot\alpha = 1$$ **2**

$$\sin\alpha = \sqrt{1-\cos^2\alpha} = \frac{1}{\sqrt{1+\cot^2\alpha}}$$

$$\cos\alpha = \sqrt{1-\sin^2\alpha} = \frac{1}{\sqrt{1+\tan^2\alpha}}$$

Die Wurzel ist positiv oder negativ, je nachdem, in welchem Quadranten der Winkel liegt.

Quadrant	1	2	3	4
sin	+	+	–	–
cos	+	–	–	+

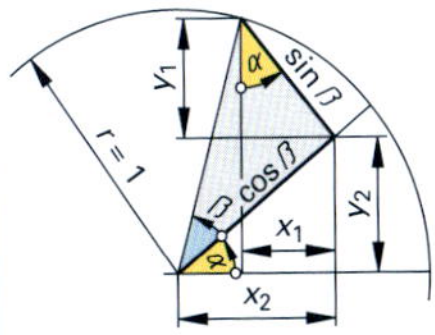

$x_1 = \sin\alpha \cdot \sin\beta$

$x_2 = \cos\alpha \cdot \cos\beta$

$y_1 = \cos\alpha \cdot \sin\beta$

$y_2 = \sin\alpha \cdot \cos\beta$

$\sin(\alpha+\beta) = y_1 + y_2$

$\cos(\alpha+\beta) = x_2 - x_1$

$\sin(\alpha+\beta) \cdot \sin(\alpha-\beta) = \cos^2\beta - \cos^2\alpha$

$\sin(\alpha \pm \beta) = \sin\alpha\,\cos\beta \pm \cos\alpha\,\sin\beta$

$\cos(\alpha \pm \beta) = \cos\alpha\,\cos\beta \mp \sin\alpha\,\sin\beta$

$$\tan(\alpha \pm \beta) = \frac{\tan\alpha \pm \tan\beta}{1 \mp \tan\alpha\tan\beta}$$

$$\cot(\alpha \pm \beta) = \frac{\cot\alpha\cot\beta \mp 1}{\cot\beta \pm \cot\alpha}$$

$\cos(\alpha+\beta) \cdot \cos(\alpha-\beta) = \cos^2\beta - \sin^2\alpha$

$$\sin\alpha \pm \sin\beta = 2\sin\frac{\alpha\pm\beta}{2}\cos\frac{\alpha\mp\beta}{2}$$

$$\cos\alpha + \cos\beta = 2\cos\frac{\alpha+\beta}{2}\cos\frac{\alpha-\beta}{2}$$

$$\cos\alpha - \cos\beta = -2\sin\frac{\alpha+\beta}{2}\sin\frac{\alpha-\beta}{2}$$

$$\tan\alpha \pm \tan\beta = \frac{\sin(\alpha\pm\beta)}{\cos\alpha\cos\beta}$$

$$\cot\alpha \pm \cot\beta = \pm\frac{\sin(\alpha\pm\beta)}{\sin\alpha\sin\beta}$$

$\sin 2\alpha = 2\sin\alpha\cos\alpha$

$\cos 2\alpha = \cos^2\alpha - \sin^2\alpha$

$$\tan 2\alpha = \frac{2\tan\alpha}{1-\tan^2\alpha} = \frac{2}{\cot\alpha - \tan\alpha}$$

$$\cot 2\alpha = \frac{\cot^2\alpha - 1}{2\cot\alpha} = \frac{\cot\alpha - \tan\alpha}{2}$$

$$\sin^2\alpha = \frac{1}{2}(1-\cos 2\alpha), \quad \cos^2\alpha = \frac{1}{2}(1+\cos 2\alpha)$$

Winkelbeziehungen im allgemeinen Dreieck

Sinussatz

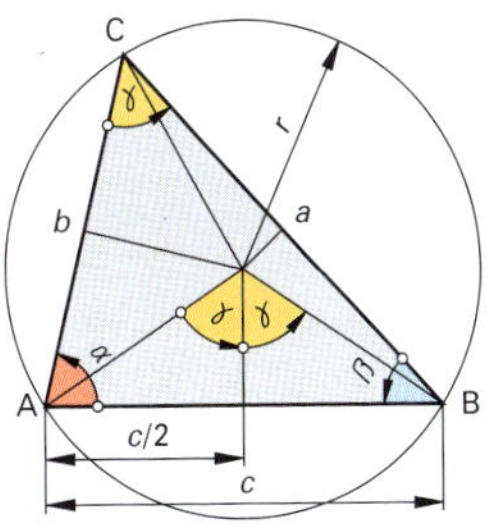

$\dfrac{c}{2} = r \cdot \sin\gamma$

$\dfrac{a}{2} = r \cdot \sin\alpha$

$\dfrac{b}{2} = r \cdot \sin\beta$

$c = 2r \cdot \sin\gamma$, $a = 2r \cdot \sin\alpha$, $b = 2r \cdot \sin\beta$

$$a : b : c = \sin\alpha : \sin\beta : \sin\gamma$$

$$\frac{a}{\sin\alpha} = \frac{b}{\sin\beta} = \frac{c}{\sin\gamma}$$ **3**

Im Dreieck verhalten sich zwei Seiten wie die Sinuswerte der gegenüberliegenden Winkel.

Kosinussatz

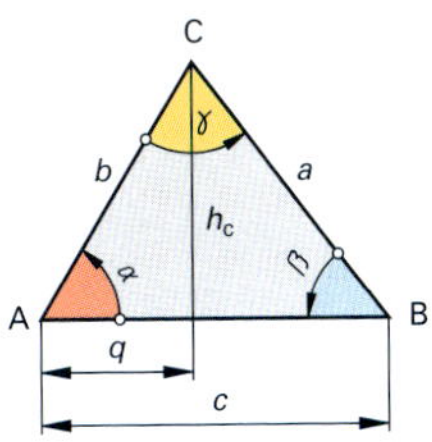

$h_c = b \cdot \sin\alpha$

$q = b \cdot \cos\alpha$

$a^2 = h_c{}^2 + (c-q)^2$

$a^2 = b^2\sin^2\alpha + b^2\cos^2\alpha + c^2 - 2\,bc \cdot \cos\alpha$

$ = b^2(\sin^2\alpha + \cos^2\alpha) + c^2 - 2\,bc \cdot \cos\alpha$

$a^2 = b^2 + c^2 - 2\,bc \cdot \cos\alpha$

$$a^2 = b^2 + c^2 - 2\,bc \cdot \cos\alpha$$

$$b^2 = a^2 + c^2 - 2\,ac \cdot \cos\beta$$

$$c^2 = a^2 + b^2 - 2\,ab \cdot \cos\gamma$$ **4**

Im Dreieck ist das Quadrat einer Seite gleich der Summe der Quadrate der anderen beiden Seiten minus dem doppelten Produkt aus diesen Seiten und dem Kosinus des eingeschlossenen Winkels.

Längen und Flächen Lengths and Surfaces

Drahtlängen

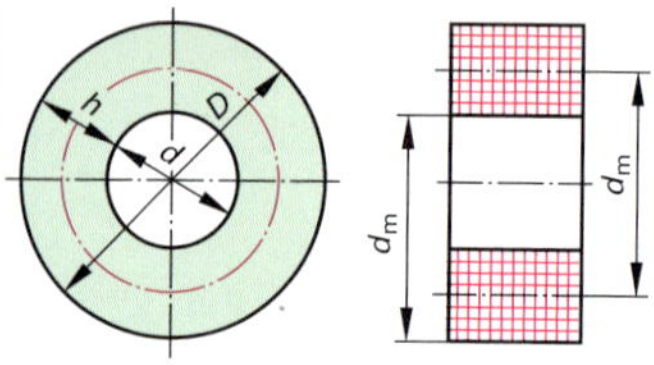

Rundspulen

$$h = \frac{D-d}{2}$$

$$d_m = d + h$$

oder

$$d_m = \frac{D+d}{2}$$

$$d_m = D - h$$

Rundspulen

$l = l_m \cdot N$

$l_m = \pi \cdot d_m$

Drahtlänge

$$l = \pi \cdot d_m \cdot N \qquad \text{(1)}$$

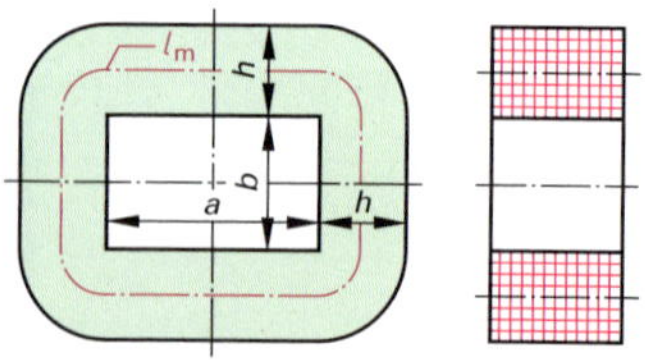

Rechteckspulen

Rechteckspulen

$l = l_m \cdot N$

$l_m = 2a + 2b + \pi \cdot h$

Drahtlänge

$$l = (2a + 2b + \pi \cdot h) \cdot N \qquad \text{(2)}$$

Flächen

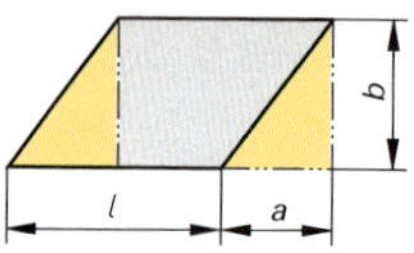

Parallelogramm (Rhomboid)

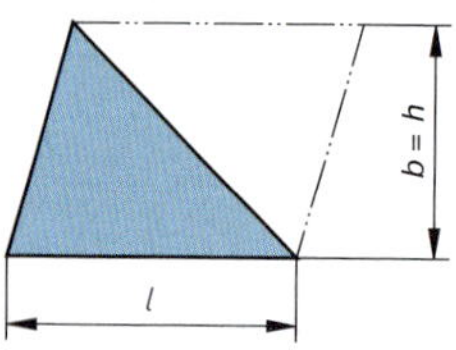

Allgemeines Dreieck

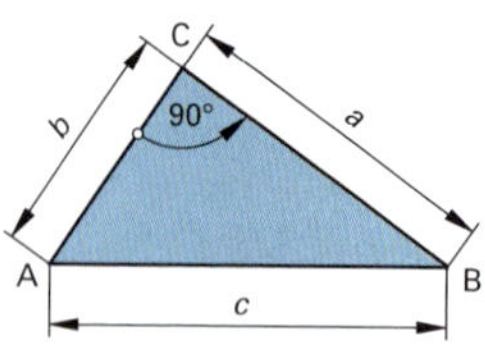

Rechtwinkliges Dreieck

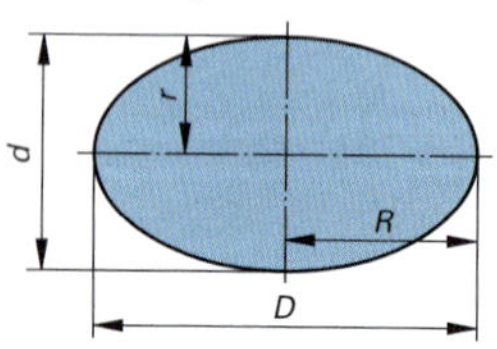

Ellipse

Quadrat

$$A = s^2 \qquad \text{(3)}$$

$$u = 4 \cdot s \qquad \text{(5)}$$

$e = \sqrt{2} \cdot s = 1{,}41 \cdot s$

Rechteck

$$A = l \cdot b \qquad \text{(4)}$$

$$u = 2 \cdot (l + b) \qquad \text{(6)}$$

$e = \sqrt{l^2 + b^2}$

Parallelogramm

$$A = l \cdot b \qquad \text{(7)}$$

$u = 2 \cdot (l + \sqrt{l^2 + b^2})$

Allgemeines Dreieck

$$A = \frac{l \cdot b}{2} \qquad \text{(8)}$$

Rechtwinkliges Dreieck

Lehrsatz des Pythagoras:

$$c^2 = a^2 + b^2 \qquad \text{(9)}$$

$u = a + b + \sqrt{a^2 + b^2}$

Im rechtwinkligen Dreieck bilden die beiden Katheten den rechten Winkel. Die Hypotenuse liegt ihm gegenüber.

Kreis

$u = 2 \cdot \pi \cdot r$

$$u = \pi \cdot d \qquad \text{(10)}$$

$$A = \pi \cdot r^2 \qquad \text{(12)}$$

$A \approx 0{,}785 \cdot d^2$

$$A = \frac{\pi \cdot d^2}{4} \qquad \text{(14)}$$

Ellipse

$$u \approx \pi \cdot \frac{D + d}{2} \qquad \text{(11)}$$

$$A = \pi \cdot R \cdot r \qquad \text{(13)}$$

$$A = \frac{\pi \cdot D \cdot d}{4} \qquad \text{(15)}$$

A	Fläche	D	(großer) Durchmesser	h	Höhe	r, R	Radius
a	Seite	d	(kleiner) Durchmesser	l	Länge	s	Seitenlänge
b	Breite	d_m	mittlerer Durchmesser	l_m	mittlere Länge	u	Umfang, Summe der Seiten
c	Seite (Hypotenuse)	e	Eckenmaß, Diagonale	N	Windungszahl		

Körper und Masse Solids and Mass

Körper

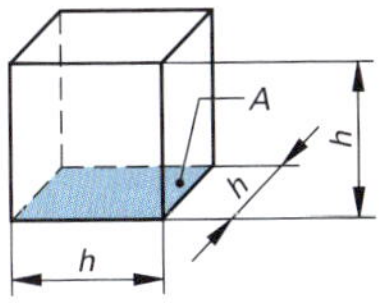

Würfel

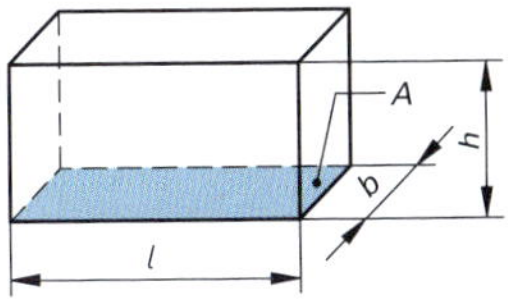

Prisma

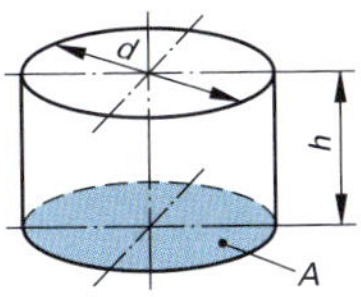

Zylinder

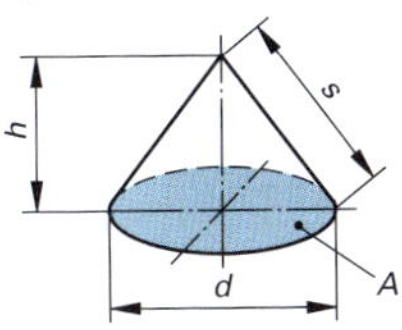

Kegel

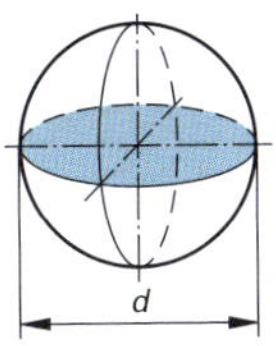

Kugel

Gleich dicke Körper

$$\text{Volumen} = \text{Grundfläche} \cdot \text{Höhe}$$ **1**

$$V = A \cdot h$$ **2**

Würfel

$A = h^2$

$$V = h^3$$ **3**

$A_O = 6 \cdot h^2$

Prisma

$A = l \cdot b$

$$V = l \cdot b \cdot h$$ **4**

$A_O = 2 \cdot (l \cdot b + l \cdot h + b \cdot h)$

Zylinder

$A = \frac{\pi \cdot d^2}{4}$

$$V = \frac{\pi \cdot d^2 \cdot h}{4}$$ **5**

$A_O = \pi \cdot d \cdot h + \frac{\pi \cdot d^2}{2}$

Spitze Körper

$$\text{Volumen} = \frac{1}{3} \cdot \text{Grundfläche} \cdot \text{Höhe}$$ **6**

$$V = \frac{A \cdot h}{3}$$ **7**

Pyramide

$A = l \cdot b$

$$V = \frac{l \cdot b \cdot h}{3}$$ **8**

Kegel

$A = \frac{\pi \cdot d^2}{4}$

$$V = \frac{\pi \cdot d^2 \cdot h}{12}$$ **9**

Kugel

Volumen

$$V = \frac{\pi \cdot d^3}{6}$$ **10**

Oberfläche

$$A_O = \pi \cdot d^2$$ **11**

Masse

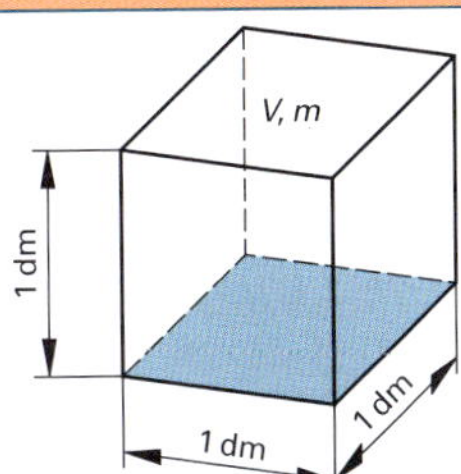

Dichte ≙ Masse in kg von 1 dm^3

$$\text{Dichte} = \frac{\text{Masse}}{\text{Volumen}}$$ **12**

$$\varrho = \frac{m}{V}$$ **13**

Einheiten der Dichte: $\frac{kg}{dm^3}$, $\frac{g}{cm^3}$, $\frac{t}{m^3}$; auch $\frac{g}{dm^3}$ (bei Gasen)

Masseberechnung bei Drähten:

$$m = \varrho \cdot A \cdot l$$ **14**

Setzt man hierbei A in mm^2 ein und l in m, erhält man m in g; A in mm^2, l jedoch in km, ergibt m in kg

A	Grundfläche	d	Durchmesser	m	Masse
A_O	Oberfläche	h	Höhe	V	Volumen
b	Breite	l	Länge	ϱ	Dichte (Rho)

Masse, Kraft, Druck, Kraftmoment Mass, Force, Pressure, Torque

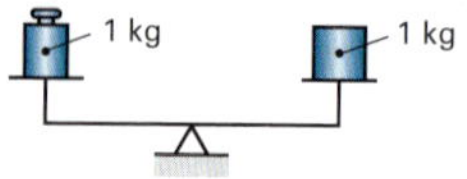

Messen der Masse

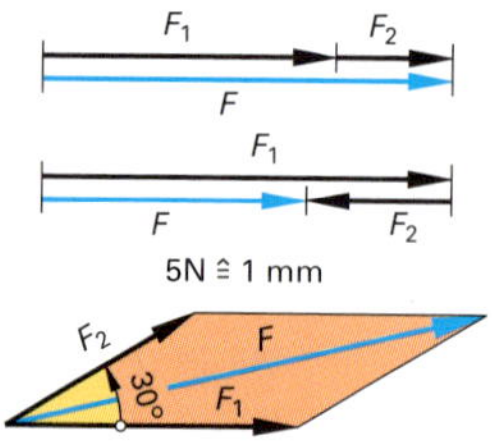

Darstellung von Kräften

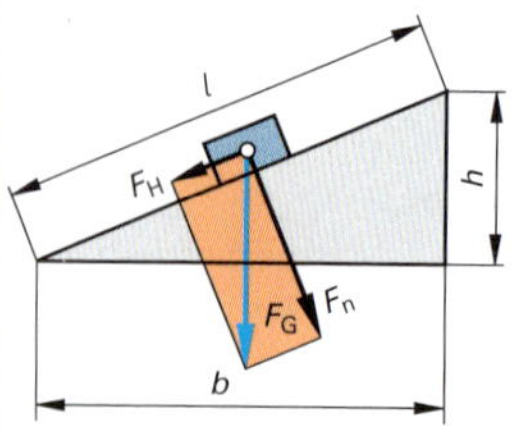

Kräfte an der schiefen Ebene

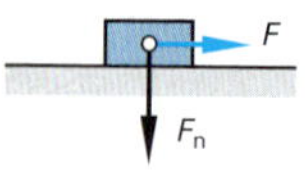

Gleitende Reibung

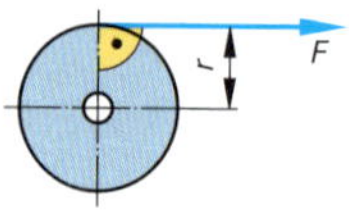

Kraft und Hebelarm

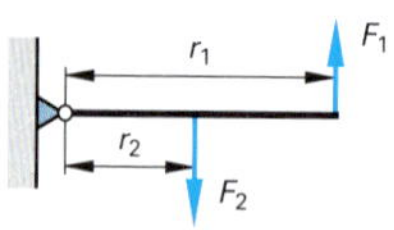

Einseitiger Hebel

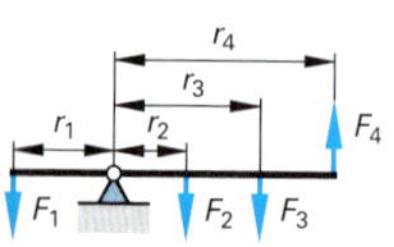

Zweiseitiger Hebel

Die **Masse** eines ruhenden Körpers ist eine Größe, die unabhängig von dem Ort ist, an dem sich der Körper befindet.

Die **Kraft**, welche die Masse 1 kg in 1 s um 1 m/s beschleunigt, hat die Einheit kg · m/s² mit dem besonderen Einheitennamen Newton (N).

Kraft = Masse x Beschleunigung

$[F] = \text{kg} \cdot \text{m/s}^2 = \text{kgm/s}^2 = \text{N}$

Fallbeschleunigung (Erdbeschleunigung), Ortskoeffizient

$g = 9{,}81\ \text{m/s}^2 = 9{,}81\ \text{N/kg} \approx 10\ \text{N/kg}$

Beispiel 1:

Die Kraft $F_1 = 80$ N und die Kraft $F_2 = 60$ N wirken unter dem Winkel $\alpha = 30°$. Die Kräfte sind zeichnerisch zur Gesamtkraft F zusammenzusetzen.

Lösung:

Aus der Zeichnung:

$F \mathrel{\hat=} 33{,}8$ mm; 1 mm ≙ 4 N

$F = 33{,}8\ \text{mm} \cdot 4\ \text{N/mm} = \mathbf{135\ N}$

$$F_H = F_G \cdot \frac{h}{l} \quad (6)$$

Beispiel 2:

$F_G = 100$ N; $l = 5$ m; $b = 4$ m;

$F_n = ?$ N

Lösung:

$F_n = F_G \cdot \frac{b}{l} = 100\ \text{N} \cdot \frac{4\ \text{m}}{5\ \text{m}} = \mathbf{80\ N}$

Beispiel 3:

$\mu = 0{,}12$; $F_n = 100$ N; $F = ?$ N

Lösung:

$F = \mu \cdot F_n = 0{,}12 \cdot 100\ \text{N} = \mathbf{12\ N}$

Kraftmoment = Kraft x Hebelarm

$[M] = \text{N} \cdot \text{m} = \text{Nm}$

Ein Hebel ist im Gleichgewicht, wenn die Summe der linksdrehenden Momente gleich der Summe der rechtsdrehenden Momente ist.

Kraft

$$F = m \cdot a \quad (1)$$

$$F_G = m \cdot g \quad (2)$$

Für gleichgerichtete Kräfte:

$$F = F_1 + F_2 \quad (3)$$

Für gegengerichtete Kräfte:

$$F = F_1 - F_2 \quad (4)$$

Für senkrecht zueinander stehende Kräfte:

$$F = \sqrt{F_1^2 + F_2^2} \quad (5)$$

$$F_n = F_G \cdot \frac{b}{l} \quad (7)$$

$$F = \mu \cdot F_n \quad (8)$$

Druck

$$p = \frac{F}{A} \quad (9)$$

$$[p] = \frac{\text{N}}{\text{m}^2} = \text{Pa}$$

Moment

$$M = F \cdot r \quad (10)$$

$$\Sigma M_{links} = \Sigma M_{rechts} \quad (11)$$

$$F_1 \cdot r_1 = F_2 \cdot r_2 \quad (12)$$

A	Fläche (von area)
a	Beschleunigung
b	Basis der schiefen Ebene
F	Kraft (von force)
F_1 bis F_4	Kräfte
F_G	Gewichtskraft des Körpers
F_n	Normalkraft (Kraft senkrecht zur Ebene)
F_H	Hangabtriebskraft
g	Fallbeschleunigung, Ortskoeffizient
h	Höhe der schiefen Ebene
l	Länge der schiefen Ebene
M	Kraftmoment, Moment
m	Masse
p	Druck
r	Radius, Hebelarm
r_1 bis r_4	Radien, Hebelarme
μ	Reibungszahl (Mü)
Σ	Zeichen für Summe (Sigma)

Bewegungslehre Motion Rules

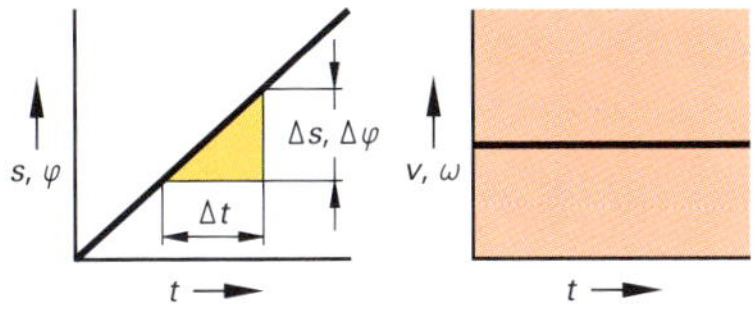

Gleichförmige Bewegung

Geschwindigkeit:
$v = \Delta s / \Delta t$
$[v] = \text{m/s}$
$\omega = \Delta \varphi / \Delta t$
$[\omega] = 1/\text{s}$

Beschleunigung:
$a = \Delta v / \Delta t$
$[a] = \text{m/s}^2$

$$\omega = \frac{\varphi}{t} \quad (1)$$

$$v = \frac{s}{t} \quad (2)$$

Bei Beschleunigung aus dem Stand:

$$v = a \cdot t \quad (3)$$

$$s = \frac{1}{2} a \cdot t^2 \quad (4)$$

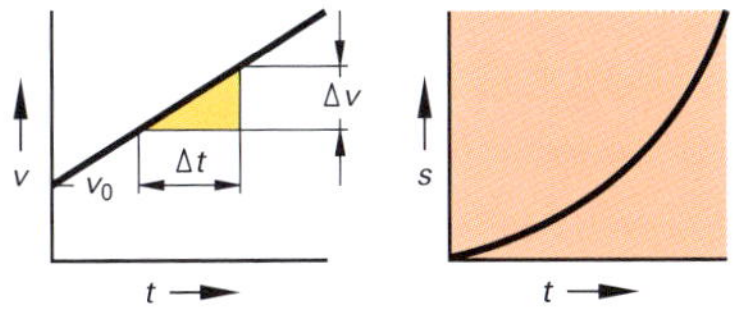

Gleichmäßig beschleunigte Bewegung

Beim Beschleunigen sind für *a* positive Werte einzusetzen, beim Verzögern negative:

$$v = v_0 + a \cdot t \quad (5)$$

$$s = v_0 \cdot t + \frac{1}{2} a \cdot t^2 \quad (7)$$

$$s_b = \frac{{v_0}^2}{2\,a} \quad (9)$$

Freier Fall:

$$v = g \cdot t \quad (6)$$

$$h = \frac{1}{2} g \cdot t^2 \quad (8)$$

Auf dem Planet Erde ist für Mitteleuropa
$g = 9{,}81\ \text{m/s}^2 \approx 10\ \text{m/s}^2$

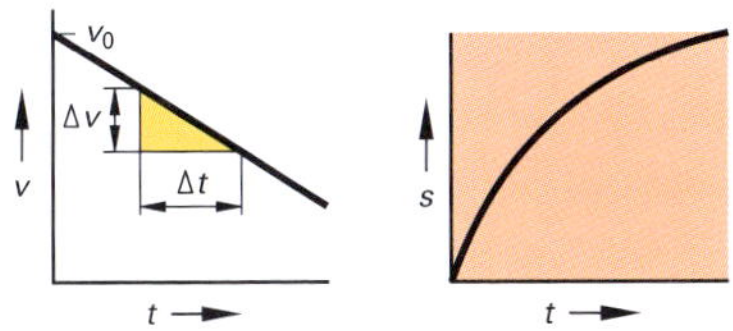

Gleichmäßig verzögerte Bewegung

Für Kreisbewegungen:

$$a_z = \frac{v^2}{r} \quad (10)$$

$$v = d \cdot \pi \cdot n \quad (11)$$

$$F_z = m \cdot a_z \quad (12)$$

$$v = 2\,r \cdot \pi \cdot n \quad (13)$$

$$F_z = \frac{m \cdot v^2}{r} \quad (14)$$

$$\omega = 2\,\pi \cdot n \quad (15)$$

$$v = \omega \cdot r \quad (16)$$

$$n = \frac{1}{T} \quad (17)$$

$[F_z] = \text{kg} \cdot \frac{\text{m}}{s^2} = \text{N}$
$[T] = \text{s}$
$[\omega] = 1/\text{s}$

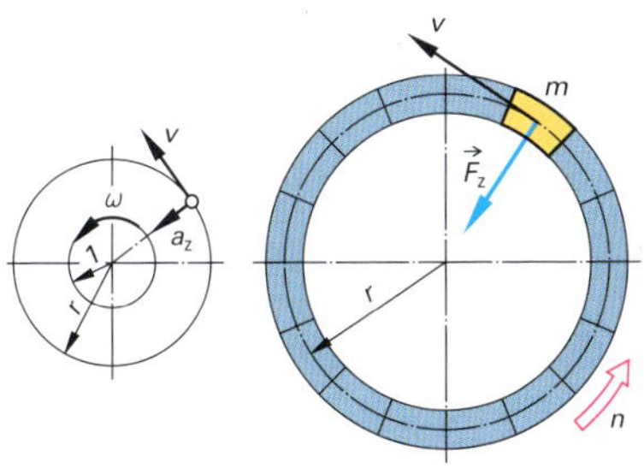

Kreisbewegung mit konstanter Bahngeschwindigkeit

a	Beschleunigung, Verzögerung
a_z	Zentripetalbeschleunigung
d	Scheibendurchmesser
F_z	Zentripetalkraft
g	Fallbeschleunigung, Ortskoeffizient
h	Fallhöhe
m	Masse
n	Umdrehungsfrequenz, Drehzahl
r	Radius
s	Weg
s_b	Bremsweg
t	Zeit
T	Zeitdauer einer Umdrehung
v	Geschwindigkeit
v_0	Geschwindigkeit vor Beschleunigung bzw. vor Verzögerung
Δ	Zeichen für Differenz
ω	Winkelgeschwindigkeit, Kreisfrequenz
φ	Winkel in rad

Mechanische Arbeit, mechanische Leistung, Energie
Mechanical Work, Mechanical Power, Energy

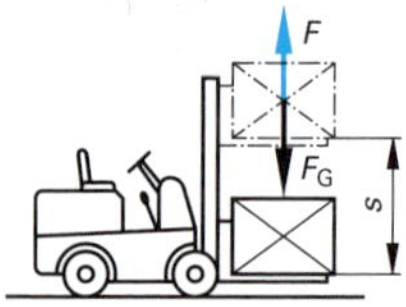

Mechanische Arbeit

Arbeit = Kraft x Weg
$[W] = \text{N} \cdot \text{m} = \text{Nm}$

Arbeit

$$W = F_s \cdot s$$ 1

$$W = F \cdot s \cdot \cos\varphi$$ 2

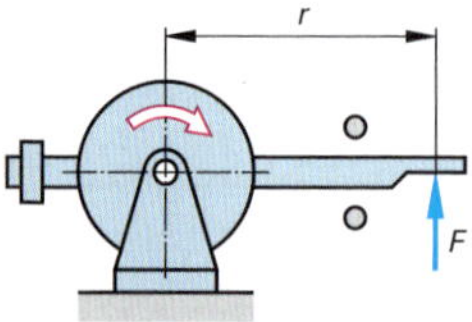

Mechanische Leistung

$$\textbf{Leistung} = \frac{\textbf{Kraft x Weg}}{\textbf{Zeit}} \qquad [P] = \frac{\text{Nm}}{\text{s}} = \text{W}$$

$$\textbf{Leistung} = \frac{\textbf{Arbeit}}{\textbf{Zeit}}$$

Leistung

$$P = \frac{F_s \cdot s}{t}$$ 3

$$P = \frac{W}{t}$$ 4

$$P_{kW} = \frac{M \cdot n}{9549}$$ 5

mit $[n] = 1/\text{min}$ und $[M] = \text{Nm}$

$$\left(\frac{60}{2\,\pi} \cdot 10^3 = 9549\right)$$

$$P = F_s \cdot v$$ 6

$$P = M \cdot \omega$$ 7

$\omega = 2\,\pi \cdot n$

$M = F \cdot r$

$[\omega] = 1/\text{s}$

$$P_v = P_{zu} - P_{ab}$$ 8

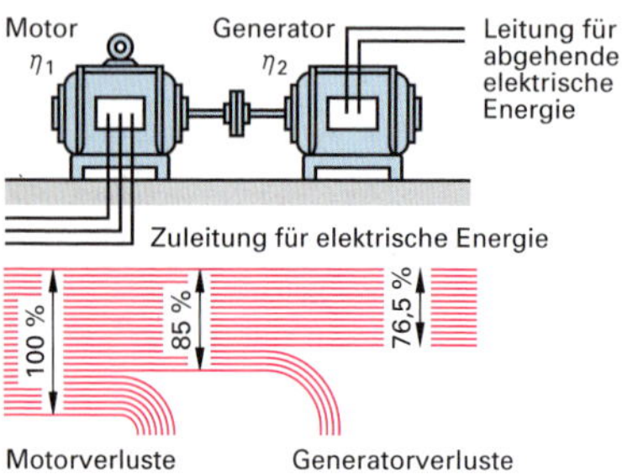

Wirkungsgrad

Wirkungsgrade, Arbeitsgrade

$$\eta = \eta_1 \cdot \eta_2 \cdot \ldots \cdot \eta_n$$ 9

$$\eta = \frac{P_{ab}}{P_{zu}}$$ 10

$$\zeta = \zeta_1 \cdot \zeta_2 \cdot \ldots \cdot \zeta_n$$ 11

$$\zeta = \frac{W_{ab}}{W_{zu}}$$ 12

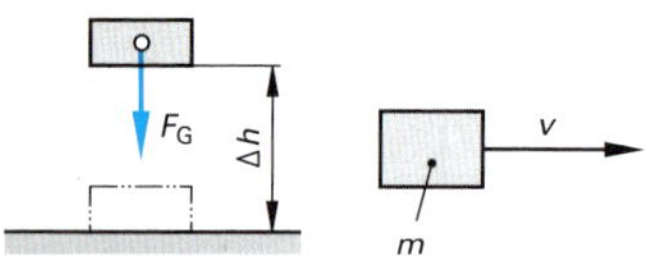

Energie

Energien

$$W_p = F_G \cdot \Delta h$$ 13

$$W_k = \frac{1}{2} \cdot m \cdot v^2$$ 14

$F_D = D \cdot s$

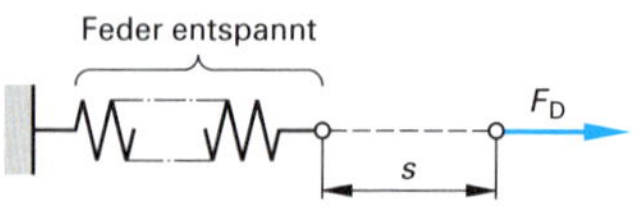

Energie beim Verformen

$$W_D = \frac{1}{2}\,F_D \cdot s$$ 15

$$W_D = \frac{1}{2}\,D \cdot s^2$$ 16

D	Richtgröße der Feder, auch R
F	Kraft
F_s	Kraft in Wegrichtung
F_D	verformende Kraft
F_G	Gewichtskraft des Körpers
h	Höhe
M	Kraftmoment, Moment
m	Masse
n	Drehzahl, Umdrehungsfrequenz
P	Leistung
P_{ab}	abgegebene Leistung
P_{kW}	Leistung in kW
P_v	Verlustleistung
P_{zu}	zugeführte Leistung
r	Radius, Hebelarm
s	Weg
t	Zeit
v	Geschwindigkeit
W	Arbeit
W_{ab}	abgegebene Arbeit
W_D	Verformungsarbeit, Verformungsenergie
W_k	Energie der Bewegung
W_p	Energie der Lage
W_{zu}	zugeführte Arbeit
Δ	Zeichen für Differenz
ζ	Arbeitsgrad, Nutzungsgrad
ζ_1, ζ_2	Einzelarbeitsgrade
η	Wirkungsgrad
η_1, η_2	Einzelwirkungsgrade
φ	Winkel zwischen F und s
ω	Winkelgeschwindigkeit

Übersetzungen Transmissions

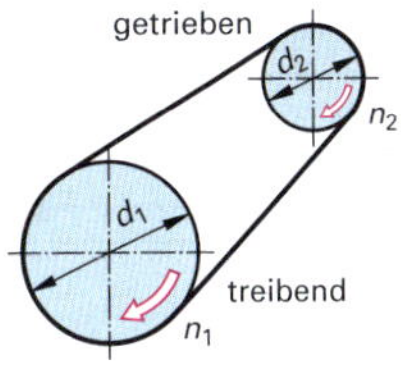

Riementrieb

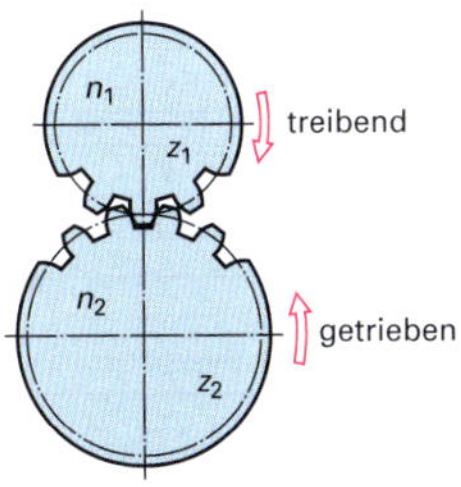

Zahnradtrieb

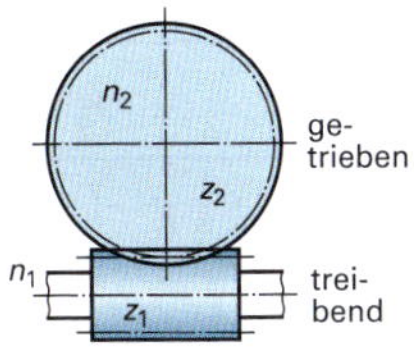

Schneckentrieb

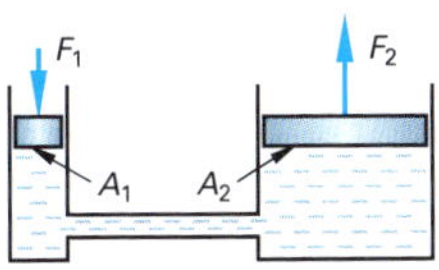

Hydraulische Presse

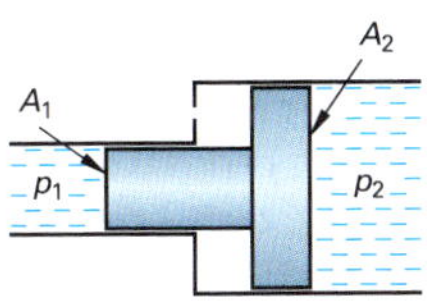

Druckwandler

$$n_1 \cdot d_1 = n_2 \cdot d_2 \quad (1)$$

$$i = \frac{n_1}{n_2} = \frac{d_2}{d_1} \quad (2)$$

$$\frac{M_1}{M_2} = \frac{n_2}{n_1} \quad (4)$$

Beispiel 1:

$n_1 = 800/\text{min}$; $z_1 = 36$; $z_2 = 48$;
$n_2 = ?/\text{min}$

Lösung:

$$n_2 = \frac{z_1 \cdot n_1}{z_2} = \frac{36 \cdot 800/\text{min}}{48} = \mathbf{600/min}$$

Beispiel 2:

$i = 4 : 7$; $n_1 = 400/\text{min}$; $n_2 = ?/\text{min}$

Lösung:

$$n_2 = \frac{n_1}{i} = \frac{400/\text{min} \cdot 7}{4} = \mathbf{700/min}$$

Beispiel 3:

$n_1 = 720/\text{min}$; $z_1 = 2$ (zweigängige
$n_2 = 18/\text{min}$; $z_2 = ?$ Schnecke)

Lösung:

$$z_2 = \frac{n_1 \cdot z_1}{n_2} = \frac{720/\text{min} \cdot 2}{18/\text{min}} = \mathbf{80}$$

Beispiel 4:

$F_1 = 200\text{ N}$; $A_1 = 40\text{ cm}^2$; $A_2 = 1000\text{ cm}^2$
$F_2 = ?\text{ N}$

Lösung:

$$F_2 = F_1 \cdot \frac{A_2}{A_1} = 200\text{ N} \cdot \frac{1000\text{ cm}^2}{40\text{ cm}^2} =$$

$$= \mathbf{5000\ N}$$

Übersetzungsverhältnis

für mehrfache Übersetzung

$$i = i_1 \cdot i_2 \quad (3)$$

$$i = \frac{d_2 \cdot d_4}{d_1 \cdot d_3} \quad (5)$$

$$n_1 \cdot z_1 = n_2 \cdot z_2 \quad (6)$$

$$i = \frac{n_1}{n_2} \quad (7)$$

$$i = \frac{z_2}{z_1} \quad (8)$$

$$n_1 \cdot z_1 = n_2 \cdot z_2 \quad (9)$$

$$i = \frac{n_1}{n_2} \quad (10)$$

$$i = \frac{z_2}{z_1} \quad (11)$$

$$p = \frac{F}{A}$$

Bei hydraulischer Presse:

$$\frac{F_1}{F_2} = \frac{A_1}{A_2} \quad (12)$$

Beim Druckwandler:

$$\frac{p_1}{p_2} = \frac{A_2}{A_1} \quad (13)$$

A	Fläche	F_1, F_2	Kräfte der Kolben	n_1, n_2	Drehzahlen
A_1, A_2	Kolbenflächen	i	Übersetzungsverhältnis	p	Druck
d_1 bis d_4	Durchmesser	i_1, i_2	Einzelübersetzungsverhältnisse	p_1, p_2	Drücke im Zylinder
F	Druckkraft	M_1, M_2	Kraftmomente	z_1, z_2	Zähnezahlen, bei Schnecke Gangzahl

Bei A, d, M, n, p und z Index 1 für treibend, Index 2 für getrieben.

Rollen, Keile, Winden Pulleys, Wedges, Winches

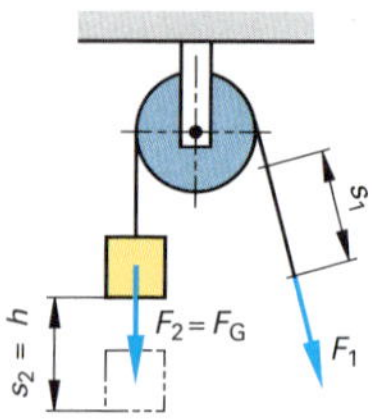

Feste Rolle

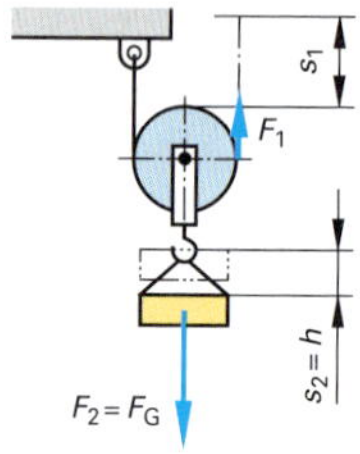

Lose Rolle

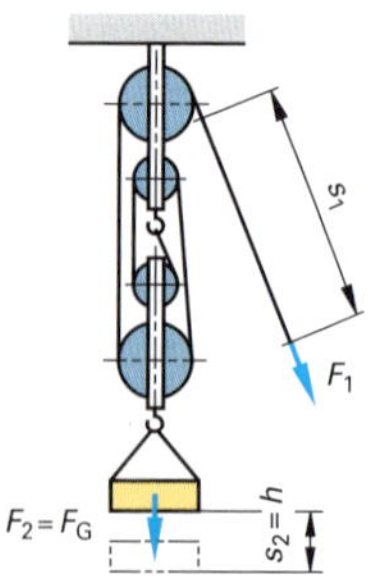

Flaschenzug

$[F_1] = [F_2] = [F_G] = \text{N}$

$[s_1] = [s_2] = [h] = \text{m}$

$[l] = \text{m}$

$[d] = \text{m}$

Bei Rollen ist die Seilkraft an jeder Stelle gleich groß.

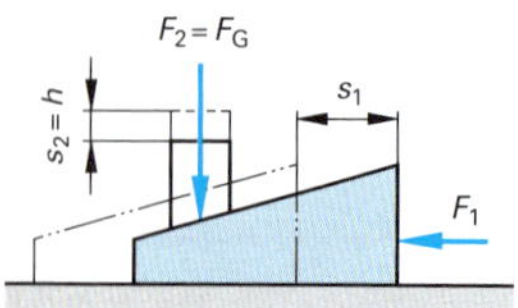

Keil

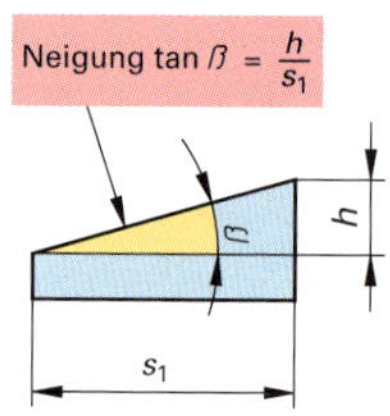

Neigung am Keil

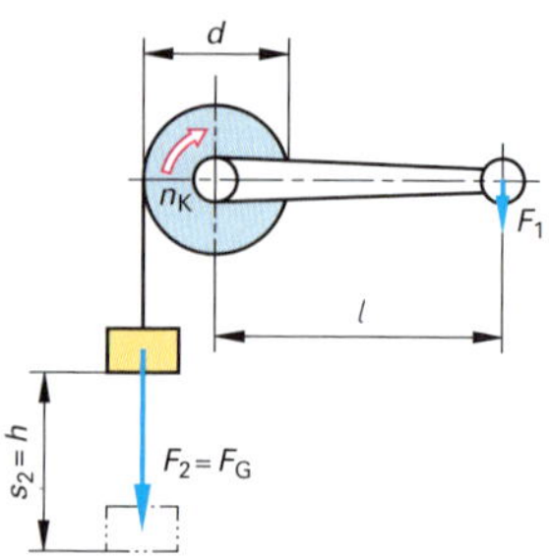

Winde

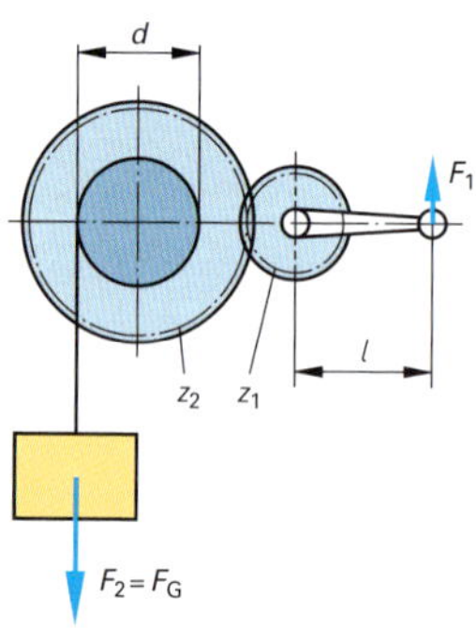

Räderwinde

Bei fester Rolle:

$$F_1 = F_G \quad (1)$$

$$s_1 = h \quad (2)$$

Bei loser Rolle:

$$F_1 = \frac{F_G}{2} \quad (3)$$

$$s_1 = 2 \cdot h \quad (4)$$

Beim Flaschenzug:

$$F_1 = \frac{F_G}{n} \quad (5)$$

$$s_1 = n \cdot h \quad (6)$$

Beim Keil:

$$F_1 \cdot s_1 = F_2 \cdot h \quad (7)$$

$$\tan \beta = \frac{h}{s_1} \quad (8)$$

Bei Winde:

$$F_1 \cdot l = \frac{F_G \cdot d}{2} \quad (9)$$

$$h = \pi \cdot d \cdot n_K \quad (10)$$

Bei Räderwinde:

$$F_1 \cdot l \cdot i = \frac{F_G \cdot d}{2} \quad (11)$$

$$i = \frac{z_2}{z_1} \quad (12)$$

d	Durchmesser
F_1	aufgewendete Kraft
F_2	abgegebene Kraft
F_G	Gewichtskraft
h	Hubhöhe
i	Übersetzungsverhältnis
l	Kurbellänge
n	Anzahl der tragenden Seilstränge
n_K	Anzahl Kurbelumdrehungen
s_1	Weg der Kraft F_1
s_2	Weg der Kraft F_2
β	Neigungswinkel
z_1, z_2	Zähnezahlen

Wärme Heat

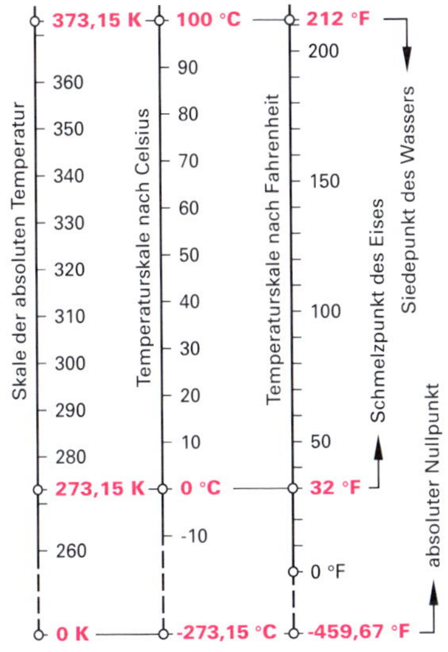

Temperaturskalen

Spezifische Wärmekapazitäten c zwischen 0 °C und 100 °C	
Werkstoff	c in $\frac{\text{kJ}}{\text{kg} \cdot \text{K}}$
Aluminium	0,94
Eisen	0,47
Kupfer, Messing	0,39
Silber	0,23
Polyvinylchlorid	0,88
Maschinenöl	1,67
Wasser	4,19

Spezifische Wärmearten		
Stoff	Art	Wert in J/kg
Wasser	q_s	$3{,}35 \cdot 10^5$
	q_v	$22{,}5 \cdot 10^5$
Aluminium	q_s	$3{,}935 \cdot 10^5$
Blei	q_s	$0{,}25 \cdot 10^5$

$$T = \vartheta + 273{,}15\ \text{K} \quad (1)$$

$$\vartheta_F = \frac{9}{5}\vartheta + 32\ °\text{F} \quad (3)$$

$[T] = \text{K}$; $[\vartheta] = °\text{C}$

$[\vartheta_F] = °\text{F}$; $[\alpha] = \frac{1}{\text{K}}$

$[\gamma] = \frac{1}{\text{K}}$; $[Q] = \text{J}$

$[c] = \frac{\text{kJ}}{\text{kg} \cdot \text{K}}$; $[C] = \frac{\text{J}}{\text{K}}$

Schmelzwärme

$$Q_s = m \cdot q_s \quad (7)$$

Verdampfungswärme

$$Q_v = m \cdot q_v \quad (9)$$

$[Q_s] = [Q_v] = \text{J}$

$[q_s] = [q_v] = \frac{\text{J}}{\text{kg}}$

$$P_v = \frac{Q}{t} \quad (12)$$

$[R] = \Omega$; $[R_{th}] = \frac{\text{K}}{\text{W}}$

$$\Delta\vartheta = \frac{R_2 - R_1}{R_1 \cdot \alpha} \quad (14)$$

$$\Delta l = l_0 \cdot \alpha_l \cdot \Delta\vartheta \quad (2)$$

$$\Delta V = V_0 \cdot \gamma \cdot \Delta\vartheta \quad (4)$$

Bei festen Stoffen: $\gamma \approx 3\,\alpha_l$

Wärme

$$Q = \Delta\vartheta \cdot c \cdot m \quad (5)$$

$$C = c \cdot m \quad (6)$$

$$Q = \Delta\vartheta \cdot C \quad (8)$$

Widerstandsänderung

Für $\Delta\vartheta < 300$ K:

$$\Delta R = \alpha \cdot R_1 \cdot \Delta\vartheta \quad (10)$$

$$R_2 = R_1 + \Delta R \quad (11)$$

$$R_2 = R_1\,(1 + \alpha \cdot \Delta\vartheta) \quad (13)$$

$$R_{th} = \frac{\Delta\vartheta}{P_v} \quad (15)$$

Wicklungserwärmung von elektrischen Maschinen, bei Kupfer:

$$\vartheta_2 = \frac{R_2}{R_1}(\vartheta_1 + 235\ \text{K}) - 235\ \text{K} \quad (16)$$

$$\alpha_1 = \frac{1}{235\ \text{K} + \vartheta_1} \quad (17)$$

Bei Aluminium tritt an Stelle der Zahl 235 der Zahlenwert 225.

Bei allen reinen Metallen ist $\alpha \approx \frac{1}{250}\ 1/\text{K} = 0{,}004\ 1/\text{K}$.

- C Wärmekapazität
- c spezifische Wärmekapazität
- l Länge
- l_0 Länge in kaltem Zustand
- m Masse
- P_v Wärmeleistung
- Q Wärme, Wärmeenergie
- q spezifische Wärme
- R Widerstand
- R_{th} Wärmewiderstand
- R_1 Widerstand bei ϑ_1
- R_2 Widerstand bei ϑ_2
- T Temperatur in Kelvin
- t Zeit
- V Volumen
- V_0 Volumen in kaltem Zustand
- α Temperaturkoeffizient in 1/K
- α_1 Temperaturkoeffizient bei ϑ_1
- α_l Längen-Ausdehnungskoeffizient in 1/K
- γ Volumen-Ausdehnungskoeffizient in 1/K
- Δ Zeichen für Differenz
- ϑ Temperatur in Grad Celsius
- ϑ_F Temperatur in Grad Fahrenheit
- ϑ_1, ϑ_2 Temperaturen in °C
- $\Delta\vartheta$ Temperaturdifferenz in K
- Index s Schmelz-
- Index v Verdampfungs-

Ladung, Spannung, Stromstärke, Widerstand
Charge, Voltage, Electric Current, Resistance

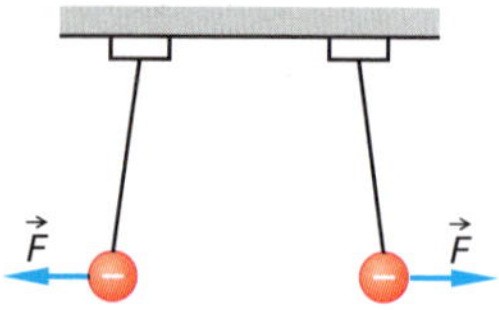

Abstoßung gleichnamiger Ladungen

$[Q] = [I] \cdot [t] = \text{A} \cdot \text{s} = \text{As} = \text{C}$

$[I] = \text{A}$

$[t] = \text{s}$

elektrische Ladung

bei ungeladenem Körper:

$$Q = I \cdot t \quad (1)$$

bei geladenem Körper:

$$\Delta Q = I \cdot \Delta t \quad (2)$$

$[F] = \text{N}$

Berechnung der Kraft bei Abstoßung und Anziehung siehe Seite 32.

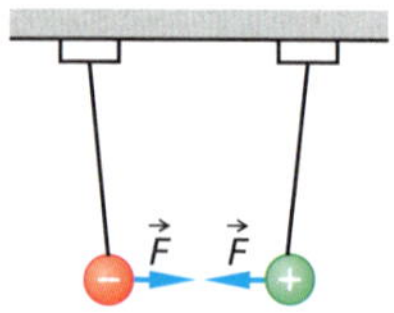

Anziehung ungleichnamiger Ladungen

Stromstärke

$$I = \frac{\Delta Q}{\Delta t} \quad (3)$$

$[I] = \frac{\text{C}}{\text{s}} = \frac{\text{As}}{\text{s}} = \text{A}$

$$I = \frac{Q}{t} \quad (4)$$

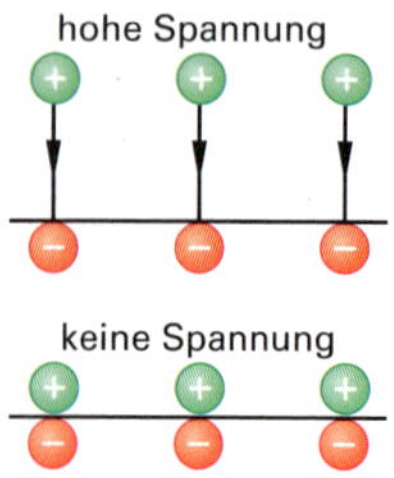

Spannungserzeugung

Stromdichte

$[J] = \frac{\text{A}}{\text{m}^2}$

$[J] = \frac{\text{A}}{\text{mm}^2}$ (z.B. in Drähten)

$$J = \frac{I}{A} \quad (5)$$

Spannung

$[U] = [W] / [Q] = \text{J/C}$
$= \text{Ws/As} = \text{W/A}$
$= \text{V}$

$$U = \frac{W}{Q} \quad (6)$$

$$U = \frac{\Delta W}{\Delta Q}$$

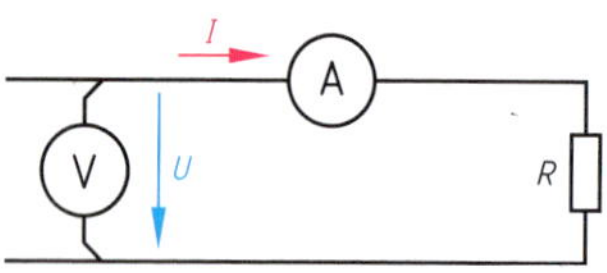

Strom, Spannung, Widerstand

Ohm'sches Gesetz

Merkformel:

$$U = R \cdot I \quad (7)$$

$$I = \frac{U}{R} \quad (8)$$

$[R] = \Omega$

$[G] = 1/\Omega = \text{S}$

$$G = \frac{1}{R} \quad (9)$$

Bei Metallen:

$[\varrho] = \frac{\Omega \cdot \text{mm}^2}{\text{m}} = \mu\Omega\text{m}$

$[\gamma] = \frac{\text{m}}{\Omega \cdot \text{mm}^2} = \frac{\text{MS}}{\text{m}}$

Leiterwiderstand

$$R = \frac{l}{\gamma \cdot A} \quad (10)$$

Bei Nichtmetallen:

$[\varrho] = \Omega \cdot \text{m}$

$$\varrho = \frac{1}{\gamma} \quad (11)$$

$$R = \frac{\varrho \cdot l}{A} \quad (12)$$

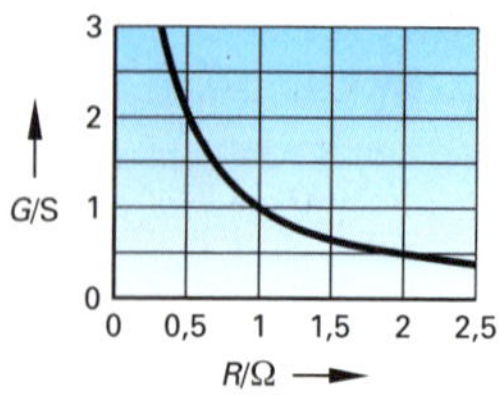

Leitwert und Widerstand

A	Leiterquerschnitt
d	Abstand
E	elektrische Feldstärke
F	Kraft
G	Leitwert
I	Stromstärke
J	Stromdichte
l	Leiterlänge
Q	elektrische Ladung
R	Widerstand
t	Zeit
U	Spannung
W	Arbeit, Energie
Δ	Zeichen für Differenz
γ	Leitfähigkeit (auch $\varkappa$ oder σ)
ϱ	spezifischer Widerstand

Elektrische Leistung, elektrische Arbeit Electric Power, Electric Work

Elektrische Leistung bei DC oder in Wirkwiderständen bei AC

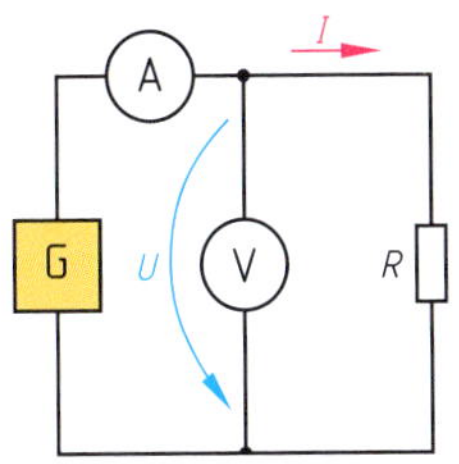

Ermitteln der Leistung mit Strommesser und Spannungsmesser

$[P] = V \cdot A = AV = W = J/s$

bei gleichem R:

$$\frac{P_1}{P_2} = \frac{U_1^2}{U_2^2} \quad (2)$$

$$\frac{P_1}{P_2} = \frac{I_1^2}{I_2^2} \quad (4)$$

Indizes 1 und 2 gelten für verschiedene Betriebsfälle

Leistung

$$P = U \cdot I \quad (1)$$

$$P = I^2 \cdot R \quad (3)$$

$$P = \frac{U^2}{R} \quad (5)$$

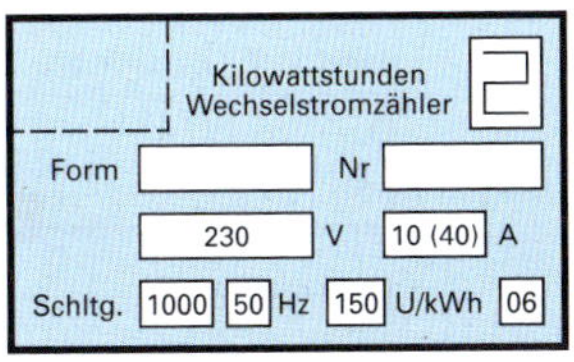

Leistungsschild eines Zählers

Leistungsmessung mit Zähler:

Beispiel:

n = 8 Umdrehungen in 2 min

C_z = 150 / kWh; P = ? kW

Lösung:

$$P = \frac{n}{C_z} = \frac{8 / (2\ \text{min}) \cdot 60\ \text{min/h}}{150 / \text{kWh}} = \mathbf{1{,}6\ kW}$$

$$P = \frac{\text{Zahl der Umdr.}}{t \cdot C_z}$$

$$P = \frac{n}{C_z} \quad (6)$$

Elektrische Arbeit

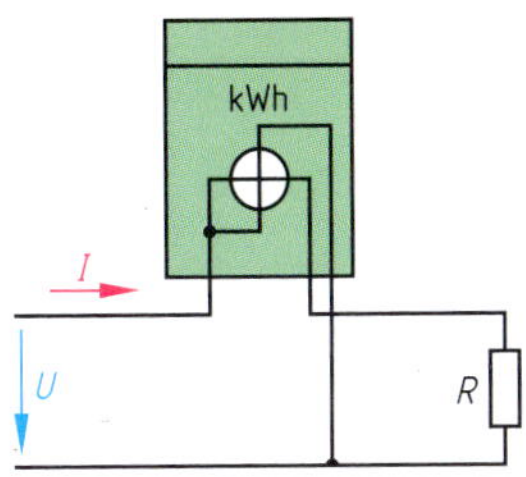

Messen der Arbeit mit dem Zähler

$[W] = Ws = J$

3,6 MJ = 1 kWh

Arbeit

$$W = P \cdot t \quad (7)$$

Arbeitspreis

$$K_A = W \cdot T \quad (8)$$

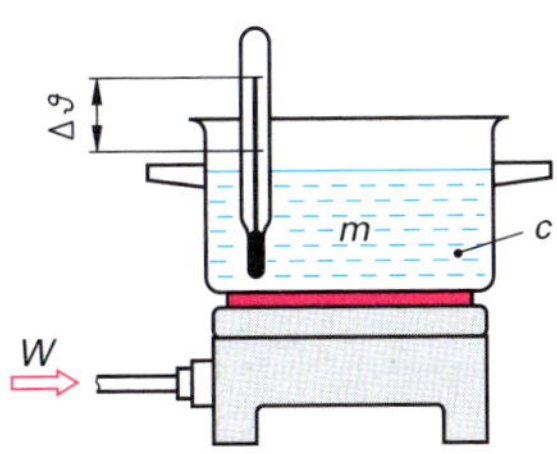

Elektrische Arbeit und Wärme

c-Werte von Seite „Stoffwerte"

Wasser: c = 4,182 kJ/(kg · K) bei 20 °C

$$[c] = \frac{kJ}{kg \cdot K}$$

$[Q_s] = J$

Stromwärme

$$Q_S = W \quad (9)$$

$$Q_S = \frac{\Delta\vartheta \cdot c \cdot m}{\zeta} \quad (10)$$

Arbeit W in kWh

$$W_{kWh} = \frac{\Delta\vartheta \cdot c \cdot m}{3600 \cdot \zeta} \quad (11)$$

Leistung P in kW

$$P_{kW} = \frac{\Delta\vartheta \cdot c \cdot m}{3600 \cdot \zeta \cdot t} \quad (12)$$

Beispiel:

W = 70 kWh; T = 0,17 € / kWh;
K_A = ? €

Lösung:

$$K_A = W \cdot T = 70\ \text{kWh} \cdot 0{,}17\ \frac{€}{\text{kWh}} = \mathbf{11{,}9\ €}$$

c	spezifische Wärmekapazität	n	Zählerdrehzahl je Stunde	T	tariflicher Preis
C_z	Zählerkonstante	P	Leistung	U	Spannung
I	Stromstärke	Q_S	Stromwärme	W	Arbeit, Verbrauch an elektr. Energie
K_A	Arbeitspreis	R	Widerstand	$\Delta\vartheta$	Temperaturunterschied
m	Masse (z.B. Wassermenge)	t	Zeit	ζ	Wärmearbeitsgrad (Zeta)

Elektrisches Feld, Kondensator Electric Field, Capacitor

Elektrisches Feld

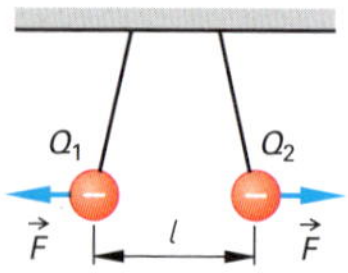

Coulombsches Gesetz (Kraftwirkung)

$K = \frac{1}{4\,\pi\,\varepsilon}$

Für Luft: $K \approx 9 \cdot 10^9 \; \frac{\text{Vm}}{\text{As}}$

Kraft

$$F = K \cdot \frac{Q_1 \cdot Q_2}{l^2} \quad \textbf{1}$$

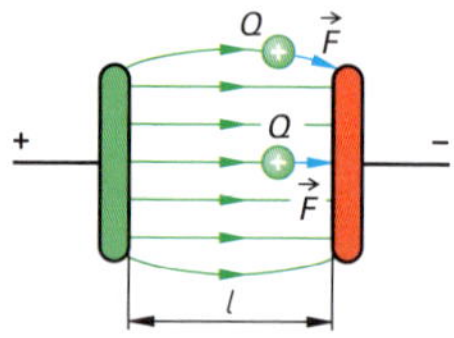

Elektrische Feldstärke

$[E] = \frac{\text{V}}{\text{m}} = \frac{\text{N}}{\text{As}}$

Die elektrische Feldstärke E gibt die Kraft an, die auf die Ladung Q = 1 As im elektrischen Feld wirkt.

elektrische Feldstärke

$$E = \frac{F}{Q} \quad \textbf{2}$$

beim homogenen Feld:

$$E = \frac{U}{l} \quad \textbf{3}$$

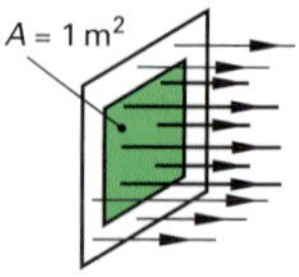

Elektrische Flussdichte

$[D] = \frac{\text{As}}{\text{m}^2}$

Die elektrische Flussdichte D gibt an, wie groß die Ladung je Quadratmeter ist.

elektrische Flussdichte

$$D = \frac{Q}{A} \quad \textbf{4}$$

$$D = \varepsilon_0 \cdot \varepsilon_r \cdot E \quad \textbf{5}$$

Kondensator

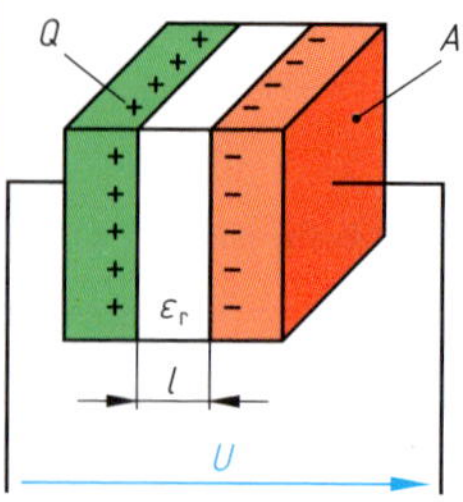

Kapazität

$\varepsilon_0 = 8{,}85 \; \frac{\text{pAs}}{\text{Vm}} = 8{,}85$ pF/m

$\varepsilon = \varepsilon_0 \cdot \varepsilon_r$ $\quad \varepsilon_r$ siehe Seite 430

Kapazität

$$C = \frac{\varepsilon \cdot A}{l} \quad \textbf{6}$$

$[C] = \frac{\text{As}}{\text{V}} = \text{F (Farad)}$

Ladung

$$Q = I \cdot t \quad \textbf{7}$$

$\Delta Q = i \cdot \Delta t$

$$Q = C \cdot U \quad \textbf{8}$$

$\Delta Q = C \cdot \Delta u$

$[Q] = \frac{\text{As}}{\text{V}} \cdot \text{V} = \text{As} = \text{C (Coulomb)}$

Strom

$$i = C \cdot \frac{\Delta u}{\Delta t} \quad \textbf{9}$$

Energie

Energie

$$W = \frac{1}{2}\, C \cdot U^2 \quad \textbf{10}$$

$[W] = \frac{\text{As}}{\text{V}} \cdot \text{V}^2 = \text{Ws} = \text{J}$ (Joule)

Energiedichte

Die Energiedichte des elektrischen Feldes ist die gespeicherte Energie je Volumen des elektrischen Feldes.

$[w] = \frac{\text{J}}{\text{m}^3}$

Energiedichte

$$w = \frac{W}{V} \quad \textbf{11}$$

$$w = \frac{1}{2} \cdot D \cdot E \quad \textbf{12}$$

A	Plattenfläche
C	Kapazität
D	elektrische Flussdichte, Flächenladungsdichte
E	elektrische Feldstärke
F	Kraft
I, i	Stromstärke
K	Koeffizient
l	Abstand der Ladungen, Plattenabstand
Q, Q_1, Q_2	Ladungen
ΔQ	Ladungsänderung
t	Zeit
Δt	Zeitunterschied
U	Spannung
ΔU	Spannungsänderung
V	Volumen
W	Energie
w	Energiedichte
ε	Permittivität
ε_0	elektrische Feldkonstante
ε_r	Permittivitätszahl

Wechselgrößen, Wellenlänge Alternating Quantities, Wavelength

Wechselgrößen

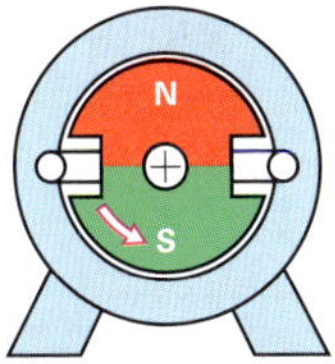

Innenpolmaschine mit einem Polpaar

$[f] = \frac{1}{s} = Hz$

$[\omega] = \frac{1}{s}$; $[n] = \frac{1}{s}$

Frequenz

$$f = \frac{1}{T} \quad (1)$$

$$f = p \cdot n \quad (2)$$

$$\omega = 2\,\pi \cdot f \quad (3)$$

Signalform				t_i, T
Crestfaktor F_C	$\sqrt{2} = 1{,}41$	$\sqrt{3} = 1{,}73$	1	$\sqrt{\frac{T}{t_i}}$

Effektivwert bei Sinusform

$$U = \frac{\hat{u}}{\sqrt{2}} \quad (4)$$

$$I = \frac{\hat{i}}{\sqrt{2}} \quad (5)$$

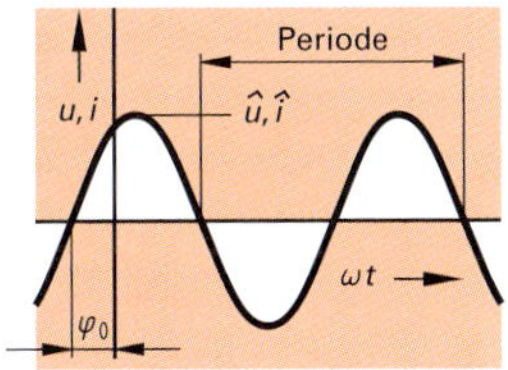

Sinusspannung mit Nullphasenwinkel

Scheitelwert der Spannung

$$\hat{u} = U \cdot F_C \quad (6)$$

Effektivwert allgemein

$$U = \frac{\hat{u}}{F_C} \quad (7)$$

$$I = \frac{\hat{i}}{F_C} \quad (8)$$

Augenblickswert

$$u = \hat{u} \cdot \sin(\omega t + \varphi_0) \quad (9)$$

$$u = \hat{u} \cdot \sin(360° \cdot f \cdot t + \varphi_0°) \quad (10)$$

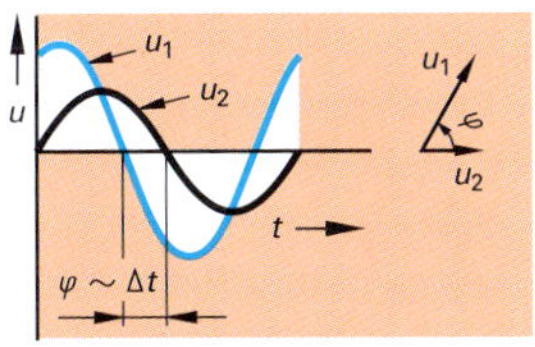

Liniendiagramm Zeigerdiagramm

Phasenverschiebung

u_1 eilt u_2 um den Phasenverschiebungswinkel φ voraus.

$\varphi = 2\,\pi \cdot \frac{\varphi°}{360°}$; $\varphi° = \Delta t \cdot \frac{360°}{T}$

$[\varphi] = rad$; $[\varphi°] = °$

ab Zeitpunkt Nulldurchgang ($\varphi_0 = 0$):

$$u = \hat{u} \cdot \sin(360° \cdot f \cdot t) \quad (13)$$

Spitze-Tal-Werte

$$\hat{\check{u}} = 2 \cdot \hat{u} \quad (11)$$

$$\hat{\check{i}} = 2 \cdot \hat{i} \quad (12)$$

Wellenlänge

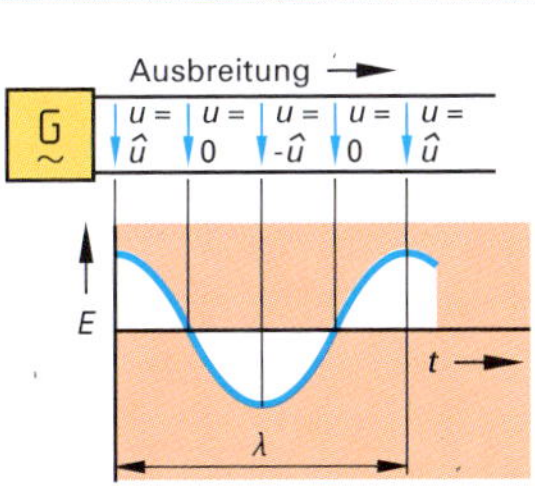

$c_0 = 299\,792{,}458 \frac{km}{s}$

$\approx 300\,000 \frac{km}{s}$

$= 0{,}3 \cdot 10^9 \frac{m}{s}$

Wellenlänge

im Vakuum:

$$\lambda = \frac{c_0}{f} \quad (14)$$

$$\lambda = c_0 \cdot T \quad (16)$$

allgemein:

$$\lambda = \frac{c}{f} \quad (15)$$

$$\lambda = c \cdot T \quad (17)$$

- c Ausbreitungsgeschwindigkeit
- c_0 Lichtgeschwindigkeit im Vakuum oder in Luft
- E elektrische Feldstärke
- f Frequenz
- F_C Scheitelfaktor, Crestfaktor
- i Augenblickswert des Stromes
- $\hat{i}$ Scheitelwert des Stromes
- I Effektivwert der Stromstärke
- $\hat{\check{i}}$ Spitze-Tal-Wert des Stromes
- l Leiterlänge
- n Drehfelddrehzahl
- p Polpaarzahl der Maschine
- t Zeit
- t_i Impulszeit
- T Periodendauer
- u Augenblickswert der Spannung
- $\hat{u}$ Scheitelwert der Spannung
- U Effektivwert der Spannung
- $\hat{\check{u}}$ Spitze-Tal-Wert der Spannung
- α Winkel
- φ Phasenverschiebungswinkel
- φ_0 Nullphasenwinkel
- λ Wellenlänge
- ω Kreisfrequenz, Winkelgeschwindigkeit

Leistung bei Sinuswechselstrom, Impuls
Power of Alternating Sine-wave Current, Impulse

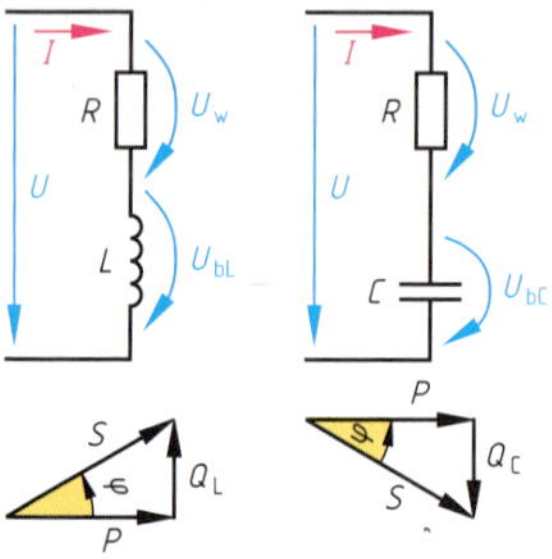

Reihenschaltung von Wirkwiderstand und Blindwiderstand

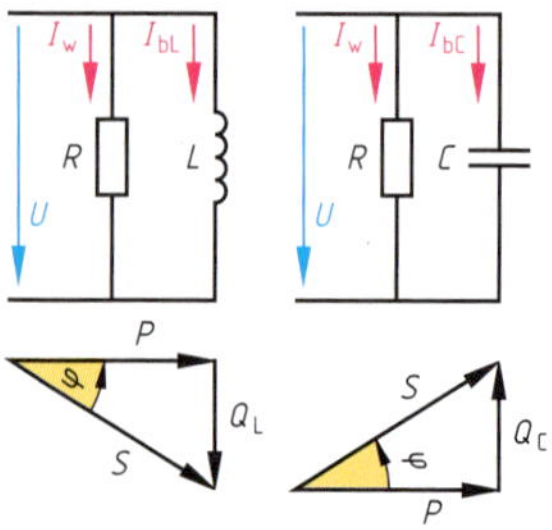

Parallelschaltung von Wirkwiderstand und Blindwiderstand

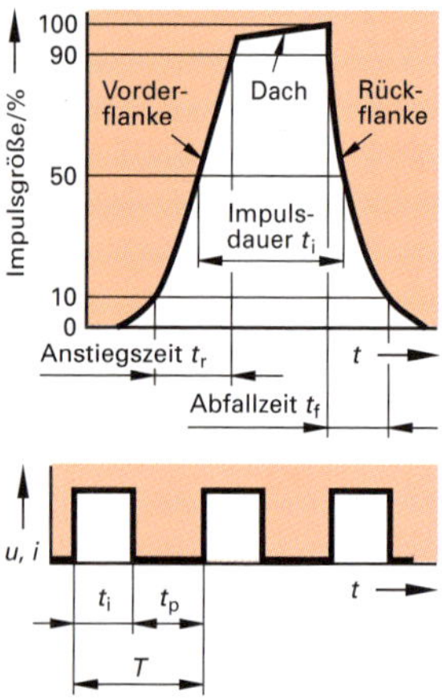

Kenngrößen beim Impuls

Der Spannungserzeuger gibt eine Scheinleistung an eine beliebige Schaltung ab.

$[S] = \text{V} \cdot \text{A} = \text{VA}$

Scheinleistung

$$S = U \cdot I \quad (1)$$

Im Wirkwiderstand tritt Wirkleistung auf.

$[P] = \text{V} \cdot \text{A} = \text{W}$

Wirkleistung

$$P = U_w \cdot I_w \quad (2)$$

Im Blindwiderstand tritt Blindleistung auf.

$[Q] = \text{V} \cdot \text{A} = \text{var}$

$$P = U \cdot I \cdot \cos\varphi \quad (3)$$

var = Volt-Ampere-reaktiv (reaktiv = rückwirkend)

Q ist Q_C oder Q_L, U_b ist U_{bC} oder U_{bL} und I_b ist I_{bC} oder I_{bL}.

Bei Sinusform:

$$\sin\varphi = \frac{Q}{S} \quad (4)$$

Blindleistung

$$Q = U_b \cdot I_b \quad (5)$$

$$\cos\varphi = \frac{P}{S} \quad (6)$$

$$Q = U \cdot I \cdot \sin\varphi \quad (7)$$

Bei Nichtsinusform:

$$\lambda = \frac{P}{S} \quad (8)$$

Scheinleistung

$$S = \sqrt{P^2 + Q^2} \quad (9)$$

Die Anstiegszeit und die Abfallzeit werden zwischen dem 10-%-Wert und dem 90-%-Wert der Impulsgröße gemessen.

Die Impulsdauer und die Pausendauer misst man zwischen den 50-%-Werten der Impulsgröße.

$[S] = \frac{\text{V}}{\text{s}}$ oder $\frac{\text{A}}{\text{s}}$

Flankensteilheit

für Spannungsimpuls:

$$S = \frac{\Delta u}{\Delta t} \quad (10)$$

für Stromimpuls:

$$S = \frac{\Delta i}{\Delta t} \quad (11)$$

Frequenz

$$f = \frac{1}{T} \quad (12)$$

Periodendauer

$$T = t_i + t_p \quad (13)$$

Tastverhältnis

$$V = \frac{1}{g} \quad (14)$$

Tastgrad

$$g = \frac{t_i}{T} \quad (15)$$

C	Index für kapazitiv	P	Wirkleistung	U_b	Blindspannung
f	Frequenz	Q	Blindleistung	U_w	Wirkspannung
g	Tastgrad	S	Scheinleistung, Flankensteilheit	V	Tastverhältnis (nicht genormt)
I, i	Stromstärke	T	Periodendauer	Δ	Zeichen für Differenz
I_b	Blindstrom	t	Zeit	φ	Phasenverschiebungswinkel
I_{bC}	kapazitiver Blindstrom	t_f	Abfallzeit	λ	Leistungsfaktor
I_{bL}	induktiver Blindstrom	t_i	Impulsdauer	Bei Sinusform:	
I_w	Wirkstrom	t_p	Pausendauer	$\cos\varphi$	Leistungsfaktor, Wirkfaktor
L	Index für induktiv	t_r	Anstiegszeit	$\sin\varphi$	Blindfaktor

Magnetisches Feld, Spule Magnetic Field, Coil

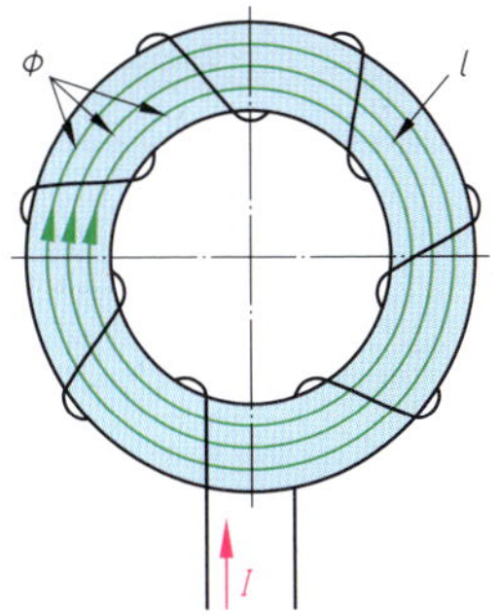

Magnetische Feldstärke

$[\Theta] = \mathrm{A}$

$[H] = \frac{\mathrm{A}}{\mathrm{m}}$

$[R_m] = \frac{\mathrm{A}}{\mathrm{Vs}} = \frac{1}{\mathrm{H}}$

Durchflutung

$$\Theta = I \cdot N \quad (1)$$

magn. Feldstärke

$$H = \frac{I \cdot N}{l} \quad (2)$$

magn. Leitwert

$$\Lambda = \frac{1}{R_m} \quad (3)$$

magn. Widerstand

$$R_m = \frac{l}{\mu_0 \cdot \mu_r \cdot A} \quad (4)$$

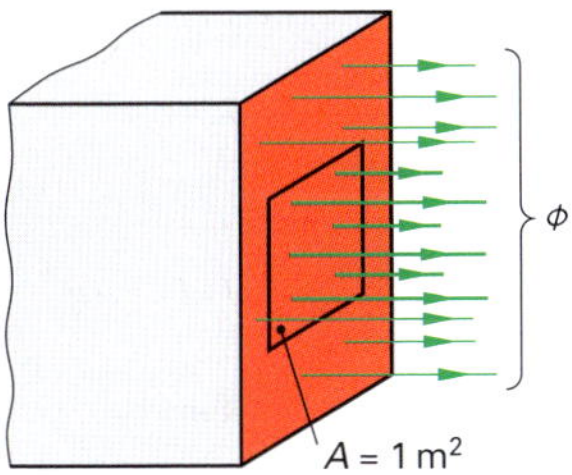

Magnetische Flussdichte, magnetische Induktion

$[\Phi] = \mathrm{Vs} = \mathrm{Wb}$ (Weber)

$[B] = \frac{\mathrm{Vs}}{\mathrm{m}^2} = \mathrm{T}$ (Tesla)

$[\mu_0] = 1{,}257 \frac{\mu\mathrm{Vs}}{\mathrm{Am}} = 1{,}257\ \mu\mathrm{H/m}$

$\mu = \mu_0 \cdot \mu_r$

Die Permeabilitätszahl μ_r gibt den Faktor an, um den die magnetische Leitfähigkeit des Kernes größer ist als die der Luft.

μ_r siehe Seite 425

Für Luft: $\mu_r = 1$

magn. Fluss

$$\Phi = \frac{\Theta}{R_m} \quad (5)$$

magn. Flussdichte

$$B = \frac{\Phi}{A} \quad (6)$$

In Luft:

$$B = \mu_0 \cdot H \quad (7)$$

In Magnetwerkstoffen:

$$B = \mu_0 \cdot \mu_r \cdot H \quad (8)$$

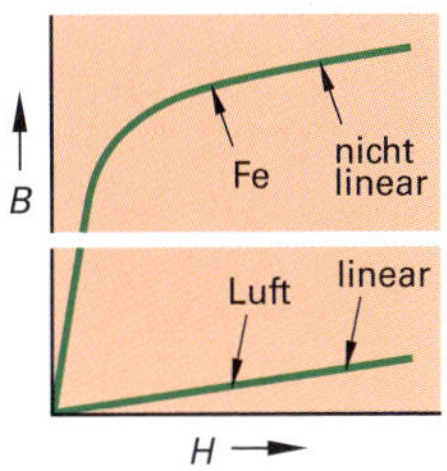

Magnetisierungskennlinien

$[F] = \frac{\mathrm{T}^2 \cdot \mathrm{m}^2 \cdot \mathrm{Am}}{\mathrm{Vs}} = \frac{\mathrm{Ws}}{\mathrm{m}} = \mathrm{N}$ (Newton)

$$F = \frac{B^2 \cdot A}{2\,\mu_0} \quad (9)$$

$[L] = \frac{\mathrm{Vs}}{\mathrm{A}} = \mathrm{H}$ (Henry)

$[W] = \frac{\mathrm{Vs}}{\mathrm{A}} \cdot \mathrm{A}^2 = \mathrm{Ws} = \mathrm{J}$ (Joule)

$[w] = \frac{\mathrm{J}}{\mathrm{m}^3}$

Induktivität

$$L = \frac{N^2 \cdot \mu_0 \cdot \mu_r \cdot A}{l} \quad (10)$$

$$L = N^2 \cdot A_L \quad (11)$$

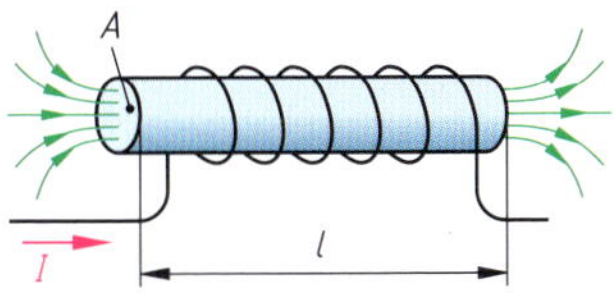

Induktivität

Energiedichte

$$w = \frac{1}{2} \cdot B \cdot H \quad (12)$$

$$w = \frac{1}{2} \frac{B^2}{\mu_0 \cdot \mu_r} \quad (14)$$

Energie

$$W = \frac{1}{2} \cdot L \cdot I^2 \quad (13)$$

$$w = \frac{W}{V} \quad (15)$$

A	Polfläche, Spulenquerschnitt
A_L	Spulenkonstante
B	magnetische Flussdichte
F	Kraft (bei Elektromagneten)
H	magnetische Feldstärke
I	Stromstärke
L	Induktivität
l	mittlere Feldlinienlänge, Länge der Spule
N	Windungszahl
R_m	magnetischer Widerstand
V	Volumen
W	Energie
w	Energiedichte
Φ	magnetischer Fluss
Λ	magnetischer Leitwert (Lambda)
Θ	Durchflutung, magnetische Spannung
μ	Permeabilität
μ_0	magnetische Feldkonstante
μ_r	Permeabilitätszahl

Elektrische und magnetische Feldstärken
Electric and Magnetic Field Strengthes

Elektrische Feldstärke *E* im Haushalt und in elektrischen Anlagen

Feldverteilung

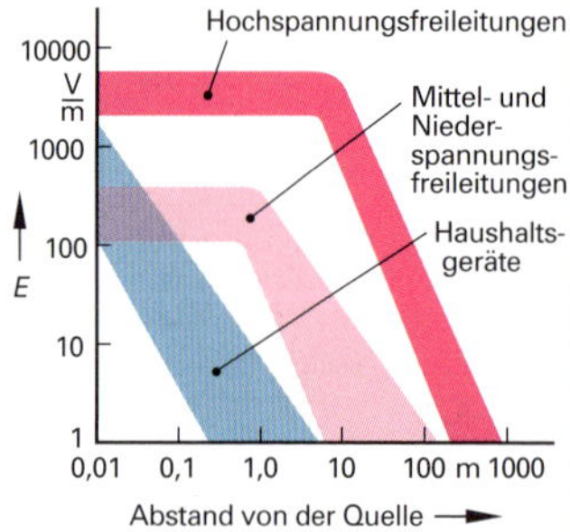

Zahlenwerte – elektrische Anlagen

Freileitungen (Maximalwerte direkt unter der Leitung in Spannfeldmitte)
10 kV bis 30 kV, < 1 kV/m
110 kV, 1 kV/m bis 2 kV/m
220 kV, 2 kV/m bis 3 kV/m
380 kV, 5 kV/m bis 6 kV/m

Schaltanlagen (Maximalwerte)
110 kV, 5 kV/m bis 6 kV/m
220 kV, 9 kV/m bis 10 kV/m
380 kV, 14 kV/m bis 16 kV/m

Zahlenwerte – Haushalt

Gerät	Abstand vom Gerät 3 cm	Abstand vom Gerät 30 cm
Heizdecke	0,50 kV/m	0,25 kV/m
elektr. Rasierapparat	0,12 kV/m	0,06 kV/m
elektr. Herd, Trockenhaube	0,04 kV/m	0,02 kV/m
Bügeleisen, Kühlschrank	0,11 kV/m	0,06 kV/m
Farbfernseher	0,30 kV/m	0,15 kV/m
Stereoanlage	0,17 kV/m	0,09 kV/m
Wohnraum	0,01 kV/m	0,01 kV/m
Glühlampe	0,05 kV/m	0,02 kV/m

Die Werte hängen von der Ausführung der elektrischen Geräte ab.

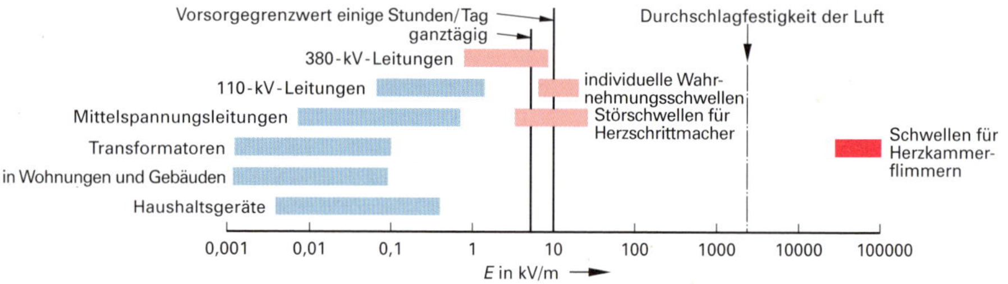

Magnetische Flussdichte *B* im Haushalt und in elektrischen Anlagen

Feldverteilung

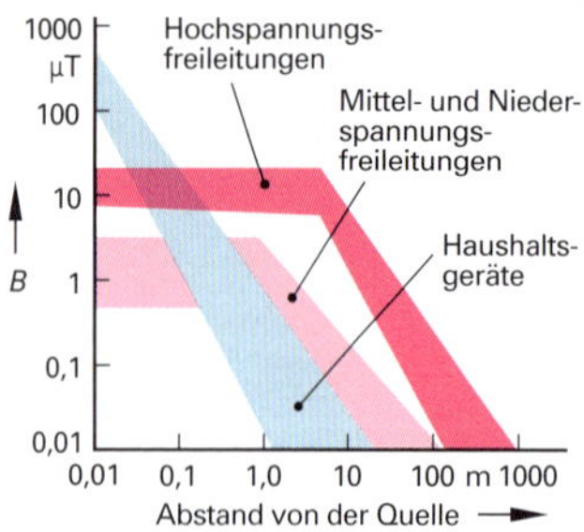

Zahlenwerte – elektrische Anlagen

Freileitungen, abhängig von Stromstärke (Maximalwerte direkt unter der Leitung in Spannfeldmitte)	10 μT bis 30 μT
Kabelanlagen (Werte an der Erdoberfläche)	1 μT bis 20 μT
Schaltanlagen (nur Fachleuten zugänglich)	20 μT bis 50 μT
Trafostationen (Werte an der Außenwand)	2 μT bis 20 μT

Zahlenwerte – Haushalt

Gerät	Abstand vom Gerät 3 cm	Abstand vom Gerät 30 cm
E-Herd, Trockenhaube	2000 μT	5 μT
Fernseher	500 μT	5 μT
Lötpistole	1500 μT	10 μT
Kühlschrank	10 μT	0,1 μT
Bügeleisen	5 μT	1 μT

Die Werte hängen stark von der Art der Geräte ab.

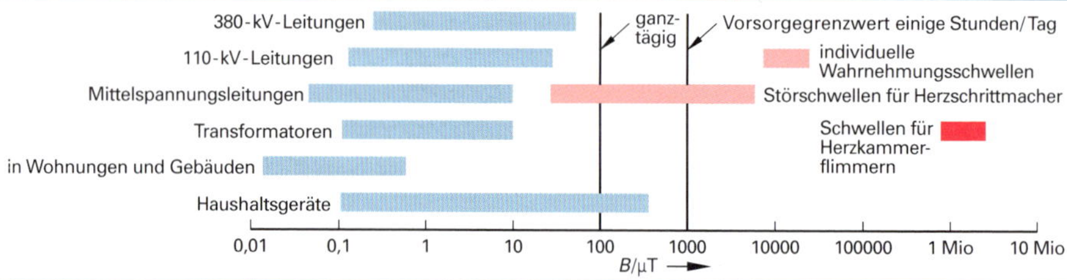

Vorsorgegrenzwert nach WHO = Weltgesundheitsorganisation sowie nach IRPA
IRPA (ICNIRP) = internationale Kommission für den Schutz vor nicht ionisierender Strahlung

Strom im Magnetfeld, Induktion   Current in Magnetic Field, Induction

Strom im Magnetfeld

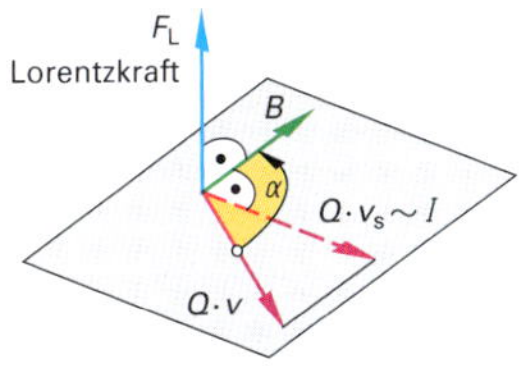

Richtung der Lorentzkraft

Bewegte elektrische Ladungen werden in einem Magnetfeld abgelenkt (Lorentzkraft). Die Richtung der Kraft auf die Ladungen ist senkrecht zur Stromrichtung und senkrecht zur Richtung des Magnetfeldes.

$$[F_L] = \text{As} \cdot \frac{\text{m}}{\text{s}} \cdot \frac{\text{Vs}}{\text{m}^2} = \frac{\text{Ws}}{\text{m}} = \text{N}$$

Lorentzkraft

$$F_L = Q \cdot v \cdot B \cdot \sin\alpha \qquad (1)$$

$$F_L = Q \cdot v_s \cdot B \qquad (2)$$

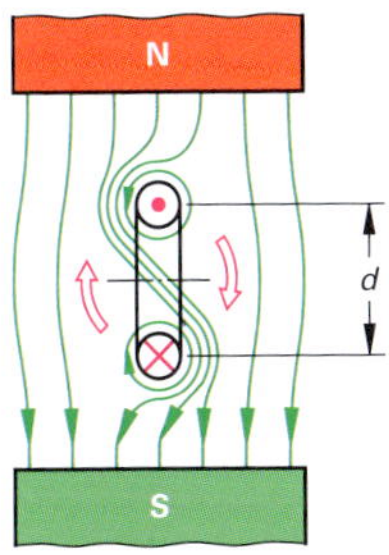

Entstehung des Kraftmoments

$$F = Q \cdot v \cdot B = I \cdot t \cdot \frac{l}{t} \cdot B$$

$$[F] = \frac{\text{Vs}}{\text{m}^2} \cdot \text{A} \cdot \text{m} = \frac{\text{Ws}}{\text{m}} = \text{N}$$

Ablenkkraft

$$F = B \cdot I \cdot l \cdot z \cdot \sin\alpha \qquad (3)$$

für $\alpha = 90°$:

$$F = B \cdot I \cdot l \cdot z \qquad (4)$$

Kraftmoment

$$[M] = \text{N} \cdot \text{m} = \text{Nm}$$

$$M = F \cdot d \qquad (5)$$

Induktion

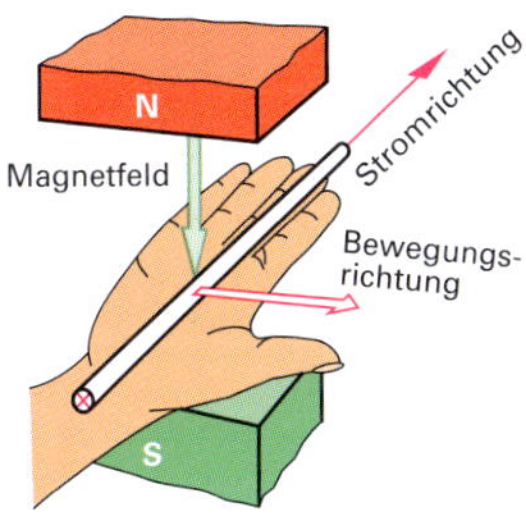

Rechte-Hand-Regel

Lenz'sche Regel: Der durch Induktion hervorgerufene Strom ist so gerichtet, dass er seine Ursache hemmt.

Bei im Magnetfeld rotierender Rechteck-Spule:

$$\hat{u}_i = 2 \cdot N \cdot B \cdot l \cdot v_s \qquad (7)$$

induzierte Spannung

Induktion der Bewegung:

$$u_i = z \cdot B \cdot l \cdot v_s \qquad (6)$$

$$[u_i] = \frac{\text{Vs}}{\text{m}^2} \cdot \text{m} \cdot \frac{\text{m}}{\text{s}} = \text{V}$$

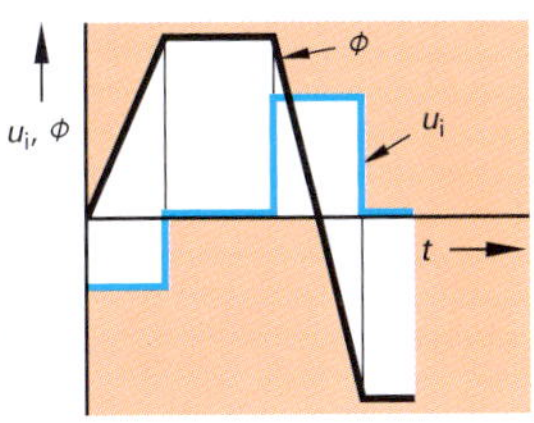

Verlauf von u_i und Φ in Abhängigkeit von t

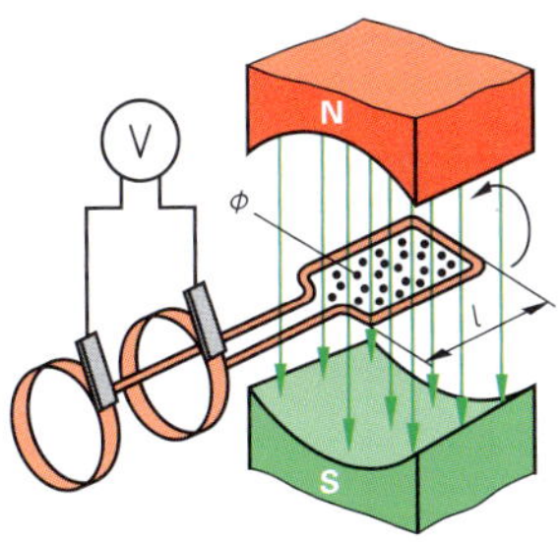

Rechteck-Spule im Magnetfeld

Induktion durch Flussänderung:

$$u_i = -N \cdot \frac{\Delta\Phi}{\Delta t} \qquad (8)$$

$$[u_i] = \frac{\text{Vs}}{\text{s}} = \text{V}$$

Induktion durch Stromänderung:

$$u_i = -L \cdot \frac{\Delta i}{\Delta t} \qquad (9)$$

$$[u_i] = \text{H} \cdot \frac{\text{A}}{\text{s}} = \frac{\text{Vs}}{\text{A}} \cdot \frac{\text{A}}{\text{s}} = \text{V}$$

B	magnetische Flussdichte
d	Durchmesser der Spule
F	Ablenkkraft einer Spulenseite
F_L	Lorentzkraft
I	Stromstärke
Δi	Stromänderung
L	Induktivität
l	wirksame Länge eines Leiters im Magnetfeld
M	Kraftmoment
N	Windungszahl
Q	Ladung
u_i	induzierte Spannung
v	Geschwindigkeit
v_s	Geschwindigkeit senkrecht zum Magnetfeld
Δt	Zeitunterschied
z	Anzahl paralleler Leiter
α	Winkel zwischen v bzw. Leiter und Magnetfeld
$\Delta\Phi$	magnetische Flussänderung

Schaltungen von Widerständen Resistor Circuits

Grundschaltungen

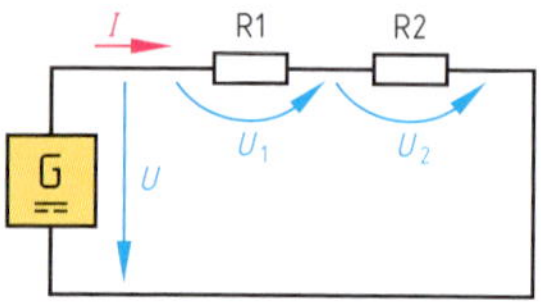

Reihenschaltung von Widerständen

In der Reihenschaltung ist an jeder Stelle des Stromkreises die Stromstärke gleich.

$$I = \text{konstant} \quad (1)$$

$$U = U_1 + U_2 + \ldots \quad (2)$$

$$\frac{U_1}{U_2} = \frac{R_1}{R_2} \quad (3)$$

$$R = R_1 + R_2 + \ldots \quad (4)$$

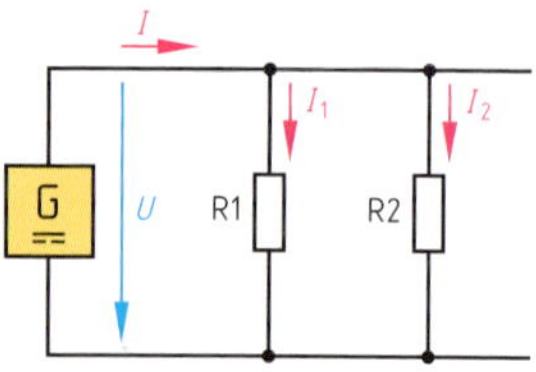

Parallelschaltung von Widerständen

An parallel geschalteten Verbrauchern liegt dieselbe Spannung.

$$U = \text{konstant} \quad (5)$$

$$I = I_1 + I_2 + \ldots \quad (6)$$

$$G = G_1 + G_2 + \ldots \quad (7)$$

Bei zwei Widerständen:

$$R = \frac{R_1 \cdot R_2}{R_1 + R_2} \quad (8)$$

$$\frac{1}{R} = \frac{1}{R_1} + \frac{1}{R_2} + \ldots \quad (9)$$

$$R_1 = \frac{R_2 \cdot R}{R_2 - R} \quad (10)$$

$$\frac{I_1}{I_2} = \frac{R_2}{R_1} \quad (11)$$

$$R_2 = \frac{R_1 \cdot R}{R_1 - R} \quad (12)$$

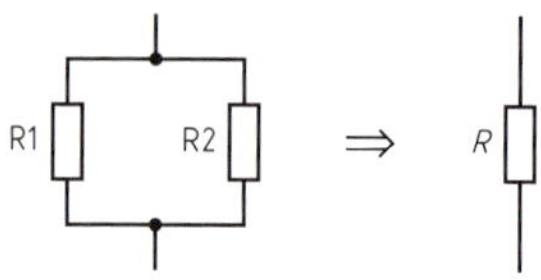

Parallelschaltung mehrerer Widerstände

$[I] = \text{A}$; $[U] = \text{V}$

$[G] = \text{S}$; $[R] = \Omega$

Bei n gleichen Widerständen:

$$R = \frac{R_1}{n} \quad (13)$$

Gemischte Schaltungen

1. Beispiel:

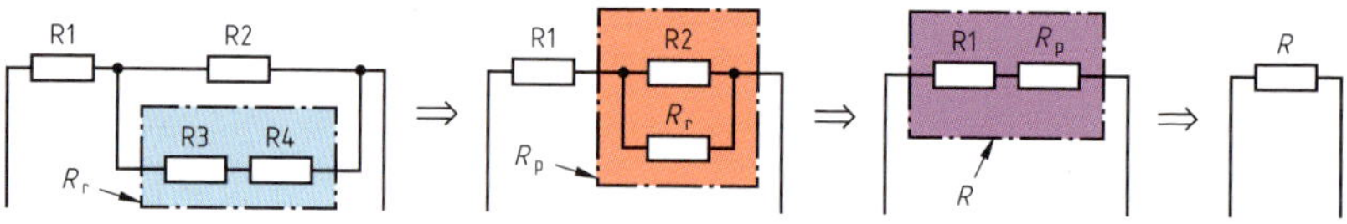

Berechnungsgang $R_r = R_3 + R_4$ ⇒ $R_p = R_2 \parallel R_r = \frac{R_2 \cdot R_r}{R_2 + R_r}$ ⇒ $R = R_p + R_1$

2. Beispiel:

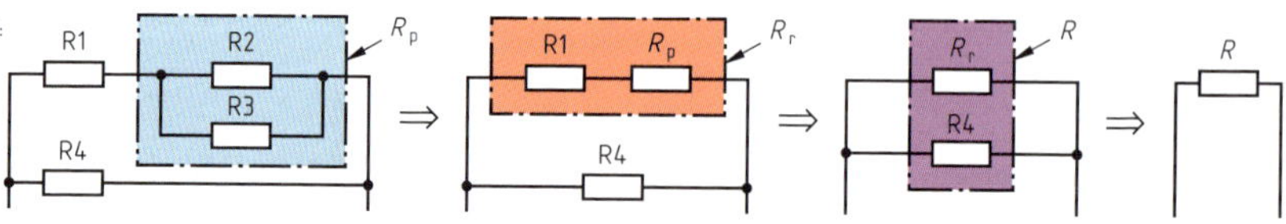

Berechnungsgang $R_p = R_2 \parallel R_3 = \frac{R_2 \cdot R_3}{R_2 + R_3}$ ⇒ $R_r = R_1 + R_p$ ⇒ $R = R_r \parallel R_4 = \frac{R_r \cdot R_4}{R_r + R_4}$

G	Ersatzleitwert	R	Ersatzwiderstand	**Indizes**	
G_1, G_2	Einzelleitwerte	R_1 bis R_4	Einzelwiderstände	p	Parallelschaltung
I	Gesamtstrom	U	Gesamtspannung	r	Reihenschaltung
I_1, I_2	Teilströme	U_1, U_2	Teilspannungen		
n	1, 2, 3, …	$\parallel$	Zeichen für parallel		

Bezugspfeile, Kirchhoff'sche Regeln, Spannungsteiler
Reference Arrows, Kirchhoff's Rules, Voltage Divider

Strombezugspfeile

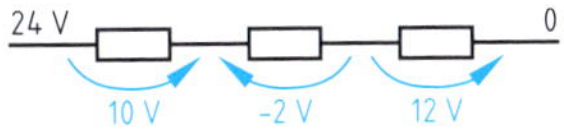

Spannungsbezugspfeile

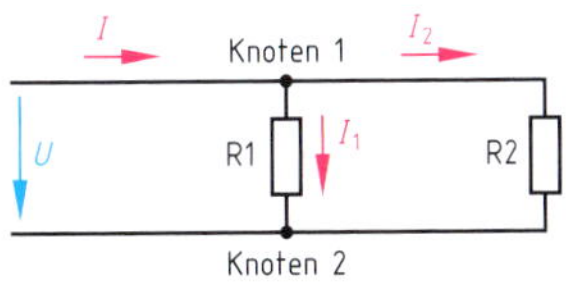

Knoten

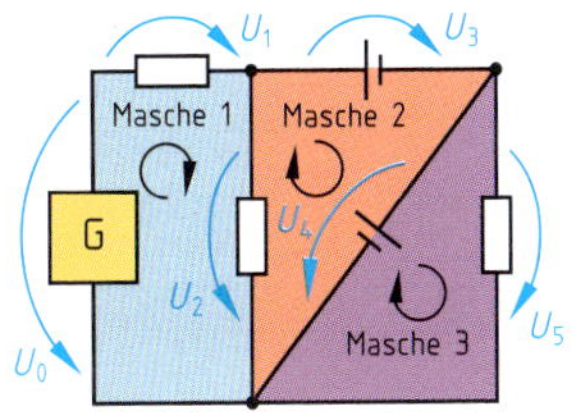

Maschen

Haben Stromrichtung und Bezugspfeil dieselbe Richtung, so spricht man von positiver Stromstärke.

Eine positive Spannungsangabe bedeutet, dass die Richtung der Spannung (+ nach –) gleich der Bezugspfeilrichtung ist.

$$I_1 + I_2 + \ldots = 0 \quad \textbf{1}$$

$$\Sigma I_i = 0 \quad \textbf{2}$$

$i = 1, 2, 3, \ldots$

Knotenregel (1. Kirchhoff'sche Regel):
Die Summe der auf einen Knoten zufließenden Ströme ist gleich der Summe der von ihm abfließenden Ströme.

Knotenregel

$$\Sigma I_{zu} = \Sigma I_{ab} \quad \textbf{3}$$

Maschenregel (2. Kirchhoff'sche Regel):
Bei einem elektrischen Netzwerk ist die Summe der Spannungen in einer Masche gleich null, wenn man von einem Knoten aus auf beliebigem Weg die Masche durchläuft.

In Schaltung Bild „Maschen":
Masche 1: $U_1 + U_2 - U_0 = 0$
Masche 2: $U_3 + U_4 - U_2 = 0$
Masche 3: $U_5 - U_4 = 0$

Maschenregel

$$U_1 + U_2 + \ldots = 0 \quad \textbf{4}$$

$$\Sigma U_i = 0 \quad \textbf{5}$$

$i = 1, 2, 3, \ldots$

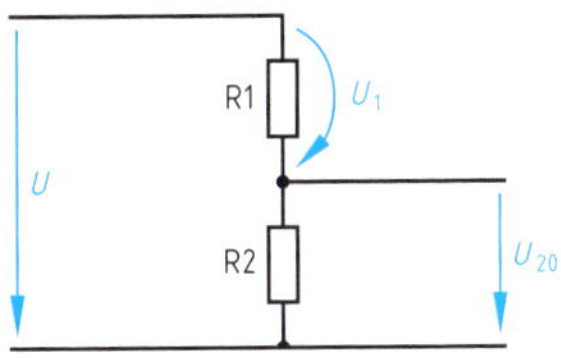

Unbelasteter Spannungsteiler

Unbelasteter Spannungsteiler

$$U = U_1 + U_{20} \quad \textbf{6}$$

$$U_{20} = \frac{R_2}{R_1 + R_2} \cdot U \quad \textbf{7}$$

$$\frac{U_{20}}{U_1} = \frac{R_2}{R_1} \quad \textbf{8}$$

$$R_1 = R_2 \cdot \left(\frac{U}{U_{20}} - 1\right) \quad \textbf{9}$$

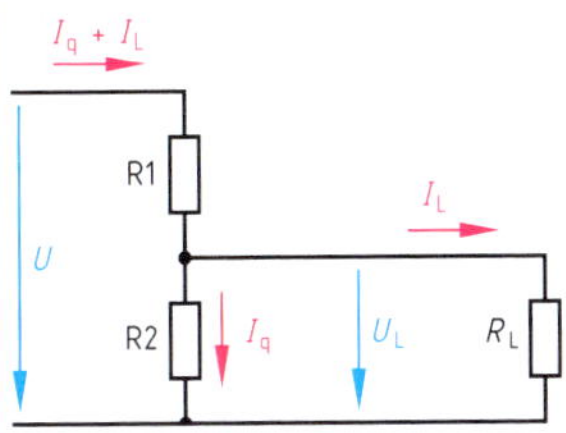

Belasteter Spannungsteiler

Belasteter Spannungsteiler

$$q = \frac{I_q}{I_L} = \frac{R_L}{R_2} \quad \textbf{10}$$

$$q = \frac{I_q}{I_L} = \frac{U_L\,(U - U_{20})}{U\,(U_{20} - U_L)}$$

$$U_L = \frac{U}{\dfrac{R_1 \cdot (R_L + R_2)}{R_L \cdot R_2} + 1} \quad \textbf{11}$$

$$R_2 = R_L \cdot \frac{U}{U_L} \cdot \left(\frac{U_{20} - U_L}{U - U_{20}}\right) \quad \textbf{12}$$

U_L ändert sich bei Lastschwankungen wenig, wenn q groß ist, z. B. $q \geq 5$, meist $q \approx 5$.

I	Stromstärke	I_{zu}	zufließender Strom	U	Gesamtspannung
I_1, I_2	Einzelströme	i	Zählindex	U_1, U_2	Einzelspannungen, Teilspannungen
I_{ab}	abfließender Strom	q	Querstromverhältnis	U_L	Lastspannung
I_L	Laststrom	R_1, R_2	Teilwiderstände	U_{20}	Teilspannung im Leerlauf
I_q	Querstrom	R_L	Lastwiderstand	Σ	Zeichen für Summe

Potenziometer Potentiometer

Bauteil, Schaltung	Erklärung, Funktion	Bemerkungen, Anwendung
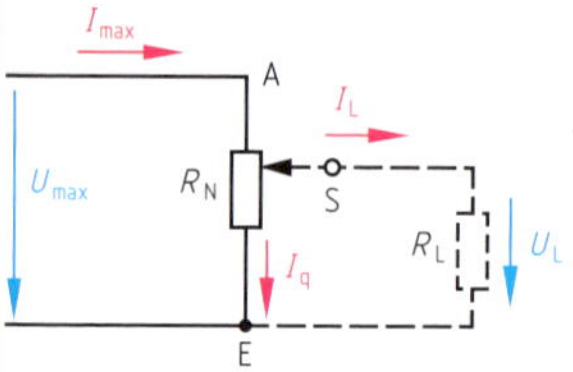 **Prinzipschaltung**	**Höchstwerte** $$U_{max} = \sqrt{P_N \cdot R_N}$$ 1 $$I_{max} = \sqrt{\frac{P_N}{R_N}}$$ 2 P_N Bemessungsleistung, R_N Bemessungswiderstand	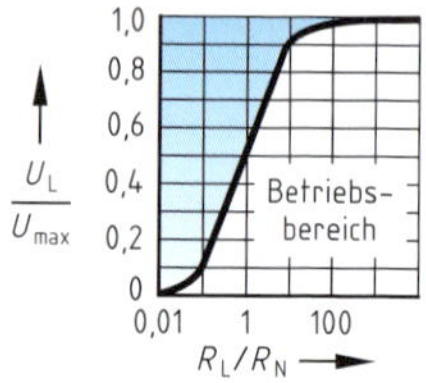 **U_L (R_L)-Kennlinie**
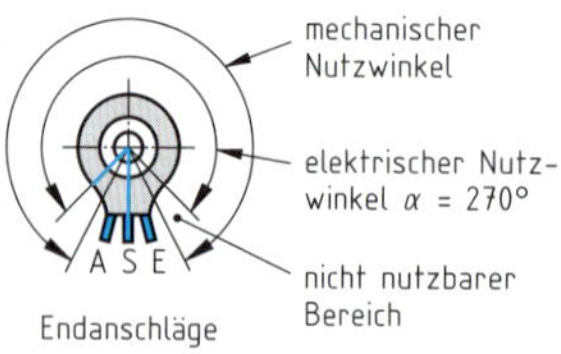 **Nutzwinkel, Endanschläge**	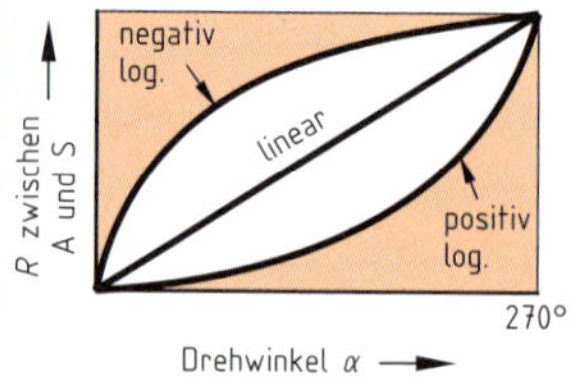 **Widerstandskennlinien (Auswahl)**	Anschlussstellen: A Anfangskontakt S Schleiferkontakt E Endkontakt Ein evtl. vorhandener 4. Anschluss dient als Masseanschluss.
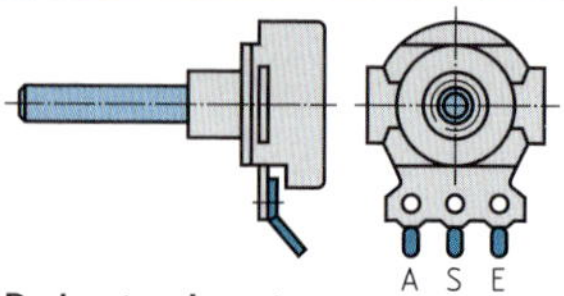 **Drehpotenziometer**	Stufenlose Veränderbarkeit des Widerstandswertes durch kreisförmige Bewegung des Schleifkontaktes. Für hohe Belastung auch als Drahtwiderstände ausgeführt.	Lautstärkeeinstellung, Vorschubregelung an Werkzeugmaschinen. Drehwinkelmessung (Gelenkwinkel) bei Industrierobotern.
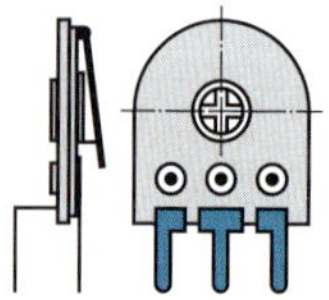 **Trimmer**	Drehwiderstände, die mit dem Schraubendreher eingestellt werden. Nicht zur häufigen Verstellung als Drehpotenziometer geeignet.	Parametereinstellungen in Anwenderschaltungen. Einstellung von Arbeitspunkten bei Transistoren.
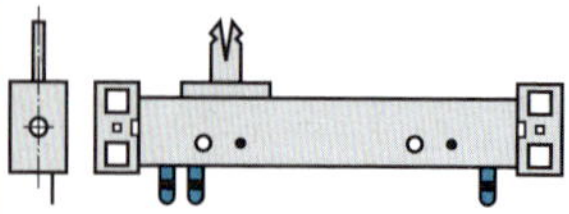 **Schiebepotenziometer**	Stufenlose Veränderbarkeit des Widerstandswertes durch geradlinige Bewegung des Schleifkontaktes auf einer Kohleschicht oder leitender Kunststoffbahn. Sensorsignalerzeugung durch Widerstandsänderung.	Studiomischpulte, High-end-Audiogeräte. Wegemessungen an Maschinentischen.
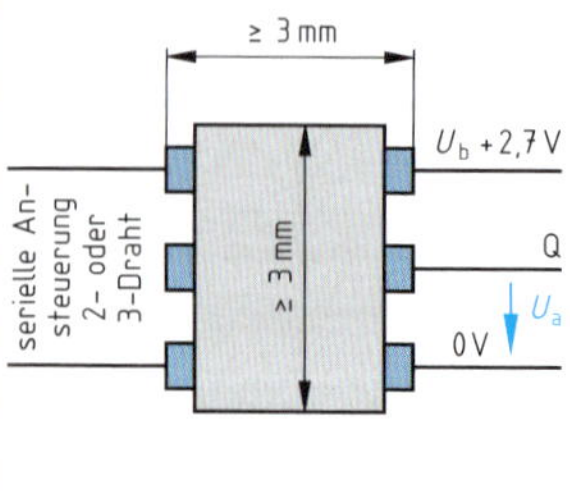 **Digitales Potenziometer**	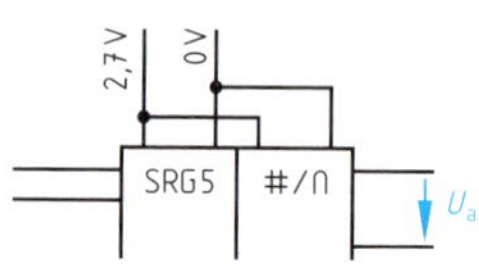 Digitale Potenziometer sind ICs, welche die Funktionen Schieberegister SRG und Digital-Analog-Converter DAC enthalten. Das SRG wird bei der seriellen Programmierung gesetzt und steuert den DAC an. Je nach Programmierung des SRG wird die Betriebsspannung auf den programmierten Analogwert geteilt.	Auflösungen (Zahl der Schleiferpositionen): Bei 5-Bit-Baugruppen 2^5 = 32 bei 7-Bit-Baugruppen 2^7 = 128 bei 9-Bit-Baugruppen 2^9 = 512 Widerstandswerte (Ende-zu-Ende): 1 kΩ, 10 kΩ, 50 kΩ, 100 kΩ. Bemessungsspannungen: je nach Typ U_b = 2,7 V bis 28 V. Leerlaufstrom: je nach Typ 5 μA bis 100 μA. Anwendung: Spannungsteiler für Steuerungen, z. B. Drehzahlsteuerung.

Ersatzspannungsquelle, Ersatzstromquelle, Anpassung
Equivalent Voltage Source, Equivalent Current Source, Matching

Ersatzspannungsquelle

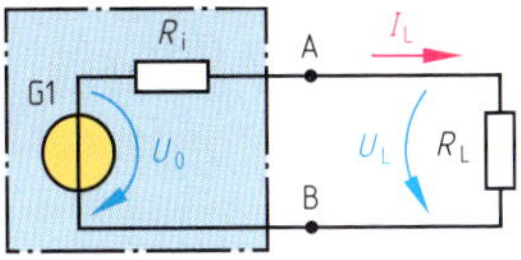

Allgemeine Ersatzschaltung

Laststrom

$$I_L = \frac{U_0}{R_i + R_L} \quad (1)$$

Lastspannung

$$U_L = U_0 - I_L \cdot R_i \quad (2)$$

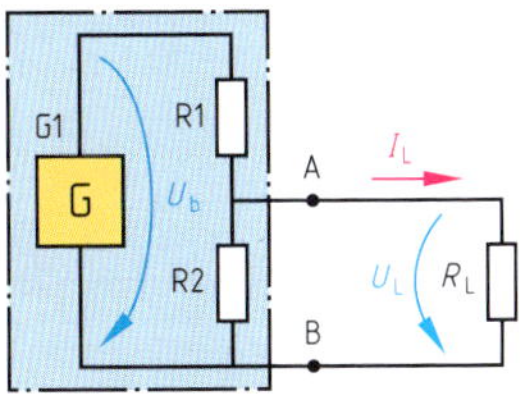

Spannungsteiler

Spannungsteiler

Bestimmung von U_{20}:
R_L von den Anschlüssen A und B abtrennen, U_{20} berechnen.

Bestimmung von R_i:
Spannungsquelle überbrücken ⇒ R1 liegt parallel zu R2, $R_1 \parallel R_2$ berechnen.

Beim Spannungsteiler:

$$U_{20} = \frac{R_2}{R_1 + R_2} \cdot U_b \quad (3)$$

$$R_i = \frac{R_1 \cdot R_2}{R_1 + R_2} \quad (4)$$

Bei der Brückenschaltung:

$$U_{01} = \frac{R_3}{R_1 + R_3} \cdot U_b$$

$$U_{02} = \frac{R_4}{R_2 + R_4} \cdot U_b$$

$$U_0 = U_{01} - U_{02} \quad (5)$$

$R_{i1} = R_1 \parallel R_3$; $R_{i2} = R_2 \parallel R_4$

$$R_i = R_{i1} + R_{i2} \quad (6)$$

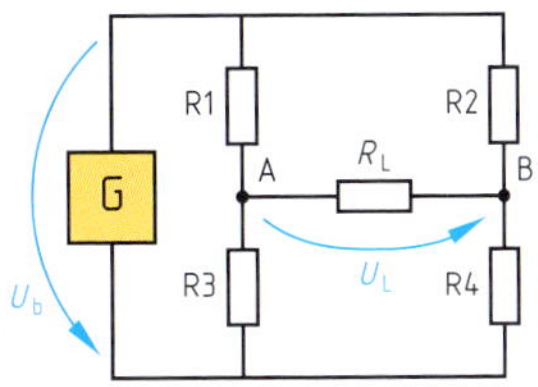

Brückenschaltung

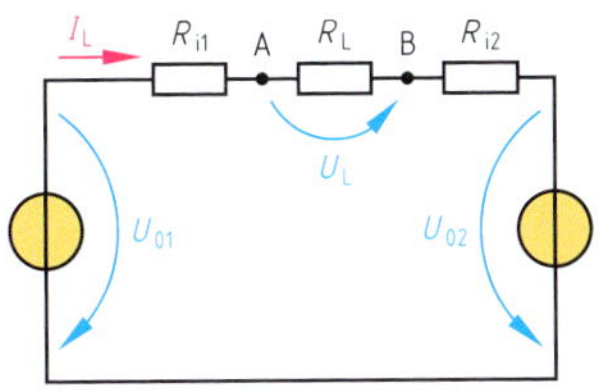

Ersatzschaltung der Brückenschaltung

Ersatzstromquelle

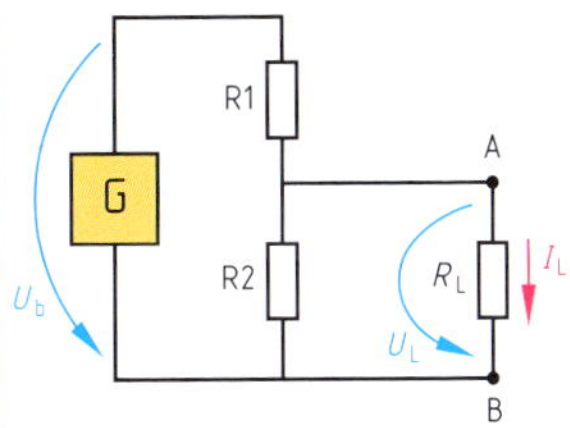

Bestimmung von I:
R_L überbrücken, I in der Überbrückung berechnen.

Bestimmung von R_i:
Wie bei der Ersatzspannungsquelle.

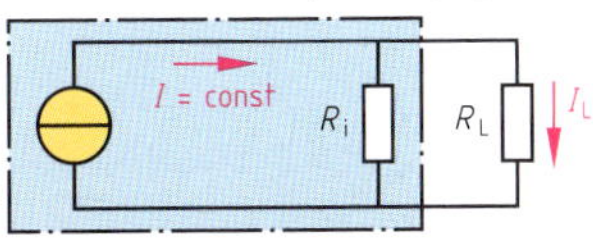

Beim Spannungsteiler: $R_i = R_1 \parallel R_2$; $I = \frac{U_b}{R_1}$

$$I_L = I \cdot \frac{R_i}{R_i + R_L} \quad (7)$$

$$U_L = I_L \cdot R_L \quad (8)$$

Anpassung

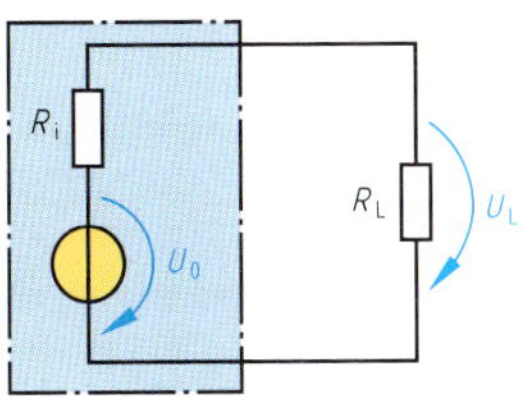

Bei Stromanpassung:

$$R_L \ll R_i \quad (9)$$

Bei Spannungsanpassung:

$$R_L \gg R_i \quad (11)$$

Bei Leistungsanpassung:

$$R_L = R_i \quad (10)$$

größte Leistung:

$$P_{max} = \frac{U_0^2}{4\,R_i} \quad (12)$$

I	Ersatzstromstärke	R_3, R_4	Spannungsteilerwiderstände	U_0	Leerlaufspannung
I_L	Laststromstärke	R_i	Ersatzinnenwiderstand	U_{20}, U_{01}, U_{02}	Leerlaufspannungen
P_{max}	größte Leistung	R_L	Lastwiderstand	U_L	Lastspannung
R_1, R_2	Spannungsteilerwiderstände	U_b	Betriebsspannung	$\parallel$	Zeichen für parallel

Grundschaltungen von Induktivitäten und Kapazitäten
Basic Circuits of Inductances and Capacitances

Reihenschaltung

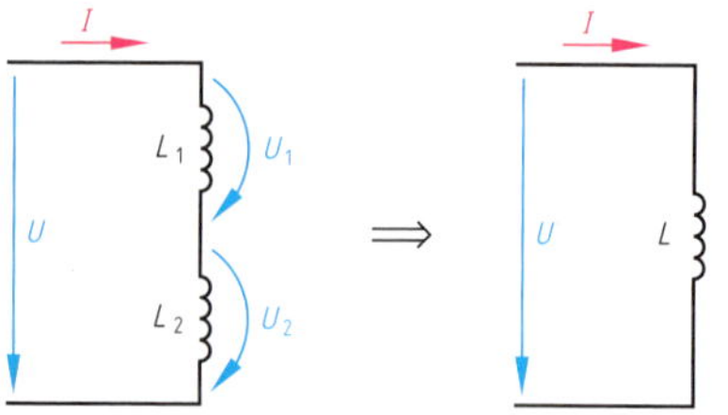

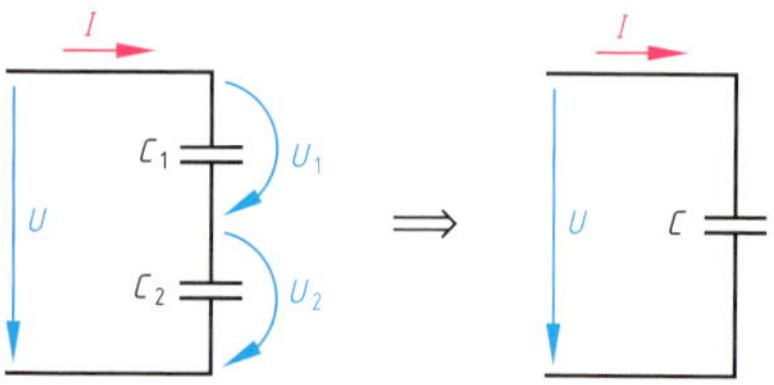

Reihenschaltungen

$$I = \text{konstant} \quad (1)$$

$$U = U_1 + U_2 + \ldots \quad (2)$$

Bei Wechselspannung:

$$\frac{U_1}{U_2} = \frac{L_1}{L_2} \quad (3)$$

Bei Spulen ohne magnetische Kopplung:

$$L = L_1 + L_2 + \ldots \quad (4)$$

$Q = Q_1 = Q_2$

$$\frac{U_1}{U_2} = \frac{C_2}{C_1} \quad (5)$$

$\frac{Q}{C} = \frac{Q}{C_1} + \frac{Q}{C_2}$

$$\frac{1}{C} = \frac{1}{C_1} + \frac{1}{C_2} + \ldots \quad (6)$$

Bei n gleichen Kondensatoren:

$$C = \frac{C_1}{n} \quad (7)$$

Bei zwei Kondensatoren:

$$C = \frac{C_1 \cdot C_2}{C_1 + C_2} \quad (8)$$

Parallelschaltung

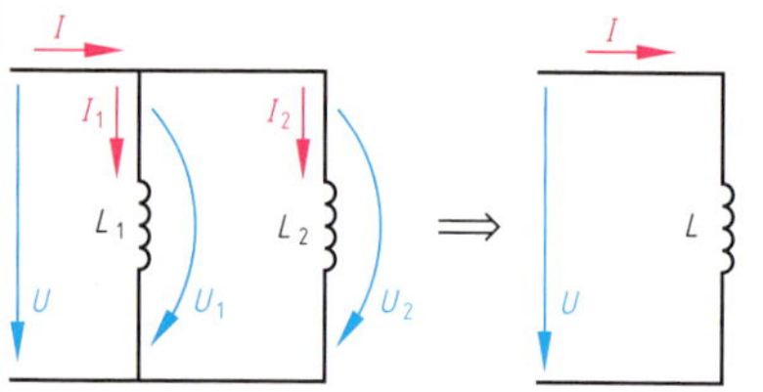

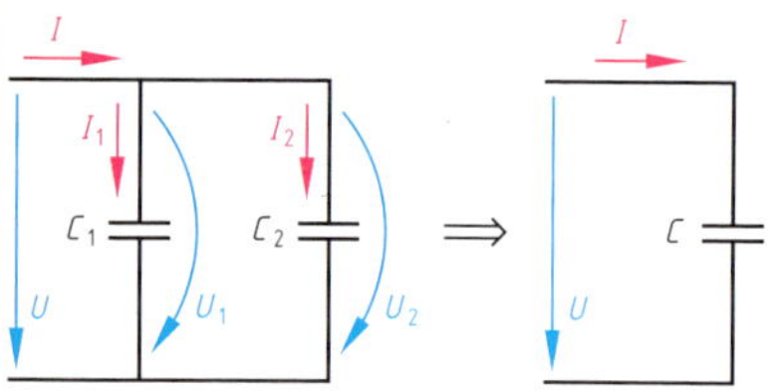

Parallelschaltungen

$$U = \text{konstant} \quad (9)$$

$$I = I_1 + I_2 + \ldots \quad (10)$$

Bei Wechselstrom:

$$\frac{I_1}{I_2} = \frac{L_2}{L_1} \quad (11)$$

Bei Spulen ohne magnetische Kopplung:

$$\frac{1}{L} = \frac{1}{L_1} + \frac{1}{L_2} + \ldots \quad (12)$$

Bei n gleichen Spulen:

$$L = \frac{L_1}{n} \quad (13)$$

Bei zwei Spulen:

$$L = \frac{L_1 \cdot L_2}{L_1 + L_2} \quad (14)$$

$Q = Q_1 + Q_2$

$U \cdot C = U \cdot C_1 + U \cdot C_2$

$$\frac{I_1}{I_2} = \frac{C_1}{C_2} \quad (15)$$

$$C = C_1 + C_2 + \ldots \quad (16)$$

Gemischte Schaltungen

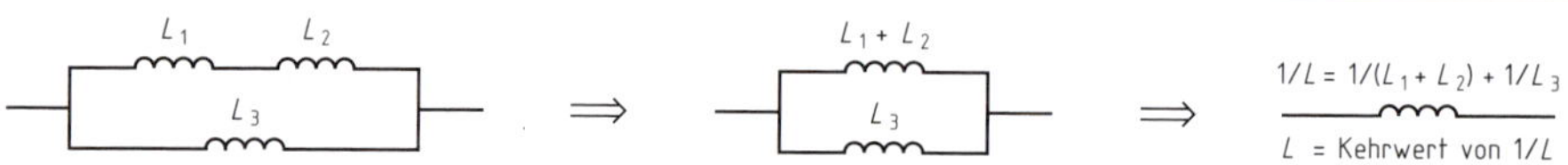

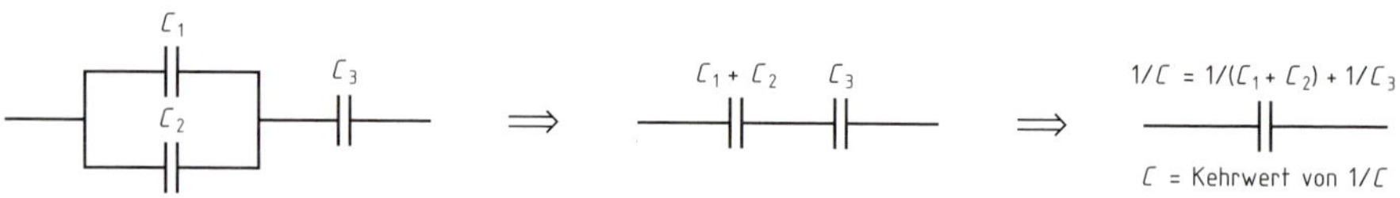

C	Ersatzkapazität	L	Ersatzinduktivität	Q_1, Q_2	Einzelladungen
C_1, C_2	Einzelkapazitäten	L_1, L_2	Einzelinduktivitäten	U	Gesamtspannung
I	Gesamtstromstärke	n	ganze Zahl	U_1, U_2	Teilspannungen
I_1, I_2	Einzelstromstärken	Q	Gesamtladung		

Schalten von Kondensatoren und Spulen Switching Capacitors and Coils

Schaltung, Zeitkonstante	Spannungsverlauf	Stromverlauf

Ladevorgang und Entladevorgang beim Kondensator an DC

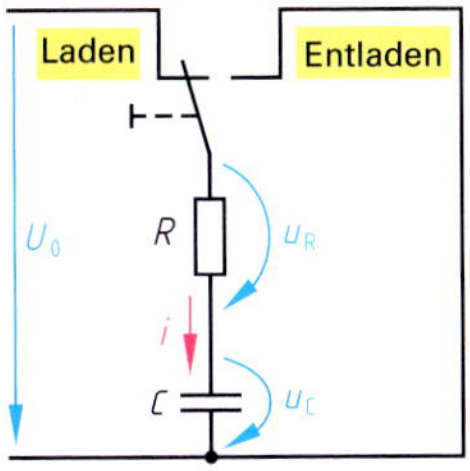

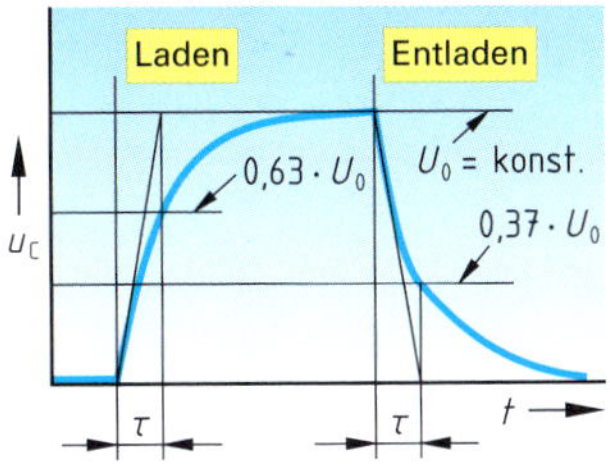

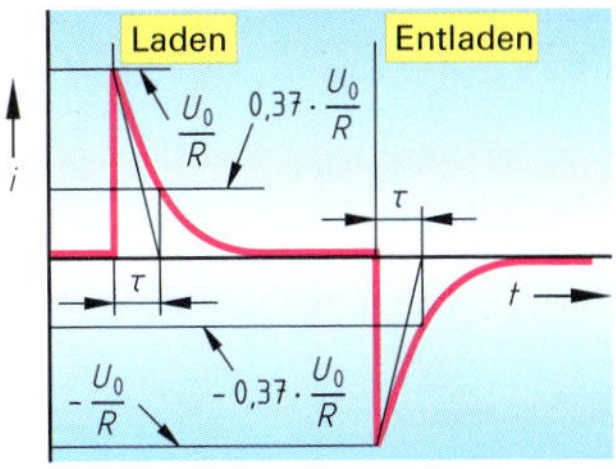

Zeitkonstante

$$\tau = R \cdot C \qquad (1)$$

$$[\tau] = \Omega \cdot F = \Omega \cdot \frac{\text{As}}{\text{V}} = \text{s}$$

Laden: $$u_C = U_0[1 - \exp(-t/\tau)] \qquad (2)$$

Entladen: $$u_C = U_0 \cdot \exp(-t/\tau) \qquad (4)$$

Laden und Entladen: $$u_R = i \cdot R \qquad (6)$$

Laden: $$i_C = \frac{U_0}{R} \cdot \exp(-t/\tau) \qquad (3)$$

Entladen: $$i_C = -\frac{U_0}{R} \cdot \exp(-t/\tau) \qquad (5)$$

$\exp(x) = e^x$ mit e = 2,71828 ...

Einschaltvorgang und Ausschaltvorgang (Kurzschließen) bei der Spule an DC

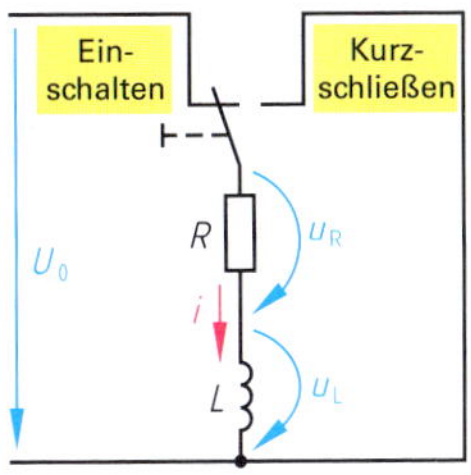

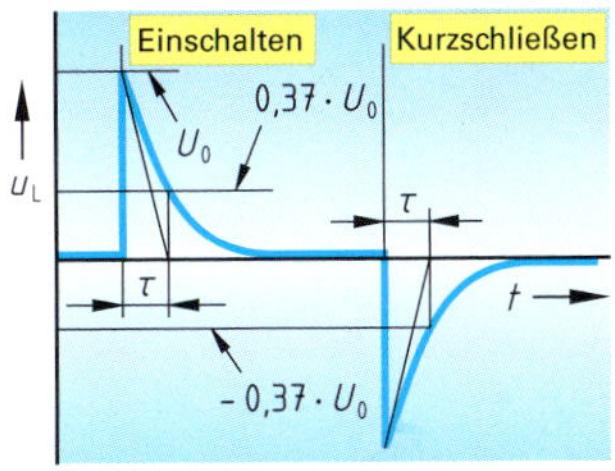

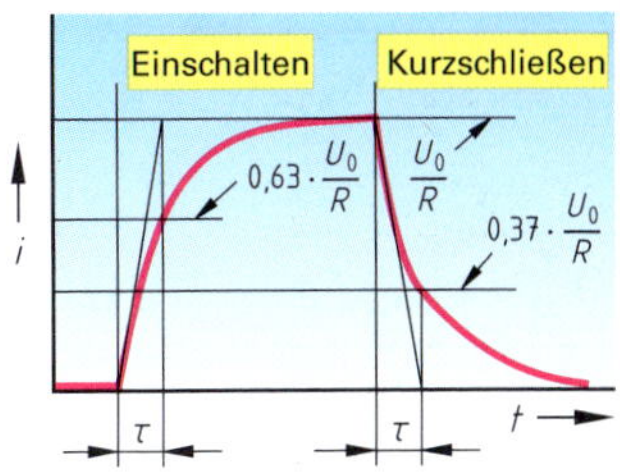

Zeitkonstante

$$\tau = \frac{L}{R} \qquad (7)$$

$$[\tau] = \frac{\text{H}}{\Omega} = \frac{\text{Vs}}{\text{A}\Omega} = \text{s}$$

Einschalten: $$u_L = U_0 \cdot \exp(-t/\tau) \qquad (8)$$

Kurzschließen: $$u_L = -U_0 \cdot \exp(-t/\tau) \qquad (10)$$

Einschalten: $$u_R = U_0[1 - \exp(-t/\tau)] \qquad (12)$$

Einschalten: $$i_L = \frac{U_0}{R} \cdot [1 - \exp(-t/\tau)] \qquad (9)$$

Kurzschließen: $$i_L = \frac{U_0}{R} \cdot \exp(-t/\tau) \qquad (11)$$

$\exp(x) = e^x$ mit e = 2,71828 ...

C	Kapazität	R	Wirkwiderstand	u_C	Kondensatorspannung
i	Stromstärke (Augenblickswert)	t	Zeit	u_L	Spulenspannung
L	Induktivität	τ	Zeitkonstante	u_R	Spannung an R
				U_0	Gleichspannung

$\exp(-t/\tau)$ ist die genormte Schreibweise von $e^{-t/\tau}$. Beim Taschenrechner muss man bei der Berechnung die Taste e^x verwenden und nicht die Taste exp.
Die Zeitkonstante gibt die Zeit an, nach der ein nach e^x verlaufender Vorgang beendet wäre, wenn der Vorgang mit der Anfangsgeschwindigkeit weiter verlaufen würde. Das ist aus den Tangenten der Bilder erkennbar. Endwerte von u und i sind erreicht nach $t \approx 5\tau$.

Reihenschaltung von R, L, C Series Connection of R, L, C

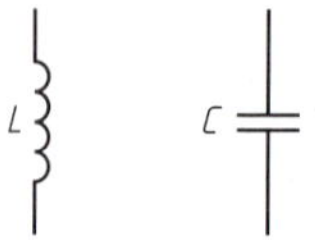

$[X_L] = \Omega = \frac{\text{H}}{\text{s}}$

$[X_C] = \Omega = \frac{\text{s}}{\text{F}}$

$L = \frac{X_L}{2\pi \cdot f}$

1 $\omega = 2\pi \cdot f$

2 $X_L = \omega \cdot L$ ($X_L = \sqrt{Z^2 - R^2}$)

3 $X_C = \frac{1}{\omega \cdot C}$

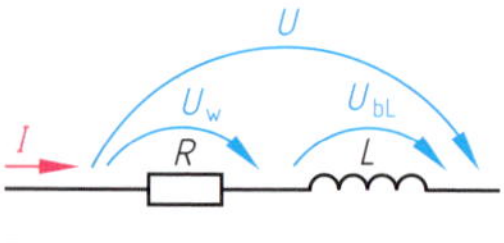

RL-Schaltung

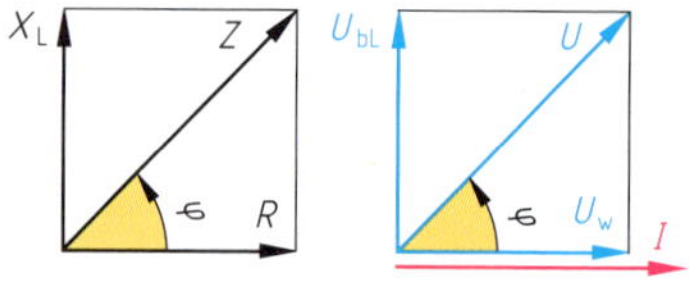

X ist X_L oder X_C,
U_b ist U_{bL} oder U_{bC}

4 $Z = \sqrt{R^2 + X^2}$

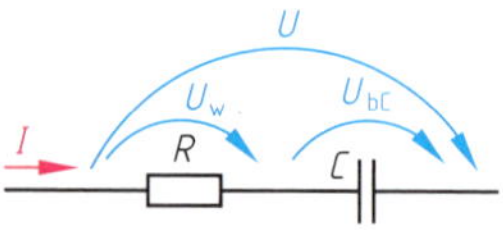

RC-Schaltung

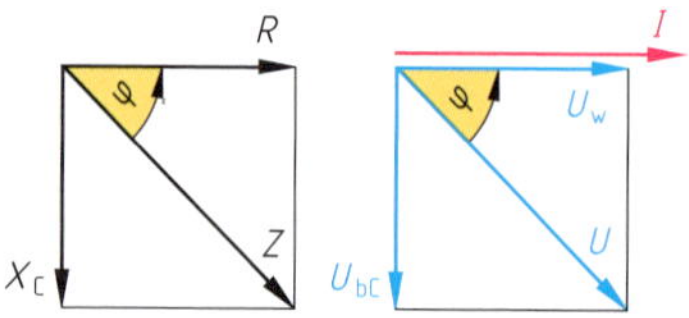

5 $U = \sqrt{U_w^2 + U_b^2}$

6 $I = \frac{U}{Z}$

7 $R = Z \cdot \cos\varphi$

8 $U_w = U \cdot \cos\varphi$

9 $X = R \cdot \tan\varphi$

10 $U_b = U_w \cdot \tan\varphi$

$\cos\varphi = \frac{R}{Z}$

11 $X = Z \cdot \sin\varphi$

12 $U_b = U \cdot \sin\varphi$

Für $R = X$:

13 $Z = R \cdot \sqrt{2}$

14 $\varphi = 45°$

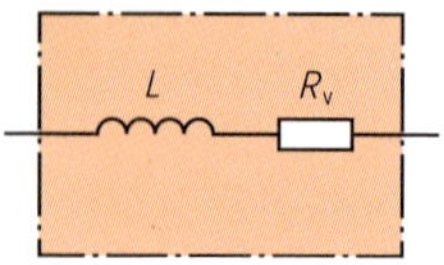

Spule mit Verlusten

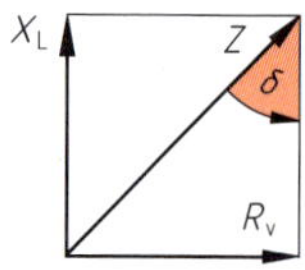

15 $\tan\delta = \frac{R_v}{X_L} = \frac{1}{Q}$

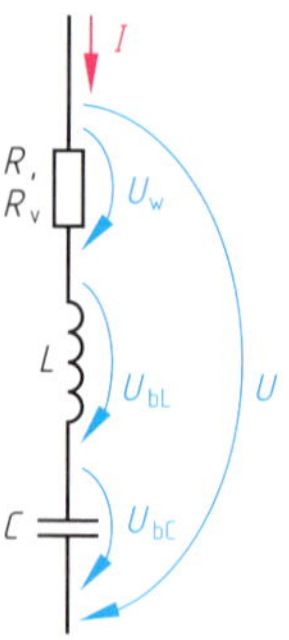

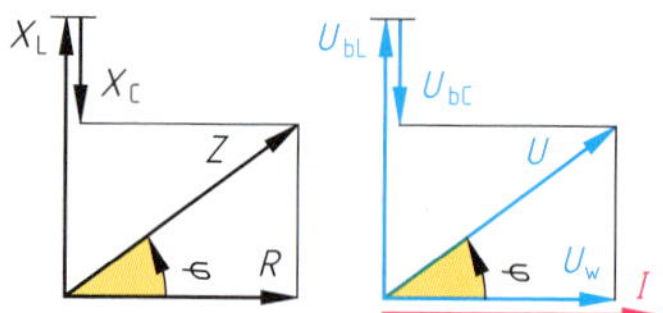

16 $Z = \sqrt{R^2 + (X_L - X_C)^2}$

17 $U = \sqrt{U_w^2 + (U_{bL} - U_{bC})^2}$

18 $\tan\varphi = \frac{X_L - X_C}{R}$

RLC-Schaltung (Reihenschwingkreis)

$Q = \frac{1}{R_v}\sqrt{\frac{L}{C}}$

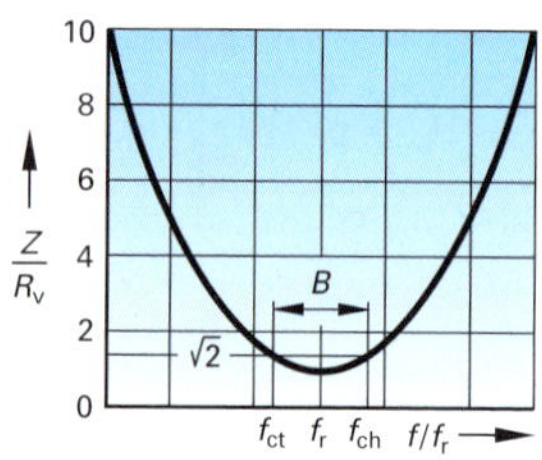

Bei Resonanz ist $X_L = X_C$.

19 $Z = R$

20 $\varphi = 0°$

21 $f_r = \frac{1}{2\pi\sqrt{L \cdot C}}$

22 $B = f_{ch} - f_{ct} = \frac{f_r}{Q}$

B	Bandbreite	R	Wirkwiderstand	X_L	induktiver Blindwiderstand
C	Kapazität	R_v	Verlustwiderstand	Z	Scheinwiderstand, Impedanz
f	Frequenz	U	Gesamtspannung	δ	Verlustwinkel
f_r	Resonanzfrequenz	U_b	Blindspannung	φ	Phasenverschiebungswinkel
f_{ch}	obere Grenzfrequenz	U_{bC}	kapazitive Blindspannung	$\cos\varphi$	Wirkfaktor, Leistungsfaktor
f_{ct}	untere Grenzfrequenz	U_{bL}	induktive Blindspannung	$\sin\varphi$	Blindfaktor
I	Gesamtstrom	U_w	Wirkspannung	$\tan\delta$	Verlustfaktor
L	Induktivität der Spule	X	Blindwiderstand	ω	Kreisfrequenz
Q	Gütefaktor	X_C	kapazitiver Blindwiderstand		

Parallelschaltung von *R, L, C* Parallel Connection of *R, L, C*

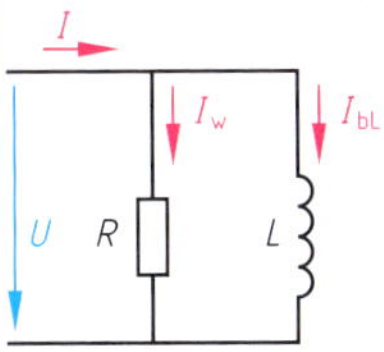

RL-Schaltung

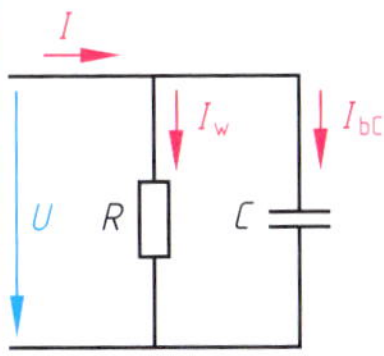

RC-Schaltung

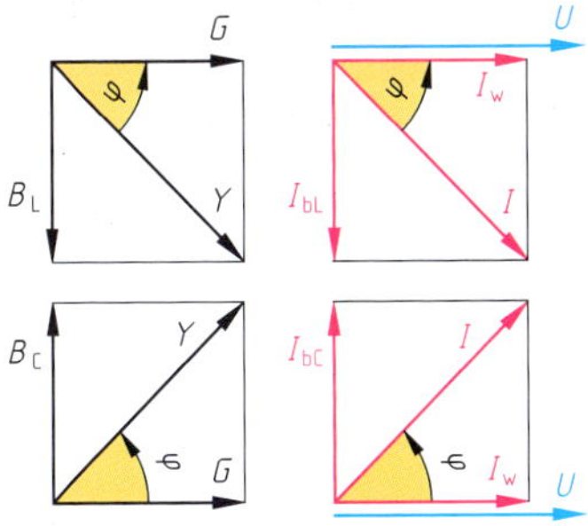

X steht für X_L oder X_C,
I_b steht für I_{bL} oder I_{bC}

$$Y = \sqrt{G^2 + B^2} \quad (1)$$

$$I = \sqrt{I_w^2 + I_b^2} \quad (2)$$

$$I = \frac{U}{Z} \quad (3) \qquad Z = \frac{1}{Y} \quad (4)$$

$$G = Y \cdot \cos\varphi \quad (5) \qquad I_w = I \cdot \cos\varphi \quad (6)$$

$$B = G \cdot \tan\varphi \quad (7) \qquad I_b = I_w \cdot \tan\varphi \quad (8)$$

$$B = Y \cdot \sin\varphi \quad (9) \qquad I_b = I \cdot \sin\varphi \quad (10)$$

Für $R = X$:

$$Z = \frac{R}{\sqrt{2}} \quad (11) \qquad \varphi = 45° \quad (12)$$

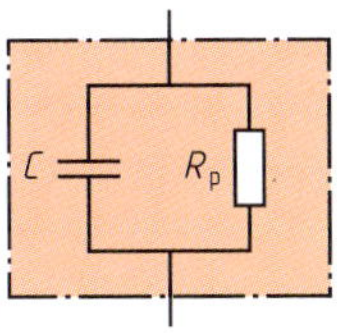

Kondensator mit Verlusten

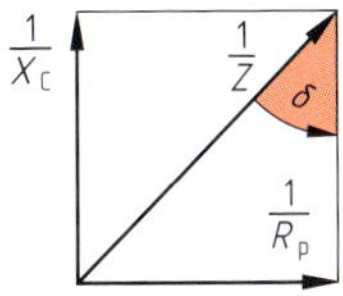

$$\tan\delta = \frac{X_C}{R_p} = \frac{1}{Q} \quad (13)$$

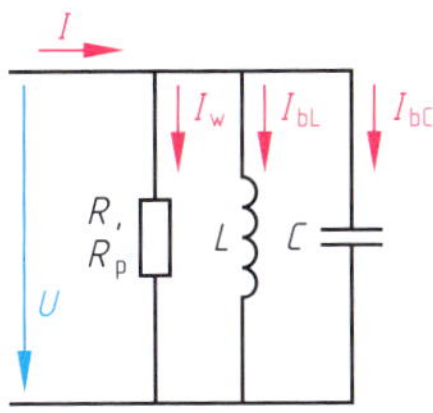

RLC-Schaltung (Parallelschwingkreis)

$$Q = R_p\sqrt{\frac{C}{L}}$$

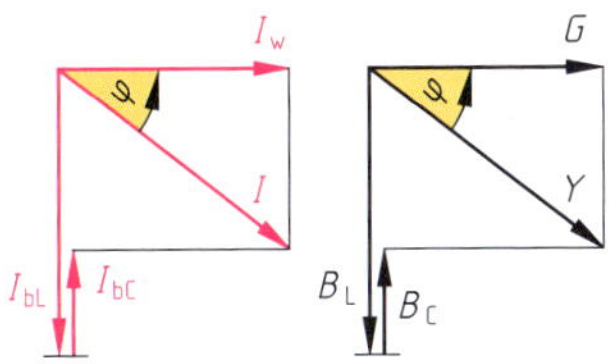

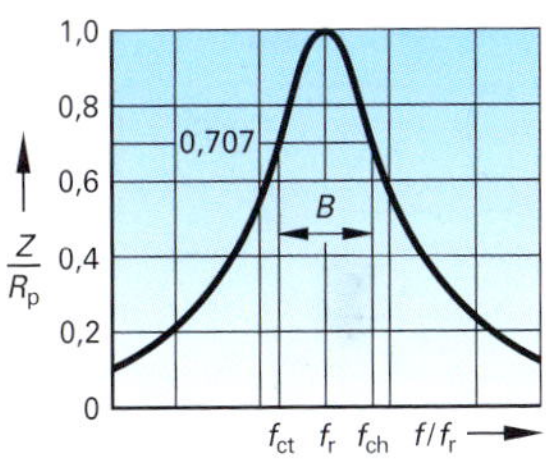

$$Y = \sqrt{G^2 + (B_L - B_C)^2} \quad (14)$$

$$I = \sqrt{I_w^2 + (I_{bL} - I_{bC})^2} \quad (15)$$

$$\tan\varphi = \frac{B_L - B_C}{G} \quad (16)$$

$$I = \frac{U}{Z} \quad (17) \qquad Z = \frac{1}{Y} \quad (18)$$

Bei Resonanz ist $X_L = X_C$.

$$Z = R \quad (19) \qquad \varphi = 0° \quad (20)$$

$$f_r = \frac{1}{2\pi\sqrt{L \cdot C}} \quad (21) \qquad B = f_{ch} - f_{ct} = \frac{f_r}{Q} \quad (22)$$

B	Blindleitwert, auch Bandbreite (Schwingkreis)
B_C	kapazitiver Blindleitwert
B_L	induktiver Blindleitwert
C	Kapazität
f	Frequenz
f_r	Resonanzfrequenz
f_{ch}	obere Grenzfrequenz
f_{ct}	untere Grenzfrequenz
G	Wirkleitwert
I	Gesamtstrom
I_b	Blindstrom
I_{bC}	kapazitiver Blindstrom
I_{bL}	induktiver Blindstrom
I_w	Wirkstrom
L	Induktivität der Spule
Q	Gütefaktor
R	Wirkwiderstand
R_p	Parallel-Verlustwiderstand
U	Gesamtspannung
X	Blindwiderstand
X_C	kapazitiver Blindwiderstand
X_L	induktiver Blindwiderstand
Y	Scheinleitwert
Z	Scheinwiderstand, Impedanz
δ	Verlustwinkel
φ	Phasenverschiebungswinkel
$\cos\varphi$	Wirkfaktor, Leistungsfaktor
$\sin\varphi$	Blindfaktor
$\tan\delta$	Verlustfaktor

Ersatz-Reihenschaltung und Ersatz-Parallelschaltung
Equivalent Series Connection and Equivalent Parallel Connection

Prinzip

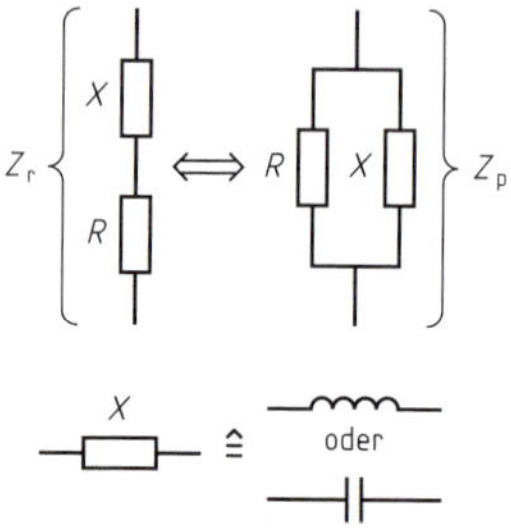

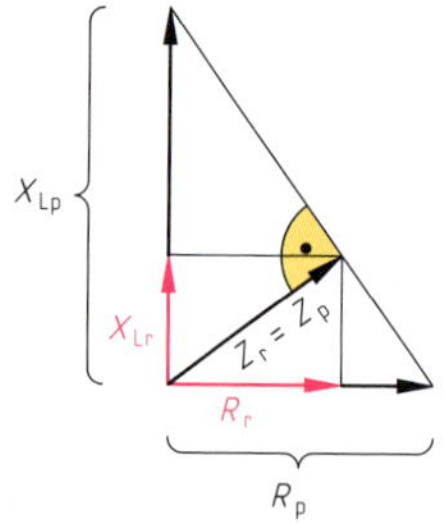

Gleichwertige (äquivalente) Schaltungen

Eine Parallelschaltung ist bei der gleichen Frequenz äquivalent einer Reihenschaltung und umgekehrt, wenn folgende Bedingungen erfüllt sind:

1. $$Z_r = Z_p$$ **1**

2. $$\cos\varphi_r = \cos\varphi_p$$ **2**

Widerstand und Spule

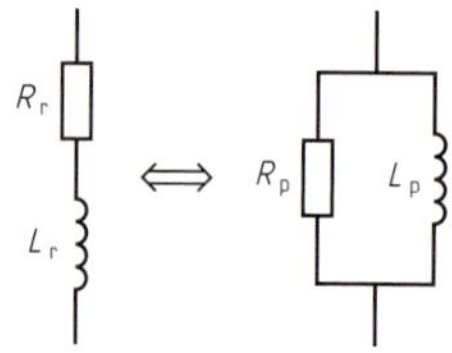

$$Z_p = \frac{R_p \cdot X_{Lp}}{\sqrt{R_p^2 + X_{Lp}^2}}$$ **3**

$$Z_r = \sqrt{R_r^2 + X_{Lr}^2}$$ **4**

$$R_r = \frac{Z_p^2}{R_p}$$ **5**

$$X_{Lr} = \frac{Z_p^2}{X_{Lp}}$$ **6**

$$R_p = \frac{Z_r^2}{R_r}$$ **7**

$$X_{Lp} = \frac{Z_r^2}{X_{Lr}}$$ **8**

$$L_r = \frac{Z_p^2}{4 \cdot \pi^2 \cdot f^2 \cdot L_p}$$ **9**

$$L_p = \frac{Z_r^2}{4 \cdot \pi^2 \cdot f^2 \cdot L_r}$$ **10**

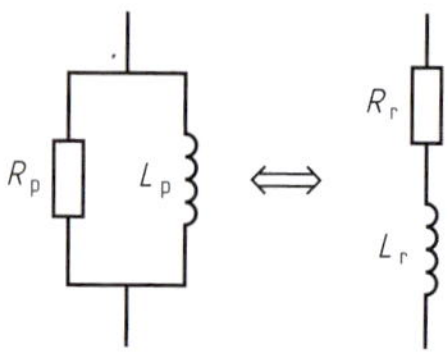

Beispiel: $R_r = 100\ \Omega$; $L_r = 0{,}5$ H; $f = 50$ Hz; $R_p = ?\ \Omega$

Lösung: $X_{Lr} = 2 \cdot \pi \cdot f \cdot L_r = 2 \cdot \pi \cdot 50\ \frac{1}{s} \cdot 0{,}5\ \Omega s = 157{,}1\ \Omega$

$Z_r^2 = R_r^2 + X_{Lr}^2 = (100\ \Omega)^2 + (157{,}1\ \Omega)^2 = 34\,680\ \Omega^2$

$R_p = \frac{Z_r^2}{R_r} = \frac{34\,680\ \Omega^2}{100\ \Omega} = \mathbf{346{,}8\ \Omega}$

Widerstand und Kondensator

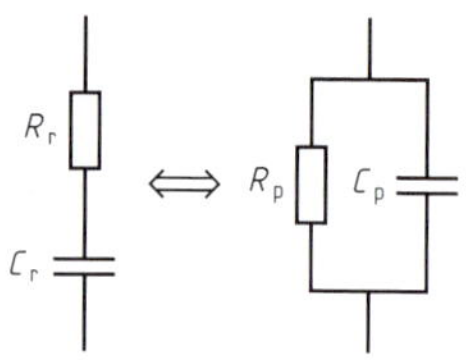

$$Z_p = \frac{R_p \cdot X_{Cp}}{\sqrt{R_p^2 + X_{Cp}^2}}$$ **11**

$$Z_r = \sqrt{R_r^2 + X_{Cr}^2}$$ **12**

$$R_r = \frac{Z_p^2}{R_p}$$ **13**

$$X_{Cr} = \frac{Z_p^2}{X_{Cp}}$$ **14**

$$R_p = \frac{Z_r^2}{R_r}$$ **15**

$$X_{Cp} = \frac{Z_r^2}{X_{Cr}}$$ **16**

$$C_r = \frac{1}{4 \cdot \pi^2 \cdot f^2 \cdot C_p \cdot Z_p^2}$$ **17**

$$C_p = \frac{1}{4 \cdot \pi^2 \cdot f^2 \cdot C_r \cdot Z_r^2}$$ **18**

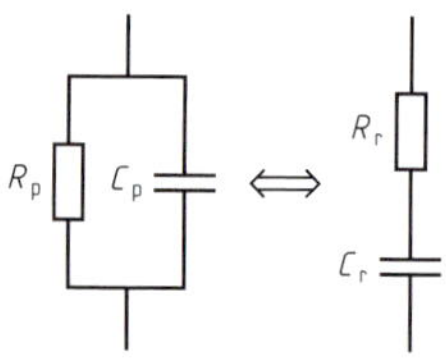

Beispiel: $R_p = 200\ \Omega$; $f = 1$ kHz; $C_p = 0{,}5\ \mu F \Rightarrow X_{Cp} = 318{,}3\ \Omega$; $C_r = ?\ \mu F$

Lösung: $Z_p^2 = \frac{R_p^2 \cdot X_{Cp}^2}{R_p^2 + X_{Cp}^2} = \frac{(200\ \Omega)^2 \cdot (318{,}3\ \Omega)^2}{(200\ \Omega)^2 + (318{,}3\ \Omega)^2} = 28\,678\ \Omega^2$

$C_r = \frac{1}{4 \cdot \pi^2 \cdot f^2 \cdot C_p \cdot Z_p^2} = \frac{1}{4 \cdot \pi^2 \cdot 10^6 \cdot 0{,}5 \cdot 10^{-6} \cdot 28\,678}$ F

$= \mathbf{1{,}77\ \mu F}$

- C Kapazität
- f Frequenz
- L Induktivität
- p Index für Parallelschaltung
- r Index für Reihenschaltung
- R Wirkwiderstand
- X Blindwiderstand
- X_C kapazitiver Blindwiderstand
- X_L induktiver Blindwiderstand
- Z Scheinwiderstand
- φ Phasenverschiebungswinkel

Einfache Filter Simple Filters

Schaltung, Zeigerbild	Übertragungskurven	Formeln
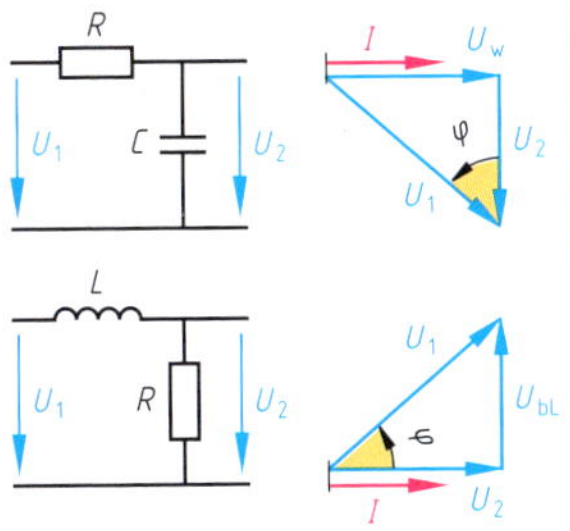 **RC-Tiefpass und RL-Tiefpass**	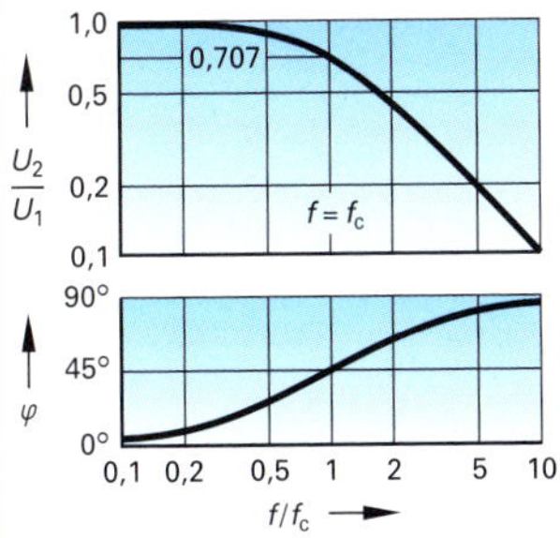	**Impedanz** $Z = \sqrt{R^2 + X^2}$ **1** (X steht für X_C oder X_L) **Grenzfrequenz** $f_c = \frac{1}{2\pi \cdot R \cdot C}$ **2** bzw. $f_c = \frac{R}{2\pi \cdot L}$ **3** Bei f_c ist $X_C = R$ oder $X_L = R$ Tiefpass, Integrierglied: $\frac{U_2}{U_1} = \frac{1}{\sqrt{1 + (f/f_c)^2}}$
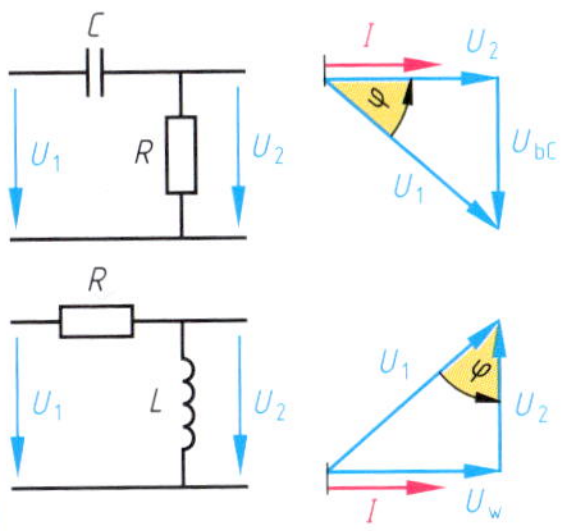 **RC-Hochpass und RL-Hochpass**	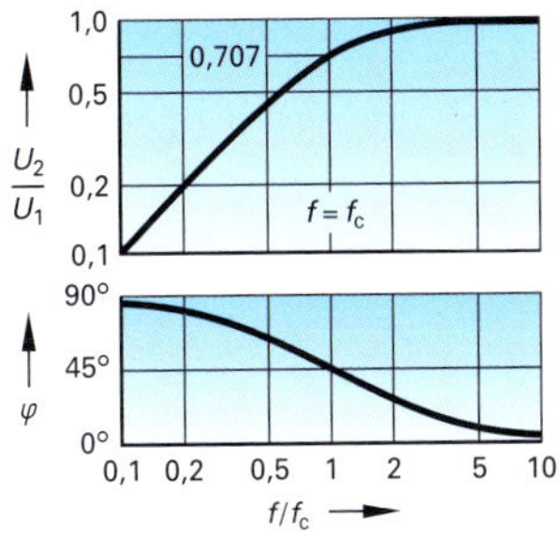	Hochpass, Differenzierglied: $\frac{U_2}{U_1} = \frac{1}{\sqrt{1 + (f_c/f)^2}}$ $\cos\varphi = \frac{U_2}{U_1}$
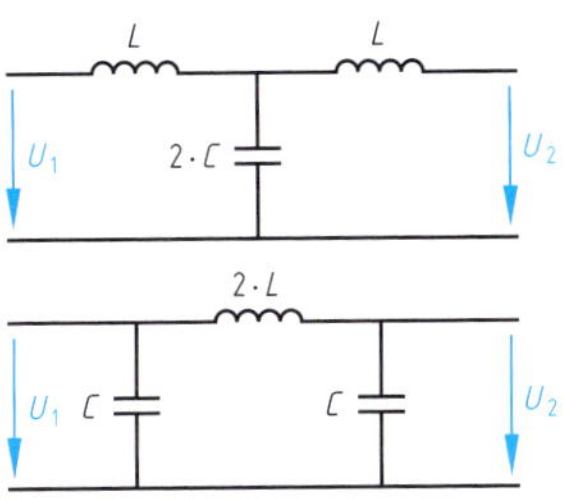 **Tiefpass (T-Glied und Π-Glied)** **(Π griech. Großbuchstabe Pi)**	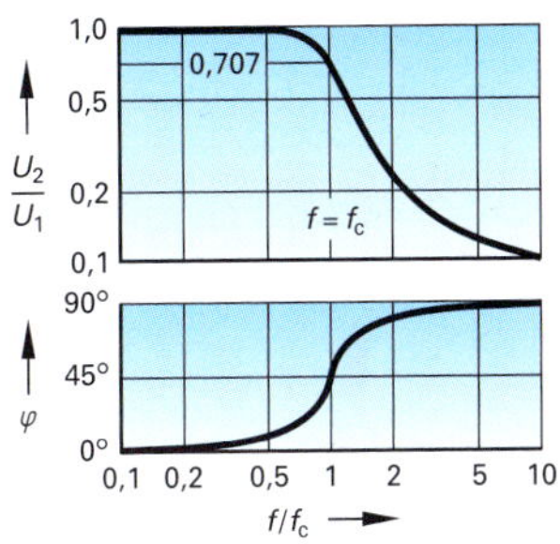	**Grenzfrequenz** $f_c = \frac{1}{2\pi \cdot \sqrt{L \cdot C}}$ **4** **Schwingungswiderstand** $Z_r = \sqrt{\frac{L}{C}}$ **5**
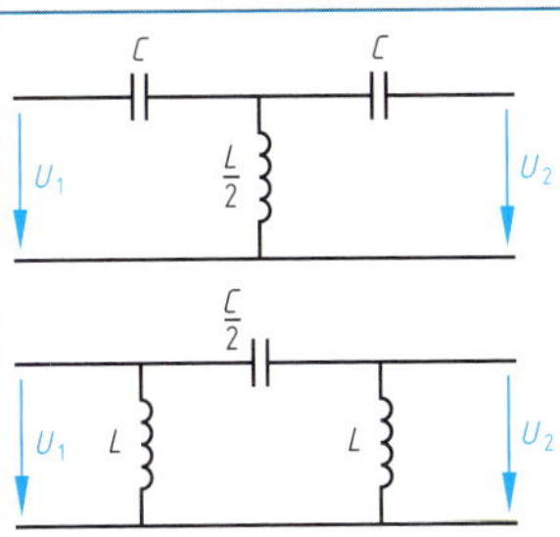 **Hochpass (T-Glied und Π-Glied)**	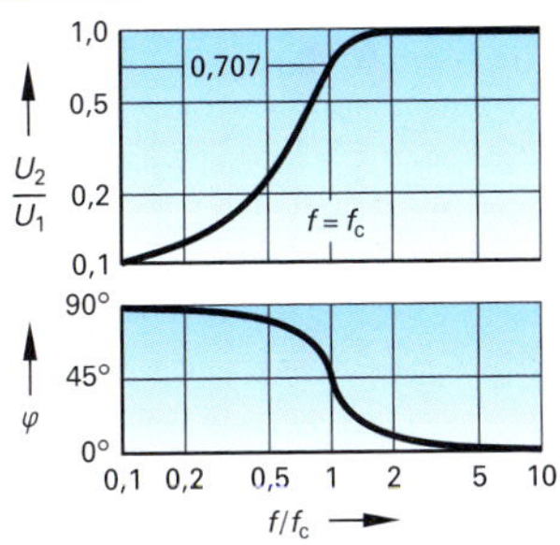	$L = \frac{Z_r}{2\pi \cdot f_c}$ $C = \frac{1}{2\pi \cdot f_c \cdot Z_r}$

C Kapazität
f Frequenz
f_c Grenzfrequenz, Index c von cut off
L Induktivität
R Wirkwiderstand
U_1 Eingangsspannung
U_2 Ausgangsspannung
X_C kapazitiver Blindwiderstand
X_L induktiver Blindwiderstand
Z_r Impedanz bei Resonanz
φ Phasenverschiebungswinkel zwischen U_1 und U_2

Dreiphasenwechselstrom (Drehstrom) Three-phase Current

Ströme, Spannungen, Leistungen

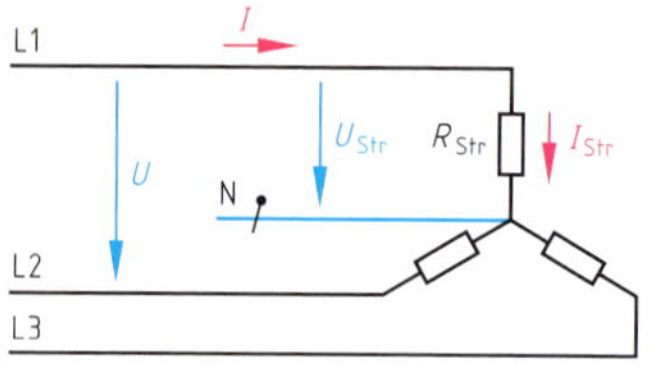

Sternschaltung (Y-Schaltung)

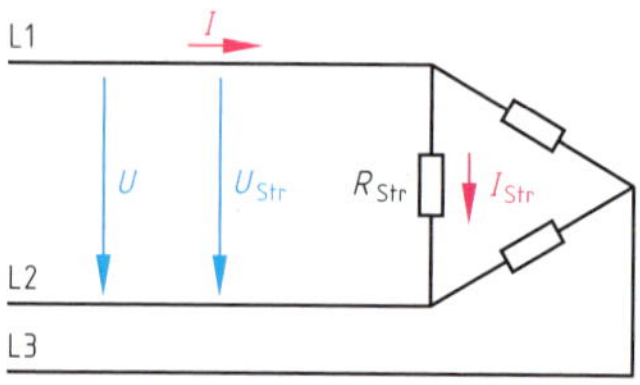

Dreieckschaltung (△-Schaltung)

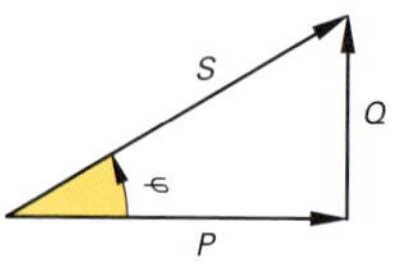

Leistungsdreieck

Bei Sternschaltung:

$I = I_{Str}$ **1**

$U = \sqrt{3} \cdot U_{Str}$ **3**

$U_{Str} = U_Y$ **5**

$U = \sqrt{3} \cdot U_Y$ **7**

$[S] = VA$

$[P] = W$

$[Q] = var$

Bei Dreieckschaltung:

$U = U_{Str}$ **2**

$I = \sqrt{3} \cdot I_{Str}$ **4**

Bei symmetrischer Last:

$S = \sqrt{3} \cdot U \cdot I$ **6**

$P = \sqrt{3} \cdot U \cdot I \cdot \cos\varphi$ **8**

$Q = \sqrt{3} \cdot U \cdot I \cdot \sin\varphi$ **9**

Bei gleicher Netzspannung:

$P_{\triangle} = 3 \cdot P_Y$ **10**

$P = 3 \cdot P_{Str}$ **11**

$S_{\triangle} = 3 \cdot S_Y$ **12**

$S = 3 \cdot S_{Str}$ **13**

$Q_{\triangle} = 3 \cdot Q_Y$ **14**

$Q = 3 \cdot Q_{Str}$ **15**

Leistung bei Störungen in symmetrischen Schaltungen von Wirkwiderständen

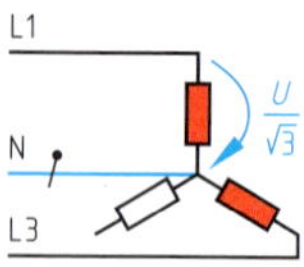

$P = \frac{2}{3} P_{NY}$ **16**

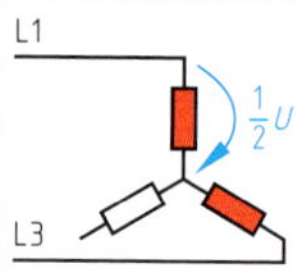

$P = \frac{1}{2} \cdot P_{NY}$ **17**

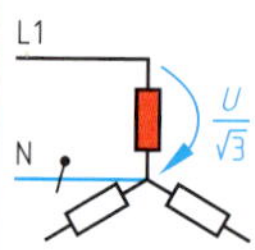

$P = \frac{1}{3} P_{NY}$ **18**

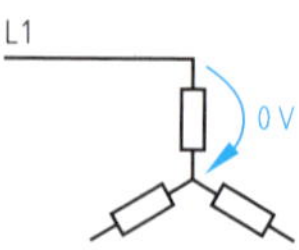

$P = 0$ **19**

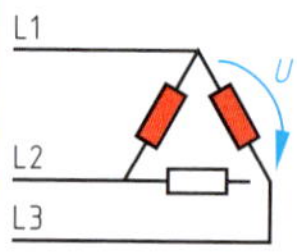

$P = \frac{2}{3} \cdot P_{N\Delta}$ **20**

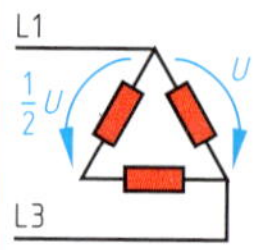

$P = \frac{1}{2} P_{N\Delta}$ **21**

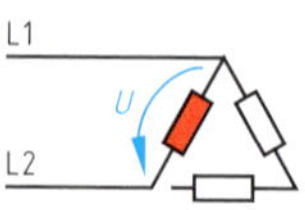

$P = \frac{1}{3} P_{N\Delta}$ **22**

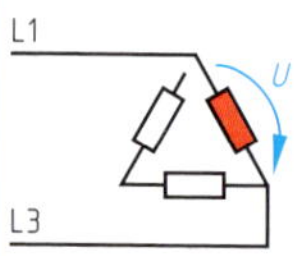

$P = \frac{1}{3} P_{N\Delta}$ **23**

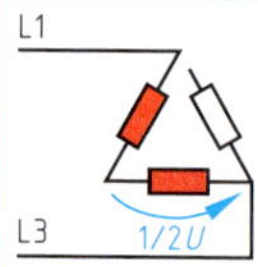

$P = \frac{1}{6} P_{N\Delta}$ **24**

I	Stromstärke (Leiterstrom)
I_{Str}	Strangstrom
P	Wirkleistung
Q	Blindleistung
S	Scheinleistung
U	Spannung (Leiterspannung)
φ	Phasenverschiebung
$\cos\varphi$	Wirkfaktor, Leistungsfaktor
$\sin\varphi$	Blindfaktor

Indizes:

N	Bemessungsleistung
Str	Strang-Wirkleistung
△	Dreieckschaltung
Y	Sternschaltung

Unsymmetrische Last, Netzwerkumwandlung, Brückenschaltung
Asymmetrical Load, Network Conversion, Bridge Circuit

Unsymmetrische Last beim Vierleiternetz

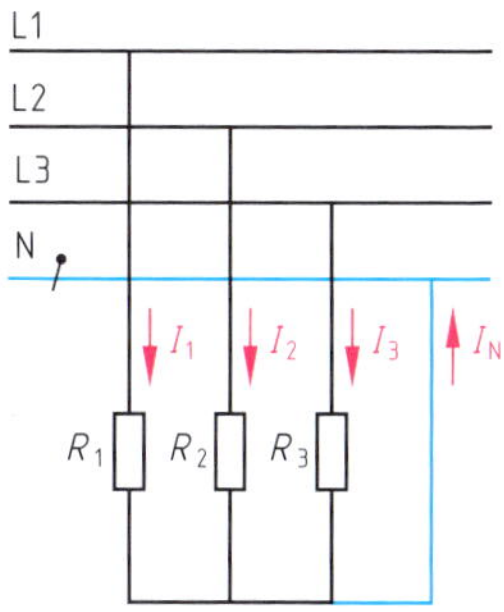

Sternschaltung

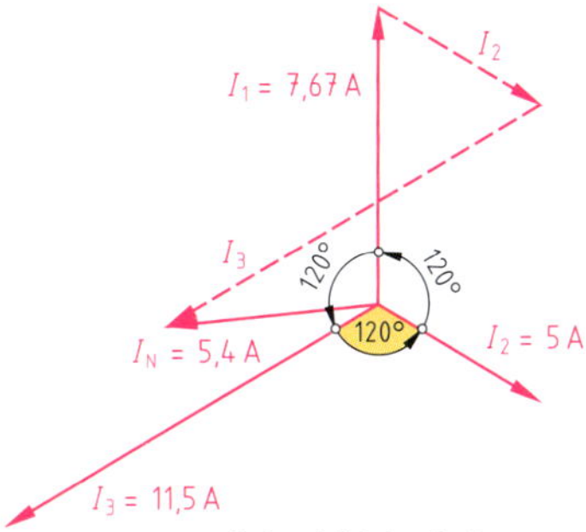

Zeigerbild der Ströme

Berechnung der Stromstärke im Neutralleiter bei oberschwingungsfreien Strömen

1. Berechnen der drei Außenleiterströme.
2. Strommaßstab wählen.
3. Zeigerbild der drei Ströme als Stern zeichnen.
4. Geometrische Summe dieser Ströme ist der Neutralleiterstrom.

Stromstärke im Neutralleiter bei Oberschwingungsbelastung siehe Seite „Qualität der Stromversorgung“.

Netzwerkumwandlungen

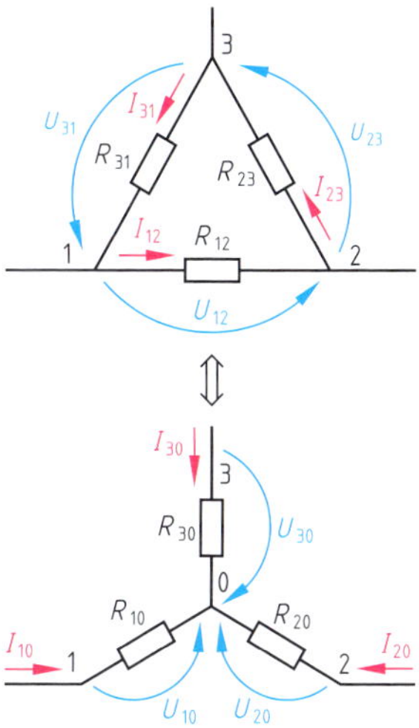

Dreieck-Sternumwandlung bei Wirkwiderständen

Dreieck in Stern:

$$R_{10} = \frac{R_{12} \cdot R_{31}}{R_{12} + R_{23} + R_{31}} \quad (1)$$

$$R_{20} = \frac{R_{23} \cdot R_{12}}{R_{12} + R_{23} + R_{31}} \quad (3)$$

$$R_{30} = \frac{R_{31} \cdot R_{23}}{R_{12} + R_{23} + R_{31}} \quad (5)$$

Stern in Dreieck:

$$R_{12} = \frac{R_{10} \cdot R_{20}}{R_{30}} + R_{10} + R_{20} \quad (2)$$

$$R_{23} = \frac{R_{20} \cdot R_{30}}{R_{10}} + R_{20} + R_{30} \quad (4)$$

$$R_{31} = \frac{R_{30} \cdot R_{10}}{R_{20}} + R_{30} + R_{10} \quad (6)$$

$$U_{10} = \frac{1}{2}\,(U_{12} - U_{31}) \quad (7) \qquad I_{10} = \frac{U_{10}}{R_{10}} \quad (8) \qquad U_{12} = U_{10} - U_{20} \quad (9) \qquad I_{12} = \frac{U_{12}}{R_{12}} \quad (10)$$

$$U_{20} = \frac{1}{2}\,(U_{23} - U_{12}) \quad (11) \qquad I_{20} = \frac{U_{20}}{R_{20}} \quad (12) \qquad U_{23} = U_{20} - U_{30} \quad (13) \qquad I_{23} = \frac{U_{23}}{R_{23}} \quad (14)$$

$$U_{30} = \frac{1}{2}\,(U_{31} - U_{23}) \quad (15) \qquad I_{30} = \frac{U_{30}}{R_{30}} \quad (16) \qquad U_{31} = U_{30} - U_{10} \quad (17) \qquad I_{31} = \frac{U_{31}}{R_{31}} \quad (18)$$

Brückenschaltung

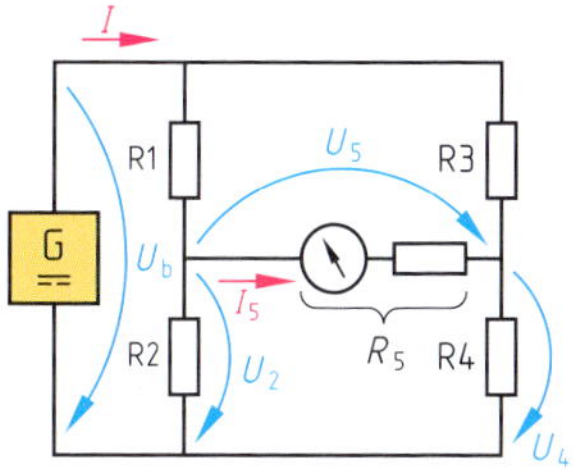

Wheatstone-Brücke

Bei Abgleich:

$$U_5 = U_2 - U_4 = 0 \quad (19)$$

$$\frac{R_1}{R_2} = \frac{R_3}{R_4} \quad (20)$$

Ohne Abgleich:

$$I_5 = \frac{(R_2\,R_3 - R_1\,R_4)\,U_b}{R_5\,(R_3 + R_4)\,(R_1 + R_2) + R_3\,R_4\,(R_1 + R_2) + R_1\,R_2\,(R_3 + R_4)} \quad (21)$$

$$U_5 = \frac{(R_2\,R_3 - R_1\,R_4) \cdot R_5 \cdot U_b}{R_5\,(R_3 + R_4)\,(R_1 + R_2) + R_1 R_3 R_4 + R_2 R_3 R_4 + R_1 R_2 R_3 + R_1 R_2 R_4} \quad (22)$$

Die Bedeutung der Formelzeichen ist aus den Bildern zu erkennen.

Oberschwingungen OS Harmonics

Begriff	Erklärungen	Bemerkungen, Daten, Fakten
Grundschwingung Fourier (franz. Physiker 1768 bis 1830)	Eine genau sinusförmige Größe ist die Grundschwingung oder 1. Teilschwingung. 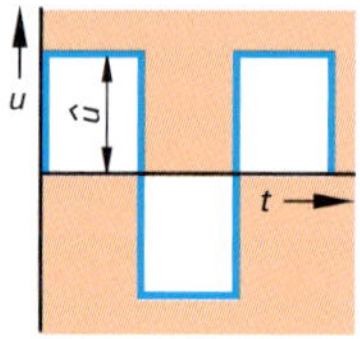 Rechteckförmige Größe 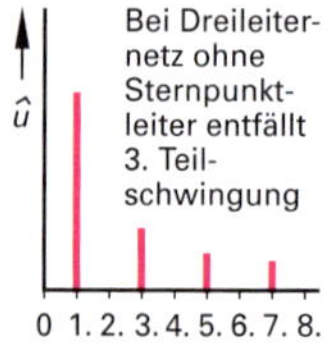 Teilschwingung	Jede von der Sinusform abweichende symmetrische Wechselgröße, z. B. Wechselspannung, kann nach *Fourier* aus einer Grundschwingung GS und Oberschwingungen OS zusammengesetzt werden. Die Frequenzen der OS sind ganzzahlige Vielfache der Grundschwingungsfrequenz. Je stärker die Wechselgröße von der Sinusform abweicht, z. B. bei einer Rechteckspannung **(Bild)**, desto mehr Oberschwingungen sind vorhanden. Grundschwingung (1. Teilschwingung) und Teilschwingungen werden als Amplitudenspektren $u(f)$ dargestellt **(Bild)**.
Arten von Verzerrungen Rückwirkung auf die Netzspannung	Generatoren und Wechselrichter erzeugen Spannungen, deren $u(t)$-Kennlinie von der Sinusform abweicht, also verzerrt ist. Beim Abnehmer enthalten die Lasten meist Bauelemente mit nicht linearen Kennlinien: Dadurch enthält der aufgenommene Strom OS. Lastströme von Verbrauchern rufen Oberschwingungen hervor, die sich der Netzspannung überlagern.	• Oberschwingungen entstehen im Netz z. B. durch drehende Generatoren und durch Wechselrichter. • Nicht lineare Kennlinien von Bauelementen. Nicht lineare Kennlinien: Dioden, IGBTs, Transistoren, Thyristoren, Triacs, Eisenkerne im Sättigungsbereich von Transformatoren. • Oberschwingungen von Strömen führen zu Oberschwingungen, z. B. der Netzspannung.
Ordnungszahlen bei AC bei 3AC bei DC	Das ganzzahlige Vielfache der Grundschwingung ist die Ordnungszahl. Es sind Teilschwingungen mit den Ordnungszahlen 1, 3, 5, 7, 9, ... möglich. Bei 3AC ohne Anschluss des N-Leiters sind die Ordnungszahlen von AC möglich, nicht jedoch 3, 6, 9, ... Sind DC-Anteile vorhanden, treten zusätzliche Ordnungszahlen 2, 4, 6, ... auf.	**Ordnungszahlen ν** bei AC: $\nu = k + 1$ **1** bei 3AC ohne N-Anschluss: $\nu = 3 \cdot k + 1$ **2** mit $k = 0, 2, 4, 6, \ldots$ Die Stärke der Harmonischen nimmt mit wachsender Ordnungszahl ab, so dass Ordnungszahlen >7 meist unberücksichtigt bleiben können.
Arten der Oberschwingungen	Oberschwingungen mit dem ganzzahligen Vielfachen der Grundschwingungsfrequenz nennt man *Harmonische* H.	Bei *Zwischenharmonischen* liegen die Ordnungszahlen dazwischen, z. B. bei 2,4. Bei *Subharmonischen* ist die Frequenz kleiner als die Frequenz der Grundschwingung, meist nicht berücksichtigt.
Zählweise der Oberschwingungen	Ordnungszahl / Teilschwingung / Schwingungsname: 1 / 1. / GS 2, 3, 4, 5 / 2., 3., 4., 5. / 2., 3., 4., 5. H	Oberschwingungen nicht nach den Ordnungszahlen nummerieren. Also z. B. nicht 2. Oberschwingung sagen, da das auch als Oberschwingung der Ordnungszahl 3 bzw. 5 aufgefasst werden könnte.
Verzerrungsfaktor und Scheinleistung	Durch den Verzerrungsfaktor $v < 1$ wird der Leistungsfaktor $\lambda < \cos\varphi$ kleiner und damit werden Scheinleistung und Stromstärke größer. **Hinweis:** In der Praxis und auch in älteren Normen werden die Oberschwingungen vernachlässigt, der Verzerrungsfaktor $v = 1$ gesetzt und der $\cos\varphi$ als Leistungsfaktor bezeichnet, sodass $\cos\varphi = \lambda$ und $\cos\varphi = P/S$.	**Verzerrungsfaktor** $v = \lambda/\cos\varphi$ **3** **Scheinleistung** $S = P/\lambda$ $S = P/(v \cdot \cos\varphi)$ **4** v Verzerrungsfaktor, λ Leistungsfaktor S Scheinleistung, P Wirkleistung, $\cos\varphi$ Wirkfaktor, Verschiebungsfaktor
Drehfelder der Oberschwingungen	Drehfelder von Oberschwingungen sind langsamer als das Feld der Grundschwingung, teilweise auch entgegengesetzt (Formel 2). Dadurch führen Oberschwingungen zu Sattelmomenten, unruhigem Lauf und Geräuschen.	**Drehfelddrehzahlen der Oberschwingungen** $n_\nu = n/\nu$ **5** $n_\nu = f/(2p \cdot \nu)$ **6** f Netzfrequenz, ν Ordnungszahl, n_ν Drehfelddrehzahl, $2p$ Polzahl Negatives ν der Formel 2 führt in Motoren zu Drehfeld gegen das Grundschwingungsfeld.

Widerstände und Kondensatoren Resistors and Capacitors

Normreihen (Bemessungswerte) wikipedia.org/wiki/E-Reihe

E-Reihen	E6	1,0		1,5		2,2		3,3		4,7		6,8	
	E12	1,0	1,2	1,5	1,8	2,2	2,7	3,3	3,9	4,7	5,6	6,8	8,2
	E24	1,0 1,1	1,2 1,3	1,5 1,6	1,8 2,0	2,2 2,4	2,7 3,0	3,3 3,6	3,9 4,3	4,7 5,1	5,6 6,2	6,8 7,5	8,2 9,1
	E48	1,00 1,05 1,10 1,15	1,21 1,27 1,33 1,40	1,47 1,54 1,62 1,69	1,78 1,87 1,96 2,05	2,15 2,26 2,37 2,49	2,61 2,74 2,87 3,01	3,16 3,32 3,48 3,65	3,83 4,02 4,22 4,42	4,64 4,87 5,11 5,36	5,62 5,90 6,19 6,49	6,81 7,15 7,50 7,87	8,25 8,66 9,09 9,53
	E96	1,00 1,02 1,05 1,07 1,10 1,13 1,15 1,18	1,21 1,24 1,27 1,30 1,33 1,37 1,40 1,43	1,47 1,50 1,54 1,58 1,62 1,65 1,69 1,74	1,78 1,82 1,87 1,91 1,96 2,00 2,05 2,10	2,15 2,21 2,26 2,32 2,37 2,43 2,49 2,55	2,61 2,67 2,74 2,80 2,87 2,94 3,01 3,09	3,16 3,24 3,32 3,40 3,48 3,57 3,65 3,74	3,83 3,92 4,02 4,12 4,22 4,32 4,42 4,53	4,64 4,75 4,87 4,99 5,11 5,23 5,36 5,49	5,62 5,76 5,90 6,04 6,19 6,34 6,49 6,65	6,81 6,98 7,15 7,32 7,50 7,68 7,87 8,06	8,25 8,45 8,66 8,87 9,09 9,31 9,53 9,76

Beispiel für Werte E192: 1,00 1,01 1,02 1,04 1,05 1,06 1,07 1,09 1,10 …

Toleranzen innerhalb der Reihen:
E6: ±20%; E12: ±10%; E24: ±5%; E48: ±2%; E96: ±1%; E192: ±0,5%. Farbangaben siehe unten bei 4. Ring bzw. 5. Ring.

Die Widerstandswerte erhält man aus $R = \sqrt[m]{10^n}$ nach Rundung, wobei m der Reihe entspricht, z. B. 24, und n eine ganze Zahl ist mit $0 \leq n \leq m - 1$. Anzahl der Werte einer Dekade mit $z = 3 \cdot 2^n$ mit n = 0, 1, 2, 3, 4, 5, 6.

Bemessungsleistungen: 0,125 W, 0,25 W, 0,5 W, 1 W, 2 W, 5 W, 10 W…

R-Reihen	R10	1,00	1,25	1,60	2,00	2,50	3,15	4,00	5,00	6,30	8,00
	R20	1,00 1,12	1,25 1,40	1,60 1,80	2,00 2,24	2,50 2,80	3,15 3,55	4,00 4,50	5,00 5,60	6,30 7,10	8,00 9,00

Bei den R-Reihen können die Toleranzen der E-Reihen gewählt werden, z. B. ± 5%.

Alphanumerische Kennzeichnung von Widerständen und Kondensatoren

Widerstände	R27	2R7	27R	K27	2K7	27K	M27	2M7	27M
	0,27 Ω	2,7 Ω	27 Ω	0,27 kΩ	2,7 kΩ	27 kΩ	0,27 MΩ	2,7 MΩ	27 MΩ
Kondensatoren	3p9	39p	n39	3n9	39n	µ39	3µ9	39µ	m39
	3,9 pF	39 pF	0,39 nF	3,9 nF	39 nF	0,39 µF	3,9 µF	39 µF	0,39 mF

Farb-Kennzeichnung von Widerständen, keramischen Kondensatoren und Dünnfilmkondensatoren (Werte für 1. und 2. Ring in Ω oder pF)

Farbe der Ringe oder Punkte		schwarz (BK)	braun (BR)	rot (RD)	orange (OG)	gelb (YE)	grün (GN)	blau (BU)	violett (VT)	grau (GY)	weiß (WH)	gold (GD)	silber (SR)	ohne Farbe
1. Ring	1. Ziffer	–	1	2	3	4	5	6	7	8	9	–	–	–
2. Ring	2. Ziffer	0	1	2	3	4	5	6	7	8	9	–	–	–
3. Ring[1]	Multiplikator	10^0	10^1	10^2	10^3	10^4	10^5	10^6	10^7	10^8	10^9	0,1	0,01	–
4. Ring[1]	Toleranz in %	–	± 1	± 2	–	–	± 0,5	–	–	–	–	± 5	± 10	± 20
5. Ring[1]	Zul. Betriebsspannung in V	–	100	200	300	400	500	600	700	800	900	1000	2000	500
6. Ring	TK[2] in ppm[3]	250	100	50	15	25	20	10	5	1	–	–	–	–

[1] Bei Widerständen mit kleiner Toleranz (meist Metallfilm-Widerständen) ist der 3. Ring eine weitere Ziffer. Der 4. Ring gibt dann den Multiplikator an, der 5. Ring die Toleranz in %. Bei Kondensatoren bedeutet der 5. Ring oder Punkt die zulässige Betriebsspannung in V.

[2] TK von Temperaturkoeffizient, TK = α wird in 1/K angegeben. [3] ppm = parts per million = 10^{-6}.

Farbkennzeichnung von Widerständen und Kondensatoren
Color Marking of Resistors and Capacitors

Prinzip, Leserichtung, Ziffernreihenfolge	Beispiele	Bemerkungen
Widerstände		
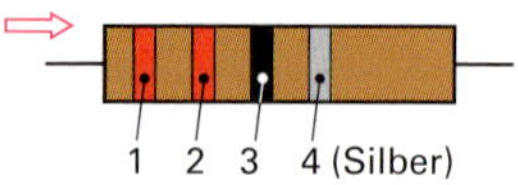 **Kohleschichtwiderstand**	Ziffernreihenfolge in Leserichtung: 1 2 3 4 rt rt sw – 2 2 10^0 10% ⇒ 22 Ω ± 10% = 22 Ω ± 10% (E12)	Der 4. Ring bedeutet 10% Toleranz. Sonstige Kennzeichnung der Toleranz siehe vorhergehende Seite. ⇒ Leserichtung
 **Metallglasurschichtwiderstand**	Ziffernreihenfolge in Leserichtung: 1 2 3 4 gr rt sw rt 8 2 10^0 2% ⇒ 82 Ω ± 2% = 82 Ω ± 5% (E24)	Der Farbstreifen mit Unterbrechungen entspricht dem 4. Ring und kennzeichnet die Toleranz des Widerstandswertes.
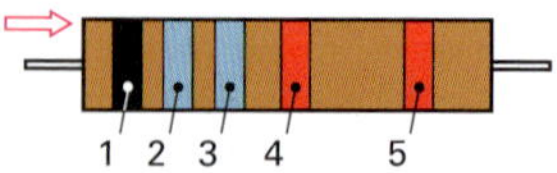 **Metallfilmwiderstand**	Ziffernreihenfolge in Leserichtung: 1 2 3 4 5 gr bl bl rt rt 8 6 6 10^2 2% ⇒ 866 · 10^2 Ω ± 2% = 86 600 Ω ± 2% = 86,600 kΩ ± 2% (E48)	Der Abgleich auf den genauen Widerstandswert erfolgt durch Verkleinern der Widerstandsfläche mit einem Laserstrahl.
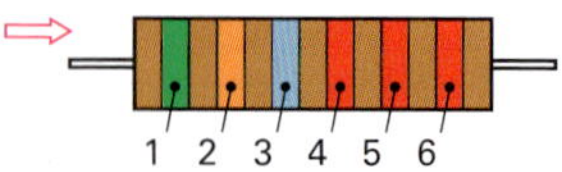 **Metallschichtwiderstand**	Ziffernreihenfolge in Leserichtung: 5 3 6 4 5 6 gn or bl rt rt rt 5 3 6 10^2 2% 50 ppm ⇒ 536 · 10^2 Ω ± 2% = 53 600 Ω ± 2% = 53,600 kΩ ± 2% mit $\alpha = 50 \cdot 10^{-6}$ 1/K	Bei einer Temperaturänderung von 20 K verändert sich der Wert des Metallschichtwiderstandes um $536 \cdot 10^2 \cdot 20 \cdot 50 \cdot 10^{-6}$ Ω = 53,6 Ω.
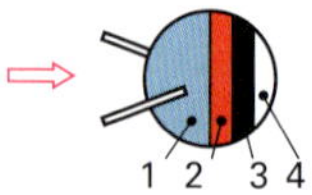 **NTC-Widerstand**	Ziffernreihenfolge in Leserichtung: 1 2 3 4 bl rt sw – 6 2 10^0 20% ⇒ 62 Ω ± 20% = 62 Ω ± 20%	NTC von Negative Temperature Coefficient = negativer Temperatur-Koeffizient. NTC-Widerstände sind Heißleiter. Angaben für 20 °C.
Kondensatoren		
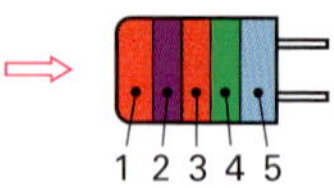 **Dünnfilmkondensator**	Ziffernreihenfolge in Leserichtung: 1 2 3 5 5 rt vi rt gn bl 2 7 10^2 5% 630 V ⇒ 27 · 10^2 pF ± 5% = 2700 pF ± 5% = 2,7 nF ± 5%	Für die Betriebsspannungen gilt abweichend von der Farb-Kennzeichnung auch bl ≙ 630 V und rt ≙ 250 V. Der Wert muss nicht mit dem theoretischen Wert der Reihe übereinstimmen.
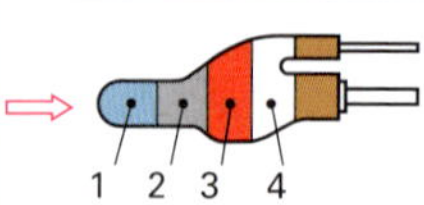 **Keramikkondensator**	Ziffernreihenfolge in Leserichtung: 1 2 3 4 bl gr rt – 6 8 10^2 20% ⇒ 6800 pF ± 20% = 6,8 nF ± 20%	Die Spannungsangabe erfolgt meist mit Kleinbuchstaben. Spannungsangaben: a = 50 V, d = 250 V, f = 500 V, h = 1000 V
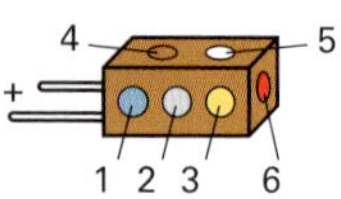 **Tantalkondensator**	Ziffernreihenfolge in Leserichtung: 1 2 3 4 5 6 bl gr gb – ws rt 6 8 10^4 20% 50 V + Pol ⇒ 68 · 10^4 pF ± 20% = 0,68 µF ± 20%	Es werden meist firmeneigene Farbkennzeichnungen verwendet. Bei gepolten Tantalkondensatoren wird der Anschluss für die positive Elektrode durch den 6. Ring und/oder einen längeren Anschlussdraht gekennzeichnet.

Spannungsangaben			
a	d	f	h
50 V	250 V	500 V	1000 V

sw (BK) schwarz · rt (RD) rot · gb (YE) gelb · bl (BU) blau · gr (GY) grau · au (GD) gold
br (BN) braun · or (OG) orange · gn (GN) grün · vl (VT) violett · ws (WH) weiß · ag (SR) silber

Bauarten von Widerständen und Kondensatoren

Types of Resistors and Capacitors

Bezeichnung	Aufbau	Daten	Bemerkungen
Bauarten von Widerständen			
SMD-Metallschicht-widerstände MELF-Metallschicht-widerstände	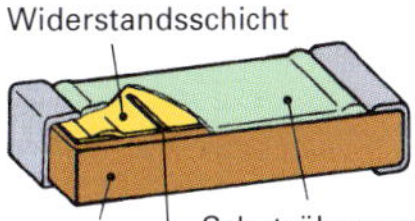	Widerstandswerte bis Reihe E192, Temperaturbereich −55 °C bis 125 °C, Toleranzen 0,01% bis 10%, zul. Betriebsspannung ≤ 500 V, Bemessungsbelastbarkeiten von 0,03 W bis 1 W. Wird bei Überlastung hochohmig.	SMD von Surface Mounted Device = Oberfläche montiertes Bauelement, quaderförmig. Nachteil: Bauelement kann bei Überlastung hochohmig oder niederohmig werden. MELF von Metal Electrode Leadless Face = Metall-Elektrode ohne Anschlussdraht.
Metallschicht-widerstand	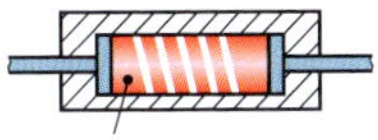	Widerstandswerte bis Reihe E192, Temperaturbereich −55 °C bis 125 °C, Toleranzen ±0,01% bis ±5%, Isolationswiderstand $> 10^2$ GΩ, Isolationsspannung AC 1000 V, Bemessungsbelastbarkeit bis 6 W.	Metalloxid-Schichtwiderstände (Metalloxidschicht auf Keramik, darüber Silikonzement-Überzug) sind mechanisch robust und höher belastbar als Kohleschichtwiderstände. EMS-Widerstände (**E**del-**M**etall-**S**chicht) sind Präzisionswiderstände.
Draht-widerstand	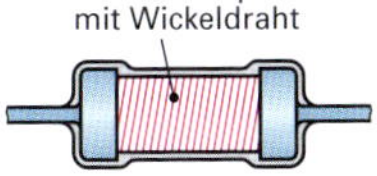	Widerstandswerte bis Reihe E24, Toleranzen ±0,5% bis ±10%, Bemessungsbelastbarkeit 0,5 W bis 17 W, Hochlastwiderstände bis 500 W, nicht induktionsfrei.	Drahtwiderstände haben bei gleicher Belastbarkeit kleinere Abmessungen als Schichtwiderstände. Glasierte Drahtwiderstände sind feuchtigkeitsfest.
Trimm-widerstand	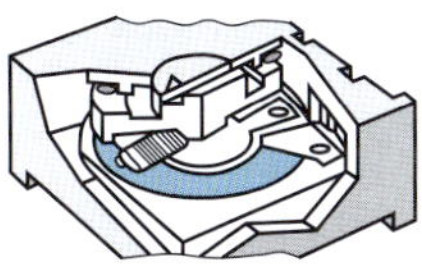	Kohleschichtwiderstände: Bemessungsbelastbarkeit 0,05 W bis 0,5 W, Temperaturbereich −55 °C bis 125 °C, Widerstandsverlauf linear und logarithmisch, Drahtwiderstände: Bemessungsbelastbarkeit bis 1 W.	Schicht-Trimmwiderstände in liegender und stehender Ausführung. Beide Arten auch voll gekapselt. Es gibt Präzisionstrimmwiderstände in Drahtausführung oder mit Cermetschicht (Cermet von Ceramic-Metall = Keramikmetall).
Bauarten von Kondensatoren			
Metallisierter Kunststofffolien-kondensator mit Polypropylen-Dielektrikum (MKP-Kondensator)	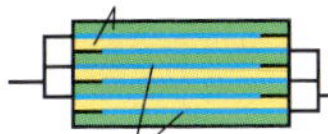	Kapazität 1 nF bis 500 µF, Bemessungsspannung 25 V bis 20 kV, bei 50 Hz Verlustfaktor $\tan \delta \approx 0{,}2 \cdot 10^{-3}$ = 0,2 W/kvar. Große MKP sind runde Zylinder, kleine sind flach oder rund. www.schneider-electric.de	**Aufbau**: Zwei Polypropylenfolien einseitig metallisiert. Im Fehlerfall verdampft die Metallisierung (Selbstheilung). Bei zu hoher Temperatur verdampft der Kunststoff und trennt den Kondensator vom Netz.
Metallpapier-kondensator (MP-Kondensator)	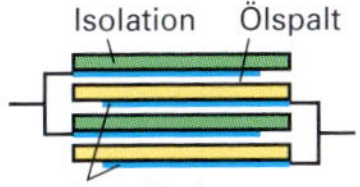	Kapazität 10 nF bis 500 µF, Bemessungsspannung 250 V bis 20 kV, nachlassende Bedeutung der mit PCB (Polychlorierte Biphenyle) getränkten MP, da große Verluste und PCB krebserregend.	MP: **M**etall-**P**apier Der Verlustfaktor $\tan \delta$ bei 50 Hz beträgt etwa $4 \cdot 10^{-3}$ = 4 W/kvar. Er nimmt mit steigender Frequenz stark zu. Selbstheilend bei Durchschlag.
Doppelschicht-kondensatoren, Speicherkon-densatoren, UltraCap-Kondensatoren	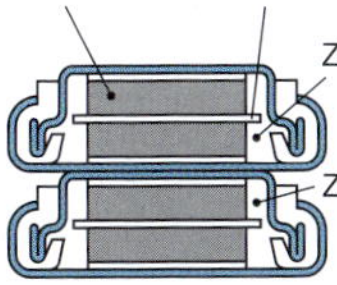	Kapazität 0,1 F bis 50 F, Bemessungsspannung U_N = 5 V, U_{Nmax} = 5,5 V, Temperaturbereich −25 °C bis 70 °C, Toleranzen −20% bis +80%, Verlustwiderstand (ESR) 15 mΩ bis 10 mΩ bei 1 kHz Module für U = 12,5 V bis 55 V und C = 100 F bis 5 000 F mit P = 12,5 kW für 5 s.	Bauformen: Massekondensatoren für kleinere Kapazitäten, Wickelkondensatoren für große Kapazitäten, Module für hohe Spannungen und sehr große Kapazitäten durch Serienschaltung und Parallelschaltung. Module können z. B. Bleiakkumulatoren in Kfz ersetzen. ESR (von Equivalent Series Resistance = gleichwertiger Serienwiderstand)
Tantal-Sinter-kondensator (Elektrolyt-kondensator)	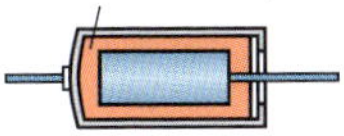	Kapazität 0,1 µF bis 1 F, Bemessungsspannung 3 V bis 100 V, Temperaturbereich −55 °C bis 125 °C, Toleranzen −20% bis +50%.	Tantal-Kondensatoren mit Sinteranode und festem Elektrolyt haben eine sehr große Betriebssicherheit. Flüssiger Elektrolyt ermöglicht bei gleicher Baugröße größere Kapazität und höhere Bemessungsspannung.

Anwendungsgruppen und Aufbau von Kondensatoren
Application Groups and Structures of Capacitors

Anwendungsgruppen

Anwendungsgruppe	Klima-Eigenschaften		Kondensatorart, technologischer Aufbau
	relative Feuchte	Temperaturbereich	
Gleichspannungskondensatoren für Energieelektronik $\tan \delta \leq 2 \cdot 10^{-4} = 0{,}2$ W/kvar Kapazitätstoleranz: ± 10% praktische Inkonstanz: 1% ... 3% z. B. für Zwischenkreise, Glättung	≤ 95%	– 55 °C bis + 70 °C	MKP-Kondensatoren Sie ersetzen die mit PCB (Polychlorierte Biphenyle) imprägnierten Metallpapierkondensatoren (MP)
Wechselspannungskondensatoren für Energieelektronik $\tan \delta \leq (0{,}1 ... 1) \cdot 10^{-3} = (0{,}1 ... 1)$ W/kvar Kapazitätstoleranz: ± 2% ... ± 10% praktische Inkonstanz: – 3% ... 1% z. B. für Filterung von Oberschwingungen	≤ 75%	– 25 °C bis + 70 °C	MKV-Kondensatoren, MKP-Kondensatoren P Polypropylen MK Metallisierter Kunststoff V selbstheilend
	≤ 95%	– 55 °C bis + 85 °C	
Schwingkreiskondensatoren $\tan \delta \leq (0{,}1 ... 10) \cdot 10^{-3}$ Kapazitätstoleranz: ± 1% ... ± 5% praktische Inkonstanz: 0,1 ... 1% z. B. Abstimmung der Frequenz	≤ 65%	– 55 °C bis + 70 °C	KS-Kondensatoren (Polystyrol)
	≤ 75%	– 55 °C bis + 85 °C	MKP-Kondensatoren (Polypropylen)
		– 55 °C bis + 125 °C	Keramischer Kondensator (Vielschicht)
Kopplungskondensatoren und Siebkondensatoren Typ 1 $\tan \delta \leq (0{,}1 ... 10) \cdot 10^{-3}$ Kapazitätstoleranz: ± 5% praktische Inkonstanz: – 6% ... 2% z. B. für Filterung von Spannungsspitzen	≤ 75%	– 55 °C bis + 100 °C	MKC-Kondensatoren (Polycarbonat)
	≤ 65%	– 40 °C bis + 100 °C	MKT-Kondensatoren (Polyester)
	≤ 75%		
	≤ 80%		
Kopplungskondensatoren und Siebkondensatoren Typ 2 für Speicherschaltungen $\tan \delta \leq 30 \cdot 10^{-3}$ Kapazitätstoleranz: – 10% ... + 10% praktische Inkonstanz: 10%	≤ 75%	– 55 °C bis + 70 °C – 25 °C bis + 125 °C	Aluminium-Elektrolytkondensatoren (Aluminiumoxid)
	≤ 75%	– 55 °C bis + 125 °C	Tantal-Elektrolytkondensatoren (Tantaloxid)
	≤ 95%		

Aufbau und Eigenschaften verschiedener Bauarten von Kondensatoren

Typ	Aufbau	zulässige Betriebsspannung in V	Kapazitätsbereich in nF	tan δ bei 1 kHz
FKP (KP)	Polypropylen/Aluminiumfolie	630/1000/1500	1 bis 68	$1 \cdot 10^{-4} ... 3 \cdot 10^{-4}$
MKP	Polypropylen, metallisiert mit Al	160/250/400/630/1000	10 bis 50 000	$1 \cdot 10^{-4} ... 3 \cdot 10^{-4}$
MKC	Polycarbonat, metallisiert mit Al	63/100/160/400/630/1000	10 bis 22 000	$1 \cdot 10^{-3} ... 3 \cdot 10^{-3}$
MKS	Polyester, metallisiert mit Al	63/100/250/400/630/1000	10 bis 33 000	$6{,}5 \cdot 10^{-3}$
FKC	Polycarbonat/Metallfolie	100/160/400/630/1000	0,1 bis 47	$1{,}5 \cdot 10^{-3}$
MKT	Polyester/metallisiert	100/250/400	10 bis 5600	$5 \cdot 10^{-3}$
KT	Polyesterfolie/Metall	160/400	1 bis 330	$4 \cdot 10^{-3}$
KS	Polystyrolfolie (Styroflex)/Metall	63/125/250/500	0,05 bis 160	$0{,}2 ... 0{,}3 \cdot 10^{-3}$

Kapazitätstoleranz: Höchstzulässige Abweichung des Istwertes der Kapazität von der Bemessungskapazität.

praktische Inkonstanz: Zeitliche Kapazitätsänderung innerhalb der Lebensdauer. Sie wird auf eine Temperatur von + 40 °C bezogen. Negative Werte bedeuten Kapazitätsabnahme.

$\tan \delta$ Verlustfaktor, $\tan \delta = 2 \cdot 10^{-4} = 0{,}2 \cdot 10^{-3} = 0{,}2$ W/kvar.

Halbleiterwiderstände Semiconductor Resistors

Schaltzeichen, Bezeichnung	Aufbau	Daten	Bemerkungen
Temperaturabhängige Widerstände (Thermistoren)			
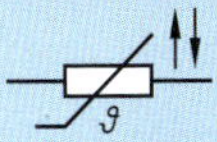 **Heißleiterwiderstand NTC-Resistor (Negative Temperature Coefficient)**	 scheibenförmig Chip Halbleiterperle **Werkstoffe:** Mischungen aus Metalloxiden (MgO, TiO_2, Al_2O_3, NiO mit Co-Zusatz)	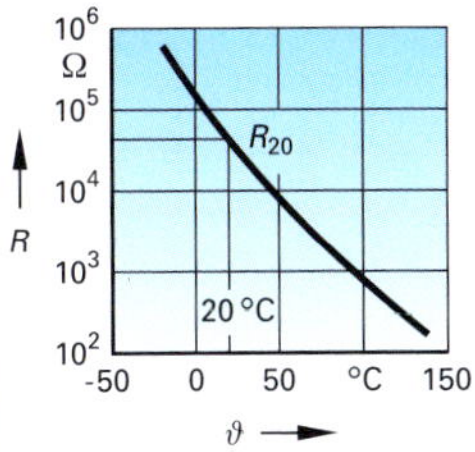 R_{20} Kaltwiderstand bei 20 °C	Der Widerstand von Heißleitern nimmt mit steigender Temperatur ab (negativer Temperaturkoeffizient). Temperaturkoeffizienten: −0,02/K bis −0,06/K Bemessungswiderstände (bei 20 °C): 4 Ω bis 470 Ω **Anwendungen** Fremderwärmte Heißleiter: als Temperaturfühler. Eigenerwärmte Heißleiter: Einschaltstrombegrenzung
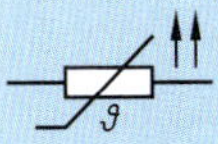 **Kaltleiter, PTC-Resistor (Positive Temperature Coefficient)**	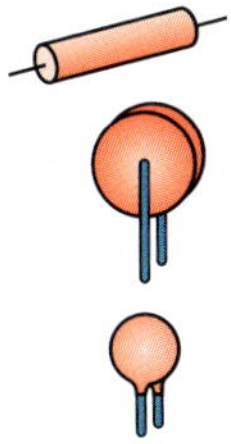 stabförmig scheibenförmig perlenförmig **Werkstoffe:** Bariumtitanat mit Zusatz von Metalloxiden oder -salzen	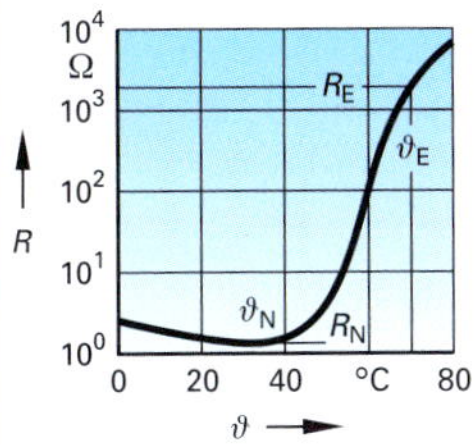 R_N Bemessungswiderstand bei Bemessungstemperatur ϑ_N R_E Endwiderstand bei Endtemperatur ϑ_E	Der Widerstand von Kaltleitern nimmt in einem Temperaturbereich mit steigender Temperatur stark zu (positiver Temperaturkoeffizient). Temperaturkoeffizienten: +0,07/K bis +0,6/K Bemessungswiderstände: 3,5 Ω bis 1,2 kΩ **Anwendungen** Überlastschutz, Stromregelung, Übertemperaturschutz (Motorschutz), selbstregulierende Heizelemente
Spannungsabhängige Widerstände (Varistoren)			
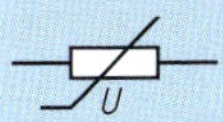 **VDR (Voltage Dependent Resistor) Varistor (Variable Resistor),**	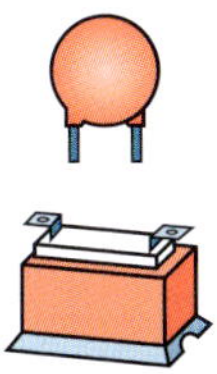 scheibenförmig blockförmig **Werkstoffe:** Gesintertes Siliciumcarbid (SiC), Titandioxid (TiO_2), Zinkoxid (ZnO) Der VDR wird zur Isolation und zum Schutz vor äußeren Einflüssen mit einer Epoxidharzschicht überzogen. Die Spannungsabhängigkeit des Widerstands beruht auf Kontaktwiderständen zwischen den gesinterten Keramikkristallen.	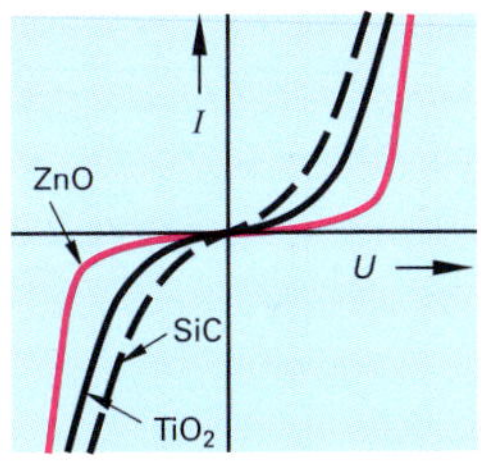 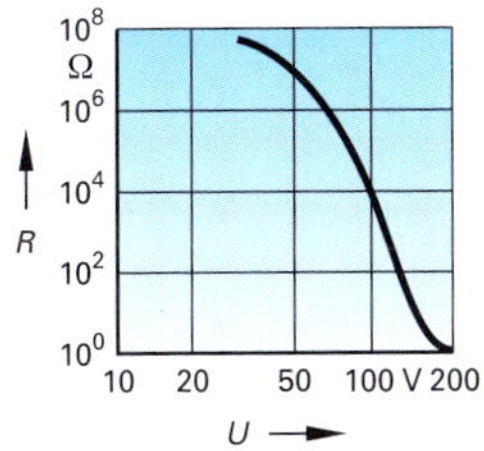 Der Widerstand des VDR nimmt (bei gleichbleibender Temperatur) mit steigender Spannung ab.	$U \approx K \cdot I^{\beta}$ U Spannung am VDR I Strom durch VDR K Bauartkoeffizient (abhängig von räumlichen Abmessungen) β Regelfaktor Bemessungsspannungen: ZnO-VDR: 60 V bis 600 V SiC-VDR: 8 V bis 300 V Maximalströme: ZnO-VDR: 400 A bis 4500 A SiC-VDR: 1 A bis 10 A Regelfaktoren β: SiC-VDR: 0,15 bis 0,35 TiO_2-VDR: 0,1 bis 0,18 ZnO-VDR: 0,03 **Anwendung** Überspannungsschutz, Spannungsstabilisierung, Spannungsbegrenzung.

Dioden Diodes

Prinzip, Bezeichnung	Gehäuse (Beispiele)	Schaltzeichen, Bezugspfeile	Kennlinien	Anwendung
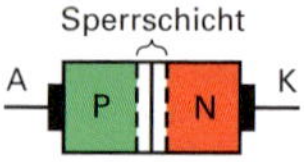 Flächendiode, z. B. Siliciumdiode	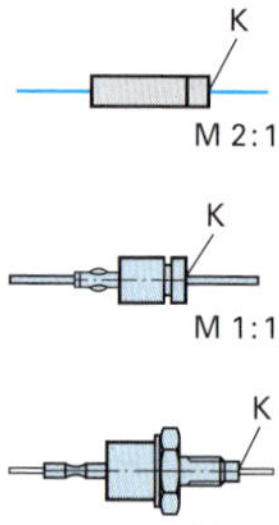 M 2:1, M 1:1, M 1:2	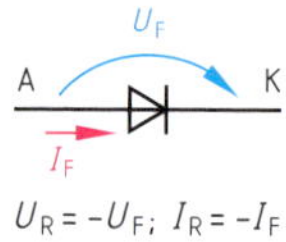 $U_R = -U_F$; $I_R = -I_F$	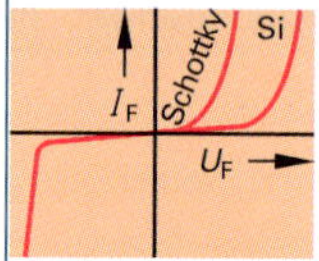	Si-Gleichrichterdiode U_{Rmax} = 100 V bis 3,5 kV I_{Fmax} = 150 mA bis 3 kA Scheibendiode, für Höchstleistung wassergekühlt.
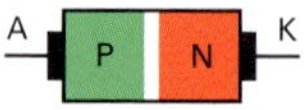 Z-Diode		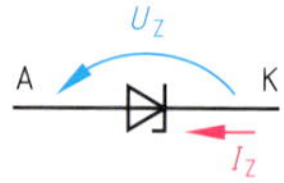	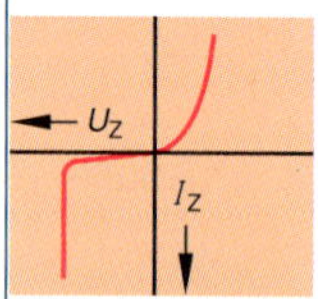	Spannungsbegrenzung, Stabilisierung, Überlastungsschutz. U_Z = 1,8 V bis 200 V Betrieb in Rückwärtsrichtung.
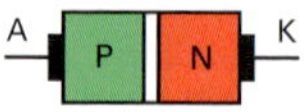 Suppressordiode	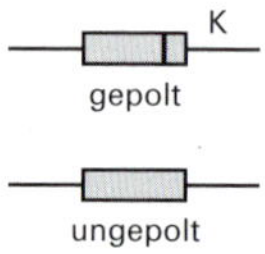	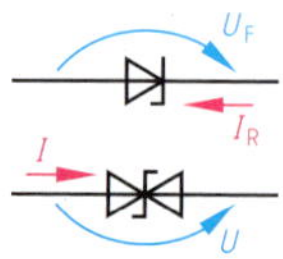	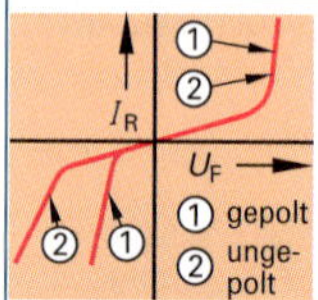	Schutzbeschaltung vor zu hohen Spannungsspitzen. U_R = 20 V bis 600 V I_R = 6 A bis 50 A Betrieb in Rückwärtsrichtung.
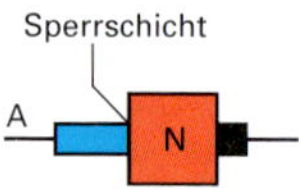 Spitzendiode, Kleinflächendiode	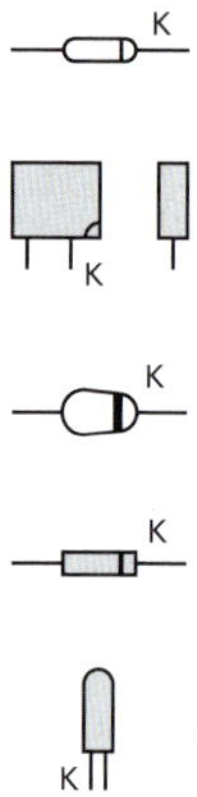 M 1:1 bis M 2:1	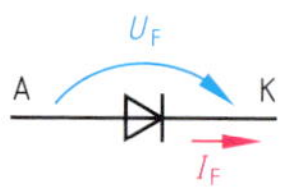	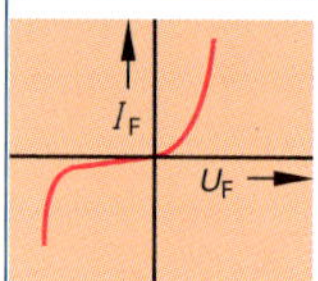	Universaldioden in der HF-Technik, z. B. für HF-Gleichrichtung, Modulation, Demodulation, Schalter.
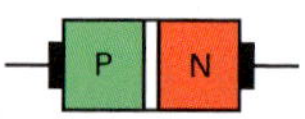 Kapazitätsdiode		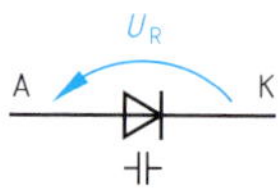	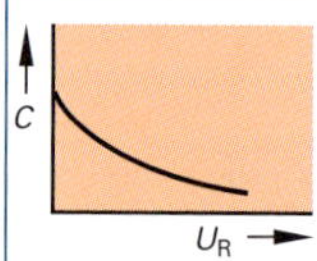	Abstimmung von Schwingkreisen. U_R = 1 V bis 30 V C ≤ 60 pF bis 5 pF Betrieb in Rückwärtsrichtung.
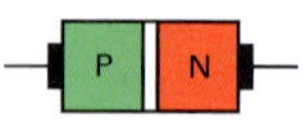 Tunneldiode		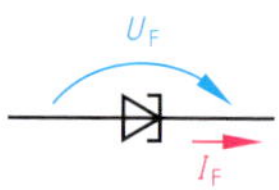	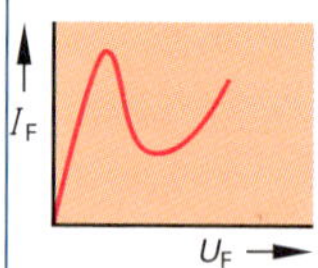	Verstärker bei UHF und VHF, Impulsformer.
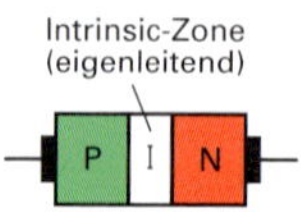 PIN-Diode	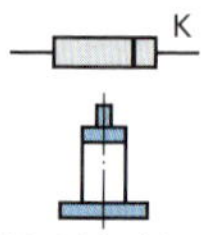 M 1:1 bis M 1:5	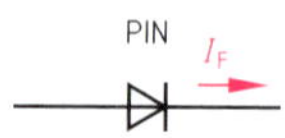 nicht genormt	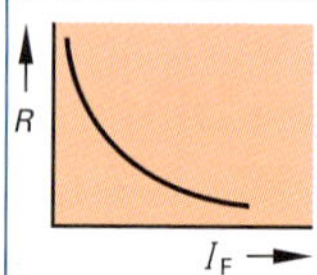	In der Hochfrequenztechnik ab 10 MHz als veränderliche Widerstände in Dämpfungsgliedern und als Schalter.
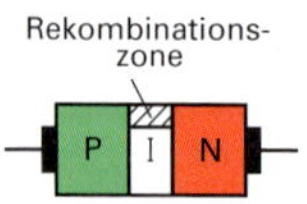 Magnetdiode	 Doppeldiode M 1:1 bis M 2:1	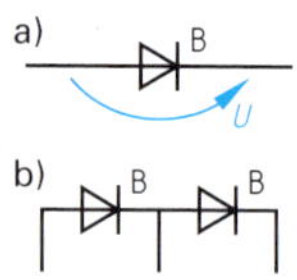	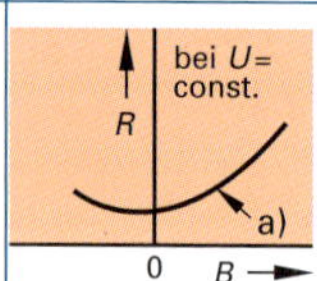	Fühler für Magnetfeld, z. B. in Elektronikmotoren. Meist Doppeldiode aus zwei in Reihe geschalteten Dioden (Seite 62).

A Anode, B magnetische Flussdichte, C Kapazität, Ge Germanium, I_F Vorwärtsstrom (Durchlassstrom), I_R Rückwärtsstrom (Sperrstrom), I_Z Zenerstrom, K Katode, R Widerstand, Si Silicium, U_F Vorwärtsspannung (Durchlassspannung), U_R Rückwärtsspannung (Sperrspannung), U_Z Zenerspannung

IGBTs, Feldeffekttransistoren, IGBTs, Field Effect Transistors

Prinzip, Bezeichnung	Gehäuse (Beispiele)	Schaltzeichen, Bezugspfeile	Kennlinien	Anwendung, Spezialformen
 IGBT	z. B. TO 220 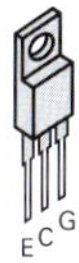 etwa M 1:2	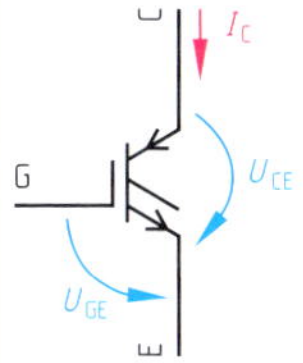	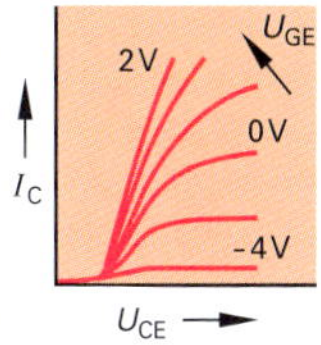	IGBT von Insulated Gate Bipolar Transistor. **Selbstleitender IGBT** (Verarmungstyp) ist wie der selbstleitende IG-FET schon bei U_{GS} = 0 V leitend. Im Schaltzeichen ist die CE-Strecke durchgezogen. **Selbstsperrender IGBT** (Anreicherungstyp) ist wie der selbstsperrende IG-FET leitend, wenn U_{GS} = 0 V. Im Schaltzeichen ist die CE-Strecke gestrichelt. $U_{CE} \leq$ 1600 V, $I_C \leq$ 1 kA.
	z. B. TO 247 AC 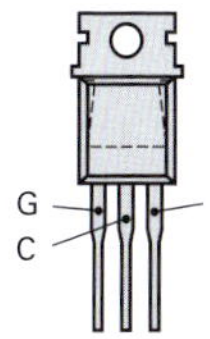	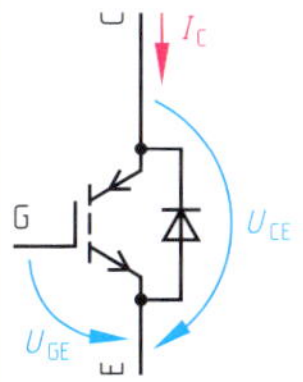	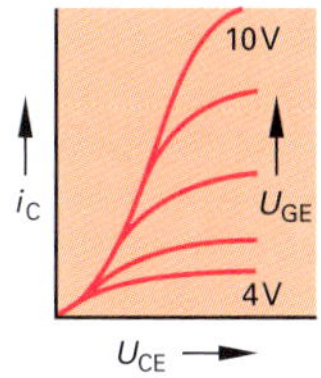	
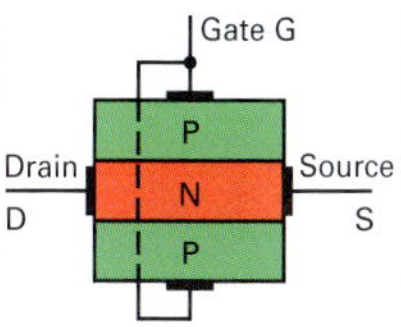 J-FET mit N-Kanal	 auch SDG statt SGD	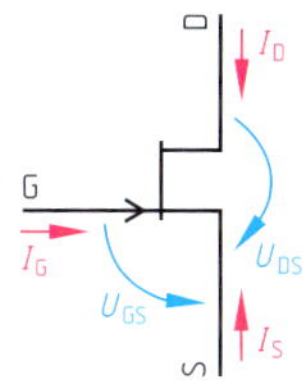	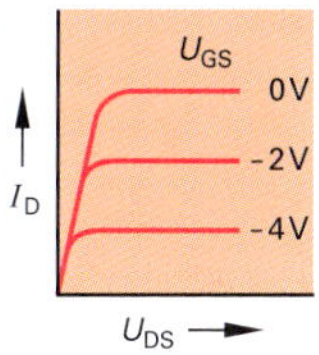	Verstärkerschaltungen, Analogschalter, Vorverstärker Mikrofon, HF-Verstärker, Oszillatoren, Quarzoszillatoren, Mischstufen, Stellglieder bei Reglern.
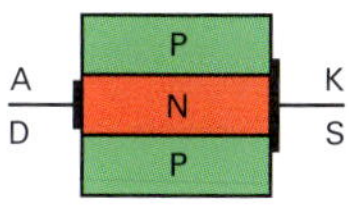 J-FET als Strombegrenzer	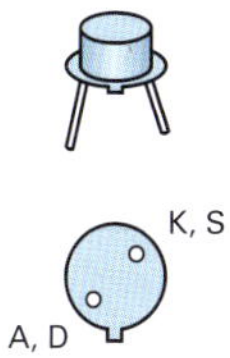	Ersatzschaltung 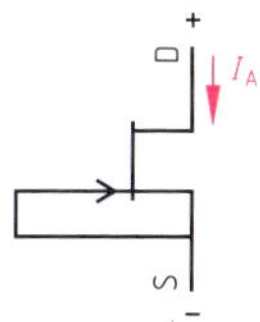	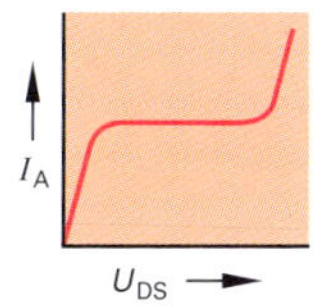	Stabilisierung, Strombegrenzung
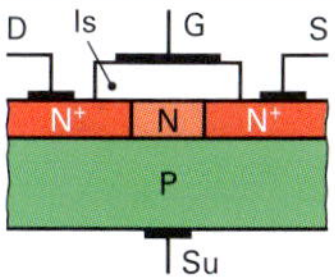 Selbstleitender IG-FET mit N-Kanal		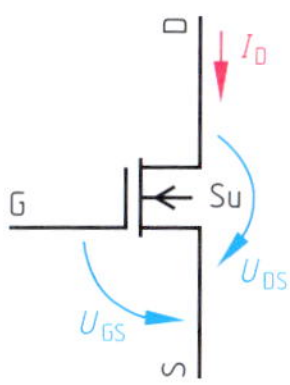	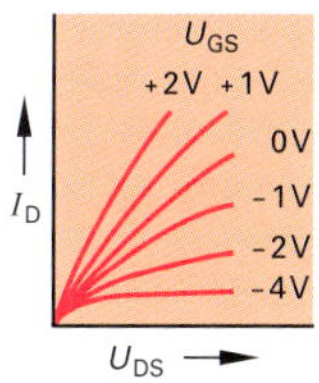	Verstärkerschaltungen, insbesondere für Eingangsstufen, HF-Verstärker, Regelglieder, Leistungsverstärker. Typische Grenzwerte für Leistungsverstärker: U_{DS} = 50 V U_{GS} = ± 20 V I_D = 25 A maximale Verlustleistung P_{tot} = 75 W
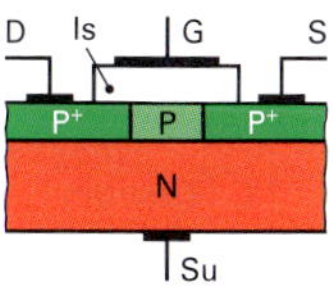 Selbstsperrender IG-FET mit P-Kanal	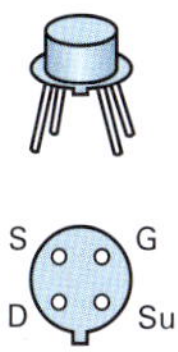	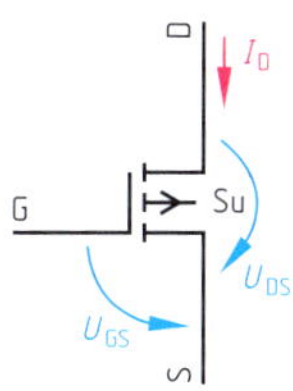	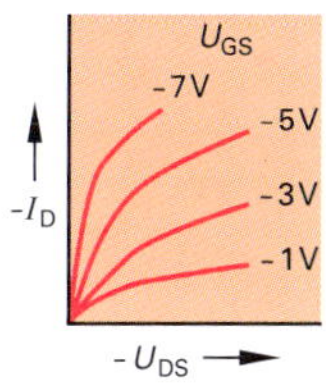	In Operationsverstärkern, in integrierten Schaltungen.

A Anode, D Drain, G Gate, Is Isolierung mit SiO$_2$, K Katode, N N-dotiert, N$^+$ stark N-dotiert, P P-dotiert, P$^+$ stark P-dotiert, S Source, Su Substrat

Bipolare Transistoren Bipolar Transistors

Prinzip, Bezeichnung	Gehäuse (Beispiele)	Schaltzeichen, Bezugspfeile	Typische Kennlinie	Anwendungen, Bemerkungen
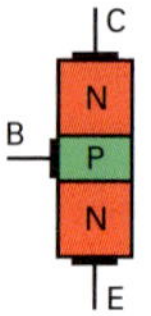 NPN-Transistor	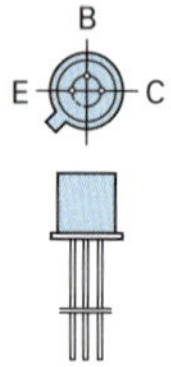	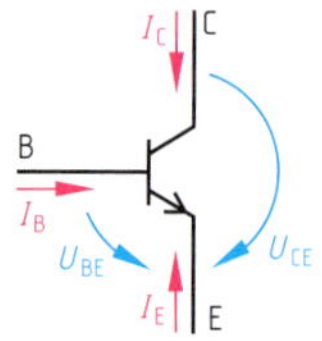	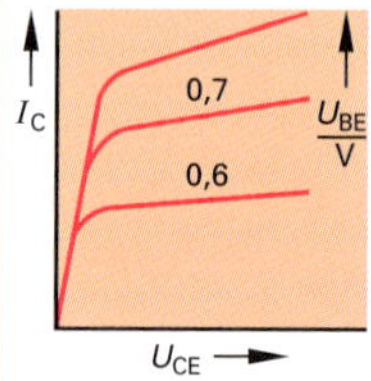	Verstärkerschaltungen, Oszillatoren, Leistungsstufen in Netzteilen. Typische Daten: h_{21e} = 100 bis 500 B = 50 bis 700 NPN-Transistoren: I_C = 10 mA…30 A U_{BE} = 0,7 V PNP-Transistoren: I_C = –10 mA bis –30 A U_{BE} = –0,7 V
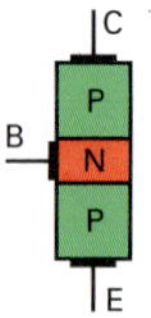 PNP-Transistor		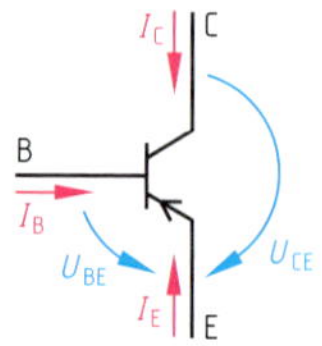	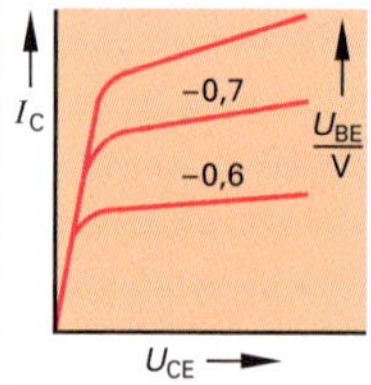	
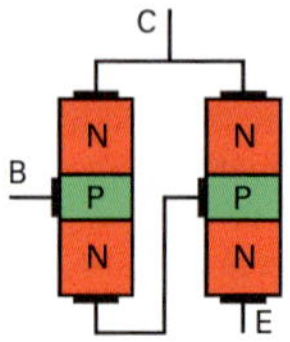 Darlington-Transistor	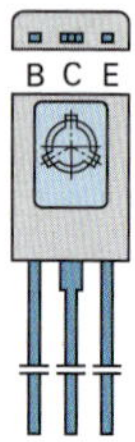	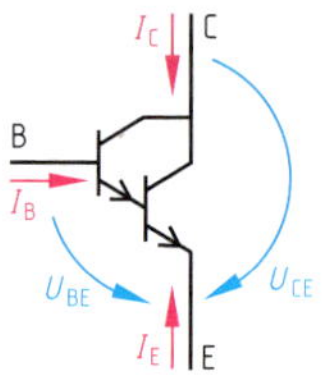	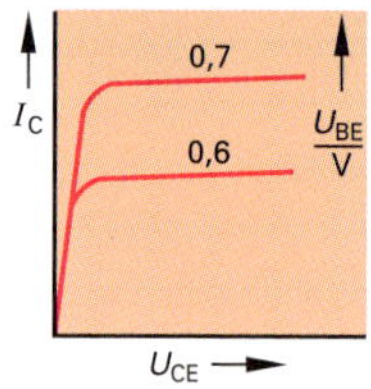	Leistungsverstärker für Relaissteuerungen oder Verstärker. Darlingtonstufen bestehen aus zwei Transistoren in einem Gehäuse. Der Stromverstärkungsfaktor ist sehr groß. Typische Daten: β = 200 bis 1000 B = 100 bis 30 000 I_C = 0,1 A bis 30 A
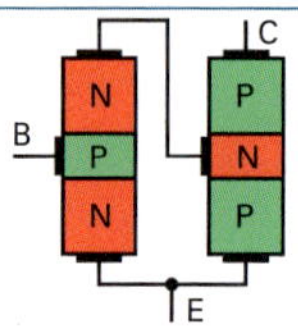 Komplementär-Darlington-Transistor	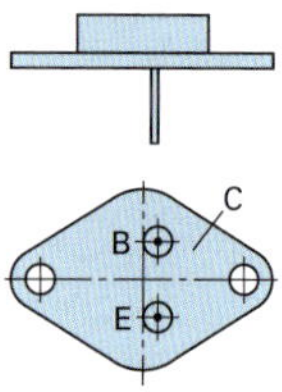	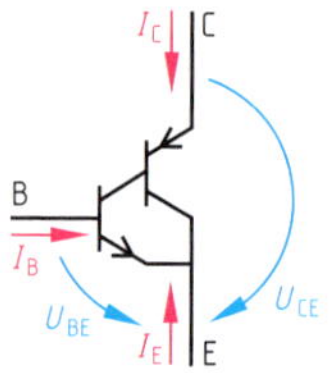	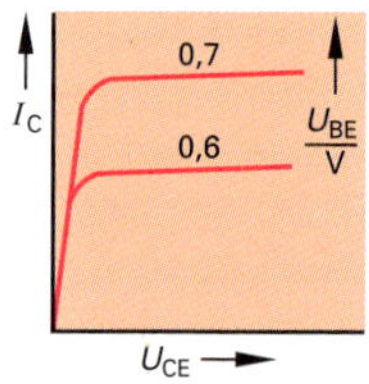	
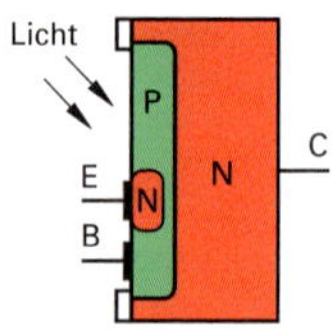 Foto-Transistor	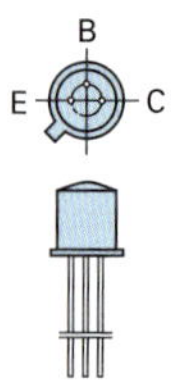	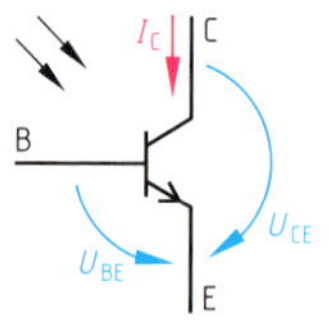	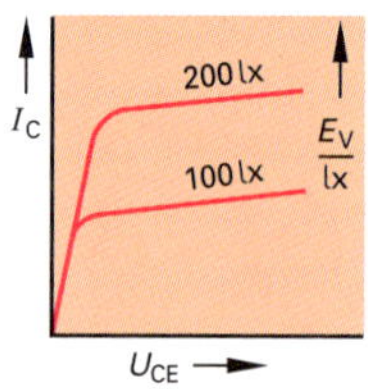	Optische Abtastung von Barcodes, Optokoppler. Fototransistoren gibt es mit und ohne Basisanschluss.
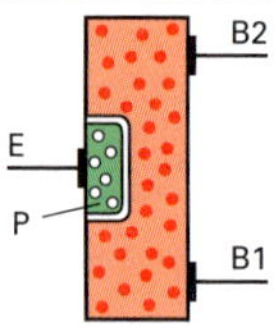 Doppelbasis-Transistor (UJT)	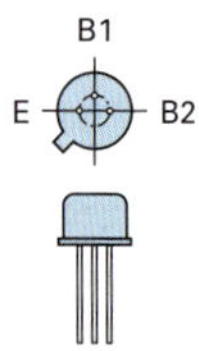	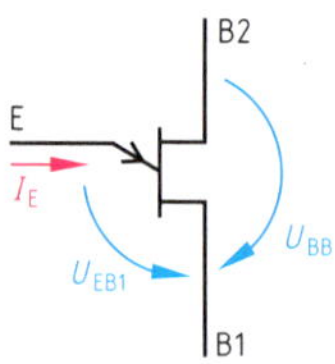	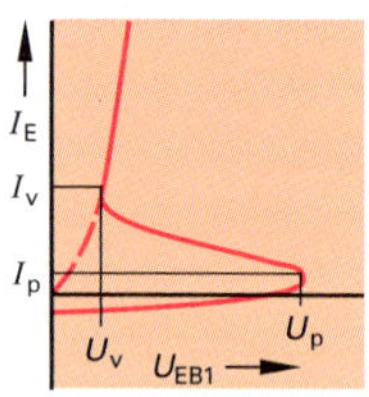	Zum Zünden von Thyristoren I_v Talstrom I_p Höckerstrom U_v Talspannung U_p Höckerspannung

B Basis, B Gleichstromverhältnis, C Kollektor, E Emitter, E_v Beleuchtungsstärke, β Kurzschluss-Stromverstärkungsfaktor, I_C Kollektorstrom, UJT Unijunction Transistor

Thyristor Thyristor

Begriffe und Kennlinien

Begriff	Erklärung
Blockierbereich	Bereich der Vorwärtsrichtung, in dem der Thyristor nicht leitet, weil der Steuerstrom fehlt.
Freiwerdezeit	Zeitdauer, nach der die Sperrschicht frei von Ladungsträgern ist, wenn ohne Zündstrom der Haltestrom unterschritten wird.
Gate (engl. gate = Tor)	Anschluss an einer Halbleiterschicht, die für die Steuerung verwendet wird.
Haltestrom I_H	Kleinster Vorwärtsstrom, bei dem der Thyristor noch leitet.
Kippspannung U_K	Vorwärtsspannung, bei welcher der blockierende (sperrende) Thyristor bei gleich bleibendem Gatestrom leitend wird.
Nullkippspannung U_{K0}	Kippspannung ohne Gatestrom.
Rückwärtsrichtung	Die der Schaltrichtung entgegengesetzte Richtung von Strom und Spannung.
Schneller Thyristor	Thyristor mit kleiner Freiwerdezeit.
Vorwärtsrichtung, Schaltrichtung	Die Richtung der Spannung von Anode zu Katode, bei welcher der Thyristor schaltbar ist.
Vorwärtsspannung U_F	In Vorwärtsrichtung anliegende Spannung.
Vorwärtsstrom I_F	In Vorwärtsrichtung fließender Strom.
Zündpulsdauer t_{GP}	Mindestdauer eines Zündimpulses.
Zündstrom I_G	Der Gatestrom, der das Umschalten vom sperrenden in den leitenden Zustand bewirkt.
Zündzeit t_G	Zeitdauer, nach welcher der Zündstrom den Thyristor leitend gemacht hat.

Kennlinien

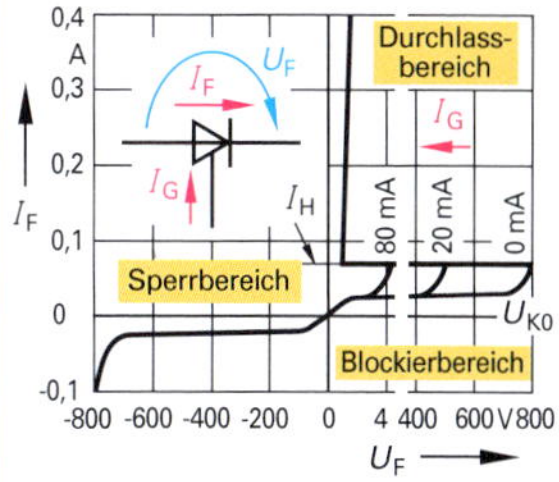

Kennlinie eines Thyristors mit Nullkippspannung 800 V

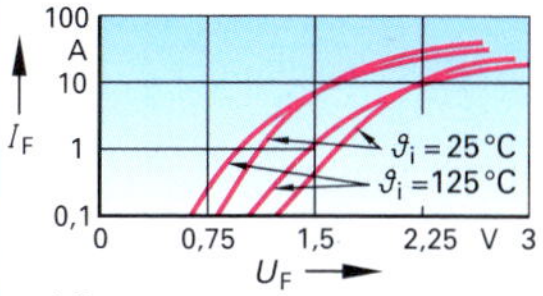

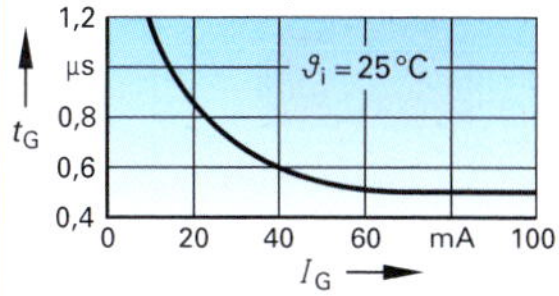

Kennlinien eines 22-A-Thyristors

Wirkungsweise der Thyristoren

Aufbau

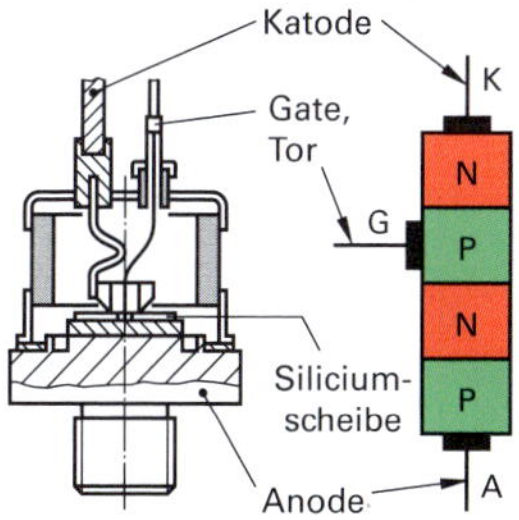

Rückwärts sperrende Thyristortriode
(häufigste Thyristorart)

Erklärung

Der Thyristor (Kunstwort aus Thyratron = schaltbare Röhre und Resistor = Widerstand) ist ein Halbleiterbauelement mit wenigstens vier aufeinander folgenden Halbleiterzonen wechselnden Leitfähigkeitstyps, z.B. PNPN (siehe „Thyristoren und Triggerdioden"). Alle Zonen können vom sperrenden Zustand in den leitenden gebracht werden, sind also *einschaltbare* Stromventile. Dieses Einschalten kann z.B. durch einen Steuerstrom erfolgen. Das Abschalten durch einen Steuerstrom ist beim *Abschaltthyristor* (GTO-Thyristor) möglich.

Bei allen Thyristorarten wird der sperrende Zustand von selbst erreicht, wenn der Haltestrom unterschritten wird, z.B. bei Wechselstrom. Das Abschalten eines Gleichstromes erfordert dagegen bei den nicht durch Steuerstrom abschaltbaren Thyristoren besondere *Löscheinrichtungen*.

Die allgemeinen Begriffe für Gleichrichterdioden gelten auch für Thyristoren. Der Schutz von Thyristoren ist wie bei Gleichrichterdioden durchzuführen (Seite 64).

Daten (Beispiele)

Rückwärts sperrende Thyristortriode:

I_{Fmax} = 0,4 A bis 4,5 kA
U_{Rmax} = 50 V bis 8 kV
U_F ≈ 2 V bis 3 V
f_S ≤ 100 kHz

GTO-Thyristor:

I_{Fmax} = 0,4 A bis 3 kA
U_{Rmax} = 50 V bis 5 kV
U_F ≈ 2 V bis 3 V
f_S ≤ 10 kHz

f_S	Schaltfrequenz
I_G	Gatestrom (Steuerstrom)
I_{Fmax}	max. zul. Vorwärtsstrom
I_F	Vorwärtsstrom
I_H	Haltestrom
t_G	Zündzeit
t_{GD}	Mindestdauer für Zündimpuls
U_F	Vorwärtsspannung
U_K	Kippspannung
U_{K0}	Kippspannung bei $I_G = 0$
U_R	Rückwärtsspannung
U_{Rmax}	max. zulässige Rückwärtsspannung
ϑ_j	Sperrschichttemperatur

Thyristorarten und Triggerdiode Thyristor Types and Trigger Diode

Prinzip, Bezeichnung	Gehäuse (Beispiele)	Schaltzeichen, Bezugspfeile	Kennlinien	Anwendungen, Bemerkungen
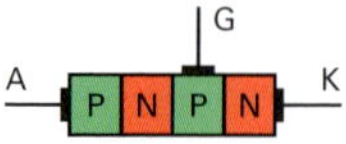 P-Gate-Thyristor	z. B. TO 48 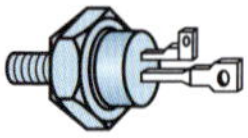 etwa M 1:5	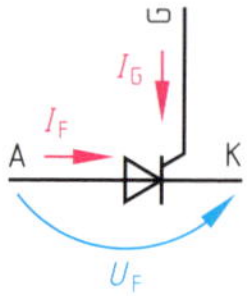 A an Gehäuse	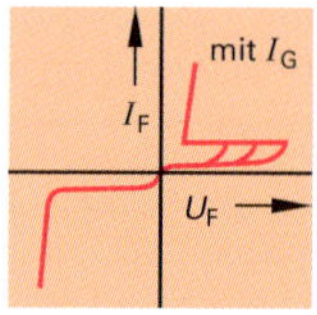	Steuerbarer Gleichrichter, kontaktloser Wechselstromschalter. von 100 V bis 20 kV 0,4 A bis 4 500 A Scheibenthyristor für höchste Leistungen, meist mit Wasserkühlung.
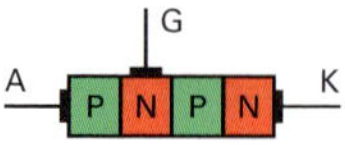 N-Gate-Thyristor	z. B. TO 66  etwa M 1:2	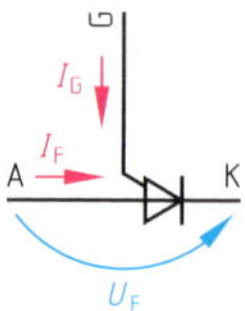	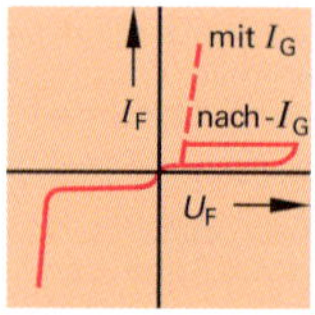	Wie P-Gate-Thyristor, jedoch nur für kleinere Leistungen. Beschaltet mit Spannungsteiler als PUT bezeichnet (Programmierbarer UJT).
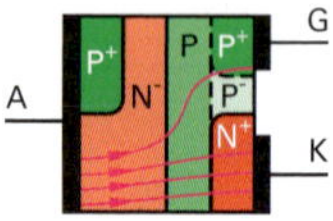 Abschaltthyristor, GTO-Thyristor	z. B. TO 39  etwa M 1:1	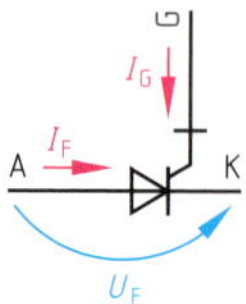	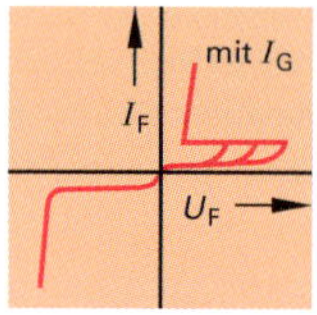	Abschaltbarer kontaktloser Schalter für Gleichstrom, z. B. in Stromrichtern mit Pulsweitenmodulation. von 100 V bis 4 500 V 1 A bis 3 000 A
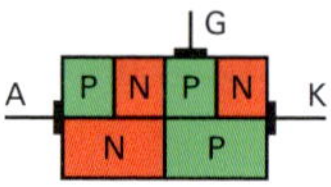 Rückwärts leitender Thyristor	z. B TO 220 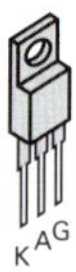 etwa M 1:2	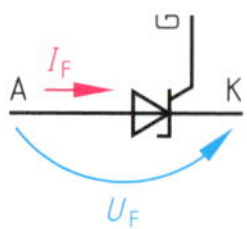	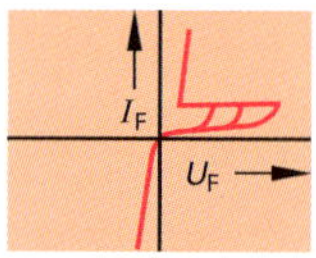	Für Wechselrichterschaltungen an Stelle von P-Gate-Thyristor mit gegenparalleler Diode.
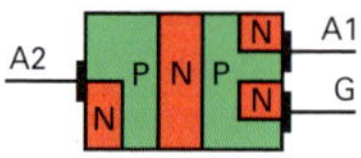 Triac		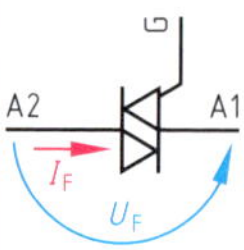	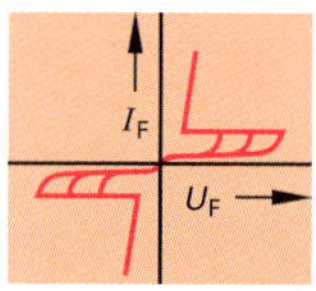	Wechselstromsteller für Dimmer und Drehzahlsteller bei Elektrowerkzeugen. von 100 V bis 1 200 V 1 A bis 120 A
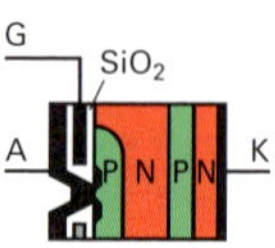 MCT, spannungsgesteuerter Thyristor	z. B. TO 126  etwa M 1:2	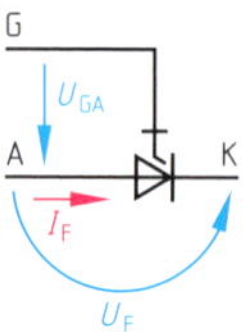	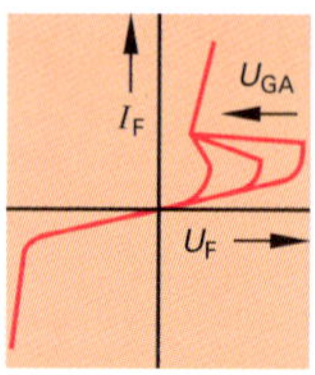	MCT von MOS-Controlled-Thyristor = MOSFET-gesteuerter Thyristor. Enthält eine FET-Zone zum Einschalten ($U_{GA}<0$) und einen FET zum Ausschalten ($U_{GA}>0$). U_{GA} muss dauernd anstehen. $U_F \leq 1{,}5$ V, $U_R \leq 1{,}6$ kV, $I_F \leq 800$ A
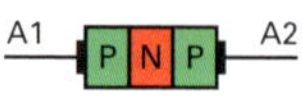 Diac	 etwa M 2:1	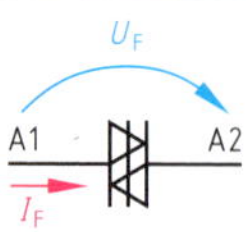	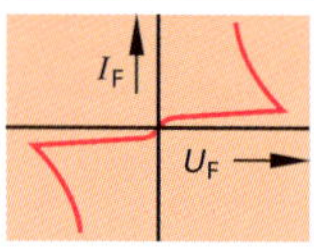	Triggerdiode, z. B. für Triacs. Schaltspannung 35 V 1 mA bis 10 mA

A Anode, A1 Hauptanschluss 1, A2 Hauptanschluss 2, G Gate, GA anodenseitiges Gate, GK katodenseitiges Gate, GTO von Gate Turn Off = über Gate abschaltbar, K Katode, I_F Vorwärtsstrom, I_G Gatestrom, U_F Vorwärtsspannung.

Gehäuseformen von Dioden, Transistoren und IC
Types of Packages of Diodes, Transistors and ICs

Dioden (Beispiele)

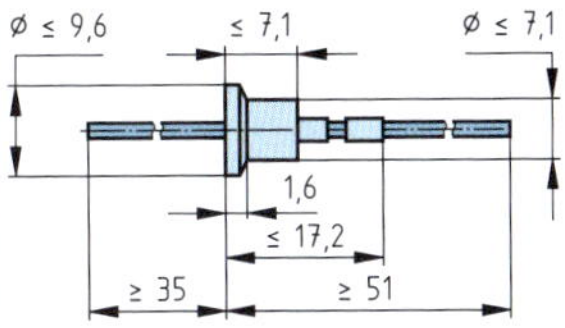

JEDEC DO 1

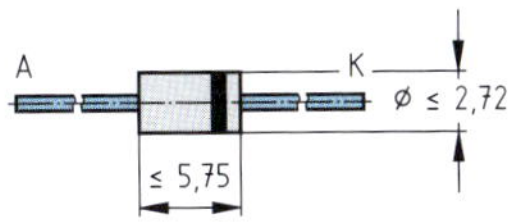

JEDEC DO 15

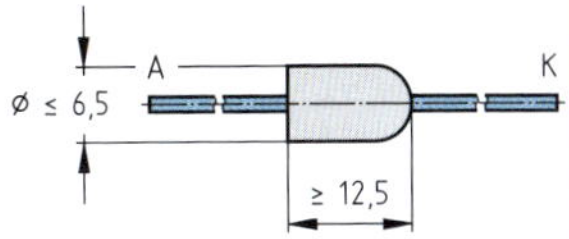

SOD 18

Transistoren (Beispiele)

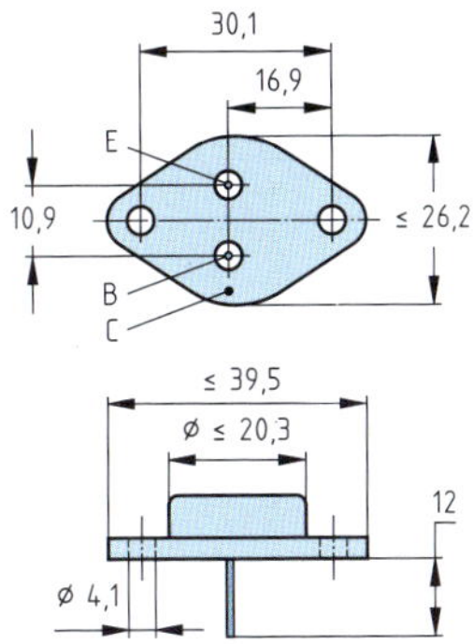

Kollektor am Metallgehäuse
JEDEC TO 3

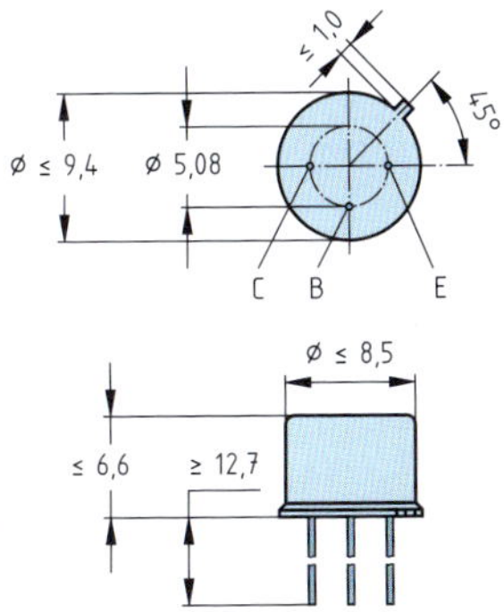

Kollektor am Metallgehäuse
JEDEC TO 39 DIN 5 C 3

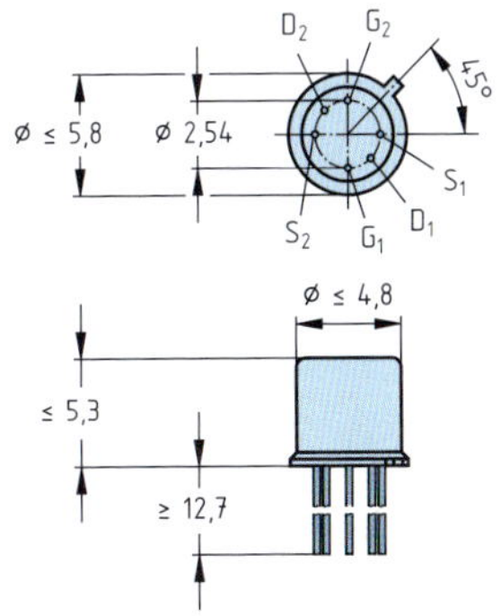

Source am Montageflansch
JEDEC TO 71

Integrierte Schaltkreise (IC) (Beispiele)

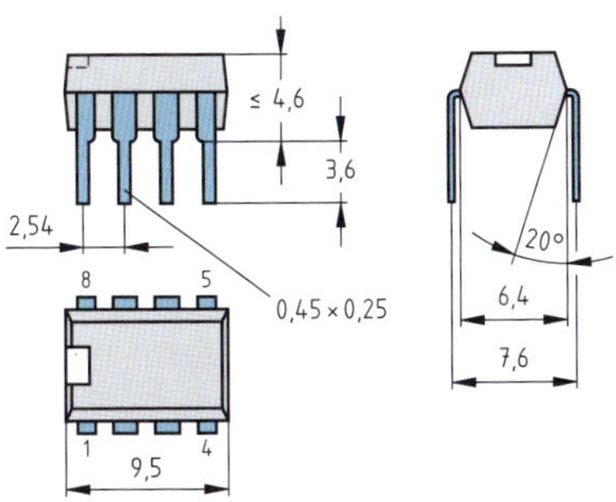

Plastik-Steckgehäuse 8 Anschlüsse (20 A8)
Dual-Inline

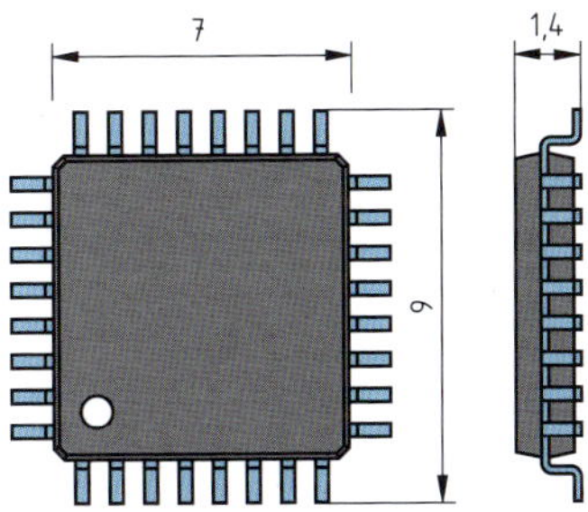

LQFP-Gehäuse

DO Diode Outline, JEDEC Joint Electron Device Engineering Council (USA-Bezeichnungen), SOD Small Outline Diode, SOT Small Outline Transistor, TO Transistor Outline, LQFP: Low Profile Quad Flat Package

Magnetfeldabhängige Bauelemente Magnetic Field-dependent Components

Schaltzeichen, Bezeichnung	Aufbau	Daten	Bemerkungen
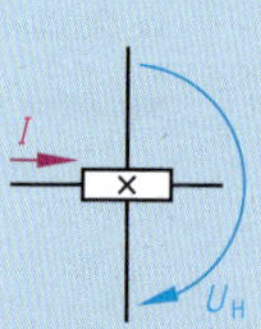 **Hallgenerator, Hallsonde**	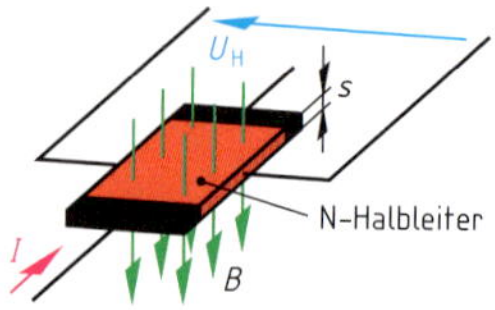 **Bauformen**  Rechteckform (Hohe Hall-Leistung) 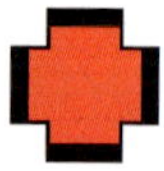 Kreuzform (Große Induktionsempfindlichkeit)  Schmetterlingsform (Hohe Magnetflussempfindlichkeit) **Werkstoffe** Indiumarsenid (InAs), Indiumarsenidphosphid (InAsP), Indiumantimonid (InSb)	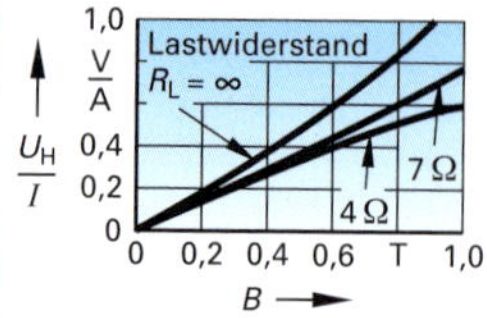 I_N Bemessungssteuerstrom 10 mA bis 400 mA, darf die Halbleiterschicht in ruhender Luft um nicht mehr als 10 K bis 15 K erwärmen K_B Leerlaufempfindlichkeit (Induktionsempfindlichkeit) K_B = 0,5 V/(A · T) bis 100 V/(A · T) U_H Leerlaufhallspannung 0,025 V bis 1 V R_i Innenwiderstand 1,2 Ω bis 500 Ω $K_B = \frac{U_H}{I_N \cdot B}$ in V/(A · T)	Die Hallspannung U_H entsteht zwischen den Seiten eines Halbleiterplättchens, durch das ein Steuerstrom I fließt, wenn das Plättchen senkrecht von einem Magnetfeld durchsetzt wird. U_H Leerlaufhallspannung R_H Hallkoeffizient I Steuerstrom s Dicke des Halbleiterplättchens B Magnetische Flussdichte **Hallspannung** $U_H = \frac{R_H}{s} \cdot I \cdot B$ **Anwendungen** Magnetfeldmessungen, potenzialfreie Strommessung, RCD Typ B.
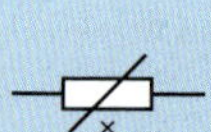 **Feldplatten, magnetfeldabhängige Widerstände**	**Bauformen**  Formgeätzte Halbleiterplättchen auf Trägerplatte (Ferrit, Keramik oder Kunststoff) geklebt. 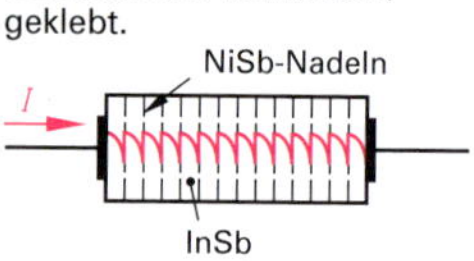 **Werkstoff** Aus Indiumantimonid-Nickelantimonid-Schmelze erstarrt Nickelantimonid (NiSb) in Form von metallisch leitenden Nadeln im sonst halbleitenden Indiumantimonid (InSb).	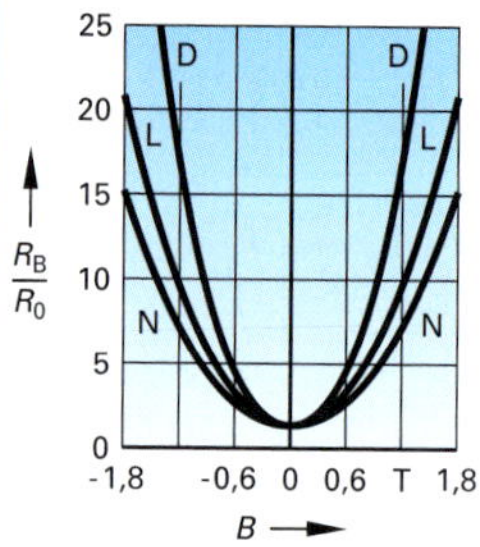 R_0 Grundwiderstand (Widerstand ohne Magnetfeld) R_B Widerstand im Magnetfeld γ Leitfähigkeit des InSb-NiSb-Werkstoffs D: $\gamma \approx 200 / (\Omega \cdot cm)$ L: $\gamma \approx 550 / (\Omega \cdot cm)$ N: $\gamma \approx 800 / (\Omega \cdot cm)$	Der Feldplattenwiderstand nimmt mit wachsender Flussdichte des Magnetfeldes zu. Ursache ist die Umlenkung der Strombahnen durch das Magnetfeld. **Anwendungen** Kontaktlos steuerbare Widerstände (Ansteuerung über Dauermagnet oder Elektromagnet), Feldplatten-Fühler für kontakt- und berührungslose Schalter, Messung von Magnetfeldern (Feldplattenstreifen mit minimalem Abstand von etwa 130 µm herstellbar), Drehzahlerfassung und Erfassung der Drehrichtung, Feldplattenpotenziometer und lineare Weggeber.
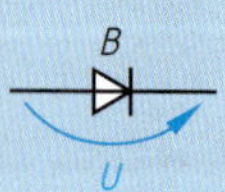 **Magnetdiode**	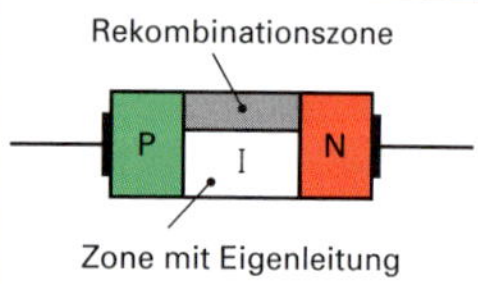 Das Magnetfeld drängt je nach seiner Richtung Ladungsträger in die oder aus der Rekombinationszone. Dadurch vergrößert sich der Widerstand der Strecke Anode-Katode.	Bei Doppeldiode: 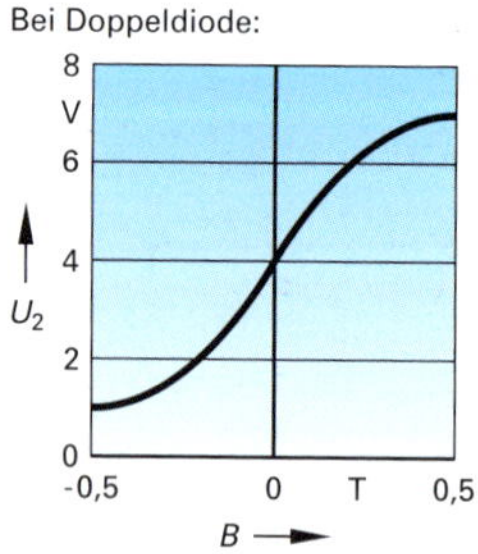	Meist als Doppeldiode verwendet: 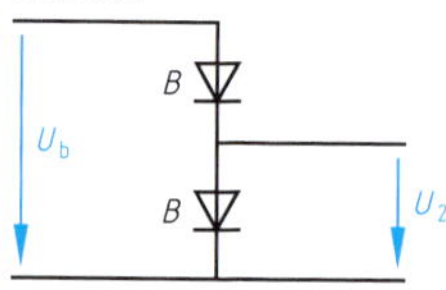 **Anwendungen** Wie Feldplatten, z. B. zur Felderfassung bei Elektronikmotoren

Fotoelektronische Bauelemente Photoelectronic Components

Schaltzeichen, Bezugspfeile	Kennlinien	Daten	Anwendungen
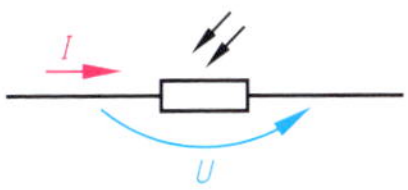 **Fotowiderstand (LDR, von Light Dependent Resistor)**	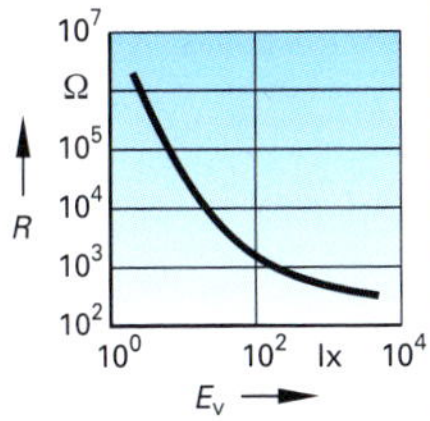	Dunkelwiderstand > 10 MΩ nach 10 s, Hellwiderstand < 1 kΩ, Betriebsspannung bis 300 V, Modulationsfrequenz ≈ 2 Hz, Belastbarkeit bis 500 mW.	Bei Gleichspannung und Wechselspannung. CdS- und CdSe-Zellen für den sichtbaren Strahlungsbereich, PbS- und InSb-Zellen für den Infrarotbereich. Für Beleuchtungsstärkemesser.
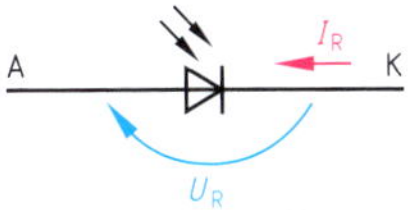 **Fotodiode**	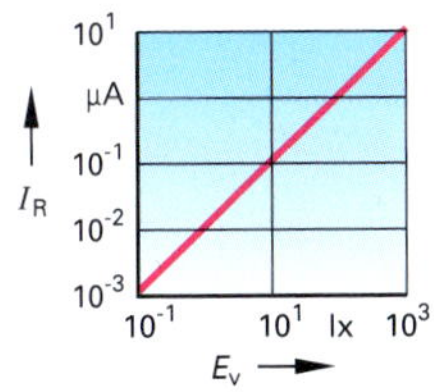	Maximale Empfindlichkeit: Si bei 800 nm bis 850 nm, Ge bei 1,5 μm, Betriebsspannung bis 10 V, Grenzfrequenz 10 MHz, Verlustleistung bis 100 mW, stark temperaturabhängig.	Für Messzwecke, in Optokopplern, bei Datenübertragung über LWL (Lichtwellenleiter).
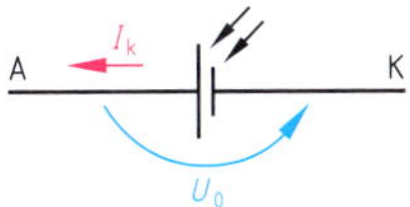 **Fotoelement**	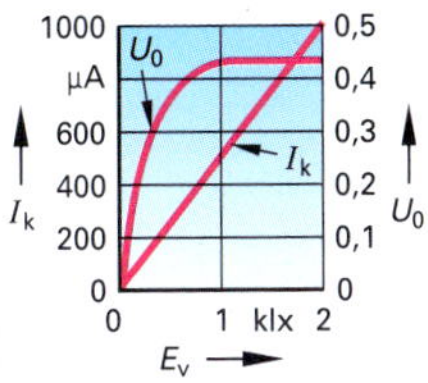	Leerlaufspannung bei 1 klx Si: $U_0 \approx 0{,}4$ V, GaAs: $U_0 \approx 0{,}9$ V, Se: $U_0 \approx 0{,}3$ V. Solarzellen aus polykristallinem Si: $U_0 \approx 0{,}55$ V; $P \approx 10$ mW/cm²; $\eta \approx 10\%$	Parallelschaltung erhöht die Stromstärke, Reihenschaltung die Spannung. Bei Solargeneratoren Leistungen bis in den kW-Bereich.
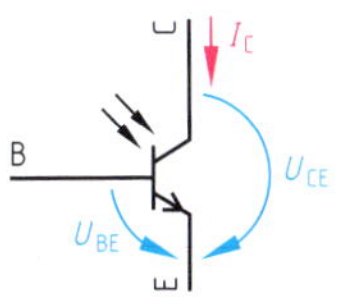 **Fototransistor**	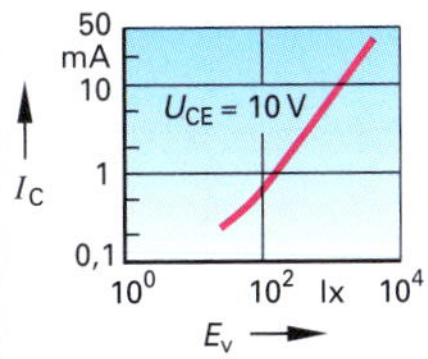	Sperrspannung 30 V, Verlustleistung 300 mW, Grenzfrequenz 0,5 MHz, Fotoempfindlichkeit bis 500-mal höher als bei Fotodioden.	Optische Signalübertragung und Datenübertragung, in Optokopplern, Lichtschranken.
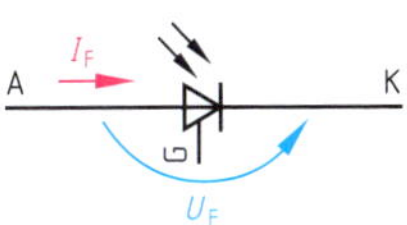 **Fotothyristor**	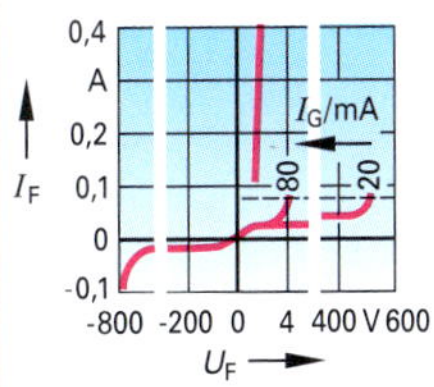	Durchlassstrom bis 10 A, sicheres Zünden bei ≈ 1000 lx. Grenzfrequenz ≈ 1 kHz, Verlustleistung bis 0,5 W.	Strahlungsgesteuerter elektronischer Schalter zum Schalten großer Ströme, z.B. in Hochspannungsanlagen. Auch zur galvanischen Trennung zusammen mit LED bzw. IRED in Optokopplern.
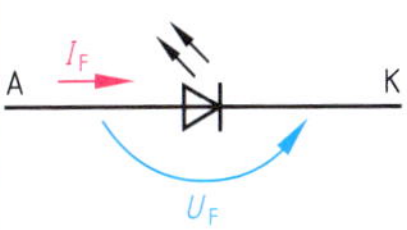 **LED, IRED Lumineszenzdiode**	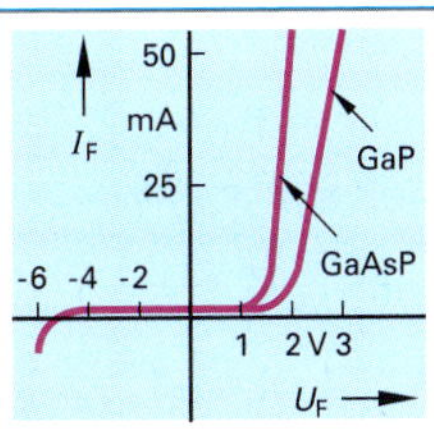	LED: Durchlassstrom bis 100 mA, Durchlassspannung bis 2 V je nach Farbe. Farben: rt, ge, or, gn, bl, ws. Grenzfrequenz ≈ 20 MHz, Lebensdauer bei $I_F = 15$ mA etwa 10^5 h. IRED: Strahldichte bis 20 mW/sr.	LED = Licht emittierende Diode: Ziffernanzeige, Signal- und Anzeigelampen, Beleuchtung. IRED = Infrarot emittierende Diode: In Optokopplern, Lichtschranken. Werkstoff: InGaAlP, GaAs oder GaAlAs.

A Anode, B Basis, C Kollektor, E Emitter, E_v Beleuchtungstärke, G Gate, I_C Kollektorstrom, I_F Durchlassstrom, I_k Kurzschlussstrom, I_R Rückwärtsstrom, K Katode, P Leistung, U_{BE} Basis-Emitterspannung, U_{CE} Kollektor-Emitterspannung, U_0 Leerlaufspannung, U_F Vorwärtsspannung, U_R Rückwärtsspannung, η Wirkungsgrad.

Schutzbeschaltung von Dioden und Thyristoren
Protection Circuits for Diodes and Thyristors

Überspannungsschutz

Schaltung	Wirkung	Bemerkungen
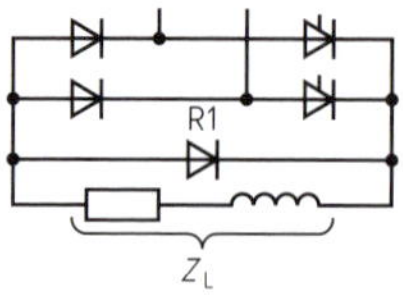	Die Freilaufdiode R1 verhindert Spannungsspitzen bei Abschaltung der Gleichspannung für Z_L. Sonstige Überspannungen, z. B. vom Netz, werden von R1 nicht beeinflusst. Z_L Last-Scheinwiderstand	Die Nennspannung (Bemessungsspannung) von R1 muss so groß wie die Gleichspannung sein. Der Nennstrom (Bemessungsstrom) von R1 muss etwa so groß sein wie der Bemessungsstrom der Gleichrichterschaltung.
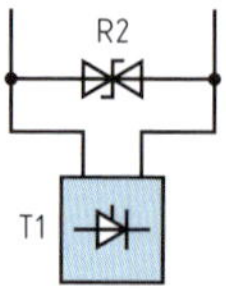	Zwei gegeneinander geschaltete Z-Dioden R2 werden bei Überspannung leitend. Bei großen Anlagen werden anstelle der Z-Dioden Suppressordioden oder auch Avalanchedioden (von avalanche = Lawine, stoßspannungsfeste Diode) verwendet.	An Stelle von Z-Dioden bzw. Suppressordioden können bei Stromrichtern bis 20 A auch VDR-Widerstände (Varistoren) verwendet werden. Anwendung ist bei AC (Wechselspannung) oder DC (Gleichspannung) möglich.
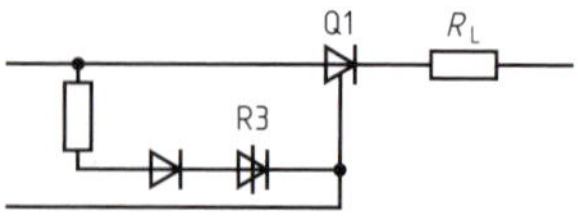	Die Kippdiode R3, z. B. Vierschichtdiode, wird bei Spannungen von 400 V bis 4 000 V leitend. Dadurch zündet der Thyristor (Schutzzündung).	Schutz von Thyristoren in Blockierrichtung (Vorwärtsrichtung des nicht gezündeten Thyristors), wenn Schutzzündung über R3 möglich ist.
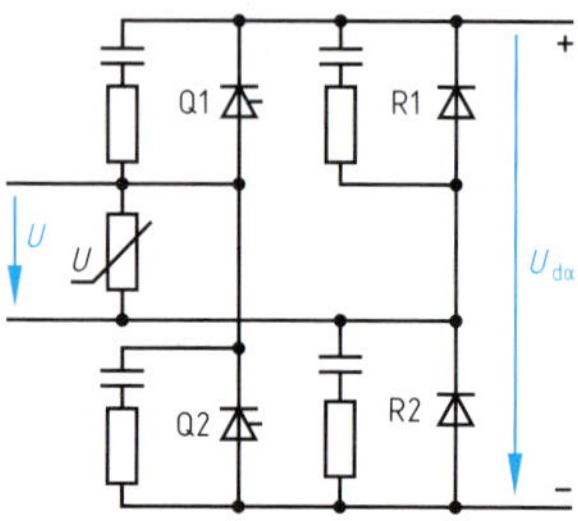	Kombinierter Schutz durch RC-Beschaltung der Zweige und VDR-Widerstand am Eingang. Anstelle des VDR-Widerstands können auch Suppressordioden verwendet werden. Bei induktiver Last ist zusätzlich eine Freilaufdiode parallel zur Last zweckmäßig.	Nur zum Schutz kleiner Stromrichter geeignet. Anstelle der RC-Beschaltung können auch Gasableiter (Ansprechspannung 70 V) verwendet werden. $U_{d\alpha}$ gleichgerichtete Spannung beim Zündwinkel α

Überstromschutz

Schaltung	Bemerkungen
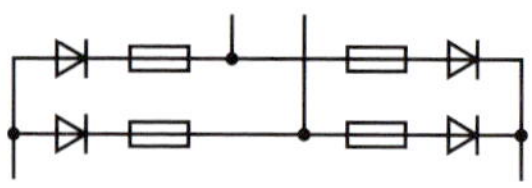 **Anordnung der Zweigsicherungen**	Bei Gegenspannungsbelastung, z. B. durch Kondensatoren, sind Zweigsicherungen den Strangsicherungen vorzuziehen.
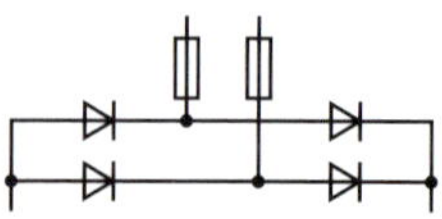 **Anordnung der Strangsicherungen**	Anwendung bis etwa 20 kW. Ein zuverlässiger Schutz der Halbleiterbauelemente erfordert superflinke Schmelzsicherungen oder entsprechende Schutzschalter.

Sicherungsgröße		
Dauergleichstrom in A	Zweigsicherung in A	Strangsicherung in A
Schaltung B2		
20	16	25
40	35	50
Schaltung B6		
30	20	25
60	35	50

Bei zu steilem Stromanstieg (zu großem di/dt) werden die Sperrschichten örtlich überhitzt, da sich der Strom nicht gleichmäßig über den Querschnitt verteilt. Die Schutzdrossel verhindert den zu steilen Stromanstieg.

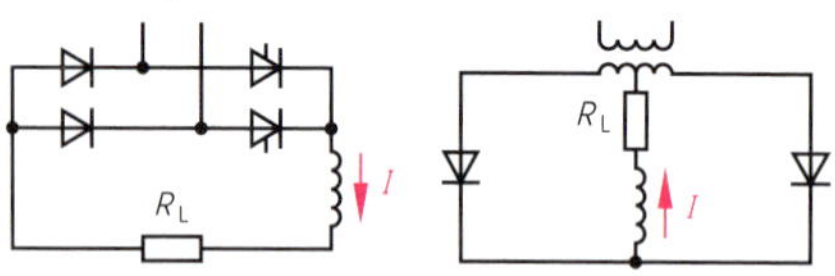

Schutzdrosseln, unipolar stromdurchflossen

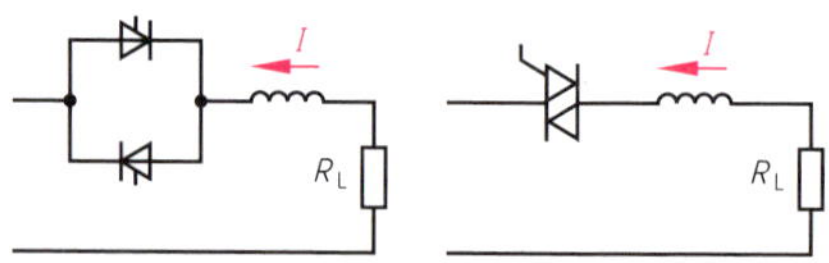

Schutzdrosseln, bipolar stromdurchflossen

Bauelemente für Überspannungsschutz   Components for Surge Protection

Bauelement	Schaltung, Ansicht	Kennlinien	Bemerkungen

Bauelemente gegen Schaltüberspannungen

RC-Element, z.B. an Relaisspule

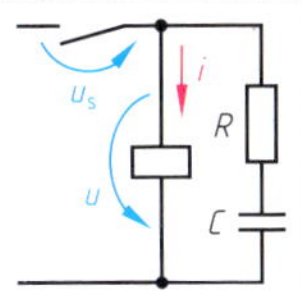

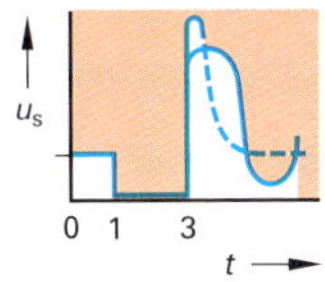

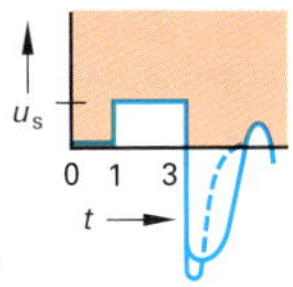

Die beim Schalten entstehende Überspannung lädt den Kondensator auf, der sich über *R* und die Spule entlädt. RC-Element oft ersetzt durch Varistor. Anwendung insbesondere bei AC.

Freilaufdiode, z.B. an DC-Schützspule

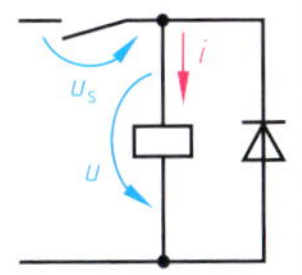

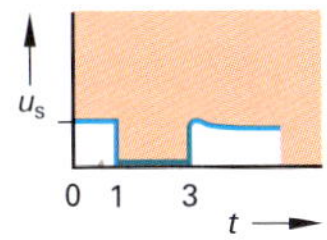

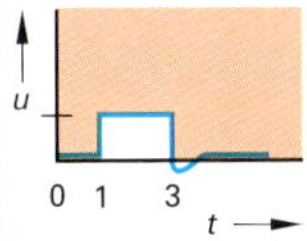

Die beim Schalten von Induktivitäten, z.B. Schützspulen, entstehende Spannung bewirkt ein Weiterfließen des Stromes bis zum Abklingen. Anwendung nur bei DC.

BOD (Durchbruchdiode)

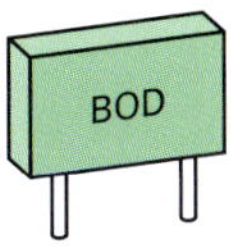

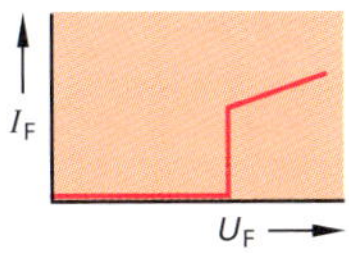

Die BOD ist ein Thyristor ohne Gate.

Typ	U_{BO} in V	I_D in µA	I_F in A
BOD 04	400	1	0,3
BOD 10	1000	1	0,3
BOD 25	2500	80	0,3
BOD 42	4200	80	0,3

Bauelemente gegen Schaltüberspannungen und Netzüberspannungen

Suppressordiode
Silicium-Überspannungsableiter

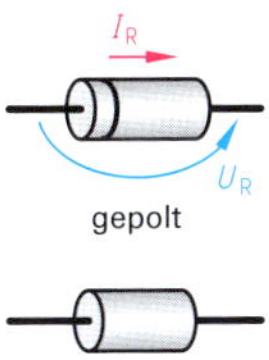

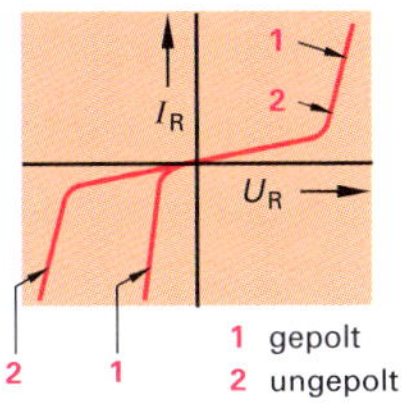

1 gepolt
2 ungepolt

Die Suppressordiode (lat. suppressor = Unterdrücker) verhält sich wie eine Z-Diode, kann aber mit einem höheren Strom belastet werden (je nach Typ bis 100 A).

Die ungepolte Suppressordiode besteht im Prinzip aus zwei gegeneinander geschalteten gepolten Suppressordioden. Ansprechspannungen 300 V bis 3 kV. Der Silicium-Überspannungsbegrenzer hat einen PNP-Aufbau.

Varistor, VDR

siehe Seite 55 „Halbleiterwiderstände“

Varistoren sind robust, werden aber nicht so schnell leitend wie Gasableiter, BOD oder Suppressordioden.

Bauelemente gegen Netzüberspannungen

Gasableiter

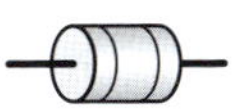

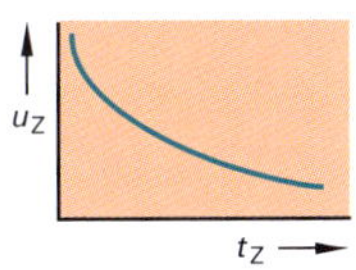

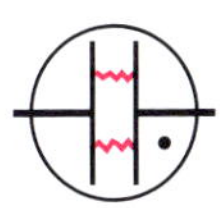

Zwei Plattenelektroden sind in einem mit Edelgas gefüllten Keramikrohr oder Glasrohr. Bei genügend hoher Spannung erfolgt Zündung. Ansprechspannung von 70 V bis einige hundert V. Meist Selbstlöschung.

Gleitableiter

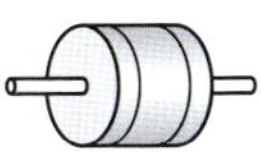

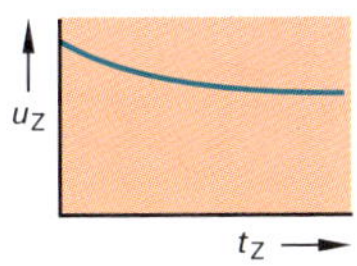

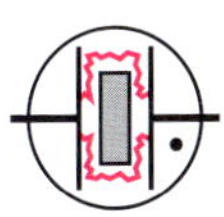

Aufbau ähnlich wie beim Gasableiter, jedoch fester Isolierstoff zwischen den Elektroden. Dadurch rotiert der Lichtbogen des Folgestroms, sodass Selbstlöschung eintritt. Ansprechspannung bei 2 kV.

BOD	von Break-Over-Diode = Durchbruchdiode
I, i	Stromstärke
I_D	Blockierstrom (Strom in Vorwärtsrichtung ohne Zündung)
I_F	Vorwärtsstrom
I_R	Rückwärtsstrom
t_Z	Zündimpulsdauer
U, u	Spannung
U_{BO}	Kippspannung (Spannung, bei der die BOD leitend wird)
U_F	Vorwärtsspannung
U_R	Rückwärtsspannung
u_S	Schalterspannung
u_Z	Zündspannung

Kühlung von Halbleiter-Bauelementen Cooling of Semiconductor Components

Wärmewiderstände

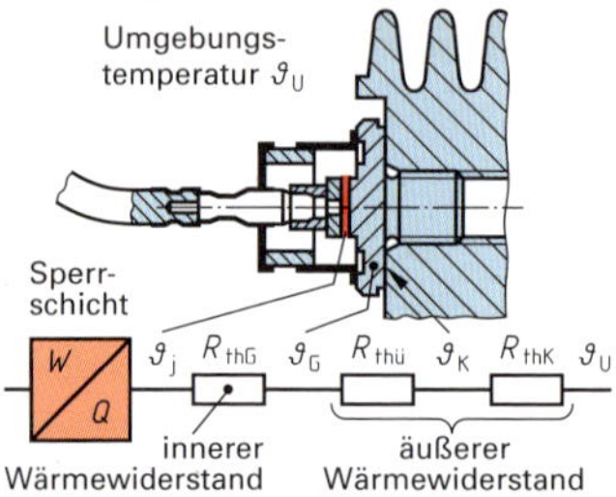

$[R_{th}]$ = Kelvin / Watt = K / W

$$R_{th} = \frac{\Delta\vartheta}{P_v} \quad (1)$$

$$R_{thG} = \frac{\vartheta_j - \vartheta_G}{P_v} \quad (2)$$

$$R_{thU} = R_{thG} + R_{thÜ} + R_{thK} \quad (3)$$

$$R_{thU} = \frac{\vartheta_j - \vartheta_U}{P_v} \quad (4)$$

In Datenblättern wird für Bauelemente ohne Kühlkörper als Wärmewiderstand der gesamte Wärmewiderstand R_{thU} angegeben, für Bauelemente mit Kühlkörper aber nur der innere Wärmewiderstand R_{thG}.

Wärmewiderstände von Kühlblechen und Kühlkörpern

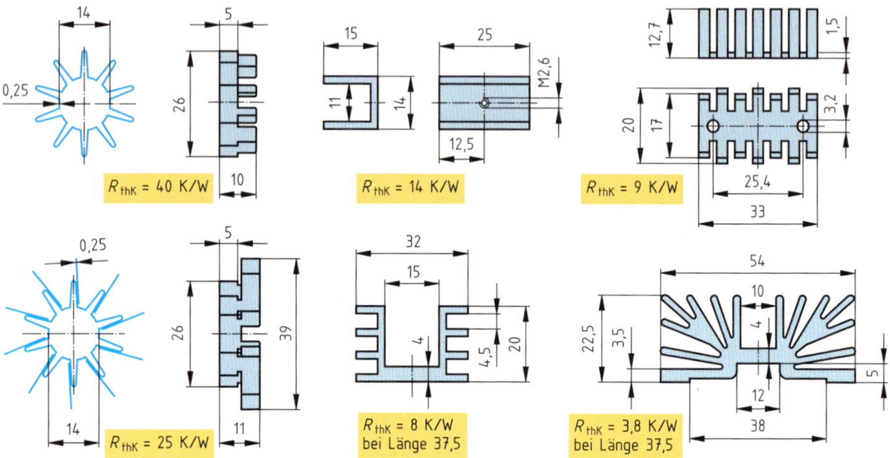

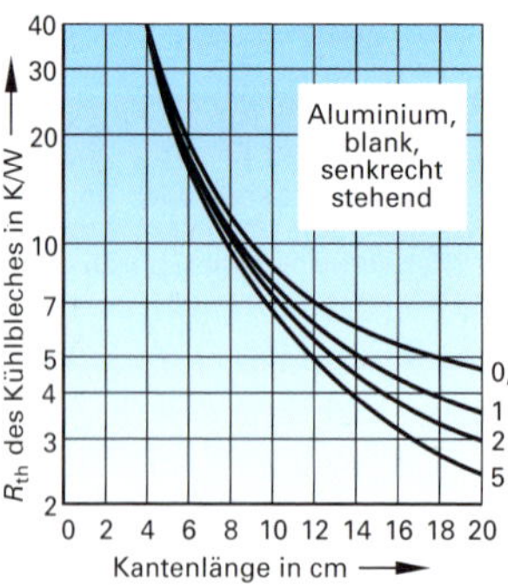

Wärmewiderstand eines Kühlbleches

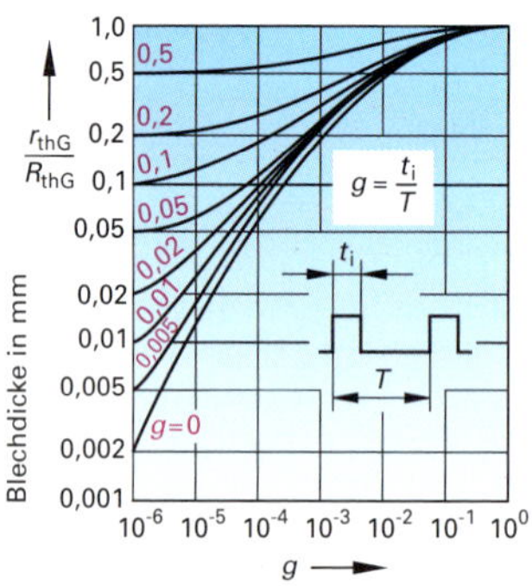

Impulswärmewiderstände

Bei waagrechter Anordnung muss die Kühlfläche das 1,2-Fache einer senkrechten Kühlfläche betragen, bei geschwärzter Kühlfläche mindestens das 0,9-Fache einer blanken Kühlfläche **(Bild links)**.

Bei impulsartiger Belastung kann bei Halbleiterbauelementen je nach Tastgrad g **(Bild rechts)** ein kleinerer Impulswärmewiderstand r_{thG} für die Rechnung verwendet werden.

- g Tastgrad
- P_v Verlustleistung
- R_{th} Wärmewiderstand, allgemein
- R_{thG} innerer Wärmewiderstand zwischen Sperrschicht und Gehäuse (auch R_{thjG})
- R_{thK} Wärmewiderstand zwischen Kühlkörper und Kühlmittel (auch R_{thKU})
- R_{thU} Wärmewiderstand (auch R_{thjU})
- $R_{thÜ}$ Wärmewiderstand zwischen Gehäuse und Kühlkörper (auch R_{thGK})
- t_i Impulsdauer
- T Pulsperiodendauer
- $\Delta\vartheta$ Temperaturdifferenz, z.B. $\vartheta_j - \vartheta_G$
- ϑ_G Gehäusetemperatur
- ϑ_j Sperrschichttemperatur
- ϑ_K Kühlkörpertemperatur
- ϑ_U Umgebungstemperatur

Teil TM: Technische Dokumentation, Messen
Part TM: Technical Documentation, Measuring

Technische Dokumentation

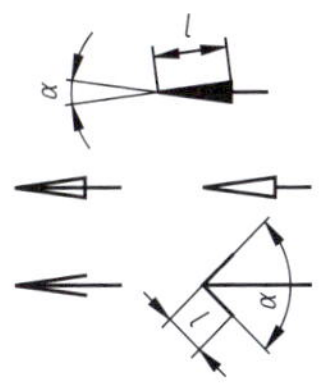
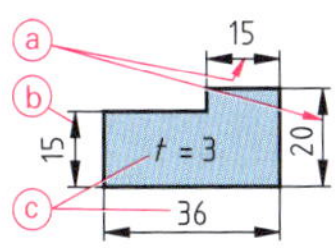

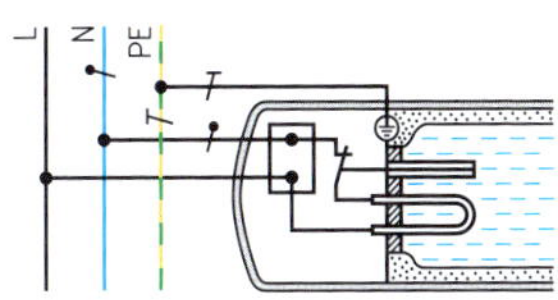

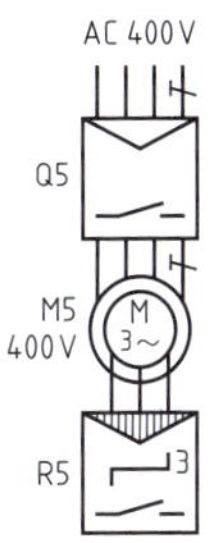

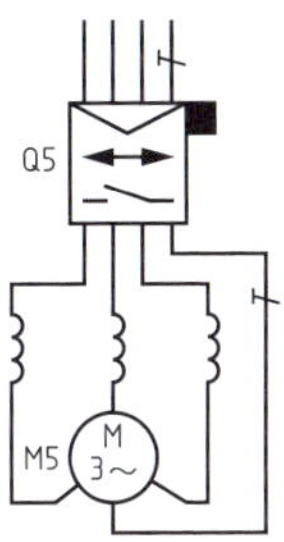

Messen

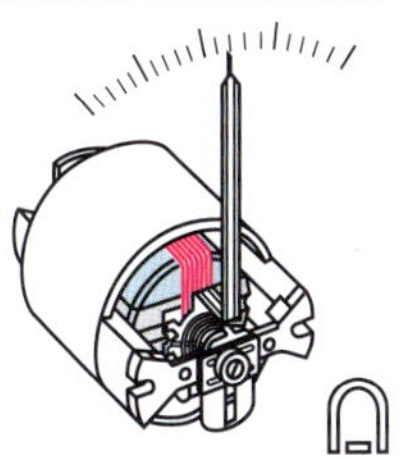
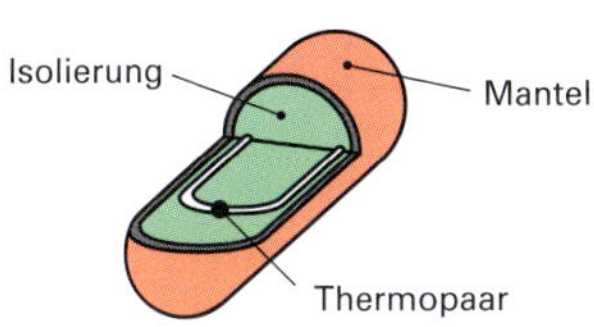

Grafische Darstellung von Kennlinien Graphical Representation of Characteristics

Ansicht	Beschreibung	Ergänzungen, Bemerkungen

xy-Koordinaten (rechtwinklige Koordinaten, kartesische Koordinaten)

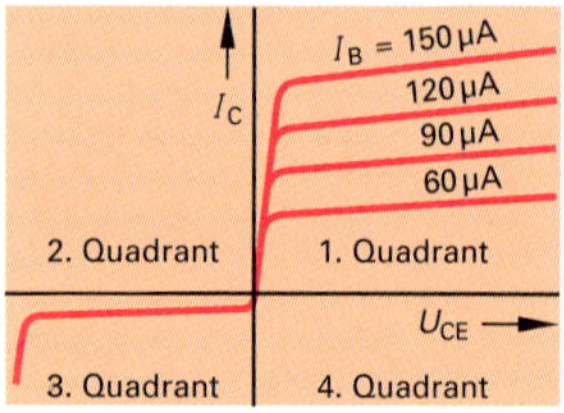

Quadranten

In einem rechtwinkligen Achsenkreuz (Koordinatensystem) zeigt ein Graph (eine Schaulinie) die abhängige Variable in der Senkrechten und die unabhängige Variable (Veränderliche) in der Waagrechten: $y = f(x)$. Werden drei Größen in einem Achsenkreuz dargestellt, hält man die dritte Größe als konstanten *Parameter*. Dabei entsteht eine *Kurvenschar* mit verschiedenen Parametern.

Quadrant	x-Achse	y-Achse
1	+	+
2	–	+
3	–	–
4	+	–

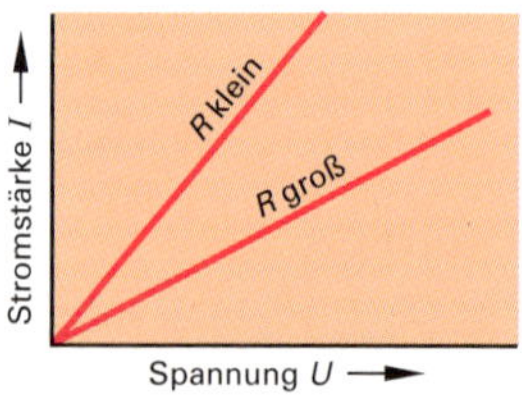

Widerstandskennlinien

Waagrechte Achse (x-Achse, Abszisse) für die unabhängige Variable, z. B. die Ursache oder die Zeit.

Formelzeichen und Einheit unter der Achse, Pfeilspitze zeigt in positive Achsrichtung. Zunehmende Werte werden nach rechts, abnehmende nach links abgetragen.

Senkrechte Achse (y-Achse, Ordinate) für die abhängige Variable: $y = f(x)$.

Formelzeichen und Einheit links neben der Achse. Zunehmende Werte nach oben und abnehmende nach unten abtragen.

Pfeile auch parallel zu den Achsen möglich, Formelzeichen dann am Beginn der Pfeile.

Beschriftung muss von unten lesbar sein, nur ausnahmsweise von rechts (z. B. bei langen Ausdrücken).

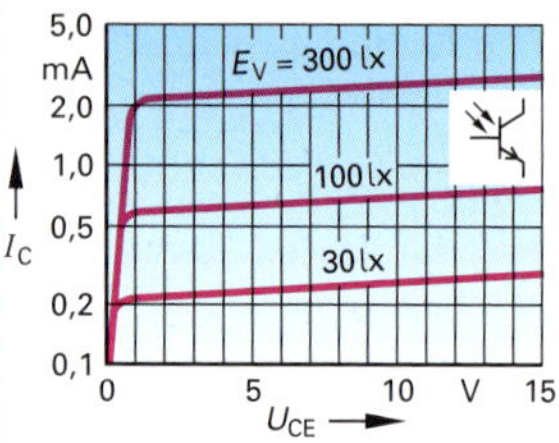

Fototransistorkennlinien

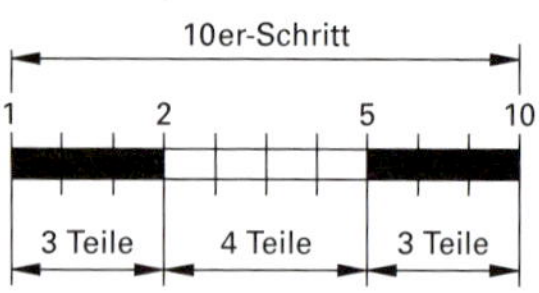

Logarithmische Teilung

Darstellung mit Netzlinien

Bei der quantitativen Darstellung sind die Achsen in gleichmäßigen oder unterschiedlichen Schritten aufgeteilt. Negative Werte sind mit dem Minuszeichen und die Nullpunkte beider Achsen mit einer Null zu kennzeichnen.

Umfassen die Werte einer Achse einen großen Bereich, teilt man sie im *logarithmischen Maßstab*. Der Abstand von 1 bis 10 ist gleich groß wie der Abstand von 10 bis 100 oder der Abstand von 100 bis 1000.

Für die schnelle Darstellung der Zwischenwerte 2 und 5 bzw. 20 und 50 usw. teilt man den 10er-Schritt im Verhältnis 3 : 4 : 3.

Das Einheitenzeichen schreibt man bei allen Diagrammen a) zwischen die letzten beiden Zahlen, b) hinter das Formelzeichen oder c) als Bruch: Formelzeichen dividiert durch Einheit.

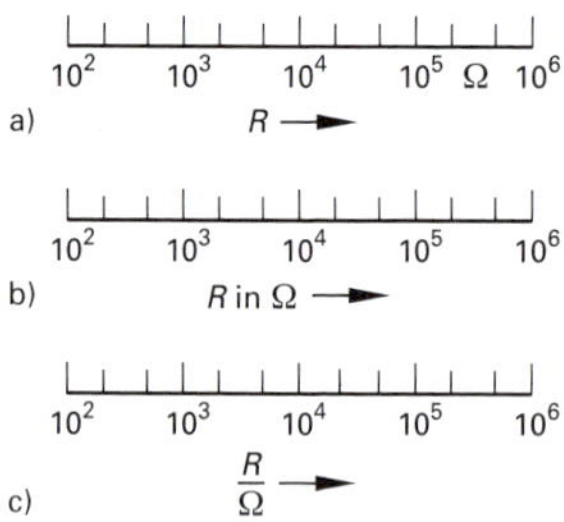

Alternativen der Achsenbeschriftung

Polarkoordinaten

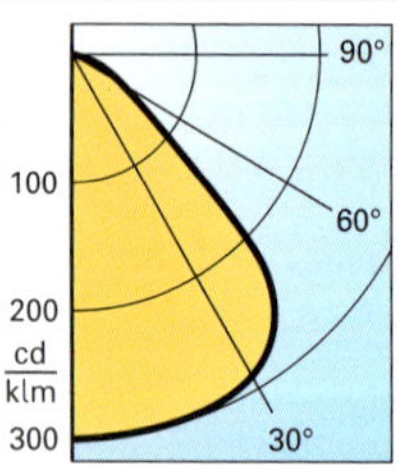

Verteilung der Lichtstärke einer Leuchte

Zur Darstellung von *Richtkennlinien* verwendet man Polarkoordinaten. Sie dienen zur Darstellung der Abhängigkeit einer Größe von einem Winkel.

Umrechnung:

$x = r \cdot \cos \varphi$

$y = r \cdot \sin \varphi$

$r = \sqrt{x^2 + y^2}$

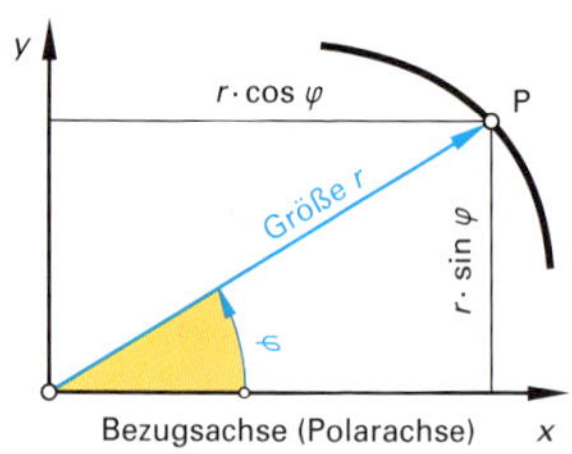

Polarkoordinaten (Aufbau)

Allgemeines technisches Zeichnen General Technical Drawing

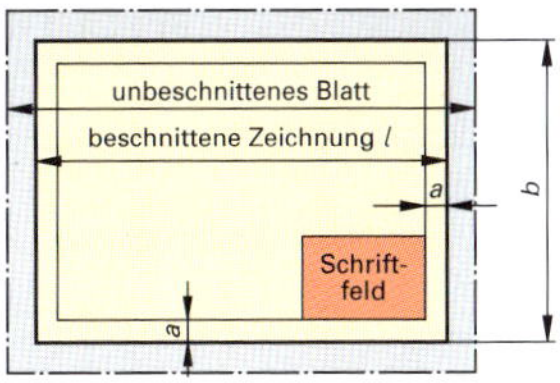

Blattgrößen	Beschnittene Zeichnungen		
	$A = l \cdot b$ in m^2	Länge l in mm	Breite b in mm
A0	1	1189	841
A1	0,5	841	594
A2	0,25	594	420
A3	0,125	420	297
A4	0,0625	297	210

Schriftfeldabstand a = 5 mm $l/b = \sqrt{2} : 1 = 1{,}414 : 1$

Für Zeichnungen ist Hochformat oder Querformat zulässig. Der Heftrand kann 20 mm breit sein; die Nutzfläche des Blattes verringert sich entsprechend.

Faltung von Zeichnungen auf A4

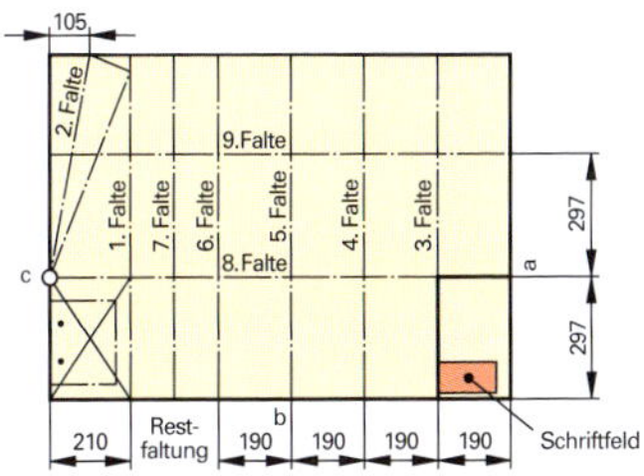

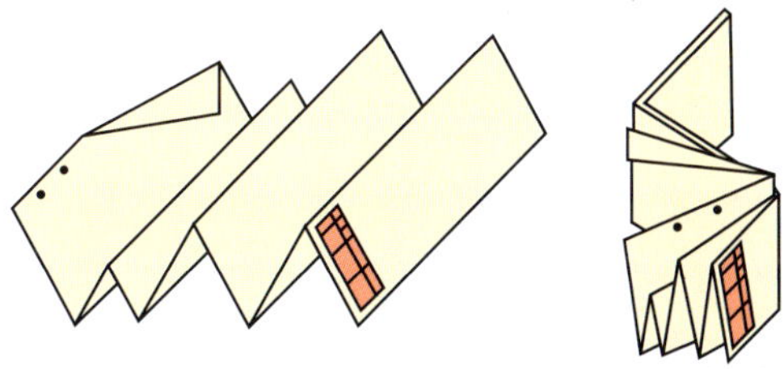

Beschriftung, Schriftzeichen (Schriftform B, v)

äbcdefghijklmnöpqrstüvwxyzß∅□

[(&?!";,−=+×·:√ %)]1234567890I

ÄBCDEFGHIJKLMNÖPQRSTÜVWXYZ

darf vertikal (v = senkr.) oder unter 15° nach rechts geneigt (k = kursiv) geschrieben werden.

Nach Norm hat die Schriftform A (≙ Engschrift) eine Linienbreite von 1/14 mal der Schriftgröße h und die **Schriftform B** (≙ Mittelschrift) eine Linienbreite von 1/10 mal der Schriftgröße h. Bei gleichzeitiger Verwendung von Groß- und Kleinbuchstaben muss die Mindestschriftgröße h = 3,5 mm betragen.

Griechisches Alphabet (Großbuchstaben – Kleinbuchstaben)

A	α	Alpha	Z	ζ	Zeta	Λ	λ	Lambda	Π	π	Pi	Φ	φ	(ph) Phi
B	β	Beta	H	η	Eta	M	μ	Mü	P	ϱ	Rho	X	χ	Chi
Γ	γ	Gamma	Θ	ϑ	Theta	N	ν	Nü	Σ	σ	Sigma	Ψ	ψ	Psi
Δ	δ	Delta	I	ι	Jota	Ξ	ξ	Ksi	T	τ	Tau	Ω	ω	Omega
E	ε	Epsilon	K	$\varkappa$	Kappa	O	o	Omikron	Y	υ	Ypsilon			

Linien in Zeichnungen

Linienarten	Liniengruppe 0,5	0,7	1,4	Anwendung
Volllinien (breit)	0,5	0,7	1,4	sichtbare Kanten
Volllinien (schmal)	0,25	0,35	0,7	Maß- und Maßhilfslinien
Strichlinien	0,35	0,5	1,0	verdeckte Kanten
Strichpunktlinien (breit)	0,5	0,7	1,4	Schnittverlauf
Strichpunktlinien (schmal)	0,25	0,35	0,7	Mittellinien
Freihandlinien	0,25	0,35	0,7	Bruchlinien

Maßstäbe

Natürliche Größe	1 : 1
Vergrößerungen	2 : 1 5 : 1 10 : 1
Verkleinerungen	1 : 2 1 : 5 1 : 10 1 : 20 1 : 50 1 : 100 1 : 200

Zeichnerische Darstellung von Körpern   Graphical Representation of Bodies

Anordnung der Ansichten

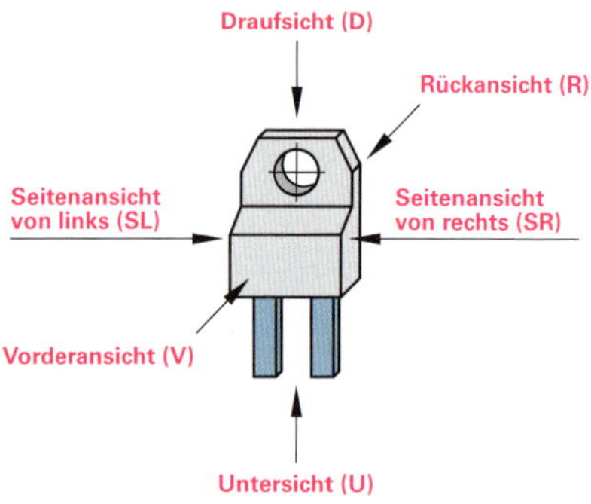

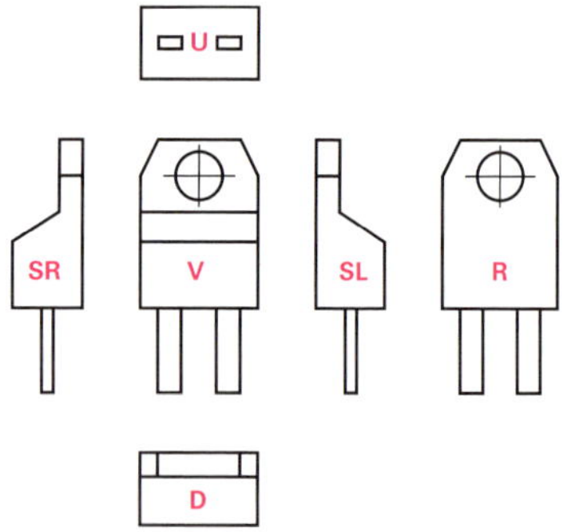

Axonometrische Projektionen

Rechtwinklige Parallelprojektion	Dimetrische Projektion	Isometrische Projektion
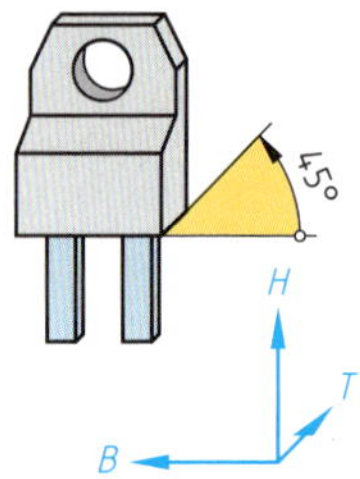	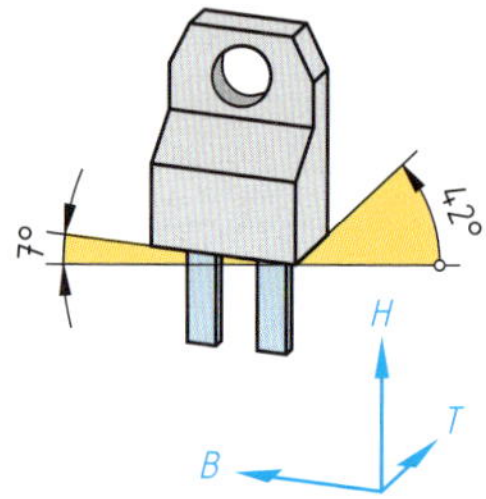	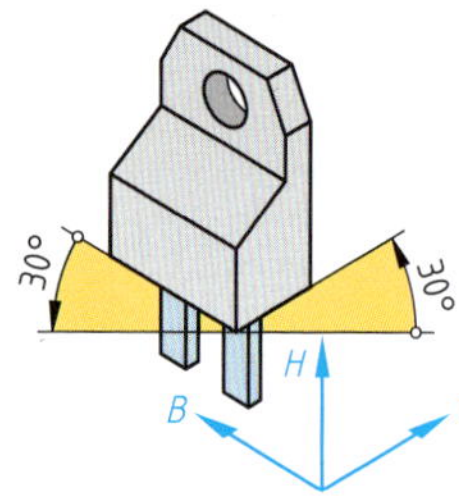
$B : H : T = 1 : 1 : 0{,}5$	$B : H : T = 1 : 1 : 0{,}5$	$B : H : T = 1 : 1 : 1$
Anwendung für Skizzen.	Zeigt in der Vorderansicht Wesentliches.	Zeigt drei Ansichten gleichrangig.

Normalprojektionen

Projektionsmethode 1: Kennzeichen: 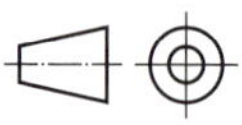

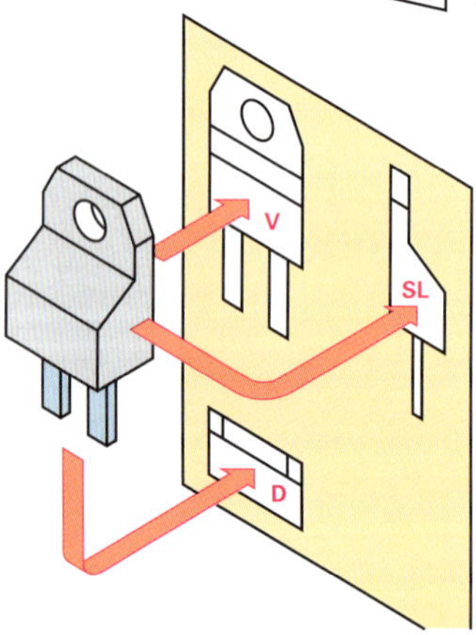

Anwendung in europäischen Ländern.

Projektionsmethode 3: Kennzeichen: 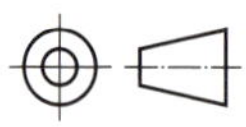

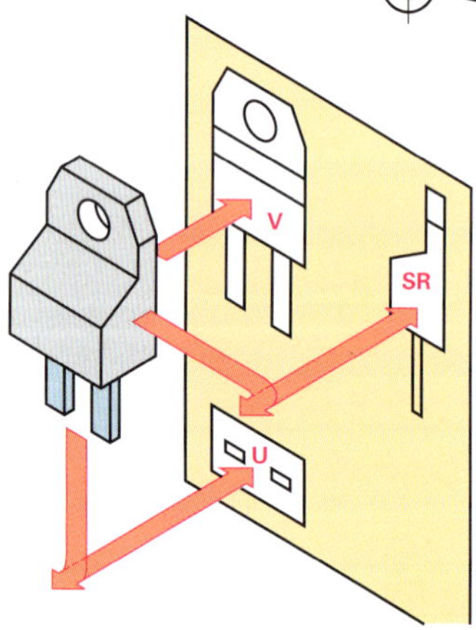

Anwendung in amerikanischen Ländern und in Datenbüchern.

Maßpfeile, besondere Darstellungen Dimension Arrows, Special Representations

Maßlinienbegrenzung

Maßpfeile: 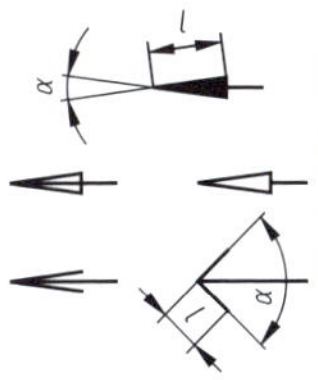	Immer anwenden bei Radien, Kreisbögen, Durchmessern. ausgefüllt $\alpha \approx 15°$ $l \approx 5\,d$ nicht ausgefüllt offen $\alpha = 15°$ bis $90°$ $l \approx 3\,d$ bis $5\,d$ *d* Linienbreite
Schrägstriche: 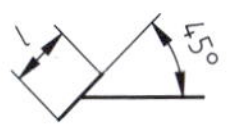	Verlaufen von links unten nach rechts oben, bezogen auf die Maßlinie. $l \approx 6\,d$
Punkte: 	Dürfen nur bei Platzmangel verwendet werden, ausgefüllt: $\varnothing \approx 1{,}5\,d$ nicht ausgefüllt: $\varnothing \approx 2{,}5\,d$

Für jede Zeichnung ist nur eine Art anzuwenden. Bei Platzmangel sind Kombinationen möglich.

Schreibrichtung

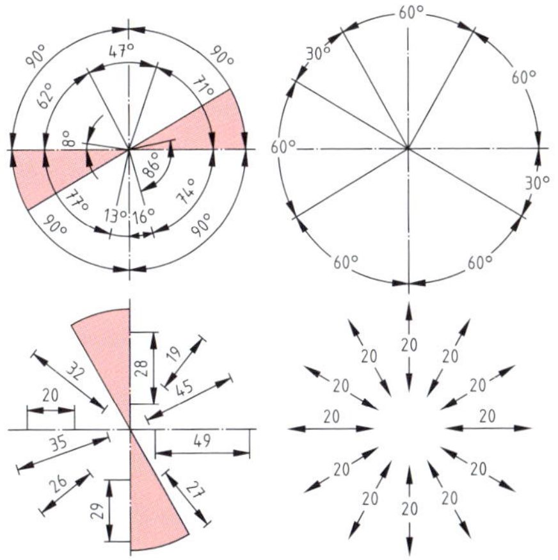

Leserichtung vorzugsweise von unten und rechts. Zulässig auch in Leselage des Schriftfeldes, nichthorizontale Maßlinien werden unterbrochen.

Schnitte

Darstellung	Merkregeln
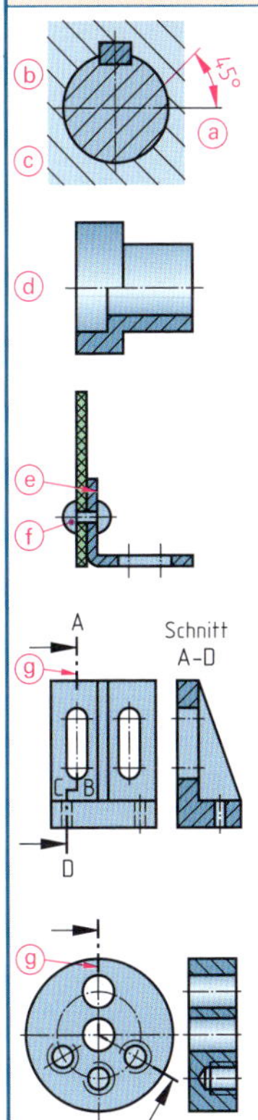	ⓐ Schraffur: Dünne Volllinie unter 45° zur Achse oder zu den Hauptumrissen. Schnittflächen und Ausbrüche des gleichen Teiles in einer oder mehreren Ansichten werden in gleicher Art und Richtung schraffiert. ⓑ Aneinanderstoßende Werkstücke erhalten entgegengesetzt gerichtete oder verschieden weite Schraffur. ⓒ Der Schraffurlinienabstand ist umso größer, je größer die Schnittfläche ist. ⓓ Umlaufkanten, die durch den Schnitt sichtbar geworden sind, werden eingezeichnet. ⓔ Trennfugen sind als Kanten zu zeichnen. ⓕ Vollkörper einfacher Form werden in der Längsrichtung nicht geschnitten. Beispiele: Niete, Bolzen, Wellen, Stifte, Rippen, Schrauben. ⓖ Ist der Schnittverlauf nicht ohne weiteres ersichtlich, so ist er durch dicke Strichpunktlinien zu kennzeichnen. Die Blickrichtung auf den Schnitt deuten Pfeile an. Buchstaben verwendet man nur zur besseren Übersicht.

Bruchlinien und besondere Darstellungen

Darstellung	Merkregeln
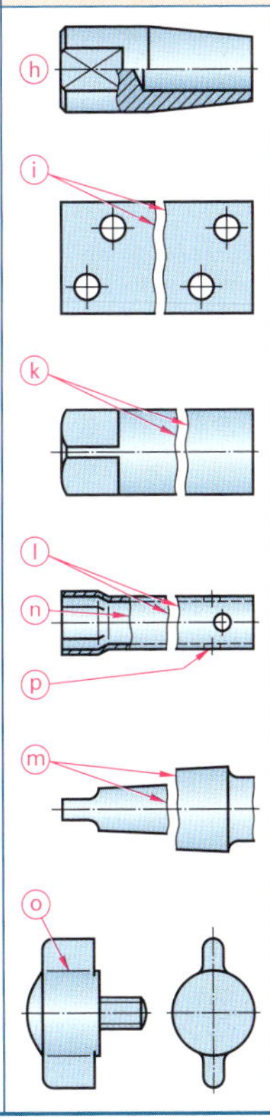	ⓗ Ausbrüche werden durch dünne Freihandlinien begrenzt. Bei der Darstellung „halb Ansicht – halb Schnitt" wird bei waagrechter Mittellinie (Beispiel d) der Halbschnitt unterhalb, bei senkrechter Mittellinie rechts von ihr angeordnet. Durch dünne Freihandlinien werden dargestellt: ⓘ der Bruch flacher Werkstücke, ⓚ der Abbruch von Rundkörpern, ⓛ der Abbruch von hohlen Rundkörpern, z. B. Rohre. ⓜ Spitzkörper sind in abgebrochener Darstellung zusammengeschoben zu zeichnen. ⓝ Der Bruch geschnittener, hohler Rundkörper wird durch eine Freihandlinie begrenzt. ⓞ Gerundete Übergänge und Kanten können durch dünne Volllinien (Lichtkanten), die vor den Körperkanten enden, dargestellt werden, wenn das Bild dadurch anschaulicher wird. ⓟ Flach verlaufende Durchdringungskurven dürfen weggelassen werden.

Maßeintragung Dimensioning

Darstellung

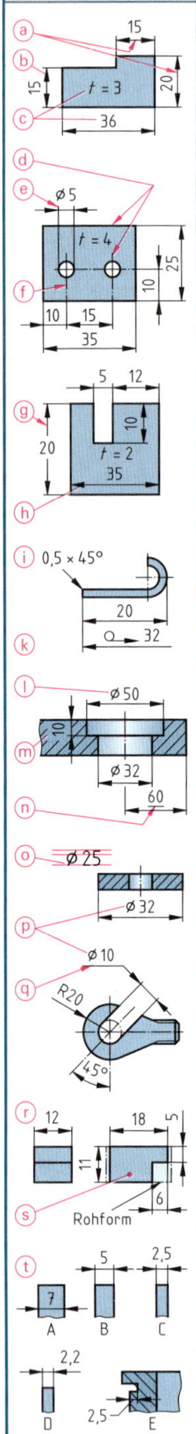

Merkregeln

ⓐ Abstand der Maßlinien von den Körperkanten mindestens 10 mm, Abstand paralleler Maßlinien mindestens 7 mm.

ⓑ Begrenzung der Maßlinien durch Maßpfeile, Schrägstriche oder Punkte (siehe auch vorhergehende Seite).

ⓒ Sind mm gemeint, so schreibt man die Maßzahl ohne Einheit. Kennzeichnung der Werkstückdicke durch t (**t**hick = dick).

ⓓ Mittellinien und Kanten dürfen nicht als Maßlinien benützt werden.

ⓔ Maßhilfslinien ragen 1 mm bis 2 mm über die Maßlinie hinaus.

ⓕ Mittellinien können als Maßhilfslinien benützt werden. Außerhalb der Körperkanten können sie durchgezogen sein.

ⓖ Nichthorizontale Maßlinien werden für die Maßzahl unterbrochen.

ⓗ Die Spitzen der Maßpfeile dürfen nicht an Eckpunkte einer Ansicht anstoßen.

ⓘ Maße der Fase dürfen auch durch eine Hinweislinie eingetragen werden.

ⓚ Bemaßung der gestreckten Länge.

ⓛ Die Maßzahlen dürfen nicht durch Linien getrennt oder gekreuzt werden.

ⓜ Bei Maßzahlen in schraffierten Flächen wird die Schraffur unterbrochen.

ⓝ Maßzahlen für unmaßstäbliche Maße sind zu unterstreichen.

ⓞ Das Durchmesserzeichen ist ein mit einem geraden Strich unter 75° durchstrichener kleiner Kreis.

ⓟ Das Durchmesserzeichen ist immer einzutragen, wenn eine Kreisform zugrunde liegt.

ⓠ Die Maße dürfen auch auf einer verlängerten und abgewinkelten Maßlinie eingetragen werden.

ⓡ Jedes Maß ist nur einmal einzutragen.

ⓢ Es sind die Maße einzutragen, die das Werkstück in fertigem Zustand haben soll.

ⓣ Ist der Platz für die Maßzahl zu klein, so kann man nach Darstellung A...E verfahren.

Darstellung

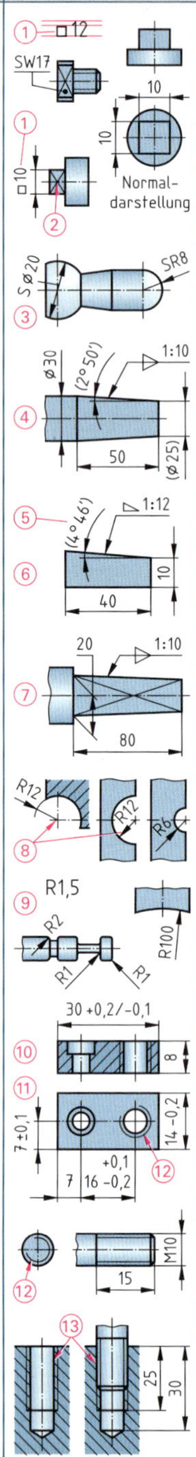

Merkregeln

① Das Quadratzeichen ist vor die Maßzahl zu setzen.

② Mit Diagonalkreuzen können ebene, vierseitige Flächen gekennzeichnet werden.

③ Kugelförmige Elemente erhalten vor das Durchmesserzeichen (oder vor R) den Großbuchstaben S (spherical).

④ Die Kegelform wird mit dem grafischen Symbol und einer Bezugslinie angegeben. Richtung von Symbol und Kegelverjüngung müssen übereinstimmen.

⑤ Es sind nur die zur eindeutigen Bestimmung des Körpers erforderlichen Maße anzugeben. Zusätzliche Maße dürfen als Hilfsmaße in Klammer stehen.

⑥ Die Neigung wird als Verhältnis oder in Prozent angegeben.

⑦ Die Verjüngung wird auch als Verhältnis oder in Prozent angegeben.

⑧ Halbmesser erhalten nur einen Maßpfeil am Kreisbogen. Der Mittelpunkt für Halbmesser muss durch ein Mittellinienkreuz gekennzeichnet werden, wenn seine Lage benötigt wird, z.B. für die Fertigung.

⑨ Vor der Maßzahl wird bei Radien in jedem Falle der Großbuchstabe R gesetzt. Die Maßhilfslinien sind vom Radienmittelpunkt oder aus dessen Richtung zu zeichnen.

⑩ Jedes Maß ist in die Ansicht einzutragen, in der es am klarsten verstanden wird.

⑪ Maße mit Toleranzangabe.

Nennmaß und Abmaß werden gleichgroß geschrieben.

Die Eintragung in derselben Zeile ist zulässig.

Gleiche Abmaße stehen mit ± hinter der Maßzahl.

Das Abmaß 0 muss nicht eingetragen werden.

⑫ Gewindedarstellung nach ISO. Gewindekreis als 3/4-Kreisbogen mit dünner Volllinie.

⑬ Die Schraffur reicht bis zu den Volllinien. Eingeschraubte Bolzen werden nicht geschnitten: Spitzenwinkel 120°.

Lage der Maßzahlen

vgl. DIN 406-11

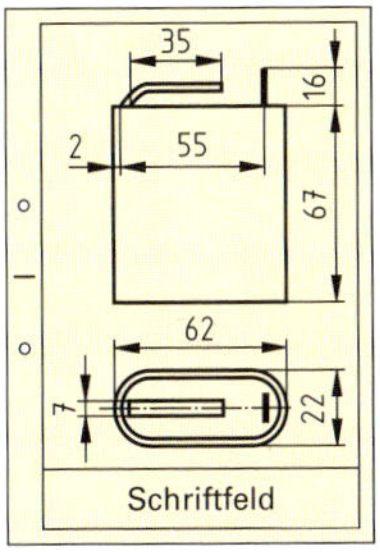

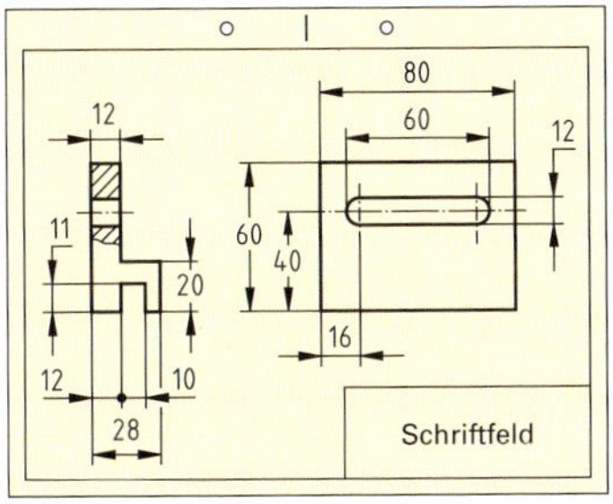

Methode 1: (Bild links);
Eintragung in **zwei** Hauptleserichtungen. Die Maßzahlen sind in Leselage der Zeichnung so einzutragen, dass sie von unten bzw. rechts lesbar sind.
Diese Methode ist bevorzugt anzuwenden.

Methode 2: (Bild rechts),
Eintragung in **einer** Leserichtung.
Alle Maße dürfen in Leselage des Schriftfeldes eingetragen werden. Dabei werden nichthorizontale Maßlinien unterbrochen.

Angabe der Oberflächenbeschaffenheit in Zeichnungen

vgl. DIN EN ISO 1302

Symbol	Bedeutung
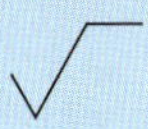	Alle Fertigungsverfahren sind erlaubt.
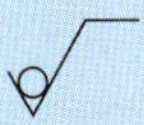	Ein Materialabtrag ist unzulässig.
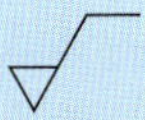	Ein Materialabtrag ist gefordert.
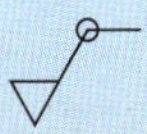	Alle Flächen rundum der Kontur eines Werkstückes.

Symbol	Bedeutung
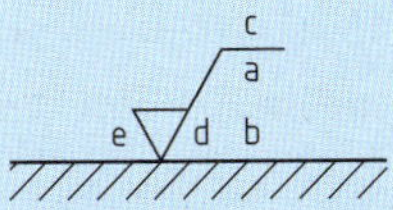 c a e d b	**a** Oberflächenkenngröße bestehend aus dem Profil, der Kenngröße und dem Zahlenwert in μm. **b** Zweite Anforderung an die Oberflächenbeschaffenheit **c** Fertigungsverfahren **d** Oberflächenrillen und -ausrichtung **e** Bearbeitungszugabe in mm

Anordnung der Sinnbilder in Zeichnungen

vgl. DIN EN ISO 1302

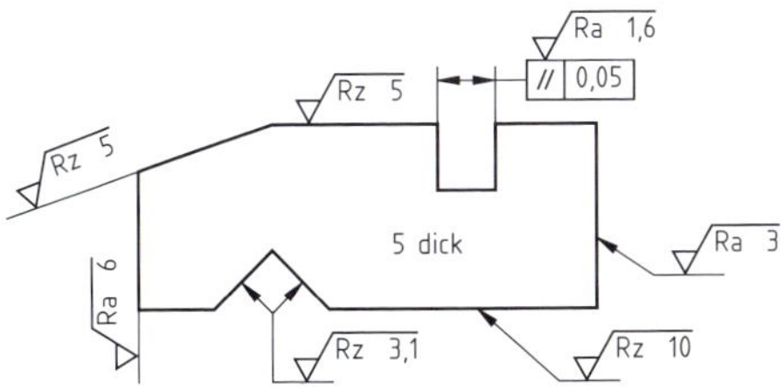

Lesbarkeit: von unten oder von rechts.

Anordnung: direkt auf der Oberfläche oder mit Hinweislinie.

Rauheitsprofil (R-Profil)
Ra arithmetischer Mittelwert der Profilordinaten (y-Achsen)
Rz größte Höhe des Profils

Schraffuren und Werkstoffkennzeichnungen

vgl. DIN ISO 128-50

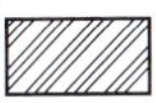	SM	Metalle, allgemein	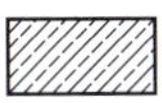	SN50	Beton, wasserundurchlässig	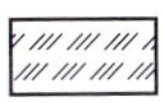	SN51	Glas
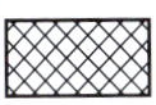	SP	Kunststoffe, allgemein	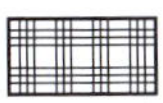	SN53	Keramik	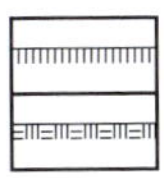	SN1 SN2	gewachsener Boden geschütteter Boden
	SN58	Isolierstoff	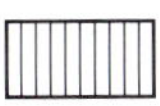	SN23	Holz, allgemein	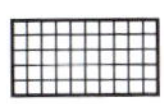		elektrische Wicklungen

M Metall, N Naturstoff, P Plastik, S fest (solid).

Schaltpläne als funktionsbezogene Dokumente vgl. EN 61082-2
Circuit Diagrams as Functional Documents

Dokument	Erklärung	Beispiel
Schaltskizze (nicht genormt)	Meist allpolige Darstellung zur Erklärung der Wirkungsweise oder Anordnung von elektrischen Einrichtungen, z.B. bei Elektroherden, Warmwasserspeichern oder Haushaltgeräten. Dabei werden Schaltzeichen, nicht genormte Sinnbilder und auch Ansichten verwendet.	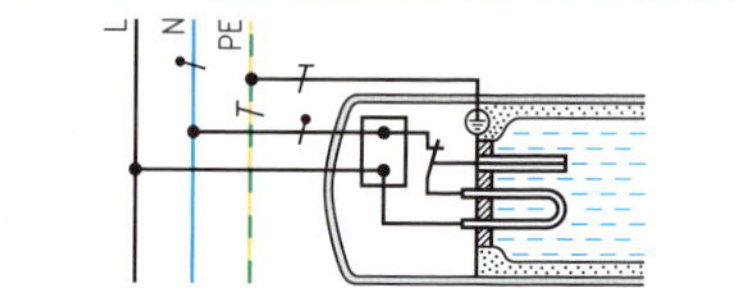
Übersichts-schaltplan	Meist einpolige Darstellung einer Schaltung. Dabei werden einfache Schaltzeichen und Blocksymbole verwendet. Leiterzahl und Betriebsmittelzahl sind je nach Aufgabe des Planes angegeben oder nicht angegeben.	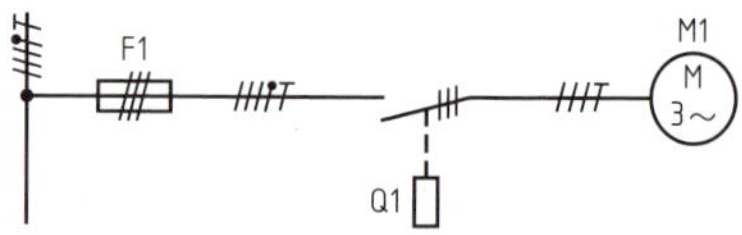
Stromlaufplan in zusammenhängender Darstellung	Allpolige Darstellung der Stromkreise einer Funktionseinheit, Baueinheit oder Anlage mit allen Einzelheiten. Teile desselben Betriebsmittels müssen räumlich zusammenhängend gezeichnet werden. Größe, Form und räumliche Lage der Betriebsmittel bleiben unberücksichtigt. Dabei sind die Teile und Verbindungen mit genormten Symbolen (Schaltzeichen) dargestellt.	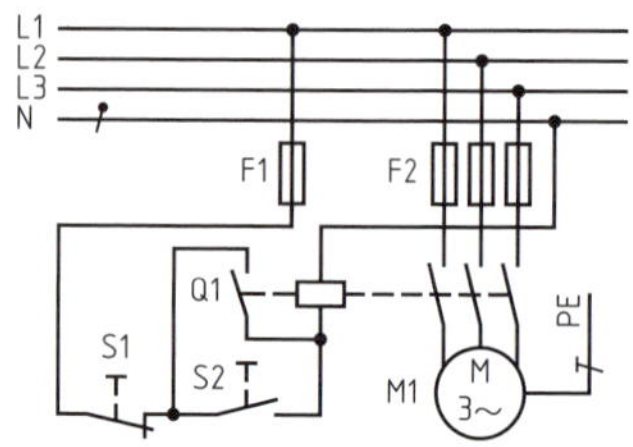
Stromlaufplan in aufgelöster Darstellung	Allpolige Darstellung der Stromkreise nach Stromwegen aufgelöst. Mechanisch zusammengehörige Teile werden durch ihre Betriebsmittelkennzeichnung zueinander in Verbindung gebracht. Stromwege möglichst senkrecht. Leiterverlauf senkrecht und waagrecht. Es werden genormte Symbole verwendet.	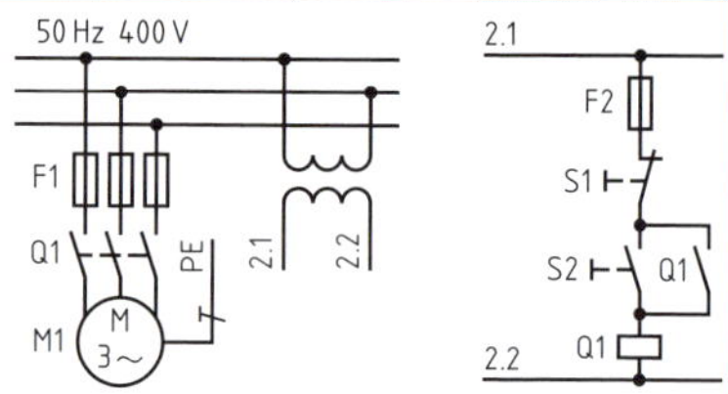
Stromlaufplan in halb zusammenhängender Darstellung	Allpolige Darstellung der Stromkreise, wobei Symbole der Teile mit mechanischer Wirkverbindung auseinandergezogen dargestellt sind. Diese Teile werden durch das Symbol für mechanische Verbindung (gestrichelte Linie) miteinander verbunden. Anwendung: Steuerungen.	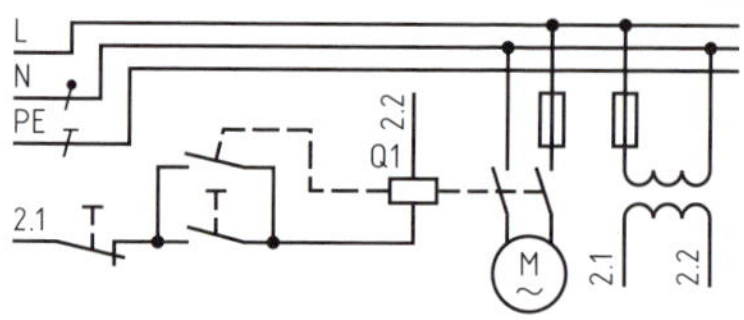
Blockschaltplan	Meist einpoliger Übersichtsschaltplan, bei dem Blocksymbole vorkommen. Gibt es kein in Frage kommendes genormtes Symbol, so können Rechtecke oder Quadrate mit Text verwendet werden. Anwendung: Elektronische Schaltungen, z.B. integrierte Schaltkreise.	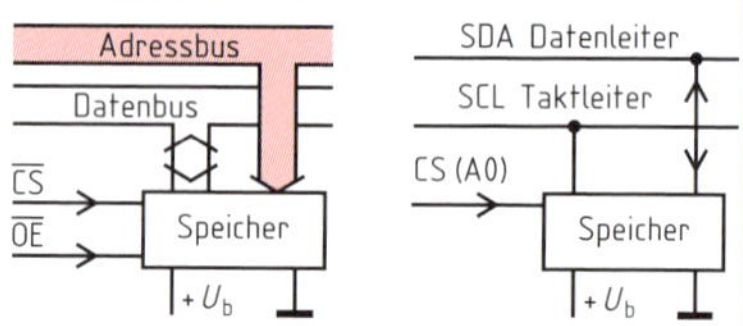
Ersatzschaltplan	Allpolige Darstellung einer vereinfachten Schaltung, die dasselbe Verhalten zeigt wie die ursprüngliche Schaltung. Dabei werden einfache Symbole (Schaltzeichen) verwendet.	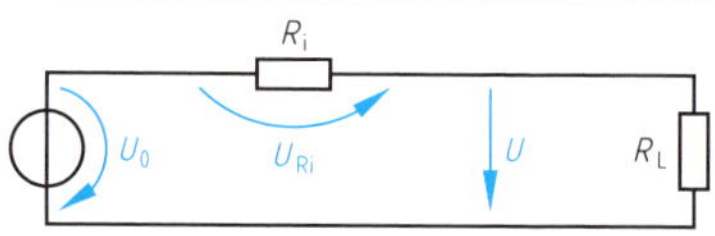

Ausführungsrichtlinien

1. Darstellung im stromlosen Zustand, Schalter in Grundstellung. Ausnahme: Überwachungsschaltungen nach Ruhestromprinzip.
2. Klemmen müssen nur eingetragen werden, wenn es für den Zweck der Zeichnung erforderlich ist.
3. Falls erforderlich, sind Kombinationen der Schaltpläne zulässig.

Weitere funktionsbezogene Dokumente Other Functional Documents

Dokument	Erklärung	Beispiel
Funktionsplan (nicht bei SPS)	Diagramm, das ein Steuerungssystem oder Regelungssystem beschreibt. Dabei werden genormte Symbole mit Text verwendet. Je nach Aufgabe wird die Grobstruktur oder die Feinstruktur dargestellt. Funktionsplan (FUP) der SPS: Siehe Logik-Funktionsschaltplan.	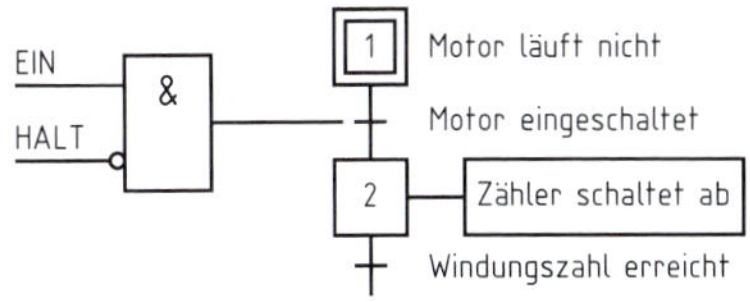
Funktions-schaltplan	Darstellung eines Systems, eines Teils, einer Installation oder einer Software in Form von Schaltkreisen. Die zur Realisierung erforderlichen Mittel müssen dabei nicht berücksichtigt werden. Dabei werden genormte Symbole, genormte Blöcke oder mit freiem Text versehene Blöcke verwendet.	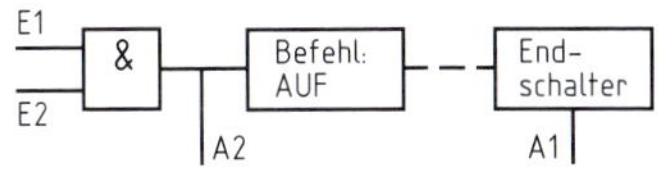
Anschluss-Funktions-schaltplan	Allpolige Darstellung einer Funktionseinheit mit Anschlussstellen. Die Beschreibung der Funktion kann durch andere Schaltpläne oder durch Text erfolgen. Dabei werden genormte Symbole oder mit Text versehene Blöcke verwendet. Anwendung: Module zum Zusammenbau von größeren Einheiten.	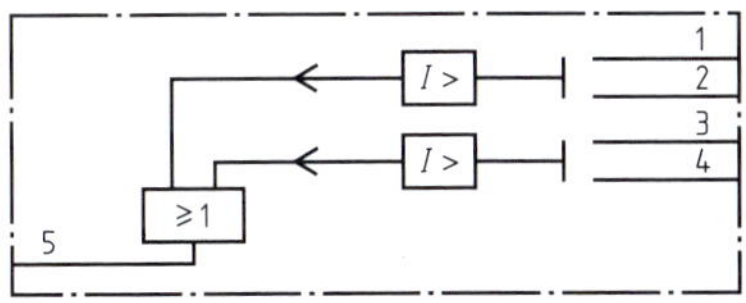
Logik-Funktions-schaltplan (bei SPS: Funktionsplan FUP)	Allpolige Darstellung eines Schaltnetzes, z.B. eines Code-Umsetzers, oder eines Schaltwerkes, z.B. eines Schieberegisters. Dabei werden Schaltzeichen binärer Elemente verwendet. Die Stromversorgung dieser Elemente wird nicht dargestellt. Anwendung: Schaltungen mit binären Elementen.	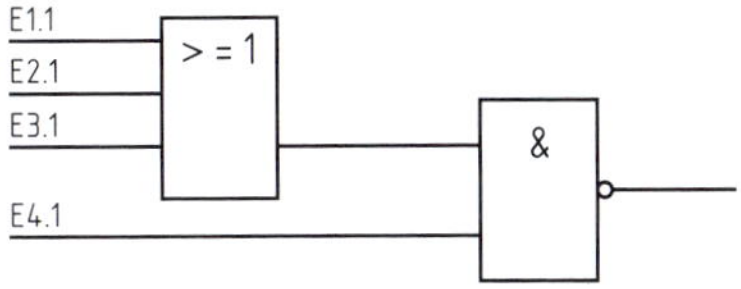
Netzwerkkarte	Einpoliger Übersichtsschaltplan, der ein Netz mit seinen Anlageteilen in einer Landkarte darstellt. Die Anlagenteile, z.B. Maste, Starkstromleitungen, Fernmeldeanlagen, Umspannstationen oder Kraftwerke werden durch genormte Symbole oder vereinfachte Ansichten dargestellt. Anwendung: Dokumentation oder Baupläne von Netzen oder Netzteilen.	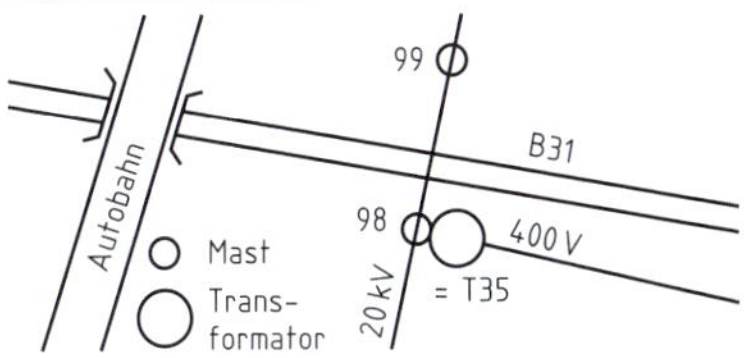
Ablauf-diagramm	Diagramm zur Darstellung der Reihenfolge von Vorgängen oder der Zustände von Teilen eines Systems, z.B. eines Relais. Dabei sind die Vorgänge oder Zustände in einer Richtung, z.B. senkrecht, aufgezeichnet und die Schritte oder die Zeit im rechten Winkel dazu. Anwendung: Ablauf von Schaltvorgängen.	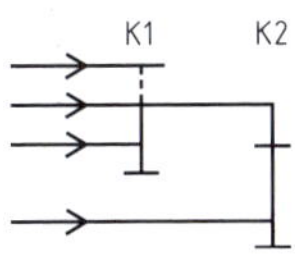
Zeitablauf-diagramm	Darstellung des Ablaufs von Vorgängen im zeitgerechten Maßstab. Die Zeitachse wird meist nicht angegeben. Die Grundlinie des Signalzuges hat den logischen Wert 0 bzw. den Pegel L. Nach oben wird der logische Wert 1 bzw. der Pegel H aufgetragen. Anwendung: Darstellung des Verhaltens von Schaltnetzen oder von Schaltwerken.	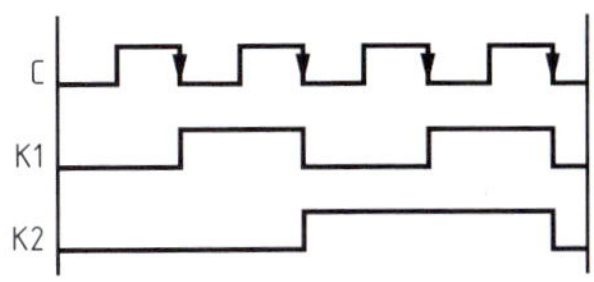
Wirkungsplan (nur für Regelungs-technik und Steuerungs-technik genormt)	Darstellung der Gesamtheit aller Wirkungen in einem System durch rechteckige Blöcke. Die Wirkungsrichtung wird durch Pfeile in den Wirkungslinien dargestellt, insbesondere, wenn von rechts nach links oder von unten nach oben. Die Addition wird durch einen Kreis mit Angabe von + und – dargestellt.	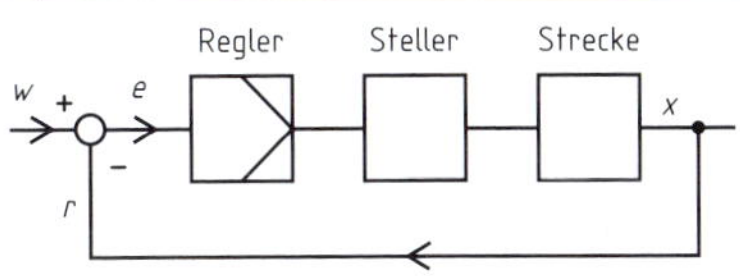

Ortsbezogene und verbindungsbezogene Dokumente
Location- and Connection-related Documents

Dokument	Erklärung	Beispiel
Ortsbezogene Dokumente		vgl. EN 61082-1
Installationsplan	Installationsplan: Maßstäblicher Plan, der die Lage der Teile eines Systems bzw. einer Anlage ohne die Leitungen zeigt **(Bild links)**.	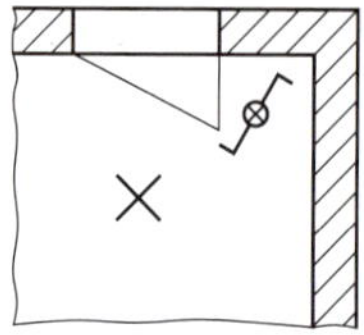
Installationszeichnung	Installationszeichnung: Zeichnung, z. B. Ansicht einer Maschine, welche die Lage der Teile eines Systems ohne die Leitungen zeigt **(Bild rechts)**.	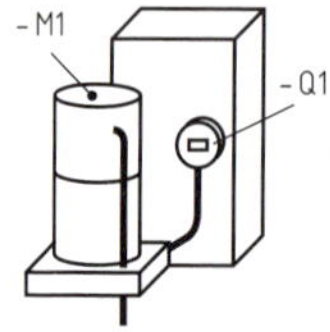
Installationsschaltplan	Schaltplan, der die Angaben des Installationsplanes und zusätzlich die Leitungen enthält. Die Einzelheiten der Betriebsmittel, z. B. Art der Leitungen, können eingetragen oder in einer Tabelle aufgezählt werden. Anwendung: Planung und Dokumentation der Elektroinstallation.	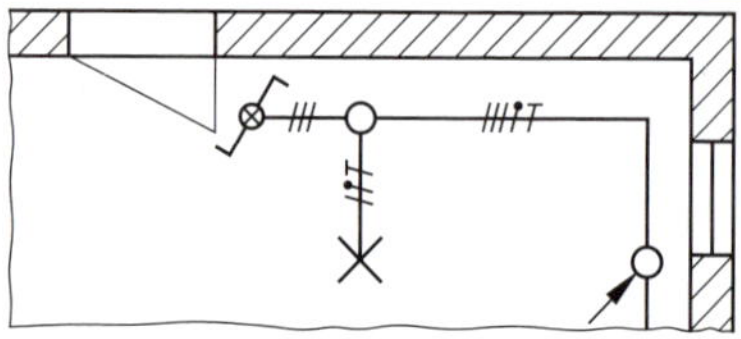
Anordnungsplan	Darstellung der Gestalt und räumlichen Lage von Teilen, die zusammengehören oder zusammengebaut werden. Leitungen werden nicht eingetragen. Die Betriebsmittel werden durch Rechtecke mit Betriebsmittelkennzeichnung oder Text dargestellt. Meist maßstäblich gezeichnet.	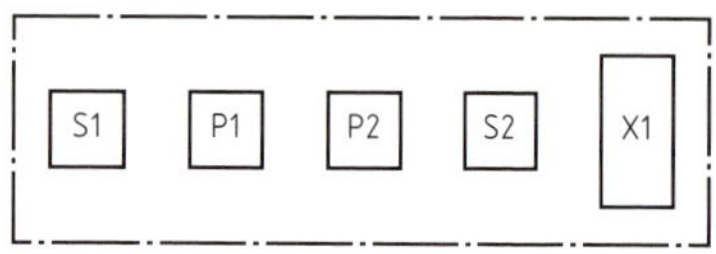
Verbindungsbezogene Dokumente		vgl. EN 61082-1
Geräte-Verdrahtungsplan Verbindungsplan	Lagerichtige und allpolige Darstellung der Verbindungen *innerhalb* einer Baueinheit. Lagerichtige und allpolige Darstellung der Verbindungen *zwischen* verschiedenen Baueinheiten.	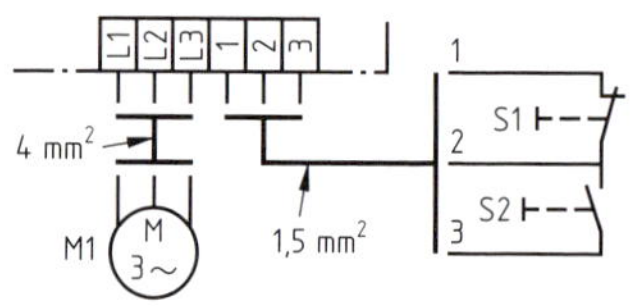
Anschlussplan	Allpolige Darstellung der Anschlüsse einer elektrischen Einrichtung und der daran angeschlossenen äußeren Verbindungen. Die Anschlüsse werden als Rechtecke, Quadrate, Kreise oder Punkte dargestellt. Meist allpolige Darstellung. Notwendig ist die eindeutige Kennzeichnung der Anschlüsse.	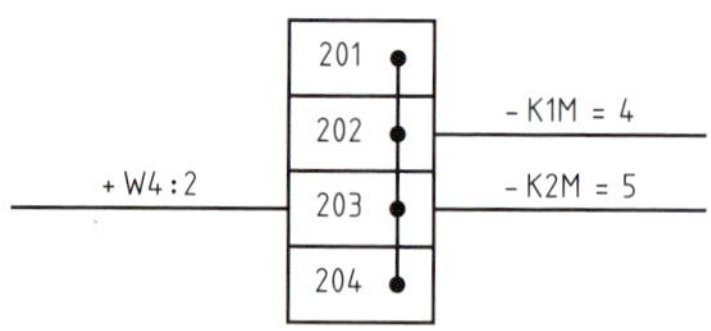
Bestückungsplan (nicht genormt)	Ansicht der Bestückungsseite (Seite der Bauelemente meist mit den durchscheinend gedachten Leiterbahnen) einer gedruckten Schaltung. Die Bauelemente werden in vereinfachter Ansicht und/oder als Schaltzeichen lagerichtig, mit oder ohne Leiterbahnen, meist maßstäblich dargestellt. Die Bauelemente können in einer Tabelle aufgelistet werden.	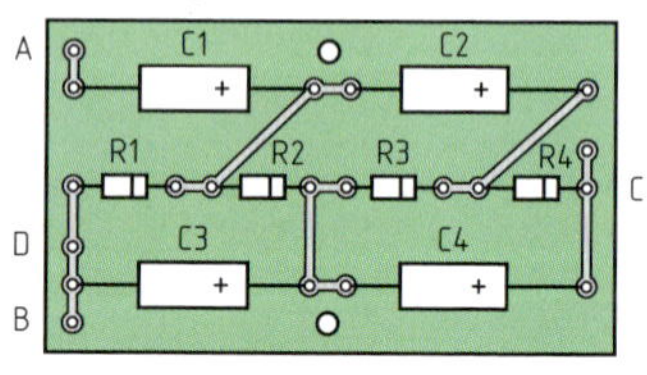
Kabelplan	Schaltplan mit Informationen über Kabel und Leitungen, z. B. Leiterkennzeichnung, Lage der Enden, Kenngrößen, Funktion und Kabelwege. Meist einpolige Darstellung, aber mit Angabe der Leiternummerierung. Kennzeichnung der angeschlossenen Baugruppen ist notwendig.	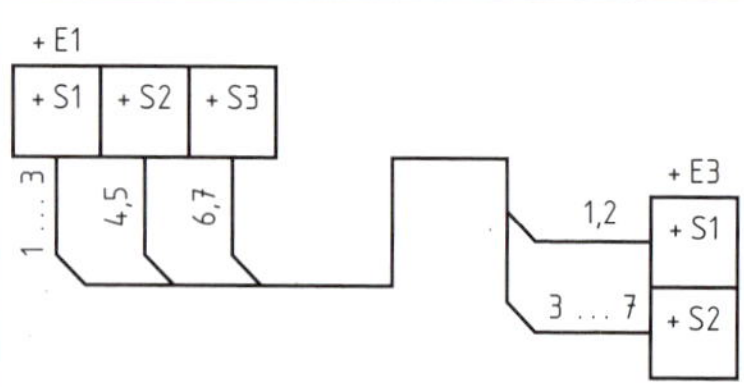

Kennzeichnungen in Schaltplänen Marking in Circuit Diagrams

Kennzeichnung von Leitern und Leiteranschlüssen

vgl. EN 60617-2

Leiter		Kennzeichnung alphanumerisch	Kennzeichnung durch Symbol	Leiter	Kennzeichnung alphanumerisch	Kennzeichnung durch Symbol
Wechselstromnetz	Außenleiter Außenleiter 1, 2, 3 Neutralleiter	L L1, L2, L3 N	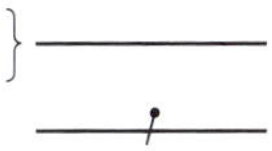	Schutzpotenzialausgleichsleiter	PB PBE PBU	
Gleichstromnetz	Positiv Negativ Mittelleiter	L + L – M	+ –	Erder	E	
Schutzleiter (Protection Earth)		PE	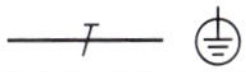	Masse	GND, GD, MM	
PEN-Leiter (Funktion PE + N)		PEN		E (earthed) geerdet, U (unearthed) ungeerdet		

Zusätzlich können angegeben werden Frequenz, Spannung, Stromart, Querschnitt, Leitung.

Bisherige Kennbuchstaben der Betriebsmittel

nach zurückgezogener DIN 40719-2 : 1978

Hinweis: Die nachfolgenden Kennbuchstaben und Kennzeichen auf dieser Seite stammen aus einer zurückgezogenen, also veralteten Norm. Sie kommen aber in bisher erstellten Dokumenten vor.

Kennzeichnungen nach geltender Norm, siehe folgende Seiten.

Kennbuchstabe	Betriebsmittel	Beispiele	Kennbuchstabe	Betriebsmittel	Beispiele
A	Baugruppen	Verstärker als Baugruppe	**N**	Verstärker, Regler	Messverstärker
B	Umsetzer	Sensor, Quarz, Mikrofon	**P**	Messgerät	Spannungsmesser, Oszilloskop
C	Kapazitäten	Kondensator			
D	Binäre Elemente, Speicher, Verzögerungseinrichtungen	UND-Element ODER-Element Magnetbandgerät, Flipflop	**Q**	Starkstrom-Schaltgeräte	Schutzschalter, Selbstschalter
			R	Widerstände	Heißleiter, Potenziometer
E	Verschiedenes	Beleuchtung, Heizung	**S**	Schalter, Wähler	Taster, Drehwähler
F	Schutzeinrichtungen	Sicherung, Auslöser	**T**	Transformatoren	Spannungswandler
G	Generatoren, Stromversorgungen	Maschinengenerator, Oszillator	**U**	Modulatoren	Frequenzwandler
			V	Röhren, Halbleiter	Dioden, Transistoren
H	Meldeeinrichtungen	Meldegerät, z.B. Signallampe	**W**	Übertragungswege	Kabel, Antenne
K	Relais, Schütze	Hilfsschütz, Leistungsschütz	**X**	Klemmen	Steckdose
L	Induktivitäten	Spule	**Y**	Elektrisch betätigte Mechanik	Bremse, Ventil
M	Motoren	Drehstrommotor, Gleichstrommotor	**Z**	Abschluss, Filter	Hochpass

Bisherige Kennbuchstaben der Funktion

A	Hilfsfunktion, AUS	G	Prüfung	M	Hauptfunktion	T	Zeitmessung, Verzögerung
B	Bewegungsrichtung	H	Meldung	N	Messung	V	Beschleunigung, Bremsen
C	Zählung	I	Integration	P	Proportional	W	Addieren
D	Differenzieren	K	Tastbetrieb	Q	Zustand, z.B. Stopp	X	Multiplizieren
E	EIN	L	Leiterkennzeichnung	R	Löschen, Rückstellen	Y	Analog
F	Schutz			S	Speichern, Aufzeichnen	Z	Digital

Bisherige Vorzeichen für die Art der Kennzeichnung von elektrischen Betriebsmitteln

Vorzeichen	Bedeutung	Vorzeichen	Bedeutung
–	Art, Zählnummer, Funktion	+	Ort
=	Anlage	:	Anschluss

Die Kennzeichnung erfolgt durch alphanumerische Zeichen, z.B. – M2B. Meist wird die Kennzeichnung nach Art, Zählnummern und Funktion angewendet. Wenn keine Verwechslungsgefahr besteht, können dabei die Vorzeichen und sogar überflüssige Buchstaben der alphanumerischen Zeichen entfallen.

Kennbuchstaben der Objekte (Betriebsmittel) in Schaltplänen DIN EN 81346-2: 2010-05

Code Letters for Objects (Components) in Circuit Diagrams

Kennbuchstabe	Zweck des Objekts	Beispiele
A	Zwei oder mehr Zwecke. Nur für Objekte verwenden, wenn kein Hauptzweck erkennbar ist.	Sensorbildschirm, Touch-Bildschirm
B	Umwandlung einer Eingangsvariablen in ein zur Weiterverarbeitung bestimmtes Signal	Sensor, Mikrofon, Messwandler, Messwiderstand, Videokamera, Näherungsschalter, thermisches Überlastrelais, Motorschutzrelais, Bewegungsmelder
C	Speichern von Energie, Information, Material	Kondensator, Festplatte, Pufferbatterie, RAM, ROM, Puffer, Magnetband-Aufzeichnungsgerät, Chipkarte, USB-Stick, Laufwerke, z. B. für DVD, CD
E	Bereitstellung von Strahlung oder Wärmeenergie	Glühlampe, Leuchtstofflampe, Heizkörper, Glühofen, Warmwasserspeicher, Laser, Leuchte, Kühlschrank
F	Direkter (selbsttätiger) Schutz eines Energieflusses oder Signalflusses vor unerwünschten Zuständen, einschließlich der Ausrüstung für Schutzzwecke.	Schmelzsicherung, Leitungsschutzschalter, RCD, thermischer Überlastauslöser, Überspannungsableiter, faradayscher Käfig, Abschirmung, Schutzvorrichtung
G	Erzeugen eines Energieflusses oder Materialflusses oder von Signalen, die als Informationsträger verwendet werden.	Generator, Batterie, Pumpe, Ventilator, Lüfter, Stromversorgungseinheit, Solarzelle, Brennstoffzelle, Ventilator, Hebezeuge, Fördereinrichtung
K	Verarbeitung (Empfang, Verarbeitung und Bereitstellung) von Signalen oder Informationen (aber nicht Objekte für Schutzzwecke, Kennbuchstabe F).	Hilfsschütz, Transistor, Zeitrelais, Verzögerungsglied, Binärelement, Regler, Filter, Operationsverstärker, Mikroprozessor, Mikrocontroller, Zähler, Multiplexer, Computer, Router, Switch
M	Bereitstellung von mechanischer Energie für Antriebszwecke	Elektromotor, Linearmotor, Verbrennungsmotor, Turbine, Hubmagnet, Stellantrieb
P	Darstellung von Informationen	Messgeräte, Klingel, Lautsprecher, Signallampe, LED, LCD, Drucker, Manometer, Uhr, elektromechanische Anzeige, Bildschirmgeräte, Beamer
Q	Kontrolliertes Schalten eines Energieflusses, Signalflusses oder Materialflusses	Leistungsschalter, Leistungsschütz, Motoranlasser, Thyristor, Leistungstransistor, IGBT, Motorstarter, Bremse, Stellventil, Kupplung, Trennschalter
R	Begrenzung oder Stabilisierung von Energiefluss, Signalfluss oder Materialfluss	Widerstand, Drosselspule, Diode, Z-Diode, Rückschlagventil, Schaltung zur Spannungsstabilisierung oder zur Stromstabilisierung, Konstanthalter
S	Umwandeln einer manuellen Betätigung in ein Signal zur Weiterverarbeitung	Steuerschalter, Tastatur, Maus, Taster, Wahlschalter, Quittierschalter, Lichtgriffel
T	Umwandlung von Energie oder eines Signals unter Beibehaltung der Energieart oder der Information. Verändern der Form eines Materials.	Leistungstransformator, Gleichrichter, Modulator, Demodulator, AC-Umsetzer, DC-Umsetzer, Frequenzumformer, Verstärker, Antenne, Telefonapparat, ADU (ADC), DAU (DAC)
U	Halten von Objekten in definierter Lage	Isolator, Kabelwanne, Mast, Spannvorrichtung, Fundament, Montagegestell
V	Verarbeitung von Materialien oder Produkten	Rauchgasfilter, Staubsauger, Waschmaschine, Zentrifuge, Drehmaschine
W	Leiten von Energie oder Signalen	Leiter, Leitung, Kabel, Lichtwellenleiter, Busleitung, Systembus, Sammelschiene
X	Verbinden von Objekten	Steckdose, Klemme, Kupplung, Steckverbinder, Klemmleiste
D, J, Y, Z	für spätere Normung vorgesehen	Reserve, falls die oben angeführte Einteilung nicht ausreichend ist.
I, O	nicht für Kennzeichnung anwendbar	Es besteht Verwechslungsgefahr mit I für Input = Eingang und O für Output = Ausgang.

Im Schaltplan werden die Objekte (Betriebsmittel) mit demselben Kennbuchstaben durchnummeriert, z. B. C1, C2 usw. Maßgebend für den Kennbuchstaben ist der *Verwendungszweck*. So wird ein Transistor zur Signalverarbeitung mit z. B. K1 bezeichnet, ein Transistor zum Steuern oder Schalten einer Last mit Q1.

Wenn die Objekte je nach Betrachtung (Aspekt) verschieden zu werten sind, können vor den Kennbuchstaben Vorzeichen gesetzt werden, und zwar mit der Bedeutung

= Funktionsbezogenheit, – Produktbezogenheit, + Ortsbezogenheit.

Bei Bedarf wird an den Kennbuchstaben als 2. Buchstabe ein Buchstabe für die Unterklasse angehängt (folg. Seite).

Unterklassen für Aufgaben von Objekten

vgl. DIN 6779-2 Juli 2004

Subclasses of Objects According to their Purpose

Hinweis: Nach EN DIN 81346-2 sollen Unterklassen nur gebildet werden, wenn es notwendig ist. Der 2. Kennbuchstabe entfällt also, wenn keine Verwechslungsgefahr besteht.

Der Kennbuchstabe für die Unterklasse kann leider aus verschiedenen Normen entnommen werden, z. B. aus DIN 10227-1 oder aus DIN 6779-2. Bei Anwendung von Unterklassen ist deshalb die Bedeutung der Unterklassen zu dokumentieren. Dabei ist es zweckmäßig, auf dem Schaltungsdokument die Kennzeichnung der Betriebsmittel anzugeben, z. B. Last-Trennschalter.

Hauptklasse	Unterklasse	Aufgabe der Unterklasse	Beispiele
B Umwandlung einer Eingangsvariablen in ein Signal zur Weiterverarbeitung	BA	Umwandeln Eingangsvariable für Schutzzweck	Schutzrelais, thermisches Überlastrelais, Buchholz-Relais
	BE	elektrische Größe	Stromwandler, Messwiderstand, Messrelais
	BF	Durchfluss, Durchsatz	Durchflussmesser, Gaszähler, Wasserzähler
	BP	Druck, Vakuum	Drucksensor, Druckmesser
C Speicherung von Energie, Informationen, Material	CA	Speichern, kapazitiv	Kondensator
	CB	Speichern, induktiv	Spule, Supraleiter
	CC	Speichern, chemisch	Batterie, Akkumulator
	CF	Speichern von Informationen	RAM, EPROM, CD, DVD
	CP	Speichern von thermischer Energie	Heißwasserspeicher, Eisspeicher
E Bereitstellung von Strahlung oder Wärme	EA	Bereitstellung elektromagnetischer Strahlung	Glühlampe, Leuchtstofflampe, UV-Strahler
	EB	Bereitstellung von Wärmeenergie	Elektroofen, Boiler
	EC	Bereitstellung von Kälteenergie	Kühlschrank, Kühltruhe
K Verarbeitung von Signalen (nicht für Schutzzwecke nach Klasse F)	KF	Verarbeitung elektrischer und elektronischer Signale	Relais, Transistor, Binärelemente, Empfänger, Sender, Optokoppler
	KG	Verarbeitung optischer und akustischer Signale	Spiegel, Prüfgerät
	KK	Verarbeitung unterschiedlicher Informationsträger	elektrohydraulischer Umformer, entsprechende Regler
Q Schalten von Energie oder Signalen	QA	Schalten und Variieren elektrischer Energiekreise	Leistungsschalter, Thyristor, Motoranlasser, Schütz
	QB	Trennen elektrischer Energiekreise	Trennschalter
	QC	Erden elektrischer Energiekreise	Erder
	QD	Überbrücken von Energiekreisen	Überbrückungsschalter
R Begrenzen oder Stabilisieren von Energie, Information, Material	RA	Begrenzen des Flusses elektrischer Energie	Widerstand, Drossel, Diode, Konstanthalter
	RF	Stabilisieren von Signalen	Tiefpass, Entzerrer, analoge oder digitale Filter
S Umwandeln manueller Betätigung in Signal zur Verarbeitung	SF	Umwandeln manueller Betätigung in ein elektrisches Signal	Steuerschalter, Tastatur, Sollwerteinsteller, Maus
	SG	Umwandeln manueller Betätigung in elektromagnetische, optische oder akustische Signale	Funkmaus, Lasermaus, Funktastatur
T Energiewandlung bei gleicher Energieart, Signalwandlung bei gleichem Informationsinhalt	TA	Umwandeln elektrischer Energie unter Beibehaltung der Energieart und Energieform	Transformator, DC/DC-Umsetzer, Frequenzumrichter (U-Umrichter, I-Umrichter)
	TB	wie bei TA, aber Verändern der Energieform	Gleichrichter, Wechselrichter, AC/DC-Umsetzer
	TF	Umwandeln von Signalen (Beibehaltung des Informationsinhaltes)	Verstärker, Impulsverstärker, Antenne, U/I-Umsetzer, ADC, DAC

Die Zweitbuchstaben der Unterklassen sind bei Bedarf anzuwenden, insbesondere dann, wenn die Kennbuchstaben der Hauptklasse für sehr verschiedenartige Objekte angewendet werden, z. B. bei Hauptklasse R oder K. In Fachnormen können weitere Unterklassen festgelegt sein.

Kontaktkennzeichnung in Stromlaufplänen
Contact Marking in Circuit Diagrams

Stromlaufplan, Art der Schaltung	Erklärung der Ergänzung

Ergänzung durch Schaltzeichen von Schützen und Relais
vgl. EN 61082

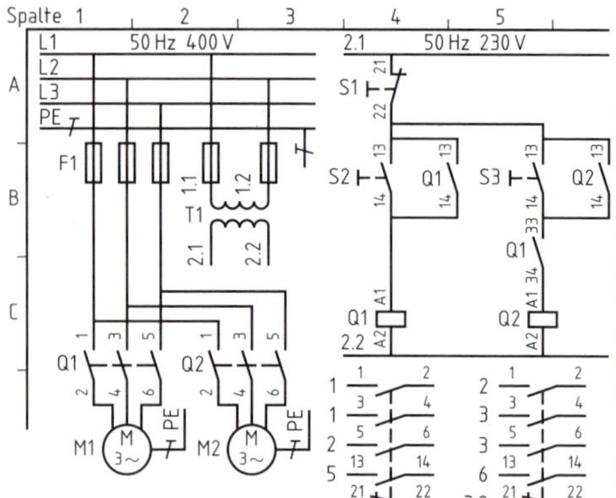

Folgeschaltung mit zwei Schützen

Die Stromlaufpläne können durch die Angabe der Koordinaten 1, 2, 3... und A, B, C... in Felder eingeteilt werden, die den Betriebsmitteln zugeordnet sind. Die senkrechten Spalten (Streifen), z. B. bei 1, bezeichnet man als *Stromwege*.
In umfangreichen Stromlaufplänen müssen Schütze an einer Stelle zusammenhängend angegeben werden. Nach Norm wird im Steuerstromkreis unter die jeweilige Schützspule das *vollständige Schaltzeichen* des betreffenden Schützes gesetzt. In das Schaltzeichen trägt man die Anschlusskennzeichnungen aller Schützkontakte ein und den *Stromweg*, in dem dieser Kontakt liegt. Eine 1 im Schaltzeichen bedeutet, dass der Kontakt in der Spalte 1 liegt. Sind Kontakte in einem *anderen* Stromlaufplan enthalten, so wird dessen Nummer vor die Stromwegangabe gesetzt. 3.2 bedeutet, dass der betreffende Kontakt im Plan 3 in der Spalte 2 liegt.

In der nebenstehenden Folgeschaltung kann M2 nur arbeiten, wenn M1 schon eingeschaltet ist.

Ergänzung durch Kontakttabellen

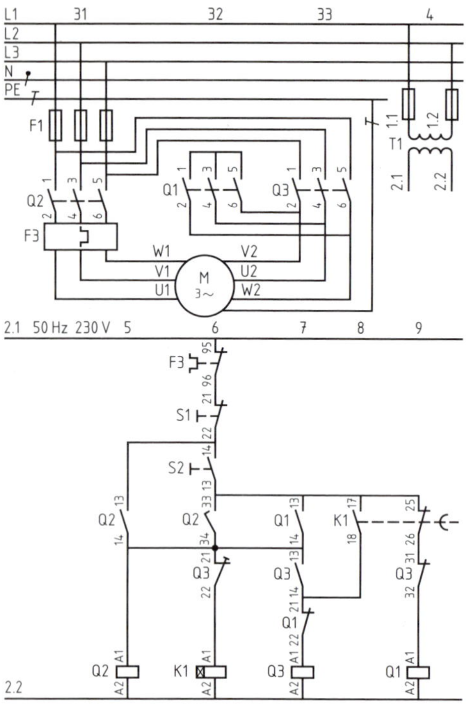

Netzschütz H	S	Ö	Zeitrelais H	S	Ö	Dreieckschütz H	S	Ö	Sternschütz H	S	Ö
31	5			8	9	33	7	6	32	7	7
31	6					33		9	32		
31						33			32		

Stern-Dreieck-Schützschaltung bei leichtem Anlauf

In der Praxis werden an Stelle der zusätzlichen Schaltzeichen häufig nicht genormte *Kontakttabellen* unter die Schützspulen gesetzt. Dabei werden die Stromwege (Spalten des Stromlaufplanes) mit 1, 2, 3... nummeriert. Über die Stromwege des Hauptstromkreises gibt man zusätzlich die Anzahl der Hauptkontake an. 31 bedeutet, dass im Stromweg 1 die Anzahl der Hauptkontakte 3 beträgt. Die Stromwege der Steuerstromkreise werden ohne Zusatz nummeriert.

Aus den Kontakttabellen kann die Anzahl der Hauptkontakte (H), der Schließer (S) und der Öffner (Ö) *abgezählt* und der Stromweg (Spalte des Stromlaufplanes) entnommen werden, in dem diese Kontakte liegen. Das Schütz Q2 enthält drei Hauptkontakte im Stromweg (Spalte) 1. Deshalb stehen in der Kontakttabelle unter H dreimal 31. Q2 enthält einen Schließer im Stromweg 5 und einen im Stromweg 6. Deshalb stehen unter S eine 5 und eine 6. Öffner von Q2 sind nicht angeschlossen. Deshalb ist die Spalte unter Ö leer.

Bei der Ergänzung durch Kontakttabellen ist meist nur die Anzahl der verwendeten Kontakte ersichtlich, während bei der Ergänzung durch Schaltzeichen durch die fehlenden Ziffern erkennbar ist, wie viele Kontakte noch verfügbar sind.

Wenn die Anzahl der nicht angeschlossenen Kontakte aus der Kontakttabelle erkennbar sein soll, muss in diese für jeden nicht verwendeten Kontakt das Zeichen – eingetragen werden.

Die Kontakte der Befehlsgeräte werden so verbunden, dass der Verdrahtungsaufwand klein ist, also nicht immer in Reihenfolge der Zahlen. Das ist zulässig, weil bei Doppelunterbrechung die Kontakte gleichwertig sind.

Nach EN 61082 werden Anschlussbezeichnungen und Spannungsangaben von senkrechten Stromwegen von rechts lesbar eingetragen.

Schaltzeichen Circuit Symbols

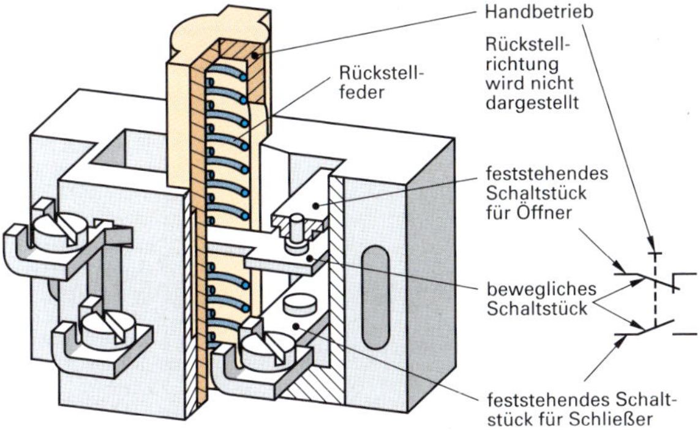

Tastschalter, Aufbau und Schaltzeichen

Elektrische Betriebsmittel, z. B. Geräte, Maschinen, Bauelemente, Leitungen, zeichnet man in den Schaltplänen vereinfacht als **Schaltzeichen**. Schaltzeichen lassen nur die Wirkungsweise der Betriebsmittel erkennen, nicht aber deren konstruktiven Aufbau.

Schaltzeichenelemente sind Schaltzeichen für Teile von Betriebsmitteln, z. B. Leitungen.

Schaltzeichen für vollständige Betriebsmittel, z. B. Schalter, sind meist aus Schaltzeichenelementen zusammengesetzt.

Es gibt für manche Schaltplanarten vereinfachte Schaltzeichen (besondere Schaltzeichen, Schaltkurzzeichen).

Allgemeine Schaltzeichen

vgl. EN 60617-4

Schaltzeichen	Benennung	Schaltzeichen	Benennung	Schaltzeichen	Benennung
	1. Verbindung, allgemein 2. Anschluss, z. B. Klemme 3. Kennzeichen für Gasfüllung	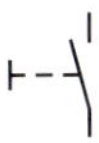	Schließer, handbetätigt		Überspannungsableiter
		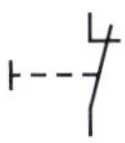	Öffner, handbetätigt		mechanische Verbindung (wahlweise Darstellung)
	Anschluss, z. B. lösbare Klemme		Sicherung, allgemein		Begrenzungslinie, Trennlinie
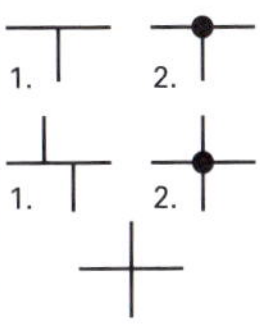	Leiterabzweig, einfach Leiterabzweig, doppelt Leiterkreuzung		Widerstand, allgemein	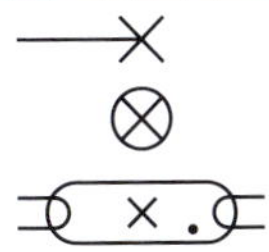	Leuchtenauslass Leuchtmelder, Leuchte, allgem. Leuchtstofflampe
			Widerstand, veränderbar		
		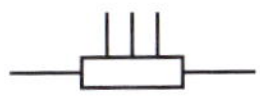	Wirkwiderstand mit Anzapfungen		Wecker, allgemein
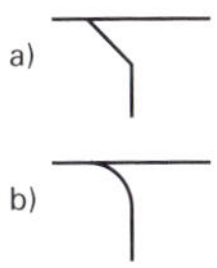	Verbindungen mit Richtungsangabe des hinzukommenden a) Leiters b) Leiterbündels		Glimmlampe		kWh-Zähler, allgemein
		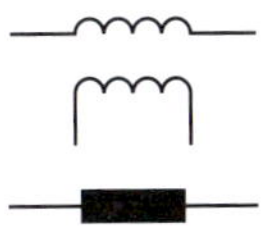	Induktivität, Spule, Wicklungsstrang desgleichen, nicht genormt		Kondensator
	Dose, allgemein				Galvanisches Element (langer Strich: Pluspol, kurzer Strich: Minuspol)
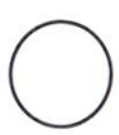	1. Messinstrument 2. Messwerk 3. Ständer einer Maschine 4. Läufer einer Maschine 5. Hülle, Gehäuse		Drosselspule mit Anzapfungen		Halbleiterdiode
			Drosselspule mit Eisenkern	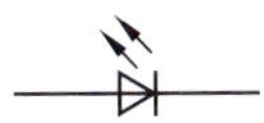	Leuchtdiode, LED
	Bewegliche Schaltstücke	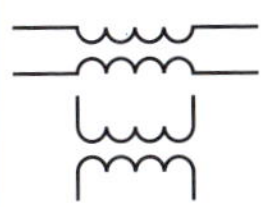	Transformator (Umspanner) für Einphasen-Wechselstrom, Übertrager	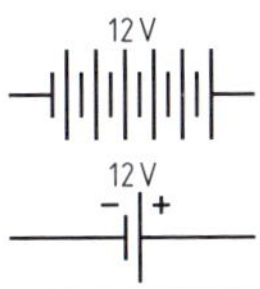	Akkumulatorenbatterie 12 V (wahlweise Darstellung)
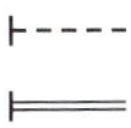	Handantrieb (wahlweise Darstellung)		Dauermagnet		

Allgemeine Schaltzeichen General Circuit Symbols

Allgemeine Schaltzeichen

vgl. EN 60617-2

Schaltzeichen	Benennung
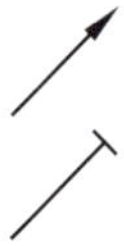	Veränderbarkeit, allgemein Einstellbarkeit, allgemein
Arten der Veränderbarkeit oder Einstellbarkeit	
	stetig
	stufig
	unter Einfluss einer physikalischen Größe, linear
	desgleichen, nicht linear
Beispiele	
	**Widerstand** veränderbar
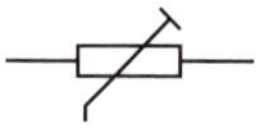	einstellbar als Spannungsteiler

Schaltzeichen	Benennung
Form 1, Form 2 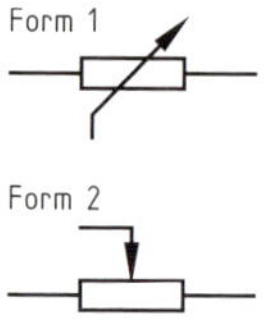	Widerstand mit beweglichem Kontakt als Potenziometer
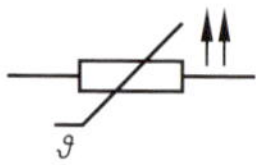	PTC-Widerstand
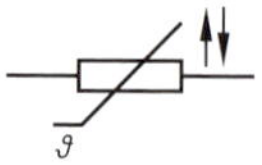	NTC-Widerstand
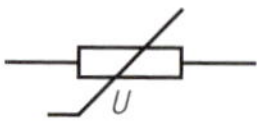	VDR-Widerstand, *U*-abhängig (gegensinnig)
	**Induktivität** stetig veränderbar
	**Kondensator** einstellbar

Schaltzeichen	Benennung
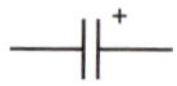	Kondensator gepolt, z. B. Elektrolytkondensator
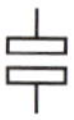	ungepolter Elektrolytkondensator (nur bei Bedarf)
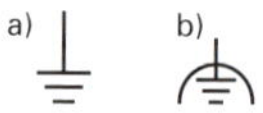	a) Erdung, allgemein b) desgl., fremdspannungsarm
	Körper, Masse (wahlweise Darstellungen)
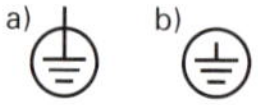	Schutzleiteranschluss (je nach Norm)
	Idealer Spannungserzeuger (Spannungsquelle) Idealer Stromerzeuger (Stromquelle)

Schaltzeichen für Schaltgeräte

vgl. EN 60617-7

Schaltzeichen	Benennung
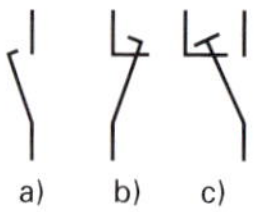	verlängerte Kontaktgabe: a) Schließer b) Öffner c) Wechsler
	Steckerstift
	Steckerbuchse
Kennzeichen	
	selbsttätiger Rückgang (nur bei Bedarf)
	nicht selbsttätiger Rückgang (nur bei Bedarf)
	Verzögerung a) nach links b) nach rechts
	mechanische Verriegelung
	Bei Bedarf: a) Schützfunktion b) Auslöserfunktion

Schaltzeichen	Benennung
	Kennzeichen für „betätigt“
	zwangsgeführte Betätigung, z. B. bei NOT-AUS
	a) selektiv (verzögert) b) kurzzeitverzögert
Beispiele	
	Öffner, Ausschaltglied
	Wechsler, Umschaltglied
	Zweiweg-Schließer
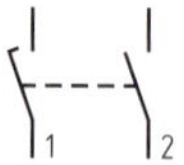	Doppelschaltglieder: Schließer 1 schließt vor 2

Schaltzeichen	Benennung
	Wechsler ohne Unterbrechung
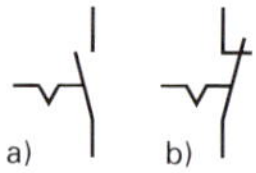	Nicht von selbst zurückgehender a) Schließer b) Öffner
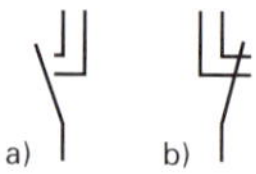	a) Zwillingsschließer b) Zwillingsöffner
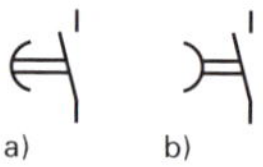	Schließer, a) schließt verzögert b) öffnet verzögert
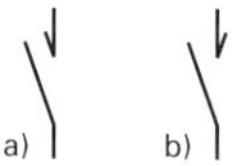	Wischer, Kontaktgabe bei a) Anzug b) Rückfall
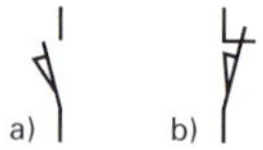	Endschalter a) Schließer b) Öffner

Zusatzschaltzeichen, Schalter in Energieanlagen
Additional Circuit Symbols, Switches in Power Installations

Schaltzeichen	Benennung
Antriebe	
	Handantrieb, allgemein
	desgl., durch Drücken
	desgl., durch Ziehen
	desgl., durch Drehen
	desgl., durch Kippen
	desgl. abnehmb., z. B. Steckschlüssel
	anderer Antrieb, z. B. Pedal
	Antrieb für NOT-AUS-Schalter
	Näherungsbetätigung
	Berührungsbetätigung
	elektromagnetischer Antrieb mit Anzugsverzögerung
	desgleichen mit Abfallverzögerung
	Antrieb für Stromstoßrelais
	thermische Betätigung, z. B. beim Motorschutzrelais
	desgleichen, bei Drehstromgerät
	elektromagnetische Betätigung, z. B. für Überstromschutz (nicht allgemein verbreitet)
Elektronische Schalter	
a) b)	a) elektronischer Schalter b) elektronisches Schütz
	Halbleiterschütz

Schaltzeichen	Benennung
Trenn-, Last- und Leistungsschalter	
a) b)	a) Trennschalter, Leerschalter b) Lasttrennschalter
	Leistungsschalter
	Lastschalter mit selbsttätiger Auslösung, z. B. durch Messrelais
	Leistungskontakt eines Schützes (nur bei Bedarf zur Unterscheidung)
temperaturabhängige Schalter	
a) b)	a) Thermokontakt, z. B. mit Bimetall b) Öffner Motorschutzrelais
	gasgefüllter Starter für Leuchtstofflampe mit Thermokontakt
Stellungsangabe	
1 2 3 4	allgemein, z. B. mit Nummerierung (Stellung 2 ist Grundstellung)
1 2 3 4	desgl., wahlweise Darstellung
Sperren und Rasten	
	Schaltschloss mit mechanischer Freigabe
	desgl., mit elektromechanischer Freigabe
	Raste
	Sperre, in einer Richtung
	desgl., in beiden Richtungen

Schaltzeichen	Benennung
Sicherungen	
Netz	Sicherung mit Kennzeichnung des Netzanschlusses
	Sicherungstrennschalter
Absperrorgane (Ventile)	
	Absperrorgan, allgemein, z. B. geschlossen
	Absperrorgan, offen
Kupplungen, Bremsen	
	Kupplung, entkuppelt
	desgl., gekuppelt
	Bremse, eingelegt
	Bremse, gelöst (gelüftet)
Beispiele	
1 2 3 4 2,3	Handantrieb mit 4 Stellungen (2 und 3 sind Raststellungen)
	Ventil mit Fühler und Antrieb durch Nocken
n >	Fliehkraftkupplung, bei Drehzahl > *n* kuppelnd
	thermisch betätigter Öffner eines Motorschutzrelais mit Raste
	Öffner eines durch Dauermagnet betätigten Näherungsschalters

Messinstrumente und Messgeräte vgl. EN 60617-8

Measuring Instruments and Devices

Schaltzeichen	Benennung
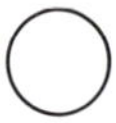	Messinstrument oder Messwerk anzeigend
	Messgerät, allgemein, insbesondere aufzeichnend
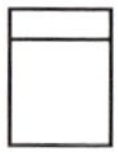	integrierendes Messgerät, insbesondere Zähler
	Signalumformer, allgemein
	Messwerk mit Pfad
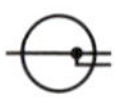	Messwerk mit Anzapfung
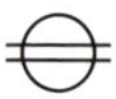	Messwerk mit Summen- oder Differenzbildung
	Messwerk zur Produktbildung
	Messwerk zur Quotientenbildung
Kennzeichen	
	Anzeige, allgemein
	Anzeige mit beidseitigem Ausschlag
	Anzeige durch Vibration
	Anzeige digital (numerisch)
	Registrierung schreibend
	Trägheit klein
	Trägheit groß
	Impulszähler

Schaltzeichen	Benennung
	Größtwertanzeige
	Kleinstwertanzeige
	Drehfeldrichtung
	Richtung der Messwertübertragung
	Kontaktgabe
	Uhrzeit
Beispiele	
	Messinstrument ohne Kennzeichnung der Messgröße
	Messinstrument mit beidseitigem Ausschlag
	Strommesser, allgemein
	Spannungsmesser, allgemein
	Spannungsmesser mit Darstellung der Innenschaltung
	Spannungsmesser mit Angabe der Einheit Millivolt
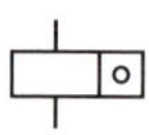	Impulszähler, elektrisch betätigt
	Mehrfachinstrument mit Angabe der Einheiten
	Nullindikator für Wechselstrom
	Synchronoskop (Synchronanzeige)
	Strommesser mit großer Trägheit u. Schleppzeiger für Größtwert

Schaltzeichen	Benennung
	Zweifachlinienschreiber für Wirkleistung und Blindleistung
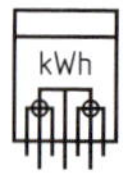	Dreileiter-Drehstromzähler
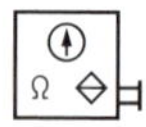	Widerstandsmessbrücke
	Messgerät zur Kurvenbildanzeige, Oszilloskop

Messkategorien

Nach EN 61010-1 sind Messgeräte der Kategorie CAT I bis CAT IV der Stromversorgung in den Bereichen einsetzbar, die angegeben sind. Die Kategorie ist ein Maß für die Gefährdung beim Messen, z. B. wegen der Folgen eines Kurzschlusses oder wegen der Umwelteinflüsse.

CAT I
Stromkreise, die vom Netz getrennt sind, z. B. Batterien, geschützte Elektronikbaugruppen.

CAT II
Steckdosen, die mehr als 10 m von CAT-III-Quellen entfernt sind, Geräte mit Anschluss an Steckdosen, Geräte mit Motoren im Büro oder Haushalt.

Cat III
Fest installierte Verbraucher, Motorantriebe mit direktem Netzanschluss, Motorantriebe mit Anschluss an netzgespeiste Umrichter, Verteiler, Steckdosen für 3AC.

CAT IV
Leitungen und Kabel im Freien, Hausanschluss, kWh-Zähler.

Beispiel
Angabe auf dem Messgerät 600 V CAT III bedeutet, dass das Gerät maximal bis zu einer Bemessungsspannung von 600 V in den Bereichen CAT I bis CAT III einsetzbar ist, nicht jedoch für Messungen im Freien.

Halbleiterbauelemente Semiconductor Components

vgl. EN 60617-5

Schaltzeichen	Benennung
Allgemeine Aufbauelemente	
	Umrahmung (nur bei Bedarf)
	Halbleiterzone mit Anschlüssen ohne Gleichrichterwirkung
a) P N b) P N	P-Gebiet beeinflusst N-Zone
a) N P b) N P	N-Gebiet beeinflusst P-Zone
	Halbleiterdiode
Kennzeichen	
a) b)	Durchbruch-Effekt, a) in einer Richtung b) in beiden Richtungen
a) b)	a) Schottky-Effekt b) Tunnel-Effekt
a) b)	Strahlung a) Licht b) ionisierend
Halbleiter ohne Gleichrichterwirkung	
	Feldplatte (flussdichteabhängiger Widerstand)
	Hallgenerator
	Fotowiderstand
	Peltier-Element
Dioden	
ϑ	Diode, temperaturabhängig
B	flussdichteabhängig (Magnetdiode)
	Tunneldiode
	Kapazitätsdiode
	Schottkydiode

Schaltzeichen	Benennung
	Z-Diode
	Z-Dioden gegeneinander geschaltet
a) b)	a) Leuchtdiode (LED) b) Fotodiode
γ	Strahlungsdetektor, z.B. für γ-Strahlen
	Fotoelement
	Optokoppler, hier mit LED und Fototransistor
Transistoren, bipolar	
C E B	NPN-Transistor (E, C, B nur zur Erklärung)
	PNP-Transistor
	PNP-Fototransistor
Transistoren, unipolar	
	Selbstsperrender Kanal (beim Anreicherungstyp)
	isoliertes Gate (IG)
Gate Source Drain	Sperrschicht-FET mit N-Kanal (Anschlussbezeichnung nur zur Erklärung)
	Sperrschicht-FET mit P-Kanal
	Verarmungs-IG-FET mit N-Kanal, Substrat intern mit Source verbunden
	Anreicherungs-Isolierschicht-FET mit P-Kanal und Substratanschluss

Schaltzeichen	Benennung
IGBTs	
C E G	IGBT, Anreicherungstyp mit N-Kanal
C E G	IGBT, Verarmungstyp mit N-Kanal (C, E, G nur zur Erklärung)
a) b)	IGBT, praxisübliche Formen (nicht gernormt) a) mit N-Kanal b) mit P-Kanal
Thyristoren	
	Thyristor, allgemein
	P-Gate-Thyristor (häufigster Typ)
	N-Gate-Thyristor
	GTO, Thyristor, abschaltbar
	Thyristortetrode
	rückwärts leitender P-Gate-Thyristor
	spannungsgesteuerter Thyristor
	rückwärtssperrende Thyristordiode (Vierschichtdiode)
	Diac
	Triac (Zweirichtungsthyristortriode)
	Ditriac

Binäre Elemente 1 Binary Elements 1

vgl. EN 60617-12

Konturen (Grundformen)

Schaltzeichen	Benennung
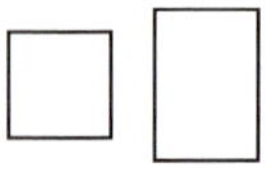	Elementkonturen (beliebiges Seitenverhältnis)
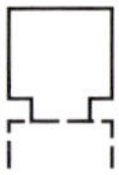	Steuerblock-kontur
	Ausgangsblock-kontur
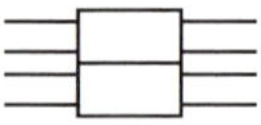	Zwei Baugruppen ohne Logik-verbindung (erweiterbar)
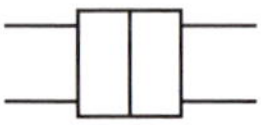	Zwei Baugruppen mit Logik-verbindung (erweiterbar)

Eingänge, Ausgänge, Verbindungen

Schaltzeichen	Benennung
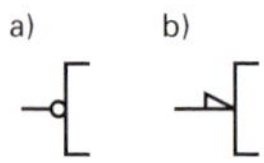	invertierender Eingang
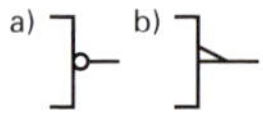	invertierter Ausgang
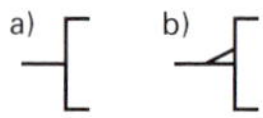	nicht invertierender Eingang
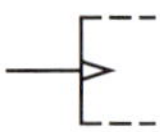	dynamischer Eingang, nicht invertiert
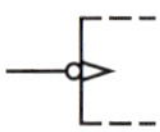	desgleichen, aber invertiert
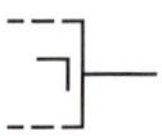	retardierter (verzögerter) Ausgang
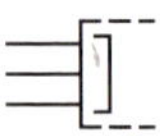	Zusammen-fassung (alle Anschlüsse notwendig), nur bei Bedarf
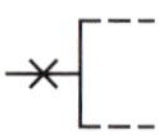	Verbindung ohne binäres Signal

Schaltzeichen	Benennung
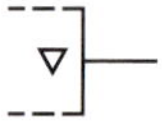	Tristate-Ausgang, 3-State-Ausgang (H oder L oder hochohmig)
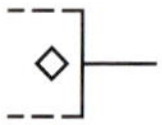	offener Ausgang
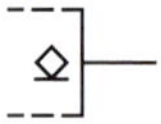	offener Ausgang vom L-Typ (z.B. offener Kollektor von NPN-Transistor)

Kennzeichen

Schaltzeichen	Benennung
&	UND
⩾ 1	ODER
1	ODER, falls unverwechselbar
E	Erweiterung
EN	Freigabe (Enable)
D, J, K, R, S, T	Art der Eingänge
→	Schiebeeingang, vorwärts
←	desgleichen, aber rückwärts
+	Zähleingang, vorwärts
–	desgleichen, aber rückwärts
C	Steuerung, Übertrag
CT	Inhalt, Zählerstand
I	Eingang (Input)
O, Q	Ausgang (Output)
M	Mode (Art)
G, V	UND, ODER
A	Adressen

Kombinatorische Elemente

Schaltzeichen	Benennung
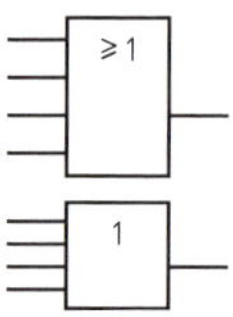	ODER-Elemente mit 4 Eingängen wahlweise, wenn keine Verwechslung möglich ist.
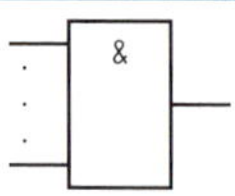	UND-Element
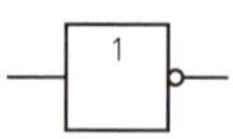	NICHT-Element, Inverter

Schaltzeichen	Benennung
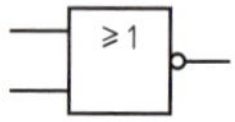	NOR-Element
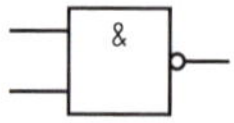	NAND-Element
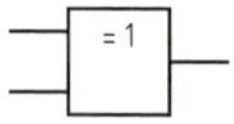	XOR-Element, Exklusiv-ODER-Element (Antivalenz)
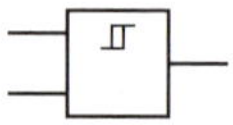	Schmitt-Trigger (Schwellwert-element)
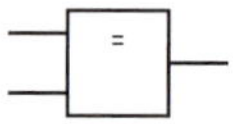	XNOR-Element, Exklusiv-NOR-Element (Äquivalenz)
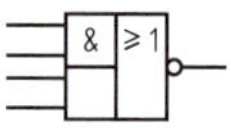	UND-ODER-Inverter

Codeumsetzer

Schaltzeichen	Benennung
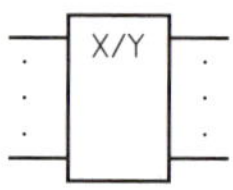	Codeumsetzer, allgemein. X und Y können durch Code-Angabe ersetzt werden.
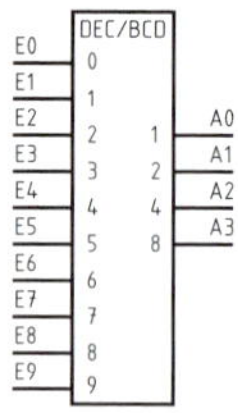	Code-Umsetzer, Dezimal-BCD-Code. A0 und A1 haben 1-Zustände, wenn E3 den 1-Zustand hat.

Multiplexer, Demultiplexer, Konverter

Schaltzeichen	Benennung
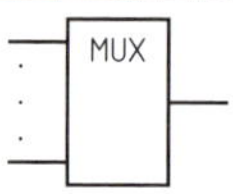	Multiplexer, allgemein
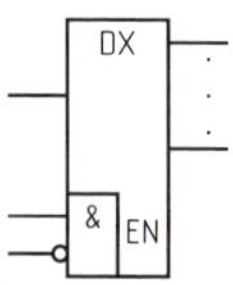	Demultiplexer, mit Freigabe-Logik

DA-Umsetzer und AD-Umsetzer siehe Seite 88.

Binäre Elemente 2 Binary Elements 2

vgl. EN 60617-12

Schaltzeichen	Benennung

Leistungselemente

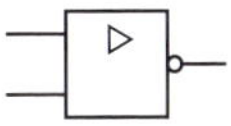

Treiber mit invertiertem Ausgang

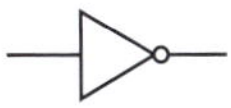

desgl., wahlweise Darstellung

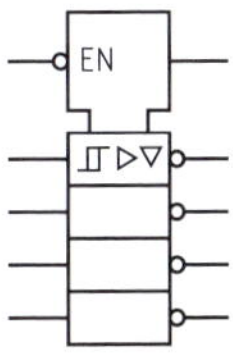

Bustreiber mit 4 Schwellwert-Eingängen und Freigabeschaltung und invertierten Tristate-Ausgängen

Verzögerungselemente

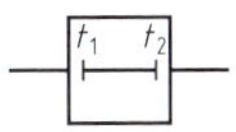

Verzögerung, allgemein, t_1 und t_2 können innerhalb oder außerhalb durch Größenangaben ersetzt werden.

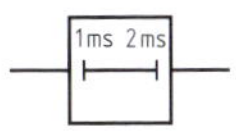

Einschaltverzögerung 1 ms
Abschaltverzögerung 2 ms

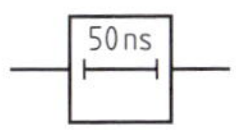

Verzögerung 50 ns

Bistabile Elemente

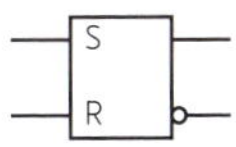

RS-Flipflop

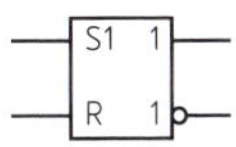

desgleichen, aber dominanter S-Eingang

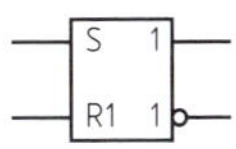

desgleichen, aber dominanter R-Eingang

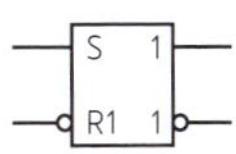

$\overline{R}$S-Flipflop, dominanter $\overline{R}$-Eingang

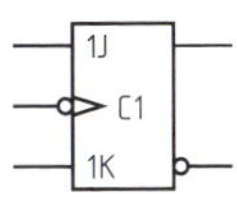

Einflanken-gesteuertes JK-Flipflop (nfl negative Taktflanke)

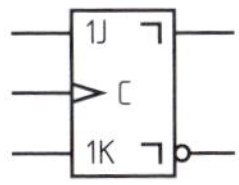

Zweiflanken-gesteuertes JK-Flipflop (Master-Slave-Flipflop)

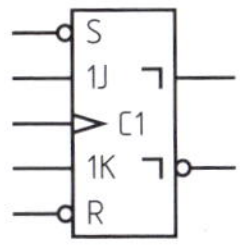

desgleichen aber mit $\overline{S}$-Eingang und $\overline{R}$-Eingang zusätzlich

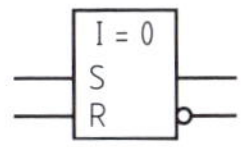

RS-Flipflop, bei Einschaltung Anfangszustand 0 (I von initial)

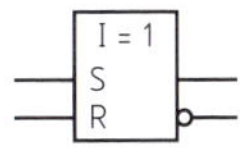

desgleichen, aber Anfangszustand 1

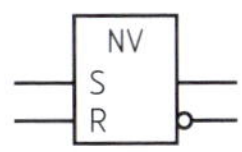

RS-Flipflop, nullspannungssicher

Monostabile Elemente

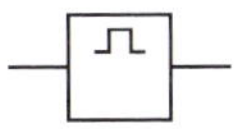

Monoflop, nachtriggerbar, allgemein

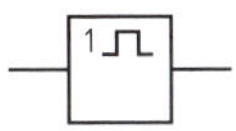

desgleichen, aber nicht nachtriggerbar

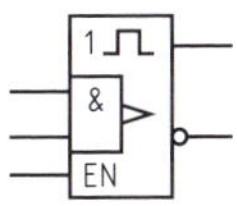

Monoflop, UND-Eingänge und Freigabeeingang, 2 Ausgänge

Astabile Elemente

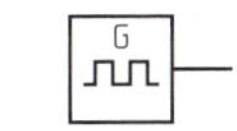

astabiles Element, allgemein

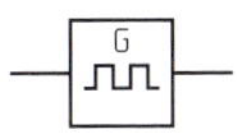

desgleichen, aber gesteuert

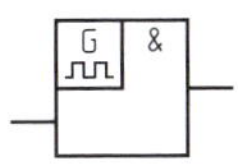

wahlweise Darstellung

a) !G b) G!

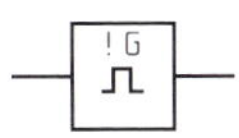

Kennzeichen für Pulsgenerator
a) synchroner Start
b) Stopp nach dem letzten Impuls

Zähler

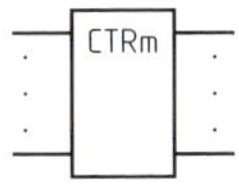

Zähler mit Zykluslänge 2^m, z.B. CTR4 für 4-Bit-Zähler

CTRDIV m

Kennzeichen für Zähler mit Zykluslängen *m*, z.B. CTRDIV 10 dekadischer Zähler

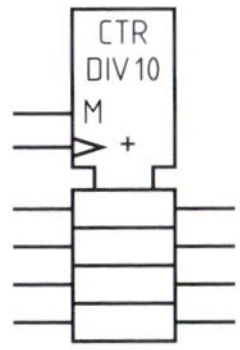

Synchronzähler 0 bis 9 mit parallelem Laden

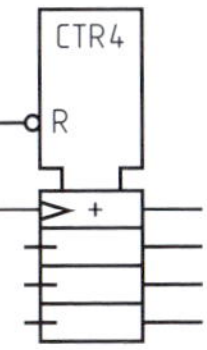

Asynchronzähler für 4 Bits mit Kennzeichnung des asynchronen Vorgangs (nur bei Bedarf)

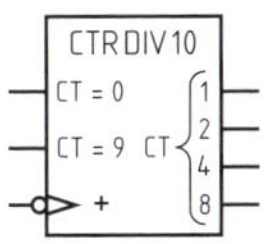

Zähler, dekadisch
CT-Zahlen: Zählerstand für interne 1 des Anschlusses

Schieberegister

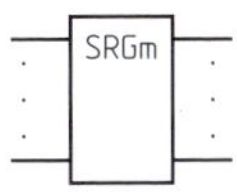

Schieberegister mit *m* Stufen, z.B. SRG8

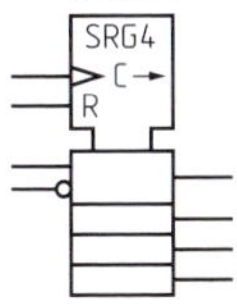

4-Bit-Schieberegister mit serieller Eingabe und paralleler Ausgabe

Speicher

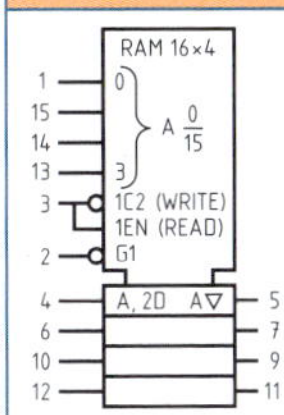

Schreib-Lese-Speicher mit 16 x 4 bit, Tristate-Ausgänge

Analoge Informationsverarbeitung, Zähler und Tarifschaltgeräte
Analog Information Processing, kWh-meter and Tariff Switchgears

Kennzeichen vgl. EN 60617-13

Symbol	Benennung
−	Invertierung
+	Nichtinvertierung
∩	Analogsignal
#	Digitalsignal
Σ	Summierung
∫	Integrierend
R	Rücksetzen
S	Setzen
H	Halten
$\frac{d}{dt}$	Differenzierend

Beispiele

Symbol	Benennung
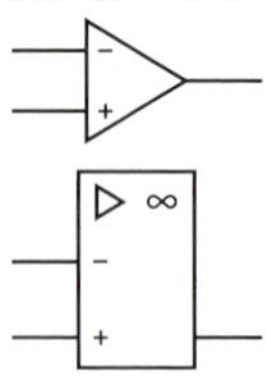	Operationsverstärker, unbeschaltet, praxisübliche Form desgleichen, genormtes Symbol
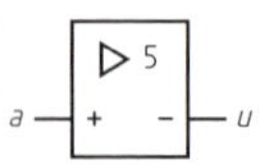	invertierender Verstärker $u = -5 \cdot a$

Symbol	Benennung
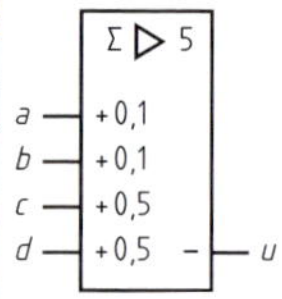	Summierverstärker $u = -5 \cdot (0{,}1\,a + 0{,}1\,b + 0{,}5\,c + 0{,}5\,d)$ $V = 5$
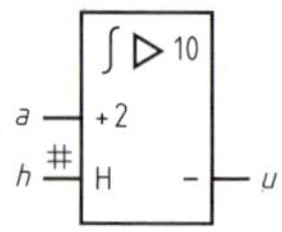	Integrierverstärker wenn $h = 0$ $u = -10 \int_0^t 2\,a\,\mathrm{d}t$
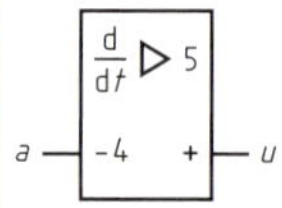	Differenzierverstärker $u = 5 \frac{\mathrm{d}}{\mathrm{d}t}(-4\,a)$
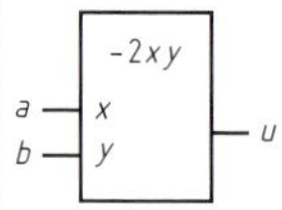	Multiplizierer $u = -2\,ab$

Symbol	Benennung
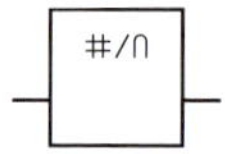	Digital-Analog-Umsetzer (DA-Umsetzer, DA-Konverter, DAU, DAC)
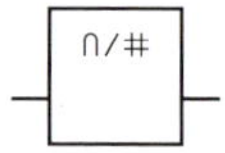	Analog-Digital-Umsetzer (AD-Umsetzer, AD-Konverter, ADU, ADC)
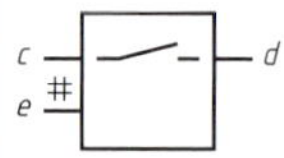	Schließer (geschlossen, solange $e = 1$)
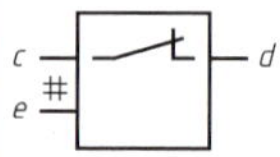	Öffner (offen, solange $e = 1$)
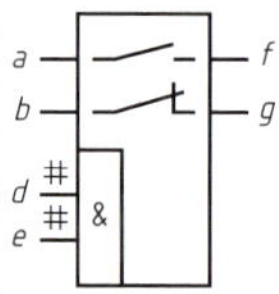	Schließer und Öffner (Schalten bei $d = 1$ und $e = 1$, also $d \wedge e = 1$)

Zähler und Tarifschaltgeräte

Form 1	Form 2	Benennung
	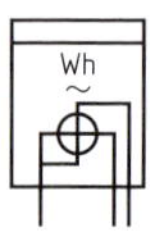	Einphasen-Wechselstromzähler
	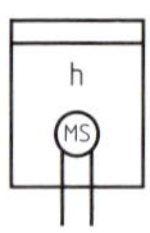	Zeitzähler mit Synchronmotor
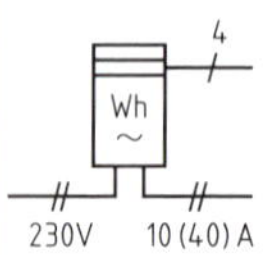	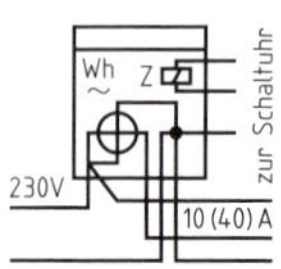	Einphasen-Wechselstrom-Zweitarifzähler
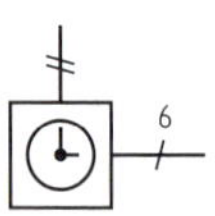	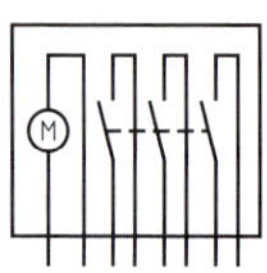	Tarifschaltgerät, z.B. für Rundsteueranlage

Schaltung	Benennung, Bemerkungen
	Zähler mit Rücklaufsperre Im Zählwerk ist eine Rücklaufsperre enthalten. Der Zähler leitet in Rückwärtsrichtung, jedoch dreht sich das Zählwerk nicht. Anwendung in Eigenerzeugungsanlagen.
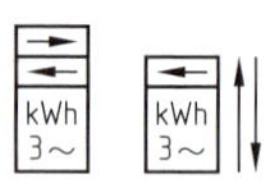 a) b)	Zweirichtungszähler Der Zähler enthält zwei Messsysteme mit zwei Zählwerken jeweils mit Rücklaufsperre. Anwendung in Eigenerzeugungsanlagen für Bezug und Rücklieferung.

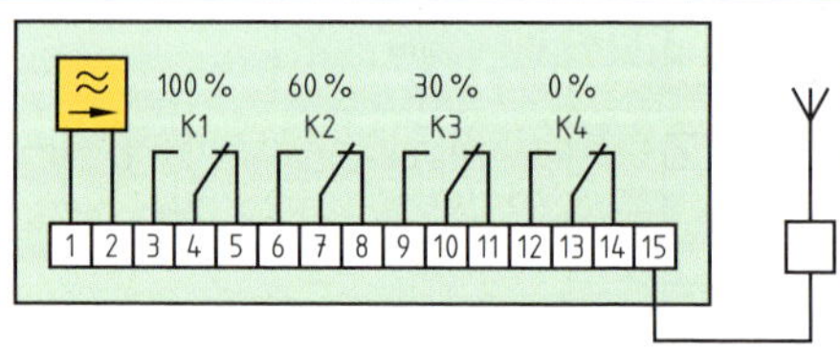

Funkrundsteuerempfänger mit abgesetzter Antenne
Dem Empfänger wird über Funk von z.B. 129,1 kHz eines der vier Relais angesteuert. Damit wird die zulässige Einspeiseleistung festgelegt. Eine Auswerteeinheit steuert den Regler der Eigenerzeugungsanlage, z.B. PV-Anlage, entsprechend an.

Audioumsetzer, Videoumsetzer und Antennenanlagen
Audio Converter, Video Converter and Antenna Systems

Schaltzeichen	Benennung	Schaltzeichen	Benennung	Schaltzeichen	Benennung
Audioumsetzer, Videoumsetzer					
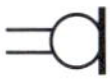	Mikrofon, allgemein		Wandlerkopf, allgemein	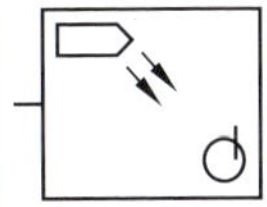	Video-Aufzeichnungsgerät für CD oder DVD
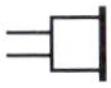	Hörer, allgemein		Wandlerkopf, vereinfacht		
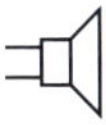	Lautsprecher, allgemein	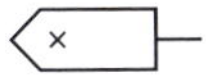	Löschkopf	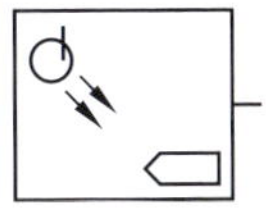	Video-Wiedergabegerät von CD oder DVD
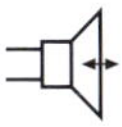	System für Wechselsprechverkehr	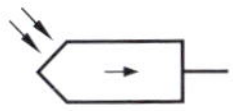	Wiedergabekopf, lichtempfindlich		
Antennenanlagen					nach RGA
	Antenne, allgemein	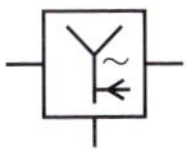	Einspeiseweiche	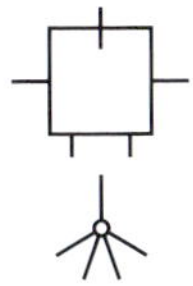	Vierfach-Verteiler wahlweise Darstellung
	Dipolantenne	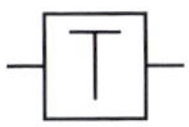	festes Dämpfungsglied	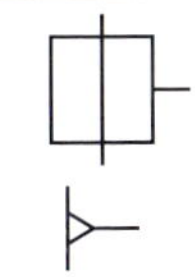	Einfach-Abzweiger wahlweise Darstellung
	Faltdipol, allgemein	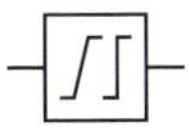	Entzerrer	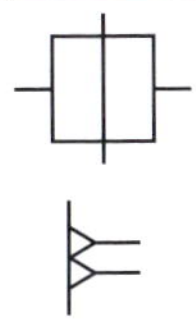	Zweifach-Abzweiger wahlweise Darstellungen
	LMK-Antenne einschließlich Übertrager	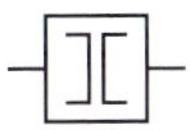	Übertrager	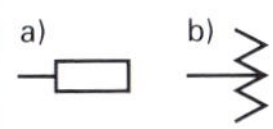	Leitungsabschluss, angepasst
	LMKU-Antenne einschließlich Übertrager	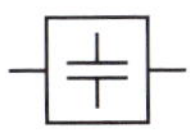	Trennglied		Antennensteckdose (nicht für Installationsplan) wahlweise Darstellungen, z. B. für 4 Dosen
	Dipolantenne einschließlich Übertrager	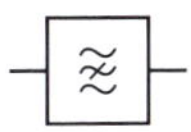	Sperrkreis, Bandsperre, Kanalsperre, Trägerfrequenzfalle		Antennensteckdose mit Abschlusswiderstand wahlweise Darstellung
	Parabolantenne (Schüssel)	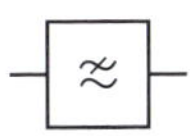	Tiefpass		
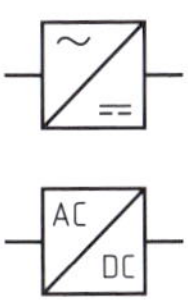	Netzanschlussgerät wahlweise Darstellung	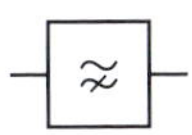	Hochpass		
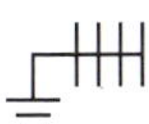	Erdungsschiene	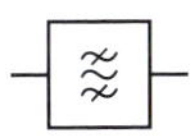	Bandpass		
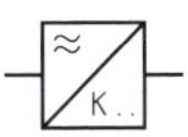	Modulator nach Kanal …	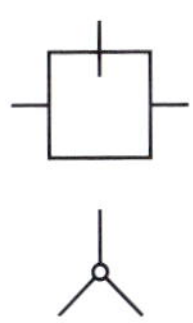	Zweifach-Verteiler wahlweise Darstellung		
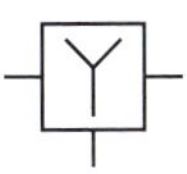	Weiche, allgemein				

Die RGA (Richtlinien für Planung, Aufbau, Übergabe, Wartung und Betrieb von Gemeinschaftsantennenanlagen) sind vom Arbeitskreis Rundfunk-Empfangsantennen verfasst. Zusätzlich verwendet man Schaltzeichen für Übersichtsschaltpläne, z. B. für Verstärker.

Schaltzeichen für Installationschaltpläne und Installationspläne 1
Graphical Symbols for Installation Circuit Diagrams and Installation Diagrams 1

Schaltzeichen	Benennung
	Leitung, a) allgemein, b) Starkstromleitung, c) ausgeführte Leitung
	bewegbar
	desgleichen
	unterirdisch, Erdkabel
	Freileitung
	auf Putz
	im Putz
	unter Putz
	isoliert in Rohr
	Leiter im Gewässer, Seekabel
	Leitung nach oben
	Leitung nach unten
	Leitung nach oben und unten
	Abzweigdose für Ton- und Fernsehrundfunk
	Dose, allgemein
	Anschlussdose
IP 44	Starkstrom-Hausanschlusskasten, Schutzart IP 44
	Verteilung
IP 42	Schalter, z. B. dreipolig, Schutzart IP 42
	Leitungsschutzschalter
	Motorschutzschalter
	RCD, Fehlerstrom-Schutzschalter
	Sterndreieckschalter
	Schutzleiter PE
	Neutralleiter N, Mittelleiter M
	PEN-Leiter
	desgl. bei senkrecht gezeichneten Leitungen
	Fernsprechleitung
	Rundfunkleitung
	nachträglich zu verlegende Leitung
	Lichtwellenleitung LWL
	LWL-Buchse LWL-Stecker
a) b) c)	Ausschalter a) einpolig b) zweipolig c) dreipolig
	Dimmer (Ausschalter)
	Sensorschalter (Ausschalter)
	Gruppenschalter, 1-polig
	Serienschalter
	Wechselschalter, beleuchtet
	Kreuzschalter
	Taster
	Leuchttaster
PIR	Bewegungsmelder (Passiv Infrarot)
a) b)	Einfachsteckdose a) ohne, b) mit Schutzkontakt
	Zweifachsteckdose
3	Mehrfachsteckdose, z. B. 3 Dosen
3, N, PE	Schutzkontaktsteckdose für Drehstrom
	geschirmte Leitung
	koaxiale Leitung, geschirmt
	Leitung mit zwei Leitern
	Zusammenfassung von Leitungen
5	desgleichen, vereinfacht dargestellt
	Steckdose, abschaltbar
	Steckdose, verriegelt
	Steckdose mit Trenntrafo, z. B. für Rasierapparat
35 A	Zähler mit Leitungsschutzschalter 35 A
	Schaltuhr, z. B. für Stromtarifumsch.
	Zeitrelais, z. B. Treppenhausautomat
	Stromstoßschalter
	Leuchtenauslass, allgemein
	Leuchte, allgemein
	Leuchte für Leuchtstofflampe
	desgl. für 2 Lampen
	Scheinwerfer, allgemein
	Punktleuchte
	Sicherheitsleuchte in Bereitschaftsschaltung

Schaltzeichen für Installationsschaltpläne und Installationspläne 2
Graphical Symbols for Installation Circuit Diagrams and Installation Diagrams 2

Schaltzeichen	Benennung
5 × 36 W	Leuchtband, z. B. mit fünf 36-W-Lampen
10 × 5 × 36 W	Leuchtfeld, z. B. mit 10 x 5 36-W-Lampen
Elektro-Hausgeräte	
E	Elektrogerät, schaltbar
	Küchenmaschine
	Elektroherd, allgemein
	Mikrowellenherd
	Backofen
	Wärmeplatte
	Infrarotgrill
	Ventilator
	Warmwasserspeicher
	Durchlauferhitzer
	Warmwassergerät
	Waschmaschine
	Wäschetrockner
	Geschirrspülmaschine
*	Kühlgerät
***	Gefriergerät
*	Klimagerät

Schaltzeichen	Benennung
Heizung, Lüftung, Motor	
	Raumbeheizung, allgemein
	Speicherheizgerät, allgemein
	Infrarotstrahler
M	Motor, allgemein
	Lüfter, Verdichter
Signal- und Fernmeldegeräte	
	Fernmeldesteckdose
	Antennensteckdose
TV	Steckdose für Fernsehen
FX	Steckdose für Faxgerät
TP	Steckdose für Telefon
HVt	Hauptverteiler
Vt	Verteiler auf Putz
	Telefon, allgemein
4	Handapparat mit vier Anschlüssen
	Fernwirkgeber, allgemein
	Fernwirkzentrale, allgemein

Schaltzeichen	Benennung
Signalgeräte	
	Wecker
	Gong
	Schnarre, Summer
	Sirene
	Hupe
6	Signallampentafel, z. B. für 6 Meldungen
	Ruf- und Abstelltafel
	Türöffner
a) b)	elektrische Uhr, a) z. B. Nebenuhr b) Hauptuhr
	Zeiterfassungsgerät
	Strahlungsmelder
	Wächtermelder
Lx <	Dämmerungsschalter
Rundfunk, Fernsehen	
	Lautsprecher
	Rundfunkempfangsgerät
	Fernsehempfangsgerät
	Antenne, allgemein
	Verstärker

Installation eines Wohnhauses

Nur Muster für die zeichnerische Darstellung, nicht für die Ausführung der Installation.

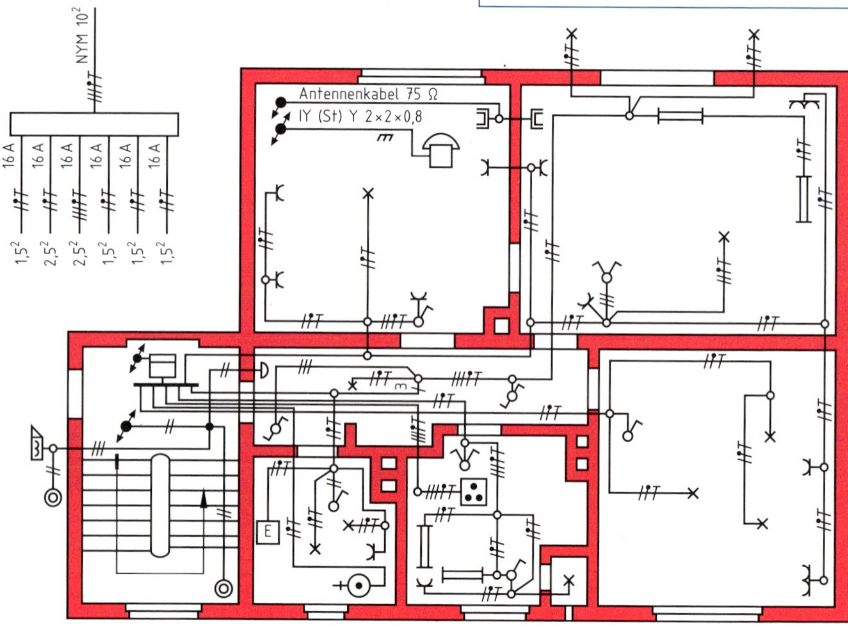

M 1 : 200, verlegt H07V-U 1,5² im Rohr, soweit nicht anders angegeben.

Installation einer Werkstatt

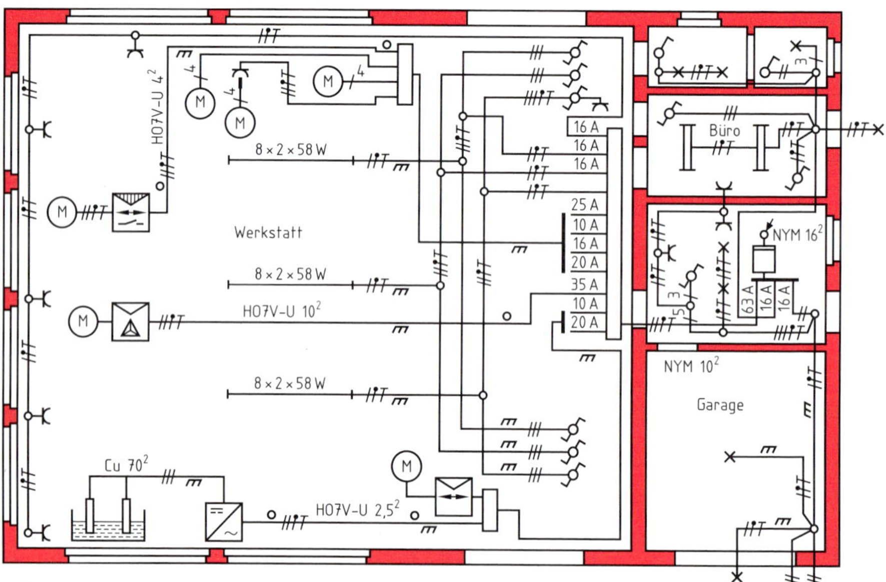

M 1 : 200, verlegt NYM bzw. in öffentlichen Gebäuden NHXMH 1,5 mm², soweit nicht anders angegeben.

Schaltzeichen für Übersichtsschaltpläne Circuit Symbols for Block Diagrams

Grundformen

Schaltzeichen	Benennung
	Funktionseinheit, allgemein
	wahlweise Darstellung
	Umsetzer, Umrichter, allgemein
	Speicher, allgemein
	Filter, allgemein
	Regler nach EN 61082
	Einsteller, allgemein
	Modulator, Demodulator, Mischer
	desgleichen, wahlweise Darstellung
	Motoranlasser
	Verzögerungselement, allgemein

Kennzeichen

Schaltzeichen	Benennung
	Angabe einer Übertragungsrichtung; nur erforderlich, wenn nach links oder nach oben.
	Übertragung gleichzeitig
	nacheinander
	Wertbegrenzung
	Verstärkung
a) b)	a) Siebung b) Oberflächenwellen

Schaltzeichen	Benennung
	Fernkopieren
	Bildübertragung
	Tonübertragung
	Übertragung durch Funk
	Nummernschalter
	Radar

Generatoren

Schaltzeichen	Benennung
G	Generator, Oszillator, allgemein
G ~ 4 kHz	Sinusgenerator für 4 kHz
G	Sinusgenerator mit Frequenzverstellbarkeit
G	Sägezahngenerator

Meldegeräte

Schaltzeichen	Benennung
	Anzeigegerät mit beidseitigem Ausschlag und Beleuchtung
	Zeigermelder
PIR	Bewegungsmelder (Passiv Infrarot)

Verstärker, Empfänger, Sender

Schaltzeichen	Benennung
	Verstärker, allgemein
	wahlweise Darstellung
	Verstärker, veränderbar
	Empfänger, allgemein
	Sender, Geber, allgemein

Audio-Geräte, Video-Geräte

Schaltzeichen	Benennung
	magnetisch speicherndes Gerät
	Wechselsprechstelle für Freisprechen
	Kamera, allgemein
	Zoom-Kamera, schwenkbar
BW	Monitor, Black-White
C	Monitor, Color

Stromversorgung, Umsetzer

Schaltzeichen	Benennung
~ / =	Gleichrichter
= / ~	Umrichter (Wechselrichter)
U const.	Spannungsgleichhalter
f_1 / f_2	Frequenzumsetzer, allgemein
f / nf	Frequenzvervielfacher, n-fach

Fernsprechtechnik

Schaltzeichen	Benennung
	Telefon, allgemein
	mit Tastwahlblock
	Wählerzentrale
	Fax (Faksimile-Sender und -Empfänger)
MUX ∩ # ∩	Multiplexer mit Analog-Digital-Umsetzung

Spulen, Transformatoren, drehende Generatoren
Coils, Transformers, Rotating Generators

Drosselspulen

Schaltzeichen	Benennung
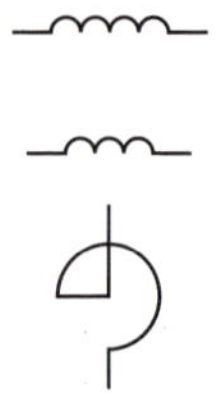	Einphasen-Drosselspule wahlweise Darstellung wahlweise, insbesondere für Übersichtsschaltplan
	Dreiphasen-Drosselspule in Sternschaltung für Übersichtsschaltplan

Einphasentransformatoren

Schaltzeichen	Benennung
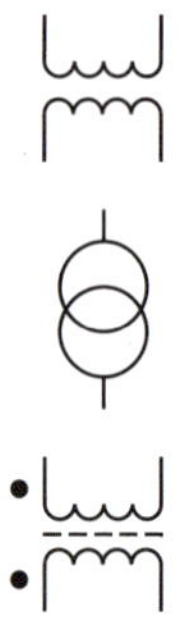	Transformator mit getrennter Wicklung, auch Spannungswandler wahlweise Darstellung, insbesondere für Übersichtsschaltplan wahlweise, mit Schirm und Kennzeichnung der Phasenlage
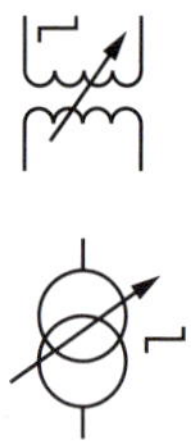	Einphasen-transformator, Spannung in Stufen einstellbar wahlweise Darstellung
	Einphasen-transformator mit veränderbarer Kopplung, Phasenlage gekennzeichnet
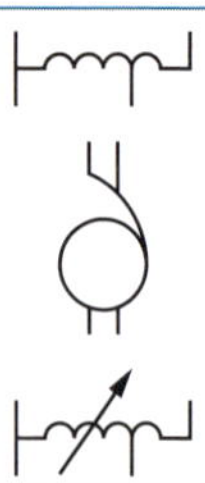	Spartransformator wahlweise Darstellung desgleichen, Spannung einstellbar

Dreiphasentransformatoren

Schaltzeichen	Benennung
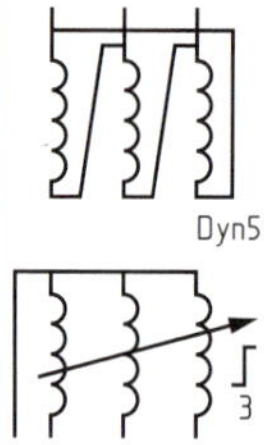	Drehstromtransformator in Schaltung Dyn5, Unterspannungswicklung in drei Stufen einstellbar
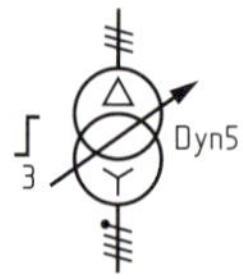	wahlweise Darstellung, insbesondere für Übersichtsschaltplan
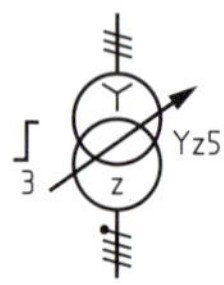	3AC-Trafo, Yz5, 3 Stufen, Stern-Zickzackschaltung, siehe auch Seite 226
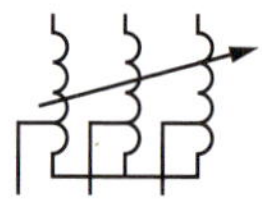	Drehstromspartransformator, stufenlos einstellbare Spannung
	wahlweise Darstellung

Messwandler

Schaltzeichen	Benennung
	Stromwandler
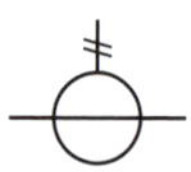	wahlweise Darstellung, insbesondere für Übersichtsschaltplan
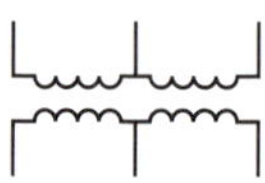	Spannungswandler in V-Schaltung
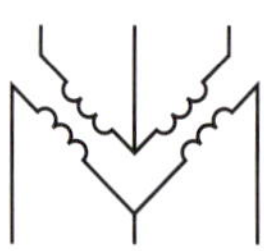	desgleichen, Darstellung mit erkennbarer V-Form
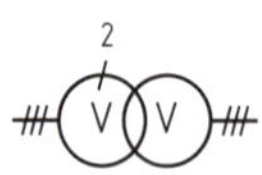	desgleichen, für Übersichtsschaltplan

Drehende Generatoren

Schaltzeichen	Benennung
Darstellung nach DIN EN 60617-6 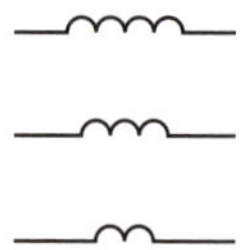	**Wicklungen** allgemein, fremderregt, im Nebenschluss im Reihenschluss Wendepolwicklung, Kompensationswicklung

Hinweis: In DIN EN 60034-8 (VDE 0530-8) sind alle Wicklungen von drehenden Maschinen einheitlich mit drei Locken (Halbkreisen) dargestellt, also anders als oben angegeben.

Schaltzeichen	Benennung
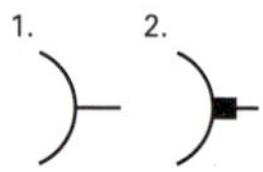	Kohlebürste, z. B. am Stromwender, wahlweise Darstellungen
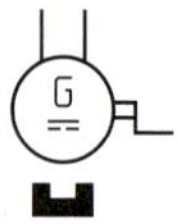	Kurbelinduktor (Gleichspannungsgenerator mit Handantrieb)
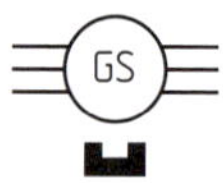	Drehstrom-Synchrongenerator mit Dauermagneterregung, Wicklungsenden herausgeführt
	desgleichen, aber in Schaltung Y mit herausgeführtem Sternpunkt
	desgleichen, aber in Schaltung △ und mit Erregerwicklung
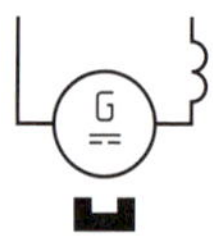	fremderregter Gleichstromgenerator mit Dauermagneterregung und Wendepolwicklung
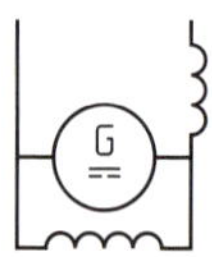	Doppelschlussgenerator

Einphasenwechselstrommotoren und Anlasser

Single-phase Alternating Current Motors and Starters

vgl. EN 60617-6

Kondensatormotoren

Schaltplan	Benennung, Erklärung
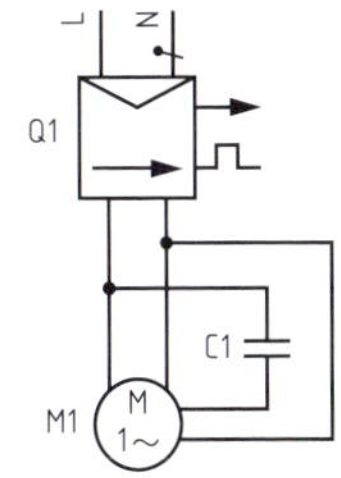	Kondensatormotor mit Betriebskondensator und Anlasser (Motorstarter) für eine Drehrichtung mit elektromagnetischem und thermischem Auslöser. An Stelle des Anlasserschaltzeichens dürfen auch die Schaltzeichen der Bestandteile des Motorstarters gezeichnet werden, z. B. ein Schalter.
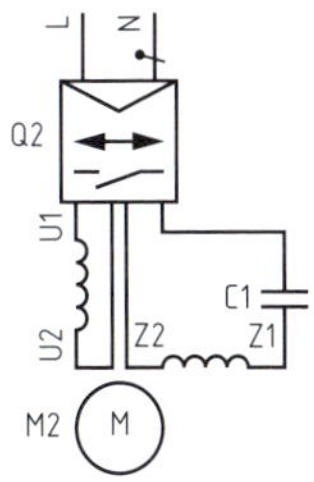	Kondensatormotor mit Betriebskondensator und Motorstarter mit Schütz für beide Drehrichtungen. Darstellung des Motorstarters auch wie beim obigen Kondensatormotor möglich.
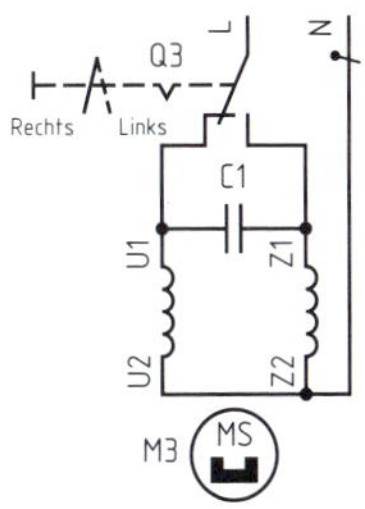	Kondensator-Synchronmotor, dauermagneterregt, mit Motorstarter für Linkslauf und Rechtslauf. Der Motorstarter kann auch durch Anlasserschaltzeichen dargestellt werden. (M Motor, S synchron)
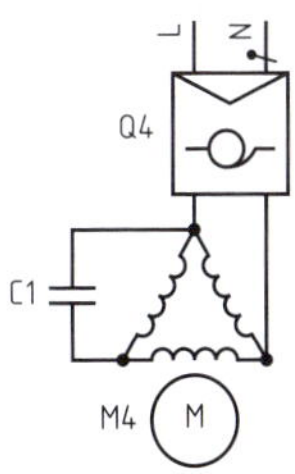	Drehstrommotor, als Kondensatormotor geschaltet (Steinmetzschaltung), mit Motorstarter, der einen Spartransformator zum Herabsetzen der Anlaufspannung enthält.

Motor mit Widerstandshilfsstrang, Anwurfmotor

Schaltplan	Benennung, Erklärung
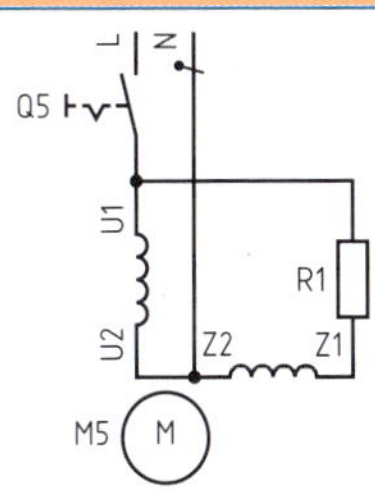	Einphasenwechselstrommotor mit Widerstandshilfswicklung, einpoliger Schalter als Motorstarter. Bei Anwurfmotoren entfallen R1 und Strang Z1Z2.

Spaltpolmotoren

Schaltplan	Benennung, Erklärung
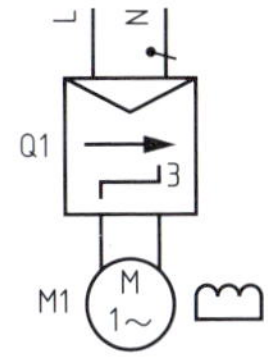	Spaltpolmotor mit Motorstarter für 3 Stufen (0 und 2 Drehzahlen), z. B. mit einem Vorwiderstand.
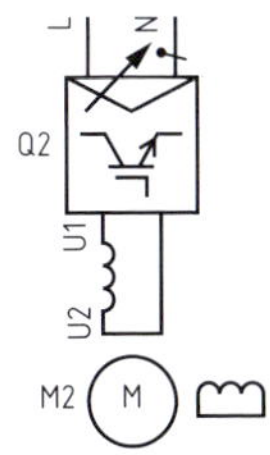	Spaltpolmotor mit Motorstarter, stetig veränderbar, z. B. zur Spannungseinstellung mit IGBT-Schaltung zur Drehzahlsteuerung.

Einphasen-Reihenschlussmotoren

Schaltplan	Benennung, Erklärung
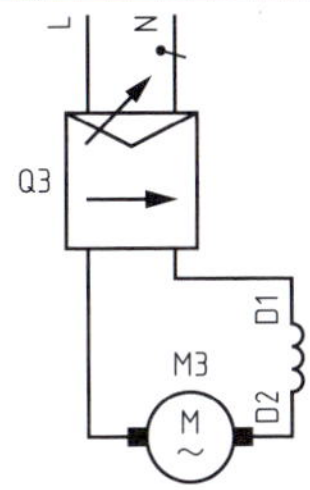	Einphasen-Reihenschlussmotor (Universalmotor) mit Motorstarter für eine Drehrichtung, stetig veränderbar, z. B. zur Spannungseinstellung, mit Spartransformator (Bürstendarstellung wahlweise).
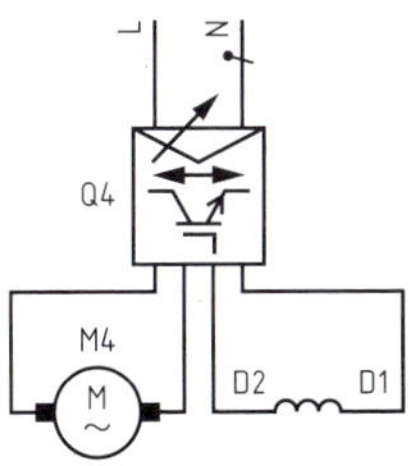	Einphasen-Reihenschlussmotor (Universalmotor) mit Motorstarter für beide Drehrichtungen, stetig veränderbar durch IGBT-Schaltung (Bürstendarstellung wahlweise).
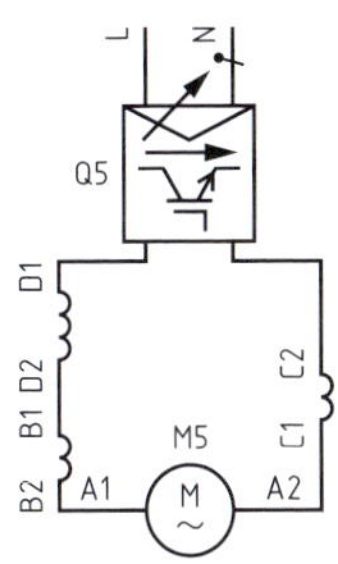	Einphasen-Reihenschlussmotor mit Wendepolwicklung B1B2 und/oder Kompensationswicklung C1C2. Motorstarter für eine Drehrichtung, stetig veränderbar durch IGBT-Schaltung.

Drehstrommotoren und Anlasser
Three-phase Motors and Starters

vgl. EN 60617-6

Schaltplan	Benennung, Erklärung
Kurzschlussläufermotoren (Käfigläufermotoren)	
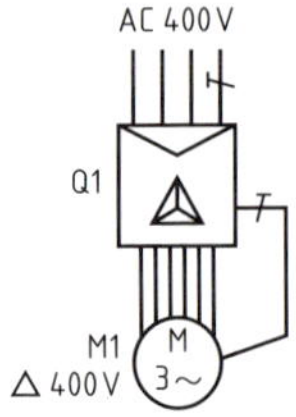	Drehstrom-Kurzschlussläufermotor mit Motorstarter für Stern-Dreieck-Anlauf, nichtautomatische Umschaltung von Stern in Dreieck. Darstellung des Motorstarters ist auch durch dessen Stromlaufplan möglich.
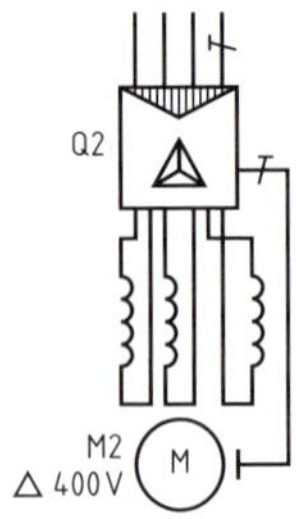	Desgleichen in ausführlicher Darstellung, aber mit automatisch ablaufender Umschaltung von Stern in Dreieck. Die Anordnung der Wicklungsstränge kann auch in Sternform oder in Dreieckform erfolgen. Die Darstellung des Motorstarters ist auch durch seinen Stromlaufplan möglich.
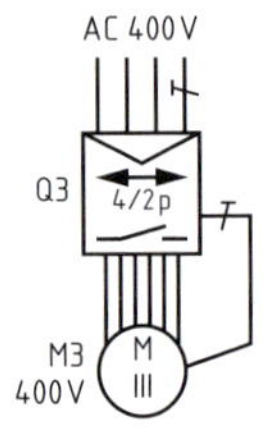	Polumschaltbarer Drehstrom-Kurzschlussläufermotor mit 3 Wicklungssträngen, Motorstarter für Polumschaltung mit Schützen für beide Drehrichtungen. Die Darstellung des Motorstarters ist auch durch seinen Stromlaufplan möglich.
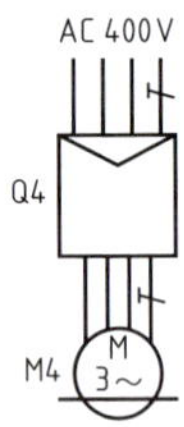	Dreiphasiger Linearmotor mit Anlasser, allgemein. Die Darstellung des Anlassers kann auch durch seinen Stromlaufplan erfolgen.
Schleifringläufermotor	
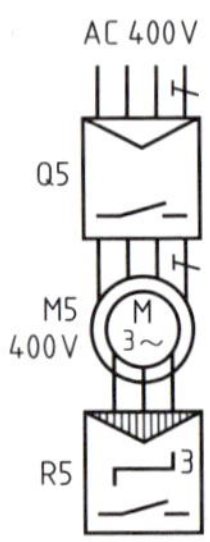	Schleifringläufermotor, Ständer über Schützschaltung gesteuert, automatisch ablaufendes Anlassen durch Läuferanlasser mit 3-stufiger Schützschaltung. Die Darstellung der Anlasser kann auch durch ihre Stromlaufpläne erfolgen.

Schaltplan	Benennung, Erklärung
Drehstromsynchronmotoren	
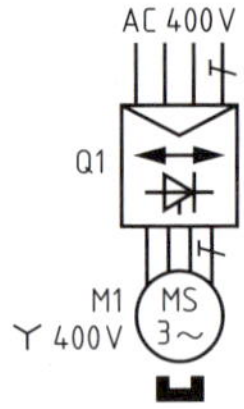	Drehstromsynchronmotor mit Dauermagneterregung, Anlasser für beide Drehrichtungen mit Thyristorschaltung, z. B. zur Frequenzsteuerung. Der Anlasser kann auch durch seinen Stromlaufplan dargestellt werden.
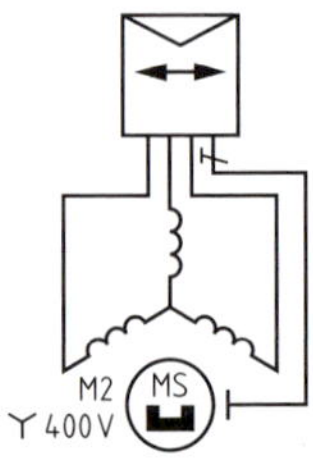	Ausführliche Darstellung des Motors. Ständerwicklung in Stern geschaltet. Die Ständerstränge können auch anders angeordnet sein, z. B. nebeneinander.
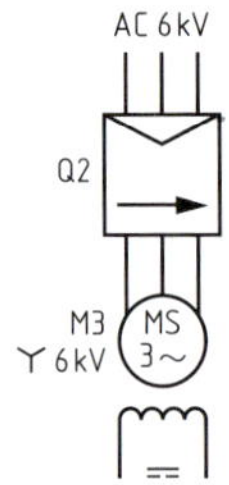	Drehstromsynchronmotor mit Gleichstromerregung und Motorstarter für eine Drehrichtung, z. B. mit Stromrichter. Der Anlasser kann auch durch seinen Stromlaufplan dargestellt werden.
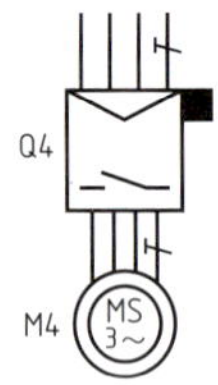	Synchronisierter Drehstrommotor, z. B. Reluktanzmotor (Motor mit ausgeprägten Polen und Anlaufkäfig). Motorstarter als Schützschaltung mit selbsttätiger Auslösung (dargestellt durch schwarzes Quadrat).
Drehstrom-Stromwendermotor	
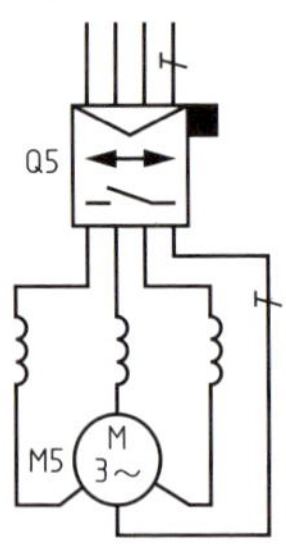	Drehstrom-Reihenschlussmotor mit Motorstarter für beide Drehrichtungen und Schützschaltung mit selbsttätiger Auslösung (dargestellt durch schwarzes Quadrat). Die Darstellung des Motorstarters kann auch durch seinen Stromlaufplan erfolgen.

Motoren mit Stromrichterspeisung Motors with Converter-feeding

Gleichstrommotoren

Schaltplan	Erklärung
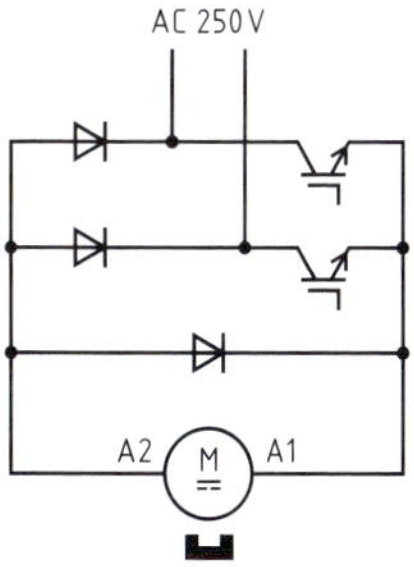	Gleichstrommotor für DC 220 V mit Dauermagneterregung (fremderregter Gleichstrommotor) an Stromrichterschaltung B2HKF (Zweipulsbrückenschaltung, halbgesteuert mit Freilaufdiode). Darstellung für Stromlaufplan.
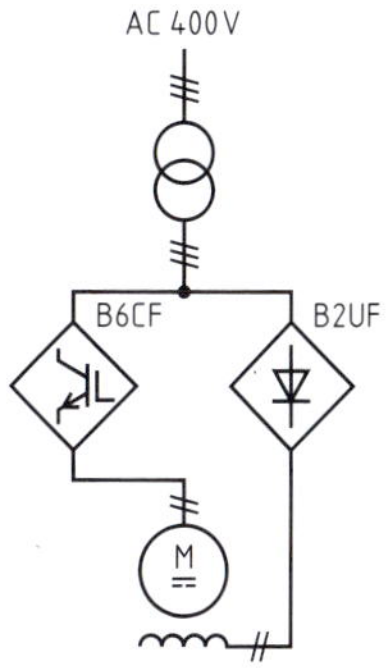	Fremderregter Gleichstrommotor mit Erregerwicklung. Anker an Stromrichterschaltung B6CF (Sechspulsbrückenschaltung mit Freilaufdiode), Erregerwicklung an ungesteuerter Stromrichterschaltung B2UF (Zweipulsbrückenschaltung mit Freilaufdiode). Darstellung für Übersichtsschaltplan.
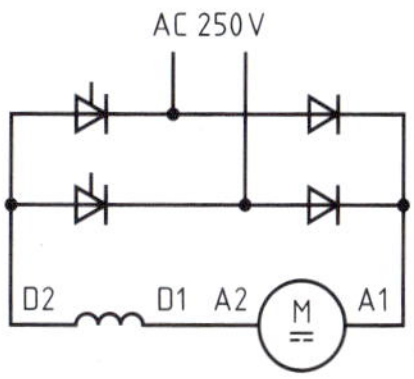	Gleichstrom-Reihenschlussmotor für DC 220 V an Stromrichterschaltung B2HA (Zweipulsbrückenschaltung, halbgesteuert).
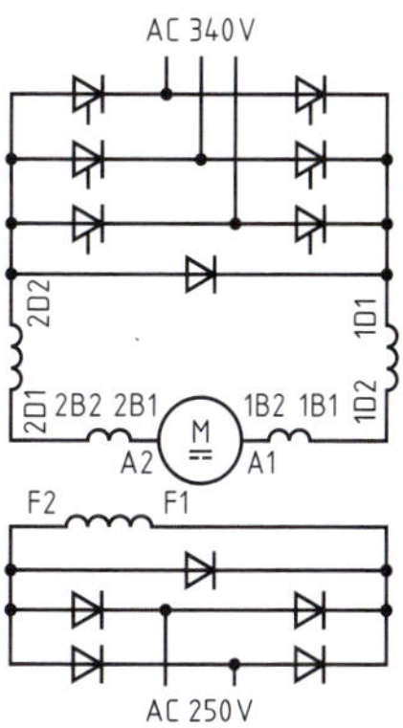	Fremderregter Gleichstrommotor für DC 440 V mit Reihenschluss-Hilfswicklung (Doppelschlussmotor) und Wendepolwicklung. Der Läufer ist an eine Stromrichterschaltung B6CF (sechspulsige vollgesteuerte Brückenschaltung mit Freilaufdiode) angeschlossen, die Erregerwicklung für DC 220 V an eine ungesteuerte Stromrichterschaltung B2UF.

Drehfeldmotoren (synchrone oder asynchrone)

Schaltplan	Erklärung
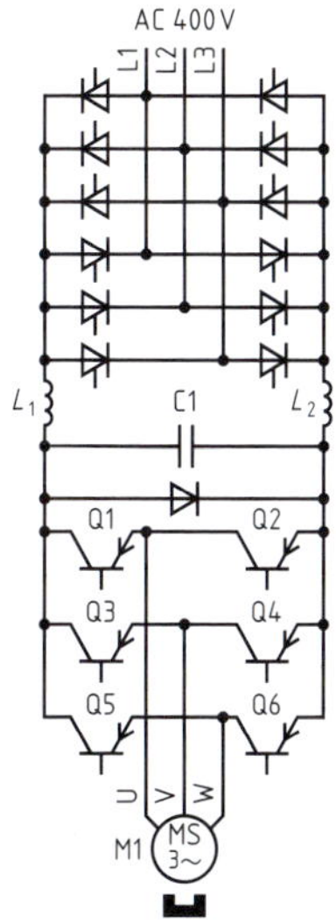	Synchronmotor mit Dauermagneterregung, z. B. Servomotor, an Umrichter zur Pulsweitenmodulation mit Gleichspannungszwischenkreis (U-Umrichter). Der Umrichter besteht aus dem Netzstromrichter B6AB6 (2 Sechspulsbrückenschaltungen antiparallel) für Vierquadrantenbetrieb und Energierücklieferung, dem Gleichspannungszwischenkreis mit Freilaufdiode und dem Maschinenstromrichter B6C aus Transistoren zur Pulsweitenmodulation (PWM).
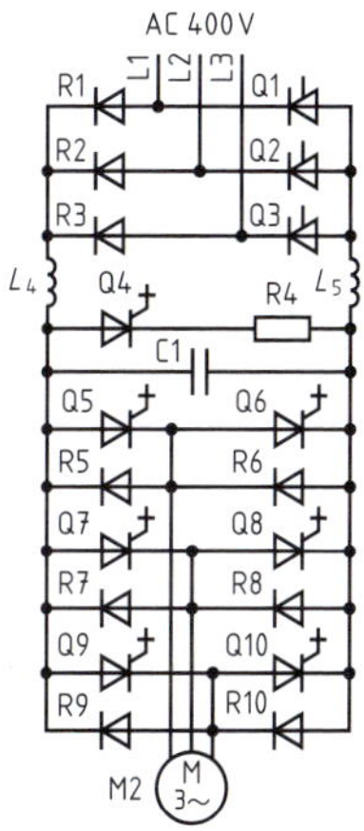	Kurzschlussläufermotor an Umrichter zur Pulsamplitudenmodulation mit Gleichspannungszwischenkreis (U-Umrichter). Der Umrichter besteht aus dem Netzstromrichter B6HA (Sechspulsbrückenschaltung, halbgesteuert), der keine Energierücklieferung ermöglicht, dem Gleichspannungszwischenkreis L_4, L_5, C1 mit Bremskreis Q4, R4 und dem Maschinenstromrichter B6C aus Abschaltthyristoren (GTO) oder IGBTs und Blindleistungsdioden.
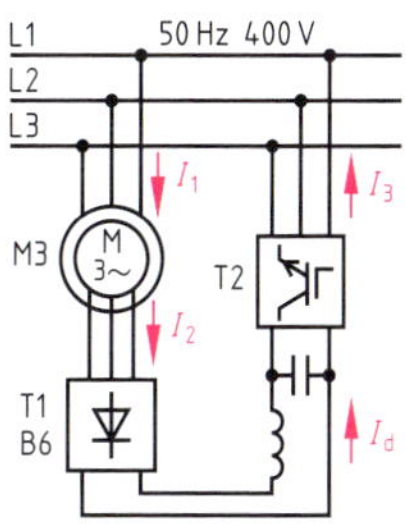	Schleifringläufermotor mit läuferseitigem Gleichspannungszwischenkreis. Die Läuferspannung wird durch einen Gleichrichter B6 gleichgerichtet. Diese Gleichspannung wird durch T2 (Wechselrichter B6C) in Wechselspannung der Netzfrequenz umgerichtet. Die Schlupfenergie wird zurückgespeist.

Weitere Stromrichterschaltungen in Teil AS „Schaltungen für Gleichrichter und Stromrichter", „Halb gesteuerte Stromrichter", „Voll gesteuerte Stromrichter", „Gleichstromsteller, U-Umrichter-Prinzip", „U-Umrichter".

Vergleich von Schaltzeichen 1 Comparison of Circuit Symbols 1

USA, z. B. ANSI, NEMA	Europa, praxisüblich, z. B. DIN EN	Benennung
allgemeine Betriebsmittel		
a) b) RES		Widerstand, Wirkwiderstand (RES von Resistanz)
a) b)		Kondensator
a) b)		Diode
a) b)		Z-Diode
	a) b)	Steckerverbindung
a) b) c)		Schmelzsicherung
		gepolte Suppressordiode
a) * b)		Leuchtmelder
a) b)	a) b)	Masse
a) * b)		elektromechanischer Antrieb, z. B. für Schütz
a) SO b) SO		Antrieb mit Anzugsverzögerung
a) SR b) SR		Antrieb mit Abfallverzögerung
	G	Rechteckgenerator
MTR	M 3~	Drehstrommotor (MTR Motor)

USA, z. B. ANSI, NEMA	Europa, praxisüblich, z. B. DIN EN	Benennung
Schaltglieder		
a) b)	a) b)	Schließer
a) b)		Öffner
a) b)		Wechsler
	a) b)	Schließer mit Verzögerung beim Schließen
Steuergeräte		
PB		schließender Taster, druckbetätigt
PB		öffnender Taster, druckbetätigt
LS		Endschalter (Schließer)
LS		Endschalter (Öffner)
PB		Schalter mit Raste, druckbetätigt
		Näherungsschalter (Schließer)
a) P b)	p >	Druckwächter, öffnend (p von pressure)
PB		Taster mit Schließer und Öffner
		Schwimmerschalter, öffnend

ANSI American National Standard Institute, NEMA National Electrical Manufacturer Association,
DIN EN Deutsches Institut für Normung Europa-Norm.
* steht für Kennbuchstabe, z. B. Farbe oder Gerät. PB Pushbutton = Druckknopf, LS Limit switch = Grenzschalter

Vergleich von Schaltzeichen 2 Comparison of Circuit Symbols 2

USA, z. B. ANSI, NEMA	Europa, praxisüblich, z. B. EN	Benennung
Relais, Schütze, Schalter, Beispiel		
SO		anzugsverzögertes Relais 1 Öffner, 1 Schließer
		Schütz mit 3 Schließern
OL		dreipoliges Schütz mit Motorschutzrelais
OL		dreipoliges Schütz mit 2 Hilfskontakten und Motorschutzrelais
	I >	Motorschutzschalter mit Kurzschluss- und Überlast-Auslöser
DISC		dreipoliger Trennschalter
CB		dreipoliger Leistungsschalter

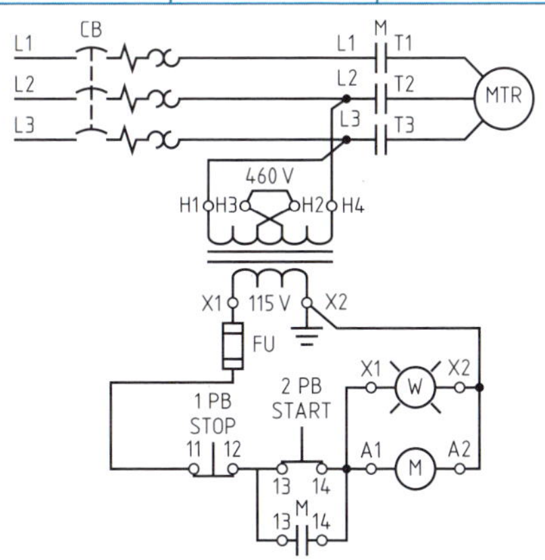

Schaltplanbeispiel: Motorstarter (nach Moeller)

USA, z. B. ANSI, NEMA	Europa, praxisüblich, z. B. EN	Benennung
Analoge und binäre Elemente		
	a) b)	Verstärker, allgemein
+ −	▷ ∞ − +	Operationsverstärker
a) A b)	&	UND-Element
a) OR b)	a) ≥1 b) 1	ODER-Element
a) OE b)	= 1	XOR-Element, Antivalenz
a) A b)	&	NAND-Element
OR	a) 1 b) 1	NICHT-Element, Inverter
OE	=	XNOR-Element, Äquivalenz
	▽ EN	Inverter mit Tristate-Ausgang (H, L und hochohmig)
	#/∩	Digital-Analog-Umsetzer, DAC
	∩/#	Analog-Digital-Umsetzer, ADC
	DX	Demultiplexer
	MUX	Multiplexer

ANSI American National Standard Institute, NEMA National Electrical Manufacturer Association, EN Europa-Norm, CB Circuit Breaker, DISC Disconnector, MTR von Motor.

Hydraulische und pneumatische Steuerungen Hydraulic and Pneumatic Controls

Symbol	Benennung
Leitungen	
	Arbeitsleitung
	Steuerleitung
	Leckleitung, Entlüftungsleitung
	Leitungsverbindung
	Leitungskreuzung
	Elektrische Leitung
Funktionszeichen	
	hydraulisch, pneumatisch
	Strömungsrichtungen
	Drehrichtungen
	Verstellbarkeit
Pumpen, Verdichter, Motoren	
	Konstantpumpe mit 1 Stromrichtung
	Verstellpumpe mit 2 Stromrichtungen
	Verdichter (Kompressor)
	Hydraulikmotor mit 1 Stromrichtung
	Pneumatikmotor mit 1 Stromrichtung
Zylinder	
	einfach wirkend
	mit Rückholfeder
	doppelt wirkend
	beidseitig Endlagendämpfung, einstellbar

Symbol	Benennung
Wegeventile	
	Anzahl der Rechtecke = Anzahl der Schaltungen; 2 Schaltstellungen
	Anschlüsse werden mit Strichen markiert
	1 Durchflussweg
	2 gesperrte Anschlüsse
	2 Durchflusswege
Kurzbezeichnungen	
Die erste Zahl gibt die Anzahl der gesteuerten Anschlüsse und die zweite Zahl die Anzahl der Schaltstellungen an.	
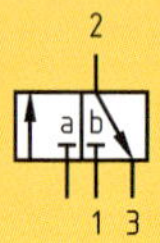	Beispiel: 3/2-Wegeventil – 2 Schaltstellungen (a und b) – 3 Anschlüsse (1...3)
	2/2-Wegeventil
	3/2-Wegeventil
	4/2-Wegeventil
	4/3-Wegeventil
	5/2-Wegeventil
Sperrventile	
	Rückschlagventile
	2/2-Wegeventil mit Sperr-Ruhestellung
Druckventil	
	Druckbegrenzungsventil

Symbol	Benennung
Stromventile	
	Drosselventil, verstellbar
	2-Wege-Stromregelventil
Wegeventilbetätigung	
	mit Feder
	durch Muskelkraft, allgemein
	mit Druckknopf
	mit Hebel
	mit Pedal
	mit Taster
	mit Tastrolle
	durch Elektromagnet mit 1 Wicklung
	2 gegensinnige Wicklungen
	durch Elektromotor
	Hydraulische Vorsteuerung unter Druck
	Pneumatische Vorsteuerung unter Druck
Energieübertragung	
	Druckquelle, hydraulisch oder pneumatisch
	Elektromotor
	Behälter
	Speicher
	Filter
	Wasserabscheider
	Öler
	Aufbereitungseinheit

Symbole der Verfahrenstechnik **Symbols of Process Engineering**

Symbol	Benennung
Leitungen	
1 mm	Leitung für Hauptprodukt
0,5 mm	Leitung für Nebenprodukt
0,25 mm	Steuerleitung
┼	Leitungskreuzung
┬	Leitungsabzweig
┼ (mit Punkt)	Doppelabzweig
Fließpfeile	
→	Fließrichtung, allgemein
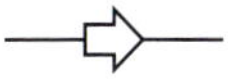	Eingang, Ausgang wichtiger Stoffe
Armaturen	
	Absperrarmatur, allgemein
	desgleichen (Eckform)
	desgleichen (Dreiwegeform)
	Absperrschieber
	Absperrklappe
Fördereinrichtungen	
	Pumpe, allgemein
	Verdichter, Vakuumpumpe, allgemein
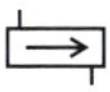	Stetigförderer, allgemein
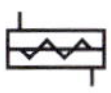	Schneckenförderer
Behälter	
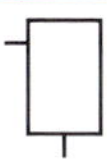	Behälter, allgemein
	Kugelbehälter
Kolonnen, Reaktoren	
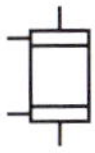	Kolonne (Reihenschaltung von gleichen Einbauten), allgemein
	Behälter mit Festbett
	Behälter mit Fließbett
Heizen und Kühlen	
	Heizen oder Kühlen, allgemein
	Wärmetauscher mit gekreuzten Fließlinien
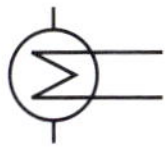	desgleichen, ohne Kreuzung
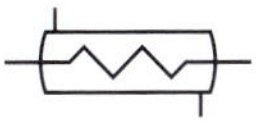	desgleichen, mit Rohrschlange
	Doppelrohrwärmetauscher
	Dampfkessel
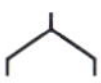	Abzugshaube
	Schornstein
Zerkleinerung	
	Zerkleinerungsmaschine, allgemein
	Mühle, allgemein
	Prallbrecher
	Walzenbrecher
Sieben, Sichten	
	Siebapparat, Rechen, allgemein
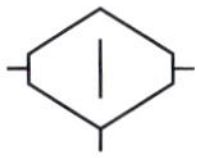	Sichter, allgemein
Filtern	
	Filterapparat, allgemein
	Gasfilter, Luftfilter, allgemein
Abscheider	
	Abscheider, allgemein
	Fliehkraftabscheider, Zyklon
	Elektrostatischer Abscheider
Zentrifugen	
	Zentrifuge, allgemein
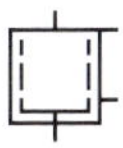	desgleichen, mit Siebmantel
Trocknen	
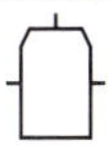	Trockner, allgemein
	Zerstäubungstrockner
Sortieren	
	Sortierapparat, allgemein

Erstellen einer Dokumentation über Geräte oder Anlagen
Preparing Documentation on Equipment or Installations

Vorgang	Arbeitsablauf	Bemerkungen, Beispiel
Inhaltsverzeichnis erstellen	• Überschriften der Hauptabschnitte festlegen, • Umfang der Hauptabschnitte festlegen, • Unterteilung der Hauptabschnitte vornehmen und • Seitennummern den Abschnittsnummern zuordnen.	Nummerierung der Hauptabschnitte mit 1, 2, 3 usw., der nachgeordneten Abschnitte mit 1.1, 1.2 ... bzw. 1.1.1, 1.1.2 ... vornehmen. Überschriften in Fettdruck, evtl. nachgeordnete in kleinerer Type. Zuordnung der Seitennummern kann im Laufe der Bearbeitung geändert werden.
Sammlung geeigneter Bilder	• Bilder zu den Hauptabschnitten suchen bzw. skizzieren, • Tabellen (soweit nötig) zu den Hauptabschnitten suchen bzw. entwerfen und • prüfen, ob die wichtigsten Inhalte durch Bilder und Tabellen abgedeckt sind. • Bilder möglichst vereinfachen. Bilder in Druckschriften sind aufwendig. Deshalb sollten Bilder immer möglichst viele Informationen enthalten und nicht nur den Anblick zeigen.	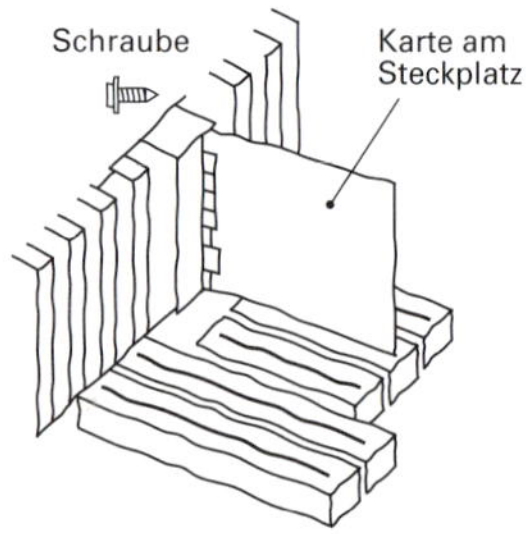 **Skizze**
Bildbearbeitung	• Prüfen, ob einfarbig oder mehrfarbig, • Strichzeichnungen normgerecht erstellen, • Fotos evtl. durch Beschriftung ergänzen, • Bilder gleich breit machen und • Bildunterschriften zu jedem Bild festlegen. Mehrfarbige Bilder sind meist anschaulicher. Gegenüber Schwarz-Weiß-Bildern verteuern sie aber die Dokumentation.	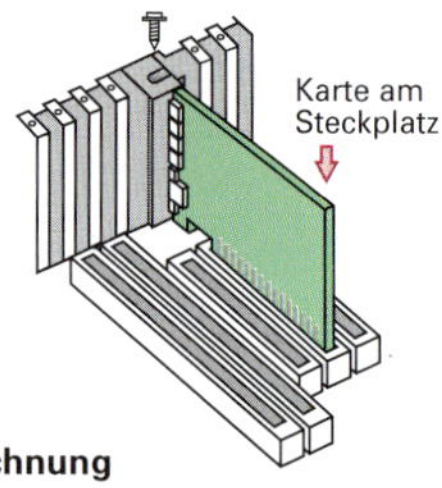 **Reinzeichnung**
Entwurf des Rohtextes	• Anhand der ausgewählten Bilder den Text formulieren, • dabei für Gleiches immer die gleichen Begriffe verwenden, • bei gleichen Sachverhalten auch gleiche Satzstrukturen verwenden.	Ergänzungen zu Stellen ohne Bilder vornehmen. In einer Dokumentation können Begriffe beliebig oft wiederholt werden, kein Literaturdeutsch anstreben. Fachworte, insbesondere Fremdworte, erklären.
Erstellung des endgültigen Textes	• Rohtext selber korrigieren, • Text durch sachkundige Person überprüfen lassen, • deren Korrektur, wenn sinnreich, übernehmen, • Reinschrift vornehmen.	Rechtschreibung und Kommasetzung beachten, Wörterbuch, z.B. Duden, gebrauchen. Bildhinweise im Text mindestens beim erstmaligen Gebrauch des Bildes einheitlich vornehmen. Bilder und Text werden meist auf CD/DVD oder als Internet-Download im pdf-Format an den Kunden ausgeliefert.
Layout	• Festlegen, ob einspaltiger oder mehrspaltiger Satz, • gut lesbare Schrifttype angeben und ob Blocksatz oder Flattersatz, • beim Satz nicht über 60 Anschläge je Zeile und bei mehrspaltigem Satz nicht weniger als 40 Anschläge je Zeile.	Bilder einheitlich anordnen, z.B. in einer rechten Spalte oder vor dem entsprechenden Bildhinweis. Hauptabschnitte mit neuer Seite beginnen lassen. Auf jede Seite höchstens drei Überschriften setzen. Raum für Ergänzungen frei lassen.
Bildverzeichnis und Tabellenverzeichnis erstellen	• Nummerierung z.B. nach Seite und dortiger Nummer, z.B. 100/1, 100/2 usw. • Urheberrechte beachten, insbesondere bei Entnahme aus Lehrbüchern oder Internet.	Bildinhalt (Bildunterschrift) und bei Bedarf Quelle des Bildes angeben. Bei Tabellen ist entsprechend zu verfahren.

Aufbau und Inhalt einer Betriebsanleitung
Structure and Content of an Operating Instruction

Kapitel	Inhalt	Bemerkungen
Beschreibung	Kurze Beschreibung der Bedienungselemente, Anzeigeelemente, Buchsen für Eingangssignale und Ausgangssignale. Grafiken dienen zur Verdeutlichung (**Bild**).	Dieses Kapitel dient der schnellen Orientierung. Es setzt oft mindestens Grundkenntnisse des Gerätes oder der Anlage voraus.
Montage	Hinweise für Aufstellungsbedingungen und den Zusammenbau anhand einer Stückliste, meist mit Explosionszeichnungen ergänzt.	Wichtig sind Abmaße und Umgebungsbedingungen wie Temperatur, Feuchtigkeit. Teilweise wird sogar das zu verwendende Werkzeug beschrieben bzw. abgebildet.
Inbetriebnahme	Reihenfolge der Inbetriebnahmeabläufe, Sicherheitshinweise, Anschlussskizzen, Maßnahmen zum Einschalten, Ausschalten, Prüfen, Überwachen, Korrigieren. Hinweise zum Voreinstellen (Konfigurieren) von Grundfunktionen.	Unter Inbetriebnahme ist das erstmalige Einschalten eines Gerätes oder einer Anlage beim Kunden gemeint.
Funktionen	Beschreibung der Funktionen und deren Zusammenwirken. Sind diese vom Benutzer beeinflussbar, so ist deren Bedienung zu beschreiben.	Sie stellen die Leistungsbeschreibung des Gerätes oder der Anlage dar.
Einstellungen	Standardeinstellwerte (Grundeinstellungen, Default-Werte) von Komponenten, Baugruppen oder Softwaremodulen.	Zu beschreiben sind Starteinstellwerte bei der Inbetriebnahme und mögliche Einstellwerte im ungestörten Betrieb.
Betrieb	Einschalten, Ausschalten durch den Kunden im ungestörten Betrieb. Verhaltensweisen bei gestörtem Betrieb.	Vorsichtsmaßnahmen für einen ungestörten Betrieb sind zu beschreiben, z.B. bei Temperaturwechsel, Feuchtigkeit, Staub, EMV.
Fehlermeldungen, Fehlerbehandlung	Beschreibung der Fehlermeldungen (Störmeldungen, Alarmmeldungen) und Beschreibung der jeweils einzuleitenden Maßnahmen zur Beseitigung.	Die Fehlermeldungen müssen aussagefähig und vollständig sein. Die Darstellung erfolgt am übersichtlichsten tabellarisch.
Instandhaltung, Wartung	Beschreibung von Wartungsintervallen und den zu wartenden Komponenten oder Baugruppen mit den dazugehörenden Maßnahmen.	Es ist zu unterscheiden, welche Wartungsarbeiten vom Kunden selbst und welche vom Kundendienstpersonal des Herstellers vorzunehmen sind.
Kundendienst, Ersatzteilhaltung, Garantie	Angaben über notwendige Daten zur Ersatzteilbeschaffung. Angaben über Kundendienstleistungen, Kundendienstadressen, Adressen zur Ersatzteilbeschaffung, Hotline-Adressen (Telefon, Fax, E-Mail), Garantiebedingungen, Garantiedauer, Garantieleistungen.	Die Adressen für Kundendienst und Ersatzteilbeschaffung sind nach Regionen und Ländern anzugeben.
Technische Daten	Angaben zur elektrischen Spannungsversorgung, elektrischen Leistungsaufnahme, Betriebstemperatur. Kennwerte für Hydraulikkomponenten, Pneumatikkomponenten. Schnittstellen, Datenübertragungsraten, Drehzahlen, Kraftmomente, Gewichte, Abmessungen, mitgeliefertes Zubehör.	Die technischen Daten sind oft als Anhang beschrieben. Die angegebenen Werte gelten für den störungsfreien Betrieb. Auf zulässige Toleranzen sollte hingewiesen werden.

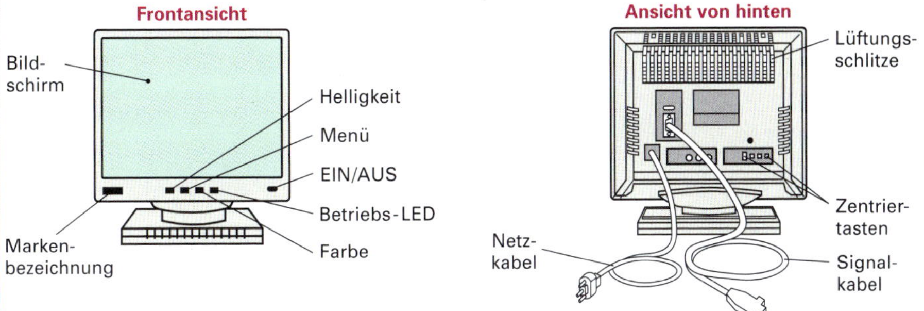

Ansichten von Monitoren

Elektrische Messgeräte und Messwerke
Electrical Measuring Devices and Elements

Aufbau	Erklärung, Prinzip	Bermerkungen, Daten
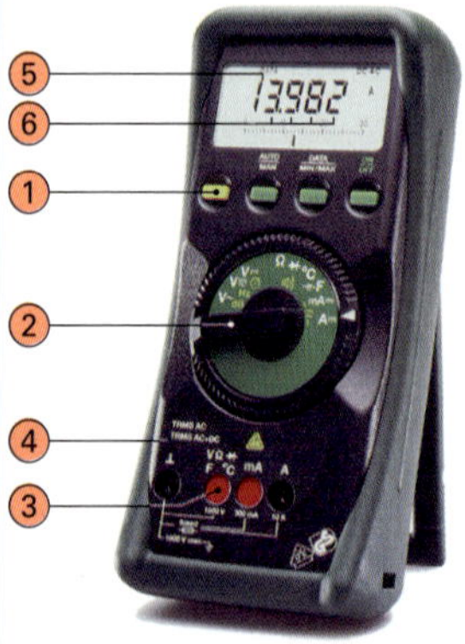 ① Funktionstasten ② Schalter für Messgröße, Messbereich ③ verriegelbare Anschlussbuchsen **Digitalmultimeter**	**Effektivwertmessung** • ④ TRMS-Messgeräte (TRMS von True Root Mean Square = wahrer quadratischer Wurzelmittelwert) sind umschaltbar für den Gleichanteil und den Wechselanteil eines Messsignals. • RMS-Messgeräte (RMS von Root Mean Square = quadratischer Wurzelmittelwert) messen nur den Wechselspannungsanteil (Wechselspannungskopplung). **Anzeige** Die Stellenzahl gibt an, wie viele Ziffern die auf dem Display darstellbare Zahl haben kann. • ⑤ Halbe Stelle: 0 oder 1 • Dreiviertel Stelle: 0 bis 3 • ⑥ Volle Stelle: 0 bis 9 • Beispiel: $5\frac{1}{2}$ stellig: Anzeige von 000000 bis 199999 Digitalmultimeter mit analoger Balkenanzeige (Bargraph) ermöglichen die Anzeige von Änderungstendenzen von Messwerten. Die Messrate des Bargraph ist mit bis 40 Aktualisierungen je Sekunde höher als die der Digitalanzeige.	**Vorteile:** • Kleine Messabweichung und höhere Auflösung als bei einem analogen Multimeter. • Hohe Eingangsimpedanz von mindestens 10 MΩ. • Integrierter Mikroprozessor ermöglicht über Funktionstasten Bedienfunktionen, wie z. B. Min/Max, relativer Bezugswert. • viele Messgrößen, z.B. auch Temperatur, Kapazität. **Genauigkeitsangabe:** Beispiel: Anzeige U = 13,982 V mit ± (0,5% + 2 Digit) • Erste Fehlerangabe gibt den maximalen Fehler, z. B. 0,5%, bezogen auf den angezeigten Wert an. • Zweite Fehlerangabe, z. B. 2 Digit, gibt Grundfehler im Messbereich an, bezogen auf die Auflösung, d. h. die Änderung der kleinsten (rechten) Stelle. Absoluter Fehler: $F = \pm\,(13{,}982\ \text{V} \cdot \frac{0{,}5\%}{100\%} + 0{,}002\ \text{V}) = \pm\,\mathbf{0{,}072\ V}$
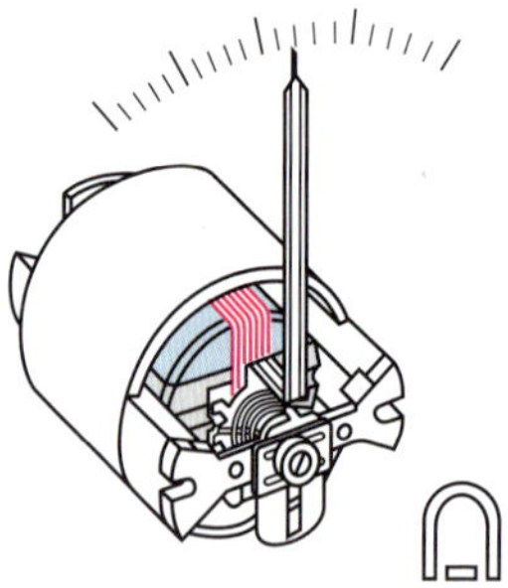 **Drehspulmesswerk**	Drehspule, auf Aluminiumrahmen gewickelt, im homogenen Magnetfeld zwischen zylindrischem Dauermagnet und äußerem Weicheisenrohr. Zeiger fest mit der Drehspule verbunden. Stromzuführung über gegensinnig gewickelte Spiralfedern (Spitzenlagerung) oder Spannband (keine Lagerreibung). Spulenstrom verursacht proportionales Kraftmoment, das die Spule so weit dreht, bis das von den Federn oder von den Spannbändern erzeugte Rückstellmoment gleich groß ist. Messwerk misst arithmetischen Mittelwert. Kleiner Eigenverbrauch 1 µW bis 100 µW.	Eignet sich für Gleichstrom- und Gleichspannungsmessung (lineare Skale). Richtung des Zigerausschlags abhängig von Stromrichtung (Nullpunkt in Skalenmitte möglich). Für Wechselstrommessung ist Gleichrichtung nötig. **Genauigkeitsangabe bei analogen Messgeräten:** Am Messgerät ist die Klasse angegeben (0,1 – 0,2 – 0,5 – 1 – 2,5 – 5). Die Klasse entspricht dem größtmöglichen Messfehler in Prozent des Messbereichs-Endwertes. Beispiel: Messbereich 25 V, angegebene Klasse 0,5, Ablesung 14 V. Messfehler ± 25 V · 0,5% = ± 25 V · 5/100 = **± 1,25 V**
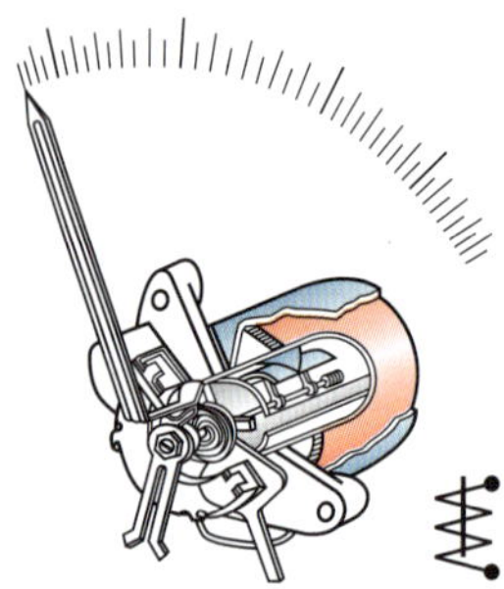 **Dreheisenmesswerk**	In der Spule ist ein fest angeordnetes, trapez- oder dreieckförmiges Weicheisenplättchen und ein drehbar gelagertes zweites Plättchen, das mit der Zeigerachse verbunden ist. Der Spulenstrom magnetisiert die Weicheisenplatten gleichsinnig, die sich dadurch abstoßen. Ändert sich die Stromrichtung, stoßen sich die Platten ebenfalls ab. Gegenmoment durch Spiralfeder und Spannband. Keine beweglichen Strom führenden Teile.	Vorteile: Messwerk misst Effektivwert. Für Gleich- und Wechselstrom geeignet. Mechanisch und elektrisch robust sowie zuverlässig. Bis zum 10-fachen Bemessungsstrom überlastbar. Nachteile: Gleichmäßige Skalenteilung beginnt erst nach dem 1. oder 2. Zehntel der Skale. Hoher Eigenverbrauch (0,5 VA bis 1 VA als Strom- und 2 VA bis 5 VA als Spannungsmesser).

Piktogramme für die Messtechnik Pictographs for Measuring

Symbol	Benennung	Symbol	Benennung	Symbol	Benennung
	Auslöseprüfung, bzw. Interne Last zum Auslösen eines Fehlerstrom-Schutzschalters (RCD/FI)	True RMS	Anzeige des Echteffektivwertes bei nichtsinusförmigen Spannungen/Strömen		interner Messwertspeicher
	Kurvenform des Prüfstromes (RCD/FI) einstellbar	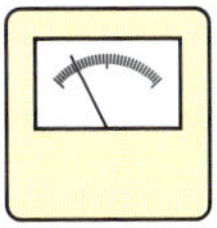	analoge Anzeige	Data Hold	Momentanwertspeicher DATA HOLD
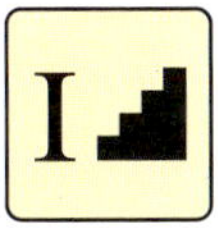	RCD/FI-Prüfung mit ansteigendem Prüfstrom	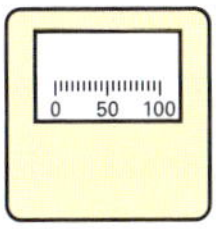	analoge Balkenanzeige		Minimal- oder Maximal-Wertspeicher
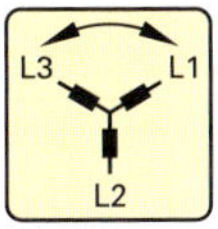	Anzeige der Drehfeldrichtung	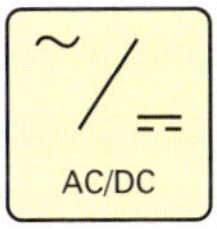	Messung von AC- und DC-Größen	Peak Hold	Spitzenwertspeicher
I Δ	Differenzstrommessung	Hintergrundbeleuchtung	Anzeige mit Hintergrundbeleuchtung		Messzubehör mit Sicherheitsstecktechnik
	Anschluss für Stromzangenadapter	Auto/ Manuell Range	automatische und manuelle Messbereichswahl	4 mm	Messzubehör mit 4-mm-Sicherheitsstecktechnik
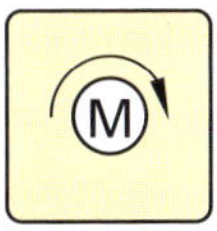	Erkennung der Motordrehrichtung	akustische Buchsenkontrolle	akustische Buchsenkontrolle	K type	Thermoelement NiCr/Ni (Typ „K“)
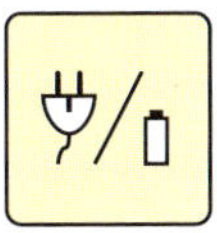	Netz- oder Batteriebetrieb	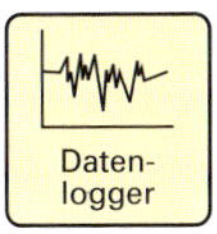	integrierte Messwertaufzeichnung	CAT III 1000 V	Bemessungsspannung gemäß IEC 61010 Messkreiskategorie III 1000 V gegen Erde
	optischer und akustischer Durchgangsprüfer	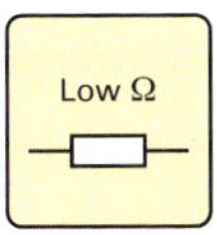	Niederohmmessung gemäß DIN VDE 0413	Prüfspannung 500 V	Isolationsprüfspannung (z. B. 500 V)
	zwei unterschiedliche akustische Signale 12 V bis 230 V/ 400 bis 690 V	V Berührungslos	berührungslose Spannugserkennung		Batterietest

Mess-Schaltungen zur Widerstandsbestimmung
Measure Circuits for Resistance Calculation

Schaltung	Erklärung	Formeln

Indirekte Widerstandsbestimmung

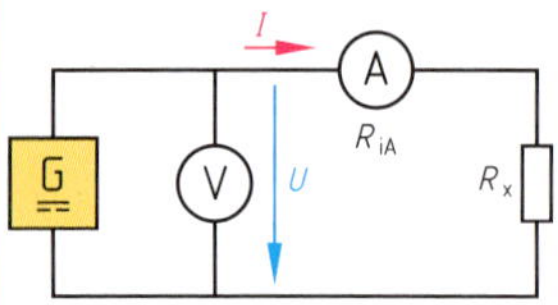

Spannungsfehlerschaltung

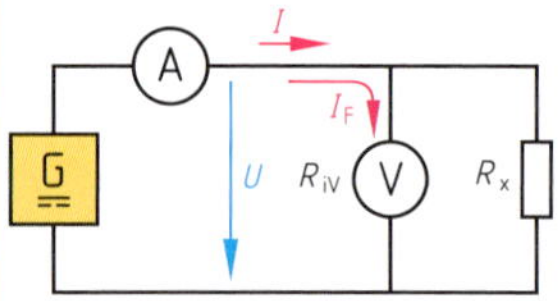

Stromfehlerschaltung

Bei nicht digitalen Messgeräten wird die *Spannungsfehlerschaltung* für große Widerstände verwendet (R_x > etwa 20 R_{iA} des Strommessers, Formel 1).

> Spannungsfall am Strommesser bei Messen mit Digitalmultimeter:
> U = 12 mV bei I = 100 µA
> U = 600 mV bei I = 10 A

Ist $R_x < 20\ R_{iA}$, ist die Formel 3 oder 4 zu verwenden, um den Spannungsfall des Strommessers in der Rechnung zu berücksichtigen.

Die *Stromfehlerschaltung* wird für kleine Widerstände verwendet (R_x < etwa 1/20 R_{iV} des Spannungsmessers). Bei größeren Widerständen wird das Messergebnis durch den Fehlerstrom I_F verfälscht. In diesem Fall ist die Formel 5 oder 6 zu verwenden, um den Fehlerstrom in der Rechnung zu berücksichtigen.

Bei Verwendung von digitalen Messgeräten ist die Schaltungsart meist beliebig (Formel 7).

gesuchter Widerstand

Bei $R_x > 20\ R_{iA}$:

$$R_x \approx \frac{U}{I} \quad (1)$$

Bei $R_x < 20\ R_{iA}$:

$$R_x = \frac{U - U_F}{I} \quad (2)$$

$$R_x = \frac{U}{I} - R_{iA} \quad (3)$$

Bei $R_x < 1/20\ R_{iV}$:

$$R_x \approx \frac{U}{I} \quad (4)$$

Bei $R_x > 1/20\ R_{iV}$:

$$R_x = \frac{U}{I - I_F} \quad (5)$$

$$R_x = \frac{U}{I - U/R_{iV}} \quad (6)$$

$$R_x = \frac{U}{I} \quad (7)$$

Widerstandsmessung mit Konstantstromquelle

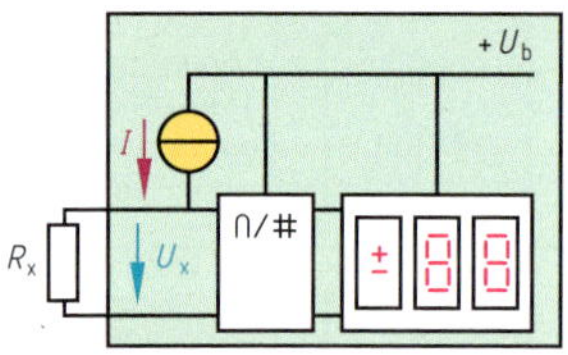

Digitalmultimeter

Die Widerstandsmessung wird auf eine Spannungsmessung zurückgeführt. Durch Verwenden einer Konstantstromquelle wird $U_x \sim R_x$. Durch umschaltbare Konstantströme kann man verschiedene Widerstandsbereiche einstellen,

z.B. I = 1 mA ⇒ Anzeige von kΩ
I = 1 µA ⇒ Anzeige von MΩ

Bei konstantem I:
$U_x = I \cdot R_x$

gesuchter Widerstand

$$R_x \sim U_x \quad (8)$$

Brückenschaltung

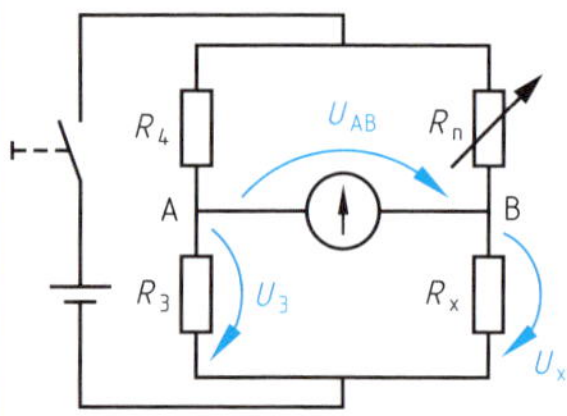

Wheatstone-Messbrücke (Prinzipschaltung)

Bei der abgeglichenen Brücke ist der Brückenpfad stromlos und spannungslos.

Die Spannungsteiler R_3R_4 und R_xR_n sind bei abgeglichener Brücke unbelastet und auf gleiches Teilerverhältnis eingestellt.

Vorteil: Sehr genaue Widerstandsbestimmung möglich.

Wird z.B. in Sensoren mit Dehnungsmessstreifen verwendet.

Bei Abgleich:

$U_{AB} = U_3 - U_x = 0$

$$\frac{R_4}{R_3} = \frac{R_n}{R_x}$$

gesuchter Widerstand

$$R_x = R_n \frac{R_3}{R_4} \quad (9)$$

I	Stromstärke	R_x	gesuchter Widerstand	U_3	Spannung an R_3
I_F	Fehlerstrom	R_n	Abgleichwiderstand	U_x	gemessene Spannung
R_{iV}	Innenwiderstand des Spannungsmessers	R_3, R_4	Wirkwiderstände	U	Spannung am Spannungsmesser
R_{iA}	Innenwiderstand des Strommessers	U_{AB}	Brückenspannung	U_F	Fehlerspannung
		U_b	Betriebsspannung		

Messbereichserweiterung Measuring Range Extension

Messbereichserweiterung von Messinstrumenten

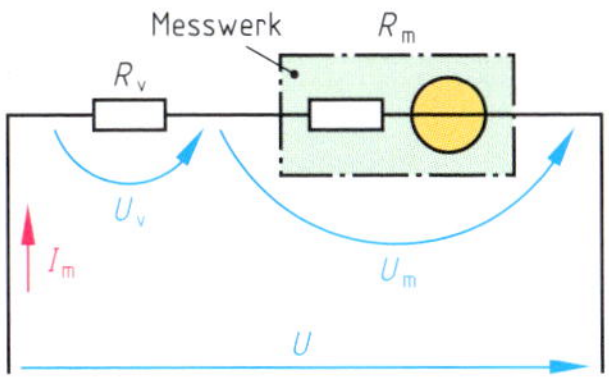

Prinzip des Spannungsmessers

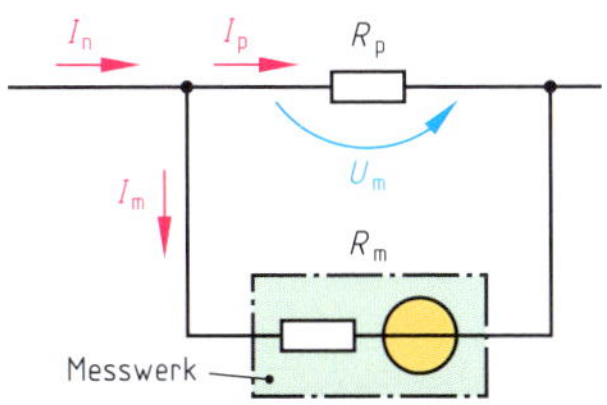

Prinzip des Strommessers

Messbereichserweiterung kann beim Spannungsmesser durch Vorschalten eines Vorwiderstandes oder Spannungsteilers erfolgen.

Für *n*-fache Messbereichserweiterung:

$$n = \frac{U_n}{U_m} \quad (2)$$

Analoge Messinstrumente sind ihrem Wirkprinzip nach Strommesser. Die Spannungsmessung wird auf eine Strommessung zurückgeführt. Digitale Messinstrumente besitzen AD-Umsetzer.

Für *n*-fache Messbereichserweiterung:

$$n = \frac{I_n}{I_m} \quad (6)$$

Vorwiderstand

$$R_v = \frac{U_n - U_m}{I_m} \quad (1)$$

$$R_v = (n - 1) \cdot R_m \quad (3)$$

Parallelwiderstand

$$R_p = \frac{U_m}{I_n - I_m} \quad (4)$$

$$R_p = \frac{R_m \cdot I_m}{I_n - I_m} \quad (5)$$

$$R_p = \frac{R_m}{n - 1} \quad (7)$$

Messwandler

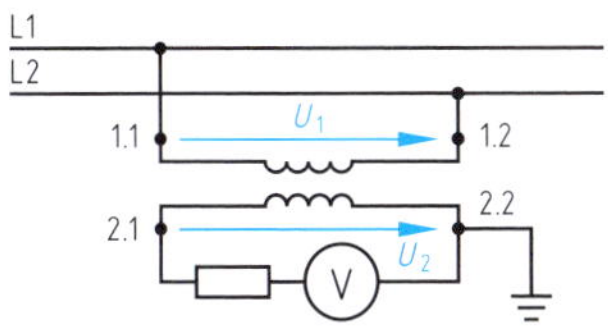

Messbereichserweiterung mit Spannungswandler

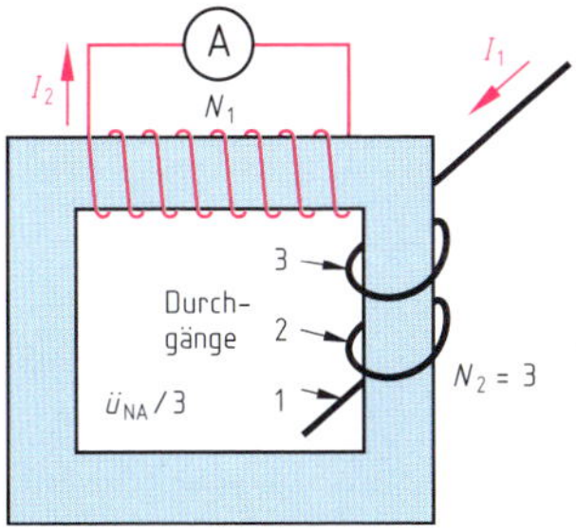

Messbereichsverkleinerung mit Durchsteckstromwandler

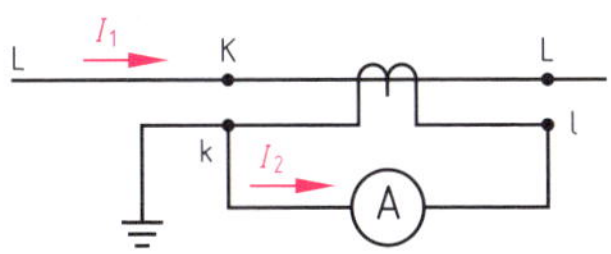

Messbereichserweiterung mit Stromwandler bei Hochspannung

Bei hohen Wechselspannungen werden Spannungswandler, bei großen Wechselströmen Stromwandler verwendet.

Erdung der Stromwandler ist bei Niederspannung nur zulässig, wenn das die Messaufgabe erfordert (VDE 0100-557).

Beim Durchsteckstromwandler wird $ü_{NA}$ für einfaches Durchstecken angegeben. Bei *z* Durchgängen wird $ü_{NA}$ um *z* verkleinert zu $ü_{NA}/z$.

Beim Durchsteckstromwandler:

$$I_2 = \frac{I_1 \cdot z}{ü_{NA}} \quad (12)$$

Beim Spannungswandler:

$$ü_{NV} = \frac{U_{1N}}{U_{2N}} = \frac{N_1}{N_2} \quad (8)$$

$$U_1 = ü_{NV} \cdot U_2 \quad (9)$$

Beim Stromwandler:

$$ü_{NA} = \frac{I_{1N}}{I_{2N}} = \frac{N_2}{N_1} \quad (10)$$

$$I_1 = ü_{NA} \cdot I_2 \quad (11)$$

Bei Wirkverbrauchsmessung:

$$c_a = ü_{NV} \cdot ü_{NA} \quad (13)$$

$$W_1 = c_a \cdot W_2 \quad (14)$$

- c_a Ablesekonstante
- I_m Messwerkstrom bei Vollausschlag
- I_n Messbereich der zu messenden Stromstärke
- n Faktor der Messbereichserweiterung
- N_1 Windungszahl der Eingangswicklung
- N_2 Windungszahl der Ausgangswicklung
- R gesuchter Widerstand
- R_m Messwerkwiderstand
- R_p Parallelwiderstand
- R_v Vorwiderstand
- U_m Spannung für Vollausschlag des Messwerks bzw. Messinstruments
- U_n Messbereich der zu messenden Spannung
- $ü_N$ Bemessungsübersetzung
- W_1 elektrische Arbeit am Wandlereingang
- W_2 elektrische Arbeit am Wandlerausgang
- z Anzahl der Durchgänge beim Durchsteckstromwandler

Indizes:
- A Strom-
- N Bemessungs-
- V Spannungs-

Bedeutung weiterer Formelzeichen aus den Bildern erkennbar.

Messungen in elektrischen Anlagen 1 Measurements in Electrical Installations 1

<table>
<tr><th>Schaltung</th><th>Erklärung</th><th>Bemerkungen</th></tr>
<tr><td>

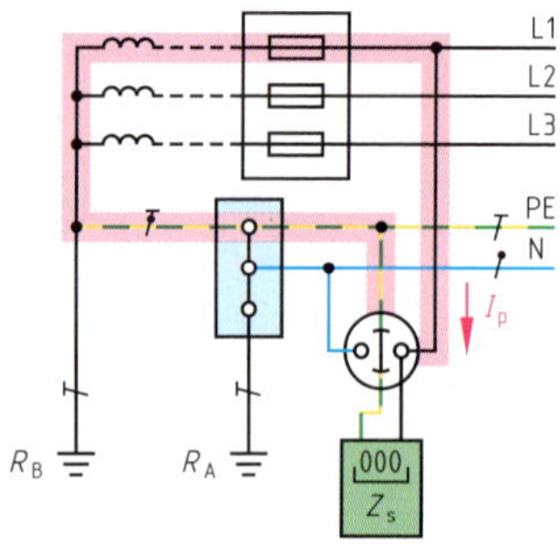

Messung der Schleifenimpedanz

</td><td>

Die Netzschleifenimpedanz Z_S setzt sich zusammen aus z. B.

- Leitungswiderständen,
- Trafoimpedanz des Ortsnetztrafo,
- Übergangswiderstand der Sicherungen, Schalter, Zählerspulen

Den geforderten Abschaltstrom bestimmt die Überstrom-Schutzeinrichtung und der Abschaltfaktor *m*.

Abschaltströme siehe Überstrom-Schutzeinrichtungen.

</td><td>

In Anlagen mit RCD kann die Netzschleifenimpedanz ohne Auslösung des RCD nicht gemessen werden. Man misst daher indirekt über die Auslöseüberprüfung des RCD oder man misst den Netz-Innenwiderstand Z_i durch Anschluss am Messgerät von N an Stelle von PE. $Z_i \approx Z_S$

</td></tr>
<tr><td>

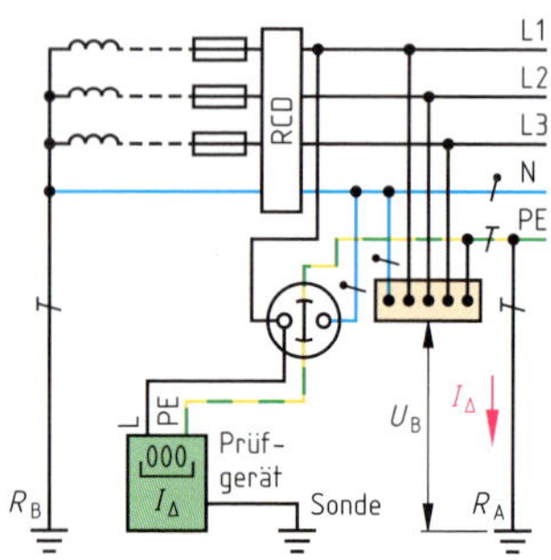

Messung des Auslösestroms von RCD

</td><td>

Man kann am Prüfgerät folgende Messmethoden einstellen:

1. Messung mit ansteigendem Prüfstrom
Die RCD wird bei jeder Messung zur Auslösung gebracht.

2. Impulsmessung
Das Prüfgerät gibt einen Messimpuls von 200 ms und löst die RCD aus.

3. Messung ohne Auslösung
Die Berührungsspannung wird vom Gerät errechnet.

</td><td>

Das Messgerät muss so beschaffen sein, dass keine Berührungsspannung über U_B = 50 V bzw. 25 V für die Dauer über 200 ms aufteten kann.

Soll eine Schalterauslösung bei der Messung der Berührungsspannung unbedingt unterbleiben, so ist eine vorherige Vorstrom-Messung zwingend erforderlich. Sie wird mit einer Messzange ausgeführt (S. 110).

</td></tr>
<tr><td>

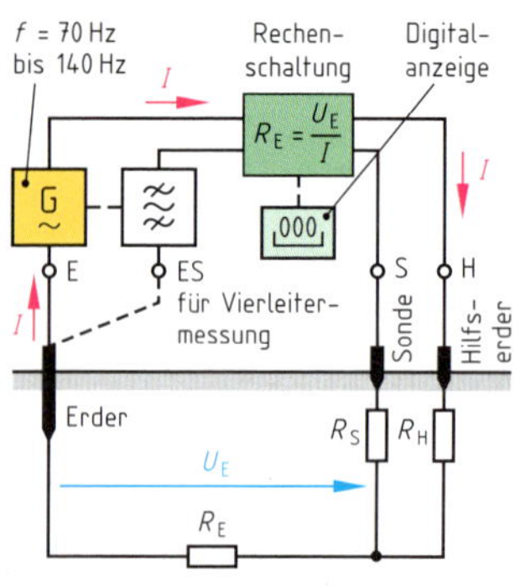

Vierleiterschaltung für Erdungsmessung

</td><td>

Die Messung des Erdungswiderstandes erfordert ein Messgerät nach dem Kompensationsverfahren.

Der Gebrauchsfehler darf höchstens 30% vom angezeigten Wert innerhalb des vom Hersteller angegebenen Messbereiches bei folgenden Nenngebrauchsbedingungen betragen:

- Umgebungstemperatur 0 bis 30 °C
- Beliebige Gebrauchslage
- Hilfserderwiderstand H mit $R_H \leq 50$ kΩ
- Kleine Störspannungsempfindlichkeit

</td><td>

Anordnung von Erder und Sonden bei der Messung des Erdausbreitungswiderstandes:

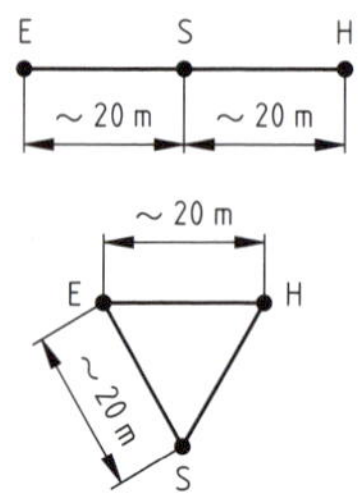

</td></tr>
</table>

I Messstrom	R_A Anlagenerder	U_B Berührungsspannung
I_N Bemessungsstrom	R_B Betriebserder	U_E Erderspannung
I_Δ Auslösefehlerstrom	R_E Erdausbreitungswiderstand	Z_i Netz-Innenwiderstand
I_p Prüfstrom	R_S Sondenwiderstand	Z_S gemessene Schleifenimpedanz
	R_H Hilfserderwidestand	

Messungen in elektrischen Anlagen 2 Measurements in Electrical Installations 2

Schaltung	Erklärung	Bemerkungen

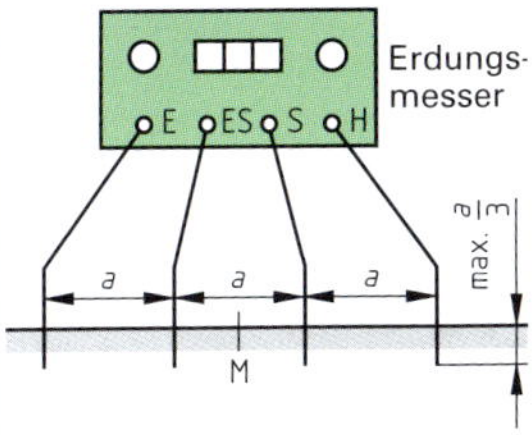

spezifischer Erdwiderstand

$$\varrho_E = 2\,\pi \cdot a \cdot R$$

Messung des spezifischen Erdwiderstandes

Der spezifische Erdungswiderstand ist die geologisch-physikalische Größe, die zur Berechnung von Erdungsanlagen dient.

Zur Ermittlung wird die Messmethode von Wenner herangezogen, die den spezifischen Erdwiderstand bis zu einer Tiefe, die dem Abstand *a* zweier Spieße entspricht, erfasst. Je nach der zu erfassenden Tiefe wird man zwischen 2 m und 30 m wählen.

Der spezifische Erdwiderstand ist abhängig von der Bodenzusammensetzung, der Feuchtigkeit und der Temperatur des Erdreichs.

Bodenart	Spezifischer Erdwiderstand ϱ_E (Ω · m)
Feuchte Humuserde, Moorboden, Sumpf	30
Ackerboden, Lehm- und Tonböden	100
Sandige Lehmböden	150
Feuchter Sandboden	300
Trockener Sandboden	1000

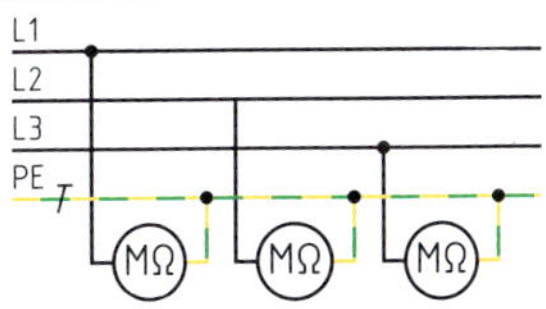

Messung zwischen allen Außenleitern und dem PE-Leiter

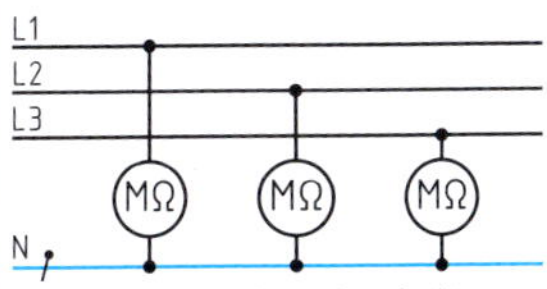

Messung zwischen den Außenleitern und dem Neutralleiter

Messung des Isolationswiderstandes

Vorbereitung zur Messung:

- Anlage spannungslos machen
- Alle Schalter einschalten, um die Schalterleitung mit zu messen.
- Alle Verbraucher abklemmen, Glühlampen entfernen.
- Überspannungsschutz abtrennen bei Messung mit 500 V.

In Anlagen mit RCD muss auch der Isolationswiderstand zwischen N- und PE-Leiter überprüft werden.

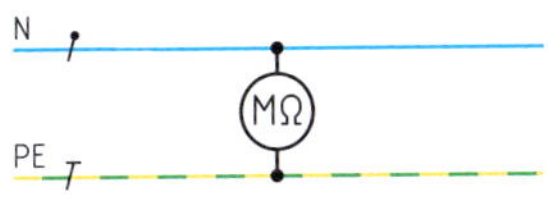

Messung zwischen Neutralleier und dem Schutzleiter

Mindestwerte der Isolation: Bei SELV und PELV $R_{iso} \geq 0{,}5$ MΩ bei Messspannung DC 250 V. Sonst $R_{iso} \geq 1$ MΩ bei Bemessungsspannungen bis AC 500 V und Messspannung DC 500 V und Bemessungsspannungen bis AC 1000 V bei Messspannung DC 1000 V. Messgerät muss bei der Messspannung 1 mA abgeben können.

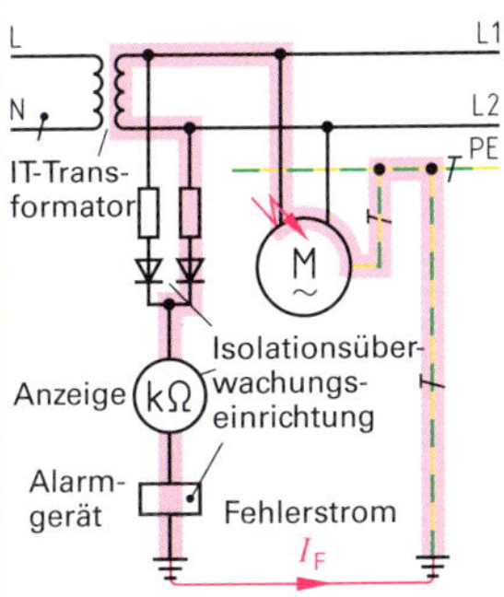

Isolationsüberwachung im IT-System

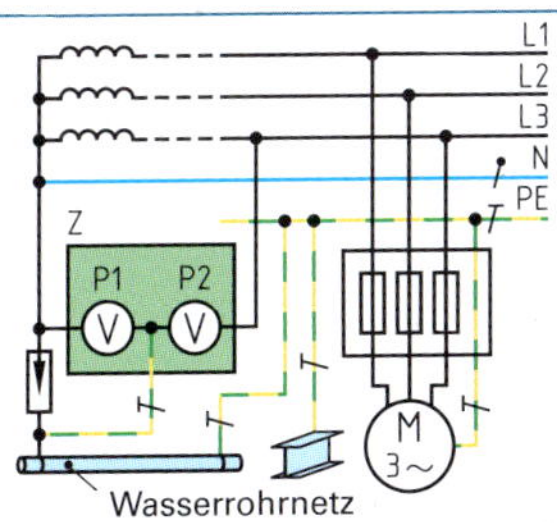

Wasserrohrnetz	Anzeige P1	Anzeige P2
keine	115 V	115 V
Erdschluss N	0 V	230 V
Erdschluss L3	230 V	0 V
Erdschluss L1/L2	230 V	400 V

Störungsanzeige bei verschiedenen Erdschlüssen

Wird eine Messeinrichtung zwischen IT-System und Erde gelegt, so kann erst ein Strom fließen, wenn an einer anderen Stelle des Systems durch einen Isolationsfehler eine Erdverbindung zustande kommt. Die Höhe des Fehlerstromes ist ein Maß für den Isolationswiderstand.

Der erste Fehler wird nur gemeldet.

Der zweite Fehler führt zu einer Anlagenabschaltung.

a gleichmäßiger Sondenabstand
I_F Fehlerstrom
ϱ_E spezifischer Erdwiderstand in Ωm
R gemessener Widerstand in Ω
R_{iso} Isolationswiderstand
Z Isolationsüberwachungseinrichtung

Schaltung	Erklärung
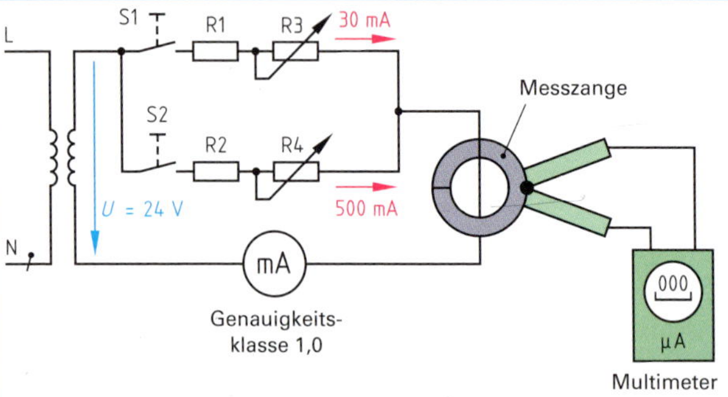 **Bestimmung des Messfehlers bei Zangenstrommessung**	Zangenmessgeräte werden zur unterbrechungsfreien Messung aller Ströme und vor allem zur Messung sehr hoher Ströme eingesetzt. Der Messfehler liegt bei einigen Prozent. Die Abweichung kann mit dieser Mess-Schaltung ermittelt werden und gilt für alle späteren Messungen. Die Auflösung von Stromzangen sollte mindestens 0,01 A betragen.
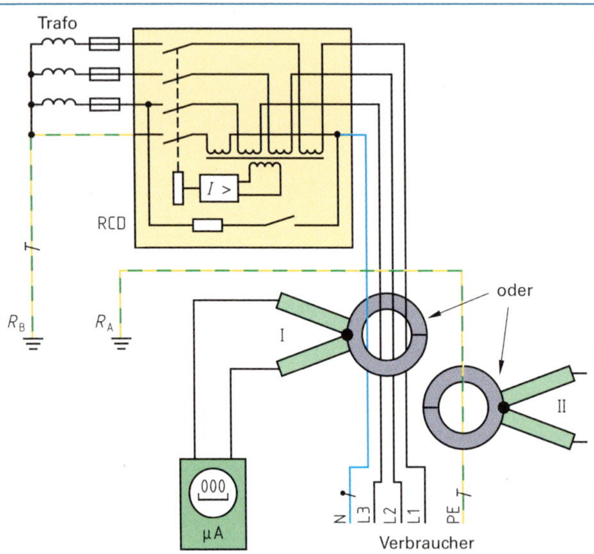 **RCD-Vorstrommessung**	Die Vorstrom-Messung mit Messzange ist in allen Systemen möglich, wo RCD eingesetzt sind. Bei dieser Vorstrom-Messung wird auch der Fehlerstrom erfasst, der durch kapazitive oder induktive Widerstände gegen den Schutzleiter oder gegen Erde entsteht. Die unterbrechungsfreie, direkte Vorstrom-Messung kann auf zwei Arten durchgeführt werden: 1. Umgreifen des Schutzleiters PE nahe an der Stelle, an der der PE- vor der RCD mit dem N-Leiter verbunden ist. 2. Umgreifen aller aktiver Leiter. Mit der Messzange werden die gleichen Leiter umgriffen, die über den Summenstromwandler der Fehlerstrom-Schutzschaltung geführt werden.
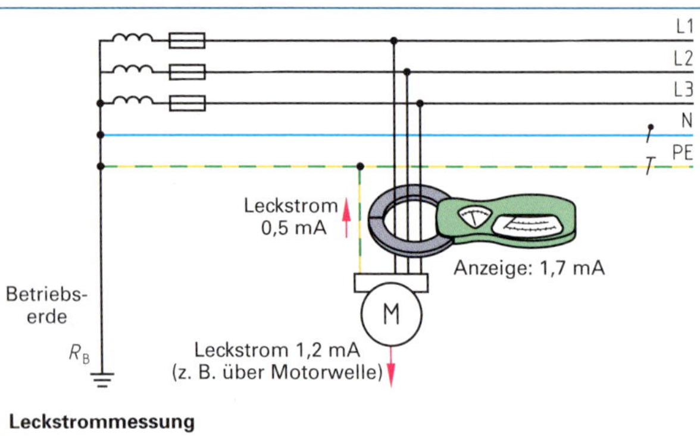 **Leckstrommessung**	Die in den DIN-VDE-Bestimmungen vorgeschriebene Prüfung des Isolationswiderstandes ist bei Wiederholungsprüfungen nicht ohne weiteres durchführbar. Deshalb ist hier die Leckstrommessung mit der Differenzstrommethode eine einfache und sinnvolle Ersatzmessung. Es werden alle aktiven Leiter, bei Drehstromsystemen die Leiter L1, L2, L3 und N und bei einphasigen Systemen die beiden Leiter L und N umschlossen. Man verwendet hochauflösende (µA) Ministromzangen für Leckströme ab 10 µA.

R1, R2 Vorwiderstände, R3, R4 Drahtpotenziometer

Niederspannungs-Leistungsmessgeräte Low-Voltage Power Meters

Schaltungen von Wirkleistungsmessgeräten

Schaltung AC: 3200 DC: 1210

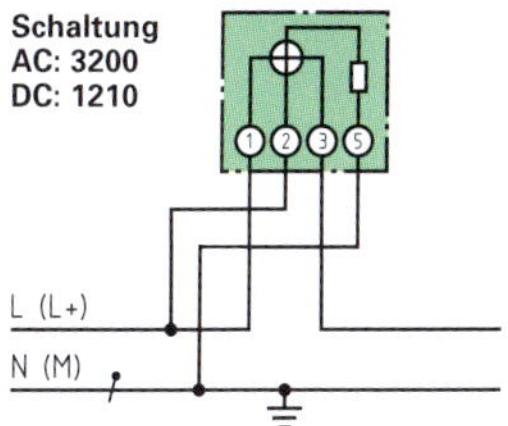

für Einphasenwechselstrom oder Gleichstrom

Schaltung 4251

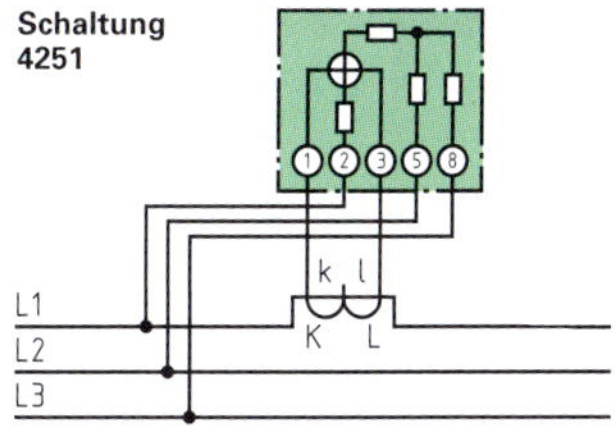

für Dreileiterdrehstrom mit gleicher Leiterbelastung

Schaltung 4260

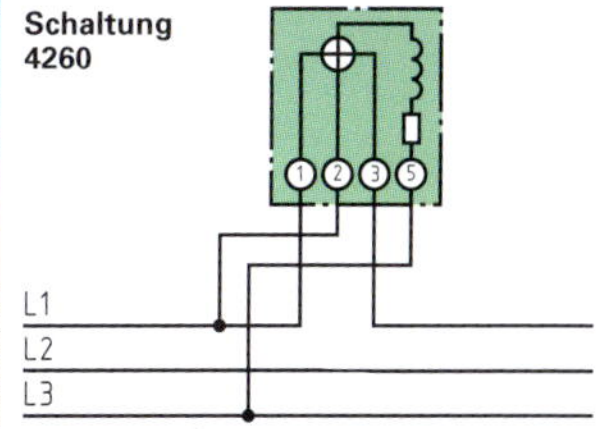

für Dreileiterdrehstrom gleicher Belastung mit eingebauter Kunstschaltung

Schaltung 5201

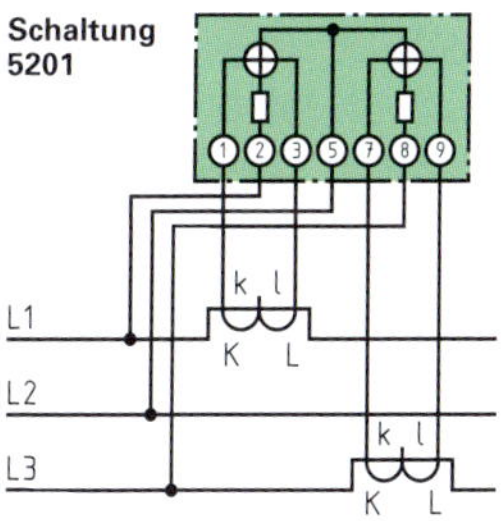

für Dreileiterdrehstrom beliebiger Belastung mit Stromwandlern (Aron-Schaltung)

Schaltung 6200

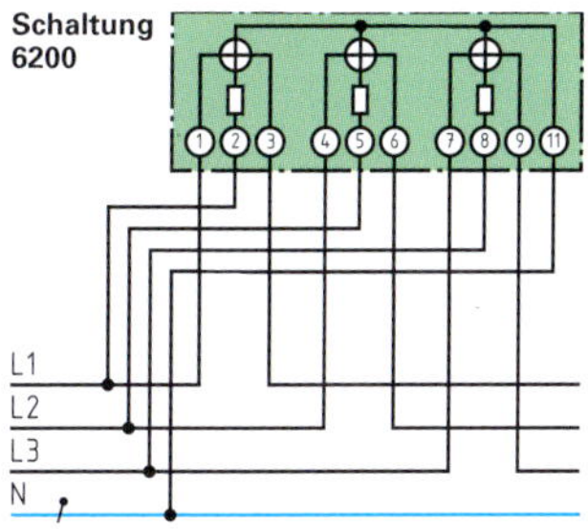

für Vierleiterdrehstrom mit beliebiger Belastung

Schaltung 6201

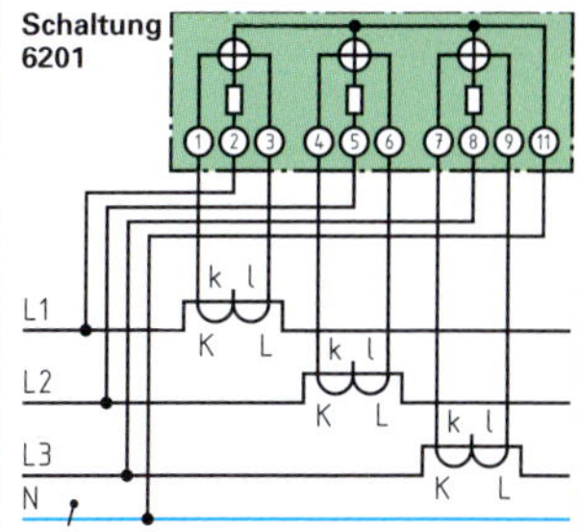

für Vierleiterdrehstrom mit Stromwandlern

Schaltungen von Blindleistungsmessgeräten

Schaltung 3301

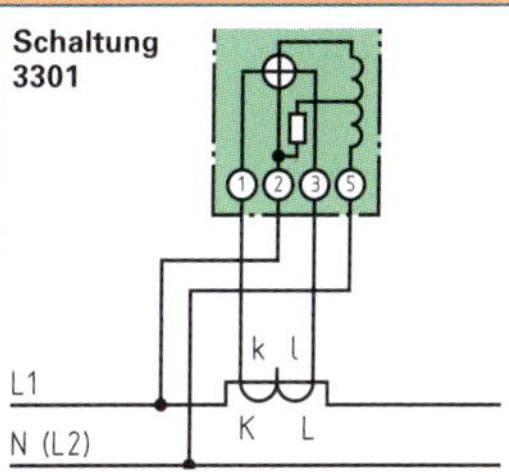

für Einphasenwechselstrom

Schaltung 5301

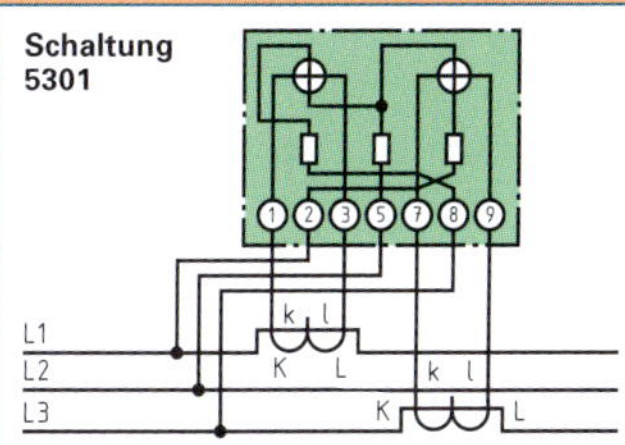

für Dreileiterdrehstrom mit beliebiger Belastung (Aron-Schaltung)

Leistungsfaktormessgerät

Schaltung 3401

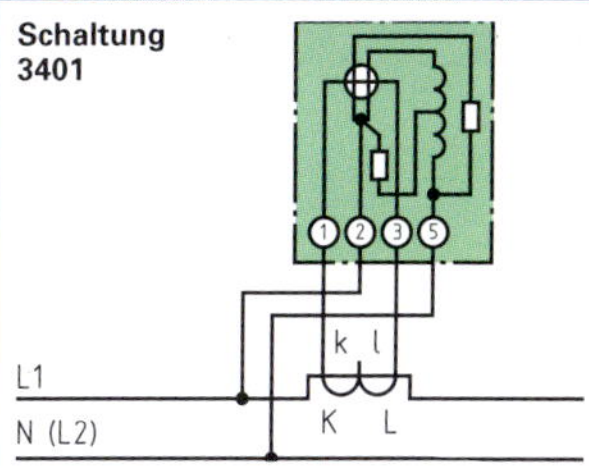

für Einphasenwechselstrom

Schaltungen von Wirkleistungsmessern mit Messzusatz (mit Hall-Generatoren)

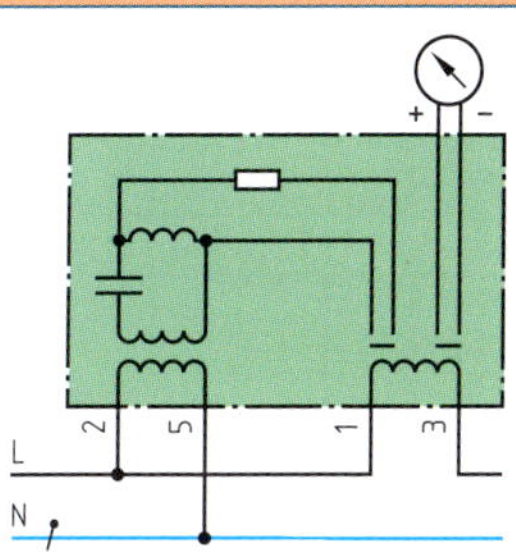

für Einphasenwechselstrom

Beim Messzusatz mit Hallgeneratoren wird das einzelne analoge Messwerk zur Multiplikation von *U* und *I* durch je einen Hallgenerator (Seite 62) ersetzt. Dabei erzeugt der Strompfad des Messzusatzes das Magnetfeld des Hall-Generators und sein Strom wird aus der Messspannung gebildet. Die Spannung des Hall-Generators ist das Produkt von *U* und *I*.

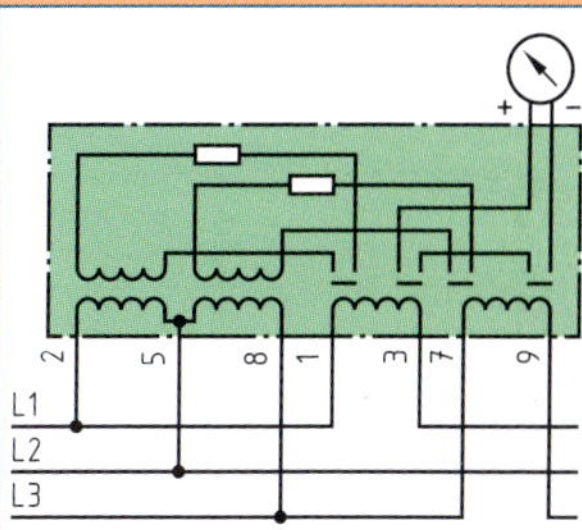

für Dreileiterdrehstrom beliebiger Belastung (Aron-Schaltung)

Elektrizitätszähler Kilowatt-hour Meters

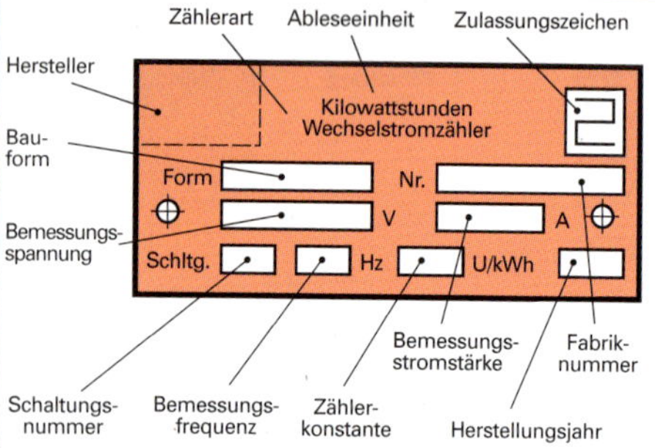

Zählerkonstanten

C_z in Umdrehungen je kWh

120; 150; 187,5; 240; 300; 375; 480; 600; 750; 960

Es werden auch dekadische Vielfache (10-fach, 100-fach usw.) oder dekadische Teile (1/10, 1/100 usw.) von C_z verwendet, z. B. 1200; 60.

Bemessungsströme (Nennströme) I_N in A:

5; 10; 15; 20; 30; 40; 50

Bei größeren Stromstärken werden Stromwandler verwendet.

Fehlergrenzen

Einphasenzähler und Mehrphasenzähler mit symmetrischer Belastung

Stromstärke	Leistungsfaktor	Fehlergrenze in %
$0{,}05 \cdot I_N$	1	± 2,5
von $0{,}1 \cdot I_N$ bis I_{max}	1	± 2,0
$0{,}1 \cdot I_N$	0,5 induktiv	± 2,5
von $0{,}2 \cdot I_N$ bis I_{max}	0,5 induktiv	± 2,0

Mehrphasenzähler bei unsymmetrischer Last

Stromstärke	Leistungsfaktor	Fehlergrenze in %
von $0{,}2 \cdot I_N$ bis I_N	1	± 3
I_N	0,5 induktiv	± 3
von I_N bis I_{max}	1	± 4

Zählerschaltungen (Auswahl, siehe auch vorhergehende Seite)

Schaltung 1000

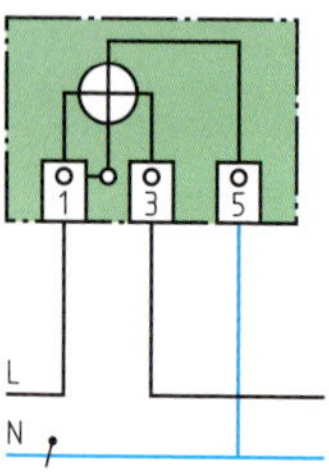

Anschluss einpolig

Schaltung 1101

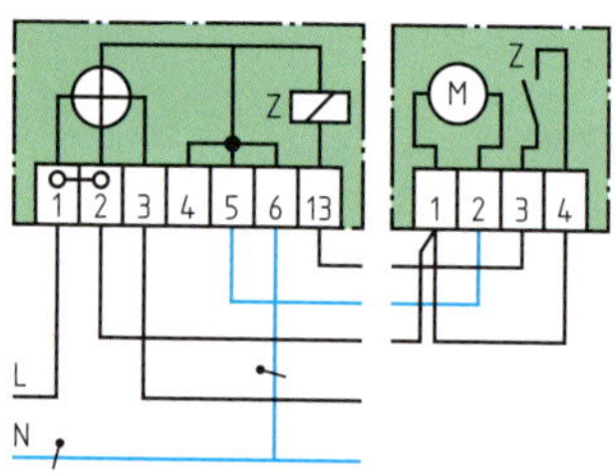

Anschluss einpolig mit Zweitarifeinrichtung

Schaltung 4000

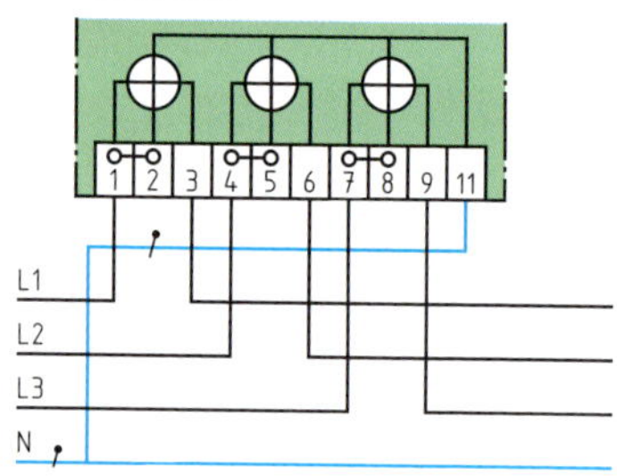

Anschluss dreipolig

Schaltung 3020 an Mittelspannung

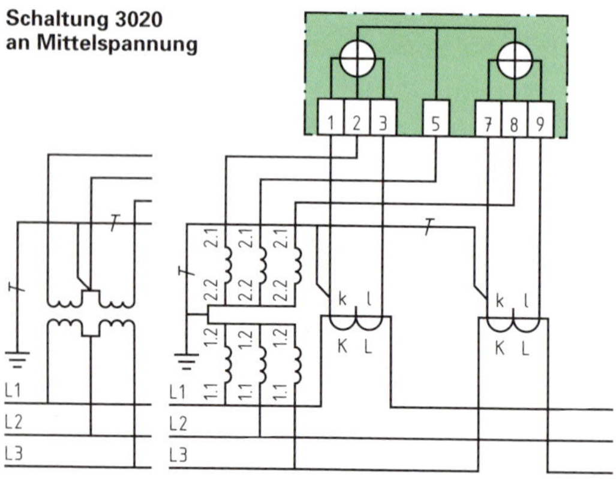

Schaltung 4010 an Niederspannung

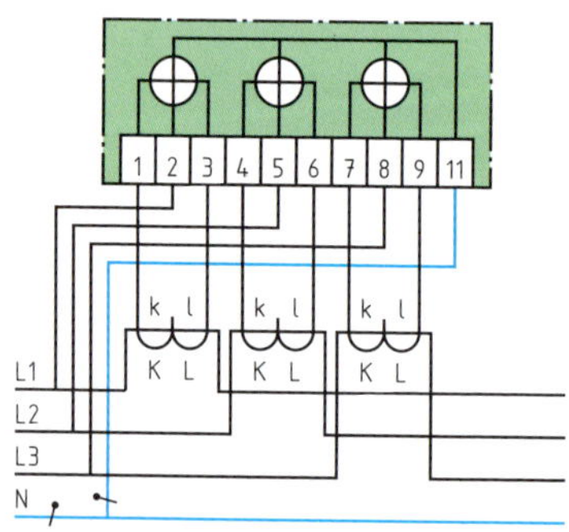

Anschluss an Stromwandler und Spannungswandler

Anschluss an Stromwandler

Elektronische kWh-Zähler Electronic Kilowatt-hour Meters

Aufbau	Erklärung	Daten, Komponenten
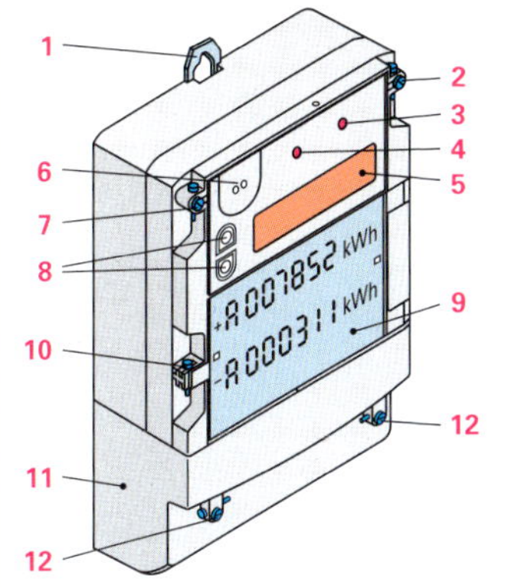 **Elektronischer Zähler für Wechselgrößen**	1 Aufhängung 2 Herstellerplombe 3 Blindverbrauch-LED 4 Wirkverbrauch-LED 5 LCD-Anzeige 6 Optische Schnittstelle 7 Schraube mit Eichplombe 8 Abruftasten (AUF-AB) 9 Tarifdaten 10 Werkplombe für Fronttür 11 Klemmdeckel 12 Klemmdeckelschrauben mit Werkplomben	Messsystem: Digital mit Stromwandlereingang Genauigkeit: Klasse A, B Spannungsbereich: 3 x 57 V/100 V bis 3 x 240 V/415 V Leistungsaufnahme je Phase: 0,65 W, 3,6 VA Frequenz: 50 Hz oder 60 Hz Zählerkonstante: 5 000 Impulse/kWh bis 200 000 Impulse/kWh Energie und Leistung sind als Wirkgrößen (kWh, kW), Blindgrößen (kvarh, kvar) und Scheingrößen (kVAh, kVA) messbar. info@vdn-berlin.de
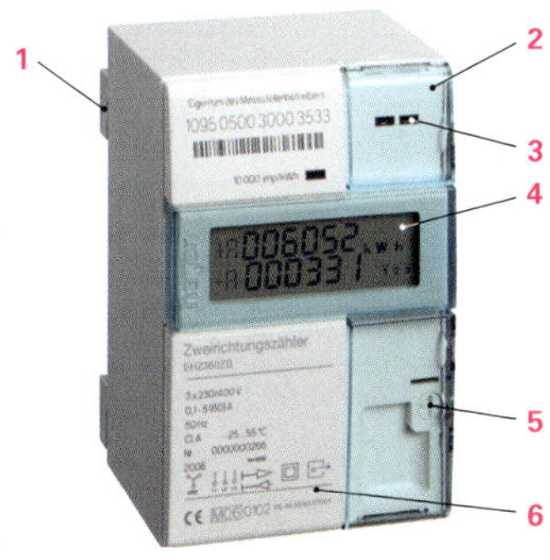 **Elektronischer Haushaltszähler (eHZ)**	1 Haltekrallen 2 Datenschnittstelle mit Schutzklappe 3 Optischer Impulsausgang 4 Display mit Anzeige von • Energiemenge, • Drehfeld, • Phasenbelegung, • Lastflussrichtung. 5 Plombierung 6 Abriebfestes Typenschild Genauigkeitsklassen: A 9% bis 10% B 5% bis 6% und C 2% bis 2,6% wird nicht im Haushaltsbereich verwendet.	Genauigkeit: Klasse A, B Nennspannung: 3 x 230 V/400 V Anlaufstrom: 0,02 A Grenzstrom: 60 A Nennfrequenz: 50 Hz, jede Phasenlage ist zulässig Anschlussart: Direkt Datenschnittstelle: Infrarot-Sender mit bis 4 Datensätzen je Sekunde Drehstromzähler: gemessen wird nur Wirkenergie Zweirichtungszähler: positive (bezogene) und negative (gelieferte) Wirkenergie werden getrennt angezeigt. Richtungsanzeige auf dem Display. www.hager.de
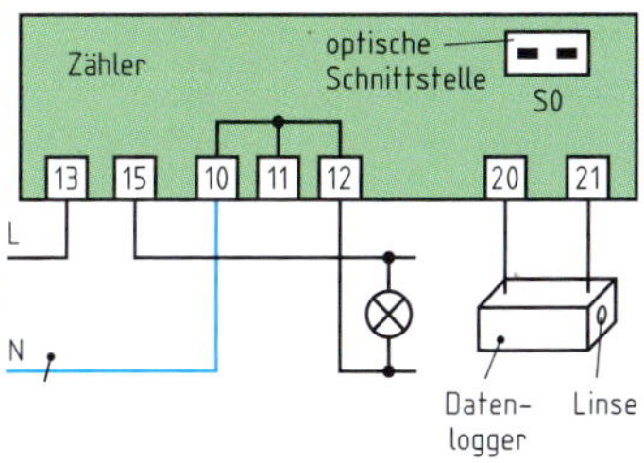 **Anschlussplan für 2-Leiter-AC-Netz**	**Optische Schnittstelle:** Ein Auswertegerät (Datenlogger) nimmt die Stromzählimpulse von der Zähler-IRED auf und gibt sie z. B. per Funk an ein WLAN. Daten-Auswertung z. B. mit dem PC. **S0- Schnittstelle:** Das Auswertegerät oder ein Messumformer versorgt die Schnittstelle über eine Zweidrahtleitung mit der Betriebsspannung.	Impulszahl bei Haushaltszählern: 10 000 Impulse/kW Für größere Ströme müssen Stromwandler verwendet werden. Wandlerverhältnisse: Von 1:5 bis 1:1500, Einstellung am Zähler. Betriebsspannung S0-Schnittstelle: DC 5 V bis 30 V S0-Schnittstellen werden für Wasserzähler, Gaszähler, Wärmezähler und kWh-Zähler verwendet.
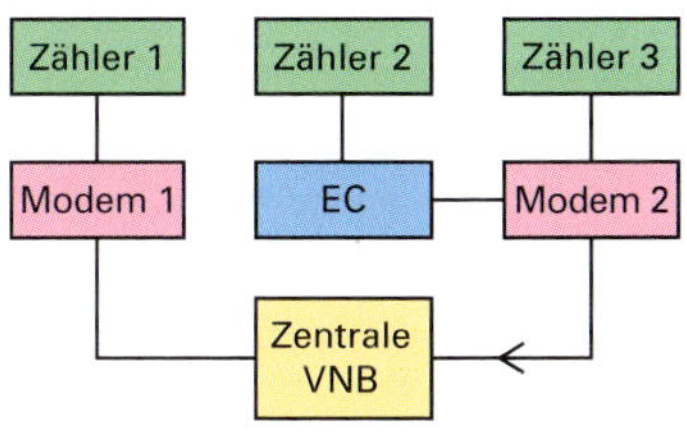 **Fernwirken mit elektronischen Zählern**	Die Zähler können über Modem mit der VNB-Zentrale verbunden werden. Damit entfällt das direkte Ablesen der Zähler durch Beauftragte des VNB oder durch Kunden. An die Modems können z. B. bis zu 3 Zähler mit S0-Schnittstelle angeschlossen werden.	Neben der Erfassung und Fernauslesung von Daten für kWh-Zähler kann dies auch für Wärmemengenzähler, Gaszähler und Wasserzähler erfolgen. Sind zwischen Zähler und Modem spezielle Erfassungscomputer (EC) geschaltet, können Daten in Intervallen von Minuten, Stunden und Tagen für den Datenaustausch mit dem VNB gespeichert werden.

Oszilloskope Oscilloscopes

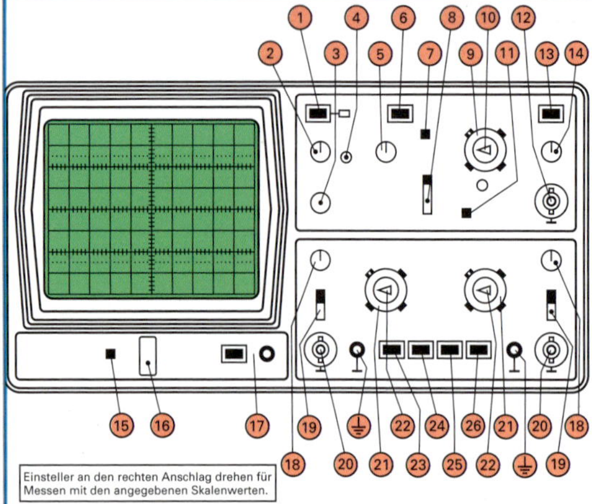

Zweikanaloszilloskop für Frequenzen bis 20 MHz

Zubehör: Tastköpfe 1 : 1, 10 : 1, 100 : 1, 10 : 1 (HF), auch kombiniert 1 : 1/10 : 1
Trennverstärker 1 : 1, 1 : 10, 1 : 100 mit Potenzialtrennung.

1	POWER on/off	Drucktaste
2	INTENS.	Drehknopf
3	FOCUS	Drehknopf
4	TR	Trimmpotenziometer
5	X-Position	Drehknopf
6	X-Y	Drucktaste
7	SLOPE +/–	Drucktaste
8	TRIG.	Schiebeschalter
9	TIME/DIV	Drehschalter (18-stufig)
10	Variable Zeitbasis	Drehknopf
11	EXT.	Drucktaste
12	TRIG. INP.	BNC-Buchse
13	AT/NORM.	Drucktaste
14	LEVEL	Drehknopf
15	X-MAG. X10	Drucktaste
16	CALIBRATOR 0,2 V-2 V	Kontaktstift
17	COMPONENT TESTER	Drucktaste und 4-mm-Buchse
18	Y-POS. I, II	Drehknöpfe
19	CH. I, II	Schiebeschalter
20	CH, I, II	BNC-Buchsen mit getrennten Massebuchsen
21	Y-Eingangsteiler	Drehschalter (12-stufig)
22	Variable Y-Verstärkung	Drehknopf
23	INV. I	Drucktaste
24	CH I/II-TRIG. I/II	Drucktaste
25	DUAL	Drucktaste
26	ADD-CHOP.	Drucktaste

Englische Bezeichnung	Deutsche Bezeichnung, Wirkung	Englische Bezeichnung	Deutsche Bezeichnung, Wirkung
Allgemeine Bezeichnungen		**Zeitablenkung, Triggerung**	
AC	Wechselspannung	$\overline{Y}$ und INVERT	invertierender Eingang
CAL	Kalibriert	+/–	positive/negative Flanke
CH(ANNEL)	Kanal	AUTO, AT	freischwingend
CHOP(PED)	bei Zweikanalbetrieb (s. u.)	DLY'D TRIG	verzögerte Triggerung
DEFL(ECTION)	Ablenkung	DLY-TIME	Verzögerungszeit
FOCUS	Schärfe	EXT(ERNAL)	von außen
HOR(IZONTAL)	Horizontal-	HF/LF	hohe/tiefe Frequenzen
ILLUM(INATION)	Rasteraufhellung	INT(ERNAL)	intern, geräteeigen
INP(UT)	Eingang	LEVEL	Pegel der Triggerung
INTENS(ITY)	Helligkeit	MAINS, LINE	Triggerung mit Netzfrequenz
INVERT, INV	Signalumkehr	MODE	Art des Triggersignals
MAG(NIFICATION)	Vergrößerung	NORM(AL)	normal triggerbar
POWER(ON)	Netzschalter	SINGLE SWEEP	einmalige Ablenkung
VOLT/DIV	VOLT je Teileinheit	SLOPE	Anstieg des Triggersignals
X-Y	XY-Betrieb	SOURCE	Quelle des Triggersignals
Y-POS(ITION)	Senkrechte Verschiebung	TIME/DIV	Zeit je Teileinheit
		TRIG I/II	Triggerung durch Kanal I/II

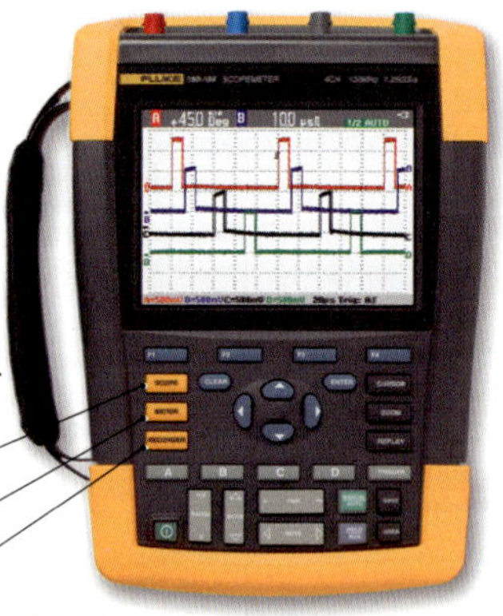

Zweikanaloskilloskop
- Eingangsempfindlichkeit 2 mV/div bis 100 V/div,
- Zeitbasisbereich von 2 ns/div bis 2 min/div,
- 2 elektrisch isolierte Eingänge,
- Abtastrate bis 2,5 Gsample/s,
- Auflösung 400 ps,
- Speicher für 10 000 Samples/je Kanal, zoombar,
- Triggerarten z. B.: Freilauf, Ein-Flanken, Verzögert, Zwei-Flanken, wählbare Impulsbreite,

Digitalmultimeter
- Auflösung 5000 Digits,
- V DC, V AC, V AC+DC, Effektivwerte, Widerstand, Durchgängigkeit, Strom mit Zange oder Shunt.

Scope-Record (Datenlogger)
- Aufzeichnen von Signalform-Sampledaten bis zu 48 h,
- bis 30 000 Signalwerte bei Multimeterbetrieb,
- bis 10 000 Signalwerte je Kanal bei Oszilloskopbetrieb.

Messen mit dem Oszilloskop Measurement with the Oscilloscope

Mess-Schaltung	Schirmbild	Anwendung, Erklärung, Auswertung
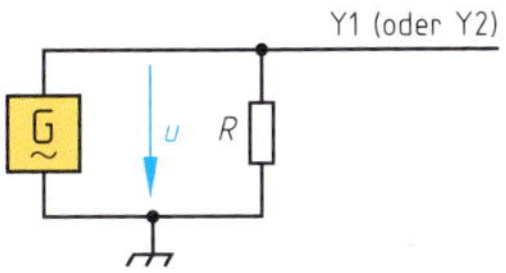 **Spannungsmessung**	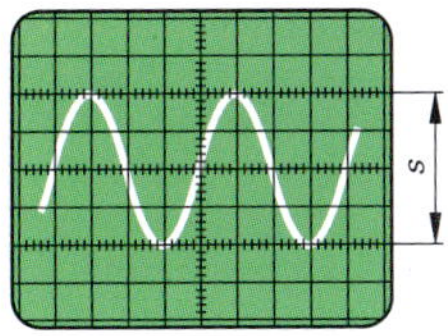	Die Messspannung wird zwischen Eingang Y und Masse angeschlossen. $\underset{\vee}{\hat{u}}$ Messspannung (Spitze-Talwert) s Auslenkung in DIV A_y Ablenkkoeffizient in y-Richtung in V/DIV $\hat{u}$ Höchstwert der Spannung $\underset{\vee}{\hat{u}} = s \cdot A_y$ **1** Bei AC: $\hat{u} = \frac{1}{2} \cdot s \cdot A_y$ **2**
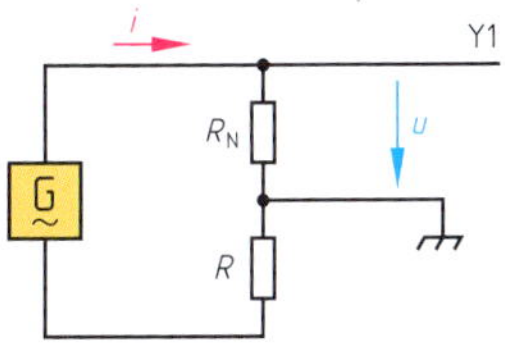 **Strommessung**	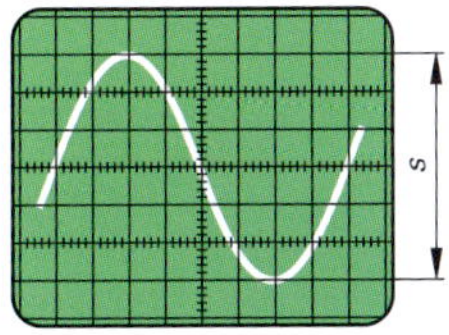	$\underset{\vee}{\hat{i}}$ Mess-Strom (Spitze-Talwert) R_N Normalwiderstand $\hat{i}$ Höchstwert der Stromstärke $\underset{\vee}{\hat{i}} = \frac{\underset{\vee}{\hat{u}}}{R_N}$ **3** Bei AC: $\hat{i} = \frac{1}{2} \underset{\vee}{\hat{i}}$ **4**
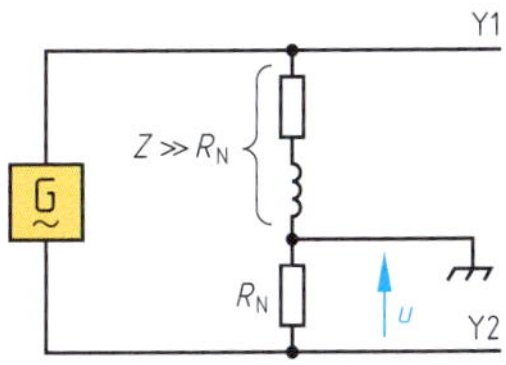 **Phasenlagenmessung (G erdfrei)**	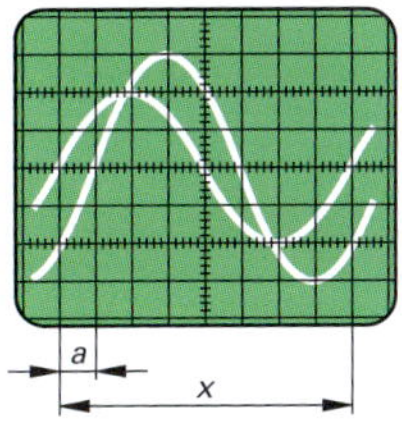	Δt Zeitdifferenz T Periodendauer a Abstand in Teilen x Periode in Teilen φ Phasenverschiebungswinkel $\frac{a}{x} = \frac{\Delta t}{T}$ **5** $\frac{\Delta t}{T} = \frac{\varphi}{360°}$ **6** $\varphi = \frac{a}{x} \cdot 360°$ **7**
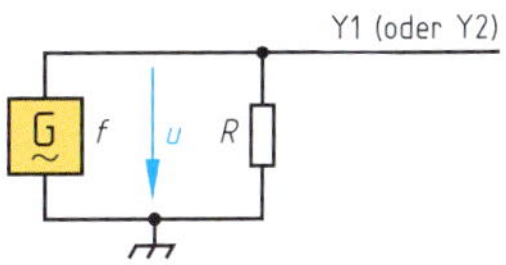 **Frequenzmessung**	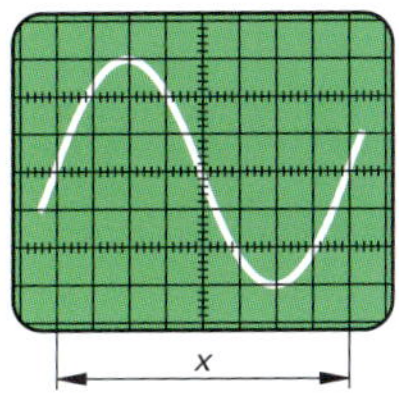	Aus dem Abstand x wird die Periodendauer t_M berechnet. t_M zu messende Zeit, z. B. Periodendauer x Periode in Teilen A_x Zeitkoeffizient in ms/Teil oder µs/Teil $t_M = x \cdot A_x$ **8** $f = \frac{1}{t_M}$ **9** Auf geeichte Zeitbasis-Einstellung achten!
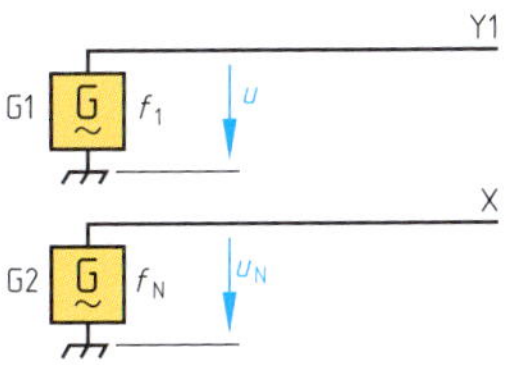 **Frequenzvergleich**	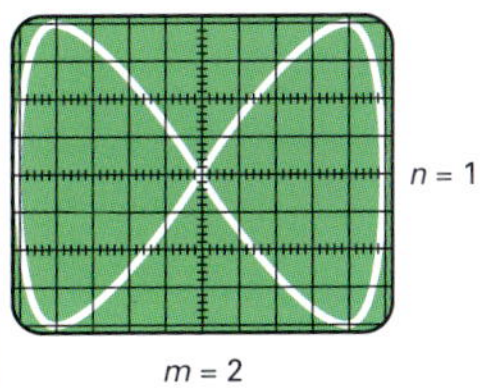	Verhalten sich die Frequenzen ganzzahlig zueinander, steht das Bild. Aus den Anzahlen der Berührpunkte der Seiten wird im Verfahren nach Lissajous[1] die Frequenz bestimmt. $f_1 / f_N = m / n$ **10** $f_1 = \frac{m}{n} \cdot f_N$ **11** f_1 Messfrequenz f_N Normalfrequenz m, n Seitenberührpunkte
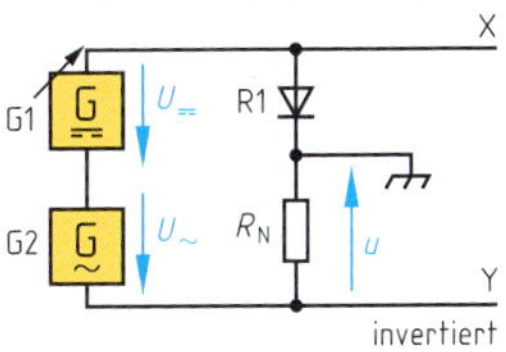 **Kennlinienaufnahme**	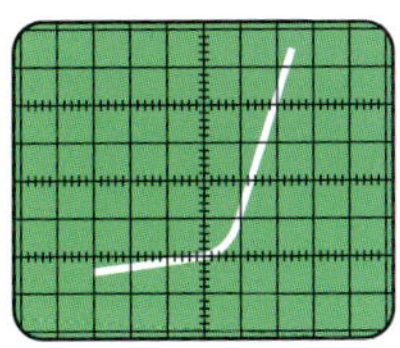	Die Leuchtspur des Elektronenstrahls zeichnet die Kennlinie mit z. B. 50 Hz. Mit der überlagerten Gleichspannung $U_{\_}$ kann der Arbeitspunkt A auf der Kennlinie verschoben werden. G1, G2 müssen für diesen X-Y-Betrieb erdfrei sein. 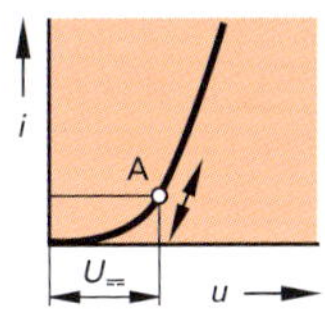

DIV von Division = Teilung, X Eingang, Y1, Y2 Kanaleingänge

[1] Lissajous, franz. Physiker, 1822 bis 1880

Gleichrichterbegriffe Rectifier Terms

Gleichrichtergeräte, Gleichrichtersätze

Anschlussspannung	Effektivwert der höchsten Wechselspannung zwischen zwei wechselstromseitigen Anschlüssen des Gleichrichters.
Gleichrichtergerät, Gleichrichteranlage	Gesamtheit der für die Gleichrichtung erforderlichen Betriebsmittel (z. B. Gleichrichtersatz, Gleichrichtertransformator, Saugdrossel, Kondensator).
Gleichrichterschaltung	Elektrische Schaltung des Gleichrichtersatzes mit zugehörigem Transformator und zugehörigen Betriebsmitteln, z. B. Drosselspule.
Gleichrichtersatz	Konstruktiver Zusammenbau der Gleichrichterdioden, die für eine Gleichrichterschaltung erforderlich sind.
Gleichspannung, Gleichstrom	Mittelwert der abgegebenen Spannung bzw. der abgegebenen Stromstärke.
Ideelle Leerlaufgleichspannung	Leerlaufgleichspannung eines verlustlosen Gleichrichtersatzes.
Kommutierung	Übergang des Stromes von einem Zweig zum nächsten.
Zweig	Teil eines Gleichrichtersatzes zwischen einem Wechselstromanschluss und einem Gleichstromanschluss.
Belastung bei Gegenspannung	B Belastung eines Gleichrichtersatzes mit Akkumulatorenbatterie M Belastung eines Gleichrichtersatzes mit Gleichstrommaschine C Belastung eines Gleichrichtersatzes mit Kapazität (Kondensator)
Belastung mit Lichtbogen	Li Belastung eines Gleichrichtersatzes mit Lichtbogenschweißeinrichtung, Lichtbogenofen oder Bogenlampe.
Widerstandsbelastung	W Belastung eines Gleichrichtersatzes mit Wirkwiderständen oder mit induktiven Widerständen.
Betriebsarten	Wie Betriebsarten von elektrischen Maschinen S1, S2, S3, S6.

Gleichrichterdioden

Anodenanschluss	Der Anschluss, an dem der Vorwärtsstrom (Durchlassstrom) in die Diode eintritt.
Dauergleichstrom	Höchster zulässiger Gleichstrom in Vorwärtsrichtung.
Durchlassrichtung, Vorwärtsrichtung	Stromrichtung, bei der die Diode den kleineren Widerstand hat (PN-Übergang niederohmig).
Durchlassspannung, Durchlassstrom	Spannung, die an einer Diode auftritt, wenn der Strom in Durchlassrichtung fließt. Dieser Strom heißt Durchlassstrom.
Grenzscheitelsperrspannung	Höchster zulässiger Scheitelwert einer sinusförmigen Spannung in Sperrrichtung.
höchstzulässige Gleichsperrspannung	Höchste Gleichspannung in Rückwärtsrichtung, die dauernd anliegen darf.
Höchstzulässige periodische Spitzensperrspannung	Höchster zulässiger Augenblickswert von periodischen Spannungen in Rückwärtsrichtung. Nichtperiodische Spannungsspitzen, z. B. durch Schalten, sind nicht berücksichtigt.
höchstzulässige Stoßspitzenspannung	Höchster zulässiger Wert der Rückwärtsspannung. Dieser Spitzenwert darf nicht überschritten werden.
Katodenanschluss	Der Anschluss, an dem der Vorwärtsstrom (Durchlassstrom) aus der Diode austritt.
Bem.-Sperrspannung	Dauernd zulässiger Scheitelwert der periodischen Rückwärtsspannung (Sperrspannung).
Bemessungsstrom	Mittelwert des dauernd zulässigen Vorwärtsstromes. Der Bemessungsstrom wird für die Einwegschaltung und für ohmsche Belastung angegeben.
Sperrrichtung, Rückwärtsrichtung	Stromrichtung, bei der die Diode den größeren Widerstand besitzt (PN-Übergang hochohmig).
Sperrspannung, Sperrstrom	In Sperrrichtung anliegende Spannung, die einen in Sperrrichtung fließenden Strom hervorruft. Dieser Strom heißt Sperrstrom.

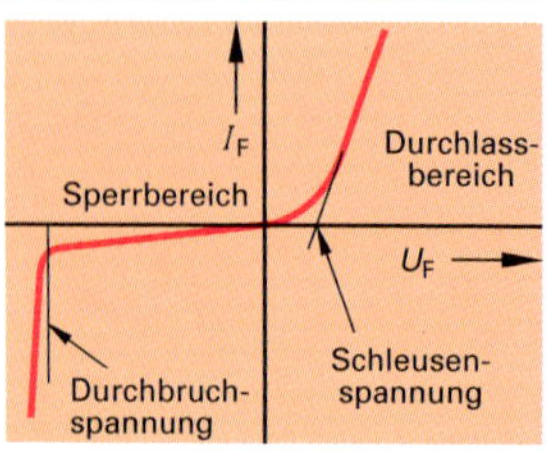

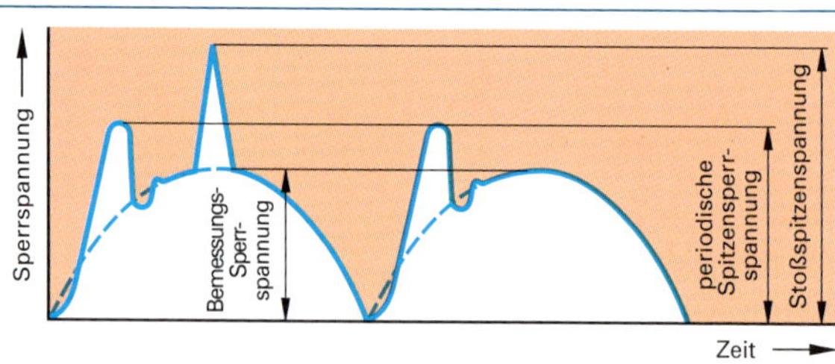

Wegmessung und Winkelmessung mit Sensoren
Displacement and Angle Measurement with Sensors

Prinzip, Art	Wirkungsweise	Eigenschaften	Messgröße, Anwendung
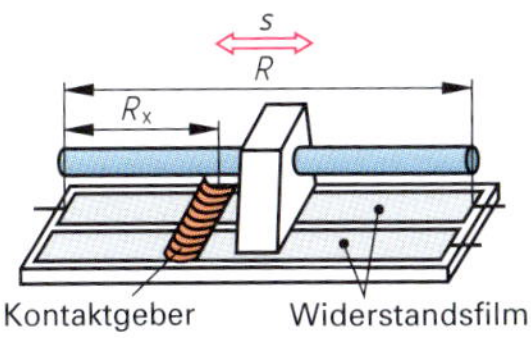 **Leitplastik-Weggeber**	Durch Bewegen des Kontaktgebers wird ein zur Länge *x* verhältnisgleicher Widerstandswert R_x abgegriffen und in eine Spannung U_x umgesetzt.	Weggeber für Längen von 5 mm bis 4 000 mm mit Widerstandswerten von 100 Ω bis 100 kΩ. Einstellgenauigkeit bis zu 0,012 mm bei Schleifergeschwindigkeit bis zu 1,5 m/s. Lebensdauer > 10^7 Zyklen.	Wegmessung, Geschwindigkeitsmessung. Positionierregelkreise, Kompensationsschreiber, Stellungsmelder. Elektronisches Gaspedal bei Kraftfahrzeugen.
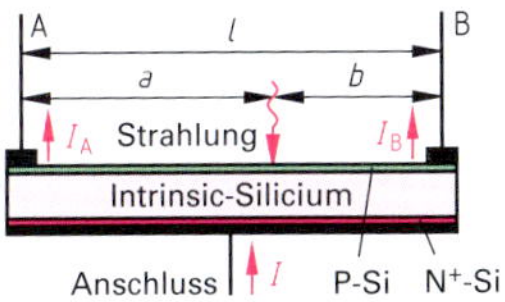 **Optoelektronischer Positionsdetektor**	Der beleuchtete Punkt wirkt als Stromquelle, welche die Halbleiterfläche in entsprechende Widerstände teilt. $\frac{I_A - I_B}{I_A + I_B} = 1 - \frac{2 \cdot a}{l}$ (Intrinsic-Silicium = eigenleitendes Silicium)	Gesamtwiderstand der Halbleiterfläche z. B. 25 kΩ. Positioniergenauigkeit: < 1 µm. Spricht auf Strahlung von 300 nm bis 1,15 µm Wellenlänge an. Linearität: < 1%.	Messung von eindimensionalen Lagekoordinaten mit hoher Genauigkeit. www.hamamatsu.com
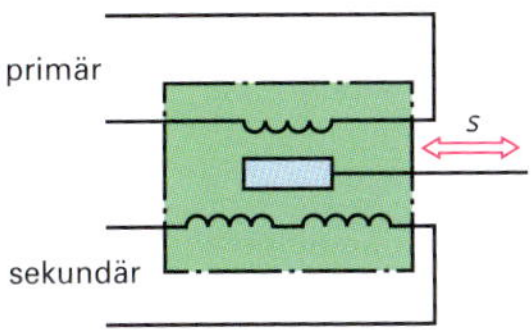 **Differenzialspulensensor**	Ein verschiebbarer Eisenkern beeinflusst die Kopplung zwischen einer Eingangsspule und zwei gegenphasig geschalteten, aber sonst gleichen Ausgangsspulen. Die Richtungsinformation erhält man aus der Phasenlage.	Eingangsspannungsfrequenz: z. B. 5 kHz. Die Messspannung ist verhältnisgleich zur Strecke *s*. Positioniergenauigkeit: < 1 µm.	Längenmessung, Positioniereinrichtungen, Tankfüllsensor, Sensoren für die Stellung von Ruderklappen und Landeklappen von Flugzeugen.
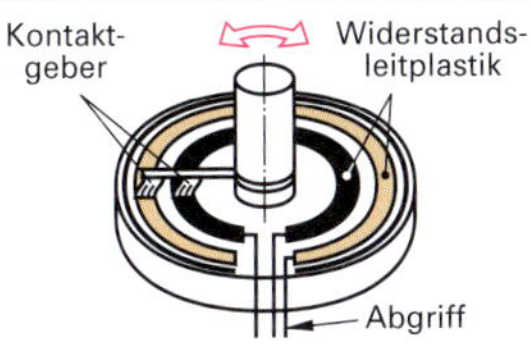 **Leitplastik-Winkelgeber**	Durch Bewegen des gefederten Kontaktgebers wird ein zum Drehwinkel α verhältnisgleicher Widerstandswert abgegriffen, der Teil eines hochohmigen Spannungsteilers ist. Der Linearitätsabgleich erfolgt durch Lasertrimmung.	Für Nutzwinkel bis zu 355°. Widerstandswerte von 50 Ω bis zu 1 MΩ. Linearität: +0,025% bis +2%. Lebensdauer: 10^7 bis 10^8 Schleiferbewegungen.	Drehwinkelmessung an Maschinen. Istwert-Winkelsensoren an Industrierobotern, Sensor für die Außenspiegelverstellung bei Kraftfahrzeugen.
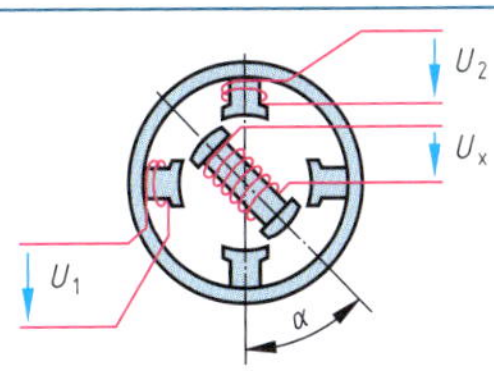 **Drehmelder (Resolver)**	Der Ständer wird mit den Wechselspannungen U_1 und U_2 gespeist, zwischen denen eine Phasenverschiebung von 90° besteht. Dadurch wird im Läufer eine Spannung U_x induziert, deren Phasenverschiebung gegenüber U_1 vom Drehwinkel α abhängt.	Die Messspannung U_x ist sinusförmig und um den Drehwinkel α gegenüber U_1 phasenverschoben. $u_x = \hat{u}_1 \cdot \sin(\omega t + \alpha)$ Die Phasenverschiebung und damit der Drehwinkel werden elektronisch gemessen.	Drehwinkelerfassung, Drehwinkelregelung. www.ltn.de
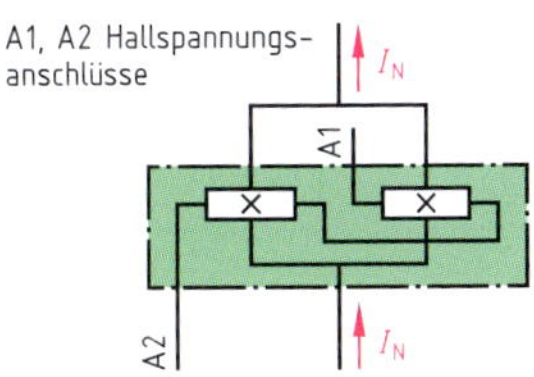 **Differenzial-Hallsensor KSY 20**	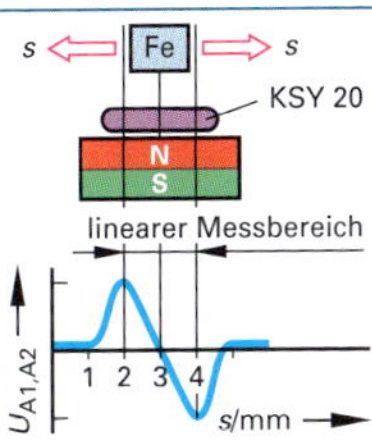	Die aktive Fläche des GaAs-Bauelementes beträgt z. B. 0,2 mm · 0,2 mm. Bei einem Bemessungsstrom I_N von z. B. 5 mA ist die Leerlauf-Hallspannung 95 mV bis 145 mV. Bei B = 0 T ist der Widerstand 900 Ω bis 1200 Ω.	Wegmessung, Strommessung. Messung von Tangentialmagnetfeldern, z. B. zur zerstörungsfreien Werkstoffprüfung. Positionserfassung, auch zur kontaktlosen Strommessung verwendbar. www.siemens.com

B magnetische Flussdichte, *f* Frequenz, I_a, I_b Teilströme, I_N Bemessungsstrom, *s* Weg, U_α winkelabhängige Messspannung, U_1, U_2 Wechselspannungen, α Drehwinkel.

Kraftmessung und Druckmessung mit Sensoren
Measurement of Force and Pressure with Sensors

Prinzip, Art	Wirkungsweise	Eigenschaften	Messgröße, Anwendung
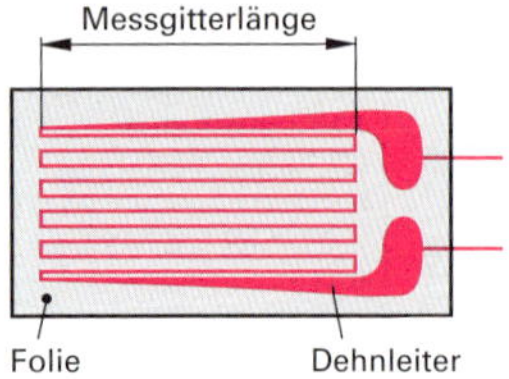 **Dehnungsmessstreifen**	Der Widerstand eines metallischen Leiters erhöht sich, wenn er durch Dehnung verlängert und damit gleichzeitig im Querschnitt verkleinert wird. Mäanderförmige Anordnung des Leiters ergibt eine größere wirksame Leiterlänge.	Längenänderung 0,1 µm bis 10 µm. Bemessungswiderstände $R = 120\ \Omega$, $350\ \Omega$ und $600\ \Omega$.	Kraft, Druck, Biegemoment, Torsion. Dehnungsmessungen an Maschinen und Brückenträgern. Messen von statischer oder wechselnder (dynamischer) Belastung, Kraftmessdosen, Eigenspannungsmessung.
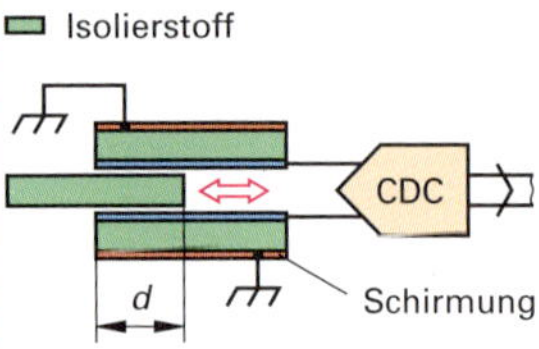 *d* aktive Länge **Kapazitäts-Digital-Umsetzer CDC**	Mit einer Wechselspannung wird ein elektrisches Feld erzeugt. Veränderungen eines elektrischen Wechselfeldes ergeben eine Änderung der Spannung zwischen den Kondensatorplatten. Die Spannung an den Kondensatorplatten wird mit einem AD-Umsetzer in ein Digitalsignal umgewandelt.	Wechselspannung mit $f = 240$ kHz erzeugt das elektrische Feld, Eingangskapazität: 0 pF bis 17 pF Messgenauigkeit: 4 fF Auflösung: 4 aF	Druck, Lageänderungen im Mikrometerbereich, Strömungsmessung, Feuchtigkeitsmessung, Verunreinigungen oder Fremdkörper erkennen. Wird z. B. bei Kameras als Auslöser verwendet. www.analog.com
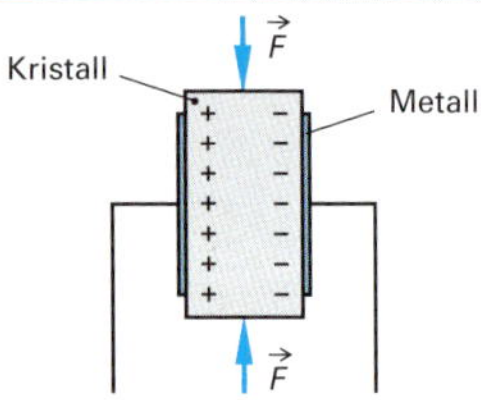 **Piezoelektrischer Sensor**	Bei Belastung durch Zugkräfte, Druckkräfte oder Schubkräfte wird eine elektrische Ladungsverschiebung und dadurch eine elektrische Spannung erzeugt. Meist werden Piezo-Element und Ladungsverstärker zu einer Einheit zusammengefasst.	Druck $p = 0{,}01$ MPa bis 275 MPa, große Linearität, kleine Hysterese, große Temperaturbeständigkeit.	Druck, Kraft. Messen von Schockwellen. Messen von Explosionsdrücken, z. B. in Verbrennungsmotoren. Messen der Drücke bei Wirbelbildung in Gasen oder Flüssigkeiten. www.noliac.com
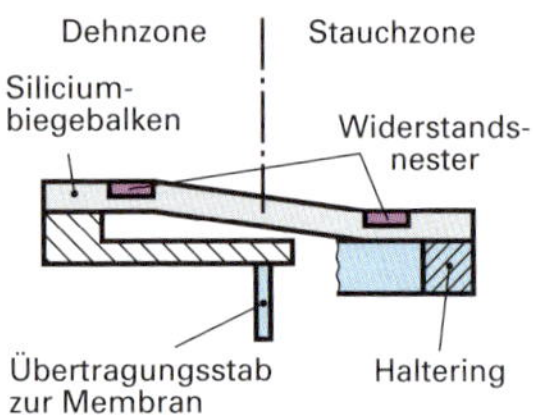 **Piezoresistiver Sensor**	Durch Druck auf die Membran erfährt der Biegebalken eine s-förmige Auslenkung. In der Stauchzone und in der Dehnzone werden die dort integrierten Widerstände verändert.	$p_{rel} = -0{,}1$ MPa bis $+0{,}2$ MPa, $U_b = 7{,}5$ V Empfindlichkeit $s = 95$ mV/MPa $\pm$ 15% bei $\vartheta_u = 25$ °C. Hysterese $\pm$ 0,2% von *s* Berstdruck $p_{berst} > 1$ MPa, kleine Abmessungen.	Füllstandsüberwachung, Wasserspiegelmessungen bei Trinkwasserbrunnen, Überwachung von Drücken in Schiffsdieselmotoren, Fernwärmenetzen und Gasverteilungssystemen. www.hamamatsu.com
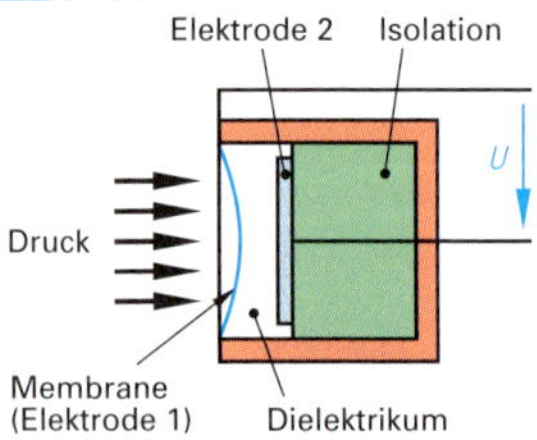 **Kapazitiver Sensor**	Durch Verändern des Abstandes der als Kondensator wirkenden Elektrode 1 und Elektrode 2 wird eine Kapazitätsänderung hervorgerufen. Die Druckänderung und damit die Kapazitätsänderung wird mit einer Wechselspannungsmessbrücke gemessen.	Frequenzbereich ($\pm$ 2 dB) $f = 0{,}4$ Hz bis 200 kHz. Übertragungskoeffizient 1 mV/Pa bis 100 mV/Pa. Polarisationsspannung 28 V bis 200 V, teilweise werden dauerpolarisierte Mikrofone (Elektretmikrofone) verwendet. Hydrophone (Unterwasserschallaufnehmer) für Wassertiefen bis 1 000 m.	Druck. Messung von Pegeln, Messung von Frequenzen (Mikrofone). Schalldruckmessungen, z. B. von Überschallknall oder Wasserschallmessungen. Schallpegelmessungen, Sprach- und Musikaufnahmen.

d aktive Länge, *F* Kraft, *f* Frequenz, *k* Widerstandsänderungsfaktor, p_{rel} Druckbereich, p_{berst} Berstdruck, *s* Empfindlichkeit, U_b Betriebsspannung, ϑ_u Umgebungstemperatur.

Bewegungsmessung mit Sensoren Motion Measurement with Sensors

Prinzip, Art	Wirkungsweise	Eigenschaften	Messgröße, Anwendung
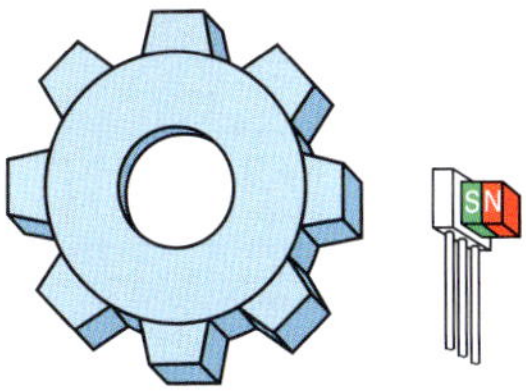 **Drehzahlmessung mit Hallsensor**	Jeder Zahn erzeugt bei Annäherung an den Sensor eine Spannung. Diese wird verstärkt und mit Schwellwertschaltern in ein rechteckförmiges Ausgangssignal umgeformt.	Hohe Empfindlichkeit, Magnetfelder von $B = 2{,}5$ mT bis $B = 20$ mT, Bemessungsstrom $I_N = 5$ mA.	Zur Drehzahlmessung durch Zählen der Impulse, die von Zahnradzähnen hervorgerufen werden. In der Kfz-Technik. www.hallsensors.de
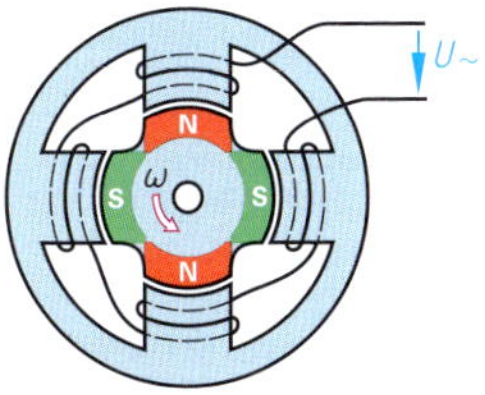 **Wechselspannungstachogenerator**	Durch Drehen des dauermagnetischen Läufers wird in die Ständerwicklung eine Spannung induziert. Zur Auswertung kann die Wechselspannung gleichgerichtet werden.	Drehzahlmessung $n = 0{,}1$/min bis $n = 100\,000$/min. Eine hohe Genauigkeit ist möglich, wenn Tachogenerator und Motor eine Baueinheit bilden (gemeinsame Welle). Der Tachogenerator gibt aber für beide Drehrichtungen dasselbe Signal ab.	Drehzahl. Drehzahlmessung bei geregelten Antrieben für eine Drehrichtung. Für den Einsatz in beiden Drehrichtungen sind Gleichspannungstachogeneratoren mit Stromwender und Bürsten erforderlich. www.ltn.de
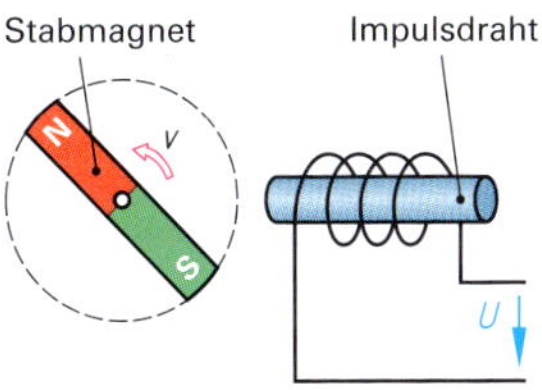 **Impulsdrahtsensor (Wieganddraht)**	Ein Spannungsimpuls in der Spule wird durch ein ummagnetisierendes Feld ausgelöst. Der Impuls entsteht, wenn der senkrechte Teil der Hysteresekurve **(Bild)** durchfahren wird. Dabei ändert sich die Induktion sprunghaft. Die Rückmagnetisierung erfolgt ohne sprunghafte Änderung der Induktion.	Sprunghafter Magnetisierungswechsel im Impulsdraht. 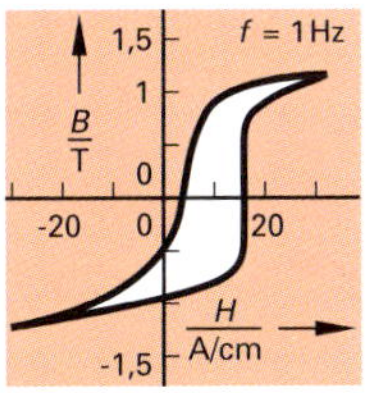	Spannung. Digitale Drehzahlerfassung bei z. B. Fahrzeugantrieben. 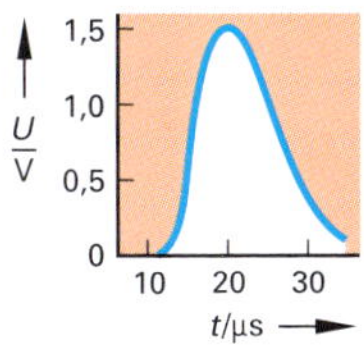
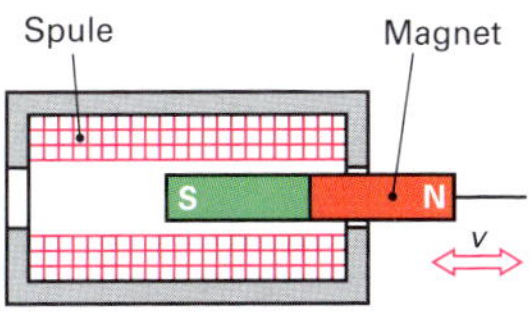 **Tauchmagnetsensor**	Tauchmagnetsensoren bestehen aus einer Spule, in die ein Magnet eintaucht. Die induzierte Spannung ist verhältnisgleich zur Bewegungsgeschwindigkeit des Magneten. Ist v = konstant, entsteht kurzzeitig eine konstante Gleichspannung.	Messlänge $l = 1$ mm bis $l = 500$ mm. Messbereich $v = 1$ mm/s bis $v > 10$ m/s. Genauigkeit 1%. Grenzfrequenz $f = 100$ kHz.	Geschwindigkeit. Geschwindigkeitsmessung bei kleinen Hublängen. Messen von Schwingungsgeschwindigkeiten.
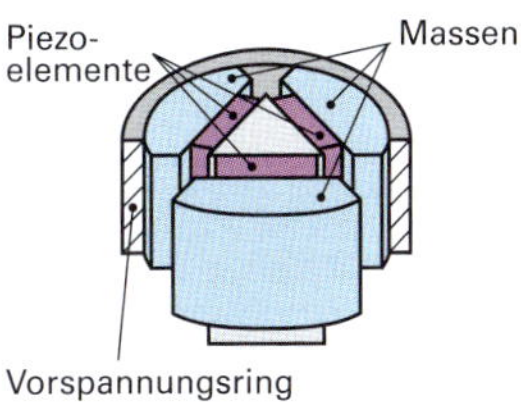 **Piezoelektrischer Beschleunigungssensor**	Eine frei schwingende Masse übt eine zur Beschleunigung verhältnisgleiche Kraft auf einen Quarzkristall aus. Durch Verwendung von drei Quarzen kann die Beschleunigung in einer Ebene gemessen werden.	Frequenzbereich $f = 0{,}5$ Hz bis 26 kHz. Beschleunigungsbereich $-50\,g$ bis $+50\,g$. Überlast $> 3000\,g$. $g \approx 9{,}81\ \frac{\text{m}}{\text{s}^2} \approx 10\ \frac{\text{m}}{\text{s}^2}$	Beschleunigungsmessung. Messen mechanischer Stöße und Schwingungen, Aufprallverzögerung zur Auslösung von Airbags (Luftsäcken) in Sicherheitssystemen von Autos und Flugzeugen. www.freescale.com

B magnetische Flussdichte, f Frequenz, g Fallbeschleunigung, Ortsfaktor, H Feldstärke, I Stromstärke, I_N Bemessungsstrom, l Länge, n Drehzahl, s Weg, t Zeit, v Geschwindigkeit.

Temperaturmessung mit Sensoren Temperature Measurement with Sensors

Prinzip, Art	Aufbau, Wirkungsweise	Eigenschaften	Anwendungen, Formel
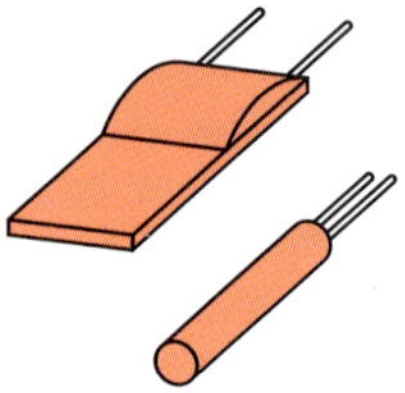 **Widerstandsthermometer**	Platinwiderstand nimmt fast linear mit der Temperatur zu. Platinschicht als Dünnfilm auf Aluminiumoxid-Träger, durch Glasüberzug geschützt oder in Keramikgehäuse eingeschlossen. Positiver Temperaturbeiwert; Temperaturbereich – 50 °C bis + 600 °C	Bemessungswiderstand R_N meist 100 Ω, 500 Ω oder 1000 Ω. Für $\vartheta = 0$ °C, z. B. PT 100 ⇒ $R_N = 100$ Ω. Enge Toleranz, schnelle Ansprechzeit, erschütterungsunempfindlich. Messfehler infolge Eigenerwärmung durch Messstrom.	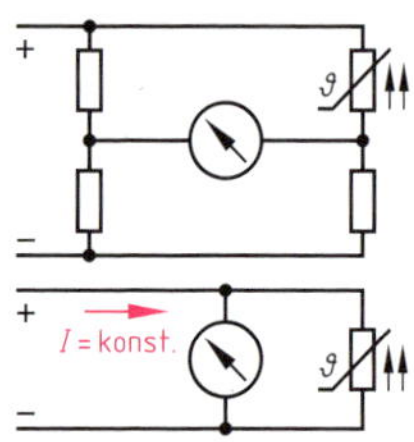
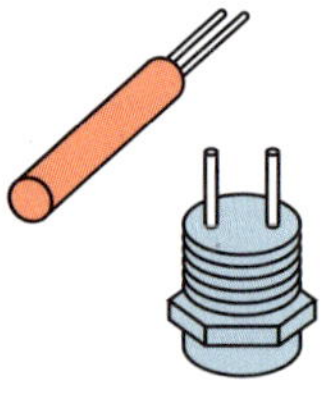 **Silicium-Temperaturfühler**	N-leitendes Silicium, das zwischen zwei Kontaktflächen einen positiven Temperaturbeiwert und eine leicht gekrümmte Temperatur-Widerstands-Kennlinie aufweist. Gehäuse Kunststoff oder Messing. Wegen Eigenerwärmung nur kleiner Messstrom (≈ 0,1 mA).	Temperaturbereich von – 50 °C bis + 150 °C. Linearisierung der Kennlinie durch konstante Spannung / konstante Stromstärke 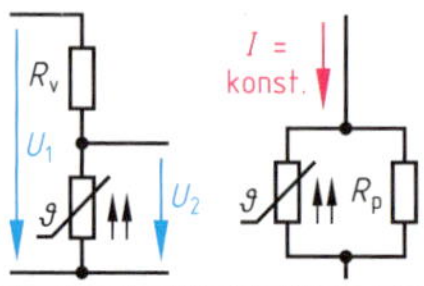	Messen, Steuern und Regeln der Temperatur der Luft oder anderer Gase sowie von Flüssigkeiten. Temperaturmessung in Flüssigkeiten unter Druck. Automotor-Temperatur-Überwachung. Heißwassergeräte und Fieberthermometer.
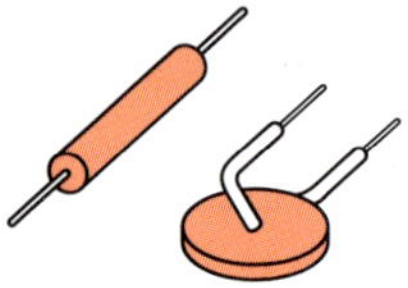 **Heißleiter-Temperaturfühler**	Temperaturabhängiger Heißleiterwiderstand mit negativem Temperaturkoeffizient α zwischen – 3%/K und – 5%/K.	Hohe Empfindlichkeit, nicht lineare Kennlinie, hoher Widerstandswert; mechanisch, thermisch und elektrisch stabil; hohe Lebensdauer; kleine Bauform.	Temperaturregelung in Klimaanlagen, Kühlschränken und Geschirrspülern. Temperaturkompensation in elektronischen Schaltungen. Siehe auch Seite Halbleiterwiderstände.
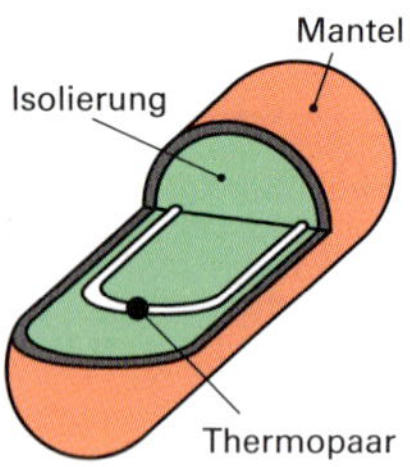 **Thermoelement-Temperaturfühler**	Zwei miteinander verschweißte Leiter stark unterschiedlicher Elektronenkonzentration (Thermopaar) liefern beim Erwärmen eine Spannung, die proportional zur Temperatur ist.	Fe (+) – CuNi (–) für – 200 °C bis 700 °C NiCr (+) – Ni (–) für – 200 °C bis 1200 °C NiCrSi (+) – NiSi (–) für bis 1300 °C PtRh (+) – Pt (–) für bis 1600 °C	An festen Körpern: Mit abgeflachter Mess-Stelle zum Anpressen oder Anlöten bzw. Einlassen in ein Bohrloch für einen guten thermischen Kontakt zwischen dem Thermoelement und dem Messobjekt. Thermoelemente benötigen Messumformer und Kalibriervorrichtung.
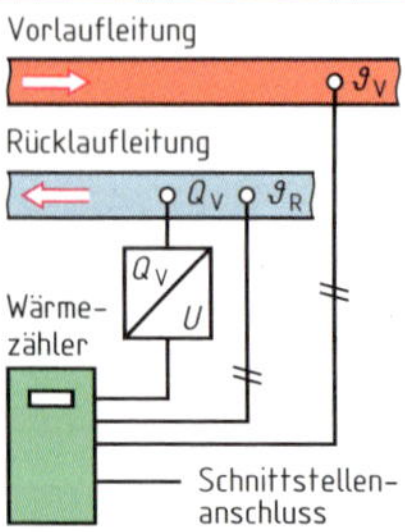 **Wärmemengenmessung**	Die Wärmemengenmessung, z. B. in Heizungsanlagen, besteht aus einem Durchflusssensor für die Durchflussmenge, zwei Temperaturfühlern für die Messung der Vorlauf- und Rücklauftemperatur sowie dem mikrocontrollergesteuerten Kleincomputer. Für die Weiterleitung werden analoge Schnittstellen, z.B. der M-Bus oder Funkschnittstellen verwendet.	Der Wärmekoeffizient k ist für die jeweilige Wärmeträgerflüssigkeit im EPROM des Messgerätes abgelegt. Über eine Abfrage werden Vorlauf- und Rücklauftemperatur, $\Delta T = \vartheta_V - \vartheta_R$, und k-Wert ermittelt. Durchfluss und Wärmeleistung werden auf einem 4-stelligen Display angezeigt. ΔT Temperaturdifferenz in Kelvin	**Wärmeleistung** $P = Q_V \cdot (\vartheta_V - \vartheta_R) \cdot k$ P Wärmeleistung in kW Q_V Durchfluss in m³/h ϑ_V Vorlauftemperatur in °C ϑ_R Rücklauftemperatur in °C k Wärmekoeffizient in kWh/(m³ · K)

Betriebsbereite Sensor-Schaltungen haben z. B. Schnittstellen RS232, AS-i.

Teil El: Elektrische Installation Electrical Installation

Verlegung und Schaltungen

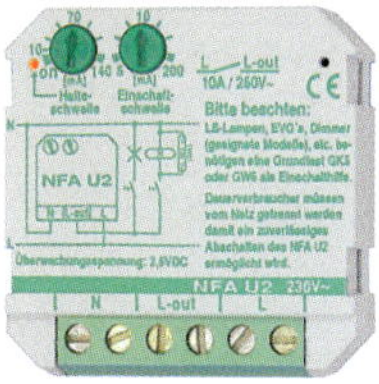

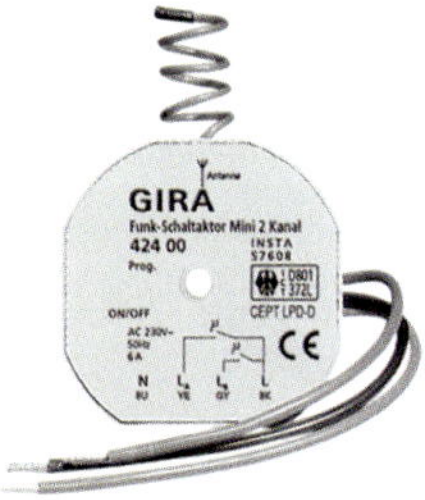

Leitungsberechnung

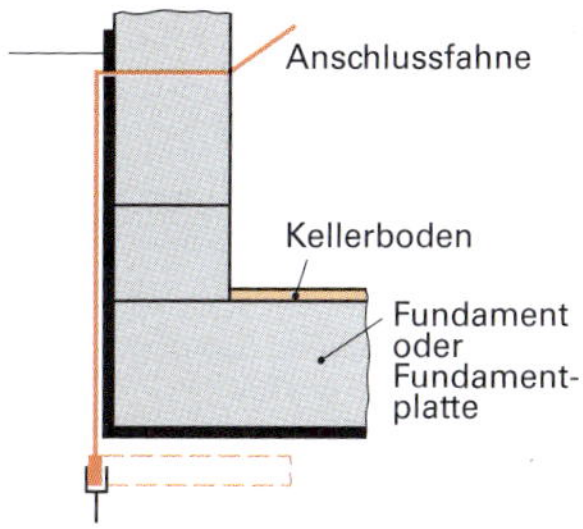

Besondere Räume, Arbeiten unter Spannung

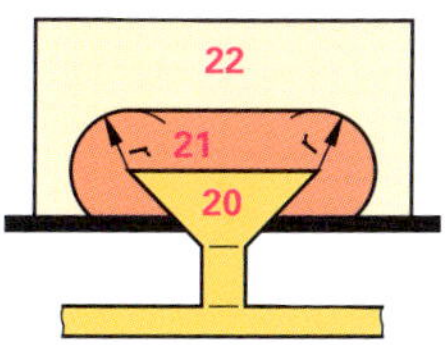

Zone 21
Umgebung mit $r = 1$ m

Beleuchtung

Qualifikationen für elektrotechnische Arbeiten
Qualifications to Perform Electrotechnical Works

Begriff	Bedingungen	Arbeitsbeispiele, Bemerkungen
Befähigte Personen	Für alle elektrotechnischen Arbeiten müssen die eingesetzten Personen geeignet sein durch ihre • Ausbildung, Berufserfahrung und • zeitnahe berufliche Tätigkeit im Fachgebiet.	• Reinigung in elektrischen Betriebsräumen, • Planung von elektrischen Anlagen, • Anschließen von elektrischen Maschinen, • Parametrierung einer elektrischen Beleuchtung in KNX-Technik oder LCN-Technik.
Elektrotechnisch unterwiesene Person EUP	Die EUP muss in der Lage sein, die bei ihrer Arbeit möglichen Gefahren zu erkennen und zu vermeiden. Die EUP arbeitet unter der Leitung und Aufsicht einer verantwortlichen Elektrofachkraft VEF, welche die EUP auch für die Arbeit unterweist bzw. ausbildet.	• Herstellen von Wicklungen nach Anweisung, • Montagearbeiten vor dem Anschluss an das Netz, • Mithilfe beim Ausheben eines Kabelgrabens, • Malerarbeiten in elektrischen Betriebsräumen, • Aufstellen einer Satellitenschüssel, • Material ins Lager einräumen.
Elektrofachkraft für festgelegte Tätigkeiten EFT	Voraussetzung: abgeschlossene Berufsausbildung oder gleichwertige berufliche Tätigkeit. Zusätzliche Ausbildung in einem Kurs von etwa 90 Stunden zur EFT. Die Ausbildung schließt mit einer Prüfung ab. Wer diese bestanden hat, wird als EFT zertifiziert.	• Anschließen eines Durchlauferhitzers durch den Gas- und Wasserinstallateur, • Wartung der Beleuchtungsanlage in einem Großraumbüro, • Anschließen einer USV-Anlage (USV = unterbrechungslose Stromversorgung) an das Netz durch einen Fachinformatiker.
Elektrofachkraft für begrenzte Aufgabengebiete EFfbA	**Betriebsinterne Ausbildung:** Eine mehrjährige Tätigkeit als EUP oder als EFT kann in einem bestimmten Gebiet der Elektrotechnik zur EFfbA führen. Die Tätigkeit wird als „betriebliche Ausbildung" angesehen, wenn die theoretischen Grundlagen vermittelt werden. Eine betriebsinterne Prüfung sollte nach der betrieblichen Ausbildung dokumentiert werden.	Die Arbeiten müssen jeweils unter Leitung einer *verantwortlichen Elektrofachkraft* durchgeführt werden. • Herstellen von Abzweigen in einem Kabelnetz, • Ersatz von Freileitungsseilen im freigeschalteten Niederspannungsnetz, • Wartung elektrischer Maschinen, • Aufbau von Antennenanlagen, • Errichten einer Beleuchtungsanlage und Anschluss an das 230-V-Netz.
	Nachschulung Fachfremder: Die Nachschulung von Angehörigen anderer als elektrotechnischer Berufe führt erst bei mehrjähriger Tätigkeit als EUP oder EFT zur EFfbA.	• Anschließen von Elektrogeräten an die vorhandene Anschlusseinrichtung, • Errichten von Antennenanlagen, • Errichten von Audio- oder Video-Sprechanlagen.
Elektrofachkraft EF	Die Qualifikation wird in der Regel durch die Prüfung nach Abschluss einer Fachausbildung erworben, z. B. als Geselle bzw. Facharbeiter, Meister (Handwerk oder Industrie), staatlich geprüfter Techniker, Elektroingenieur bzw. BA (Bachelor) in einem elektrotechnischen Studiengang. Die Befähgigung zu der vorgesehenen Arbeit liegt aber auch hier nur bei zeitnaher beruflicher Tätigkeit vor.	Die Elektrofachkraft besitzt die Qualifikation zum Errichten, Ändern und Instandsetzen elektrischer Anlagen, unter bestimmten Voraussetzungen auch zum Prüfen der Anlage (siehe VEF). • Ausführung der Elektroinstallation einer Werkstatt, • Reparatur der Steuerung einer Maschine, • Anschluss eines Schweißtransformators in einer Werkstatt, • Reparatur und Wartung von Elektromotoren.
	Nachschulung von EF: Personen mit einer Ausbildung in einem Elektroberuf, die für eine bestimmte Tätigkeit aber *nicht befähigt* sind, z. B. ein Systemelektroniker für das Arbeiten unter Spannung AuS, können durch eine Nachschulung die erforderliche Qualifikation erhalten. Die Nachschulung soll durch eine Prüfung abschließen mit Ausgabe einer entsprechenden Bescheinigung.	• Arbeiten unter Spannung bei Hochspannung durch einen Elektroniker für Maschinen und Antriebstechnik, • Errichtung eines Ethernet-Netzwerkes durch einen Elektroniker für Automatisierungstechnik, • Ausbilden von Azubis (Lehrlingen) der Gebäudetechnik durch einen Elektroinstallateur oder Systemelektroniker, • Durchführung von Messungen in elektrischen Netzen.
Verantwortliche Elektrofachkraft VEF	Die Leitung eines elektrotechnischen Betriebes oder einer elektrotechnischen Abteilung eines sonstigen Betriebes erfordern nach VDE 1000 Teil 10 eine VEF mit Abschluss als Meister, staatlich geprüfter Techniker oder Ingenieur eines elektrotechnischen Studienganges. Nichtelektrotechnische Betriebe können aber die Leitung einer Elektroabteilung nach außen übertragen, z. B. einem Meisterbetrieb.	Die Facharbeiterprüfung oder die Gesellenprüfung reichen für die Tätigkeit als VEF nicht aus. • Planung elektrischer Anlagen. • Prüfung von Schutzmaßnahmen gegen elektrischen Schlag, • Leitung und Überwachung der Arbeiten in elektrischen Anlagen, • Überwachung der Ausbildung der elektrotechnischen Azubis (Lehrlinge), • Anfertigung eines Prüfprotokolls über eine elektrische Anlage.

Arbeiten in elektrischen Anlagen

vgl. DIN VDE 0105

Working in Electric Installations

Allgemeine Sicherheitsregeln

Regel	Erkärung	Bemerkungen
1. Freischalten	Allseitiges *Abschalten* und *Abtrennen* aller nicht geerdeter Leiter. Das Abtrennen muss zuverlässig erfolgen.	Nicht geeignet zum Trennen sind Installationsschalter und Halbleiterschalter. Geeignet sind z.B. Leitungsschutzschalter und RCDs.
2. Gegen Wiedereinschalten sichern	Sichern z.B. durch Mitnahme der Schmelzsicherungen, Abschließen oder Zukleben der Verteilung.	Zusätzlich soll ein Warnschild mit Text „Nicht Schalten, es wird gearbeitet" oder mit Symbol „durchgestrichener Schalter" angebracht sein.
3. Spannungsfreiheit feststellen	Die Spannungsfreiheit muss an der *Arbeitsstelle* mit Spannungsmesser oder Spannungsprüfer festgestellt werden. Prüfgeräte müssen unmittelbar vorher überprüft worden sein.	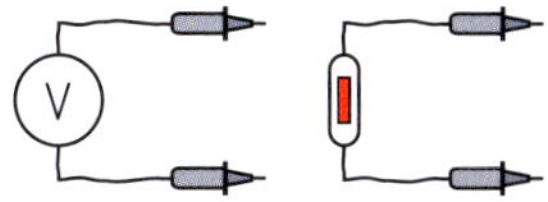 **Prüfgeräte**
4. Erden und Kurzschließen	Erforderlich in Anlagen bis AC 1000 V bzw. DC 1500 V nur bei *Freileitungen* und in *Kabelnetzen*. Bei höheren Spannungen immer erforderlich. Erst erden (E), dann kurzschließen.	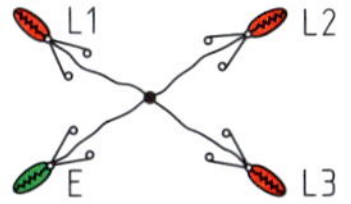 **Kurzschlusseinrichtung**
5. Benachbarte unter Spannung stehende Teile abdecken oder abschranken	Anwendung nur, wenn benachbart zur Arbeitsstelle Spannung führende Teile *anderer Sromkreise* oder anderer Spannungsquellen vorliegen.	Bei unmittelbarer Nähe zur Arbeitsstelle erfolgt das Abdecken mit Gummitüchern oder Formstücken. Bei größerem Abstand, z.B. in Prüffeldern, kann abgeschrankt werden.

Arbeiten unter Spannung, insbesondere in Niederspannungsanlagen bis AC 1000 V oder DC 1500 V, Seite 175

Arbeiten unter Spannung (AuS) bei Spannungen über AC 1 kV oder DC 1,5 kV

Art	Erkärung	Beispiele, Bemerkungen
Ablauf von Arbeiten unter Spannung AuS Elektrofachkraft, Ausrüstung, zweite Person	*Unternehmer* legt fest, welches AuS vorzunehmen ist. *Arbeitsanweisung* gibt Schritte der AuS vor. Dabei sind Schutzausrüstung und Hilfsmittel zu benennen. AuS über 1 kV dürfen nur AuS-Elektrofachkräfte vornehmen.	Beim AuS sind insbesondere zu beachten: • Arbeitsschutzgesetz, • Regel BGV A 3 der Berufsgenossenschaft. Bei Bemessungsspannungen über 1 kV muss eine zweite Elektrofachkraft oder unterwiesene Person anwesend sein.
Arbeiten mit Isolierhandschuhen	Setzt geprüfte Isolierhandschuhe und Armschutz voraus.	Bei Mittelspannung, z.B. 20 kV, selten. Auswechseln von Isolatoren.
Arbeiten auf Potenzial	Der Arbeitende muss AuS-Fachkraft sein (siehe unten), befindet sich auf dem Potenzial der unter Spannung stehenden Teile und berührt diese direkt. Er muss gegen Erde isoliert sein.	• Meist von 110 kV bis 400 kV. Zugang zum Potenzial z.B. mit isolierenden Leitern. • Befahren von Leiterseilen zum Montieren von Abstandshaltern, • Wechsel von Isolatoren.
Arbeiten auf Abstand Isolierende Stangen, isolierendes Werkzeug	Der Arbeitende bleibt im festgelegen Abstand von Spannung führenden Teilen und arbeitet mit isolierenden Stangen bzw. mit entsprechenden Werkzeugen. Abstände: 1 kV bis 30 kV 1,5 m; 30 kV bis 110 kV 2,0 m.	• Hauptsächlich bei Mittelspannung. • Reinigen von Schalt- und Umspannanlagen, • Schmieren von Schalterantrieben, • Nachfüllen von Isolieröl, • Wechseln von Isolatoren, • Anbringen von Vogelschutzeinrichtungen,
Ausbildung für Arbeiten unter Spannung AuS Prüfungen, AuS-Pass	Voraussetzung für die AuS-Ausbildung: Elektrofachkraft, evtl. unterwiesene Person, Mindestalter 18 Jahre, in Erster Hilfe ausgebildet, Beherrschung der Arbeitsabläufe ohne Spannung. Die Ausbildung schließt mit einer theoretischen und einer praktischen Prüfung, Nachweis durch AuS-Pass.	Spannungsebene 20 kV Arbeiten auf Abstand: *Wechseln von Isolatoren* 26. 4. 2013 *Anbringen von Funkenstrecken* 2. 5. 2013 *Nassreinigung von Leiterseilen* 6. 5. 2014 **Auszug aus AuS-Pass**

Werkstattausrüstung Workshop Equipment

Mindest-Werkstattausrüstung nach der Richtlinie des Bundesinstallateurausschusses

Ausrüstungsgegenstände	Mess- und Prüfgeräte	Fachliteratur
• Werkbank mit Schraubstock, • Bohrmaschine mit Tischständer, • Schleifmaschine, • Gerät zur Herstellung von Mauerschlitzen, • Presszange bis 16 mm², • stationärer Prüfplatz.	• Einpoliger und zweipoliger Spannungsprüfer, • Spannungsmesser 600 V, • Strommesser 15 A, • Zangenstrommesser 200 A, • Isolations-Messgerät, • Schleifenwiderstands-Messgerät, • Widerstands-Messgerät, • Prüfgerät für RCDs (FI-Schutzeinrichtungen), • Ableitstrommessgerät, • Drehfeld-Richtungsanzeiger.	• DIN VDE Auswahlordner, • DIN Taschenbuch Normen für das Elektrohandwerk, • TAB des VNB (Verteilungsnetzbetreiber), • Unfallverhütungsvorschriften der Berufsgenossenschaft, • Formularvordrucke (Prüfprotokolle) zur Prüfung von elektr. Anlagen, zur Prüfung von Elektrogeräten.

Umfang und Art der Werkstattausrüstung richten sich nach der Betriebsgröße und dem Tätigkeitsbereich des Betriebes. Der Bundes-Installateurausschuss im ZVEH (Zentralverband der elektro- und informationstechnischen Handwerke) hat eine Richtlinie und zusätzliche Empfehlungen für die Werkstattausrüstung herausgegeben. Vor dem Eintrag in das Installateurverzeichnis beim zuständigen VNB wird die Vollständigkeit der Werkstattausrüstung vom zuständigen Bezirks-Installateurausschuss (BIA) überprüft.

Leitern und Gerüste nach Betriebssicherheitsverordnung

Art und Begriffsbestimmung	Benutzungshinweise	Beispiele
Anlegeleitern und Rollleitern werden zu ihrer Benutzung angelegt.	Müssen gegen Abrutschen gesichert sein. Anlegeleitern, die mit Rollen auf ortsfesten Schienen laufen, dürfen sich bei Belastung nicht verschieben lassen.	 **Anlegeleiter**
Stehleitern sind zweischenklige, frei stehende Leitern.	Spreizsicherungen müssen fest mit den Leiterschenkeln verbunden sein. Oberhalb der Gelenke dürfen sich keine Widerlager bilden können.	
Mehrzweckleitern sind Steh- oder Anlegeleitern, umrüstbar zur jeweils anderen Leiterbauart.	Stehleitern mit aufgesetzter Schiebeleiter müssen mindestens die Standsicherheit und Festigkeit vergleichbar hoher Stehleitern haben.	
Podestleitern sind einseitig besteigbare Stehleitern mit umwehrtem Podest bis 0,5 m².	Fahrbare Steh- oder Podestleitern müssen so beschaffen sein, dass sie gegen unbeabsichtigtes Verschieben gesichert werden können.	 **Stehleiter**
Mechanische Leitern sind fahrbare, freistehende Schiebeleitern mit oder ohne Arbeitskorb, die handbetrieben, mittels Winden, aufgerichtet und ausgeschoben werden.	Müssen so beschaffen sein, dass sie standsicher, auch bei Geländeunebenheiten, aufgestellt werden können. Arbeitskörbe müssen so befestigt sein, dass sie nicht unbeabsichtigt lösbar sind.	
Hängeleitern sind Leitern, die an- oder eingehängt werden, ohne Bodenberührung.	Sind gegen Pendeln und unbeabsichtigtes Aushängen zu sichern.	 **Tritt**
Stegleitern sind ortsfeste oder in ortsfesten horizontalen Führungen bewegliche Leitern, die senkrecht oder fast senkrecht angebracht sind.	Nur zulässig, wenn der Einbau einer Treppe nicht möglich ist oder wegen der geringen Unfallgefahr nicht notwendig ist. Sie müssen fest angebracht sein und müssen an ihrer Austrittsstelle eine Haltevorrichtung haben.	
Tritte sind ortsveränderliche Aufstiege bis 1 m Höhe, deren oberste Fläche zum Betreten vorgesehen ist.	Müssen in jeder Gebrauchsstellung standsicher sein. Sie müssen so beschaffen sein, dass das unbeabsichtigte Verschieben beim Betreten verhindert ist.	 **Arbeitsbühne**
Kleingerüste sind ortsfeste oder ortsveränderliche Arbeitsbühnen mit einer Höhe bis zu 2 m.	Ab einer Arbeitshöhe von 1 m ist ein Seitenschutz notwendig.	

Der Unternehmer hat Leitern und Tritte in der erforderlichen Art, Anzahl und Größe bereitzustellen. Er hat dafür zu sorgen, dass Leitern und Tritte in ordnungsgemäßem Zustand sind. Für den Benutzer von Leitern muss eine Betriebsanleitung existieren und an der Leiter deutlich erkennbar und dauerhaft angebracht sein.

Leitungsverlegung, Leitungsbearbeitung
Cable Installation, Working on Electrical Conductors

Begriff	Erklärung	Bemerkungen
Verlegearten	Man unterscheidet: Auf Putz, im Putz, unter Putz, im Beton, in Hohlwänden, in Installationskanälen, Unterflurinstallation, auf Kabeltragegestellen, im Erdreich.	Leitungen und Kabel müssen nach DIN-VDE-Bestimmungen fachgerecht verlegt werden.

Maße bei fester Verlegung

Maximale Befestigungsabstände in mm (Normwerte) Werte können in der Praxis abweichen		
Außendurchmesser der Leitung in mm	waagrechte Verlegung	senkrechte Verlegung
$d \leq 9$	250	400
$9 < d \leq 15$	300	400
$15 < d \leq 20$	350	450
$20 < d \leq 40$	400	550

Biegeradius *r* für nicht harmonisierte Leitungen in mm	
Leitungsdurchmesser in mm	zulässiger Biegeradius *r*
$d \leq 8$	$\geq 4 \cdot d$
$8 < d \leq 12$	$\geq 5 \cdot d$
$12 < d \leq 20$	$\geq 6 \cdot d$
$d > 20$	$\geq 6 \cdot d$

Befestigungsabstand, Biegeradius

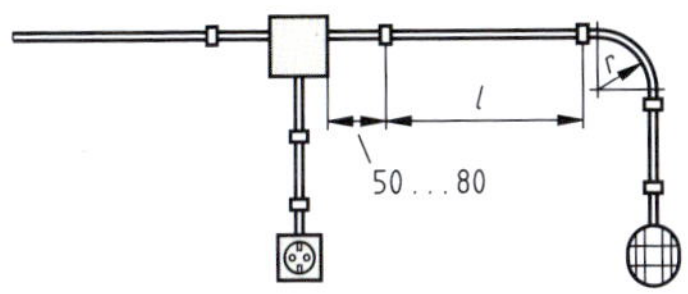

Beispiel:
Bei einer Leitung NYM mit Leitungsdurchmesser $d = 10$ mm beträgt der maximale Befestigungsabstand $l = 300$ mm (waagrechte Verlegung) bzw. 400 mm (senkrechte Verlegung) und der Mindestbiegeradius $r = 4 \cdot d = 4 \cdot 10 \text{ mm} = 40 \text{ mm}$

Abmanteln, Abisolieren

Beim Abmanteln der Leitungshülle ist auf ausreichende Leitungsaderlänge zu achten. Das Abmanteln kann z. B. mit einem Kabelmesser oder einem Mantelschneider erfolgen. Dabei dürfen die Leitungsadern nicht beschädigt werden. Zum Abisolieren verwendet man Abisolierzangen. Automatik-Abisolierzangen passen sich selbsttätig der Dicke der Aderisolation an. Dadurch wird der Leiter nicht beschädigt. Die gewünschte Abisolierlänge kann man einstellen.

Abmanteln mit Mantelschneider

Pressen, Quetschen, Crimpen

Die Leiterenden werden meist mithilfe manuell einstellbarer Abisolierzangen oder selbsteinstellenden Abisolierzangen abisoliert. Nach dem Abisolieren sind die Leiter anzuklemmen. Dazu sind die Leiterenden, besonders bei flexiblen Leitern, z. B. mit Aderendhülsen, zu versehen.

Bei der Quetschverbindung werden die abisolierten mehr- oder feindrähtigen Leiter z. B. in eine Aderendhülse oder in einen Kabelschuh eingeführt. Die leitende Verbindung wird mithilfe einer Zange hergestellt.

Beim Crimpen entsteht durch mechanisches Zusammendrücken eine nichtlösbare elektrische Verbindung zwischen einem Leiter und einem Crimpkontakt, z. B. Flachsteckanschluss, Kabelschuh, Steckhülse und Aderendhülse. Es entsteht eine hochwertige elektrische Verbindung. Crimpverbindungen lassen sich mit Handwerkzeugen, aber auch mit automatischen Maschinen herstellen.

www.knipex.de; www.crimpen.de

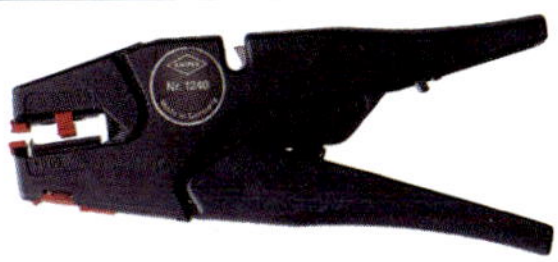

Automatische Abisolierzange

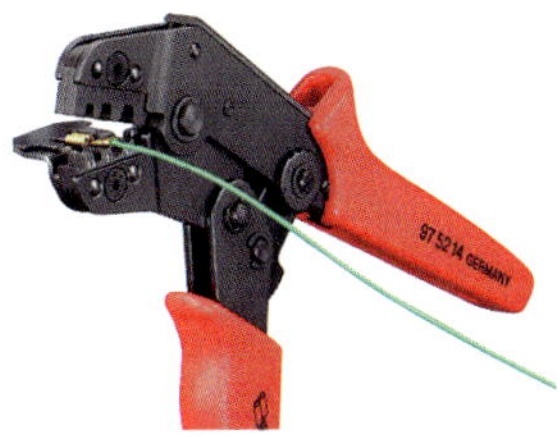

Crimpzange

Farbkennzeichnung von Aderendhülsen bei flexiblen Leitern

Farbkennzeichnung von Aderendhülsen			
Leiterquerschnitt	Farbe	Leiterquerschnitt	Farbe
0,5 mm^2	weiß	2,5 mm^2	blau
0,75 mm^2	grau	4 mm^2	grau
1 mm^2	rot	6 mm^2	gelb
1,5 mm^2	schwarz	10 mm^2	rot

Aderendhülsenzange

Ausschaltungen, Serienschaltung On-off Circuits, Series Connection

Schaltung	Übersichtsschaltplan	Stromlaufplan in zusammenhängender Darstellung
Ausschaltung Ausführung bei der Installation siehe Seite 128 Ausschaltung mit Wechselschalter (Universalschalter)	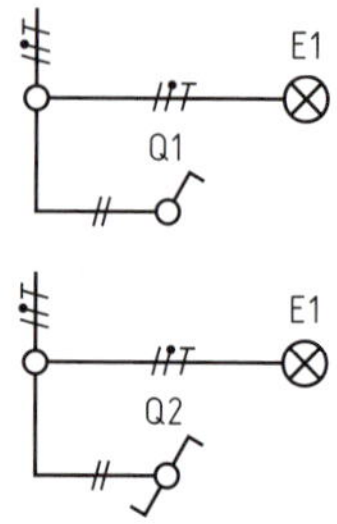	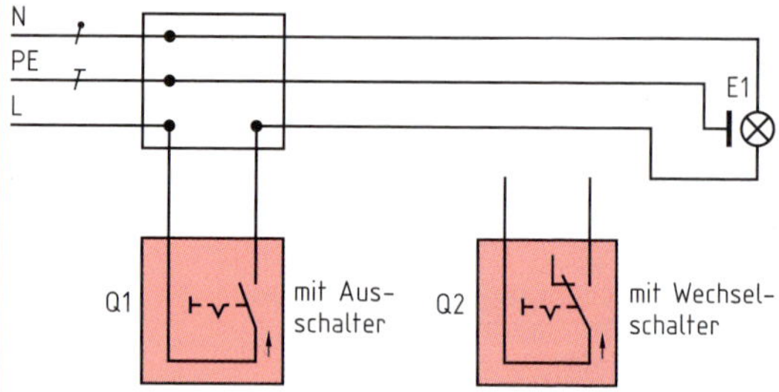
Ausschaltung mit Kontroll-Ausschalter	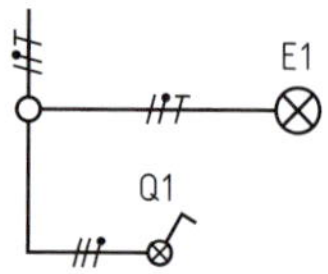	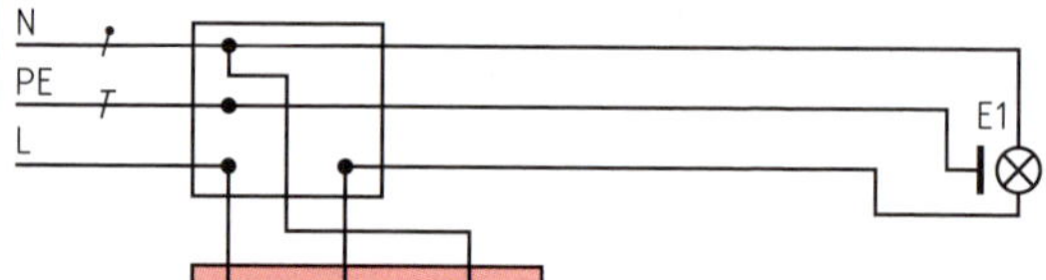 Ausführung der Schaltungen bei der Installation siehe Seite 128
Ausschaltung mit beleuchtetem Ausschalter und Steckdose	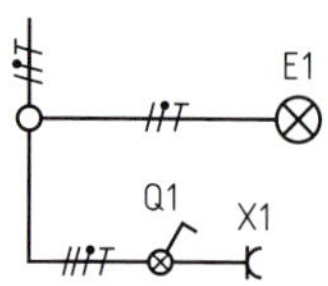	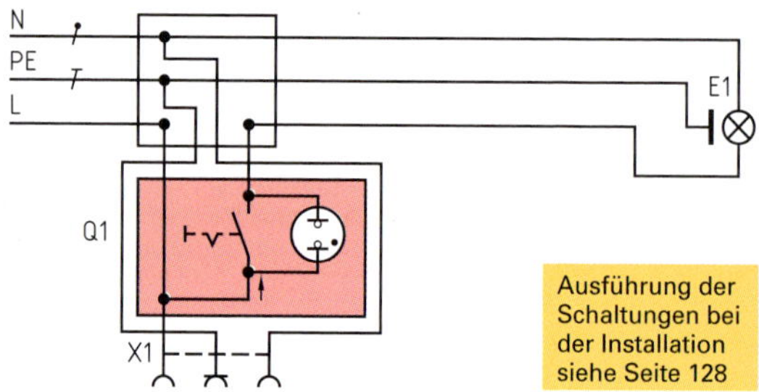 Ausführung der Schaltungen bei der Installation siehe Seite 128
Zweipolige Ausschaltung	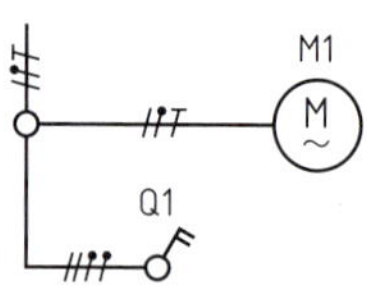	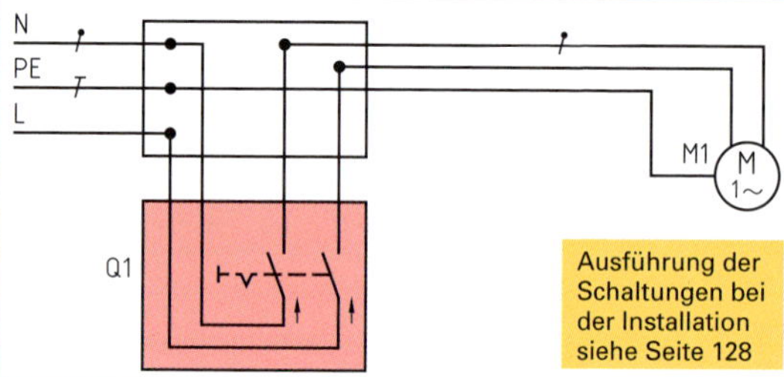 Ausführung der Schaltungen bei der Installation siehe Seite 128
Serienschaltung mit beleuchtetem Serienschalter Ausführung bei der Installation siehe Seite 128	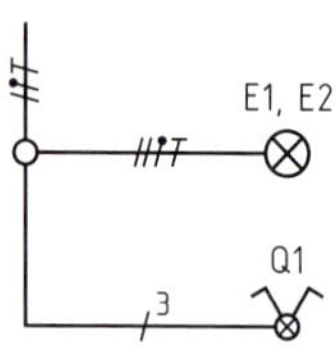	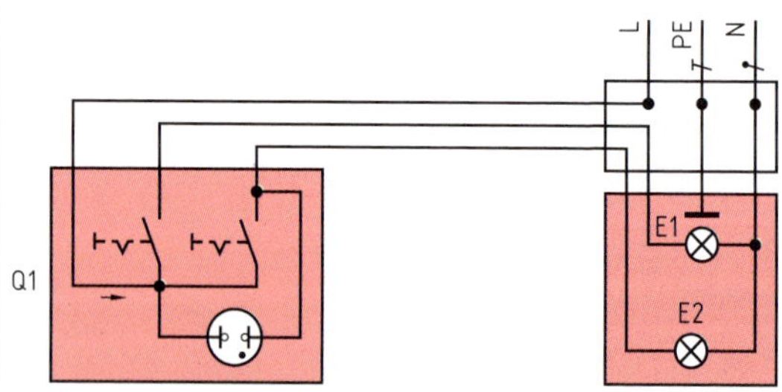

Wechselschaltung, Kreuzschaltung Three- and Four-way Switch Circuits

Schaltung	Übersichtsschaltplan	Stromlaufplan Darstellung ① zusammenhängend, ② halb zusammenhängend
Wechselschaltung mit beleuchteten Wechselschaltern Ausführung bei der Installation siehe Seite 128	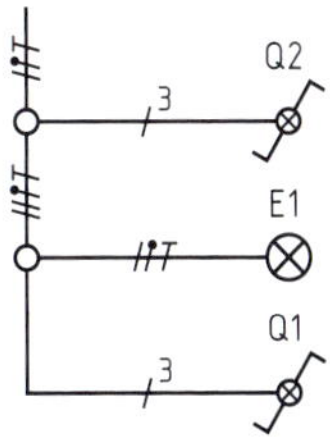	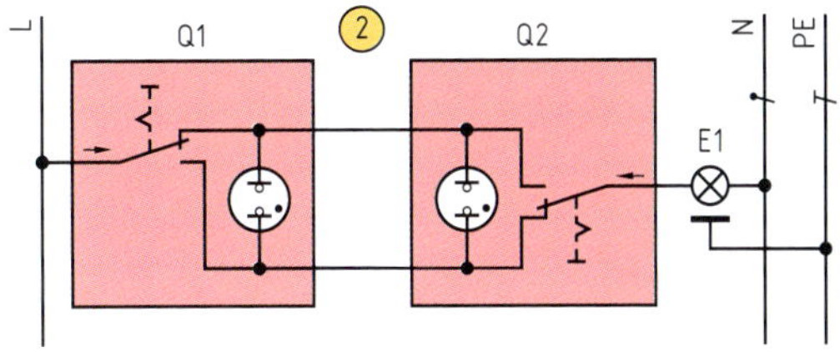
Wechselschaltung mit Steckdose Ausführung bei der Installation siehe Seite 128	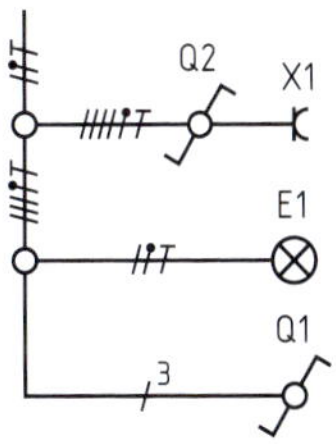	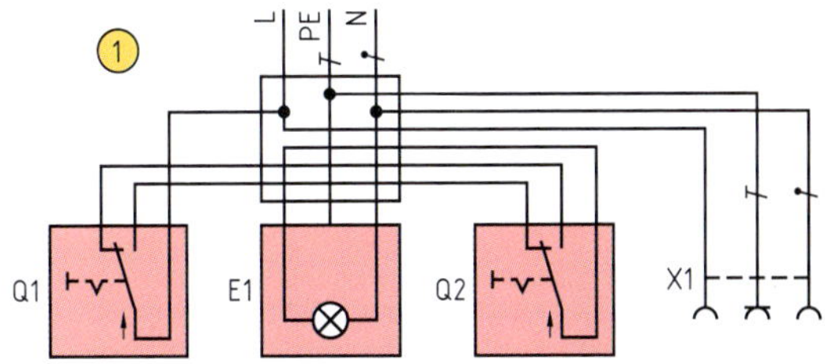
Sparwechselschaltung mit Steckdose Ausführung bei der Installation siehe Seite 128	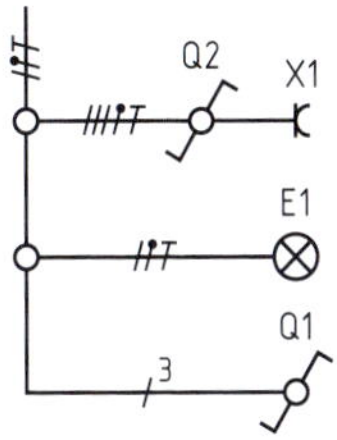	Prinzip der Sparwechselschaltung 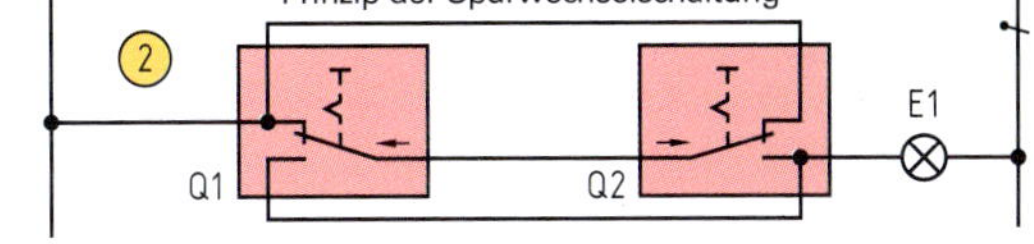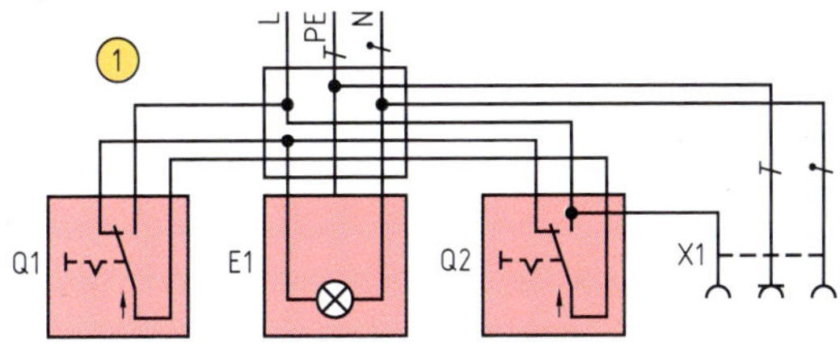
Sparwechselschaltung mit Kontroll-Wechselschalter Q1 und beleuchtetem Wechselschalter Q2 Ausführung bei der Installation siehe Seite 128	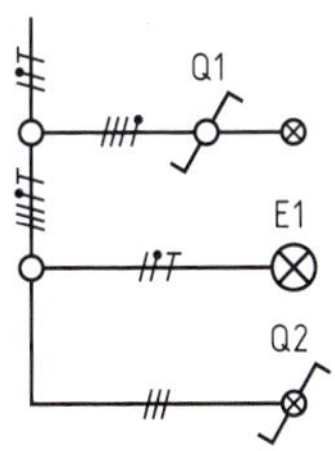	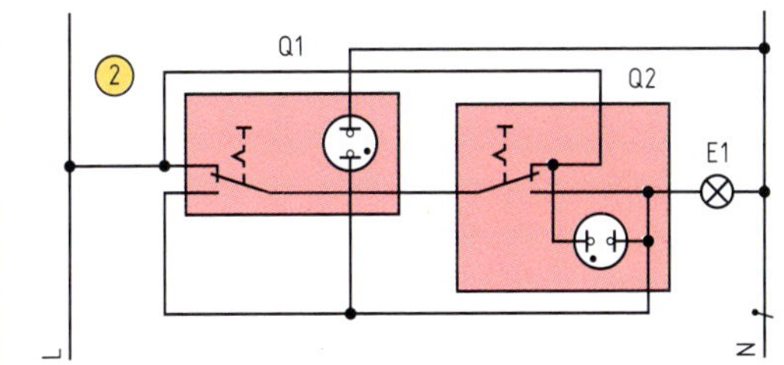
Kreuzschaltung Ausführung bei der Installation siehe Seite 128	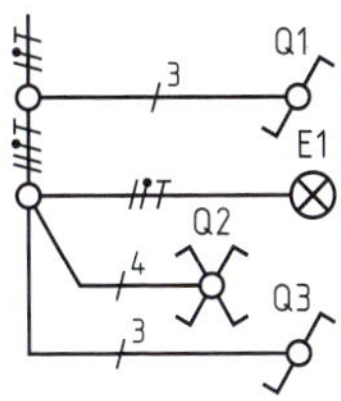	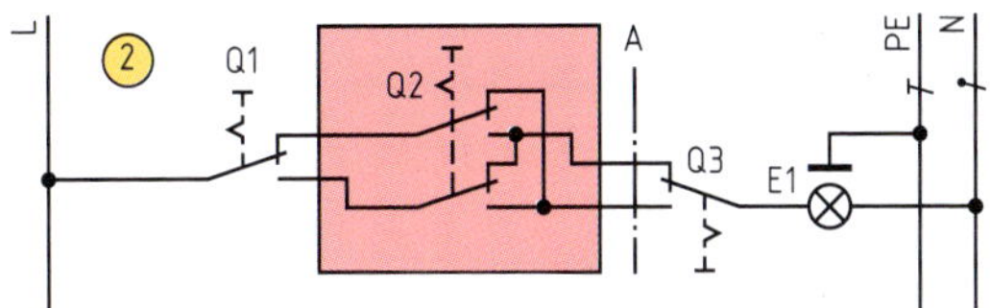Bei A können weitere Kreuzschalter angeschlossen werden, Anschluss wie Q2.

Reale Ausführung von Installationsschaltungen
Real Execution of Installation Circuits

Änderungen gegenüber den Grundschaltungen

Grund	Erklärung
Lagerhaltung des Materials	Die Anzahl der vorzuhaltenden Leitungen sollte wegen der Kosten möglichst niedrig bleiben. So wird in vielen Betrieben der Elektroinstallation die Aderzahl von vorrätigen kabelähnlichen Leitungen auf 3 und 5 beschränkt. Dabei ist immer eine Ader grüngelb, also nur als PE, PB oder Erde verwendbar.
dreiadrige Leitung anstelle einer zweiadrigen	Für die Leitung zu einem Ausschalter oder Taster kann eine dreiadrige Leitung verwendet werden, wobei die grüngelbe Ader am Ausschalter bzw. Taster nicht zur Stromleitung angeschlossen wird.
grüngelbe Ader, blaue Ader	Die blaue Ader kann als N verwendet werden oder anderweitig, nicht aber als PE oder PEN.
PE erleichtert die Überwachung	Ein PE in der Schalterleitung dient der Überwachung der Leitungsanlage. Der PE ermöglicht z. B. im betreffenden Leitungszweig die Messung des Isolationswiderstandes.
RCD verhindert Missbrauch	Die missbräuchliche Verwendung des PE als PEN-Leiter wird verhindert, wenn der Fehlerschutz durch Abschaltung mittels RCD erfolgt.
fünfadrige Leitung anstelle von dreiadriger	Ermöglicht bei der Ausschaltung eine Steckdose und Verwendung des Ausschalters als Kontrollschalter.
übrig bleibende Ader	Wenn bei Verwendung von nur 3- und 5-adrigen Mehraderleitungen eine Ader übrig bleibt, so ist diese an die entsprechende Klemme anzuschließen, sofern die vorliegt. Andernfalls legt man die Ader an eine zusätzliche lose Klemme oder isoliert sie.

Beispiel

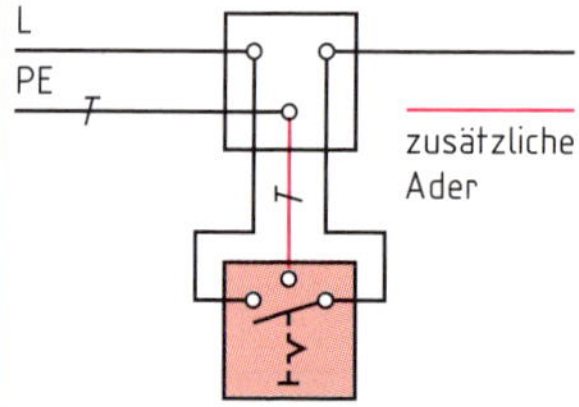

Dreiadriger Schalteranschluss

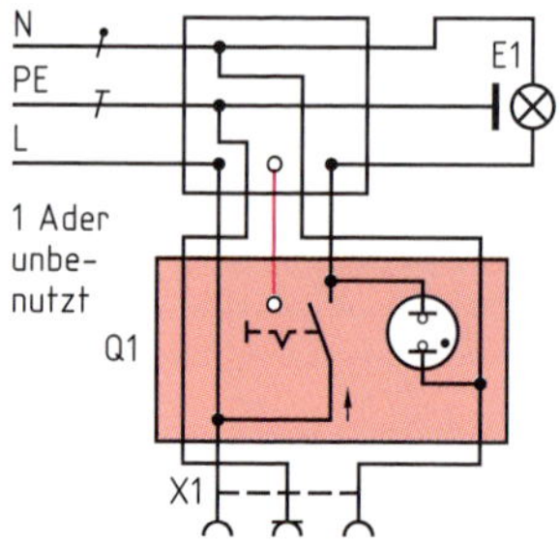

Ausschaltung mit fünfadriger Schalterleitung und Steckdose

Weitere Beispiele mit kabelähnlichen Mehraderleitungen

Schaltung	Erklärung
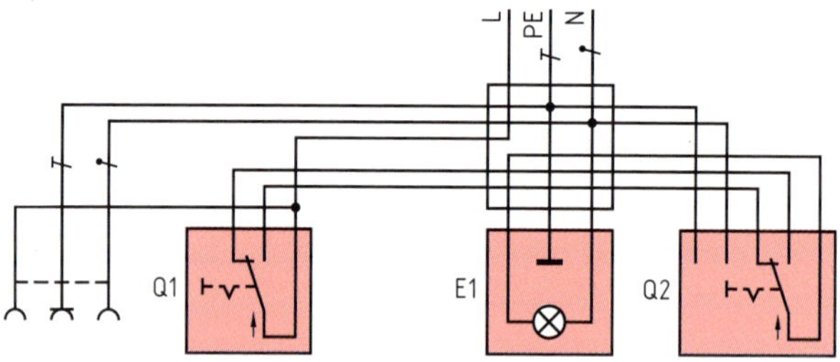 **Wechselschaltung mit einer Steckdose unter einem Schalter**	Bei der üblichen Wechselschaltung ermöglichen fünfadrige Schalterleitungen zu den Schaltern eine Steckdose nur unter dem Schalter, der an L angeschlossen ist. Dagegen ist als Kontrollschalter nur der Schalter möglich, an den der Schalterdraht angeschlossen ist. Dabei muss die Glimmlampe des Schalters parallel zur Last geschaltet sein. Dasselbe Verhalten erfolgt an den Wechselschaltern einer Kreuzschaltung.
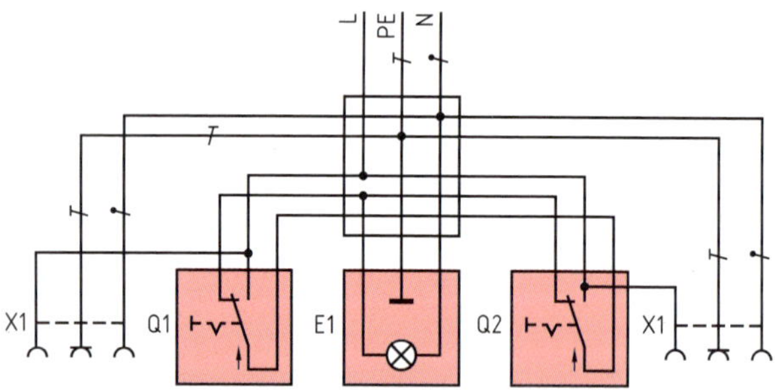 **Sparwechselschaltung mit Steckdosen an beiden Schaltern**	Mit der Sparwechselschaltung (Prinzip vorhergehende Seite) ist es möglich, bei Verwendung von fünfadrigen Schalterleitungen, unter jedem Schalter eine Steckdose zu installieren. Desgleichen sind beide Schalter als Kontrollschalter verwendbar, wenn die Glimmlampen der Schalter parallel zur Last geschaltet sind. Die Sparwechselschaltung kann nicht zur Kreuzschaltung erweitert werden.

Treppenlichtzeitschalter, Hausklingelanlage mit Türöffner
Automatic Switch for Staircase, Doorbell System with Door Opener

Übersichtsschaltplan	Stromlaufplan
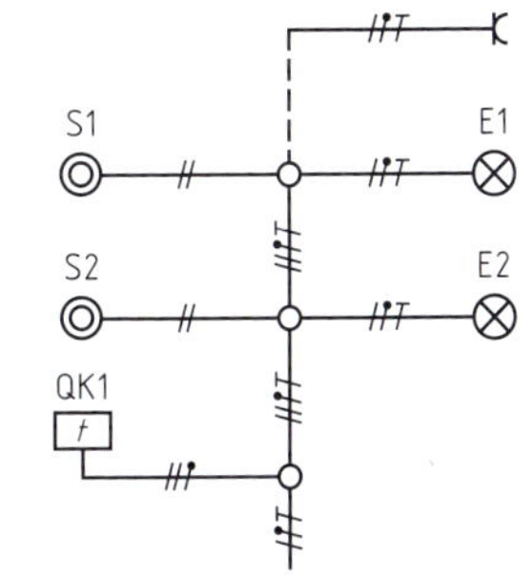 **Treppenlichtzeitschalter, sogenannter Dreileiteranschluss, nicht nachschaltbar vor Abschaltung**	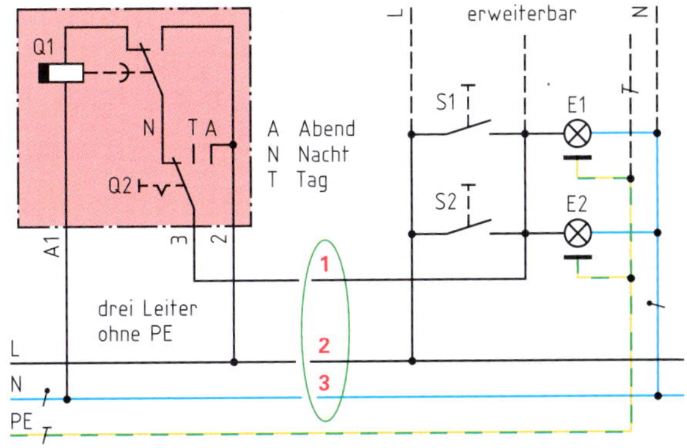
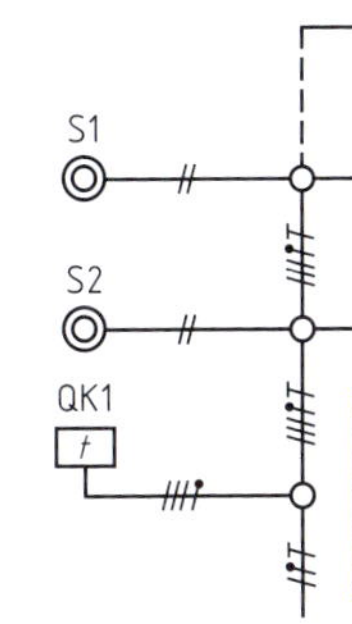 Ausführung bei der Installation siehe vorhergehende Seite **Treppenlichtzeitschalter, sogenannter Vierleiteranschluss, nachschaltbar vor Abschaltung**	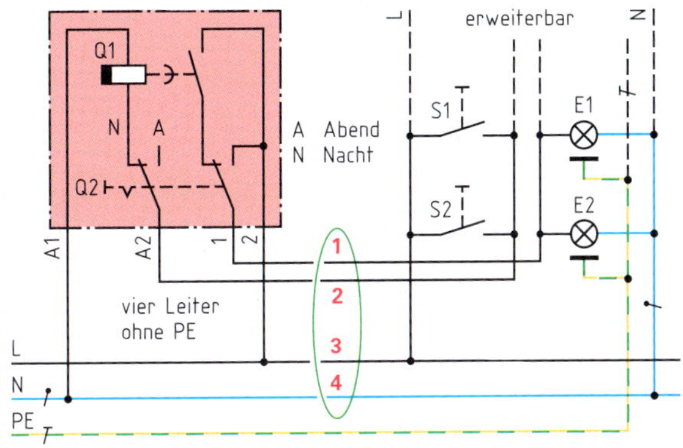
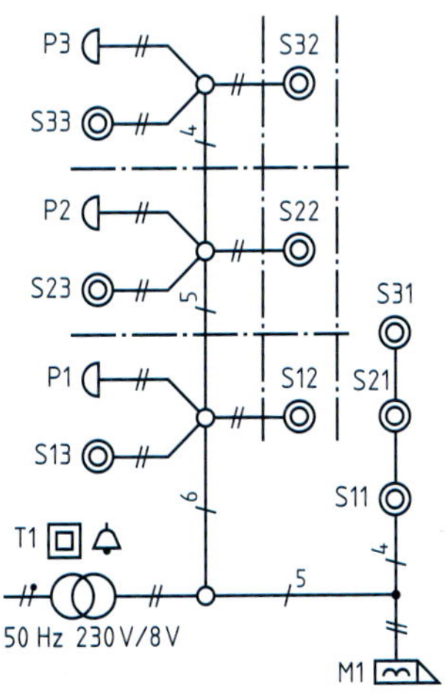 **Hausklingelanlage mit Türöffner**	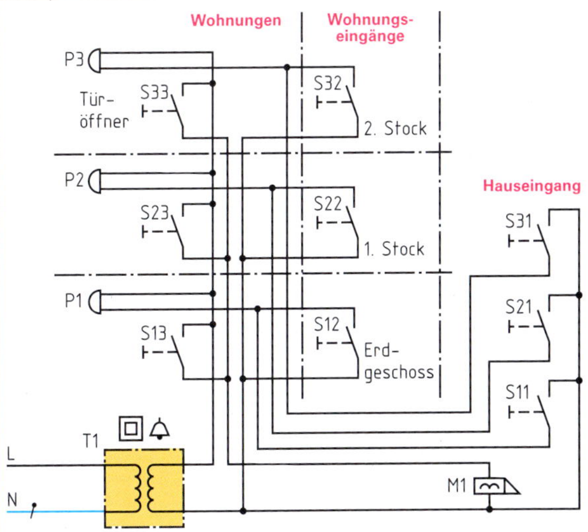

Schaltungen mit Stromstoßschaltern Circuits with Latching Relays

Installationsschaltungen

Stromlaufplan

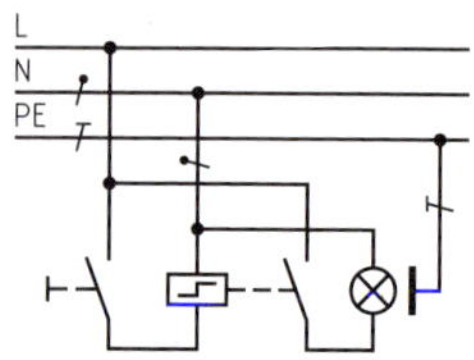

Übersichtsschaltplan

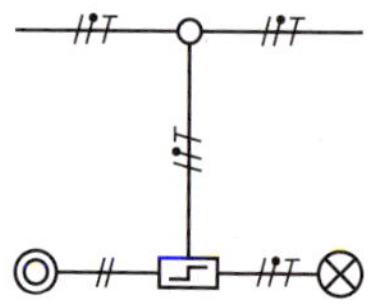

Mit Netzspannung gesteuert

Stromlaufplan

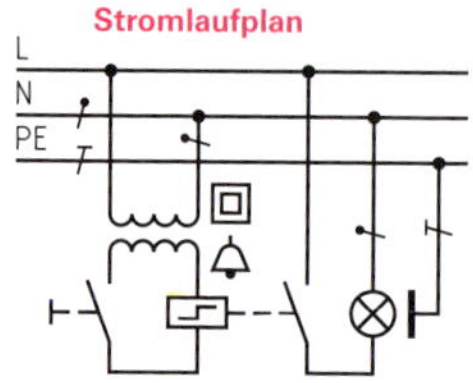

Übersichtsschaltplan

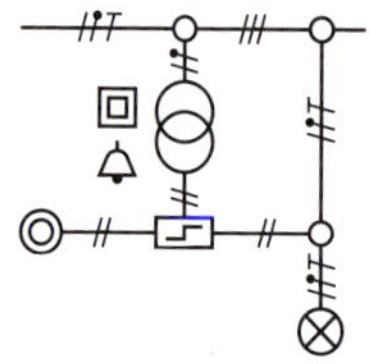

Mit Kleinspannung gesteuert

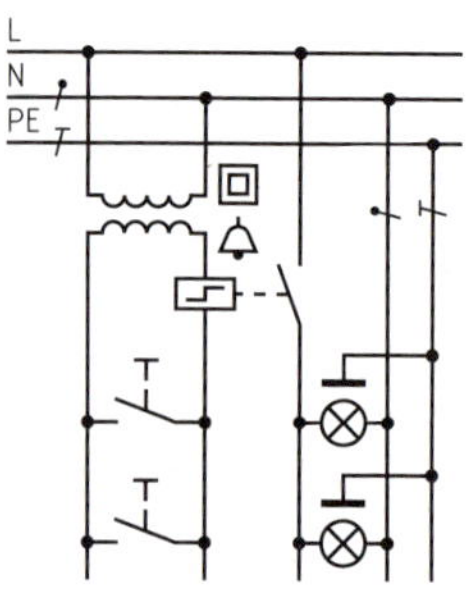

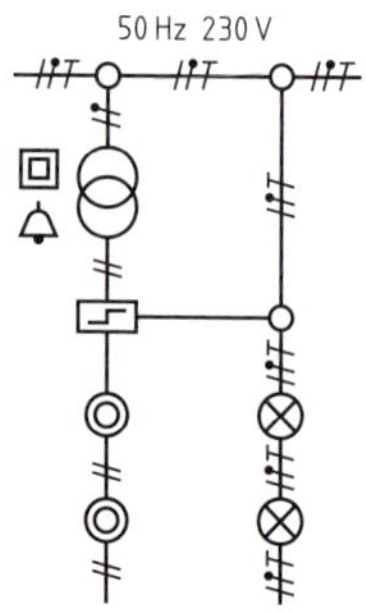

Wechselschaltung, erweiterbar

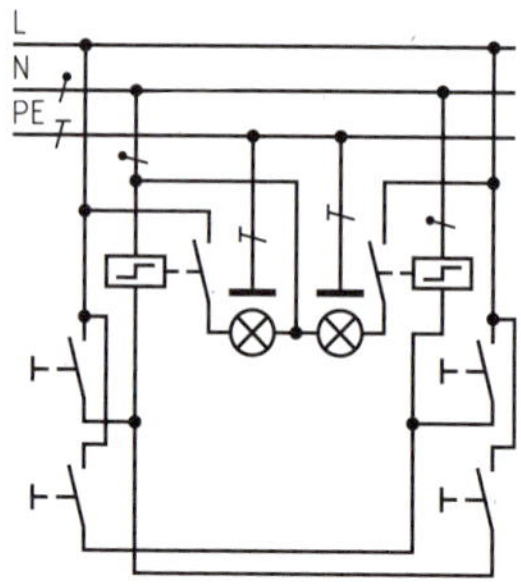

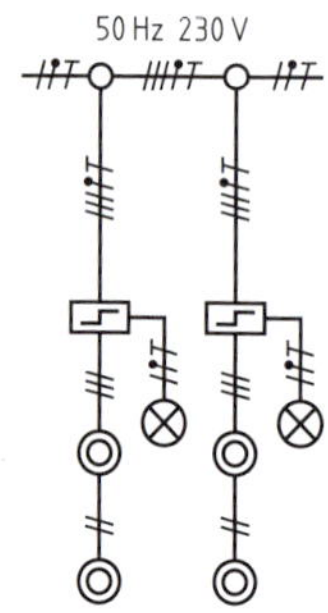

Serienwechselschaltung

Starkstromanlage und Schwachstromanlage kombiniert

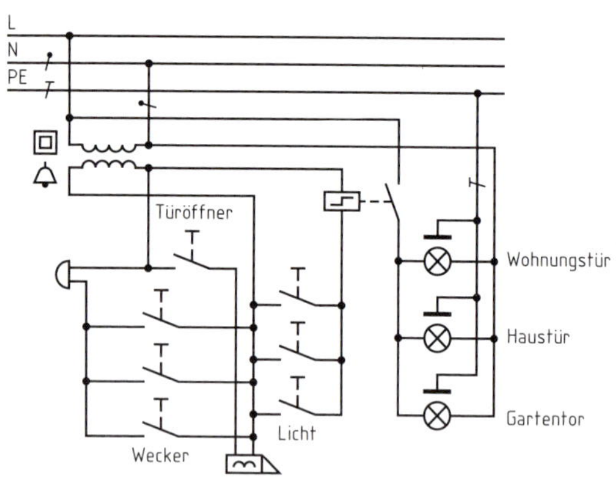

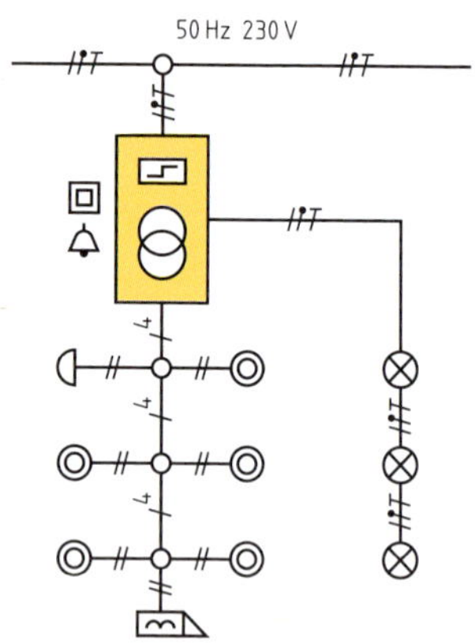

Beispiel: Eine Wechselschaltung ist mit vieradriger Stegleitung ausgeführt. Nachträglich soll unter jedem Schalter eine Steckdose angebracht werden.

Lösung: Mit Stromstoßschalter und Tastern.

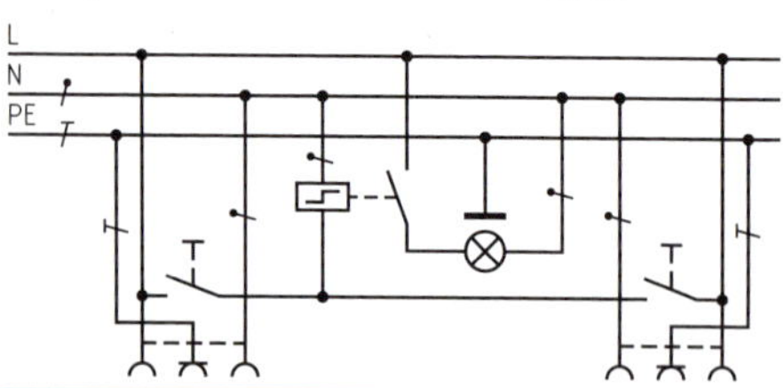

Daten von Stromstoßschaltern

Schaltleistung	Arbeitskontakte 10 A bei AC 250 V, Hilfskontakte 1 A		
Steuerspannung	AC 8 V	AC 24 V	AC 230 V
Steuerstrom	380 mA	140 mA	15 mA
Einschaltdauer	100%		
Betriebsbereich	von AC 6 V bis AC 230 V (3,5 VA) von DC 1,6 V bis DC 60 V (2 W)		

Jalousieschaltungen 1 Louvre-control Circuits 1

Jalousiesteuerungen mit Jalousieschaltern

<table>
<tr><th>Schaltungsart</th><th>Stromlaufplan, Merkmal</th><th>Übersichtsschaltplan, Bemerkungen</th></tr>
<tr><td>Jalousie-
steuerung</td><td>
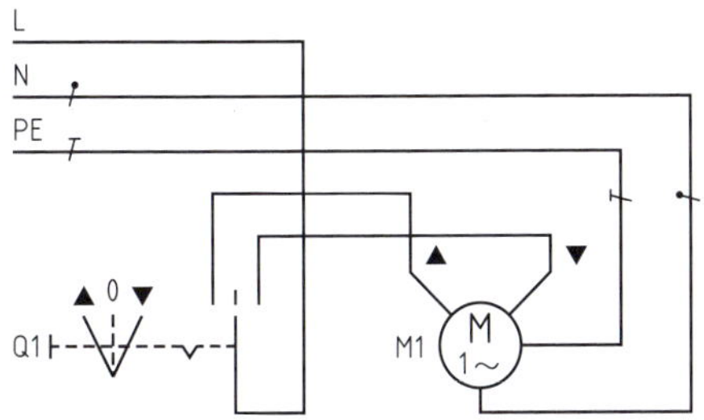

Q1 kann wahlweise ein Jalousie-Schalter oder ein Jalousie-Taster sein.</td><td>
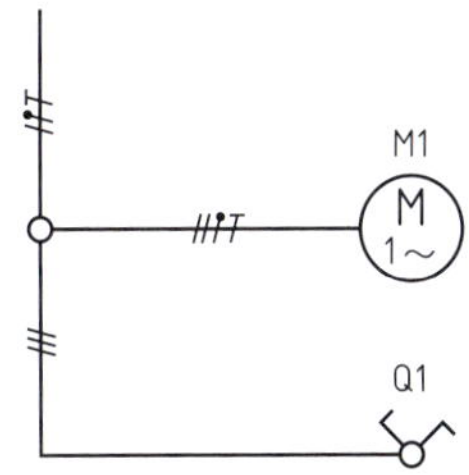

Ausführung bei der Installation siehe Seite 128</td></tr>
<tr><td>Schaltung eines einfachen Rohrmotors</td><td>
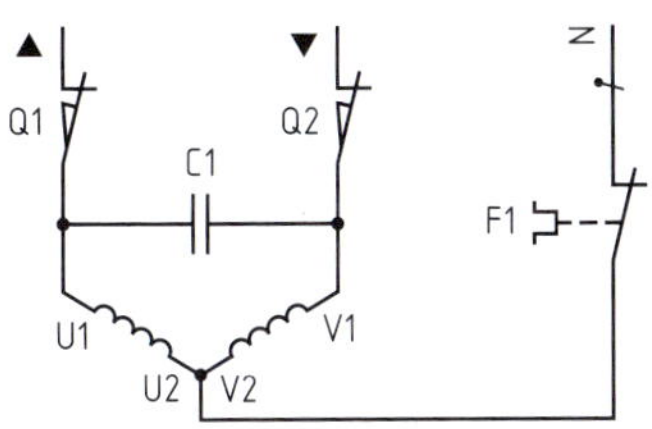
</td><td>statt AUF auch Symbol ▲
statt AB auch Symbol ▼
Q1 Endschalter für Bewegung Öffnen (zugänglich)
Q2 Endschalter für Bewegung Schließen (nicht zugänglich)
C1 Betriebskondensator zur Drehfelderzeugung
F1 interner Motorschutzschalter (kann entfallen)</td></tr>
<tr><td>Verbotene Schaltung von 2 einfachen Rohrmotoren mit einem einpoligen Jalousie-Schalter.

Schaltung ist aber zulässig bei speziellen Rohrmotoren mit zusätzlicher Elektronik.</td><td>
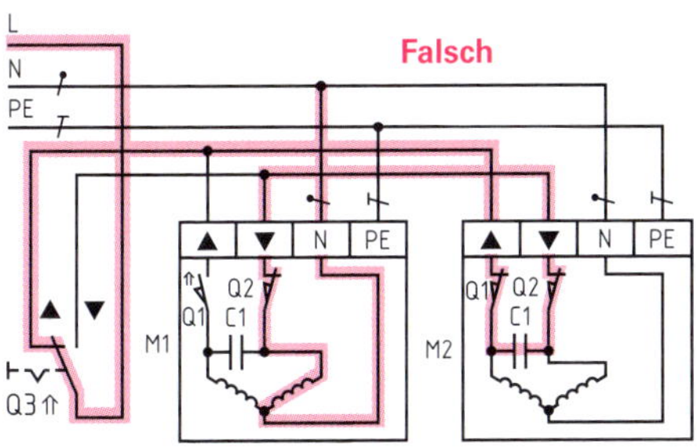

Bei dieser Schaltung kann ein Jalousiemotor die Endstellung vor dem anderen erreichen, z. B. M1 vor M2. Dann bekommt der Jalousiemotor M1 über C1 und Q2 des Jalousiemotors M2 Spannung und fährt abwärts. Dadurch würde ein ständiges Auf- und Abwärtsfahren beider Motoren erfolgen.</td><td>
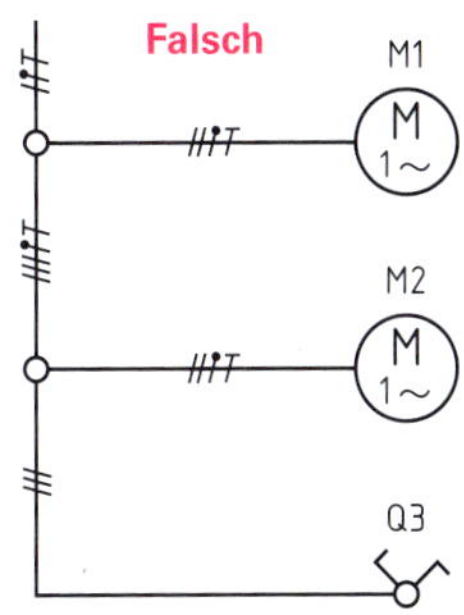
</td></tr>
</table>

Jalousiemotor (Rohrmotor)

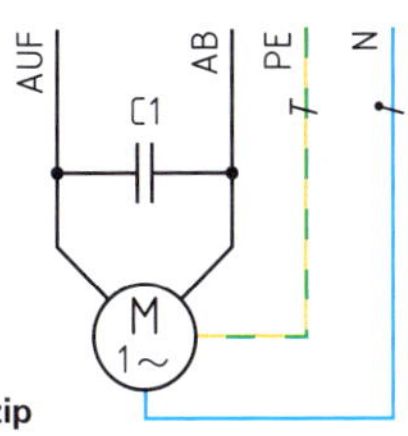

Prinzip

Ansicht

Jalousieschaltungen 2 Louvre-control Circuits 2

Ansteuerung mehrerer Jalousiemotoren mit einem Schalter

Schaltungsart	Stromlaufplan
2 Jalousiemotoren mit 2-poligem Jalousieschalter	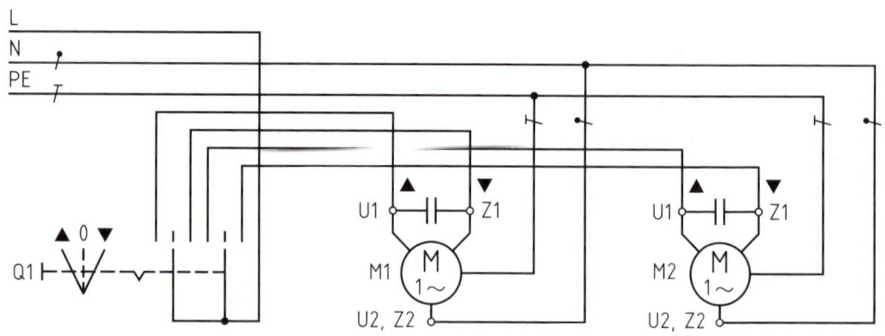
3 Jalousiemotoren mit Trennrelais	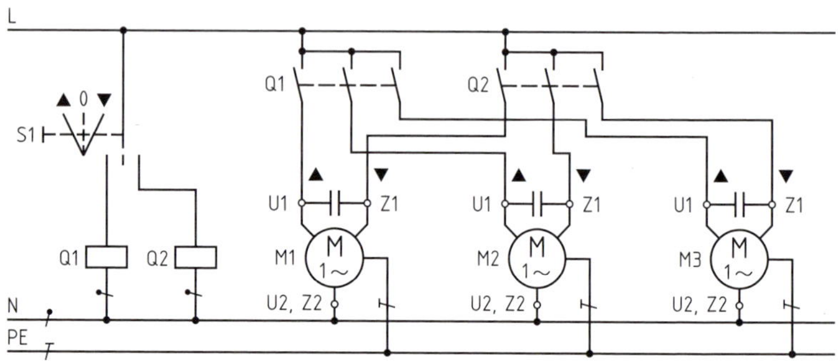

Elektronische Jalousiesteuerungen

Funktionsprogramme	Stromlaufplan	Bemerkungen
Windsensorik Helligkeitssensorik Regensensorik Zufallsprogramm Astroprogramm Zentralbefehl	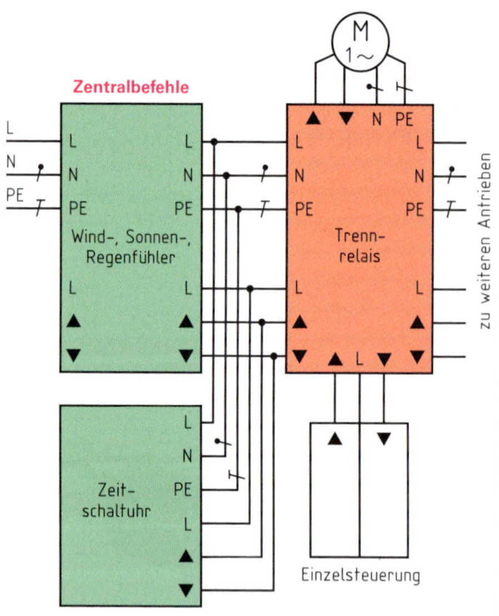	Diese elektronischen Steuerungen werden in herkömmlicher Technik, in Funktechnik oder Bustechnik angeboten und sind programmierbar. Damit schalten sie die Jalousien automatisch bei vorgegebenen Ereignissen. • Bei zu starkem Wind wird die Jalousie aufgefahren und die manuelle Bedienung gesperrt. • Bei Sonnenschein wird die Jalousie abgefahren, auf Wunsch nur bis zu einer Zwischenposition. • Die Jalousie wird zu den individuell eingestellten Schaltzeiten (für jeden Wochentag unterschiedlich) geöffnet oder geschlossen. Die Zeiten können so eingestellt werden, dass die Jalousien ungefähr mit den täglichen Sonnenaufgangs- und Sonnenuntergangszeiten schließen und öffnen. Durch ein Security-Programm (Sicherheits-Programm) kann das Öffnen und Schließen auch zu Zufallszeiten erfolgen.

Sprechanlagen Intercom Systems

Türsprechanlagen

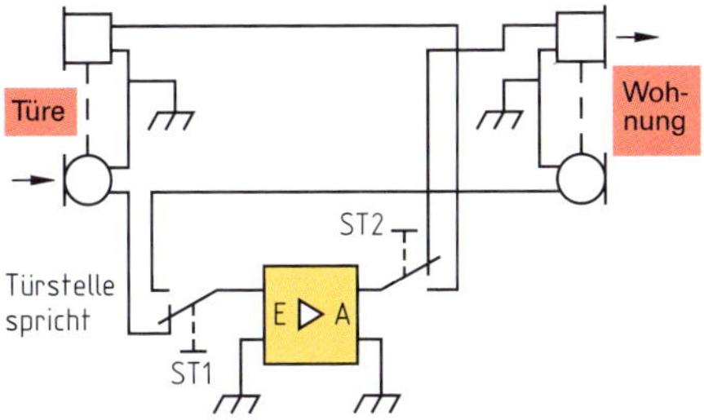

Türsprechanlage für Halbduplexbetrieb

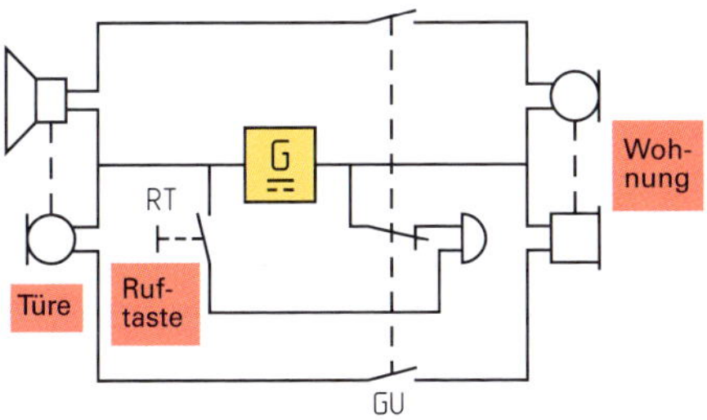

Türsprechanlage für Duplexbetrieb

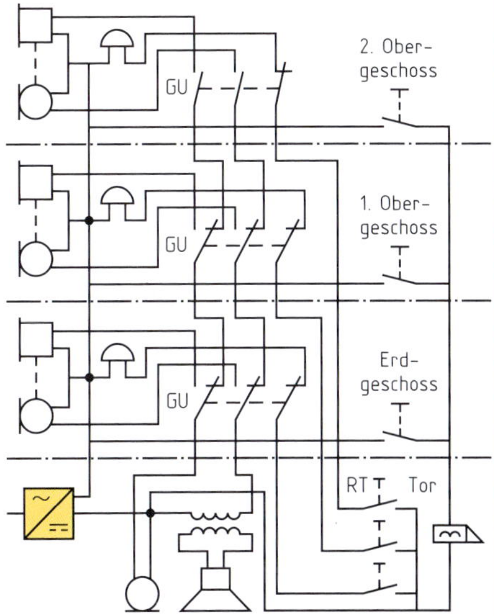

Türsprechanlage mit Türöffner

Haussprechanlagen

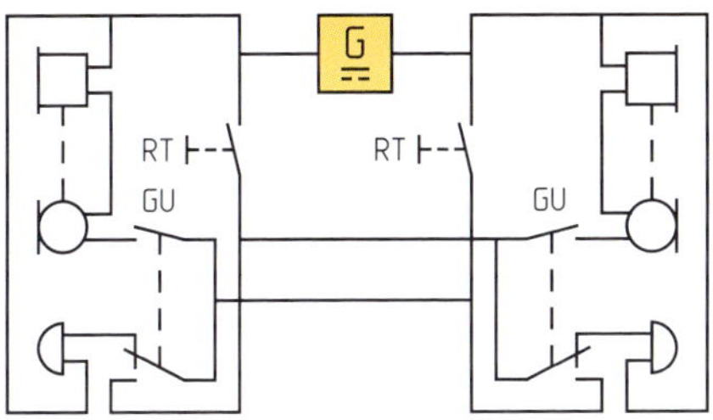

Anlage für einseitigen Anruf

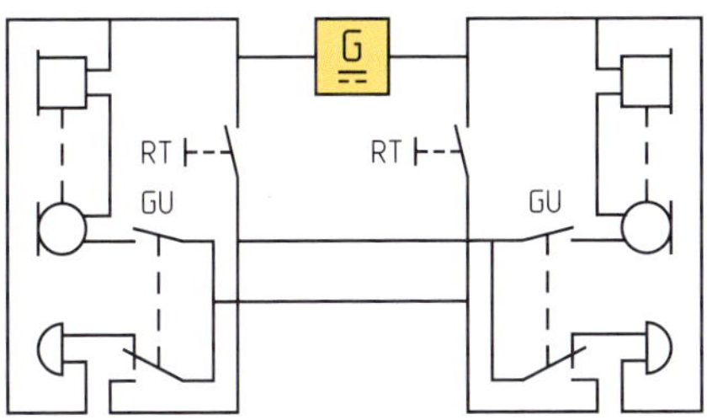

Anlage für gegenseitigen Anruf

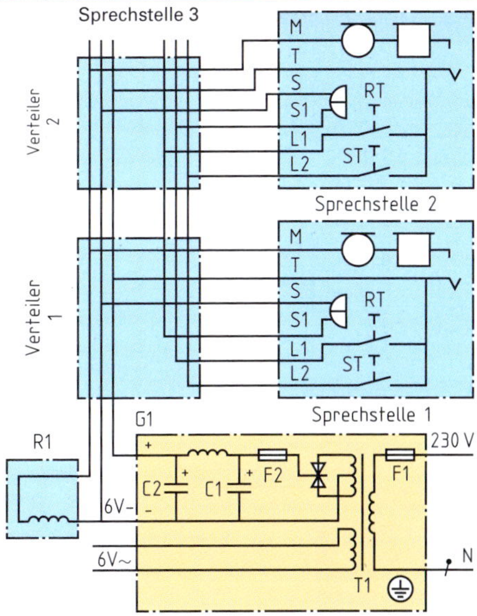

Haussprechanlage mit zwei Sprechstellen

GU Gabelumschalter

R1 Speisedrossel ab drei Sprechstellen

Duplexbetrieb: Direkte Sprachübertragung in beiden Richtungen möglich

RT Ruftaste

ST Sprechtaste

Halbduplexbetrieb: Sprachübertragung nur in einer Richtung mittels Sprechtaste möglich

Zweidraht-Türsprechanlagen Two-wire Door Intercom Systems

Schaltung	Erklärung	Bemerkungen
Audio-Türsprechanlage		
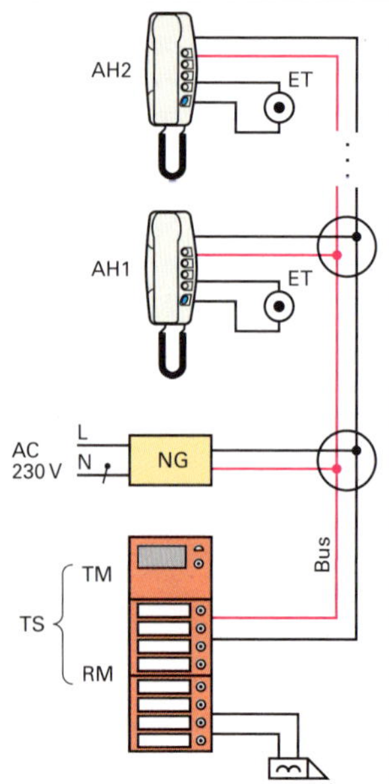	Jeder Teilnehmer nimmt nur die für ihn bestimmten Signale auf. Das *Netzgerät NG* versorgt über einen Bus die Geräte mit DC 27 V/1,2 A und mit AC 8 V. Über den Bus werden auch die Signale von der *Türstation TS* zu den *Audio-Hausstationen AH* übertragen. Als *Busleitung* ist eine verdrillte oder nicht verdrillte Leitung geeignet, z. B. JY(St)Y. Die maximale Entfernung zwischen Netzgerät und Teilnehmern ist vom Leiterdurchmesser und der Anzahl der Ruftasten abhängig. Die Hausstationen enthalten *Tasten* für Rufen, Sprechen, Licht und Türöffner. Soll Licht eingeschaltet werden, muss in der Anlage ein *Relais*, z. B. genannt Aktivator, enthalten sein (siehe Video-Türsprechanlage). Der Türöffner kann bei kleiner Leistung direkt angeschlossen werden, bei großer Leistung über ein *Türöffnerrelais*. Die Zuordnung der AH zu den Tasten der TS nennt man *Konfiguration*. Sie erfolgt z. B. mittels steckbarer Konfiguratoren (genauer Widerstände).	Alle Hausstationen werden in aufsteigender Reihenfolge konfiguriert. Die unterste Hausstation sollte auch der untersten Ruftaste zugeordnet sein. Das Netzgerät wird nicht konfiguriert. Bei einer Änderung der Konfiguration muss die Anlage nach Herstellerangaben abgeschaltet werden. Nach Änderung durch Umstecken von Konfiguratoren ist Abschalten und Wiedereinschalten erforderlich. Der Türruf (nach Betätigung der Ruftaste an der Türstation) an der Hausstation erfolgt z. B. zweitönig mit 1200 Hz/600 Hz. Kurze Betätigung der Türöffnertaste an der Hausstation bewirkt ein Ansteuern des Türöffners von z. B. 4 s. www.seko-bticino.de, www.gira.de, www.tcs-germany.de, www.zublin.de 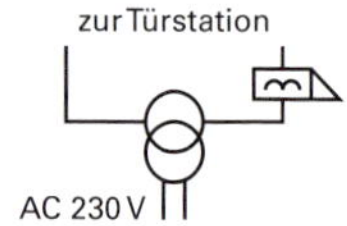 **Türöffner großer Leistung**
Video-Türsprechanlage		
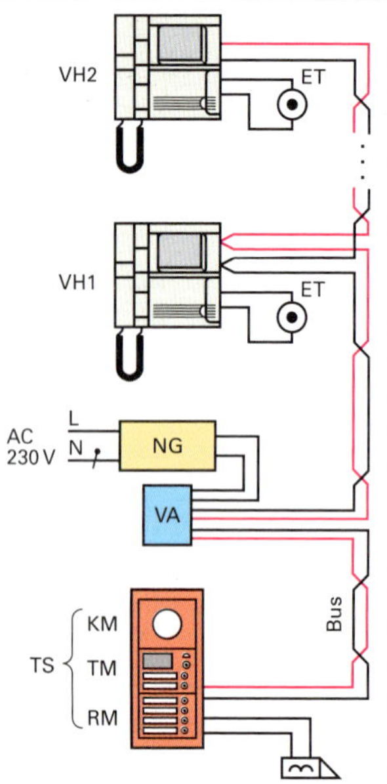	Die Video-Türsprechanlage arbeitet mit einer höheren Frequenz für das Videosignal des *Bildschirmes* als die Audio-Türsprechanlage. Deshalb muss als Busleitung eine *verdrillte* Leitung verwendet werden, z. B. UTP bzw. STP (Twisted Pair). Außerdem ist zwischen Netzgerät und Türstation ein *Video-Adapter* VA mit einem Bus-Eingang und einem Bus-Ausgang erforderlich. Eine Abzweigung mittels Abzweigdosen ist nicht zulässig. Es muss für die Hausstationen entweder die Reihenschaltung durch die *In-Out-Anschlusstechnik* (dieselbe Klemme für Eingang und Ausgang, **Bild links**) angewendet werden oder es sind *Signalverteiler* **(Bild rechts)** erforderlich. Mit diesen kann die Busleitung sternförmig oder baumförmig verlegt werden. Signalverteiler für die Etage werden als *Etagenverteiler* bezeichnet. Wie bei der Audio-Türsprechanlage sind vor jeder Wohnungstür Etagen-Taster angeordnet, welche die Hausstation ansteuern. www.siedle.de	Das Kamera-Modul der Türstation kann von der Hausstation aus geschwenkt werden und mit Infrarot-LEDs den Sehbereich beleuchten, sodass auch ohne Licht der Besucher erkennbar ist. Über einen Kamera-Umschalter können mehrere Kameras angeschlossen und damit mehrere Eingänge überwacht werden. Über ein Kamera-Interface kann auch eine externe Video-Kamera angeschlossen werden. 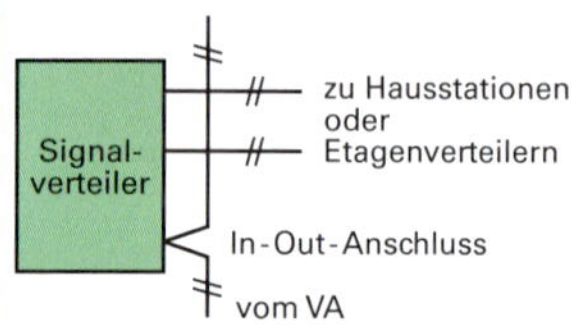 **Aufteilung des Video-Busses** 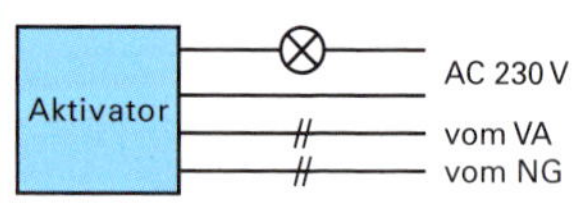 **Anschluss des Aktivators**

AH	Audio-Hausstation	NG	Netzgerät	TS	Türstation
ET	Etagen-Taster	RM	Ruftasten-Modul	VA	Video-Adapter
KM	Kamera-Modul	TM	Türlautsprecher-Modul	VH	Video-Hausstation

Lampenschaltungen mit Dimmern Lamp Circuits with Dimmers

Art	Bemerkungen, Übersichtsschaltplan	Schaltung
Prinzip der Dimmerschaltung	R1 Ladewiderstand für C1 R3 Triggerdiode (Diac) Q1 Triac R2 C2 Netzwerk zur Verhinderung der Schalthysterese Je nach Einstellung von R1 findet ein symmetrischer Phasenanschnitt statt.	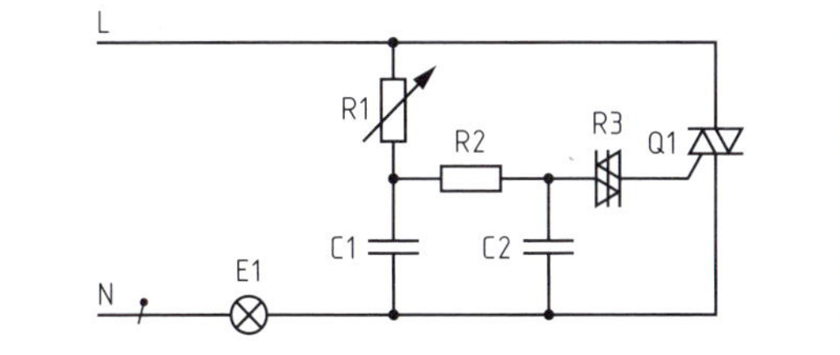
Dimmer mit Leistungszusatz (Prinzip der Innenschaltung dargestellt)	Dimmer haben eine Bemessungsleistung von 300 W bis 1000 W bei Glühlampenlast. Sind 4 Anschlussklemmen vorhanden, kann ein Leistungszusatz angeschlossen werden. Die Wirk-Grundlast muss mindestens 20 W betragen. Die Schaltung der aktuellen Dimmer besteht aus einem IC, der mit Potenziometer, Schmelzsicherung und Schalter bestückt ist.	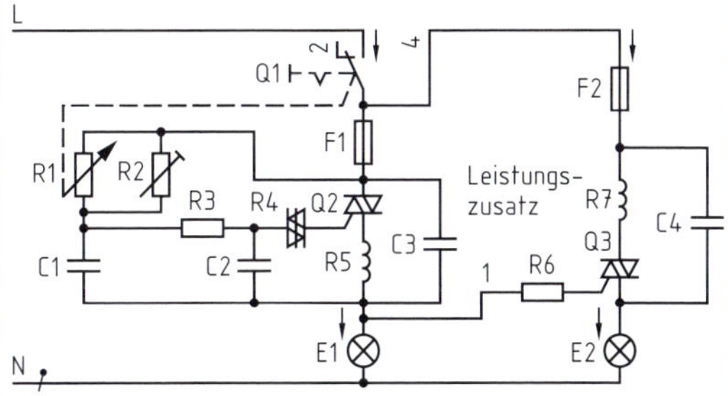
Dimmer mit Leistungszusatz (Dimmer beleuchtet) (siehe auch Seite 128)	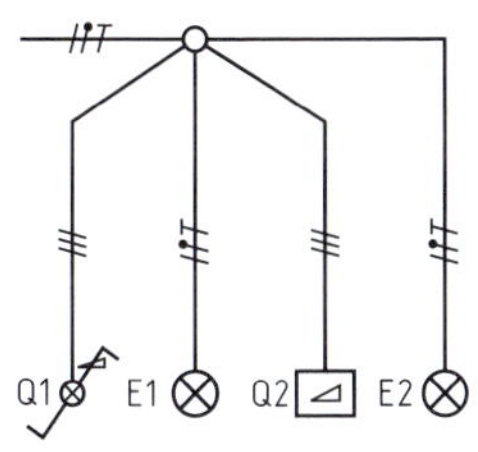	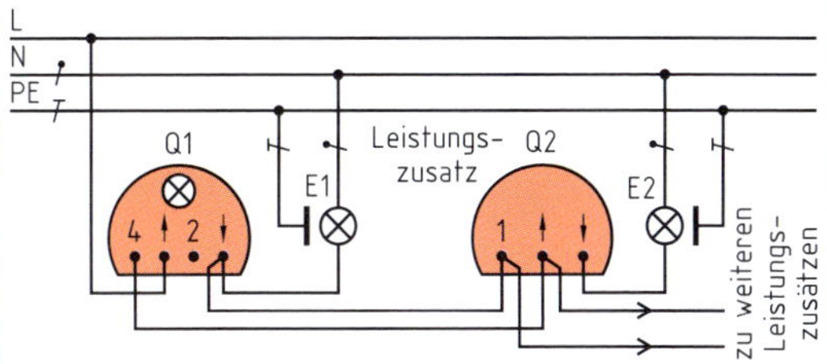
Wechselschaltung mit beleuchtetem Wechselschalter und beleuchtetem Dimmer (siehe auch Seite 128)	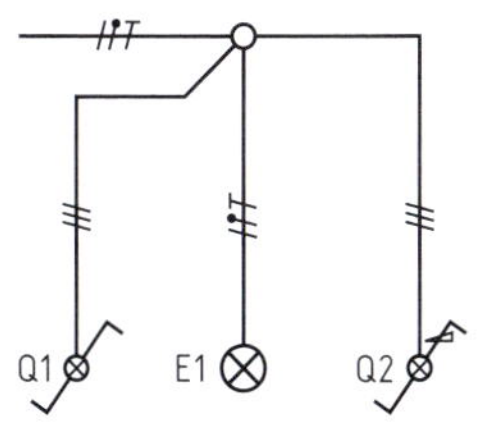	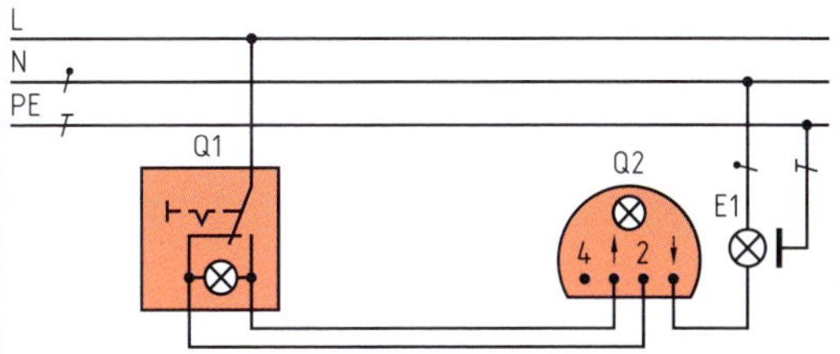
Schaltung von Leuchtstofflampen an dimmbaren EVG (Elektronischen VorschaltGeräten)	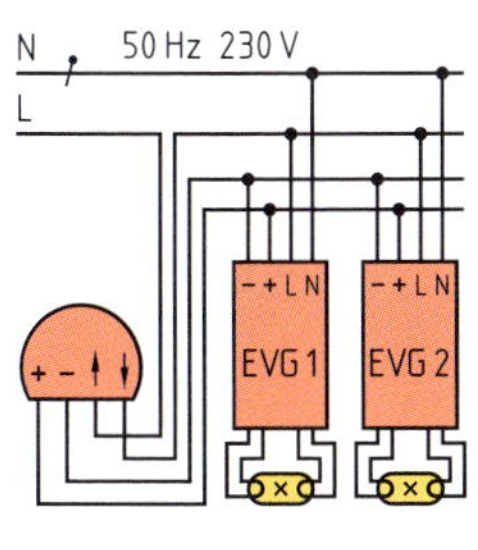 **Schaltung mit „elektronischem Potenziometer“**	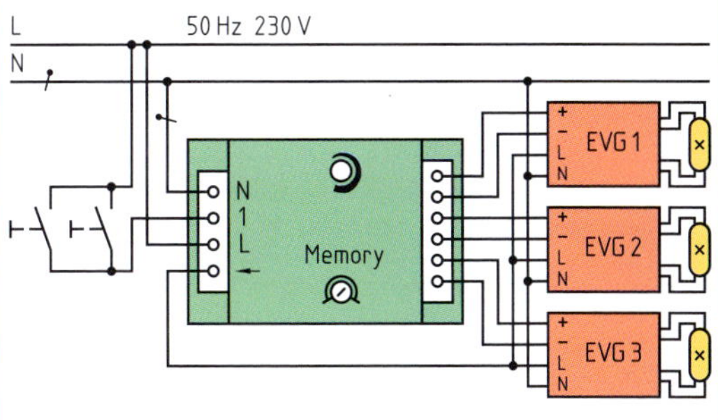 **Anschluss an Steuereinheit**

Tastdimmer, Dimmertypen Push-button Dimmer, Types of Dimmers

Schaltung und Aufgabe

Stromlaufplan	Übersichtsschaltplan	Aufgabe, Bemerkungen
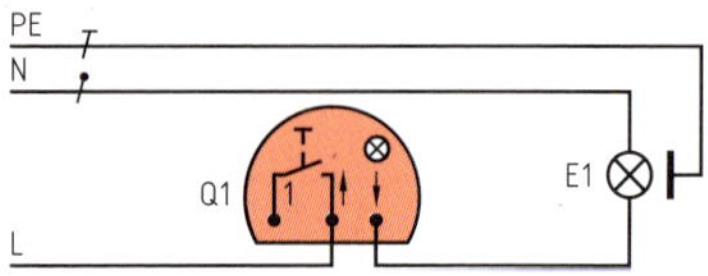 **Ausschaltung mit beleuchtetem Tastdimmer**	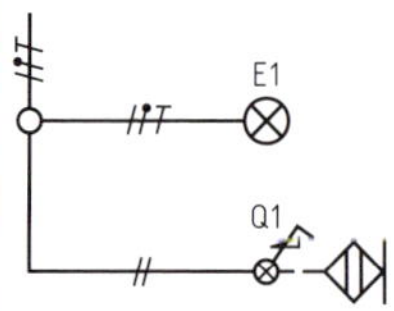	Der Tastdimmer wird durch einen Kurzhubtaster angesteuert. Bei kurzer Betätigung erfolgt das Schalten, und zwar je nach vorhergehendem Betriebszustand nach EIN oder AUS. Bei anhaltender Betätigung erfolgt das Dimmen, und zwar je nach Dauer entweder nach DUNKEL oder nach HELL.
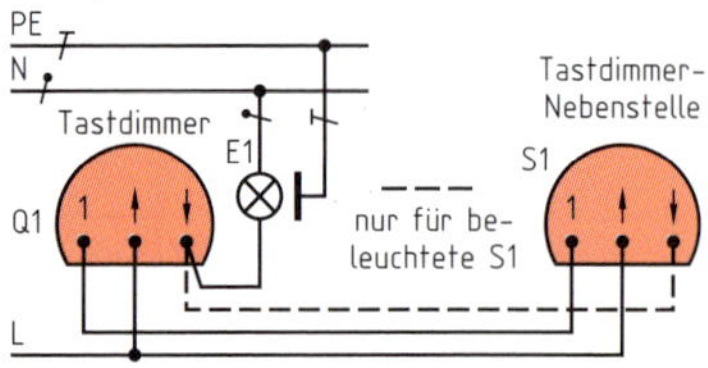 **Wechselschaltung mit Tastdimmer und Tastdimmer-Nebenstelle**	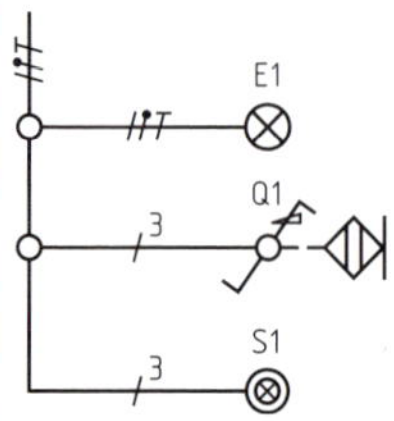	Die Tastdimmer-Nebenstelle ermöglicht in derselben Weise wie der Tastdimmer selber das Schalten und das Dimmen. Es können mehrere Tastdimmer-Nebenstellen in der angegebenen Weise angeschlossen werden. Bei beleuchteten Nebenstellen ist eine dreiadrige Zuleitung erforderlich, sonst genügt eine zweiadrige. www.gira.de
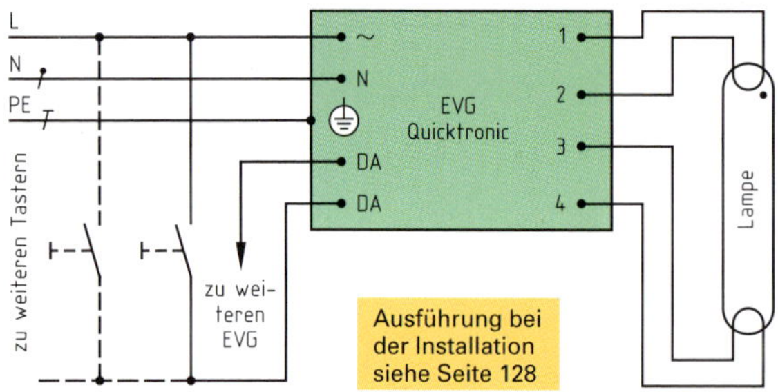 Ausführung bei der Installation siehe Seite 128 **Touch DIM für DALI**		Beim DALI-System (von Digital Addressable Lighting System) ist die Elektronik des Tastdimmers in das elektronische Vorschaltgerät EVG Quicktronic integriert. Dadurch ist die Ansteuerung für Schalten (kurzes Betätigen) oder für Dimmen (langes Betätigen) durch einfache Taster möglich. Für große Anlagen ist ein Steuergerät vorgesehen, über das maximal 64 Betriebsgeräte ansteuerbar sind. www.dali-ag.org www.dali-ag.org/c/manual_german language.pdf www.osram.com, www.zumtobel.at

Dimmertypen

Art der Last mit Lastsymbol		Dimmertyp mit Dimmersymbol				
		Standard R	NV-Anschnitt R, L	Abschnitt R, C	Universal R, L, C	Drehzahl Ⓜ
Glühlampen 230 V	R	×	×	×	×	○
NV-Halogenlampen dimmbarer Trafo Typ L	L	○	×	○	×	○
NV-Halogenlampen Typ C	C	○	○	×	×	○
NV-Halogenlampen Elektronik-Trafo Typen L, C	L, C	○	×	×	×	○
Universalmotoren	Ⓜ	○	○	○	○	×

○ keine Übereinstimmung (nicht verwendbar), × Übereinstimmung (verwendbar)
beim Universaldimmer nicht für gleichzeitigen Anschluss von *L* und *C*.

Automatikwächter mit Wärmesensor Automatic Controller with Heat Sensor

Betriebsmittel

Benennung	Ansicht	Erklärung
Wärmesensor Automatikwächter Sendemodul Fernschaltmodul	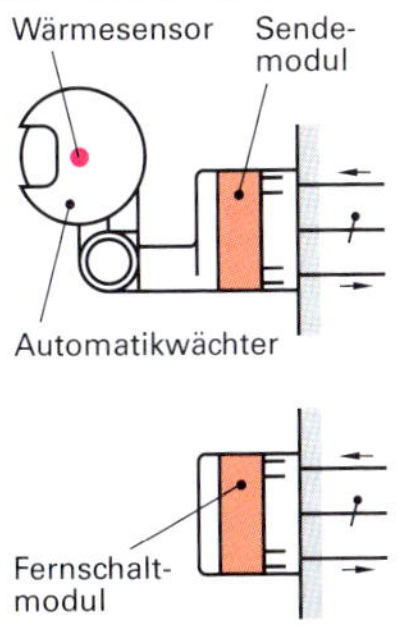	Der Wärmesensor im Inneren des Automatikwächters nimmt die durch eine Linse gebündelte Infrarotstrahlung, z. B. eines Menschen, auf und setzt sie in eine Spannung um, solange sich die Infrarotstrahlung ändert. Die verstärkte Spannung steuert einen Zeitschalter im Automatikwächter an. Der Automatikwächter schaltet eine Last ein, z. B. eine Lampe, wenn eine Änderung der Infrarotstrahlung eintritt. Die Abschaltung erfolgt verzögert nach Ende der Änderung. Das Sendemodul (Modul = Baugruppe) kann an den Automatikwächter angebaut werden. Es liefert die Schaltsignale des Automatikwächters mit etwa 120 kHz an das Lichtnetz. Das Fernschaltmodul wird an einer beliebigen Stelle des Lichtnetzes angeschlossen und empfängt dort die Signale des Sendemoduls. Es setzt diese in Schaltspannungen um, mit denen dort eine Last geschaltet wird.

Schaltungen

Schaltungsart	Übersichtsschaltplan	Stromlaufplan
Lampenschaltung mit Automatikwächter (siehe auch Seite 128)	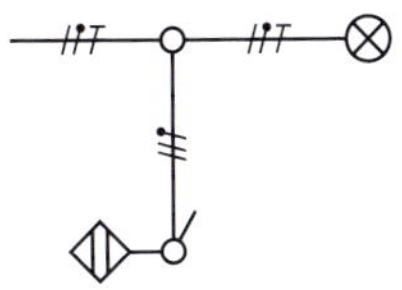	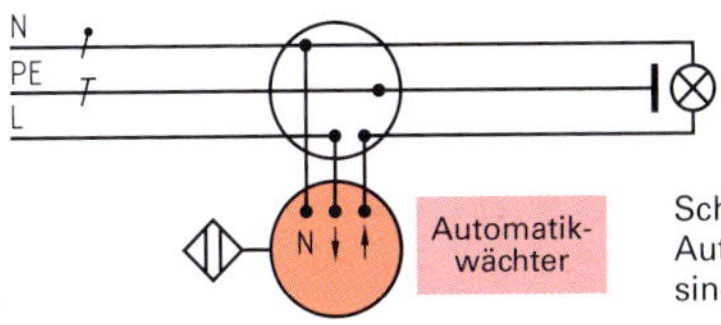 Schaltzeichen der Automatikwächter sind nicht genormt
Lampenschaltung mit Automatikwächter für EIN und Taster für AUS (siehe auch Seite 128)	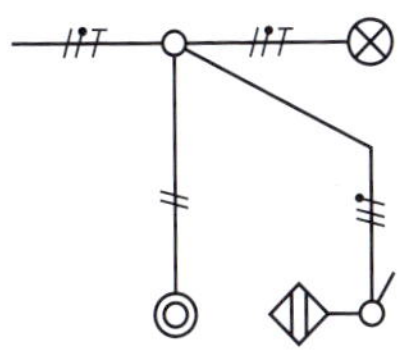	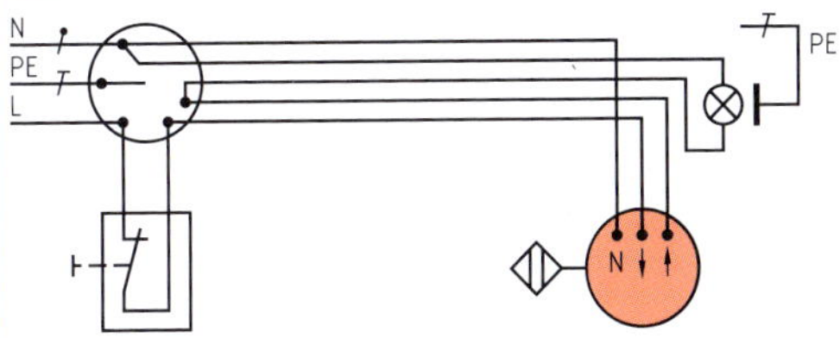
Kombination von Automatikwächter und Treppenlichtzeitschalter (siehe auch Seite 128)	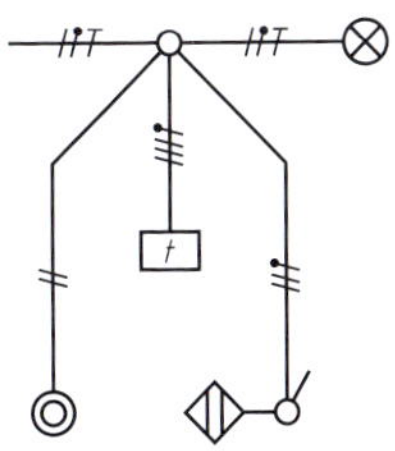	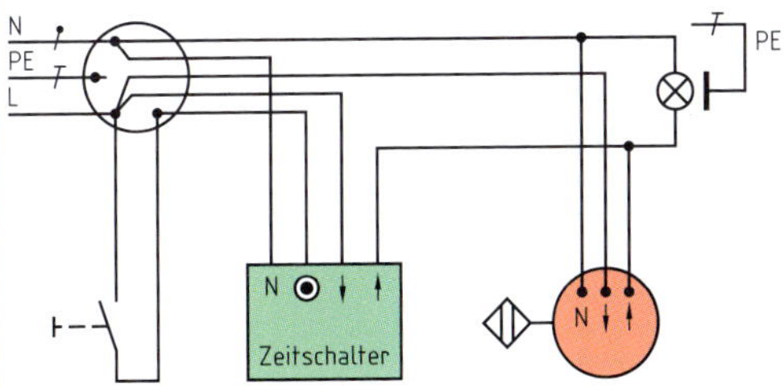
Schaltung mit mehreren Automatikwächtern (siehe auch Seite 128)	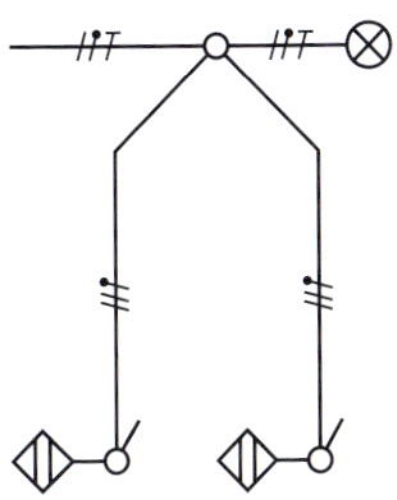	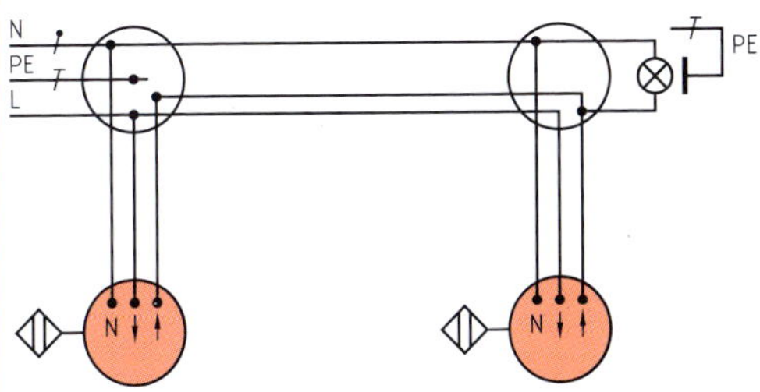

Automatikschalter mit Ultraschall-Bewegungssensor
Automatic Switch with Ultrasonic Motion Sensor

Betriebsmittel

Benennung: Bewegungssensor (Ultraschallsensor) mit Stromversorgung T1

Erklärung: Ein Generator speist mit etwa 33 kHz einen Lautsprecher für das Ultraschallsignal. Bei Reflexion an einem bewegten Körper tritt eine Frequenzänderung ein, die vom Mikrofon aufgenommen wird.

Schaltung:

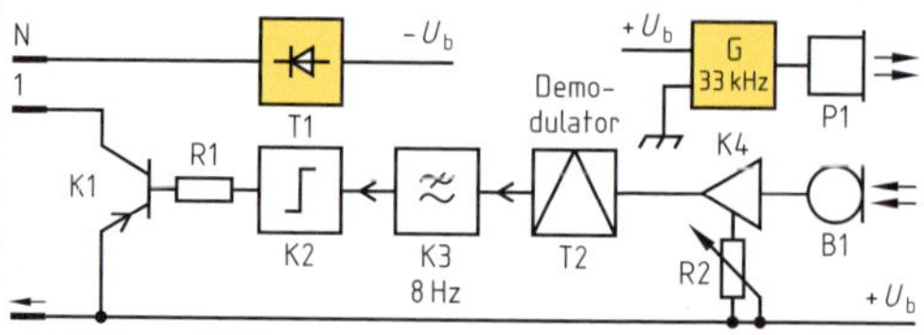

Benennung: Zeitschalter für Automatikschalter

Erklärung: Der Bewegungssensor B1 steuert den Zeitschalter an. Dieser enthält ein Monoflop, welches ein Schütz (beim Zeitschalter für Glühlampen und Leuchtstofflampen) oder einen Triac (beim Zeitschalter für Glühlampen) ansteuert.

Ausführung bei der Installation siehe Seite 128

Schaltung:

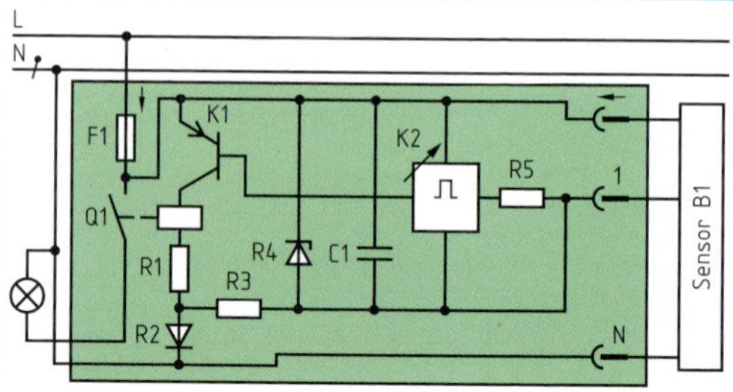

Schaltungen

Schaltungsart | Übersichtsschaltplan | Zusammenhängender Stromlaufplan

Ausschaltung mit Automatikschalter für Glühlampen (siehe auch Seite 128)

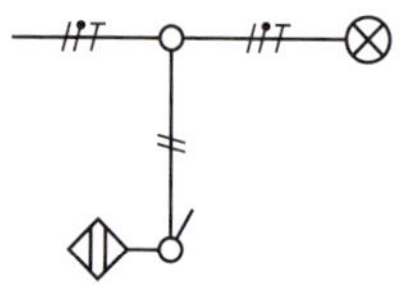

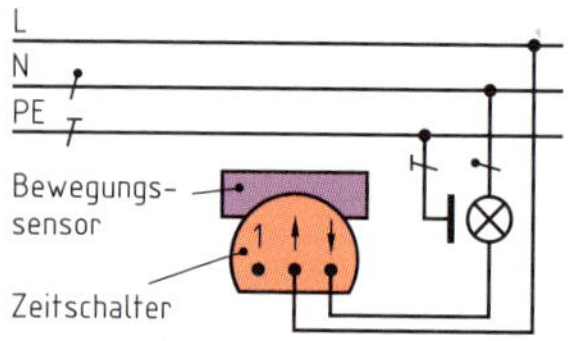

Der indirekte N-Leiteranschluss des Sensors über die Last ist nur bei Glühlampen möglich.

Wechselschaltung mit Automatikschalter für Glühlampen (siehe auch Seite 128)

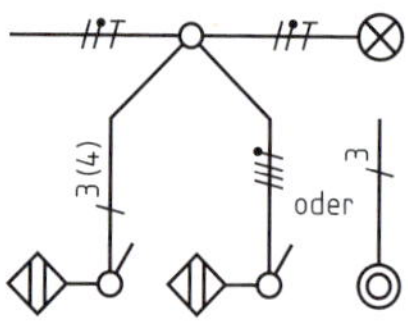

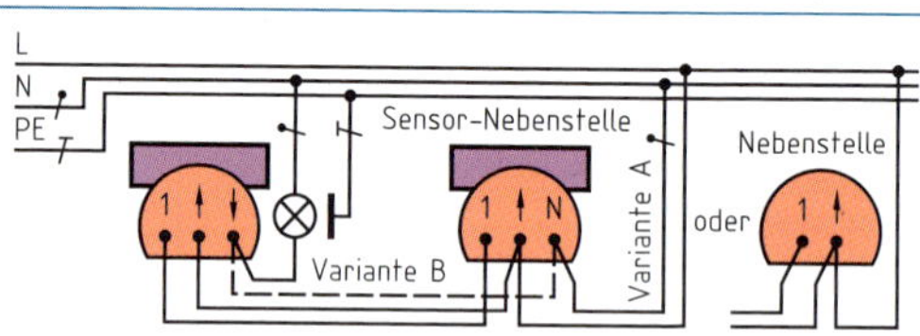

Ausschaltung mit Automatikschalter für Glühlampen und Leuchtstofflampen (siehe auch Seite 128)

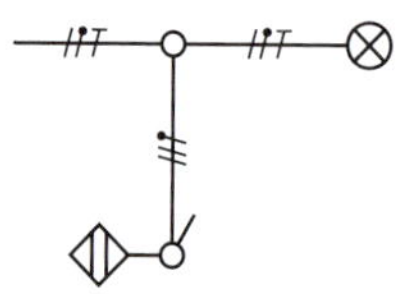

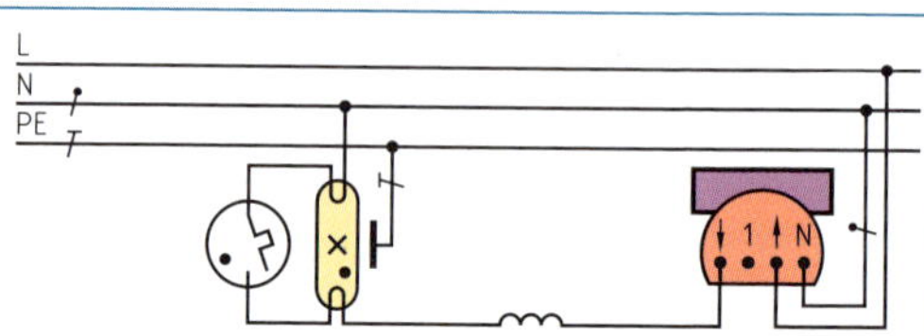

Kreuzschaltung mit Automatikschalter für Glühlampen und Leuchtstofflampen und zwei verschiedenen Nebenstellen (siehe auch Seite 128)

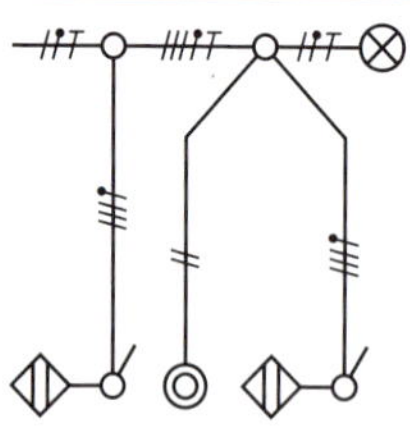

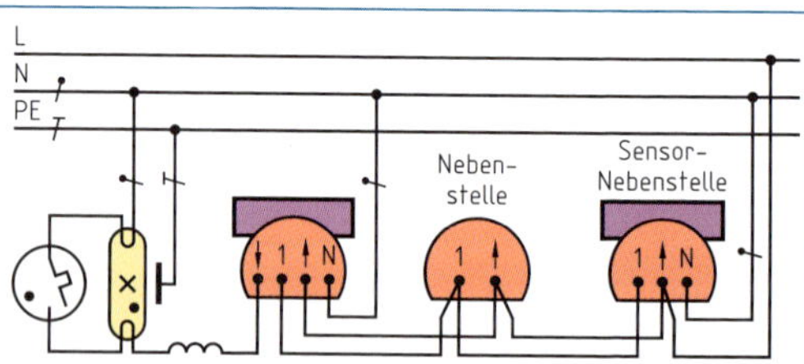

Elektroinstallation mit Niedervolt-Halogenglühlampen
Electrical Installation with Low-voltage Halogen Lamps

Betriebsmittel

Benennung	Erklärung	Prinzip, Wirkungsweise, Bemerkungen
50-Hz-Transformator, 230 V	Herabsetzung der Spannung auf die Betriebsspannung von 6 V, 12 V oder 24 V.	Wegen der großen Lampenstromstärken wird die Eingangsseite des Transformators in Reihe zum Schalter geschaltet. Gewöhnliche Dimmer können meist nicht verwendet werden.
Elektronischer Transformator (z. B. TRONIC-Transformator) Ausführung bei der Installation siehe Seite 128	Die 230-V-Spannung wird gleichgerichtet und danach mit etwa 40 kHz in wechselnder Richtung an die Eingangswicklung des eigentlichen Tranformators gelegt. Es entsteht eine mit 100 Hz modulierte Ausgangsspannung. Wegen der Induktivitäten von Last und Wandler folgt daraus ein fast konstanter Strom mit 40 kHz. Vorteil: Kleine Baugröße, keine Geräusche.	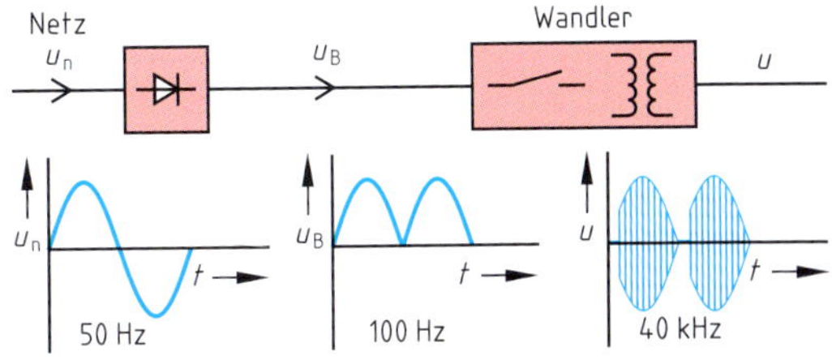 **Prinzip des TRONIC-Transformators**
NV-Halogen-Tastdimmer	Aufbau ähnlich wie beim normalen Tastdimmer, aber mit einer zusätzlichen RC-Beschaltung.	Durch die RC-Beschaltung wird der induktive Einfluss des Transformators für den Dimmvorgang ausgeglichen. Außerdem erhält der NV-Halogen-Tastdimmer wegen des Einschaltstromstoßes des Transformators und der Lampen eine träge Sicherung.
Elektronischer Dimmer (z. B. TRONIC-Dimmer)	Dieser Dimmer (Auschalter oder Wechselschalter) ist für die Ansteuerung der elektronischen Transformatoren geeignet. Dabei werden die 100-Hz-Abschnitte mit Abschnittsteuerung gesteuert.	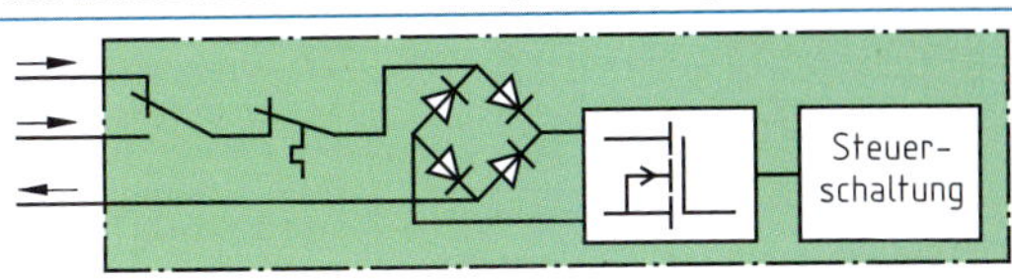 **TRONIC-Dimmer**

Schaltungen für NV-Halogenglühlampen

Schaltung	Übersichtsschaltplan	Zusammenhängender Stromlaufplan
Wechselschaltung mit NV-Halogen-Tastdimmer	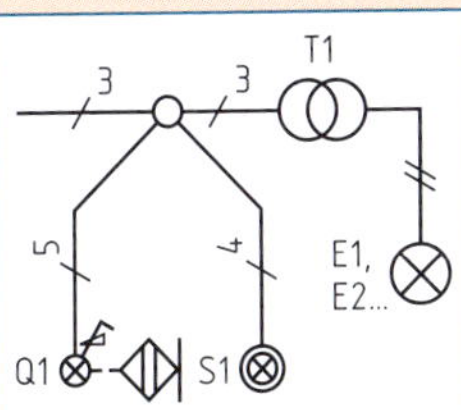	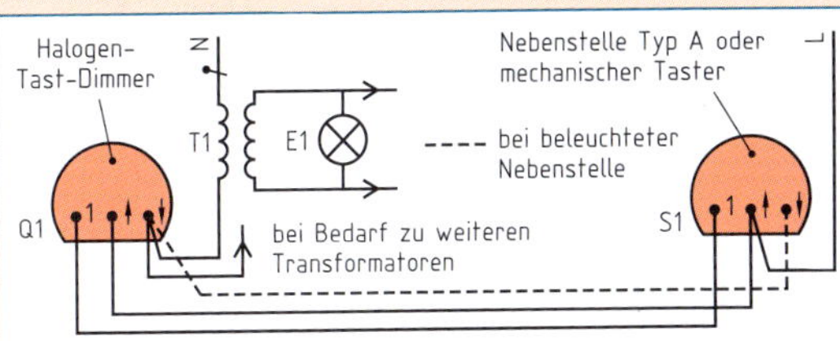
Ausschaltung mit elektronischem Transformator und elektronischem Dimmer (z. B. TRONIC-Transformator und TRONIC-Dimmer)	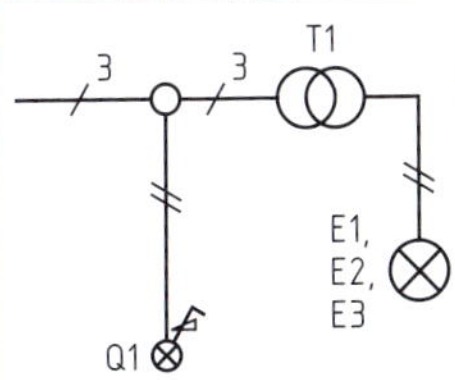	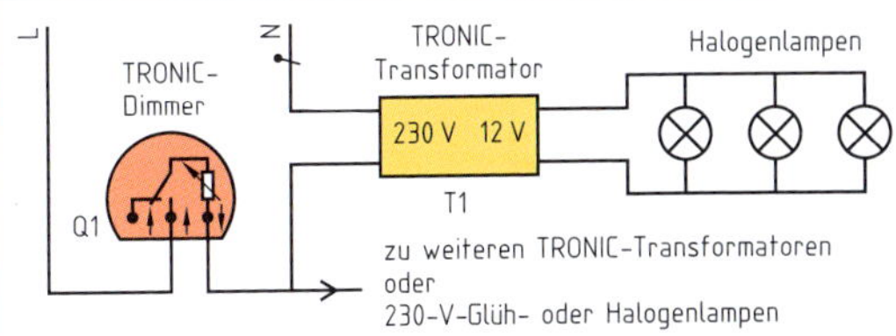
Kreuzschaltung mit elektronischem Dimmer und elektronischem Transformator (z. B. TRONIC-Dimmer und TRONIC-Transformator)	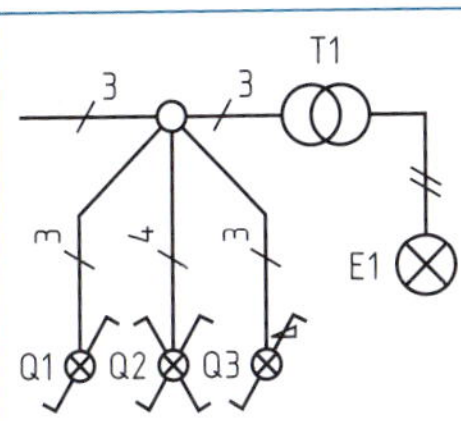	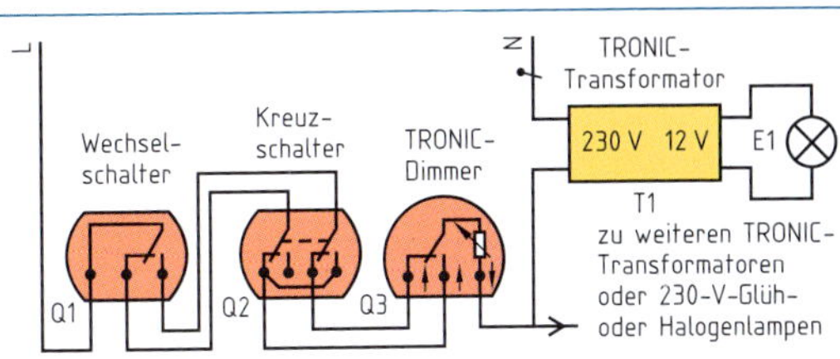

Feldarme Elektroinstallation Field-reducing Electrical Installation

Schaltung	Erklärung	Bemerkungen, Daten
Prinzip und Anlass		
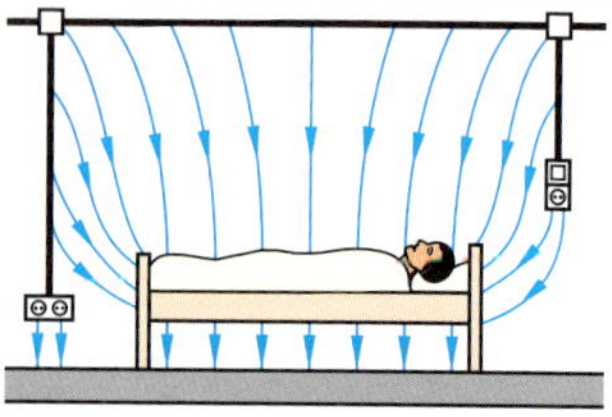 **Verformung des elektrischen Feldes durch ein Bett mit Metallteilen**	*Elektische Felder* treten um alle unter DC-Spannung oder AC-Spannung stehenden Leitungen auf (im Bild blau dargestellt). *Magnetische Felder* treten auf, sobald ein Strom fließt. *Elektromagnetische Felder* treten bei AC auf. Sie haben einen E-Anteil und einen H-Anteil. *Metallteile*, besonders Eisen, beeinflussen den Feldverlauf.	Die bei DC auftretenden *Gleichfelder* treten in der Natur auch ohne elektrischen Strom auf, z. B. durch das Magnetfeld der Erde. Deshalb haben sich die Menschen im Laufe der Entwicklung an sie ohne Schaden gewöhnt. *Wechselfelder* durch AC sind stets künstlich hervorgerufen und viele Menschen befürchten eine Schädigung.
Netzabkopplung		
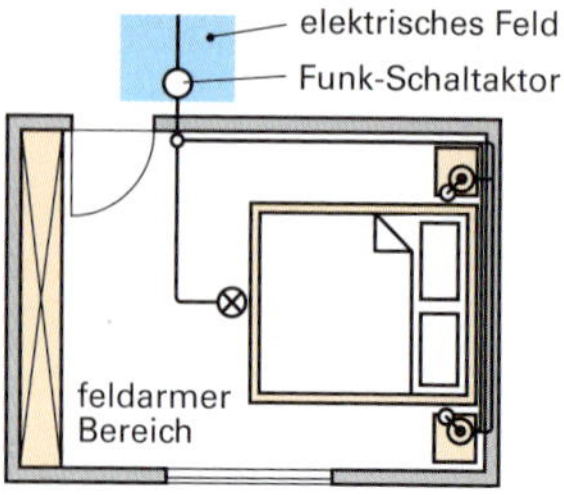 **Feldarme Elektroinstallation mittels Funksteuerung**	E-Felder werden durch geschirmte Leitungen und geschirmte Abzweigdosen vermieden (siehe Maßnahmen gegen EMI, Seite 252). H-Felder können bei 50 Hz kaum vermieden werden. Die Wirkung der Felder auf den Menschen ist am ehesten beim Schlafen zu befürchten. Wirksam ist in Ruheräumen die allpolige Abschaltung der Anlage des Raumes, z. B. durch einen Funk-Schaltaktor außerhalb des Raumes **(Bild)**.	Zur Steuerung des Schaltaktors ist ein Handsender zu verwenden (Seite 153). Das Sendesignal tritt nur ganz kurz auf. Die Stromversorgung erfolgt über eine Batterie mit niedriger DC-Spannung oder batterielos durch DC-Erzeugung des Handsenders bei Betätigung der Steuertasten, z. B. durch Piezo-Tasten. Der Handsender verringert den Komfort der Anlage, da er beim Einschalten im Dunkeln gefunden werden muss. www.berker.de, www.gira.de
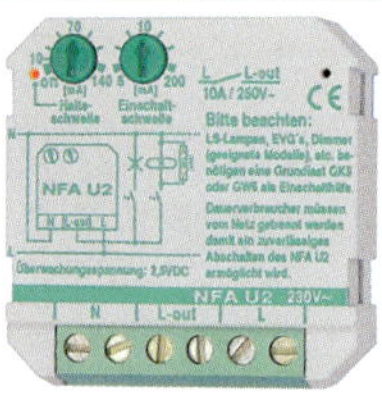 **Netzfeld-Abschaltautomat**	Einen höheren Komfort als die Funksteuerung bietet die Netzabkopplung mittels *Netzfeld-Abschaltautomat*, auch genannt *Netzabkoppler*. Dieser wird in gleicher Weise wie der Funk-Schaltaktor angeordnet. Er arbeitet ohne Sender. Sobald alle Lasten abgeschaltet sind, schaltet er die Anlage ab.	Der Netzabkoppler NAK schaltet die Anlage ein, wenn ein beliebiger Schalter eine Last, z. B. die Nachttisch-Leuchte, einschaltet. NAK gibt es zum Aufschnappen auf die Hutschiene in der Verteilung oder zum Einbau in eine Abzweigdose. Einschaltschwelle und Halteschwelle sind in mA einstellbar. www.schalk.de
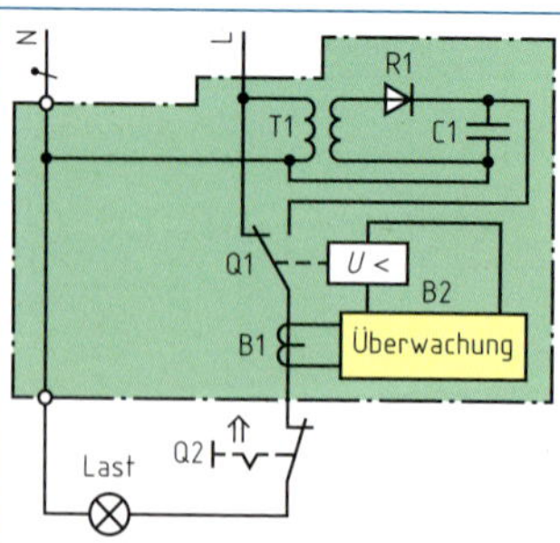 **Prinzipschaltung eines Netzfeld-Abschaltautomaten**	Der NAK enthält eine Schaltung B1B2, ein Unterspannungsrelais Q1 mit einem Wechsler und einen Gleichrichter R1C1 **(Bild)**. B1 erfasst den Laststrom und erzeugt in B2 eine Spannung. Sinkt der Laststrom unter die *Halteschwelle* von z. B. 7 mA, so ist die Spannung von B2 so klein, dass Q1 schaltet. Jetzt liegt von R1C1 her die *Überwachungsspannung* an den Lastschaltern. Werden diese betätigt, übersteigt der DC die *Einschaltschwelle* von z. B 10 mA und K1 schaltet die Last ein.	Netzabkoppler trennen die Anlage, z. B. bei Reparaturen der Installation, nicht vom Netz. **Typische Daten** Einstellbereiche für Halteschwelle und Einschaltschwelle 5 mA bis 220 mA, maximale Verzögerungszeiten für Abschalten 3 s, für Einschalten 0,3 s, Überwachungsspannung DC 2,5 V Betriebsspannung AC 230 V, maximaler Laststrom AC 16 A, Schaltglieder: 1 Schließer. www.schalk.de

AC Wechselstrom, Wechselspannung
DC Gleichstrom, Gleichspannung
E- elektrisch, z. B. E-Feld = elektrisches Feld
EMI elektromagnetische Störung
H- magnetisch, z. B. H-Feld = magnetisches Feld
NAK Netzabkoppler, Netzfeld-Abschaltautomat

Gebäudeleittechnik und Gebäudesystemtechnik
Building Management and System Engineering for Buildings

Prinzipbild, Benennung	Erklärung	Bemerkungen, Daten
Gebäudeleittechnik		
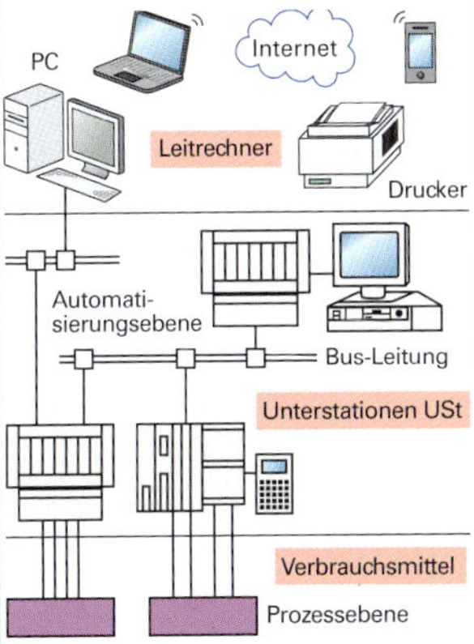 **Anlage mit Gebäudeleittechnik**	Bei der Gebäudeleittechnik befindet sich ein Leitrechner (PC, SPS) in einer Zentrale, an die über einen Bus Unterstationen mit weiteren Computern angeschlossen sind. Der Leitrechner überwacht und steuert die Automatisierungsebene. Die Computer der Automatisierungsebene überwachen und steuern die Verbrauchsmittel. Der Leitrechner kann mit den anderen Computern mittels Switch z. B. über eine Glasfaserleitung, eine Twisted Pair-Leitung oder Wireless verbunden sein. Die Computer der Automatisierungsebene und der Prozessebene können Aufgaben dieser Ebenen oft selbstständig lösen.	Ein Leitrechner dient insbesondere auch zur statistischen Auswertung der Sensor-, Aktordaten, z. B. für die Energieverbrauchsabrechnungen. Die Verbrauchsmittel der Prozessebene (Sensoren, Aktoren) sind vielfach an einen Feldbus der Gebäudesystemtechnik angeschlossen. Die Trennung Gebäudeleittechnik, Gebäudesystemtechnik ist oft unscharf. Über Inernetkommunikation ist das Überwachen von Gebäudeanlagen inkl. Fernwartung aus weiter Entfernung möglich. Interessant sind derartige zentrale Systemstrukturen für Brandmeldeanlagen, Videofernüberwachungen. www.spicher-gmbh.de; www.eckelmann.de
Gebäudesystemtechnik		
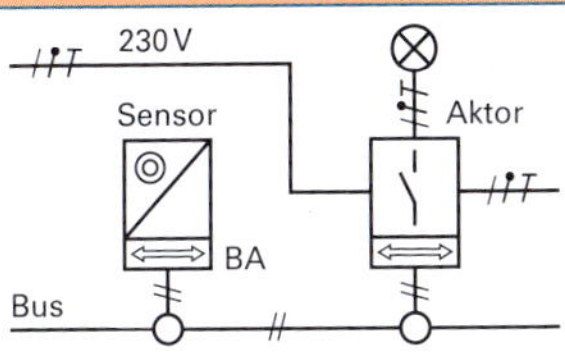 **KNX-TP**	Bei der Gebäudesystemtechnik sind die Sensoren, z. B. Taster, und die Aktoren, z. B. Schütze, mittels Mikrocontrollern so intelligent, dass kein Leitrechner erforderlich ist. Beim KNX-TP gelangen die Steuersignale vom Sensor über eine Busleitung zum Aktor mit SELV von DC 20 V bis 30 V. KNX von Konnex Association, TP von Twisted Pair.	Der Busankoppler BA enthält den Mikrocontroller und eine Eingangsschaltung. Der Bus ist an eine Stromversorgungseinheit, meist ein REG (Reiheneinbaugerät), angeschlossen. Die Stromversorgung der BA erfolgt über eine vieradrige Leitung, von der aber für die KNX-Anlage nur zwei Adern verwendet werden (siehe folgende Seiten).
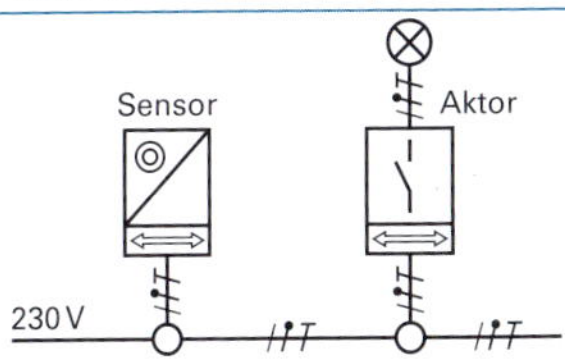 **KNX-PL**	Beim KNX-PL (PL von Power Line) erfolgt die Signalübertragung von den Sensoren zu den Aktoren über das 230-V-Netz, ebenfalls die Stromversorgung der Mikrocontroller über eigene Netzteile. Vom Steuerteil der Sensoren und Aktoren wird die Wechselspannung des 230-V-Netzes durch Bandsperren fern gehalten.	Die Signalübertragung vom Sensor zum Aktor erfolgt durch ein spezielles FSK-Verfahren (Frequenzumtastung). Nicht möglich ist KNX-PL bei Sicherheitsanwendungen, z. B. in Krankenhäusern, und in Netzen mit geringer Frequenzkonstanz oder Spannungskonstanz sowie zur Signalübertragung zwischen verschiedenen Abnehmeranlagen.
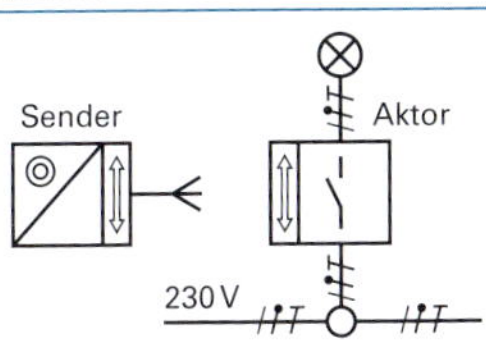 **KNX-RF**	Beim KNX-RF-Bus (Radio Frequency) ist jeder Aktor nur an das 230-V-Netz angeschlossen, welches auch die Stromversorgung für den Mikrocontroller sicherstellt. Die Steuersignale erhalten die Aktoren über Funk z. B. von einem Handsender (Seite 153). Funkfrequenz z. B. 868 MHz. Sensoren oft auch batteriebetrieben, Meldung über Funk.	Eine spezielle Codierung der Steuersignale soll eine Beeinflussung durch andere Signale des 230-V-Netzes, z. B. Rundsteueranlagen, verhindern. Trotzdem sollte diese Art der Gebäudesystemtechnik nicht bei Sicherheitsanlagen verwendet werden.
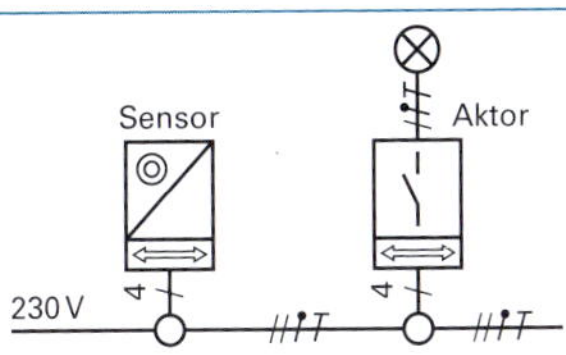 **LCN (Local Control Network)**	Bei LCN wird der N-Leiter der 230-V-Leitung, die aber eine zusätzliche Ader haben muss, gleichzeitig als Busleitung verwendet. Dabei erfolgt der Datentransport über die zusätzliche Datenader und den Neutralleiter. Alle Module (Sensoren und Aktoren) besitzen für den Mikrocontroller eine eigene Stromversorgungseinheit.	An ein Universal-Schaltmodul können ein Verbrauchsmittel, z. B. eine Lampengruppe, und mehrere Befehlsgeräte, z. B. Taster, angeschlossen werden. Bis zu 250 Module können über die drei Anschlüsse Außenleiter, Neutralleiter und Datenleiter zu einem Segment vebunden werden.

Linien und Bereiche beim Installationsbus KNX-TP
Lines and Areas in a KNX-TP System

Netzform, Schaltung	Erklärung
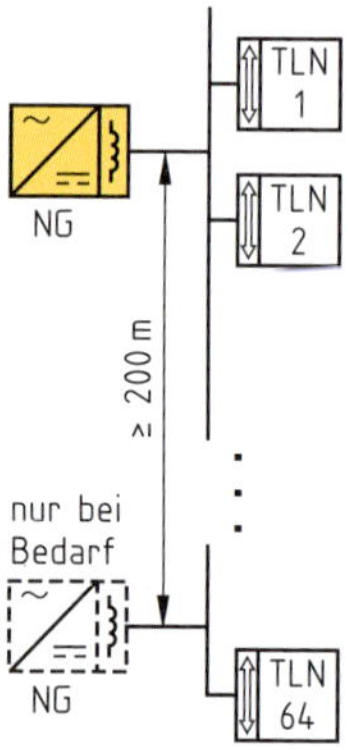 **Linie beim KNX-TP** 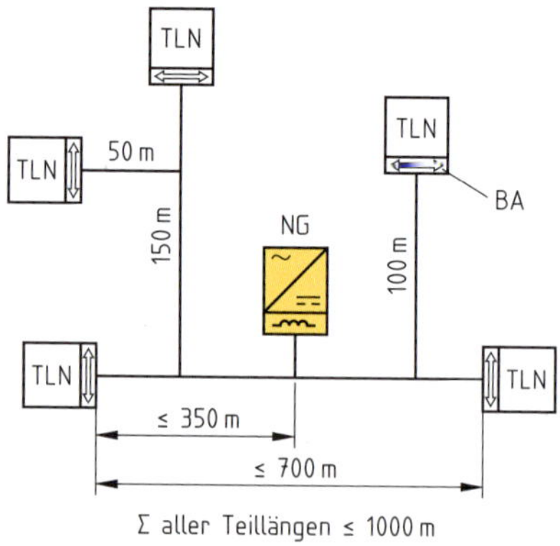 **Leitungslängen bei einer Linie**	KNX-TP (von Konnex Association Twisted Pair) ist Standard für weitere Bus-Systeme, z. B. EHS (European Home System). Die Linie ist Grundeinheit einer KNX TP-Anlage **(Bild)**. Spannungsversorgung: Meist ein Netzgerät (Spannungsversorgungseinheit) je Linie, bei Bedarf auch zwei Netzgeräte. Teilnehmer: Sensoren und Aktoren. Teilnehmerzahl je Linie: Maximal 64 (bei Neuanlage nur 50 wegen Erweiterungsmöglichkeit ansetzen). **Hinweis:** Die Daten des KNX-TP bezüglich Leitungslängen und Teilnehmerzahlen sind je nach Version verschieden. Die hier angegebenen Zahlenwerte geben also nur einen Hinweis auf die Größe.
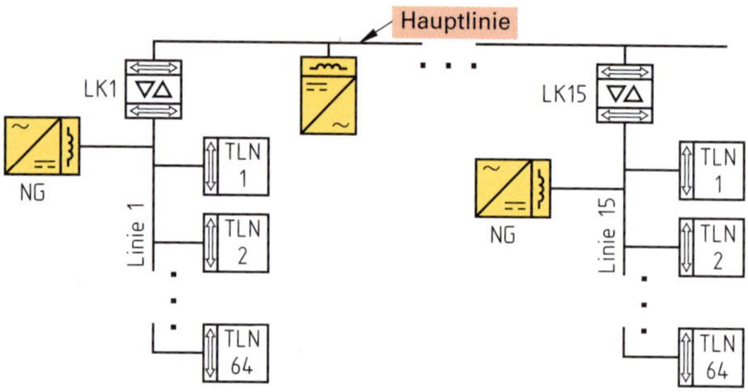 **Verbindung von Linien zu Bereichen**	Über Koppler und Hauptlinie können bis 15 Linien zu einem Bereich verbunden werden **(Bild)**. Spannungsversorgung der Koppler: Eigenes Netzgerät der Hauptlinie. Teilnehmeranzahl eines Bereichs: ≤ 15 · 64 = 960 Sensoren oder Aktoren. Die Grenze von 64 Teilnehmern je Linie ist einzuhalten. Bei Neuanlagen wegen Erweiterungsmöglichkeit nur ≤ 15 · 50 = 750 ansetzen. Kopplerbezeichnung: Linienkoppler. **Hinweis** oben beachten.
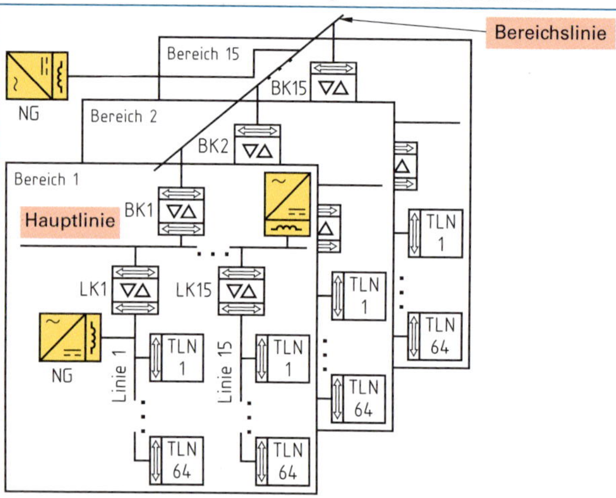 **Verbindung der Bereiche bei einer Großanlage**	Mittels Koppler und Bereichslinie können bis 15 Bereiche zusammengefasst werden **(Bild)**. Spannungsversorgung der Koppler: Eigenes Netzgerät der Bereichslinie. Teilnehmeranzahl: ≤ 64 · 15 · 15 = 14 400 Sensoren oder Aktoren. Bei Neuanlagen sollten nur 50 Teilnehmer je Linie wegen der Erweiterungsmöglichkeit angesetzt werden. Kopplerbezeichnung: Bereichskoppler (es handelt sich um dasselbe Gerät wie beim Linienkoppler). Aufgabe der Koppler: Verbindung der Linien bzw. der Bereiche und je nach Parametrierung der Koppler Filterung der Signale (Weiterleiten oder Sperren). **Hinweis** oben beachten.

BA Busankoppler, BK Bereichskoppler, KNX von Konnex Association, LK Linienkoppler, NG Netzgerät (Spannungsversorgungseinheit), TLN Teilnehmer (Sensor oder Aktor), TP Twisted Pair.

Schaltzeichen des KNX Circuit Symbols for KNX

Schaltzeichen	Benennung
Basisgeräte	
	Spannungsversorgung SV
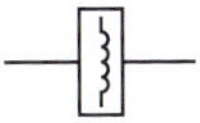	Drossel DR
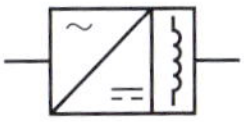	Netzgerät NG, Spannungsversorgung mit Drossel
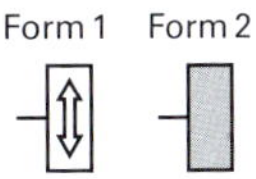	Busankoppler
	Verbinder
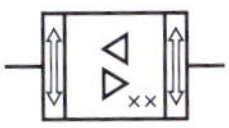	Linienkoppler LK, Bereichskoppler BK, Linienverstärker LV, xx: LK, BK od. LV
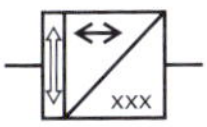	Schnittstelle xxx ersetzen durch COM, USB, RS 232, IP
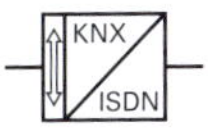	Netzkoppler KNX zu ISDN
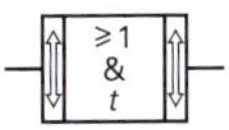	Logikbaustein
Sensoren	
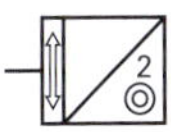	Tastsensor, z.B. Taster mit 2 Schließern
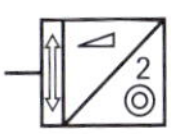	Dimmsensor, z.B. 2 Kanäle
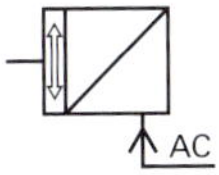	Allgemeiner Sensor mit Hilfsspannung, z.B. AC
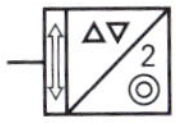	Jalousiesensor, z.B. 2 Kanäle
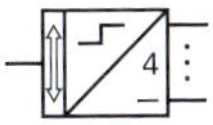	Binärsensor, z.B. 4 Kanäle, z.B. für DC
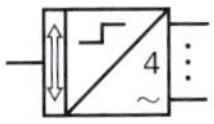	Binärsensor, z.B. 4 Kanäle, z.B. für AC
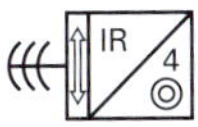	IR-Sender für Batteriebetrieb, z.B. 4 Kanäle
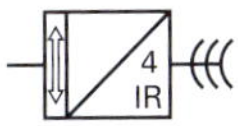	IR-Empfänger/Decoder, z.B. 4 Kanäle
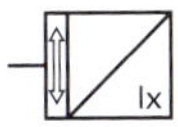	Helligkeitssensor
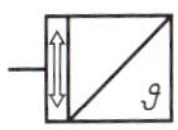	Temperatursensor
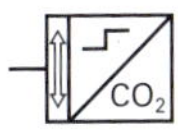	Rauchmelder
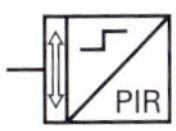	Bewegungsmelder (Passiv Infrarot)
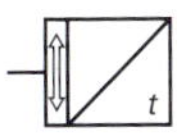	Zeitsensor, Uhr
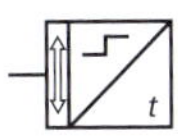	Zeitwertschalter, Zeitschaltuhr
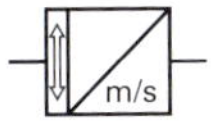	Windgeschwindigkeitssensor
Aktoren	
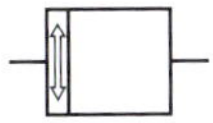	Aktor, allgemein
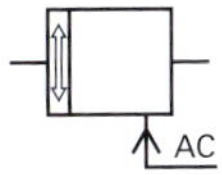	Aktor mit Hilfsspannung
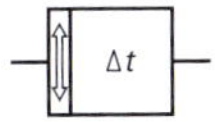	Aktor mit Zeitverzögerung
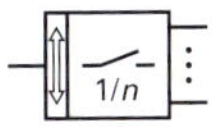	Schaltaktor, Schaltgerät, Binärausgang *n* Kanäle, nicht potenzialfrei
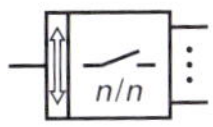	Schaltaktor, *n* Kanäle, potenzialfrei
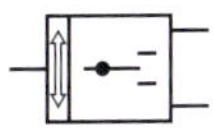	Jalousieaktor, Jalousieschalter, 2 Kanäle
	Dimmaktor, Schalt-/Dimmaktor
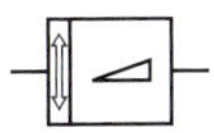	Analogaktor
Sonstige Elemente	
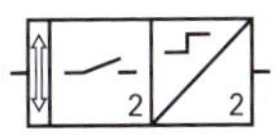	Schaltgerät mit z.B. Binäreingang, Binärausgang, z.B. 2 Kanäle
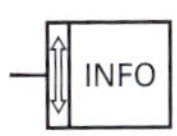	Anzeigeeinheit, Informations-Display

Systemkomponenten zum KNX-TP Components of KNX-TP Systems

Ansicht	Aufgaben	Daten
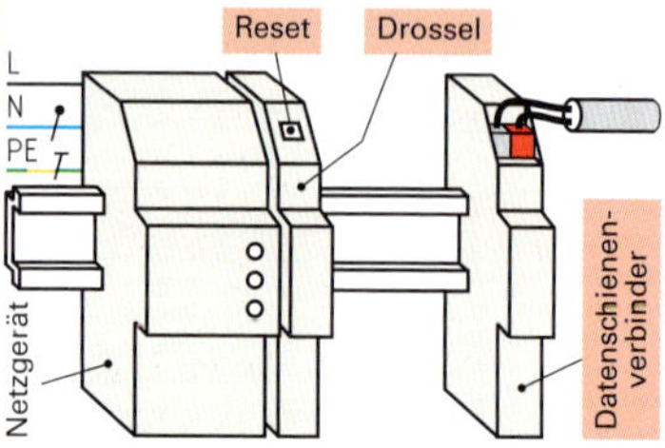 **Basisgeräte zum KNX-TP**	**Netzgerät** Bereitstellung von SELV DC 28 V + 2 V **Drossel** Sperren des Netzgerätes für die Wechselspannung der Bussignale.	**Netzgerät** AC 230 V, 23 VA Bemessungsstrom DC 320 mA oder 640 mA Kurzschluss-Strom ≤ 1,5 A **Drossel** DC 24 V, 500 mA Kurzschluss-Strom ≤ 1,5 A KNX von Konnex Association www.knx.de
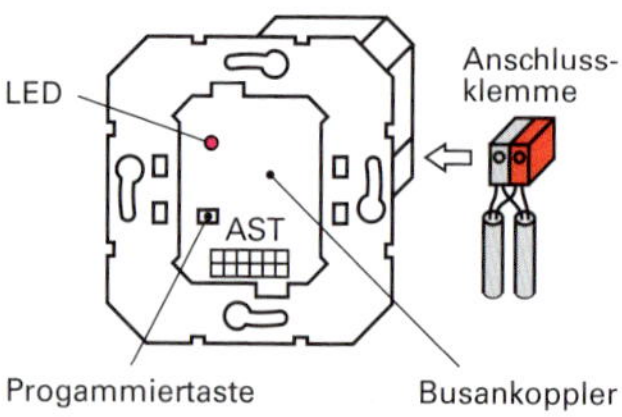 **Beispiel einer Datenschiene**	Stellt Verbindung zwischen KNX-TP und Anwendungsmodul (Endgerät) her. Anwendungsmodul kann Sensor oder Aktor sein. Mit Hilfe der Programmiertaste wird die physikalische Adresse übernommen.	Von DC 20 bis 30 V (je nach Entfernung vom Netzgerät), max. 150 mW Anschluss über Anschluss- und Abzweigklemme. Eingang von DC 20 V bis DC 30 V. Ausgang DC 5 V + 0,4 V, DC 24 V (+6 V/– 4 V) ≤ 50 mW.
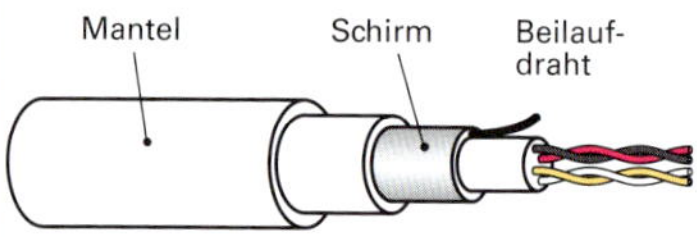 **Busleitung**	Aufgabe 1. Übertragung der Betriebsspannung für die Teilnehmer. 2. Übertragung der Signale zwischen den Teilnehmern.	IY (ST) Y 2 x 2 x 0,8 oder YCYM Y 2 x 2 x 0,8 rote Ader +, schwarze Ader –. Weitere 2 Adern (weiß, gelb) zur sonstigen Verwendung.
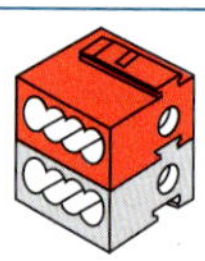 **Anschluss- und Abzweigklemme**	Verbindungsklemme zwischen Busleitungen und zwischen Busleitung und Busankoppler oder Einbaugerät. Roter Teil für rote Ader, schwarzer Teil für schwarze Ader.	Je 4 Steckklemmen bis ∅ 0,8 mm. www.wago.com
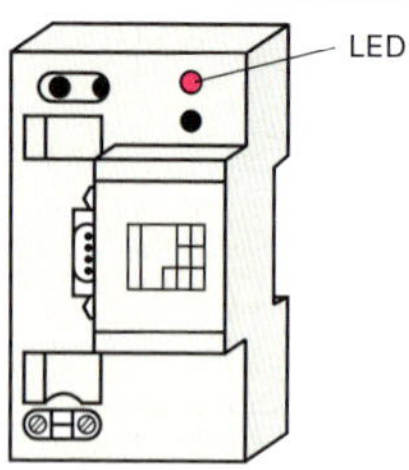 **Datenschnittstelle, z. B. V.24**	Stellt Verbindung zwischen KNX-TP und PC, z. B. Laptop (Notebook), her. Wird gebraucht zur Programmierung, Parametrierung, Adressierung und Diagnose der KNX-TP-Geräte. Enthält Busankoppler. Moderne Laptops haben häufig keine V.24-Schnittstelle und sind dann auf USB-Datenschnittstelle oder Konverter angewiesen.	Anschluss über V.24-Schnittstelle, USB-Schnittstelle oder TCP/IP-Schnittstelle (RJ-45-Stecker). REG (Reiheneinbaugerät) zum Aufschnappen auf Hutschiene. Von DC 20 V bis DC 30 V (je nach Entfernung vom Netzgerät), ≤ 150 mW. Eine andere Ausführung ist ein Unterputzgerät.
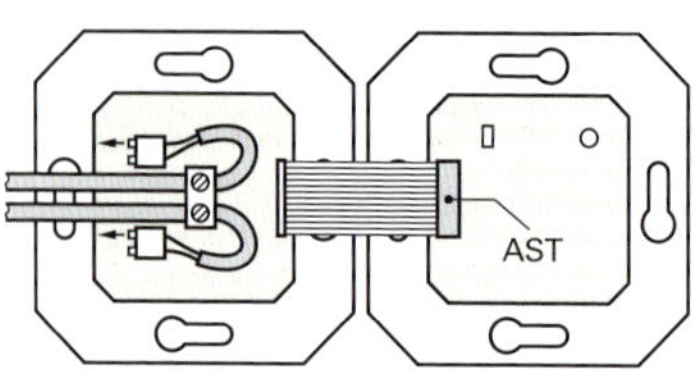 **Schaltaktor UP** **BA UP**	Der Schaltaktor und ein Busankoppler BA UP (UP von unter Putz) werden nebeneinander montiert. Der Schaltaktor empfängt über den BA Telegramme und schaltet mit seinem Relais zwei Lasten unabhängig voneinander. Meist ist der Busankoppler BA im Schaltaktor eingebaut, so dass sie als gemeinsames Gerät in einer Schalterdose Platz haben.	Versorgung über KNX-TP: DC 20 V bis 30 V, max. 150 mW. Anschluss über Flachbandleitung an Anwendungsschnittstelle AST des BA. Versorgung über Netz: AC 24 V bis 250 V. 2 Ausgänge mit Schließern, 6 A, Federsteckklemmen 1,5 mm², Schaltleistung 1000 W Glühlampen.

Spezielle Aktoren und Systemgeräte für den KNX-TP
Special Actuators and System Devices for the KNX-TP

Ansicht, Schaltung	Erklärung	Daten, Bemerkungen
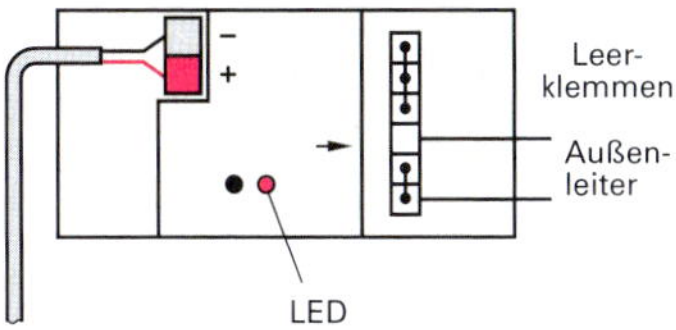 **Dimmaktor EB**	Der Dimmaktor empfängt Telegramme über den KNX-TP und schaltet oder dimmt den Ausgang. Für NV-Halogenlampen sind elektronische Transformatoren, z.B. TRONIC-Transformatoren, erforderlich, für Leuchtstofflampen elektronische Vorschaltgeräte EVG. Erweiterbar mit TRONIC-EB-Leistungszusatz (EB von Einbaugerät).	Versorgung über KNX-TP: DC 20 V bis 30 V, max. 150 mW. Anschluss: Busklemme. Versorgung über Netz: AC 230 V, Verlustleistung < 4 W. Anschluss: Klemmleiste 2,5 mm^2. Bemessungsstrom 0,91 A, Schaltleistung 210 W, Glühlampen oder NV-Halogenlampen mit TRONIC-Trafo.
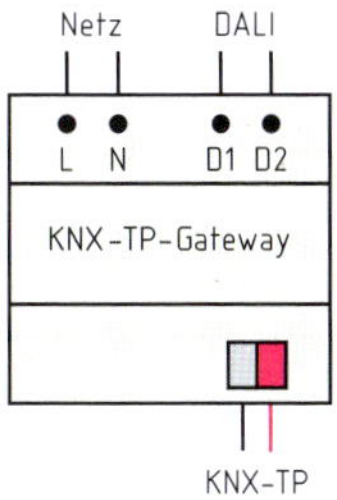 **Gateway**	Das Gateway empfängt Telegramme über den KNX-TP und setzt sie für Lampenschaltungen (Schalter, Dimmer, elektronische Vorschaltgeräte für LEDs und Leuchtstofflampen etc.) mit DALI-Schnittstelle nach IEC 62386 (Digital Addressable Lighting Interface) um.	DALI ist eine Schnittstelle der Beleuchtungstechnik. DALI • hat maximal 64 Teilnehmer, • versorgt mit max. 250 mA die Teilnehmer, • ist eine verpolungssichere 2-Draht-Schnittstelle, • hat max. 300 m Leitungslänge, • lässt beliebige Topologie zu, • arbeitet mit 16 ± 6 V = FELV, • kann über NYM-J 5 x 1, 5 angeschlossen werden.
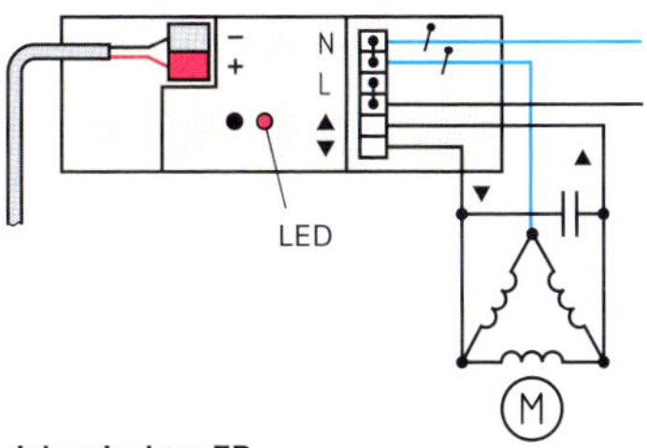 **Jalousieaktor EB**	Der Jalousieaktor empfängt Telegramme über den Bus und schaltet dementsprechend einen Jalousiemotor, z.B. einen Drehstrommotor in Steinmetzschaltung. Ein Jalousieaktor ohne Elektronik darf nur *einen* Jalousiemotor ansteuern. Es gibt elektronische Jalousieaktoren für die Ansteuerung von bis zu vier Jalousiemotoren. Die Ansteuerung des Jalousieaktors erfolgt z.B. mit Sensortaster.	Versorgung über KNX-TP: DC 20 V bis 30 V, max. 150 mW. Anschluss: Busklemme. Versorgung über Netz: AC 230 V, 10 A, Verlustleistung etwa 2,5 VA und < 1 W. Anschluss: Steckklemme 2,5 mm^2. Schalter: Wechsler, Schaltleistung max. 1000 VA für AC-Jalousiemotor.
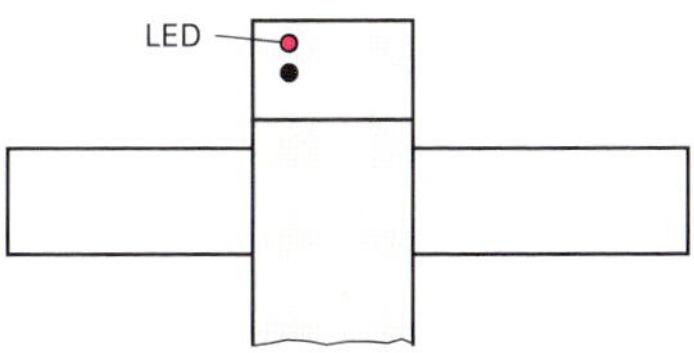 **Verknüpfungsgerät (Kontroller)**	Das Verknüpfungsgerät empfängt digitale Signale in Telegrammform über den KNX-TP, wertet diese entsprechend der programmierten logischen Verknüpfung (AND, NAND, OR, NOR, XOR, XNOR) aus und sendet das Ergebnis über den KNX-TP weiter.	Versorgung über KNX-TP: DC 24 V bis 30 V, typisch 150 mW. Befestigung durch Aufschnappen auf eine Hutschiene. Je nach Applikation sind Verknüpfungen mit 1, 2, 3 oder 4 binären Elementen möglich.
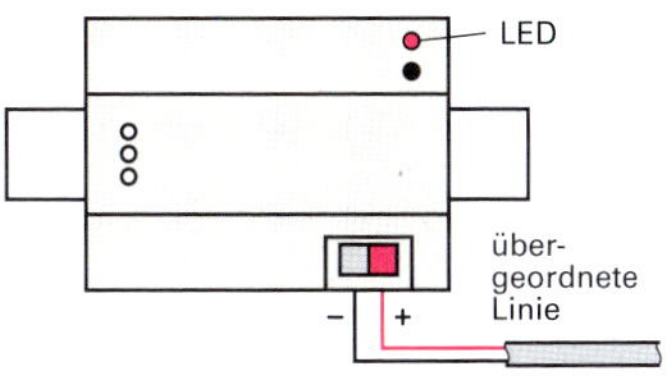 **Linien-/Bereichskoppler**	Der Linien- und Bereichskoppler verbindet als Linienkoppler jede der maximal 16 Linien mit der Hauptlinie oder als Bereichskoppler jeden der maximal 16 Bereiche mit der Bereichslinie. Für jede Linie ist eine eigene Spannungsversorgungseinheit erforderlich.	Versorgung über KNX-TP: DC 20 V bis 30 V, untergeordnete Linie 200 mW, übergeordnete Linie 15 mW. Anschluss untergeordnete Linie über Datenschiene, übergeordnete mit Steckklemme 0,8 mm^2. Je nach Parametereinstellung werden Telegramme weitergeleitet, gesperrt oder durch eine Filtertabelle ausgewählt.

AC Wechselstrom, DC Gleichstrom, EB Einbaugerät, KNX Bus von Konnex-Association, LED Licht emittierende Diode, TP Twisted Pair.

Sensoren für den KNX-TP Sensors for the KNX-TP

Ansicht	Erklärung	Daten, Bemerkungen
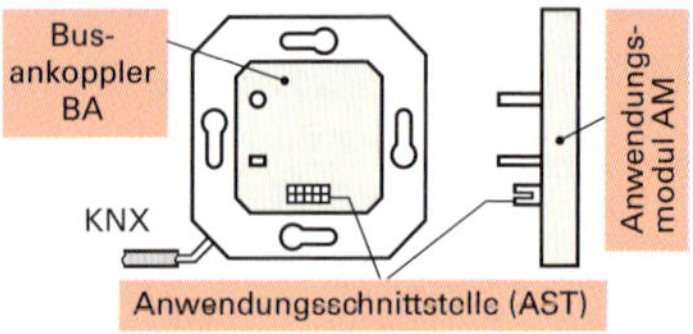 **Aufbau der Sensortaster ST** 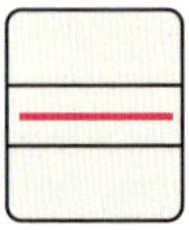 **ST einfach** 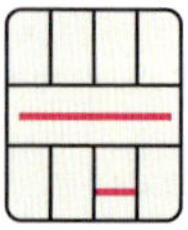 **ST vierfach**	Der Sensortaster ST entsteht durch Aufstecken des AM auf den BA. Je nach AM gibt es 1-fach-, 2-fach- und 4-fach-Sensortaster. Jedes Element besteht aus zwei Schaltwippen und ermöglicht zwei Schaltvorgänge, z.B. oben EIN, unten AUS. Bei jeder Tastenbetätigung wird ein Telegramm gesendet. Das können Telegramme zum Schalten, Dimmen, Ansteuern von Jalousieaktoren und zum Abrufen oder Abspeichern von Lichtszenen (Beleuchtungseinstellungen) sein.	Versorgung über KNX-TP mit DC 20 V bis 30 V, max. 150 mW, Anschluss an BA mit 2 x 5-poliger Stiftleiste. Befestigung durch Aufschnappen an BA. LED grün Betriebsanzeige, LED rot Funktionsanzeige, z.B. Statusanzeige (Zustandsanzeige). Adressen und Zuordnungen meist je bis 10. Der ST steuert einen Aktor, z.B. Schaltaktor, mit einem Telegramm an. Dieser quittiert den richtigen Eingang. Dadurch leuchtet die Funktionsanzeige auf.
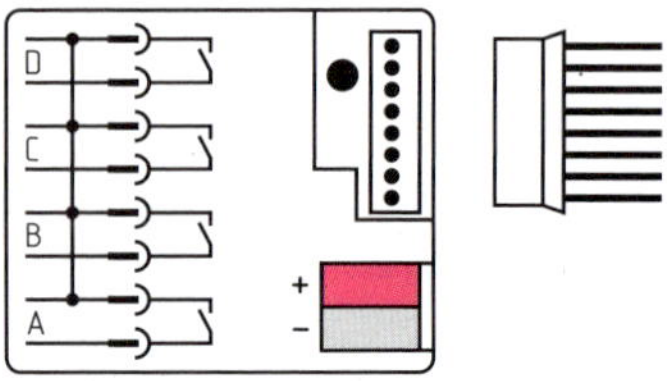 **Tasterschnittstelle**	Dieser Binärsensor erkennt an seinen vier unabhängigen Eingängen Signale von potenzialfreien Kontakten, die mit der KNX-TP-Spannung versorgt werden. Die freien Kontakte werden zyklisch (aufeinander folgend) durch Spannungsimpulse abgefragt.	Versorgung über KNX-TP mit DC von 20 V bis 30 V, Aufnahme 108 mW, 4,5 mA. Signalspannung: Impulse mit 20 V, Dauer 1 ms, alle 8 ms. Signalstrom je Kanal 1 mA. Eingangsleitung von 280 mm darf nicht verlängert werden. Je nach Parametrierung werden steigende oder fallende Flanken des Signals verarbeitet.
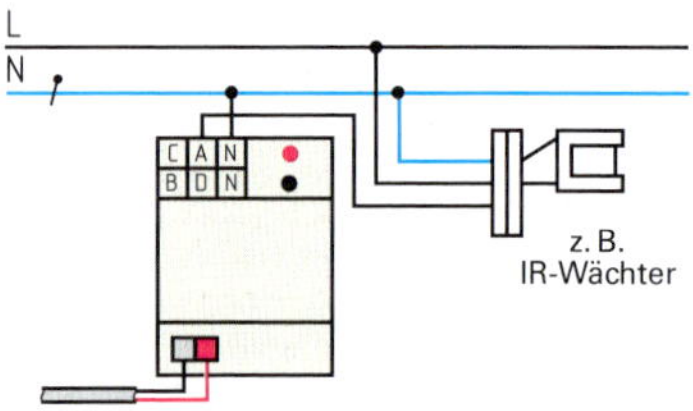 **Binäreingang vierfach als REG**	Der Binäreingang (Binärsensor) setzt Flanken von Schaltsignalen mit Spannungen von AC 230 V in Telegramme um. Das Gerät dient zum Anschluss konventioneller Schalter, die eine Spannung von AC 230 V steuern. Es können verschiedene Außenleiter angeschlossen werden. Der BA ist Bestandteil des Gerätes.	Versorgung über KNX-TP mit DC von 20 V bis 30 V, typisch 150 mW, Anschluss über Datenschiene. 4 Signaleingänge mit 0-Signal von AC 0 V bis 100 V und 1-Signal von AC 198 V bis 253 V. Signalstrom etwa 4 mA im Dauerbetrieb. Anschluss der Schalterleiter mit Steckklemmen.
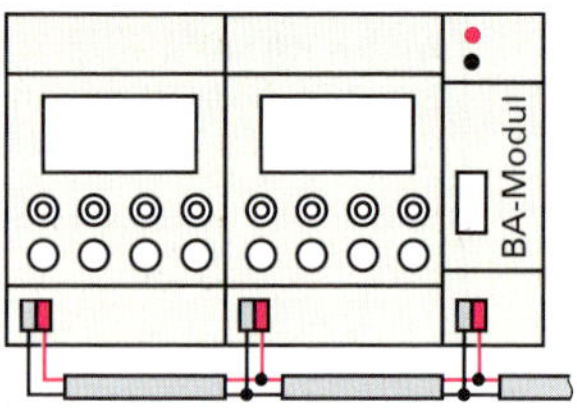 **Schaltuhren (Zeitsensoren)**	Beim Erreichen einer der eingegebenen Schaltzeiten oder durch Tastendruck wird ein Telegramm auf den KNX-TP gesendet. Die Schaltuhren werden über seitliche Steckanschlüsse mit einem BA-Modul verbunden. An das BA-Modul können bis 4 Kanäle angeschlossen werden.	Versorgung über KNX-TP mit DC von 20 V bis 30 V, typisch 150 mW, Anschluss über 2 x 5-poligen Steckanschluss des BA-Moduls. Bei 1-Kanal-Uhr bis je 8 Einschaltzeiten und Ausschaltzeiten, bei 4-Kanal-Uhr bis je 332 Einschaltzeiten und Ausschaltzeiten. Gangreserve 150 Stunden.
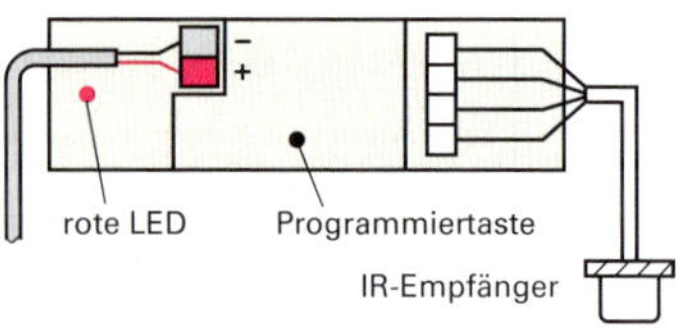 **IR-Schaltsensor**	Der IR-Schaltsensor gibt je nach geladener Software beim Empfang eines IR-Signals von einem IR-Handsender oder einem IR-Wandsender ein Telegramm auf den KNX-TP ab zum Schalten, Dimmen, Jalousieansteuern oder Abrufen einer Lichtszene.	Versorgung über KNX-TP mit DC 20 V bis 30 V, max. 150 mW. IR-Strahlung 950 nm, Übertragungsreichweite mit Handsender 12 m, mit Wandsender 10 m. Batterien für Handsender z.B. 4 x Micro AAA 1,5 V, für Wandsender Block 9 V.

AST Anwendungsschnittstelle, AM Anwendungsmodul (Endgerät), BA Busankoppler, KNX Bus von Konnex-Association, IR Infrarotstrahlung, REG Reiheneinbaugerät, ST Sensortaster (Tastsensor), TP Twisted Pair.

Aktoren für den KNX-TP Actuators for the KNX-TP

Ansicht, Schaltung	Erklärung	Daten, Bemerkungen
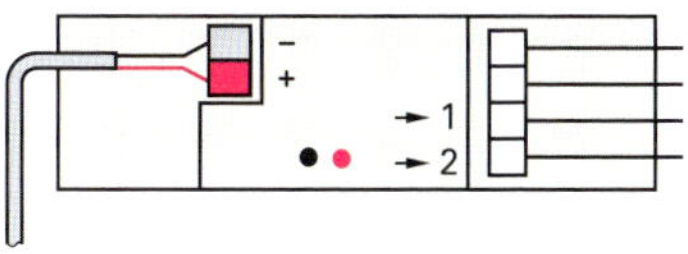 **Schaltaktor**	Der Schaltaktor empfängt Telegramme über den KNX-TP und schaltet mit zwei potenzialfreien Schließern die Last. Die Ausgänge können einschaltverzögert und ausschaltverzögert werden. Anschluss über Busklemme an den KNX-TP.	Ausgang: AC 230 V, 10 A, Verlustleistung < 1 W, Anschluss Klemmleiste 4 x 2,5 mm², Schaltleistung 2000 W Glühlampen, 1000 VA Leuchtstofflampen unkompensiert, 500 VA NV-Halogenlampen.
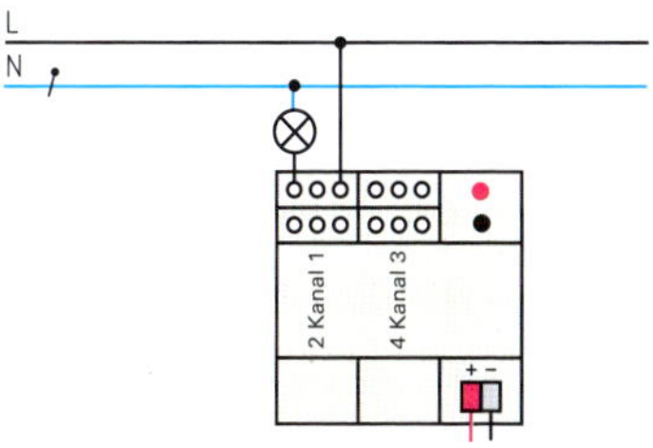 **Schaltaktor REG (Versorgung über KNX-TP)**	Der Schaltaktor empfängt die Telegramme über den KNX-TP und schaltet mit vier voneinander unabhängigen, potenzialfreien Kontakten die Lasten. Jeder Ausgang kann als Öffner oder Schließer arbeiten. Die Ausgänge können auch über einen Kontroller zwangsgeführt werden, z.B. zum Lastabwurf. www.gira.de	Versorgung über KNX-TP: DC von 20 V bis 30 V, max. 150 mW. Anschluss über schraublose Klemmen Ausgang: AC 230 V (90 V bis 264 V), 6 A (mindestens 10 mA), Anschluss mit Steckklemmen bis 2,5 mm². Schaltleistung 1000 W Glühlampen, 500 W Leuchtstofflampen unkompensiert, 1000 W in Duoschaltung.
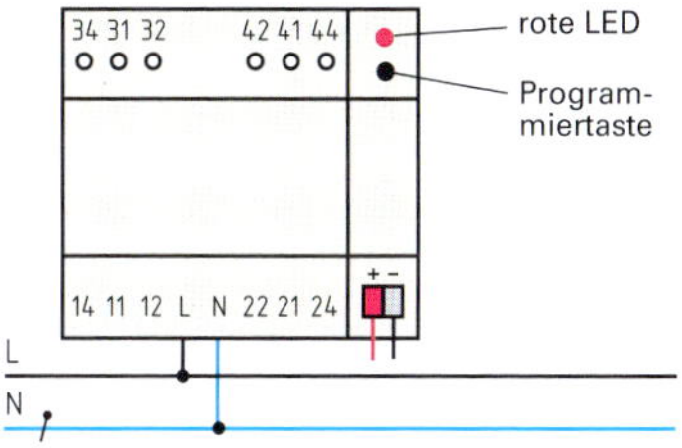 **Schaltaktor REG (Versorgung vom Netz)**	Der Schaltaktor empfängt Telegramme über die Bus-Leitung und schaltet über potenzialfreie Wechsler, z.B. 11–12, die Lasten. LED rot Programmier-LED, LED grün Betriebsanzeige, LED gelb Statusanzeigen. www.merten.de	Versorgung über KNX-TP: DC 20 V bis 30 V, typ. 150 mW. Versorgung über Netz: AC 230 V (± 10%), 50 Hz, etwa 2 VA. Anschluss Buchsenklemmen 2,5 mm². Ausgang: bis 4 Wechsler, AC 230 V, 10 A. Schaltleistung: 1500 W Glühlampen, 20 x 58 W unkompensierte Leuchtstofflampen.
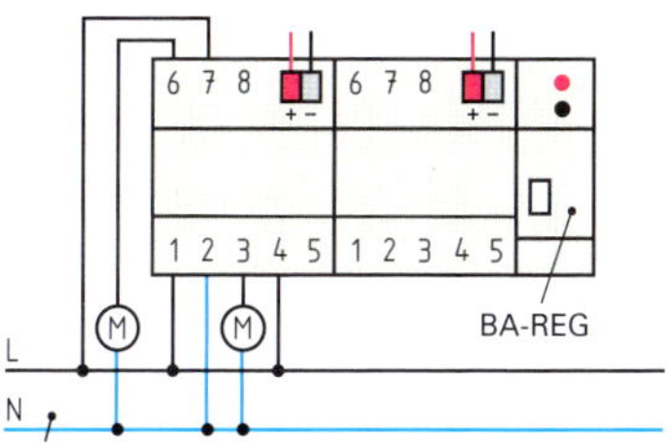 **Schaltaktormodul mit BA-Modul**	Das Schaltaktormodul muss mit einem BA-REG betrieben werden. Es empfängt über die KNX-TP-Leitung Telegramme und schaltet unabhängig voneinander über potenzialfreie Relais zwei Lasten, z.B. Motoren. Ein weiteres Aktormodul kann angeschlossen werden. www.abb.de	Versorgung über KNX-TP: DC 20 V bis 30 V, typ. 150 mW. Anschluss über AST. Versorgung über Netz: AC 230 V (± 10 %), 50 Hz, 10 A, etwa 2,5 VA. 2 Ausgänge mit potenzialfreien Schließern. Schaltleistung 2300 W Glühlampen, 900 W Leuchtstofflampen unkompensiert, 1500 W Leuchtstofflampen-Duoschaltung, 500 VA NV-Halogen.
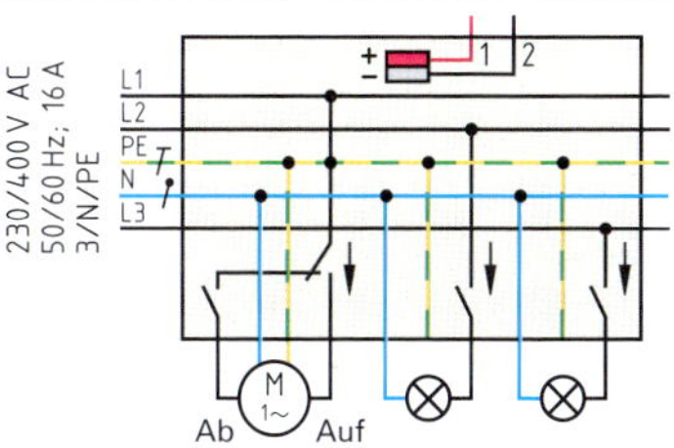 **Mehrfachschaltaktor AP**	Der Schaltaktor empfängt Telegramme vom KNX-TP über die Busanschlussklemme und seinen BA und schaltet über zwei Schaltausgänge und einen Jalousiemotor-Ausgang die Lasten mit AC 230 V. Die Aufteilung auf drei Außenleiter ist dabei möglich. www.berker.de	Versorgung über KNX-TP: DC 20 V bis 30 V, max. 150 mW. Anschluss: Besonderer Steckverbinder. Versorgung über Netz: AC 230 V oder 3 AC 400 V, 50 Hz bis 60 Hz. Anschluss: Besonderer Steckverbinder. Ausgang: 2 Schließer, 1 Jalousieausgang, AC 230 V, 6 A. Schaltleistung: 1000 W Glühlampen, 500 W Leuchtstofflampen unkompensiert.

AC Wechselstrom, AP Aufputz, AST Anwendungsschnittstelle, BA Busankoppler, DC Gleichstrom, EB Einbaugerät, KNX Bus von Konnex-Association, LED Licht emittierende Diode, NV Niedervolt (Niederspannung), REG Reiheneinbaugerät, TP Twisted Pair.

Installationsbus mit FSK-Steuerung KNX-PL KNX-Powerline

Prinzipdarstellung	Erklärung

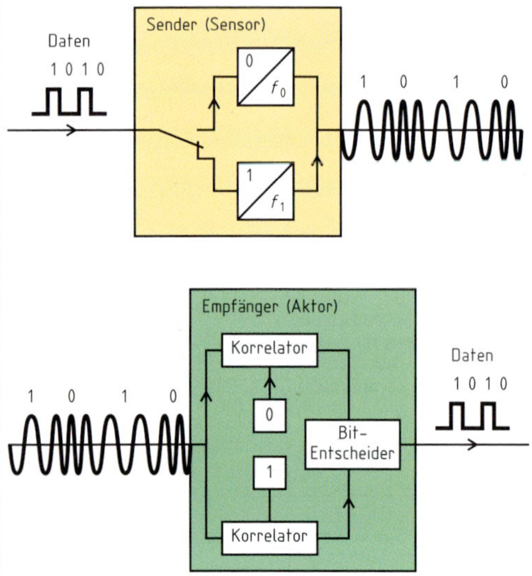

Signalübertragung beim KNX-PL

Beim Installationsbus mit FSK-Steuerung (von Frequency Shift Keying = Frequenzumtastung), KNX-PL sind wie beim KNX-TP die Teilnehmer (Sensoren und Aktoren) so „intelligent", dass sie miteinander in Verbindung treten können. Im Gegensatz zum KNX-TP mit Busleitung ist keine Busleitung vorhanden. Die Teilnehmer sind nur mit dem 230-V-Netz verbunden. Die Stromversorgung aller Teilnehmer erfolgt aus dem 230-V-Netz. Ein besonderes Netzgerät ist also nicht erforderlich. Sonst ist der Netzaufbau mit Linien und Bereichen wie beim KNX-TP mit Busleitung. Beim KNX-PL können unter günstigen Bedingungen z. B. acht Bereiche zu 16 Linien mit je 256 Teilnehmern betrieben werden. Es wird aber empfohlen, jedes KNX-PL auf wenige Tausend Teilnehmer zu beschränken.

Alle Teilnehmer (Sensoren und Aktoren) enthalten einen Bandpass für den Bereich von etwa 104 kHz bis 118 kHz, der die Netzspannung mit 50 Hz von ihnen fernhält. Die Sensoren enthalten einen Generator, der beim Datenbit 0 eine Frequenz von 105,6 kHz und beim Datenbit 1 aber 115,2 kHz abgibt. Die Netzankoppler der Aktoren bilden aus den Impulspaketen die Datensignale. Eine spezielle Schaltung (Korrelator) erkennt und berichtigt durch Störungen beschädigte Bitfolgen.

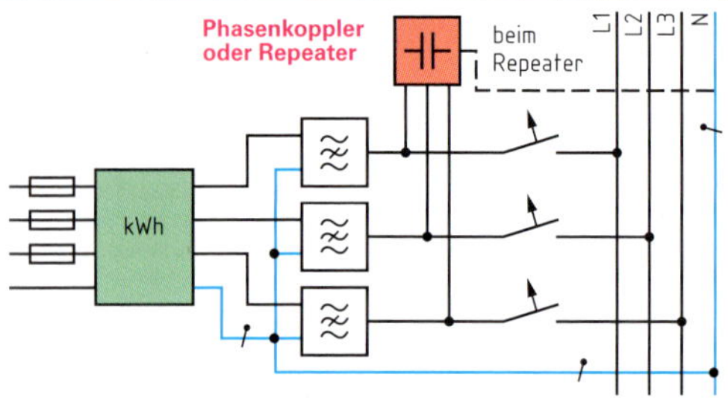

Anschluss der Bandsperren und Phasenkoppler bzw. Repeater

Wegen der kleinen Leistung der Generatoren müssen zum öffentlichen Netz hin Bandsperren für die Signalfrequenzen (105,6 kHz und 115,2 kHz) eingebaut werden. Die Außenleiter der Abnehmeranlage müssen durch Phasenkoppler (Bandpässe) oder durch Repeater (siehe Seite „Komponenten der Datennetze") verbunden sein, weil Außenleiter auf verschiedene Stromkreise verteilt sind. Bei Repeatern können mehr Geräte oder längere Leitungen zwischen den am weitesten entfernten Teilnehmern verwendet werden als bei Phasenkopplern. Bandsperren, Phasenkoppler und Repeater sind Reiheneinbaugeräte REG zum Aufschnappen auf die Schienen der Verteilungen.

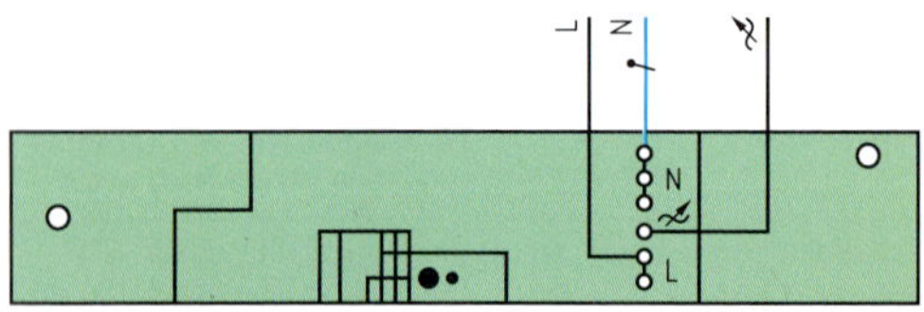

Anschluss eines Dimm-Aktors

Aktoren bei KNX-PL sind Reiheneinbaugeräte REG, Einbaugeräte EG oder AP-Geräte (Aufputzgeräte).

Die Parametrierung der Teilnehmer kann erfolgen

- über einen PC oder
- über ein spezielles Steuergerät (Controller).

Die Ankopplung an das Netz erfolgt dabei über eine Datenschnittstelle. Für die Parametrierung ist eine spezielle Software erforderlich.

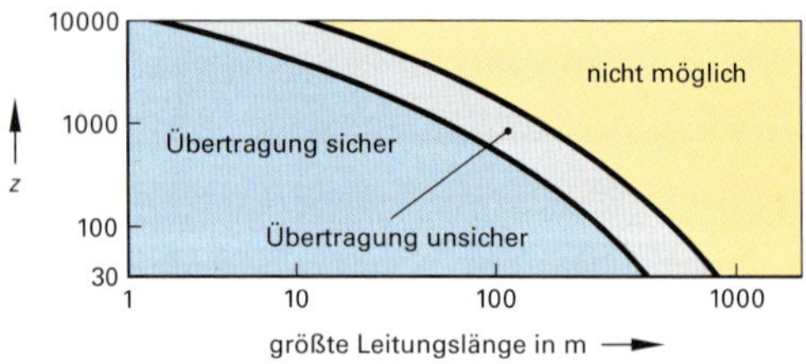

Maximale Belastungszahl z bei Anlage mit Phasenkoppler

Belastungszahlen *z* je Verbrauchsmittel

KNX-Geräte	1
Glühlampen	1
Elektrokleingeräte	10
HiFi-Geräte	10
Elektronische Trafos, EVG	50
Fernsehgerät	50
PC, Monitor	50

Die Belastungszahl z einer Anlage ist gleich der Summe der Belastungszahlen der Verbrauchsmittel der Anlage.

Projektierung und Inbetriebnahme beim KNX 1
Project Design and Startup of KNX 1

Ablauf	Erklärung	Bemerkungen, Darstellungen
ETS auf den PC installieren (falls noch nicht geschehen)	ETS (Engineering Tool-Software, früher EIB Tool Software) der KNX (Konnex-Association). Lieferung per Download. www.knx.org Installation erfolgt menügeführt, PC-abhängiger Lizenzschlüssel (Host-ID) oder PC-unabhängiger Lizenzschlüssel (Dongle) ist erforderlich.	Systemanforderungen für ETS4: CPU > 2 GHz, RAM > 2 GB, Festplattenspeicher > 20 GB, Monitor und Grafikkarte mit Auflösung 1024 × 768, sowie IP-Schnittstelle, Schnittstelle RS 232, Schnittstelle USB, Betriebssystem Windows.
Anlegen der Datenbank	Beim erstmaligen Start der ETS existiert noch keine Datenbank-Datei. Anlegen mit Button „Neu". Eingabe eines Namens für zu erstellende Datenbank und „OK". Gespeichert im Ordner „Databases" mit Endung „.mdf".	Aufgabenstellung: Ein Einfamilienhaus mit den Gebäudeteilen Keller, Erdgeschoss und Obergeschoss soll mit KNX ausgestattet werden. Die Beleuchtung Küche wird mit 2-fach-Tastsensor geschaltet (linke Wippe Deckenlicht, rechte Wippe Arbeitsplatzbeleuchtung, Ausgänge 1 und 2 des Schaltaktors). Beleuchtung im Flur ist zeitabhängig mit Tastern zu realisieren (Ausgang 3 des Schaltaktors und Eingang 1 des Binäreingangs). Mit Schalter im Schaltschrank ist die Flurbeleuchtung auf Dauerlicht schaltbar.
Einlesen der Produktdaten in die Datenbank	Produktdaten werden von Geräteherstellern als CD/DVD geliefert oder sind direkt aus dem Internet ladbar. Die erforderlichen Teile werden in die ETS-Produktdatenbank übernommen (importiert). Dies erfolgt über Menü „Kataloge", „Importieren" oder Schnellzugriff „Daten importieren" **(Bild)**.	 **Import der Produktdaten**
Projekt anlegen, Gebäudeansicht erstellen Topologie festlegen	Zuerst wird neue Kundendatenbank angelegt. Danach Anklicken „neues Projekt" oder „Projekte" und mit „+ Neu" Projektnamen vergeben, Medium (TP für Twisted Pair oder Powerline) und Gruppenadressansicht (frei, zweistufig, oder dreistufig) auswählen. Die Gebäudeansicht wird anhand der Baupläne erstellt. Im Beispiel Einfamilienhaus mit Keller, Erdgeschoss (EG) mit den Räumen Kochen, Wohnen, Essen, Flur, Gäste-WC und Obergeschoss (OG) mit den Räumen Bad/WC, Eltern, Kind 1, Kind 2, Treppenhaus. Im EG und OG jeweils ein Unterverteiler. Danach ist die Topologie (Bereich, Linie) zu erstellen **(Bild)**.	 **Bildschirmansicht bezgl. Gebäudeansicht**
Geräte einfügen mit zugehöriger Applikation (Anwendungsprogramm)	Erforderliche Busteilnehmer auswählen und einfügen über Symbolleiste oder das Kontextmenü. In beiden Fällen wird „+Hinzufügen Geräte" dafür benutzt. Im Beispiel sind: der 4-fach Schaltaktor → 2134.16 REG der 2-fach Tastsensor → 2072 NABS der 4-fach Binäreingang → 2114REG.	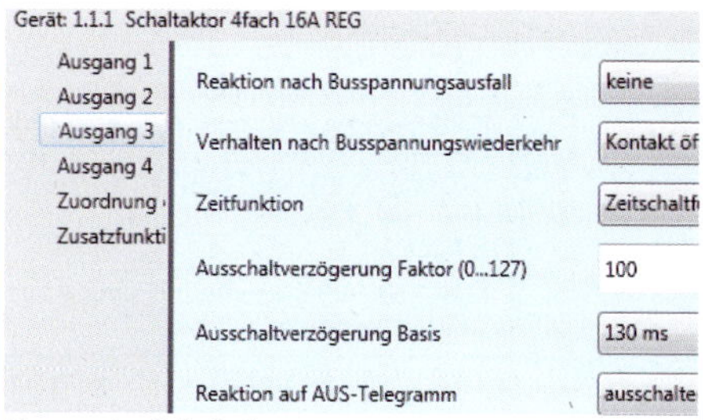
Geräte parametrieren	Parametrierung der Geräte mittels Kontextmenü (rechte Maustaste über „Gerät") oder Topologie-Ansicht über Reiter „Geräte", „Parameter" und „Inbetriebnahme". Notwendige Parametereinstellung für den 4-fach Schaltaktor nach **Bild**.	**Parameter Schaltaktor**

Projektierung und Inbetriebnahme beim KNX 2
Project Design and Startup of KNX 2

Ablauf	Erklärung
Gruppenadressen anlegen	Jede Schaltaufgabe bzw. Schaltfunktion erhält eine eigene Gruppenadresse (GA). Dazu in die GA-Ansicht wechseln. Über Kontextmenü oder Symbolleiste werden Hauptgruppen (HG), Mittelgruppen (MG) und Untergruppen (UG) festgelegt. Die im Beispiel verwendeten GA zeigt nebenstehendes **Bild**.
Gruppenadressen zuordnen	Die Zuteilung der GA zu den Kommunikationsobjekten der KNX-Geräte erfolgt menügeführt oder per Drag & Drop.
Geräte in Gebäudeansicht ziehen	Geräte den Räumen zuordnen mittels Drag & Drop. Der Tastsensor wird der Küche, der Binäreingang und der Binärausgang werden dem Unterverteiler zugeordnet **(Bild)**.
Projekt prüfen (Plausibilität)	Die Projektprüfung in „Diagnose" ermöglicht Versäumnisse, z.B. Geräte ohne aktualisierte Linie, Geräte ohne Gruppenadresszuweisung, sowie einseitige Gruppenadresszuweisung zu finden. Es kann jedoch keine logische Überprüfung der Anlage durchgeführt werden **(Bild)**.
Dokumentation erstellen	Die zum Projekt gehörige ETS-Datenbank wird auf CD, DVD, SD-Card oder USB-Stick kopiert.
Inbetriebnahme Programmierung der KNX-Geräte	Über den Button „Einstellungen" und Rubrik „Kommunikation" ist die Kommunikationsschnittstelle zu definieren **(Bild)**. Die zu programmierenden Geräte werden in der Topologie-Ansicht angezeigt. Die Auswahl der Geräte und der Start der Programmierung erfolgen über „Inbetriebnahme".
Physikalische Adresse Applikation zuweisen	Das Fenster „Laufende Operationen" wird aufgeklappt. Zuerst wird die physikalische Adresse programmiert (Programmierknopf des KNX-Gerätes drücken, **Bild**). Danach wird die Applikation im „Applikationsdownload" zugewiesen.
Partiell	Damit sind die KNX-Geräte programmiert. Mit „Partiell" können kleine Änderungen dem Teilnehmer mitgeteilt werden.
Funktionstest Ergänzungen	Nach der Programmierung muss der Funktionstest der Anlage durchgeführt werden. Hier kann es auch zu Änderungen der Parametereinstellung von KNX-Geräten kommen, z.B. Änderung der Einschaltzeit der Treppenhausbeleuchtung. Ebenso können Ergänzungen der Anlage auf Kundenwunsch erfolgen.
Online-Test	Eine KNX-Anlage kann nur online ausgetestet werden.
Dokumentation ergänzen	Zuletzt wird die Dokumentation ergänzt und dem Kunden übergeben.

Darstellungen

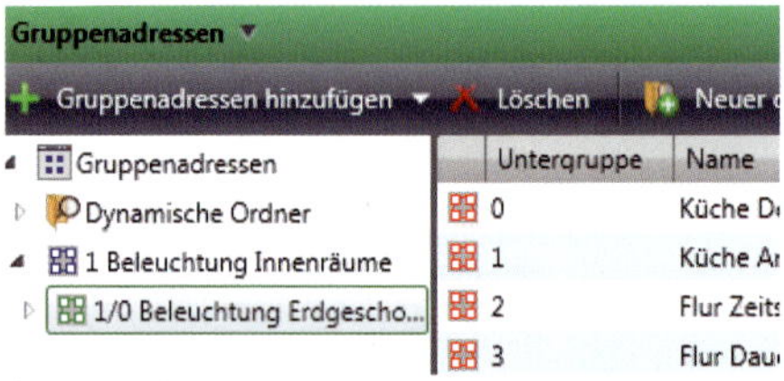

Gruppenadressen

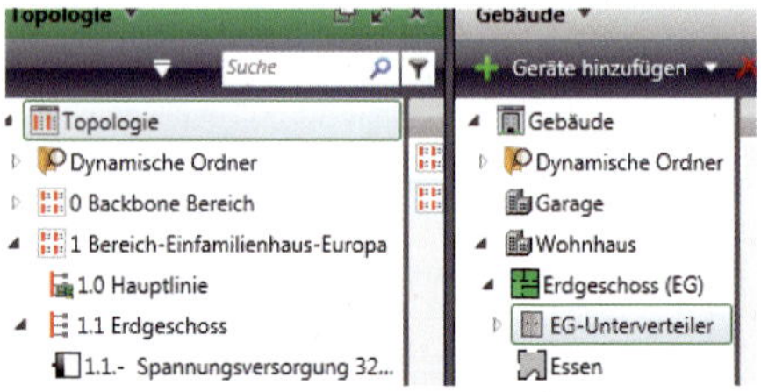

Geräte den Räumen zuordnen

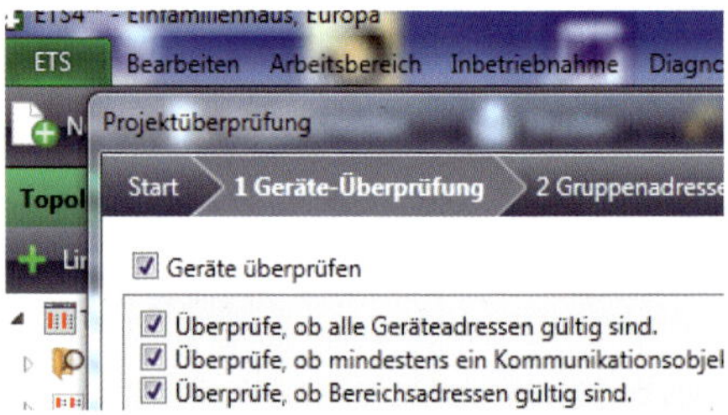

Projektprüfung

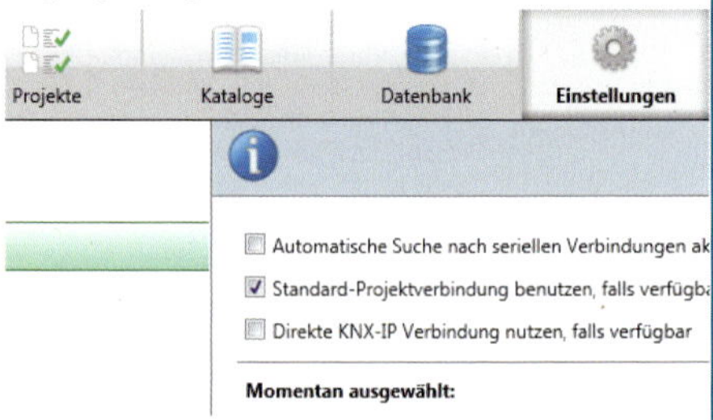

Kommunikationsschnittstelle einrichten

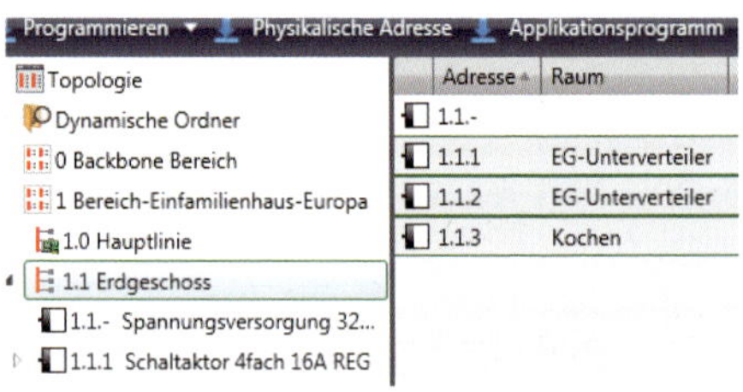

Physikalische Adresse programmieren

LON Local Operating Network LON

Schaltung, Netzform	Erklärung

Logische Struktur

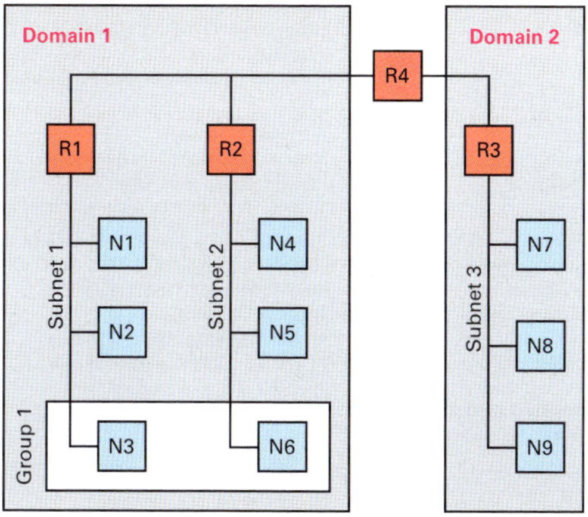

Das LON-Netzwerk ist in maximal 2^{48} Domains (Bereiche) gliederbar, die über Router R1, R2, R3... (Wegfinder) miteinander kommunizieren können. Jede Domain (Bereich) besteht aus maximal 255 Subnets (Teilnetze), die über Router Telegramme austauschen können. Die kleinste Einheit innerhalb eines Subnets bilden die Nodes N1, N2, N3... (Knoten = Busteilnehmer), maximal 127 je Subnet.

Die zusätzliche Bildung von maximal 256 Groups (Gruppen) innerhalb einer Domain ermöglicht eine flexible Adressierung. Jede Group kann maximal 64 Nodes enthalten. Ein Node darf maximal 15 verschiedenen Groups angehören. Daneben gibt es die Neuron-ID, eine eindeutige, nicht veränderbare Identifikationsnummer von 6 Bytes, die 2^{48} physikalische Adressen ermöglicht.

Physikalische Struktur

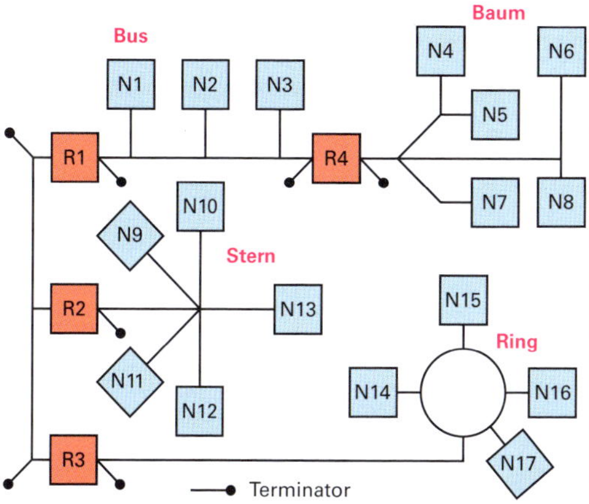

LON-Works ermöglicht die Verlegung der Busleitung als Stern, Ring, Baum und Bus (linienförmige Leitungsführung). Um Reflexionen des Datensignals im Übertragungsmedium (Channel) zu verhindern, ist eine Terminierung (Abschluss) mit einem passiven Schaltkreis, dem Terminator, notwendig.

Für die Bustopologie sind zwei Terminierungen am Ende einzubauen, bei den anderen Strukturen jeweils nur eine Terminierung.

Die herstellerunabhängige Kommunikation (Interoperabilität) der Nodes erfolgt ereignisgesteuert nach dem LON-Talk-Protokoll meist durch Standard-Netzwerk-Variablen (SNV). Die LonMark-Interoperability-Association vergibt für interoperable (zur Zusammenarbeit fähige) Produkte das LonMark-Logo.

Übertragungsmedien (Channel)

Art	Erklärung	Bemerkungen, Daten
• Twisted-Pair-Leitung TP (verdrillte Leitung) • Power-Line PL (230-V-Netzleitung) • Radio Frequency RF (Funkverbindung) • Koaxialleitung • Fiber Optic (Lichtwellenleiter LWL)	Die Übertragungsmedien können gemischt werden. Dabei sind die Anzahl der Nodes, die Bitrate und die Netzwerkausdehnung abhängig vom Medium und dem Transceiver (Sende-Empfänger).	Standardübertragungsraten bei TP 78 kbit/s und 1,25 Mbit/s. Standardübertragungsraten bei PL 5 kbit/s Maximale Leitungslänge bei TP: In Bustopologie bis zu 2700 m und in freier Topologie bis zu 500 m.

N Node, LON (manchmal auch Lon geschrieben) Local Operating Network, R Router, TP Twisted-Pair.

LON-Komponenten LON Components

Baugruppen	Erklärung, Aufgabe	Bemerkungen, Daten
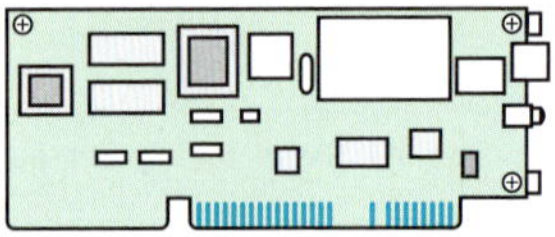 **LON-Talk-Adapter**	Der LON-Talk-Adapter verbindet den PC mit den LON-Works-Netzwerken. www.svea.de, www.hueppe.form.de www.gesytec.de	PCI-Karte (PCI von Peripheral Component Interconnect = Verbindung zwischen Peripheriekomponenten). Integrierter TP/FT-10-Transceiver (TP von Twisted Pair, FT von Free-Topologie, transceiver = Sende-Empfänger). www.lonmark.org www.echelon.com, www.lno.de
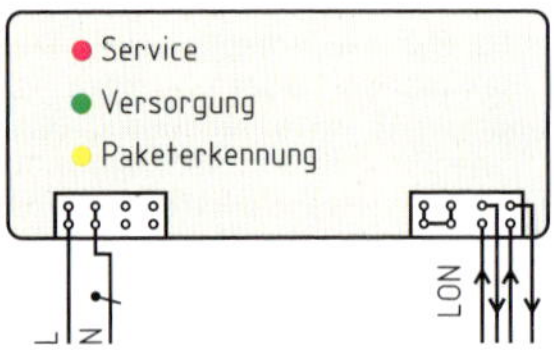 **LON-Router RTR-22**	Der Router dient zur physikalischen Trennung und logischen Verbindung zweier Bussegmente sowie zur Signalverstärkung und Signalregenerierung in LON-Works-TP/FT-Netzwerken. Der Router kann in den Betriebsarten Repeater, konfigurierbarer Repeater und selbstlernender Router betrieben werden.	Transceivertyp Seite A und Seite B: LON-FTT-10 und FTT-10A (FTT von Free-Topologie-Transceiver). Service-LED (rot): • an: Fehler im Netzzugriff. • blinkt: Modul unkonfiguriert. LED Versorgung (grün): • Betriebsspannung vorhanden und Modul konfiguriert. LED Paketerkennung (gelb): • an: Daten werden übertragen.
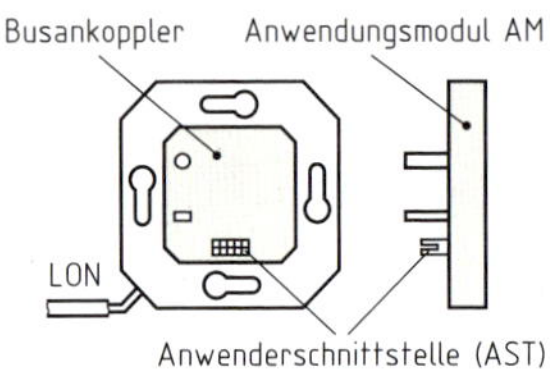 **LON-Busankoppler UP**	Basismodul für LON-Geräte UP (Unterputz) und Schnittstelle zwischen KNX-kompatiblen Anwendungsmodulen von Berker, Gira, Merten, Siemens und Eljo und dem LON-Netzwerk.	LON-LPT-10 (LPT von Link-Power-Transceiver). Servicetaster zum Senden der Neuron-ID. Service-LED (rot): • an: Fehler im Netzwerkzugriff. • blinkt: Modul unkonfiguriert. Einbau in Unterputzdosen von 60 mm durch Schraubenbefestigung.
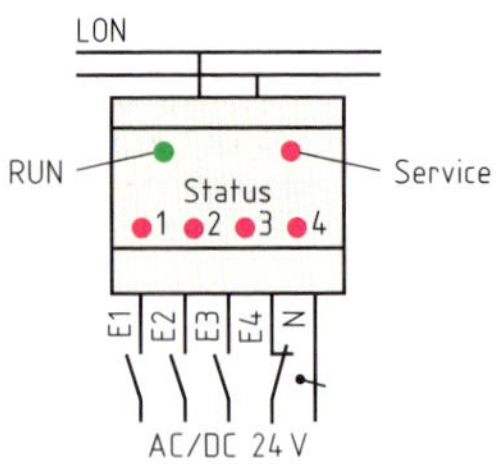 **LON-I/O-Modul REG-M**	Das LON-MODUL (REG Reiheneinbaugerät) hat vier Eingänge zum Anschluss konventioneller Geräte mit einer Ausgangsspannung von 24 V. Als Applikationen (Anwendungen) stehen Lichtsteuerung, Sonnenschutzsteuerung und Präsenzmeldung (Anwesenheitsmeldung) zur Verfügung.	LON-LPT-10 (von Link-Power-Transceiver). Bemessungseingangsspannung: AC/DC 24 V. Leitungslänge maximal 100 m. RUN-LED (grün): • Betriebsspannung vorhanden. Status-LED (1...4, gelb): • Eingangsspannung 1-Signal Service-LED (rot): • an: Fehler im Netzwerkzugriff. • blinkt: Modul unkonfiguriert.
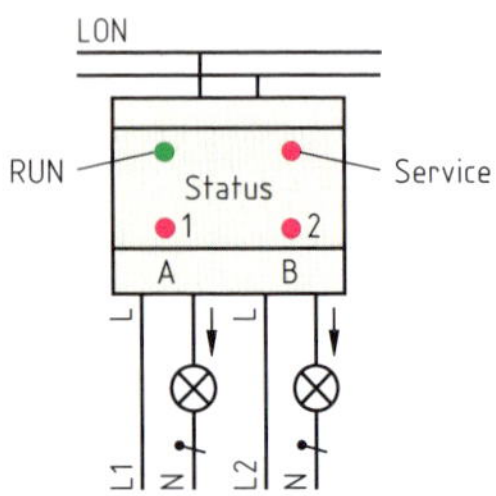 **LON-I/O-Modul REG-M 2S**	Das LON-Modul hat zwei Relaisausgänge zum unabhängigen Schalten von zwei Lastgruppen. Applikationen (Anwendungen) mit Zeitfunktionen, Prioritätssteuerung (Vorrangsteuerung) und einstellbarem Verhalten nach einem Busspannungsausfall.	LON-LPT-10 (von Link-Power-Transceiver). Bemessungsspannung AC 230 V, Bemessungsstrom 10 A, Schaltleistung: Glühlampen 2300 W, 230-V-Halogenlampen 2 000 W, NV-Halogenlampen bis 1500 W, Leuchtstofflampen bis 1500 W. Status-LED (1...2, gelb): • Relaiskontakt betätigt. RUN-LED und Service-LED wie bei LON-I/O-Modul REG-M.

Elektroinstallation mit Funksteuerung 1 Installation with Wireless Control 1

Merkmal, Art	Erklärung, Prinzip	Bemerkungen
Bezeichnung	Je nach Hersteller sind verschiedene Bezeichnungen gebräuchlich, meist nicht kompatibel.	Funkbus (Berker), Funk-Management (Jung), Funkbussystem (Gira), Gamma Wave KNX-RF (Siemens)
Sender zur Einleitung des Steuervorgangs	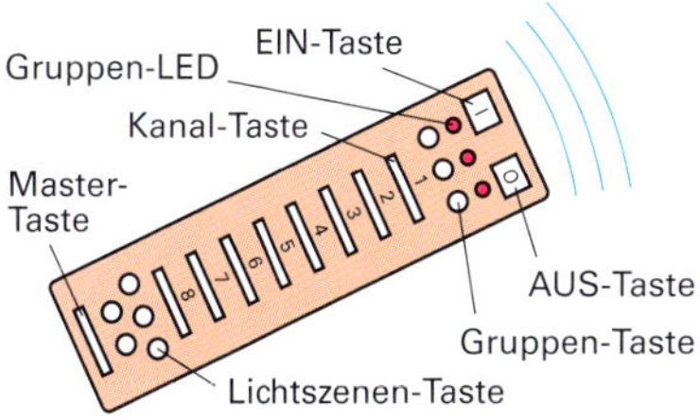 **8-Kanal-Handsender**	**Frequenz:** etwa 434 MHz oder 868 MHz, **Modulation:** Amplitudentastung ASK (Amplitude Shift Keying), Kanalunterscheidung durch verschiedene Bitmuster der ASK-Impulspakete, **Handsender:** 8 Kanäle oder 4 Kanäle, Stromversorgung durch Batterie, **Wandsender:** je nach Typ bis 8 Kanäle, Stromversorgung durch Batterie oder vom Netz, **Piezo-Sender:** 4 Kanäle oder 2 Kanäle, ohne Stromversorgung. Energie für Signale mit 868 MHz durch Fingerdruck auf Piezo-Bauelement. **Parametrierung** nur vom Hersteller durch fest eingegebenen Sendertyp und Seriennummer.
Schaltaktor mit Empfänger zum Steuern des Verbrauchsmittels, z. B. der Beleuchtung	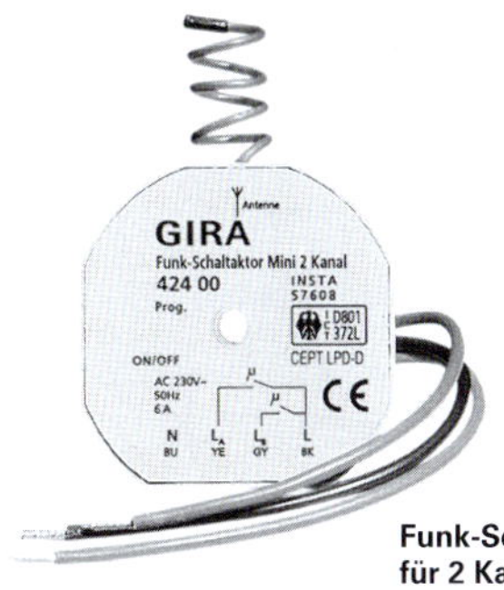 **Funk-Schaltaktor für 2 Kanäle**	**Typen:** Einbaugeräte EG, Schalterdosengeräte Unterputz UP, Reiheneinbaugerät REG. **Anschluss** an das 230-V-Netz, **Kanalzahl** 1 oder 2, **Aufgabe:** je nach Typ Schalten oder Dimmen, **Schaltleistung:** bei UP-Geräten z. B. Glühlampen 1000 W oder unkompensierte Leuchtstofflampen 500 W, bei EG-Geräten meist das Doppelte. **Nebenstellen:** mechanische Taster, **Parametrierung** durch Anwender. Aktor auf Lernmodus schalten (LED blinkt) und mit Sender den gewünschten Kanal einstellen, danach den Lernmodus abschalten. Informationen auch durch www.gira.de; www.siemens.de
Einschränkung der Anwendung	Nicht für Zwecke geeignet, die der Sicherheit von Personen dienen, weil die Signalübertragung nicht so sicher ist wie die leitungsgebundene Übertragung.	Nicht ohne Weiteres geeignet für Notrufanlagen, NOT-AUS-Schaltung, NOT-HALT-Schaltung, Signalanlagen, Warnlampen.
Touch-Manager (Bedienmanager, System GAMMA wave)	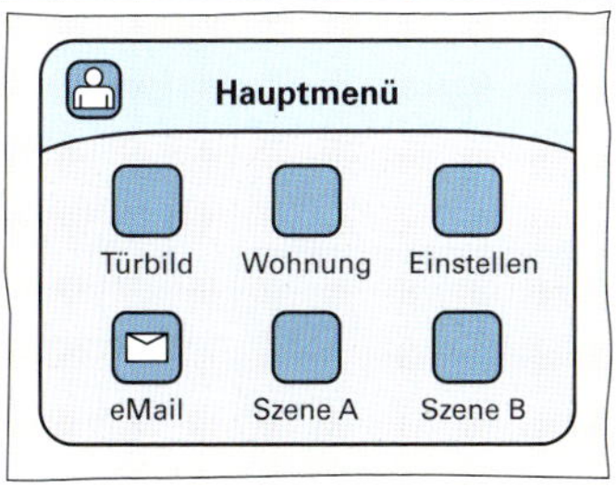 **Touch-Manager (System wave) für 20 Sensorkanäle und 36 Aktorkanäle**	**Zentrale Bedienstation** zur Steuerung von Funktionen, z. B. Beleuchtung, und zur Abfrage von Statusmeldungen, z. B. von Fenstern (offen oder geschlossen). Anschluss an den KNX ist möglich. Funktionen sind wie beim KNX parametrierbar. **Touch-Manager:** Touchscreen (Berührungsbildschirm) mit einem Kleincomputer. Das Steuern der Aktoren erfolgt durch Berühren der virtuellen (nur als Bild vorhandenen) Tasten. In Verbindung mit einem PC als Server kann der Touch-Manager wave auch die Kamerabilder vom Türeingang abbilden, Alarmmeldungen als E-Mails absenden, Informationen der Anlage weitermelden.
Repeater (System GAMMA wave)	Hier ein Funk-Sender-Empfänger, z. B. für System GAMMA wave, zum Einbau in eine UP-Dose.	Empfangene Signale werden erneuert und verstärkt weitergesendet, sodass eine größere Reichweite möglich wird, z. B. in großen Gebäuden.
Einsatz Türkontakt (System GAMMA wave)	Einsatz zum drahtlosen Melden von Öffnen eines Fensters oder einer Tür.	Das Auf- oder Abfahren einer Jalousie kann bei geöffnetem Fenster verhindert werden. Eine Alarmanlage könnte sonst darauf reagieren.
Einsatz Jalousiesteuerung	Unterputzgeräte zum Ansteuern von Rohrmotoren mit Endlagenschaltern.	Bemessungsspannung 230 V, Anschlussleistung 1 Motor mit 1 kVA.

Elektroinstallation mit Funksteuerung 2 Installation with Wireless Control 2

<table>
<tr><th>Art der Schaltung</th><th>Übersichtsschaltplan</th><th>Stromlaufplan in halb zusammenhängender Darstellung</th></tr>
<tr><td colspan="3">Funksender der Elektroinstallation als Wandsender</td></tr>
<tr><td>Funk-Schaltsender UP (unter Putz) für zwei Kanäle, z. B. für Schalterbetrieb (Serienschalter)</td><td>
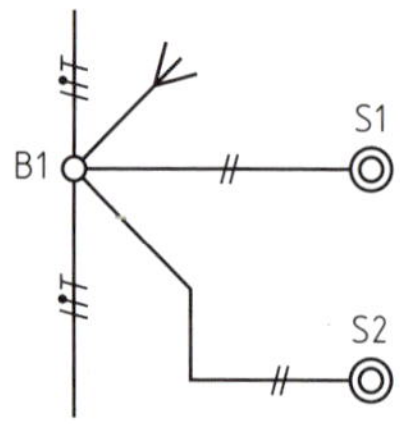

(siehe auch Seite 128)</td><td>
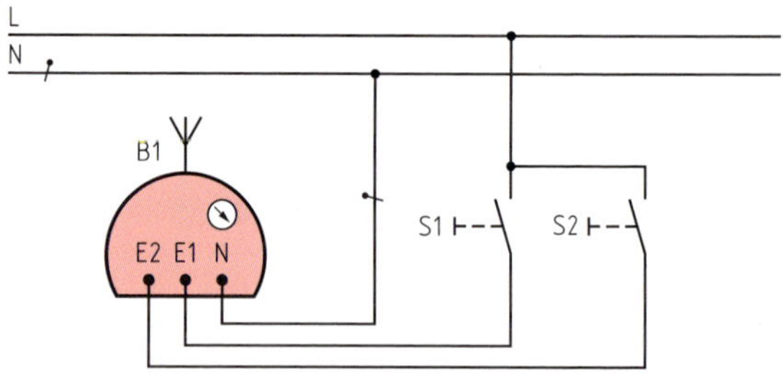
</td></tr>
<tr><td colspan="3">Funkaktoren bei der Elektroinstallation</td></tr>
<tr><td>Funk-Schaltaktor UP (unter Putz) für 2 Kanäle, z. B. Serienschaltung</td><td>
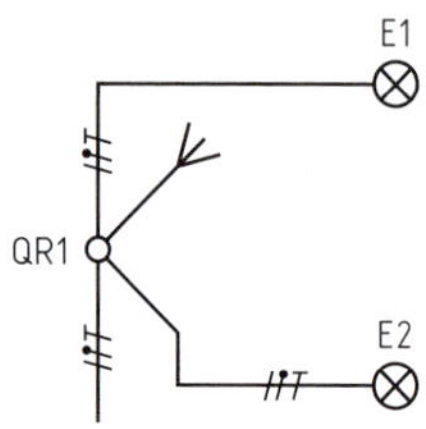

(siehe auch Seite 128)</td><td>
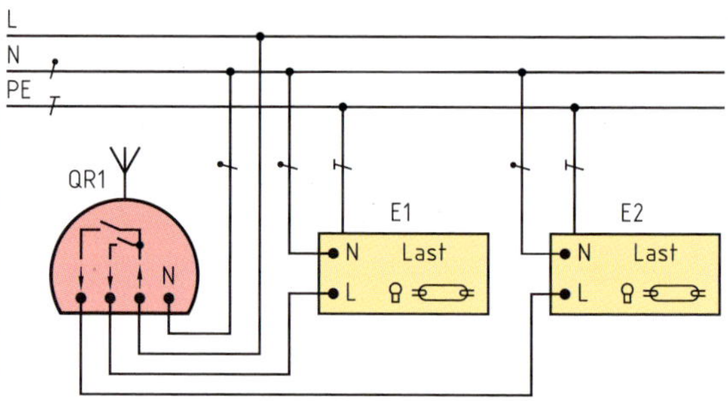
</td></tr>
<tr><td>Funk-Schaltaktor EB (Einbaugerät) für 1 Kanal mit Nebenstelle</td><td>
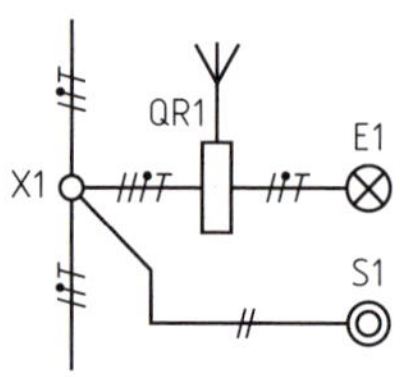

(siehe auch Seite 128)</td><td>
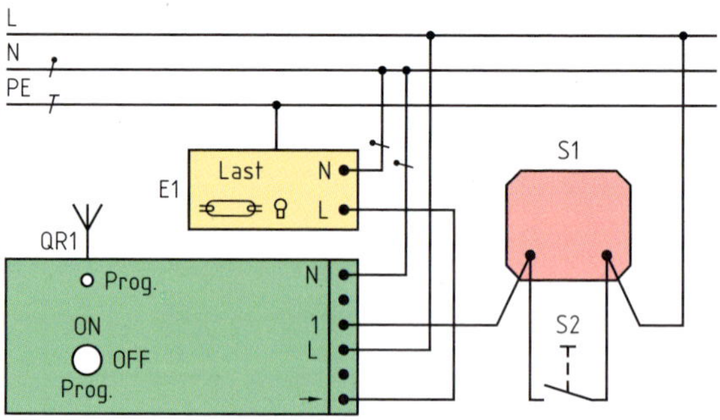
</td></tr>
<tr><td>Funk-Universal-Dimmer EB (Einbaugerät) mit Nebenstelle</td><td>
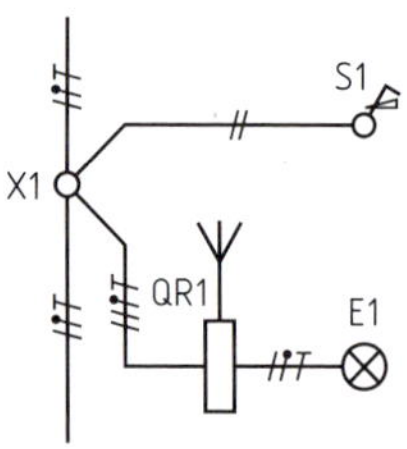

(siehe auch Seite 128)</td><td>
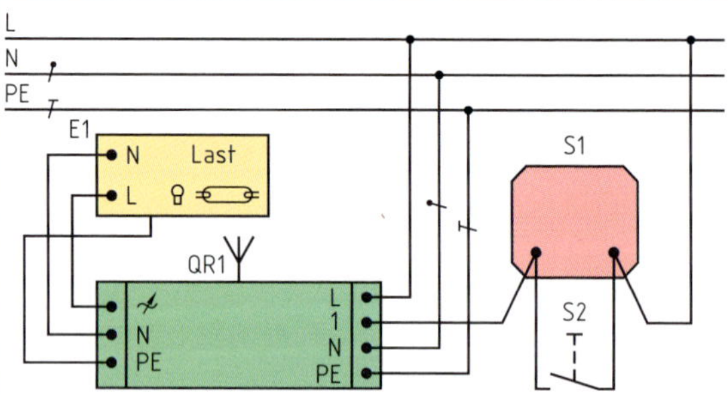
</td></tr>
</table>

LCN Local Control Network

Schaltung	Erklärung	Bemerkungen
Netzaufbau		
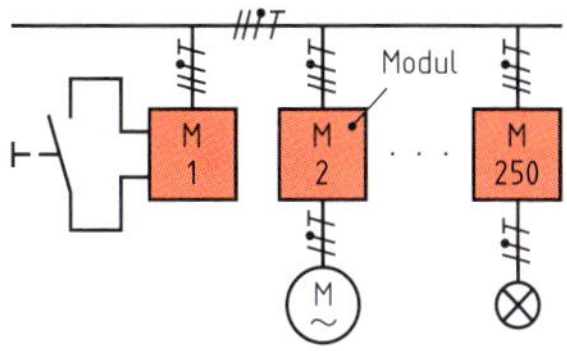 **Kleine bis mittlere LCN-Anlage**	Grundbestandteile des LCN sind Module. Das gleiche Modul wird zum Anschluss der Befehlsgeräte (Sensoren) oder Aktoren verwendet oder wirkt selbst als Aktor. An jedes Modul wird die Installationsleitung, z.B. NYM oder NYIF, angeschlossen. Diese muss eine zusätzliche Ader D als Datenleitung, also bei Einphasenwechselstrom einschließlich PE vier Adern, haben.	An dasselbe Modul können mehrere Sensoren, z.B. Taster, angeschlossen werden. Als Aktor hat ein Modul eine Ausgangsspannung von AC 230 V. Erfordern die anzuschließenden Lasten eine größere Leistung, so steuert das LCN-Modul z.B. ein Schütz bzw. ein Relaismodul an. Die *Datenübertragung* erfolgt über den Datenleiter D und den Neutralleiter.
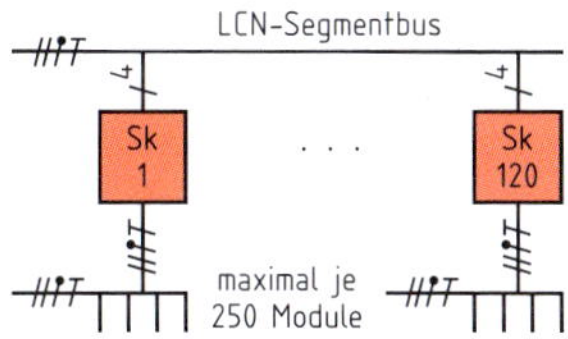 **Große LCN-Anlage**	Bei Anlagen mit mehr als 250 Modulen müssen *Segmentkoppler* mit einem LCN-Segmentbus verwendet werden. In einer Anlage können bis 120 Segmentkoppler eingesetzt sein, und zwar auch in Stromkreisen mit verschiedenen Außenleitern. Zur Verhinderung von Spannungsverschleppung können *LCN-Trennverstärker* verwendet werden.	Die Segmentkoppler werden z. B. mit IY(St)Y 2x2x0,8 oder einer gleichwertigen Leitung untereinander verbunden. Für Reichweiten eines Leitungsstranges über 1 km müssen *LCN-Trennverstärker* und *Lichtleiterkoppler* für Glasfaserkabel eingesetzt werden. Diese sind REG (Reiheneinbaugeräte).
Module und Programmierung		
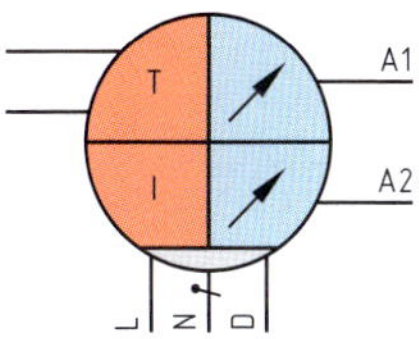 **Modul LCN-UP**	Das Modul LCN-UP ist ein kombiniertes *Sensor-Aktor-Modul* für UP (Unterputz-Einbau). Er hat zwei Ausgänge mit AC 230 V und Schaltleistungen von je bis 300 VA. Am Eingang T können bis 10 Taster angeschlossen werden. Der Eingang I (Impulsmesseingang) dient zum Anschluss eines Infrarot-Empfängermoduls mit Datenleiter D.	Bei Ansteuerung von Motoren oder Induktivitäten und beim Dimmen ist ein zusätzliches *Störfiltermodul* erforderlich. Das eingebaute Betriebsprogramm umfasst Schalten und Dimmen der Ausgänge. Helligkeit und Änderungsgeschwindigkeit sind getrennt einstellbar. Es können Glühlampen gedimmt werden.
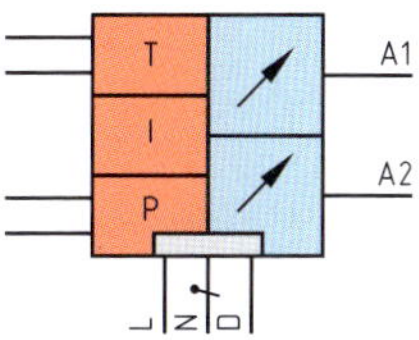 **Modul LCN-HS**	Das Modul LCN-HS ist ein Sensor-Aktor-Modul zum Aufschnappen auf die Hutschiene HS. Seine Daten entsprechen weitgehend denen des Moduls LCN-UP, jedoch ist ein Störfiltermodul eingebaut und zusätzlich können am Anschluss P digitale *Ein-Ausgangs-Signale* eingegeben oder ausgegeben werden.	Bei der Ansteuerung von Relais ist ein *LCN-Grundlastmodul* erforderlich. Maximal 32 Verbraucher können gesteuert werden, wobei zahlreiche Funktionen, z.B. schonendes Hochfahren der Spannung (Rampenverlauf), möglich sind. Beim Schalten wirkt LCN-HS als *Nullspannungsschalter*.
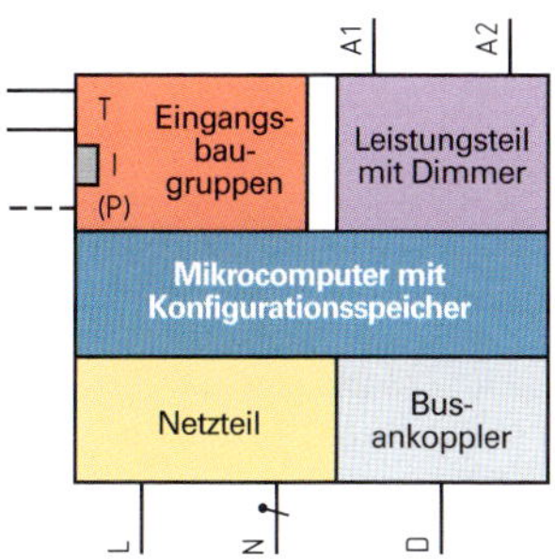 **Bestandteile des Moduls**	Die Sensor-Aktor-Module enthalten ein Netzteil mit Überspannungsschutz und Spannungsregler. Der Busankoppler besteht aus Verpolungsschutz, Überspannungsschutz und Zugriffsteuerung. Er steuert den Mikrocomputer mit dem Konfigurationsspeicher (Speicher für das einzugebende Programm, Konfiguration = Gestaltung) an. Der Mikrocomputer wird auch von den Eingangsbaugruppen angesteuert (P nur beim Modul LCN-HS). Er steuert selbst den Leistungsteil mit Dimmer an. www.issendorff.de, www.lcn.de	Das *Konfigurationsprogramm* wird über einen PC bzw. Laptop eingegeben. Zu diesem Zweck wird ein *Koppelmodul* an die LCN-Anlage angeschlossen. Das Parametrieren der verschiedenen Sensor-Aktor-Module erfordert eine spezielle *Software*, die als CD vom Hersteller der LCN-Module geliefert wird oder aus dem Internet heruntergeladen werden kann. Im PC-Programm für den Elektriker können über ein Menü alle Module im Netz gesucht und parametriert werden.

Hausanschluss mit Schutzpotenzialausgleich
House Connection with Protective Equipotentional Bonding

Hausanschluss

Arten	Bedingungen	Hausanschlussraum
Kabelanschluss	Der VNB (Verteilungsnetzbetreiber) sorgt für wasserdichten Anschluss im Schutzrohr der Hauseinführung.	Raum für Hausanschlusskasten oder Hauptverteiler einschließlich Hauseinführung. Der Raum sollte an der Gebäudeaußenwand liegen, durch welche die Anschlussleitungen geführt werden. Möglichst besonderer Raum, der für Beauftragte des VNB zugänglich sein muss. Nicht möglich sind Garagen, nasse Räume, Heizräume und Lagerräume für brennbare Stoffe.
Freileitungsanschluss (Dachständeranschluss, Wandanschluss)	Die Führung der Hausanschlussleitung wird vom VNB festgelegt. Die Anschlusswand bzw. der Dachstuhl muss die für den Leitungszug erforderliche Festigkeit haben.	

Hausanschlusskästen

Art	Auswahl Schmelzsicherungen	Anschlussquerschnitt in mm² Zugang	Abgang
Kabelanschluss	3 x NH 00 3 x NH 1	4 x 50 4 x 150	5 x 50 5 x 120
Freileitungsanschluss	3 x Diazed D III 3 x NH 00	4 x 35 4 x 50	5 x 25 5 x 50

Schmelzeinsätze bei NH 00 bis 100 A, Bei NH 1 bis 250 A und bei D III bis 63 A.

Hausanschlussraum mit Schutzpotenzialausgleich

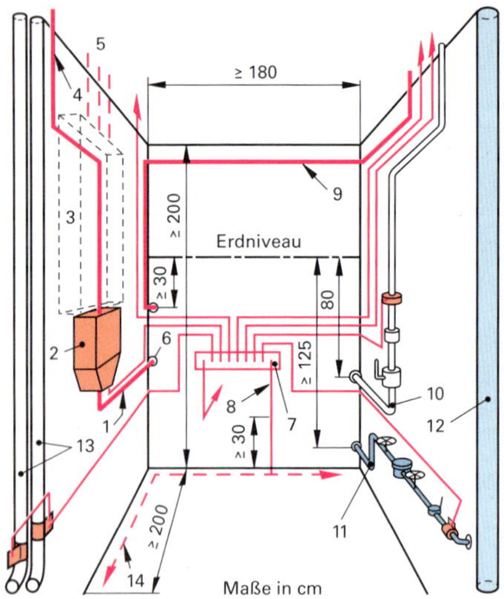

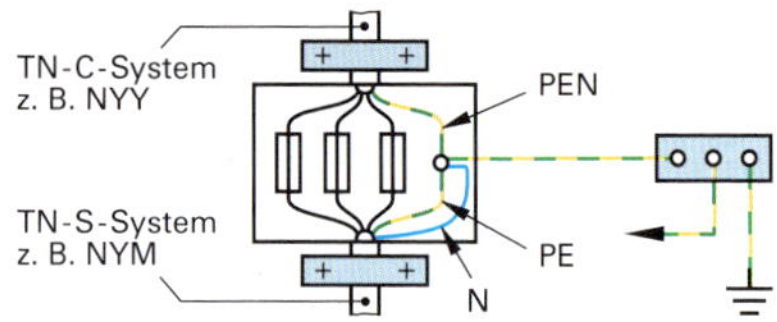

Hausanschlusskasten

1 Hauseinführungsleitung
2 Hausanschlusskasten
3 Platz für Zählerschrank
4 Hauptleitung
5 Ableitungen von Messeinrichtungen zu den Stromkreisverteilern
6 Kabelschutzrohr
7 Haupterdungsschiene mit Verbindungsleitungen
8 Anschlussfahne des Fundamenterders
9 Hausanschlussleitung für Fernmeldeeinrichtung
10 Hausanschlussleitung für Gas
11 Hausanschlussleitung für Wasser
12 Abwasserrohr
13 Heizungsrohr
14 Fundamenterder

Haupterdungsschiene

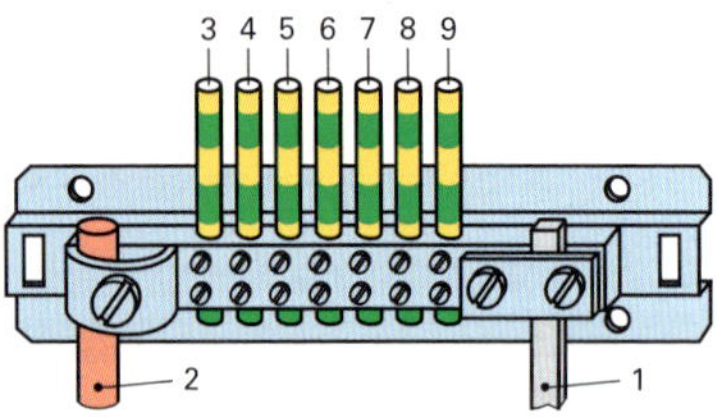

1 Fundamenterder
2 Blitzschutzanlage
3 Heizungsanlage
4 PE-Leiter zum Hausanschlusskasten
5 PE-Leiter zu PE-Schienen
6 Telekomanlage
7 Antennenanlage
8 Gasversorgungsanlage
9 Wasserversorgungsanlage

Fundamenterder im Beton oder in Erde vgl. DIN 18014
Earth Electrode in or at Foundation

vereinfachte Ansicht, Name	Erklärung	Bemerkungen, Ergänzungen
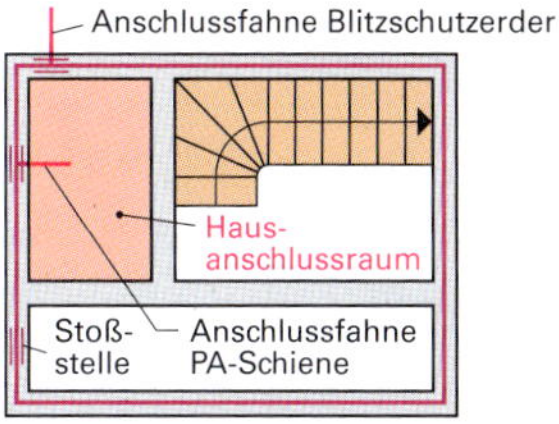 **Fundamenterder im Fundamentbeton des Gebäudes**	Bei der Errichtung von Gebäuden wird der PEN-Leiter des Netzes geerdet, damit im Fehlerfall die Spannung abgeschaltet wird (Spannungswaage, Seite 210). Der Fundamenterder im Beton wird in den Schalungsort für das Außenfundament oder für die Grundplatte mittels Abstandhalter eingebracht. Durch den danach eingebrachten Beton wird die Korrosion verhindert bzw. gebremst. (www.dehn.com).	Die Anschlussfahnen mit den Querschnitten des Erders müssen gegen Korrosion geschützt sein. Eine *Anschlussfahne* aus Bandstahl oder Rundstahl wird zur *Haupterdungsschiene* geführt. 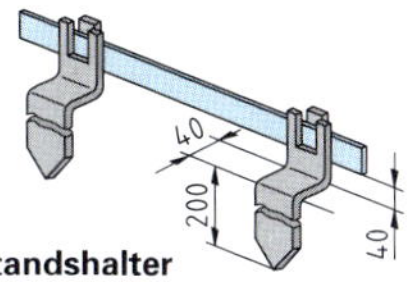 **Abstandshalter**
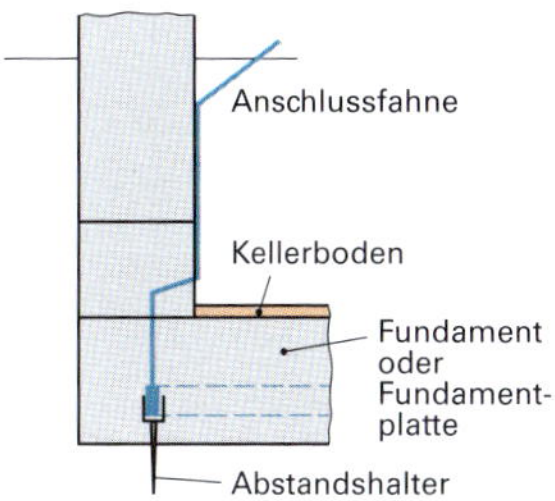 **Fundamenterder im unbewehrten Beton**	Der im Erdreich liegende „erdfühlige" Beton stellt durch seine Feuchtigkeit die Verbindung mit der umgebenden Erde her. Durch Keile, Federn, Schrauben oder Schweißen sind die Teile des Erders verbunden. Die Maschenweite soll nicht größer sein als 10 m × 10 m. Der Fundamenterder besteht aus verzinktem oder unverzinktem • Bandstahl von $A \geq 30 \times 3{,}5\ mm^2$ • oder Rundstahl von ≥ 10 mm ∅. Er muss allseitig mit mindestens 50 mm Beton bedeckt sein.	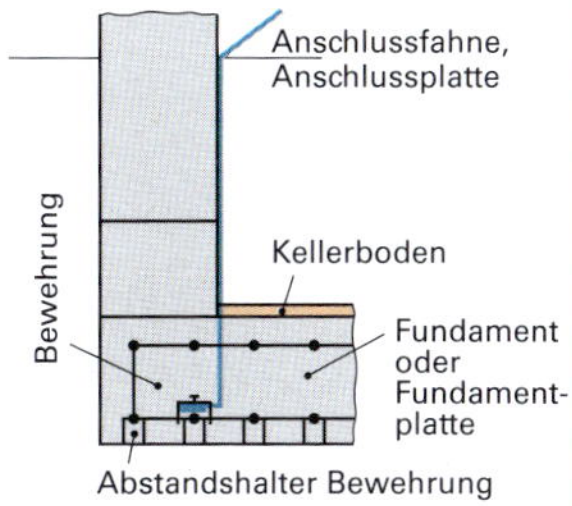 **Fundamenterder im bewehrten Beton**
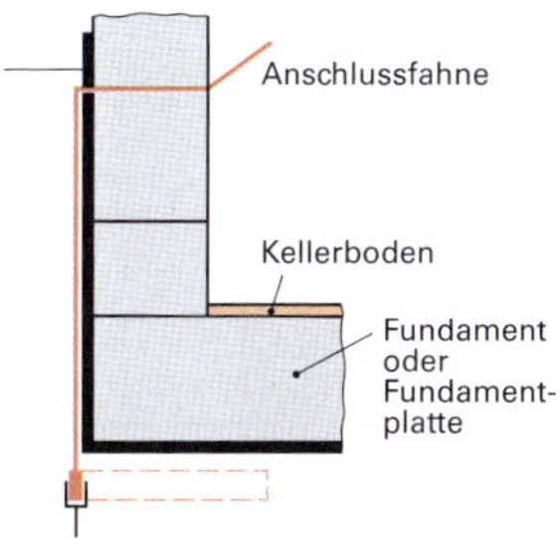 **Ringerder bei schwarzer Wanne**	Das Fundament kann durch Bitumen oder Kunststoff gegen Wasser zu einer *schwarzen Wanne* abgedichtet sein. Dadurch korrodieren die Metallteile des Fundamentes nicht mehr. Allerdings ist jetzt der Beton nicht mehr erdfühlig. Deshalb muss an der Stelle des Fundamenterders im Beton ein Ringerder außerhalb der geschlossenen Wanne in das Erdreich eingebracht werden.	Die Abmessungen des Ringerders sind wie beim Fundamenterder im Beton • Bandmaterial von $30 \times 3{,}5\ mm^2$ oder • oder Rundmaterial von ≥ 10 mm ∅. Das Material muss *korrosionsfest* sein, z. B. nichtrostender Stahl oder Kupfer. Eine geschlossene Wanne wird auch durch wasserdichten Beton hergestellt. Bei dieser *weißen Wanne* kommt wie bei einer schwarzen ein Ringerder ins Erdreich.
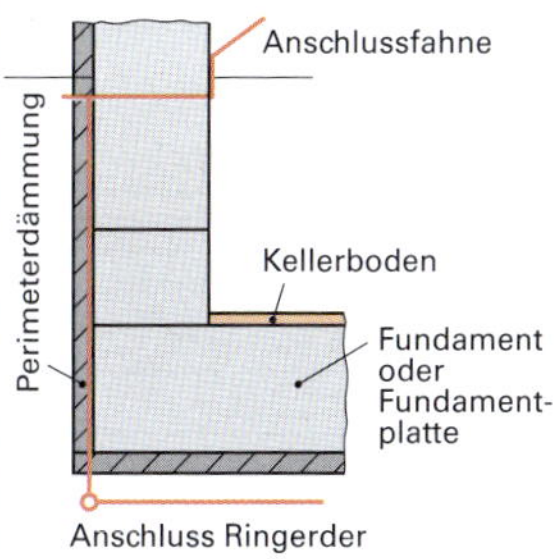 **Ringerder bei allseitiger Perimeterdämmung**	Die Perimeterdämmung (Perimeter = Umfang) ist die Wärmedämmung. Sie kann am Fundament einseitig, zweiseitig oder allseitig sein. Bei der einseitigen und der zweiseitigen Perimeterdämmung bleibt der Beton erdfühlig. Deshalb wird hier ein normaler Fundamenterder eingebracht. Bei der allseitigen Dämmung muss dagegen ins Erdreich ein Ringerder wie bei einer geschlossenen Wanne eingebracht werden.	Das Herstellen der Erdung ist eine elektrotechnische Arbeit. Sie muss von einer elektrotechnischen Fachkraft oder unter deren Aufsicht ausgeführt werden. Anschlussstellen an den Erdern müssen mechanisch fest und niederohmig sein (Richtwert 1 Ω). Bewegungsfugen („Dehnfugen"), die zu überqueren sind, erfordern *Dehnungsbänder* und *Anschlussplatten* (www.dehn.com).

Hauptleitungen in Wohnanlagen Main Conductors in Residential Buildings

Bemessung von Hauptleitungen vgl. DIN 18015-1

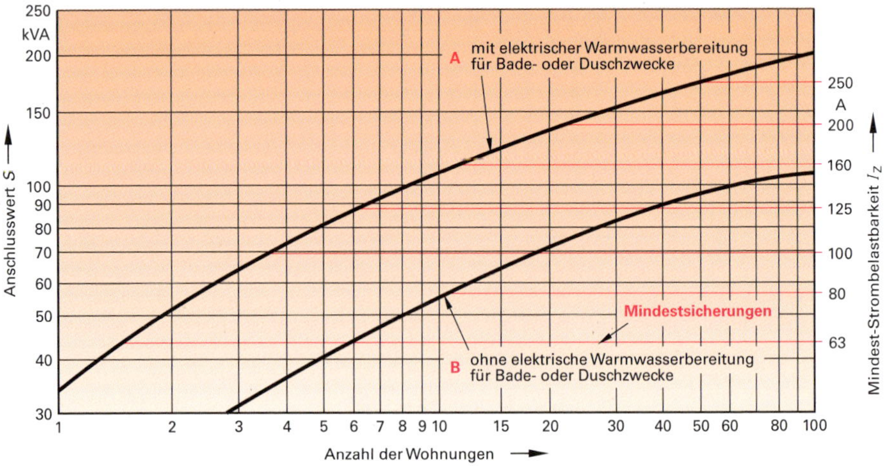

- Hauptleitungen sind als Drehstromleitungen auszuführen. Wegen der EMV wird empfohlen, in Neuanlagen bei Hauptleitungen die Aufteilung des PEN in PE und N schon im Hausanschlusskasten HAK vorzunehmen.
- Hauptleitungen sind in allgemein zugänglichen Räumen, z.B. im Treppenhaus, anzuordnen.
- Hauptleitungen dürfen im Kellergeschoss ab dem HAK auf der Wand, z.B. über Putz, installiert werden.
- Ab Kellerdecke sind Hauptleitungen in Rohren oder Schächten oder unter Putz anzuordnen.

Belastbarkeiten, Querschnitte, Spannungsfälle von Hauptleitungen

Wohnungen	Sicherung in A bei Gruppe		Hauptleitungsquerschnitte in mm² bei Gruppe	
	A	B	A	B
1	63	63	16	10
2	80	63	16	10
3	100	63	25	10
4 bis 6	125	80	35	16
7 bis 10	160	80	50	16
11	160	100	50	25
12 bis 19	200	100	70	25
20, 21	200	125	70	35
22 bis 34	250	125	95	35
35 bis 49	250	160	95	50
50 bis 100	315	160	120	50

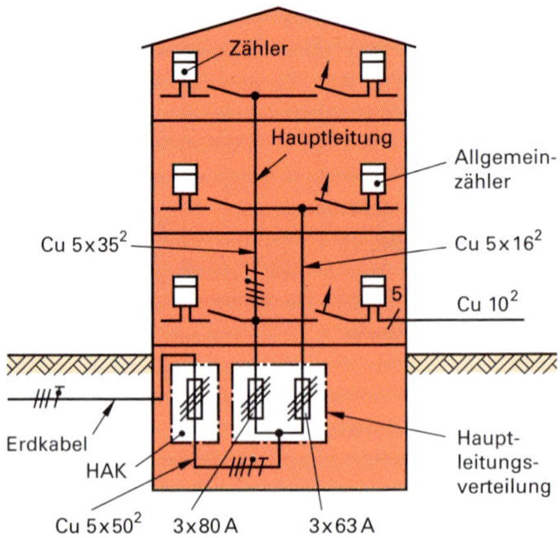

Hauptleitungen eines Hauses der Gruppe A

Spannungsfälle Δu in % in Verbraucheranlagen		
Hausanschlusskasten HAK bis Zählerplatz	bis 100 kVA	0,5
	100 kVA…250 kVA	1
	250 kVA…400 kVA	1,25
Zähler bis Verbrauchsmittel	alle Stromkreise	3

Hauptleitungsquerschnitte nach Wohneinheiten (WE)	
1 WE	NYM 5 x 16 mm²
2 WE	NYM 5 x 16 mm²
3 WE	NYM 5 x 25 mm²
ab 4 WE nach Vereinbarung mit dem VNB	

In Gebäuden mit mehr als einer Wohnung ist ein besonderer Zähler für die Gemeinschaftsanlage, z.B. die Treppenhausbeleuchtung, zu installieren.

Zählerplatzinstallation Installation for the kWh-meter Location

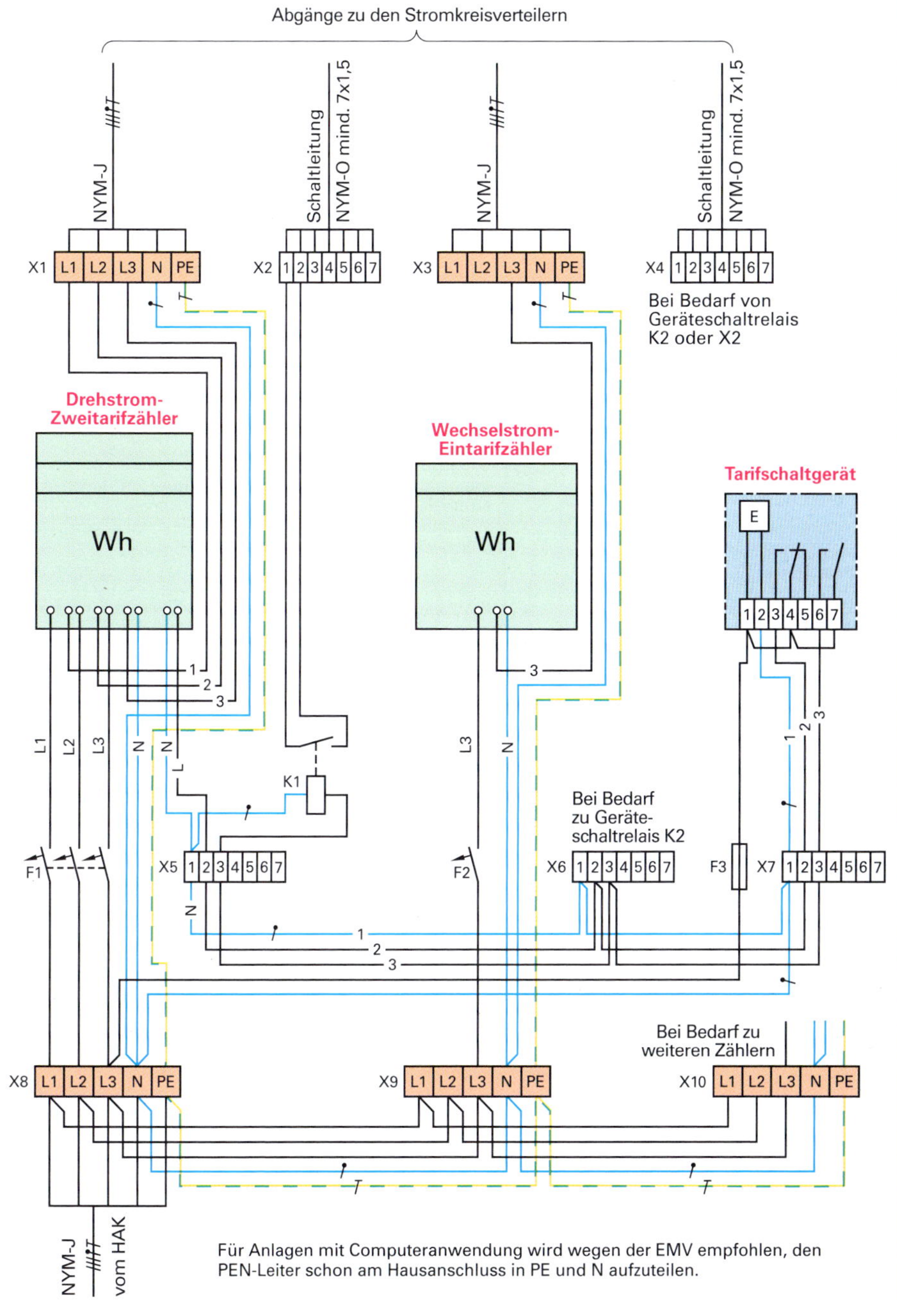

Für Anlagen mit Computeranwendung wird wegen der EMV empfohlen, den PEN-Leiter schon am Hausanschluss in PE und N aufzuteilen.

F1, F2	selektive Hauptleitungsschutzschalter (SH-Schalter)	X1, X2, X3, X4	Abgangsklemmen
F3	Schmelzsicherung	X5, X6, X7	Steuerleitungsklemmen
K1, K2	VNB-Geräteschaltrelais	X8, X9, X10	Hauptleitungsklemmen

Elektrische Mindestausstattung in Wohngebäuden, Zählerplätze
Minimum Equipment in Residential Buildings, Meter Cabinets

vgl. DIN VDE 18015-2

Steckdosen, Auslässe und Anschlüsse für Sondergeräte mit eigenem Stromkreis

Raum und Maße, Geräte	⊙ Steckdose, Y Auslass, AG Anschluss für Sondergerät	Bemerkungen
Wohnraum, Schlafraum bis 12 m^2 über 12 m^2 bis 20 m^2 über 20 m^2	 3 ⊙, 1 Y 4 ⊙, 1 Y 5 ⊙, 2 Y	An Bettplätzen und Arbeitsplätzen sind jeweils mindestens Doppelsteckdosen anzubringen, in der Nähe von Antennensteckdosen Dreifachsteckdosen. Diese sind aber für Spalte 2 einfach gezählt, z.B. 4 Steckdosen können eine Einfachsteckdose und drei Doppelsteckdosen sein.
Küche, **Kochnische**	8 ⊙, 2 Y, 4 AG 5 ⊙, 2 Y, 4 AG	Mehrfachsteckdosen wie in Wohnraum. AG für Herd, Mikrowelle und Spülmaschine. AG für Warmwassergerät nur bei Bedarf.
Bad Lüfter Waschmaschine Wäschetrockner Warmwassergerät	3 ⊙, 2 Y 1 Y 1 AG 1 AG 1 AG	Bei Bädern bis 4 m^2 genügt ein Auslass über dem Waschtisch. Eine Steckdose kann mit der Waschtischleuchte kombiniert sein. AG nur dann, wenn Geräte nicht anderweitig stehen. Lüfter nur bei Bedarf. Bei fensterlosem Bad oder WC ist die Lüftung in Nachlaufschaltung mit der Beleuchtung zu schalten.
WC-Raum	1 ⊙, 2 Y	Lüftung wie bei Bad.
Hausarbeitsraum Lüfter Waschmaschine Wäschetrockner, Bügelmaschine	2 ⊙, 1 Y 1 Y 1 AG 1 AG 1 AG	Mehrfachsteckdosen wie bei Wohnraum. Lüfter bei Bedarf, z.B. in fensterlosen Räumen. Waschmaschine und Wäschetrockner nur, wenn nicht anderweitig vorgesehen.
Flur Länge bis 3 m Länge über 3 m	 1 ⊙, 1 Y 1 ⊙, 2 Y	Bei Länge über 3 m muss die Beleuchtung von mindestens zwei Stellen aus schaltbar sein.
Freisitz	1 ⊙, 1 Y	Umfang der Installation am Freisitz und im Hobbyraum ist sehr von den Bedürfnissen des Benutzers abhängig. Die hier angegebenen Werte sind Mindestwerte.
Abstellraum	1 ⊙, 1 Y	
Hobbyraum	3 ⊙, 1 Y	
Keller der Wohnung	1 ⊙, 1 Y	Soweit vorhanden auch für Bodenraum.
Gemeinschaftlicher Keller oder Boden	bis 20 m^2 1 ⊙, 1 Y über 20 m^2 1 ⊙, 2 Y	Für Gebäudeeingänge, Stufen am Eingang und Klingeltaster sind automatische Schalter, z.B. Bewegungsmelder, vorzusehen. Bei Zugängen zu den Wohnungen und Treppenhäusern muss eine ausreichende Beleuchtung sichergestellt sein. Die Beleuchtung kann von Hand oder automatisch erfolgen. Bei Handschaltung müssen beleuchtete Schalter bzw. Taster verwendet werden.
Kellergang, Bodengang	je 6 m Ganglänge 1 ⊙, 1 Y	
Eingänge, Treppenhaus	je Stockwerk 1 Y	

Anzahl der Stromkreise je Wohnung für Steckdosen und Beleuchtung

Wohnfläche in m^2	Stromkreise	Bemerkungen
bis 50 über 50 bis 75 über 75 bis 100 über 100 bis 125 über 125	3 4 5 6 7	• Für Gemeinschaftsbereiche, z.B. Treppenhäuser, sind zusätzliche Stromkreise vorzusehen. • Zu Wohnungen gehörende Keller und Bodenräume außerhalb der Wohnung erfordern zusätzliche Stromkreise. • In Hobbyräumen sollen Leuchten und Steckdosen an getrennten Stromkreisen angeschlossen sein.

Zählerplätze

Die Zählerplätze müssen mit dem CE-Zeichen und dem VDE-Zeichen versehen sein. Die Schränke müssen zur Schutzklasse II gehören und Türen besitzen.

Platzbedarf für die Zählerschränke: Höhe und Breite der Zählerplatzflächen + je 50 mm für die Umhüllung. Zählerschränke dürfen nicht in Wohnungen von Mehrfamilienhäusern, über Treppenstufen, in Wohnräumen, Küchen, Toiletten, Bade-/Duschräumen, Waschräumen sowie auf Speichern vorgesehen werden.

Höhe der Zählerplatzfläche	900	900	1050	1350
Höhe des oberen Anschlussraumes	450	150	300	300
Höhe des unteren Anschlussraumes	150	300	300	300

Maße in mm, Breite der Funktionsflächen je 250 mm

Leitungsführung in Wohngebäuden
Wiring in Residential Buildings

vgl. DIN 18015-2

Ansicht und Art	Erklärung

Installationszonen von unsichtbar verlegten Leitungen

Z1 von 10 cm bis 30 cm neben Rohbaukante,
Z2 von 10 cm bis 30 cm an Wandecken,
Z3 von 15 cm bis 45 cm über dem Fußboden,
Z4 von 15 cm bis 45 cm unter der Deckenbekleidung.

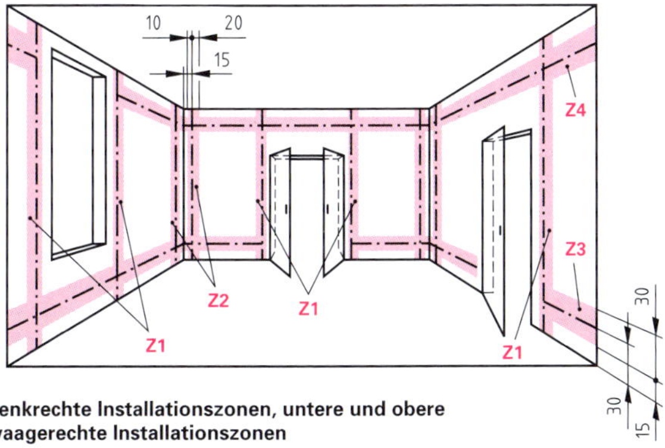

Senkrechte Installationszonen, untere und obere waagerechte Installationszonen

- Leitungen zu Betriebsmitteln außerhalb der Installationszonen Z sind senkrecht aus einer waagerechten Installationszone zu führen.
- Schalter sind vorzugsweise neben den Türen in senkrechten Installationszonen anzuordnen. Die oberste Schaltermitte soll ≤ 1,05 m über dem Fußboden liegen.
- An einflügeligen Türen ist nur eine Installationszone auf der Schlossseite der Türe vorhanden, bei Fenstern und zweiflügeligen Türen sind es beiderseits je eine.
- Bei Räumen mit schrägen Wänden verlaufen die senkrechten Installationszonen parallel zu den Bezugskanten, z. B. zum Fenster.

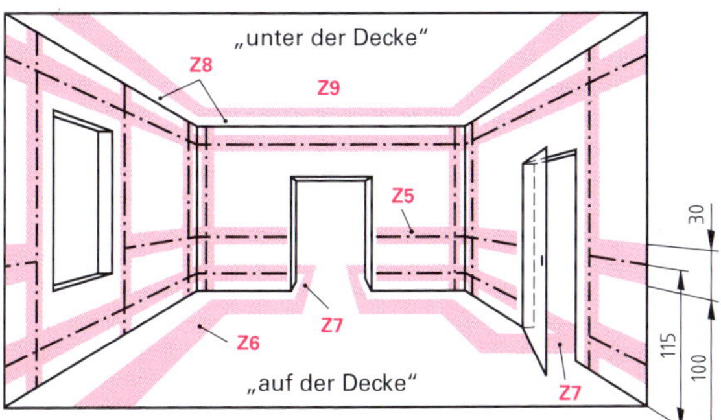

Installationszonen an den Wänden sowie auf und unter der Decke

Z5 von 1,0 m bis 1,30 m über Fußboden,

Z6 im Raum Breite ≤ 30 cm, Wandabstand ≥ 20 cm, Verlegung parallel zu den Wänden,

Z7 im Türdurchgang Breite ≤ 30 cm, Wandabstand ≥ 15 cm,

Z8 Wandabstand ≥ 20 cm,

Z9 Verlegung parallel zu den Wänden.

- Die mittlere waagerechte Installationszone wird nur für Räume mit Arbeitsflächen vor Wänden, z. B. Küchen, festgelegt.
- Bei sichtbar verlegten Leitungen darf von den genannten Maßen abgewichen werden.

Leitungsführung auf, in und unter der Decke

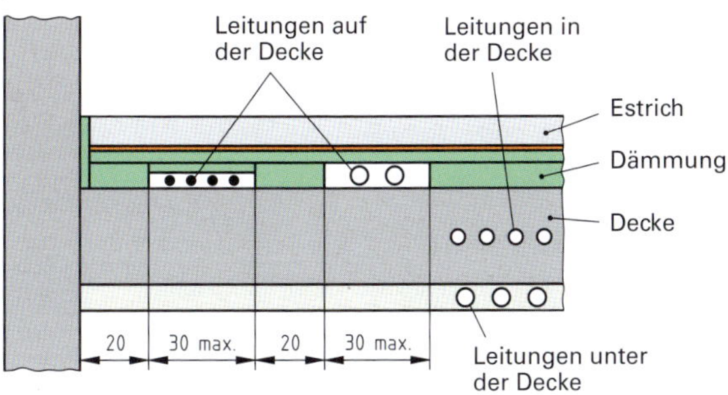

Leitungsführung *auf der Decke* bedeutet Installation direkt auf der Rohdecke des Stockwerkes, z. B. auf betoniertem Fußboden.

Leitungsführung *unter der Decke* erfolgt oben im Raum unter Putz, im Putz, in Hohlräumen und abgehängten Decken.

Leitungsführung *in der Decke* bedeutet Installation direkt oder in Rohren innerhalb der Rohdecke, z. B. bei der Betoninstallation. Hierfür sind keine Installationszonen festgelegt.

Leitungsberechnung ohne Verzweigung 1 Calculation of Lines without Branch 1

Ablauf der Leitungsberechnung

Leitung	Bedingung	Bemessungsgrundlage	Beispiel
kurz	Kurze Leitung, Bemessungsstrom klein.	Mechanische Festigkeit, Mindestquerschnitt nach Seite 171.	Handgerät mit $I_N = 2$ A, Leitung $l = 2$ m
normal	Leitung mit normaler Länge, Bemessungsstrom beliebig.	Strombelastbarkeit, siehe unten und folgende Seite. Im Zweifelsfall siehe Leitungslänge normal bis groß.	Beleuchtungsanlage mit $I_N = 16$ A, Leitung $l = 30$ m
normal bis lang	Fallunterscheidung nicht möglich, Leitungslänge zwischen normal und lang.	Strombelastbarkeit wie bei normal, dann auf Spannungsfall prüfen (siehe unten und folgende Seite).	Motor mit $I_N = 16$ A, Leitung $l = 80$ m
lang	Sehr lange Leitung, Bemessungsstrom beliebig.	Spannungsfall Δu, Berechnung von A siehe folgende Seite.	Motor mit $I_N = 16$ A, Leitung $l = 150$ m

Leitungsberechnung bei normaler Leitungslänge

Struktogramm 1

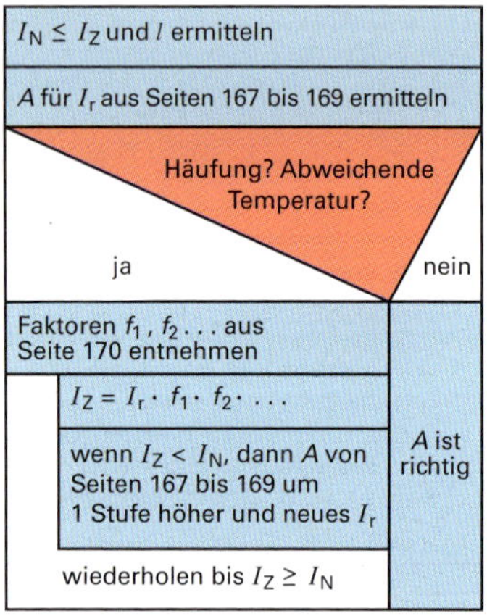

Vorgehen 1. bis 4.

1. In jedem Fall muss zuerst der Bemessungsstrom I_N des Verbrauchsmittels und die Länge l der Leitung ermittelt werden.
2. Liegen Leitungshäufungen nicht vor, so wird der Querschnitt für I_r direkt aus den Tabellen Seite 166 bis 169 ermittelt.
3. Bei Leitungshäufung entnimmt man den Faktor f_1 oder die Faktoren f_1, f_2, ... für Leitungshäufung der Seite 170. Die zulässige Belastbarkeit I_Z der Leitung ist um f_1 oder um $f_1 \cdot f_2$ ... kleiner als I_r von 2. (Seite 167 oder 168). Reicht dieses I_Z nicht aus, wird ein größerer Querschnitt mit größerem I_r genommen und entsprechend geprüft.
4. Liegt eine von 25 °C oder 30 °C abweichende Umgebungstemperatur vor, so entnimmt man den Faktor dafür der Seite 170. Der aus 2. enthaltene Querschnitt wird dann wie bei 3. geprüft, ob er ausreicht.

Bemerkung, Formeln

Dabei muss sein

$I_N \leq I_r$

Strombelastbarkeit

$$I_Z = I_r \cdot f_1 \quad (1)$$

Liegen mehrere Sonderbedingungen vor, so sind die f_1, f_2, ... zu multiplizieren.

Strombelastbarkeit

$$I_Z = I_r \cdot f_1 \cdot f_2 \cdot \ldots \quad (2)$$

Hier muss man von den Werten für 30 °C ausgehen (Seite 168).

$$I_Z = I_r \cdot f_1 \quad (3)$$

Leitungsberechnung bei normaler bis großer Leitungslänge

Struktogramm 2

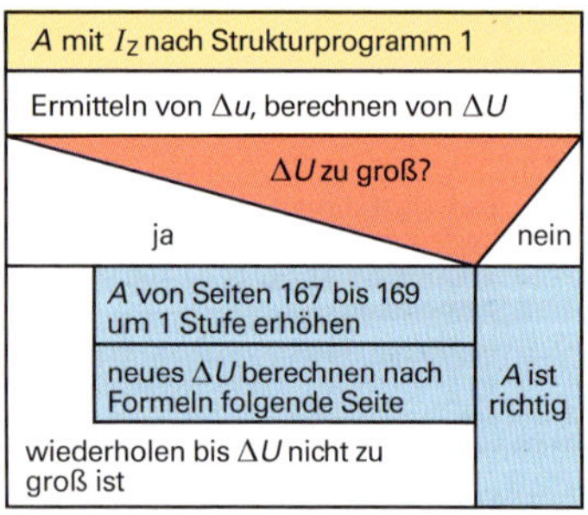

Vorgehen 1. bis 8.

1. bis 4. vorgehen wie bei normaler Leitungslänge. A und I_N festhalten.
5. Feststellen, wie groß Δu sein darf und daraus ΔU berechnen.
6. Prüfen, ob ΔU beim ermittelten A zu groß ist. Wenn nicht zu groß, dann stimmt A.
7. Wenn zu groß, dann nächst größeren Querschnitt von Seite 167, 168 nehmen und nochmals prüfen. Wenn ΔU nicht zu groß, dann stimmt A.
8. Wenn zu groß, 7. wiederholen, bis A stimmt.

Bemerkung, Formeln

Siehe vorhergehende Tabelle „Leitungsberechnung bei normaler Leitungslänge".

Spannungsfall in V

$$\Delta U = \frac{\Delta u \cdot U_N}{100\%} \quad (4)$$

Δu siehe folgende Seite.

Benötigte Seiten 166 bis 170.

A	Leiterquerschnitt
f_1, f_2 ...	Faktoren für Leitungshäufung oder abweichender Temperatur
l	Leitungslänge
I_N	Bemessungsstrom, z. B. der Verbrauchsmittel
I_Z	Strombelastbarkeit der Leitung
I_r	Bemessungswert der Strombelastbarkeit
U_N	Bemessungsspannung des Netzes
ΔU	Spannungsfall in V
Δu	Spannungsfall in %

Leitungsberechnung ohne Verzweigung 2 — Calculation of Lines without Branch 2

Daten, Prinzip

Zulässiger Spannungsfall	
Bereich, Quelle	Δu
Zähler zu Steckdose, DIN 18015	≤ 3%
Hausanschluss zu Steckdose, VDE 0100	≤ 4%

Leitfähigkeit γ in m/(Ω · mm²)			
Leiter ϑ_b	Formelzeichen	Cu	Al
20 °C	γ_{20}	56	35
50 °C	γ_{50}	50	31
70 °C	γ_{70}	46	29

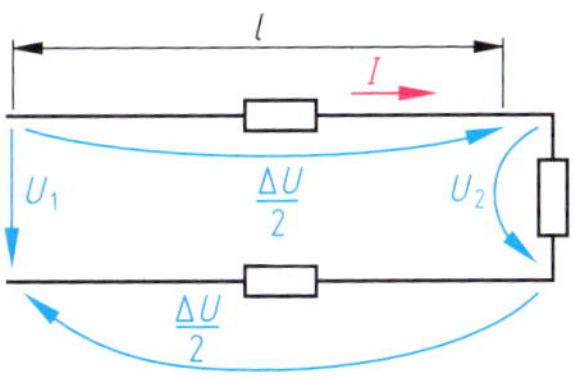

Schaltung bei DC und AC

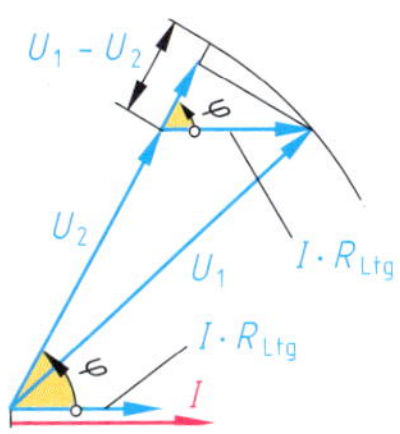

Zeigerbild bei AC

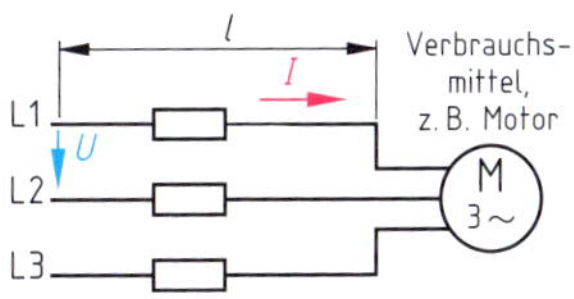

Schaltung bei 3 AC

Erklärung, Formeln

Alle Stromarten

$[U] = [\Delta U] = \mathrm{V}$

$$\Delta U \approx U_1 - U_2 \quad (1)$$

$$\Delta u = \frac{\Delta U \cdot 100\%}{U} \quad (2)$$

$[P_V] = [P] = \mathrm{W}$

$$P_{v\%} = \frac{P_v \cdot 100\%}{P} \quad (3)$$

Zur *genauen* Berechnung des Spannungsfalls ist die Leitfähigkeit γ bei der anzunehmenden Betriebstemperatur ϑ_b der Leitung zu verwenden **(Tabelle)**. Zur überschlägigen Berechnung wird oft mit γ_{20} gerechnet, bei Cu also mit 56 m/(Ω · mm²), bei Al mit 35 m/(Ω · mm²).

Bei Cu und Al:

$$\gamma = \frac{\gamma_{20}}{1 + 0{,}004/\mathrm{K} \cdot \Delta\vartheta} \quad (4)$$

$$\Delta\vartheta = \vartheta_b - 20\,°\mathrm{C} \quad (5)$$

Gleichstrom DC

$$\Delta U = \frac{2 \cdot P \cdot l}{\gamma \cdot A \cdot U} \quad (6)$$

$$\Delta U = \frac{2 \cdot I \cdot l}{\gamma \cdot A} \quad (7)$$

$$A = \frac{2 \cdot I \cdot l}{\gamma \cdot \Delta U} \quad (8)$$

$$P_v = \frac{2 \cdot I^2 \cdot l}{\gamma \cdot A} \quad (9)$$

$$P_{v\%} = \Delta u \quad (10)$$

Wechselstrom AC (Einphasenwechselstrom)

$$\Delta U = \frac{2 \cdot P \cdot l}{\gamma \cdot A \cdot U} \quad (11)$$

$$\Delta U = \frac{2 \cdot I \cdot l \cdot \cos\varphi}{\gamma \cdot A} \quad (12)$$

$$A = \frac{2 \cdot I \cdot l \cdot \cos\varphi}{\gamma \cdot \Delta U} \quad (13)$$

Bei Nicht-Sinusform $\cos\varphi$ durch λ ersetzen.

$$P_v = \frac{2 \cdot I^2 \cdot l}{\gamma \cdot A} \quad (14)$$

$$P_{v\%} = \frac{\Delta u}{\cos^2\varphi} \quad (15)$$

Dreiphasenwechselstrom 3 AC (Drehstrom)

$$\Delta U = \frac{P \cdot l}{\gamma \cdot A \cdot U} \quad (16)$$

$$\Delta U = \frac{\sqrt{3} \cdot I \cdot l \cdot \cos\varphi}{\gamma \cdot A} \quad (17)$$

$$A = \frac{\sqrt{3} \cdot I \cdot l \cdot \cos\varphi}{\gamma \cdot \Delta U} \quad (18)$$

Bei Nicht-Sinusform $\cos\varphi$ durch λ ersetzen.

$$P_v = \frac{3 \cdot I^2 \cdot l}{\gamma \cdot A} \quad (19)$$

$$P_{v\%} = \frac{\Delta u}{\cos^2\varphi} \quad (20)$$

- A — Leiterquerschnitt
- $\cos\varphi$ — Leistungsfaktor
- I — Leiterstrom (Bemessungsstrom der Last)
- l — Länge der Leitung
- P — Leistungsaufnahme der Last
- P_v — Leistungsverlust in der Leitung
- $P_{v\%}$ — prozentualer Leistungsverlust (bezogen auf Leistungsaufnahme der Last)
- U — Bemessungsspannung des Netzes und der Last
- U_1 — Spannung am Leitungsanfang
- U_2 — Spannung am Leitungsende
- γ — elektrische Leitfähigkeit
- γ_{20} — elektrische Leitfähigkeit bei 20 °C Leitertemperatur
- $\Delta\vartheta$ — Temperaturunterschied (Delta Theta)
- ΔU — Spannungsfall (Spannungsunterschied)
- Δu — prozentualer Spannungsfall (bezogen auf U)
- ϑ_b — Betriebstemperatur
- λ — Leistungsfaktor (Lambda)
- φ — Phasenverschiebungswinkel (phi) der Grundschwingung

$\lambda = \cos\varphi$ nur bei Sinusform

Leitungsberechnung mit Verzweigung Calculation of Lines with Branch

Strommoment bei DC, AC oder 3 AC

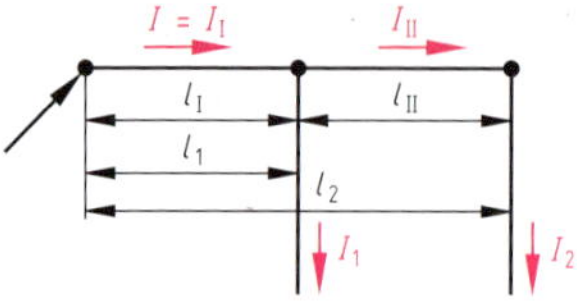

Form 1:

$$\Sigma\,(I \cdot l) = I_\text{I} \cdot l_\text{I} + I_\text{II} \cdot l_\text{II} + \ldots \quad (1)$$

Form 2:

$$\Sigma\,(I \cdot l) = I_1 \cdot l_1 + I_2 \cdot l_2 + \ldots \quad (2)$$

$[\Sigma\,(I \cdot l)] = \text{A} \cdot \text{m} = \text{Am}$

Beide Formen führen zum selben Ergebnis. Das gilt aber nicht für $\Sigma\,(I^2 \cdot l)$.

Verzweigte Leitung

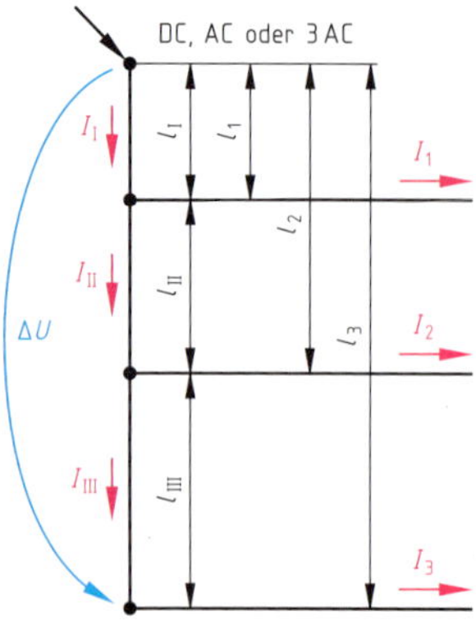

Einphasenwechselstrom AC:

$$\Delta U = \frac{2 \cdot \cos\varphi_\text{m}}{\gamma \cdot A} \cdot \Sigma\,(I \cdot l)$$

$$A = \frac{2 \cdot \cos\varphi_\text{m}}{\gamma \cdot \Delta U} \cdot \Sigma\,(I \cdot l) \quad (3)$$

$$\Sigma\,(I^2 \cdot l) = I_\text{I}^2 \cdot l_\text{I} + I_\text{II}^2 \cdot l_\text{II} + \ldots \quad (4)$$

$$P_\text{v} = \frac{2}{\gamma \cdot A} \cdot \Sigma\,(I^2 \cdot l) \quad (5)$$

Gleichstrom DC: Es gelten die Formeln für AC ohne $\cos\varphi_\text{m}$.

Dreiphasenwechselstrom 3 AC:

$$\Delta U = \frac{\sqrt{3} \cdot \cos\varphi_\text{m}}{\gamma \cdot \text{A}} \cdot \Sigma\,(I \cdot l)$$

$$A = \frac{\sqrt{3} \cdot \cos\varphi_\text{m}}{\gamma \cdot \Delta U} \cdot \Sigma\,(I \cdot l) \quad (6)$$

$\Sigma\,(I^2 \cdot l)$ wie bei AC

$$P_\text{v} = \frac{3}{\gamma \cdot A} \cdot \Sigma\,(I^2 \cdot l) \quad (7)$$

γ siehe Hinweis auf vorhergehender Seite oben

Ringleitung, von zwei Seiten gespeiste Leitung

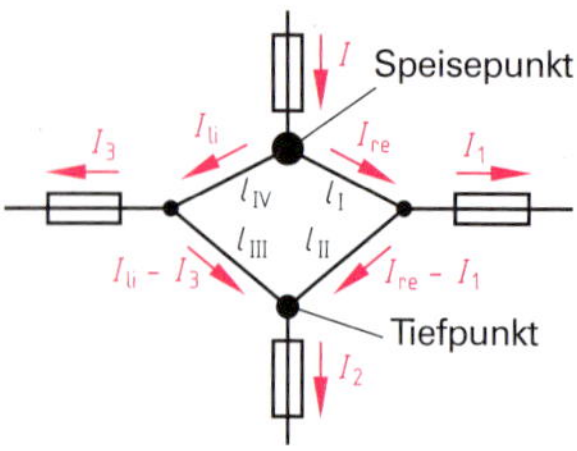

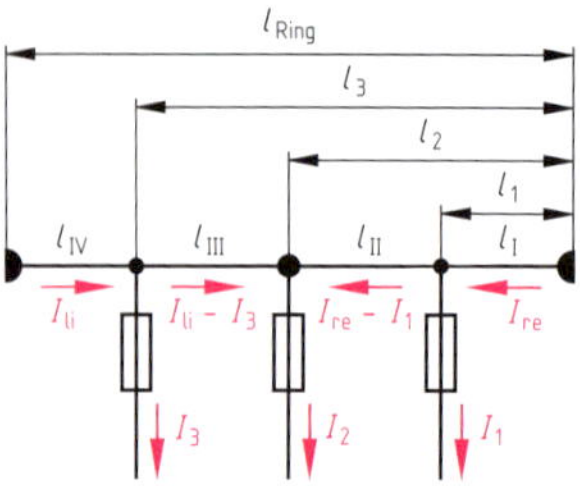

Gang der Rechnung

1. Ringleitung im Speisepunkt aufschneiden und Leitung zur zweiseitig gespeisten Leitung strecken **(Bild)**. Entfällt bei der zweiseitig gespeisten Leitung.
2. Berechnung der von links und von rechts eingespeisten Ströme (entsprechend den Lagerkräften eines Balkens, **Bild**).
3. Ermittlung des Tiefpunktes (des Punktes, dem von beiden Seiten Strom zugeführt wird).
4. Berechnung der beiden Leitungsteile als verzweigte Leitungen.
5. Den größten Querschnitt der Leitungsabschnitte für den ganzen Ring nehmen.

$$I_\text{re} = \frac{\Sigma\,(I \cdot l)_\text{links}}{l_\text{Ring}} \quad (8)$$

$$I_\text{li} = \frac{\Sigma\,(I \cdot l)_\text{rechts}}{l_\text{Ring}} \quad (9)$$

Probe:

$$I_\text{li} = I - I_\text{re} \quad (10)$$

Beispiel: $I_1 = 12$ A, $I_2 = 18$ A, $I_3 = 10$ A, $l_1 = 4$ m, $l_2 = 9$ m, $l_3 = 15$ m, $l_\text{Ring} = 17$ m. $I_\text{re} = ?$ $I_\text{li} = ?$ Welcher Punkt ist der Tiefpunkt?

Lösung: $\Sigma\,(I \cdot l)_\text{rechts} = 12\ \text{A} \cdot 4\ \text{m} + 18\ \text{A} \cdot 9\ \text{m} + 10\ \text{A} \cdot 15\ \text{m} = 360\ \text{Am}$

$I_\text{li} = \Sigma\,(I \cdot l)_\text{rechts}/l_\text{Ring} = 360\ \text{Am}/17\ \text{m} =$ **21,2 A**

$I_\text{re} = 12\ \text{A} + 18\ \text{A} + 10\ \text{A} - 21{,}2\ \text{A} =$ **18,8 A**

Punkt 2 ist Tiefpunkt, da 18,8 A – 12 A = 6,8 A < 18 A

A	Leiterquerschnitt
$\cos\varphi_\text{m}$	mittlerer Leistungsfaktor (etwa $\Sigma P/\Sigma S$ oder schätzen)
I	Leiterstrom (Bemessungsstrom der Last)
$I_1, I_2 \ldots$	Zweigströme
$I_\text{I}, I_\text{II} \ldots$	Stromstärken in den Leitungsstücken
I_li	Stromstärke von links
I_re	Stromstärke von rechts
l_Ring	Leitungslänge der Ringleitung
$l_1, l_2 \ldots$	Leitungslängen vom Bezugspunkt aus
$l_\text{I}, l_\text{II} \ldots$	Längen der Leitungsabschnitte
P	Wirkleistung der Last
P_v	Leistungsverlust in der Leitung
S	Scheinleistung der Last
ΔU	Spannungsfall (Spannungsunterschied)
γ	elektrische Leitfähigkeit
Σ	Summe
φ	Phasenverschiebung
$\Sigma\,(I \cdot l)$	Summe der Strommomente
$\Sigma\,(I^2 \cdot l)$	Summe der Stromquadratmomente

Überlastschutz und Kurzschlussschutz von Leitungen
Protection against Overload and Short Circuit of Conductors

Art	Erklärung	Bemerkungen, Formel
Überlastschutz		vgl. DIN VDE 0100-430
Bedingungen, Bemessungsstromregel oder Nennstromregel	Bei Überlastung muss die Überstrom-Schutzeinrichtung ansprechen, bevor die Leitung unzulässig heiß wird.	$I_B \le I_n \le I_Z$ **1** $I_2 \le 1{,}45 \cdot I_Z$ $I_Z \ge 0{,}69 \cdot I_2$ **2**
Anwendung	Die Bedingungen sind erfüllt, wenn I_N der Überstrom-Schutzorgane höchstens so groß ist wie I_Z (Seite „Strombelastbarkeit").	Formel 2 gilt für Leitungsschutzschalter der Typen A bis D, nicht aber für E oder K.
Anordnung der Überstrom-Schutzeinrichtung	Grundsätzlich am Anfang des Stromkreises und dort, wo die Strombelastbarkeit verringert wird.	Versetzen der Überstrom-Schutzorgane zum Verbrauchsmittel hin ist zulässig, wenn der Schutz bestehen bleibt.
Wegfall der Überstrom-Schutzeinrichtung	Soll erfolgen, wenn eine Abschaltung gefährlicher ist als Überlastung, z. B. bei Hubmagneten.	Darf erfolgen, wenn eine Überlastung ausscheidet, z. B. bei Hilfsstromkreisen.
Kurzschlussschutz		
Normalfall	Schutz bei Kurzschluss (Ksch.) erfolgt zugleich durch den Überlastschutz am Stromkreisanfang. Die Leitungen dürfen nicht zu lang sein (Tabelle unten).	Einpoliger Ksch.: $I_k = \frac{U_0}{Z_S}$ **3** Dreipoliger Ksch.: $I_k \approx \frac{2 \cdot U_0}{Z_S}$ **4**
Ausschaltzeit (höchstzulässige Erwärmungszeit bei Kurzschluss)	Bei sehr kurzen Ausschaltzeiten ist zu prüfen, ob der I^2t-Wert (Herstellerangabe) genügt. $I^2t < (k \cdot A)^2$	$t \le (k \cdot A / I_k)^2$ **5** Bei PVC $k = 115 \cdot \sqrt{s}\ \text{A/mm}^2$ bei Gummi $k = 141 \cdot \sqrt{s}\ \text{A/mm}^2$
Anwendung	Ausschaltzeit und I^2t-Wert sind nur zu prüfen, wenn keine Leitungsschutzschalter (LS-Schalter) Klasse 3 eingesetzt werden.	Bei Leiterquerschnitten ≥ 1,5 mm² Cu sind die Bedingungen erfüllt, wenn $I_N \le 63$ A ist.
Anordnung der Überstrom-Schutzeinrichtung	Am Anfang des Stromkreises und dort, wo Belastbarkeit verringert ist und der Kurzschlussschutz nicht ausreicht.	Versetzung bis 3 m ist zulässig, wenn die Leitung vor der Schutzeinrichtung kurzschlusssicher ist.
Wegfall der Überstrom-Schutzeinrichtung	Wie beim Überlastschutz, z. B. bei Sicherheitsbeleuchtungen, Erregerstromkreisen, Stromwandler-Sekundärkreisen.	Verzicht darf erfolgen, wenn Leitung kurzschlusssicher und nicht in Nähe von brennbaren Stoffen ist.

Größte Leitungslängen l_{max} von Kupferleitungen

vgl. DIN VDE 0100 Bbl. 5

A in mm²	I_N in A	I_{kmin} in A	l_{max} in m bei Z_S = 300 mΩ			l_{max} in m Z_S = 600 mΩ		
			LS-Sch. B	LS-Sch. C	Sicherung gG	LS-Sch. B	LS-Sch. C	Sicherung gG
1,5	16	65	82	36	59	73	27	49
	20	126	64	27	41	54	17	31
2,5	20	85	104	44	67	89	28	51
	25	110	80	32	51	65	16	35
4	25	110	131	53	83	106	26	57
	32	150	96	35	48	71	8	21
6	32	150	145	53	72	107	12	32
	40	190	109	35	56	70	0	15
10	40	190	182	58	94	116	0	26
	50	260	132	33	41	66	0	0
16	50	260	210	52	66	104	0	0

A Leiterquerschnitt
I_2 Auslösestrom der Überstrom-Schutzeinrichtung
I_B Betriebsstrom
I_k Kurzschlussstrom
I_{kmin} Mindest-I_k vor Sicherung
I_n Nennstrom der Überstrom-Schutzeinrichtung
I_Z Strombelastbarkeit der Leitung
k Material-Koeffizient
t Ausschaltzeit
U_0 Netz-Sternspannung
Z_S Schleifenimpedanz vor der Schutzeinrichtung

Verlegearten für feste Verlegung Methods of Permanent Installation

vgl. DIN VDE 0298-4

Verlegeart	Beschreibung	Verlegeart	Beschreibung
A 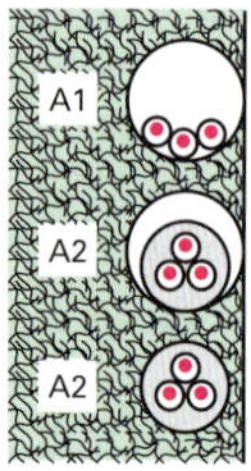	Verlegung in einer Wand mit wärmedämmendem Material mit dem spezifischen Wärmeleitwiderstand R_K für die Wandinnenseite $R_K \le 0{,}1 \frac{K \cdot m}{W}$ • sehr schlechte Wärmeabfuhr	A 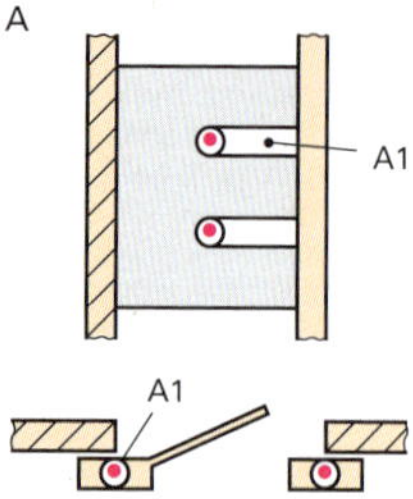	Verlegung von Aderleitungen • in Formleisten oder Formteilen, • im Elektroinstallationsrohr in Türfüllungen, • im Elektroinstallationsrohr in Fensterrahmen, • sehr schlechte Wärmeabfuhr.
B 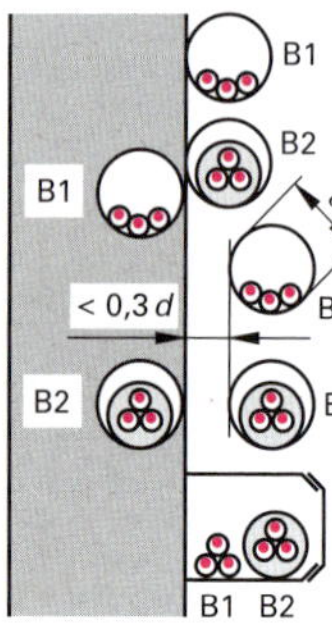	Verlegung im geschlossenen Elektroinstallationskanal • auf Putz, • vertikal oder horizontal. Verlegung im Elektroinstallationsrohr • unter Putz, wenn $R_K \le 2 \frac{K \cdot m}{W}$ • auf Putz, • vertikal und horizontal. Unterflurverlegung	B 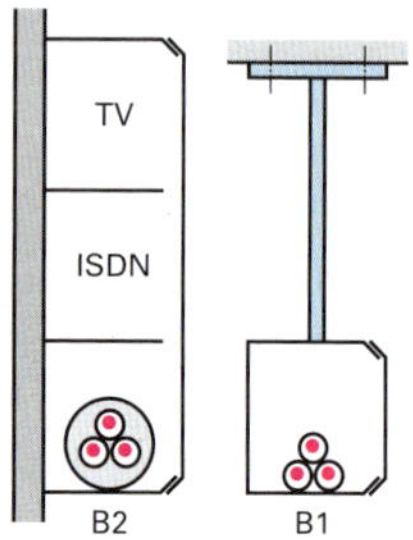	Verlegung von – Aderleitungen, – einadrigen Kabeln, – mehradrigen Kabeln • im Fußbodenleistenkanal, • im abgehängten Elektroinstallationskanal.
C 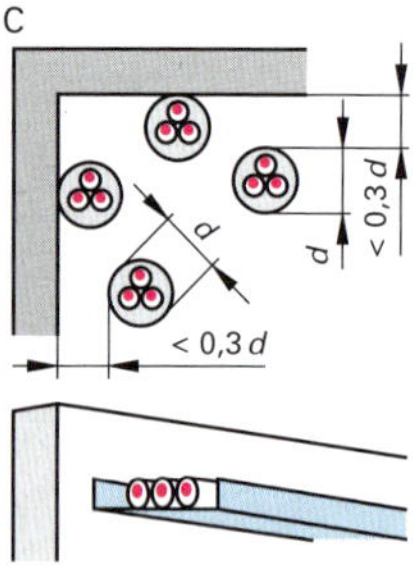	Verlegung von ein- oder mehradrigem Kabel oder von Mantelleitungen • auf einer Wand, • mit Abstand zur Wand, • unter der Decke, • mit Abstand zur Decke, • auf einer Kabelwanne, wenn $A_{Löcher} < 0{,}3 \cdot A$.	C 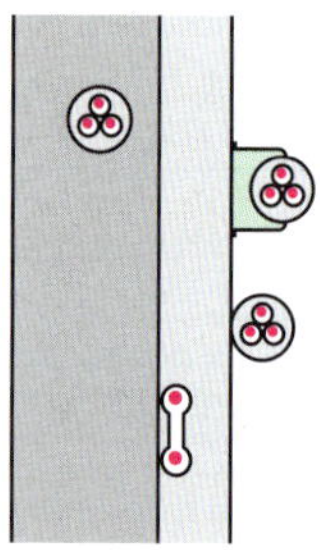	Verlegung von ein- oder mehradrigem Kabel oder von Mantelleitungen • unter Putz, wenn $R_K \le 2 \frac{K \cdot m}{W}$ • mit und ohne zusätzlichen mechanischen Schutz. Verlegung von Stegleitungen im und unter Putz.
D belastbar etwa wie Gruppe A2 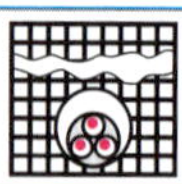	Verlegung von mehradrigem Kabel im Elektroinstallationsrohr oder Kabelschacht im Erdboden.	E F G 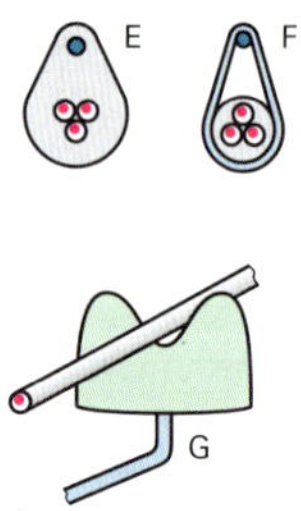	Verlegung von ein- oder mehradrigem Kabel oder von Mantelleitungen • abgehängt an einem Trageseil, • bei eingebautem Trageseil. Blanke Leiter oder Aderleitungen auf Isolatoren.
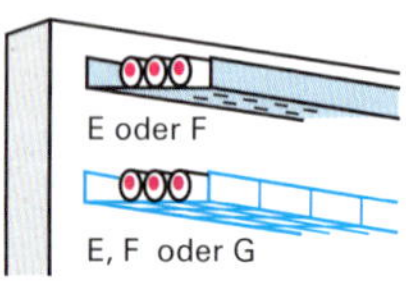	Verlegung von ein- oder mehradrigem Kabel oder von Mantelleitungen • auf gelochter Kabelwanne, wenn $A_{Löcher} \ge 0{,}3 \cdot A$, • auf Kabelkonsolen, • auf Kabelpritschen.		

A Fläche, *d* Durchmesser, R_K spezifischer Wärmeleitwiderstand

Kabel und Leitungen, z.B. NYM, NYMT, NYIF, NYDY, NYBUY, NHMH, NYY, H07V-U, H07V-R, H07V-K

Weitere Verlegearten sind DIN VDE 0298-4 zu entnehmen.

Aderleitung · Mantelleitungen · Stegleitung · Elektroinstallationsrohr · Elektroinstallationskanal

Strombelastbarkeiten für Kabel und Leitungen bei ϑ_U = 25 °C

Ampacity of Cables and Wires at ϑ_a = 25 °C

vgl. DIN VDE 0298-4

Nennquerschnitt in mm^2	Belastbarkeit in A / Bemessungsstrom der Überstrom-Schutzeinrichtung in A (wenn $I_2 \leq 1{,}45 \cdot I_n$, Seite 173) – Verlegeart, Anzahl der Strom führenden Leiter															
	A1		A2		B1		B2		C		E		F		G	
	2	3	2	3	2	3	2	3	2	3	2	3	2	3[1]	3h[2]	3v[2]
1,5	16,5	14,5	16,5	14	18,5	16,5	17,5	16	21	18,5	23	19,5	–	–	–	–
	16	13	16	13	16	16	16	16	20	16	20	16	–	–	–	–
2,5	21	19	19,5	18,5	25	22	24	21	29	25	32	27	–	–	–	–
	20	16	16	16	25	20	20	20	25	25	32	25	–	–	–	–
4	28	25	27	24	34	30	32	29	38	34	42	36	–	–	–	–
	25	25	25	20	32	25	32	25	35	32	40	35	–	–	–	–
6	36	33	34	31	43	38	40	36	49	43	54	46	–	–	–	–
	35	32	32	25	40	35	40	35	40	40	50	40	–	–	–	–
10	49	45	46	41	60	53	55	49	67	60	74	64	–	–	–	–
	40	40	40	40	50	50	50	40	63	63	63	63	–	–	–	–
16	65	59	60	55	81	72	73	66	90	81	100	85	–	–	–	–
	63	50	50	50	80	63	63	63	80	80	100	80	–	–	–	–
25	85	77	80	72	107	94	95	85	119	102	126	107	139	117	155	138
	80	63	80	63	100	80	80	80	100	100	125	100	125	100	125	125
35	105	94	98	88	133	117	118	105	146	126	157	134	172	145	192	172
	100	80	80	80	125	100	100	100	125	125	125	125	160	125	160	160
50	126	114	117	105	160	142	141	125	178	153	191	162	208	177	232	209
	125	100	100	100	160	125	125	125	160	125	160	160	200	160	224	200
70	160	144	147	133	204	181	178	158	226	195	246	208	266	229	298	269
	160	125	125	125	200	160	160	125	224	160	224	200	250	224	250	250
95	193	174	177	159	246	219	213	190	273	236	299	252	322	280	361	330
	160	160	160	125	224	200	200	160	250	224	250	250	315	250	355	315
120	223	199	204	182	285	253	246	218	317	275	348	293	373	326	420	384
	200	160	200	160	250	250	224	200	315	250	315	250	355	315	400	355

ϑ_u Umgebungstemperatur, ϑ_a ambient temperature

Bemerkungen: Die Tabelle gilt für Kupferleiter bei einer Betriebstemperatur von 70 °C.

Die Strombelastbarkeiten für andere Verlegearten, weitere Nennquerschnitte der Kupferleiter, vieladrige Kabel oder Leitungen und für andere Betriebstemperaturen sowie Betriebsbedingungen sind DIN VDE 0298-4 zu entnehmen.

[1] Dreiadriges Kabel oder Mantelleitung, mit einem Abstand zur Wand, der dem Durchmesser entspricht.

[2] 3h = drei einadrige Kabel oder Mantelleitungen, horizontal verlegt, mit einem Abstand untereinander und zur Wand, der dem Durchmesser entspricht.

3v = wie bei 3h, jedoch vertikal verlegt.

Strombelastbarkeiten für Kabel und Leitungen bei $\vartheta_U = 30\ °C$

Ampacity of Cables and Wires at $\vartheta_a = 30\ °C$

vgl. DIN VDE 0298-4

Nennquerschnitt in mm²	**Belastbarkeit in A** / **Bemessungsstrom der Überstrom-Schutzeinrichtung in A** (wenn $I_2 \le 1{,}45 \cdot I_n$, Seite 173) – **Verlegeart, Anzahl der Strom führenden Leiter**															
	A1		A2		B1		B2		C		E		F		G	
	2	3	2	3	2	3	2	3	2	3	2	3	2	3[1]	3h[2]	3v[2]
1,5	15,5	13,5	15,5	13	17,5	15,5	16,5	15	19,5	17,5	22	18,5	–	–	–	–
	13	13	13	13	16	13	16	13	16	16	20	16	–	–	–	–
2,5	19,5	18	18,5	17,5	24	21	23	20	27	24	30	25	–	–	–	–
	16	16	16	16	20	20	20	20	25	20	25	25	–	–	–	–
4	26	24	25	23	32	28	30	27	36	32	40	34	–	–	–	–
	25	20	25	20	32	25	25	25	35	32	40	32	–	–	–	–
6	34	31	32	29	41	36	38	34	46	41	51	43	–	–	–	–
	32	25	32	25	40	35	35	32	40	40	50	40	–	–	–	–
10	46	42	43	39	57	50	52	46	63	57	70	60	–	–	–	–
	40	40	40	35	50	50	50	40	63	50	63	50	–	–	–	–
16	61	56	57	52	76	68	69	62	85	76	94	80	–	–	–	–
	50	50	50	50	63	63	63	50	80	63	80	80	–	–	–	–
25	80	73	75	68	101	89	90	80	112	96	119	101	131	110	146	130
	80	63	63	63	100	80	80	80	100	80	100	100	125	100	125	125
35	99	89	92	83	125	110	111	99	138	119	148	126	162	137	181	162
	80	80	80	80	125	100	100	80	125	100	125	125	160	125	160	160
50	119	108	110	99	151	134	133	118	168	144	180	153	196	167	219	197
	100	100	100	80	125	125	125	100	160	125	160	125	160	160	200	160
70	151	136	139	125	192	171	168	149	213	184	232	196	251	216	281	254
	125	125	125	125	160	160	160	125	200	160	224	160	250	200	250	250
95	182	164	167	150	232	207	201	179	258	223	282	238	304	264	341	311
	160	160	160	125	224	200	200	160	250	200	250	224	300	250	315	300
120	210	188	192	172	269	239	232	206	299	259	328	276	352	308	396	362
	200	160	160	160	250	224	224	200	250	250	315	250	315	300	355	355

ϑ_u Umgebungstemperatur, ϑ_a ambient temperature

Bemerkungen: Die Tabelle gilt für Kupferleiter bei einer Betriebstemperatur von 70 °C.

Die Strombelastbarkeiten für andere Verlegearten, weitere Nennquerschnitte der Kupferleiter, vieladrige Kabel oder Leitungen und für andere Betriebstemperaturen sowie Betriebsbedingungen sind DIN VDE 0298-4 zu entnehmen.

1 Dreiadriges Kabel oder Mantelleitung, mit einem Abstand zur Wand, der dem Durchmesser entspricht.

2 3h = drei einadrige Kabel oder Mantelleitungen, horizontal verlegt, mit einem Abstand untereinander und zur Wand, der dem Durchmesser entspricht.

3v = wie bei 3h, jedoch vertikal verlegt.

Strombelastbarkeit von flexiblen oder wärmefesten Leitungen
Ampacity of Flexible or Heat-resistant Cables

vgl. DIN VDE 0298-4

Belastbarkeit flexibler Leitungen mit $U_N \leq 1000$ V bei Umgebungstemperatur $\vartheta_U = 30$ °C

Anzahl Strom führender Leiter Verlegungsart	ϑ_B in °C Isolierwerkstoff	Bauart-Kurzzeichen Beispiele	Belastung in A bei einem Nennquerschnitt in mm²												
			0,75	1	1,5	2,5	4	6	10	16	25	35	50	70	95
1 V1	70 Polyvinylchlorid	H05V-U H07V-U H07V-K	15	19	24	32	42	54	73	98	129	158	198	245	292
2 oder (3) V2, V3	60 Gummi	H05RN-F H07RN-F NMHVÖU	6 (6)	10 (10)	16 (16)	25 (20)	32 (25)	40 –	63 –	– –	– –	– –	– –	– –	– –
2 oder 3 V2, V3	70 Polyvinylchlorid	H05VVH6-F H07VVH6-F NYMH11YÖ	12	15	18	26	34	44	61	82	108	135	168	207	250

Belastbarkeit flexibler Leitungen bei Umgebungstemperatur $\vartheta_U = 30$ °C

Anzahl Strom führender Leiter U_N Verlegungsart	ϑ_B in °C Isolierwerkstoff	Bauart-Kurzzeichen Beispiele	Belastung in A bei einem Nennquerschnitt in mm²												
			2,5	4	6	10	16	25	35	50	70	95	120	150	185
3 ≤ 6 kV/10 kV V2	80 Ethylenpropylen-Kautschuk	NSSHÖU	30	41	53	74	99	131	162	202	250	301	352	404	461
3 > 6 kV/10 kV V2	80 Ethylenpropylen-Kautschuk	NSSHÖU	–	–	–	–	105	139	172	215	265	319	371	428	488

Umrechnungsfaktoren für die Belastbarkeit von Leitungen mit erhöhter Wärmebeständigkeit

Anzahl Strom führender Leiter Verlegungsart	ϑ_B in °C Isolierwerkstoff	Bauart-Kurzzeichen Beispiele	Umrechnungsfaktoren bei ϑ_U in °C												
			50	60	70	80	90	100	110	120	130	140	150	160	170
1, 2 oder 3 V1, V2	90 Polyvinylchlorid	NYFAFW NYPLYW	1,00	0,87	0,71	0,50	–	–	–	–	–	–	–	–	–
1 V1	110 Ethylen-Vinylacetat-Copolymer	N4GA N4GAF	1,00	1,00	1,00	1,00	0,82	0,58	–	–	–	–	–	–	–
1 V1	135 Ethylen-Tetrafluorethylen	N7YA N7YAF	1,00	1,00	1,00	1,00	1,00	0,94	0,79	0,61	0,35	–	–	–	–
1, 2 oder 3 V1, V2	180 Silikon-Kautschuk	H05SJ-K N2GSA	1,00	1,00	1,00	1,00	1,00	1,00	1,00	1,00	1,00	1,00	1,00	0,82	0,58

Verlegungsarten von Leitungen

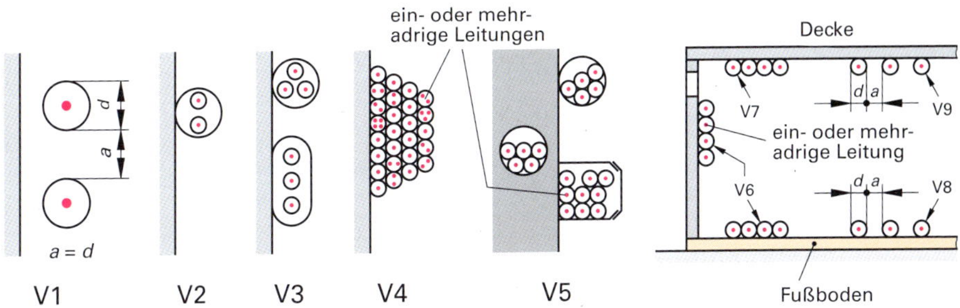

a	Leiterabstand	ϑ_B	höchstzulässige Betriebstemperatur
d	Durchmesser des Leiters	ϑ_U	Umgebungstemperatur
U_N	Bemessungsspannung	V	Verlegungsart

Umrechnungsfaktoren für die Strombelastbarkeit

vgl. DIN VDE 0298-4

Ampacity Correction Factors

Umrechnungsfaktoren für andere Umgebungstemperaturen als 30 °C

Isolierwerkstoff	ϑ_B in °C	Umrechnungsfaktoren bei ϑ_U in °C									
		10	15	20	25	30	35	40	45	50	60
Naturkautschuk, synthetischer Kautschuk	60	1,29	1,22	1,15	1,08	**1,0**	0,91	0,82	0,71	0,58	–
Polyvinylchlorid	70	1,22	1,17	1,12	1,06	**1,0**	0,94	0,87	0,79	0,71	0,5
Ethylenpropylenkautschuk	80	1,18	1,14	1,10	1,05	**1,0**	0,95	0,89	0,84	0,77	0,63

Umrechnungsfaktoren bei Häufung von Leitungen

Anordnung	Verlegungsart[1]	Umrechnungsfaktoren bei Anzahl der mehradrigen fest verlegten oder flexiblen Leitungen oder Anzahl der Wechselstromkreise oder Drehstromkreise aus einadrigen Leitungen							
		1	2	4	6	8	10	14	20
Gebündelt direkt auf der Wand, dem Fußboden, im Elektroinstallationsrohr oder Elektroinstallationskanal, auf oder in der Wand	V4, V5	**1,00**	0,80	0,65	0,57	0,52	0,48	0,43	0,38
Einlagig auf Wand oder Fußboden mit gegenseitiger Berührung (ab 2 Leitungen)	V6	**1,00**	0,85	0,75	0,72	0,71	0,70	0,70	0,70
Einlagig unter der Decke mit gegenseitiger Berührung (ab 2 Leitungen)	V7	**0,95**	0,81	0,68	0,64	0,62	0,61	0,61	0,61
Einlagig auf der Wand oder auf dem Fußboden *a* = *d*	V8	**1,00**	0,94	0,90	0,90	0,90	0,90	0,90	0,90
Einlagig unter der Decke *a* = *d*	V9	**0,95**	0,85	0,85	0,85	0,85	0,85	0,85	0,85

Umrechnungsfaktoren bei Häufung von Leitungen auf Kabelwannen und Kabelpritschen

Art	Anordnung	Anzahl der Pritschen	Umrechnungsfaktoren bei Anzahl der Leitungen					
			1	2	3	4	6	9
ungelochte Kabelwanne	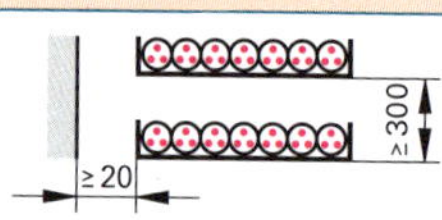	1	0,97	0,84	0,78	0,75	0,71	0,68
		2	0,97	0,83	0,76	0,72	0,68	0,63
		3	0,97	0,82	0,75	0,71	0,66	0,61
		6	0,97	0,81	0,73	0,69	0,63	0,58
gelochte Kabelwanne (Kabelroste)	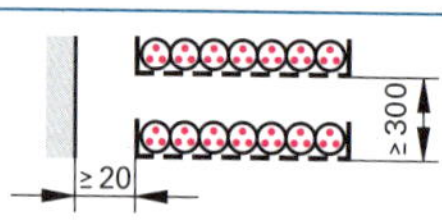	1	1,0	0,88	0,82	0,79	0,76	0,73
		2	1,0	0,87	0,80	0,77	0,73	0,68
		3	1,0	0,86	0,79	0,76	0,71	0,66
		6	1,0	0,84	0,77	0,73	0,68	0,64
Kabelpritsche	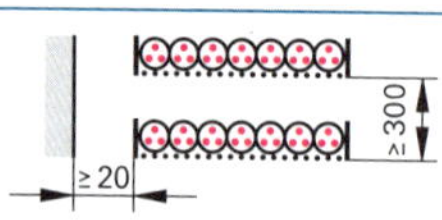	1	1,0	0,87	0,82	0,80	0,79	0,78
		2	1,0	0,86	0,81	0,78	0,76	0,73
		3	1,0	0,85	0,79	0,76	0,73	0,70
		6	1,0	0,83	0,76	0,73	0,69	0,66

Die Kabelwanne hat hochgezogene Seitenteile, aber keine Abdeckung. Die Lochung muss 30% der Gesamtfläche betragen. Bei Kabelpritschen darf die Auflagefläche 10% der Gesamtfläche der Konstruktion betragen.

Umrechnungsfaktoren bei Verlegung in Luft für vieladrige Leitungen mit Leiterbemessungsquerschnitten ≤ 10 mm²								Umrechnungsfaktoren für aufgewickelte Leitungen			
Anzahl der Strom führenden Leiter								Anzahl der Lagen			
5	7	10	14	19	24	40	61	1	2	3	4
0,75	0,65	0,55	0,50	0,45	0,40	0,35	0,30	0,80	0,61	0,49	0,42

a Leiterabstand, *d* Durchmesser des Leiters, ϑ_B höchstzulässige Betriebstemperatur, ϑ_U Umgebungstemperatur

[1] Verlegungsarten siehe vorhergehende Seiten.

Mindest-Leiterquerschnitte, Strombelastbarkeit von Starkstromkabeln
Minimum Conductor Cross Sections, Ampacity of Power Cables

Mindest-Leiterquerschnitte für Leitungen

Verlegungsart	Querschnitt in mm^2	Verlegungsart	Querschnitt in mm^2
feste geschützte Verlegung	Cu 1,5, Al 16	bewegliche Leitungen für den Anschluss von	
Leitung in Schaltanlagen und Verteilern • bis 2,5 A • über 2,5 A bis 16 A • über 16 A	 Cu 0,5 Cu 0,75 Cu 1,0	• leichten Handgeräten bis 1 A, Länge der Anschlussleitung ≤ 2 m • Geräten bis 2,5 A, Länge der Anschlussleitung ≤ 2 m • Geräten bis 10 A	Cu 0,5 Cu 0,5 Cu 0,75
offene Verlegung auf Isolatoren mit Isolatorabstand bis 20 m über 20 m bis 45 m	Cu 4,0 Cu 6,0	• Gerätesteckdosen und Kupplungsdosen bis I_N = 10 A • Geräten über 10 A	Cu 0,75 Cu 1,0
Fassungsadern	Cu 0,75	• Mehrfachsteckdosen, Gerätesteckdosen und Kupplungsdosen bis I_N = 10 A	Cu 1,0
Starkstromfreileitungen aus Kupfer Stahl Aluminium Aluminium-Stahl	 16 16 25 25/4	Lichtketten für Innenräume • zwischen Lichtkette und Stecker • zwischen den einzelnen Lampen	 Cu 0,75 Cu 0,5

Niederspannungskabel mit Isolation und Mantel aus Kunststoff

Verlegeart D (DIN VDE 0298-4)

Nennquerschnitt A in mm^2	Strombelastbarkeit in A für 70 °C zulässige Betriebstemperatur am Leiter, z. B. NYY, NAYY							
	Leiter aus Kupfer				Leiter aus Aluminium			
	Verlegung direkt im Erdboden mit 20 °C		Verlegung im Elektroinstallationsrohr oder Kabelschacht im Erdboden mit 20 °C		Verlegung direkt im Erdboden mit 20 °C		Verlegung im Elektroinstallationsrohr oder Kabelschacht im Erdboden mit 20 °C	
	belastete Adern		belastete Adern		belastete Adern		belastete Adern	
	2	3	2	3	2	3	2	3
1,5	22	18	18,5	15,5	Nicht vorkommend			
2,5	29	25	25	21				
4	37	32	32	27				
6	47	40	40	34				
10	63	53	54	45				
16	81	69	69	59				
25	103	89	88	76	80	69	68	59
35	125	107	106	91	96	83	82	71
50	148	127	126	108	113	97	96	83
70	183	156	156	133	140	121	119	103
95	216	189	184	161	165	145	141	124
120	246	215	209	183	189	165	161	141
150	277	241	236	205	213	185	181	158
185	311	270	265	231	240	211	204	180
240	361	312	307	266	276	244	235	208
300	408	350	347	298	312	278	266	237

Umrechnungsfaktoren für Häufung von direkt im Erdboden verlegten Kabeln

Anzahl der Stromkreise (der Mehrleiterkabel)	Umrechnungsfaktoren bei Abstand *a* von Kabel zu Kabel					
	0 m (mit Berührung)	*a* = *D* in m	0,125 m	0,25 m	0,5 m	Bei Einleiterkabeln ist *a* der Abstand zum Einleiterkabel des nächsten Stromkreises.
2	0,75	0,80	0,85	0,90	0,90	
3	0,65	0,70	0,75	0,80	0,85	
4	0,6	0,60	0,70	0,75	0,80	
5	0,55	0,55	0,65	0,70	0,80	
6	0,50	0,55	0,60	0,70		

a Abstand zwischen den Kabelmänteln zweier Kabel, *D* Außendurchmesser des Kabels

Überstrom-Schutzeinrichtungen (Niederspannungssicherungen)
Overcurrent Protection Devices (Low-voltage Fuses)

Sicherungseinsätze

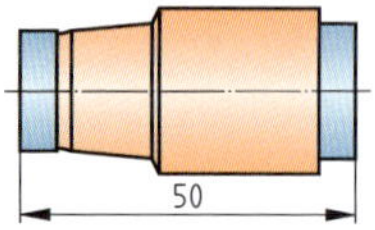

D-System (Diazed-System) AC und DC bis 500 V

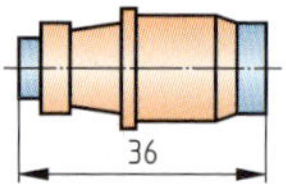

DO-System (Neozed-System) AC bis 400 V, DC bis 250 V

Bemessungsstrom in A	Farbe des Kennmelders	Größe des Schmelzeinsatzes System D	Größe des Schmelzeinsatzes System DO	Bemessungsverlustleistung in W System D	Bemessungsverlustleistung in W System DO
2	Rosa	ND und DII	DO 1	3,3	2,5
4	Braun	ND und DII	DO 1	2,3	1,8
6	Grün	ND und DII	DO 1	2,3	1,8
10	Rot	ND und DII	DO 1	2,6	2,0
16	Grau	ND und DII	DO 1	2,8	2,2
20	Blau	DII	DO 2	3,3	2,5
25	Gelb	DII	DO 2	3,9	3,0
32, 35	Schwarz	DIII	DO 2	5,2	4,0
50	Weiß	DIII	DO 2	6,5	5,0
63	Kupfer	DIII	DO 2	7,1	5,5
80	Silber	DIV H	DO 3	8,5	6,5
100	Rot	DIV H	DO 3	9,1	7,0

Schraubkappe System	Gewinde	Passeinsatz
ND	E 16	Passring
DII	E 27	Passschraube
DIII	E 33	Passschraube
DIV H	R 1 ¼"	Passhülse
DO 1	E 14	Hülsenpasseinsatz
DO 2	E 18	Hülsenpasseinsatz
DO 3	M30 x 2	Hülsenpasseinsatz

Die Abmessungen der Sicherungseinsätze hängen vom Bemessungsstrom ab.

Zeit-Strom-Bereiche für Leitungsschutzsicherungen

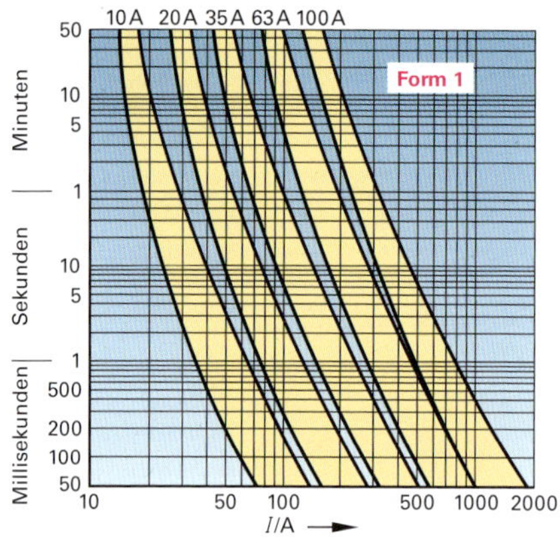

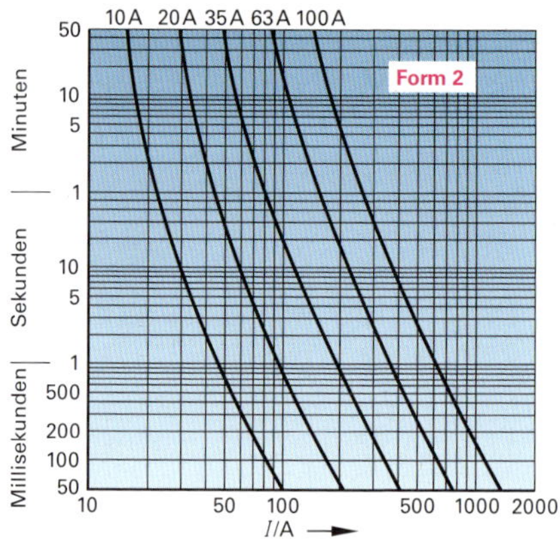

NH-Sicherungen

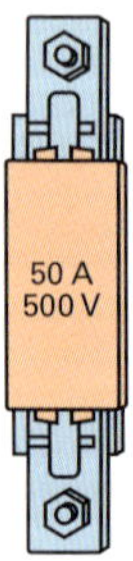

AC 500 V bis 1250 A
AC 600 V
DC 400 V

Bemessungsstrom in A Einsatz	Bemessungsstrom in A Unterteil	Größe	Bemessungsverlustleistung in W bei AC 50 Hz 500 V	Bemessungsverlustleistung in W bei AC 50 Hz 600 V	Länge in mm
35 bis 100	100	00	7,5	9	80
35 bis 160	160	0	16	19	125
80 bis 250	250	1	23	28	135
125 bis 400	400	2	34	41	150
315 bis 630	630	3	48	58	150
500 bis 1000	1000	4	80	90	200
500 bis 1250	1250	4 a	110	110	200

Überstrom-Schutzeinrichtungen Overcurrent Protection Devices

Klassen bei Schmelzsicherungen für Niederspannung

Klasse	Name, Bemerkungen	Klasse	Name, Bemerkungen
Funktionsklassen			
g	Ganzbereichssicherungen übernehmen den Überlastschutz und den Kurzschlussschutz. Sie können Ströme bis zu ihrem Bemessungsstrom dauernd führen und Ströme vom kleinsten Schmelzstrom bis zum Bemessungsausschaltstrom sicher abschalten.	a	Teilbereichssicherungen schützen nur gegen Kurzschluss. Sie können Ströme bis zu ihrem Bemessungsstrom dauernd führen, jedoch nur Ströme oberhalb eines Vielfachen ihres Bemessungsstromes bis zum Bemessungsausschaltstrom abschalten.
Betriebsklassen		**Anwendung**	
gG	Ganzbereichs-Kabel- und Leitungsschutz	G	allgemeiner Schutz
gR	Ganzbereichs-Halbleiterschutz	R, S	Halbleiterschutz
gB	Ganzbereichs-Bergbauanlagenschutz	M	Schaltgeräteschutz in Motorstromkreisen
gTr	Ganzbereichs-Transformatorenschutz	B	Bergbau- und Anlagenschutz
		Tr	Transformatorenschutz
aM	Teilbereichs-Schaltgeräteschutz		Die Niederspannungssicherungen werden durch 2 Buchstaben gekennzeichnet, z. B. durch gG.
aR	Teilbereichs-Halbleiterschutz		

Leitungsschutzschalter (LS-Schalter)

nach IEC 60898/EN 60898/DIN VDE 0641 Teil 11

Auslösecharakteristik	Anwendung
A	• begrenzter Halbleiterschutz, • Schutz von Stromkreisen mit Wandlern, mit großen Leitungslängen und mit der Forderung nach Abschaltung innerhalb von 0,4 s nach DIN VDE 0100 Teil 410
B	• Leitungsschutz, hauptsächlich Steckdosenstromkreise
C	• Leitungsschutz, vorteilhaft bei höheren Anlaufströmen
D	• für stark impulserzeugende Betriebsmittel, z. B. Transformatoren, Magnetventile
E	• für hohe und sichere Selektivität an Zählerplätzen
K	• Stromkreise mit hohen Stromspitzen durch Induktivitäten und Kapazitäten

Auslösekennlinien

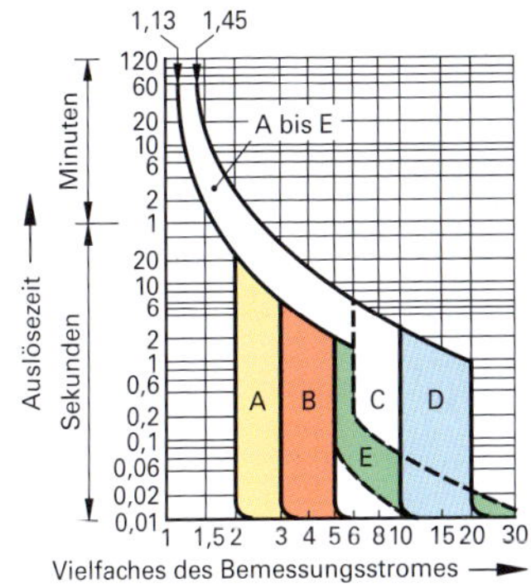

Auslösecharakteristik	Thermischer Auslöser			Elektromagnetischer Auslöser		
	Prüfströme I_1 I_2	Auslösezeit $I_n \leq$ 63 A	Auslösezeit $I_n \leq$ 125 A	Prüfströme halten	Prüfströme lösen spätestens aus	Auslösezeit t
A	$1{,}13 \cdot I_n$ $1{,}45 \cdot I_n$	> 1 h < 1 h	> 2 h < 2 h	$2 \cdot I_n$	$3 \cdot I_n$	≥ 0,1 s < 0,1 s
B				$3 \cdot I_n$	$5 \cdot I_n$	
C				$5 \cdot I_n$	$10 \cdot I_n$	
D				$10 \cdot I_n$	$20 \cdot I_n$	

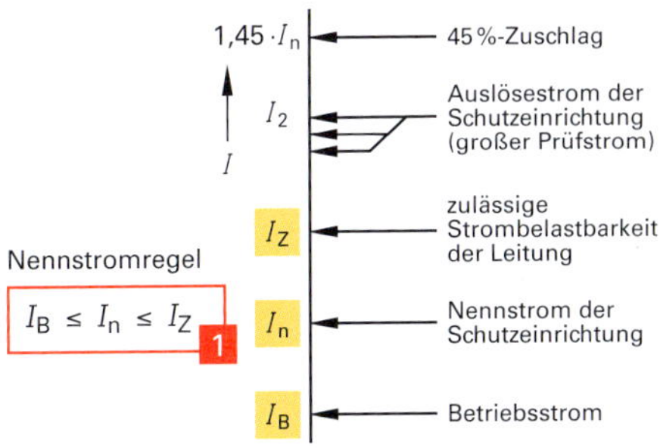

Bedingungen für Überstromschutz

I Stromstärke
I_B Betriebsstrom
I_n Nennstrom der Schutzeinrichtung
I_Z zulässige Strombelastbarkeit der Leitung
I_1 Auslösestrom der Schutzeinrichtung (kleiner Prüfstrom)
I_2 Auslösestrom der Schutzeinrichtung (großer Prüfstrom)
t Auslösezeit

Räume mit Badewanne oder Dusche
Rooms with Bathtube or Shower

vgl. DIN VDE 0100-701

Bereiche	Installationsgeräte, Leitungen	Verbrauchsmittel, Bemerkungen
gesamter Raum	Wenn der Schutzpotenzialausgleich über die Haupterdungsschiene nicht vorhanden ist, ist ein zusätzlicher Schutzpotenzialausgleich vorzunehmen **(Bild folgende Seite)**. Ein zusätzlicher Schutz durch eine oder mehrere RCD mit $I_{\Delta N} \leq 30$ mA ist erforderlich. Der zusätzliche Schutz darf entfallen bei Stromkreisen • mit SELV oder PELV, • mit Schutztrennung für einzelnen Verbraucher, • zur ausschließlichen Versorgung von fest installierten Wassererwärmern.	Außerhalb der Bereiche 0, 1 und 2 dürfen alle Verbrauchsmittel installiert werden. • Bis zu 6 cm Tiefe ab Putz dürfen Leitungen nur verlegt werden, wenn sie einen Schutzleiter PE enthalten und der Versorgung von elektrischen Betriebsmitteln in diesem Raum dienen.
Bereich 2 nur bei Anlagen mit Wanne, bis in eine Höhe von 2,25 m vom Fußboden aus oder bis in Höhe des höchsten fest angebrachten Brausekopfes bzw. Wasserauslasses **(Bild)**.	Zusätzlich zu den Bestimmungen des gesamten Raumes gilt: Zulässig sind • alle Installationsgeräte mit Ausnahme von Steckdosen, • Rasiersteckdosen mit Trenntransformator, • alle Installationsgeräte einschließlich Steckdosen für SELV- oder PELV-Stromkreise der Kommunikationstechnik. Stegleitungen dürfen nicht verlegt werden.	Zulässig sind nur • elektrische Verbrauchsmittel für die aufgeführten Installationsgeräte, • Stromquellen für SELV oder PELV, • SELV-Geräte mit Schutz gegen direktes Berühren. Bei PELV-Stromkreisen müssen die Verbrauchsmittel zur Schutzklasse II gehören.
Bereich 1 bis in eine Höhe von 2,25 m vom Fußboden aus oder bis in Höhe des höchsten fest angebrachten Brausekopfes bzw. Wasserauslasses **(Bild)**.	Zusätzlich zu den Bestimmungen des Bereiches 2 gilt: Zulässig sind nur • Schalter und Steckdosen für SELV- oder PELV-Stromkreise bis AC 25 V oder DC 60 V, einschließlich deren Verbrauchsmittel, • Verbindungsdosen und Anschlussdosen für die Versorgung der zulässigen Verbrauchsmittel.	Zulässig sind nur fest angebrachte und fest angeschlossene • Wassererwärmer, • Abluftgeräte, • Whirlpooleinrichtungen, • Abwasserpumpen, • Duschpumpen, • Handtuchtrockner.
Bereich 0 nur bei Anlagen mit Wanne, das Innere der Wanne einschließlich metallener Rand **(Bild)**.	Es dürfen keine Installationsgeräte oder Leitungen installiert werden.	Zulässig sind nur fest angebrachte und fest angeschlossene SELV-Verbrauchsmittel für AC ≤ 12 V bzw. DC ≤ 30 V und nach Herstellerangabe für Bereich 0 zugelassene.

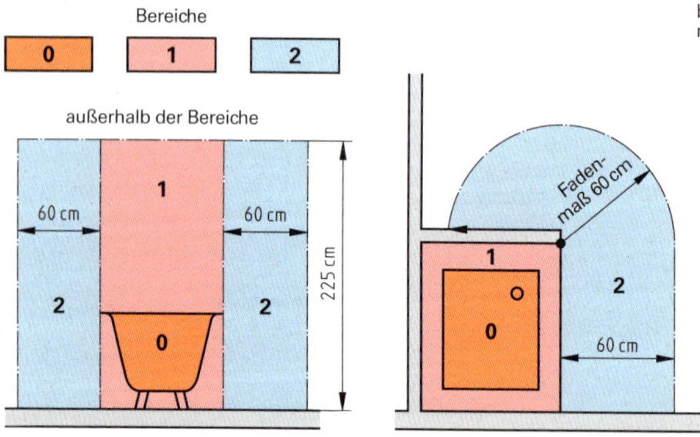

Bereiche bei Badewanne oder Dusche mit Wanne

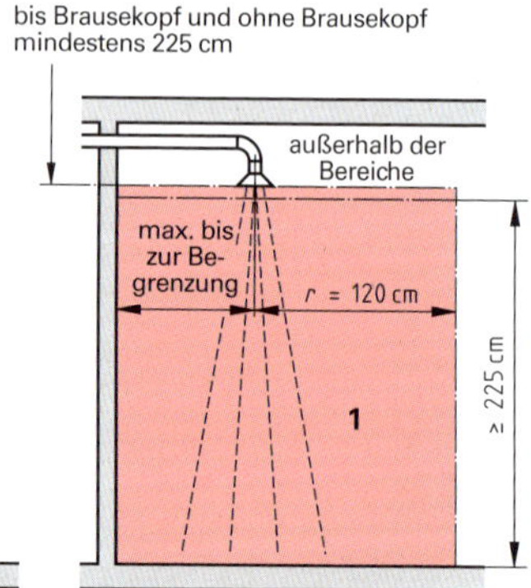

Bereiche bei Dusche ohne Wanne

Räume und Anlagen besonderer Art, Arbeiten unter Spannung
Rooms and Special Installations, Working Under Voltage

Schutzpotenzialausgleich in Baderäumen
vgl. DIN VDE 0100-701

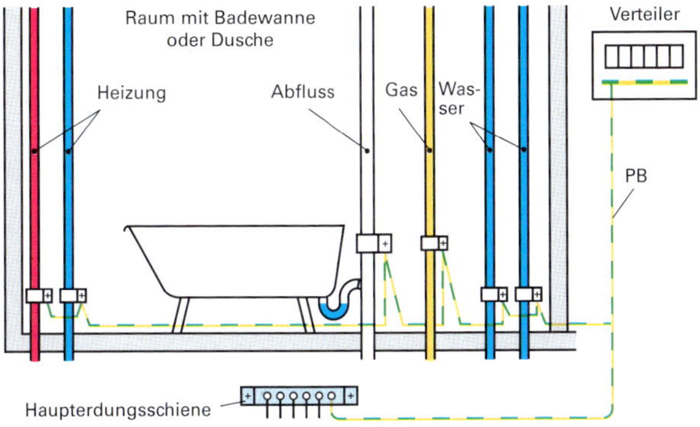

In Räumen mit Badewanne oder Dusche ist meist ein *zusätzlicher Schutzpotenzialausgleich* vorgeschrieben. Dieser kann auch außerhalb des Raumes erfolgen, z.B. in dem darunter liegenden Raum.

Schutzpotenzialausgleichsleiter PB
Verlegung geschützt: ≥ 2,5 mm^2 Cu,
ungeschützt: ≥ 4 mm^2 Cu.

Wenn ein Schutzpotenzialausgleich über die Haupterdungsschiene vorhanden ist, kann im Bad der *zusätzliche* Schutzpotenzialausgleich entfallen.

Der früher vorgeschriebene Anschluss an die Badewanne ist oft vorhanden und kann bleiben.

(Leiter für Schutzmaßnahmen Seite 214)

Zusatzbestimmungen für Räume und Anlagen besonderer Art

Räume	Betriebsmittel	Beispiele	Leitungen
Feuchte und nasse Räume	Mindestens tropfwassergeschützt; IP X1. Kondenswasseransammlung muss vermieden werden. Handleuchten strahlwassergeschützt; IP X5. Angestrahlte Betriebsmittel ebenfalls IP X5.	Waschküchen, Backstuben, Kühlräume	Für feste Verlegung: Feuchtraumleitungen mit Kunststoffumhüllungen oder Kabel. Als bewegliche Leitungen: mindestens H07RN-F oder gleichwertige.
		Wagenwaschräume, galvanische Betriebe	
Geschützte Anlagen im Freien	Wie feuchte und nasse Räume.	überdachte Bahnsteige, überdachte Tankstellen	
Ungeschützte Anlagen im Freien	Mindestens sprühwassergeschützt; IP X3 Leuchten mindestens regengeschützt.	Rampen, nicht überdachte Bahnsteige	

Arbeiten unter Spannung
vgl. DIN VDE 0105-100

Anlage	Spannungen (Bemessungsspannung des Netzes)				
	bis AC 50 V, DC 120 V	AC ab 50 V bis 250 V, DC ab 120 V	AC ≤ 500 V	AC ≤ 1000 V DC ≤ 1500 V	AC > 1000 V DC > 1500 V
Trockene Räume	zulässig	Zur Gefahrenabwendung, falls Abschalten wirtschaftlich nicht möglich.	Nur zur Abwendung von Lebensgefahr sowie Brandgefahr, unter Beachtung geeigneter Schutzmaßnahmen.		Nur zulässig durch Elektrofachkraft mit AuS-Ausbildung (Seite 123) unter Anwesenheit einer zweiten Elektrofachkraft und mit spezieller Ausrüstung.
Feuchte und ähnliche Räume	zulässig	Zur Gefahrenabwendung, zweite unterwiesene Person nötig.	verboten		
Elektrizitätswerke und Industriebetriebe	zulässig	Zur Gefahrenabwendung und falls Abschalten nicht möglich ist.		verboten	
Akkumulatoren	zulässig	Bei geeigneten Sicherheitsmaßnahmen zulässig.			
Prüffelder und Laboratorien	zulässig	Bei geeigneten Sicherheitsmaßnahmen zulässig.			
Feuer- und explosionsgefährdete Räume	verboten				

Arbeiten unter Spannung dürfen nur durch Elektrofachkräfte ausgeführt werden. Siehe auch Arbeiten in elektrischen Anlagen Seite 123, Qualifikationen Seite 122.

Saunaanlagen, Schwimmbecken, begehbare Becken
Saunas, Swimming Pools, other Basins

Begriff	Erklärung, Vorschrift	Bemerkungen
Räume und Kabinen mit Saunaheizung		vgl. DIN VDE 0100-703
Anlage	Heißluftsaunaräume, die elektrisch beheizt werden, mit einer hohen Betriebstemperatur und mit einer niedrigen relativen Luftfeuchtigkeit.	Bei Aufgüssen ist eine kurzzeitige Erhöhung der relativen Luftfeuchtigkeit erlaubt.
Schutzmaßnahmen gegen gefährliche Körperströme	• Bei Anwendung von SELV oder PELV, • Abdeckungen oder Umhüllungen in Schutzart IP 2X, • Isolationen müssen einer Prüfspannung von 500 V für die Dauer von 1 min standhalten. Zusätzlicher Schutz durch RCD mit $I_{\Delta N} \leq 30$ mA ist erforderlich, ausgenommen hiervon sind Saunaheizungen.	Nicht zulässig sind Schutz durch • Hindernisse und Abstände, • nichtleitende Umgebung und durch erdfreien, örtlichen Schutzpotenzialausgleich.
Betriebsmittel (BM)	Zwingend vorgeschrieben sind Schutzart IP 24 und schutzisolierte Kabel und Leitungen. In den Bereichen ① bis ③ gelten **(Bild unten links)**: ① Nur BM montieren, die zu den Saunaheizgeräten gehören. ② An die BM werden keine besonderen Anforderungen bezüglich der Wärmefestigkeit gestellt. ③ BM müssen Temperaturen von 125 °C standhalten. Die Isolierung von Kabeln und Leitungen im Bereich 3 muss mind. Temperaturen von 170° standhalten.	Nicht zulässig sind: • Kabel und Leitungen mit Metallmänteln und in Metallrohren, • Schaltgeräte, sofern sie nicht im Heizgerät eingebaut sind, • Steckdosen.
Becken von Schwimmbädern und andere Becken		vgl. DIN VDE 0100-702
Schutzmaßnahmen in den Bereichen ⓪, ① und ② **(Bild unten rechts)**	Fehlerschutz für Bereiche ⓪ und ①: • Wie bei Heißluftsauna. • SELV AC ≤ 12 V, DC ≤ 30 V. Fehlerschutz für Bereich ②: SELV oder Schutztrennung für ein Verbrauchsmittel oder RCD ($I_{\Delta N} \leq 30$ mA). Zusätzlicher Schutzpotenzialausgleich über PB-Leiter: • Fremde leitfähige Teile und Fußböden ohne isolierende Eigenschaft sind in den Schutzpotenzialausgleich einzubeziehen. • Leitende Verbindung muss zwischen Schutzpotenzialausgleich PB und Schutzleiter PE der Körper in diesen Bereichen hergestellt werden.	Nicht zulässig sind die auch bei Räumen und Kabinen mit Saunaheizung nicht zulässigen Maßnahmen. PE-Leiter = Schutzleiter (PE von Protective Earth) PB-Leiter = Schutzpotenzialausgleichsleiter (PB von Protective Bonding)
Betriebsmittel (BM)	Vorgeschriebene Schutzart in den Bereichen **(Bild unten rechts)**: ⓪ IP X8, ① IP X5, ② IP X2 für überdachte Schwimmbecken, IP X4 für Freibäder, IP X5 bei Einsatz von Strahlwasser. Zulässig sind in den Bereichen ⓪ bis ②: ⓪, ① Festinstallierte, für Schwimmbäder hergestellte Geräte, ② Leuchten der Schutzklasse II, Geräte der Schutzklasse I bei Einsatz einer RCD mit ($I_{\Delta N} = 30$ mA).	Nicht zulässig sind: ⓪, ① Kabel oder Leitungen für Geräte in anderen Bereichen, Abzweigdosen, Schalter, Steckdosen. ② Schalter und Steckdosen, die nicht geschützt sind durch Schutztrennung, SELV oder PELV oder RCD.

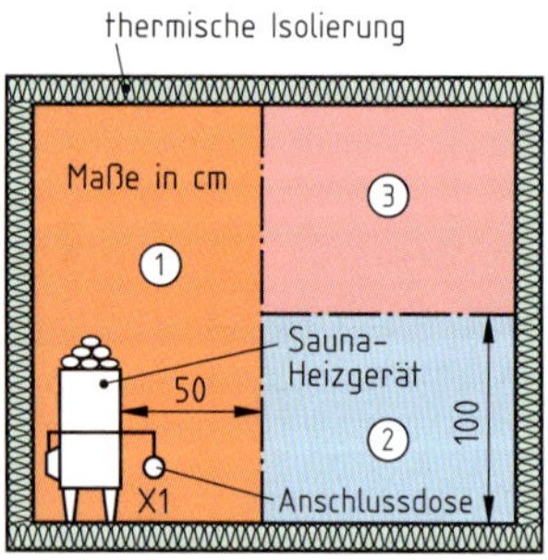

Bereiche bei Heißluftsaunaräumen

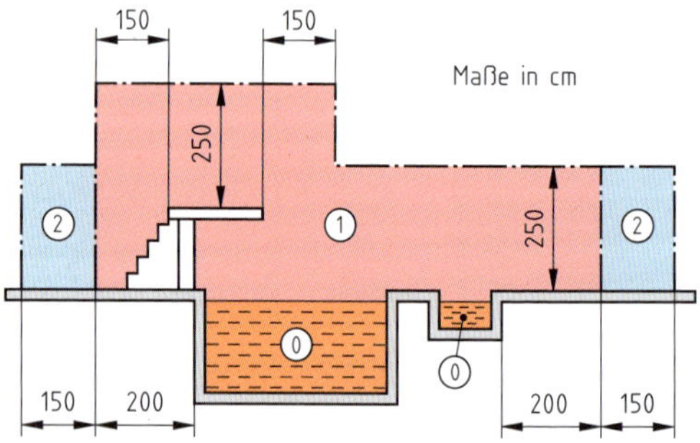

Bereiche bei Schwimm- und Planschbecken

Elektroinstallation in feuergefährdeten Betriebsstätten

Electrical Installation in Operational Facilities endangered by Fire vgl. DIN VDE 0100-482

<table>
<tr><th>Begriff</th><th>Erklärungen, Vorschriften</th><th>Beispiele, Hinweise</th></tr>
<tr><td>Feuergefährdete Betriebsstätten</td><td>Feuer in Betriebsstätten, auch im Freien, kann durch höhere Temperaturen an elektrischen Betriebsmitteln oder durch Lichtbogen entstehen, wenn leicht entzündliche Stoffe in gefahrdrohender Menge in der Nähe gelagert werden.</td><td>Arbeitsräume, Trockenräume und Lagerräume in Papierverarbeitungsbetrieben, Textilverarbeitungsbetrieben, Holzverarbeitungsbetrieben. In landwirtschaftlichen Betrieben, wenn z.B. Heu, Stroh, Jute oder Flachs gelagert werden.</td></tr>
<tr><td>Leicht entzündliche Stoffe</td><td>Feste Stoffe, die selbst weiterbrennen oder weiterglimmen, wenn sie 10 s einer Flamme, z.B. einer Zündholzflamme, ausgesetzt werden.</td><td>Heu,
Stroh,
Strohstaub,
Hobelspäne,
lose Holzwolle,
Magnesiumspäne,
Reisig,
loses Papier,
Baumwollfasern,
Zellwollfasern.</td></tr>
<tr><td>Leitungen und Kabel</td><td>fest verlegt: NYM, NYY
beweglich: H07RN-F, NSSHÖU
Nicht isolierte Schleifleitungen dürfen nur in Räumen installiert werden, in denen keine leicht entzündlichen Stäube auftreten.</td><td>Fest verlegte Leitungen sind direkt auf oder in der Wand zu verlegen.
An mechanisch besonders gefährdeten Stellen sind die Leitungen in Kunststoffrohren zu verlegen.</td></tr>
<tr><td>Brandschutz bei Installationsfehlern</td><td>Es ist eine der folgenden Maßnahmen anzuwenden:</td><td>Die Maßnahmen darf man auch kombinieren.</td></tr>
<tr><td></td><td>RCD oder RCM
Kabel- und Leitungsanlagen in TN-Systemen oder im TT-System müssen von RCDs mit $I_{\Delta N} \leq 300$ mA der Typen A oder B geschützt sein. Bei Heizleitungen muss $I_{\Delta N} \leq 30$ mA sein.</td><td>Wenn der Bemessungsstrom so groß ist, dass es keine RCD gibt, dann verwendet man Leistungsschalter mit RCU (Fehlerstrom-Auslöser) oder CBR (Circuit Breaker RCD).</td></tr>
<tr><td></td><td>Überstrom-Schutzeinrichtung
Die Leitung ist so zu wählen, dass bei vollkommenem Kurzschluss die vorgeschaltete Überstrom-Schutzeinrichtung innerhalb von 5 s auslöst.</td><td>Es sind Leitungen oder Kabel mit Kunststoffmänteln, z.B. aus PVC (Polyvinylchlorid), oder VPE (vernetztes Polyethylen), zu verwenden.</td></tr>
<tr><td></td><td>Schutzabstand
Isolationsfehlern ist durch getrenntes Verlegen von Hinleitung, Rückleitung und Schutzleiter vorzubeugen.</td><td>Bei AC dürfen die einzelnen Leiter nicht in metallischen Schutzrohren liegen (wegen der entstehenden Wirbelströme).</td></tr>
<tr><td></td><td>Isolationsüberwachung
Die Isolation von fest verlegten Mantelleitungen ist mit einem Überwachungsleiter, z.B. in Verbindung mit RCM oder RCD, zu überwachen. Der Überwachungsleiter muss im gesamten Leitungsverlauf (auch in der Zuleitung zu Betriebsmitteln der Schutzklasse II) angeschlossen und geerdet sein.</td><td>Als Überwachungsleiter sind Leiter in mehradrigen Leitungen und Kabeln, isolierte oder blanke Leiter in gemeinsamer Umhüllung mit Außenleiter und Neutralleiter erlaubt, z.B. in Rohren. Erlaubt sind auch metallene Umhüllungen, z.B. Mäntel, Schirme, Metallrohre.</td></tr>
<tr><td>Verteilungssystem, Trennklemmen</td><td>Innerhalb der feuergefährdeten Betriebsstätte ist immer, also auch bei Leiterquerschnitten > 10 mm^2, ein TN-S-System aufzubauen.</td><td>Durch den Einbau von Trennklemmen an der Neutralleiterschiene kann auch der Isolationswiderstand des Neutralleiters gegen Erde gemessen werden.</td></tr>
<tr><td>Betriebsmittel</td><td>IP-Schutzart bei Feuergefährdung durch
<table>
<tr><th>Staub und/oder Fasern</th><th>andere leicht entzündliche Stoffe</th></tr>
<tr><td>IP 5X
Ausnahme:
Bei Maschinen mit Käfigläufern IP 4X (zugehöriger Klemmkasten in IP 5X)</td><td>IP 4X
Ausnahme:
Elektrowärmegeräte in IP 2X</td></tr>
</table>
Bei der Installation von Betriebsmitteln sind behördliche Verordnungen zu beachten.</td><td>Steckvorrichtungen sind in abgedeckter Ausführung zu installieren.
Motoren mit Motorschutzschalter sind mit Wiedereinschaltsperre auszustatten.
Leuchten müssen bei Feuergefährdung durch Staub oder Fasern das Zeichen F F tragen.
Bei Gefahr der mechanischen Beschädigung sind Schutzgitter oder Schutzkorb vorzusehen. Wärmegeräte sind auf nicht brennbarer Unterlage zu installieren und dürfen keine Wärmespeicherung haben, wenn sie durch Staub oder Fasern gefährdet werden.</td></tr>
</table>

Elektroinstallation in landwirtschaftlichen Betriebsstätten
Electrical Installation in Agricultural Facilities
vgl. DIN VDE 0100-705

Begriff	Erklärung, Vorschrift	Hinweise, Beispiele
Landwirtschaftliche und gartenbauliche Betriebsstätten	Räume und Bereiche (auch im Freien), die der Landwirtschaft, dem Gartenbau, der Forstwirtschaft u. ä. dienen. Je nach Gefährdung in der Betriebsstätte, z. B. Milchkammer, Scheune, Lager für Betriebsstoffe, müssen installierte elektrische Betriebsmittel unterschiedliche Eigenschaften aufweisen.	Gefahren: Nässe, Staub, chemisch aggressive Dämpfe, Säuren, Salze, Brandgefahr, Explosionsgefahr.
Schutz gegen elektrischen Schlag	• Auch bei SELV muss der Basisschutz (Schutz gegen direktes Berühren) sichergestellt sein. • In Stromkreisen mit Steckdosen sind im TN-, TT- oder IT-System pulsstromsensitive (Typ A) oder allstromsensitive RCDs (Typ B) mit $I_{\Delta N} \leq 30$ mA einzubauen. • Höchstzulässige Berührungsspannung: bei AC $U_L = 50$ V, bei DC $U_L = 120$ V. • Alle Betriebsmittel und alle fremden leitfähigen Teile sind im Standbereich der Tiere durch einen zusätzlichen Schutzpotenzialausgleich untereinander und mit dem Schutzleiter der Anlage zu verbinden.	Bei SELV sind Abdeckungen oder Umhüllungen in Schutzart IP 2X auszuführen. Pulsstromsensitive RCDs lösen bei Fehlerströmen aus, die aus Wechselstrom oder gleichgerichtetem Wechselstrom bestehen, allstromsensitive auch bei Gleichstrom. Vorhandene Metallteile, z. B. Betonarmierung, sind mit dem Schutzpotenzialausgleich zu verbinden. Damit wird eine Potenzialsteuerung erreicht.
Schutz gegen thermische Einflüsse	• Der Brandschutz ist durch eine Fehlerstrom-Schutzeinrichtung (RCD) mit $I_{\Delta N} \leq 0{,}3$ A sicherzustellen. • Heizgeräte müssen in ausreichendem Abstand von den Tieren und von brennbarem Material sicher befestigt werden. • Heizstrahler müssen in einem Abstand $\geq 0{,}5$ m von Tieren und brennbarem Material oder nach Herstellerangabe montiert werden.	Wenn keine Fehlerstrom-Schutzeinrichtung (RCD) verwendet werden kann, muss eine RCM oder eine Isolationsüberwachungseinrichtung das Auftreten eines Isolationsfehlers optisch oder akustisch melden. Damit wird einer Verbrennungsgefahr und einer Brandgefahr vorgebeugt.
Betriebsmittel	• Betriebsmittel müssen mindestens der Schutzart IP 44 entsprechen. • Es dürfen nur Betriebsmittel installiert werden, die für die Anwendung in diesen Räumen oder Orten erforderlich sind. • Schaltgeräte für Steuerungen, für Schutzmaßnahmen oder für Trennung sind außerhalb von feuergefährdeten Betriebsstätten zu montieren. • Schaltgeräte für NOT-AUS und NOT-HALT sind so zu installieren, dass sie von Tieren nicht erreicht werden. • Motoren, die automatisch betrieben oder fernbedient werden, müssen durch eine von Hand rückstellbare Schutzeinrichtung gegen übermäßigen Temperaturanstieg geschützt werden. • Leuchten müssen der Schutzart IP 4X entsprechen, wenn kein Staub auftritt und IP 5X, wenn Staub auftritt.	Die Betriebsmittel dürfen keine unzulässig hohen Betriebstemperaturen annehmen und einen Brand verursachen, auch wenn sich Staub auf ihnen ablagert. Ausnahme: Betriebsmittel, die der Schutzart IP 4X entsprechen, wenn kein Staub auftritt und IP 5X, wenn Staub auftritt. Die Schaltgeräte müssen zugänglich sein. Tieren darf es nicht möglich sein, den Zugang zu behindern. Als bewegliche Leitungen sind im Außenbereich schwere Gummischlauchleitungen zu verwenden. Leuchten und Lampen müssen gegen mechanische Beanspruchungen geschützt sein, z. B. durch Kunststoffhüllen, Gitter oder robuste Glasabdeckungen.
Kabel und Leitungen	• Kabel und Leitungen dürfen keinen Brand übertragen. • Sie dürfen nur in Betriebsmitteln, wie zuvor beschrieben, verbunden oder geklemmt werden und müssen bei Überlast und Kurzschluss geschützt sein. • Für feste Verlegung sind Leitungen des Typs NYM oder Kabel NYY zu verwenden. • Verlegearten innerhalb befahrbarer Bereiche: Kabel im Erdboden, z. B. NYY, oder Mantelleitungen für selbsttragende Aufhängung.	Nur Kabel und Leitungen mit PVC-Mantel verwenden. Die Schutzeinrichtung ist vor den Räumen oder Orten mit Brandgefahr anzubringen. Kabel und Leitungen sind so zu verlegen, dass sie von Nutztieren nicht erreicht und beschädigt werden können. NYMZ oder NYMT, Verlegehöhe mindestens 6 m.

Elektroinstallation in medizinisch genutzten Bereichen 1

Electrical Installation in Medical Areas 1 vgl. DIN VDE 0100 Teil 710

Einteilung in Gruppen

Gruppe	Erklärung	Bemerkungen, Beispiele
0	Bereich, in dem die Stromversorgung ohne Schaden für den Patienten abgeschaltet werden kann. Anwendungsteile (Teile von elektromedizinischen Geräten mit Kontakt zum Patienten) werden nicht eingesetzt.	Aufenthaltsräume, in denen keine elektromedizinischen Geräte eingesetzt werden oder nur solche, die auch außerhalb von medizinisch genutzten Bereichen verwendet werden dürfen, z. B. elektronische Fieberthermometer.
1	Bereich, in dem die Stromversorgung ohne Schaden für den Patienten *kurz* abgeschaltet werden kann. Anwendungsteile werden am oder im Patienten eingesetzt, aber nicht solche nach Gruppe 2.	Bettenräume in Kliniken oder Krankenhäusern, Praxisräume, z. B. für Allgemeinarzt oder Zahnarzt, Therapieräume, z. B. zur Bestrahlung, Entbindungsräume für problemlose Geburten.
2	Bereich, in dem die Stromversorgung wegen medizinischer Maßnahmen nicht abgeschaltet werden darf.	Operationsräume mit Aufwachräumen, Intensivstationen, z. B. mit Beatmungsgerät, Endoskopieräume, z. B. zur Darmuntersuchung.

Stromversorgung

Begriff	Bemerkungen	Schaltung
Hauptverteiler HV	Verteiler im Gebäude mit der Funktion Hauptverteilung (**Bild**). Man unterscheidet allgemeine HV und HV für die Sicherheitsstromversorgung SSV. Die zusätzliche SSV liegt näher an ihrer Last, z. B. vor Räumen der Gruppe 2.	siehe Bild
TN-S-System	Bei Neuanlagen vorgeschriebenes System, da sonst über den PEN-Leiter Störungen galvanisch eingekoppelt werden könnten. Aufteilung des PEN-Leiters in PE-Leiter und N-Leiter im Hauptverteiler oder Hausanschlusskasten.	
SSV	Kurzform von Sicherheitsstromversorgung. Im Teil 710 von DIN VDE 0100 werden unterschieden allgemeine SSV und zusätzliche SSV.	

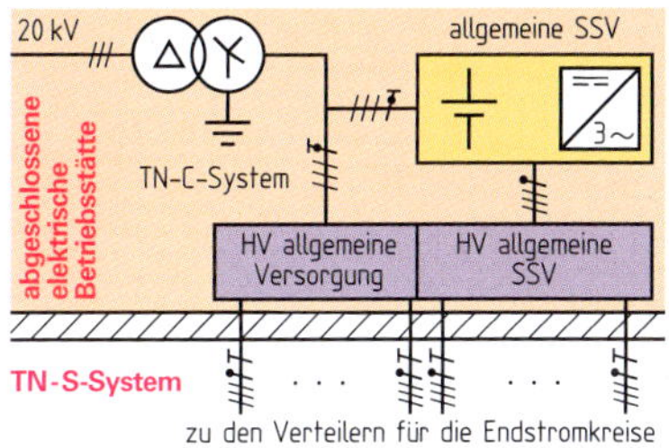

Stromversorgung

Schutzmaßnahmen gegen elektrischen Schlag

Schutz	Schutzmaßnahmen allgemein	Bemerkungen, Beispiele
Bereiche der Gruppe 0		
Basisschutz	Übliche Maßnahmen, nicht Schutz durch Abstand oder Hindernis.	Isolierung oder Umhüllung, PELV oder SELV mit $U_N \leq$ AC 25 V bzw. DC 60 V.
Fehlerschutz	Übliche Maßnahmen der Elektroinstallation, aber nicht FELV.	Automatische Abschaltung im Fehlerfall, SELV oder PELV, Schutzklasse II, Schutztrennung.
Bereiche der Gruppe 1		
Basisschutz	Übliche Maßnahmen der Elektroinstallation, SELV oder PELV mit Isolierung oder Umhüllung.	Isolierung oder Umhüllung, SELV oder PELV mit Isolierung bei AC ≤ 25 V bzw. DC ≤ 60 V.
Fehlerschutz	Immer zusätzlicher Schutzpotenzialausgleich, Schutzklasse II, SELV und PELV mit $U_N \leq$ AC 25 V bzw. DC 60 V, Schutztrennung mit nur einem Verbraucher, automatische Abschaltung mit RCD, IT-System.	Bei Schutztrennung U_N bis 240 V, RCDs mit $I_{\Delta N} \leq 30$ mA für Licht- und Steckdosenstromkreise in der Patientenumgebung, RCDs für Sach- und Brandschutz bis $I_{\Delta N} \leq 300$ mA.
Bereiche der Gruppe 2		
Basisschutz	wie bei Gruppe 1	wie bei Gruppe 1
Fehlerschutz	Immer zusätzlicher Schutzpotenzialausgleich, immer IT-System, Schutzklasse II, SELV und PELV mit $U_N \leq$ AC 25 V bzw. DC 60 V, Schutztrennung wie Gruppe 1.	Abschaltung mit RCD nur bei Großgeräten und wenig Risiko tragenden Stromkreisen.

U_L bestehen bleibende Berührungsspannung, $I_{\Delta N}$ Bemessungsdifferenzstrom, U_N Bemessungsspannung. Schutzmaßnahmen einer Gruppe über Gruppe 0 dürfen immer auch in einer Gruppe mit kleinerer Gruppennummer verwendet werden, also Schutzmaßnahmen der Gruppe 2 auch in den Gruppen 1 und 0.

Elektroinstallation in medizinisch genutzten Bereichen 2
Electrical Installation in Medical Areas 2

vgl. DIN VDE 0100 Teil 710

Art	Erklärung	Bemerkungen, Beispiele, Schaltung
Spezielle Anforderungen an IT-Systeme in medizinisch genutzten Bereichen		
Anwendung	Operationsleuchten und vergleichbare Leuchten, Steckdosen für medizinische Geräte. (IT-System siehe Seite 207)	In Bereichen der Gruppe 2 ist das IT-System zwingend vorgeschrieben, da hier eine Abschaltung den Patienten schädigen könnte.
Transformatoren	Je IT-System ein sicher gebauter Einphasentransformator von 3,15 kVA bis 8 kVA. Wenn 3 AC notwendig, dann ist dafür ein Drehstromtransformator erforderlich. Ableitstrom im Leerlauf bis 0,5 mA. Je Patientenplatz 1,1 kW erforderlich, deshalb meist mehrere IT-Systeme. Es wird empfohlen, höchstens vier Betten je IT-System zu versorgen.	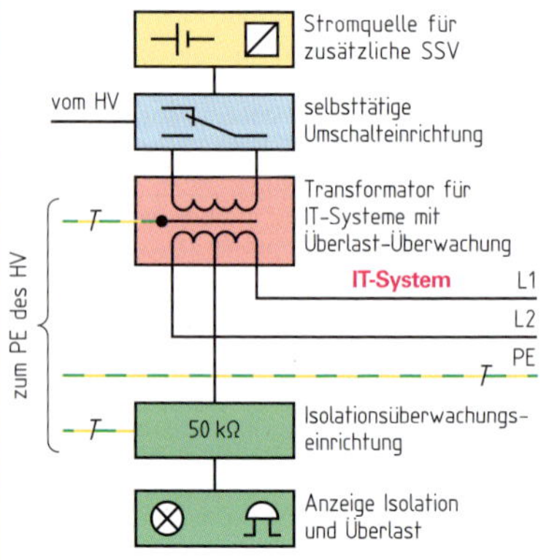 **IT-System mit zusätzlicher SSV**
Verteiler, Hauptverteiler HV	Anordnung möglichst außerhalb der medizinisch genutzten Bereiche. Verteiler für Bereiche der Gruppe 2 werden über zwei unabhängige Zuleitungen versorgt. Bei Ausfall eines Außenleiters in einer Zuleitung muss automatisch auf die andere Zuleitung umgeschaltet werden.	
Isolations-Überwachungsgerät	Jedes einzelne IT-System muss ein Überwachungsgerät haben. Anzeige muss erfolgen, wenn Isolationswiderstand unter 50 kΩ sinkt oder wenn PE oder Netzanschluss unterbrochen ist.	
Umschalteinrichtung	Überwacht in Bereichen der Gruppe 2 die Versorgung des Verteilers. Leitungen von Umschalteinrichtung zum Transformator und von dort zum Verteiler müssen kurzschlusssicher und erdschlusssicher verlegt sein.	Kurzschluss- und erdschlusssichere Verlegung durch einadrige Kabel, Aderleitung mit U = 1,8 kV/3 kV, starre Leiter mit ausreichenden Abständen oder Kabel in abgeschlossenen elektrischen Betriebsstätten.
Alarmeinrichtung	Signalgabe akustisch und optisch. Grüne Lampe: Normalbetrieb, gelbe Lampe: erster Fehler vorhanden.	Akustischer Alarm: Isolationswiderstand zu klein oder Last- oder Transformatortemperatur zu groß.
Sicherheitsstromversorgung SSV		
allgemeine SSV	Anschluss der am meisten notwendigen Verbrauchsmittel, bei denen die Umschaltzeit bis 15 s betragen darf. Stromquellen: Generator mit Verbrennungsmotor oder Akkumulator mit Wechselrichter.	Lüftungsanlagen, Personenrufanlagen, Alarm- und Warnanlagen, medizinische elektrische Geräte, Vakuumversorgung, Narkoseabsaugung, allgemeine Sicherheitsbeleuchtung. Primärelemente oder zusätzliche Einspeisung aus der allgemeinen Stromversorgung sind nicht zulässig.
zusätzliche SSV	Anschluss der notwendigen Verbrauchsmittel mit einer Umschaltzeit bis 0,5 s. Stromquelle: Akkumulator mit Wechselrichter.	Vor allem für Räume der Gruppe 2 notwendig für Operationsleuchten und weitere unentbehrlichen Leuchten sowie für lebenswichtige Einrichtungen, die keine Unterbrechung erlauben, z. B. Dialysegeräte.
Sicherheitsbeleuchtung	Erforderlich innerhalb von 15 s für Rettungswege, Ausgangswegweiser, Räume der Gruppen 1 und 2, Schaltgeräte und Steuergeräte der Stromversorgung.	Leuchten für Rettungswege oder für Gruppen 1 und 2 sind auf mehrere Stromkreise aufzuteilen.
Umschalteinrichtung	Umschaltung auf SSV muss automatisch erfolgen, sobald die Spannung vor der Umschalteinrichtung um mehr als 10% sinkt.	Optische Anzeige: grüne Lampe für „betriebsbereit", gelbe Lampe für „Betrieb über SSV". Störzustand durch akustisches und optisches Signal, z. B. Schnarre und rotes Blinken.
SSV-Versorgungsnetz	Für Sicherheitseinrichtungen ist ein getrenntes Verteilungsnetz einzurichten.	Das gilt z. B. für die Sicherheitsbeleuchtung.

Unterbrechungsfreie Stromversorgungsanlagen USV sind zusätzlich für Computer erforderlich, wenn lebenswichtige Einrichtungen über Computer gesteuert werden.

Elektroinstallation in Unterrichtsräumen mit Experimentiereinrichtungen Installations in Teaching Rooms with Experimental Facilities

Art	Erklärung	Beispiele, Bemerkungen
Begriffe		vgl. DIN VDE 0100-723
Unterrichtsräume	Räume in Schulen und Ausbildungsstätten, die der Wissensvermittlung dienen.	Schulsäle, Elektrolabor, Physiklabor, Werkstofflabor, Vorlesungs- und Praktikaräume.
Experimentiereinrichtungen	Fest installierte oder zeitweise aufgebaute elektrische Versuchsanordnungen und Einrichtungen.	Experimentiereinrichtungen zum Vorführen (Vorführstand) oder zum Üben (Übungsstand), Schalttafeln und -pulte.
Anforderungen		
Schaltgeräte[1]	Zum Freischalten geeignet; gleichzeitiges Schalten aller nicht geerdeten Leiter. Schutz gegen unbefugtes Schalten.	NOT-AUS-Einrichtung für die NOT-AUS-Schaltung.
NOT-AUS-Schaltung[1]	• Betätigung muss alle Stromkreise an allen Experimentiereinrichtungen des Raumes freischalten. • Betätigungsorgane müssen leicht, schnell und gefahrlos erreichbar sein. • Das Schaltgerät für das Wiedereinschalten muss gegen unbefugtes Einschalten gesichert sein.	Je ein Betätigungsorgan an • den Ausgängen des Unterrichtsraumes, • jedem Vorführstand.
Basisschutz	berührungssichere Steckbuchsen	Sicherheitsbuchsen mit vollständigem Berührungschutz.
Fehlerschutz	RCD mit $I_{\Delta N} \leq 30$ mA oder IT-System mit Abschaltung beim zweiten Fehler	RCD im TN- oder TT-System, im IT-System darf auf RCD verzichtet werden.
Zusätzlicher Schutzpotenzialausgleich	Alle Körper und fremde leitfähige Teile mit PB und diesen mit PE verbinden.	Schutzpotenzialausgleichsleiter ≤ 4 mm² Cu

Schleifenimpedanzmessung ist nur möglich ohne RCD als Fehlerschutz. Ersatzweise Netzinnenwiderstand (von L nach N) messen, der hat eine ähnliche Größe.

Ersatzstromversorgungsanlagen Stand-by Power Supply Installations

Definition		
Ersatzstromversorgungsanlagen[2]	Stromversorgungsanlagen, welche die elektrische Energieversorgung nach Ausfall oder Abschaltung der normalen Stromversorgung übernehmen. Ersatzstromversorgungsanlagen bestehen aus • Ersatzstromerzeugern, • deren Schaltanlagen und • Hilfseinrichtungen.	Energieversorgung von • Netzteilen, • Verbraucheranlagen, • einzelnen Verbrauchsmitteln. Ersatzstromerzeuger sind z. B. • Generatoren, • Batterien.
Anforderungen		
Schutz gegen gefährliche Körperströme	• SELV oder PELV. • Schutz durch Abschaltung oder Meldung. • In TN- und TT-Systemen: Nur RCDs. • In IT-Systemen: Alle Körper durch PE-Leiter miteinander verbinden, $R_A \leq 100\ \Omega$ ausreichend. • Schutzklasse II, • Schutztrennung.	Eigene Schutzmaßnahmen sind erforderlich, wenn ein Verteilungsnetz der normalen Stromversorgung nicht vorhanden ist oder wenn nicht sichergestellt ist, dass die angewendete Schutzmaßnahme wirksam bleibt.
Leitungen	H07RN-F oder gleichwertige Leitungen.	Bewegliche Leitungen zum vorübergehenden Einspeisen in ein Verteilungsnetz.
Aufstellungsräume	Trocken, evtl. heizbar (Raumtemperatur mindestens 5 °C), belüftbar.	Z. B. trockene Kellerräume.

[1] Nicht erforderlich, wenn Schutz gegen gefährliche Körperströme durch SELV oder PELV gewährleistet ist.
[2] Siehe auch Seite 247 und 248.

Elektroinstallation in explosionsgefährdeten Bereichen
Electrical Installation in Inflammable Sites

Grundbegriffe
vgl. DIN EN 50281-3 (VDE 0165-102)

Begriff	Erklärung, Vorschrift	Beispiele, Hinweise
Explosionsgefährdeter Bereich	Betriebsstätte, auch im Freien, in der sich eine explosionsfähige Atmosphäre in gefahrdrohender Menge ansammeln kann.	Bereiche um Gasbehälter, Tankstellen, Farbspritzanlagen, Mahlmühlen.
Explosionsfähige Atmosphäre	Gemisch von brennbaren Gasen, Dämpfen, Nebeln oder Stäuben mit Luft bei einem Druck von 80 kPa bis 110 kPa und einer Gemischtemperatur von −20 °C bis 60 °C. Das Gemisch kann durch eine hohe Temperatur, einen Lichtbogen oder einen Funken gezündet werden und dehnt sich danach stark und sehr rasch aus.	Gas-Luftgemisch, Staub-Luftgemisch.

Einteilung der explosionsfähigen Atmosphäre	Zonen		Betriebsmittel	
	Zone	Häufigkeit der Explosionsgefahr	Kategorie	Grad der Sicherheit
Gas (Gas G) Staub (Dust D)	0 20	ständig oder langzeitig oder häufig	1G 1D	sehr hohes Maß an Sicherheit selbst bei selten auftretenden Gerätestörungen durch • zweite unabhängige Schutzmaßnahme, • Sicherheit bei zwei unabhängigen Fehlern
Gas Staub	1 21	gelegentliches Auftreten im Normalbetrieb	2G 2D	hohes Maß an Sicherheit, selbst bei Gerätestörungen
Gas Staub	2 22	im Normalbetrieb nicht oder nur kurzzeitig	3G 3D	normales Maß an Sicherheit bei Normalbetrieb

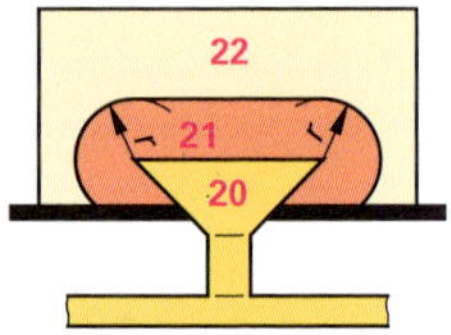

Zone 21
Umgebung mit $r = 1$ m
Sackentleerstation

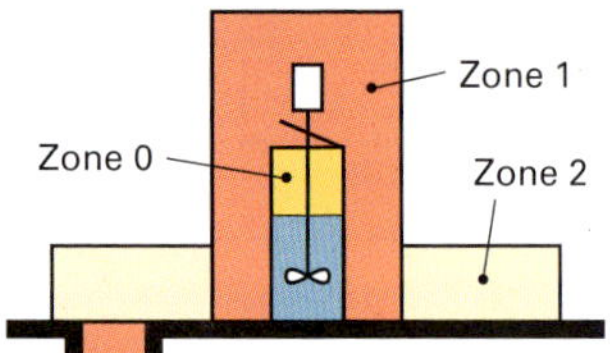

Rührwerk

Allgemeine Anforderung an die Elektroinstallation

Betriebsmittel (BM)	BM nur dann installieren, wenn sie für den Betrieb der Anlage unbedingt erforderlich sind. BM entsprechend den Zonen, den Temperaturklassen und den Explosionsgruppen der brennbaren Stoffe auswählen.	BM für Zone 0 sind auch in den Zonen 1 und 2, BM für die Zone 20 auch in der Zone 21 zulässig.
Schutzmaßnahmen	Basisschutz: • Nur Schutzmaßnahmen mit Schutz gegen direktes Berühren aktiver Teile verwenden oder • das Berühren aktiver Teile durch die Art des Errichtens verhindern. Fehlerschutz: • Einhalten der entsprechenden Vorschriften, • Schutzpotenzialausgleich zwischen den Betriebsmitteln.	In TN-Systemen muss außerhalb von Schalt- und Verteilungsanlagen bei Leiterquerschnitten < 10 mm² eine Isolationsmessung aller Neutralleiter gegen Erde ohne Abtrennung der Neutralleiter möglich sein. Bei Systemen mit PELV muss ein Schutzpotenzialausgleich zwischen den Körpern der BM und der Erdung der Stromquelle erfolgen.
Kabel und Leitungen	Auswahl nach DIN VDE 0298 oder DIN VDE 0891: Aderleitung H07V können in Schalt- und Verteilungsanlagen und in geschlossenen Rohrsystemen verwendet werden. Als Anschlussleitungen für ortsveränderliche BM mit $U_N < 750$ V sind Gummischlauchleitungen der Bauart H07RN zu verwenden. Durchführungsöffnungen für Kabel zu nicht explosionsgefährdeten Bereichen sind ausreichend dicht zu verschließen. Bei besonderer Beanspruchung sind Kabel und Leitungen in Schutzrohren und Schutzschläuchen aus Kunststoff oder Metall mit Kantenschutz zu verlegen. Leiterverbindungen außerhalb eines BM dürfen nur durch Pressverbindungen hergestellt werden.	(siehe Tabelle Mindestquerschnitte)

Mindestquerschnitte für Kupferleiter

Leitung	feindrähtig	eindrähtig
einadrig	1 mm²	1,5 mm²
≤ 5-adrig	0,75 mm²	1,5 mm²
> 5-adrig	0,5 mm²	1 mm²
Leitungen in Informationsanlagen	0,5 mm²	0,5 mm²

Energieversorgung von Werkstätten und Maschinenhallen
Power Supply of Workshops and Machine Halls

Anordnung der Schienensysteme

Ringstrang
mit 2 Einspeisungspunkten

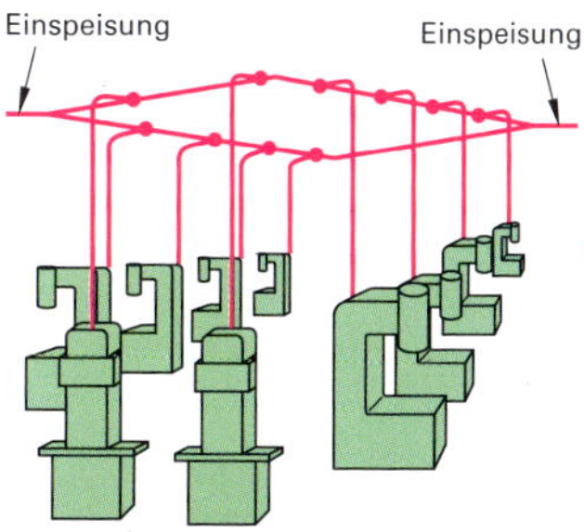

Maschennetz
mit 3 Einspeisungspunkten

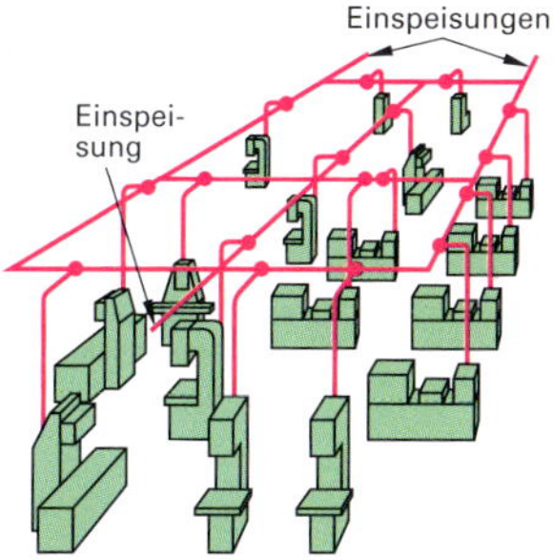

Hauptstrang
mit Untersträngen

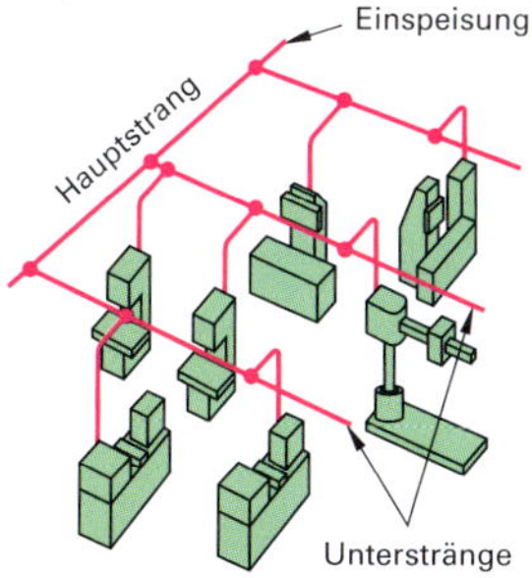

Stromschienensysteme

Bezeichnung		Anwendung	Bemerkungen
Schienenverteiler, fabrikfertig	ohne Abgänge	Stromversorgung in Gebäuden	Horizontale oder vertikale Anordnung, Ersatz für Kabel
	mit Abgängen	Hauptleitungen in Hochhäusern	Ersatz für Kabel
	mit veränderbaren Abgängen	Versorgung von Verbrauchsmitteln	Maschinen, leicht umstellbar
	mit Stromabnehmerwagen	Versorgung ortsveränderlicher Verbraucher	Für Elektrowerkzeuge
	für Leuchten	Lichtbänder	Auch kombiniert mit Kraftversorgung
Stromschienensystem, nicht fabrikfertig	abgedeckt, umhüllt, z. T. offen	Verbindung von Transformator mit Niederspannungs-Hauptschaltanlage	Ersatz für Kabel, Ersatz für Hauptleitungen in Hochhäusern.
Schleifleitungen	abgedeckt, z. T. offen	Stromversorgung von Hebezeugen	Nur außerhalb des Handbereichs zulässig.

Schutzmaßnahmen: Körper der Stromschienensysteme Schutzklasse I müssen an der gekennzeichneten Stelle mit dem Schutzleiter verbunden werden.
Für Stromschienensysteme Schutzklasse II gelten die Bestimmungen für Schaltanlagen und Verteiler.

Anschlussstellen: Auch nach dem Errichten der Anlage noch ohne Schwierigkeiten zugänglich halten.

Befestigung: Zuverlässig. Bei Übergang von horizontal in vertikal muss gewichtsbedingte Verschiebung berücksichtigt werden.

Längendehnung: Abhilfe durch Einbau von Dehnungsbändern.

Anschlüsse und Verbindungen: Bei fabrikfertigen Systemen nur mit passenden Zubehörteilen.

Schienensysteme

<table>
<tr><td colspan="2">Bem.-strom der Schienen in A</td><td colspan="2">125</td><td>250</td><td colspan="2">400</td></tr>
<tr><td colspan="2">Bemessungsstrom der Vorsicherung in A</td><td colspan="2">125</td><td>225</td><td colspan="2">355</td></tr>
<tr><td rowspan="2">Höchste entnehmbare Leistung in kVA</td><td>bei 230 V</td><td colspan="2">47</td><td>95</td><td colspan="2">150</td></tr>
<tr><td>bei 400 V</td><td colspan="2">82</td><td>165</td><td colspan="2">260</td></tr>
<tr><td rowspan="2">Höchstzulässige Transformatorleistung in kVA</td><td>bei 230 V</td><td rowspan="2">u_K = 8%</td><td colspan="2">1 250</td><td rowspan="2">u_K = 4%</td><td>800</td></tr>
<tr><td>bei 400 V</td><td colspan="2">2 000</td><td>1 250</td></tr>
<tr><td colspan="2">Zulässiger Stoßkurzschlussstrom</td><td colspan="5">50 000 A</td></tr>
</table>

Anbringung				
an der Decke	an der Wand	auf Stützen	zwischen Maschinen	unter dem Boden

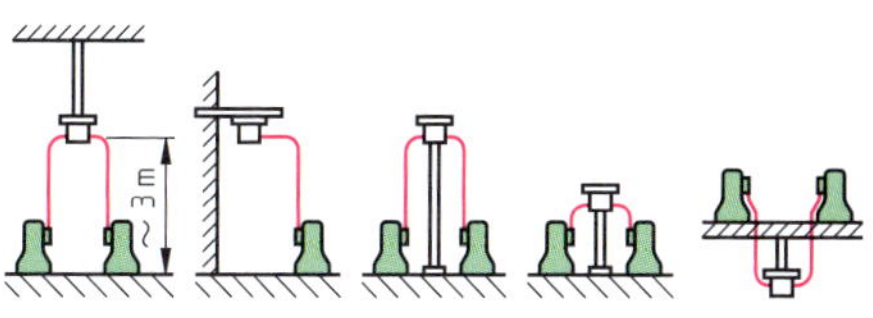

Lichtstärke I_v

Lichtstrom Φ_v

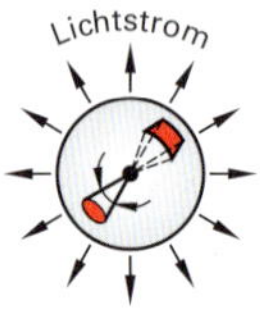

Raumwinkel Ω

Als Lichtstrom Φ_v in Lumen (lm) bezeichnet man die von einer Lichtquelle nach allen Richtungen abgestrahlte Lichtleistung.

Der Raumwinkel Ω mit der Einheit Steradiant (sr) eines kegel- oder pyramidenförmigen Ausschnitts aus der Einheitskugel (Kugel mit Halbmesser 1 m) ist 1 sr, wenn die Ausschnittsfläche auf der Kugel 1 m² beträgt.

Beleuchtungsstärke E_v

Die Beleuchtungsstärke E_v mit der Einheit Lux (lx) gibt den auf eine Fläche senkrecht auftretenden Lichtstrom an.

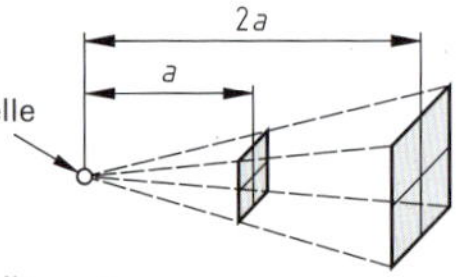

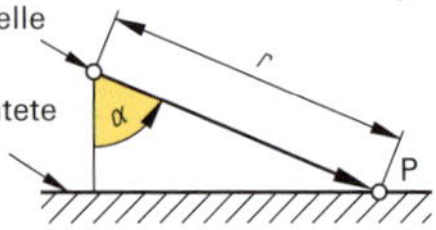

Leuchtdichte L_v

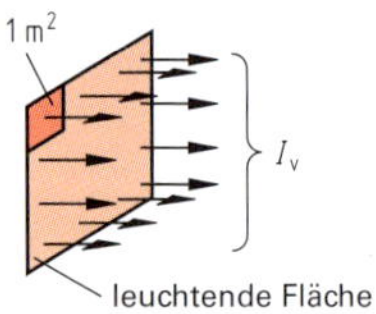

Lichtausbeute η

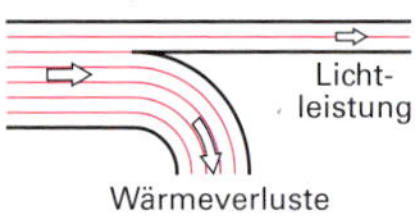

Lichtpunktmethode

Eine Leuchte

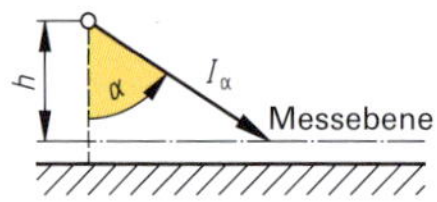

Zwei gleiche Leuchten

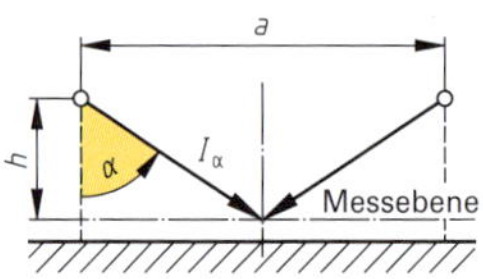

a = Leuchtenabstand
a = 3 . . . 4 · Höhe h

Lichtstärke

$$I_v = \frac{\Phi_v}{\Omega} \quad (1)$$

$[I_v]$ = lm/sr = cd

Beleuchtungsstärke

$$E_v = \frac{\Phi_v}{A} \quad (2)$$

$$E_p = \frac{I_v}{r^2} \cdot \cos\alpha \quad (3)$$

$[E]$ = lx

Bei 1 Leuchte:

$$I_v = \frac{E_\alpha \cdot h^2}{\cos^3\alpha} \quad (4)$$

$$E_\alpha = \frac{I_\alpha \cdot \cos^3\alpha}{h^2} \quad (5)$$

Bei 2 Leuchten:

$$I_v = \frac{E_{min} \cdot h^2}{2 \cdot \cos^3\alpha} \quad (6)$$

$$E_{min} = \frac{2 \cdot I_\alpha \cdot \cos^3\alpha}{h^2} \quad (7)$$

Leuchtdichte

$$L_v = \frac{I_v}{A} \quad (8)$$

$[L_v]$ = cd/m²

Lichtausbeute

$$\eta = \frac{\Phi_v}{P} \quad (9)$$

Beispiel: Außenbeleuchtung E_{min} = 4 lx; h = 8 m; α = 51°; I_v = ? cd

Lösung: $I_v = \frac{E_{min} \cdot h^2}{2 \cdot \cos^3\alpha} = \frac{4\ \text{lx} \cdot 64\ \text{m}^2}{2 \cdot 0{,}25} = \mathbf{512\ cd}$

Der Kurve für die Lichtverteilung (Seite „Lichttechnische Daten von Leuchten") entnimmt man bei „direkt, tiefstrahlend" für α = 51° etwa $I_\alpha \approx$ 165 cd / klm.

Da 512 cd erforderlich sind, ist $\Phi_v = \frac{512 \cdot 1000}{165}$ lm = 3 103 lm. Wählt man eine LED-Leuchte mit 35 W, so wird der erforderliche Lichtstrom noch überschritten. Diese Auswahl ist wegen der Abnahme des Lichtstromes infolge Alterung und Verschmutzung zweckmäßig.

A	beleuchtete Fläche, leuchtende sichtbare Fläche
E_α	Beleuchtungsstärke, winkelabhängig
E_{max}	Beleuchtungsstärke senkrecht unter der Leuchte
E_{min}	erforderliche Mindestbeleuchtungsstärke
E_p	Beleuchtungsstärke in Punkt P
E_v	Beleuchtungsstärke (v von visuell)
h	senkrechter Abstand Leuchte – Messebene
I_α	Lichtstärke, die unter ∢ α abgestrahlt wird
I_v	Lichtstärke (v von visuell)
L_v	Leuchtdichte
P	Leistungsaufnahme der Lichtquelle
r	Abstand des Punktes P von der Lichtquelle in m
α	Strahlungswinkel gegen die Senkrechte
η	Lichtausbeute
Ω	Raumwinkel
Φ_v	Lichtstrom

Planung der Arbeitsstättenbeleuchtung in Innenräumen
Design of Interior Workshop Lighting

Begriff	Erklärung	Bemerkungen, Daten
Bereiche der Sehaufgabe	Sehaufgabenbereiche sind Teilbereiche des Arbeitsplatzes, in dem die Sehaufgabe ausgeführt wird. Der Raum wird zur Lösung der Beleuchtungsaufgabe in Funktionen und Bereiche gegliedert. Raumbereiche sind Arbeitsplätze, Verkaufsflächen, Theken- und Regalpräsentationsflächen sowie Eingangsbereiche und Wegezonen. Es ist zu klären, welche Aufgaben die einzelnen Zonen erfüllen sollen.	Bereiche der Sehaufgaben 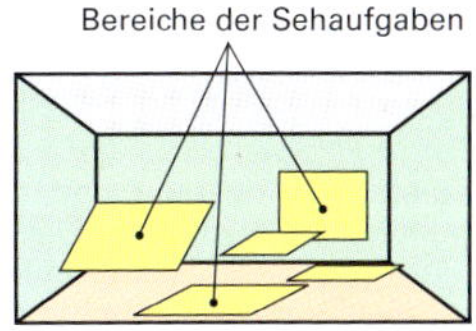
Umgebung der Sehaufgabe	Vorgegeben wird eine Umgebungsfläche von mindestens 0,5 m Breite, die den Bereich der Sehaufgabe umgibt. In dieser Fläche kann der Wartungswert E_m der Beleuchtungsstärke niedriger sein als im Bereich der Sehaufgabe. Der 100%-Wartungswert ist Grundlage für die Berechnung der Beleuchtungsstärke.	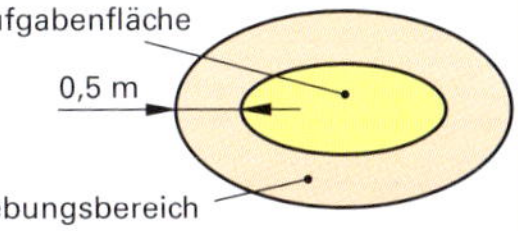
Gleichmäßigkeit der Beleuchtungsstärke	**Gleichmäßigkeit** $g = E_{min}/E_m$ **1** Die Beleuchtungsstärke und ihre Verteilung im Arbeits- und Umgebungsbereich hat großen Einfluss auf die Sehqualität. Starke Ungleichmäßigkeiten können zu visueller (das Sehen betreffend) Überbelastung und Unbehagen führen. Der Wartungswert der Beleuchtungsstärke E_m ist der Wert, unter den die mittlere Beleuchtungsstärke E_{min} des betreffenden Bereiches bis zu einer vorgesehenen Wartung der Beleuchtungsanlage nicht sinken darf.	siehe Tabelle Wartungswerte
Abschirmwinkel	Winkel zwischen der horizontalen Ebene und der Blickrichtung, unter der die leuchtenden Lampenteile in der Leuchte gerade noch sichtbar sind.	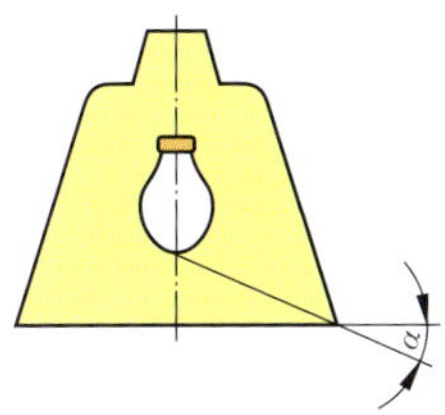 **Abschirmwinkel**
Leuchtdichteverteilung	Die Leuchtdichteverteilung im Gesichtsfeld bestimmt die Sehleistung. Für eine optimale Wahrnehmung ist ein Leuchtdichteverhältnis von 3 : 1 erforderlich. Die Leuchtdichte hängt von der Reflexionseigenschaft des verwendeten Materials ab. Zu hohe Leuchtdichten können Blendung verursachen und müssen ebenso wie zu große Leuchtdichteunterschiede vermieden werden.	**Leuchtdichte** $L = E_m \cdot \frac{\varrho}{\pi}$ **2** 

Wartungswerte der Beleuchtungsstärken E_m in lx

im Bereich der Sehaufgabe	im Umgebungsbereich
≥ 750	500
500	300
300	200
Gleichmäßigkeit ≥ 0,7	Gleichmäßigkeit ≥ 0,5

Lampen-Leuchtdichte in cd/m²	Mindestabschirmwinkel α
20 000 bis < 50 000	15°
50 000 bis < 500 000	20°
≥ 500 000	30°

Bereich	Reflexionsgrad ϱ
Decken	0,6 bis 0,9
Wände	0,3 bis 0,8
Arbeitsflächen	0,2 bis 0,6
Boden	0,1 bis 0,5

E_m Wartungswert der Beleuchtungsstärke, E_{min} kleinste Beleuchtungsstärke, g Gleichmäßigkeit, L Leuchtdichte, ϱ (rho) Reflexionsgrad.

Wartungsfaktoren von Arbeitsstättenbeleuchtungen
Maintenance Factors of Workplace Lightings

Zeitliche Änderung der Beleuchtungsstärke

Erklärung

In allen Beleuchtungsanlagen sinkt im Laufe der Zeit die Beleuchtungsstärke.
Ein *Wartungsfaktor WF* in der Planung berücksichtigt Leuchten, Lampen, räumliche Umgebung und festgelegten Wartungsplan.
Die empfohlene *Beleuchtungsstärke* (S. 188) für eine Sehaufgabe ist der *Wartungswert* E_m, ab dem die Beleuchtung zu warten ist, z. B. durch Reinigung oder Ersatz der Lampen.
Der *Wartungsfaktor* setzt sich aus Einzelwartungsfaktoren (siehe unten) zusammen:

$$WF = LLWF \cdot LÜF \cdot LWF \cdot RWF \quad (1)$$

$$E_m = WF \cdot E_{neu} \quad (2)$$

Verlauf

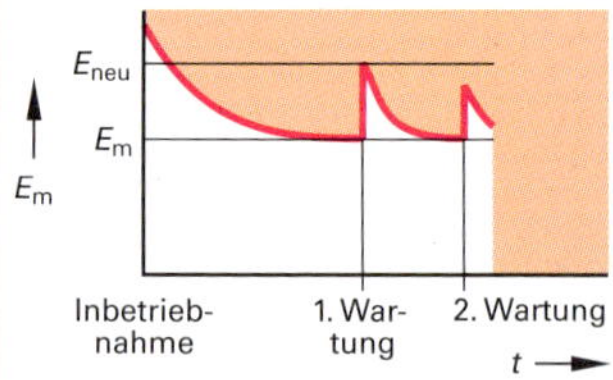

Wartungsfaktoren *WF*

Betriebsdauer in h	1000	2000	4000	6000	8000	10000	14000
Lampenlichtstrom-Wartungsfaktor *LLWF*							
Glühlampe	0,93						
Niedervolt-Halogenglühlampe	0,98	0,95					
Dreibanden-Leuchtstofflampe T16		0,96	0,95	0,94	0,93	0,92	0,90
Kompaktleuchtstofflampe	0,97	0,92	0,88	0,85	0,83	0,83	
Halogen-Metalldampflampe		0,94	0,89	0,85	0,80		
Natriumdampflampe	1,00	0,99	0,98	0,98	0,97	0,97	0,96
Lampen-Überlebensfaktor *LÜF*							
Glühlampe	0,50						
Niedervolt-Halogenglühlampe	0,91	0,50					
Dreibanden-Leuchtstofflampe T16		0,99	0,98	0,97	0,96	0,96	0,94
Kompaktleuchtstofflampe	0,99	0,99	0,98	0,98	0,94	0,50	
Halogen-Metalldampflampe		0,96	0,91	0,88	0,84		
Natriumdampflampe	1,00	1,00	1,00	1,00	0,99	0,98	0,96

Leuchten-Wartungsfaktor *LWF* und Raum-Wartungsfaktor *RWF*

Reinigungsintervall in Jahren		1,0			2,0			3,0		
Umgebungsbedingungen		S	N	V	S	N	V	S	N	V
Leuchte		Leuchten-Wartungsfaktor *LWF*								
freistrahlende Lichtleisten		0,93	0,89	0,83	0,89	0,84	0,78	0,85	0,79	0,73
oben offener Reflektor		0,90	0,86	0,83	0,84	0,80	0,75	0,79	0,74	0,68
oben geschl. Reflektor		0,89	0,81	0,72	0,80	0,69	0,59	0,74	0,61	0,52
geschlossenen IP2X		0,88	0,82	0,77	0,83	0,77	0,71	0,79	0,73	0,65
staubgeschützt IP5X		0,94	0,90	0,86	0,91	0,86	0,81	0,90	0,84	0,79
Indirekt-Leuchten		0,86	0,81	0,74	0,77	0,66	0,57	0,70	0,55	0,45
Raumindex	Beleuchtungsart	Raum-Wartungsfaktor *RWF*								
klein $k = 0{,}7$	direkt/indirekt	0,90	0,86	0,82	0,87	0,82	0,78	0,84	0,79	0,74
mittel $k = 2{,}5$	direkt/indirekt	0,92	0,88	0,85	0,89	0,85	0,81	0,86	0,82	0,78
groß $k = 5{,}0$	direkt/indirekt	0,94	0,88	0,85	0,89	0,85	0,81	0,86	0,82	0,78

Beim Fehlen genauer Wartungsfaktoren ***WF*** gelten folgende **Referenz-Wartungsfaktoren**: **0,80** sehr sauberer Raum, Anlagen mit geringer Nutzungsdauer; **0,67** sauberer Raum, dreijähriger Wartungszyklus; **0,57** Innen- und Außenbeleuchtung, normale Verschmutzung, dreijähriger Wartungszyklus; **0,50** Innen- und Außenbeleuchtung, starke Verschmutzung.

E_m Wartungswert der Beleuchtungsstärke, E_{neu} Neuwert, k Raumindex

Berechnung von Beleuchtungsanlagen Calculation of Lighting Systems

Wirkungsgradmethode für die Innenbeleuchtung

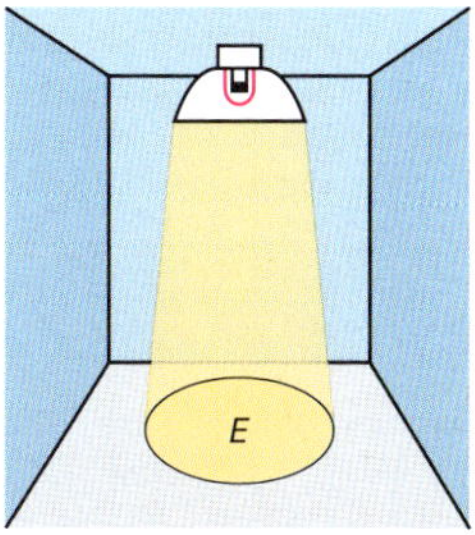

Für die Berechnung sind die Abmessungen des Raumes zu berücksichtigen.

Der **Beleuchtungswirkungsgrad η_B** ist das Produkt aus dem Raumwirkungsgrad η_R und dem Leuchtenbetriebswirkungsgrad η_{LB}.

Der Leuchtenbetriebswirkungsgrad wird vom Hersteller angegeben.

Mit dem **Wartungsfaktor WF** (vorhergehende Seite) berücksichtigt man Verschmutzung und Alterung von Lampen, Leuchten und Räumen.

Anzahl der Lampen wird aus Beleuchtungsstärke, Raum-Bodenfläche, Lampenlichtstrom und Beleuchtungswirkungsgrad berechnet.

$$k = \frac{l \cdot b}{h \cdot (l + b)} \quad (1)$$

$$k_i = \frac{3 \cdot l \cdot b}{2\,h' \cdot (l + b)} \quad (2)$$

$$\eta_B = \eta_{LB} \cdot \eta_R \quad (3)$$

$$E_{neu} = \frac{E_m}{WF} \quad (4)$$

$$n = \frac{E_{neu} \cdot A}{\Phi_{La} \cdot \eta_B} \quad (5)$$

Rückstrahlvermögen (Reflexion) und Durchlassvermögen (Transmission)

Farbanstriche	Reflexionsgrad ϱ in %	Werkstoffe	Reflexionsgrad ϱ in %
weiß	70...80	Spiegel, versilbert	90...94
gelb	65...75	Zeichenpapier, weiß	70...75
hellgrün, rosa	45...50	Rein-Alu, eloxiert	85...90
hellblau	40...45	Rein-Alu, poliert	65...75
beige, hellbraun	25...35	Chrom, blank	60...70
ockergelb, olivgrün	25...35	Kacheln, weiß	60...75
orange	20...25	Mörtel, hell	40...50
mittelgrau	20...25	Holzplatte, hell	40...50
dunkelgrün	10...15	Holz, dunkel	10...25
dunkelblau, dunkelrot	10...15	Beton	15...25
schwarz	4	Samt, schwarz	2... 4

Lichtdurchlässige Stoffe	Reflexionsgrad ϱ in %	Transmissionsgrad τ in %
Klarglas	6...10	85...92
Mattglas (Licht auf matte Seite)	8...12	70...90
Mattglas (Licht auf glatte Seite)	12...18	60...80
Trübglas	30...75	15...60
Acrylglas	15...65	25...80
Lampenschirmpapier	20...50	20...60
Pergament	35...50	35...55
Opalglas	40...55	15...30
Alabaster	55...60	15...30
Webstoffe	35...40	15...30

Reflexionsgrad ϱ: Verhältnis des zurückgestrahlten Lichtstromes zum aufgestrahlten Lichtstrom
Transmissionsgrad τ: Verhältnis des durchgelassenen Lichtstromes zum aufgestrahlten Lichtstrom

Beispiel: Ein sehr sauberer Montageraum mit $l = 5$ m, $b = 6$ m und $h = 2{,}35$ m (Höhe der Leuchte über der Arbeitsebene, **Bild**) soll durch freistrahlende Leuchtstofflampen OSRAM FH35W/865HE (S. 189) beleuchtet werden. Der Leuchtenbetriebswirkungsgrad η_{LB} der Leuchte ist 90%. Lichtfarbe: Tageslicht. Es ist eine mittlere Beleuchtungsstärke von 500 lx gefordert. Der Reflexionsgrad der Decke ist $\varrho_1 = 0{,}8$ (weiß), der Wände $\varrho_2 = 0{,}3$ (beige) und des Bodens $\varrho_3 = 0{,}3$ (hellbraun). Berechnen Sie die Anzahl der notwendigen Lampen.

Lösung:

$$k = \frac{l \cdot b}{h \cdot (l + b)} = \frac{5\ \text{m} \cdot 6\ \text{m}}{2{,}35\ \text{m}\ (5\ \text{m} + 6\ \text{m})} = \mathbf{1{,}16}$$

Raumwirkungsgrad η_R aus den Werten für ϱ_1, ϱ_2, ϱ_3 und $k = 1{,}0$ (gerundet) aus Tabelle „Lichttechnische Daten von Leuchten" für freistrahlende Leuchtstofflampe: $\boldsymbol{\eta_R = 0{,}43}$

$$\eta_B = \eta_{LB} \cdot \eta_R = 0{,}90 \cdot 0{,}43 = 0{,}387 \approx \mathbf{0{,}39} \qquad E_{neu} = \frac{E_m}{WF} = \frac{500\ \text{lx}}{0{,}8} = \mathbf{625\ lx}$$

$$n = \frac{E_{neu} \cdot A}{\Phi_{La} \cdot \eta_B} = \frac{625\ \text{lx} \cdot 30\ \text{m}^2}{3300\ \text{lm} \cdot 0{,}39} = 14{,}57;$$ Gewählt: **15 Lampen**

A Bodenfläche des Raumes
b Breite des Raumes
E_m Wartungswert der Beleuchtungsstärke
E_{neu} Neuwert der Beleuchtungsstärke
h Höhe der Leuchte ab Arbeitsebene
h' Deckenhöhe ab Arbeitsebene
k Raumindex für direkte Beleuchtung
k_i Raumindex für indirekte Beleuchtung
l Länge des Raumes
n Anzahl der Lampen
WF Wartungsfaktor
η_B Beleuchtungswirkungsgrad
η_{LB} Leuchtenbetriebswirkungsgrad
η_R Raumwirkungsgrad
ϱ Reflexionsgrad
τ Transmissionsgrad
Φ_{La} Bemessungslichtstrom je Lampe

Beleuchtung und Blendung Lighting and Glare

Wartungswert der Beleuchtungsstärke[1], Lichtfarbe und Güteklasse

Raumart bzw. Tätigkeit	E_m in lx	Lichtfarbe[3]	Güteklasse[2]
Allgemeine Räume			
Wasch- und Toilettenräume	100	ww, nw	2
Kantinen	200		2
Sanitätsräume, Erste Hilfe	500		1
Verkehrswege in Gebäuden			
für Personen	50	ww, nw	3
für Personen und Fahrzeuge	100		3
Treppen, Fahrtreppen	100		2
Büro- und büroähnliche Räume			
mit tageslichtorientierten Arbeitsplätzen in Fensternähe	300	ww, nw	1
Büroräume, allgemein	500		1
Großraumbüros			
• mit hoher Reflexion	750		1
• mit mittlerer Reflexion	1000		1
Zeichenräume	750		1
Sitzungsräume	300		1
EDV-Räume, IT-Räume	500		1
Unterrichtsstätten			
Lehrmittelräume	200	ww, nw	2
Flure, Eingangshallen	100		3
Treppen	100		2
Bibliotheken	300		1
Unterrichtsräume	300		1

Raumart bzw. Tätigkeit	E_m in lx	Lichtfarbe[3]	Güteklasse[2]
Elektrotechnische Industrie			
Kabel- und Leitungsherstellung	300	ww, nw	1
Montage von kleinen Motoren	500		1
Montage feiner Geräte, Justieren	1000		1
Montage elektron. Bauteile	1500		1
Metallbearbeitung			
Schweißen	300	ww, nw	2
Maschinenarbeiten, z. B. Drehen	300		2
feine Maschinenarbeiten	500		1
Anreiß-, Kontroll- u. Messplätze	750		1
Montage, mittelfein	300		1
Montage, fein	500		1
Gießerei: Gießhallen	200		2
Gießerei: Modellbau	500		1
Automobilbau			
Karosseriebau	500	ww, nw, tw	2
Lackiererei- Schleifplätze	750		1
Lackiererei, Nacharbeit	1000		1
Polsterei	500		2
Wagenfertigmontage	500		2
Inspektionsplätze	750		1

[1] Minimalwert, unter den die mittlere Beleuchtungsstärke im Bereich der Sehaufgabe nicht sinken darf.
[2] **Güteklassen der Blendungsbegrenzung:**
Güteklasse 1: hohe Anforderung; Güteklasse 2: mittlere Anforderung; Güteklasse 3: geringe Anforderung.
[3] **Lichtfarben:** ww warmweiß; nw neutralweiß; tw tageslichtweiß.

Begrenzung der Direktblendung

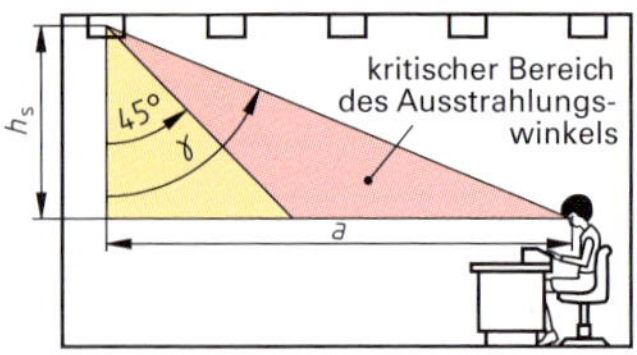

Die Direktblendung ist begrenzt, wenn die mittlere Leuchtdichte der Leuchten im für die Blendung kritischen Winkelbereich $45° \leq \gamma \leq 85°$ die Werte der Leuchtdichtegrenzkurven nicht überschreitet.

Leuchtdichtegrenzkurve B (rechts) für quer zur Blickrichtung angeordnete, langgestreckte, quadratische und runde Leuchten mit leuchtenden Seitenteilen, z. B. freistrahlende Leuchten und Wannenleuchten.

Güteklasse	Wartungswert der Beleuchtungsstärke[1] E_m in lx							
1	2000	1000	750	500	≤ 300			
2				2000	1000	500	≤ 300	
3					2000	1000	500	≤ 300

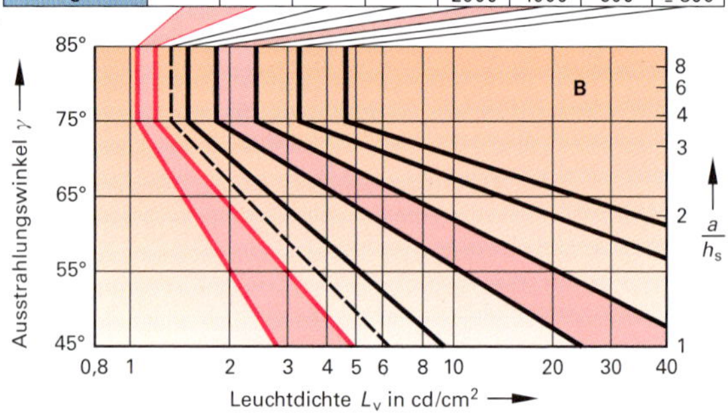

a und h_s siehe Bild links

Leuchtdichte

Lichtquelle	Leuchtdichte in cd/cm²	Lichtquelle	Leuchtdichte in cd/cm²	Lichtquelle	Leuchtdichte in cd/cm²
Mittagssonne	bis 150 000	Glühlampe 100 W, klar	bis 2 600	Halogen-Metalldampflampe	1000…6 000
Mond	0,2…1,2	LED-Leuchtmittel	1…5	Natriumdampflampe	10…400
Himmel, klar	0,3…0,7	Leuchtstofflampe	0,5…3,0	Xenon-Hochdrucklampe	bis 95 000
Himmel, bedeckt	0,01…0,1	Kompakt-Leuchtstofflampe	2,0…7,0		

Leuchtstofflampen für 230 V Fluorescent Lamps for 230 V

Lampendaten, Stabform, T5 (∅ 16 mm), Warmstart EVG, Sockel G5

Osram	Philips	Nennleistung W	Leistungsaufnahme mit EVG W	Lichtstrom Φ_{La} bei 25 °C lm	Max. Lichtstrom Φ_{La} bei 35 °C lm	Lichtfarbennummer (xxx)	Lebensdauer h	Leuchtdichte cd/cm²	Länge mm
FH 14W/xxx HE	TL5 14W/xxx HE	14	16,0	1200	1350	827,830,840	20000	1,7	549
FH 21W/xxx HE	TL5 21W/xxx HE	21	23,5	1900	2100	827,830,840	20000	1,7	849
FH 28W/xxx HE	TL5 28W/xxx HE	28	30,5	2600	2900	827,830,840	20000	1,7	1149
FH 35W/xxx HE	TL5 35W/xxx HE	35	38,5	3300	3650	827,830,840	20000	1,7	1449
FQ 24W/xxx HO	TL5 24W/xxx HO	24	27,0	1750	2000	827,830,840	24000	2,5	549
FQ 39W/xxx HO	TL5 39W/xxx HO	39	45,5	3100	3500	827,830,840	24000	2,8	849
FQ 54W/xxx HO	TL5 54W/xxx HO	54	61,0	4450	5000	827,830,840	24000	2,9	1149
FQ 80W/xxx HO	TL5 80W/xxx HO	80	85,0	6150	7000	827,830,840	24000	3,2	1449

Lampenbezeichnung **TL5 35W/830 HE** = Philips-Leuchtstofflampe, ∅ 16 mm, 35 Watt, Lichtfarbe **830**. **8** = Farbwiedergabestufe 1B ≙ Farbwiedergabeindex Ra 80 – 89, **30** = Farbtemperatur 3000 K (≙ Lichtfarbe ww = warm white), **HE** = High Efficiency. **HO** = High Output. Zunehmend als Alternative zur T8 (∅ 26, Sockel G13), eingesetzt. Leuchtstofflampen sind auch in Ringform und U-Form verfügbar.

Lichtfarben, Eigenschaften und Anwendung von Leuchtstofflampen

Lichtfarbe	Kennzahlen OSRAM	Kennzahlen PHILIPS	Farbwiedergabestufe	Eigenschaften \ Anwendungsgebiete	Wohnräume	Küche, Flur	Hotel, Gaststätte	Schule, Turnhalle	Krankenhaus	Theater, Kino	Gemäldegalerie	Werkstatt, Lager	Büro, Zeichensaal	Konferenzraum	Verkaufsraum	Fleischerei	Konfektion	Blumen	Straßen, Fabrikhof	Messehalle	Supermarkt
daylight	865	865	1B	entspricht dem Tageslicht bei bedecktem Himmel					●		●	●			●		●				
cool white	840	840	1B	sehr gute Farbwiedergabe		●		●				●	●	●	●				●	●	●
cool white	940	940	1A	sehr hohe Lichtausbeute		●							●		●		●		●		
white	835	835	2A	universale Lichtfarbe									●	●		●			●		
warm white	830	830	1B	warmes, weiches Licht, hohe Lichtausbeute		●		●					●	●	●		●				
warm white	930	930	1A	sehr gute Farbwiedergabe	●	●			●		●				●		●	●		●	●
daylight	765	765	2A	natürliche Farbwiedergabe												●		●			
interna	827	827	1B	gute Farbwiedergabe, gute Lichtausbeute	●	●	●	●	●	●	●			●	●		●	●			●

Recycling von Leuchtstofflampen

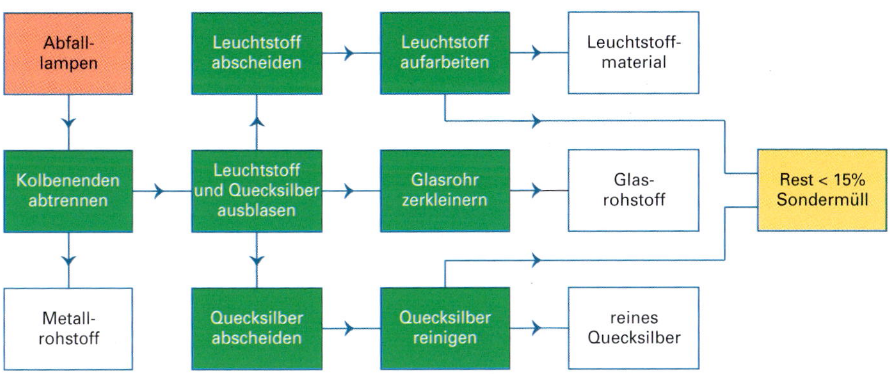

Glühlampen

Lampenform	Bem.-leistung W	Lichtstrom Φ_{La} lm	Durchmesser mm	Länge mit Sockel mm	Sockel	Lichtausbeute lm/W	Farbtemperatur K	Brennstellung	Verwendung
Hochvolt-Halogenglühlampen 230 V									
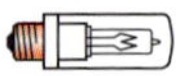	150 250	2 500 4 200	18/32 18/32	86/105 98/105	B15d/E27 B15d/E27	16,7 16,8	2 900	beliebig	Verkaufsräume, Konferenzräume.
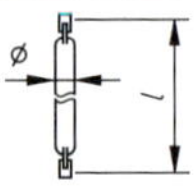	200 300 500 750 1 000	3 200 5 000 9 500 16 500 22 000	12 12 12 12 12	114,2 114,2 114,2 185,7 185,7	R7s-15	16 16,7 19 22 22	3 000	beliebig beliebig beliebig p15 p15	Wohnräume, Verkaufsräume, Schaufenster, Baustellen.
Niedervolt-Halogenglühlampen für 6 V, 12 V und 24 V									
	10(6V) 20(12V) 50(12V) 75(12V) 100(24V)	110 320 1 000 1 600 2 200	9 9 12 12 12	33 33 44 44 44	GX 4 GX 4 GY 6,35 GY 6,35 GY 6,35	11 16 20 21,3 22	3 000	beliebig	Wohnräume, Galerien, Museen, Schaufenster, Arbeitsplätze.
Halogen Energy Saver 230 V (1:1-Ersatz zur klassischen Glühlampe)									
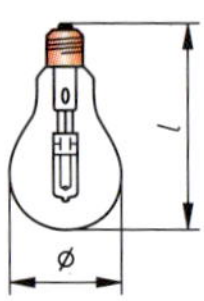	18 28 42 52 70 105 18 28	220 345 630 840 1 240 1 900 220 345	55 55 55 55 55 55 35 35	97 97 97 97 97 97 104 104	E 27 E 27 E 27 E 27 E 27 E 27 E 14 E 14	12,2 12,3 15,0 16,2 17,7 18,1 12,2 12,3	2 800	beliebig	Universallampe für alle Bereiche, perfekte Farbwiedergabe (R_a = 100), voll dimmbar, keine Aufwärmzeit, 30% Energieeinsparung, Lebensdauer 2 000 h.
Zum Vergleich: Konventionelle Glühlampe klar 230 V									
	25 40 60	230 430 730	60 60 60	105 105 105	E 27 E 27 E 27	9,2 10,8 12,2	2 800	beliebig	Stufenweiser Ausstieg bis 2012 wegen geringer Energieeffizienz, Lebensdauer 1000 h.
Keramik-Halogen-Metalldampflampe 230 V (Ersatz für Quecksilberdampflampe)									
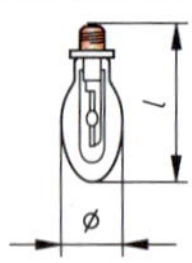	39 73 100 150 250 250	3 000 6 500 9 000 14 000 24 500 22 500	54 54 54 54 91 91	138 138 138 138 226 226	E 27 E 27 E 27 E 27 E 40[1] E 40[1]	77 89 90 93 98 90	3 000, 4 200 3 000, 4 200 3 000, 4 200 3 000, 4 200 3 000 4 200	beliebig	Verkaufsräume, Einkaufspassagen, Museen, Straßen, Theater, Plätze, Büros, Parks, RoHS[2]-konform, Lebensdauer 12 000 h.

Natriumdampflampen 230 V

Lampenform	Bem.-leistung W	Lichtstrom Φ_{La} lm	Durchmesser mm	Länge mit Sockel mm	Sockel	Lichtausbeute lm/W	mittlere Leuchtdichte cd/cm²	Brennstellung	Verwendung
Natriumdampf-Hochdrucklampen									
	150 250 400 1 000	14 000 25 000 47 000 120 000	90 90 120 165	226 226 290 400	E 40 E 40 E 40 E 40	93,3 100 117,5 120	10 19 22 30	beliebig	Außenanlagen in Verkehr u. Industrie, Innenanlagen in der Schwerindustrie.
Natriumdampf-Niederdrucklampen									
	35 55 90 135 180	4 800 8 000 13 500 22 500 33 000	52 52 66 66 66	310 425 528 775 1 120	BY 22d	137,1 145,5 150 166,7 183,3	10 10 10 10 10	h110 h110 p20 p20 p20	Beleuchtung von Schnellstraßen, Wasserstraßen und Schleusen.

[1] nur für geschlossene Leuchten, [2] RoHS = Restriction of the use of certain hazardous substances in electrical and electronic equipment (Beschränkung der Verwendung bestimmter gefährlicher Stoffe in Elektro- und Elektronikgeräten).

Energiesparlampen, Farbwiedergabe Energy-saving Lamps, Colour Reproduction

Energiesparlampen

Lampenform	Bemessungsleistung W	Lichtstrom Φ_{La} lm	Durchmesser bzw. Breite mm	Länge mit Sockel mm	Sockel	Lichtausbeute lm/W	vergleichbar mit Glühlampe W	Typ
Auswahl OSRAM (Farbwiedergabestufe 1 B, Lebensdauer 8 000 h)								
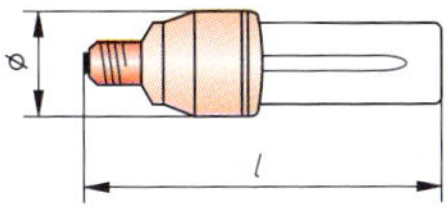	5	200	30	121	E 27	40	25	DEL 5
	7	400	45	130		57	40	DEL 7
	11	600	45	139		55	60	DEL 11
	15	900	52	143		60	75	DEL 15
	20	1 200	52	156		60	100	DEL 20
	23	1 500	58	178		65	120	DEL 23
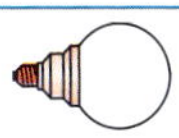	11	450	100	154	E 27	41	60	DEL 11 GL
	15	700	100	168		47	75	DEL 15 GL
	20	1 000	120	190		50	100	DEL 20 GL
	18	1 000	165	100	E 27	56	75	CIRCO EL 18
	24	1 450	216	100		60	100	CIRCO EL 24
	32	2 000	216	100		63	150	CIRCO EL 32
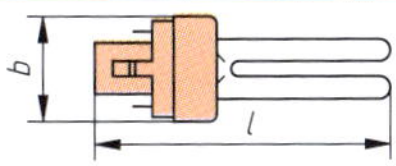	10	600	34	110	G 24d-1	60	60	DD 10/21
	13	900	34	138		69	75	DD 13/21
	18	1 200	34	153		67	100	DD 18/21
	26	1 800	34	172		69	2 × 75	DD 26/21
Auswahl PHILIPS (Farbwiedergabestufe 1 B, Lebensdauer 8 000 h)								
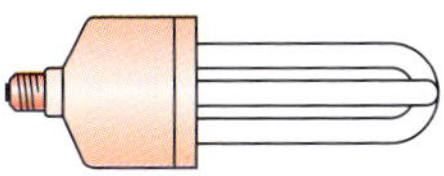	9	400	44,8	122	E 27	44	40	PLCE 9
	11	600	44,8	138		55	60	PLCE 11
	15	900	44,8	158		60	75	PLCE 15
	20	1 200	44,8	190		60	100	PLCE 20
	23	1 500	44,8	211		65	2 × 60	PLCE 23
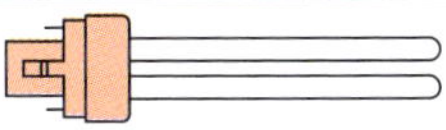	5	250	32,5	108	G 23	50	25	PL-S 5 W/..[1]
	7	400	32,5	138		57	40	PL-S 7 W/..[1]
	9	600	32,5	168		67	60	PL-S 9 W/..[1]
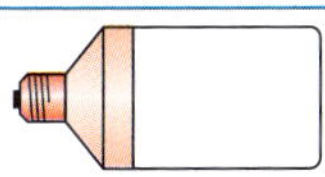	9	450	74	151	E 27	50	40	SL 9 P
	13	650	74	161		50	60	SL 13 P
	18	900	74	171		50	75	SL 18 P
	25	1 200	74	181		48	100	SL 25 P
	9	400	102	156	E 27	44	40	SL 9 D
	13	600	112	167		46	60	SL 13 D
	18	850	120	175		47	75	SL 18 D

Farbwiedergabe

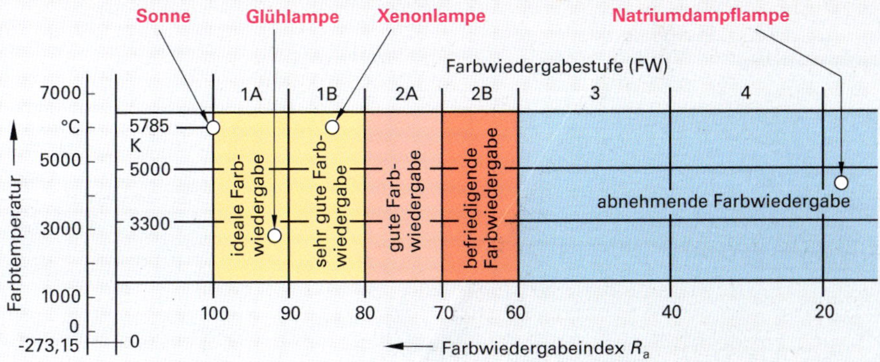

[1] Lichtfarbenkennzahlen 827, 830, 840

Induktionslampen und Lichtleiter Induction Lamps and Optical Fibres

Wirkungsweise	Erklärung	Bemerkungen, Daten

Induktionslampen

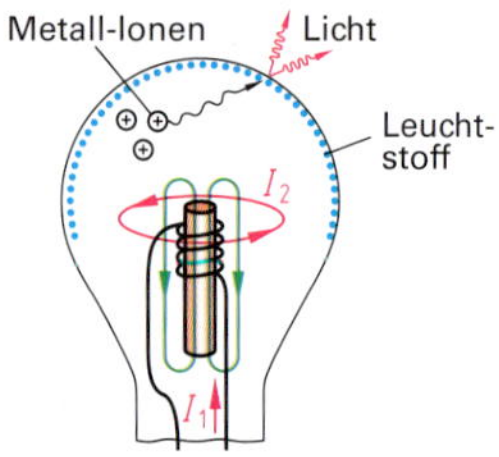

Induktionslampen-Prinzip

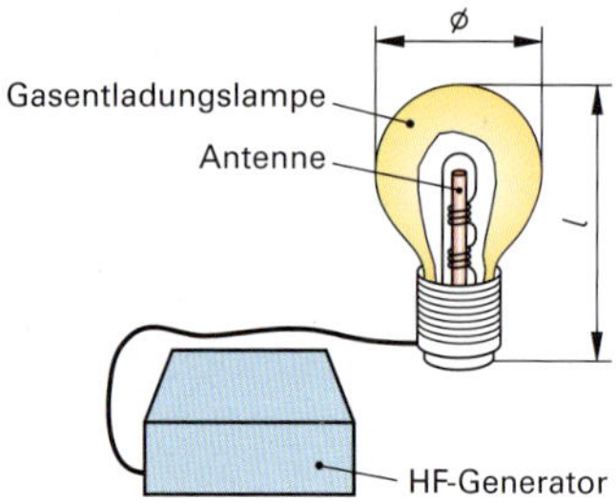

Lampensystem

Leistungsmerkmale:
Keine Elektroden oder Glühwendel, lange Lebensdauer: 60 000 h, kompakte Lampe mit hohem Lichtstrom, elektronischer HF-Betrieb, flackerfreier Sofortstart < 0,1 s, HF-Generator mit Sicherheitsabschaltung.

Vorteile:
Sehr kleiner Lichtstromabfall, keine oder nur geringe Wartung, unempfindlich gegen Netzspannungsschwankungen, geeignet für Gleichstrombetrieb, kein Flimmern, konstanter, hoher Lichtstrom (3 500 lm, 6 000 lm), sehr gute Farbwiedergabe, für Notbeleuchtungen geeignet: sofortiges Wiederzünden < 0,1 s, erfüllen alle nationalen und internationalen Entstörvorschriften ohne spezielle Abschirmungen an den Leuchten.

Betriebsdauer:
15 Jahre.

Anwendungsbereiche:
Einkaufszentren, Geschäfte, Ausstellungsräume, Foyers, Büroräume, Flughäfen, Industrie, Hotels und Restaurants, öffentliche Gebäude, Museen, Freizeitzentren, Werkhallen, Wohngebiete, Parkanlagen, Landstraßen, Parkplätze, Tunnels, Bahnhöfe, Kombination mit Lichtleiteroptik.

Abmessungen in mm

Typ (Philips)	Länge l	∅
QL 55 W	150	85
QL 85 W	192	110
QL 165 W	230	130

Abmessung des HF-Generators in mm:
$l \times b \times h$: 140 x 140 x 46

Lichtfarben (Philips):
827 Warmton Extra
830 Warmton
840 Weiß

Farbtemperaturen:
2 700 K, 3 000 K, 4 000 K.

Lichtleiter

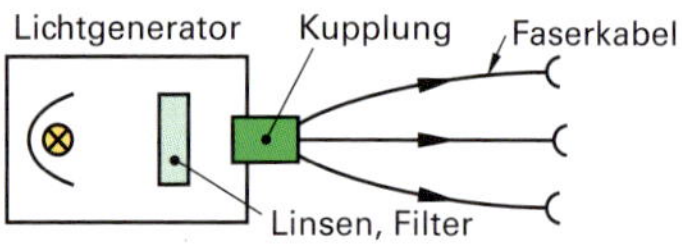

Punktlichtbeleuchtung

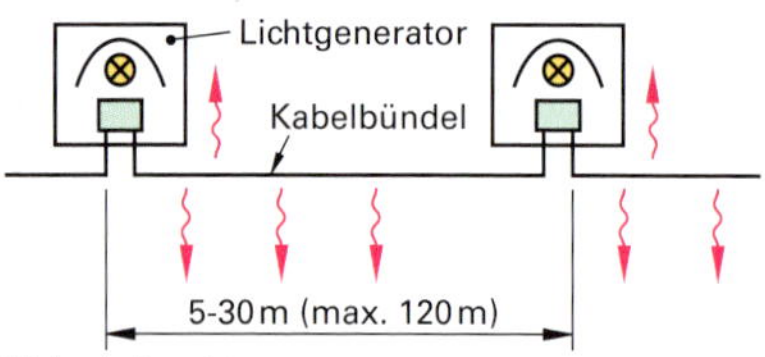

Linienbeleuchtung

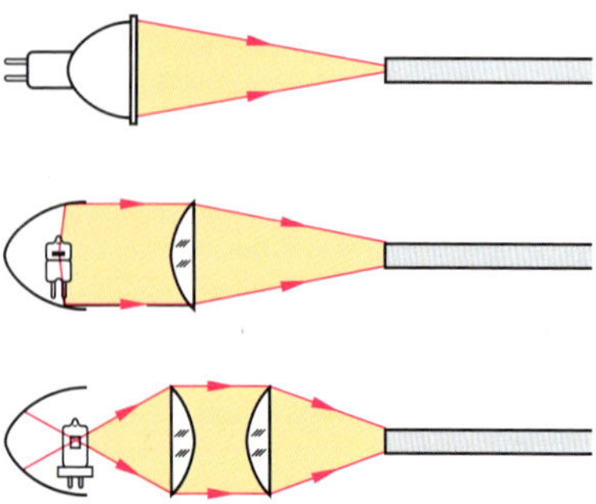

Einspeisungsformen

Systemkomponenten:
Lichtgenerator, Kabelbündel, optisches Gerät.

Lichtgeneratorentypen:
Niedervolt-Halogenlampen-Generator, Hochdruckentladungslampen-Generator.

Bauteile:
Lampe, Lampenfassung, elektrische Einheit, optischer Linsenschlitten, Reflektoreinheit, IR-Filter, UV-Filter, Ventilationssystem, Gehäuse, Lichtaustrittsöffnung, Anschlusskabel.

Gleichmäßige Helligkeit über die gesamte Länge des linienleuchtenden Lichtleiters erhält man durch Lichtgeneratoren an beiden Enden des Lichtleiters oder durch Schleifen des Kabels zurück in den Generator. Bis 10 m Länge genügt eine Lichtquelle.

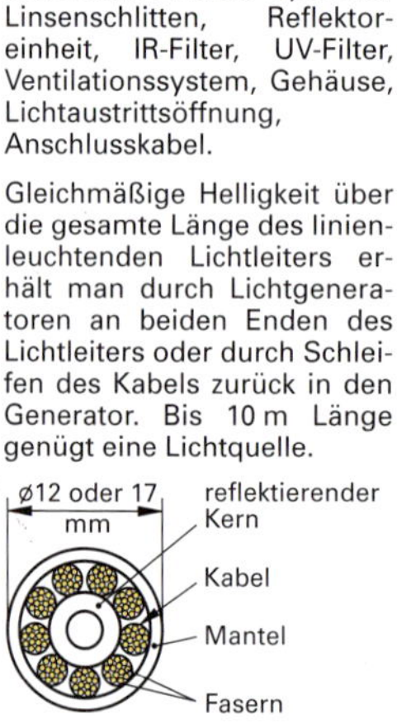

Kabelbündel, linienleuchtender Lichtleiter

Leuchtmittel:
Leistungsstarke Punktlichtmittel mit hoher Leuchtdichte, hoher Lebensdauer, guter Farbwiedergabe, kurzem Brennbogen der Lampe.

Vorteile der Lichtleitertechnik:
Keine IR-Strahlung, keine UV-Strahlung, räumliche Trennung von Lichtquelle und Lichtaustritt, kein elektrisches Potenzial am Lichtaustritt.

Anwendungsgebiete:
Endoskopie in Chirurgie und Zahnheilkunde, Werbung, Museen, Displaybeleuchtung, Signallichtgeber für den Straßenverkehr, Eingangshallen, Gebäudefassaden, Verkaufsvitrinen, Sicherheitsbereiche.

Kabelbündel (Philips)

Kabel-∅ in mm	Kabel je Bündel Typ Octopus	Typ Focus
1	300	114
2	75	25
3	40	16
4	24	9
5	16	6
6	11	3
7	8	2

Elektronische Vorschaltgeräte EVG für Leuchtstofflampen
Electronic Power Packs for Fluorescent Lamps

Schaltung	Erklärung	Bemerkungen
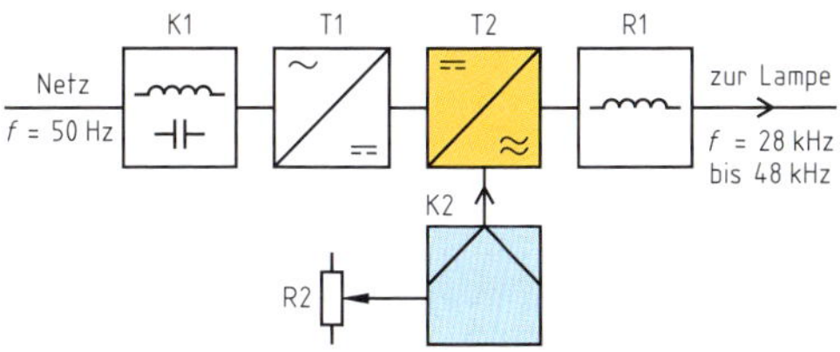 **Prinzipschaltung eines elektronischen Vorschaltgeräts EVG**	K1 Eingangsfilter K2 Lichtsteuermodul R1 Strombegrenzung R2 Potenziometer T1 Gleichrichter T2 Durchflusswandler	T1 erzeugt Gleichspannung von etwa 300 V. R2 Helligkeitssteuerung T2 erzeugt mit 100 Hz modulierte Wechselspannung mit Frequenz bis 50 kHz. K2 Lichtstromsteuerung von 10% bis 100%. R1 Begrenzung der Funkstörspannung.
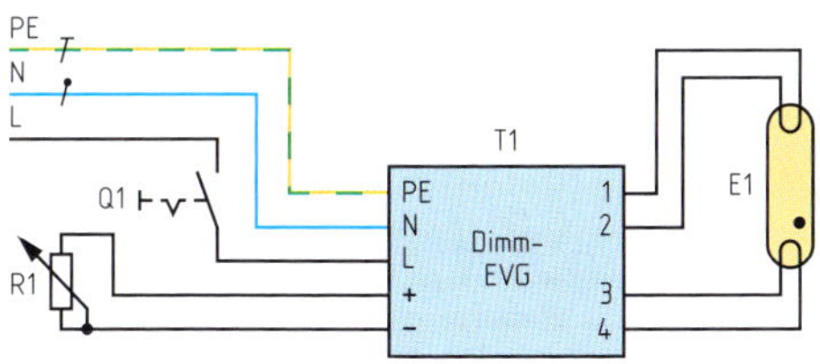 **Manuelle Lichtsteuerung**	E1 Leuchtstofflampe Q1 Netzschalter R1 Potenziometer T1 Dimmbares EVG	Q1 zum Schalten der Beleuchtungsanlage. R1 Helligkeitssteuerung für mehrere EVG.
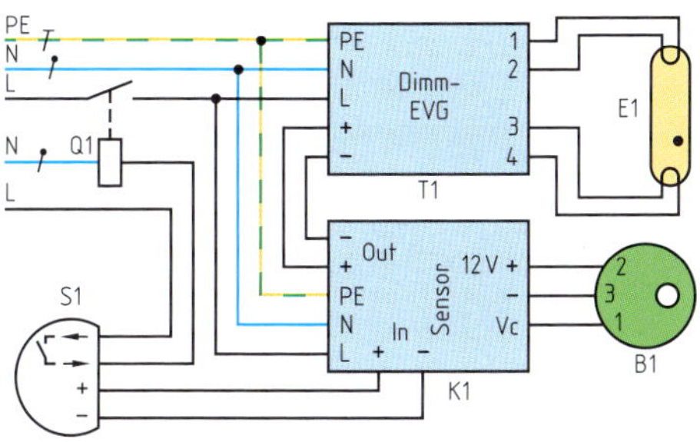 **Tageslichtabhängige Lichtsteuerung**	B1 Lichtsensor E1 Leuchtstofflampe K1 Signalverstärker Q1 Schütz S1 Handsteuergerät T1 Dimmbares EVG Vc Steuersignal (Voltage Control)	Mehrere EVG sind mit K1 ansteuerbar. B1, K1 Soll-Istwertvergleich für Konstantlicht-Regelkreis. B1 Istwerterfassung Empfehlung: B1 gleiches Fabrikat wie EVG. S1 zum Schalten mehrerer Laststromkreise. S1 Beleuchtung EIN-AUS und manuelle Lichtsteuerung.
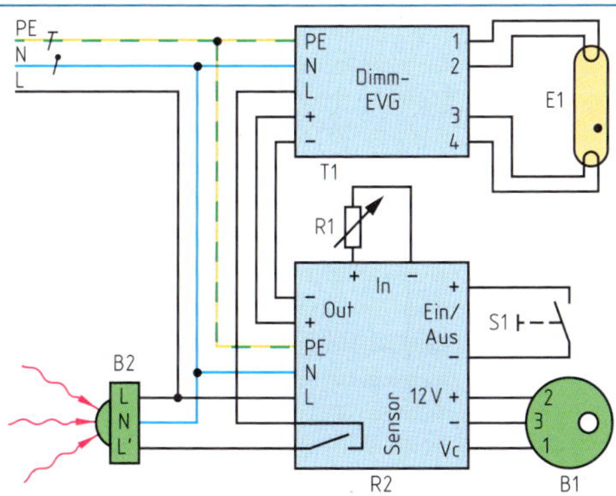 **Tageslichtabhängige Lichtsteuerung mit Abschaltautomatik**	B1 Lichtsensor B2 Bewegungsmelder E1 Leuchtstofflampe R1 Potenziometer R2 Lichtkonstanthalter S1 Taster T1 Dimmbares EVG Vc Steuersignal (Voltage Control)	Mehrere EVG sind mit R2 ansteuerbar. B1, B2, R2 tageslichtabhängiger Regelkreis mit Bewegungsmelder. B1 Istwerterfassung B2, R2 schaltet Beleuchtung ein, wenn sich Personen im Raum befinden. Empfehlung: R2 gleiches Fabrikat wie EVG T1. R1 Sollwertgeber S1 Beleuchtung EIN-AUS

Konventionelle Vorschaltgeräte (KVG) der Energieeffizienzklassen D und C dürfen in der EU nicht mehr in Umlauf gebracht werden. Erlaubt sind verlustarme (VVG) der Klasse B, zukunftssicher sind elektronische Vorschaltgeräte (EVG) der Klasse A.

Schaltungen von Entladungslampen **Circuits for Discharge Lamps**

Leuchtstofflampen für Starterbetrieb

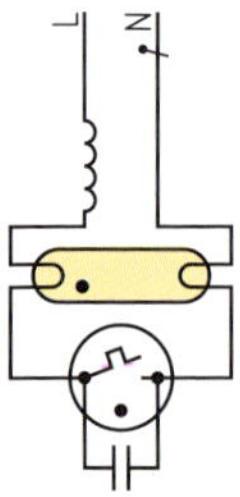

Grundschaltung

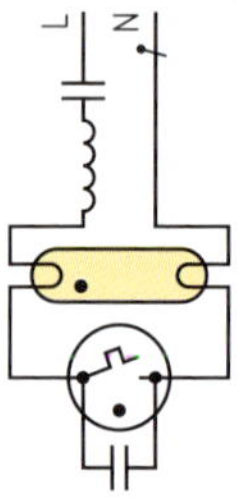

Kapazitive Schaltung

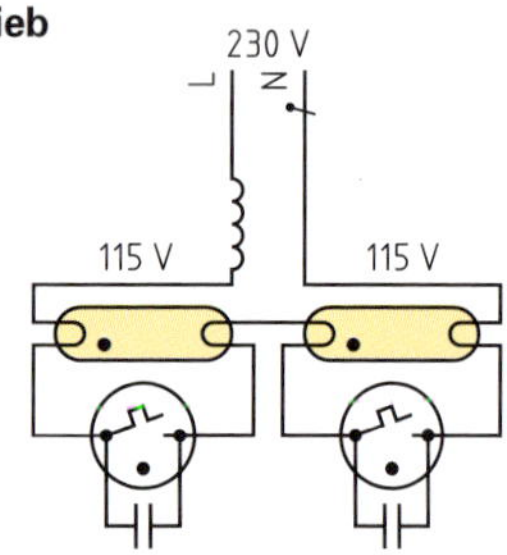

Tandem-(Reihen-)Schaltung

Duoschaltung

Für die angegebenen Schaltungen dürfen nur noch verlustarme Vorschaltgeräte VVG der Energieeffizienzklasse B in Umlauf gebracht werden. VVG haben größere Kupferquerschnitte und einen verlustarmen Eisenkern. Die konventionellen Vorschaltgeräte KVG der Energieeffizienzklassen C und D dürfen in Neuanlagen nicht mehr installiert werden.

Leuchtstofflampen für starterlosen Betrieb

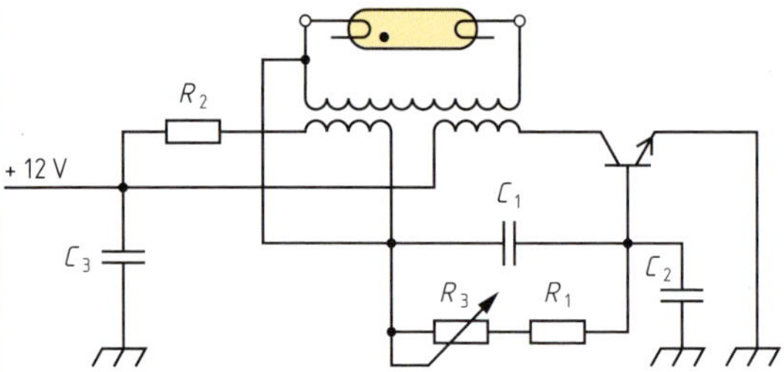

Leuchtstofflampe für 12 V

Technische Daten:

Betriebsspannung	12 V bis 15 V
Stromaufnahme	0,25 A bis 1,5 A
Lampenbelastbarkeit	8 W bis 40 W
Startet flackerfrei	

Halogen-Metalldampflampen und Natriumdampf-Hochdrucklampen

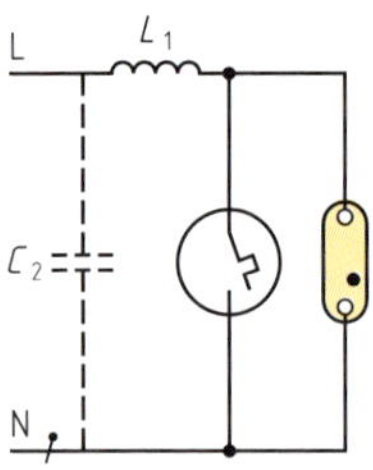

Grundschaltung

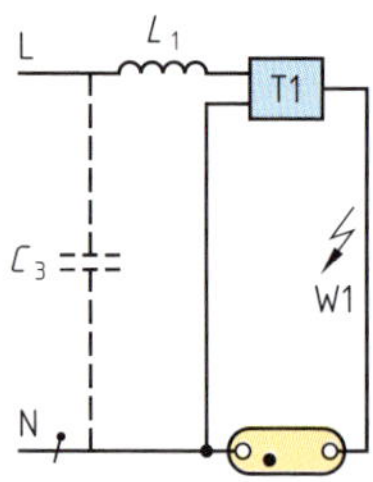

Schaltung mit Zündgerät

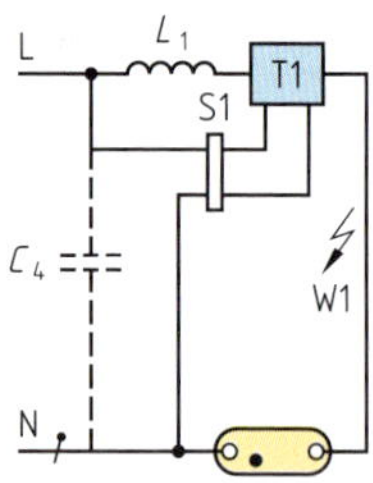

Schaltung für sofortige Wiederzündung

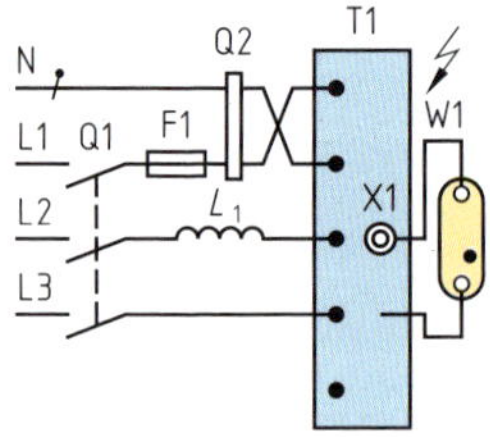

Schaltung mit Kurzzeitschalter und Schütz

Natriumdampf-Niederdrucklampen

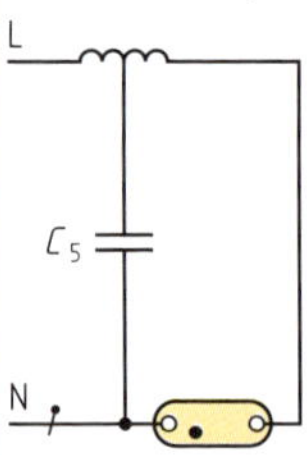

Drosselspule mit Anzapfung

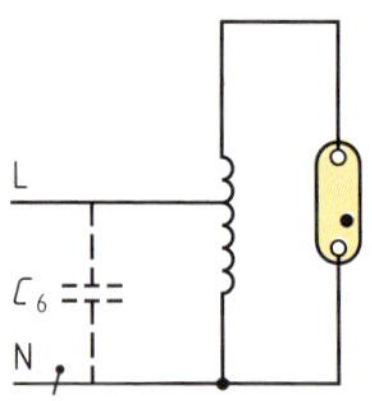

Schaltung mit Streufeldtransformator

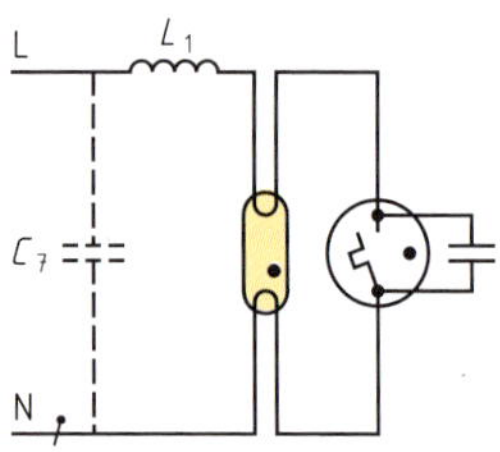

Schaltung für Lampen in Stabform

F1	Sicherung
R1	Drosselspule
C2...C7	Kompensationskondensator
Q2	Kurzzeitschalter
Q1	Schütz
X	Hochspannungsanschluss
T1	Zündgerät
W1	HF-Zündleitung

Kompensation wie bei Leuchtstofflampen

LED-Beleuchtung LED-Lighting

Aufbau	Erklärung	Bemerkungen, Daten

Einzelne LED

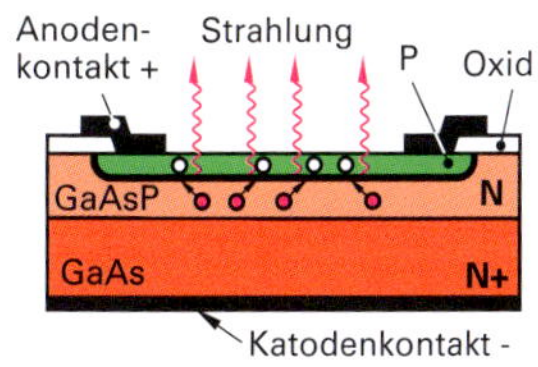

Prinzip der LED

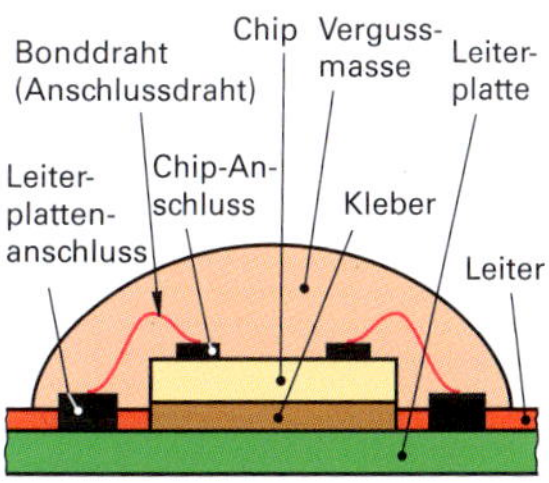

Leistungs-LED

Die LED (Light Emitting Diode) wird in Vorwärtsrichtung betrieben. Dadurch gelangen Elektronen aus dem N-Leiter in den P-Leiter und rekombinieren dort mit den Löchern, sodass je nach Typ Licht oder IR (Infrarot) entsteht.

Daten je nach Typ:
$U_F \leq 3{,}5$ V, $U_R \leq 5$ V, $\eta \leq 80$ lm/W,
$P_{zu} < 100$ mW.

Leistungs-LEDs sind z. B. aus InGaN (Indium-Galliumnitrid) aufgebaut und haben eine Baugröße von typisch 3,4 x 3 x 2,1 mm. Typisch sind
$\eta = 100$ lm/W, $I_F = 20$ mA,
$P_{zu} = 80$ mW.

Vorteile:
- Lebensdauer bis 100 000 h,
- wartungsfrei,
- keine UV-Strahlung,
- wenig Wärmeentwicklung,
- höhere Lichtausbeute als bei kleinen Glühlampen,
- erschütterungsfest.

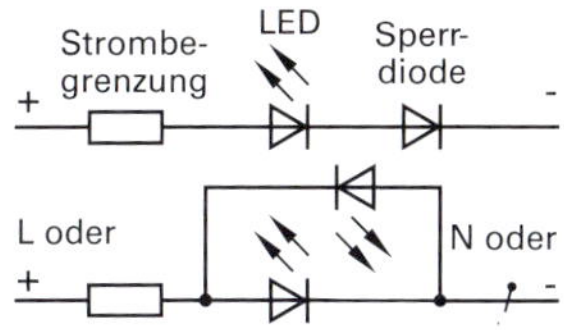

Schaltungen mit LEDs

Leistungs-LED (Beispiele)

Farbe	U_F für $I_F = 20$ mA	P_{zu}	η in lm/W
Weiß	3,3 V	80 mW	80
Blau	3,5 V		20
Grün	3,3 V		30
Rot	3,2 V		25

Anwendungsbeispiele:
- Anzeigelampen, z. B. Rot,
- Ersatz von Kleinstlampen.

www.osram-os.com

LED-Module

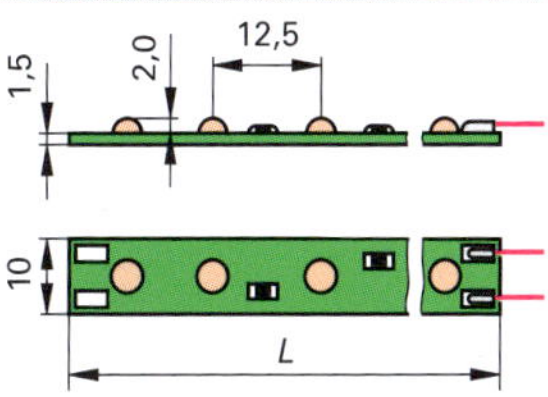

LED-Streifenmodul für DC 8 V

LED-Streifenmodule bestehen aus mehreren Leistungs-LEDs, z. B. 6 oder 12, die auf eine streifenförmige Platine aufgebracht sind **(Bild)**. Auf der Platine ist eine Konstantstromquelle enthalten.

Anwendung:

Beleuchtung entlang von Linien und Kanten.

www.zumtobel.at

LED-Streifenmodule für DC 8 V (Beispiele)

Farbe	P_{zu} in W	η in lm/W	Maße L x B in mm
Weiß	0,96	80	75 x 10
Blau		30	
Grün		30	
Rot		20	

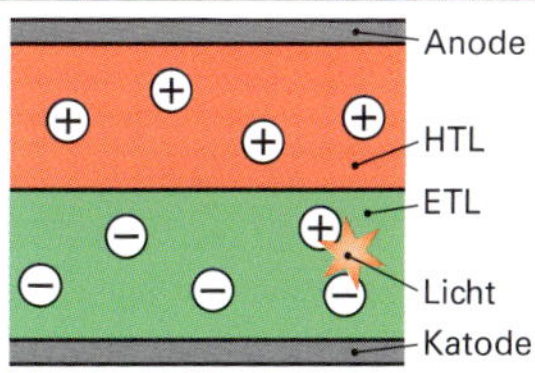

Aufbau organischer LED (OLED)

Die Anode aus Indium-Zinn-Oxid ITO grenzt an die Lochleitungsschicht HTL mit oder aus Farbstoff. Daran grenzt die Elektronenleitungsschicht ETL mit der Katode aus aufgedampftem Metall, z. B. Calcium. Anode oder Katode oder beide sind transparent, damit das Licht austreten kann. Treffen in der ETL Elektronen und Loch einander, so folgt daraus Lichtemission.

Die aktive Schicht von OLEDs zwischen Anode und Katode ist zusammen nur etwa 1 µm dick. Dadurch können OLEDs als flache oder gebogene Lichtquellen gestaltet werden. Die Lichtausbeute wird von den Herstellern angegeben bis zu $\eta =$ 124 lm/W. Sie kann damit höher sein als bei den Leuchtstofflampen. Die Herstellung von OLEDs ist einfacher als die von LEDs.

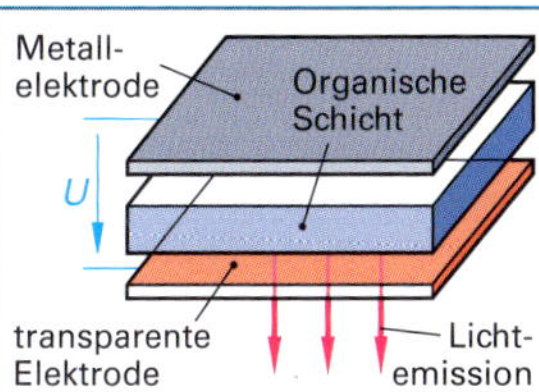

Lichtemission der OLED

Anwendung bei Bildschirmen

OLEDs kommen vor allem als Lichtquellen in Displays vor, auch in TV-Geräten. Gegenüber den Displays mit LCDs, Filtern und LED-Beleuchtung liegt der Vorteil der OLEDs darin, dass sie selber farbiges Licht erzeugen, sodass kleinere Verluste entstehen. Flachbildschirme mit OLEDs bleiben daher kühler als andere.

Anwendung zur Beleuchtung

Die Anwendung zur Beleuchtung hat gute Aussichten. Im Gegensatz zu LEDs sind OLEDs als großflächige Lichtquellen herstellbar, z. B. mit einer Größe von 1 m² oder mehr. Die Leuchtdichte kann bis 5000 cd/m² betragen, das entspricht etwa einem klaren Himmel. Nachteilig ist die kürzere Lebensdauer als z. B. bei den Leuchtstofflampen.

I_F	Vorwärtsstrom	U_F	Vorwärtsspannung	η	Lichtausbeute
P_{zu}	zugeführte Leistung	U_R	Rückwärtsspannung	lm/W	Lumen je Watt

LED-Leuchtmittel LED-Lamps

Form, Ansicht	Bezeichnung, Sockel, Abmessung	Nennspannung, Nennleistung, Lebensdauer[1]	Lichtfarbe, Nenn-Lichtstrom, Abstrahlwinkel	Bemerkungen
Spot- und Allgemeinbeleuchtung, geeignet für direkten 1:1-Ersatz von Standardglüh- und Reflektorlampen				
	OSRAM CLASSIC A15 E 27 ∅ 55 mm, l = 109 mm	100–240 V 2 W 25 000 h	ww, 132 lm tw, 117 lm –	Überall einsetzbar im 1:1-Austausch gegen herkömmliche Glühlampen bis 40 W. Sehr geringer Energieverbrauch, geringe Wärmeentwicklung, kein UV-/IR-Anteil, stoß- und vibrationsfest, nicht dimmbar, sofortige volle Lichtleistung ohne Verzögerung. Die Lampen in den Zeilen 1 bis 3 sind auch in den Farben rot, gelb, grün und blau erhältlich.
	OSRAM CLASSIC A40 E 27 ∅ 55 mm, l = 113 mm	100–240 V 8 W 25 000 h	ww, 345 lm tw, 450 lm –	
	OSRAM PAR 16 20 E 27 ∅ 50 mm, l = 64 mm	100–240 V 4 W 15 000 h	ww, 130 lm tw, 140 lm 20°	Ideal für Akzentbeleuchtung, nicht dimmbar, professionelles Thermo-Management.
LED, Highpower-LED				
	Highpower-LED CREE XR-G R5 3,45 mm x 3,45 mm	3,3 V 3,3 W 50 000 h	tw 340 lm 125°	Ausreichende Kühlung erforderlich, Betrieb mit Konstantstromquelle, Abstrahlcharakteristik durch Linsen und Optiken veränderbar, SMD-bestückbar und auch manuell verarbeitbar.
	Highpower-LED-Strahler E 27 ∅ 50 mm, l = 50 mm	230 V 3,5 W 30 000 h	tw 180 lm 120°	Einsetzbar in Verkaufsräumen, Schaufenstern, Museen, Showrooms. Optimaler Ersatz für Halogenstrahler. Lampe mit Schutzglas.
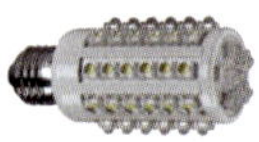	Superflux Lampe E 27 ∅ 51 mm, l = 118 mm	230 V 8 W 10 000 h	ww, 580 lm tw, 760 lm – 54 Superflux LEDs	Einsatz im gesamten Wohnbereich, auch für Tisch-, Steh- und Pendelleuchten.
	LED-Reflektorlampe E 27 ∅ 50 mm, l = 72 mm	230 V 1,4 W 50 000 h	ww, tw 45 lm 45° 60 LEDs, ∅ 3 mm	Einsetzbar in Hotels, Empfangsbereichen, Objektanstrahlungen, Verkaufsräumen, auch in rot, gelb, grün und blau lieferbar. Keine UV- und IR-Strahlung, stoßunempfindlich, keine Brandgefahr.
SMD-LED-Leuchtmittel (SMD = surface mounted devices)				
	Nichia Highpower-SMD-LED NS6L183 6,5 mm x 5,0 mm	4 V 3,2 W 50 000 h	ww, 258 lm tw, 294 lm 115°	SMD-LEDs sind extrem klein, daher nur maschinelles Löten möglich. Für industrieelle Anwendungen, für Leisten, oft mit Kabeln vorgefertigt. Konstantstromquelle erforderlich.
	SMD-LED-Power Spot E 27 ∅ 50 mm, l = 70 mm	230 V 3,9 W 50 000 h	ww 250 lm 120° 60 SMD-LEDs	Ersatz für herkömmliche Glüh- und Energiesparlampen.
SMD-LED-Leisten und -Röhren				
	Highpower-SMD-LED-Leisten 600 mm x 9 mm	12 V 16,8 W 30 000 h	tw 1 100 lm – 60 SMD-LEDs	Für Werkstatt und Büro sowie als Weg- und Konturenbeleuchtung geeignet. Die Metallplatine leitet die Wärme gut ab und kann alle 30 mm gekürzt werden. Netzgerät erforderlich.
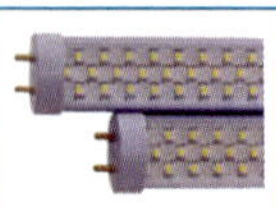	SMD-LED-Röhren l = 60 cm, 120 LEDs, l = 120 cm, 240 LEDs, l = 150 cm, 300 LEDs, G13, ∅ 26 mm	230 V 8 W 14 W 17 W 50 000 h	ww, nw, tw 950 lm 1 800 lm 2 100 lm 120°	LED-Röhren und SMD-LED-Röhren ersetzen Leuchtstoffröhren, sie werden ohne Starter und Vorschaltgeräte betrieben. Keine Störungen von WLAN, DECT und Kabelmodems.

Lichtfarben: ww warmweiß < 3 300 K, nw neutralweiß 3 300 K – 5 300 K, tw tageslichtweiß > 5 300 K.

[1] Das Ende der Lebensdauer heißt hier **Degradation**. Sie ist erreicht, wenn der ursprüngliche Lichtstrom auf 50% gesunken ist.

Lichttechnische Daten von Leuchten Photometric Data of Light Fixtures

Lichtverteilung bei 1000 lm	Leuchte		Leuchtenbetriebswirkungsgrad η_{LB} in %	Reflexionsgrade ϱ, Raumindex k und Raumwirkungsgrad η_R									
				Decke ϱ_1	0,8				0,5				0,3
				Wände ϱ_2	0,5		0,3		0,5		0,3		0,3
				Boden ϱ_3	0,3	0,1	0,3	0,1	0,3	0,1	0,3	0,1	0,1
direkt; stark gerichtet 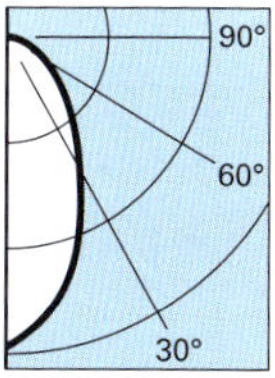	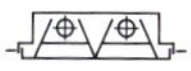	Spiegelraster, engstrahlend	60	Raumindex k	Raumwirkungsgrad η_R in %								
		Spiegelreflektor, einlampig	80	0,6	61	58	54	52	59	57	53	51	51
				1,0	80	75	73	69	76	73	70	68	67
				1,5	95	86	88	82	90	84	84	80	79
		Rundreflektor	75	2,0	102	91	96	87	95	89	91	86	84
				3,0	111	97	106	95	103	95	99	92	91
				5,0	119	102	115	100	109	98	106	97	96
direkt; tiefstrahlend 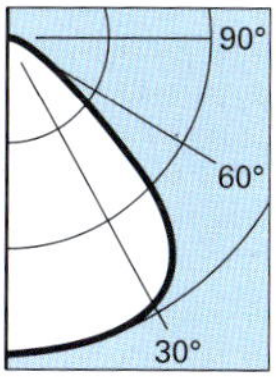		Wanne, prismatisch	60	Raumindex k	Raumwirkungsgrad η_R in %								
	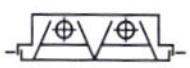	Spiegelraster, breitstrahlend	60	0,6	52	49	43	42	49	48	42	41	41
				1,0	73	67	64	60	69	65	61	59	58
				1,5	89	81	81	75	83	78	77	73	72
		Spiegelreflektor, mehrlampig	75	2,0	97	86	89	81	90	83	84	79	78
				3,0	107	94	101	90	99	91	94	88	86
				5,0	116	100	111	97	106	96	102	94	93
vorwiegend direkt; breitstrahlend 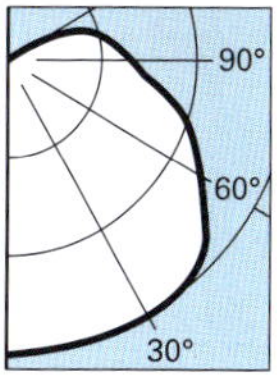	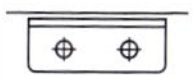	Nurglasleuchte, Glühlampe	70	Raumindex k	Raumwirkungsgrad η_R in %								
	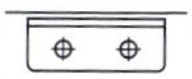	Wanne, prismatisch	65	0,6	41	39	31	30	37	35	29	28	27
				1,0	59	55	49	46	52	50	44	43	41
				1,5	74	67	64	60	66	61	58	55	52
		Wanne, opal	50	2,0	83	74	73	67	73	68	66	62	59
				3,0	95	83	87	77	83	76	77	71	68
				5,0	106	91	99	86	91	83	87	80	76
gleichförmig; allseitig strahlend 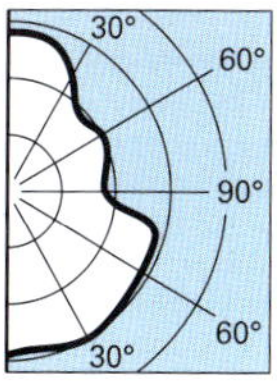	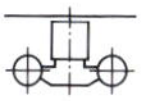	freistrahlend	90	Raumindex k	Raumwirkungsgrad η_R in %								
	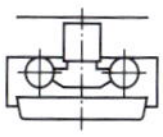	Lamellenraster	82	0,6	36	34	27	26	29	28	23	22	19
				1,0	52	48	43	40	41	39	35	33	29
				1,5	65	59	56	52	52	49	45	43	38
		Opalglas-Glühlampe	80	2,0	74	66	65	59	58	54	52	49	43
				3,0	84	74	77	68	66	61	61	57	50
				5,0	94	81	88	77	74	67	70	64	56
indirekt; hochstrahlend 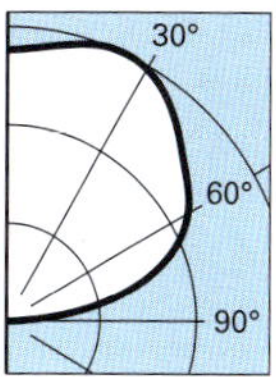	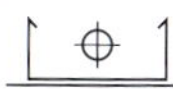	Kehle breit, weiß	70	Raumindex k	Raumwirkungsgrad η_R in %								
				0,6	15	15	9	10	11	12	6	8	5
				1,0	28	27	20	19	18	19	13	13	8
				1,5	41	39	31	30	26	25	20	19	13
		Kehle schmal, weiß	50	2,0	51	48	41	40	32	30	26	25	16
				3,0	65	58	55	52	39	37	34	32	20
				5,0	77	68	70	63	45	43	42	39	24

Die genauen Werte sind den Tabellen der Hersteller zu entnehmen.

Leuchtröhrenanlagen Systems with Fluorescent Tubes

vgl. DIN VDE 0128

Begriffe und Bestimmungen

Höchste Bemessungsspannung: 10 kV

Höchste Spannung gegen Erde: 5 kV

Überstrom-Schutzeinrichtung: $I_N \leq 16$ A

Höchste Bem.-Ausgangsleistung je Transformator: 2,5 kVA

Erforderliche Schutzart für alle Außenflächen: Mindestens IP 2X

Der Beidraht von Leuchtröhrenleitungen mit Metallmantel ist mit dem Schutzleiter zu verbinden. Er darf als Schutzleiter benützt werden.

Ein Erdschlussschutzschalter ist erforderlich, wenn der zu erwartende Erdschluss-Strom ≥ 25 mA ist.

Lichtfarbe und Füllgase von Leuchtröhren

Lichtfarbe	Füllgas	Glas
Rot Orange	Neon	Klarglas Klarglas mit Leuchtstoffschicht
Elfenbein Gelb	Helium	Klarglas Gelbglas
Violett	Xenon	Klarglas
Blau Grün	Quecksilber mit Argon	Klarglas Gelbglas

Leuchtröhrenleitungen

Leitung	Verlegung
NYL	In Buchstabengehäusen und Reliefkörpern aus Metall und/oder aus Kunststoff; in belüfteten, schwitzwasserfreien Kanälen aus Metall, Stahlrohr oder anderen gleichwertigen Rohren; auf Putz, im Putz und unter Putz in trockenen Räumen und im Freien.
NYLRZY	Auf Putz, im Putz und unter Putz in trockenen und feuchten Räumen und im Freien; in Buchstabengehäusen und Reliefkörpern aus Metall und/oder Kunststoff; in Leitungskanälen oder Rohren.

Größte Leitungslängen

Spannung gegen Erde	1 kV		2 kV		3 kV		4 kV	
Gasfüllung (Hg Quecksilber Ne Neon)	Hg	Ne	Hg	Ne	Hg	Ne	Hg	Ne
Leitungslänge in m für NYL	40	20	30	15	20	10	15	7
für NYLRZY	24	12	16	8	12	6	9	4

Kriechstrecken (K) und Luftstrecken (L)

Raumart	Kriechstrecke K und Luftstrecke L in mm									
	2,25 kV bis 3 kV		3 kV bis 4 kV		4 kV bis 5 kV		5 kV bis 6 kV		8 kV bis 10 kV	
	K	L	K	L	K	L	K	L	K	L
in trockenen Räumen	16	11	19	13	23	15	27	17	40	25
in feuchten und nassen Räumen und im Freien	25	15	31	18	37	21	44	24	65	34

Erdschlussschutzschalter

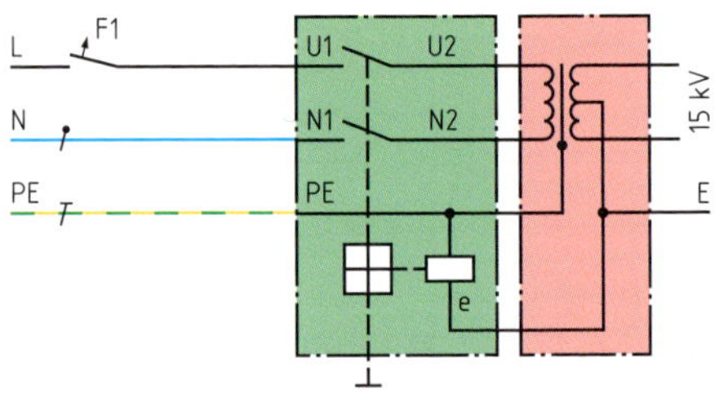

Schaltungsbeispiel einer Leuchtröhrenanlage

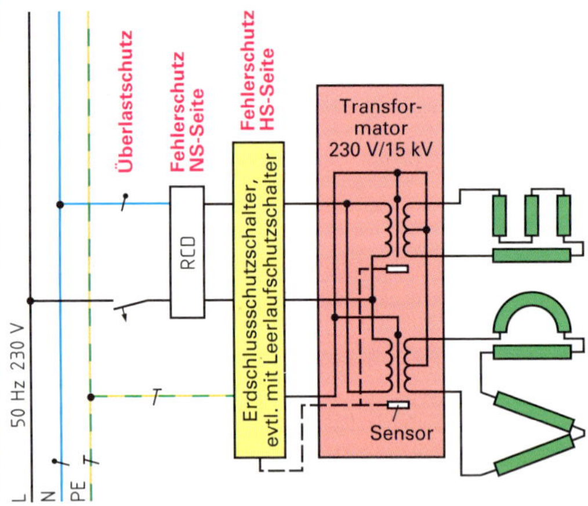

Leuchtröhrenanlagen mit Hochspannung müssen einen *Erdschlussschutzschalter* haben, weil die RCD nur die Niederspannungsseite NS schützt. Wenn auf der Hochspannungsseite HS ein Erdschluss entsteht, dann ist die Mitte der Sekundärwicklung nicht mehr ohne Spannung gegen Erde. Diese Spannung gegen Erde bzw. PE steuert dann den Erdschlussschutzschalter an **(Bild oben)**.

Bei der Leuchtröhrenanlage steigt die Spannung ohne Laststrom an, z. B. bei Alterung einer Elektrode. Dadurch kann die Isolierung durchschlagen und damit ausfallen. Transformatoren für Leuchtröhren werden oft mit einem zusätzlichen *Leerlaufschutz* versehen **(Bild links)**. Dazu sind an den Eisenkernen *Sensoren* eingebaut. Diese erfassen das Magnetfeld, welches im Leerlauf schwächer ist als unter Last. Die Sensorsignale werden verstärkt und steuern den Erdschluss- und Leerlaufschalter an.

Teil SE: Sicherheit, Energieversorgung Part SE: Safety, Energy Supply

Arbeitssicherheit

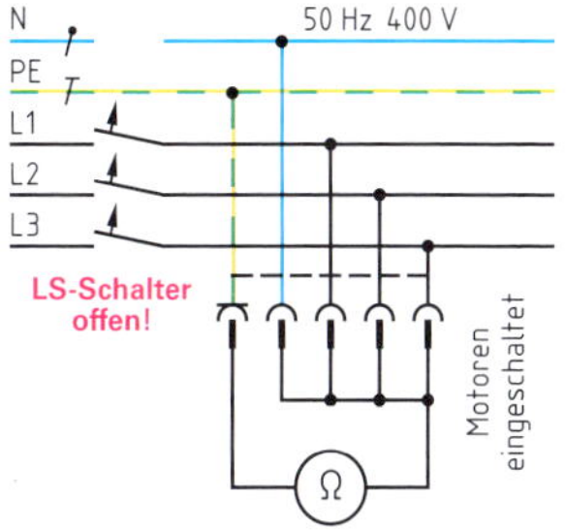

Energieversorgung

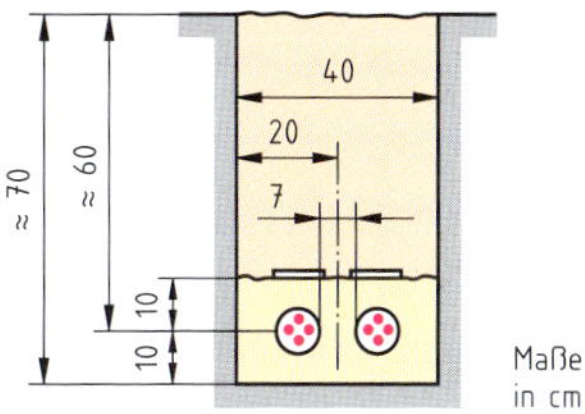

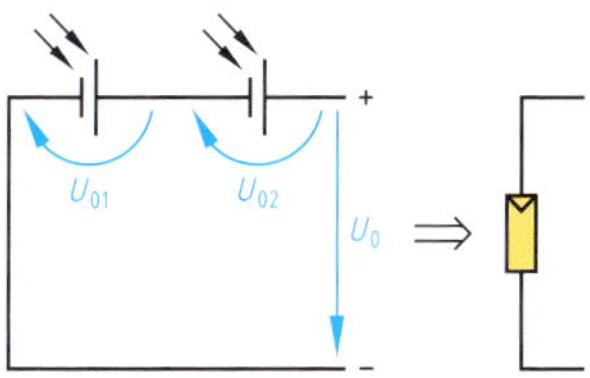

EMV, Überwachung, Hausgeräte

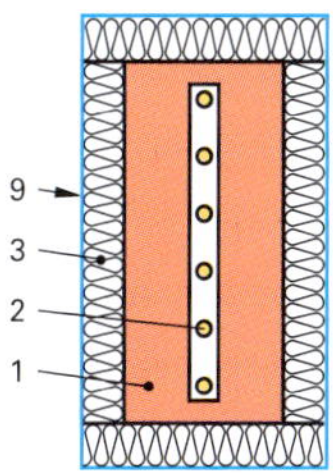

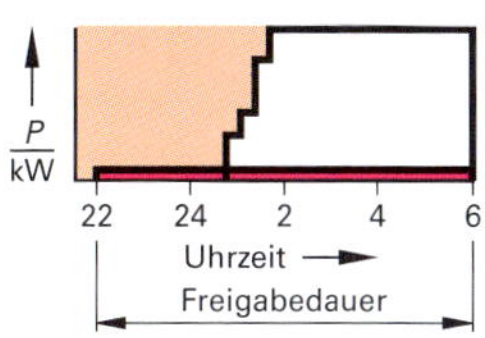

Erste Hilfe am Arbeitsplatz **First Aid at the Workplace**

Begriff	Erklärung	Bemerkungen
Grundregeln	Für Verunfallte ist grundsätzlich ärztliche Hilfe notwendig und es ist der Notarzt zu verständigen. Nach § 323 c des Strafgesetzbuches droht demjenigen Strafe, der bei einem Unglücksfall vorsätzlich nicht Hilfe leistet, obwohl dies erforderlich und ihm zuzumuten ist.	Bei einem Unfall ist mitzuteilen: 1. Wo ist es passiert? 2. Was ist passiert? 3. Wie viele Verletzte/Erkrankte? 4. Welche Art von Verletzungen/Erkrankungen? 5. Wem können Rückfragen gestellt werden?
Notrufnummern	Der Rettungsdienst hat die einheitliche Rufnummer: **112** (Feuer- und Rettungsleitstelle) und **110** (Polizeileitstelle).	Weiterhin gibt es je nach Bundesland oder Unternehmen noch andere Rufnummern.
Aufzeichnung von Erste-Hilfe-Leistungen	Jede Erste-Hilfeleistung am Arbeitsplatz muss aufgezeichnet und fünf Jahre aufbewahrt werden.	Aus den Aufzeichnungen müssen Zeit, Ort, Hergang des Unfalls, sowie Art und Umfang der Verletzung hervorgehen.
Ersthelfer	In Unternehmen von 2 bis 20 anwesenden Versicherten ist ein Ersthelfer zu bestellen. Bei mehr als 20 Beschäftigten sind in Verwaltungs- und Handelsbetrieben 5%, in allen anderen Betrieben 10% der Belegschaft als Ersthelfer auszubilden.	Ersthelfer werden in einem Erste-Hife-Lehrgang durch besondere Organisationen, z.B. Deutsches Rotes Kreuz oder Malteser Hilfsdienst, ausgebildet. In allen betrieblichen Bereichen muss mindestens ein Ersthelfer anwesend sein.
Sanitätsraum	Ein Sanitätsraum ist erforderlich bei mehr als 1000 Arbeitnehmern, bei mehr als 100 Arbeitnehmern, wenn besondere Unfallgefahren gegeben sind, auf Baustellen mit mehr als 50 Arbeitnehmern.	Erste-Hilfe-Mittel, z.B. Verbandskästen und Tragen, werden üblicherweise im Sanitätsraum aufbewahrt.
Elementarhilfe	Erforderlich bei Bewusstlosigkeit, Atemstillstand, Kreislaufschwäche oder Schock, Blutungen und Verbrennungen.	Elementarhilfe ist eine sofortige und notwendige Hilfe bei Unfällen.
Atemstillstand	Wenn keine Atmung feststellbar ist, wird die Atemspende angewandt. Dazu wird die Atemluft in Mund oder Nase des Verunglückten geblasen.	Atemwege eventuell zuvor reinigen und mit beiden Händen den Kopf nach hinten drücken.
Kreislaufschwäche, Schock	Schockzeichen sind schwacher Puls, blasse und feuchtkalte Haut. Notwendig sind Hochlagern der Beine und Schutz gegen Wärmeverlust.	Im Schockzustand stets einen Helfer beim Verletzten lassen und Zuspruch geben.
Blutungen	Stillen durch Druckverband, dabei Wunde mit steriler Auflage abdecken. Bei Schlagaderblutungen (Blut spritzt stoßweise) ist Abdrücken erforderlich.	Abbinden nur in schwersten Fällen, wenn die Blutung nicht anders zu stoppen ist. Abdrücken erfolgt durch einen in den Verband eingebundenen Gegenstand.
Verbrennungen	Behandlung, z.B. Eintauchen, mit reichlich kaltem Wasser.	Entfernen der Kleidung nur unter größtmöglicher Hautschonung (Infektionsgefahr).
Herzmassage	2 x Atemspende zu Beginn, 30 x Herzdruckmassage, 2 x Atemspende, 30 x Herzdruckmassage usw. Lagerung auf dem Rücken, Unterlage flach und hart. Druckpunkt: Die Handballen der übereinander gelegten Hände werden auf das untere Brustbeindrittel gesetzt.	Das eigene Körpergewicht wird mit gestreckten Armen auf den Brustkorb des Verletzten übertragen. Eindrucktiefe mindestens 4 cm bis 5 cm. Anzahl der Drücke je Minute: 50 bis 60.

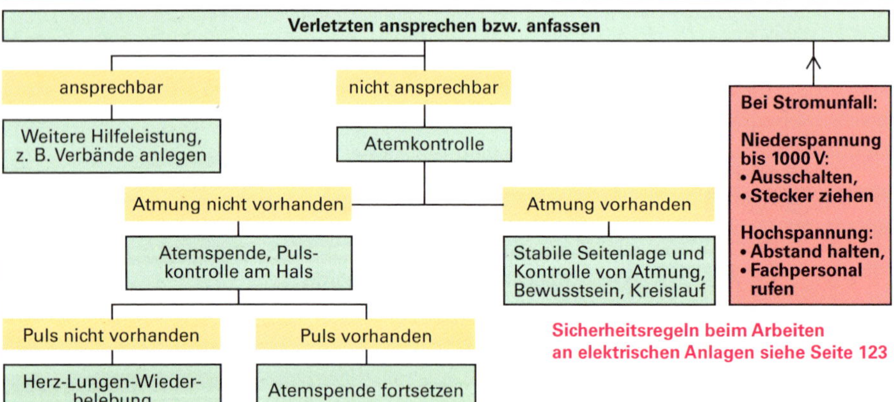

Sicherheitsregeln beim Arbeiten an elektrischen Anlagen siehe Seite 123

Maßnahmen zur Ersten Hilfe

Persönliche Schutzausrüstung PSA Personal Protective Equipment PPE

Aufbau	Beschreibung	Bemerkungen
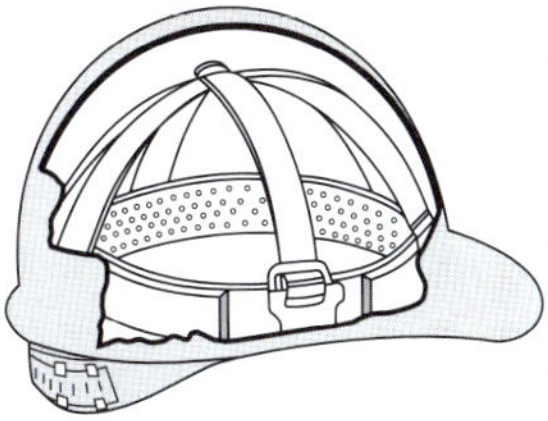 **Kopfschutz**	Die Schale wird aus thermoplastischen oder duroplastischen Kunststoffen hergestellt. Die Innenausstattung besteht aus einem korbähnlichen Gebilde, welches die auf die Helmschale einwirkenden Kräfte verteilt und dämpft. Zusatzkennzeichen: AC 440 V bei Gefährdung durch kurzfristigen Kontakt mit Wechselspannung bis 440 V.	Benutzung, wenn mit Kopfverletzungen durch pendelnde, herabfallende, umfallende oder wegfliegende Gegenstände oder durch lose hängende Haare zu rechnen ist, z.B. bei Installationsarbeiten im Hausrohbau. Weitere Informationen: www.bgfe.de
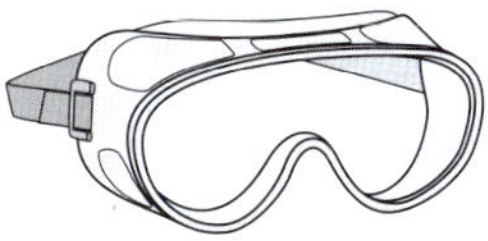 **Augenschutz/Gesichtsschutz**	Sichtscheiben bestehen aus Sicherheitsglas oder Kunststoff und müssen auswechselbar sein. Sichtscheiben der Klasse 3 (optische Klasse 3) nur für gelegentliche Arbeiten ohne große Anforderungen an die Sehleistung.	Benutzung, wenn mit Augen- oder Gesichtsverletzungen durch wegfliegende Teile, Verspritzen von Flüssigkeiten oder durch gefährliche Strahlung zu rechnen ist, z.B. Meißelarbeiten, Wechseln von NH-Sicherungen, im Bereich von Lasern.
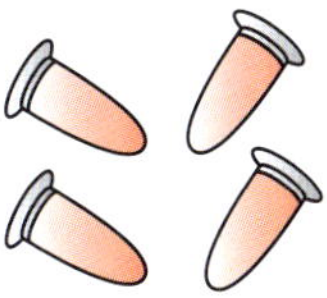 **Gehörschutz**	Kapselhörschützer mit • festem Dämpfungsmaß, • pegelabhängiger Schalldämmung zur besseren Wahrnehmung von Sprache, • Kommunikationseinrichtung. Verformbare Gehörschutzstöpsel aus polymeren Schaumstoff zum einmaligen Tragen. Bügelstöpsel zum häufigeren Wechseln.	Benutzungspflicht: • in gekennzeichneten Lärmbereichen, z.B. Werkshallen mit großen Stanzen und Pressen, • bei Arbeitsverfahren mit Schallpegeln ab 90 dB(A), • bei bestimmten Arbeitsverfahren, für die die Berufsgenossenschaft eine Tragepflicht erlassen hat.
 **Fußschutz**	Sicherheitsschuhe sind mit Zehenkappen ausgestattete Schuhe. Kennzeichnungskategorien für Lederschuhe: • S1: geschlossener Fersenbereich, antistatisches Material, • S2: wie S1 zusätzlich verringerter Wasserdurchtritt, • S3: Wie S2 zusätzlich Durchtrittsicherheit und profilierte Laufsohle.	Benutzung, wenn mit Fußverletzungen durch Stoßen, Einklemmen, umfallende, herabfallende Gegenstände, durch Hineintreten in spitze oder scharfe Gegenstände zu rechnen ist, z.B. bei Installationsarbeiten im Hausrohbau. Schuhsymbol für Arbeiten in Anlagen bis AC 1000 V/ DC 1500 V:  1000 V DIN  1000 V DIN EN
 **Körperschutz**	Enganliegende Overalls, Bundjacken und Latzhosen aus Naturfasern, z.B. Baumwolle, und Handschuhe. Schutzanzüge zum Schutz gegen elektrische Körperströme und teilweise auch gegen Einwirkung eines Störlichtbogens sind auf Anlagen bis AC 500 V und DC 750 V begrenzt. Der Oberflächenwiderstand antistatischer Schutzanzüge darf $10^9\ \Omega$ nicht überschreiten.	Benutzung, wenn mit oder in der Nähe von Stoffen gearbeitet wird, die zu Hautverletzungen führen oder durch die Haut in den menschlichen Körper eindringen. Ferner Benutzung bei Gefahr von Verbrennungen, Verätzungen, Verbrühungen, Unterkühlungen, Stich- oder Schnittverletzungen und elektrischen Durchströmungen, z.B. beim Wechseln von NH-Sicherungen.

Zeichen zur Unfallverhütung Signs for Accident Prevention

Symbol	Bedeutung	Symbol	Bedeutung	Symbol	Bedeutung
Verbotszeichen					
	Rauchen verboten		Feuer, offenes Licht und Rauchen verboten		Für Fußgänger verboten
	Mit Wasser löschen verboten		Kein Trinkwasser		Zutritt für Unbefugte verboten
	Berühren verboten Gehäuse unter Spannung		Schalten verboten		Berühren verboten
Warnzeichen					
	Warnung vor feuergefährlichen Stoffen		Warnung vor explosionsgefährlichen Stoffen		Warnung vor giftigen Stoffen
	Warnung vor ätzenden Stoffen		Warnung vor radioaktiven Stoffen		Warnung vor schwebender Last
	Warnung vor gefährlicher elektrischer Spannung		Warnung vor einer Gefahrenstelle		Warnung vor Laserstrahl
Rettungszeichen					
	Erste Hilfe		Arzt		Richtungsangabe für Erste-Hilfe-Einrichtungen, Rettungswege und Notausgänge
	Krankentrage		Notruftelefon		Sammelstelle

Zeichen und Farben der Unfallverhütung Signs and Colours for Accident Prevention

Symbol	Bedeutung	Symbol	Bedeutung	Symbol	Bedeutung
Gebotszeichen					
	Augenschutz benutzen		Schutzhelm benutzen		Gehörschutz benutzen
	Gesichtsschutz benutzen		Vor Öffnen Netzstecker ziehen		Vor Arbeiten freischalten
Brandschutzzeichen					
	Wandhydrant, Löschschlauch		Feuerlöscher		Brandmelde-telefon

Zusatzzeichen	Hinweiszeichen	Kombinationszeichen
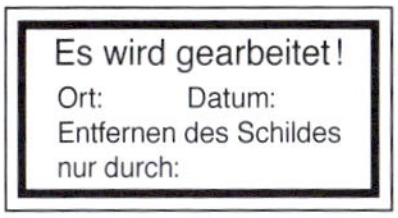		
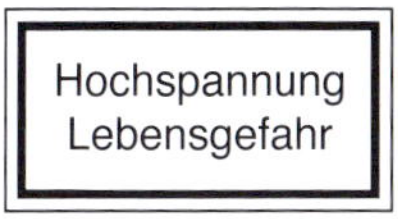	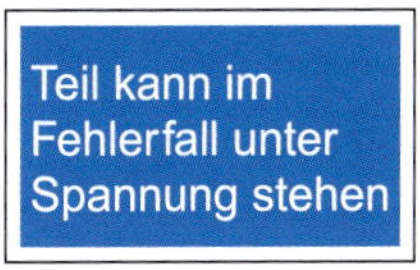	

Farben für Drucktaster, Leuchtdrucktaster und Anzeigeleuchten

Farbe	Drucktaster/Leuchtdrucktaster	Anzeigeleuchte
Rot	Im Notfall, z. B. NOT-AUS.	Bei Notfall, z. B. Feueralarm.
Gelb	Im nicht normalen Zustand, z. B. unterbrochenen Maschinenlauf wieder starten.	Bei nicht normalen Zustand der Anlage, z. B. Motortemperatur mäßig überhöht.
Grün	Bei sicherer Bedingung, z. B. Grundstellung anfahren.	Bei normalen Zustand, z. B. Bemessungsdrehzahl erreicht.
Blau	Bei zwingendem Bedarf, z. B. Quittierung eines Meldesignals.	Wenn zwingende Handlung erforderlich, z. B. Kühlgebläse einschalten.
Weiß	Für allgemeine Funktionen, z. B. START bzw. EIN.	Bei anderen Zuständen, z. B. Bereitschaft.

Arbeitsschutz, Arbeitssicherheit Industrial Safety

Thema	Maßnahmen	Beispiele, Bemerkungen
Tätigkeiten		
Büroarbeit	Stolperstellen vermeiden, Wege freihalten. Sichere Aufstiegshilfen benutzen. Schubladen in Schränken bewusst öffnen. Defekte Elektrogeräte ausmustern. Elektrogeräte nach Gebrauch ausschalten.	Computerkabel, Telefonleitungen. Trittleitern verwenden, keine Drehstühle. Kippen des Schrankes bei offener Schublade. Blanke stromführende Leiterstellen sind lebensgefährlich. Brandgefahr sind z.B. Kaffeemaschinen.
Maschinenbedienung	Unterwiesene Maschinenbediener einsetzen. Bei langen Haaren Haarnetz tragen. Eng anliegende Kleidung, Schutzbrille, Ohrenstöpsel, Sicherheitsschuhe tragen. Keine Handschuhe tragen in der Nähe ungeschützt rotierender Teile. Bei laufenden Maschinen nicht reinigen, messen, übergreifen, instandsetzen. Werkstücke, Werkzeuge gegen Umherschleudern sichern. Maschine regelmäßig warten, reinigen. NOT-AUS-Einrichtungen leicht erreichbar.	Auch Einsatz von Facharbeitern. Verwickeln der Haare mit rotierenden Teilen. Auch auf Hautreizungen durch Kühlschmierstoffe achten, Hände waschen, eincremen. Verwickeln der Handschuhe kann zu schweren Verletzungen führen. Schutz durch Lichtschranken, Umzäunungen, Zweihandbedienung, Verkleidungen. Geschlossene Arbeitsräume, Verkleidungen. Wirkt gegen Maschinenausfall. Bei Bedarf von mehreren Stellen zugänglich.
Montage	Geeignete Schutzausrüstung tragen, z.B. Sicherheitsschuhe, Handschuhe, Schutzhelm. Geeignete Lastaufnahmemittel benutzen. Geeignetes Werkzeug benutzen.	Insbesondere bei Handmontagen notwendig. Eigene körperliche Gefährdung reduzieren. Verschlissene Werkzeuge aussondern.
Schweißen	Unterwiesene Personen einsetzen. Persönliche Schutzausrüstung PSA tragen. Gasflaschen bei Schweißende schließen. Für ausreichend Belüftung sorgen. Schweißgerät gemäß Bedienungsanleitung benützen.	Auch Einsatz von Facharbeitern. Schutzbrille, Handschuhe, Schürze, geschlossene Kleidung, Sicherheitsschuhe. Gefahr von Explosion, Brand, Bewusstlosigkeit. Absaugeinrichtung, geöffnete Fenster. Gefahren sind je nach Schweißverfahren verschieden.
Lagern Stapeln	Belastung der Fußbodenflächen und Regalflächen beachten, Durchgangshöhe mind. 2 m. Abstand zu Türen beachten. Mitarbeiter beim Ein-, Auslagern durch herabfallende Teile nicht gefährden. Standsicherheit von Regalen sicherstellen. Doppelregale mit Durchschubsicherung versehen. An Kreuzungen und Einmündungen von Wegen nicht zu hoch stapeln, z.B. 1,5 m, Wege nicht versperren.	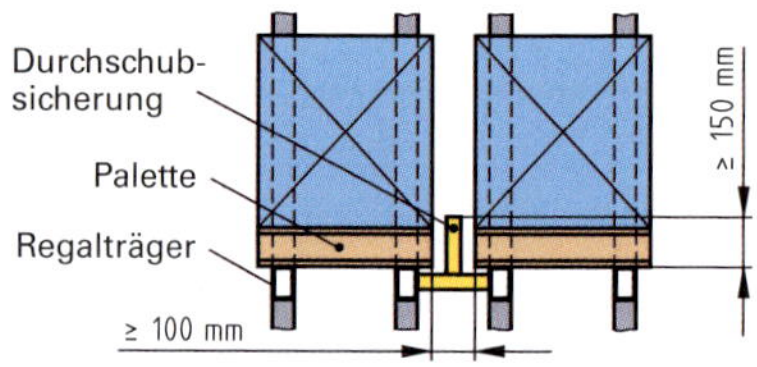 **Beispiel einer Durchschubsicherung**
Hilfsmittel		
Flurförderfahrzeuge Mitgängerfahrzeuge Kranen	Unterwiesene oder entsprechend ausgebildete Personen einsetzen, Mindestalter 18 Jahre. Lastschwerpunkt während Transport tief halten. Fahrzeuge nicht überladen. Keine Personen transportieren. Lasten nicht über Personen hinwegführen. Bremsen und NOT-HALT-Einrichtungen prüfen.	 **Transport an Steigung**
Handwerkzeuge	Übersichtlich und ordentlich aufbewahren. Bestimmungsgemäßes Verwenden. Sichtprüfungen bzgl. Festigkeit Stiel, Werkzeugbärten, Verformungen, Klingenschutz. Isolierte Werkzeuge für Arbeiten an unter Spannung stehenden Teilen.	Gefahren vermeiden, Arbeitseffizienz beachten 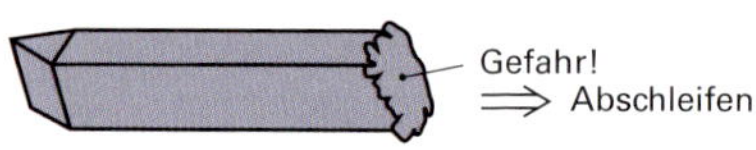 **Meißel mit Werkzeugbart**
Leitern	Nur funktionstüchtige Leitern benutzen. Anlegeleitern im richtigen Winkel anlehnen. Leitern rutschsicher aufstellen. Bei Stehleitern oberste Stufe nicht besteigen. Seitlich aus Leiter nicht hinauslehnen. Bei mehrteiligen Leitern auf Einrastvorrichtungen achten.	 **Richtiges Stellen von Leitern**

Berührungsarten, Stromgefährdung, Fehlerarten
Types of Contact, Current Hazards, Types of Faults

Berührungsarten
vgl. DIN VDE 0100-410

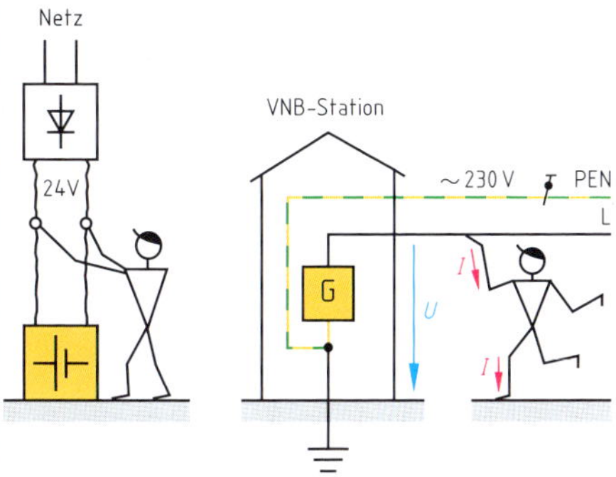

Direktes Berühren

Direktes Berühren: Berühren eines aktiven Teiles, z. B. eines blanken Außenleiters **(Bild links)**.

Indirektes Berühren: Berühren eines leitenden Betriebsmittelkörpers, der infolge eines Fehlers („Schlusses") eine Berührungsspannung führt **(Bild unten)**.

Basisschutz nennt man den Schutz gegen direktes Berühren. Er wird meist durch Isolieren oder durch Umhüllen aktiver (unter Spannung stehender) Teile bewirkt.

Fehlerschutz nennt man den Schutz gegen indirektes Berühren (Schutz gegen Berühren von erst durch einen Fehler unter Spannung gesetzten Teilen).

Zusätzlicher Schutz schützt beim Versagen der Schutzeinrichtung.

Bei allen Anlagen und Betriebsmitteln müssen Basisschutz, Fehlerschutz und meist zusätzlicher Schutz erfüllt sein.

Stromgefährdung
vgl. VDE V 0140-479-1

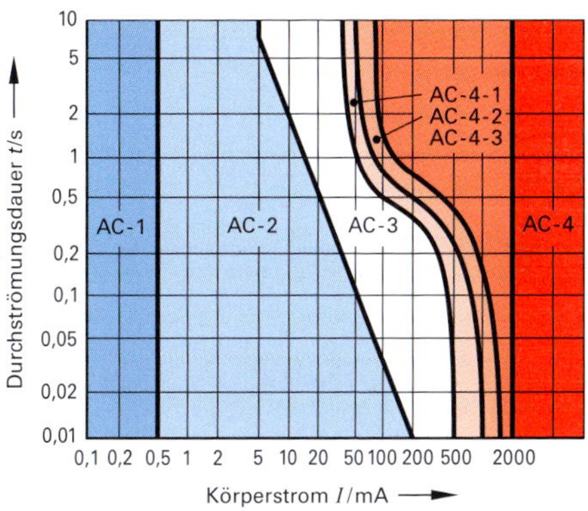

Sicherheitskurven nach VDE V 0140-479-1 für AC 50 Hz von Hand zu Hand oder linker Hand zu einem Fuß

Zone	Physiologische Wirkung
AC-1	Normalerweise keine Wirkung.
AC-2	Meist keine schädliche Wirkung.
AC-3	Meist kein organischer Schaden, Krampfartige Muskelreaktionen möglich und Schwierigkeiten beim Atmen.
AC-4-1	Wahrscheinlichkeit von Herzkammerflimmern, ansteigend bis etwa 5%.
AC-4-2	Wahrscheinlichkeit von Herzkammerflimmern, ansteigend bis etwa 50%.
AC-4-3	Wahrscheinlichkeit von Herzkammerflimmern, über 50%.
AC-4	Herzstillstand, Atemstillstand und schwere Verbrennungen zusätzlich zu den Wirkungen der Zone 3.

In kleinen Strombereichen hat erst die dreifache Gleichstromstärke dieselbe Wirkung wie ein Wechselstrom.

Fehlerarten

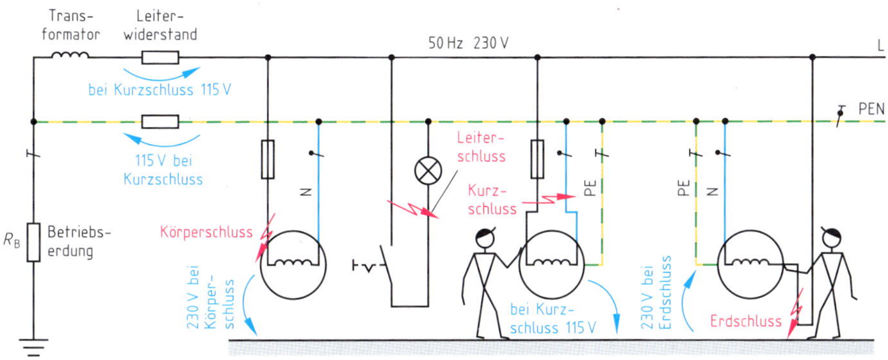

Indirektes Berühren der Spannung bei Körperschluss, Kurzschluss und Erdschluss ohne ordnungsgemäße Schutzmaßnahmen gegen indirektes Berühren

Schutzmaßnahmen, Schutzklassen Protective Measures, Protection Classes

Schutzart	Schutz durch	Bemerkungen
Basisschutz (Schutz gegen direktes Berühren)		
Basisschutz, allgemein (siehe auch Seite 208)	Abdeckung oder Umhüllung	Schutzart mindestens IP 2X. Entfernung darf nur mithilfe von Werkzeugen oder nach Abschaltung möglich sein.
	Isolierung aktiver Teile	Sichere Basisisolierung (Lacke sind kein ausreichender Schutz).
	RCD (Fehlerstrom-Schutzeinrichtung) mit $I_{\Delta N} \leq 30\,\text{mA}$	Ergänzung des Basisschutzes, ist als alleiniger Basisschutz nicht zulässig.
Basisschutz in Anlagen, die von Elektrofachkräften überwacht werden.	Anordnung außerhalb des Handbereiches	Dieser Basisschutz ist nur in Anlagen mit oder ohne RCD möglich, wenn die Anlagen von Elektrofachkräften oder elektrotechnisch unterwiesenen Personen betrieben und überwacht werden, z. B. in elektrotechnischen Betriebsstätten. **Hindernisse** verhindern nur die *unbeabsichtigte* Berührung oder Annäherung und die unbeabsichtigte Entfernung.
	Hindernisse	
Schutz, der gleichzeitig Basisschutz und Fehlerschutz ist		
Basisschutz und Fehlerschutz, allgemein (siehe auch Seite 208)	SELV (Sicherheitskleinspannung)	Speisung aus besonders zuverlässigen Stromquellen, z. B. Sicherheitstransformatoren für den Basisschutz nur mit Bemessungsspannungen von ≤ AC 25 V oder ≤ DC 60 V.
	doppelte oder verstärkte Isolierung	Die Betriebsmittel müssen den jeweiligen Betriebsmittelnormen entsprechen.
Fehlerschutz (Schutz bei indirektem Berühren)		
Fehlerschutz, allgemein	automatische Abschaltung	Im Fehlerfall wird durch automatische Abschaltung mittels RCD oder Überstrom-Schutzeinrichtung verhindert, dass eine Berührungsspannung bestehen bleibt (Seite 210).
	Fehlermeldung	Anwendung im IT-System (Seite 212).
	RCD mit $I_{\Delta N} \leq 30\,\text{mA}$	Zusätzlicher Schutz, vorgeschrieben in Steckdosenstromkreisen bis AC 20 A und Endstromkreisen bis 32 A für tragbare Betriebsmittel (Seite 212).
	Schutzerdung (neuer Begriff)	Erdung über den Schutzleiter zur automatischen Abschaltung oder Meldung. Der frühere Begriff „Schutzerdung" wurde ersetzt.
	Kleinspannungen SELV oder PELV	Fehlerschutz bei Bemessungsspannungen ≤ AC 50 V oder ≤ DC 120 V, wenn nicht kleinere Spannung verlangt wird (Seite 208).
	zusätzlicher Schutzpotenzialausgleich	Zusätzlicher Fehlerschutz durch Verbinden aller Körper untereinander durch isolierten Schutzpotenzialausgleichsleiter mit Verbindung mit dem PE.
	Schutztrennung (mit mehreren Verbrauchsmitteln nur bei fachlicher Überwachung)	**Nur ein Verbrauchsmittel:** Fehlerschutz bei $I_N \leq 500$ V, keine Verbindung mit Erde oder dem PE. **Mehrere Verbrauchsmittel:** Zusätzlich Verbindung der Körper mit nicht geerdetem Schutzpotenzialausgleichsleiter (Seite 213).
Fehlerschutz in Anlagen, die von Elektrofachkräften überwacht werden.	nicht leitende Umgebung	Dieser Fehlerschutz ist nur in Anlagen zulässig, die von Elektrofachkräften oder elektrotechnisch unterwiesenen Personen überwacht werden. Isolationswiderstand erforderlich nach Seite 213.
	erdfreier Schutzpotenzialausgleich	Genügt als Fehlerschutz nur bei Überwachung der Anlage durch Elektrofachkraft oder elektrotechnisch unterwiesener Person, z. B. bei Ersatzstromversorgungsanlage.

Schutzklassen elektrischer Betriebsmittel

Schutzklasse	Art	Kennzeichen	Beispiel
I	Schutzleiterschutz		Elektromotor
II	Doppelte oder verstärkte Isolierung	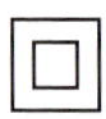	Haushaltsgeräte
III	Kleinspannungen SELV, PELV		Handleuchten in Kesseln

AC Alternating Current, DC Direct Current, PE Protection Earth = Schutzleiter, PELV Protective Extra Low Voltage, RCD Residual Current protective Device, SELV Safety Extra Low Voltage

Verteilungssysteme (Netzformen) Distribution Systems (Network Types)

Bezeichnung	Schaltung	Anwendbare Schutzmaßnahmen
TN-S-System (TN-S-Netz)	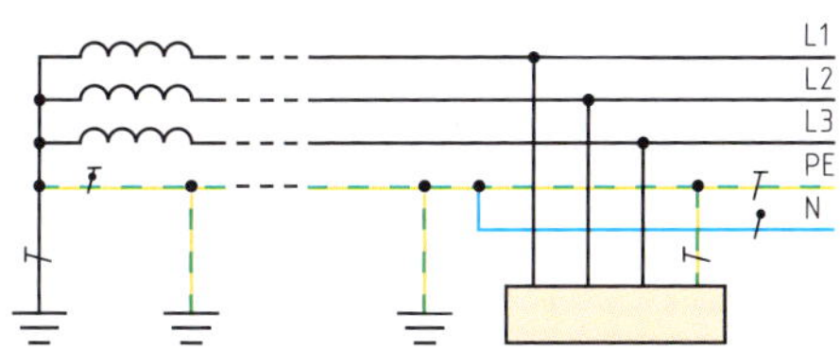	Der Schutzleiter ist im System mit dem Neutralleiter verbunden. Beide Leiter sind jedoch ab Hausanschlusskasten getrennt verlegt. Anwendung findet der Schutz durch Abschaltung im Fehlerfall mit Überstrom-Schutzeinrichtungen oder RCDs (FI-Schutzeinrichtungen). Überstrom-Schutzeinrichtungen sind als Überlastschutz erforderlich.
TN-C-System (TN-C-Netz)	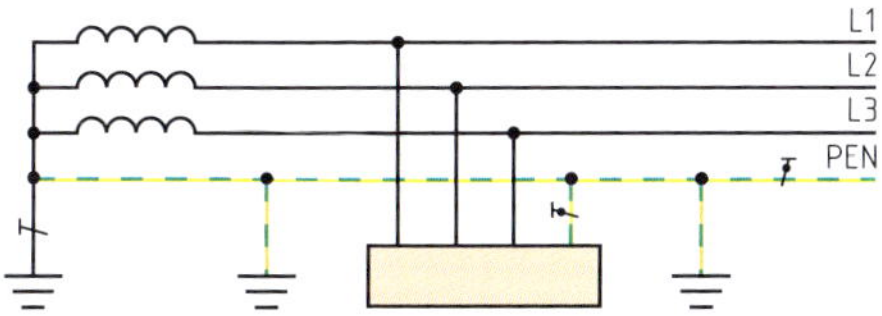	Schutzleiter und Neutralleiter sind miteinander zum PEN-Leiter verbunden. Abschaltung im Fehlerfall erfolgt mittels Überstrom-Schutzeinrichtungen. Auch andere Kombinationen von Schutzleiter und Neutralleiter können auftreten, z. B. Trennung von PE und N im zweiten Netzteil. Abschaltung erfolgt mit Überstrom-Schutzeinrichtungen oder nach Auftrennung des PEN in PE und N mit RCDs (FI-Schutzeinrichtungen). Überstrom-Schutzeinrichtungen sind als Überlastschutz erforderlich.
TN-C-S-System (TN-C-S-Netz)	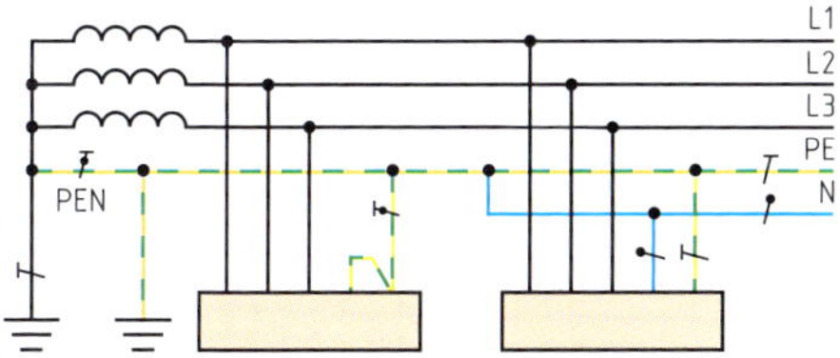	
TN-System (TN-Netz) mit Fehlerstromschutzschaltung (FI-Schutzschaltung RCD)	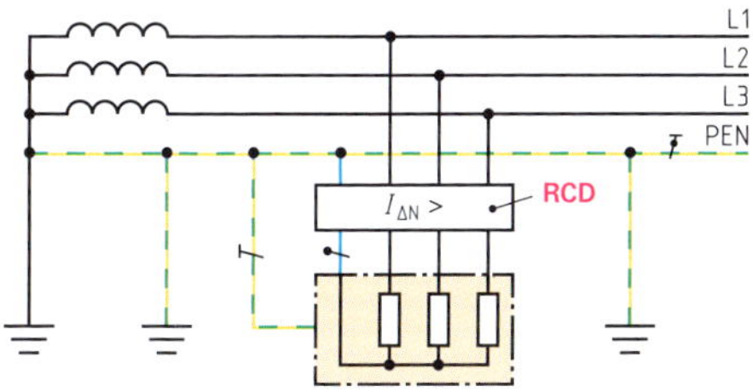	Der vom PEN-Leiter abgezweigte PE-Leiter wird vor der RCD an den Schutzleiter des Gerätes angeschlossen. Durch den Wandlerkern der RCD werden die Außenleiter und der N-Leiter geführt, nicht der PE-Leiter. Überstrom-Schutzeinrichtungen sind als Überlastschutz erforderlich, haben aber meist keinen Einfluss auf Auslösung bei Körperschluss.
IT-System (IT-Netz)	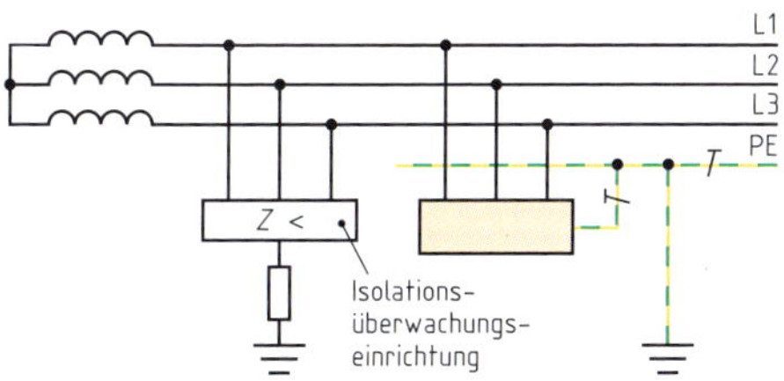	Das IT-System hat keine direkte Verbindung zwischen aktiven Leitern und geerdeten Teilen. Eine Isolationsüberwachungseinrichtung meldet das Auftreten eines Körperschlusses, der sonst ohne Folgen bleibt. Bei einem zweiten Fehler erfolgt Abschaltung, z. B. mit RCD. Überstrom-Schutzeinrichtungen sind als Überlastschutz erforderlich.
TT-System (TT-Netz)	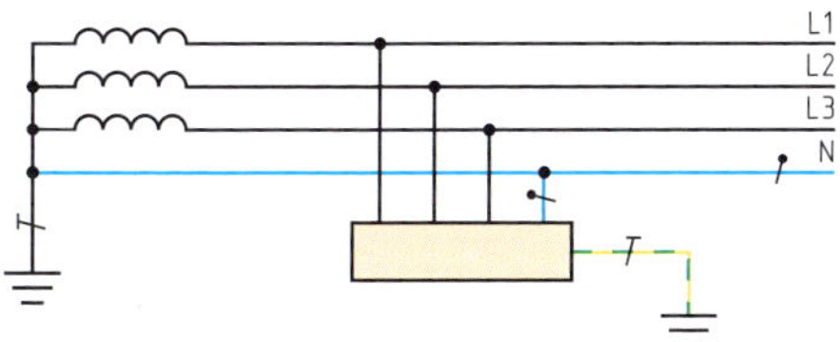	Der Schutzleiter ist mit einem Erder verbunden, aber vom N-Leiter getrennt. Überstrom-Schutzeinrichtungen sind als Überlastschutz erforderlich. Sie sind jedoch als Auslöseorgane im Fehlerfall meist nicht ausreichend. Für den Schutz durch Abschaltung ist meist eine Fehlerstrom-Schutzeinrichtung (RCD) nötig.

Kurzzeichen: C von engl. to combine = kombinieren, Neutralleiter N und Schutzleiter PE sind zu PEN kombiniert. I von isoliert, Isolierung der aktiven Teile gegen Erde oder Erdung über eine Impedanz. S von engl. separated = getrennt, N und PE sind im betreffenden Teil des Netzes getrennt. T von franz. terre = Erde, T an 1. Stelle bedeutet direkte Erdung mindestens eines Punktes im Netz, T an 2. Stelle bedeutet, Körper der Betriebsmittel sind direkt geerdet. RCD von Residual Current protective Device = Reststrom-Schutzgerät.

Schutz gegen elektrischen Schlag Protection against Electric Shock

Schutzart	Erklärung	Bemerkungen, Ansichten
Maßnahmen für den Basisschutz		
Normaler (allgemeiner) Basisschutz	**Basisisolierung** verhindert das Berühren aktiver (unter Spannung stehender) Teile. Die Isolierung muss so beschaffen sein, dass sie nur durch Zerstörung entfernt werden kann. **Abdeckung oder Umhüllung** verhindert ebenfalls direktes Berühren. Es muss mindestens die Schutzart IP2X vorhanden sein, bei horizontalen Abdeckungen IP4X. Öffnen oder Entfernen darf nur mit Werkzeug oder Schlüssel möglich sein.	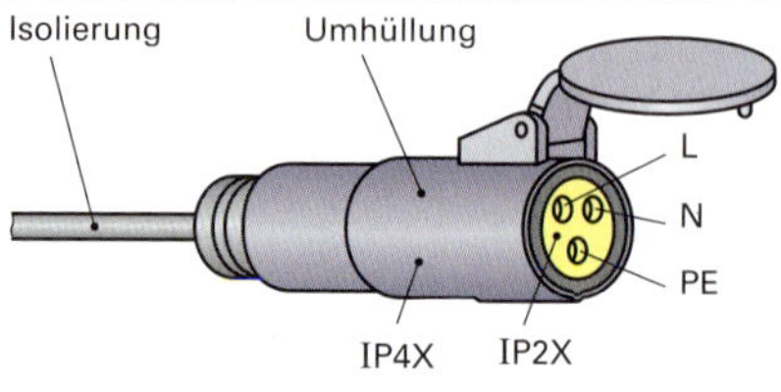 **Beispiel einer Basisisolierung**
Basisschutz in fachlich überwachten Anlagen	**Schutz durch Anordnung außerhalb des Handbereiches** muss das *unbeabsichtigte Berühren* aktiver Teile verhindern. **Schutz durch Hindernisse** muss nur die *unbeabsichtigte* Annäherung an aktive Teile verhindern. Hindernisse müssen so gesichert sein, dass sie nicht *unbeabsichtigt* entfernt werden können. **Fachliche Überwachung** (kein Normbegriff) ist gegeben, wenn die Anlage von einer Elektrofachkraft oder elektrotechnisch unterwiesener Person betrieben und beaufsichtigt wird (VDE 0100-410).	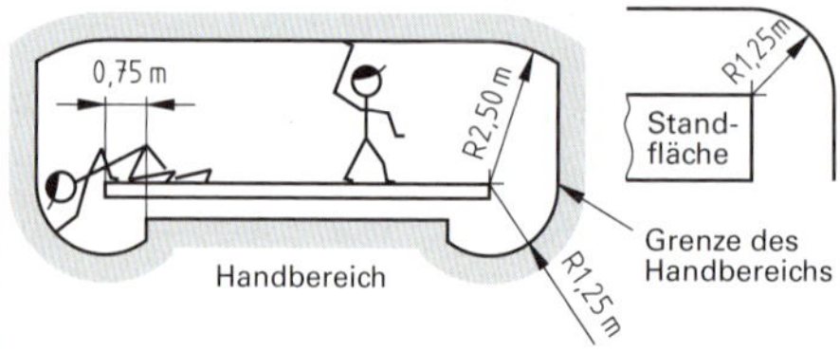 Beim Schutz durch Anordnung außerhalb des Handbereiches dürfen innerhalb des Handbereiches gleichzeitig berührbare Teile verschiedenen Potenzials nicht vorhanden sein.
Maßnahmen für gleichzeitigen Basisschutz und Fehlerschutz		
Schutz durch Kleinspannungen SELF und PELV	**SELV (Sicherheitskleinspannung)** ist als Basisschutz meist geeignet bis AC 25 V bzw. DC 60 V, als Fehlerschutz bis AC 50 V bzw. DC 120 V. Aktive Teile nicht mit PE oder Erde verbinden. Leitungen getrennt von anderen Stromkreisen verlegt. **PELV (Schützende Kleinspannung)** Die Betriebsmittel können geerdet sein. Basisschutz, z.B. durch Isolierung, ist erforderlich. Isolationswiderstand ≥ 0,5 MΩ. Sonstige Bedingungen wie bei SELV. **FELV (Funktionskleinspannung)** Beliebige Stromquelle, keine eigenständige Schutzmaßnahme. Deshalb sind Maßnahmen wie bei normalen Stromkreisen erforderlich.	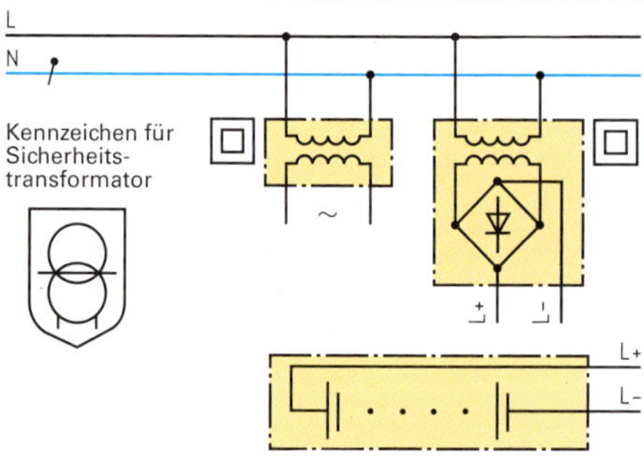 **Stromquellen für SELV und PELV**
Doppelte oder verstärkte Isolierung	Eine zusätzliche oder verstärkte Isolation der aktiven Teile verhindert eine gefährliche Spannung auch bei schadhafter Basisisolierung. Alle leitfähigen Teile eines Betriebsmittels, die von aktiven Teilen nur durch die Basisisolierung getrennt sind, müssen in Schutzart IP2X umhüllt sein. Isolationswiderstand ≥ 2 MΩ. Leitfähige Teile dürfen nicht an den PE angeschlossen sein. Enthält die Anschlussleitung einen PE, so wird dieser an den Stecker angeschlossen, nicht aber an das Betriebsmittel der Schutzklasse II.	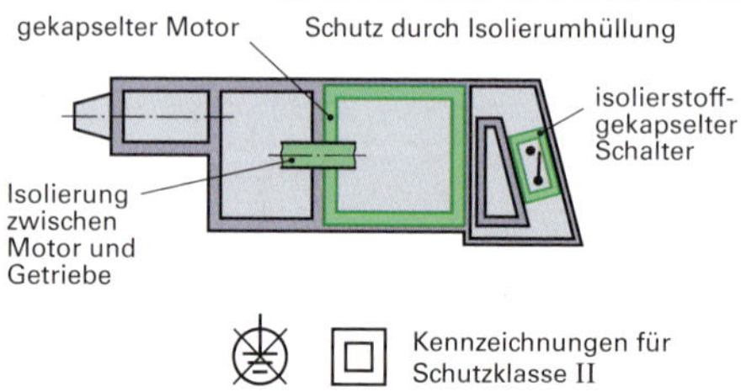 **Handwerkzeug mit Schutzklasse II**
Bemessungsspannungen von SELV und PELV, höchstzulässige bestehenbleibende Berührungsspannungen		
AC 50 V, DC 120 V	Übliche Anlage, z.B. Wohnhausinstallation, in Werkstätten.	Beleuchtungsstromkreise, Steckdosenstromkreise, Motorstromkreise.
AC 25 V, DC 60 V	Anlagen, in denen mit niedrigem Körperwiderstand der Menschen zu rechnen ist.	Stromkreise in medizinisch genutzten Bereichen, Stromkreise in unmittelbarer Nähe zu Schwimmbecken.
AC < 25 V, DC < 60 V	Anlagen, in denen mit extrem niedrigem Körperwiderstand zu rechnen ist.	AC ≤ 12 V bzw. DC ≤ 30 V für Stromkreise z.B. in Schwimmbecken und in der Nähe von Fontänen.

AC Alternating Current
DC Direct Current
FELV Functional Extra Low Voltage
PELV Protective Extra Low Voltage
SELV Safety Extra Low Voltage

Differenzstromgeräte Differential Current Devices

Begriffe	Erklärung	Schaltung, Ansicht
Bedeutung Abschaltung Über- wachung	Differenzstromgeräte sind die wichtigsten Geräte zur Erzielung einer sicheren und gefahrarmen Stromversorgung. Sie bewirken im Fehlerfall die Abschaltung und im Betrieb die laufende Überwachung der Anlage.	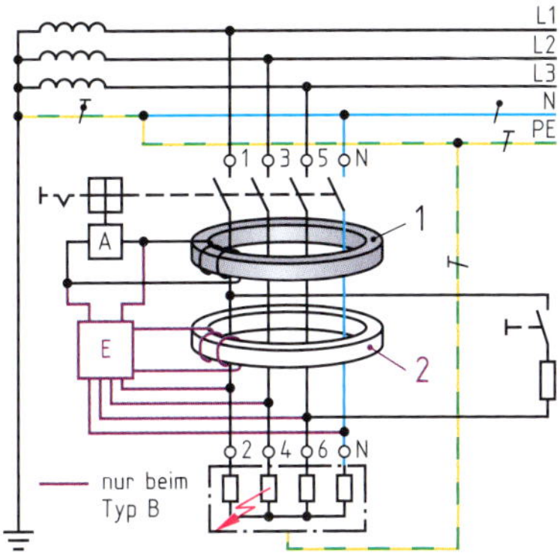 **Aufbau einer RCD** www.doepke.de
Funktion Summen- strom- wandler Eisenkern Induktion RCD RCM Gleichfeld Hall- Generator Fehler- anzeige Bemes- sungs- ströme	Den Strom erhält die Anlage durch Leiter, die durch den Kern eines Summenstromwandlers geführt sind. Solange kein Isolationsfehler gegen PE bzw. Erde vorhanden ist, heben sich die Stromwirkungen im Eisenkern auf. Fließt aber ein Teil des Stromes über Erde als Differenzstrom I_Δ zurück, so wird der Eisenkern magnetisiert. Bei I_Δ als AC oder pulsierendem DC wird in der Wicklung des Eisenkernes 1 eine Wechselspannung induziert. Diese Spannung führt beim RCD (Residual Current protective Device = Fehlerstromschutzschalter) zur Abschaltung und beim RCM (Residual Current Monitor = Reststrom-Überwacher) zur Anzeige des Fehlers. Ist I_Δ ein „glatter" DC aus einem AC-Stromkreis **(Bild unten rechts)**, entsteht im Eisenkern ein magnetisches Gleichfeld. Dieses wird bei Geräten vom Typ B in einem Eisenkern 2 in eine Spannung umgesetzt, z. B. mittels Hall-Generator. Die Spannung bewirkt wie beim Typ A Abschalten der Stromversorgung oder Anzeige des Fehlers. **Bemessungsströme** I_N 25 A, 40 A, 63 A **Bemessungsdifferenzströme** $I_{\Delta N}$ (10 mA), 30 mA, 0,1 A, 0,3 A, 0,5 A (Klammerangabe nur beim Typ A)	**Sonderformen:** RCBO = RCD mit Overload Breaker = RCD mit LS-Schalter, CBR für I_N über 63 A (Schalter mit RCU = Fehlerstrom-Auslöser) 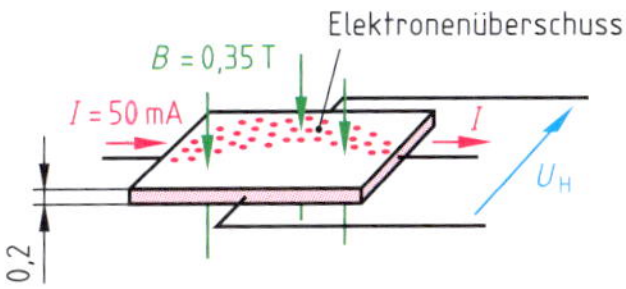 **Prinzip des Hall-Generators mit N-Leiter**
Fehler- **ströme** Typen Angabe der Typen am Gerät Selektivität Verzöge- rungen **Hinweise**	Gewöhnlich treten bei einem Isolationsfehler in AC-Anlagen oder 3 AC-Anlagen AC-Fehlerströme I_Δ auf. In derartigen Stromkreisen mit Elektronik, z. B. bei einem Umrichter mit Gleichstrom-Zwischenkreis, entstehen je nach Fehlerort Fehlerströme I_Δ als AC, als pulsierende DC oder als „glatte" DC (nicht auf null gehende DC, **Bild**). Je nach I_Δ nimmt man Geräte vom Typ A oder Typ B, außerhalb Deutschlands auch vom Typ AC. Der Typ ist auf der RCD bzw. RCM als stilisierte Form des I_Δ angegeben. Selektive Geräte mit Kennzeichnung S schalten bei einem Fehler verzögert ab, solche mit K kurze Zeit verzögert. Geräte vom Typ F sind für Lasten bestimmt, deren Fehlerströme Mischfrequenzen enthalten können, z. B. bei einphasigen Umrichtern. 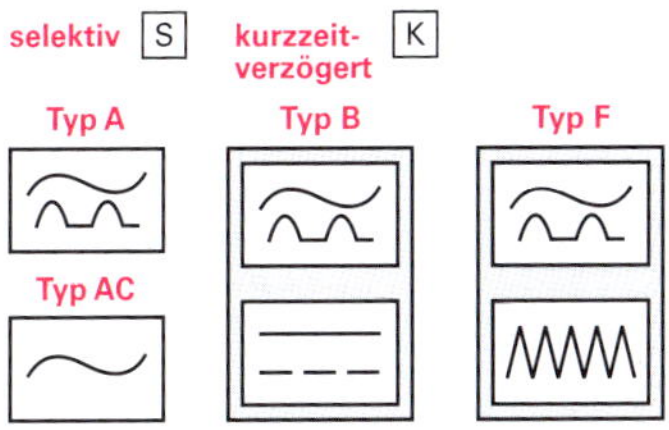 **Kennzeichnungen an Differenzstromgeräten**	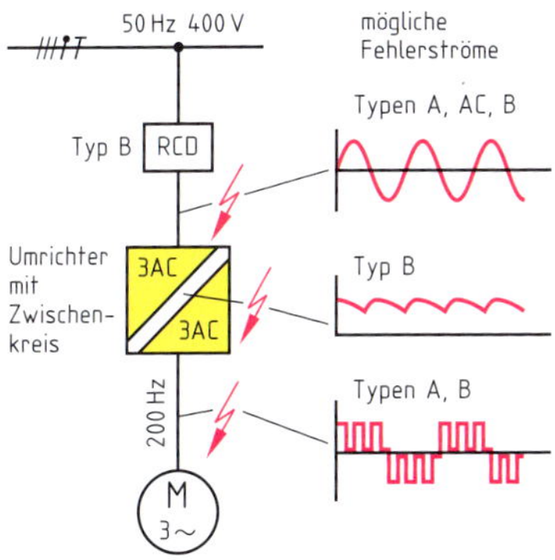 **Stellen möglicher Fehlerströme bei einem Umrichter** **Hinweise** • Differenzstromgeräte, z.B. RCDs, sind in DC-Netzen nicht verwendbar, • Typ-A-Geräte darf man nicht netzseitig vor Typ-B-Geräte schalten.

AC Alternating Current
DC Direct Current
CBR Circuit Breaker RCU

RCD Residual Current protective Device
RCM Residual Current Monitor
RCU Residual Current Unit

I_N Bemessungsstrom
I_Δ Differenzstrom, Fehlerstrom
$I_{\Delta N}$ Bemessungs-Differenzstrom

Fehlerschutz durch automatische Abschaltung der Stromversorgung 1

Fault Protection by Automatic Cut-off 1

vgl. DIN VDE 0100-410

Schaltung, Formeln

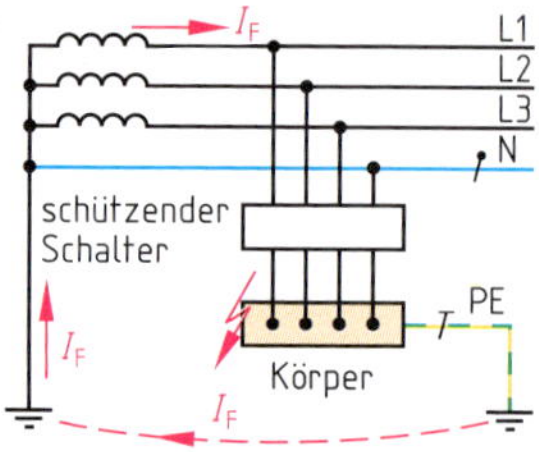

Fehlerschutz durch Abschaltung der Stromversorgung

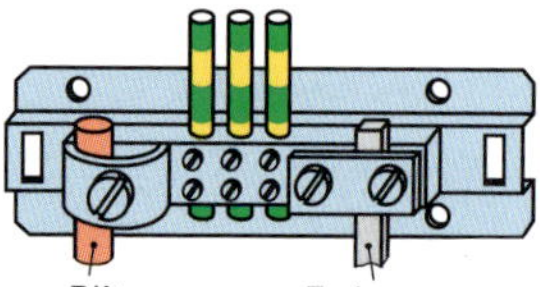

zur Blitzschutzanlage

Erdungsleitung

Schutzpotenzialausgleich über die Haupterdungsschiene

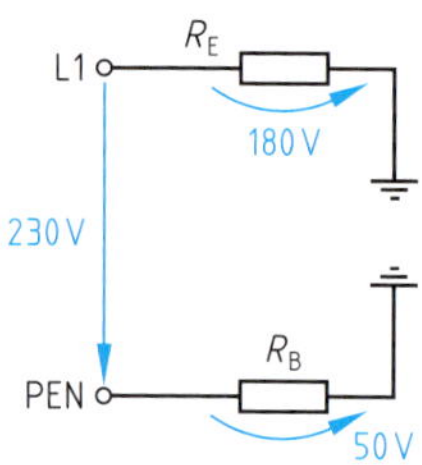

Spannungen am 230-V-Netz im Fehlerfall

Spannungswaage

$$\frac{R_B}{R_E} \leq \frac{50\,V}{U_0 - 50\,V} \quad (1)$$

R_B Gesamterdungswiderstand des PE

R_E Erdüberganswiderstand der metallischen Systeme

Wenn die Spannungswaage nicht erfüllt ist, so liegt kein TN-System vor, sondern ein TT-System. Das ist bei einem Vierleiternetz dann erfüllt, wenn der Neutralleiter nicht ausreichend oft geerdet ist.

Erklärung

Der Fehlerschutz durch Abschaltung der Stromversorgung ist im TN-System und im TT-System die häufigste Schutzmaßnahme. Dabei sorgt ein elektronischer Schalter, z. B. eine RCD (Fehlerstrom-Schutzeinrichtung) oder ein Leitungsschutzschalter, für das Abschalten, sobald im Schutzleiter PE ein genügend starker Strom auftritt, z. B. durch einen Körperschluss **(Bild)**. Dieser Schutz erfordert im TN-System bei der Errichtung von Anlagen eine *Schutzerdung*.

Wenn Strom im PE auftritt, ist eine Spannung am PE in der gesamten Anlage vorhanden und tritt deshalb an allen angeschlossenen metallischen Körpern auf. Es muss nun dafür gesorgt werden, dass diese Spannung nicht eine gefährliche Höhe erreicht und in kurzer Zeit abgeschaltet wird. Das erfolgt durch einen *Schutzpotenzialausgleich über die Haupterdungsschiene* und durch Abschalten in kurzer Zeit.

Durch den Schutzpotenzialausgleich haben allerdings die metallischen Systeme Einfluss auf die Höhe der am PE im Fehlerfall auftretende Spannung. Der Erdübergangswiderstand R_E dieser Systeme und der gesamte Erdungswiderstand R_B des PEN bzw. PE sind im Fehlerfall in Reihe geschaltet **(Bild)**. Da die Spannung zwischen PE und Erde nicht höher sein darf als 50 V, müssen 180 V = U_0 – 50 V an R_E liegen. Das dadurch festliegende Verhältnis der R_B und R_E wird als *Spannungswaage* bezeichnet **(Formel 1)**.

Im TN-System sind die VNB (Verteilungsnetzbetreiber) verpflichtet, die Spannungswaage einzuhalten. Deshalb wird der PEN-Leiter bzw. der PE möglichst oft geerdet, z. B. durch Fundamenterder bei jedem Hausanschluss (Seite 157).

Ergänzung

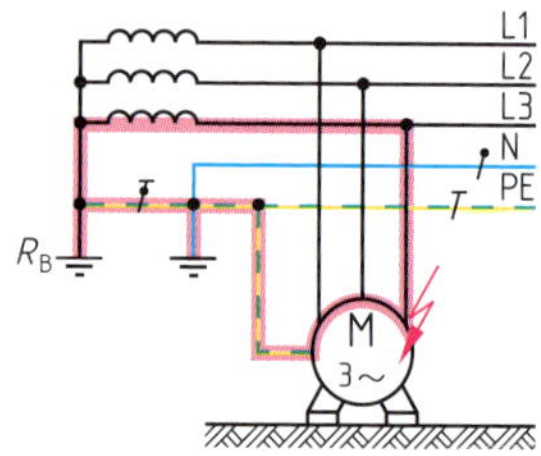

Schutzerdung über PE

Schutzerdung erfolgt durch Verbinden aller metallenen Körper der Betriebsmittel über den Schutzleiter PE mit dem Erdungssystem.

Schutzpotenzialausgleich erfolgt durch Verbinden aller metallischen Systeme durch Schutzpotenzialausgleichsleiter PB über die Haupterdungsschiene mit dem Erdungssystem und dem PE.

Maximale Abschaltzeiten

Bereich	Abschaltzeit bei AC	Abschaltzeit bei DC
Endstromkreise mit $I_N \leq 32$ A im TN-System		
50 V < U_0 ≤ 120 V	0,8 s	–
120 V < U_0 ≤ 230 V	0,4 s	≤ 5 s
230 V < U_0 ≤ 400 V	0,2 s	0,4 s
U_0 > 400 V	0,1 s	0,1 s
Verteilungsstromkreise oder I_N > 32 A	≤ 5 s	≤ 5 s
Endstromkreise mit $I_N \leq 32$ A im TT-System		
50 V < U_0 ≤ 120 V	0,3 s	–
120 V < U_0 ≤ 230 V	0,2 s	0,4 s
230 V < U_0 ≤ 400 V	0,07 s	0,2 s
U_0 > 400 V	0,04 s	0,1 s
Verteilungsstromkreise oder I_N > 32 A	≤ 1 s	≤ 1 s

Die geforderten Abschaltzeiten beim TT-System sind kleiner als beim TN-System, da die Spannungswaage nicht eingehalten ist. Dadurch kann im Fehlerfall eine Schutzleiterspannung von über 50 V auftreten, und zwar auch an Körpern, deren Stromkreis fehlerfrei ist.

I_F Fehlerstrom, I_N Nennstrom, Bemessungsstrom, R_A Anlagenerderwiderstand, R_B Erderwiderstand aller parallelen Erder des Netzes, R_E kleinster Widerstand fremder leitfähiger Teile mit Erdkontakt, U_0 Nennspannung Außenleiter gegen Erde

Fehlerschutz durch automatische Abschaltung der Stromversorgung 2

Fault Protection by Automatic Cut-off 2

vgl. DIN VDE 0100-410

Schaltung, Formeln	Erklärung	Ergänzung, Daten

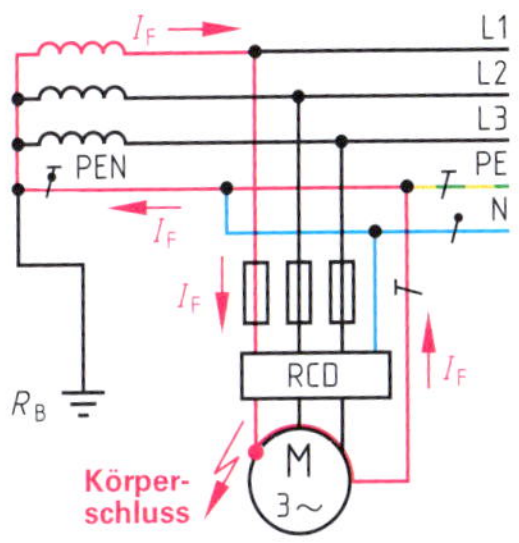

Schutz durch RCD im TN-S-System

Fehlerstrom für RCD

$$I_F \ge I_{\Delta N} \quad (1)$$

Anlagenerderwiderstand für RCD

$$R_A \le \frac{50\ \text{V}}{I_{\Delta N}} \quad (2)$$

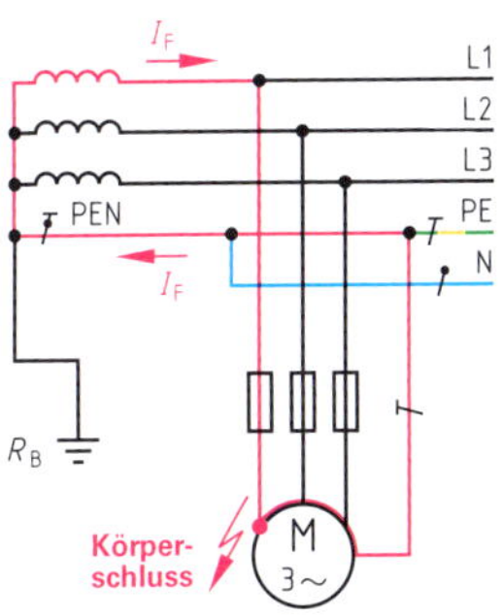

Fehlerschutz durch Überstrom-Schutzeinrichtungen im TN-S-System

Fehlerstrom für LS-Schalter

$$I_F \ge I_a \quad (3)$$

Schleifenimpedanz

$$Z_S \le \frac{U_0}{I_a} \quad (4) \qquad Z_{Sm} \le \frac{2}{3} \cdot \frac{U_0}{I_a} \quad (5)$$

Automatische Abschaltung durch RCD im TN-S-System

Im Fehlerfall muss der Fehlerstrom mindestens so groß sein wie der Bemessungsdifferenzstrom der RCD (**Formel 1**). Dies ist im öffentlichen Netz für RCDs immer erfüllt, da der VNB dafür sorgen muss, dass die „Spannungswaage" (vorhergehende Seite) eingehalten ist.

Anstelle einer RCD dürfen auch deren Sonderformen RCBO (RCD mit Overload-Broker) oder CBR (Leitungsschutzschalter) oder Leistungsschalter mit Residual Current Unit (RCU) eingesetzt werden.

Nicht zulässig ist eine Verwendung von RCDs im TN-C-System, da dann ein Fehlerstrom nicht erfasst werden kann. Überstrom-Schutzeinrichtungen sind erforderlich zum Schutz gegen Überlast und nicht zum Fehlerschutz.

Automatische Abschaltung durch Überstrom-Schutzeinrichtung im TN-S-System

Ursprünglich erfolgte der Fehlerschutz durch die wegen des Überlastschutzes ohnehin vorhandenen Überstrom-Schutzeinrichtungen, meist Leitungsschutzschalter (LS-Schalter). Der Fehlerstrom muss hier mindestens so groß sein wie der Auslösestrom der Überstrom-Schutzeinrichtung (**Formel 3**), (Auslösestrom Seite 173). Deshalb muss vor Inbetriebnahme die Impedanz der Fehlerschleife gemessen werden (**Formel 4**). Nach der Messung nach Formel 4 muss geprüft werden, ob das Messergebnis der **Formel 5** entspricht. Formel 5 folgt aus Formel 4, weil die Messung von Z_{Sm} nicht im betriebswarmen Zustand möglich ist.

Überstrom-Schutzeinrichtungen sind als Fehlerschutz nur wirksam, wenn ihr Abschaltstrom vom meist 3- bis 10-fachen Nennstrom zustande kommt. Das trifft bei „schleichenden Kurzschlüssen" nicht zu. Wenn ein schleichender Schluss zwischen Außenleiter und Neutralleiter entsteht, erfolgt die Abschaltung nur, wenn ein *Brandschutzschalter* vorhanden ist (Seite 486).

Automatische Abschaltung durch RCD im TT-System

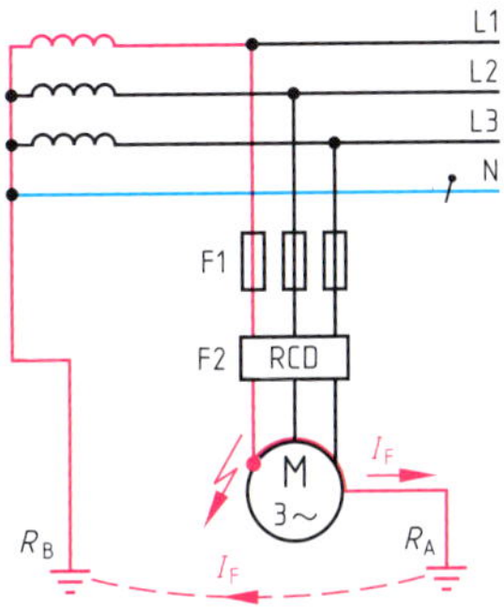

Schutz durch RCD im TT-System

Hier muss der Anlagenerderwiderstand R_A so klein sein, dass beim Bemessungsdifferenzstrom höchstens 50 V am metallischen Körper auftreten (**Formel 2**).

Automatische Abschaltung durch Überstrom-Schutzeinrichtungen im TT-System

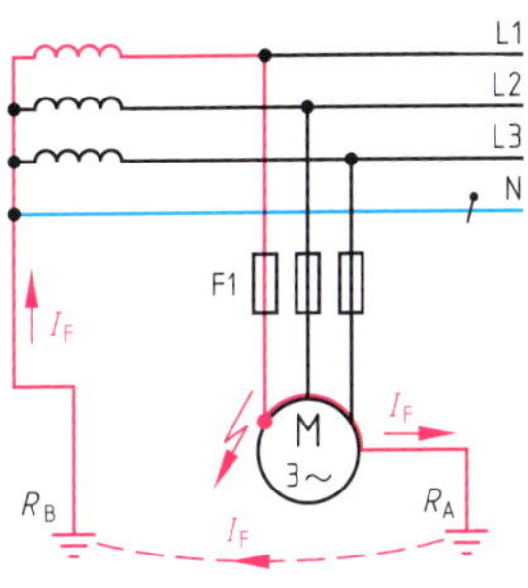

Fehlerschutz im TT-System durch Überstrom-Schutzeinrichtungen

Der Auslösestrom I_a der Überstrom-Schutzeinrichtung ist je nach Typ ein Vielfaches von dessen Nennstrom (Seite 173). Diese Art von Fehlerschutz ist kaum erreichbar, weil Formel 3 erfüllt sein muss und damit R_A sehr klein.

I_a Auslösestrom des LS-Schalters (Leitungsschutzschalter), I_F Fehlerstrom, $I_{\Delta N}$ Bemessungsdifferenzstrom, R_A Anlagenerderwiderstand, U_0 Nennspannung Außenleiter gegen Erde, Z_S Impedanz der Fehlerschleife (betriebswarm), Z_{Sm} gemessene Impedanz der Fehlerschleife im kalten Zustand

Weitere Schutzmaßnahmen Other Protection Measures

vgl. DIN VDE 0100-410

Schaltung	Erklärung	Ergänzungen
Weiterer Fehlerschutz		
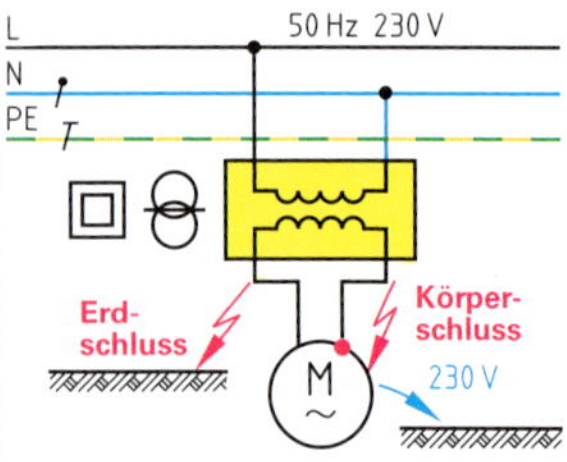 **Schaltung mit Trenntransformator bei Erdschluss**	**Schutztrennung** Der Fehlerschutz erfolgt hier durch Trennung vom Netz, meist mittels Trenntransformator nach VDE 0550. • Die Ausgangsspannung muss sein ≤ 500 V, sie ist meist 230 V. • Aktive Teile dürfen nicht mit Erde oder anderen Stromkreisen verbunden sein. • Körper der Verbrauchsmittel dürfen nicht an PE angeschlossen sein. • Flexible Leitungen müssen an Stellen mit mechanischer Beanspruchung sichtbar sein.	Die Schutztrennung ist bei einem Erdschluss unwirksam **(Bild)**. Deshalb darf im Allgemeinen an eine Ausgangswicklung des Transformators nur ein Verbrauchsmittel angeschlossen sein. Transformatoren mit mehreren Ausgangswicklungen erlauben im Allgemeinen den Anschluss mehrerer Verbrauchsmittel. In fachlich überwachten Anlagen kann eine Ausgangswicklung mehrere Verbrauchsmittel speisen, wenn zusätzliche Maßnahmen getroffen werden (folgende Seite).
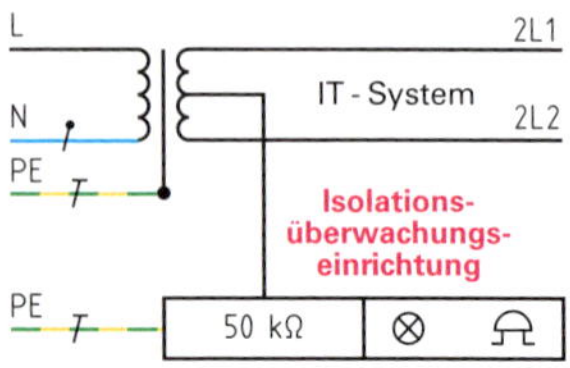 **Prinzip von Schutz durch Meldung im IT-System**	**Schutz durch Meldung** Dieser Schutz ist im IT-System (Seite 207) möglich. Endstromkreis wird durch nicht geerdeten Transformator gespeist. Eine *Isolationsüberwachungseinrichtung* gibt beim 1. Fehler nur ein optisches und akustisches Signal. Damit ist Zeit gewonnen, um den Fehler zu beheben. Erst bei einem 2. Fehler erfolgt Abschaltung, z.B. durch RCD. Anwendung in Krankenhäusern (Seite 179).	Der nach dem 1. Fehler fließende Strom I_d enthält den Ableitstrom der Anlage einschließlich seines kapazitiven Teils. Deshalb kann die Anlage nicht umfangreich sein, weil sonst auch ohne Fehler abgeschaltet wird. **Bedingung bei AC** **bei DC** $R_A \cdot I_d \leq 50\ V$ [1] $R_A \cdot I_d \leq 120\ V$ [2] R_A Widerstand Erder + PE I_d Fehlerstrom beim 1. Fehler
Zusätzlicher Schutz		
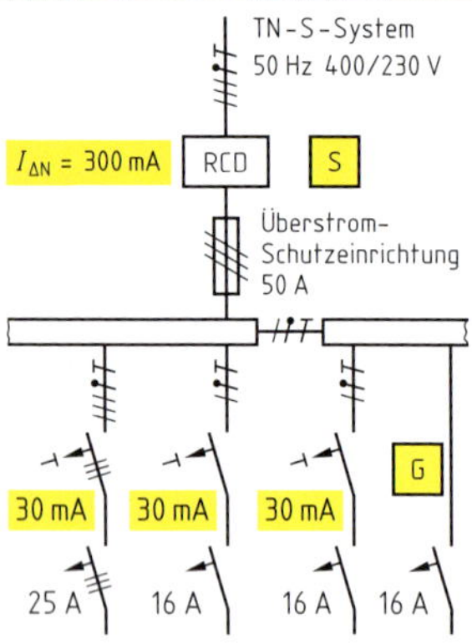 **Zusätzlicher Schutz durch RCDs mit $I_{\Delta N} \leq 30$ mA**	**Zusätzlicher Schutz durch RCDs mit $I_{\Delta N} \leq 30$ mA** Dieser zusätzliche Schutz soll beim Versagen des Basisschutzes und/oder des Fehlerschutzes oder bei Bedienungsfehlern *zusätzlich* schützen. Dieser Schutz ist für manche Anlagen bindend und nur für die anderen freiwillig. Dieser Schutz ist nicht als alleiniges Mittel des Schutzes gegen elektrischen Schlag zulässig, sondern nur als Ergänzung. Insbesondere wird dabei der Basisschutz nicht überflüssig.	Der zusätzliche Schutz durch RCD mit $I_{\Delta N} \leq 30$ mA muss bei Neuanlagen oder grundlegenden Änderungen angewendet werden • bei Steckdosenstromkreisen mit $I_N \leq 20$ A für die Benutzung durch Laien und • bei Endstromkreisen im Außenbereich mit $I_N \leq 32$ A für tragbare Betriebsmittel. Damit dient der zusätzliche Schutz durch RCDs vor allem den Benutzern von tragbaren Verbrauchsmitteln. DIN VDE 0100-410 empfiehlt für die genannten Stromkreise RCBO (RCD mit LS-Schalter).
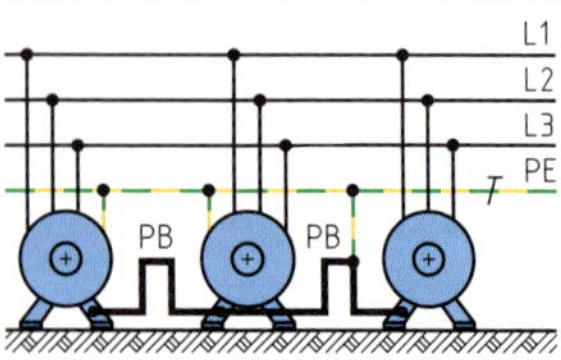 **Zusätzlicher Schutz durch Schutzpotenzialausgleich**	**Zusätzlicher Schutz durch Schutzpotenzialausgleich** Dieser Schutz ergänzt den Fehlerschutz. Er muss alle gleichzeitig berührbaren Körper und fremde leitfähige Teile einschließen. Diese werden miteinander durch Schutzpotenzialausgleichsleiter (Querschnitte Seite 214) verbunden, also evtl. zusätzlich zu den vorhandenen PE-Verbindungen.	Wenn Zweifel an der Wirksamkeit des zusätzlichen Schutzpotenzialausgleichs bestehen, ist durch Messung nachzuweisen, ob zutrifft: im AC-System $R \leq 50\ V/I_a$ [3] im DC-System $R \leq 120\ V/I_a$ [4] Der zusätzliche PB ist mit PE zu verbinden.

I_a Abschaltstrom, bei RCD $I_{\Delta N}$, I_d Strom nach dem 1. Fehler, I_N Bemessungsstrom, $I_{\Delta N}$ Bemessungsdifferenzstrom, R Widerstand vom Schutzpotenzialausgleich, R_A Widerstand von Erder und PE

Weiterer Fehlerschutz in fachlich überwachten Anlagen
More Fault Protection in Expert controlled Installations

Schutzart	Schaltung, Anlage	Erklärung
Schutz durch nicht leitende Umgebung Messung des Isolations-wider-standes	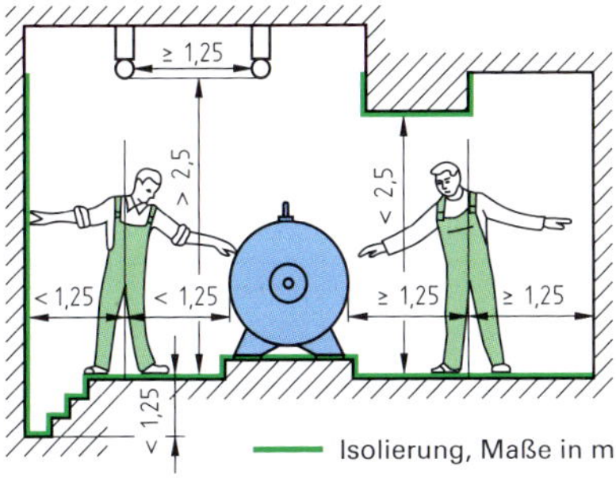 **Nicht leitende Umgebung** 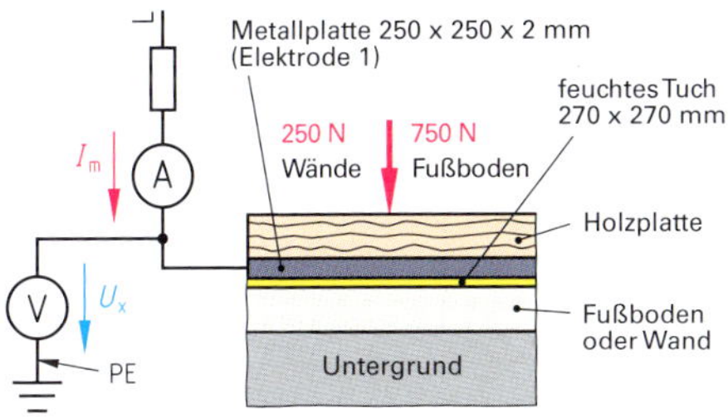 **Messung des Isolationswiderstandes**	In fachlich überwachten Anlagen (siehe unten) • muss der Basisschutz erfüllt sein und • kann der *zusätzliche* Schutz durch RCDs für Steckdosenstromkreise entfallen, • können alle allgemeinen Maßnahmen zum Fehlerschutz sowie die folgenden angewendet werden. **Schutz durch nicht leitende Umgebung** Leitfähige Körper müssen so angeordnet sein, dass Personen nicht gleichzeitig zwei Körper oder einen Körper und ein fremdes leitfähiges Teil berühren können. Die Isolierung muss mechanisch fest sein und eine Prüfspannung von 2 kV aushalten. Der Ableitstrom darf nicht größer als 1 mA sein. Die Isolationsimpedanz Z_x des Fußbodens und der berührbaren Wände darf nicht unterschreiten • 50 kΩ bei Nennspannung bis 500 V, • 100 kΩ bei Nennspannung über 500 V. **Isolationsimpedanz** Messung **(Bild)** $Z_x \geq \frac{U_x}{I_m}$
Schutz-trennung mit mehreren Ver-brauchs-mitteln	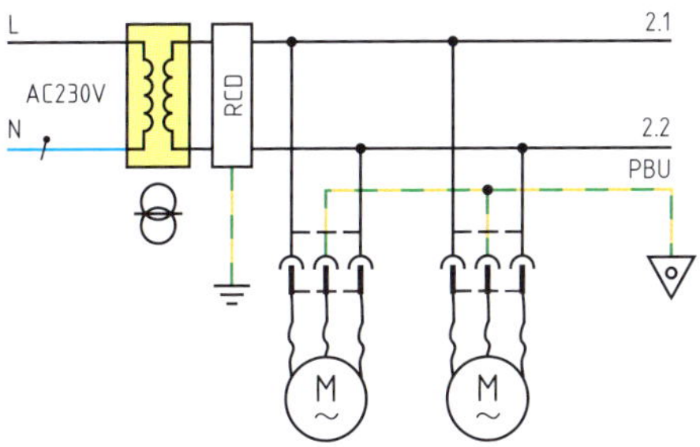 **Schutztrennung mit Schutzpotenzialausgleich**	**Schutztrennung mit mehreren Lasten** • Getrennter Stromkreis muss mechanisch geschützt sein, z.B. durch Isolierrohre. • Körper sind über ungeerdete, isolierte Schutzpotenzialausgleichsleiter PBU (folgende Seite) zu verbinden. • Beim Auftreten von je einem Fehler in verschiedenen Außenleitern muss automatische Abschaltung erfolgen. • Die Leitungslängen des getrennten Stromkreises sollen 500 m nicht übersteigen, weil sonst über die Ableitströme Verbindung zur Erde erfolgt. • Produkt aus Leitungslängen und Nennspannung soll wegen der Ableitströme 100 kVm nicht übersteigen.
Schutz durch örtlichen, erdfreien Schutz-potenzial-ausgleich	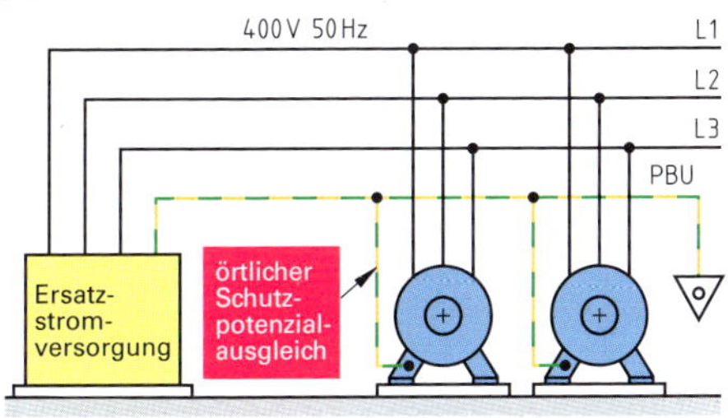 **Fehlerschutz bei einer Ersatzstromversorgung**	**Schutz durch erdfreien örtlichen Schutzpotenzialausgleich** • Gleichzeitig berührbare Körper und fremde leitfähige Teile müssen über PBU verbunden sein, • Personen müssen vor Potenzialunterschieden geschützt sein, z.B. beim Betreten. Dieser Schutz wird auch in nicht fachlich überwachten Anlagen, z.B. Schwimmbädern, angewendet, aber nur als „zusätzlicher Schutz" neben üblichem Basisschutz und Fehlerschutz.

Fachlich überwachte Anlagen (kein Normbegriff) sind Anlagen, die „von Elektrofachkräften oder elektrotechnisch unterwiesenen Personen betrieben und überwacht werden" (Normbegriff aus VDE 0100-410).

Leiter für die Schutzmaßnahmen Wires for Protection Measures

Benennung und Farbkennzeichnung

Leiter	Kurzzeichen	Erklärung	Farben
Außenleiter	L, L1, L2, L3	Leiter, der im üblichen Betrieb unter Spannung steht und Energie übertragen kann.	BK oder BR oder GY
Neutralleiter	N	Leiter, der normal nicht unter Spannung gegen Erde steht und Energie übertragen kann.	BU, in USA WH, GY
Schutzleiter	PE	Leiter zur Sicherheit, z. B. zum Fehlerschutz.	GN YE
PEN-Leiter	PEN	Leiter, der zugleich Schutzleiter und Neutralleiter ist.	GN-YE evtl. +BU
PEL-Leiter	PEL	Leiter, der zugleich Außenleiter und Schutzleiter ist.	
PEM-Leiter	PEM	Leiter, der zugleich Mittelleiter und Schutzleiter ist.	am Leiteranfang und -ende die zweite Farbe +BU anbringen.
Schutzpotenzialausgleichsleiter	PB	Schutzleiter zur Herstellung des Schutzpotenzialausgleichs. PBE für geerdet, PBU für ungeerdet. (PB von protec tive bonding)	GN-YE (Farbcode, siehe unten)

Querschnitte für Schutzleiter PE und Schutzpotenzialausgleichsleiter PB vgl. DIN VDE 0100-540

PE-Querschnitt bei Cu

Außenleiterquerschnitt A_L in mm²	PE-Querschnitt A_p in mm²	Bemerkungen
≤ 16	$= A_L$	Wenn PE nicht in gemeinsamer Umhüllung mit N und L verlegt wird, ist $A_p \geq 2{,}5$ mm² bei mechanischem Schutz und $A_p \geq 4$ mm² ohne mechanischen Schutz
$16 < A_L \leq 35$	= 16	
> 35	$= A_L/2$ (gerundet)	

Wenn Verbrauchsmittel im normalen Betrieb Schutzleiterströme über 10 mA hervorrufen, z. B. bei großen Wärmegeräten, muss der PE verstärkt werden auf 10 mm² Cu oder durch einen 2. PE mit normalem Querschnitt.

PB-Querschnitt bei Cu

Querschnitt-Bemessung	zusätzlicher Schutzpotenzialausgleichsleiter		Schutzpotenzialausgleichsleiter über die Haupterdungsschiene
normal	zwischen zwei Körpern	1 x PE-Querschnitt vom Endstromkreis	nicht kleiner als 6 mm² Cu oder 10 mm² Al oder 50 mm² Stahl.
	zwischen einem Körper und fremdem leitfähigem Teil	0,5 x PE-Querschnitt vom Endstromkreis	
mindestens	bei mechanischem Schutz	2,5 mm² Cu	
	ohne mechanischen Schutz	4 mm² Cu	

Werden für PE oder PB andere Leiter als Cu verwendet, so sind deren Querschnitt im Verhältnis der Leitfähigkeiten umzurechnen und aufzurunden.

Mindestquerschnitte der Leiter von fest verlegten Leitungen vgl. DIN VDE 0100-520

Stromkreisart	Werkstoff	Mindestquerschnitt
Kabel, Mantelleitung, Aderleitung		
Leistungsstromkreise	Cu Al	1,5 mm² 16 mm²
Melde- und Steuerstromkreise	Cu	0,1 mm² bei Elektronik, 0,5 mm² sonst
blanke Leiter, z. B. Stromschienen		
Leistungsstromkreise	Cu Al	10 mm² 16 mm²
Melde- und Steuerstromkreise	Cu	4 mm²

Mindestquerschnitte der Leiter bei beweglichen Verbindungen vgl. DIN VDE 0100-520

Stromkreisart	Werkstoff	Mindestquerschnitt
allgemein	Cu	0,75 mm²
SELV, PELV	Cu	0,75 mm²
bei 7 oder mehr Adern	Cu	0,01 mm²

Beleuchtungsstromkreise gehören zu den Leistungsstromkreisen. Ihre Querschnitte sind entsprechend zu bemessen.

BK Black = Schwarz	GY Grey = Grau
BU Blue = Blau	WH White = Weiß
BR Brown = Braun	YE Yellow = Gelb
GN Green = Grün	GN-YE Green-Yellow

Prüfung der Schutzmaßnahmen Verification of Protective Measures

Schutzmaßnahme	Prüfung	Prüfverfahren
Prüfung der Schutzmaßnahmen ohne Schutzleiter		vgl. DIN VDE 0100-600
Alle Schutzmaßnahmen	Besichtigen. Dabei ist zu überwachen, dass Stecker, Leitungen und Spannungserzeuger richtig ausgewählt sind, die Schutzisolierung nicht beschädigt und bei Schutz durch nicht leitende Umgebung die Standortisolierung richtig ausgeführt ist.	
Doppelte oder verstärkte Isolierung (Schutzklasse II)	Prüfung der Verbrauchsmittel ist nur nach Reparatur nötig. Der Netzanschluss ist zu prüfen.	
Nicht leitende Umgebung	Messung des Isolationszustandes. (Als Fehlerschutz ausreichend nur in fachlich überwachten Anlagen).	Messung des Isolationswiderstandes von Fußboden und Wänden (bei $U_N \leq 500$ V erforderlicher Widerstand $R_x \geq 50$ kΩ).
SELV und PELV	Messung, ob Bemessungsspannung $U_N \leq$ AC 50 V bzw. AC 25 V bzw. DC 120 V bzw. DC 60 V. Prüfung des Sekundärkreises auf Erdschluss oder auf Verbindung mit höherer Spannung.	Spannungsmessung, Isolationsmessung gegen Erde (mit $U \geq$ DC 250 V, Isolationswiderstand ≥ 500 kΩ).
Schutztrennung	Prüfung, ob Sekundärstromkreis ohne Erdschluss ist. Prüfung, ob Produkt aus Spannung und Leitungslänge $\leq 100\,000$ Vm ist.	Isolationsmessung gegen Erde mit DC 500 V bei Bemessungsspannung ≤ 500 V, Isolationswiderstand ≥ 1 MΩ.
Prüfung der Schutzmaßnahmen mit Schutzleiter		vgl. DIN VDE 0100-600
Alle Schutzmaßnahmen mit Schutzleiter	Besichtigen. Es ist insbesondere zu prüfen, ob Schutzeinrichtungen richtig ausgewählt sind und Schutzleiter, Schutzpotenzialausgleichsleiter und Erdungsleiter den richtigen Querschnitt haben und richtig gekennzeichnet sind.	
Durchgängigkeit Isolationswiderstand	Die Durchgängigkeit von Schutzleitern PE und Schutzpotenzialausgleichsleitern PB ist mit Messgeräten von mindestens 4 V bis 24 V Leerlaufspannung durch einen Strom $\geq 0{,}2$ A nachzuweisen, nicht mit einem hochohmigen Widerstandsmesser von wenigen Milliampere.	*Prüfung,* ob PE nicht mit Neutralleiter oder Außenleiter verbunden ist, z.B. durch Spannungsmessung gegen Erde. *Isolationsmessung* in der Verteilung (bei $U_N \leq 500$ V messen mit DC 500 V, Isolationswiderstand $R_x \geq 1$ MΩ. Wenn $U_N > 500$ V, messen mit DC 1000 V und $R_x \geq 1$ MΩ).
Schutz infolge automatischer Abschaltung durch RCD (Fehlerstrom-Schutzeinrichtung)	Prüfung, ob die RCD richtig arbeitet. Prüfung, ob die Fehlerspannung beim Auslösen durch künstlichen Fehler $\leq$ AC 50 V ist. Beim TT-System auch Messung des Erdungswiderstands R_A. Prüfung, ob die RCD vom richtigen Typ ist (Typ B, wenn glatte DC-Fehlerströme auftreten können, sonst Typ A).	Betätigung der Prüftaste. Messung der Fehlerspannung oder Messung des Erdungswiderstandes. Beim TT-System muss sein: $R_A \leq \frac{50\ \text{V}}{I_{\Delta N}}$ 1
Schutz infolge automatischer Abschaltung durch Überstrom-Schutzeinrichtung	Prüfung, ob bei einpoligem Kurzschluss genügend schnell Abschaltung erfolgt (Seite 210). Prüfung, ob beim TN-System die gemessene Schleifenimpedanz Z_{Sm} und beim TT-System der Erdungswiderstand der Anlagenerder ausreichen. Da Z_{Sm} bei einer kleineren Leitungstemperatur als der Betriebstemperatur gemessen wird, muss sein $Z_{Sm} \leq \frac{2}{3} \cdot \frac{U_0}{I_a}$.	Schleifenimpedanzmessung an der entferntesten Stelle. Erdungswiderstandsmessung. Isolationsmessung bei Erstprüfung. Bei $U_N \leq 500$ V messen mit DC 500 V, Isolationswiderstand $R_x \geq 1$ MΩ. Bei $U_N > 500$ V messen mit DC 1000 V und $R_x \geq 1$ MΩ. Bei Wiederholungsprüfung: ≥ 1 kΩ/V (von U_N), bei Feuchtigkeit $\geq 0{,}5$ kΩ/V.
Schutz infolge Meldung durch Isolationsüberwachungseinrichtung	Prüfung, ob Isolationsüberwachungsgerät richtig arbeitet. Prüfung, ob Isolationsüberwachung bei Erdschluss arbeitet. Messung, ob Erdungswiderstand genügend klein ist ($R_A \leq U_L/I_{\Delta N}$). Prüfung, ob alle leitfähigen Konstruktionsteile miteinander niederohmig verbunden sind.	Betätigen der Prüftaste. Künstlichen Fehler über Widerstand zwischen Außenleiter und PE herstellen. Erdungswiderstandsmessung. Widerstandsmessung, z.B. zur Haupterdungsschiene.

I_a Abschaltstrom, $I_{\Delta N}$ Bemessungsdifferenzstrom der RCD (Residual Current protective Device = Reststrom-Schutzgerät), R_A Anlagenerderwiderstand; R_x Isolationswiderstand; U_L höchstzulässige Berührungsspannung, U_N Bemessungsspannung, U_0 Bemessungsspannung gegen Erde, Z_{Sm} gemessene Schleifenimpedanz.

Wiederkehrende Prüfungen Repetitive Verifications vgl. DIN VDE 0105-100

Aufgaben

Art	Erklärung	Bemerkungen
Zweck der wiederkehrenden Prüfung: Elektrische Anlagen (auch nicht gewerbliche Anlagen) sind in ordnungsgemäßem Zustand zu erhalten. Deshalb müssen sie in geeigneten Zeitabständen geprüft werden.	Die Prüfung erfolgt durch • Besichtigen, • Erproben und • Messen. Durchführung von Elektrofachkräften, die Kenntnisse durch Prüfung vergleichbarer Anlagen haben. Die Führung eines Protokollbuches kann erforderlich sein.	In gewerblichen und landwirtschaftlichen Anlagen ist der Unternehmer (Betreiber) verantwortlich für die Durchführung der wiederkehrenden Prüfung. Nach BGV A3 (Unfallverhütungsvorschrift der Berufsgenossenschaften) müssen Anlagen ständig durch eine Elektrofachkraft überwacht werden oder bestimmte Prüffristen müssen eingehalten werden.
Messungen: Ermitteln der Werte, die eine Beurteilung der Schutzmaßnahmen beim Fehlerschutz ermöglichen.	Vor allem ist eine regelmäßige Messung des Isolationszustandes zwischen jedem aktiven Leiter (Außenleiter und Neutralleiter) und Erde oder PE vorgeschrieben. (Mindestwerte des erforderlichen Isolationswiderstandes siehe unten)	Der Isolationszustand ist mit einer Gleichspannung zu messen. Die Spannungsquelle muss bei einer Belastung von 1 mA mindestens eine Spannung in Höhe der Bemessungsspannung der zu prüfenden Anlage abgeben.

Größtzulässige Prüffristen Vgl. BGV A3

Betriebsmittel, Anlage	Prüffrist, Prüfer	Art der Prüfung
RCDs bei nicht stationären Anlagen.	An jedem Arbeitstag durch Benutzer. Durch Elektrofachkraft monatlich.	Erproben der Prüfeinrichtung der RCD. Prüfung der Wirksamkeit durch Messung, z. B. der Auslösespannung.
RCDs bei stationären Anlagen.	Alle 6 Monate durch Benutzer.	Erproben der Prüfeinrichtung.
Bewegliche Anschlussleitungen und Verlängerungsleitungen einschließlich der Steckverbinder.	Wenn benutzt, alle 6 Monate durch Elektrofachkraft. Bei Verwendung auf Baustellen alle 3 Monate.	Besichtigen auf ordnungsgemäßen Zustand, bei Bedarf Messen z. B. des Schutzleiterwiderstands.
Isolierende Schutzkleidung.	Vor jeder Benutzung durch Benutzer. Wenn benutzt, alle 6 Monate durch Elektrofachkraft.	Prüfen auf auffällige Mängel. Prüfen auf Zustand.
Spannungsprüfer, isolierte Werkzeuge.	Vor jeder Benutzung durch Benutzer.	Prüfung auf Mängel und Funktion.
Anlagen und ortsfeste Betriebsmittel.	Mindestens alle 4 Jahre durch Elektrofachkraft.	Prüfung auf ordnungsgemäßen Zustand, auch mit Messungen.

Kleinstzulässiger Isolationswiderstand bei wiederkehrenden Messungen

Anlage	Mindest-Isolationswiderstand bezogen auf die Bemessungsspannung des Stromkreises	Schaltungsbeispiel
Normale Räume, Verbrauchsmittel eingeschaltet.	300 Ω/V (am 230-V-Netz also 69 kΩ)	
Normale Räume, Verbrauchsmittel abgeschaltet.	1000 Ω/V (am 230-V-Netz also 230 kΩ)	
Anlagen im Freien, Räume in denen zur Reinigung Fußboden oder Wände bespritzt werden.	Verbrauchsmittel EIN: 150 Ω/V Verbrauchsmittel AUS: 500 Ω/V (bei 230 V also 115 kΩ)	
IT-System	50 Ω/V	
SELV und PELV	0,25 MΩ bei Messgleichspannung 250 V	
FELV	Wie beim System mit höherer Spannung, dessen Schutzleiter mit den Körpern des FELV-Stromkreises verbunden ist.	

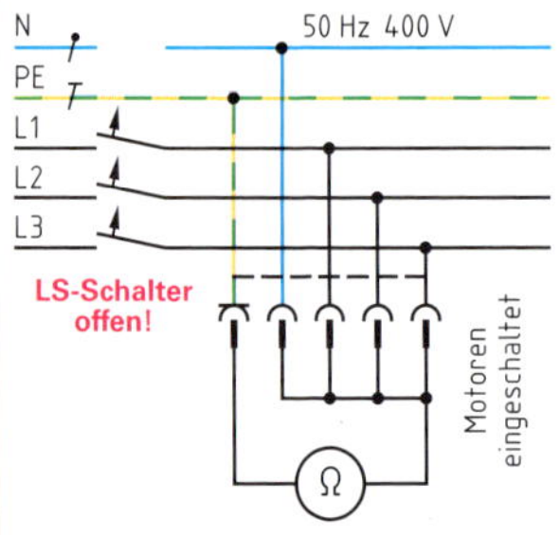

Messung des Isolationswiderstandes bei einem Motorstromkreis

Instandsetzung, Änderung und Prüfung elektrischer Geräte (1)

Repair, Modification and Testing of Electrical Equipment

Objekte, Prüffristen und Prüfer

Art	Erklärung	Beispiele
Betriebsmittel	Benutzte ortsveränderliche elektrische Betriebsmittel.	Mess-, Steuer- und Regelgeräte, Leuchten, Elektrowerkzeuge, Verlängerungs- und Geräteanschlussleitungen mit Steckvorrichtungen, Anschlussleitungen mit Stecker, bewegliche Leitungen mit Stecker und Festanschluss.
Prüffristen	Nach den Unfallverhütungsvorschriften müssen ortsveränderliche elektrische Geräte auf ihren ordnungsgemäßen Zustand überprüft werden. Die Prüfungen sind in bestimmten Zeitabständen zu wiederholen.	• 6 Monate (Richtwert), • 3 Monate auf Baustellen (wird bei den Prüfungen eine Fehlerquote < 2% erreicht, kann die Prüffrist entsprechend verlängert werden), • 1 Jahr (Maximalwert) auf Baustellen, in Fertigungsstätten und Werkstätten oder unter ähnlichen Bedingungen, • 2 Jahre in Büros oder unter ähnlichen Bedingungen.
Prüfer	Elektrische Anlagen dürfen nur von Elektrofachkräften errichtet, gewartet oder geändert werden.	Elektrofachkraft (bei Verwendung geeigneter Mess- und Prüfgeräte, z. B. mit „Gut-Schlecht-Anzeige" auch elektrotechnisch unterwiesene Personen, die unter Aufsicht von Elektrofachkräften stehen müssen).

Durchführung der Prüfung

Art	Erklärung	Bemerkungen, Daten
Sichtkontrolle	Alle Geräte werden ohne Geräteöffnung auf erkennbare äußere Mängel besichtigt.	Kontrolle z. B. von: Gehäuseschäden, Beschädigungen der Anschlussleitung, Biegeschutztülle und Zugentlastung.
Messen des Schutzleiterwiderstandes	Die Durchgängigkeit des Schutzleiters ist durch Messung mit einem Prüfstrom von mindestens 0,2 A nachzuweisen.	Grenzwert: ≤ 0,3 Ω bis 5 m Anschlusslänge (I_N < 16 A), zusätzlich 0,1 Ω je weitere 7,5 m (Messschaltung: folgende Seite).
Messen des Isolationswiderstandes	Der Isolationswiderstand ist nach bestandener Schutzleiterprüfung zu messen. Bei der Messung ist darauf zu achten, dass z. B. Einschalter geschlossen sind (Messschaltung: folgende Seite).	Zulässiger Isolationswiderstand: • Schutzklasse I: Allgemein ≥ 1 MΩ, Geräte mit Heizelementen ≥ 0,3 MΩ. Wird bei Geräten > 3,5 kW der Isolationswiderstand nicht erreicht, ist das Gerät auch in Ordnung, wenn der Schutzleiterstrom 3,5 mA nicht überschreitet. • Schutzklasse II: ≥ 2,0 MΩ, • Schutzklasse III: ≥ 0,25 MΩ
Messen des Ersatzableitstromes	Wird der geforderte Isolationswiderstand bei Geräten der Schutzklasse I nicht erreicht, ist eine Ersatzableitstrommessung durchzuführen.	Der Ersatzableitstrom darf die Grenzwerte des Schutzleiterstromes bzw. des Berührungsstromes nicht überschreiten.
Messen des Schutzleiterstromes	Bei Geräten der Schutzklasse I ist der Schutzleiterstrom zu messen. Das Gerät ist mit Bemessungsspannung zu betreiben. Als Grenzwert gilt allgemein 3,5 mA. Bei Geräten mit eingeschalteten Heizelementen und einer Leistung > 3,5 kW darf der Schutzleiterstrom nicht größer als 1 mA/kW (max. 10 mA) Heizleistung sein.	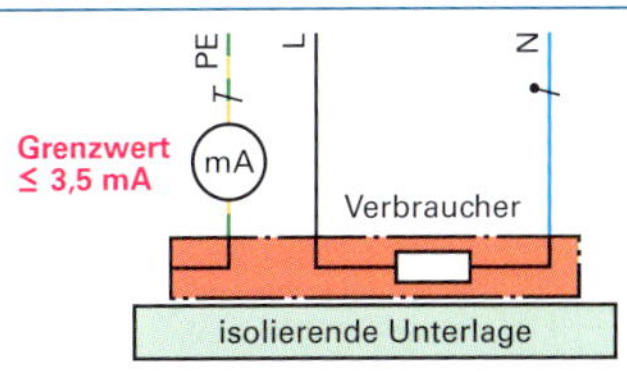 **Messen des Schutzleiterstromes**
Messen des Berührungsstromes	Bei Geräten der Schutzklasse II, wenn diese leitfähige berührbare Teile besitzen oder wenn bei Geräten der Schutzklasse I berührbare leitfähige Teile nicht an den Schutzleiter angeschlossen sind. Der Grenzwert beträgt 0,5 mA. Das Gerät ist mit Bemessungsspannung zu betreiben.	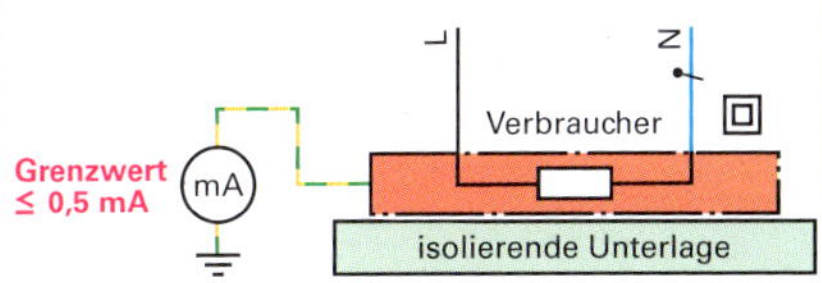 **Messen des Berührungsstromes**

Instandsetzung, Änderung und Prüfung elektrischer Geräte (2)
Repair, Modification and Testing of Electrical Equipment

Prüfung	Erklärung
Sichtkontrolle	Die Geräteanschlussleitung ist auf Beschädigung und auf wirksamen Sitz in den Zugentlastungen zu überprüfen. Die Biegeschutztülle ist zu besichtigen und durch Handprobe zu prüfen. Der Schutzleiter muss im gesamten Verlauf in ordnungsgemäßem Zustand sein. Schutzleiteranschlüsse müssen kritisch besichtigt und durch Handprobe auf richtigen Sitz geprüft werden.
Messung des Schutzleiterwiderstandes	Der Widerstand des Schutzleiters muss bis 5 m Anschlusslänge ≤ 0,3 Ω sein, zuzüglich 0,1 Ω für jede weitere 7,5 m. Maximaler Schutzleiterwiderstand: ≤ 1 Ω. Er ist zu messen zwischen dem Gehäuse und dem • Schutzkontakt des Netzsteckers, • Schutzkontakt des Gerätesteckers oder dem • Schutzleiter am netzseitigen Ende des festen Anschlusses.
Messen des Isolationswiderstandes	Der Isolationswiderstand wird zwischen den betriebsmäßig unter Spannung stehenden Teilen eines Gerätes und den berührbaren Metallteilen des Gehäuses gemessen.

Isolationswiderstand bei Schutzklasse

I	II	III
≥ 0,3 MΩ bzw. 1 MΩ*	≥ 2,0 MΩ	≥ 0,25 MΩ

* 0,3 MΩ bei Geräten mit Heizelementen bis 3,5 kW. 1,0 MΩ für alle übrigen Geräte der Schutzklasse I.

Zum Messen alle Schalter schließen.

Gleichspannung des Isolationsmessgerätes bei einem Messstrom von mindestens 1 mA muss ≥ 500 V sein.

Prüfung	Erklärung
Schutzleiterstrommessung	Sie ist durchzuführen bei Geräten der Schutzklasse I, wenn z. B. Funkentstörkondensatoren eingebaut oder ausgewechselt werden oder wenn bei Wärmegeräten der geforderte Isolationswiderstand von 0,3 MΩ unterschritten wird. Ausführung, Grenzwerte und Prüffristen siehe vorhergehende Seite.
Ersatz-Ableitstrommessung	Maßnahme, wenn eine vorgeschriebene Messung des Ableitstromes nicht möglich ist, z. B. wenn das zu prüfende Gerät nicht gegen Erde isoliert aufgestellt werden kann. Man verwendet eine potenzialfreie Spannungsquelle für Wechselspannung von 25 V bis 250 V. Die Messspannung sollte so groß sein wie die Betriebsspannung des Gerätes oder kleiner, z. B. 40 V. Erfolgt die Messung bei dieser niedrigeren Spannung, so wird der gemessene Ersatz-Ableitstrom linear auf die volle Betriebsspannung hochgerechnet.
Funktionsprüfung	Das geänderte Gerät ist gemäß den Bestimmungen des Herstellers zu betreiben. Bei Elektrowärmegeräten muss die Prüfdauer eine Aufheizperiode übersteigen. Nach Änderungen sind die Aufschriften auf dem Leistungsschild zu berichtigen.
Prüfung der Spannungsfestigkeit	Bei gewerblich genutzten Geräten muss eine Prüfung auf Spannungsfestigkeit durchgeführt werden, wenn in elektrischen Baueinheiten Einzelteile ersetzt werden.

Prüfspannung (*f* = 50 Hz) zwischen Körper und unter Spannung stehenden Teilen für die Dauer von 1 Minute:

Schutzklasse	I	II	III
Spannung	1000 V	3000 V	400 V

Messschaltungen

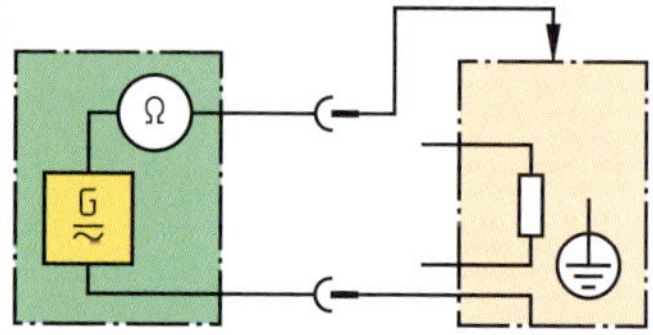

Messen des Schutzleiterwiderstandes

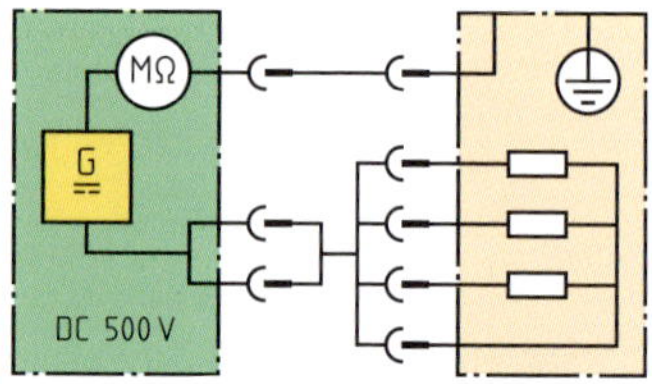

Messen des Isolationswiderstandes bei dreiphasigen Geräten der Schutzklasse I

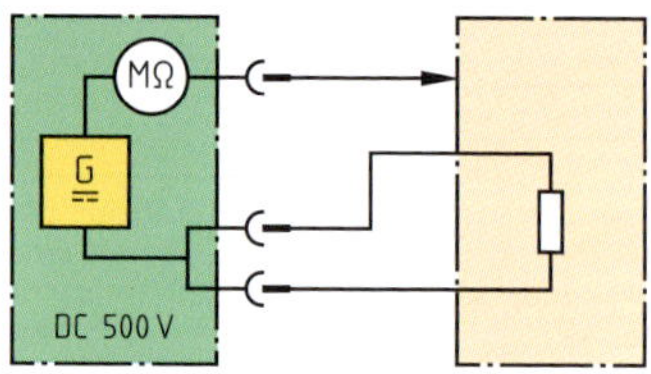

Messen des Isolationswiderstandes bei Geräten der Schutzklasse II

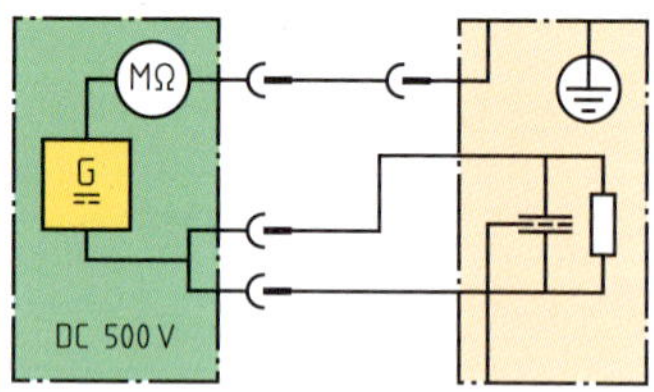

Messen des Isolationswiderstandes bei Geräten der Schutzklasse III

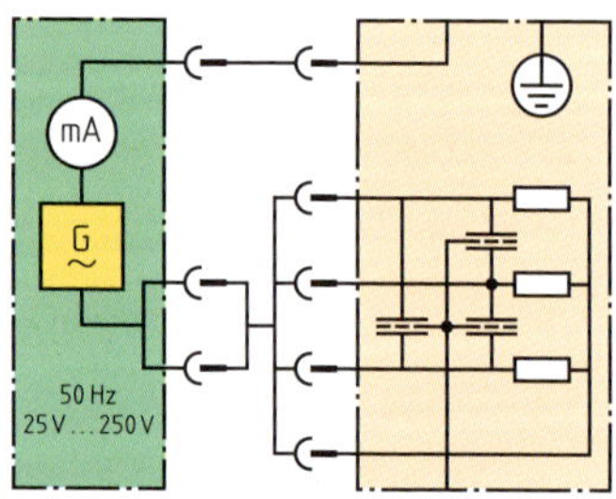

Messen des Ersatz-Ableitstromes bei dreiphasigen Geräten

Transformatoren und Drosselspulen, Prüfung der Isolation
Transformers and Chokes, Testing the Insulation

Arten der Prüfung

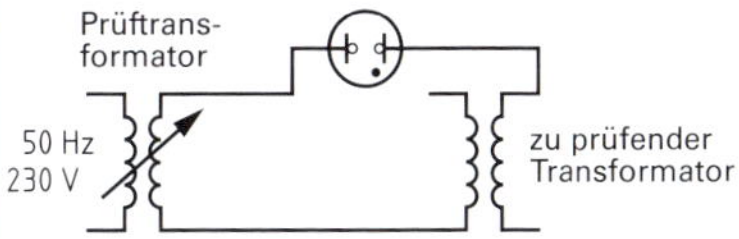

Wicklungsprüfung

Die Prüfung beginnt mit höchstens 33% der Prüfspannung. Die Spannung wird innerhalb von 10 Sekunden auf die volle Prüfspannung erhöht. Dabei darf kein Überschlag oder Durchschlag auftreten. Man spricht von Prüfung mit *angelegter Stehwechselspannung*, da die volle Prüfspannung 60 s anliegt. Bei Kleintransformatoren (bis 16 kVA und bis 1000 V) misst man zusätzlich den Isolationswiderstand.

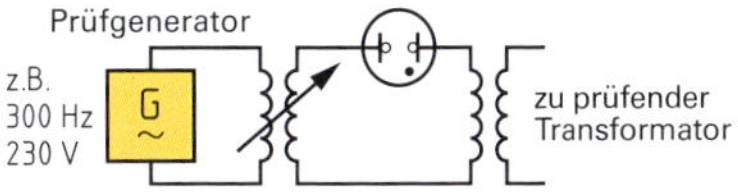

Windungsprüfung beim Kleintransformator

Mit der Windungsprüfung prüft man die Isolation zwischen benachbarten Windungen mit erhöhter Prüffrequenz bei doppelter Bemessungsspannung. Bei Großtransformatoren werden Folgen von kurzen Gleichspannungsimpulsen auf die Wicklung übertragen (*Stoßspannungsprüfung*), die abklingende Wechselströme hervorrufen (Schwingkreis). Isolationsfehler zeigt das Oszilloskop an.

Wicklungsprüfung bei Kleintransformatoren (bis 16 kVA, 1000 V, 500 Hz)

Größte Bemessungsspannung des Transformators	50 V	250 V	500 V	1000 V
Prüfspannungen[1] in V bei Geräteschutzklassen I (Schutzleiteranschluss) und III (SELV und PELV)				
Eingangskreis gegen Körper Ausgangskreis gegen Körper Eingangskreis gegen Ausgangskreis	1000	1500	2500	3500
Prüfspannungen[1] in V bei Geräteschutzklasse II (Schutzisolierung)				
Betriebsisolierung Eingangskreis gegen Metallteile	–	1500	2000	2500
Schutzklasse II Metallteile gegen Körper	–	2500	2500	2500
Eingangskreis gegen Ausgangskreis bei verstärkter Isolierung	–	3000	3500	4500
Eingangskreis gegen Körper und Ausgangskreis gegen Körper	1000	1500	2500	3000
Prüfspannungen[1] in V bei allen Geräteschutzklassen				
Zwischen den Eingangsklemmen und zwischen den Ausgangsklemmen	500	1000	1500	3000
Zwischen den Wicklungsgruppen (bei unterteilter Eingangswicklung)	–	500	500	1000

Windungsprüfung bei Kleintransformatoren

Formeln

$$\text{Prüfspannung} = 2 \times \text{Bemessungsspannung} \quad (1)$$

$$\text{Prüfdauer in min} = \frac{10 \times \text{Bemessungsfrequenz}}{\text{Prüffrequenz}} \quad (2)$$

Bem.frequenz	Prüffrequenz	Prüfdauer
50 Hz	100 Hz	5 min
50 Hz	200 Hz	2,5 min
50 Hz	300 Hz	1,7 min
400 Hz	1600 Hz	2,5 min

Messung des Isolationswiderstandes

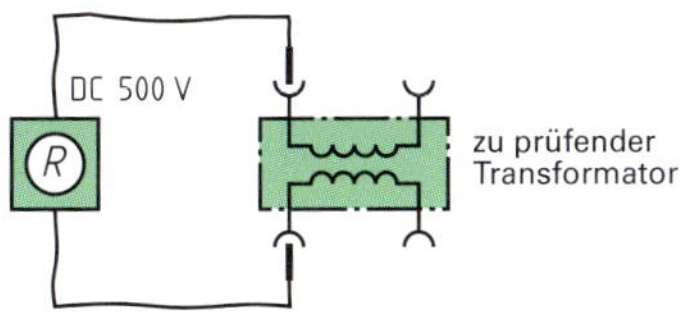

Der Isolationswiderstand ist mit Gleichspannung von 500 V zu messen, und zwar 1 min nach Anlegen der Spannung.

Der Isolationswiderstand muss zwischen Eingangskreis und Ausgangskreis mindestens 5 MΩ betragen, für andere Isolierungen (auch Schutzisolierung) 2 MΩ.

[1] Die Prüfspannung muss während 1 min am Prüfgegenstand liegen. Bei Wiederholungsprüfung genügen 80% der Prüfspannungswerte.

Berechnung von Transformatoren
Calculation of Transformers

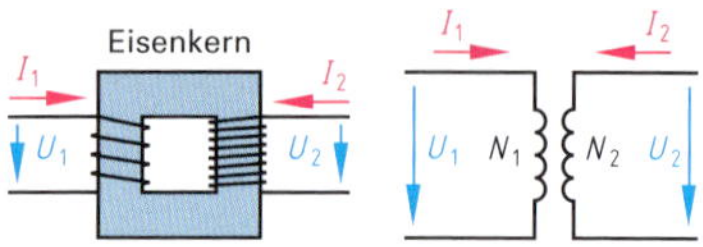

Bezugspfeile beim Transformator

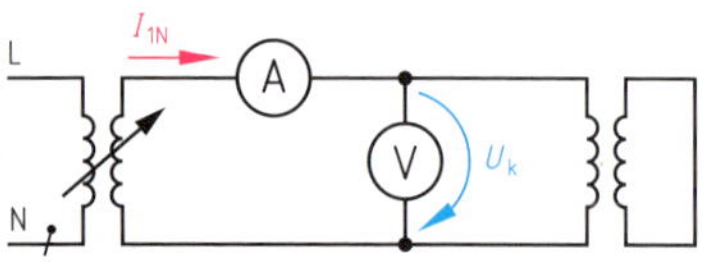

Messen der Kurzschlussspannung

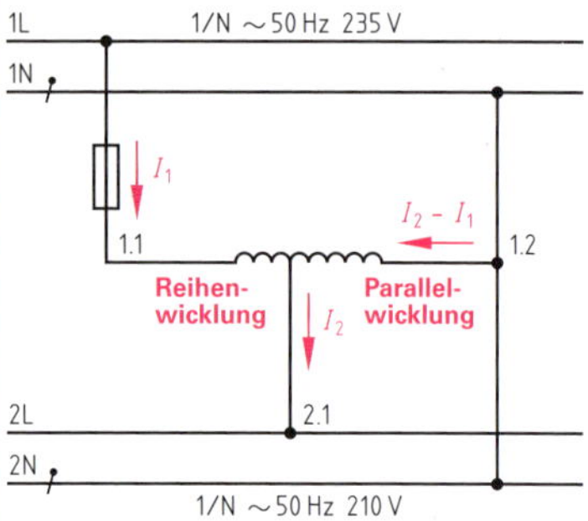

Schaltung des Spartransformators

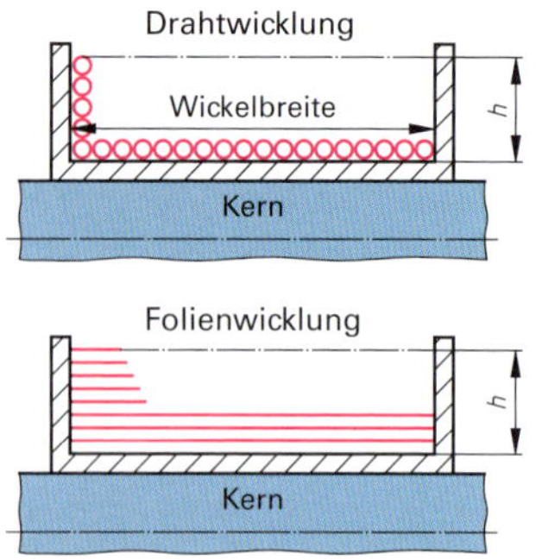

Wicklungsaufbau

Ideale Transformatoren (völlig verlustlos)

$$U_0 = N_2 \cdot 2\,\pi \cdot f \cdot \hat{B} \cdot A_{Fe}/\sqrt{2}$$

Leerlaufspannung

bei Sinusspannung

$$U_0 = 4{,}44 \cdot \hat{B} \cdot A_{Fe} \cdot f \cdot N \qquad (1)$$

Übersetzungen

bei Einphasenwechselspannungen

$$\frac{U_{01}}{U_{02}} = \frac{N_1}{N_2}$$

$$\frac{U_1}{U_2} = \frac{N_1}{N_2} \qquad (2)$$

$$\ddot{u} = \frac{U_1}{U_2} \qquad (3)$$

$$\Theta_1 = \Theta_2$$

$$\frac{I_1}{I_2} = \frac{N_2}{N_1} \qquad (4)$$

$$\frac{Z_1}{Z_2} = \ddot{u}^2 \qquad (5)$$

$$\frac{C_1}{C_2} = \frac{1}{\ddot{u}^2} \qquad (6)$$

$$\frac{R_1}{R_2} = \ddot{u}^2 \qquad (7)$$

$$\frac{L_1}{L_2} = \ddot{u}^2 \qquad (8)$$

Reale Transformatoren

Bei realen Transformatoren gelten die Formeln des idealen Transformators näherungsweise, und zwar umso genauer, je kleiner u_k ist.

Bezogene Kurzschlussspannung

$$u_k = \frac{U_k}{U_N} \qquad (9)$$

$$u_k = \frac{U_k \cdot 100\%}{U_N} \qquad (10)$$

Dauerkurzschlussstrom

$$I_{kd} = \frac{I_N}{u_k} \qquad (11)$$

$$i_s \leq 2{,}54 \cdot I_{kd} \qquad (12)$$

$$U_2 = K \cdot \frac{U_1 \cdot N_2}{N_1} \qquad (13)$$

Bauleistung

beim Spartransformator

$$S_B = \frac{U_1 - U_2}{U_1} \cdot S_D \qquad (14)$$

Lagenzahl

$$z \approx \frac{h}{d} \qquad (15)$$

Windungszahl

$$N \approx N_L \cdot z \qquad (16)$$

$$l \approx \pi \cdot d_m \cdot N \qquad (17)$$

- A_{Fe} Eisenquerschnitt
- $\hat{B}$ magnetische Flussdichte (Scheitelwert)
- C Kapazität
- d Drahtdurchmesser oder Foliendicke
- d_m mittlerer Windungsdurchmesser
- f Frequenz
- h Wickelhöhe
- I Stromstärke
- I_{kd} Dauerkurzschlussstrom
- I_N Bemessungsstrom, Nennstrom
- i_s Stoßkurzschlussstrom
- K Kopplungsfaktor
- L Induktivität
- l Drahtlänge
- N Windungszahl
- N_L Windungszahl je Lage
- R Widerstand
- S_B Bauleistung
- S_D Durchgangsleistung
- U Spannung
- U_0 Leerlaufspannung
- U_N Bemessungsspannung, Nennspannung
- U_k gemessene Kurzschlussspannung
- u_k bezogene Kurzschlussspannung
- $\ddot{u}$ Übersetzungsverhältnis
- Z Scheinwiderstand
- z Lagenzahl
- 1 Index für Oberspannungsseite
- 2 Index für Unterspannungsseite

Weitere Betriebsgrößen von Transformatoren
More Operating Quantities of Transformers

Bestimmung der Betriebsgrößen Eisenverluste, Kupferverluste, Verhalten mit Last

Fall, Anwendung	Ersatzschaltung	Zeigerbild	Bemerkungen
Leerlauf jeweils an U_N Messung von $I_0 \approx I_m$ mit Strommesser und von P_{vFe} mit Leistungsmesser. P_{vFe} ist unabhängig von der Belastung.	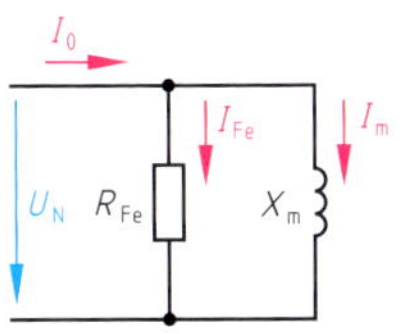	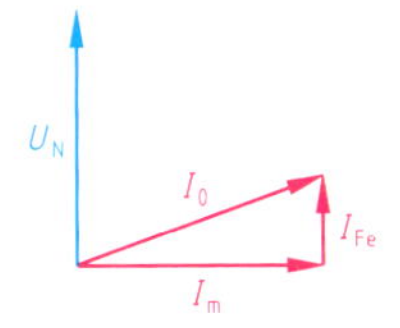	I_0 ist annähernd I_m. Im Ersatzwiderstand R_{Fe} tritt P_{vFe} auf. Die magnetische Streuung σ ist sehr klein.
Kurzschließen und Anschluss an U_k, Messung von P_{vCu} mit Leistungsmesser. P_{vCu} ist quadratisch abhängig vom Laststrom.	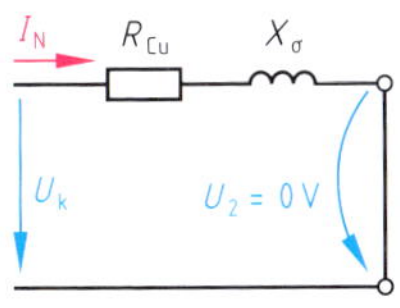	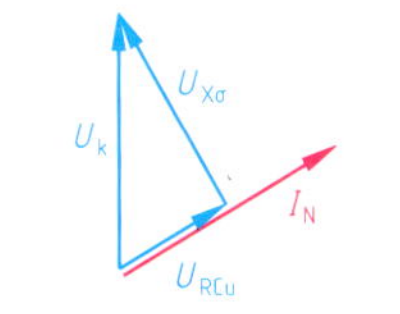	Durch Anschluss an U_k fließt der volle Bemessungsstrom, sodass P_{vCu} gemessen wird. Die magnetische Streuung σ ist groß und bewirkt einen Blindwiderstand X_σ.
Betrieb mit Last an U_N Die Ausgangsspannung mit Last hängt gegenüber dem Leerlauf hier von P_{vCu} und X_σ sowie Z ab.	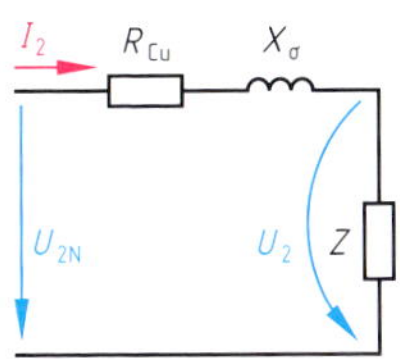	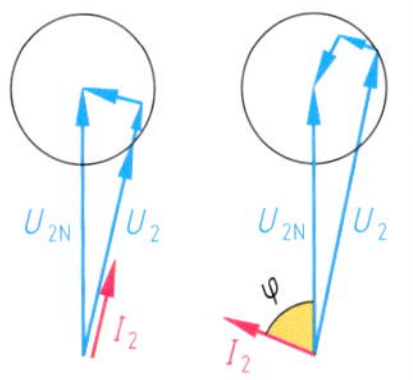	Bei Wirklast und induktiver Last liegt an der Last eine kleinere Spannung als U_{2N}. Bei kapazitiver Last kann U_2 größer sein als U_{2N}.

Verluste, Wirkungsgrad, Jahresnutzungsgrad

Begriffe	Erklärung	Formeln	
		bei einphasigem AC	bei dreiphasigem 3AC
Bemesssungsleistung (beim Trafo Scheinleistung) Bemessungsspannung Bemessungsstrom	Aus Scheinleistung S_N folgt über die Bemessungsspannung U_N der Bemessungsstrom I_N. Phasenfaktor $\sqrt{3}$	$S_N = U_N \cdot I_N$ **1**	$S_N = \sqrt{3} \cdot U_N \cdot I_N$ **2**
Verlustleistung P_v Eisenverlust P_{vFe} Kupferverlust P_{vCu}	Wirkleistungsverlust durch Ummagnetisierung und Erwärmung der Wicklung	$P_v = P_{in} - P_{out}$ **3**	$P_v = P_{vFe} + P_{vCu}$ **4**
Wirkungsgrad η (eta)	Verhältnis von nutzbarer Leistung zur aufgewendeten Leistung	$\eta = \frac{P_{out}}{P_{in}}$ **5**	$\eta = \frac{P_{out}}{P_{out} + P_{vFe} + P_{vCu}}$ **6**
Jahresarbeitsgrad, Jahresnutzungsgrad ζ (zeta)	Verhältnis von nutzbarer jährlicher Arbeit zur aufgewendeten jährlichen Arbeit	$\zeta = \frac{W_{out}}{W_{in}}$ **7**	$\zeta = \frac{W_{out}}{W_{out} + W_{vFe} + W_{vCu}}$ **8**

I_0 Leerlaufstrom
I_m Magnetisierungsstrom
I_N Bemessungsstrom
P_{in} Eingangsleistung
P_{out} Ausgangsleistung
P_v Leistungsverlust

S_N Bemessungsleistung (beim Trafo)
W_{in} jährlich aufgenommene Arbeit
W_{out} jährlich abgegebene Arbeit
W_{vFe} Verlust im Eisenkern
W_{vCu} Verlustarbeit in der Wicklung

X_σ Blindwiderstand wegen magn. Streuung (σ sigma)
Z Impedanz der Last
η Wirkungsgrad (η eta)
ζ Arbeitsgrad, Nutzungsgrad (ζ zeta)

Kleintransformatoren Small Transformers

Blechgrößen

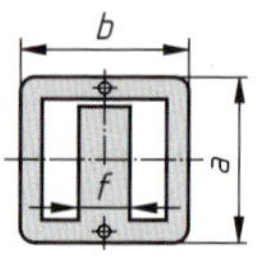

M-Kernblech

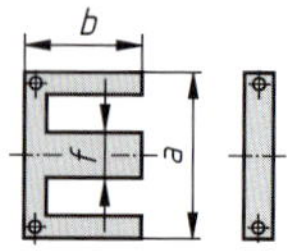

EI-Kernblech

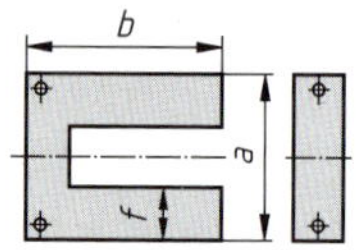

UI-Kernblech

Philbert-Kernbleche (nicht genormt)

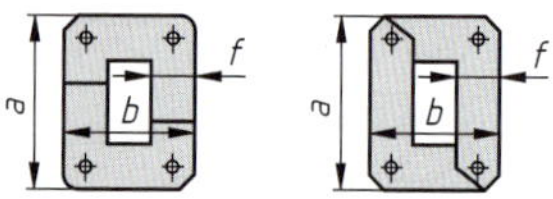

PU-Kernblech PI-Kernblech

Kurzzeich.	M 20	M 30	M 42	M 65	EI 30	EI 130	EI 150	EI 170	UI 30	UI 60	UI 102	UI 150	P 48	P 60	P 68	P 76	P 86	P 108	P 180
a	20	30	42	65	30	130	150	170	30	60	102	150	72	90	102	114	129	162	270
b	20	30	42	65	20	87,5	100	118	40	80	136	200	36	45	51	57	64,5	81	135
f	5	7	12	20	10	35	40	45	10	20	34	50	12	15	17	19	21,5	27	45

Berechnungstabelle für M-Kernbleche und EI-Kernbleche für $\hat{B}$ = 1,2 T

Bemessungsleistung[1] bei 1 Eingangswicklung und bis 2 Ausgangswicklungen in VA	4,5	12	26	48	62	120	180	230	280	350	420	500
Bemessungsleistung[1] bei mehreren Wicklungen in VA	3	9	12	40	52	100	160	210	260	320	380	460
Kern	M 42	M 55	M 65	M 74	M 85	M 102a	EI 102b	EI 130a	EI 130b	EI 150a	EI 150b	EI 150c
Maß *a* in mm	42	55	65	74	85	102	102	130	130	150	150	150
Kernbreite *f* in mm	12	17	20	23	29	34	34	35	35	40	40	40
Pakethöhe in mm	15	20	27	32	32	35	52	35	45	40	50	60
Eisenquerschnitt bei Füllfaktor 0,9 in cm²	1,6	3,0	4,9	6,7	8,4	11	16	11	14	14	18	21
nutzbare Fensterhöhe in mm	6,5	7,5	9	10	9	12	12	24	24	28	28	28
nutzbare Fensterbreite in mm	24	30	35	43	46	58	58	61	61	68	68	68
Wicklung												
Eingangswicklung[2]: Windungen/V	19,5	10,9	7,05	5,23	4,18	3,26	2,19	3,22	2,52	2,48	1,98	1,66
Ausgangswicklung[2]: Windungen/V	29,1	13,53	8,13	5,81	4,58	3,50	2,30	3,44	2,65	2,60	2,08	1,72
Wirkungsgrad $\eta \approx$	0,6	0,7	0,77	0,83	0,84	0,88	0,89	0,9	0,91	0,92	0,93	0,94
Stromdichte innen in A/mm²	4,6	3,9	3,4	3,1	3,0	2,5	2,3	1,7	1,7	1,5	1,5	1,4
Stromdichte außen in A/mm²	5,3	4,4	3,7	3,4	3,4	2,8	2,7	2,2	2,1	1,9	1,9	1,8
mittlere Windungslängen in mm												
innere Hälfte	73	95	120	140	150	170	205	200	220	230	250	270
äußere Hälfte	98	125	150	180	185	215	250	280	300	325	345	365
ganz außen	111	138	167	200	203	235	270	320	340	370	390	410

Beispiel: Kleintransformator 230 V/ 24 V, Belastung 280 W bei $\cos\varphi = 1$. Gesucht: Kern und Wicklungen.

Lösung: Ausgangsleistung $S = \frac{P}{\cos\varphi} = \frac{280\ \text{W}}{1} = 280\ \text{VA}$. Für eine Eingangswicklung und eine Ausgangswicklung ist nach der Berechnungstabelle ein Kern EI 130b erforderlich.

Eingangswicklung Windungszahl $N_1 = 2{,}52\ \frac{1}{\text{V}} \cdot 230\ \text{V} = 580$

Leistungsaufnahme $S_{zu} = \frac{S}{\eta} = \frac{280\ \text{VA}}{0{,}91} = 308\ \text{VA}$

Stromaufnahme $I_1 = \frac{S_{zu}}{U} = \frac{308\ \text{VA}}{230\ \text{V}} = 1{,}34\ \text{A}$; Stromdichte (innen) $J_1 = 1{,}7\ \text{A/mm}^2$

Drahtquerschnitt $A_1 = \frac{I_1}{J_1} = \frac{1{,}34\ \text{A}}{1{,}7\ \text{A/mm}^2} = 0{,}788\ \text{mm}^2$; Drahtdurchmesser $d_1 \approx$ **1 mm**

Ausgangswicklung Windungszahl $N_2 = 2{,}65\ \frac{1}{\text{V}} \cdot 24\ \text{V} = 63{,}6 \approx 64$

Stromabgabe $I_2 = \frac{S}{U} = \frac{280\ \text{VA}}{24\ \text{V}} = 11{,}67\ \text{A}$; Stromdichte (außen) $J_2 = 2{,}1\ \text{A/mm}^2$

Drahtquerschnitt $A_2 = \frac{I_2}{J_2} = \frac{11{,}67\ \text{A}}{2{,}1\ \text{A/mm}^2} = 5{,}56\ \text{mm}^2$; Drahtdurchmesser $d_2 = 2{,}66\ \text{mm} \approx$ **2,7 mm**

[1] Bei Gleichrichtertransformatoren Bauleistung P_T; [2] Die Windungszahlen gelten bei Wirkleistungsbelastung.

Kraftwerksarten Types of Power Stations

Kraftwerksart	Einsatzmöglichkeit	Wirkungsgrad η	Bemerkungen
Wasserkraftwerke			
Laufwasser-Kraftwerk	Errichtung an Flüssen oder Kanälen. Durch Wehranlagen werden Höhenunterschiede von 4 m bis 25 m erreicht. Niederdruckanlagen arbeiten mit Kaplanturbinen.	0,85	Für konstante Energieversorgung. Deckung der Grundlast.
Speicherkraftwerk	Bei großen Stauhöhen. Mitteldruck-Kraftwerke 20 m bis 50 m. Hochdruck-Kraftwerke 50 m bis 2000 m. Kaplan-, Francis- oder Peltonturbinen. Wasser wird bei Regenfällen oder Schneeschmelze in einer Talsperre gestaut und bei Bedarf abgefahren.	0,8	Abhängig von Zufluss und Speichervermögen unterscheidet man: Tages-, Wochen-, Monats- und Jahreskraftwerke.
Pumpspeicherkraftwerk	In Schwachlastzeiten wird mit elektrischer Überschussenergie aus Wärmekraftwerken das Pendelwasser in das Oberbecken gepumpt. Bei Spitzenstrombedarf wird wie beim Speicherkraftwerk elektrische Energie erzeugt.	0,75	Zur Deckung von Spitzenlast. Dient als Energiespeicher.
Gezeitenkraftwerk	Nur an Küsten mit hohen Gezeitenunterschieden wirtschaftlich einsetzbar.	0,8	Zum Beispiel in Saint Malo, Frankreich (10 MW).
Wärmekraftwerke			
Dampfkraftwerk	Mit Atomkraft, Kohle, Gas oder Öl wird Wasserdampf mit Temperaturen bis 550 °C und Drücken bis 25 MPa erzeugt und Dampfturbinen zugeführt. Diese wandeln über Turbogeneratoren die mechanische in elektrische Energie um.	0,35 bis 0,45	Kraftwerke mit hohen Leistungen. Hohe Entsorgungskosten der Abfälle.
Gasturbinen-Kraftwerk	Verdichtete Frischluft wird durch Verbrennung von Erdgas oder leichtem Heizöl auf eine Temperatur von 1300 °C gebracht. Diese heiße Luft treibt über die Turbine den Generator an.	0,3	Volle Leistungsabgabe innerhalb von 2 min bis 3 min. Spitzenstromerzeuger.
GUD-Kraftwerk (Gas- und Dampfkraftwerk)	Die 600 °C heißen Rauchgase einer Gasturbine werden direkt in einem unbefeuerten Abhitzekessel zur Dampferzeugung für den Antrieb einer Dampfturbine genutzt.	0,55 bis 0,6	Sehr effiziente Brennstoffausnutzung und kleine Schadstoffemissionen. Leistungen bis 250 MW.
Verbundkraftwerk	Der im Abhitzekessel mit den Gasturbinenabgasen erzeugte Dampf wird in ein externes Dampfkraftwerk eingespeist. Dampfturbine und Gasturbine können gemeinsam oder einzeln gefahren werden.	0,48	Zur Leistungs- und Wirkungsgraderhöhung vorhandener Kraftwerke.

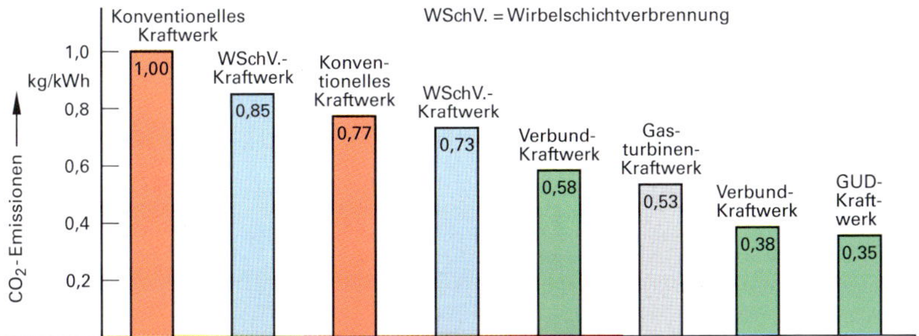

Brennstoff	Braunkohle		Steinkohle		Erdgas, Steinkohle	Erdgas		
elektrischer Wirkungsgrad	40 %	47 %	43 %	45 %	48 %	36 %	49 %	55 %

Wirkungsgrad und CO_2-Emission verschiedener Wärmekraftwerke

Drehende Generatoren Rotating Generators

Art	Erklärung	Schaltung
Synchrongenerator für AC (Einphasenwechselstrom) und 3 AC (Drehstrom)	Der Synchrongenerator SG besteht aus einem Ständer mit AC-Wicklung oder 3AC-Wicklung, einem Magnetläufer mit Erregerwicklung oder mit Dauermagneten. Dreht sich der Läufer, so wird in der Wicklung eine Spannung induziert. Zum Betrieb am Netz muss konstante Drehzahl $n = f/p$ eingehalten werden. Im Inselbetrieb steigt f mit n und p, die Spannung steigt mit I_{err} und n.	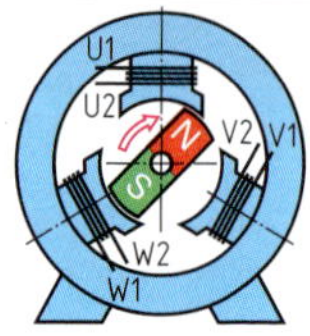 **Synchrongenerator (Prinzip)**
Synchrongenerator für DC (Gleichstrom)	Der SG (im Schaltzeichen GS) erzeugt AC oder 3AC und mittels Gleichrichter, z.B. B2U oder B6U, kann DC entnommen werden. Durch Ändern von n oder I_{err} kann die Spannung eingestellt werden.	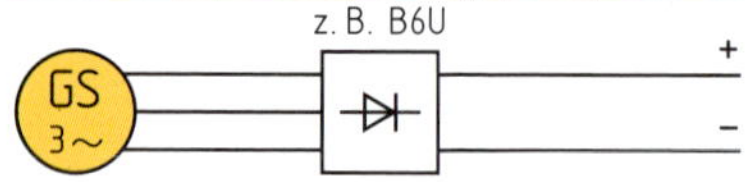 **Synchrongenerator für DC**
Asynchrongenerator für AC und 3AC	Eine Kurzschlussläufermaschine oder eine Schleifringläufermaschine wird zum Asynchrongenerator AG (im Schaltzeichen GA), wenn sie mit einer höheren Drehzahl als ihrer Drehfelddrehzahl angetrieben wird, und zwar am Netz, aus dem der AG Blindstrom für das magnetische Drehfeld beziehen muss.	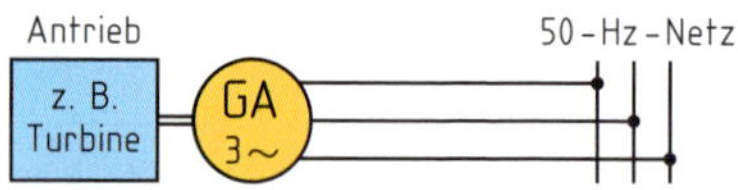 **Asynchrongenerator für 3AC**
Generatoren für Windkraftanlagen Synchrongenerator mit DC-Zwischenkreis Asynchrongenerator mit USK Doppelt speisender Asynchrongenerator DSA	Bei Windenergieanlagen ändet sich die Drehzahl von 0,5- bis 1,1-facher Nenndrehzahl je nach Wind. Deshalb ist direkte Verbindung zum 50-Hz-Netz nicht möglich. Bei Anlagen bis etwa 50 kW wird ein *Umrichter mit Zwischenkreis URZ* angewendet (**Bild**, Seite 345). Bei Anlagen bis 2 MW kommt als Generator eine Schleifringläufermaschine als *untersynchrone Stromrichterkaskade USK* in Betracht. Der Ständer nimmt dabei Blindleistung auf, der Läufer gibt die Schlupfenergie an das Netz ab (**Bild**). Der *doppelt speisende Asynchrongenerator DSA* ist eine weiter entwickelte USK für Leistungen bis über 5 MW. Das 50-Hz-Netz wird vom Ständer und vom Läufer gespeist (**Bild unten**). Vorteil gegen URZ: Nur 30 % der Leistung gehen über die empfindliche Elektronik. www. windpower.org, www.vem-group.com	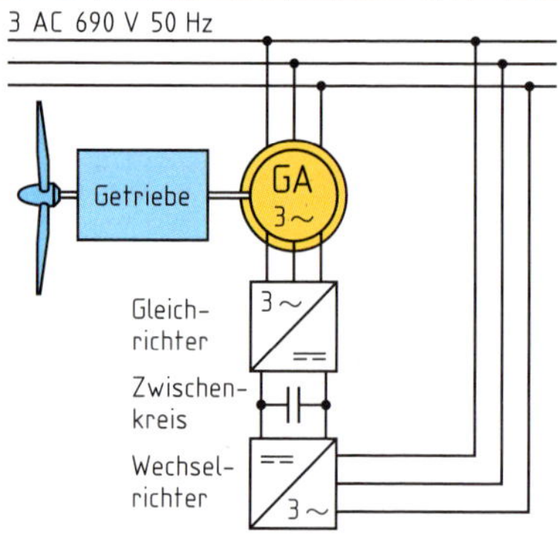 **Windenergieanlage mit USK (Prinzip)**

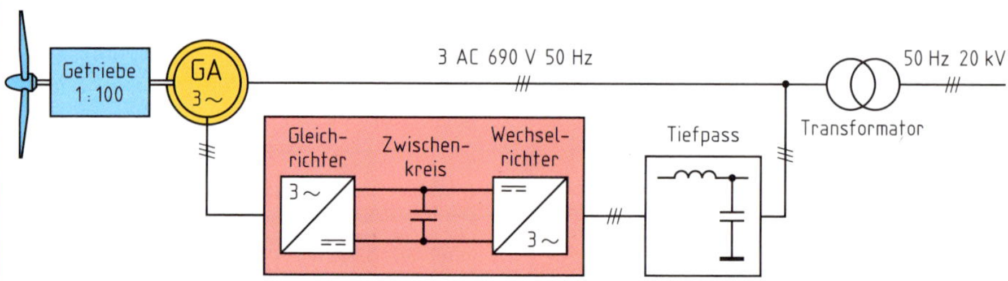

Doppelt speisender Asynchrongenerator DSA (Prinzip)

AG	Asynchrongenerator	URZ	Umrichter mit Zwischenkreis	I_{err}	Erregerstrom
DSA	Doppelt speisender Asynchrongenerator	USK	Untersynchrone Stromrichterkaskade	n	Drehzahl
SG	Synchrongenerator	f	Frequenz	p	Polpaarzahl

Isolierstoffklassen, Leistungsschilder von Transformatoren
Classes of Insulants, Nameplates of Transformers

Temperaturbeständigkeitsklassen von Isolierstoffen
vgl. DIN EN 60085

Thermische Klasse, Isolierstoffklasse	Höchstzulässige Dauertemperatur in °C	Isolierstoffe (Beispiele)	Zulässige Übertemperatur bei Wicklungen in K: mit Widerstandsmessung gemessen	Zulässige Übertemperatur bei Wicklungen in K: mit Temperaturfühlern gemessen
90 Y	< 105	Organische Faserstoffe (Baumwolle, Seide, Papier), Polyvinylchlorid, Polystyrol	50	55
105 A	< 120	Organische Faserstoffe, getränkt	60	65
		Abgewandelte Öllacke für Drähte		
		Zelluloseacetatfolien, Polyester-Harze, synthetischer Gummi		
120 E	< 130	Hartpapier, Hartgewebe, ausgehärtete Pressmassen (Phenol-, Melamin-, Polyester-, Epoxid-Harze), Kunstharzlacke	75	–
		Elektropressspan in Verbindung mit Folien Kl. E		
		Triacetatfolien, Spritzgussmassen aus Polyamid		
130 B	< 155	Glas, Glimmer mit Bindemitteln der Klasse E, Kunstharzlacke der Klasse B, getränkt	80	85
		Polycarbonatfolien, Spritzgussmassen aus Polycarbonat, getränkt		
155 F	< 180	Glas, Glimmer mit abgewandelten Silikonharzen, Terephthalsäureesterlacke, getränkt	105	110
180 H	< 200	Glas, Glimmer mit Silikonharzen, Silikon-Kautschuk, aromatische Polyamide, getränkt	125	130
C	< 220	Glas, Glimmer, Keramik, Quarz, Polyimide, Polytetrafluorethylen, getränkt	begrenzt durch Einfluss auf benachbarte Isolierung	

Thermische Klasse ist nach DIN EN 60085 ein Zahlenwert, der mit dem Zahlenwert derjenigen *Temperatur* in Grad Celsius identisch (übereinstimmend) ist, die von dem elektrischen Isoliermaterial EIM, z. B. Polycarbonat, auf Dauer ausgehalten wird, ohne dass die *Lebensdauer* der Isolierung verkürzt wird. Daneben wird nach DIN EN 60085 ein *relativer thermischer Beständigkeitsindex RTE* angegeben, der den Bereich angibt, in dem das EIM verwendet werden kann, allerdings je nach Höhe der Temperatur zu Lasten der Lebensdauer. Für die thermische Klasse 90 reicht der RTE von ≥ 90 °C bis < 105 °C. Die zweite Temperatur von < 105 °C bezeichnen wir hier als *Höchstzulässige Dauertemperatur*. Diese kann lange Zeit auf das EIM wirken, jedoch ist die Lebensdauer der Isolierung dann kürzer als bei 90 °C.
Isolierstoffklasse ist die frühere Bezeichnung nach DIN VDE, die aber noch häufig angewendet wird.

Leistungsschilder von Transformatoren

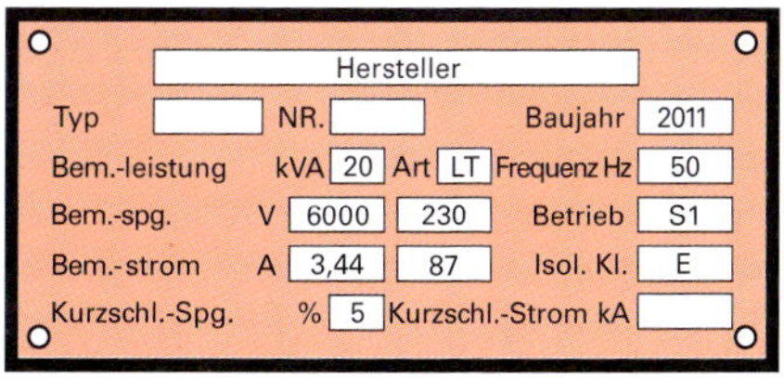

Einphasentransformator

Dieselben Angaben wie beim Drehstromtransformator (folgende Seite).

Bei kleiner Baugröße können einzelne Angaben fehlen, insbesondere bei Kleintransformatoren.

www.voltimum.de

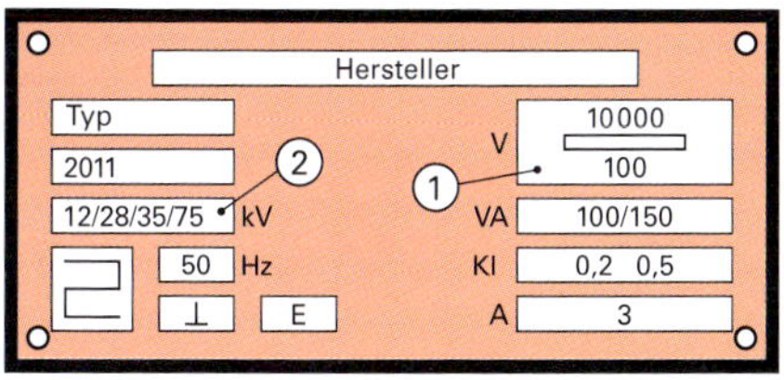

Spannungswandler

Ein Teil der Angaben wie beim Einphasentransformator.

Spannungen:

1. Bemessungsspannungen
2. a) höchste dauernde Eingangsspannung
   b) Bem.-Stehwechselspannung für Windungsprüfung
   c) Bem.-Stehwechselspannung für Wicklungsprüfung
   d) Bemessungs-Stoßspannung für Isolationsprüfung

Höchstzulässige Stromabgabe ohne Anspruch auf Genauigkeit der Spannungsübersetzung.

Transformatoren für Drehstrom Transformers for Three-phase Current

Übliche Drehstromtransformatoren

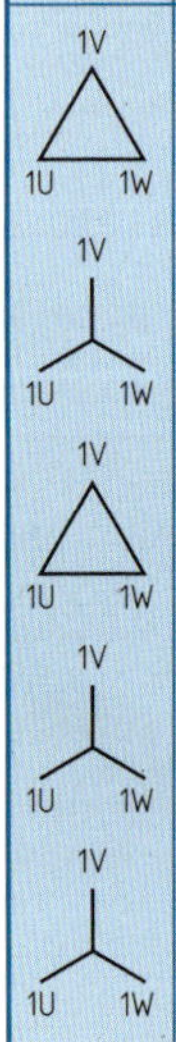

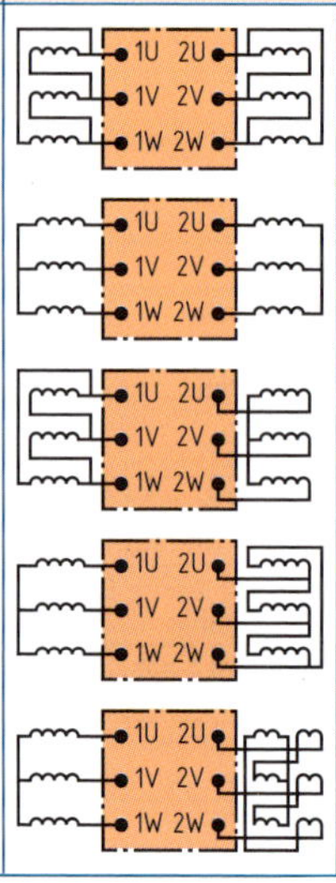

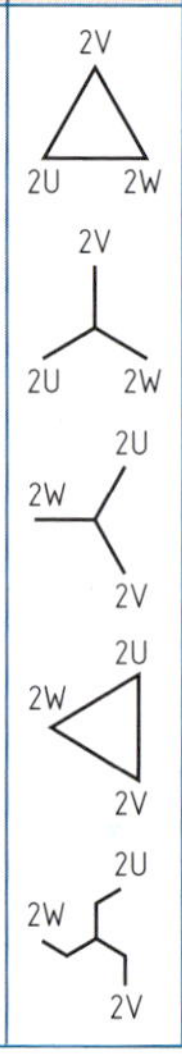

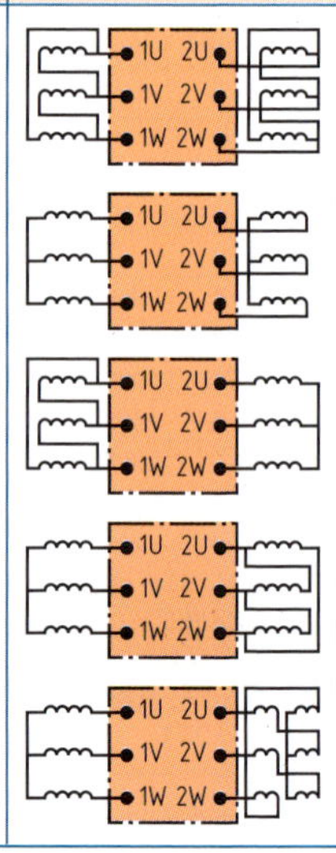

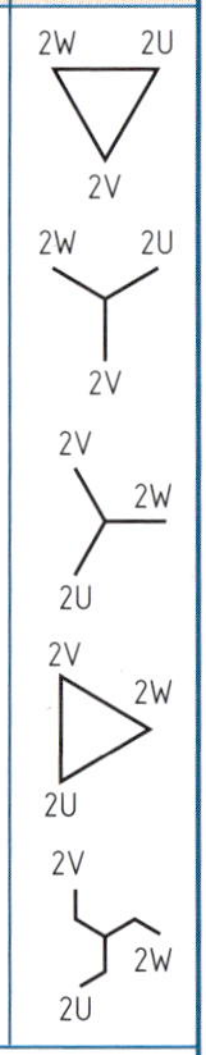

Zeigerbild OS	Übersetzung $U_1 : U_2$	Schaltgruppe	Schaltung OS US	Zeigerbild US	Schaltgruppe	Schaltung OS US	Zeigerbild US
	$\frac{N_1}{N_2}$	Dreieck-Dreieck Dd0			Dreieck-Dreieck Dd6		
	$\frac{N_1}{N_2}$	Stern-Stern Yy0			Stern-Stern Yy6		
	$\frac{N_1}{\sqrt{3}\,N_2}$	Dreieck-Stern Dy5			Dreieck-Stern Dy11		
	$\frac{\sqrt{3}\,N_1}{N_2}$	Stern-Dreieck Yd5			Stern-Dreieck Yd11		
	$\frac{2\,N_1}{\sqrt{3}\,N_2}$	Stern-Zickzack Yz5			Stern-Zickzack Yz11		

N_1 und N_2 sind Windungszahlen je Strang; U_1 und U_2 sind Leiterspannungen (Dreieckspannungen) bei Leerlauf. Ist der Sternpunkt herausgeführt, wird an die betreffende Schaltung ein n bzw. N angehängt, z. B. Dyn5 oder YNd5.

Spartransformator, Transformatorensätze

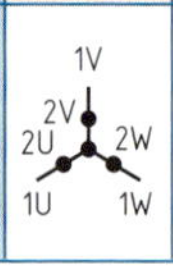

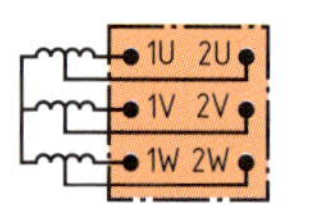

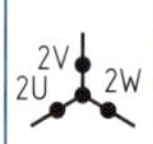

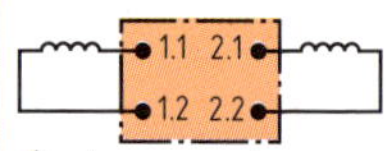

Schaltgruppe	Zeigerbild OS	Schaltung Spartransformator OS US	Zeigerbild US	Schaltgruppe	Zeigerbild OS	Schaltung OS US	Zeigerbild US
Y0				Ii0		Einphasentransformator für Drehstromsätze	

Transformatorensätze (Transformatorenbänke) bestehen aus Einphasentransformatoren, die wie die Wicklungen eines Drehstromtransformators geschaltet sind, z. B. zu Dy11 (Oberspannungsseiten OS in Dreieck, Unterspannungsseiten US in Stern). I,i Einphasenschaltung (I für OS, i für US)

Leistungsschild

	Hersteller				
Typ		NR.		Baujahr 2013	VDE 0532
Bem.-leistung kVA	160	Art	LT	Frequenz Hz	50
	1 20800			Betrieb	S1
Bem.-spg. V	2 20000		400	Schaltgr.	Yzn5
	3 19200			Reihe	20
Bem.-strom A	4,62		231	Isol.-Kl.	A
Kurzschl.-Spg.%	4,1	Kurzschl.-Strom kA			
Schutzart	P55	Kurzschl.-Dauer max.s	1,8		
Kühlungsart	S				
Ges.-Mas. t	1,0	Öl-Masse t	0,27		

Angegeben sind Name des Herstellers, Transformatortyp, Herstellungsnummer, Baujahr, zugrunde liegende VDE-Bestimmung, Bemessungsleistung, Art des Transformators (z. B. LT für Leistungstransformator), Frequenz, Bemessungsbetriebsart, Oberspannungen (je nach Einstellung des Umspanners), Unterspannung, Schaltgruppe, Reihe (für Isolation maßgebende Spannung in kV), Bemessungsströme, Isolationsklasse, Schutzart IP, Kühlungsart, z. B. S für Selbstkühlung, relative Kurzschlussspannung.

Weitere Angaben sind möglich. Einzelne Angaben können aber auch fehlen.

Statt Bemessungs-, z. B. Bemessungsleistung, verwenden manche Bestimmungen auch Nenn-, z. B. Nennleistung.

Transformatoren in Parallelbetrieb Transformers in Parallel Operation

Bedingungen für Parallelbetrieb

1. Die **Bemessungsspannungen (Nennspannungen)** der parallel zu schaltenden Wicklungen müssen gleich sein.
2. Die **Kurzschlussspannungen** der parallel zu schaltenden Transformatoren müssen annähernd gleich sein. Zulässig ist eine Abweichung von ± 10% vom Mittelwert der Kurzschlussspannungen.
3. Das **Verhältnis der Bemessungsleistungen** der parallel zu schaltenden Transformatoren soll kleiner sein als 3 : 1.
4. Die **Phasenlage** der Spannungen muss bei Leerlauf und bei Belastung gleich sein. Ist bei **Einphasentransformatoren** die Phasenlage nicht gleich, so kann durch Umpolen einer Eingangsseite oder einer Ausgangsseite die gleiche Phasenlage erreicht werden. **Drehstromtransformatoren** müssen gleiche Kennzahlen der Schaltgruppen haben, damit die Phasenlage gleich ist. Transformatoren der Kennzahl 5 können jedoch mit Transformatoren der Kennzahl 11 parallel geschaltet werden, wenn man die Anschlüsse geeignet vertauscht (siehe folgende Tabelle).

Prüfung der Phasenlage beim Parallelschalten

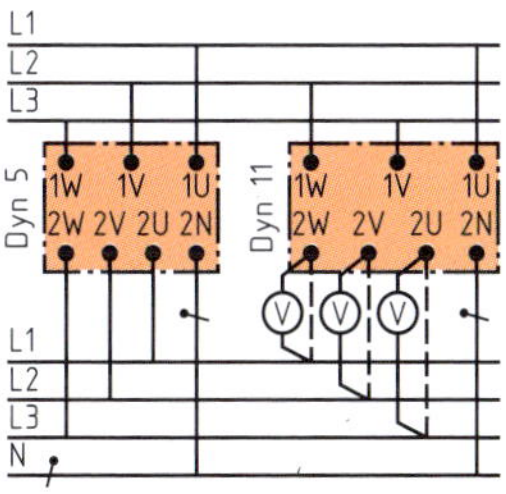

Nach Anschluss der Eingangswicklung darf zwischen den zu verbindenden Ausgangsklemmen keine Spannung herrschen.

Gefordert: Kennzahl 5

Anschlussmöglichkeiten bei Transformatoren mit Kennzahlen 5 und 11

geforderte Kennzahl	vorhandene Kennzahl	Anschluss an die Leiter der Oberspannungsseite			Unterspannungsseite		
		L1	L2	L3	L1	L2	L3
5	5	1U	1V	1W	2U	2V	2W
	11	1U	1W	1V	2W	2V	2U
11	11	1U	1V	1W	2U	2V	2W
	5	1U	1W	1V	2W	2V	2U

Lastverteilung beim Parallelschalten von Transformatoren

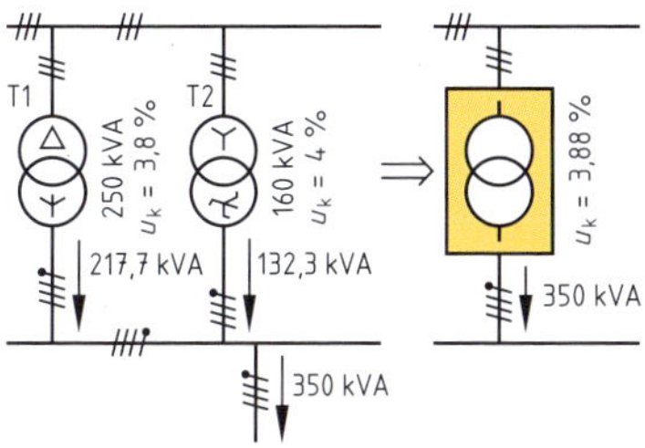

$$\frac{\Sigma S_N}{u_k} = \frac{S_{N1}}{u_{k1}} + \frac{S_{N2}}{u_{k2}} + \ldots$$

Kurzschlussspannung

$$u_k = \frac{\Sigma S_N}{\frac{S_{N1}}{u_{k1}} + \frac{S_{N2}}{u_{k2}} + \ldots} \quad (1)$$

Einzelleistungen bei gleichen u_k

$$S_1 = \Sigma S \cdot \frac{S_{N1}}{\Sigma S_N} \quad (2)$$

entsprechend für S_2; S_3; ...

Einzelleistungen

$$S_1 = S_{N1} \cdot \frac{u_k}{u_{k1}} \cdot \frac{\Sigma S}{\Sigma S_N} \quad (3)$$

entsprechend für S_2; S_3; ...

Beispiel: Berechnen Sie die Lastverteilung zweier parallel geschalteter Transformatoren.

Transformator T1: Bemessungsleistung 250 kVA, Kurzschlussspannung 3,8%, Transformator T2: Bemessungsleistung 160 kVA, Kurzschlussspannung 4%, Gesamtlast 350 kVA.

Lösung:

$$u_k = \frac{\Sigma S_N}{\frac{S_{N1}}{u_{k1}} + \frac{S_{N2}}{u_{k2}}} = \frac{250\text{ kVA} + 160\text{ kVA}}{\frac{250\text{ kVA}}{3{,}8\%} + \frac{160\text{ kVA}}{4\%}} = \frac{410\%}{65{,}8 + 40} = \mathbf{3{,}88\%}$$

$$S_1 = S_{N1} \cdot \frac{u_k}{u_{k1}} \cdot \frac{\Sigma S}{\Sigma S_N} = 250\text{ kVA} \cdot \frac{3{,}88\%}{3{,}8\%} \cdot \frac{350\text{ kVA}}{410\text{ kVA}} = \mathbf{218\text{ kVA}}$$

$$S_2 = S_{N2} \cdot \frac{u_k}{u_{k2}} \cdot \frac{\Sigma S}{\Sigma S_N} = 160\text{ kVA} \cdot \frac{3{,}88\%}{4\%} \cdot \frac{350\text{ kVA}}{410\text{ kVA}} = \mathbf{132\text{ kVA}}$$

Probe:
218 kVA + 132 kVA = 350 kVA

S_1, S_2, ...	Lastabgaben der einzelnen, parallel geschalteten Transformatoren
ΣS	Gesamtlast (Leistungsaufnahme der angeschlossenen Verbraucher)
S_{N1}, S_{N2}, ...	Bemessungsleistungen der einzelnen, parallel geschalteten Transformatoren
ΣS_N	Summe der Bemessungsleistungen der parallel geschalteten Transformatoren
u_k	resultierende Kurzschlussspannung der Parallelschaltung
u_{k1}, u_{k2} ...	Kurzschlussspannungen der einzelnen Transformatoren

Netze der Energietechnik Power Mains for Energy Supply

Netzformen (Topologie)

Netzart	Kennzeichen	Anwendung	Vorteile und Nachteile
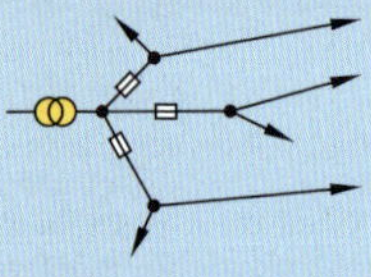 **Strahlennetz**	Die Energieversorgung verteilt sich strahlenförmig von einem gemeinsamen Einspeisepunkt aus. An jedem Strahl sind ein oder mehrere Verbraucher angeschlossen.	In Mittel- und Niederspannungsnetzen. Zur Energieversorgung von Reihendörfern oder Siedlungen in engen Tälern.	Hoher Spannungsfall am Ende der Leitung. Große Spannungsschwankungen abhängig von den Anschlusswerten der Verbraucher. Sichere Energieversorgung ist nicht gewährleistet. Große Leiterquerschnitte sind erforderlich.
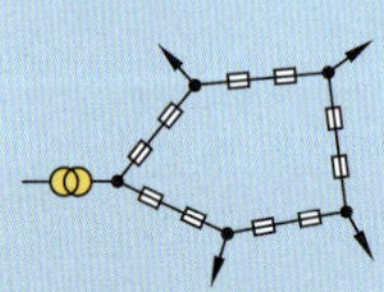 **Ringnetz**	Das Ende eines Versorgungsstrahls wird an den Einspeisepunkt zurückgeführt. Mehrere Einspeisungen sind möglich.	Bei flächenförmiger Anordnung weniger Verbraucher, die relativ weit auseinander liegen, z. B. bei Aussiedlerhöfen oder Industrieanlagen mit mehreren Fertigungsabteilungen. Mittel- und Niederspannungsnetze.	Aufwändiger als das Strahlennetz, da Rückführung erforderlich. Größerer Aufwand am Einspeisepunkt. Hohe Versorgungssicherheit, da von beiden Seiten eingespeist werden kann, falls in einem Teilstück eine Störung vorliegt.
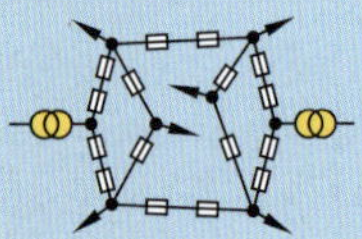 **Maschennetz**	Mehrere Einspeisepunkte. Diagonalverbindungen versorgen in der Masche liegende Verbraucheranlagen.	Für Hoch-, Mittel- und Niederspannungsanlagen. Versorgung von Großstädten.	Hohe Spannungskonstanz. Kleine Leitungsverluste. Große Versorgungssicherheit. Hoher Aufwand für Schutzgeräte und Netzschalteinrichtungen durch hohe Kurzschlussströme.

Unterscheidung nach Spannung

Bezeichnung	Bemessungsspannung in kV	Anwendung	Mastbauart	Spannweite in m
Niederspannungsnetz	0,23/0,4	Energieversorgung von Wohnungen, Gewerbebetrieben und Landwirtschaft.	National und international. Holz.	40 bis 80
Mittelspannungsnetz	6, 10, 20, 30, 60 (66, 69)	Energieversorgung von Ortsnetzstationen, Industriebetrieben und großen Wohneinheiten. Regionalnetz.	Beton, Stahlrohr, Holz.	80 bis 220
Hochspannungsnetz 1	110, 220, 380	Energieversorgung von Großstädten, große Industriebetriebe. Kraftwerksverbund.	Beton, Stahlgitter	200 bis 350
Hochspannungsnetz 2 (Höchstspannungsnetz)	500, 750	International für HGÜ (Hochspannungs-Gleichstrom-Übertragung).	Stahlgitter, Spezialkabel	bis 750 –

Unterscheidung nach Leitungsart

Bezeichnung	Spannungsbereich	Anwendung	Bemerkungen
Freileitungsnetz	Niederspannung	Ortsnetze	Alte Anlagen u. Erweiterungen. Billiger als Kabelnetze.
	Mittelspannung	Regionale und überregionale Energieversorgung. Europäisches Verbundnetz zur Absicherung nationaler Versorgung.	Preisgünstiger als Kabelnetz. Weniger Verluste. Kleinere Kapazität. Leicht überwachbar.
	Hochspannung, Höchstspannung		
Kabelnetz	Niederspannung	Ortsnetze	Kunststoffisolierte Kabel (PVC oder VPE)
	Mittelspannung	Verbindungskabel zu den Umspannstationen in Ortsnetzen oder großen Industrieanlagen. Über 110 kV sind nur kurze Verbindungsstrecken möglich.	Anlagen bis 1980: bis 60 kV Massekabel, darüber Gasdruck- und Öldruckkabel. Neuere Anlagen: Meist VPE-Kabel.
	Hochspannung		

Freileitungen Overhead Power Lines

Art	Erklärung	Ansicht, Daten
Elektrophysikalische Grundlagen		
Feldlinien- und Potenzial-Verlauf	Ein wichtiges Kriterium für die Auslegung einer Freileitung ist die elektrische Feldstärke am Rand des Leiters. Ein Maß für die Feldstärke ist die Feldliniendichte im Potenzialverlauf. Die Bündelung der Leiter wirkt wie eine Vergrößerung des Durchmessers eines Leiters. Dadurch haben die Potenziallinien größere Abstände und die Feldliniendichte ist kleiner.	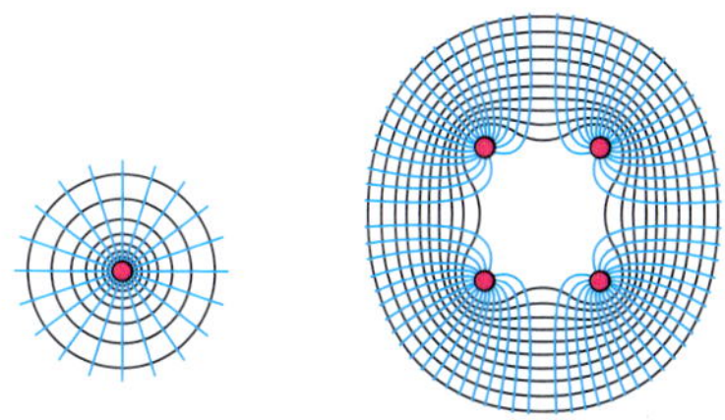 Feldlinien beim Einzelseil Feldlinien beim Viererbündel-Leiter
Ersatz-Schaltplan einer Leitung	Als Grundlage für die Ermittlung des erforderlichen Leiterquerschnittes, der Strombelastbarkeit, des Verhaltens bei Kurz- und Erdschluss dient der Ersatzschaltplan der Freileitung. Zur Vereinfachung werden der ohmsche und der induktive Widerstand in der Mitte der Leitung und der Isolationswiderstand und die Kapazität der Leitung jeweils zur Hälfte am Anfang und am Ende der Leitung angenommen.	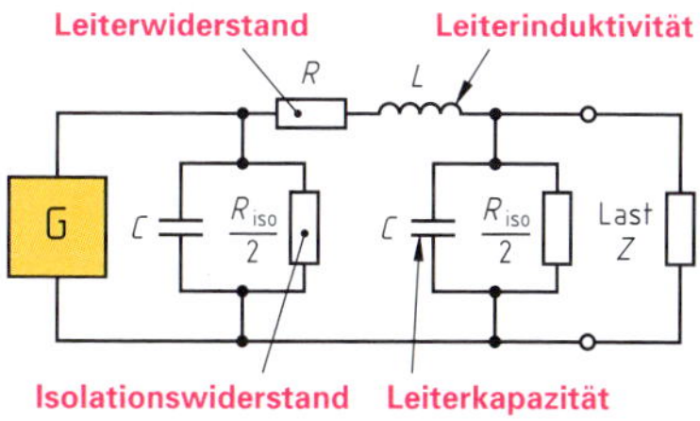
Bestandteile von Freileitungen im Hochspannungsnetz und Mittelspannungsnetz		
Leiterseile	Übersteigt die Randfeldstärke einen bestimmten Wert, z.B. 15 kV/cm, treten Sprühverluste auf. Bei Leitungen der Hochspannungsnetze 1 und 2 wird die Randfeldstärke begrenzt, indem man den Leitungsquerschnitt auf ein Bündel von Seilen verteilt. Die Randfeldstärke eines Leiters ist um so größer, je kleiner der Radius des Leiters ist. Als Werkstoffe für die Leiterseile werden Kupfer, Aluminium, Aldrey und Aluminium-Stahl im Verhältnis 6:1 verwendet. Abstandsbalken gibt es in X-Form, Dreieck-Form und in waagrechter und senkrechter I-Form.	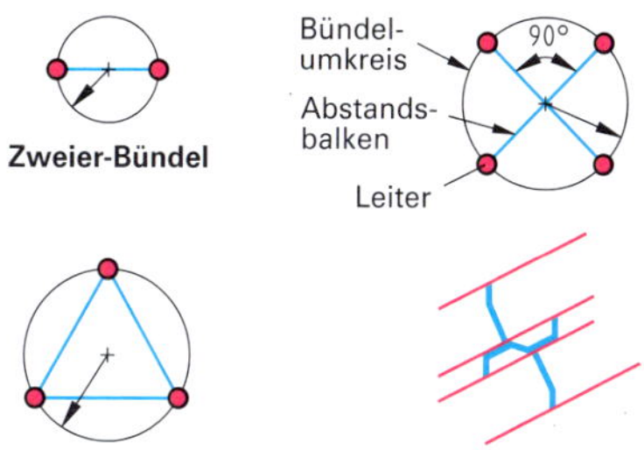 **Zweier-Bündel** **Dreier-Bündel** **Vierer-Bündel**
Stützpunkte	Man unterscheidet: • Tragstützpunkt trägt die Leiterseile auf gerader Strecke. • Winkelstützpunkt trägt die Leiterseile und nimmt die Zugkräfte durch die Abwinkelung auf. • Abspannstützpunkt nimmt die Kräfte für den Seilzug auf. • Endstützpunkt nimmt die gesamte einseitige Belastung der Seile auf. • Abzweigstützpunkt dient als Verteiler der Leitungen in verschiedene Richtungen.	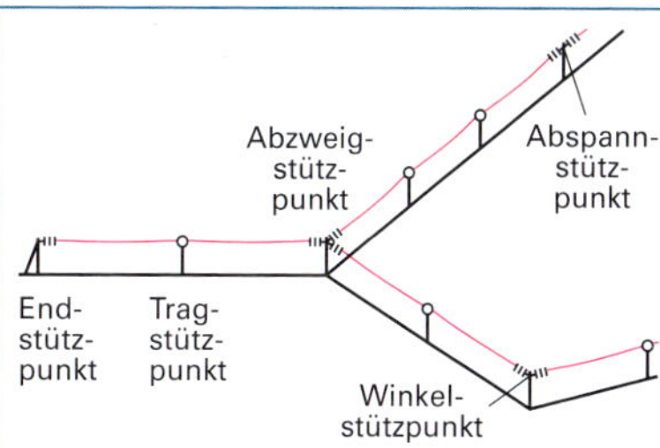
Mastarten	Je nach Spannung, Belastungsart und Bodenbeschaffenheit kommen folgende Mastarten zum Einsatz: • Einfachholzmast, • Doppelholzmast, • A-Mast, • Betonmast, • Stahlrohrmast, • Stahlgittermast.	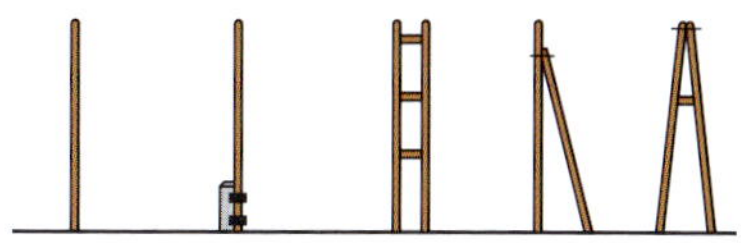 Einfach-Holzmast Holzmast mit Beton-mastfuß Doppel-holzmast, Kuppelmast Mast mit Strebe A-Mast

Freileitungsnetze Overhead Mains

Ansicht	Erklärung	Bemerkungen
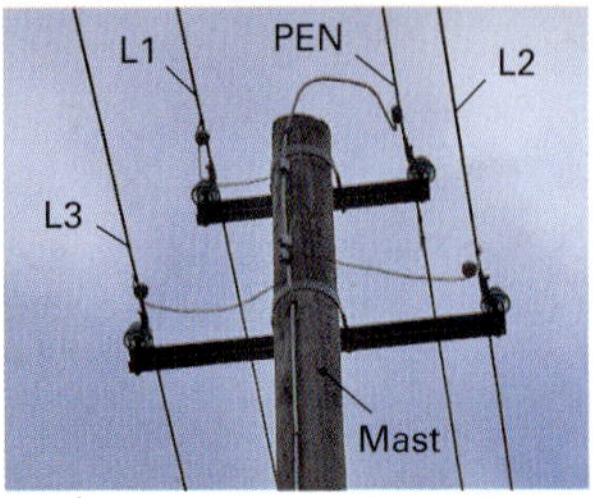 **Erdung am 1. Mast 400 V/230 V**	Freileitungsnetze für NS (Niederspannung) kommen in Randbereichen von Orten vor. Sie lassen Störungen leicht erkennen, benötigen aber mehr Platz als Kabelnetze. Meist verlaufen ab Trafostation L1, L2, L3 und der Sternpunktleiter. Letzterer wird am ersten Mast geerdet und so zum PEN. Im Bild sind L1, L2, L3 über Schutz-Funkenstrecken mit dem Erdungsleiter am ersten Mast ab der Trafostation verbunden.	Grundsätzlich sind die Leiterseile in den Freileitungsnetzen nicht isoliert. Für Hausanschlüsse nimmt man aber zunehmend Freileitungen mit Polyethylen-Isolierung der Al-Leiter. Bei diesen besteht die Gefahr des direkten Berührens nicht, z. B. bei Montagearbeiten. Die vier Leiter sind zu einem Bündel verseilt.
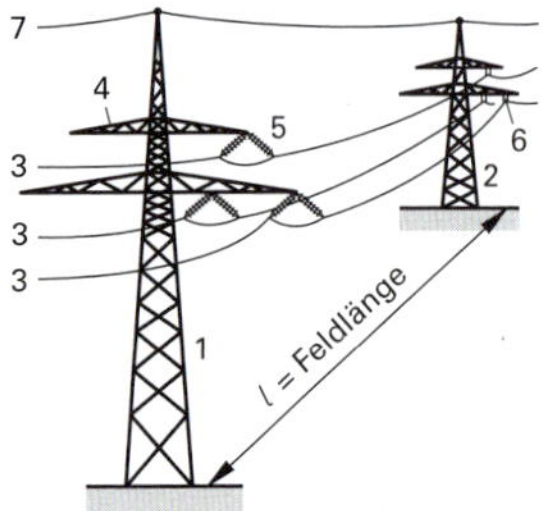 **Freileitung 220 kV**	1. Abspannmast (bei Richtungswechsel), 2. Tragmast (bei gleicher Richtung), 3. Leiterseile (wenn > 220 kV dann Bündelleiter, vorhergehende Seite), 4. Traverse (travertieren = queren), 5. Abspannisolatoren (paarweise), 6. Hängeisolator (meist Hartporzellan), 7. Erdseil (geerdet, als Blitzschutz). Etwa jeder 5. Mast ist als Abspannmast ausgeführt, weil an ihm die Verbindung der lieferbaren Seillängen erfolgt.	Bei den üblichen *Feldlängen* führt das Eigengewicht zu einem *Durchhang* (folgende Seite). Dadurch treten horizontale und vertikale Kräfte für die Isolatoren auf. Beim *Abspannmast* ziehen die horizontalen Kräfte die zwei Isolatoren auseinander, sodass eine *Schlaufe* zum Unterqueren der Traverse vorzusehen ist. Neue Erdseile enthalten ein Stahlröhrchen, in das Glasfasern zur Signalübertragung ohne Zwischenverstärkung für Längen bis 40 km eingezogen sind.
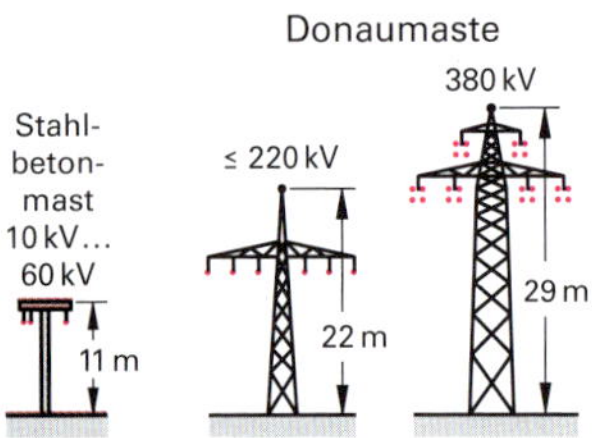 **Mastarten**	Maste sind bei NS (Niederspannung) *Holzmaste* oder *Stahlbetonmaste*, bei MS (Mittelspannung) Stahlbetonmaste, *Stahlvollwandmaste* oder *Stahlgittermaste*. Bei HS (Hochspannung) verwendet man Stahlgittermaste, z. B. in Deutschland meist *Donaumaste* benannt nach der Gegend der ersten Anwendung. In älteren MS-Anlagen bis 15 kV kommen auch Holzmaste vor.	Holz- und Stahlbetonmaste werden mit mindestens 1/6 ihrer Länge in den Erdboden eingelassen, und zwar mit Steinlagen von 0,60 m am Fuß. Bei Stahlgittermasten ist ein entsprechendes Fundament vorzusehen. Bei Holzmasten ist in Abständen von etwa 10 Jahren eine Nachpflege erforderlich. Dabei sind (unten) die Fußbandage und nach der doppelten Zeit (oben) die Zopfbandage mit jeweiligem Nachpflegemittel zu erneuern.
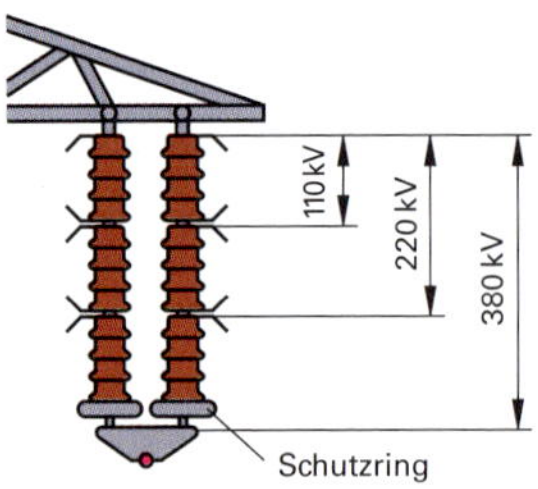 **Isolatoraufhängung**	Die Isolatoren sind elektrisch und mechanisch beansprucht. Bei NS und MS bis etwa 20 kV verwendet man meist *Stützisolatoren*. Bei größeren Spannungen verwendet man *Hängeisolatoren* als *Langstabisolatoren* oder *Kappenisolatoren*, und zwar je nach Spannung einzeln oder als *Hängekette* und auch wegen der höheren Sicherheit als *Doppelhängekette*.	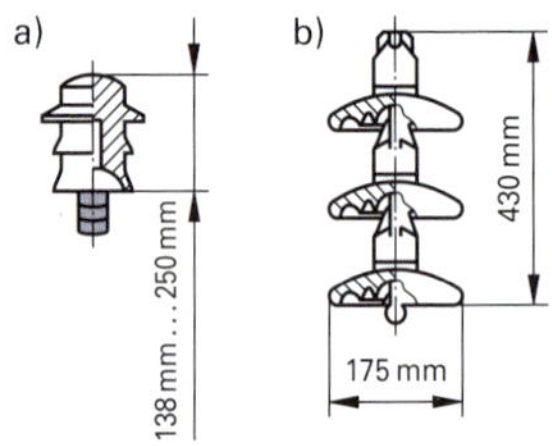 **Stützisolator und Glaskappenisolator**
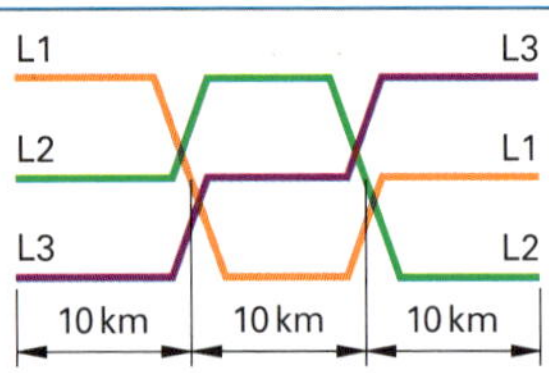 **Verdrillungsplan**	Die Leiter werden etwa alle 10 km an Masten verdrillt, damit die Spannungen der drei Leiter eines Systems gleich groß sind. Das ist erforderlich, weil die Leiter zueinander und zum Erdboden verschieden große Abstände haben.	Wegen der verschieden großen Abstände fließen verschieden große kapazitive Ableitströme und damit auch Leiterströme. Diese rufen an den Leiterimpedanzen verschieden große Spannungsfälle hervor. Die Verdrillung bewirkt eine symmetrische Last.

Durchhang von Freileitungen **Sag of Overhead Power Lines**

Spannweite in m	Querschnitt in mm²	Durchhang in cm bei einer Temperatur in °C											
		− 20	− 10	− 5	0	+ 5	+ 10	+ 15	+ 20	+ 25	+ 30	+ 40	− 5 mit G_Z
Aluminiumseil (Höchstbeanspruchung 70 N/mm²)													
20	25	2	2	3	3	4	4	5	7	9	12	20	19
	50	2	2	3	3	4	4	5	7	9	12	20	13
	95	2	2	3	3	4	4	5	7	9	12	20	9
40	25	11	15	18	22	26	32	37	43	49	55	65	68
	50	8	9	11	12	14	16	19	24	28	34	46	43
	95	8	9	11	12	14	16	19	24	28	34	46	32
90	50	98	118	128	138	148	157	166	175	184	192	208	207
	95	47	58	64	72	80	90	99	109	119	130	150	138
130	95	154	180	193	206	218	231	243	256	268	297	301	288
160	95	295	323	337	351	364	377	390	403	415	427	450	436
Stahl-Aluminiumseil mit dem Querschnittsverhältnis 1 : 6 (Höchstbeanspruchung 90 N/mm²)													
20	35	2	2	3	3	3	4	4	5	6	8	13	12
	50	2	2	3	3	3	4	4	5	6	8	13	10
40	35	8	9	10	11	13	14	16	19	22	26	35	40
	50	8	9	10	11	13	14	16	19	22	26	35	34
	95	8	9	10	11	13	14	16	19	22	26	35	26
90	35	97	114	122	130	138	145	154	162	169	176	190	198
	50	61	74	81	89	97	105	114	122	130	138	154	158
	90	42	50	54	59	65	71	78	85	93	102	118	112
130	95	118	136	146	157	167	178	188	199	209	220	241	233
160	95	219	244	256	268	280	293	304	316	328	339	361	352
Aldreyseil (Höchstbeanspruchung 100 N/mm²)													
40	35	5	6	7	7	8	9	10	12	14	16	24	39
	50	5	6	7	7	8	9	10	12	14	16	24	32
90	35	48	60	68	76	86	96	106	116	127	137	156	187
	50	34	40	44	49	54	61	68	77	86	96	117	145
	95	27	32	34	37	41	45	50	55	62	70	88	99
130	35	225	250	262	274	285	296	307	318	328	338	358	389
	50	119	143	156	169	182	196	209	222	235	247	271	304
	95	66	77	84	91	100	109	120	131	143	156	183	202
160	35	432	455	466	477	487	498	509	519	529	539	558	589
	50	263	293	307	322	335	349	362	376	389	402	426	458
	95	121	141	153	166	180	194	209	224	239	255	285	305

Jede Freileitung muss mit dem richtigen Durchhang verlegt werden, weil sich die Seillänge mit der Temperatur ändert.

Nach VDE 0211 erfolgt der größte Durchhang

a) bei +40 °C ohne G_Z

b) bei −5 °C mit G_Z

In keinem Belastungsfall darf die Höchstbeanspruchung des Leitermaterials nach DIN 48 200 und VDE 0211 überschritten werden.

G_Z Zusatzlast, z. B. Eisbehang

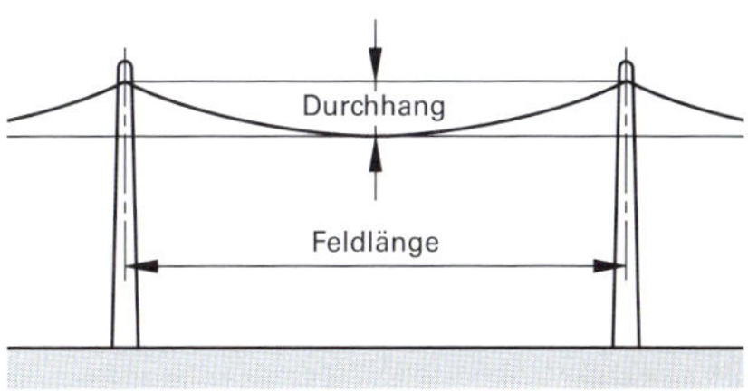

Verlegen von Erdkabeln Installation of Buried Cables

<table>
<tr><th>Vorgang</th><th>Erklärung</th><th>Bemerkungen, Ansicht</th></tr>
<tr><td>Herrichten des Kabelgrabens</td><td>• Breite mindestens 40 cm,
• Frostfreie Tiefe bei Niederspannung normal mindestens 70 cm,
• Tiefe bei zusätzlichem Mittelspannungskabel normal mindestens 80 cm,
• Tiefe bei Kreuzung mit Hauptverkehrsstraßen mindestens 100 cm,
• Sandbett auf steinfreier Grabensohle mindestens 10 cm,
• bei Richtungsänderung den Kabelgrabenbogen entsprechend dem Krümmungshalbmesser r des Kabels (r = 12 x Kabeldurchmesser) ausführen.</td><td>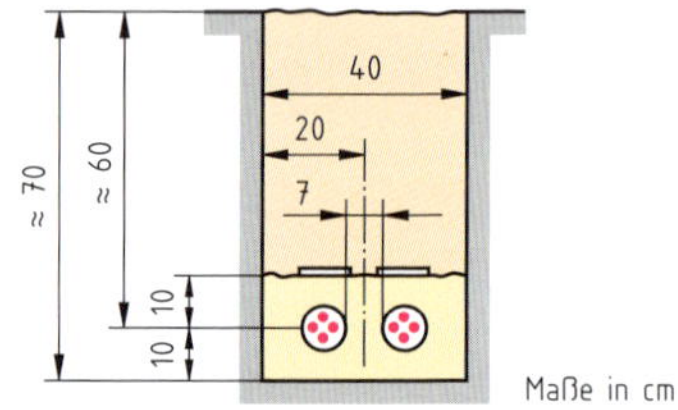

Kabelgraben bei zwei Niederspannungskabeln</td></tr>
<tr><td>Abdecken und Auffüllen des Kabelgrabens</td><td>• Nach dem Auslegen des Kabels weitere Sandschicht von 10 cm einbringen,
• bei steinfreiem Erdboden kann auf diese Sandschicht verzichtet werden,
• Kabel mit Kunststoffplatten abdecken,
• ist mit einer Beschädigung des Kabels nicht zu rechnen, kann auf die Kunststoffplatten verzichtet werden,
• Kabelgraben lagenweise mit Erdboden auffüllen und die Lagen verdichten,
• im oberen Drittel des Kabelgrabens Trassenwarnband einlegen.</td><td>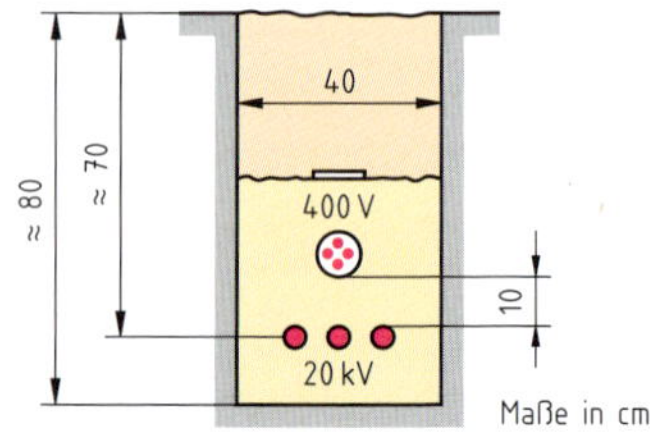

Kabelgraben mit 400-V-Kabel und 20-kV-Kabel</td></tr>
<tr><td>Auslegen des Kabels</td><td>• Temperatur soll über –5 °C liegen,
• Kabel über Kabellegerollen von der Liefertrommel abziehen,
• Krümmungshalbmesser r von Bögen mindestens r = 12 x Kabeldurchmesser,
• vor Muffen und Kabelhochführungen (z.B. zu Umspannstationen) Kabel geschlängelt auslegen,
• Zugbeanspruchung höchstens 30 N/mm^2 (Summe der Leiterquerschnitte).</td><td>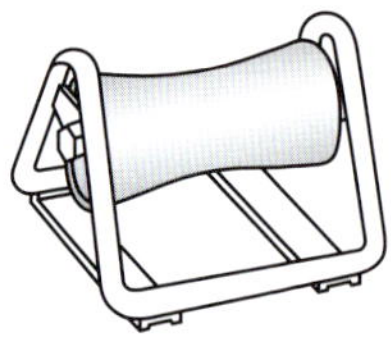
Kabellegerolle</td></tr>
<tr><td>Verwendung von Schutzrohren</td><td>• Schutzrohre, z.B. geteilte Schutzrohre aus Kunststoff, sind bei zu erwartender mechanischer Belastung, z.B. Kreuzung von Hauptverkehrsstraßen, erforderlich,
• am Schutzrohrende ein Polster aus Erde unter dem Kabel zum Schutz gegen Kabelbeschädigung durch die Rohrkante anbringen,
• jedes Kabel ist in ein eigenes Schutzrohr zu legen.</td><td>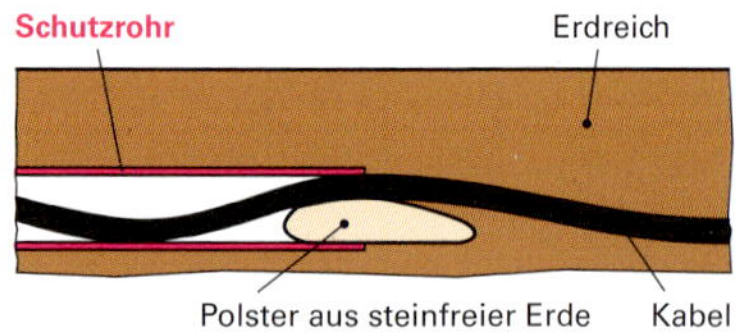

Schutz des Kabels am Rohrende</td></tr>
<tr><td>Kreuzungen und Näherungen</td><td>• Bei Kreuzungen und bei Näherungen mit allen Arten von Leitungen sind Mindestabstände einzuhalten.
• Parallelführung mit Fernmeldekabeln ist wegen der Induktion zu vermeiden. Das gilt nicht für Glasfaserkabel. Notfalls müssen die Mindestabstände erheblich größer gewählt werden.
• Bei Kreuzungen mit anderen Energiekabeln soll das Kabel mit der höheren Spannung unten liegen.</td><td><table>
<tr><th colspan="3">Mindestabstände bei Kreuzung oder Näherung</th></tr>
<tr><th>Art</th><th>Kreuzung</th><th>Näherung</th></tr>
<tr><td>Fernmeldeanlage</td><td>10 cm</td><td>10 cm</td></tr>
<tr><td>Wasserleitung</td><td>20 cm</td><td>40 cm</td></tr>
<tr><td>Gasleitung ≤ 16 bar</td><td>20 cm</td><td>40 cm</td></tr>
<tr><td>Fernwärmenetz</td><td>30 cm</td><td>30 cm</td></tr>
<tr><td>Tanks und zugehörige Rohrleitungen</td><td>100 cm</td><td>100 cm</td></tr>
</table></td></tr>
<tr><td>Pflugkabellegung</td><td>Auslegung mit Pflug möglich, wenn
• Trasse außerhalb bebauter Gebiete liegt,
• Kabelstrecke genügend lang ist,
• keine befestigten Wege vorhanden sind,
• im Boden keine Hindernisse liegen,
• der Boden die Belastung durch den Pflug aushält.</td><td>Das Kabel ist gleichzeitig mit dem Einpflügen auszufahren. Das Trassenwarnband wird zusammen mit dem Kabel eingepflügt. Wegkreuzungen sind vor dem Einpflügen zu öffnen. Das Kabel ist an diesen Stellen in geteilte Schutzrohre einzulegen. Sofort nach der Verlegung ist die Pflugrinne durch Walzen zu schließen.</td></tr>
</table>

Eigenerzeugungsanlagen 1 Private Power Generating Systems 1

Arten von Anlagen

Benennung	Bestandteile	Beispiele, Bemerkungen
Wasserkraftanlage (Wasserturbine mit Generator) **Windenergieanlage** (Windenergiekonverter mit Generator) **Anlage mit Wärmekraftmaschine** z. B. Gasmotor beim BHKW (Blockheizkraftwerk)	Diese Anlagen enthalten eine Kraftmaschine KM, einen Synchron- oder Asynchrongenerator, einen Frequenzumrichter (kann beim Asynchrongenerator entfallen), einen NA-Schutz (Netz- und Anlagenschutz), einen Kuppelschalter und Schutzeinrichtungen (Fehlerschutz, Überstromschutz).	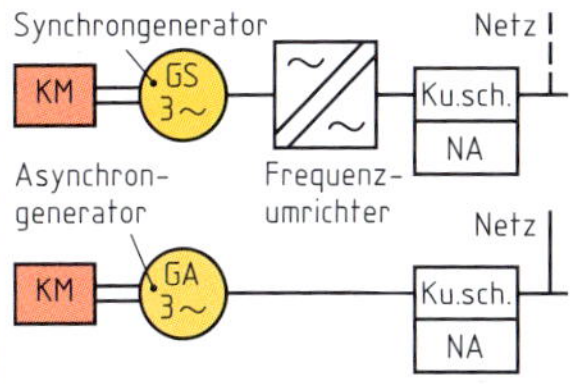
PV-Anlage (Photovoltaikanlage) Brennstoffzellenanlage	Die Solarmodule der PV-Anlage oder die Brennstoffzellen liefern Gleichstrom DC. Deshalb ist ein Wechselrichter (DC-AC-Umsetzer) erforderlich.	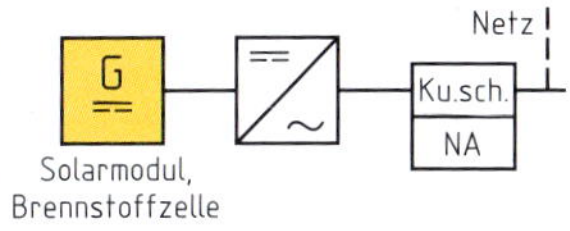
Inselbetrieb **Parallelbetrieb** **Parallelbetrieb mit Voll-Einspeisung**	Anlage arbeitet ohne Verbindung zum VNB-Netz. Anlage arbeitet mit Verbindung zum VNB-Netz. Der Eigenbedarf des Betreibers wird nur über den Bezugszähler gedeckt.	In Anlagen des Parallelbetriebs über 4,6 kVAp muss die Blindleistung kompensiert werden. Der Wirkfaktor (Verschiebungsfaktor, auch noch Leistungsfaktor genannt) soll innerhalb der Grenzen 0,9 kapazitiv (Überkompensation) und 0,8 induktiv liegen.

Spezielle Komponenten

Benennung, Lage	Erklärung, Bedingungen	Schaltung, Daten
Kuppelschalter zwischen Betriebsschalter des Generators und Leitungsschutzschalter sowie RCD. Verbindet nach Ansteuerung vom NA-Schutz den Generator mit den Zählern bzw. den Verteilern.	Der Kuppelschalter ist wegen der Sicherheit redundant ausgeführt. Er besteht im Prinzip aus zwei kaskadierten Leistungsschaltern bzw. Schützen, d. h. Geräten mit in Reihe geschalteten Schließern.	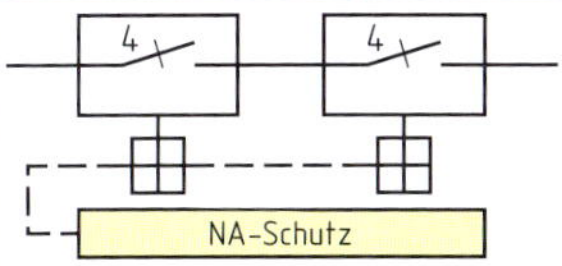
NA-Schutz Der Netz- und Anlagenschutz überwacht den Zustand von Netz und Anlage, insbesondere die Frequenz. Er liegt neben dem Kuppelschalter oder ist in diesen integriert.	Der NA-Schutz schaltet z. B. die Anlage ab, wenn die Frequenz um mehr als 0,5 % der Bemessungsfrequenz zu hoch ist oder wenn der Fehlerstrom die zulässigen Werte übersteigt.	Bei Bemessungsleistung des Generators < 30 kVAp kann der NA-Schutz in den Kuppelschalter integriert sein. 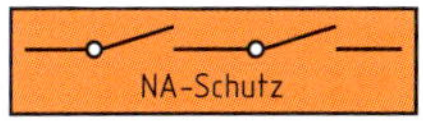
Zweirichtungszähler arbeiten in beiden Drehrichtungen und haben zwei Zählwerke. Sie erfassen getrennt die Energien der beiden Drehrichtungen, je nach Tarif z. B. die eingespeiste und die bezogene Energie.	Je nach Tarif und jeweiliges EEG sind die Schaltungen der Zähler verschieden. Bei Anlagen bis 30 kVAp wird meist die Schaltung „mit Volleinspeisung" angewendet, sonst „mit Überschusseinspeisung" (folgende Seite).	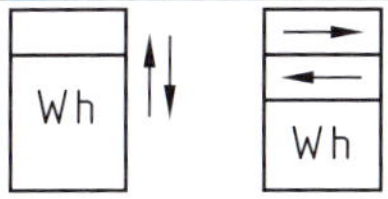 **Symbole Zweirichtungszähler**
Funkrundsteuerempfänger enthalten bis 4 Steuerrelais, ein Filter (Bandpass) und eine integrierte oder abgesetzte Antenne. Sie liegen zwischen VNB-Netz und Übergabestationen von Anlagen.	Diese Funkempfänger steuern je nach Energiebedarf bzw. Energieüberschuss die Anlagen nach EEG an. Dadurch werden je nach Strombedarf durch Funksignale vom VNB Teile von Anlagen ab- oder zugeschaltet.	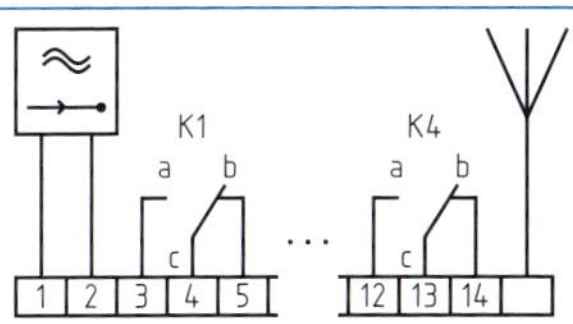

AC Alternating Current, DC Direct Current, EEG erneuerbare Energiengesetz, kVAp = Kilo-Volt-Ampere in der Spitze, NA-Schutz Netz- und Anlagenschutz, RCD Residual Current protective Device, VNB Verteilungs-Netzbetreiber

Eigenerzeugungsanlagen 2 Private Power Generating Systems 2

Abrechnungsmessung

vgl. VDE-AR-N 4105

Benennung	Erklärung	Beispiele, Bemerkungen
Volleinspeisung Die gesamte erzeugte Energie wird in das VNB-Netz eingespeist und nach EEG vergütet. Erfordert zwei Zähler, der Zweirichtungszähler Z2 für Lieferung und Bezug Generatoreigenverbrauch.	Die selbst verbrauchte Energie aus dem VNB-Netz und der Eigenerzeugungsanlage wird vom Bezugszähler erfasst und nach dem VNB-Tarifberechnet. Dieser ist niedriger als die EEG-Vergütung.	Eigentlich genügen für die Volleinspeisung zwei normale Zähler mit Rücklaufsperre. Die VDE-AR-N schlägt Z2 als Zweirichtungszähler vor, damit der Eigenverbrauch des Generators erfasst wird.
Überschusseinspeisung Nur der ins VNB-Netz eingespeiste Energieüberschuss wird mit dem hohen Tarif nach EEG vergütet. Erfordert 3 oder 2 Zähler mit zusammen 3 Messwerken.	Der selbst verbrauchte Anteil der Eigenerzeugung wird vom VNB auch vergütet, aber mit einem kleineren Tarif. Der Bezug aus dem VNB-Netz wird vom VNB berechnet und ist zu bezahlen.	Übliche Anlage für Anlagenbemessungsleistung ≤ 100 kVA, z. B. mittlere für PV-Anlagen oder Anlagen für Blockheizkraftwerk BHKW.
Generator, Einheit Jede Art von Spannungserzeuger, also z. B. PV-Anlage oder kleine Windkraftanlage.	Die erzeugte Energie jeder Generatorart ist getrennt zu messen. Bei zwei Geratorarten sind erforderlich 4 Zähler.	Kombinationen der Arten von Generatoren sind z. B. PV-Generator und BHKW oder Kleinwind- und Wasserkraftanlage.

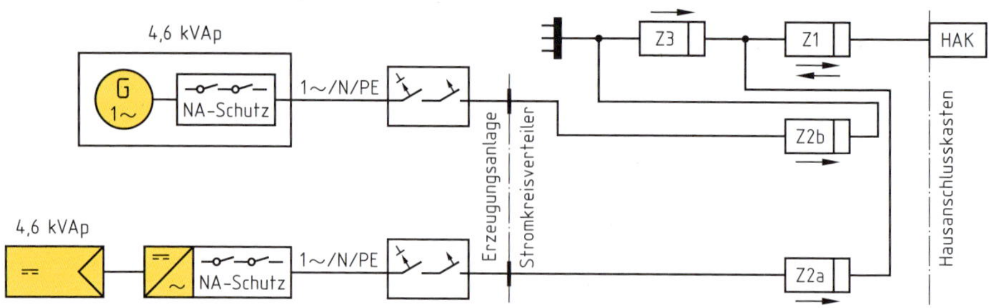

Anschluss einer Erzeugungsanlage von zwei verschiedenen Generatoren ≤ 30 kVA mit Überschusseinspeisung nach VDE-AR-N 4105

Zählerschaltungen (Beispiele)

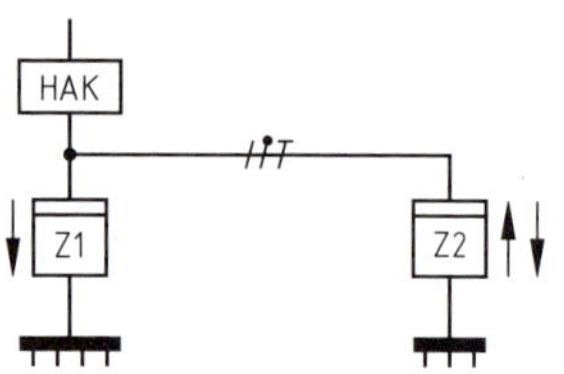

einphasige Erzeugungseinheit

Nennleistung: ≤ 4,6 kVA,
Zähler: Z1 Bezug der Kundenanlage, Z2 Lieferung und Bezug der Einheit,
Volleinspeisung

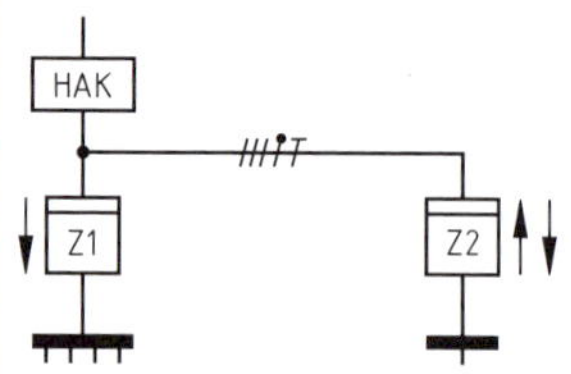

dreiphasige Erzeugungseinheit

Nennleistung: ≤ 13,8 kVA,
Zähler: Z1 Bezug der Kundenanlage, Z2 Lieferung und Bezug der Einheit,
Volleinspeisung

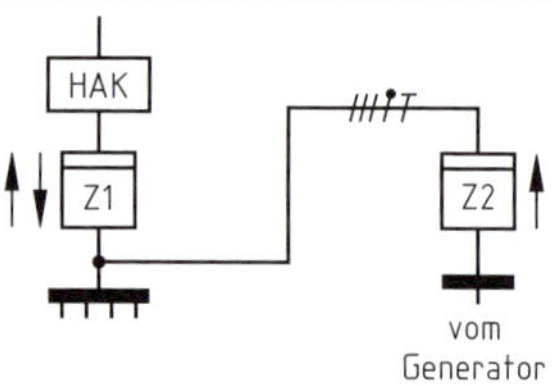

dreiphasige Einheit

Nennleistung: < 30 kVA,
Zähler: Z1 Bezug der Kundenanlage, Z2 Lieferung und Bezug der Einheit,
Überschusseinspeisung

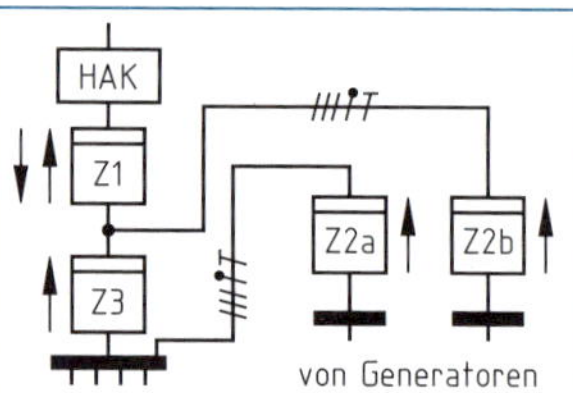

zwei dreiphasige Einheiten

Nennleistung: ≤ 4,6 kVAp,
Zähler: Z1 Bezug der Kundenanlage, Z2 Lieferung und Bezug der Einheiten,
Überschusseinspeisung

EEG erneuerbare Energiengesetz, kVA = Kilo-Voltampere, Bemessungswert, PV Photovoltaik, VDE-AR-N VDE-Anwendungsrichtlinie Netz, VNBW Verteilungs-Netzbetreiber

Vergütung erneuerbarer Energien nach dem EEG
Reimbursement of Renewable Energies recording to EEG

Vergütung erneuerbarer Energien (Anhaltswerte) in bestehenden Anlagen

Anlagenart, Bemessungsleistung	Cent je kWh	garantierte Zeit in Jahren	Verringerung der Vergütung	Bemerkungen
Wasserkraft bis 500 kW	12,7	20	jährlich 1%	Das EEG (Erneuerbare-Energien-Gesetz) verpflichtet die VNB zur Bezahlung der anfangs gewährten Vergütung unverändert für die garantierte Zeit. Die Anfangsvergütung nimmt im Laufe der Zeit ab, da die Wirtschaftlichkeit zunimmt. Die Anfangsvergütung ändert sich von Zeit zu Zeit. Es gibt je nach Anlage Zuschläge oder Abschläge. Deshalb sind die nebenstehenden Zahlenwerte nur Richtwerte. www.top50-solar.de www.antaris-solar.de
Wasserkraft bis 5 MW	6,3			
Biomasse bis 500 kW	12,3	20	je nach Art der Biomasse jährlich bis 2%	
Biomasse bis 5 MW	11,0			
Biomasse bis 20 MW	6,0			
Windkraft an Land	8,93	5	jährlich um ≥ 1,5%	
	> 5,5	20		
PV bis 30 kW*	24,43	20	jährlich ab 2013 9%	
PV bis 100 kW*	23,23			
PV über 100 kW*	21,98			
Geothermie	15	20	ab 2018 jährlich 5%	

Änderungen der Förderung von nach 1. April 2012 errichteten PV-Anlagen

Art	Erklärung	Art	Erklärung
Neue Anlagen	Förderung endet, wenn die PV-Bemessungsleistung in Deutschland > 52 GW ist.	Vergütungssätze	sinken monatlich um 1%. Dieser Satz soll aller 3 Monate nach dem Zubau angepasst werden.
Dachanlagen bis 10 kWp Einspeiseleistung	Bekommen den eingespeisten Strom voll vergütet.	Solaranlagen im Außenbereich	erhalten die Dachflächenvergütung, wenn die Anlage auf Wohn- oder Stallgebäuden errichtet wird.
Große Dachanlagen bis 1 MWp Einspeiseleistung	Ab 1. Januar 2014 werden nur 90% der Jahreseinspeisung gefördert.	Anlagen mit Leistungen > 30 kWp	müssen Einrichtungen enthalten, um die einzuspeisende Leistung nach Bedarf des VNB zu reduzieren. Bei Anlagen bis 30 kWp kann alternativ die maximale Wirkleistungseinspeisung auf 70% begrenzt werden.

Vergütung für Solarstrom in Cent/kWh für Anlagen, die nach 1. April 2012 errichtet wurden

Quelle BMU

Einspeisevergütung bei Einspeisung ins öffentliche Netz

Zeit 2012	Dachanlagen				Freiflächen
	bis 10 kWp	bis 40 kWp	bis 1 MWp	bis 10 MWp	bis 10 MWp
ab 1.05.	19,50	18,50	16,50	13,50	13,50
ab 1.06.	19,11	18,13	16,17	13,23	13,23
ab 1.07.	18,92	17,95	16,01	13,10	13,10
ab 1.08.	18,73	17,77	15,85	12,97	12,97
ab 1.09.	18,54	17,59	15,69	12,84	12,84
ab 1.10.	18,36	17,42	15,53	12,71	12,71
ab 1.11.	abhängig vom Zubau im Juli, August, September				

Eigenverbrauchsvergütung für eigenen Verbrauch und den Verbrauch der Nachbarschaft ohne VNB-Netz

PV-Anlage	Eigenverbrauchsanteil ≤ 30%	Eigenverbrauchsanteil > 30%
≤ 30 kWp	8,05	13,43
> 30 kWp ≤ 100 kWp	6,85	11,23
> 30 kWp ≤ 100 kWp	5,60	9,98

Diese Angaben gelten mit Vorbehalt, da sie von der Meinung und dem Stand der Politik sehr abhängig sind.

Windkraftanlagen Wind Power Stations

Ansicht, Prinzip, Benennung	Erklärung, Wirkungsweise, Daten	Formeln, Bemerkungen, Daten

Aufbau und Arten

Zwei- und Dreiflügler H-Rotor

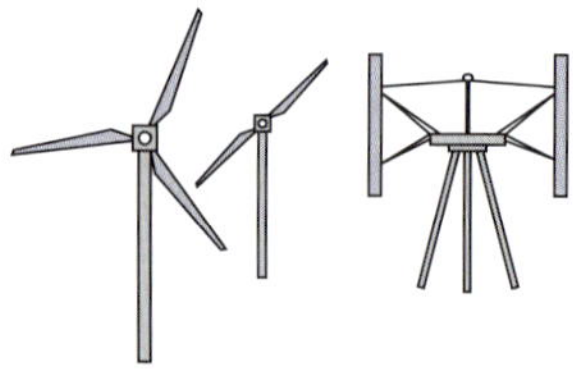

Windrotoren

Über *Windrotoren* mit meist 3 *Rotorblättern* werden nach Angabe von BDEW in Deutschland etwa 8% des Stromes erzeugt gegenüber 3% durch Photovoltaik. Windrotoren verwerten die *kinetische Energie* der Windströmung der von den Rotoren erfassten durchströmten Fläche. Der *Wirkungsgrad* bei Windrotoren mit waagerechter Achse beträgt bis 45%. Man unterscheidet *Dreiflügler* und *Zweiflügler*.

Transport eines Rotorblattes
Pressebild Siemens

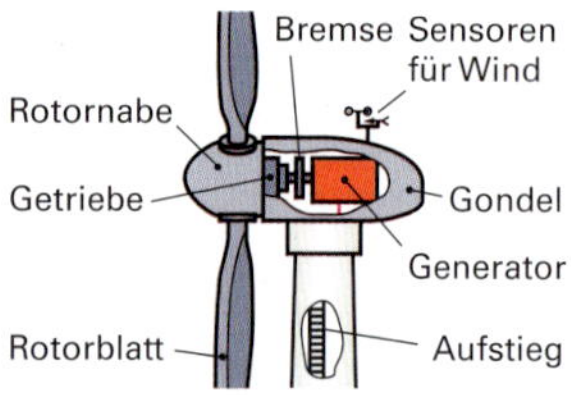

Windenergiekonverter

Windenergiekonverter bestehen aus einem Windrotor mit *Getriebe* und Generator in einer *Maschinengondel*, die auf einem Turm montiert sind.

Daten von Baugröße abhängig:
Rotorblätter bis 60 m,
Rotordrehzahl 20/min bis 150/min,
Turmhöhe (Nabenhöhe) bis 180 m,
Spitzenleistung bis 8 MWp,
50-Hz-Generator bis 1450 /min,
Getriebe bis 1 : 150, 4 000 kNm

kinetische Energie

$$E = \frac{1}{2} \cdot m \cdot v^2 \quad (1)$$

Geschwindigkeit der Rotorspitze

$$v_{Rotor} = d \cdot \pi \cdot n \quad (2)$$

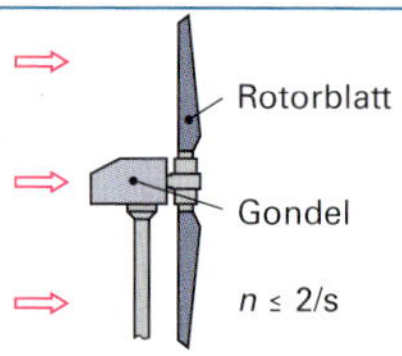

Leeläufer

Regelung der Windrotoren durch automatische Verdrehung der Rotorblätter (*Pitch-Regelung*, von to pitch = neigen). Dadurch ändert sich die *Drehzahl* weniger als ohne Regelung. Zusätzlich müssen aber Frequenz und Spannung vom Generator geregelt werden. *Leeläufer* stellen sich *gegen* den Wind von selbst ein, schwächen aber die Strömung.

Schnelllaufzahl

$$\lambda = \frac{v_{Rotor}}{v} \quad (3)$$

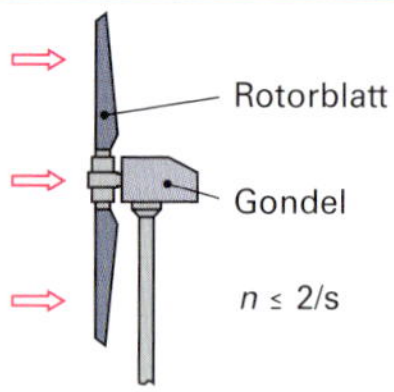

Luvläufer

Beim *Luvläufer* dreht sich der Rotor auf der dem Wind zugewandten Seite des Turmes. Dadurch ist der Wirkungsgrad etwas höher, der Windenergiekonverter muss aber durch eine *Windrichtungsnachführung* in die richtige Position gestellt werden. Die Rotorblätter müssen stabiler als beim Leeläufer sein, da sie sonst den Turm berühren könnten. Die Regelung erfolgt wie beim Leeläufer.

Windleistung

$$P_W = \frac{1}{2} \cdot \varrho \cdot A \cdot v^3 \quad (4)$$

entnommene Leistung

$$P = \frac{1}{2} \cdot c_p \cdot \varrho \cdot A \cdot v^3 \quad (5)$$

idealer Beiwert c_p =0,593

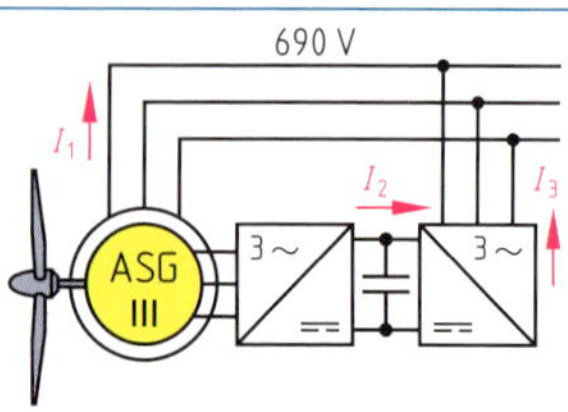

Anschluss an 400-V-Netz

Bei Windenergieanlagen ändert sich die Drehzahl der Rotoren trotz der Pitch-Regelung je nach Windstärke vom 0,5-Fachen bis zum 1,1-Fachen der Nenndrehzahl. Beim Generator müssen Spannung und Frequenz genau auf die Werte des öffentlichen Netzes *geregelt* sein. Das erfolgt bei großen Anlagen meist durch *doppelt speisende Asynchrongeneratoren DSA* (Seite 224).

Die Betriebsspannung des Generators liegt mindestens bei 690 V, weil dann die Stromstärke kleiner ist als bei 400 V. Höhere Spannungen beanspruchen die empfindliche Elektronik mehr. Deshalb muss zum Anschluss an das 400-V-Drehstromnetz ein zusätzlicher Drehstromtransformator vorgesehen sein.

A durchströmte Fläche
d Durchmesser von A
E kinetische Energie
c_p Leistungsbeiwert
λ Schnelllaufzahl
m Masse der Luftmoleküle
P entnommene Leistung
P_W Windleistung
v Windgeschwindigkeit
v_{Rotor} Geschwindigkeit Rotorspitze
ϱ (rho) Luftdichte (≈ 1,29 kg/m³)

Fotovoltaik Photovoltaic

Solarzellen

Art	Wirkungsgrad	Aufbau	Anwendungen
Amorphe Zellen	5% bis 10%	Auf Glasplatte aufgedampftes Silicium oder anderes Halbleitermaterial.	Kleingeräte, Solarmodule
Polykristalline Zellen	10% bis 15%	Werden aus vielen kleinen Silicium-Kristallen gegossen.	Solarmodule
Monokristalline Zellen	15% bis 22%	Gezüchtete Silicium-Einkristalle.	Solarmodule, Solarmobile, Raumfahrt

Solarzellenmodule, Solargeneratoren

Schaltung	Beschreibung	Bemerkungen
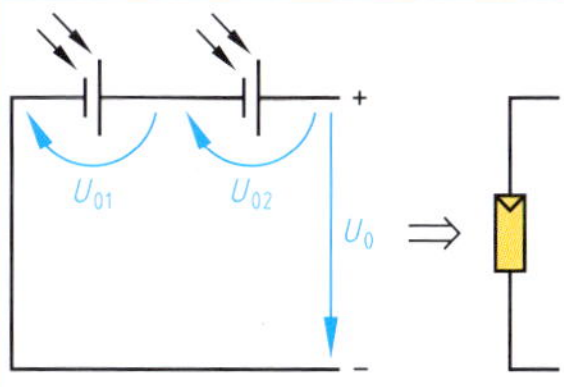 **Reihenschaltung von Solarzellen**	Die erzeugte Spannung einer Solarzelle ist von der Beleuchtungsstärke und der Zellentemperatur abhängig. Sie erreicht bei Silicium einen Maximalwert von etwa U_0 = 0,6 V. In der Regel werden 36 oder 40 Solarzellen in Reihe zu einem Solarmodul geschaltet. Bei der Reihenschaltung addieren sich die Spannungen der einzelnen Zellen zu $U_0 = U_{01} + U_{02}$.	Bei voller Sonneneinstrahlung, ca. 1000 W/m², kann eine Solarzelle mit der Größe von 10 cm x 10 cm etwa 10 W erzeugen. Die Bemessungsleistung eines Solarmoduls beträgt, je nach Größe, etwa 5 Wp bis 330 Wp. Ein 50-Wp-Modul ist z. B. geeignet, einen 12-V-Akkumulator aufzuladen. (Wp von Wattpeak = Leistungsabgabe bei voller Einstrahlung).
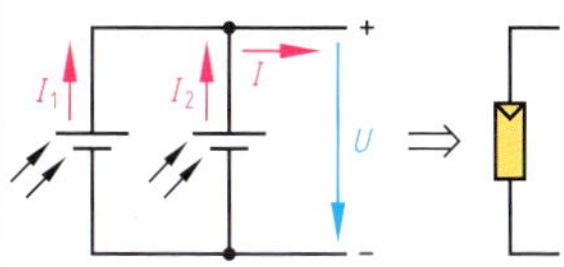 **Parallelschaltung von Solarzellen**	Die maximale Stromstärke einer Zelle ist aus der Kennlinie ersichtlich. Sie beträgt meist bis 3 A. Um höhere Lastströme zu erreichen, wird oft die Parallelschaltung angewendet. Dabei addieren sich die Ströme der einzelnen Zellen zu $I = I_1 + I_2$.	Abnehmende Sonneneinstrahlung beeinträchtigt insbesondere die Stromstärke. Beschattete Zellen wirken als Verbraucher und würden durch den Strom unzulässig hoch erwärmt. Deshalb werden Bypass-Dioden (folgende Seite) parallel geschaltet. www.solaranlagen-portal.de
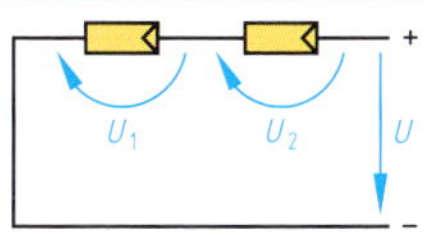 **Reihenschaltung von Solarmodulen**	Zur Erzielung höherer Systemspannungen werden Solarmodule in Reihe geschaltet. $U = U_1 + U_2$ Bypassdioden (folgende Seite) schützen Solarmodule vor Überlastung, z. B. bei Beschattung.	Für den Betrieb von Fotovoltaikanlagen werden höhere Systemspannungen benötigt. Zur Versorgung handelsüblicher 230-V-Geräte wird ein Wechselrichter vorgesehen, der die Gleichspannung in Wechselspannung umsetzt.
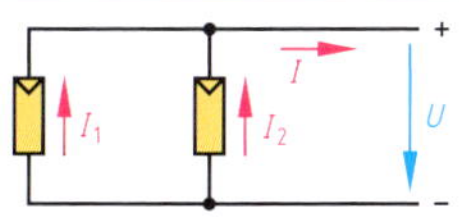 **Parallelschaltung von Solarmodulen**	Höhere Gesamtströme erhöhen die Gesamtleistung einer Fotovoltaikanlage. Zur Erzielung höherer Gesamtströme werden Solarmodule parallel geschaltet. $I = I_1 + I_2$	In Wohnwagen, Wohnmobilen oder auf Segelbooten werden auf diese Weise 12-V-Netze betrieben. Für fehlende Sonneneinstrahlung kann die gewonnene Energie in einem Akkumulator zwischengespeichert werden.
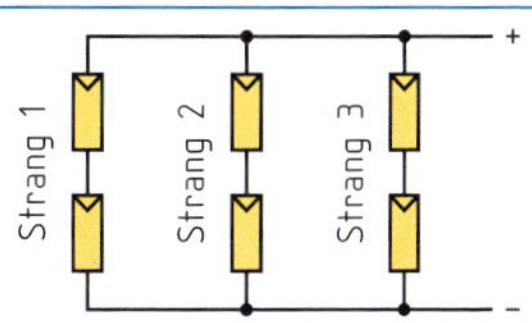 **Schaltung eines Solargenerators**	Bei Solargeneratoren werden höhere Systemleistungen gefordert. Durch geeignete Schaltungsvarianten werden die notwendigen Systemspannungen und Gesamtströme ermöglicht. Meist werden Stränge (Strings, Reihenschaltungen von Solarmodulen) parallel geschaltet.	Solargeneratoren mit parallel geschalteten Reihensträngen werden häufig für Fotovoltaikanlagen verwendet. Geeignete Schaltungen ermöglichen einen modularen Aufbau für Anlagen von einigen kW bis GW. Wechselrichter ermöglichen die Einspeisung in das Stromversorgungsnetz.

Flächenbedarf für Fotovoltaikanlagen

$$A_L = L_F \cdot A_G \quad (1)$$

$$P_M = G'_N \cdot \eta_M \quad (2)$$

$$G'_N = \frac{P_G}{A_G \cdot \eta_M} \quad (3)$$

$$A_G = n \cdot A_M \quad (4)$$

$$n = \frac{P_G}{P_M} \quad (5)$$

A_G Gesamtfläche des Solargenerators
A_L benötigte Land- oder Dachfläche
A_M Fläche eines Solarmoduls
G'_N globale Bestrahlungsstärke etwa 1 kW/m²
L_F Landfaktor etwa 2 bis 3
n Anzahl Solarmodule
P_G Spitzenleistung des Solargenerators
P_M Spitzenleistung des Solarmoduls
η_M Wirkungsgrad des Solarmoduls

Fotovoltaikanlagen Photovoltaic Arrays

Begriff	Erklärung	Bemerkungen, Daten
PV-Anlage (Photovoltaic)	Eine PV-Anlage wandelt Sonnenlicht in elektrische Energie um. Schatten durch Bäume oder Hausteile gefährden die Anlage.	Hauptbestandteile: Solarmodule, Wechselrichter, Freischalteinrichtung, RCBO (RCD mit Leitungsschutzschalter) und der Netzanschluss mit dem Elektrizitätszähler.
Solarmodule	Die Solarmodule erzeugen Gleichstrom, der dann von einem oder mehreren Wechselrichtern in 230 V Wechselstrom umgewandelt und in das öffentliche Versorgungsnetz eingespeist oder selbstgenutzt wird. Können unterschiedliche Bauarten und unterschiedliche Modulleistungen haben. Die Anzahl der Solarmodule einer Anlage ergibt deren Gesamtleistung. Die Leistung wird in Kilowatt Peak (kWp; p von engl. peak = Spitze) gemessen.	• Bemessungsleistungen von 5 Wp bis 1600 Wp (Wp: Wattpeak = Wattspitze, Einheit für die Spitzenleistung), • Bemessungsströme von 0,3 A bis etwa 10 A, • Bemessungsspannungen 16 V bis 400 V, • Größen 540 mm x 250 mm bis 1300 mm x 1890 mm. Planung mit PV-Rechner (www.iwr.de/solar)
Wechselrichter	Der Wechselrichter wandelt den im Solargenerator erzeugten Gleichstrom in Wechselstrom um. Die Ausgangsspannung beträgt meist 230 V. Bis 30 kVA darf die Funktion des NA-Schutzes und des Kuppelschalters im Wechselrichter integriert sein.	Je nach Anlagentyp werden zentrale Wechselrichter oder Strangwechselrichter verwendet. Zentralwechselrichter verwendet man für Leistungen > 100 kWp, Strangwechselrichter im Leistungsbereich von 1 kWp bis 20 kWp.
Netz- und Anlagenschutz (NA-Schutz)	Der NA-Schutz überwacht Netzspannung und Netzfrequenz und übernimmt die Ansteuerung des Kuppelschalters.	Eine Reduzierung der Anlagenleistung erfolgt zwischen 50,2 Hz und 51,5 Hz. Oberhalb von 51,5 Hz wird die Anlage vom Netz getrennt.
Wirtschaftlichkeit	Die Wirtschaftlichkeit ist abhängig von der Himmelsrichtung und der Neigung. Für den wirtschaftlichen Betrieb einer PV-Anlage ist eine Mindestanlagengröße von 1 kWp empfehlenswert.	Der durchschnittliche Jahresertrag je installiertem kWp liegt zwischen 750 kWh und 850 kWh. Eine Fotovoltaikanlage mit einer Bemessungsleistung (Nennleistung) von 1000 Watt (1 kWp) benötigt rund 10 m^2 Dachfläche.
Einspeisevergütung	Die Einspeisevergütung ist gesetzlich durch das Erneuerbare-Energien-Gesetz (EEG) geregelt. Änderungen erfolgen in unregelmäßigen Zeitabständen.	Anlagen auf Gebäuden erhalten bis zu einer Größe von 30 kW etwa 25 Cent/kWh für einen Zeitraum von 20 Jahren (Stand 2012).
Montage	Man unterscheidet die Aufdachmontage, die Indachmontage, die Freiaufstellung, die Flachdachmontage und die Fassadenmontage. Dachlast ist vorab zu prüfen. Bei der Wahl der Montageart sind für die Module günstigste Ausrichtung, Neigung und Architektur zu beachten. Grundsätzlich müssen die Module witterungssicher aufgebaut und windsicher verankert werden.	Optimal ist eine Ausrichtung der Solarmodule nach Süden mit einer Neigung von 30 Grad. Der Solargenerator wird mithilfe eines Gestells auf die Dachhaut beschattungsfrei montiert. Die Montage des Generatoranschlusskastens erfolgt in der Nähe der Solarmodule (Solargenerator) geschützt vor direkter Sonnenstrahlung. Die Verbindung vom Generatoranschlusskasten zum Wechselrichter ist erdschluss- und kurzschlusssicher zu verlegen.

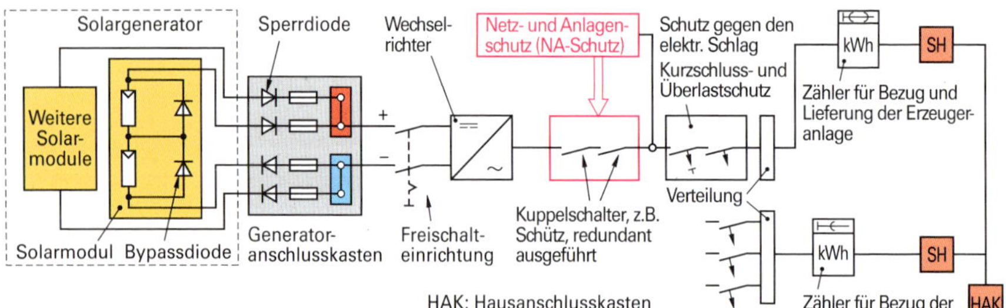

Fotovoltaikanlage (Prinzip) 30 kVA bis 100 kVA

Intelligente Stromnetze Smart Grids

Merkmal	Erklärung	Bemerkungen
Aufgabe Smart Metering	Ein intelligentes Stromnetz stellt die Stromversorgung unter kostengünstigen Gesichtspunkten sicher. Dazu sind Datenkommunikation und Steuerung zwischen Stromerzeugern, elektrischen Speichern, elektrischen Verbrauchern und Netzbetriebsmitteln in den Energieübertragungsnetzen erforderlich. Basis ist ein Zählerfernauslesen (Smart Metering) durch die Verteilungsnetzbetreiber (VNB).	Ziel ist, Energienetze ausgeglichen auszulasten, insbesondere in Zeiten kleiner bzw. höchster Auslastung. Dadurch kann die gesamte Netzinfrastruktur kleiner ausgelegt werden, sodass kleinere Kosten für den VNB und somit für den Verbraucher anfallen. Hierzu müssen elektrische Verbraucher möglichst zeitgesteuert vom elektrischen Netz mit Energie versorgt werden.
Ursache dezentrale Energieerzeugung	Infolge dezentraler Energieerzeugungsanlagen mit Schwankungen in der Energieerzeugung, z. B. Photovoltaikanlagen, Windkraftanlagen, Biogasanlagen, Kraft-Wärme-Kopplungsanlagen oder Blockheizkraftwerke, sind Lastregelung, Spannungshaltung im Verteilungsnetz und Aufrechterhaltung der Netzstabilität anspruchsvoller als bei zentraler Energieerzeugung durch große Kraftwerke. Zu berücksichtigen ist, dass kleine dezentrale Energieerzeugungsanlagen im Gegensatz zu mittleren bis großen Kraftwerken direkt in das Niederspannungsnetz oder Mittelspannungsnetz einspeisen, was gesteuert werden muss. europa.eu.int/comm/research/energy	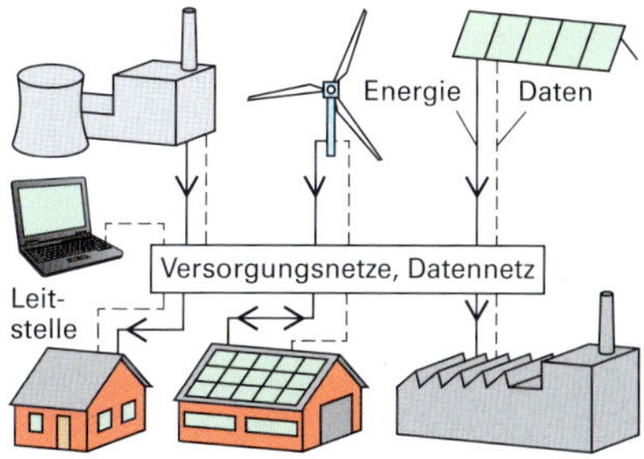 **Dezentrale Energieerzeugung**
Smart Meter MUC	Digitale Zähler, die den aktuellen Energieverbrauch anzeigen und automatisch an einen Computer melden. Dieser kann Leitrechner einer Gebäudeautomation sein oder über Internet-Router mit dem VNB kommunizieren. Dadurch kann der VNB tarifvariabel abrechnen. Andererseits kann der VNB diesem Computer mitteilen, wann der Strom „teuer" ist. www. proteus-solutions.de	Als Smart Meter gibt es Strom-/Spannungszähler, Gaszähler, Wasserzähler. Die unterschiedlichen Zählerdaten können z. B. für eine gesamthafte Energieabrechnung über einen zentralen Datenkonzentrator MUC (Multi Utility Communication Device, Computer) gesammelt werden. Die Anzeige der aktuellen Verbrauchsdaten, Tarife ist auch auf Smartphones möglich, ferner bei entsprechender Gerätevernetzung das manuelle Aktivieren von elektrischen Verbrauchern.
Vernetzung M-Bus	Vernetzen der Smart Meter mit übergeordnetem Computer erfolgt z. B. wireless über M-Bus (Meter-Bus). Bei einer Gebäudeautomation ist eine M-Bus-Kopplung an KNX möglich. Somit können Verbraucher gezielt geschaltet werden. www.qvedis.com	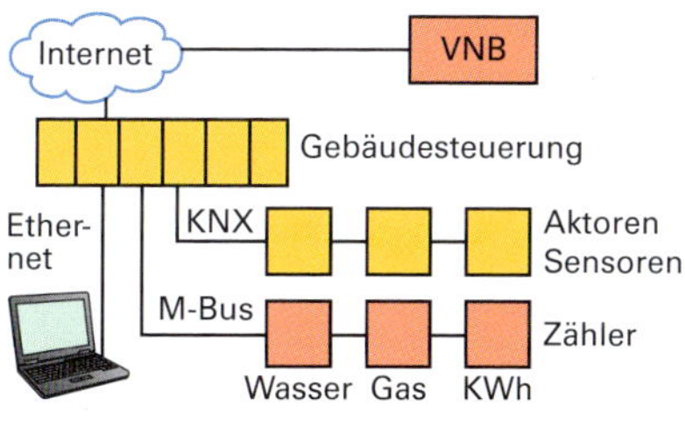 **Vernetzung von Smart Metern**
Verbraucher	Elektrische Verbraucher, z. B. Hausgeräte, müssen automatisiert gestartet werden können, wenn der Strom zu günstigen Preisen im Netz verfügbar ist. Hierzu müssen die Verbraucher entsprechende Steuerungen besitzen oder die Hausinstallation muss entsprechend ausgelegt sein, z. B. mittels KNX.	
Datenübertragung BPL	Die Datenübertragung zwischen VNB und Haushaltungen/Gewerbe kann entweder mittels z. B. UMTS, DSL oder Breitband Powerline BPL erfolgen. Ist Netzfrequenz 50,2 Hz erreicht, werden z. B. PV-Anlagen automatisch abgeschaltet. www.ppc.ag.de	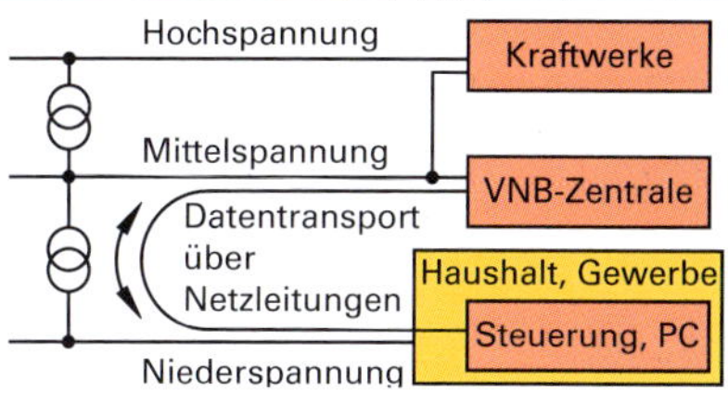 **Breitband Powerline BPL bei Smart Grids**

Kurzzeichen an elektrischen Betriebsmitteln (Beispiele)
Marks and Symbols on Electrical Equipment (Examples)

Kurzzeichen	Erklärung
Prüfzeichen	
CE	Bescheinigung des Herstellers für Übereinstimmung mit EU-Richtlinien
GS	„Geprüfte Sicherheit" Sicherheitszeichen zum Maschinenschutzgesetz
◁VDE▷	VDE-Kabelkennzeichen
◁HAR▷	Zusatz bei harmonisierten VDE-Bestimmungen
	Zulassungszeichen der Physikalisch-Technischen Bundesanstalt (PTB) für Messeinrichtungen
	Funkschutzzeichen. Im freien Ausschnitt: Funkstörgrad G, N, K oder Zahl
VDE EMV	EMV-Funkschutzzeichen
	Geräte zugelassen in:
DVE	Deutschland
ÖVE	Österreich
S	Schweiz
	Frankreich
	USA
Schweißmaschinen	
42V	Die Klemmenspannung von 42 V darf im Leerlauf nicht überschritten werden.
S	Schweißgleichrichter für Arbeiten in engen Räumen.
Kondensatoren	
F	Flammsicher
FP	Flammsicher und platzsicher

Kurzzeichen	Erklärung
Kleintransformatoren	
	Gekapselter Sicherheitstransformator nicht kurzschlussfest
	Offener Sicherheitstransformator
	Sicherheitstransformator, kurzschlussfest
	Steuertransformator, nicht kurzschlussfest
	Steuertransformator, kurzschlussfest
	Spielzeugtransformator (auch Kinderkochgerät, Kinderbügeleisen)
	Klingeltransformator
	Handleuchtentransformator
	Auftautransformator
med	Transformator für medizinische und zahnmedizinische Geräte
	Trenntransformator
	Transformator, nicht kurzschlussfest
	Transformator, unbedingt kurzschlussfest
	Rasiersteckdosen-Einheit

Kurzzeichen	Erklärung
Schutzklassen	
	Schutzklasse I: Schutzmaßnahme mit Schutzleiter
	Schutzklasse II, doppelte oder verstärkte Isolierung
III	Schutzklasse III: SELV, PELV
Leuchten	
F	Flammschutzzeichen; Entzündungstemperatur mindestens 200 °C
D	Leuchte mit begrenzter Oberflächentemperatur für feuergefährdete Betriebssstätten
	Leuchte für rauen Betrieb
	Stoßfeste Glühlampe
	Vorschaltgerät wird im Fehlerfall nicht zu heiß.
Sonstige Zeichen	
	Träge Sicherung
	Sicherung eingebaut
H	Gerätedosen, Verbindungsdosen, Kleinverteiler für Hohlwandinstallation
B	Gerätedosen, Verbindungsdosen, Leuchtenanschlussdosen für Installation in Beton
Elektromedizin	
	Hochspannungsteil eines Gerätes
	Anschlussstelle für Betriebserdung
CATH	Patientenanschluss an einen Elektrokardiographen, der bei Herzkatheteruntersuchung nicht mit dem Patienten verbunden sein darf.
CORT	Patientenanschluss an einen Elektroencephalographen, der während einer Untersuchung am Gehirn nicht mit dem Patienten verbunden sein darf.

Brennstoffzellen Fuel Cells

Brennstoffzelle

Prinzip

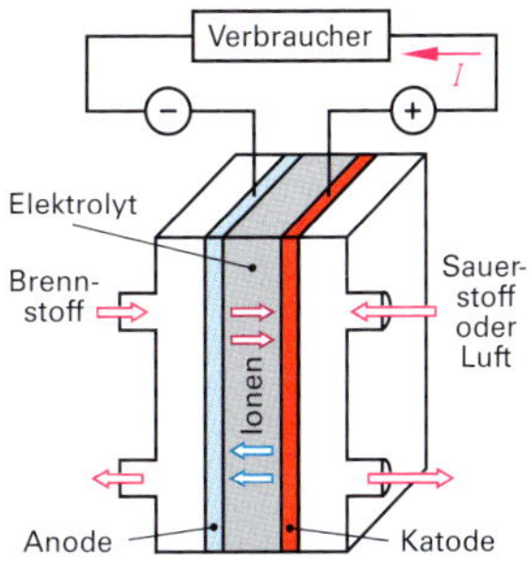

Aufbau einer Brennstoffzelle

Wirkungsweise

Brennstoffzellen wandeln wasserstoffhaltige Brennstoffe in elektrische Energie um. Eine Zelle besteht aus zwei Elektroden und dem Elektrolyten. Die Anode wird mit dem Brennstoff (z. B. Wasserstoff oder Erdgas) und die Katode mit dem Oxidationsmittel (z. B. Sauerstoff oder Luft) gespeist. Der Elektrolyt dient als Ionenleiter zwischen den Elektroden. Der Brennstoff wird an der Anode (Minuspol) oxidiert. Über den äußeren Stromkreis fließen die abgegebenen Elektronen zur Katode (Pluspol). Hier wird das Oxidationsmittel durch Elektronenaufnahme reduziert.

Bemerkungen

Anders als bei einer Batterie oder einem Akkumulator werden hier die Elektroden selbst nicht chemisch umgewandelt.
Eine einzelne Zelle liefert eine Gleichspannung von 0,6 V bis 0,9 V. Durch die Reihenschaltung der einzelnen Zellen werden Spannungen bis 200 V erzeugt. Die Stromstärke ist von der Zellenfläche abhängig und ergibt je nach Zellentyp und Betriebsbedingungen 0,1 A/cm^2 bis 1 A/cm^2.
Es können elektrische Wirkungsgrade über 50% erreicht werden.
Als Nebenprodukt entsteht Wärme wie bei einem Blockheizkraftwerk.

Brennstoffzellentypen

Brennstoffzelle	Elektrolyt	Brenngase	Temperatur	Leistung	Anwendungen
AFC (Alkaline Fuel Cell)	Kalilauge	Wasserstoff Sauerstoff (Luft)	50 °C bis 90 °C	etwa 10 kW	Raumfahrt, Fahrzeuge
MCFC (Molten Carbonate Fuel Cell)	Alkalicarbonatschmelzen	Wasserstoff Methan Kohlegas Sauerstoff (Luft)	600 °C bis 700 °C	250 kW bis 2 MW	Blockheizkraftwerke, Kleinkraftwerke
PAFC (Phosphoric-Acid Fuel Cell)	Phosphorsäure	Wasserstoff Methan Sauerstoff (Luft)	160 °C bis 220 °C	50 kW bis 200 kW 50 kW bis 11 MW	Blockheizkraftwerke, Kleinkraftwerke
PEMFC (Proton Exchange Membrane Fuel Cell)	Polymermembran	Wasserstoff Methanol Methan Sauerstoff (Luft)	20 °C bis 120 °C	30 W bis 1 kW 20 kW bis 250 kW 20 kW bis 250 kW	Stromversorgung Fahrzeuge, Blockheizkraftwerke
SOFC (Solid Oxid Fuel Cell)	keramischer Festelektrolyt	Wasserstoff Methan Sauerstoff (Luft)	800 °C bis 1000 °C	1 kW bis 5 kW 5 kW bis 100 kW	Blockheizkraftwerke, Kleinkraftwerke

Brennstoffzellenkraftwerke

Prinzip

Brennstoffzellen-Kraftwerke werden als Blockheizkraftwerke gebaut, damit die Energieausnutzung bis 85% betragen kann. Die wesentlichen Systemkomponenten eines PAFC-Blockheizkraftwerks mit Erdgas sind: Reformer mit Konverter, Brennstoffzelle, Wärmetauscher und Wechselrichter.

Wirkungsweise

Im Reformer wird das gereinigte Erdgas mit überhitztem Wasserdampf vermischt und katalytisch zu Wasserstoff und Kohlenmonoxid umgewandelt. Im Konverter reagiert das Kohlenmonoxid an einem Katalysator mit Wasserdampf zu Wasserstoff und Kohlendioxid. Dieses Prozessgas wird der Brennstoffzelle kontinuierlich zugeführt.

Bemerkungen

Brennstoffzellen-Kraftwerke stellen Strom und Wärme zur Verfügung. Die Leistung reicht von 10 kW bis 1 MW.
Der elektrische Wirkungsgrad beträgt ca. 40%, der thermische Wirkungsgrad ca. 45%, sodass die Energie zu ca. 85% ausgenutzt wird.

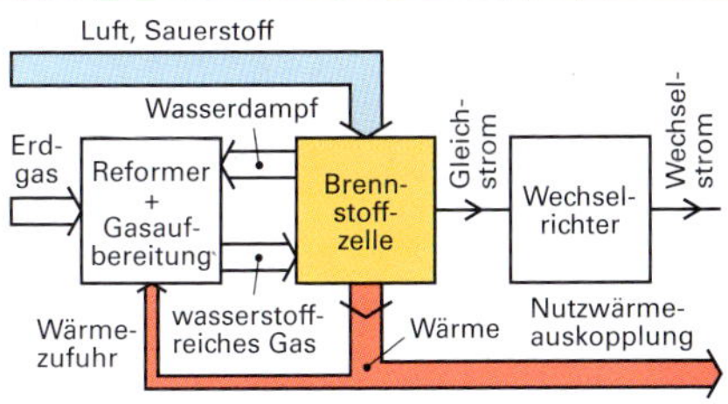

Systemkomponenten eines PAFC-Brennstoffkraftwerks

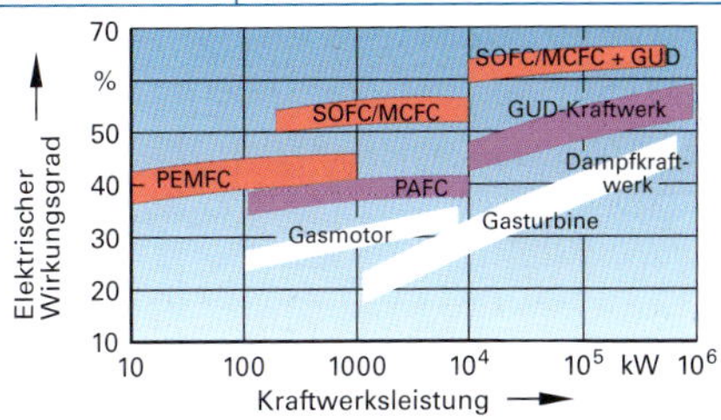

Vergleich der erreichbaren Wirkungsgrade

Schutzarten elektrischer Betriebsmittel — Protection of Electrical Equipment, IP-Code

Alphanumerische Kennzeichnung zur Angabe der Schutzart

Kennbuchstaben IP	Schutz gegen Berühren und gegen Eindringen von Fremdkörpern und Wasser. IP (International Protection) = Internationale Schutzart		
Erste Kennziffer	**Berührungsschutz (Personenschutz) Fremdkörperschutz (für Betriebsmittel)**	**Zweite Kennziffer**	**Wasserschutz**
IP 0X	Kein Berührungsschutz Kein Fremdkörperschutz	IP X0	Kein Wasserschutz
IP 1X	Handrückenschutz Schutz gegen Fremdkörper ≥ ∅ 50 mm	IP X1	Schutz gegen senkrecht fallendes Tropfwasser
IP 2X	Fingerschutz (Prüffinger, ∅ 12 mm, *l* = 80 mm) Schutz gegen Fremdkörper ≥ ∅ 12,5 mm	IP X2	Schutz gegen schrägfallendes Tropfwasser (15° gegen die Senkrechte)
IP 3X	Werkzeugschutz (Zugangssonde, ∅ 2,5 mm, *l* = 100 mm) Schutz gegen Fremdkörper ≥ ∅ 2,5 mm	IP X3	Schutz gegen Sprühwasser (bis 60° gegen die Senkrechte)
IP 4X	Drahtschutz (Zugangssonde, ∅ 1,0 mm) Schutz gegen Fremdkörper ≥ ∅ 1,0 mm	IP X4	Schutz gegen Spritzwasser
IP 5X	Drahtschutz (wie IP 4X), staubgeschützt	IP X5	Schutz gegen Strahlwasser
IP 6X	Drahtschutz (wie IP 4X), staubdicht	IP X6	Schutz gegen starkes Strahlwasser
		IP X7	Schutz gegen zeitweiliges Untertauchen
		IP X8	Schutz gegen dauerndes Untertauchen
		IP X9K	Schutz gegen Hochdruck-, Dampfstrahlreinigung

Wird nur eine Kennziffer für den Schutzgrad gebraucht, so wird die andere durch ein X ersetzt.

Dritte Stelle	Zusätzlicher Berührungsschutz	Vierte Stelle	Ergänzende Buchstaben
A	Handrückenschutz (Zugangssonde, ∅ 50 mm)	H	Hochspannungs-Betriebsmittel
B	Fingerschutz (Prüffinger, ∅ 12 mm, *l* = 80 mm)	M	Geprüft, wenn bewegliche Teile in Betrieb sind.
C	Werkzeugschutz (Zugangssonde, ∅ 2,5 mm; *l* = 100 mm)	S	Geprüft, wenn bewegliche Teile im Stillstand sind.
D	Drahtschutz (Zugangssonde, ∅ 1,0 mm; *l* = 100 mm)	W	Geprüft bei festgelegten Wetterbedingungen.

Die dritte und vierte Stelle sind fakultativ (freigestellt).

Sinnbilder zur Angabe der Schutzart

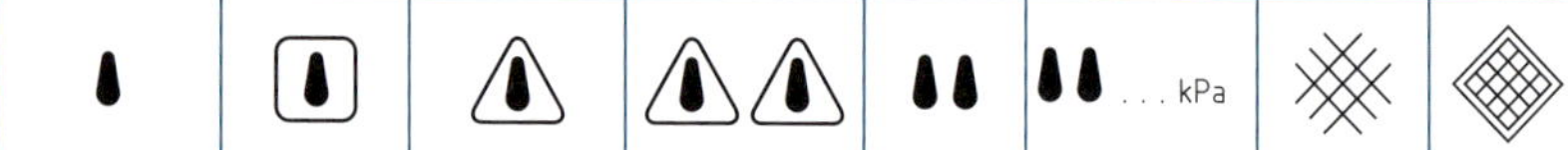

Sinnbild	Tropfwassergeschützt	Regengeschützt	Spritzwassergeschützt	Strahlwassergeschützt	Wasserdicht	Druckwasserdicht	Staubgeschützt	Staubdicht
Beispiel: IP	X1	X3	X4	X5	X7	X8	5X	6X

Wassereinwirkung beim Wasserschutz

Tropfwasser, senkrecht	Tropfwasser, schräg	Sprühwasser	Strahlwasser, aus allen Richtungen	Überfluten	Untertauchen zeitweilig	Untertauchen dauernd	Hochdruck-Dampfstrahlreinigung
X1	X2	X3	X5	X6	X7	X8	X9K

Kennzeichnung schlagwetter- und explosionsgeschützter Betriebsmittel

Allgemeine Kennzeichnung für Schlagwetterschutz oder Explosionsschutz

Nach der allgemeinen Kennzeichnung wird bei Schlagwetterschutz EExI und bei Explosionsschutz EExII gesetzt. Daran wird die besondere Schutzart durch einen Kleinbuchstaben angehängt. Dabei bedeuten:

d	druckfeste Kapselung
e	erhöhte Sicherheit
i_a, i_b	Eigensicherheit
o	Ölkapselung
p	Überdruckkapselung
q	Sandkapselung

Elektrochemie Electrochemistry

Abbildungen	Erklärungen, Formeln	Werte

Elektrochemische Äquivalente

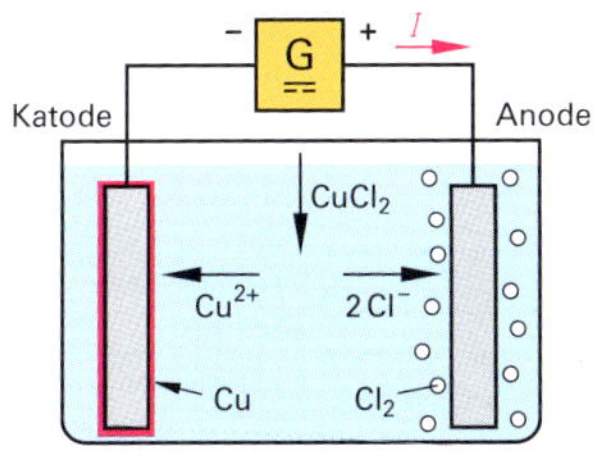

Elektrolyse

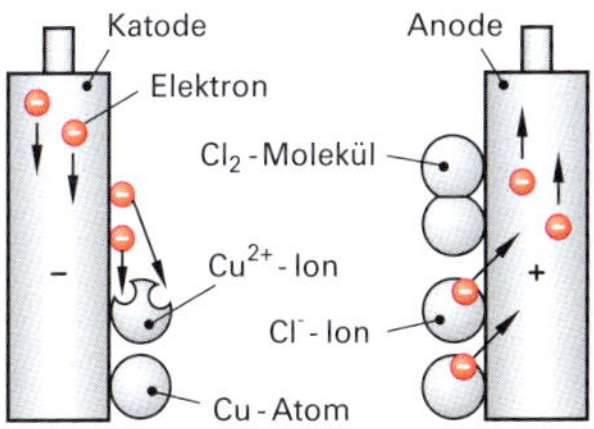

Vorgänge an den Elektroden

Elektrolyte (Säuren, Laugen, gelöste oder geschmolzene Salze) enthalten in der Lösung Ionen. Beim Stromdurchgang wandern in einem Verbraucher die positiven Ionen (Kationen) zur Katode und die negativen (Anionen) zur Anode und werden dort entladen.

Faraday'sches Gesetz

$$m_b = c \cdot I \cdot t \quad (1)$$

Verluste treten durch Erwärmen der Flüssigkeit und durch Nebenreaktionen auf, z. B. durch Wasserstoff-Abscheidung.

Stromausbeute

$$\zeta_i = \frac{m}{c \cdot I \cdot t} \quad (2)$$

Metall	Ion	c in mg/(As)
Aluminium	Al^{3+}	0,09321
Cadmium	Cd^{2+}	0,58246
Chrom	Cr^{3+}	0,17963
	Cr^{6+}	0,08982
Eisen	Fe^{2+}	0,2894
Gold	Au^{+}	2,0414
	Au^{3+}	0,68046
Cobalt	Co^{2+}	0,30539
Kupfer	Cu^{+}	0,65853
	Cu^{2+}	0,32927
Nickel	Ni^{2+}	0,30424
Platin	Pt^{4+}	0,50548
Silber	Ag^{+}	1,11797
Zink	Zn^{2+}	0,33875
Zinn	Sn^{2+}	0,61506
	Sn^{4+}	0,30753

Elektrochemische Spannungsreihe

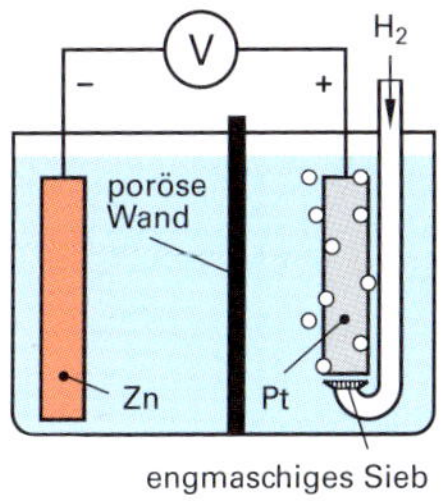

Potenzialmessung

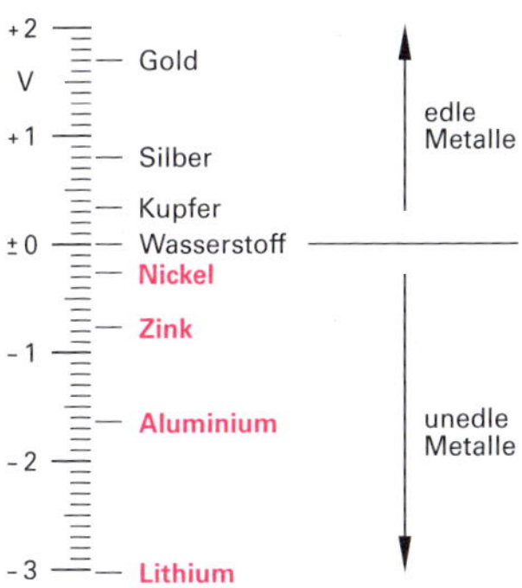

Elektrochemische Spannungsreihe

Zwischen zwei verschiedenen Metallen, die in eine leitende Flüssigkeit tauchen, entsteht eine Gleichspannung. Ursache ist das unterschiedliche Bestreben der Metallatome, positive Ionen zu bilden und als Ionen in Lösung zu gehen (Lösungsdruck).

Man misst das entstehende Potenzial der Metalle als Spannung zwischen dem Metall in der Lösung seines Salzes und der Normal-Wasserstoffelektrode (von Wasserstoff umspülte Platin-Elektrode in einer Säurelösung, die 1 g Wasserstoff-Ionen im Liter enthält). Das Metall taucht in eine seiner Salzlösungen, in der 1 mol im Liter gelöst ist. Die beiden Elektrolyte sind durch ein Diaphragma (durchlässige Scheidewand) getrennt.

1 mol eines Stoffes sind so viele Gramm, wie die relative Atommasse bzw. Molekülmasse angibt.

Beispiel: Spannung zwischen einer Kupferplatte und einer Zinkplatte in einem Elektrolyt?

Lösung:
Differenz der Potenziale der elektrochemischen Spannungsreihe:

$U_0 = +0{,}34\ \text{V} - (-0{,}76\ \text{V}) = \mathbf{1{,}1\ V}$

Metall	Gebildetes Ion	Potenzial in V
Lithium	Li^{+}	–3,04
Kalium	K^{+}	–2,93
Calcium	Ca^{2+}	–2,87
Natrium	Na^{+}	–2,71
Magnesium	Mg^{2+}	–2,37
Aluminium	Al^{3+}	–1,66
Mangan	Mn^{2+}	–1,19
Zink	Zn^{2+}	–0,76
Chrom	Cr^{3+}	–0,74
Eisen	Fe^{2+}	–0,45
Cadmium	Cd^{2+}	–0,40
Cobalt	Co^{2+}	–0,28
Nickel	Ni^{2+}	–0,26
Zinn	Sn^{2+}	–0,14
Blei	Pb^{2+}	–0,13
Eisen	Fe^{3+}	–0,04
Wasserstoff	$2H^{+}$	±0,00
Kupfer	Cu^{2+}	+0,34
Silber	Ag^{+}	+0,80
Quecksilber	Hg^{2+}	+0,85
Platin	Pt^{2+}	+1,18
Gold	Au^{3+}	+1,42
	Au^{+}	+1,69

c elektrochemisches Äquivalent
I Stromstärke
m Masse
m_b berechnete Masse
t Zeit
ζ_i Stromausbeute (Zeta)
U_0 Leerlaufspannung

Primärelemente (Batterien) Primary Cells

Arten

Zellen	Typ	Positive Elektrode	Negative Elektrode	Elektrolyt	Bemessungsspannung V	Energiedichte Wh/cm^3	Anwendung
Zink-Kohle	–	MnO_2 + C	Zn	NH_4Cl	1,5	0,08 – 0,15	Taschenlampen, Spielzeuge
Zink-Kohle	–	MnO_2 + C	Zn	$ZnCl_2$	1,5	0,1 – 0,25	Uhren, tragbare Radios
Alkali-Mangan	L	MnO_2	Zn	KOH	1,5	0,15 – 0,4	Tragbare Audio-, IT-Geräte
Silberoxid	S	Ag_2O	Zn	KOH	1,55	0,4 – 0,6	Armbanduhren, Dig. Kameras, PCs
Quecksilberoxid[1]	M	HgO	Zn	KOH	1,35	0,5 – 0,6	Herzschrittmacher
Lithium-Mangan	C	MnO_2	Li	$LiClO_4$	3,0	≈ 0,7	Fernbedienungen, PCs, Taschenrechner
Zink-Luft	P	C	Zn	KOH	1,4	≈ 0,75	Hörgeräte

Trockenelemente, genormte Bauformen, R = Rundzelle, F = Flachzelle

Zellenname	IEC	ANSI	JIS	Nennspannung U_n in V	Kapazität *C* Zink-Kohle mAh	Kapazität *C* Alkali-Mangan mAh	Abmessung mm
Mini	LR61 R61	AAAA	AM-4 UM-4	1,5	300	500 – 600	∅ 8,3 x 42,5
Micro	LR3 R3	AAA	AM-4 UM-4	1,5	370 – 540	900 – 1 450	∅ 10,3 x 45
Mignon	LR6 R6	AA	AM-3 UM-3	1,5	700 – 1 100	2 200 – 3 500	∅ 14,3 x 51
Baby	LR14 R14	C	AM-2 UM-2	1,5	1 800 – 3 800	≈ 8 000	∅ 27 x 50
Mono	LR20 R20	D	AM-1 UM-1	1,5	4 000 – 8 000	≈ 20 000	∅ 35 x 62
Lady	LR1 R1	N	AM-5 UM-5	1,5	400	800	∅ 12 x 30
9V-Block	6LR61 6F22	1604 DPP3	6AM-6	9,0	190 – 330	500 – 600	48,5 x 26,2 x 17

IEC International Electrotechnical Commission, ANSI American National Standards Institute, JIS Japanese Industrial Standards.

Entladekennlinien

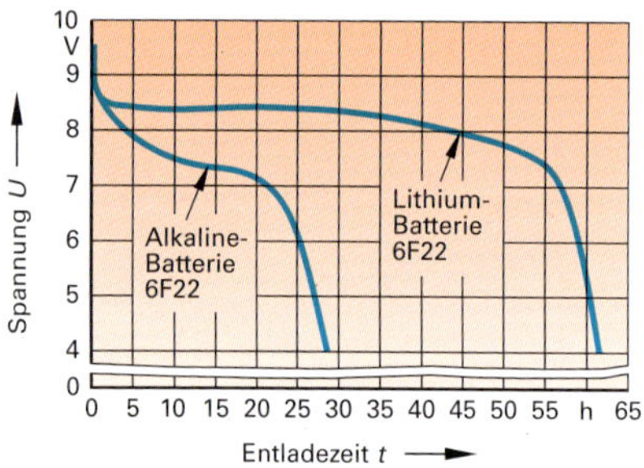

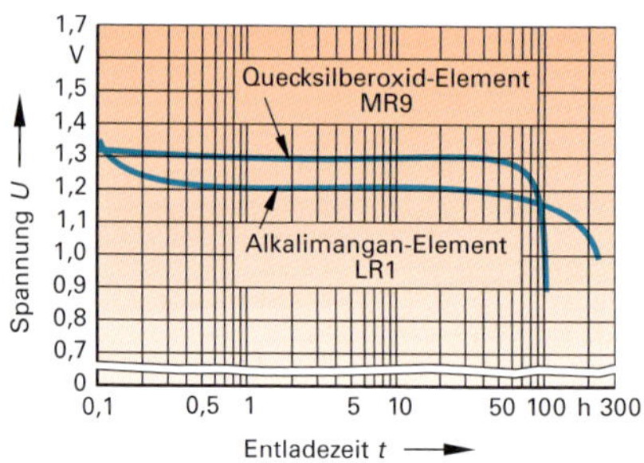

[1] **Batterieverordnung:** Quecksiberanteil max. 2 Gewichts-% in Knopfzellen, max. 0,0005 Gewichts-% in anderen Batterien. Gesetzliche Rücknahmepflicht für den Handel, gesetzliche Rückgabepflicht für den Verbraucher. Batterien nicht in den Hausmüll geben.

Akkumulatoren Accumulators

Arten

System	Bem.spannung je Zelle U_N in V	Energiedichte Wh/kg	Selbstentl. je Monat[1] %	Lade-Zyklen[2] ca.	Bemerkungen
Blei-Säure Blei-Gel	2	30 – 50	5 – 10 2 – 5	1000	hohe Lebensdauer, Tiefentladung vermeiden
LSD[3]-NiMH[4] (eneloop 2. Generation)	1,2	60 – 100	1,25	1500	vorgeladen, geringe Selbstentladung, hohe Lagerfähigkeit, tieftemperaturfest (bis – 20 °C)
Li-Kobalt	3,6	110 – 190	2	500	hohe Energiedichte
Li-Mangan	3,7 – 3,8	110 – 120	2	400	hohe Stromstärke, schnelles Laden
Li-Nickel-Kobalt-Mangan (NKM)	3,7	95 – 130	2	800	Kompromiss zwischen hoher Stromstärke und hoher Kapazität
Li-Eisen-Phosphat (A123-System)	3,2 – 3,3	95 – 140	2	4 000	hohe Stromstärke, erhöhte Kapazität, höhere Ladespannung, spezielles Ladegerät erforderlich
Li-Polymer (LiPo)	3,6 – 3,7	140 – 180	1	300	geringe Selbstentladung, hohe Energiedichte, elektrisch und thermisch empfindlich

[1] Selbstentladung abhängig von Lagerung, [2] Zahl der Ladezyklen abhängig vom Betrieb, [3] LSD = low self-discharge (geringe Selbstentladung), [4] NiMH = Nickel Metall Hydrid (Hydrid = Verbindung mit Wasserstoff). Das **Batteriegesetz** von 2009 verbietet EU-weit das Inverkehrbringen von **NiCd**-Akkus.

Betriebsarten

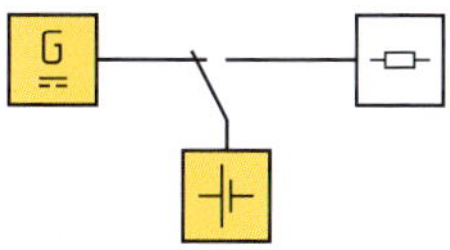

Batteriebetrieb (Lade-Entladebetrieb): Nur die Batterie speist den Verbraucher. Die Gleichstromquelle dient zeitweise zum Laden.

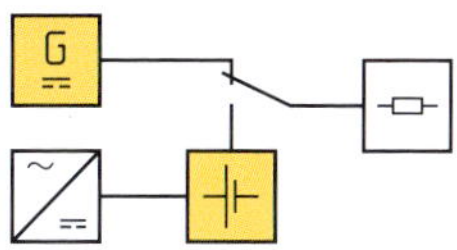

Umschaltbetrieb (Offline-Betrieb): Batterie vom Verbraucher getrennt. Fällt Gleichstromquelle aus, wird auf Batterie umgeschaltet: Sicherheitsstromversorgung.

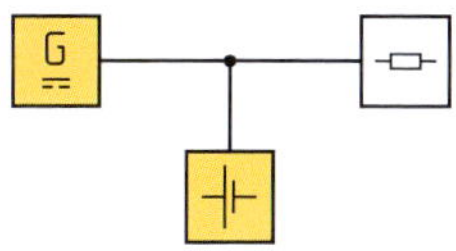

Parallelbetrieb (Online-Betrieb): Verbraucher, Gleichstromquelle und Batterie sind ständig parallel geschaltet. USV-Anlage (Unterbrechungsfreie Stromversorgung).

Begriffe

Ladung Ladeverlauf	Einspeisen elektrischer Energie in Akkumulatoren, Speicherung als chemische Energie. Der zeitliche Verlauf von Spannung und Strom während des Ladens.
Entladeschluss-spannung Gasungs-spannung	Akkumulatorspannung, die beim Entladen nicht unterschritten werden darf. Ladespannung, oberhalb der ein Akkumulator Gase zu entwickeln beginnt.
Bemessung-kapazität	Entnehmbare Elektrizitätsmenge (elektrische Ladung) in Amperestunden (Ah) eines Akkumulators, z. B. K_5 (Bemessungskapazität bei 5-stündigem Entladestrom). $K_n = I_E \cdot t_E$ **1**
Ladefaktor	Verhältnis der elektrischen Ladung beim Laden zur elektrischen Ladung beim Entladen. $\zeta = \frac{1}{a}$ **2** $a = \frac{I_L \cdot t_L}{I_E \cdot t_E}$ **3**
Selbstentladung	Wird ein Akku nicht verwendet, verliert er mit der Zeit einen Teil seiner gespeicherten Energie. Die Entladung ist vom Typ, Alter des Akku und von der Lagertemperatur abhängig.
Memoryeffekt	Werden Akkus immer wieder nur teilentladen, verliert auf Dauer der Teil des Elektrolyts, der nie zum Entladen aktiviert wurde, seine Reaktionsfähigkeit. Er tritt vor allem bei Ni-Cd-Akkus auf.

a Ladefaktor
I_E Entladestrom
I_L Ladestrom
K_n Bemessungskapazität für n-stündiges Entladen
t_E Entladezeit
t_L Ladezeit
U_N Bemessungsspannung je Zelle
ζ Ladungsnutzungsgrad

Ladetechniken für Akkumulatoren
Charging Methods for Rechargeable Batteries

Lade-Verfahren	Kennlinien	Erklärungen	Akkumulatoren-Typ, Bemerkungen
Standardladung	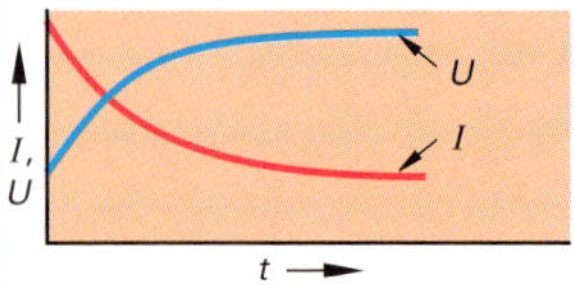	Bei Ladegeräten für Standardladung erfolgt die Anpassung von Ladespannung und Ladestrom durch die Auslegung des Netztransformators. Diese Ladegeräte haben meist eine Ladeanzeige.	Blei-Akkumulatoren, Überladung möglich.
Konstantstrom-ladung	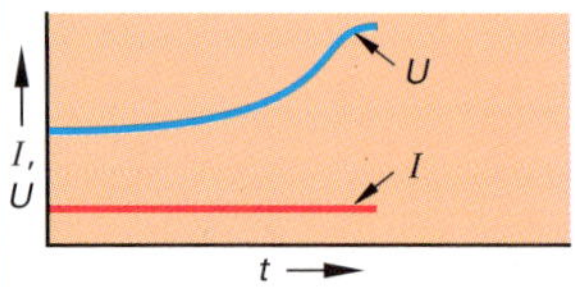	Der Ladestrom I in A ist auf 10% des Zahlenwertes der Akkumulatorenkapaziät bemessen, z. B. $Q_L = 60$ Ah $\Rightarrow$ $I_L = 6$ A.	Blei-, NiMH-Akkumulatoren, NiCd-Akkus, sofern zulässig. Lange Ladezeiten.
Timerladung (zeitgesteuerte Ladung)	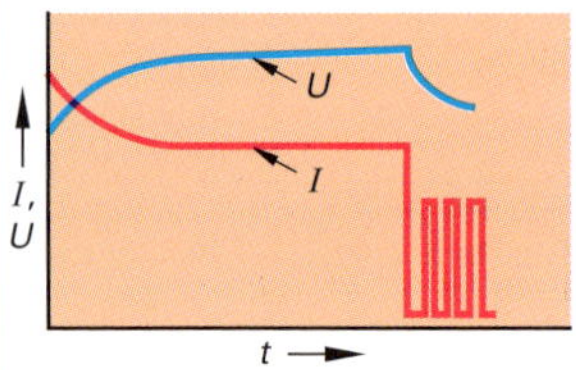	Der Ladezustand zu Beginn der Ladezeit hat keinen Einfluss auf die Ladezeit. Nach Ablauf einer festgelegten Ladezeit schaltet das Ladegerät auf Erhaltungsladung um. Für vollständig entladene Akkumulatoren. Manche Ladegeräte sind mit einer Vorentladung ausgestattet.	Auf Akkupacks ausgelegt. Blei-, NiMH- Akkumulatoren, NiCd-Akkus, sofern zulässig. NiMH-Akkumulatoren werden mit NiCd-Ladegeräten überladen.
ΔU-Überwachungsladung oder ΔV-Überwachungsladung (V = Voltage)	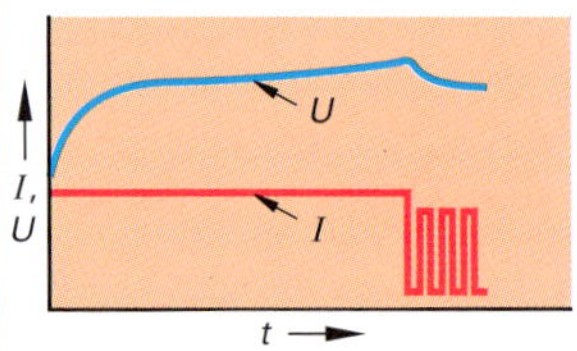	Der Akkumulator wird auf seine volle Kapazität Q_L aufgeladen. Der Ladevorgang wird beendet, wenn die Ladespannung einige mV (ΔU) unter den Höchstwert gefallen ist. Danach erfolgt eine Ladeerhaltung mit Ladeimpulsen.	NiMH-Akkumulatoren, NiCd-Akkus, sofern zulässig. Der Akkumulator wird stets leicht überladen.
Impulsladung	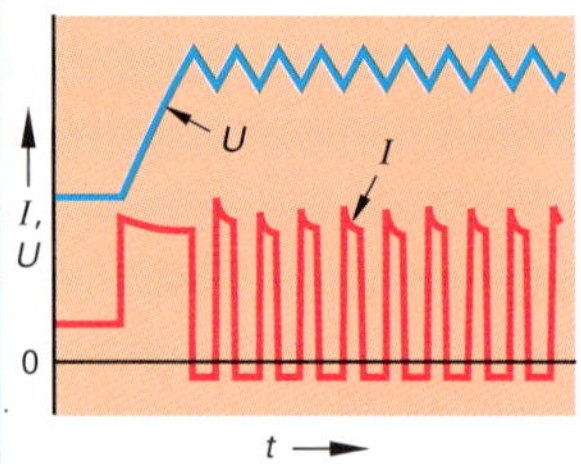	Bei der Impulsladung folgt in kurzen Abständen einem längeren Ladeimpuls ein kurzer Entladevorgang. Dadurch soll bei teilentladenen Akkumulatoren der Memory-Effekt (bei NiCd) oder der ähnliche Lazy-Batterie-Effekt (bei NiMH) vermieden werden. Der Ladevorgang wird wie bei der Überwachungsladung beendet.	NiMH-Akkumulatoren, NiCd-Akkus, sofern zulässig. Beim Memory- oder Lazy-Batterie-Effekt kristallisieren Elektrodenteile und werden damit hochohmig. Dadurch verringert sich die nutzbare Kapazität des Akkumulators.
Li-Ionen-Ladetechnik	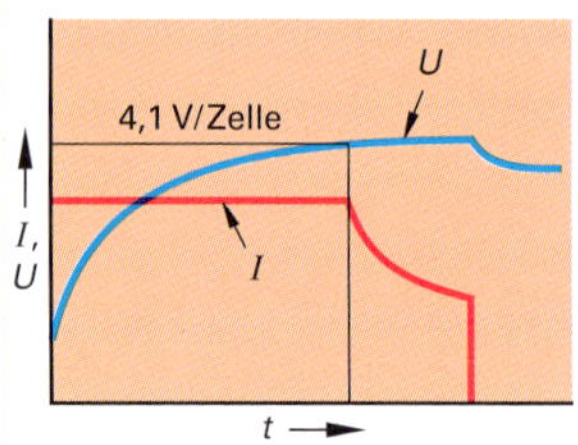	Zuerst wird mit Konstantstrom geladen. Die Endabschaltung des Ladestroms erfolgt, sobald die Ladespannung den oberen Grenzwert erreicht hat und der Ladestrom sich auf einen vorgegebenen Ladestrom verringert hat. Bei vielen Li-Ionen-Akkumulatoren ist die Ladeelektronik deshalb mit entsprechenden Sicherheitsschaltungen im Akkupack integriert.	Li-Ionen-Akkumulatoren sind nicht für Dauerladung geeignet, Brandgefahr. Lagerung: Alle 6 Monate halb voll laden und bei 15 °C aufbewahren. Li-Ionen-Akkumulatoren haben keinen Memory-Effekt. Energiepeichervolumen 90 Wh/kg bis 110 Wh/kg.

Akkupack Baugruppe von seriell, parallel oder seriell-parallelgeschalteten Akkumulatorzellen, Li Lithium

Notstromversorgung und Notbeleuchtung
Emergency Power Supply and Emergency Lighting

Arten der Notstromversorgung

Art	Erklärung
Begriff	Von Notstrom wird beim Notstromaggregat in den TAB der VDEW gesprochen. Die VDE-Bestimmungen unterscheiden Ersatzstromversorgung und Sicherheitsstromversorgung SSV.
Sicherheitsstromversorgung SSV	SSV ist eine Notstromversorgung zum Weiterbetrieb von Anlagenteilen zur Sicherheit von Personen bei Ausfall der allgemeinen Stromversorgung, z.B. zur Sicherheitsbeleuchtung (vgl. DIN VDE 0100-Teil 200). Umschaltezeit ≤ 15 s (folgende Seite).
zusätzliche SSV (ZSV)	SSV, die neben der allgemeinen SSV in einem begrenzten Bereich mit besonderer Gefährdung arbeitet, insbesondere in anspruchsvollen medizinisch genutzten Bereichen, z.B. Operationsräumen (vgl. DIN VDE 0100-Teil 710). Umschaltezeit ≤ 0,5 s (Seite 180).
Ersatzstromversorgung	Notstromversorgung zur Aufrechterhaltung der Funktion von Anlagen bzw. Anlageteilen bei Ausfall der allgemeinen Stromversorgung aus anderen Gründen als der Sicherheit von Personen, z.B. aus wirtschaftlichen Gründen (vgl. DIN VDE 0100-Teil 200). Umschaltzeit je nach Aufgabe. Ältere VDE-Bestimmungen verwenden den Begriff fälschlich auch für SSV (VDE 0108).
Unterbrechungsfreie Stromversorgung USV	Notstromversorgung, die bei Ausfall der allgemeinen Stromversorgung Anlagen bzw. Anlagenteile weiterarbeiten lässt. USV ist vor allem in Computeranlagen gebräuchlich (Seite USV-Systeme).

Bemerkungen, Anwendung, Beispiele

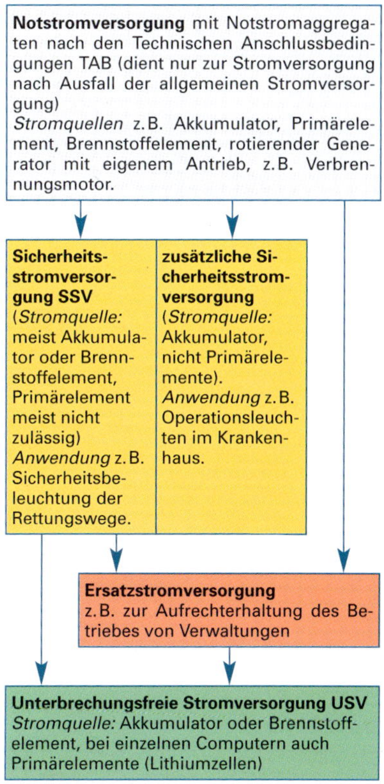

Sicherheitsbeleuchtung, Notbeleuchtung

Anlagen	Schule	Rettungswege in Arbeitsstätten	Arbeitsplatz besonderer Gefährdung	Warenhaus, Gaststätte	Hotel, Hochhaus	Großgarage, Tiefgarage
E_{min}/lx	1 bzw. 5	1 bzw. 5	15	1 bzw. 5	1 bzw. 5	1 bzw. 5
t_u/s	15	15	0,5	1	15	15
t_b/h	3	1	bis zur möglichen Räumung	3	3	3
DS	ja	nein	nein	ja	ja	ja

Position und Beleuchtungsstärkemessung der Leuchten:
- alle Hinweiszeichen auf Fluchtwegen sind zu beleuchten,
- Gefahrstellen, z.B. Stufen oder Hindernisse, sind sichtbar zu machen,
- Bereiche, in denen zur Sicherheit die Arbeit fortzusetzen ist, sind ausreichend zu beleuchten,
- Beleuchtungsstärke $E_{min} \geq 1$ lx an jeder Wegstelle, $E_{min} \geq 5$ lx in Wegmitte 0,2 m über Fußboden.

DS Dauerschaltung bei Dunkelheit für Rettungszeichen-Beleuchtung, E_{min} Mindest-Beleuchtungsstärke in lx, E_n normale Beleuchtungsstärke, t_b Mindest-Betriebsdauer der Ersatzstromquelle in h, t_u höchstzulässige Umschaltzeit in s.

Sicherheits-Stromversorgungsanlagen (SSV-Anlagen)
Safety Power Supply (SPS)

Prinzipschaltung	Erklärung	Bemerkungen
Anlagen mit Umschaltzeit		
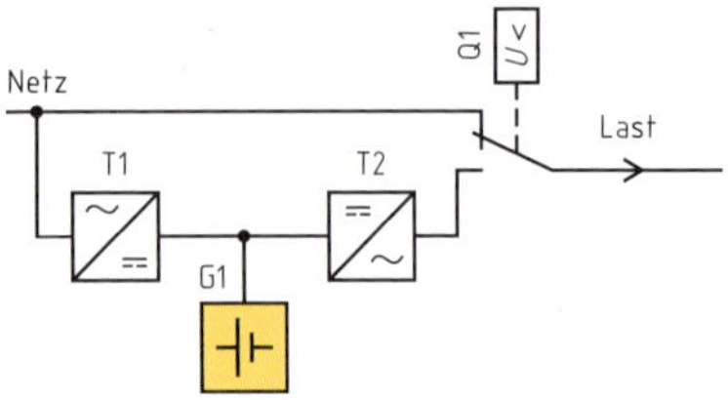 **SSV-Anlage mit Akkumulator**	Bei vorhandener Netzspannung liegt die Last über ein Schütz direkt am Netz. Am Netz liegt auch ein Gleichrichter, der eine Akkumulatorenbatterie auf voller Ladung hält. Bei Netzausfall schaltet die Schützschaltung die Last an den Wechselrichter.	Umschaltzeit je nach Ausführung bei *Handstart* > 15 s, *Ersatzstromversorgung* ≤ 15 s, *Schnellbereitschaftsanlage* ≤ 1 s oder ≤ 0,5 s. Anwendung z.B. in Krankenhäusern, nicht bei Computeranlagen.
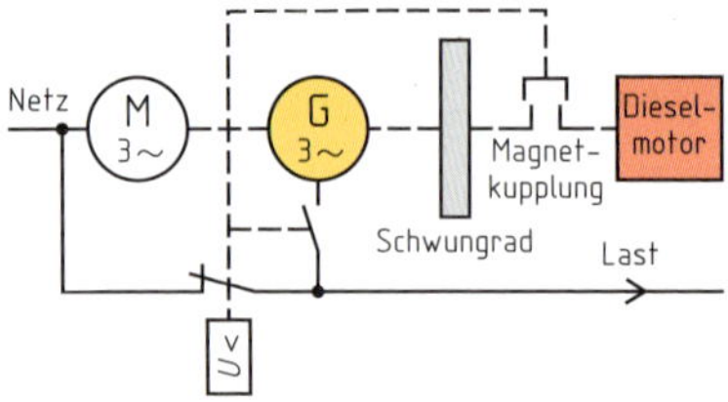 **SSV-Anlagen mit Verbrennungsmotor**	Bei Netzspannung liegt die Last wie bei der Anlage mit Akkumulator am Netz. Am Netz liegt auch ständig ein Motor, der einen Generator mit Schwungrad im Leerlauf treibt. Bei Netzausfall wird der Verbrennungsmotor angeworfen und der Generator an die Last geschaltet.	Umschaltzeit je nach Ausführung bei *Handstart* > 15 s, *Ersatzstromversorgung* ≤ 15 s. Wird nur bei großen Anlagen verwendet, z.B. Flugplatzbeleuchtung. Vorteil gegenüber Anlagen mit Akkumulator: Kleinere Verlustleistung.
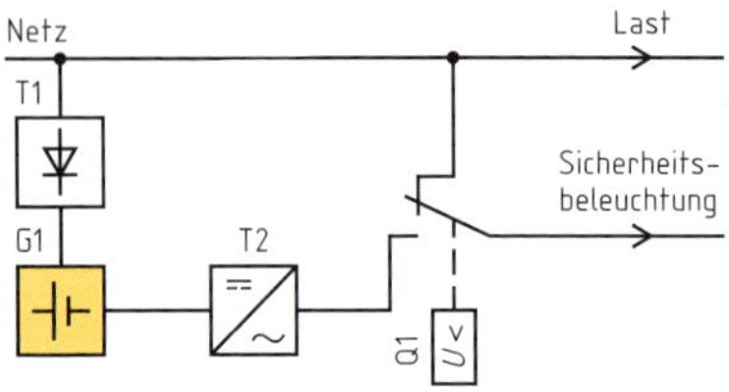 **Sicherheitsbeleuchtung mit Akkumulator**	Ein Akkumulator wird ständig über einen Gleichrichter auf voller Ladung gehalten. Bei Netzausfall wird der Akkumulator, bei Gleichstrombedarf direkt oder bei Wechselstrombedarf über einen Wechselrichter, mit der Sicherheitsbeleuchtung verbunden.	Die Sicherheitsbeleuchtung schaltet sich meist nur bei Netzausfall ein. Anwendung z.B. in Krankenhäusern und in Gebäuden für Menschen-Ansammlungen, z.B. Warenhäusern. Beim Ersetzen vom Lampen, z.B. mit Energiesparlampen anstelle von Glühlampen, ist zu prüfen, ob die SSV-Anlage die erforderliche Spannungsart liefert.

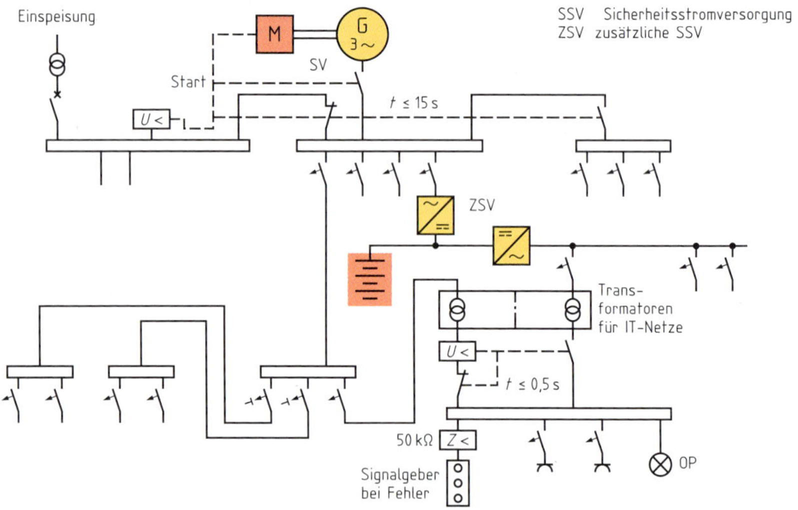

Sicherheitsstromversorgung für medizinisch genutzte Räume der Anwendungsgruppe 2

USV-Systeme (Unterbrechungsfreie Stromversorgungssysteme)

UPS Systems (Uninterruptible Power Supply Systems)

Schaltung und Verhalten

Schaltung, Bezeichnung | Erklärung | Bemerkungen, Daten

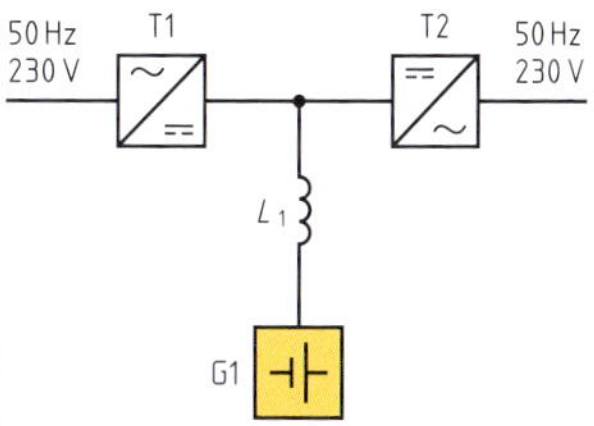

Prinzipielle Schaltung

Die Akkumulatorenbatterie G1 wird vom Gleichrichter T1 ständig geladen und speist über L_1 und Wechselrichter T2 die Last. L_1 ist erforderlich, damit im Netz keine impulsartige Belastung auftritt (**Bild**).

Vorteil: Preiswert

Nachteile: Kleiner Wirkungsgrad, wegen L_1 kleiner cos φ, beim Akkumulator tritt ein Verlust an Speicherfähigkeit ein (Memoryeffekt).

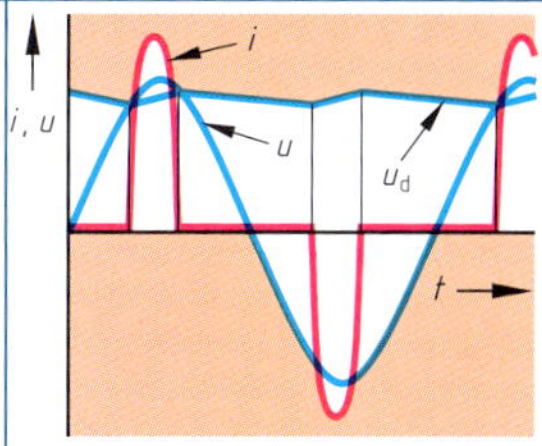

Stromverlauf bei zu kleiner Glättungsdrossel

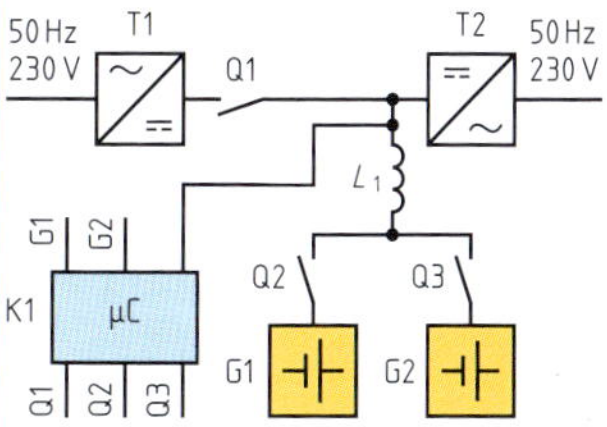

Schaltung mit überwachten Akkumulatoren

Die Last wird über L_1 und den Wechselrichter T2 ständig aus den Akkumulatoren G1 und G2 gespeist. G1 und G2 werden bei Bedarf über T1 und Q1 geladen. Ein Mikrocontroller K1 überwacht die Spannung von G1 und G2 und steuert die Schalter Q1, Q2, Q3 an. Q2 und Q3 sind abwechselnd geschlossen, sodass abwechselnd G1 oder G2 entladen werden.

S_N 200 VA bis 200 kVA.

Vorteil: kein Memoryeffekt.

Bei vorhandener Netzspannung sind Q1 und z. B. Q3 offen und G1 trägt die Last. Bei sinkender Spannung von G1 schließt Q1, sodass G1 geladen wird. Nach Vollladung von G1 öffnen Q1 und Q2 und G2 trägt die Last. Bei sinkender Spannung von G2 schließt Q1 und der Vorgang wiederholt sich entsprechend.

Nachteil: Kleiner Wirkungsgrad, wegen L_1 kleiner cos φ.

L_1 vermeidbar durch PFC.

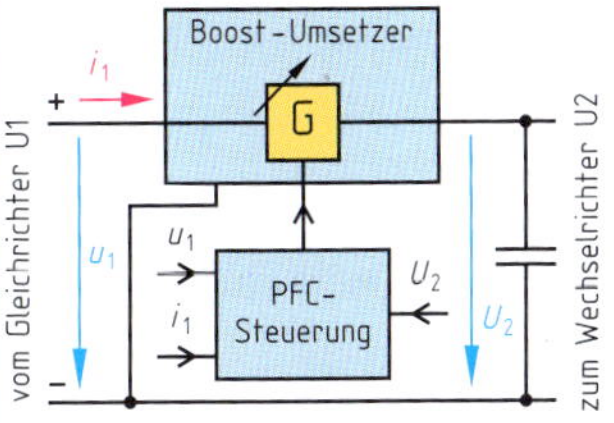

Übersichtsplan des Boost-Umsetzers

Der Boost-Umsetzer (Boost = Ladedruck) bewirkt einen sinusförmigen Netzstrom mit cos $\varphi \approx 1$. Der Umsetzer ist ein Sperrwandler (Hochsetzsteller), der durch eine Impulsfolge so angesteuert wird, dass die Stromaufnahme der gleichgerichteten Spannung folgt. Schaltung wird als PFC (Power Factor Correction = Leistungsfaktor-Korrektur) bezeichnet.

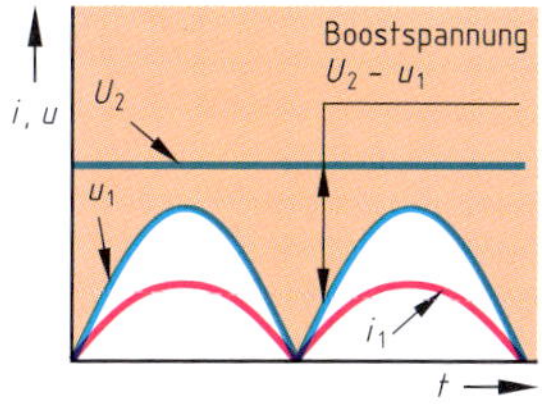

Stromverlauf mit PFC-Korrektur

Klassifizierung der USV

vgl. DIN EN 62040-3-2

Position	Vorgang	Zeit	IEC-Klasse	USV-Klasse
1 2 3	Netzausfall Spannungseinbruch Spannungsspitze	> 10 ms ≤ 16 ms ≤ 16 ms	**VFD (Voltage + Frequency Dependent)**	3 Offline stand by
1 bis 5 4 5	Positionen 1 bis 3 Unterspannung Überspannung	– dauernd dauernd	**VI (Voltage Independent)**	2 Line interactive
1 bis 10 6 7	Positionen 1 bis 10 Blitzeinwirkungen Spannungsstöße (Surges)	– sporadisch < 4 ms	**VFI (Voltage + Frequency Independent)**	3 Online real Double-Conversion
8 9 10	Frequenzschwankung Spannungsverzerrung (Burst) Spannungsoberschwingungen	sporadisch periodisch dauernd		

dependent = abhängig, hier abhängig vom Netz, independent = unabhängig vom Netz.

www.multimatic-usv.de, www.powerware.com

Elektromagnetische Verträglichkeit EMV — Electromagnetic Compatibility EMC

Begriff	Erklärung	Bemerkungen, Ergänzungen
Definition von EMV	Fähigkeit der elektrotechnischen Einrichtungen, ohne Probleme in einem elektromagnetischen Umfeld zu arbeiten.	1. Zufriedenstellende Arbeit trotz elektromagnetischem Störfeld. 2. Umgebung wird nicht zusätzlich elektromagnetisch belastet.
Elektromagnetische Störbeeinflussung	Von einer Störquelle Q gehen EMIs (Elektromagnetic Interferences = elektromagnetische Störungen) aus, die zu einer Störsenke S über eine Kopplung K gelangen. Dabei kann von S nach Q eine Rückwirkung auftreten. Beeinflussung der EMIs in Q, K oder S möglich.	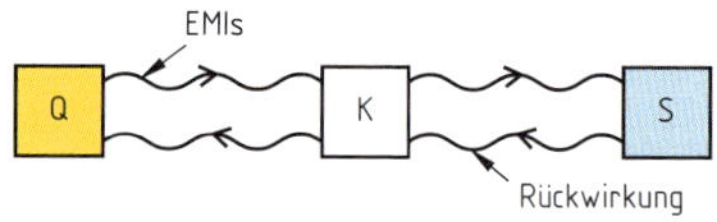 **Prinzip der Störbeeinflussung**
Störungen durch elektrostatische Entladung	Bei Reibungsvorgängen lädt sich ein Körper infolge der Ladungstrennung auf 5 kV bis 25 kV auf. Bei der Entladung kann eine elektrische Einrichtung beeinflusst werden. Das kann bei empfindlichen Bestandteilen, z.B. elektronischen Baugruppen, zur Zerstörung der Bauelemente führen und sogar bei kleiner Entladungsenergie zur Vernichtung von Daten.	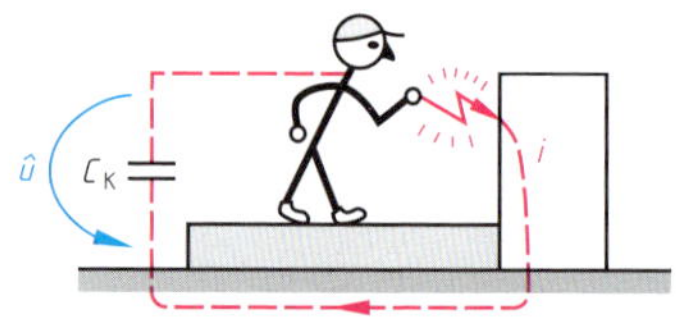 **Elektrostatische Körperentladung**
Atmosphärische Störungen (LEMP, LPZ)	Atmosphärische Störungen beruhen auf elektrostatischen Vorgängen durch Ladungstrennung. Dabei treten Spannungen bis mehr als 100 MV auf und Entladeströme von mehr als 20 kA. Bei einem Blitz tritt ein LEMP (Lightning Electromagnetic Pulse = elektromagnetischer Blitz-Stromstoß) auf. Elektrische Einrichtungen werden durch LEMPs infolge Kopplung auch beeinflusst, wenn sie von der Einschlagstelle entfernt sind.	Für die EMV gibt es fünf Schutzzonen LPZ (Lightning Protective Zones). LPZ 0_A liegt außerhalb der Blitz-Fangeinrichtung. LPZ 0_B: von der Fangeinrichtung geschützter Bereich außerhalb des Gebäudes. LPZ 1: Bereich im Gebäude mit Überspannungsableiter. LPZ 2: Bereich in LPZ 1 mit zusätzlicher Schirmung und Überspannungsableiter. LPZ 3: Bereich in LPZ 2 mit zusätzlichem Schutz, z.B. im Schaltschrank.
Störungen durch elektrische Anlagen	Vor allem treten durch das Schalten impulsartige Ströme auf, die wegen ihrer steilen Flanken hochfrequente Anteile haben. Insbesondere bei • Abschalten von Induktivitäten, • Einschalten von Kondensatoren oder Glühlampen.	Die Störungen sind fortdauernd, wenn andauernd geschaltet wird, z.B. bei der Anschnittsteuerung oder im kleineren Umfang bei der Abschnittsteuerung.
Störfestigkeit und Zerstörfestigkeit von Störsenken	Überschreiten Spannungen gegen Erde bzw. Masse die Störfestigkeit, so treten Funktionsstörungen auf. Überschreiten diese Spannungen die Zerstörfestigkeit, so sind die Betriebsmittel unbrauchbar bzw. zerstört.	Anhaltswerte der Spannungsfestigkeit: • Starkstromleitungen, Signalkabel bis 20 kV, • Fernmeldekabel, Starkstromgeräte 5 kV bis 8 kV, • Fernmeldegeräte 1 kV bis 3 kV, • integrierte Schaltkreise, Operationsverstärker 50 V bis 500 V (energieabhängig).
Beeinflussung der auftretenden Störspannungen	Vor allem muss die Kopplung für die Störgrößen Störstrom i_{St} bzw. Störspannung u_{St} zwischen Quelle und Senke möglichst klein sein. Dabei ist auf galvanische, kapazitive und induktive Kopplung sowie Kopplung durch elektromagnetische Strahlung zu achten. Galvanische Kopplung entsteht z.B. durch eine Erdschleife. Dabei ruft ein Erdstrom, z.B. durch Blitz, eine Potenzialdifferenz hervor, die durch einen Störstrom I_{St} die Störspannung u_{St} überträgt.	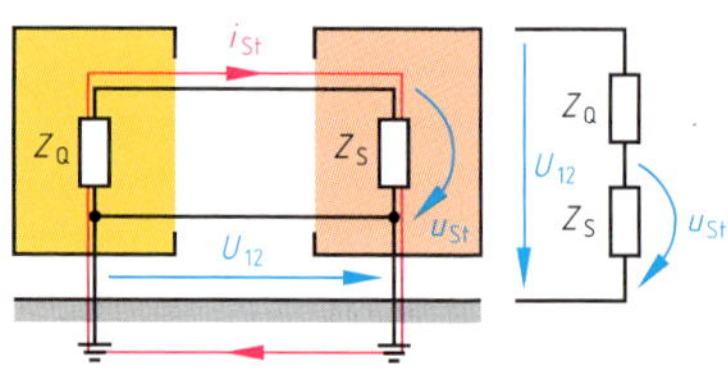 **Galvanische Kopplung durch Erdschleife**
Überspannungsbegrenzer	Begrenzen die Störspannung auf die Zerstörfestigkeit des Betriebsmittels.	Siehe Seiten 65, 253

Elektromagnetische Störungen EMI Electromagnetic Interferences EMI

<table>
<tr><th>Art</th><th>Erklärung</th><th>Bemerkungen, Ergänzung</th></tr>
<tr><td colspan="3">Auftreten von EMI, Kopplungsarten</td></tr>
<tr><td>Ursachen von EMI</td><td>EMI werden hervorgerufen durch alle elektromagnetischen Vorgänge, z.B.
• nahe oder entfernte Blitzeinschläge,
• Schalthandlungen,
• Kurzschlussströme.
Jede steile Stromflanke bedeutet das Auftreten hoher Frequenzen wie bei einem Funksender.</td><td>Auch elektronische Steuerungen, z.B. die Anschnittsteuerung, rufen EMI hervor, weil bei ihnen in jeder Halbperiode geschaltet wird. Dasselbe gilt für den Betrieb von Maschinen mit Stromwendern, weil die Stromwender laufend den Strom umschalten. Die zulässigen Höchstwerte der EMI sind durch Normen und Gesetze beschränkt.</td></tr>
<tr><td>Kopplungen
galvanische

induktive

kapazitive</td><td>EMI werden von der Störquelle zur Störsenke durch Kopplungen übertragen.
Galvanische Kopplung erfolgt zwischen elektrisch leitenden Stellen, die miteinander mäßig leitend verbunden sind, z.B. über Erde (siehe vorhergehende Seite).
Induktive Kopplung erfolgt über das magnetische Feld, das bei jedem elektrischen Strom auftritt.
Kapazitive Kopplung erfolgt bei jedem Strom führenden Leiter zu jedem elektrisch leitenden Gegenstand, wenn Leiter und Gegenstand voneinander elektrisch isoliert sind wie bei einem Kondensator.</td><td>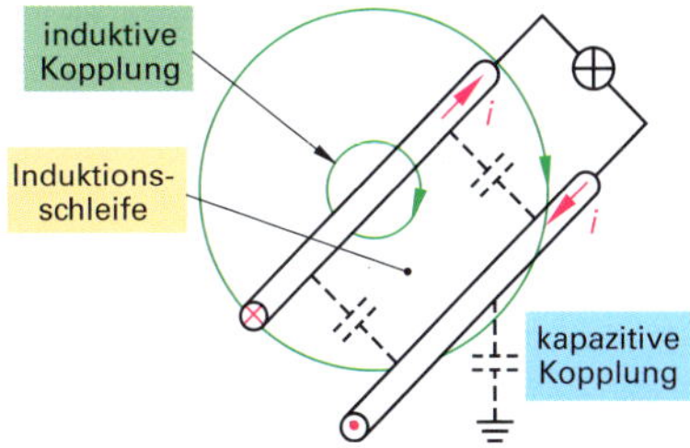

Induktive und kapazitive Kopplung</td></tr>
<tr><td colspan="3">Prinzip der Schutzmaßnahmen gegen EMI</td></tr>
<tr><td>Vermeiden der Ursache</td><td>Betriebsmittel ohne steile Stromflanken rufen keine EMI hervor, z.B. Kurzschlussläufermotoren. Nur beim Einschalten können EMI auftreten.</td><td>Durch elektronische Schaltungen für Sanftanlauf (Abschnittsteuerung mit flacher Abschaltflanke) kann der Einschaltstrom so geformt werden, dass keine EMI auftreten.</td></tr>
<tr><td>Vermeiden der galvanischen Kopplung</td><td>Vermeiden durch Schutzpotenzialausgleichsleitungen PB (von Protective Bonding) zwischen den zu entkoppelnden Geräten.
• Bei geschirmten Leitungen muss der Schirm als PB verwendet werden.
• PB müssen metallene Rohrleitungen und Kabelmäntel miteinander verbinden.
• PB müssen an die Haupterdungsschiene und damit an den PE angeschlossen sein.
• PB müssen von den Geräten einzeln zu einem Bezugspunkt geführt werden.</td><td>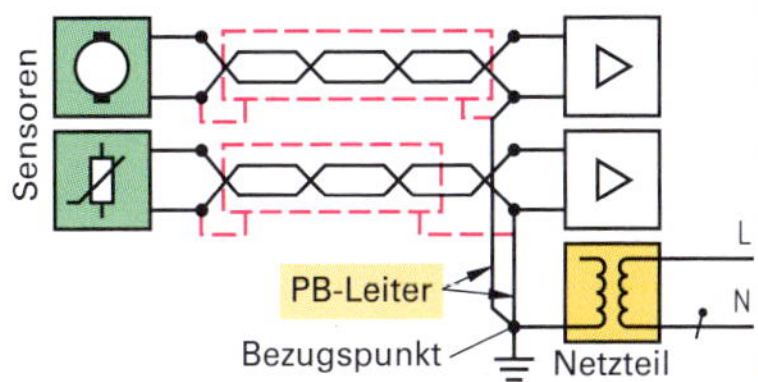

Maßnahmen gegen galvanische Kopplung</td></tr>
<tr><td>Vermeiden der induktiven Kopplung</td><td>Induktive Kopplung erfolgt vor allem durch Induktionsschleifen (Bild oben). Deshalb
• gemeinsame Leitungswege der verschiedenen Systeme verwenden, z.B. in Installationskanälen,
• kopplungsarme Leitungen verwenden, z.B. Twisted-Pair-Leitungen (STP oder UTP) oder Koaxialleitungen mit geerdetem Außenleiter.
Bei Twisted-Pair-Leitungen wechselt in jedem Drall die Richtung des Magnetfeldes, sodass die Kopplung unwirksam bleibt.</td><td>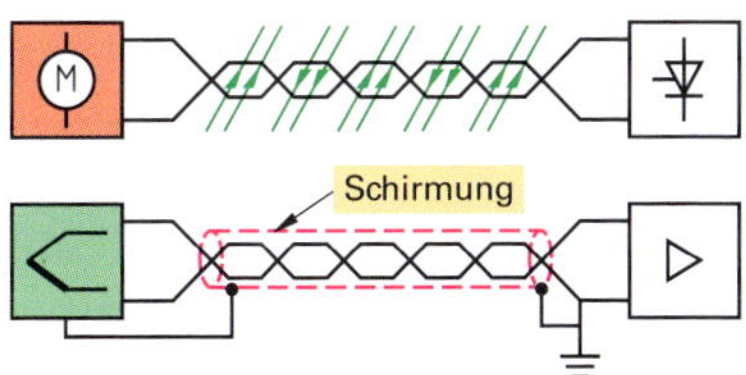

Maßnahmen gegen induktive Kopplung</td></tr>
<tr><td>Vermeiden der kapazitiven Kopplung

Entstörfilter</td><td>Kapazitive Kopplung wird durch Schirmung oder durch Abstände verringert. Schirmung erfolgt durch leitendes Material, z.B. metallenes Gehäuse, Geflecht oder Folie. Sie verhindert auch Übertragung durch elektromagnetische Strahlung. In IT-Anlagen sind die Geräte je nach Wichtigkeit in räumlich getrennten EMI-Zonen 0 bis 2, die gegeneinander geschirmt sind.
Filter sind Tiefpässe. Sie verhindern die Ausbreitung von EMI über das Stromnetz.</td><td>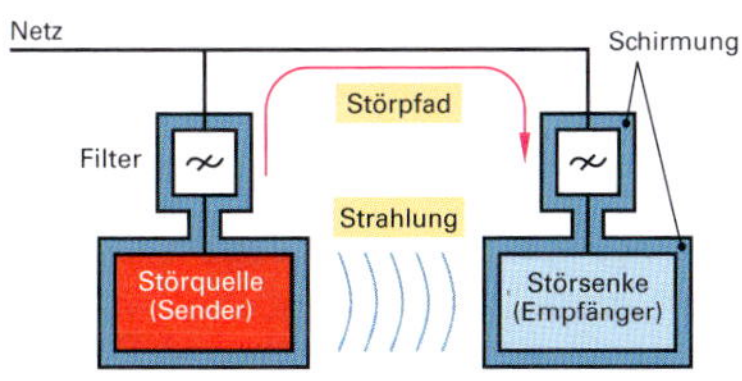

Ausbreitung von Störungen</td></tr>
</table>

Maßnahmen gegen EMIs Measures against EMIs

Verhinderung der Ausbreitung von EMIs

Entstörmittel	Schaltungsbeispiel	Anwendung, Eigenschaften
X-Kondensator	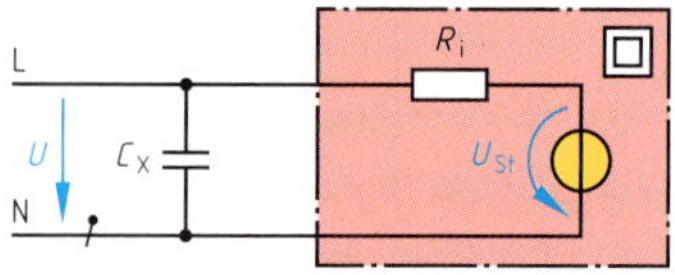 **Entstörung eines Betriebsmittels der Schutzklasse II mit X-Kondensator**	X-Kondensatoren sind parallel zum Erzeuger oder Verbraucher geschaltet. Sie liegen an Netzspannung und haben eine beliebige Kapazität. X1-Kondensatoren haben eine Spitzenspannungsbelastung > 1,2 kV. X2-Kondensatoren haben eine Spitzenspannungsbelastung ≤ 1,2 kV.
Y-Kondensator und X-Kondensator	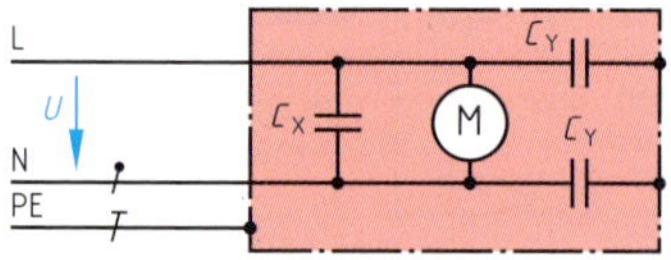 **Entstörung eines Universalmotors der Schutzklasse I**	Y-Kondensatoren sind zwischen Netzleiter und Gehäuse geschaltet und überbrücken die Betriebsisolierungen. Kapazität zwischen 2,5 nF und 35 nF je nach Schutzmaßnahme und Schutzklasse. Isolierspannung U = 250 V. Erhöhte elektrische und mechanische Sicherheit.
Netzentstörfilter (Tiefpass-Filter)	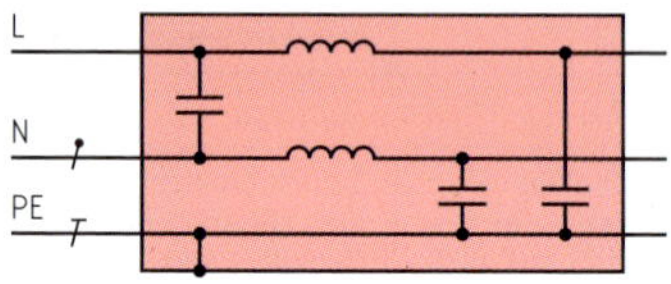 **LC-Tiefpassfilter**	Anordnung an der Quelle und/oder an der Senke. Im einfachsten Fall werden Induktivitäten, z.B. Ferritperlen, in den Stromweg oder Kapazitäten (Kondensatoren) parallel zu Quelle oder Senke geschaltet. Bei höheren Anforderungen müssen auch die Störspannungen zur Erde erfasst und überbrückt werden.
HF-Drossel und XY-Kondensator	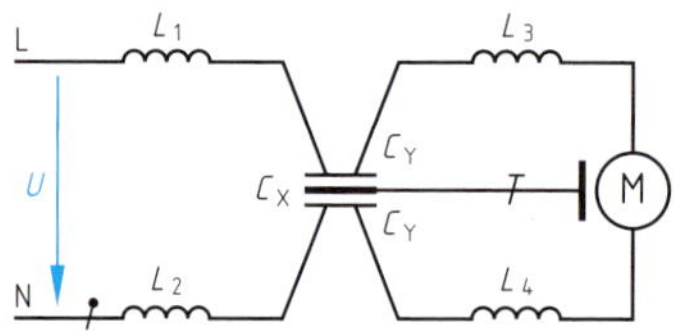 **Entstörung eines Universalmotors der Schutzklasse II**	HF-Drosseln dienen zur Entkopplung von Signalkreisen und Steuerkreisen. Induktivität: 0,1 µH bis 4,7 mH
UKW-Drossel		Sperrung von Hochfrequenz (f > 30 MHz), Entkopplung von Rundfunkgeräten und Fernsehgeräten. Induktivität: 5 µH bis 1,2 mH
Schutzleiterdrossel und XY-Kondensator	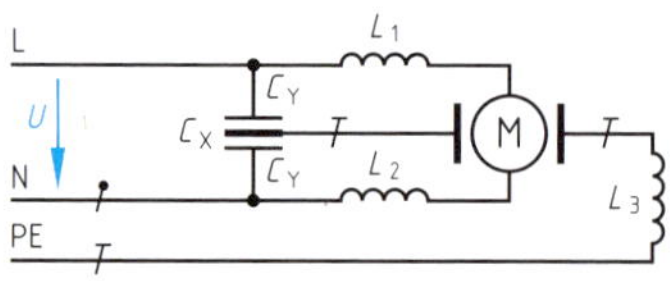 **Entstörung eines Universalmotors**	Dämpfung der Funkstörspannungen auf dem Schutzleiter. Die Wicklung muss den gleichen Querschnitt wie der Schutzleiter haben. Induktivität: 1,2 mH bis 1,6 mH

Funkenlöschung

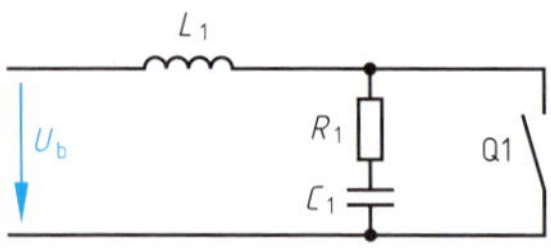 Für den Betrieb mit AC und DC und für induktivitätsarme Belastung.	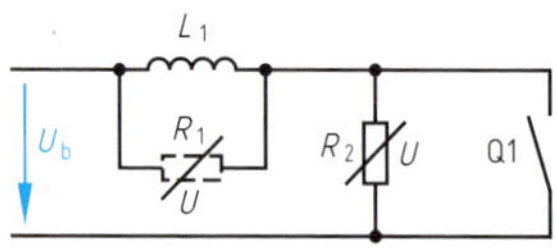 VDR parallel zur Spule, wenn die Spannung an ihr < 100 V. Für DC und AC.	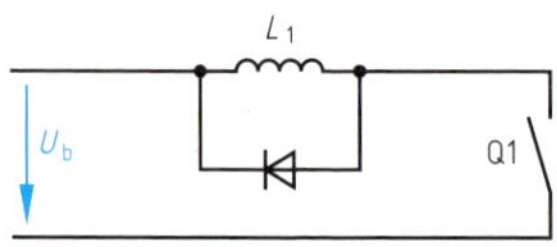 Anforderungen an die Freilaufdiode: Hohe Sperrspannung, kurze Schaltzeit, hohe Stromstoßbelastbarkeit. Nur für DC.

Innerer Blitzschutz Internal Lightning Protection

Schutzart	Schaltung	Ergänzung, Daten
Netz-Überspannungsschutz	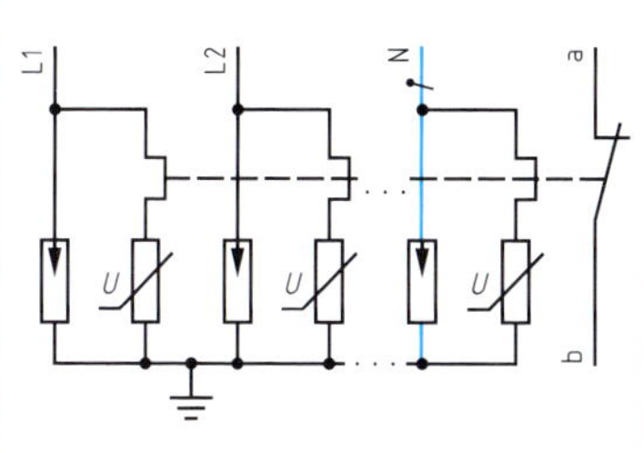	Der dreipolige oder vierpolige Ableiter enthält Gleitableiter und Zinkoxid-Varistoren sowie eine Überwachungs-Trennvorrichtung. Er wird in der Nähe der Haupterdungsschiene installiert. Bei Ferneinschlägen arbeiten die Varistoren, bei direktem Einschlag zusätzlich die Gleitableiter. Bei Beschädigung trennt die Trennvorrichtung die Varistoren ab und öffnet zur Signalgabe einen Öffner. **Schutzpegel:** 2 kV, Ansprechzeit 25 ns **Bemessungsspannung:** 280 V 50 Hz **Prüfstrom:** 100 kA
Steckbare Schutzkaskade	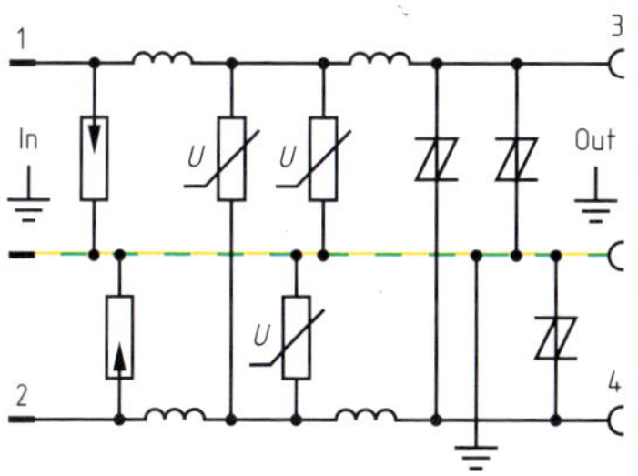	**Bauelemente:** Gasableiter, Varistoren, Suppressordioden, Induktivitäten. **Module:** Adapter mit Schutzleiterfuß und eigentliches, steckbares Modul. **Erdung** über die Tragschiene des Basiselements. Je nach Anforderung sind die steckbaren Teile verschieden. Sie können auch weniger Bauelemente enthalten. **Bemessungsspannungen:** 5 V, 12 V, 24 V... 220 V DC **Spannungsbegrenzung:** etwa 1,8 U_C Auch in Form von Leiterplatten mit bis 8 Kanälen.

Schutzart	SPD-Typ	Installationsort, Anschluss beim TN-System	Ableiterbemessungsspannung	
Typen von Überspannungsableitern SPD (Surge Protective Device)	1	vor dem Zähler, zwischen L, N und PE bzw. PEN	beim TN-System und TT-System	$U_C = 1{,}1 \cdot U_0$
	2	in den Unterverteilungen, wie bei Anforderungsklasse B	beim IT-System	$U_C = 1{,}1 \cdot U$
	3	in den Steckdosen oder vor den Geräten, zwischen L und N, zwischen N und PE.	U_C Ableiterbemessungsspannung U Bemessungsspannung zwischen den Leitern L1, L2, L3. U_0 Bemessungsspannung zwischen L und PE	
	1, 2, 3	zusätzlich ist auch ein Anschluss zwischen den aktiven Leitern zulässig.		

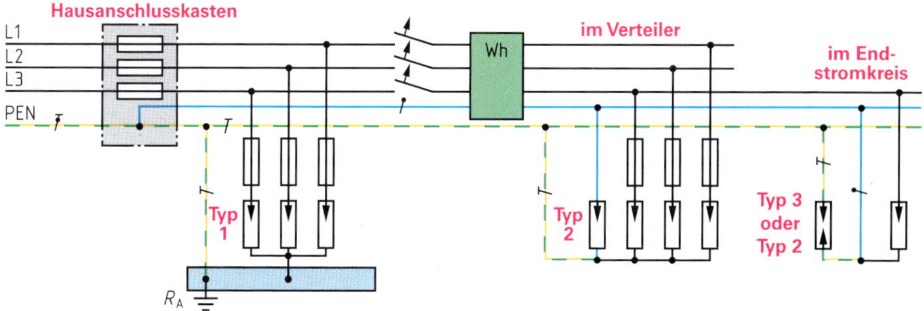

Überspannungs-Schutzeinrichtungen der Typen 1, 2, 3 bei TN-Systemen (vgl. VDE 0100-534)

Verwendete Schaltzeichen (meist nicht genormt):

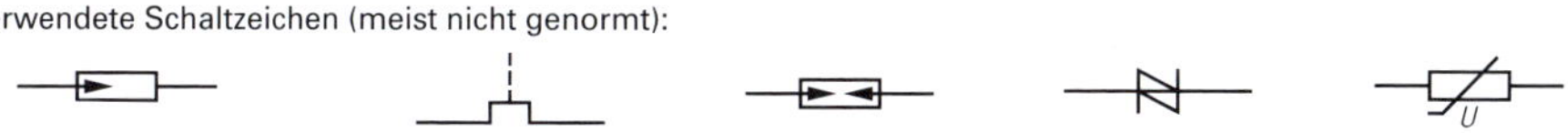

Ableiter, allgemein Gasableiter, Gleitableiter — Überwachungs-Trennvorrichtung — Funkenstrecke — Suppressordiode, ungepolt — Varistor

In Anschluss des Netzes Out Anschluss des zu schützenden Anlagenteils

Äußerer Blitzschutz 1

External Lightning Protection 1 vgl. DIN EN 62 305-1 bis DIN EN 62 305-4 (VDE 0185-305)

Prinzip äußerer Blitzschutz

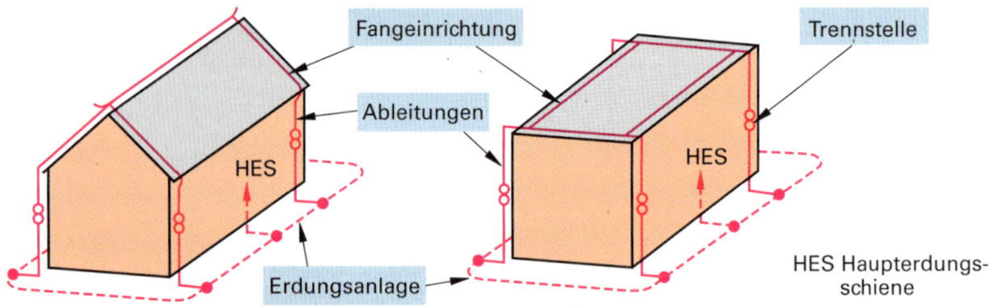

Plan einer Blitzschutzanlage

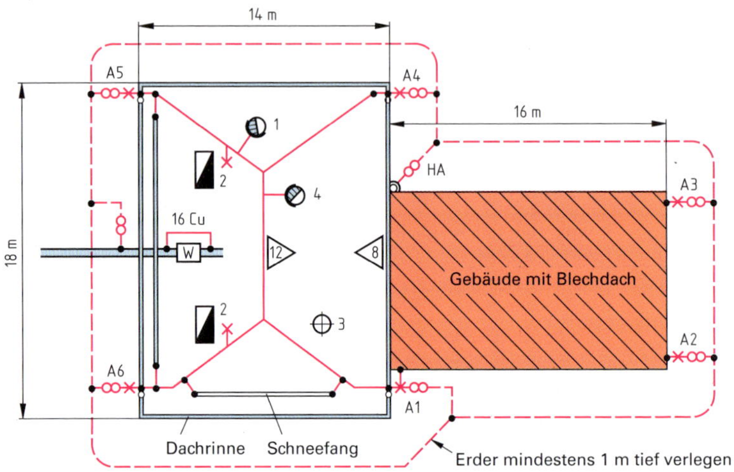

Kurzzeichen	Bedeutung	Kurzzeichen	Bedeutung
8, 5 (Dreiecke)	Gebäudeumrisse und Dachhöhen Zahl im Dreieck gibt First- oder Traufhöhe in m an	waagrecht senkrecht	Fangleitungen und Ableitungen, außen
1,5 nichtmetallisch; 2 metallisch	Kamin, Rauchfang Zahlen ≙ Höhe in m	waagrecht senkrecht	Innen: Fangleitungen und Ableitungen, unter Putz
3 nichtmetallisch; 4 metallisch	Rohr, Mast, Antenne Zahlen ≙ Höhe in m		Fangstange, Fangspitze
2,5	Dachständer Zahlen ≙ Höhe in m		Trennstelle
G außen, W innen A Abfluss G Gas H Heizung W Wasser	Rohrleitungen und Rinnen aus Metall		Anschlüsse an Rohre, Rinnen und Bleche
W	Zähler, z. B. Wasserzähler		Horizontalerder, Erdungsleiter
			Vertikalerder

Äußerer Blitzschutz 2 External Lightning Protection 2

Anordnung der Fangeinrichtungen und Schutzbereiche

vgl. DIN EN 62305-1 bis 4

Schutzwinkelverfahren

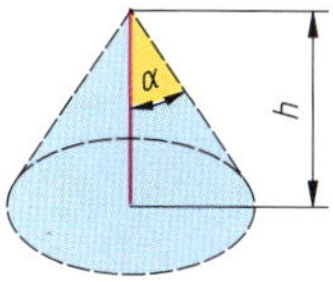

Durch eine Fangstange geschützes Volumen

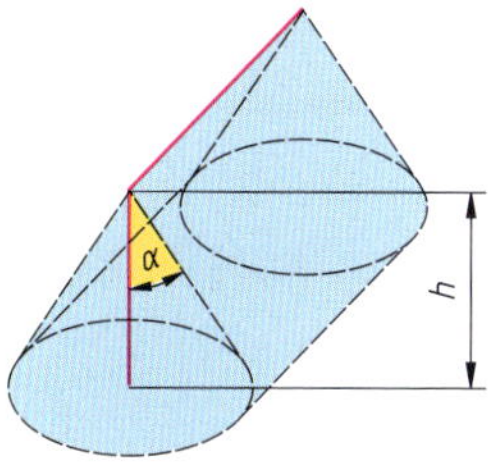

Durch eine Fangleitung geschütztes Volumen

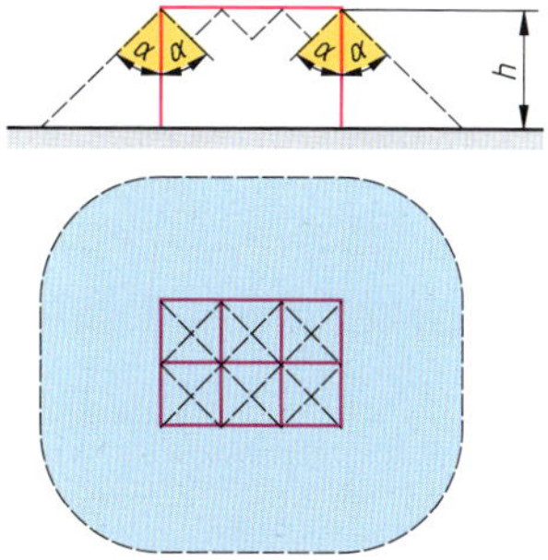

Durch eine maschenförmige Fangeinrichtung geschützes Volumen

Blitzkugelverfahren

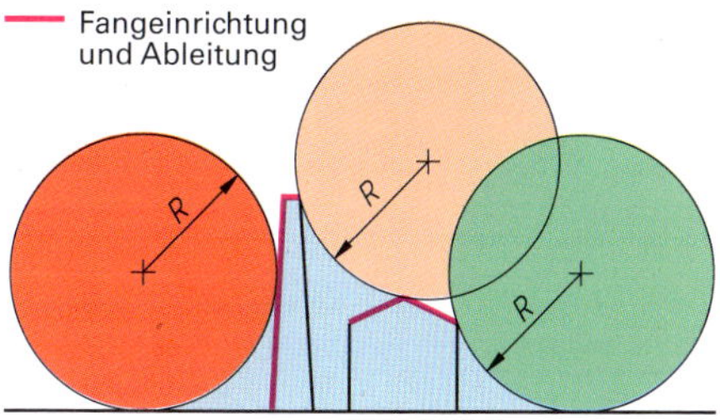

Fangeinrichtungen und Ableitungen müssen an allen Punkten angebracht werden, die von der Blitzkugel berührt werden. Der Radius der Blitzkugel entspricht der gewählten Schutzklasse.

Maschenverfahren

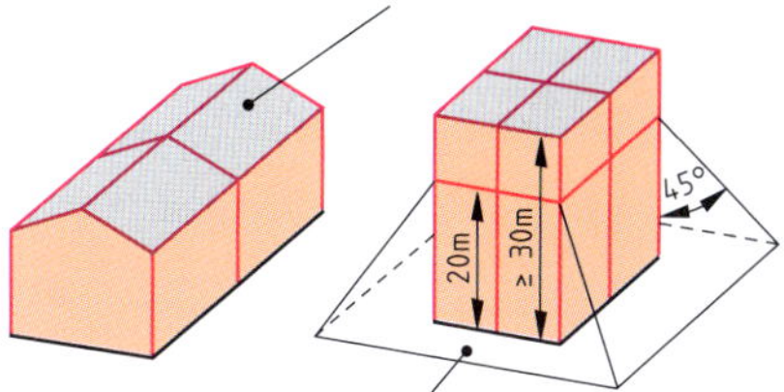

Zuordnung zu den Gefährdungspegeln LPL (Lightning Protection Level)

Gefährdungspegel LPL	Blitzkugelverfahren Radius der Blitzkugel in m	Maschenverfahren Maschenweite in m	Schutzwinkelverfahren Schutzwinkel α
I	20	5 x 5	siehe Schutzwinkel-diagramm
II	30	10 x 10	
III	45	15 x 15	
IV	60	20 x 20	

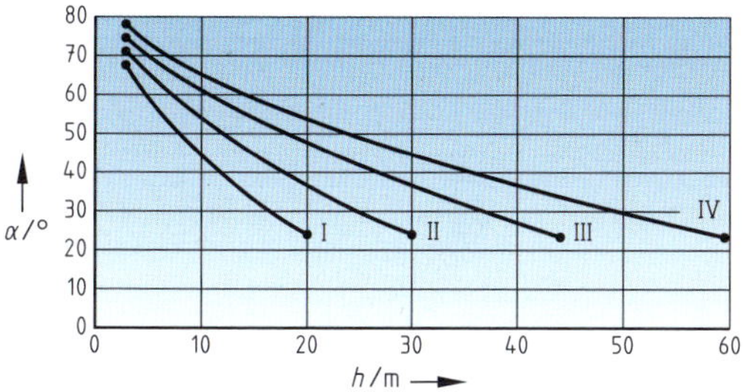

Schutzwinkeldiagramm

α Schutzwinkel

h ist die Höhe der Fangeinrichtung über dem zu schützenden Bereich.

Schutzklasse I bis IV ergibt sich aus der Wirksamkeit E eines Blitzschutzsystems (siehe DIN ENV 61024-1: Anhang F; VDE 0185-100)

Fangeinrichtungen und Ableitungen

Lightning Arrester Systems

vgl. DIN EN 62305-1 bis 4

Bauteile	Werkstoff	festgelegt in	Mindestmaße				
			Rundleiter		Flachleiter		
			Durchmesser mm	Querschnitt mm^2	Breite mm	Dicke mm	Querschnitt mm^2
Fangleitungen und Fangspitzen bis 0,5 m Höhe	Stahl verzinkt[1]	DIN 48801	8	50	20	2,5	50
	nichtrostender Stahl[2]		10	78	30	3,5	105
	Kupfer	DIN 48801	8	50	20	2,5	50
	Kupferseil		19 x 1,8	50 Kupfer			
	Aluminium	DIN 48801	10	78	20	4	80
Fangleitungen zum freien Überspannen von zu schützenden Anlagen	Stahlseil, verzinkt	DIN 48201 Teil 3	19 x 1,8	50			
	Kupferseil	DIN 48201 Teil 1	7 x 2,5	35			
	Aluminiumseil	DIN 48201 Teil 5	7 x 2,5	35			
	Alu-Stahl-Seil	DIN 48204	9,6	50/8			
	Aldrey-Seil	DIN 48201 Teil 6	7 x 2,5	35			
Fangstangen	Stahl verzinkt[1]	DIN 48802	16, 20[3]				
	nichtrostender Stahl[2]		16, 20[3]				
	Kupfer		16, 20[3]				
Ableitungen und oberirdische Verbindungsleitungen	Stahl verzinkt[1]	DIN 48801	8, 10[3], 16[4]	50, 78, 200	20 30	2,5 3,5	50 105
	nichtrostender Stahl[2]		10, 12[3], 16[4]	78, 113, 200	30 30	3,5[3] 4[4]	105 120
	Kupfer	DIN 48801	8	50	20	2,5	50
	Kupferseil		19 x 1,8	50 (Kupfer)			
	Aluminium	DIN 48801	10	78	20	4	80
Ableitungen, ober- und unterirdische Verbindungsleitungen	Stahl mit Kunststoffmantel[5]		8 (Stahl)				
	Kabel NYY[5]	VDE 0271		16			
	Kabel NAYY[5]	VDE 0271		25			
Winkelrahmen für Schornsteine	Stahl verzinkt[1]	DIN 48814			50/50	5	
	nichtrostender Stahl[2]				50/50	4	
	Kupfer				50/50	4	

[1] nur Feuerverzinkung: Zinküberzug; Schichtdicke: Mittelwert 70 µm, Einzelwert 55 µm
[2] Werkstoffnummer z.B. 1.4001 oder 1.4301
[3] bei freistehenden Schornsteinen
[4] im Rauchgasbereich
[5] nicht bei freistehenden Schornsteinen

www.dehn.de www.brieselang.net

Qualität der Stromversorgung Quality of Power Supply

Qualitätsgröße	Schädliche Einwirkung, Erklärung	Folgen für die Stromversorgung	Maßnahmen gegen schädliche Einwirkung und zur Verbesserung
fehlende Konstanz der Spannung *U*	Starke, ruckartige Belastung oder ungeregeltes Zuschalten großer Leistung, z. B. durch • Einschalten großer induktiver Lasten, • Zuschalten großer Generatoren, • Zuschalten oder Abschalten von Netzteilen, • Zuschalten oder Abschalten von Kraftwerken, z. B. wegen Ausfall von Leistung von PV-Anlagen.	• Flicker (Licht flackert), • Dips (kurzer Ausfall der Spannung), • Drehzahl von Asynchronmotoren schwankt bis zum Ausfall der Motoren, • Daten gehen verloren.	Beim Strombezieher: • Sanftanlauf durch elektronische Anlasser, • Strombezug über USV-Anlage. Beim Kraftwerk: • Anschluss von ständig laufenden Maschinen mit großer Schwungmasse, z. B. große Synchrongeneratoren oder leer laufende Synchronmotoren mit Übererregung (Blindleistungsmaschinen).
fehlende Konstanz der Frequenz *f*		• Drehzahl von Synchronmotoren schwankt bis zum Außer-Tritt-Fallen, • frequenzabhängige Schaltungen versagen, z. B. bei Blindleistungskompensation.	
Netz-Blindleistung	Alle induktiven Lasten, z. B. • Asynchronmotoren, • Drosselspulen. • Streufeldtransformatoren.	• größere Ströme, • größere Verlustleistung, • stärkere Erwärmung der Transformatoren.	Kompensation des Bezuges von induktiver Blindleistung durch: • Bezug von kapazitiver Blindleistung durch Kondensatoren, • Erzeugen von induktiver Blindleistung durch übererregte Synchronmaschinen, • Einbau von leer laufenden, übererregten Synchronmotoren (Blindleistungsmaschinen), • Verwendung von Geräten mit PFC (Power Factor Correction = Leistungsfaktor-Korrektur), • Strombezug über USV-Anlage mit PFC.
Leistungsfaktor λ	$\lambda = P / S$ *P* Wirkleistung *S* Scheinleistung (siehe auch cos φ)	Kleiner Leistungsfaktor führt zu hoher Netz-Blindleistung und damit zu hohen Leistungsverlusten.	
Phasenverschiebung φ	Im Zeigerdiagramm der Winkel φ zwischen Stromstärke und Spannung. Winkel φ nimmt mit der Netz-Blindleistung zu.	Je größer φ ist, desto kleiner sind cos φ und λ sowie desto größer sind die Leistungsverluste.	
cos φ	Der cos φ ist der Leistungsfaktor bei Sinusform bzw. der Grundschwingung.	Gleiche Folgen wie beim Leistungsfaktor λ.	
Oberschwingungen	Oberschwingungen, vor allem die 3. und 5. Teilschwingung, werden durch elektronische Schaltungen, z. B. Gleichrichter mit kapazitiver Glättung und Anschnittverfahren, sowie durch Gasentladungslampen erzeugt.	Motoren laufen mit Geräuschen, das Kraftmoment von Motoren beim Anlauf wird kleiner, der Strom im Neutralleiter wird größer als der Strom in einem Außenleiter **(Bild)**, größere Leistungsverluste und Erwärmung.	Einbau von Netzfiltern (Bandsperren für 3. Teilschwingung), Strombezug über USV-Anlage, Einschränkung von Anschnittverfahren für Dauerbetrieb, z. B. durch Transformatoren, im Extremfall größerer Neutralleiterquerschnitt.

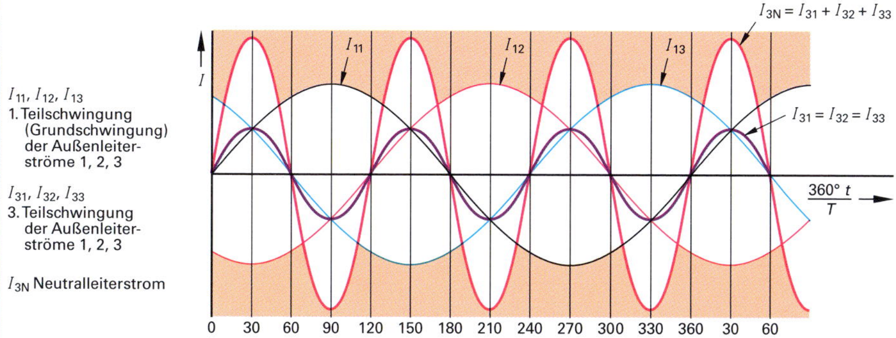

Entstehung eines großen Neutralleiterstromes im Vierleiternetz 50 Hz durch 3. Teilschwingung von 150 Hz

Kompensation Compensation

Schaltungsprinzip	Erklärung	Bemerkungen
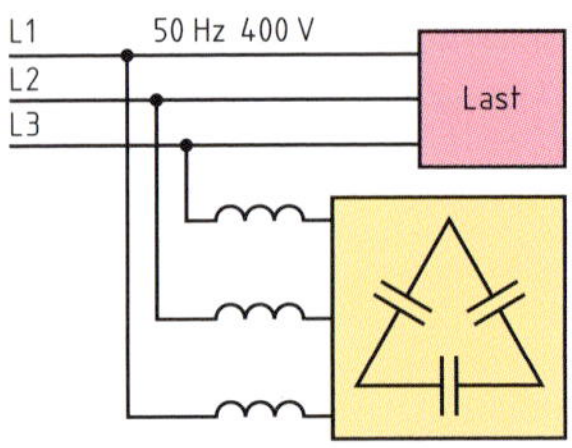 **Verdrosselte Kompensation**	Schädliche Einflüsse auf die Stromversorgung, z. B. Flicker (Schwankungen der Spannung mit etwa 10 Hz), Oberschwingungen (Harmonische), kann man durch Schaltungen *kompensieren* (aufheben). **Einzelkompensation:** Kompensationsschaltung an einer Einzellast, **Gruppenkompensation:** Kompensationsschaltung an einer Lastgruppe, **Zentralkompensation:** eine Kompensationsschaltung für die Anlage.	Bei der *Blindleistungskompensation* wird die induktive Blindleistung von Motoren meist durch Kondensatoren kompensiert. Durch *Verdrosselung* der Kondensatoren werden die Oberschwingungen nicht kompensiert, die sonst ohne Drosseln oft verstärkt werden. Außerdem werden die Tonfrequenz-Signale der *Rundsteueranlagen* nicht geschwächt.
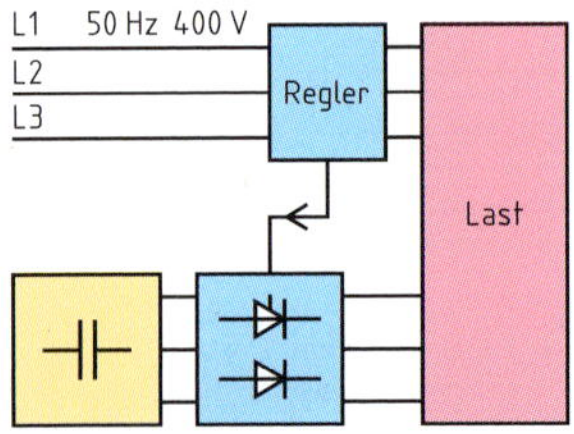 **Elektronisch gesteuerte Kompensation**	Bei der *elektronisch gesteuerten Kompensation* wird der Spannungszustand der Lastspannung durch eine fortlaufende Messung im Regler ständig geprüft. Bei Bedarf wird über einen verzögerungsarmen elektronischen Schalter, z.B. mit Thyristoren, die erforderliche Kondensator-Kapazität zugeschaltet oder abgeschaltet.	Die zum Zuschalten vorgesehenen Kondensatoren sind ständig geladen, sodass beim Zuschalten im richtigen Zeitpunkt kein Stromstoß auftritt *(sanftes Schalten)*. Die schwankende Blindleistung, z.B. durch Lastschwankungen von Motoren, wird innerhalb weniger Perioden der Netzspannung kompensiert. Auch *Flicker* werden oft dadurch beseitigt.
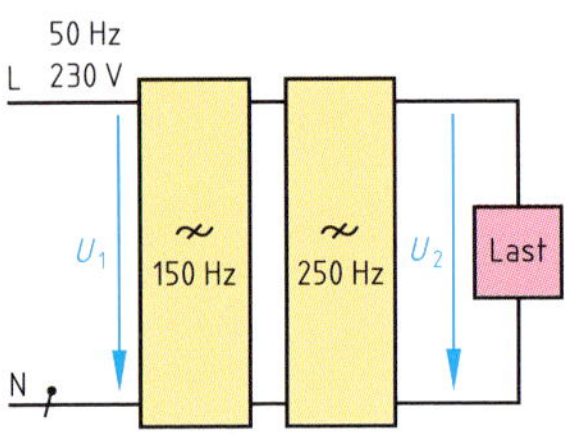 **Bandsperrenfilter**	Die Kompensation von *Oberschwingungen (Harmonischen)* erfolgt durch elektrische Filter. Ein *passives Filter* besteht z.B. aus einer Schaltung von Induktivitäten und Kapazitäten. Beim *Bandsperrenfilter* sorgt eine 150-Hz-Bandsperre für die Sperre der 3. Harmonischen von der Last und zur Last. Für jede zu sperrende Harmonische ist ein Filter erforderlich.	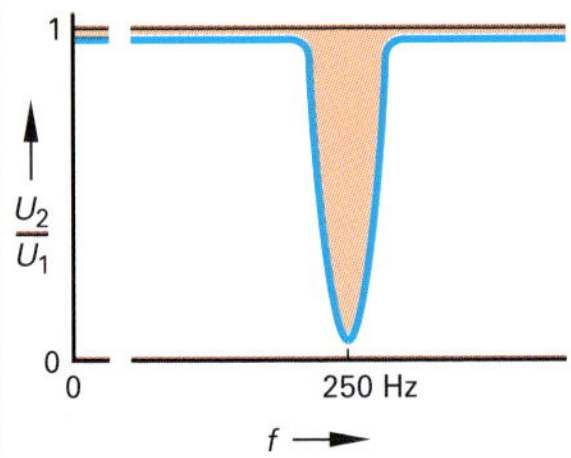 **Übertragungskurve einer Bandsperre von 250 Hz**
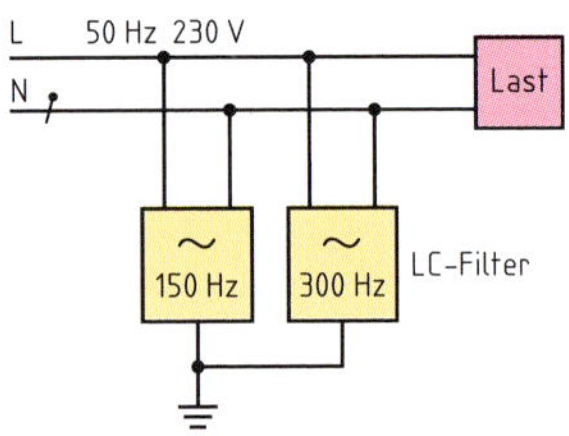 **Saugkreisfilter**	Das *Saugkreisfilter* ist ein passives Filter. Bei ihm ist ein Saugkreis (Reihenschaltung von *L* und *C*) oder ein Bandpass auf die abzusaugende Harmonische abgestimmt, z.B. auf 150 Hz. Für jede abzusaugende Harmonische ist ein eigenes Filter erforderlich. Der Anschluss erfolgt an die Leiter des Netzes und an Erde, z.B. an die Haupterdungsschiene.	Alle passiven Filter werden durch Alterung der Kondensatoren verstimmt, sodass *Überlastungen* der Komponenten und auch unerwünschte *Resonanzen* für die verschiedenen Harmonischen auftreten können. Deshalb sind ständige *Überwachung* und bei Bedarf *Wartung* der Filter erforderlich.
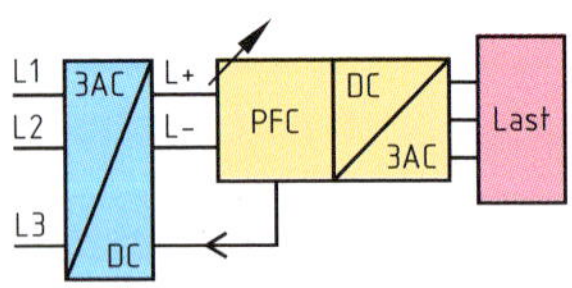 **Aktives Filter**	Ein *aktives Filter* ist ein System der Leistungselektronik. Es besteht im Prinzip aus einem gesteuerten Gleichrichter, einer *PFC-Steuerung* (PFC von Power Factor Correction, Seite 249) und einem davon gesteuerten Wechselrichter. Der Laststrom wird ständig überwacht und an die Erfordernisse angepasst.	Die *Oberschwingungskompensation* kann für jede Harmonische getrennt eingestellt werden. Außerdem ermöglicht dasselbe aktive Filter die Blindleistungskompensation, die Beseitigung von Flickern und den Ausgleich von Unsymmetrien der Spannungen. Aktive Filter sind die modernste Technik zur Kompensation von schädlichen Einflüssen.

Kompensation der Blindleistung 1 Compensation of Reactive Power 1

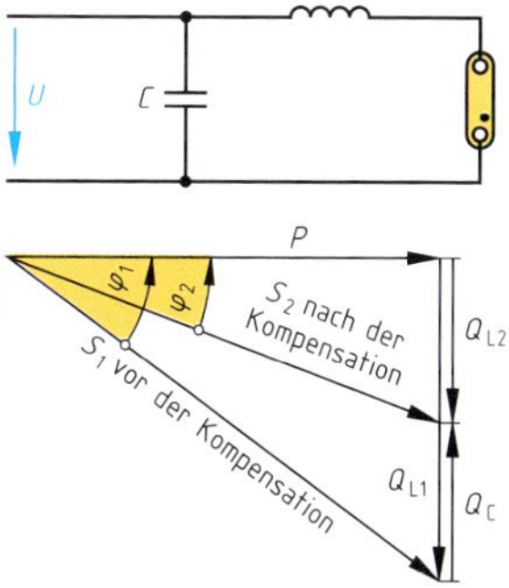

Parallelkompensation

$$S_1 = \frac{P}{\cos\varphi_1} \quad (1)$$

$$S_2 = \frac{P}{\cos\varphi_2} \quad (2)$$

$$Q_{L1} = S_1 \cdot \sin\varphi_1 \quad (3)$$

$$Q_{L2} = S_2 \cdot \sin\varphi_2 \quad (4)$$

$$Q_C = P \cdot (\tan\varphi_1 - \tan\varphi_2) \quad (5)$$

$$Q_C = Q_{L1} - Q_{L2} \quad (6)$$

$\sin\varphi = \sin(\arccos\varphi)$ $\tan\varphi = \tan(\arccos\varphi)$

Umrechnungen $\sin\varphi \Rightarrow \cos\varphi \Rightarrow \tan\varphi$ siehe auch Seite „Beziehungen zwischen den Winkelfunktionen"

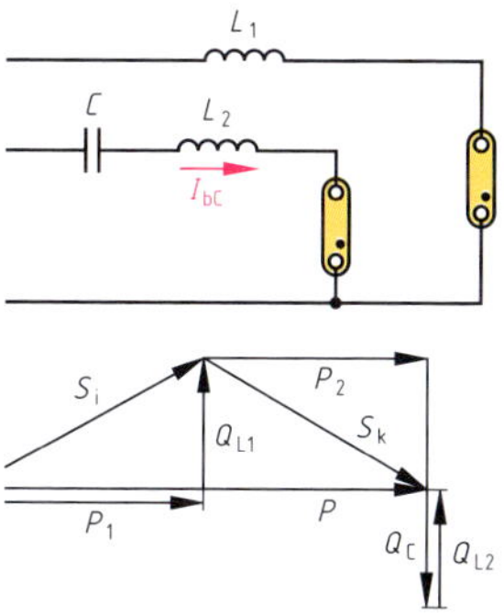

Reihenkompensation

$$\omega = 2\pi \cdot f \quad (7)$$

Hinweis zur Reihenkompensation:

Eine Reihenkompensation auf $\cos\varphi = 1$ ist wegen der Spannungsüberhöhung an den Bauteilen nicht möglich. Deshalb wird z. B. bei der Duoschaltung von Leuchtstofflampen der Kondensator so gewählt, dass der kapazitive Zweig der Schaltung den kapazitiven Phasenverschiebungswinkel φ_k besitzt. φ_k ist etwa gleich groß wie der induktive Phasenverschiebungswinkel φ_i im induktiven Zweig, aber entgegengesetzt. $\varphi_k \approx -\varphi_i$. Dadurch geht φ der gesamten Schaltung gegen Null.

Parallelkompensation bei Einphasenwechselspannung:

$$C = \frac{Q_C}{\omega \cdot U_{bC}^2} \quad (8)$$

$$C = \frac{3000}{f} \, \frac{\mu F \cdot Hz}{kvar} \left(\frac{230\,V}{U_{bC}}\right)^2 \cdot Q_C \quad (9)$$

Bei 50 Hz/230 V sind zur Kompensation 60 µF/kvar erforderlich, bei 50 Hz/400 V nur 20 µF/kvar.

Reihenkompensation bei Einphasenwechselstrom:

$$C = \frac{I_{bC}^2}{\omega \cdot Q_C} \quad (10)$$

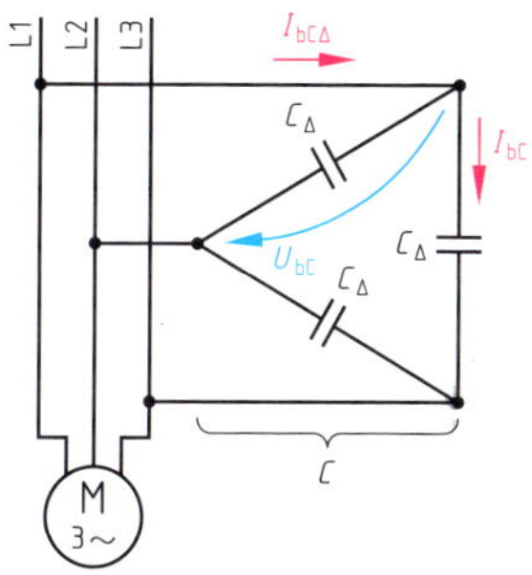

Einzelkompensation bei 3 AC

Bei Kondensatoren in Y:

$$U_{bC} = \frac{U}{\sqrt{3}} \quad (11)$$

$$C_Y = \frac{1}{3} \cdot C \quad (13)$$

$$I_{bCY} = I_{bC} \quad (15)$$

Bei Kondensatoren in △:

$$U_{bC} = U \quad (12)$$

$$C_\triangle = \frac{1}{3} \cdot C \quad (14)$$

$$I_{bC\triangle} = \sqrt{3} \cdot I_{bC} \quad (16)$$

Die Berechnung von Q_C und C erfolgt wie bei Einphasenwechselstrom.

C	berechnete Kapazität der Kompensationskondensatoren
$C_\triangle$	Kapazität eines der in △ geschalteten Kondensatoren
C_Y	Kapazität eines der in Y geschalteten Kondensatoren
f	Frequenz
I_{bC}	Kondensatorstrom
$I_{bC\triangle}$	Leiterstrom zur Kondensatorbatterie in △-Schaltung
I_{bCY}	Leiterstrom zur Kondensatorbatterie in Y-Schaltung
L	Induktivität
P	aufgenommene Wirkleistung
Q_C	kapazitive Blindleistung
Q_L	induktive Blindleistung
S	Scheinleistung
S_i	Scheinleistung im induktiven Zweig
S_k	Scheinleistung im kapazitiven Zweig
U_{bC}	Spannung an den Kondensatoren zur Kompensation
U	Netzspannung (Leiterspannung) des Drehstromnetzes
φ	Phasenverschiebungswinkel
φ_i	induktive Phasenverschiebung
φ_k	kapazitive Phasenverschiebung
△	Dreieckschaltung
Y	Sternschaltung

Bedeutung der Indizes 1 und 2:
1 vor der Kompensation
2 nach der Kompensation

Bedeutung weiterer Formelzeichen aus den Bildern erkennbar.

Kompensation der Blindleistung 2 Compensation of Reaktive Power 2

Ermittlung der Kondensatorleistung

Vor der Kompensation		Erwünschter $\cos\varphi_2$				
		0,80	0,85	0,90	0,95	0,98
$\cos\varphi_1$	$\tan\varphi_1$	Kompensationsfaktor $F_K = \tan\varphi_1 - \tan\varphi_2$				
0,48	1,83	1,08	1,21	1,34	1,50	1,63
0,50	1,73	0,98	1,11	1,25	1,40	1,53
0,52	1,64	0,89	1,03	1,16	1,31	1,44
0,54	1,56	0,81	0,94	1,08	1,23	1,36
0,56	1,48	0,73	0,86	1,00	1,15	1,28
0,58	1,41	0,66	0,78	0,92	1,08	1,21
0,60	1,33	0,58	0,71	0,85	1,01	1,13
0,62	1,27	0,52	0,65	0,78	0,94	1,07
0,64	1,20	0,45	0,58	0,72	0,87	0,99
0,66	1,14	0,39	0,52	0,66	0,81	0,94
0,68	1,08	0,33	0,46	0,59	0,75	0,88
0,70	1,02	0,20	0,40	0,54	0,69	0,82
0,72	0,96	0,21	0,34	0,48	0,64	0,76
0,74	0,91	0,16	0,29	0,43	0,58	0,71
0,76	0,86	0,11	0,23	0,37	0,53	0,66
0,78	0,80	0,05	0,18	0,32	0,47	0,59
0,80	0,75	–	0,13	0,27	0,42	0,55
0,82	0,70	–	0,08	0,21	0,37	0,49
0,84	0,65	–	0,02	0,16	0,32	0,45

Beispiel: Vor der Kompensation beträgt $\cos\varphi_1 = 0{,}68$; gewünscht $\cos\varphi_2 = 0{,}9$. Aufgenommene Wirkleistung $P_1 = 8$ kW. Gesucht: Kondensatorleistung $Q_C = ?$ kvar

Lösung: Aus Tabelle Faktor $F_K = 0{,}59$
Kondensatorleistung $Q_C = F_K \cdot P_1 = 0{,}59 \cdot 8 =$ **4,72 kvar**

Q_C Kondensatorleistung
F_K Kompensationsfaktor aus Tabelle
P_1 Aufnahmeleistung

$$Q_C = F_K \cdot P_1 \qquad (1)$$

Schaltungen

Einzelkompensation bei Direkteinschaltung

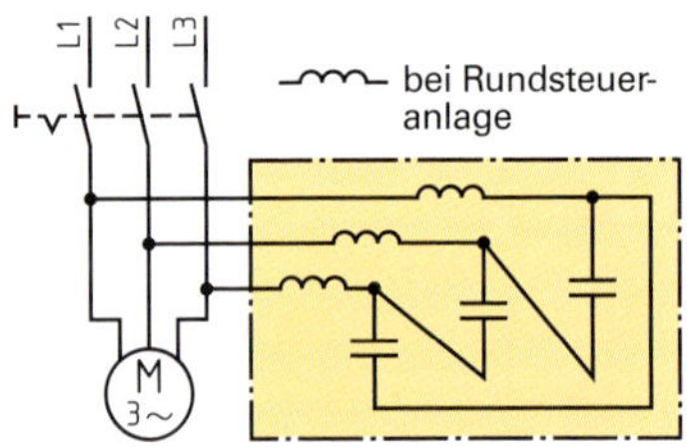

Kondensator-Betriebsspannung	
bei Sternschaltung 230 V	bei Dreieckschaltung 400 V

Einzelkompensation bei Stern-Dreieckschaltung

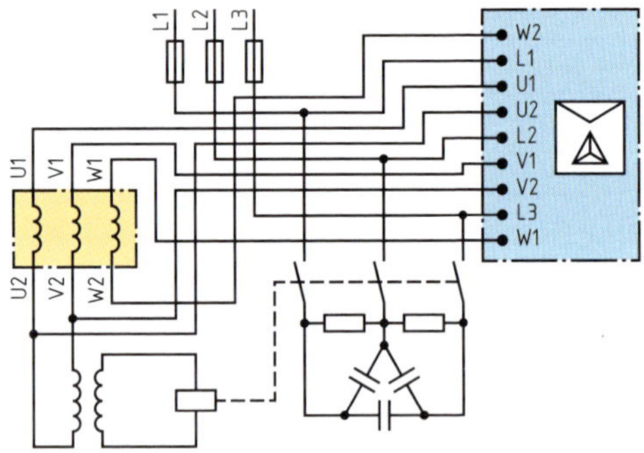

Gruppenkompensation
wirtschaftlich für Mittelbetriebe

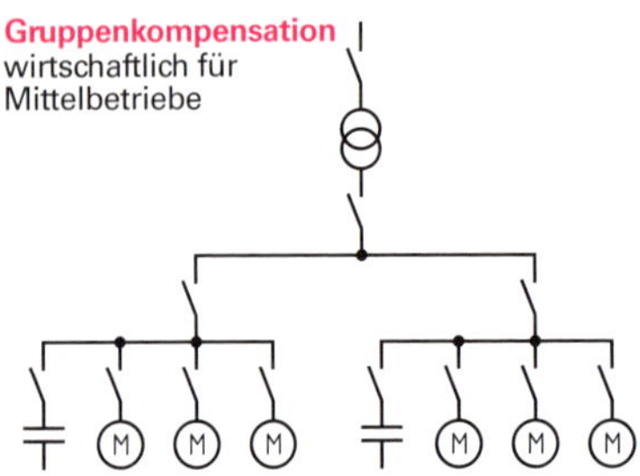

Zentralkompensation
wirtschaftlich für Großbetriebe

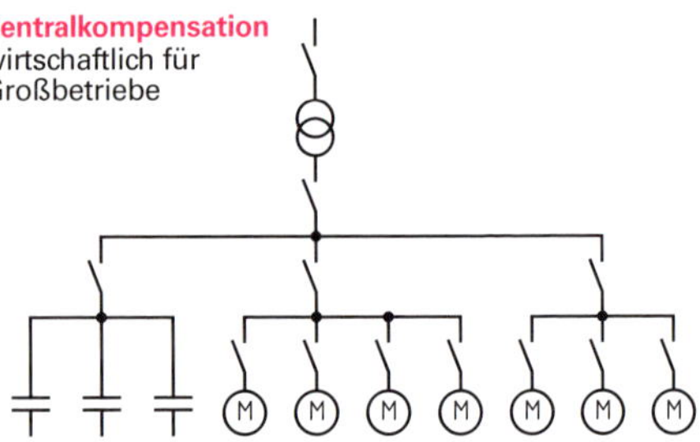

Überwachung der Endstromkreise Monitoring of Final Circuits

Ansicht, Prinzip	Erklärung	Bemerkungen, Schaltung

Überwachung durch Überwachungsrelais Monitoring by Monitor Relay

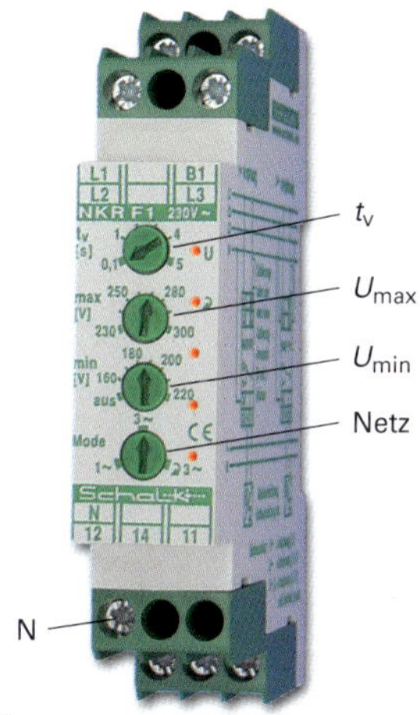

Überwachungsrelais

Überwachung im Einphasennetz oder Dreiphasennetz von Spannung, Unterspannung, Überstrom, Unterstrom, Phasenfolge und Phasenausfall, Symmetrie bzw. Asymmetrie oder Rückspannung der Last, Neutralleiterbruch oder Temperatur.

Mit Mode wird die Betriebsart eingestellt, 1-phasig, 3-phasig oder 3-phasig mit Drehfeldüberwachung. Mit t_v wird die Reaktionszeit auf Netzfehler eingestellt (0,1 s bis 5 s).

Versorgungsspannung für die Elektronik z. B. DC 24 V oder AC 12 V bis 400 V.

Anzeigen: Grüne LED Spannung, rote LED Fehler, rote LED blinkend Fehler mit Auslöseverzögerung, gelbe LED ON/OFF Stellung des Ausgangsrelais.

www.schalk.de
www.tele-haase.at

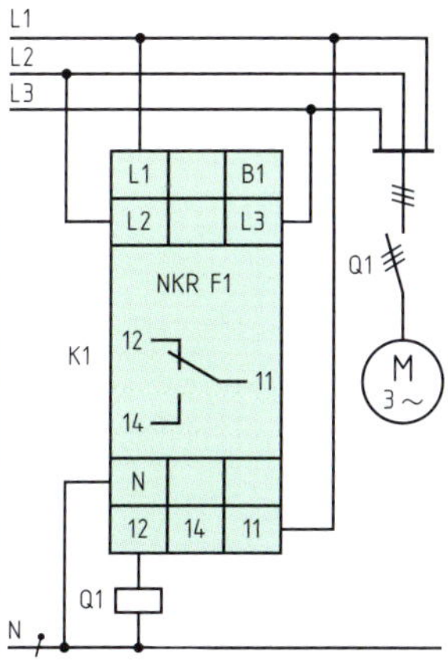

Motorschutz (vor Falschanlauf und Anlauf im 2-Phasenbetrieb)

Überwachung mit RCM Monitoring by Residual Current Monitor

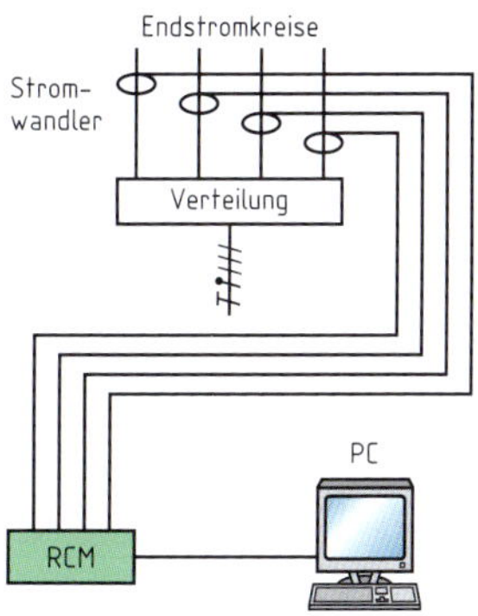

RCM-System für vier Stromkreise

RCMs (Residual Current Monitors) bestehen aus einem Summenstromwandler für jeden zu überwachenden Stromkreis und einer Auswerteeinheit zum Anschluss von z. B. bis 12 Summenstromwandlern für 12 Stromkreise. Die Eingabe der Programmier-Software und die Ausgabe der Messdaten erfolgt am PC.

Für kleine Stromstärken gibt es Stromwandler kombiniert mit Auswerteeinheit RCM.
Wie bei den RCDs werden die aktiven Leiter des zu überwachenden Stromkreises (Außenleiter und Neutralleiter) durch die Stromwandler geführt.

Beim RCM werden wie beim RCD die durch einen Summenstromwandler erfassten Ströme summiert. Bei einem Isolationsfehler entsteht ein Differenzstrom. Die Auswerteeinheit gibt je nach Einstellung ein Signal ab oder leitet die Messwerte über eine verdrillte Aderleitung zur weiteren Auswertung und zur Anzeige an einen PC.

Anwendungsbeispiele:

- Versorgungsnetze für Anlagen mit IT-Technik,
- medizinisch genutzte Bereiche,
- RCD-ungeeignete Anlagen, z. B. Großküchen,
- Sicherheitseinrichtungen.

Vorteile der RCM-Überwachung

- Abnahme der Isolationsfestigkeit wird erkannt,
- Erdschlüsse werden beim Entstehen erkannt,
- verschiedene Brücken von PE zu N werden erkannt,
- Instandsetzung kann geplant werden,
- vagabundierende (umherschweifende) Ströme werden erkannt.
- In Anlagen mit IT-Technik ist die Datenübertragung sicherer.

RCMs können auch in der Gebäude-Hauptverteilung eingebaut werden. Zur Fehlerlokalisierung ist der Einbau in die gegen Fehler empfindlichen Endstromkreise nötig.

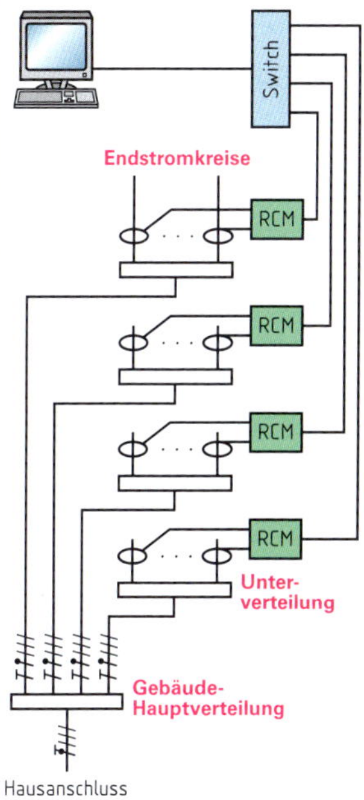

Überwachung eines TN-S-Systems

Melde- und Überwachungsanlagen Alarm and Monitoring Systems

Begriff	Erklärung	Beispiele
Aufgaben der Baugruppen		
Gefahrenmeldeanlage (GMA)	GMA sind Fernmeldeanlagen zur sicheren Meldung von Gefahren für Leben und Sachwerte, z.B. beim Betrieb von Behältern, Maschinen, Industrieanlagen, baulichen Anlagen, Gebäuden, Gebäudeteilen und bei Ausstellungen von Kunstschätzen. Zu den GMA gehören Brandmeldeanlagen (BMA), Überfallmeldeanlagen (ÜMA) und Einbruchmeldeanlagen (EMA).	Überwachung von Überdrücken, Umdrehungsfrequenzen, Temperaturen, radioaktive Strahlungen, aggressiven Dämpfen, Bränden, Überfällen, Einbrüchen, Glatteis auf Straßen, Verkehrsflüssen.
Brandmeldeanlage (BMA)	BMA dienen dem direkten Hilferuf bei Brandgefahr oder dem Erkennen und Melden von Schadenfeuer zum frühest möglichen Zeitpunkt. Brandmeldungen, z.B. von Bränden in Stadthallen oder Schulen, werden direkt der Feuerwehr übermittelt.	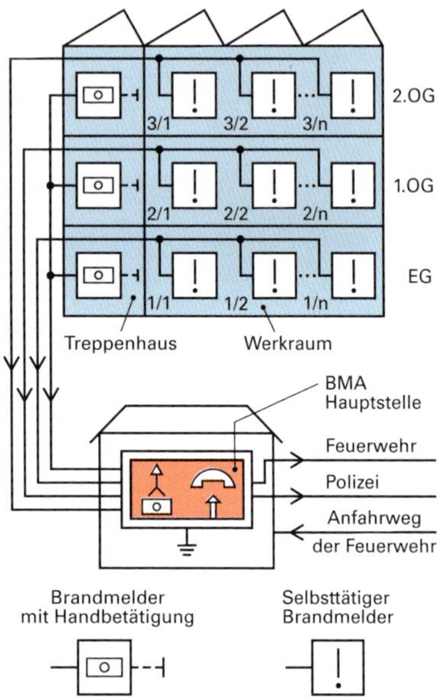
Brandmelder	Punktförmige Melder sprechen auf die Änderung einer in der Umgebung eines festen Punktes gemessenen Kenngröße an. Rauchmelder reagieren auf Verbrennungsprodukte (Schwebstoffe) in der Luft. Man unterscheidet Ionisationsrauchmelder und optische Rauchmelder. Wärmemelder sprechen auf maximal eingestellte Temperatur (Maximalmelder) oder auf Temperaturerhöhung (Differenzialmelder) an. Flammenmelder sprechen auf die von Flammen ausgehende Strahlung an.	
Brandmelderzentrale (BMZ)	• Nimmt die Meldung der angeschlossenen Melder entgegen, registriert und zeigt die Meldung optisch und akustisch mit Angabe des Ortes an, • leitet die Brandmeldung an die Feuerwehr weiter, • steuert Einrichtungen zur Brandbekämpfung, z.B. eine Kohlensäure-Löschanlage, • überwacht die Anlage und meldet Störungen.	
Instandhaltung und Instandsetzung		
Inspektion	Die Melde- und Überwachungsanlagen sind auf bestimmungsgemäße Funktion durch Fachkräfte zu überprüfen. Überprüfung viermal jährlich in gleichen Zeitabständen.	• Mindestens ein Melder je Übertragungsweg (nur zerstörungsfreie Melder), • Signalgeber, • Anzeige- und Betätigungseinrichtungen, • Schalteinrichtungen, • Alarmierungs- und Steuerungsanlagen, • Energieversorgung.
	Überprüfung nur einmal jährlich.	• Alle zerstörungsfrei prüfbaren Melder, • Übertragungswege mit nichtzerstörungsfrei prüfbaren Meldern.
Instandsetzung	Wenn bei Inspektionen unzulässige Abweichungen vom Sollzustand der GMA festgestellt werden, ist die GMA unverzüglich instandzusetzen.	Ansprechschwelle von Rauchmeldern.
Wartung	Nach Angaben des Herstellers der GMA durchführen, jedoch mindestens einmal jährlich.	Pflege von Anlageteilen, z.B. Reinigen und Behandeln von Kontakten mit Kontaktspray. Auswechseln von Bauelementen mit begrenzter Lebensdauer, z.B. Glühlampen. Justieren, Neueinstellen und Abgleichen von Bauteilen und Geräten, z.B. für Signalzeiten, Kontaktdrücke.

Sicherheitstechnik in Gebäuden **Safety and Security Systems in Buildings**

Gerät, Schaltung	Erklärung	Bemerkungen, Darstellung
 **Rauchmelder**	Besitzt Mess- und Referenzkammer mit durch Strahler erzeugter ionisierter Luft. Alarmton in 3 m Entfernung etwa 85 dBA. Überwachungsfläche etwa 40 m^2. Rauchmelder möglichst in Raummitte an der Raumdecke anbringen, nicht in der Nähe von Feuerstätten, Belüftungsschächten, Leuchtstofflampen, Energiesparlampen. In Spitzecken von Dachgiebeln oft Pflicht gemäß Bauordnungen.	Rauchmelder können miteinander vernetzt werden über Leitung oder Funkstrecken, auch über KNX-Anschluss. Bei vernetzten Rauchmeldern erzeugen alle Rauchmelder im Alarmfall einen Alarmton. Bei großen Entfernungen, z. B. über 30 m bei Funkstrecken, werden zwischen den Rauchmeldern Repeater (Verstärker) benötigt. Funk-Rauchmelder erfordern zwei Lithium-Batterien von z. B. 3 V.
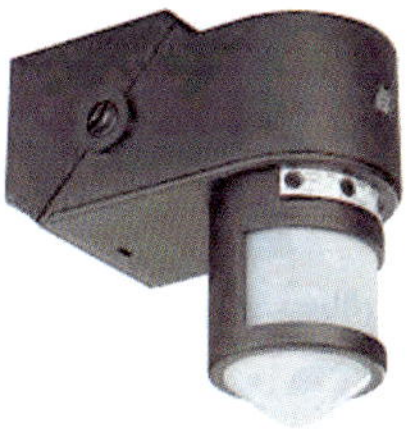 **Bewegungsmelder**	Bewegungsmelder reagieren auf ein zeitlich sich veränderndes Wärmebild. Die Montage soll seitlich zur Gehrichtung montiert werden, geschützt vor Regen, Wind, Sonneneinstrahlung und Außenlampenstrahlung. Eine abkühlende Lampe könnte als Bewegung interpretiert werden. Erfassungsbereich z. B. 15 m x 15 m, 180°. Funk-Bewegungsmelder benötigen eine Lithium-Batterie von z. B. 3 V.	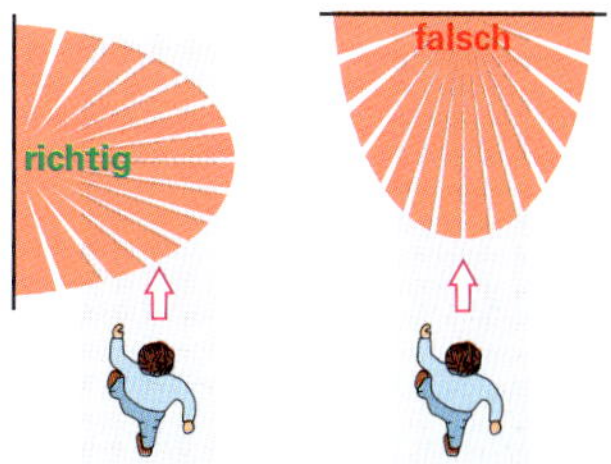 **Montage eines Bewegungsmelders**
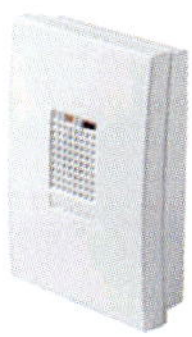 **Glasbruchmelder**	Glasbruchmelder besitzen Mikrofone und reagieren auf die bei Glasbruch entstehenden akustischen Signale, also Frequenzen zwischen 50 kHz und 100 kHz sowie zusätzlich auf Druckwellenfrequenzen. Ständige Signalabfrage. Der Erfassungsbereich liegt innerhalb eines Radius von 6 m. Bei Funk-Meldern ist eine Lithium-Batterie mit 3 V notwendig.	Glasbruchmelder gibt es auch als auf Glasscheiben aufzuklebende Körperschallsensoren (Spezialmikrofone), die auf die entsprechenden akustischen Tonfrequenzen bei Glasbruch reagieren. www.sicherwohnen.com www.igs-hagen.de
 **Öffnungsmelder**	Bei Öffnungsmeldern dienen elektromagnetische Kontakte zum Erkennen von geöffneten Türen oder Fenstern. Nach Unterbrechung des Magnetfeldes wird der Sensor hochohmig. Dadurch wird ein Alarmsignal erzeugt und an eine Meldestelle gemeldet. Funk-Öffnungsmelder besitzen eine Lithium-Batterie von 3 V.	Es gibt auch Öffnungsmelder, die ihren Schaltstrom (z. B. 100 mA/30 V) über Anschlussleitungen erhalten. Derartige Öffnungsmelder sind wesentlich kostengünstiger als Funk-Öffnungsmelder, erfordern aber eine Leitung.
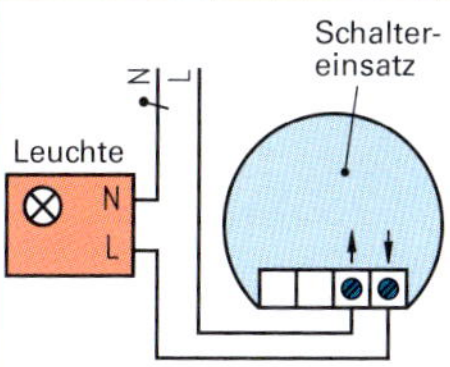 **Simularschalter**	Eine Anwesenheitssimulation soll Einbrecher abschrecken. Mittels Simularschalter wird insbesondere die Hausbeleuchtung zeitweise eingeschaltet und ausgeschaltet. Die Schaltzeiten können unterschiedlich erzeugt werden, z. B. durch Tasterbetätigung.	Im Tastbetrieb funktioniert der Simularschalter wie ein Lichtschalter. Zusätzlich werden Uhrzeiten der Schaltungen der letzten sieben Tage gespeichert, zu denen dann im Memory-Betrieb geschaltet werden kann. Ferner kann bei Nacht auch zu Zufallszeiten die Beleuchtung geschaltet werden.
 **Kamera**	Mittels Kameraeinsatz ist Videoüberwachung möglich. Im Außenbereich ist mindestens die Schutzklasse IP57 notwendig. Reichweite z. B. 10 m, Lichtempfindlichkeit 0,5 Lux. Aufzeichnung über Digitalrekorder (Computer) mit Festplatte z. B. 250 GB bis 1 TB, Aufnahmedauer abhängig von Komprimierung der Bilder.	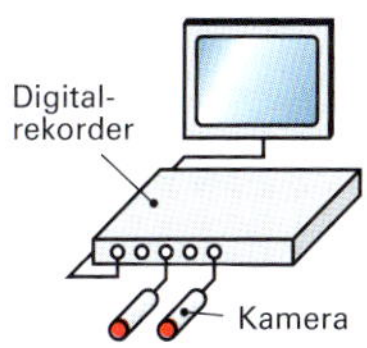 **Video-Aufzeichnungssystem**

Gefahrenmeldeanlagen Alarm Systems DIN VDE 0833

Aufbau

Merkmal	Erklärung	Bemerkungen
Überwachungsarten	Öffnungsüberwachung: Überwachen von Fenstern, Türen, Luken auf geöffnet, geschlossen. Verschlussüberwachung: Überwachen auf verschlossen/verriegelt. Brandüberwachung: Rauch, Temperatur, CO_2.	Überwachen auf Einbrauch, Überfall, Zutritt. Hat Einfluss auf Auswahl Elektronik, Mechanik, Materialien. Außenhautüberwachung: nach außen führende Türen, Fenster, Öffnungen. Innenraumüberwachung: Überwachen von Bewegungen.
Grad Klasse	Einbruchmeldeanlagen EMA eingeteilt in Grade 1 bis 4 (kleines bis hohes Sicherheitsrisiko). Versicherer unterscheiden Klassen A, B, C und Sicherungsklassen SH1 bis SH4 (Haushalt), SG1 bis SG6 (Gewerbe).	Beispiele: SH1 bewohnte Wohnung, SH4 nicht ständig bewohntes Gebäude; SG1 Bibliothek, SG6 Juwelier. Je nach Sicherungsklasse und Risiko verschiedene Anforderungen an EMA, z. B. Überwachen auf Öffnen, Verschluss, Durchgriff.
Alarmierung	Örtliche Alarmierung mittels akustischen, optischen Signalgebern außerhalb und/oder innerhalb des Sicherungsbereiches.	Bei stillem Alarm erfolgt Alarmmeldung an Alarmempfangsstelle, z. B. Wachdienst. Empfindlichkeit der Sensoren beeinflusst Fehlalarmierung.
Scharfschaltung	Eine Gefahrenmeldeanlage ist erst nach ihrer Scharfschaltung wirksam.	Elektromechanisches oder berührungsloses Auslösen, z. B. über codierte Chip (Transponder).
Projektierung	Klärung der Arten von Überwachung, Alarmierung, Scharfschaltung, zu überwachende Räume, Anzahl Türen, Fenster. Klärung Standort der Gefahrenmeldezentrale bzw. Steuerungscomputer/Server, Art der Sensoren, z. B. Lichtschranke, IR-Bewegungsmelder, Kameras, Überfallmelder. Sabotagerelevante Anlagenteile ggf. doppelt auslegen.	Klärung, ob Sensoren, Taster für Leitungsanschluss oder mit Funkübertragung. Einsatz Bussystem (LAN) prüfen/festlegen. Anzahl und Ort der Abzweigdosen sowie der Leitungslängen festlegen. Installationsplan, Anschlussplan anfertigen. IT-Geräte, Softwareprodukte auswählen. Softwareanpassungen vornehmen. www.abus-sc.de; www.security.honeywell.com; www.indexa.de
Infrastruktur Leitungen	Geschirmte Installationsleitungen, z. B. JY(St)Y $n \times 2 \times 0{,}8$ mm mit n von 1 bis 80, n ganzzahlig. Zuleitungen zu Riegelschaltkontakten, Glasbruchsensoren, Erschütterungsmeldern z. B. LiYY $4 \times 0{,}14\ mm^2$. Twisted-Pair-Leitungen für vernetzbare Komponenten.	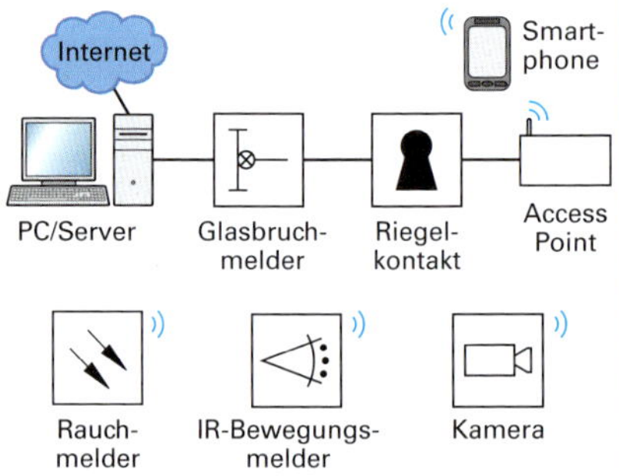 **Beispiel einer Überwachungsanlage**
Busverbindung	Netzwerke, z. B. KNX, Ethernet. Server für Datenprotokollierung, z. B. Zeiten, Zugangsdaten, Videodaten.	
Funk	Technologien WLAN, GSM, Funkfrequenz 2,4 GHz, Access Points notwendig, Reichweiten bis 200 m, erweiterbar mit Repeater.	
Anzeigegeräte	Smartphones, Tablet-Pads, PCs. Mitteilung über E-Mail, SMS, Anruf, MMS (Multimedia Messaging Service).	

Schaltzeichen

Symbol	Bedeutung	Symbol	Bedeutung	Symbol	Bedeutung
	Riegelkontakt	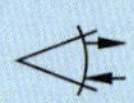	Dualbewegungsmelder	ÜMZ	Überfallmeldezentrale
	Öffnungskontakt	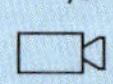	Videokamera	EMZ	Einbruchmelderzentrale
	Magnetkontakt		Glasbruchmelder, aktiv	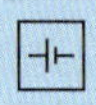	Energieversorgung, Notstromversorgung
	Vibrationskontakt	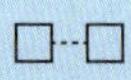	Lichtschranke	V	Verteilerdose
	Rauchmelder	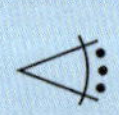	IR-Bewegungsmelder	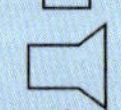	Akustischer Signalgeber
	Gasmelder für brennbare Gase		Mikrowellenschranken		Optischer Signalgeber, Rundumkennleuchte

Gefahrenmeldeanlage GMA: Einbruchmeldeanlage EMA, Brandmeldeanlage BMA, Überfallmeldeanlage ÜMA

Einbruchmeldeanlage EMA Intrusion or Burglar Alarm System

Aufbau eines Alarmsystems

Schaltung	Erklärung

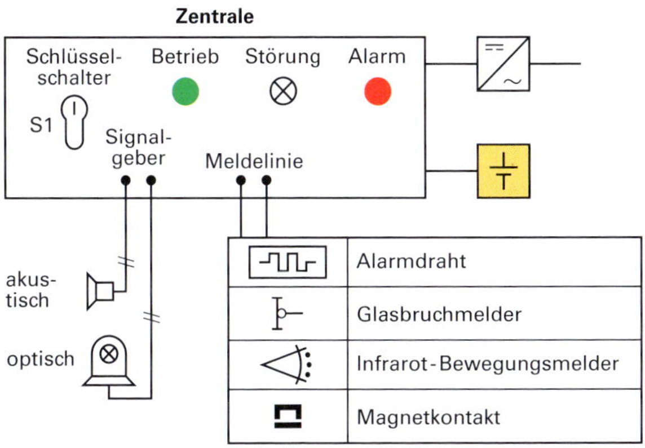

Prinzip einer Einbruchmeldeanlage

Einbruchmeldeanlagen müssen z. B. durch Schlüsselschalter eingeschaltet (scharf gestellt) werden. Dieser Schaltvorgang lässt sich nur ausführen, wenn alle Sensoren in Ruhestellung sind und die Anlage störungsfrei ist. Die Sensoren eines Meldebereiches, z. B. Glasbruchmelder oder Bewegungsmelder sind in Meldelinien zusammengefasst und mit der Zentrale der Einbruchmeldeanlage verbunden. In Einbruchmeldeanlagen dürfen Meldelinien höchstens 20 Sensoren enthalten.

Übertragung auch über die Bus-Systeme. Melder und Zentrale kommunizieren dabei mit Telegrammen über einen Bus. Dabei wird die Auswertung der Sensorik bereits im Melder vorgenommen und das Ergebnis an die Zentrale übermittelt.

Arten von Alarmkreisen

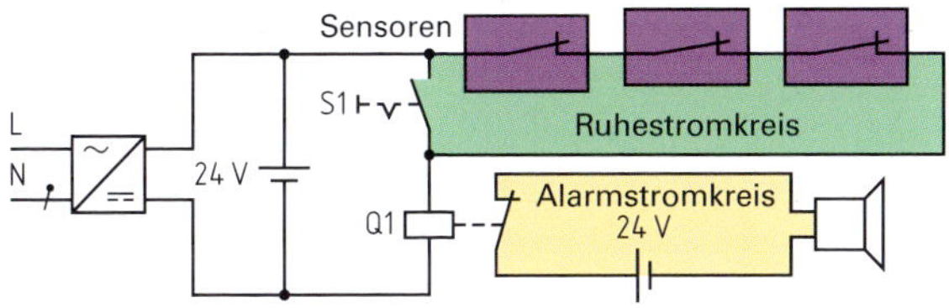

Ruhestromkreis (NC-Loop) mit Abschaltung

Alarmkreis, der im Ruhe- (Normal-) Zustand geschlossen ist. Es können beliebige Sensoren in Reihe geschaltet werden. Die Sensoren müssen so angeordnet sein, dass sie den Stromkreis im Alarmfall unterbrechen. Oft wird auch die aus dem Englischen kommende Abkürzung NC (normal closed = normal geschlossen) verwendet. Bei Netzausfall erfolgt Akku-Betrieb.

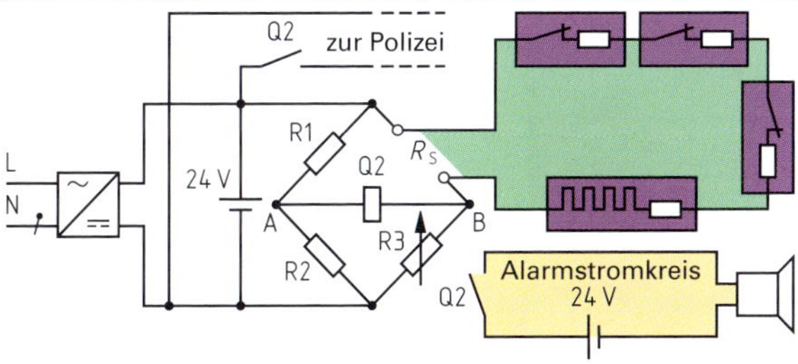

Alarmkreis mit Differenzialschleife

In diesem Alarmkreis fließt im Normalzustand ein bestimmter Schleifenstrom. Eine Alarmauslösung erfolgt, wenn sich der Schleifenstrom durch Auftrennen oder durch Kurzschließen der Schleife ändert. Das bedeutet, dass in einer Differenzialschleife sowohl Sensoren verwendet werden können, die im Alarmfall öffnen, als auch Sensoren, die bei Alarm geschlossen sind. Nicht verwendete Differenzialschleifen müssen mit dem Schleifenwiderstand überbrückt werden.

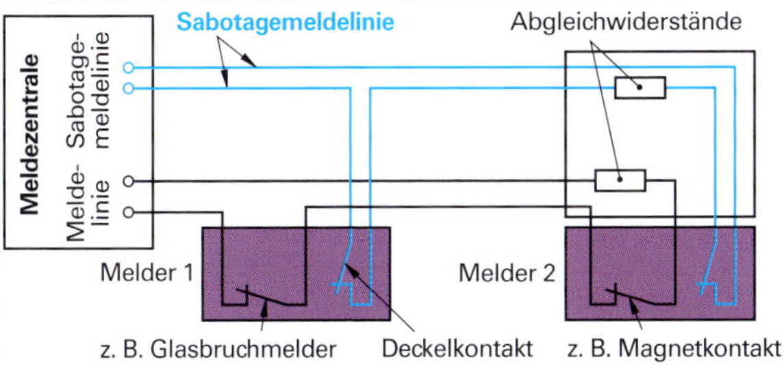

Alarmanlage mit 24-Stunden-Ruhestromkreis (Sabotageschleife)

Ein Alarmkreis ist auch bei abgeschalteter Alarmanlage aktiv und sichert sogenannte Sabotageschleifen. Das sind Alarmkreise, welche Manipulationen im Alarmsystem registrieren. Meist handelt es sich dabei um in den einzelnen Komponenten (z. B. Deckel) eingebaute Mikroschalter. Eine eigenständige 24-Stunden-Sabotageschleife empfiehlt sich vor allem, wenn im abgeschalteten Zustand des Alarmsystems ein unkontrollierter Publikumsverkehr herrscht.

www.alarmanlagen-deutschland.org

Video-Überwachung Closed- Circuit Television CCTV

Begriff	Prinzip, Darstellung, Bild	Erklärungen, Daten
Direkte Überwachung	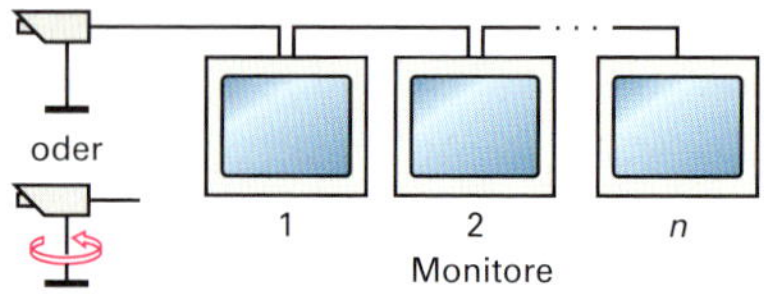	Eine Video-Kamera überträgt einen festgelegten Sichtbereich auf mindestens einen Monitor. Bei mehreren Monitoren wird das gleiche Bild angezeigt. Sichtbereich: • festeingestellt, z. B. bei Bankomaten, • Rundumsicht, z. B. bei Ski-Gebieten.
Überwachung mit Mulitplexer	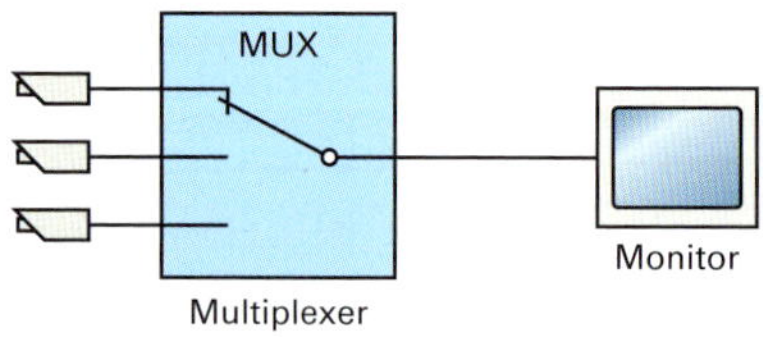	Der gewünschte Bereich wird bei Bedarf, z. B. bei ausgelöstem Alarm, auf den Monitor geschaltet. Mechanische Umschalter schalten z. B. 8 Videosignale über Tasten auf einen Monitor. Elektronische Umschalter schalten z. B. vier Eingangssignale zur sequenziellen oder gleichzeitigen Darstellung auf einen Monitor.
Vielfachüberwachung	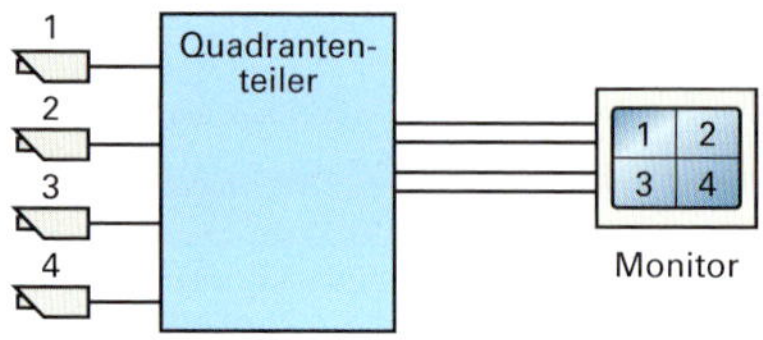	Es können die Bilder von z. B. vier Video-Kameras gleichzeitig auf einem Bildschirm verkleinert dargestellt werden. Dies wird als Vierquadrantdarstellung bezeichnet. Die Darstellung eines Kamerabildes als Vollbild ist auch möglich. Dadurch sind genauere Informationen ersichtlich.
Überwachung mit Netz	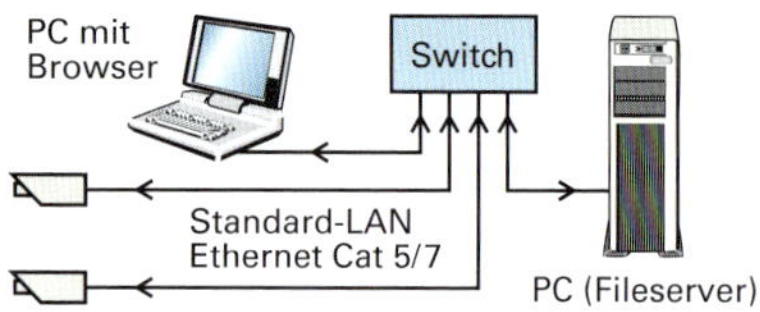	Bilder, Tonübertragung und Kamerafernsteuerung können über • das Festnetz, z. B. mit ISDN oder über • das Intranet oder Internet erfolgen. Kameras werden z. B. über einen Switch geschaltet, Daten auf einem Server gespeichert. Kommunikation meist mit TCP/IP-Protokoll.
Video-Kamera (Videocam, Webcam)	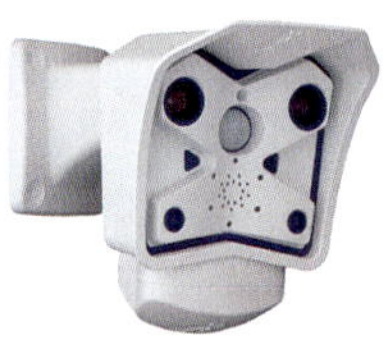 **fest ausgerichtet**  **schwenkbar**	**Fest ausgerichtet:** Weitwinkel- und/oder Teleobjektiv, IR-Bewegungsmelder. **Schwenkbar:** Ausrichtung mit Web-Browser steuerbar, WLAN-Schnittstelle mit WPA2-Verschlüsselung. IR-Bewegungsmelder www.mobotix.com, www.abus.de
Überwachungsmonitor	 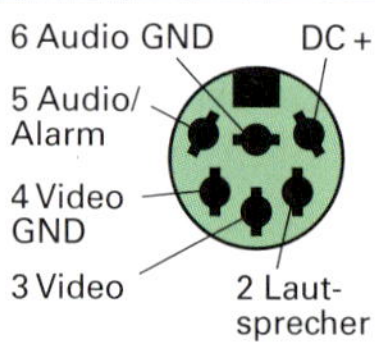 6-polige Mini-DIN-Buchse für Kameraanschluss	Monitore für Schwarzweiß-Bilder oder Farb-Bilder, z. B. 12", eingebauter Echtzeit 4-fach Bildschirmteiler, 4 Kameraanschlüsse mit z. B. der Kamerastromversorgung, Videoeingänge und Videoausgänge über Cinch-Buchsen, Kameras mit Sensoren koppelbar, Vollbild bei Sensorauslösung mit Alarmsignalen, Schaltausgang für Langzeitrekorder, Anschluss für PC.

Temperaturen für Wärmebedarf Temperatures to Heat Demand Calculations

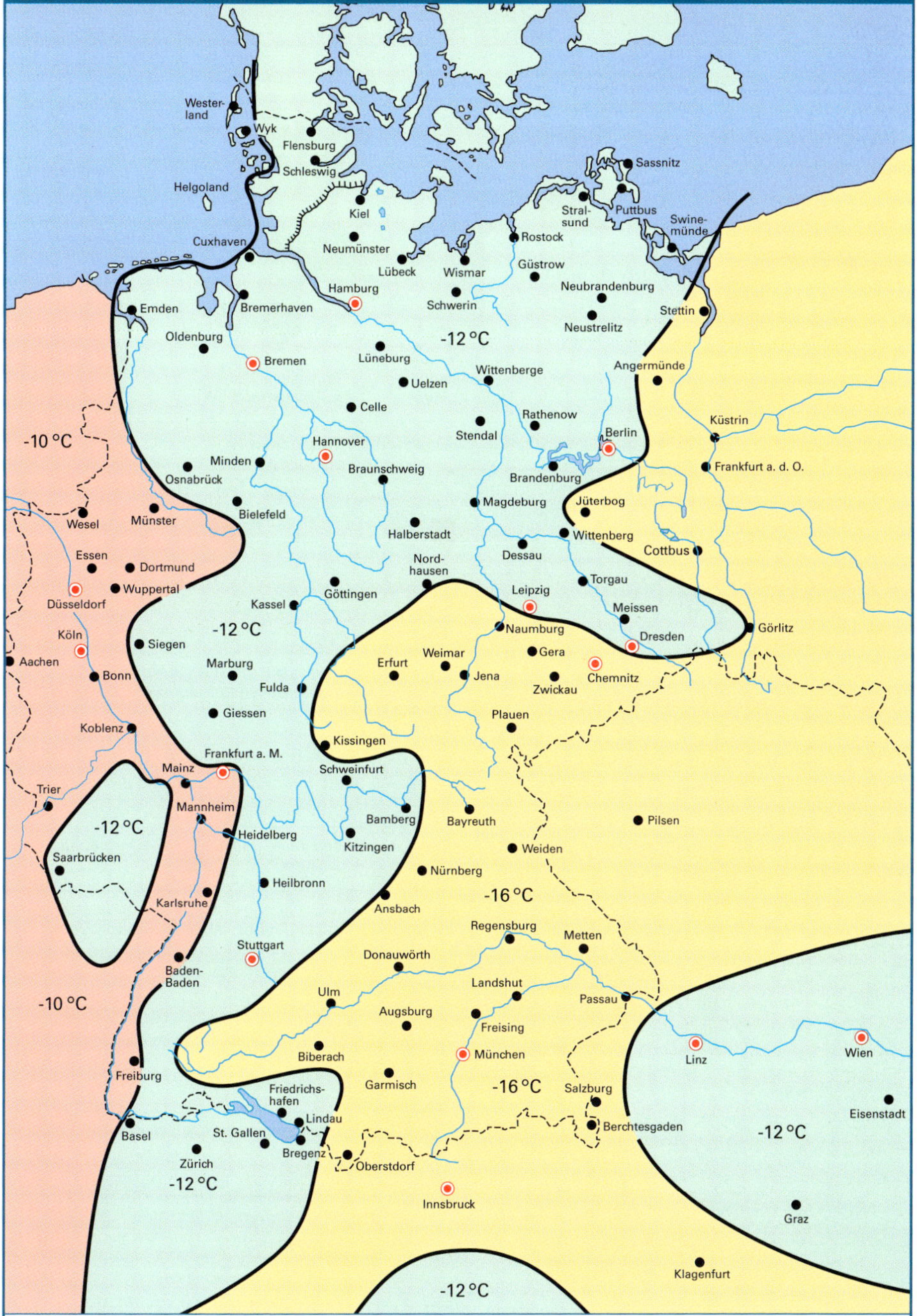

Die Temperaturangaben sind das tiefste Zweitagesmittel, das 10-mal in 20 Jahren auftrat. In gebirgigen Gegenden ist die Mindest-Außentemperatur um 3 K zu erniedrigen. In Höhen über 2500 m über NN ist mit einer tiefsten Außentemperatur von –24 °C zu rechnen. Genaue Werte siehe DIN 4701 (Isothermenkarte des Deutschen Wetterdienstes Offenbach/Main) bzw. ÖNORM M7500 Teil 4.

Begriffe der Energiebilanzierung (Energieflussbild)

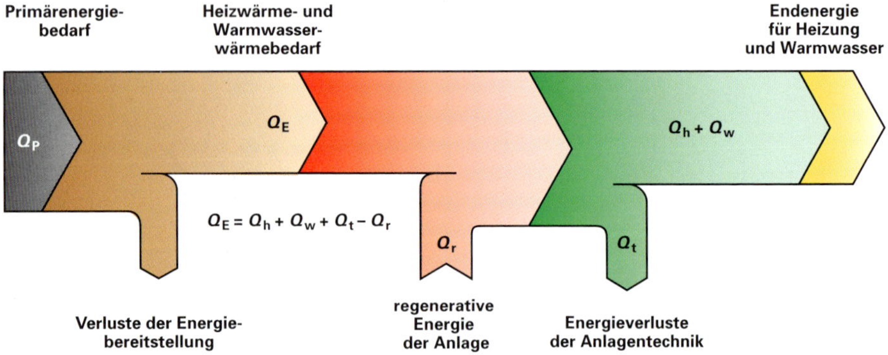

Anlagen-Aufwandszahl e_p bezogen auf die Primärenergie

$$e_p = \frac{\text{Gesamtaufwand}}{\text{Nutzen}} \quad (1)$$

$$e_p = \frac{Q_p}{Q_h + Q_w} \quad (2)$$

Formelzeichen für folgende Seite

Zeichen	Erklärung
A	Umfangsfläche in m^2, wärmeübertragende Gebäudefläche (Außenabmessungen)
A_i	Fläche des Gebäudeteils i in m^2, z. B. Mauerwerkteil, Beton, Fenster, Türen
$\frac{A}{V_e}$	Kompaktheitsgrad Wert ist Bezugsgröße der Höchstwerte des Jahres-Primärenergiebedarfs.
A_N	Gebäudenutzfläche in m^2 $A_N = 0{,}32 \cdot V_e$ Bezugsgröße für den Primärenergiebedarf
F_{xi}	Temperatur-Korrekturfaktor Korrigiert den Transmissionswärmeverlust eines Gebäudeteils hinsichtlich angrenzender Gebäudeteile
H_T	Spezifischer Transmissionswärmeverlust in W/K Energieverlust eines Gebäudes durch Wärmetransmission durch Gebäudeteilbegrenzungen, z. B. Wände
H_V	Spezifischer Lüftungswärmeverlust in W/K $H_V = f \cdot V_e$ f Faktor unter Berücksichtigung der Dichtigkeit
H'_T	Bezogener Transmissionswärmeverlust in $W/(m^2 \cdot K)$ $H'_T = \frac{H_T}{A}$
H'_{Tmax}	Höchstzulässiger auf die Umfassungsfläche bezogener Transmissionswärmeverlust in $W/(m^2 \cdot K)$
Q_h	Jahres-Heizwärmebedarf in $Wh/(m^2 \cdot a)$ Wert unter Berücksichtigung der inneren und solaren Gewinne
Q_p	Berechneter Jahres-Primärenergiebedarf in $kWh/(m^2 \cdot a)$
Q''_p	Höchstzulässiger Jahres-Primärenergiebedarf in $kWh/(m^2 \cdot a)$; (a von anno = Jahr) Wert ist auf die Gebäudenutzfläche bezogen. Er ist dem Kompaktheitsgrad zugeordnet.
Q_W	Nutz-Wärmebedarf für Warmwasserbereitung $Q_W = 12{,}5\ kWh/(m^2 \cdot a)$
U_i	Wärmedurchgangskoeffizient eines Gebäudeteils i in $W/(m^2 \cdot K)$
V_e	Beheiztes Gebäudevolumen in m^3 Von der Umfassungsfläche A umschlossenes Volumen
Q_E	Heizwärme- und Warmwasserwärmebedarf
Q_r	Regenerativer Energiegewinn der Anlagentechnik
Q_t	Energieverluste der Anlagentechnik

Anforderungen an zu errichtende Wohngebäude

Hauptforderung $Q_p < Q''_{p\,max}$

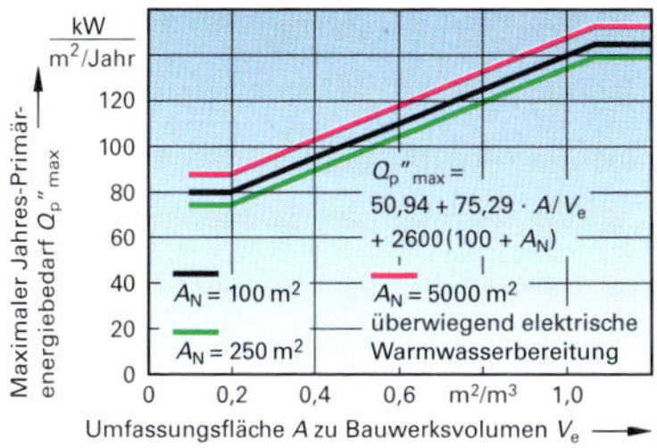

Nebenforderung $H'_T < H'_{T\,max}$

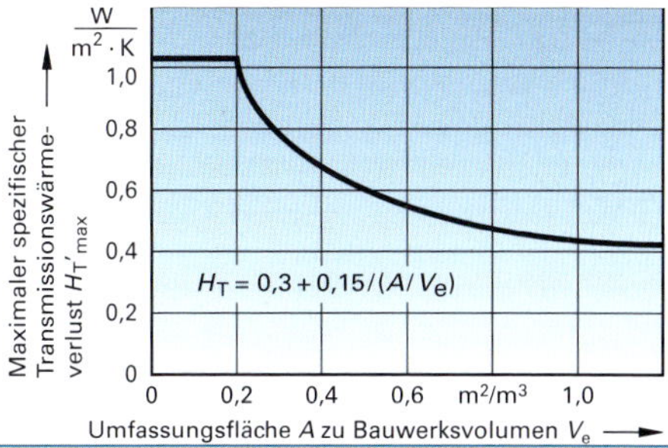

Berechnungsverfahren (Heizperiodenbilanzverfahren)

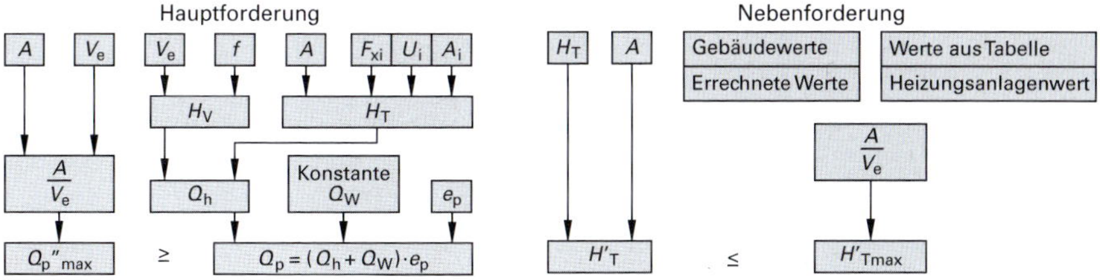

Beispiel: Daten Gebäude

$V_e = 500\ m^3$ $A = 400\ m^2$ $\Sigma(F_{xi}\ U_i\ A_i) = 100\ \frac{W}{K}$

$f = 0{,}0015\ \frac{kW}{Km^3}$

Daten Anlage

Fußbodenheizung (Heizöl-Brennwertkessel)
dezentrale Warmwasserversorgung elektrisch $e_p = 1{,}72$

Hauptforderung

$\frac{A}{V_e} = \frac{400}{500}\frac{m^2}{m^3}$

$\frac{A}{V_e} = 0{,}8\ m^{-1}$

Tab. 2 der EnEV

$H_V = f \cdot V_e$

$H_V = 0{,}0015\ \frac{kW}{Km^3} \cdot 500\ m^3$

$H_V = 0{,}75\ \frac{kW}{K}$

Tab. 2 der EnEV

$H_T = \Sigma(F_{xi}\ U_i\ A_i) + 0{,}05\ \frac{W}{Km^2} \cdot A$

$H_T = 100\ \frac{W}{K} + 0{,}05\ \frac{W}{Km^2} \cdot 400\ m^2$

$H_T = 120\ \frac{W}{K} = 0{,}12\ \frac{kW}{K}$

Tab. 2 der EnEV

$Q_h = 66\ \frac{K\,h}{m^2 a} \cdot (H_T + H_V)$

$Q_h = 66 \cdot (0{,}12 + 0{,}75)\ \frac{kWh}{m^2 a}$

$Q_h = 57{,}42\ \frac{kWh}{m^2 a}$

lt. Bild

$Q''_{p\,max} = 135\ \frac{kWh}{m^2 a}$

$Q_p = (Q_h + Q_W) \cdot e_p$

$Q_p = (57{,}42 + 12{,}5)\ \frac{kWh}{m^2 a} \cdot 1{,}72$

$Q_p = 120{,}3\ \frac{kWh}{m^2 a}$

$Q''_{p\,max} > Q_p$

Hauptforderung erfüllt

Nebenforderung

Tab. 2 der EnEV

$H_T = \Sigma(F_{xi}\ U_i\ A_i) + 0{,}05\ \frac{W}{Km^2} \cdot A$

$H_T = 100\ \frac{W}{K} + 0{,}05\ \frac{W}{Km^2} \cdot 400\ m^2$

$H_T = 120\ \frac{W}{K} = 0{,}12\ \frac{kW}{K}$

Tab. 2 der EnEV

$H'_T = \frac{H_T}{A}$

$H'_T = \frac{120\ \frac{W}{K}}{400\ m^2}$

$H'_T = 0{,}3\ \frac{W}{m^2 K}$

$\frac{A}{V_e} = 0{,}8\ m^{-1}$

lt. Bild

$H'_{T\,max} = 0{,}5\ \frac{W}{m^2 K}$

$H'_T < H'_{T\,max}$

Nebenforderung erfüllt

Heizwärmeverbrauch und Energiekennzahl eines Einfamilienhauses
Heating Comsumption and Energy Code of a Detached House

Heizwärmeverbrauch ermitteln: Verbrauch im Jahr

Heizkessel/-anlage	Verbrauch p. a.	in:	x Heizwert	= Heizwärmeverbrauch
Öl	1000	Liter	10 kWh/Liter	10 000 kWh
Erdgas	–	m^3	10 kWh/m^3	
Flüssiggas	–	kg	12,8 kWh/kg	
Pellets	–	kg	4,9 kWh/kg	
Hartholz	4	Raummeter	2 400 kWh/rm	9 600 kWh
Weichholz	–	Raummeter	1 500 kWh/rm	
Hackgut	–	Schüttraummeter	800 kWh/srm	
Wärmepumpe	–	kWh	1 kWh	
Strom (Direktheizung oder Nachtspeicher)	–	kWh	1 kWh	
			Heizwärmeverbrauch	19 600 kWh
minus 20% Wirkungsgradverluste				– 3 920 kWh
minus Warmwasserverbrauch	4	Anzahl Personen x 2 kWh/Tag		– 2 920 kWh
Heizwärmebedarf (= Heizenergieverbrauch minus Wirkungsgradverluste minus Warmwasserverbrauch)			Q(kWh)	12 760 kWh

Energiekennzahl errechnen: Heizwärmebedarf geteilt durch die Bruttogeschossfläche

beheizte Flächen:

Obergeschoss	80	m^2
Erdgeschoss	95	m^2
Keller	–	m^2
Bruttogeschossfläche A	175	m^2

Energiekennzahl

$$EKZ = \frac{Q}{A}$$ 1

Energiekennzahl kWh/(m^2 · Jahr) 72,91

Einordnung des Heizwärmebedarfes

kWh/m^2/Jahr	0 bis 50	> 50 bis 100	> 100 bis 150	> 150 bis 200	> 200
Energieverbrauch	gering	leicht erhöht	mittel	deutlich erhöht	„Verschwender"

Erläuterung

Den Heizwärmebedarf eines Hauses gibt die *Energiekennzahl (EKZ)* an, vergleichbar mit dem Treibstoffverbrauch beim Auto (Liter/100 km). Die EKZ wird mit Hilfe obiger Tabelle ermittelt und ist Teil eines Gebäudechecks für die Vollwärmesanierung eines Gebäudes.

Raumheizung Building Heating

Raumheizung mit Elektro-Speicherheizgeräten

<table>
<tr><th>Ansicht, Diagramm</th><th>Bemerkungen, Daten</th><th>Erklärung</th></tr>
<tr>
<td>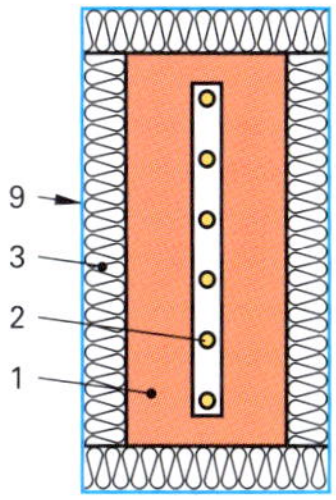

Statische Wärmeabgabe</td>
<td>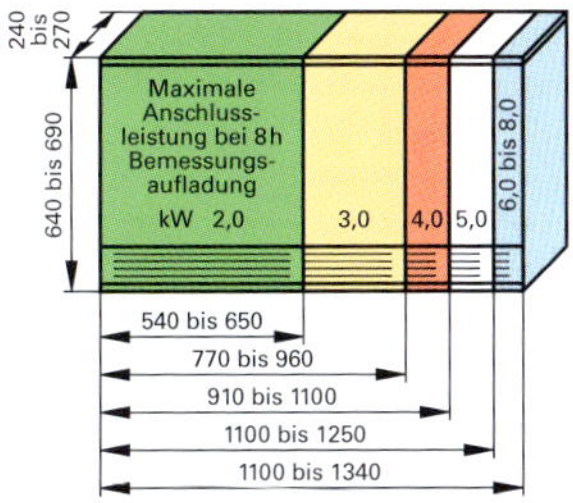

Maße der Standardspeicher</td>
<td rowspan="2">Speichermedium Feststoff (z.B. Magnesit-Steine)
Speichermasse zur Energiespeicherung für einen Raum (oder Raumteil) in einem Gerät konzentriert
Sicherheits- und Regeleinrichtungen an jedem Gerät
Temperaturregelung raumweise mit Raumtemperaturreglern
Anpassung des Speichervolumens und der Anschlussleistung an jede Ladedauer
Witterungs- und restwärmeabhängige Aufladesteuerung
Speicherkerntemperatur bis etwa 600 °C
Gehäuseoberflächentemperatur zwischen max. 65 °C (Abdeckplatte) und max. 90 °C (Vorderwand)
Ausblastemperatur max. 140 °C (10 cm vor dem Gitter)
Wärmeabgabe des Gerätes:
• gesteuert durch eingebaute Ventilatoren,
• ungesteuert durch Strahlung und Konvektion.
Zahlen 1 bis 14 in den Bildern sind unten erklärt.</td>
</tr>
<tr>
<td>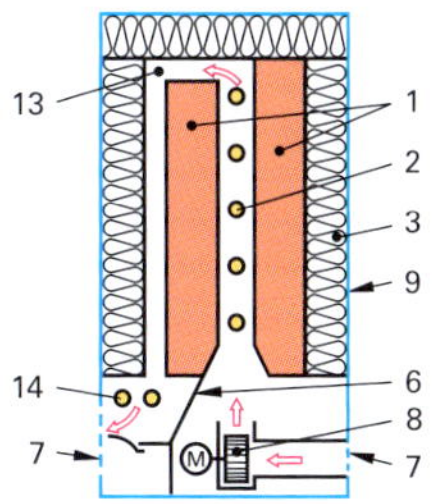

Geregelte Wärmeabgabe</td>
<td>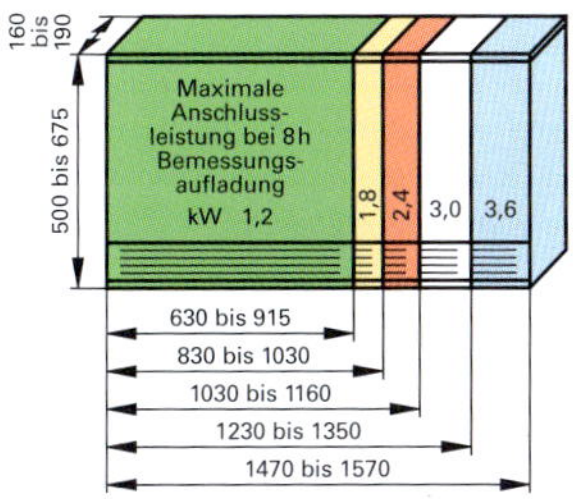

Maße der Flachspeicher</td>
</tr>
<tr>
<td>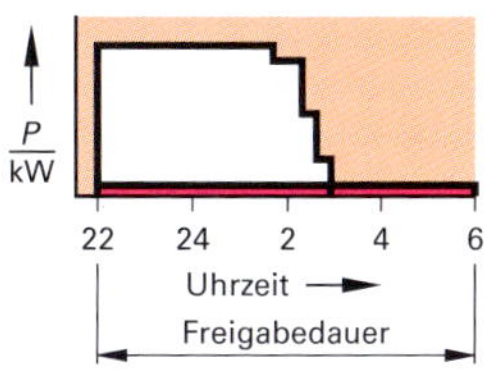

Vorwärtssteuerung</td>
<td>Einschaltung mit Beginn der Freigabedauer.
Ausschaltung stufenweise, in Abhängigkeit von der Restwärme in den Speicherheizgeräten und von der Witterung.
Wird überhaupt kein Zeitverhalten der Steuerung benötigt, kann ein spezielles Aufladesteuergerät eingesetzt werden.</td>
<td>Aufgeladen wird vorwiegend nachts zur so genannten Schwachlastzeit.
Damit durch eine Häufung gleichzeitiger Geräteaufladungen in verschiedenen Anlagen das Netz nicht überlastet wird, sind die VNB bestrebt, die Last möglichst gleichmäßig über die Nachtstunden zu verteilen.</td>
</tr>
<tr>
<td>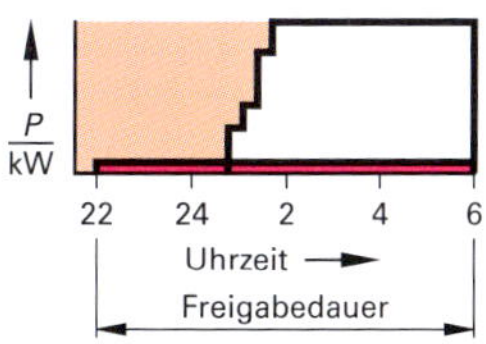

Rückwärtssteuerung</td>
<td>Einschaltung stufenweise, in Abhängigkeit von der Restwärme in den Speicherheizgeräten und von der Witterung.
Ausschaltung mit dem Ende der Freigabedauer.</td>
<td>Einige VNB unterbrechen mit Hilfe der Rundsteueranlage für ein oder zwei Stunden die Aufladung. So werden Belastungsspitzen vermieden, und es besteht die Möglichkeit, mehr Speicherheizanlagen zuzulassen. Die Ladezeit wird „stückchenweise“, also intermittierend freigegeben.</td>
</tr>
</table>

Heizwerte üblicher Brennstoffe (zum Vergleich: Elektrische Energie 3,6 MJ = 1 kWh)

Feste Stoffe	Heizwert in MJ/kg	Flüssigkeiten	Heizwert in MJ/kg	Gase	Heizwert in MJ/m³
Holz	18,4 bis 18,9	Benzin	41,0 bis 44,0	Ethin (Acetylen)	57
Braunkohle	7,5 bis 23,5	Benzol	40,0 bis 40,8	Butan	123,8
Braunkohlebriketts	19,7 bis 23,5	Dieselkraftstoff	42,3 bis 43,1	Propan	93,6
Steinkohle	27,0 bis 33,5	Heizöl, schwer	40,2 bis 41,5	Stadtgas	≈ 16,75

1 Speichersteine
2 Heizelemente
3 Wärmedämmung
6 Automatische Luftmischklappe
7 Luftansaug- und Luftaustrittsgitter
8 Lüfter
9 Stahlblechgehäuse
13 Luftkanal
14 Zusatzheizung

VNB Verteilungsnetzbetreiber
Heizwert in MJ/m³ bei 0 °C und 1013 hPa

Fußboden- und Decken-Flächenheizung Underfloor and Ceiling Heating

Begriffe und Bestandteile

Begriff	Erklärung
Allgemeine Begriffe	Es gelten die sonstigen Begriffe von VDE 0100, insbesondere VDE 0100–200.
Direktheizung	Heizeinrichtung, die elektrisch Wärme erzeugt und diese mit nur kleiner Verzögerung an den Raum abgibt.
Fußboden-Speicherheizung	Heizung erzeugt mit begrenzter Aufladedauer elektrisch Wärme und gibt diese mit Verzögerung über die Oberfläche des Fußbodens an den Raum ab.
Fußboden-Ergänzungsheizung	Direktheizung im Fußboden, der außerdem eine Fußboden-Speicherheizung enthält.
Heizleitung	Isolierte Leitung mit oder ohne Schirme bzw. Metallmantel, bei welcher der Leiter aus einer Metalllegierung von kleiner Leitfähigkeit besteht, z. B. aus Chromstahl.
Flächenheizelement	Heizelement aus elektrisch isolierten flächenförmigen Widerstandsfolien oder aus isolierendem Grundmaterial, in dem Heizleiter liegen.
Kaltleitung (Anschlussleitung)	Isolierte Leitung mit großer Leitfähigkeit, z. B. Kupfer, zum Anschluss der Heizeinheit an die elektrische Anlage.
Heizeinheit	Mäanderförmige (Mäander = kurviger Fluss im vorderen Orient) Heizleitung oder das Flächenheizelement mit fest verbunden Kaltleitungen.
Selbsttätig Temperatur begrenzende Heizleitung	Heizleitung, die wegen ihres Materials, z. B. kaltleitender Halbleiter, keine höhere Temperatur als 70 °C erreicht und ohne Kaltleitung direkt mit der elektrischen Anlage verbunden wird.

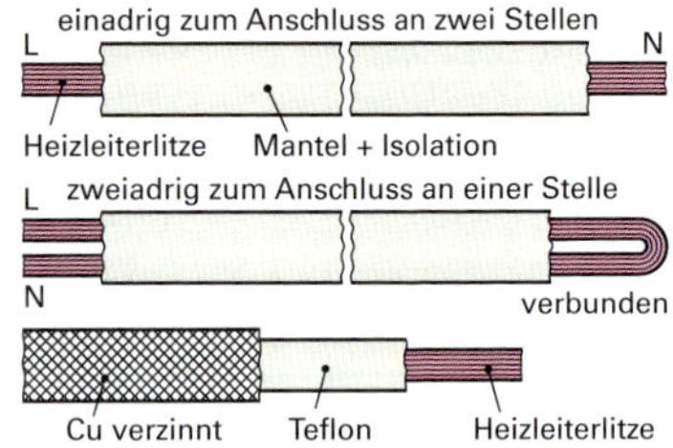

Heizleitungen für Flächenheizung

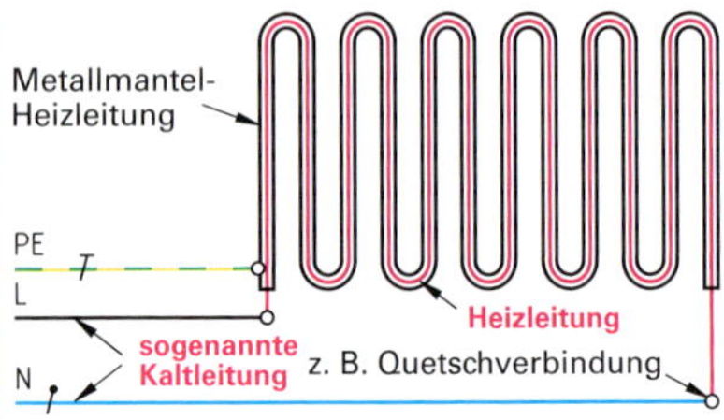

Bestandteile einer Heizeinheit

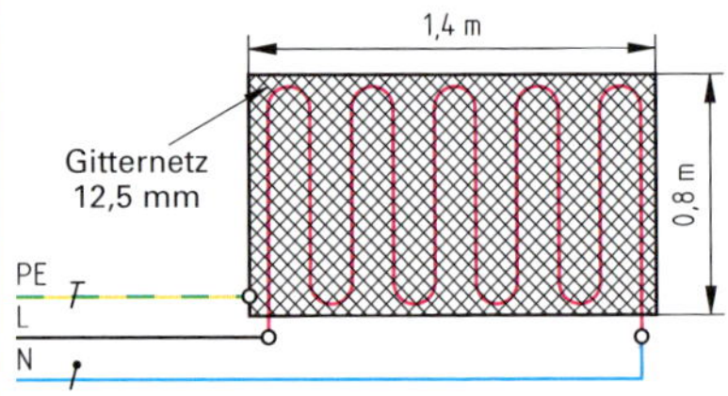

Gitter als Körper bei Flächenheizungen

Schutzmaßnahmen gegen elektrischen Schlag

Begriff	Erklärung
Schutz gegen elektrischen Schlag	Es gelten die *anwendbaren* Maßnahmen von VDE 0100, nicht aber allein Schutz durch Hindernisse oder Abstand, durch nicht leitende Umgebung und durch erdfreien örtlichen Schutzpotenzialausgleich.
Fehlerschutz durch Abschaltung	Erfordert Betriebsmittel der Schutzklasse I, hier also Heizelemente mit metallischer Umhüllung oder mit Abdeckung durch metallisches Gitter mit Maschenweite < 12,5 mm über (bei Fußbodenheizung) bzw. unter (bei Deckenheizung) dem Heizelement.
Abschalteinrichtung	RCD mit Bemessungsdifferenzstrom mit $I_{\Delta N} \leq 30$ mA ist für den Heizstromkreis einzubauen.
Schutzklasse II	Schutzklasse II erfordert isolierte Heizleitung und RCD mit $I_{\Delta N} \leq 30$ mA.
Schutztrennung	Zulässig, wenn für jeden Heizstromkreis angewendet. An jeden Trenntransformator darf nur ein Heizstromkreis angeschlossen werden.
Vermeidung von Überhitzung	Errichtung nach Herstellerangaben oder Einbau eines Temperaturschalters. Unterhalb von auf dem Fußboden aufliegenden Möbeln. z. B. Schränken, soll keine Fußbodenheizung eingebaut werden.

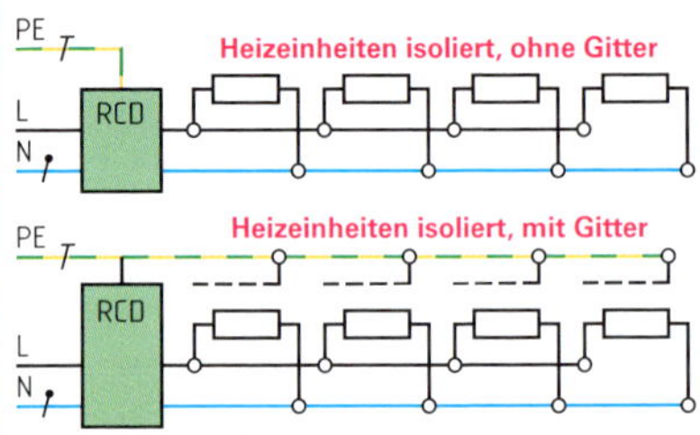

Zusätzlicher Schutz durch RCD ≤ 30 mA

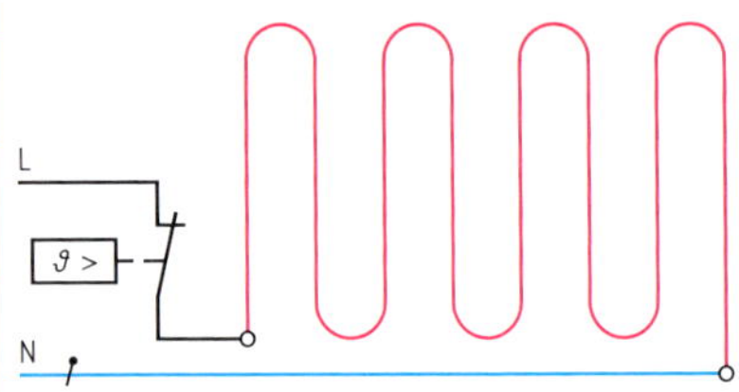

Schutz gegen Überhitzung durch Temperaturschalter

Klimatisierung Air Conditioning

Behaglichkeit

Bereiche

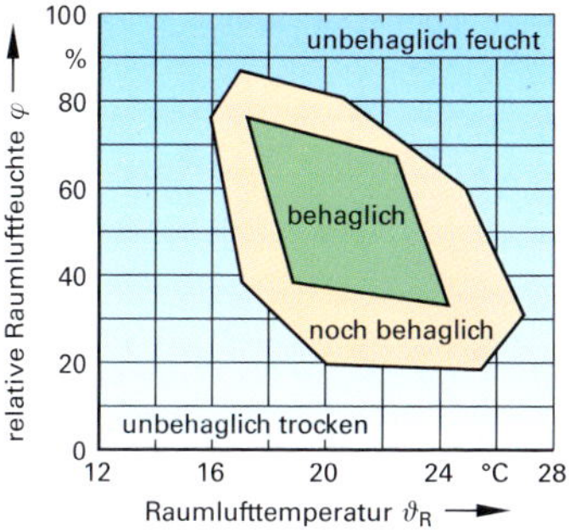

Behaglichkeit im Raum

Erklärung

Einflüsse, von denen das Wohlbefinden abhängt:

- Art der Tätigkeit einer Person (körperliche Arbeit, Schreibtischarbeit),
- Luft-Temperatur,
- Temperatur der Raumflächen (Wände, Boden, Decke),
- relative Feuchtigkeit der Luft, Luftströmung, z. B. Luftzug,
- Ionen-Konzentration im Raum des luftelektrisches Feldes der Erde.

Daten

Die Behaglichkeitskennzahl B dient zur Beschreibung der Behaglichkeit:

$B \leq 1$ viel zu warm,
$B \leq 2$ zu warm,
$B \leq 3$ behaglich warm,
$B \leq 4$ behaglich,
$B \leq 5$ behaglich, kühl,
$B > 6$ zu kühl.

Die Behaglichkeitskennzahl wird bestimmt anhand der Raumlufttemperatur, Wandtemperatur, dem Wasserdampf-Partialdruck und der Luftgeschwindigkeit.

Bestandteile einer Klimaanlage

Prinzip	Gerät (Beispiele)	Bemerkungen
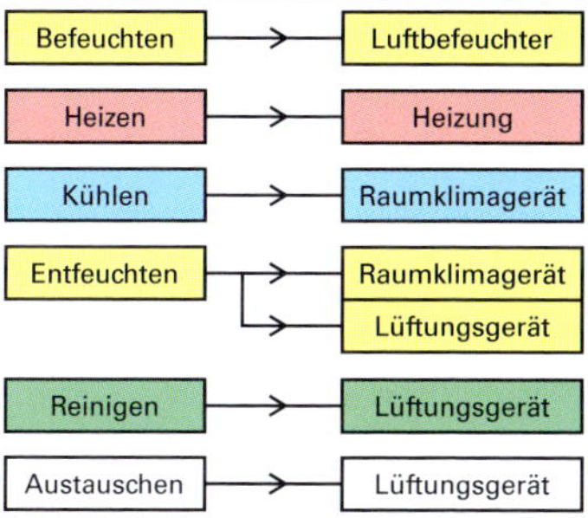 **Klimatisierung der Raumluft**	Verdunster, Zerstäuber Nachtspeichergerät mobiles Kompaktgerät Einzelgerät mit Wärmerückgewinnung	*Verdunster:* Wasser wird auf Filtermatten oder rotierenden Lamellen verteilt und mit Luftstrom beblasen. *Nachtspeichergerät:* Mit Niedertarif-Strom wird nachts Wärmeenerie erzeugt und für den Tagesverbrauch gespeichert. *Raumklimagerät:* Klimatisieren nicht, kühlen im Wesentlichen. *Lüftungsgerät:* Können einen Heizer zum Erwärmen der Zuluft enthalten.
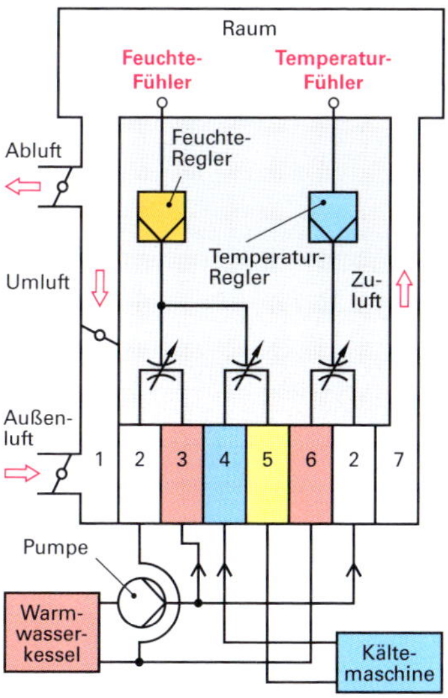 **Zentrale Klimaanlage (Schema-Skizze)**	1 Mischkammer 2 Filter 3 Vorwärmer 4 Kühler 5 Befeuchter 6 Nachwärmer 7 Lüfter *Regelunssystem:* Regelt sowohl die Temperatur als auch die Luftfeuchtigkeit des Raumes. Die Warmwasseraufbereitung und die Kältemaschine werden hierbei über einstellbare Droselventile (Seite 100) nach Bedarf gesteuert. *Mischkammer:* Mischt Umluft und Außenluft. Im Winterbetrieb erwärmen Vorwärmer und Nachwärmer die Mischluft, die auch befeuchtet wird. Im Sommerbetrieb wird die Mischluft gekühlt und so auch entfeuchtet. *Filter:* Reinigt die Luft von Rauch und Staub.	*Vorwärmer:* Wärmt die Luft. *Kühler:* Kühlt die Luft. Dabei kondensiert Wasser aus der Luft, sie wird entfeuchtet. *Befeuchter:* Führt der Luft Wasser zu durch Luftwäscher, bei dem in der Düsenkammer Wasser versprüht wird (Temperaturabnahme), oder durch Dampfbefeuchter, der Dampf in die Luft einbläst. Die Feuchtigkeit nimmt dabei zu, ohne dass sich die Temperatur ändert. *Entfeuchter:* Erfolgt meist durch Luftkühlung bis zur Kondensation des Wassers am Kühler mit anschließender Erwärmung, selten chemisch. *Lüfter:* Drückt die Zuluft in den Raum.

Kochstellen für Elektroherde Hotplates of Electric Cooker

Arten von Kochstellen

Aufbau	Erklärung, Prinzip	Bemerkungen, Daten
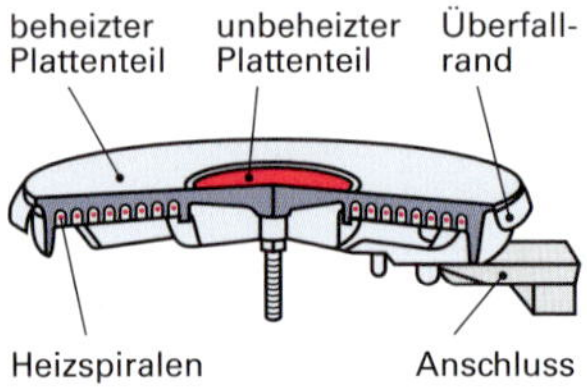 **Kochplatte**	Bei der Kochplatte aus Gusseisen wird die Wärme durch Leitung übertragen. Die Kochplatte ist plangedreht. Die Unterseite ist mit tiefen Rillen versehen, in denen die isolierten Heizleiter aus Chrom-Nickel-Draht eingebettet sind. Kochplatten sind fest in eine Kochmulde eingebaut.	**Normal-Kochplatten:** • 14,5 cm ⇒ 1000 W, • 18,0 cm ⇒ 1500 W, • 22,0 cm ⇒ 2000 W. **Blitz-Kochplatten** haben eine höhere Leistung als Normal-Kochplatten.
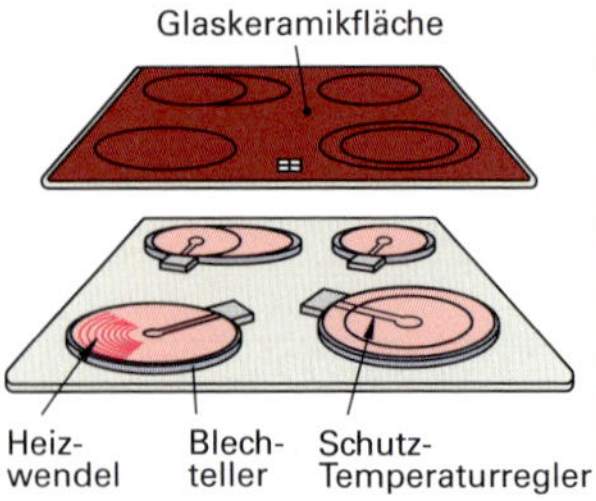 **Kochfeld**	Das Kochfeld besteht aus einer 4 mm dicken Glaskeramikfläche. Zwischen Glaskeramik und Beheizung ist ein Stabausdehnungsregler eingebaut, der die Glaskeramik vor Überhitzung mit Temperaturen über 550 °C schützt. Für die Beheizung werden konventionelle Strahlungsheizkörper (Heizwendel oder Heizband) und Halogenheizkörper (Infrarothellstrahler) eingesetzt.	• Einkreiskochzonen: 14,5 cm bis 21,5 cm • Zweikreiskochzonen: – innen 10,0 cm bis 14,5 cm, – außen 17,0 cm bis 21,0 cm • Dreikreiskochzonen: – innen 12,0 cm bis 14,5 cm – außen 21,0 cm bis 27,5 cm • Bräterzonen: – Kochen 14,5 cm bis 18,0 cm, – Braten 24,0 cm bis 41,5 cm.
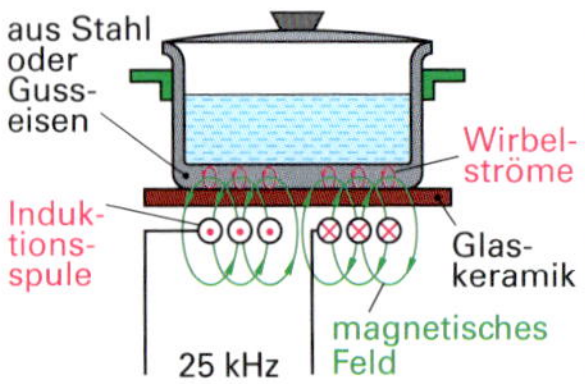 **Induktionskochstelle**	Induktionskochstellen erzeugen die Wärme unmittelbar im Geschirrboden. In den Kochstellen eines Induktionskochfeldes werden über Induktionsspulen rasch wechselnde Magnetfelder erzeugt. Ein Umrichter erhöht die Netzfrequenz des Wechselstromes von 50 Hz auf 25 kHz bis 55 kHz.	• Die Erwärmung erfolgt ausschließlich im Geschirrboden. • Das Glaskeramikkochfeld bleibt beim Kochvorgang nahezu „kalt". • Die Wärme ist sofort verfügbar. • Steht kein Geschirr auf der eingeschalteten Kochstelle, wird keine Energie übertragen. • Geeignetes Kochgeschirr verwenden.

Steuerung und Regelung von Kochstellen

Art	Aufbau	Leistungsdiagramm
Kochstelle mit Stufen-Schalter	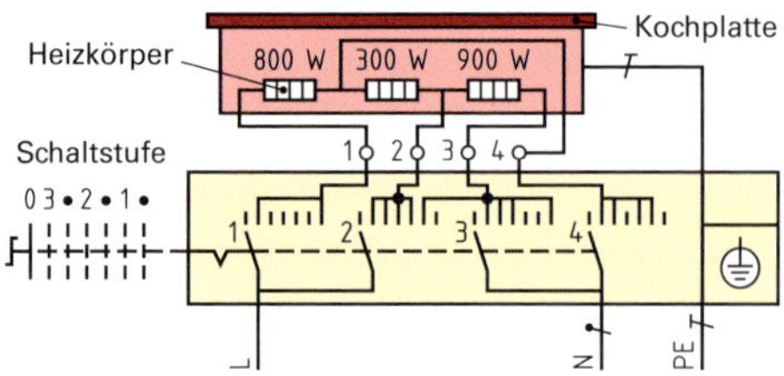	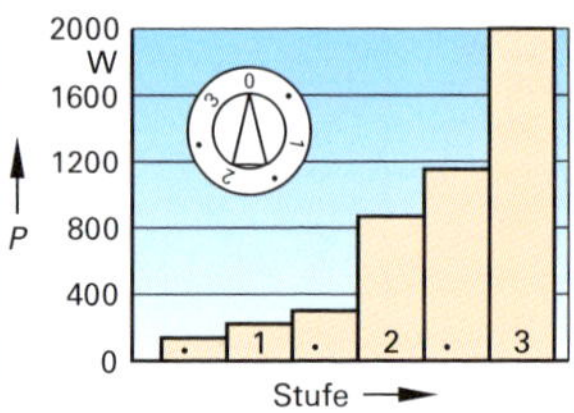
Kochstelle mit stufenloser Einstellung	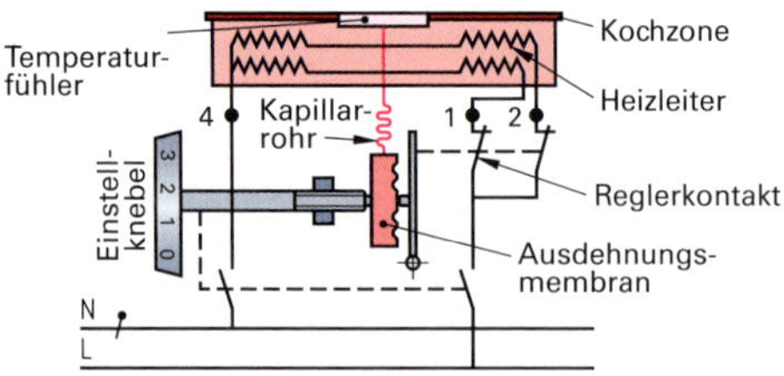	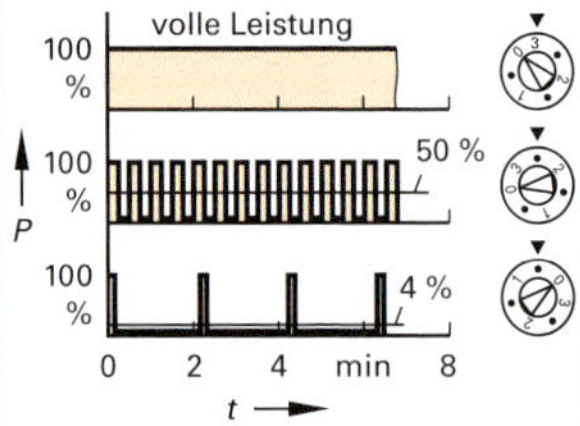

Energieeffizienzklassen 1 Power Efficiency Classes 1

Angabe der Energieeffizienz

Energielabel (Etikett) Kühl- und Gefriergeräte	Erklärungen
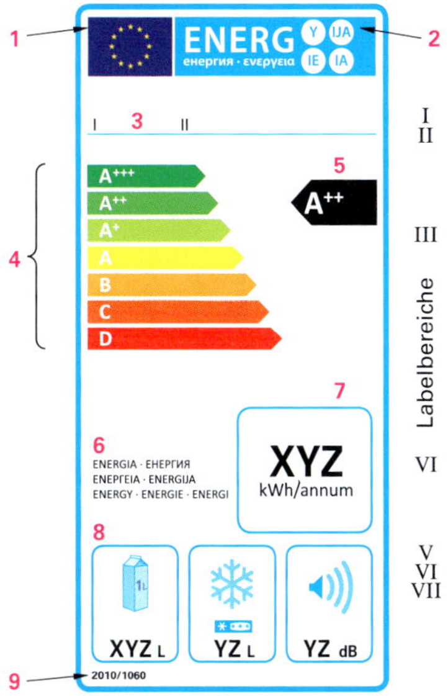	1 EU-Zeichen 2 Kennzeichen für Sprachneutralität 3 Hersteller und Modell 4 Mögliche Energieeffizienzklassen 5 Zeigt die erreichte Energieeffizienzklasse an 6 Übersetzung: Energie in europäische Sprachen 7 Energieverbrauch *E* in kWh/annum (= Jahr) 8 Zusätzliche produktspezifische Informationen in Form von Piktogrammen, abhängig von der Gerätekategorie 9 Bezeichnung der Regulierung, Jahreszahl des Inkrafttretens und EU-Verordungsnummer www.stromeffizienz.de www.ec.europa.eu/atoz_en.thm

Gerätekategorien der Energieefiizienzklassen 1 bis 7

Stufe	1	2	3	4	5	6	7
1	A	B	C	D	E	F	G
2	A+	A	B	C	D	E	F
3	A++	A+	A	B	C	D	E
4	A+++	A++	A+	A	B	C	D

Gerätespezifische Piktogramme

Gerätetyp	Piktogramm	Bedeutung	Piktogramm	Bedeutung
Kühl-/Gefrierschrank, Weinlagerschrank		Nettovolumen des Kühlschranks, bzw. des Kühlteils in Litern		Maximale Geräuschemission im Betrieb in Dezibel
		Nettovolumen des Gefrierschranks bzw. des Gefrierteils in Litern		Fassungsvermögen eines Weinlagerschranks in Standardflaschen
Waschmaschinen		Wasserverbrauch in Litern pro Jahr bei 220 Waschzyklen pro Jahr		Schleuderwirkung als Schleuderwirkungsklasse von A bis G
		Maximale Beladung im Waschprogramm 40° und 60° (Baumwolle) in kg, niedrigerer Wert angegeben	 	Maximale Geräuschemission in Dezibel a) beim Waschen b) beim Schleudern
Geschirrspülmaschinen		Wasserverbrauch in Litern pro Jahr bei 280 Spülzyklen im Standardprogramm		Maximale Beladung in Maßgedecken
		Trockenwirkung angegeben als Trockenwirkungsklasse von A bis G		Maximale Geräuschemission im Betrieb in Dezibel (A)

Energieeffizienzklassen 2 Power Efficiency Classes 2

Weitere gerätespezifische Piktogramme

Gerätetyp	Piktogramm	Bedeutung	Piktogramm	Bedeutung
Wäschetrockner		Dauer des Standardprogramms (Baumwolle) in Minuten	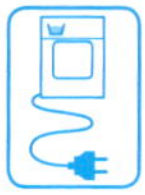	Kondensationstrockner
Für Wäschetrockner gelten die Klassen A bis G	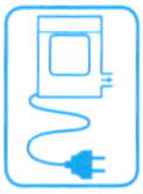	Ablufttrockner		Kondensationseffizienzklasse von A bis G
Klimageräte		Kühlfunktion von A bis G, SEER[1] von Seasonal Energy Efficience Ratio		Heizfunktion von A bis G, SCOP[2] von Seasonal Coefficient of Performance
Fernsehgeräte		Echter Netzschalter vorhanden (☑ ja, ☒ nein)		Leistungsaufnahme im Betriebsmodus in W
				Bildschirmdiagonale in cm und inch Bei Flachbildgeräten wird die Effizienzklasse stufenweise bis 2020 auf A+++ verschärft.

Kennzeichnung weiterer Geräte (Labelbereich IV bis VII im Etikett

Backöfen	Energieverbrauch in kWh, nutzbares Volumen der Backröhre in Liter, Gerätegröße, Geräuschemission in Dezibel.
Haushaltslampen	Lichtstrom in Lumen, Leistungsaufnahme in W, Lebensdauer in h für LED, Energiesparlampen in Klasse A, Halogenlampen in Klasse C, Glühlampen bestenfalls in Klasse D.

Energieeffizienzindex (EEI) für Lampensysteme für Leuchtstofflampen mit Nennleistung 36 W und 58 W

EEI	Vorschaltgeräte (VG)	Wirkungsgrad η in %	P_n in W	Wirkungsgrad η in %	P_n in W
A2 BAT[3]	elektronisches VG mit minimalen Verlusten	91,4	35	93,0	53,8
A2	elektronisches VG mit reduzierten Verlusten	88,9	36	90,9	55
A1 BAT[3]	dimmbares elektronisches VG (100%)	84,2	36	90,9	55
A3	elektronisches VG	84,2	38	84,7	59
A1	dimmbares elektronisches VG (100%)	84,2	38	84,7	59
B1	magnet. VG mit sehr geringen Verlusten	83,4	43,2	86,1	67,4
B2	magnetisches VG mit geringen Verlusten	79,5	45,3	82,2	70,6

[3] BAT von Best Available Technology = beste verfügbare Technologie

Festlegung der Energieeffizienzklassenbereiche

Kennung	EEI-Bereich	Kennung	EEI-Bereich	Kennung	EEI-Bereich
A+++	EEI < 0,1	B	0,30 ≤ EEI ≤ 0,42	F	0,90 ≤ EEI ≤ 1,00
A++	0,16 ≤ EEI ≤ 0,16	C	0,42 ≤ EEI ≤ 0,60	G	1,00 ≤ EEI
A+	0,16 ≤ EEI ≤ 0,23	D	0,60 ≤ EEI ≤ 0,80		
A	0,23 ≤ EEI ≤ 0,30	E	0,80 ≤ EEI ≤ 0,90		

$$EEI = \frac{P}{P_{ref}} \quad (1)$$

$$E = 1{,}46 \cdot P \quad (2)$$

EEI Energieeffizienzindex
P aufgenommene Leistung
P_{ref} Bezugsleistung der EU
E jährlicher Energieverbrauch

db(A) logarithmisches Dämpfungsmaß Dezibel Bewertung A

Die Bezeichnung P_{ref} wird von der EU (Europäische Union) bei Erreichen der in der Richtlinie enthaltenen Vorgaben künftig so verschärft, dass weiterhin ein Anreiz zum Energiesparen besteht.

Die Bezugsleistung P_{ref} wird für jede Geräteart einzeln ermittelt.

[1] SEER Arbeitszahl im Kühlbetrieb, EER Leistungszahl im Kühlbetrieb

[2] SCOP Arbeitszahl im Heizbetrieb, COP Leistungszahl im Heizbetrieb

Energie-Einsparpotenziale Energy Saving Potentials

Quelle	Potenzial	Bemerkungen, Beispiele
Antriebstechnik		
Motor Erreger-leistung Wirkungs-grad	Vermeiden überdimensionierter Motoren. Motor gemäß geplanter Betriebsart und Jahres-Betriebsstunden wählen. Energie-Effizienzklassen hierbei beachten. Anstelle von Drehstrom-Käfigläufer-Motoren sind ggf. Drehstrom-Synchronmotoren mit Permanentmagneten sowie Reluktanzmotoren (synchronisierte Asynchronmotoren) verwendbar. Wirkungsgrade auch für Teillastbetrieb beachten. Im Leerlauf die Drehzahl reduzieren, ggf. sogar Motor abschalten. www.energy20.net	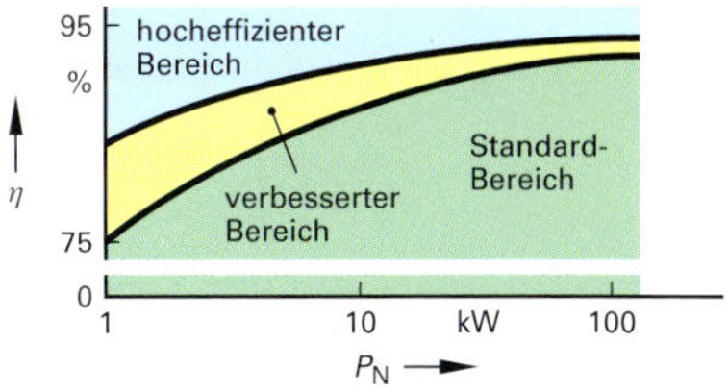 **Wirkungsgradkennlinien von Motoren**
Frequenz-umrichter Brems-energie	Antriebsregelung (Drehzahl, Kraftmoment) durch Frequenzumrichter (Stromrichter) bei drehzahlabhängiger Last. Bei Pumpen oder Lüfter sind Durchfluss bzw. Volumenstrom Q drehzahlabhängig. Drehzahlveränderliche Antriebe sind nicht einzusetzen, wenn weitgehend nur Volllast-Betrieb vorkommt. Bremsenergie kann mit manchen Umrichtern wegen des Erzeugens von Strom und Spannung ins Netz zurückgespeist werden. Dadurch auch Einsparung der Kühlung des Antriebs.	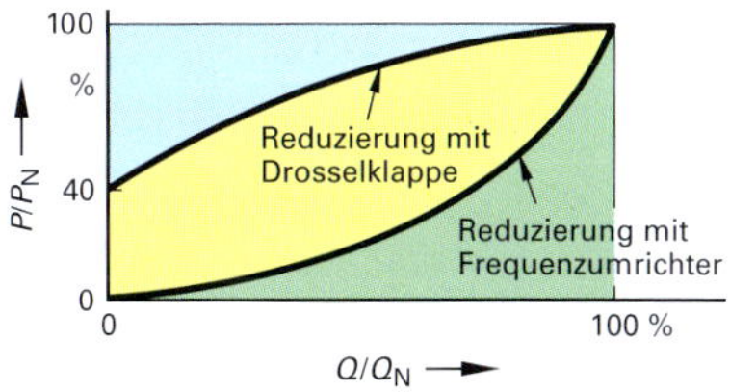 **Drehzahlregelung durch Frequenzumrichter**
Energie-rück-gewin-nung	Aus Bremsvorgängen (Bewegungsenergie) und Wärme (Wärmeenergie) kann Energie zurückgewonnen werden. Entstehende unerwünschte Wärme, z.B. bei Druckluftkompressoren, kann zum Heizen von Räumen oder Wasser verwendet werden (Nutzung der Abwärme).	Die Bewegungsenergie (kinetische Energie), die beim Bremsen auf einen Generator einwirkt, wird durch diesen in elektrische Energie umgewandelt und kann dann in eine Batterie oder das Netz eingespeist werden.
Werk-stoffe	Supraleitende Drähte besitzen eine deutlich höhere Stromtransportkapazität als Kupferdrähte. Deshalb sind kompaktere und leichtere Konstruktionen z.B. von Motoren, Generatoren, Transformatoren, Überspannungsschutzeinrichtungen oder von Übertragungskabeln möglich.	Supraleiter arbeiten bei tiefen Minustemperaturen. Ihre Materialien besitzen dann fast keinen elektrischen Widerstand. Aus Kostengründen finden Supraleiter derzeit nur in der Forschung, Medizin und Reaktortechnik Anwendung. www.energie-fakten.de
Beleuchtungstechnik		
Vorschalt-geräte für Lampen Dimmer	Automatische Beleuchtungsregelung (Dimmen) durch elektronisch gesteuerte Vorschaltgeräte in Abhängigkeit der Tageslichtverhältnisse sowie erzeugter Signale von Anwesenheitssensoren. Voraussetzung für Lichtmanagementsysteme basierend auf DALI-Schnittstelle (Digital Addressable Lightning Interface). Wegen steuerbarer Wendelvorheizung ist schonender Warmstart der Lampe möglich. Abschaltung der Wendelvorheizung erfolgt bei Dimmbereich 80% bis 100%, also bei wenig gedimmter Beleuchtung.	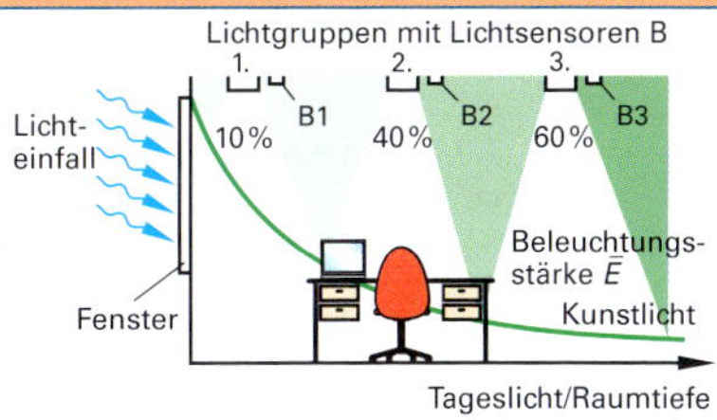 **Beleuchtungsregelung**
Lampe Reflektor	Beachtung der Geräte-Energie-Effizienzklassen, der Leistungsaufnahme sowie des Wirkungsgrades. Gleiche Lichtausbeute durch Ersatz z.B. einer 125-W-Quecksilberdampflampe mit 70-W-Natriumdampflampe möglich. Einsatz von Hochglanz-Spiegelreflektoren erhöht die Lichtausbeute.	Einsatzort der Lampen beachten, z.B. als Operationsbeleuchtung. Flure können meist mit leistungsschwächeren Lampen ausgestattet sein. Einsatz von LED-Lampen. Dadurch Einsparung von Betriebskosten und Energie. www.leucht-mittel.de
Nutzung	Bewusstes Einschalten, Ausschalten der Geräte. Stand-By-Betrieb vermeiden. Bei Bedarf automatisiertes Schalten infolge Zeit oder Bewegung. Einsatz von Dimmern.	Der wirtschaftliche Einsatz energiesparender Geräte hängt auch vom Nutzungsgrad der Geräte ab, z.B. teure Energiesparlampe im Vergleich zu billiger Glühlampe.

CE-Kennzeichnung CE-Marking

Schritte zur CE-Kennzeichnung

Schritt	Erklärung	Bemerkungen
Untersuchung	Die für ein Produkt zuständigen EU-Richtlinien sind abzuklären. Es ist zu untersuchen, welche Anforderungen zu beachten und welche Nachweise zu erbringen sind. www.ce-zeichen.de	Die etwa 200 Richtlinien der EU sind rechtsverbindliche Vorschriften der Europäischen Union (EU). Für Erzeugnisse, die in den Anwendungsbereich einer Richtlinie fallen, besteht CE-Kennzeichnungspflicht (von franz. Communauté Européenne = Europäische Union).
Erfüllung grundlegender Forderungen	Richtlinien und Normen sind einzuhalten. Mögliche Gefahren müssen analysiert werden, Abhilfemaßnahmen sind zu definieren und umzusetzen.	Harmonisierungsrichtlinien legen die Anforderungen für Produkte fest, um diese in Verkehr bringen zu können.
Technische Dokumentation	Betriebsanleitungen müssen erstellt werden, ebenso die Konformitätserklärung (engl. conformable = übereinstimmend). Für Zulieferteile sind Unterlagen beizulegen.	In der Konformitätserklärung wird vom Produktanbieter (Hersteller, Lieferant) bestätigt, dass die Produkte mit den angegebenen Normen übereinstimmen.
CE-Kennzeichnung	Durch Anbringen des CE-Kennzeichens wird die Beachtung der entsprechenden EU-Richtlinien bestätigt. Das CE-Kennzeichen wird vom Hersteller angebracht. Die Hersteller weisen nach, teilweise unter Hinzuziehung von Zertifizierungsstellen, dass ihre Produkte die Richtlinien erfüllen. Softwareunterstützte Bewertung z. B. durch Safexpert. www.tuv.com; www.ibf.at	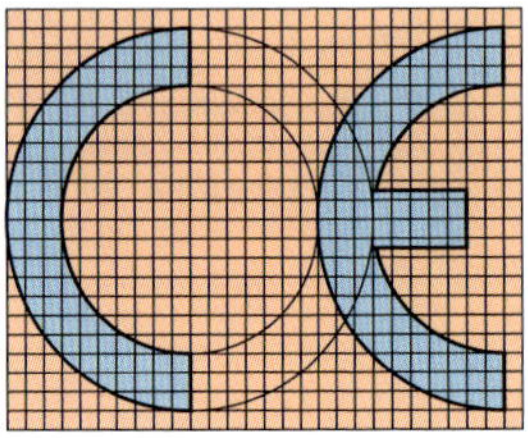 **CE-Symbol**
Produktüberwachung	Wirksame Änderungen von Normen müssen mit dem Produkt abgeglichen werden.	Muss während der Produktlebenszeit bei Bedarf ausgeführt werden.

Erzeugnisse mit CE-Kennzeichnungspflicht (Auswahl)

Bezeichnung, Richtlinie Jahr/Nr.	Beispiele	Bezeichnung, Richtlinie Jahr/Nr.	Beispiele
Bauprodukte 89/106	Zement, Gips, Dämmmaterial	Maschinen 2006/42/EG	Werkzeugmaschinen, Holzbearbeitungsmaschinen, Textilmaschinen
einfache Druckbehälter 87/404	Druckbehälter in Kompressoranlagen	Medizinprodukte (EMV-Einzelrichtlinie) 93/42/EWG	Bestrahlungsgeräte, Röntgengeräte
Elektrische Betriebsmittel Niederspannung 2006/95/EG	Schaltgeräte	nicht selbsttätige Waagen 90/384/EWG	gewerbliche Waagen
EMV (Elektromagnetische Verträglichkeit) 2004/108/EG	Haushaltgeräte, Funkgeräte, Computer, Elektromotoren, Telefone, Industriemaschinen	persönliche Schutzausrüstungen 89/686/EWG	Schutzhelme, Schutzbrillen, Schutzkleidung
explosionsgefährdete Bereiche 94/009	elektrische Betriebsmittel für Ex-Bereiche	Spielzeug-Sicherheit 88/378/EWG	Kinderfahrräder, Spielzeugautos, Puppen
Gesamtenergieeffizienz von Gebäuden 2002/91/EG	Gebäudearten, Heizkessel, Klimaanlagen	Telekommunikations-Endeinrichtungen 91/26	Telefone, Telefaxgeräte, Modems
Kfz (EMV-Einzelrichtlinie) 72/245	elektrische Ausrüstung von Kraftfahrzeugen	Warmwasserheizkessel 92/42/EWG	Wirkungsgrade der Geräte

Warmwassergeräte Water Heaters

Aufbau, Schaltung	Erklärung, Prinzip	Bemerkungen, Daten

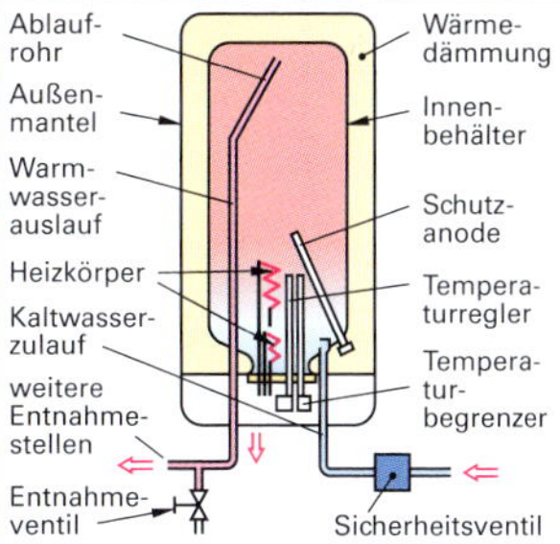

Geschlossener Warmwasserspeicher

Beim geschlossenen Wassererwärmer liegt das Warmwasserventil in der Warmwasserleitung. Der Behälter steht unter dem Wasserleitungsdruck. Öffnet man das Wasserventil, so wird durch das einströmende Kaltwasser das warme Wasser zum Auslaufen gebracht.

Er kann zur Versorgung mehrerer Entnahmestellen mit handelsüblichen Entnahmearmaturen benutzt werden.

Nenninhalt Liter	Nennleistung kW	Aufheizzeit von 10 °C auf 60 °C
10	2	20 min
15	4	15 min
30	4	30 min
80	6	50 min
100	6	65 min
120	6	80 min
150	6	100 min

Bezeichnung nach Heizkreisen

Einkreisspeicher haben nur einen Heizkreis, Zweikreisspeicher zwei getrennt schaltbare Heizkreise.

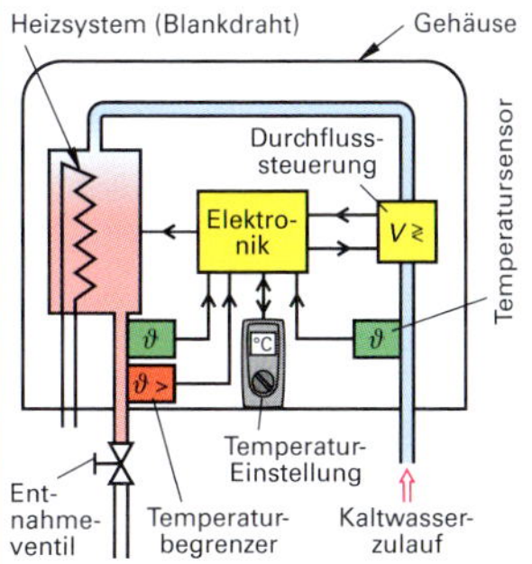

Durchlauferhitzer (hydraulisch gesteuert)

Der elektronisch geregelte Durchlauferhitzer besitzt eine gradgenaue Temperatureinstellung und misst dabei exakt den Durchfluss in l/min, die Kalt- und Warmwassertemperatur und regelt in Abhängigkeit davon die Heizleistung. Auch größere Druckschwankungen werden ausgeglichen.

Die wichtigsten Merkmale:

Spart bis zu 20% Wasser und Energie

Gradgenaue Wunschtemperatur bis zur Leistungsgrenze.

Temperatureinstellung zwischen 30 °C und 60 °C.

Elektronisches Sicherheitssystem mit Lufterkennung.

Blankdraht-Heizsystem mit druckfestem Kupfermantel.

Nennleistung (kW)	(Liter/Minute 40 °C)	(Liter/Minute 50 °C)
18	9	6
21	10,5	7
24	12	8
27	14	2,5

Durchflussmenge

$$v = \frac{14 \cdot P}{\vartheta_2 - \vartheta_1} \qquad (1)$$

v Durchfluss in l/min
P Heizleistung in kW
ϑ_1 Kaltwassertemperatur in °C
ϑ_2 Warmwassertemperatur in °C

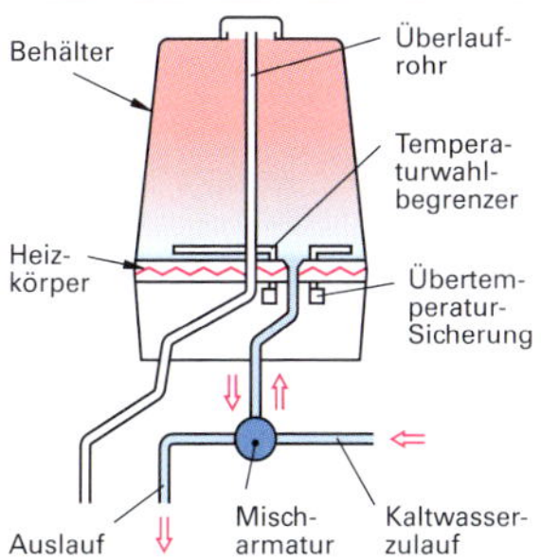

Kochendwassergerät

Kochendwassergeräte werden im Haushalt, im Gewerbe und in der Industrie eingesetzt.

Die Wasserbehälter werden aus hitzebeständigen Materialien wie Glas, Kunststoff oder Edelstahl gefertigt. Je nach Konstruktion und Material des Behälters erfolgt die Beheizung direkt oder indirekt. Bei der indirekten Beheizung befindet sich der Heizkörper unter der Bodenplatte des Gerätes. Bei der direkten Beheizung befindet sich der Heizkörper in dem zu ewärmenden Wasser.

Diese Geräte versorgen nur eine Entnahmestelle.

Der Nenninhalt der Wasserbehälter beträgt z. B. 3 Liter. Die Heizleistung der Kochendwassergeräte beträgt meist 2 kW.

Die gewünschte Wassertemperatur kann über einen Temperaturwahlbegrenzer stufenlos zwischen 35 °C und „Kochen" eingestellt werden. Dieser Temperaturwahlbegrenzer übernimmt zusätzlich eine Schutzfunktion. Bei versehentlicher Inbetriebnahme ohne Wasserfüllung schaltet er das Gerät ab. Eine zusätzliche Übertemperatursicherung schützt das Gerät vor Überhitzung.

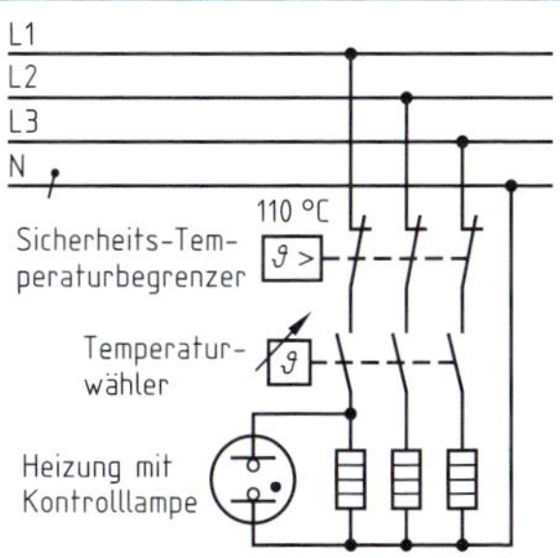

Schaltplan eines Warmwasserspeichers

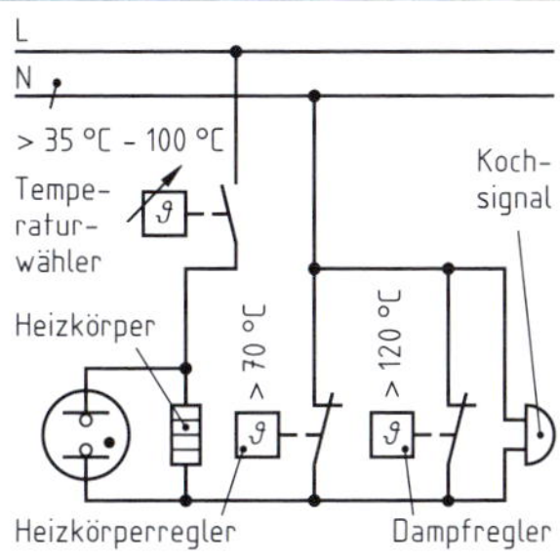

Schaltplan eines Kochendwassergerätes

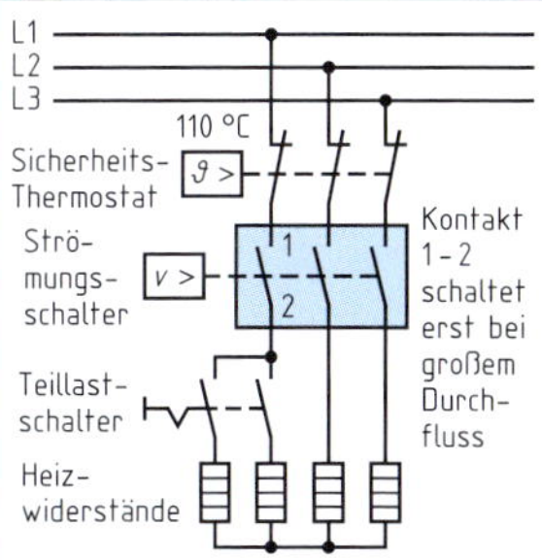

Schaltplan eines Durchlauferhitzers

Hausgeräte Household Appliances

Aufbau, Schaltung	Erklärung, Prinzip	Bemerkungen, Daten
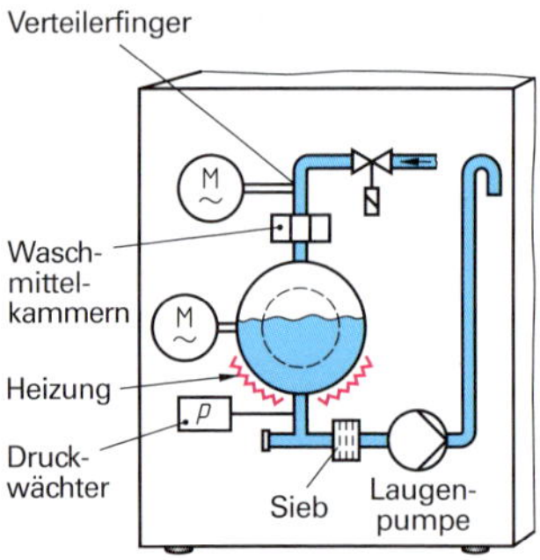 **Waschmaschine**	Elektromechanische Schaltwerke oder Mikrocomputer steuern den Programmablauf. Der Wasserzulauf erfolgt durch einen Verteilerfinger, der durch einen selbstanlaufenden Synchronmotor angetrieben wird, damit das Wasser in die gewünschte Waschmittelkammer fließt. Die Heizung wird eingeschaltet, wenn ein Drucksensor einen Mindestwasserstand anzeigt (Trockengehschutz). Ein Reihenschlussmotor mit elektronischer Drehzahlregelung oder ein Asynchronmotor mit Frequenzumrichter dreht die Trommel abwechselnd links/rechts (Reversierbetrieb).	**Installation:** $U = 230$ V; P bis ungefähr 2,1 kW; Eigener Stromkreis mit LS-Schalter Typ B, 16 A; Anschlussleitung H05VV-F; **Wartung:** Regelmäßige Reinigung von Waschmitteleinspülkammer und Flusensieb, sofern vorhanden. Auf festen Stand prüfen. **Typische Fehler:** • defekter Temperaturfühler, • defekte Laugenpumpe, • durch Kalkansatz festsitzende Magnetventile.
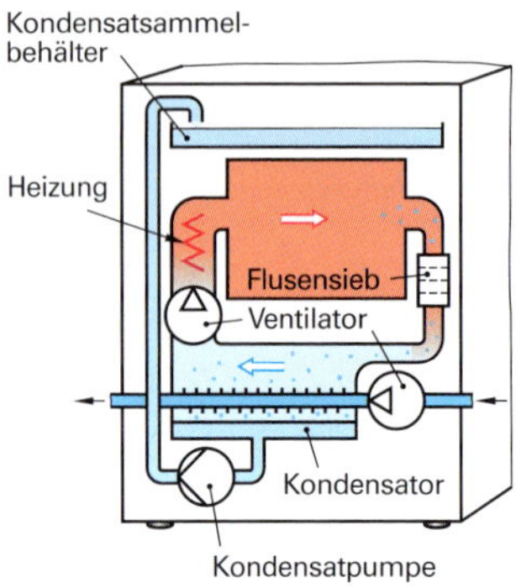 **Kondensationstrockner**	Ein Ventilator fördert erwärmte Trockenluft durch die in wechselnder Richtung drehende (reversierende) Trommel und entzieht der Wäsche Feuchtigkeit. Wäscheflusen werden über einen Luftfilter der Abluft entzogen. **Kondensationstrockner:** Ein Ventilator führt kalte Raumluft einem Kondensator (Wärmetauscher) mit Kühlkanälen zu. Die warme feuchte Umluft aus der Trommel wird über die Kühlkanäle geführt, wodurch der Wasserdampf kondensiert. Anschließend wird die Umluft mit einer Heizung erhitzt. **Ablufttrockner:** Abluft geht ins Freie.	**Installation:** $U = 230$ V; P bis ungefähr 2,8 kW; Eigener Stromkreis mit LS-Schalter Typ B, 16 A; Anschlussleitung H05VV-F; **Wartung:** Luftfilter nach jedem Trockenvorgang reinigen; Kondensatsammelbehälter entleeren; Reinigung des Wärmetauschers. **Typische Fehler:** • Übertemperatursicherung spricht durch Hitzestau (verstopfter Luftfilter) an, • Filzlager der Trommel durch Verunreinigung, z.B. Sand aus Wäsche.
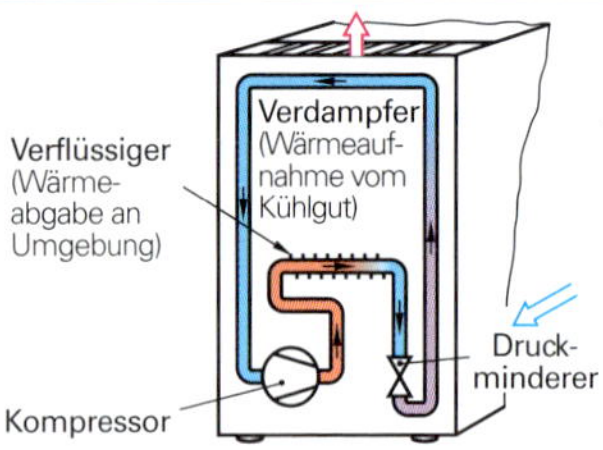 **Kühlschrank (Ansicht von hinten)**	**Kompressorprinzip:** Im Verdampfer (eingeschäumt) wird das Kältemittel gasförmig und entzieht dabei dem Kühlraum Wärme. Ein Kompressor saugt das Gas an und presst es in den Verflüssiger (verdeckte Kühlschlange), dabei wird Wärme abgegeben. Das flüssige Kältemittel strömt durch einen Druckminderer zurück zum Verdampfer.	**Wartung:** regelmäßig Gefrierfach enteisen; Lüftungsschlitze reinigen. **Typische Fehler:** • defekter Thermostat, • Türgummidichtung, • Kältemittelverlust.
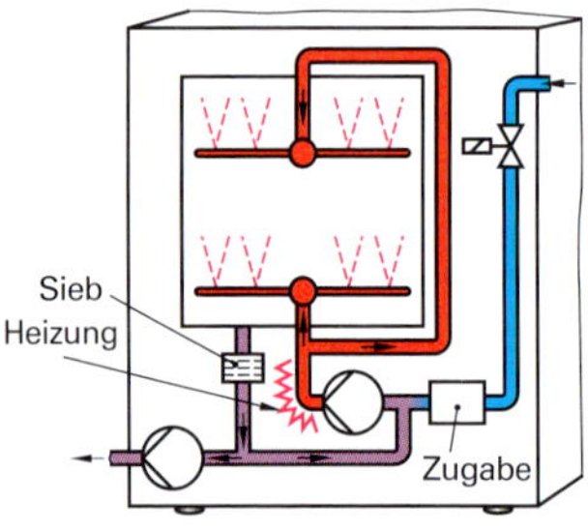 **Spülmaschine**	Elektromechanische Schaltwerke oder Mikrocomputer steuern den Programmablauf. Der Wasserzulauf erfolgt über ein Magnetventil. Ein Niveauregler bzw. Durchflussmengenmesser schaltet bei Erreichen des Mindestwasserstandes den Wasserzulauf ab sowie die Heizung (Durchlauferhitzerprinzip) und die Umwälzpumpe ein. Nach Beendigung erfolgt das Abpumpen und die Geschirrtrocknung durch Eigenwärme des Geschirrs. Dies kann durch ein Gebläse oder einen Wärmetauscher unterstützt werden.	**Installation:** $U = 230$ V; P bis ungefähr 2,2 kW; Eigener Stromkreis mit LS-Schalter Typ B, 16 A; Anschlussleitung H05VV-F; **Wartung:** Ablaufsieb regelmäßig reinigen; Salzvorratsbehälter und Klarspülbehälter befüllen. **Typische Fehler:** • Wasserschutzsystem spricht an, • Schläuche verstopfen allmählich durch Verfettung, Kalkreste.

Wärmepumpe Heat Pump

Bauarten der Wärmepumpen WP

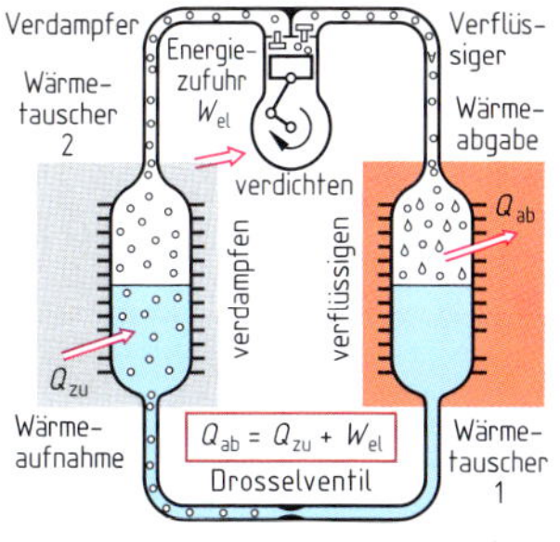

Prinzip der Kompressions-WP

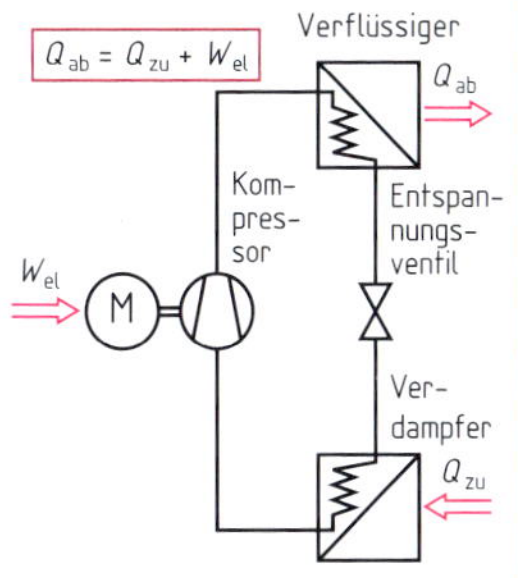

Schaltplan der Kompressions-WP

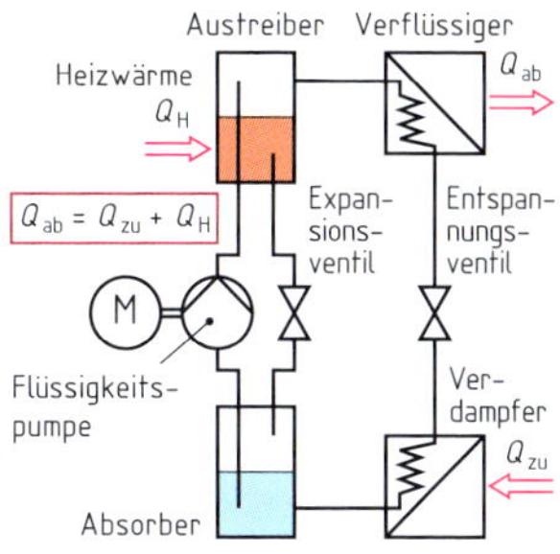

Schaltplan der Absorptions-WP

Q_{ab} abgegebene Wärme
Q_H Heizwärme der Absorber-WP
Q_{zu} von der Umwelt zugeführte Wärme
W_{el} elektrische Arbeitsaufnahme des Kompressors

Betriebsarten der WP

Monovalent

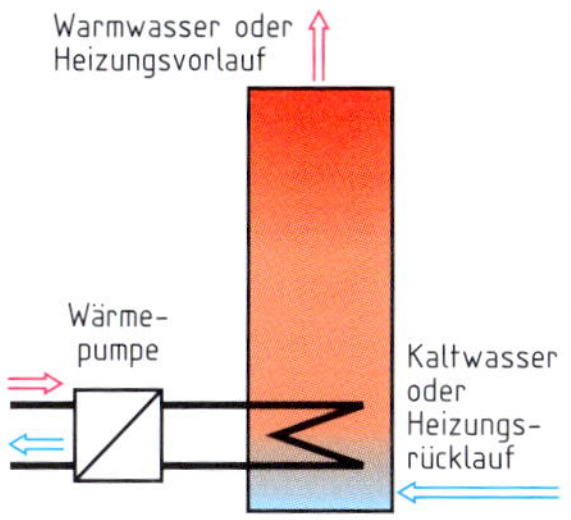

Wämeerzeugung nur über Wärmepumpe

Bivalent, alternativ oder parallel

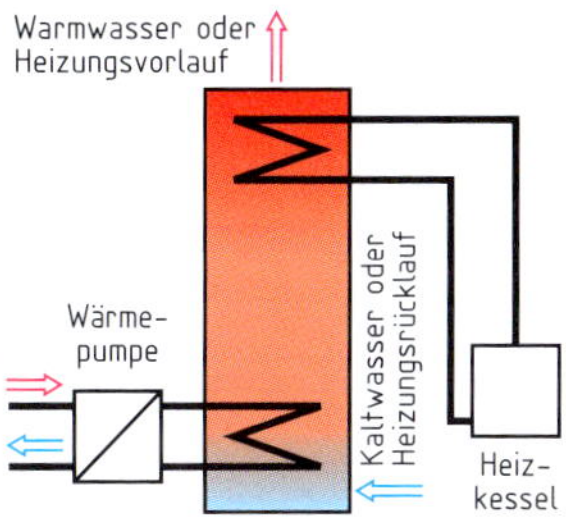

Alternativ: nur ein Wärmeerzeuger in Betrieb.
Parallel: beide Wärmeerzeuger arbeiten.

Leistungszahl

ε (epsilon)

$$\varepsilon = \frac{P_{th}}{P} \quad (1)$$

ε Leistungszahl (epsilon)
P_{th} Wärmeleistung am Verflüssiger
P elektrische Leistung am Verdampfer

ε einer Wärmepumpe gibt an, um wieviel größer die Nutzleistung als die Antriebsleistung ist.

ε ist umso größer, je geringer die Temperaturerhöhung ist. Praxiswerte für ε sind 2,5 bis 3

Wärmequellen und Wärmeträger für Wärmepumpen

Wärmequelle	Wärmeträger	Erklärung	Leitungsführung
Luft	Luft, Wasser	Luft wird über Gebläse zugeführt und abgeführt, z. B. Außenluft.	
Luft mit Massivabsorber	Luft, Sole, Wasser	Kollektor im Betonmantel wird im Freien aufgestellt.	
Grundwasser	Wasser	Grundwasser wird über je einen Brunnen zugeführt und abgeführt. Wasserrechtliche Genehmigung erforderlich.	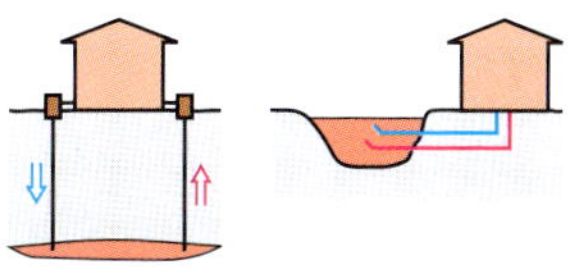
Oberflächenwasser	Wasser	Nutzung von nahen Gewässern als Wärmequelle. Genehmigung erforderlich.	
Erdreich mit Horizontalkollektor	Sole, Wasser	Kollektorrohre, mit Sole befüllt, werden im Erdboden horizontal verlegt. Große Grundstücksfläche.	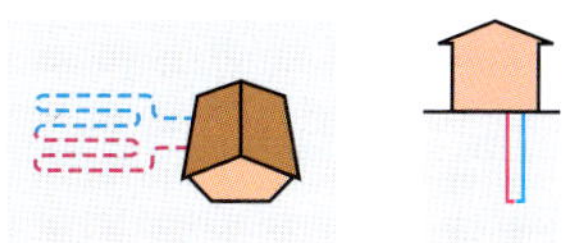
Erdreich mit Vertikalkollektor	Sole, Wasser	Kollektorrohre werden vertikal in die Tiefe verlegt. Genehmigung erforderlich.	

Stromtarife Electricity Tariffs

Tarifarten (Beispiele) — in Anlehnung an Tarife der EnBW

Tarif	Erklärung	Bemerkungen
Grundtarif	Ohne Lastgangmessung bis zu einem Jahresstromverbrauch von 100 000 kWh.	Verbrauchspreis VP Grundpreis GP = LP + VRP
Ersatzversorgung mit Lastgangmessung	Tarif mit $\frac{1}{4}$-Stunden Lastgangmessung ab einem Jahresstrombezug von 100 000 kWh.	Arbeitspreis AP Leistungspeis LP Verrechnungspreis VRP
Zusätzliche politische Kosten	Stromsteuern in Höhe von z. Zt. 7,45 Cent/kWh, Mehrwertsteuer.	Enthält die EEG-Umlage, Stromsteuer, StromNEV-Umlage.

Stromentgelte — in Anlehnung an Tarife der EnBW

Preisarten	Erklärung	Bemerkungen
Verbrauchspreis VP Arbeitspreis AP	Entgelt für jede Kilowattstunde (kWh) in Cent/kWh.	Optional ist eine Schwachlastregelung SLR mit Verbrauchspreisen für Hochtarif HT und Niedertarif NT.
Grundpreis GP	Entgelt für die Bereitstellung von elektrischer Energie in €/Jahr bzw €/Monat.	Setzt sich zusammen aus festem Leistungspreis und Verrechnungspreis.
Verrechungspreis VRP	Entgelt für die Mess- und Steuereinrichtungen sowie für die Kosten der Verrechnung in €/Jahr.	Z. B. Eintarifzähler, Zweitarifzähler, Tarifschaltgerät, Stromwandlersatz.
Jahresleistungspreis LP	Entgelt für die vom Kunden in Anspruch genommene Leistung in €/kW.	Mittelwert aus den zwölf Monatshöchstleistungen außerhalb der Schwachlastzeit in Kilowatt.
Durchschnittspreis DP	Preis in Cent/kWh	Summe von Verbrauchspreis oder Arbeitspreis und Grundpreis oder Leistungspreis geteilt durch den Verbrauch.
Durchschnittshöchstpreis DHP	Preis in Cent/kWh	Maximaler Preis in Cent/kWh.

Abrechnungsarten der Grundtarife, Grundversorgung, Ersatzversorgung — Preisangaben Stand 2012-08

Tarifarten			bis 373 kWh/Jahr HT	ab 374 kWh/Jahr HT
1. Haushalt, Landwirtschaft	VP **Brutto** (netto) GP **Brutto** (netto)	Cent/kWh €/kWh	**44,84** 35,63 **2,77** 2,33	**28,42** 21,83 **7,88** 6,22
2. wie 1., jedoch mit Schwachlastregelung	VP HT **Brutto** (netto) VP NT **Brutto** (netto) GP **Brutto** (netto)	Cent/kWh Cent/kWh €/kWh	**44,84** 35,63 **21,87** 16,33 **5,00** 4,20	**28,42** 21,83 **21,87** 16,33 **10,10** 8,49
3. Gewerblicher, beruflicher und sonstiger Bedarf	VP **Brutto** (netto) GP **Brutto** (netto)	Cent/kWh €/kWh	**41,88** 33,14 **2,77** 2,33	**28,43** 21,84 **7,88** 6,22
4. wie 3., jedoch mit Schwachlastregelung	VP HT **Brutto** (netto) VP NT **Brutto** (netto) GP **Brutto** (netto)	Cent/kWh Cent/kWh €/kWh	**44,84** 35,63 **18,91** 13,84 **5,00** 4,20	**31,39** 21,84 **18,91** 13,84 **10,10** 8,49
5. Anlagen mit ¼ Std. Lastgangmessung in der Ersatzversorgung	VP HT **netto** (Brutto) VP NT**netto** (Brutto) LP **netto** (Brutto) VRP **netto** (Brutto) DHP **netto** (Brutto)	Cent/kWh Cent/kWh €/kW und Jahr €/Jahr Cent/kWh	**19,38** 25,50 **11,38** 15,98 **14,49** 17,24 **679,87** 809,05 **33,14** 41,88	

Beispiel Grundtarife Gundversorgung	Beispiel Lastgangsmessung
Kosten/Jahr = Verbrauch in kWh x VP + GP + Stromsteuer + Mehrwertsteuer	Kosten/Jahr = Verbrauch in kWh x AP + LP + Stromsteuer + Mehrwertsteuer

Teil IK: Informations- und kommunikationstechnische Systeme
Part IC: Information and Communication Technology Systems

Grundlagen der Digitaltechnik

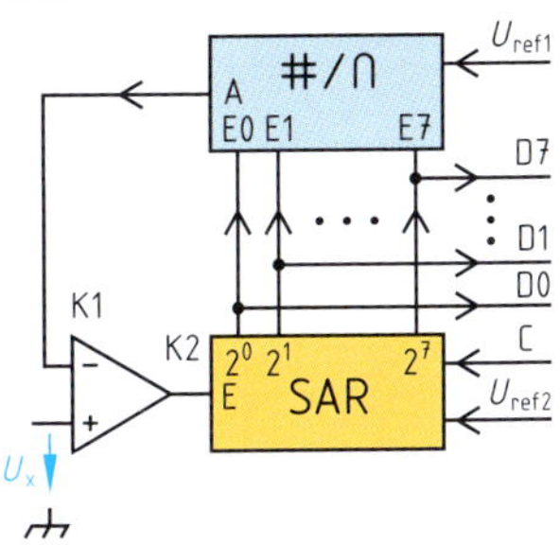

Computer

Netze, Bussysteme

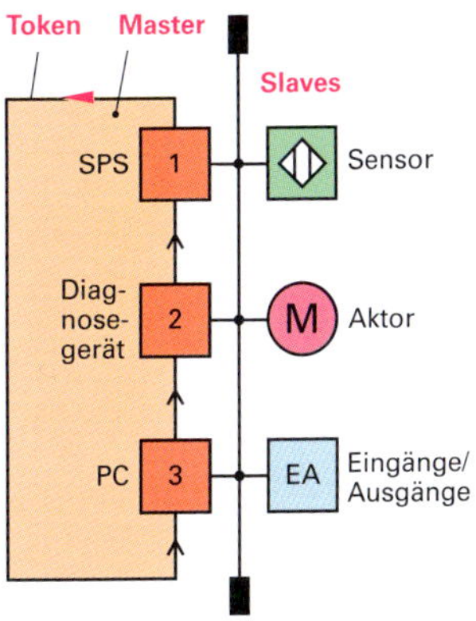

Kommunikation

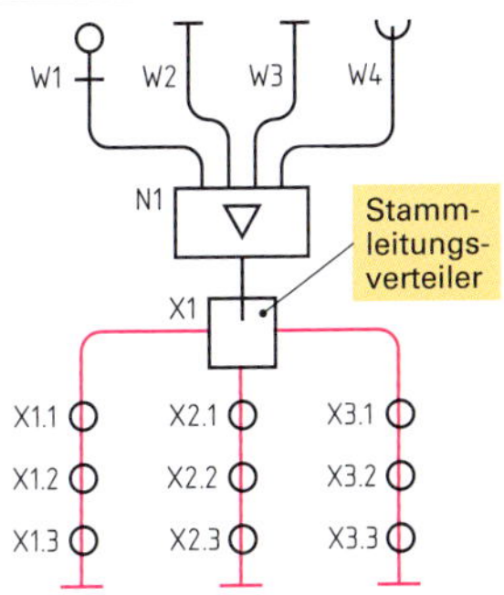

Dualzahlen und Binärcodes Binary Numbers and Codes

Aufbau der Zahlen

Zahlenart	Basis *B*	Ziffern (Zeichenvorrat)
Dualzahlen	2	0 1
Oktalzahlen	8	0 1 2 3 4 5 6 7
Dezimalzahlen	10	0 1 2 3 4 5 6 7 8 9
Hexadezimalzahlen (Sedezimalzahlen)	16	0 1 2 3 4 5 6 7 8 9 A B C D E F

Umrechnung vom Dezimalsystem ins Dualsystem und umgekehrt

Art	Prinzip	Beispiel
Dezimalzahl in Dualzahl	Man teilt jeweils durch 2 und schreibt die Reste auf. Diese ergeben, von unten nach oben gelesen, die Dualzahl.	Wandeln Sie die Dezimalzahl 78 in eine Dualzahl um.
Dual-zahl in Dezimal-zahl	Man bildet von rechts nach links die Potenzwerte zur Basis 2 und addiert sie.	Eine Dualzahl lautet 1001010. a) Wie groß sind die Potenzwerte zur Basis 2? b) Wie lautet die Dezimalzahl für die Dualzahl?

Wandeln Sie die Dezimalzahl 78 in eine Dualzahl um.

78 : 2 = 39	Rest 0	⇒	Dualziffer 0
39 : 2 = 19	1	⇒	1
19 : 2 = 9	1	⇒	1
9 : 2 = 4	1	⇒	1
4 : 2 = 2	0	⇒	0
2 : 2 = 1	0	⇒	0
1 : 2 = 0	1	⇒	1

78 ≙ **1 0 0 1 1 1 0**

Eine Dualzahl lautet 1001010. a) Wie groß sind die Potenzwerte zur Basis 2? b) Wie lautet die Dezimalzahl für die Dualzahl?

Dualzahl	1	0	0	1	0	1	0
Stelle	6	5	4	3	2	1	0
a) Potenzwerte	$1 \cdot 2^6$	$0 \cdot 2^5$	$0 \cdot 2^4$	$1 \cdot 2^3$	$0 \cdot 2^2$	$1 \cdot 2^1$	$0 \cdot 2^0$
b) Dezimalzahlen	64 +	0 +	0 +	8 +	0 +	2 +	0

Ergebnis: **74**

Grundregeln für das Rechnen mit Dualzahlen

0 + 0 = 0 **1**	0 – 0 = 0 **2**	10 – 1 = 1 **3**	1 · 1 = 1 **4**
1 + 0 = 1 **5**	1 – 0 = 1 **6**	0 · 0 = 0 **7**	0 : 1 = 0 **8**
0 + 1 = 1 **9**	0 – 1 = –1 **10**	1 · 0 = 0 **11**	1 : 1 = 1 **12**
1 + 1 = 10 **13**	1 – 1 = 0 **14**	0 · 1 = 0 **15**	

Binärcodes (Auswahl)

BCD-Codes (Binär codierte Dezimalcodes, jede Dezimalstelle codiert)					Sonstige Codes	
Dezimalziffer	1-aus-10-Code	8-4-2-1-Code	Biquinär-Code	2-aus-5-Code	Gray-Code	Glixon-Code
0	0 0 0 0 0 0 0 0 0 1	0 0 0 0	0 0 0 0 1 0 1	1 1 0 0 0	0 0 0 0	0 0 0 0
1	0 0 0 0 0 0 0 0 1 0	0 0 0 1	0 0 0 1 0 0 1	0 0 0 1 1	0 0 0 1	0 0 0 1
2	0 0 0 0 0 0 0 1 0 0	0 0 1 0	0 0 1 0 0 0 1	0 0 1 0 1	0 0 1 1	0 0 1 1
3	0 0 0 0 0 0 1 0 0 0	0 0 1 1	0 1 0 0 0 0 1	0 0 1 1 0	0 0 1 0	0 0 1 0
4	0 0 0 0 0 1 0 0 0 0	0 1 0 0	1 0 0 0 0 0 1	0 1 0 0 1	0 1 1 0	0 1 1 0
5	0 0 0 0 1 0 0 0 0 0	0 1 0 1	0 0 0 0 1 1 0	0 1 0 1 0	0 1 1 1	0 1 1 1
6	0 0 0 1 0 0 0 0 0 0	0 1 1 0	0 0 0 1 0 1 0	0 1 1 0 0	0 1 0 1	0 1 0 1
7	0 0 1 0 0 0 0 0 0 0	0 1 1 1	0 0 1 0 0 1 0	1 0 0 0 1	0 1 0 0	0 1 0 0
8	0 1 0 0 0 0 0 0 0 0	1 0 0 0	0 1 0 0 0 1 0	1 0 0 1 0	1 1 0 0	1 1 0 0
9	1 0 0 0 0 0 0 0 0 0	1 0 0 1	1 0 0 0 0 1 0	1 0 1 0 0	1 1 0 1	1 0 0 0
Stellenwert	9 8 7 6 5 4 3 2 1 0	8 4 2 1	4 3 2 1 0 5 0	7 4 2 1 0 (für die Ziffern 1 bis 9)	–	–

Sedezimalzahlen und Oktalzahlen Hexadecimal Numbers and Octal Numbers

Umrechnen von Dezimalzahlen in andere Zahlensysteme und umgekehrt

Quelle	Ziel	Rechengang	Beispiel
dezimal	dual	Siehe vorhergehende Seite	
dual	dezimal		
dezimal	oktal	Die Dezimalzahl durch 8 teilen, Rest aufschreiben, Ergebnis durch 8 teilen, Rest aufschreiben usw. bis Ergebnis 0 ist. Die Reste von unten nach oben gelesen sind die gesuchte Oktalzahl.	249 : 8 = 31 Rest 1 31 : 8 = 3 Rest 7 3 : 8 = 0 Rest 3 **Ergebnis 371**
oktal	dezimal	Jede Ziffer der Oktalzahl als Dualzahl-Triade (dreistellige Dualzahl) schreiben. Die Triaden zu einer Dualzahl zusammenfassen. Der Dezimalwert der Dualzahl ist die gesuchte Dezimalzahl.	371 011 111 001 = 11111001 1+8+16+32+64+128=**249**
dezimal	sedezimal	Die Dezimalzahl durch 16 teilen, Rest aufschreiben. Ergebnis durch 16 teilen, Rest aufschreiben usw. bis Ergebnis nicht mehr teilbar ist. Die Reste als Sedezimalziffern ersetzen. Diese Sedezimalziffern von unten nach oben gelesen ist die gesuchte Sedezimalzahl.	173 : 16 = 10 Rest 13 = D 10 : 16 = 0 Rest 10 = A **Ergebnis AD**
sedezimal	dezimal	Jede Ziffer der Sedezimalzahl als Dualzahl-Tetrade (vierstellige Dualzahl) schreiben. Die Tetraden zu einer Dualzahl zusammenfassen. Der Dezimalwert der Dualzahl ist die gesuchte Dezimalzahl.	A3D 1010 0011 1101 = 101000111101 1+4+8+16+32+512+2048=**2621**

$Z_n \cdot B^{n-1}$	...	$Z_4 \cdot B^3$	$Z_3 \cdot B^2$	$Z_2 \cdot B^1$	$Z_1 \cdot B^0$	,	$Z_{-1} \cdot B^{-1}$	$Z_{-2} \cdot B^{-2}$	$Z_{-3} \cdot B^{-3}$	...	$Z_{-m} \cdot B^{-m}$

$Z_1 \dots Z_n$ Ziffer der 1. bis *n*. Stelle links vom Komma

B^n, B^m Basis mit Exponent

$Z_{-1} \dots Z_{-m}$ Ziffer der 1. Stelle bis *m*. Stelle rechts vom Komma

Beispiel: Wie groß ist der Dezimalwert der Sedezimalzahl A4, D4?

Lösung: $10 \cdot 16^1 + 4 \cdot 16^0$, $13 \cdot 16^{-1} + 4 \cdot 16^{-2}$

160 + 4 , 13 / 16 + 4 / 256 = **164,828125**

Vergleich der Zahlen von Zahlensystemen

dezimal	dual	oktal	sedezimal	dezimal	dual	oktal	sedezimal	dezimal	dual	oktal	sedezimal
0	0	0	0	20	10100	24	14	40	101000	50	28
1	1	1	1	21	10101	25	15	41	101001	51	29
2	10	2	2	22	10110	26	16	42	101010	52	2A
3	11	3	3	23	10111	27	17	43	101011	53	2B
4	100	4	4	24	11000	30	18	44	101100	54	2C
5	101	5	5	25	11001	31	19	45	101101	55	2D
6	110	6	6	26	11010	32	1A	46	101110	56	2E
7	111	7	7	27	11011	33	1B	47	101111	57	2F
8	1000	10	8	28	11100	34	1C	48	110000	60	30
9	1001	11	9	29	11101	35	1D	49	110001	61	31
10	1010	12	A	30	11110	36	1E	50	110010	62	32
11	1011	13	B	31	11111	37	1F	51	110011	63	33
12	1100	14	C	32	100000	40	20	52	110100	64	34
13	1101	15	D	33	100001	41	21	53	110101	65	35
14	1110	16	E	34	100010	42	22	54	110110	66	36
15	1111	17	F	35	100011	43	23	55	110111	67	37
16	10000	20	10	36	100100	44	24	56	111000	70	38
17	10001	21	11	37	100101	45	25	57	111001	71	39
18	10010	22	12	38	100110	46	26	58	111010	72	3A
19	10011	23	13	39	100111	47	27	59	111011	73	3B

Sedezimalzahlen (Hexadezimalzahlen) von Dezimalzahlen > 59 auf folgender Seite

ASCII-Code im Unicode ASCII-Code in Unicode

Dez	Hex	Zch	Dez	Hex	Zch	Dez	Hex	Zch	Dez	Hex	Zch	Dez	Hex	Zch	Dez	Hex	Zch
Genormter ASCII-Code (7-Bit-Code)																	
0	0		22	16	■	44	2C	,	65	41	A	86	56	V	107	6B	k
1	1	☺	23	17	↨	45	2D	-	66	42	B	87	57	W	108	6C	l
2	2	☻	24	18	↑	46	2E	.	67	43	C	88	58	X	109	6D	m
3	3	♥	25	19	↓	47	2F	/	68	44	D	89	59	Y	110	6E	n
4	4	♦	26	1A	→	48	30	0	69	45	E	90	5A	Z	111	6F	o
5	5	♣	27	1B	←	49	31	1	70	46	F	91	5B	[	112	70	p
6	6	♠	28	1C	∟	50	32	2	71	47	G	92	5C	\	113	71	q
7	7	•	29	1D	↔	51	33	3	72	48	H	93	5D	]	114	72	r
8	8	◘	30	1E	▲	52	34	4	73	49	I	94	5E	^	115	73	s
9	9	○	31	1F	▼	53	35	5	74	4A	J	95	5F	_	116	74	t
10	A	◙	32	20		54	36	6	75	4B	K	96	60	`	117	75	u
11	B	♂	33	21	!	55	37	7	76	4C	L	97	61	a	118	76	v
12	C	♀	34	22	"	56	38	8	77	4D	M	98	62	b	119	77	w
13	D	♪	35	23	#	57	39	9	78	4E	N	99	63	c	120	78	x
14	E	♫	36	24	$	58	3A	:	79	4F	O	100	64	d	121	79	y
15	F	□	37	25	%	59	3B	;	80	50	P	101	65	e	122	7A	z
16	10	►	38	26	&	60	3C	<	81	51	Q	102	66	f	123	7B	{
17	11	◄	39	27	'	61	3D	=	82	52	R	103	67	g	124	7C	|
18	12	↕	40	28	(	62	3E	>	83	53	S	104	68	h	125	7D	}
19	13	‼	41	29	)	63	3F	?	84	54	T	105	69	i	126	7E	~
20	14	¶	42	2A	*	64	40	@	85	55	U	106	6A	j	127	7F	Δ
21	15	§	43	2B	+												
Erweiterungen im Unicode																	
128	80	€	150	96	–	172	AC	¬	193	C1	Á	214	D6	Ö	235	EB	ë
129	81	□	151	97	—	173	AD		194	C2	Â	215	D7	×	236	EC	ì
130	82	‚	152	98	˜	174	AE	®	195	C3	Ã	216	D8	Ø	237	ED	í
131	83	ƒ	153	99	™	175	AF	¯	196	C4	Ä	217	D9	Ù	238	EE	î
132	84	„	154	9A	š	176	B0	°	197	C5	Å	218	DA	Ú	239	EF	ï
133	85	…	155	9B	›	177	B1	±	198	C6	Æ	219	DB	Û	240	F0	ð
134	86	†	156	9C	œ	178	B2	²	199	C7	Ç	220	DC	Ü	241	F1	ñ
135	87	‡	157	9D	□	179	B3	³	200	C8	È	221	DD	Y	242	F2	ò
136	88	ˆ	158	9E	ž	180	B4	´	201	C9	É	222	DE	þ	243	F3	ó
137	89	‰	159	9F	Ÿ	181	B5	µ	202	CA	Ê	223	DF	ß	244	F4	ô
138	8A	Š	160	A0		182	B6	¶	203	CB	Ë	224	E0	à	245	F5	õ
139	8B	‹	161	A1	¡	183	B7	·	204	CC	Ì	225	E1	á	246	F6	ö
140	8C	Œ	162	A2	¢	184	B8	¸	205	CD	Í	226	E2	â	247	F7	÷
141	8D	□	163	A3	£	185	B9	¹	206	CE	Î	227	E3	ã	248	F8	ø
142	8E	Ž	164	A4	¤	186	BA	º	207	CF	Ï	228	E4	ä	249	F9	ù
143	8F	□	165	A5	¥	187	BB	»	208	D0	Ð	229	E5	å	250	FA	ú
144	90	□	166	A6	¦	188	BC	¼	209	D1	Ñ	230	E6	æ	251	FB	û
145	91	‘	167	A7	§	189	BD	½	210	D2	Ò	231	E7	ç	252	FC	ü
146	92		168	A8	¨	190	BE	¾	211	D3	Ó	232	E8	è	253	FD	y
147	93	“	169	A9	©	191	BF	¿	212	D4	Ô	233	E9	é	254	FE	þ
148	94		170	AA	ª	192	C0	À	213	D5	Õ	234	EA	ê	255	FF	ÿ
149	95	*	171	AB	«												

ASCII-Steuerzeichen (Beispiele)

Dez	Befehl	Bedeutung	Dez	Befehl	Bedeutung
2	STX	Start of Text = Textanfang	13	CR	Carriage Return = Wagenrücklauf
3	ETX	End of Text = Textende	17	DC1	Device Control = Gerätesteuerzeichen
7	BEL	engl. Bell = Klingel			(weitere 18, 19, 20 = DC2, DC3, DC4)
10	LF	Line Feed = Zeilenvorschub	26	SUB	Substitution = Zeichen ersetzen
12	FF	Form Feed = Formularvorschub	27	ESC	Escape = Umschaltung (Taste)

Der Unicode als 16-Bit-Code wurde als internationaler Standard definiert, um die Zeichen aller europäischen Sprachen sowie insbesondere die Zeichen im Arabischen, Chinesischen, Japanischen oder Koreanischen abzubilden. In den ersten 128 Plätzen ist der ASCII-Code (American Standard Code for Information Interchange) untergebracht. Von den möglichen 65536 Zeichen des Unicode sind derzeit etwa 40000 Zeichen vergeben. Die ersten 32 Zeichen sind meist Steuerzeichen, die anderen Zeichen sind auch Bestandteil des ANSI-Codes (American National Standards Institut).

Binäre Verknüpfungen Binary Operations

Schaltzeichen	Benennung der Verknüpfung	Kontaktschaltung	Schaltfunktion (Sprechweise)	Wertetabelle		
				b	*a*	*x*
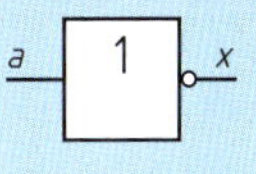	NICHT (Negation)	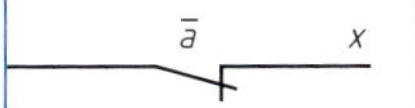	$x = \bar{a}$ oder $x = \neg a$ (*a* nicht) nicht genormt: $x = a\backslash$ oder $x = \backslash a$		0 1	1 0
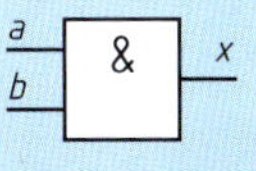	UND (Konjunktion)		$x = a \wedge b$ (*a* und *b*)	0 0 1 1	0 1 0 1	0 0 0 1
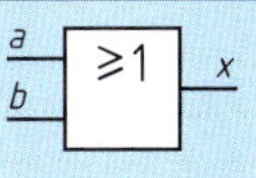	ODER (Adjunktion, Disjunktion)	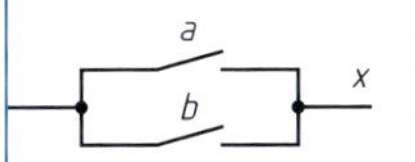	$x = a \vee b$ (*a* oder *b*)	0 0 1 1	0 1 0 1	0 1 1 1
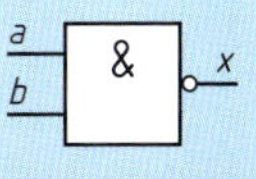	NAND	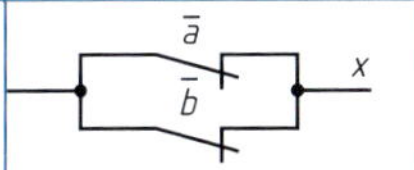	$x = \bar{a} \vee \bar{b} = \overline{a \wedge b}$ $= a \bar{\wedge} b$ (*a* nand *b*)	0 0 1 1	0 1 0 1	1 1 1 0
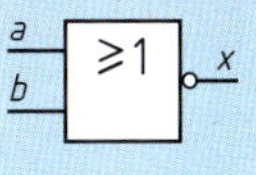	NOR		$x = \bar{a} \wedge \bar{b} = \overline{a \vee b}$ $= a \bar{\vee} b$ (*a* nor *b*)	0 0 1 1	0 1 0 1	1 0 0 0
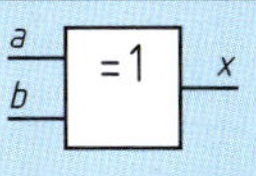	Exklusiv-ODER Antivalenz, Exklusiv-OR, XOR	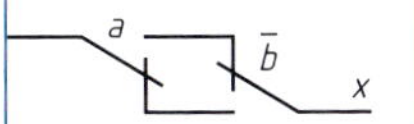	$x = (a \wedge \bar{b}) \vee (\bar{a} \wedge b)$ $= a \nleftrightarrow b$ (*a* xor *b*)	0 0 1 1	0 1 0 1	0 1 1 0
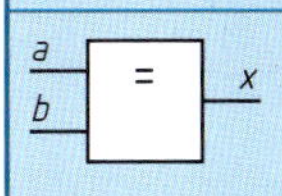	Exklusiv-NOR, Äquivalenz, XNOR	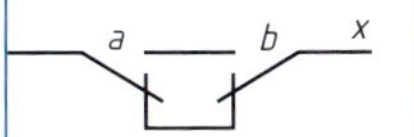	$x = (a \wedge b) \vee (\bar{a} \wedge \bar{b})$ $= a \leftrightarrow b$ (*a* Doppelpfeil *b*)	0 0 1 1	0 1 0 1	1 0 0 1
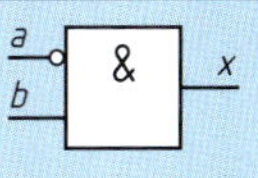	Inhibition (Sperrelement)		$x = \bar{a} \wedge b$	0 0 1 1	0 1 0 1	0 0 1 0
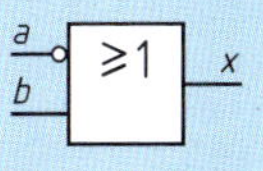	Implikation, Subjunktion	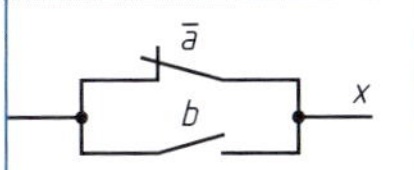	$x = \bar{a} \vee b = a \rightarrow b$ (*a* Pfeil *b*)	0 0 1 1	0 1 0 1	1 0 1 1
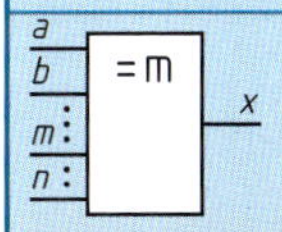	(*m* aus *n*)- Element	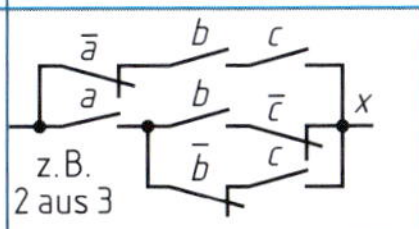	Z.B. bei 2 aus 3: $x = (a \wedge b \wedge \bar{c}) \vee (a \wedge \bar{b} \wedge c)$ $\vee (\bar{a} \wedge b \wedge c)$	$x = 1$, nur wenn an *m* von *n* Eingängen Wert 1 anliegt ($m < n$)		

Gleichwertige Darstellung von binären Verknüpfungselementen mit & und ≥ 1

Ein gleichwertiges Schaltzeichen wird entsprechend den de morganschen Regeln wie folgt gebildet (Ausnahme beim NICHT-Element):

1. Alle & werden ≥ 1;
2. Alle ≥ 1 werden &;
3. Alle Anschlüsse werden gegenüber dem Ausgangszustand invertiert.

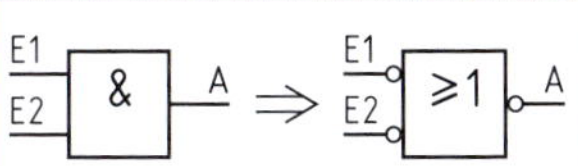

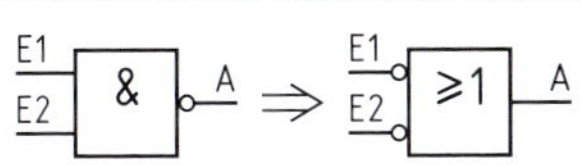

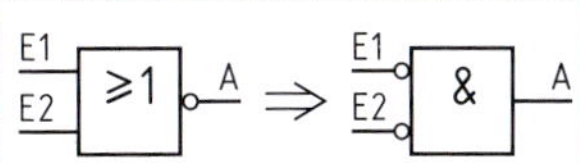

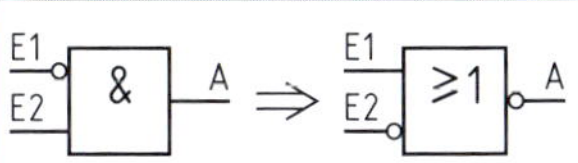

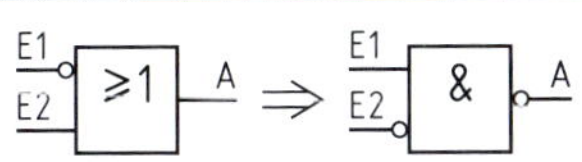

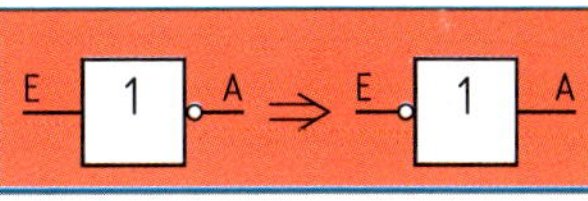

Schaltalgebra Boolean Algebra

Regeln der Schaltalgebra Basics of Boolean algebra

Regel	Erklärung	Regel	Erklärung
$a \wedge a \wedge \ldots = a$	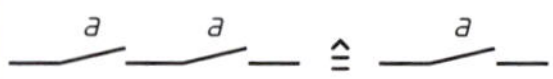	$a \vee 0 = a$	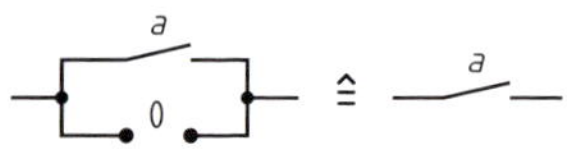
$a \vee a \vee \ldots = a$	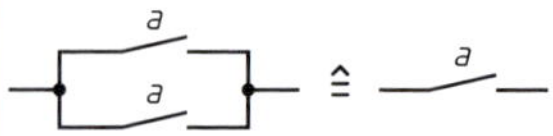	$a \vee 1 = 1$	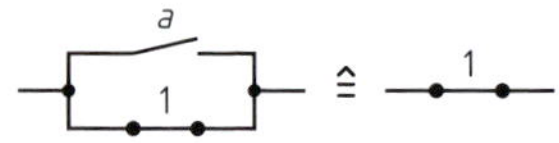
$a \wedge 1 = a$		$a \vee \bar{a} = 1$	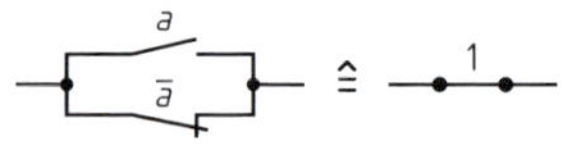
$a \wedge 0 = 0$		$a \wedge \bar{a} = 0$	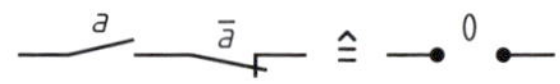

Binäre Variable, z.B. a, entsprechen in einer Kontaktschaltung einem Schließer, invertierte binäre Variable, z.B. $\bar{a}$, entsprechen einem Öffner.

Gesetze der Schaltalgebra

Verwirklichung der Verknüpfungen

UND-Verknüpfung, Zeichen $\wedge$, bei GRAFCET aber · bzw. *: durch Reihenschaltung der Schaltglieder verwirklicht. ODER-Verknüpfung, Zeichen $\vee$, bei GRAFCET aber +: durch Parallelschaltung der Schaltglieder verwirklicht.

Vergleich mit üblichen Algebra-Operationen:

Das Zeichen $\wedge$ entspricht der Multiplikation in der Algebra, z.B. $1 \wedge b$ entspricht $1 \cdot b \Rightarrow 1 \wedge b = b$, das Zeichen $\vee$ entspricht der Addition in der Algebra, z.B. $0 \vee a$ entspricht $0 + a \Rightarrow 0 \vee a = a$

Name, Formel	Erklärung	Name, Formel	Erklärung
Kommutativ-Gesetze $a \wedge b = b \wedge a$ $a \vee b = b \vee a$	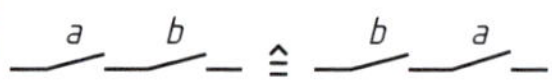 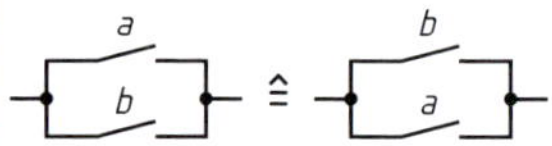	Einschließungs-Gesetze $a \wedge (a \vee b) = a$ $a \vee (a \wedge b) = a$	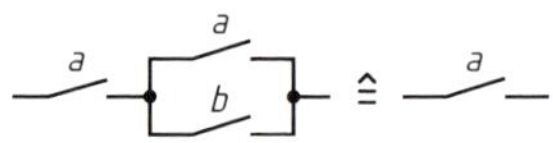 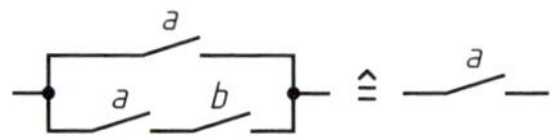
Assoziativ-Gesetze $(a \wedge b) \wedge c = a \wedge b \wedge c$ $(a \vee b) \vee c = a \vee b \vee c$	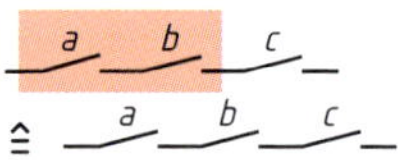 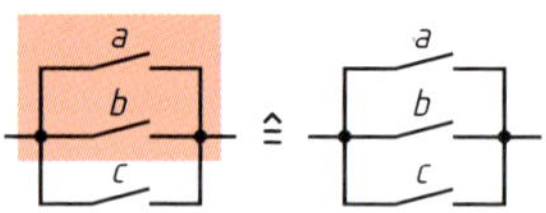	Gesetze von de Morgan	Mit den folgenden Gesetzen von de Morgan kann man invertierte Verknüpfungen in nicht invertierte Verknüpfungen auflösen. Siehe auch „Gleichwertige Darstellung von binären Verknüpfungselementen" der vorhergehenden Seite.
Distributiv-Gesetze $a \wedge (b \vee c) = (a \wedge b) \vee (a \wedge c)$ $a \vee (b \wedge c) = (a \vee b) \wedge (a \vee c)$	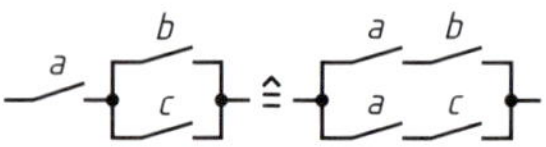 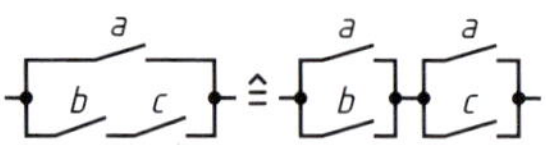	1. De Morgan'sches Gesetz $\overline{a \wedge b} = \bar{a} \vee \bar{b}$ 2. De Morgan'sches Gesetz $\overline{a \vee b} = \bar{a} \wedge \bar{b}$	siehe Wahrheitstabellen

1. De Morgan'sches Gesetz $\overline{a \wedge b} = \bar{a} \vee \bar{b}$

b	a	$\overline{a \wedge b}$	$\bar{b}$	$\bar{a}$	$\bar{a} \vee \bar{b}$
0	0	1	1	1	1
0	1	1	1	0	1
1	0	1	0	1	1
1	1	0	0	0	0

2. De Morgan'sches Gesetz $\overline{a \vee b} = \bar{a} \wedge \bar{b}$

b	a	$\overline{a \vee b}$	$\bar{b}$	$\bar{a}$	$\bar{a} \wedge \bar{b}$
0	0	1	1	1	1
0	1	0	1	0	0
1	0	0	0	1	0
1	1	0	0	0	0

a, b, c binäre Variable, $\vee$ Zeichen für ODER (von lat. vel = oder), $\wedge$ Zeichen für UND. Bei GRAFCET wird statt $\vee$ und $\wedge$ aber + und · bzw. * verwendet. Kommutativ-Gesetze = Vertauschungsgesetze, Assoziativ-Gesetze = Verbindungsgesetze, Distributiv-Gesetze = Verteilungsgesetze.

Entwicklung von Schaltnetzen Development of Combinational Circuits

Von der Wertetabelle zur Schaltfunktion

Wertetabellen

d	c	b	a	x	Zeile, Feld
0	0	0	0	Je nach Schaltung 1 oder 0	0
0	0	0	1		1
0	0	1	0		2
0	0	1	1		3
0	1	0	0		4
0	1	0	1		5
0	1	1	0		6
0	1	1	1		7
1	0	0	0		8
1	0	0	1		9
1	0	1	0		10
1	0	1	1		11
1	1	0	0		12
1	1	0	1		13
1	1	1	0		14
1	1	1	1		15

KV-Diagramme, Schaltfunktion

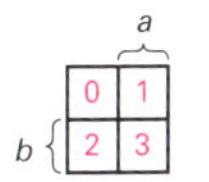

Für 2 Variable

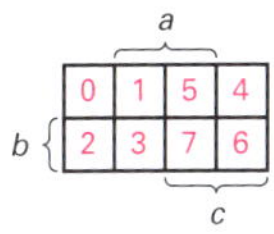

Für 3 Variable

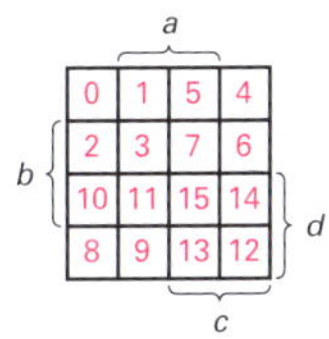

Für 4 Variable

Die Feldnummern entsprechen den Zeilennummern der Wertetabelle.

Erklärung

Man erstellt zunächst die Tabelle aller Kombinationen der Eingangsvariablen *a*, *b* bzw. *a*, *b*, *c* bzw. *a*, *b*, *c*, *d* (Reihenfolge nach Bild beachten!). Das ergibt bei zwei Eingangsvariablen 4 Zeilen, bei drei 8 Zeilen und bei vier 16 Zeilen.

Die von links nach rechts als Dualzahl gelesenen Kombinationen von 0 und 1 sind die Zeilennummern 0 bis 3 bzw. 0 bis 7 bzw. 0 bis 15. Die Ausgangsvariable *x* wird dann zeilenweise je nach Aufgabe als 0 oder 1 eingetragen. Aus der Wertetabelle wird die Schaltfunktion entnommen, die aber noch nicht *minimiert* (vereinfacht) ist (Beispiel unten).

d	c	b	a	x	Feld	Inhalt
0	0	0	0	1	0	1
0	0	0	1	1	1	1
0	0	1	0	0	2	0
0	0	1	1	0	3	0
0	1	0	0	1	4	1
0	1	0	1	1	5	1
0	1	1	0	0	6	0
0	1	1	1	0	7	0
1	0	0	0	1	8	1
1	0	0	1	0	9	0
1	0	1	0	0	10	0
1	0	1	1	0	11	0
1	1	0	0	1	12	1
1	1	0	1	1	13	1
1	1	1	0	1	14	1
1	1	1	1	1	15	1

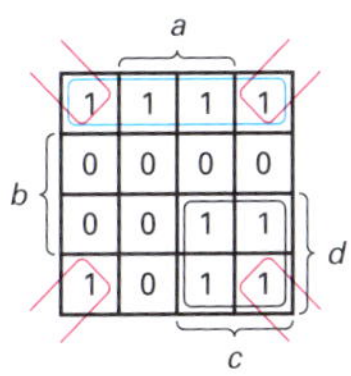

$$\boldsymbol{x} = (\bar{a} \wedge \bar{b}) \vee (c \wedge d) \vee (\bar{b} \wedge \bar{d})$$
$$= \bar{b} \wedge (\bar{a} \vee \bar{d}) \vee (c \wedge d)$$

Schaltung Bild unten links

Das KV-Diagramm (von Karnaugh und Veitch) enthält die Wertetabelle und unterstützt die *Minimierung* der Schaltfunktion. Steht z.B. in der Zeile 0 der Wertetabelle eine 1, so trägt man diese in das Feld 0 des KV-Diagramms ein, entsprechend bei anderen Zeilen. Im KV-Diagramm bilden benachbarte 1-Felder jeweils ein *Cluster* (Anhäufung), hier 2 x 4, und außerdem gegenüber liegende Randfelder 4 x 1. Dabei dürfen die 1-Felder auch mehrmals genutzt werden. Die algebraische Beschreibung der Cluster ergibt die minimierte Schaltfunktion (Beispiel unten).

c	b	a	x	Feld	Inhalt
0	0	0	1	0	1
0	0	1	1	1	1
0	1	0	0	2	0
0	1	1	1	3	1
1	0	0	1	4	1
1	0	1	1	5	1
1	1	0	0	6	0
1	1	1	1	7	1

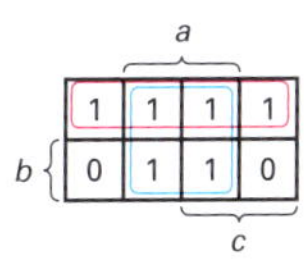

$x = a \vee \bar{b}$

Beispiel:

Schaltfunktion aus Wertetabelle:

$x = (\bar{a} \wedge \bar{b} \wedge \bar{c}) \vee (a \wedge \bar{b} \wedge \bar{c}) \vee (a \wedge b \wedge \bar{c}) \vee (\bar{a} \wedge \bar{b} \wedge c) \vee (a \wedge \bar{b} \wedge c) \vee (a \wedge b \wedge c)$

Minimierte Schaltfunktion:

$\boldsymbol{x = a \vee \bar{b}}$

Schaltnetze mit NAND-Elementen oder mit NOR-Elementen

Schaltung aus Schaltfunktion

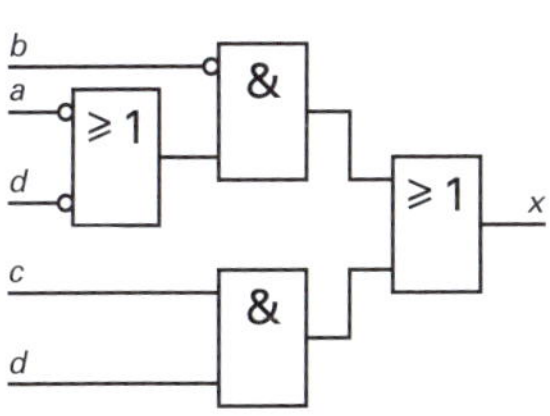

Umgeformte Schaltung

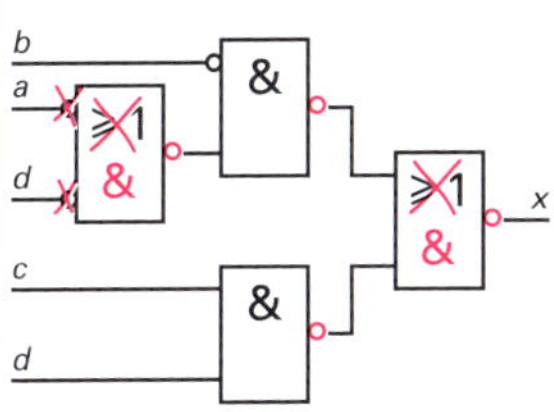

Schritte

1. Aus der minimierten Schaltfunktion mit ODER-, UND- und NICHT-Elementen die Schaltung entwickeln (Bild ganz links).
2. Nach den Regeln der Seite 287 unten die Schaltung umformen. Dabei an den Eingängen auftretende Invertierungen verschieben an die Ausgänge vorher liegender Elemente.
3. Die invertierten Eingänge durch zusätzliche Elemente realisieren.

Codeumsetzer Code Converter

Aufgabe und Anwendung

Aufgabe

Umsetzung eines vorhandenen Codes in einen anderen Code. Meist ist der Code der Eingangsseite ein Binärcode mit Tetraden (Vierergruppen).

Anwendungsbeispiel

Umsetzung eines BCD-Codes, z.B. 8-4-2-1-Code, in 1-aus-8-Code, in 1-aus-10-Code oder in Siebensegment-Code.

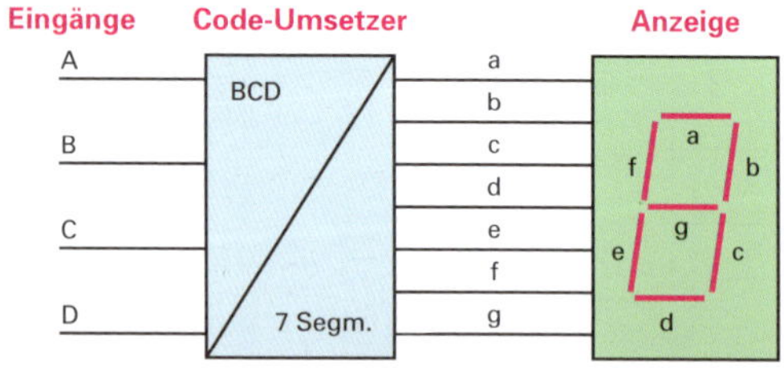

Realisierung

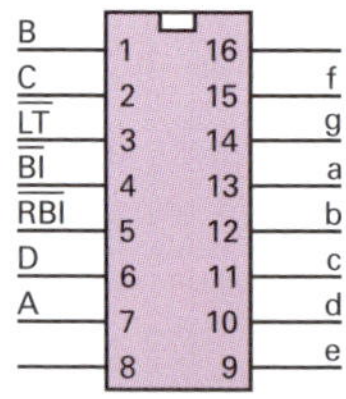

Entwurf eines Code-Umsetzers

Arbeitsschritte	Ausführung	Bemerkungen
Aufstellen der Wertetabelle für alle Ausgangsvariablen und die erforderlichen Eingangsvariablen.	(siehe Tabelle unten)	Wenn 10 verschiedene Zustände am Ausgang vorkommen, genügt eine Tetrade eingangsseitig. Von den möglichen $4^2 = 16$ Zuständen werden aber nur 10 gebraucht. Es genügen also 10 Zeilen.

8-4-2-1-Code				7-Segment-Code							Dezimalzahl	Zeile
D	C	B	A	a	b	c	d	e	f	g		
0	0	0	0	1	1	1	1	1	1	0	0	0
0	0	0	1	0	1	1	0	0	0	0	1	1
0	0	1	0	1	1	0	1	1	0	1	2	2
0	0	1	1	1	1	1	1	0	0	1	3	3
0	1	0	0	0	1	1	0	0	1	1	4	4

Übertragen der Zeilen der Wertetabelle für jede Ausgangsvariable in ein KV-Diagramm. Nicht vorhandene Zeilen werden mit X markiert.

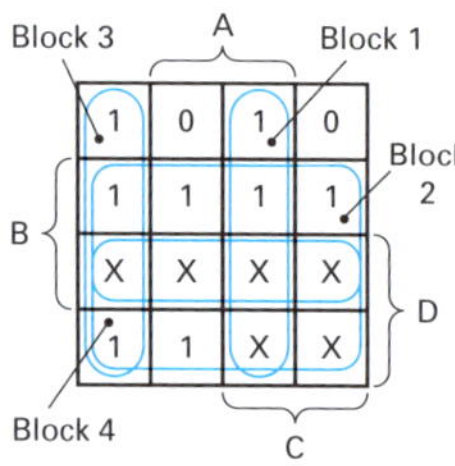

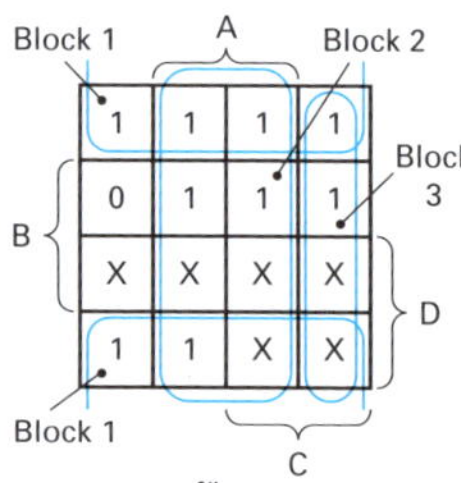

entsprechend für b und d bis g

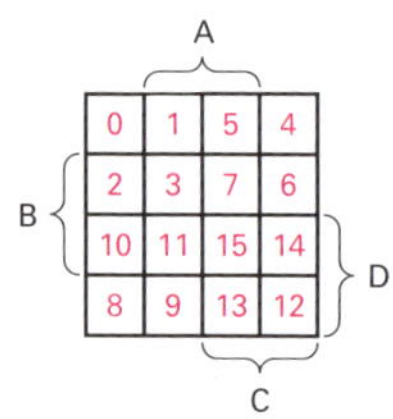

X kann zur Blockbildung beliebig zu 1 oder 0 gesetzt werden.

Arbeitsschritte	Ausführung	Bemerkungen
Bilden von Blöcken und Entnehmen der Schaltfunktionen aus den Blöcken.	Für a Block 1: $A \wedge C$ Block 2: B Block 3: $\bar{A} \wedge \bar{C}$ Block 4: D Für c Block 1: $\bar{B}$ Block 2: A Block 3: $\bar{A} \wedge C$	Es müssen alle 1 in den Blöcken stehen. Die X dürfen beliebig durch 1 oder 0 ersetzt werden.
Bilden der Schaltfunktionen.	$a = (A \wedge C) \vee B \vee (\bar{A} \wedge \bar{C}) \vee D$ $c = \bar{B} \vee A \vee (\bar{A} \wedge C)$	Die Blöcke sind durch ODER zu verbinden.
Entwickeln der Schaltung aus der Schaltfunktion für jede Ausgangsvariable. Bei Bedarf umformen für vorgesehene binären Elemente (hier NAND-Elemente)	(siehe Schaltung unten)	Umformung bei Bedarf: Alle & werden ≥ 1 und alle ≥ 1 werden & und alle Anschlüsse werden gegenüber Ausgangszustand invertiert. Bei NICHT-Elementen kann das Invertierungszeichen vom Ausgang an den Eingang verschoben werden bzw. vom Eingang an den Ausgang.

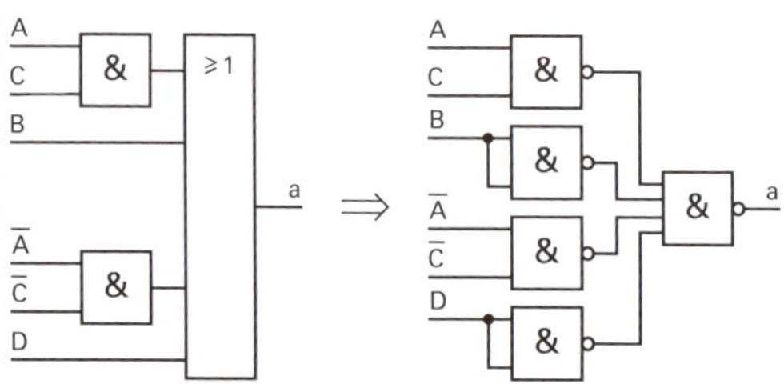

entsprechend für b bis g

Komparatoren und Flipflops Comparators and Flipflops

Komparatoren

Prinzip, Name	Erklärung	Bemerkungen, Daten
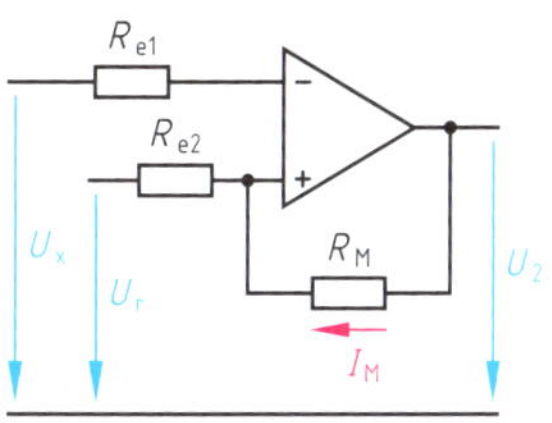 **Bipolarer Komparator mit Hysterese**	Komparatoren mit Analogeingang sind 1-Bit-AD-Umsetzer. Sie vergleichen eine Eingangsspannung U_x mit einer Referenzspannung U_r und geben ein Binärsignal U_2 ab. Sie bestehen aus einem beschalteten Operationsverstärker. Wird ein Widerstand zur Mitkopplung verwendet, so tritt eine Schaltdifferenz ΔU auf. Diese *Hysterese* ist umso kleiner, je kleiner die Mitkopplung ist. Ohne den Mitkopplungswiderstand R_M liegt keine Hysterese vor.	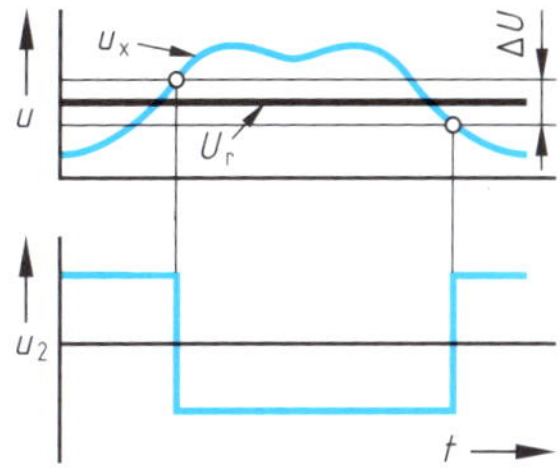 **Schaltverhalten mit Hysterese**
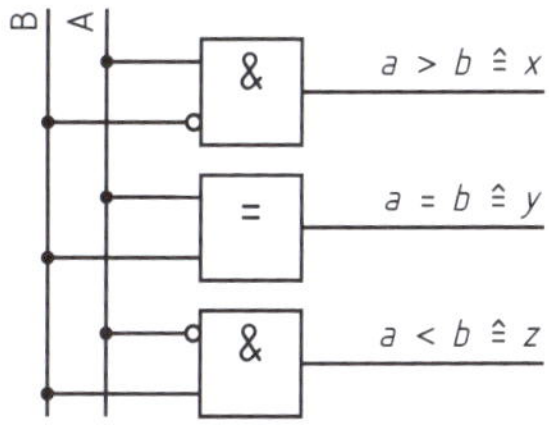 **1-Bit-Komparator**	Komparatoren mit Binäreingängen (Zahlenkomparatoren) vergleichen zwei binäre Zahlen A und B miteinander, z. B. die Zahlenwerte eines Programms mit den Istwerten einer Regelung, und geben je nach Ergebnis des Vergleichs (größer, gleich, kleiner) ein entsprechendes Binärsignal aus. Als Funktionen treten bei den Zahlenkomparatoren außer UND, ODER, NICHT auch XNOR (exklusiv NOR) auf.	siehe Tabelle und Gleichungen unten

b	a	a > b x	a = b y	a < b z
0	0	0	1	0
0	1	1	0	0
1	0	0	0	1
1	1	0	1	0

$x = a \wedge \overline{b}$
$y = (\overline{a} \wedge \overline{b}) \vee (a \wedge b) = a \leftrightarrow b$
$z = \overline{a} \wedge b$

Der **2-Bit-Komparator** vergleicht zweistellige Dualzahlen A und B miteinander. Aus der Wertetabelle entnimmt man die Bedingungen für die Ausführung der Schaltung mit binären Elementen. Weitere Komparatoren, z. B. der 6-Bit-Komparator, bestehen aus verknüpften 2-Bit-Komparatoren.

b_1	b_0	a_1	a_0	x	y	z
0	0	0	0	0	1	0
0	0	0	1	1	0	0
0	0	1	0	1	0	0

Flipflops (bistabile Kippschaltungen)

Bezeichnung	Schaltzeichen	Wertetabelle	Realisierung (Beispiel)	Verhalten
SR-Kippschaltung, RS-Kippschaltung, RS-Flipflop, Set-Reset-Flipflop	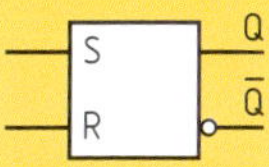	s_n r_n q_{n+1}: 0 0 q_n 0 1 0 1 0 1 1 1 (0) (0) irregulärer Zustand!	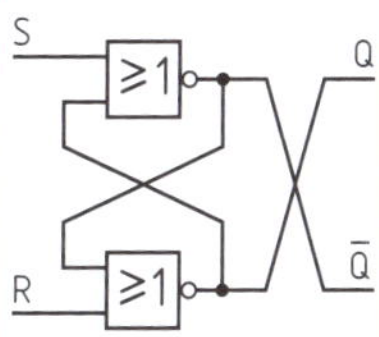	
Einflanken-gesteuerte JK-Kippschaltung, einflanken-gesteuertes JK-Flipflop	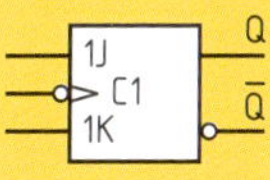 nfl-gesteuert	j_n k_n q_{n+1}: 0 0 q_n 0 1 0 1 0 1 1 1 $\overline{q}_n$ abfallende Flanke an C	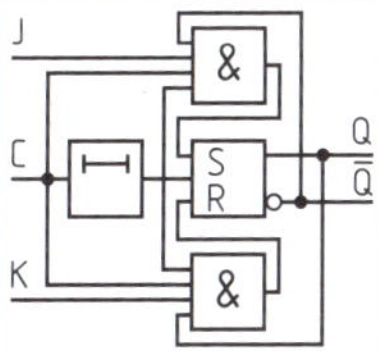	
Zweiflanken-gesteuertes JK-Flipflop, JK-Master-Slave-Flipflop, JK-MS-Flipflop	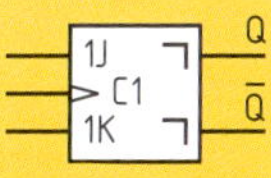 pfl-gesteuert pfl-gesteuert	j_n k_n q_{n+1}: 0 0 q_n 0 1 0 1 0 1 1 1 $\overline{q}_n$ ansteigende Flanke an C	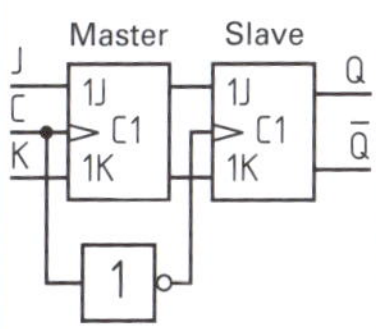	Verhält sich wie ein mit negativer Flanke einflankengesteuertes JK-Flipflop, kann aber beim selben Takt bei ansteigender Flanke Information aufnehmen (Master) und vorherige Information abgeben (Slave).

Digitale Zähler und Schieberegister Digital Counters and Shift Registers

Asynchrone Zähler

Beispiele	Lösungsweg
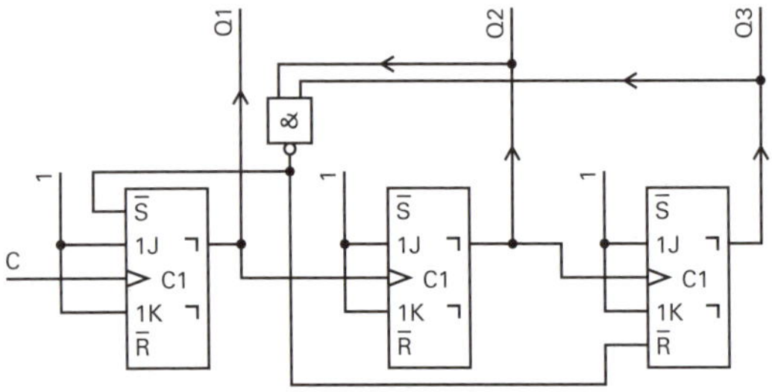 **Asynchroner Zähler 1 bis 5 mit JK-Flipflop**	Am einfachsten geht man vom asynchronen Zähler 0 bis 7 bzw. 0 bis 15 oder vom entsprechenden Rückwärtszähler aus und setzt über die R-Eingänge zurück, sobald der gewünschte Zählerstand erreicht ist. 1. Ermittlung der Anzahl *n* der Flipflops, wobei der Zählbereich $z \leq 2^n$ sein muss. 2. Zeichnung des asynchronen Zählers für den vollen Zählbereich für *z* Flipflops. 3. Überlegung, bei welchem Zählerstand Rücksetzen oder erneutes Setzen erforderlich ist, hier im Beispiel bei 6. 4. Verwirklichung des Rücksetzens bzw. Setzens durch UND-Elemente.

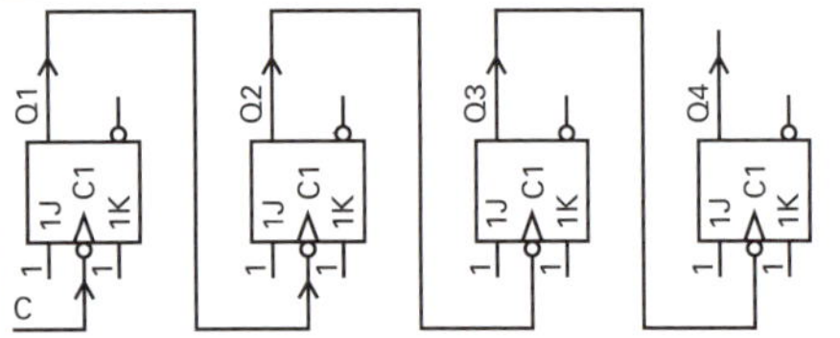

Asynchroner Dualzähler 0 bis 15

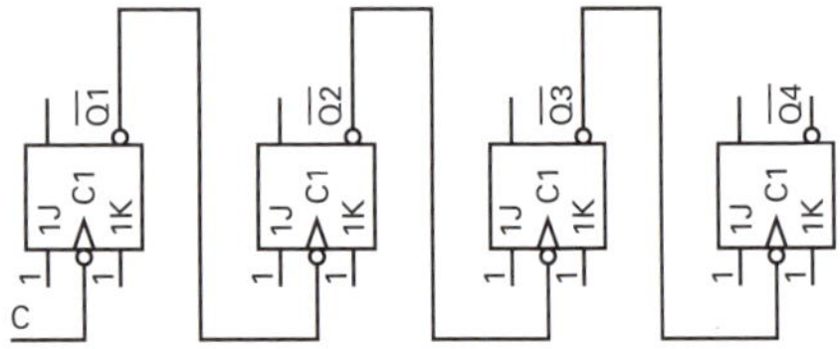

Asynchroner Dualzähler 15 bis 0

Schieberegister

Schaltung, Schaltzeichen	Zeitablaufdiagramm
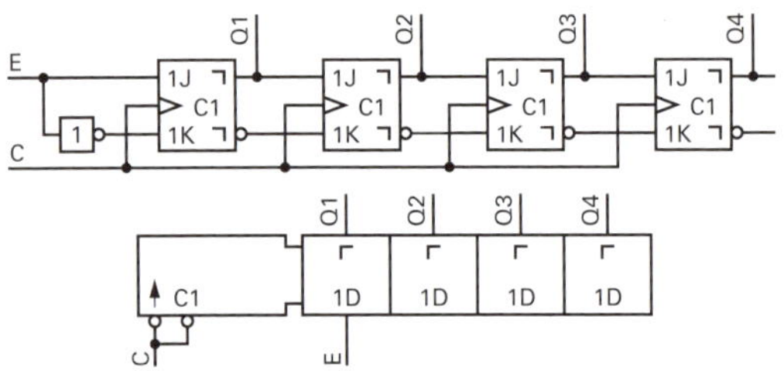 **4-Bit-Schieberegister für serielles Einlesen**	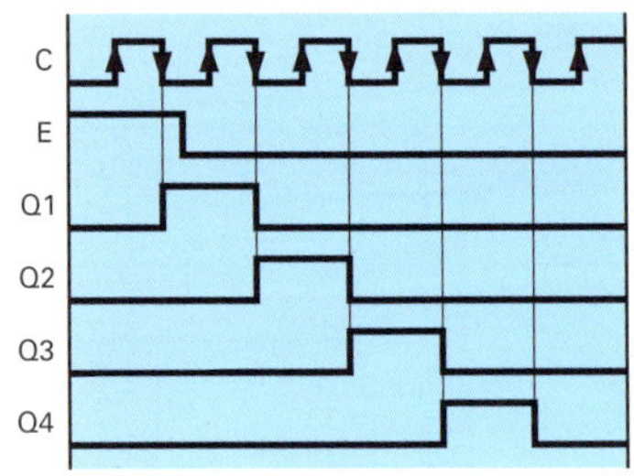

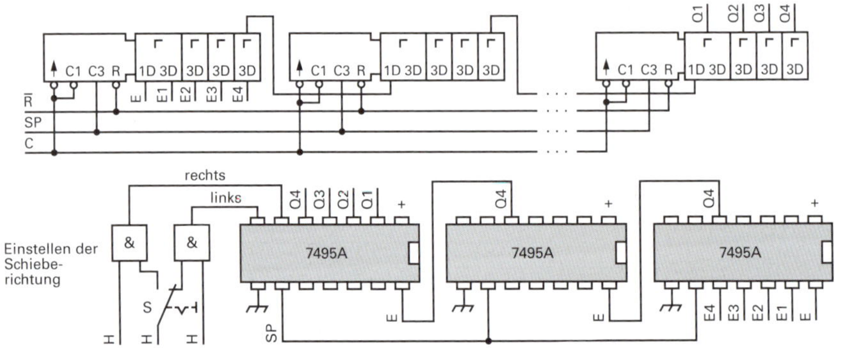

Zwölfstufiges Schieberegister, umschaltbar für Rechtsschieben oder Linksschieben

C Takt-, Clockeingang, E serieller Eingang, E1 bis E4 parallele Eingänge, H H-Pegel, Q1 bis Q4 Ausgänge, R Rücksetzeingang, SP Betriebsarteneinstellung seriell, parallel.

DA-Umsetzer und AD-Umsetzer DA-Converter and AD-Converter

<table>
<tr><th>Schaltung, Prinzip</th><th>Erklärung, Wirkungsweise</th><th>Daten</th></tr>
<tr><td colspan="3">Digital-Analogumsetzer</td></tr>
<tr><td>
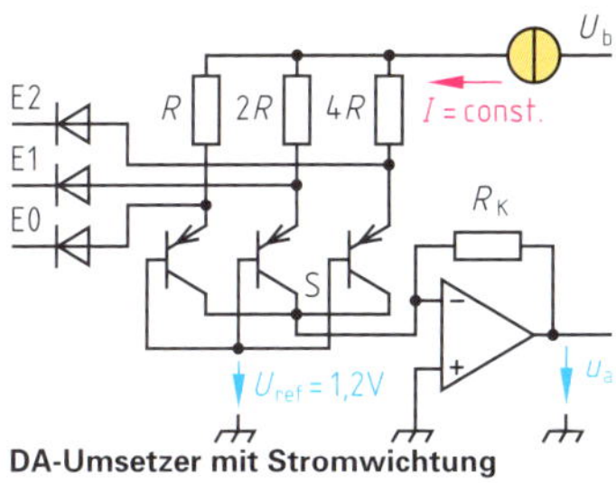

DA-Umsetzer mit Stromwichtung
</td><td>Der stromgewichtete DA-Umsetzer besteht aus von Transistoren geschalteten Stromquellen, die binär gewichtet sind und von den Eingängen E0, E1, E2, …, E_n geschaltet werden. Die binäre Wichtung erfolgt durch die Emitterwiderstände mit den Werten R, $2R$, $4R…2^n \cdot R$. Die Summe der Kollektorströme wird von einem Operationsverstärker in die Ausgangsspannung u_a umgesetzt.
Der Linearitätsfehler ist die Abweichung vom theoretischen Ausgangsendwert zum Istwert.</td><td>Wortlänge
6 bit bis 8 bit,
Linearitätsfehler
0,5‰ bis 2‰,
Umsetzfrequenz
bis 100 MHz,
Netzwerkwiderstandswerte entsprechend der Bitzahl R, $2R$, $4R$, …, $2^n \cdot R$.</td></tr>
<tr><td>
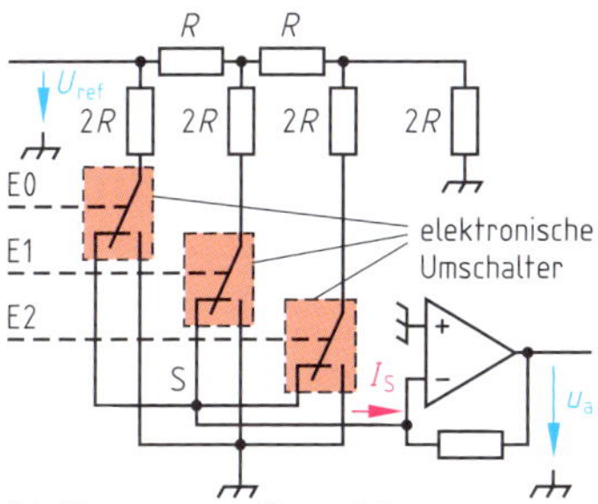

DA-Umsetzer mit Kettenleiter (R-2R-Leiternetzwerk)
</td><td>Der R-2R-Umsetzer enthält ein Netzwerk aus Längswiderständen mit dem Wert R und den Nebenschlusswiderständen mit dem Wert $2R$. Das offene Ende der Widerstände $2R$ wird über einen elektronischen Schalter an Masse oder an den Stromsummenpunkt S gelegt.
Einzelstrom:

$$I_S = \frac{U_{ref}}{R} \cdot (1/2 + 1/4 + \ldots + 1/2^n) \quad (1)$$

Summe aller Ströme:

$$I_S = \frac{U_{ref}}{R} \cdot (1 - 2^{-n}) \quad (2)$$
</td><td>Wortlänge
8 bit bis 11 bit,
Linearität
0,2‰ bis 0,5‰,
Umsetzfrequenz
bis 15 MHz,
Widerstände des Netzwerks R und $2R$.</td></tr>
<tr><td colspan="3">Analog-Digitalumsetzer</td></tr>
<tr><td>
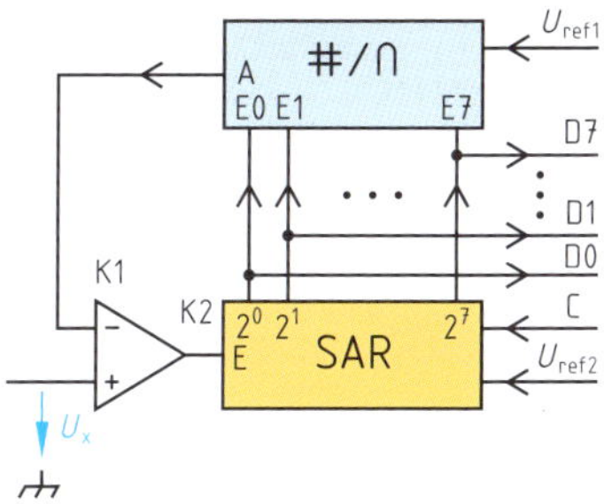

Sukzessive-Approximations-Umsetzer
</td><td>Der Sukzessive-Approximations-Umsetzer ist ein Stufenumsetzer mit einem SAR K2 (von Successive Approximation Register = Register für schrittweise Annäherung). Dabei steuert das SAR einen DA-Umsetzer an. Das Ausgangssignal des DA-Umsetzers wird mit der Messspannung im Vergleicher K1 verglichen. Das SAR beginnt mit seinem MSB (höchstwertigem Bit). Je nach Ausgangsspannung des Vergleichers gibt das SAR die Werte 0 oder 1 für die jeweiligen Bits aus. Dadurch wird in immer kleineren Stufen die Ausgangsspannung an die Messspannung angenähert.</td><td>Umsetzschritte n bei n Stellen.
Auflösung:
8 bit bis 18 bit,
in Mikrocontrollern 10 bit in zwei Stufen mit 2 bit und 8 bit.
Umsetzfrequenz:
bis 4 MHz bei 8 bit
bis 10 kHz bei 18 bit.</td></tr>
<tr><td>
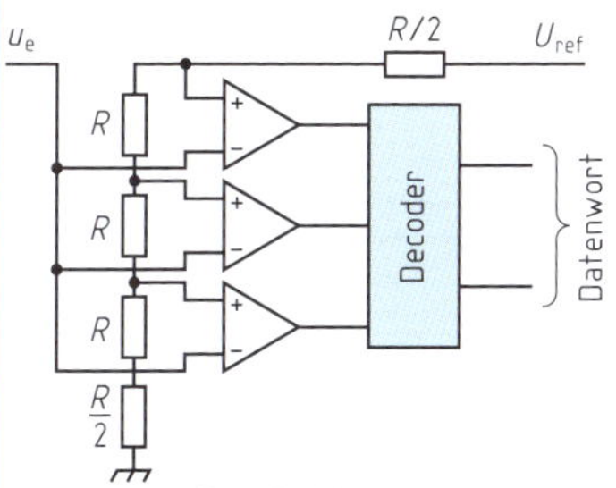

Parallel-Umsetzer
</td><td>Das Verfahren arbeitet nach dem Prinzip des unmittelbaren Vergleichs der Eingangsspannung mit den n Referenzspannungswerten bei einem n-Bit-Umsetzer. Für eine n-Bit-Auflösung werden 2^n-1 Komparatoren benötigt, deren Schaltschwellen in Stufen des Wertes des niedrigstwertigen Bits auseinanderliegen. Die Komparatorausgangssignale steuern einen Decoder an, an dessen Ausgang das gewandelte Signal in binärer Form zur Verfügung steht.</td><td>Umsetzfrequenz
bis 100 MHz,
Komparatorenzahl für Auflösung
2 Bits: 3
3 Bits: 7
4 Bits: 15
8 Bits: 255
10 Bits: 1023
Auflösung
bis 12 bit.

www.ti.com</td></tr>
<tr><td colspan="3">I_s Summenstrom, u_e Eingangsstrom, u_a Ausgangsstrom, U_{ref} Referenzspannung, C von Clock = Takt.</td></tr>
</table>

Modulation und Demodulation Modulation and Demodulation

Prinzip, Vorgang	Erklärung	Bemerkungen

Digitale Modulation und Demodulation

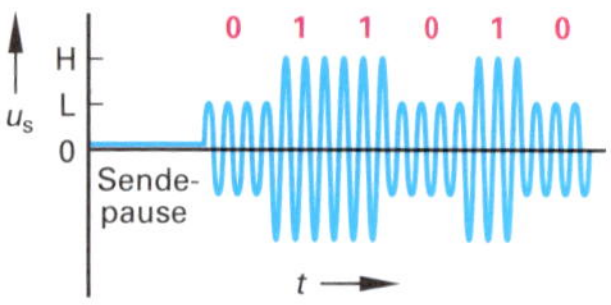

ASK mit Kontrolle auf Sendepause

Bei **Amplitudenumtastung ASK** (von Amplitude Shift Keying) wird vom Modulator, z.B. einem Multiplizierer, eine hochfrequente Trägerspannung getastet.

Bei **Frequenzumtastung FSK** (von Frequency Shift Keying) wird z.B. beim Datenbit 1 eine höhere Frequenz als beim Datenbit 0 gesendet.

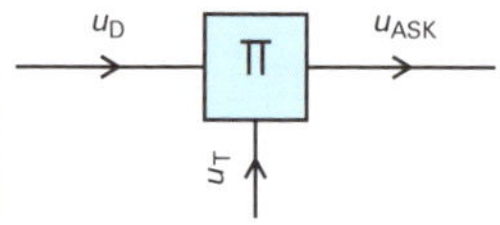

Modulator für ASK

Bei Datenbit 1 wird ein höherer Pegel der Trägerspannung verwendet.

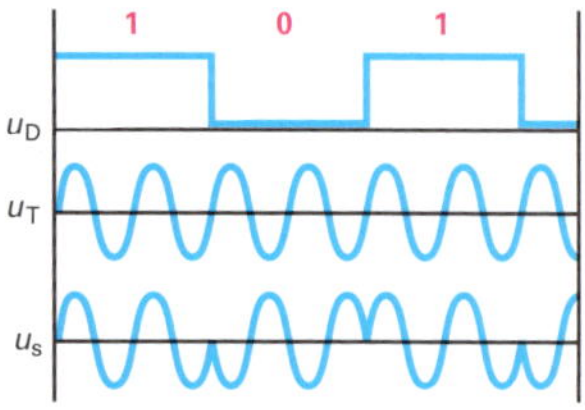

Modulation von 2-PSK

Bei **PSK** (Phase Shift Keying = Verschlüsselung durch Phasenänderung) liegt die Information im Phasenwechsel einer hochfrequenten Trägerspannung. Bei *PSK mit Bezugsphase* bezieht sich der Phasenwechsel auf die nicht modulierte Trägerspannung, beim *Differenz-PSK* auf den vorhergehenden Zustand.

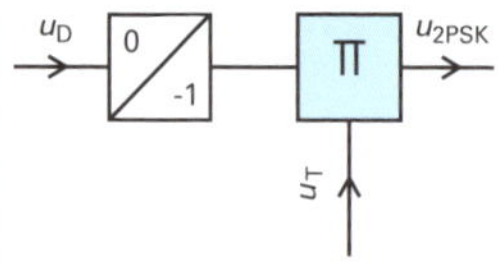

Modulator für 2-PSK

Die Modulation bei 2-PSK erfolgt durch einen Ringmischer (Umsetzglied von 0 auf 1 mit einem Multiplizierer). Bei höheren PSK-Verfahren werden IQ-Modulatoren verwendet.

Arten von PSK

Art	Winkel	Bits je Wechsel
2-PSK	180°	1
4-PSK	90°	2
8-PSK	45°	3
16-PSK	22,5°	4

Die Bitrate ist umso höher, je mehr Bits bei einem Phasenwechsel übertragen werden.

Bei **Quadraturmodulation QAM** sind ASK und PSK kombiniert, z.B. bei 4-QAM, 8-QAM usw. bis 1024-QAM.

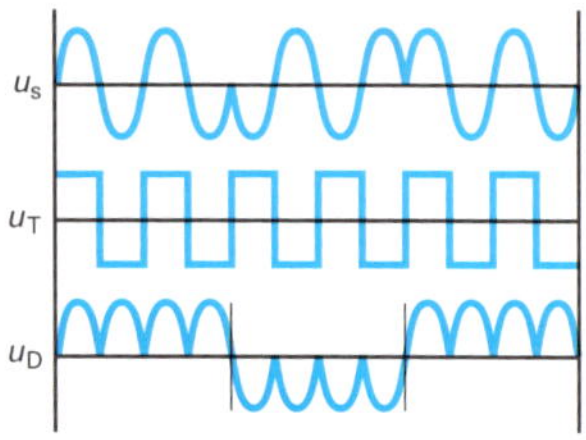

u_D Datenspannung
u_s Signalspannung
u_T Trägerspannung

Demodulation von 2-PSK

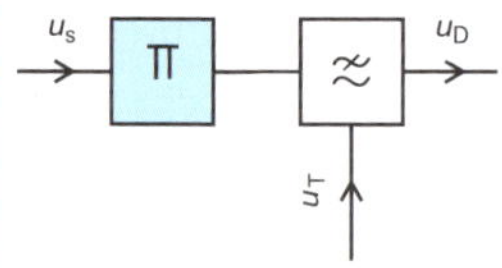

Demodulator von 2-PSK

Analoge Modulation und Demodulation

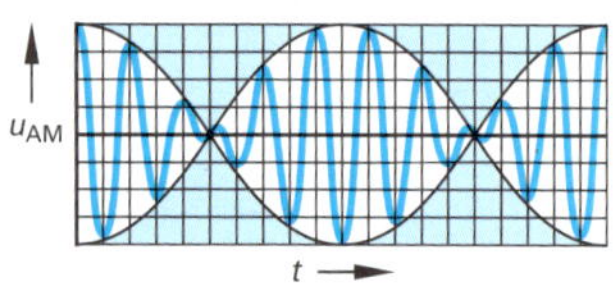

Spannungen bei Amplitudenmodulation

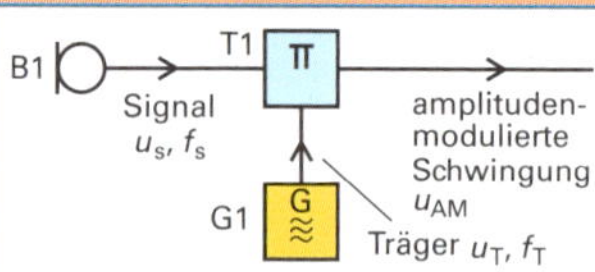

Prinzip der Amplitudenmodulation AM

Die Amplitude der Trägerspannung u_T wird von der Signalspannung u_S moduliert.

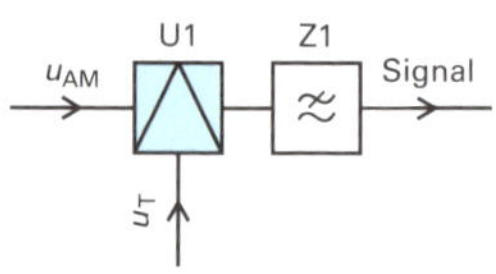

Prinzip der Demodulation

Die Demodulation kann auch durch eine Diode mit nachgeschaltetem Tiefpass erfolgen.

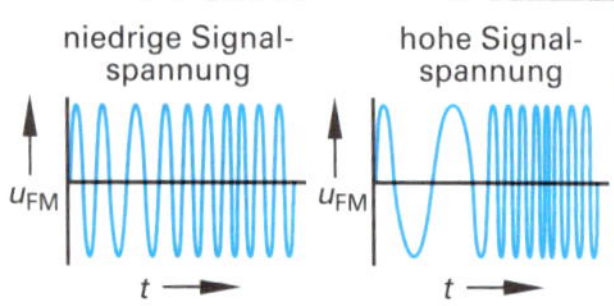

FM-Spannungen (frequenzmodulierte Spannungen)

Bei der **Frequenzmodulation FM** wird die Frequenz f_T eines Trägers mit der Signalspannung u_S moduliert. Die Amplitude von u_S erzeugt den Frequenzhub (Abweichung der Frequenz von der f_T), die Frequenz (Tonhöhe) von u_S erzeugt die Zahl der Frequenzänderungen je Zeit.

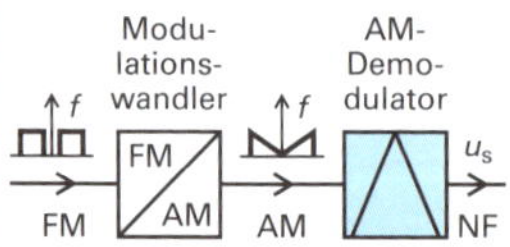

Prinzip der Demodulation bei FM

Mikrocomputer Microcomputer

Begriff	Erklärung	Bemerkungen, Daten
Bus, Bussystem	Übertragungsstrecke, z.B. Leitung, an die viele Teilnehmer anschließbar sind.	Es gibt Busse mit 8, 16, 32 oder 64 Leitern.
CPU, Central Processor Unit	Besteht aus den Baugruppen Mikroprozessor oder Mikrocontroller mit Takterzeugung, dem internen Speicher und den EA-Einheiten.	Führt Rechenvorgänge, logische Operationen und Steueraufgaben aus.
Mikroprozessor	Hochintegrierte Schaltung mit den Funktionen der Zentraleinheit. Enthält mehrere Millionen Transistoren.	Die Prozessoren werden nach der Datenbusbreite 8-Bit-, 16-Bit- oder 32-Bit- oder 64-Bit-Prozessoren genannt.
Mikrocontroller	Mikrocontroller sind Einchip-Mikrocomputer, bei denen CPU, ROM- oder EEPROM-Speicher und die EA-Einheiten auf einem Chip integriert sind.	Die EA-Anschlüsse werden Ports genannt. Die Wirkungsweise wird im Betrieb gesteuert.
PDA	Verwaltung von z.B. Adressen, Telefonnummern, Terminplanung, Kalender. PDA von Personal Digital Assistant, sind zu PC kompatibel.	64 MB RAM; 16 MB ROM; 4 GB Mikro-Festplatte; serielle Schnittstelle; 640 x 240 Pixel.
Handy, (engl. Mobile oder Cell Phone, Smartphone)	Kleines, tragbares, vom Stromnetz unabhängiges Mobiltelefon für die Kommunikation in Mobilfunknetzen, z.B. D1, D2, E1 und E2. Netzzugang nur über SIM-Karte (Subscriber Identity Card) mit den Daten des Teilnehmers möglich. Die Funktion ist über downloadbare Apps (Applications = Anwendungen), z.B. des Herstellers, erweiterbar. Beispiele: Navigationssysteme, Wörterbücher.	Weitere mögliche Funktionen: Kamera, UKW-Empfänger, GPS, MP3-Player, DVB-TH sowie PDA. Teilnehmerdaten: Gerätekennung, Rufnummer, Kontoverbindung, Anschrift.
Notebook	Ein Notebook (= Notizbuch) ist ein kompakter, tragbarer PC, der mit Akkus oder mit einem meist separaten Schaltnetzteil betrieben wird. Notebooks haben TFT-Bildschirme von 10" bis 18,4" und ein Touchpad (= Berührungsfläche). Sie wiegen bis 5 kg und haben eine vollwertige Tastatur, mit teilweise geänderter Tastenanordnung. Notebooks haben meist ein WLAN-Modul und Steckplätze für z.B. DVD-Laufwerke und PC-Cards. Üblich sind drei USB-Schnittstellen und eine Fire-Wire-Schnittstelle.	 **Notebook**
Netbook	Netbooks sind portable Internet-Clients. Sie haben Bildschirme mit 10" bis 13", einen eingebauten WLAN-Anschluss und kein DVD/CD-Laufwerk.	
Tablet-Pads	Tablet-Pads werden mittles Fingerbewegungen oder mit einem Eingabestift auf dem Touch-Screen (Berührungsbildschirm) bedient. Tablet-Pads verfügen z.B. über 2 Kameras, WLAN, GPS, UMTS und Speicher bis 64 GByte. Tablet-Pads haben keine eingebauten Festplatten oder DVD-Laufwerke.	Tablet-Pads gibt es mit den Betriebssystemen iOS, Android oder Windows. Die Programme werden als Apps (von application) bezeichnet. Zusätzlich zu vorhandenen Systemprogrammen können Apps aus App-Stores geladen werden.
Tablet-PC	Ein Tablet-PC ist ein Notebook, der mit Tastatur und Maus oder mit einem Eingabestift über den Touch-Screen bedient werden kann.	Durch Drehen des Touch-Screens kann das Gerät wie ein Tablet-Pad verwendet werden.

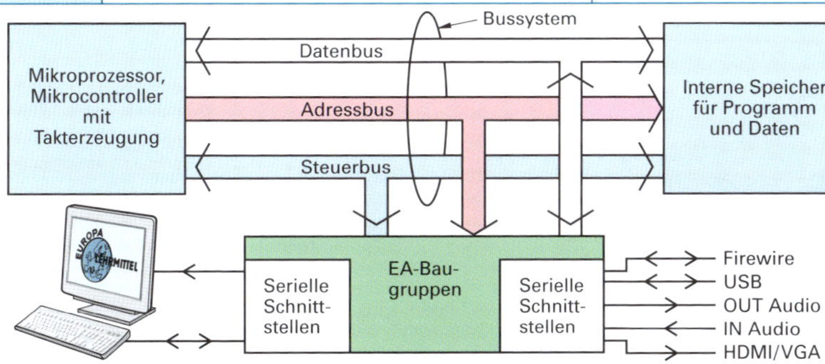

Struktur eines Mikrocomputers

Bildschirmgeräte **Visual Display Units**

Geräteart	Erklärung	Typische Daten, Bemerkungen
 **Flachbildschirm 21″** 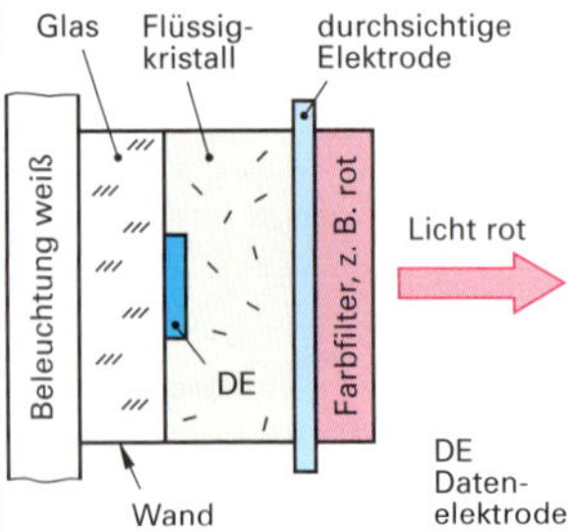 **TFT-LCD-Zelle**	**TFT-LCD-Monitor:** TFT-LCD (von Thin Film Transistor-Liquid Chrystal Display = Dünnfilm Transistor Flüssigkristall-Anzeige). Es tritt keine ionisierende Strahlung auf, da keine Hochspannung erforderlich ist. Werden auch für LCD-Projektoren (Beamer = Strahler) gefertigt. **PDP-Monitor:** PDP (von Plasma Display Panel = Plasmaanzeigetafel). **TFT-Zelle:** Bildpunkt = Tripel = 3 Zellen Die Bildpunkte werden durch Flüssigkristallzellen mit nachgeschalteten Filtern für die Farben Rot, Blau und Grün erzeugt, die von einer Lichtquelle, z.B. LED, beleuchtet werden. **PDP-Zelle:** Plasmaschirme bestehen aus Glasscheiben mit streifenförmigen Elektroden, die sich im rechten Winkel gegenüberstehen. Zwischen den Scheiben befindet sich ein Edelgasgemisch. Kreuzungspunkte der Elektroden entsprechen Bildpunkten. An diesen sind Leuchtstoffe in den Farben Rot, Blau und Grün vorhanden. Legt man Spannungen an, zündet das Edelgasgemisch an dieser Stelle (Plasmabildung). Das Plasma (leuchtendes Gas) bringt den Bildpunkt zum Leuchten.	TFT: Bildschirmgrößen: 15″, 17″, 21″, 22″ Bildpunktezahlen (Tripel) 15″, : 1024 x 768 17″, 21″ : 1280 x1024 Blickwinkel horizontal: ±60° bis ±70° Blickwinkel von unten: 60° Blickwinkel von oben: 20° Leistungsaufnahme: 40 W bis 60 W PDP: Bildschirmgrößen: 42″, 50″, 61″, 150″ Bildschirmformat: 16 : 9 Bildpunktezahlen bei 42″: 853 x 480 50″, 61″: 1365 x 768 Blickwinkel: 160° Leuchtdichte: 650 cd/m² bis 1200 cd/m² Leistungsaufnahme: 200 W bis etwa 320 W. 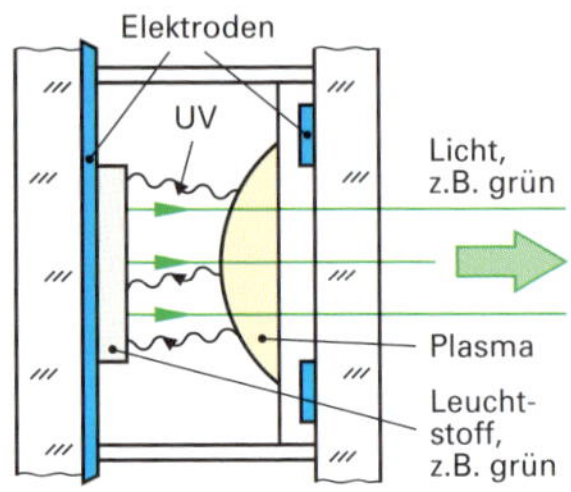 **PDP-Zelle**
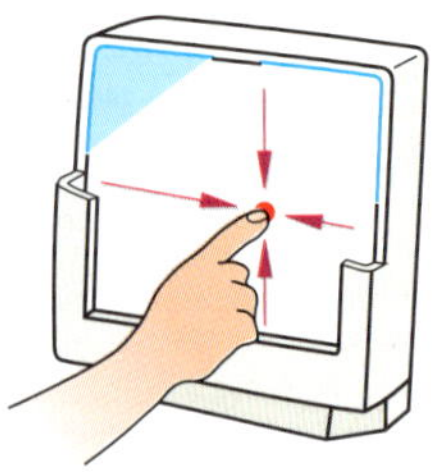 **Touchscreen**	**Resistive Abtastung** Der Druck durch einen Finger oder Abtaststift ruft einen Strom in x-Richtung und y-Richtung hervor. Ein Controller berechnet daraus die Koordinaten der Berührstelle. Die Spannung wird an den vier Eckpunkten angelegt. **IR-Abtastung** Berühren führt zur Dämpfung der IR-Strahlen an der Berührstelle. IREDs strahlen z. B. von links und unten auf rechts und oben befindliche IR-Dioden.	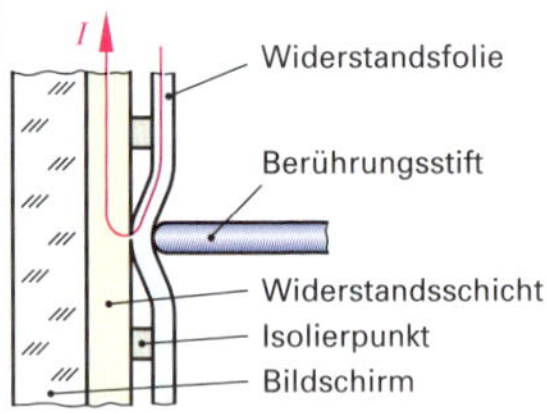 **Resistive Abtastung**
 **DLP-Beamer** Weitere Technologien: LCD, LED www.mediastar.de	**DLP** (von Digital Light Processing = Digitale Lichtbearbeitung) verwenden Spiegel-Arrays DMD (Digital Mirror Device), mit z. B. 480 000 Mikrospiegeln. Jeder Spiegel kann so gekippt werden, dass er den Lichtstrahl auf die Bildwand reflektiert. Zwischen Lampe und DMD befindet sich ein drehbares Rad, mit den Farbfiltern für Rot, Blau und Grün. Transportable Geräte verwenden dieses Verfahren. Beim Drei-Chip-Verfahren wird für jede Farbe ein Spiegelchip verwendet. Es gibt auch Zwei-Chip-Verfahren mit Farbrad und entsprechenden Farbfiltern.	Großbildprojektion für eine sichtbare Diagonale: 1,8 m bis 15,2 m. Abstand: 1,1 m bis 103,3 m Bildpunktezahlen bis 1280 x 1024 Kontrastverhältnis: 600 : 1 bis 1000 : 1 Anzahl der Farben: 16,77 Mio. Lichtstärke: 6 000 bis 12 000 ANSI-Lumen Gewicht: 950 g bis 100 kg Leistungsaufnahme: 800 W bis 2 000 W Lichtstrom: Die Leinwand wird in 9 Rechtecke eingeteilt. Aus den 9 Lichtströmen wird der Mittelwert gebildet und mit ANSI-Lumen bezeichnet.

Schnittstellen und Steckverbinder des PC PC Ports and Connectors

Art, Anschluss	Bemerkungen
Schnittstelle V.24 (Schnittstelle RS 232 C)	Die Reichweite für eine bitserielle Datenübertragung der V.24 Spannungssnittstelle beträgt etwa 30 m. Das Binärzeichen 0 erfordert eine Spannung zwischen 3 V und 15 V, das Binärzeichen 1 zwischen −3 V und −15 V. Die Bitraten betragen 300 bit/s, 600 bit/s, 1200 bit/s, 2400 bit/s, 4800 bit/s, 9600 bit/s oder 19200 bit/s. Die verwendeten Stecker bzw. Buchsen sind 25-polig, manchmal auch 9-polig. Mindestens sind 3 Adern nötig.

9-poliger Stecker

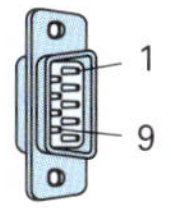

25-poliger Stecker

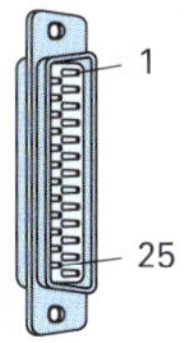

Belegung der Stecker

25-Pin	9-Pin	Bezeichnung	
1	–	–	Protective Ground
2	3	TxD	Transmit Data
3	2	RxD	Receive Data
4	7	RTS	Request to Send
5	8	CTS	Clear to Send
6	6	DSR	Data Set Ready
7	5	GND	Signal Ground
8	1	DCD	Data Carrier Detect
20	4	DTR	Data Terminal Ready
22	9	RI	Ring Indicator

Schnittstelle V.24 (Schnittstelle RS 232 C)

TxD	Transmit Data, Sendedaten
RxD	Receive Data, Empfangsdaten
GND	Ground, Masse
RTS	Request to Send, Anforderung zum Senden
CTS	Clear to Send, sendebereit
DTR	Data Terminal Ready, betriebsbereit
DSR	Data Set Ready, Sendedaten bereitstehend

USB-Schnittstellen

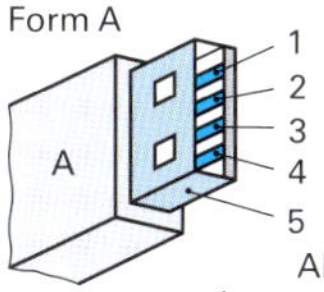

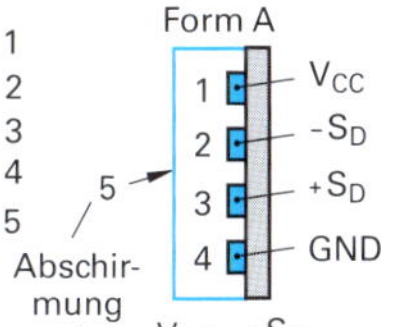

V_{cc}	Spannung 5 V
GND	Masse
$+S_D$	Signalleiter +
$-S_D$	Signalleiter −

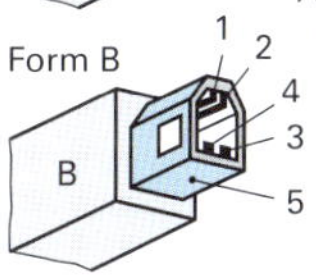

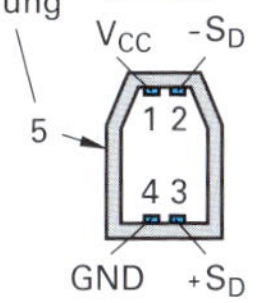

Symbole

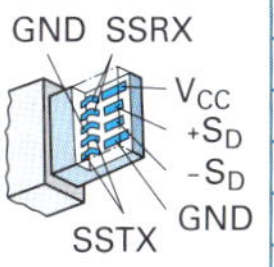

zusätzliche Pins bei USB 3.0	
SSTX+	Datenübertragung vom Host zum Gerät
SSTX–	mit SSTX+ verdrillt
GND	Masse
SSRX+	Datenübertragung vom Gerät zum Host
SSRX–	mit SSRX+ verdrillt

- Stecker und Buchse sind für alle USB-Geräte gleich.
- Plug & Play: Windows erkennt die Geräte sofort nach dem Einstecken und macht die Hardware betriebsfertig.
- Hot-Plug-Fähigkeit. Wenn ein USB-Gerät installiert wird, muss der Computer nicht heruntergefahren werden.
- An einer USB-Schnittstelle finden über USB-Hubs bis zu 127 Geräte Anschluss. Die maximale Bitrate beträgt 1,5 Mbit/s oder 12 Mbit/s (USB 1.1).

USB 3.0 mit 2 zusätzlichen Adern

- überträgt Daten bis 5 Gbit/s,
- ist abwärts kompatibel zu USB 2.0 und USB 1.1,
- hat weniger Stromverbrauch als USB 2.0,
- ermöglicht 900 mA Stromleistung für Endgeräte und
- überträgt 10 Gigabyte in ca. 30 s.

IEEE 1394 (Firewire, Frontansichten)

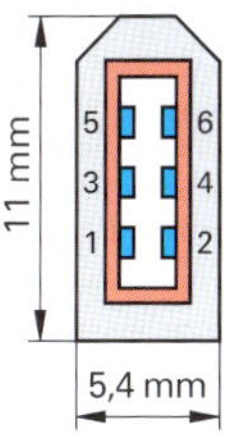

1 Power
2 Masse
3 B+
4 B-
5 A-
6 A+
(3–6: Signale)

Buchse für Bus-Powered-Geräte

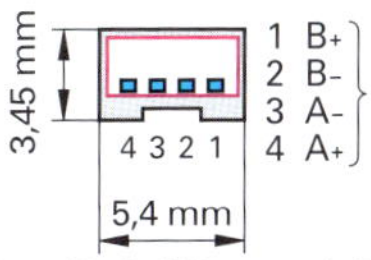

1 B+
2 B-
3 A-
4 A+
(1–4: Signale)

Buchse für Self-Powered-Geräte

Symbol

IEEE-1394 (Firewire, i-Link genannt), ist eine serielle Schnittstelle für Computer- und Videogeräte zur Übertragung digitaler Daten mit bis zu 400 Mbit/s.

Eigenschaften:

- Paketorientierte Datenübermittlung,
- Geräte-Adressierung über Software,
- 64 Geräte über Hubs anschließbar (Camcorder, Festplatte),
- Bidirektionale Datenübertragung,
- Anschluss über ein 6-adriges Kabel (2 Adern zur Stromversorgung (Power), 4 für den Datentransfer).

PS/2-Schnittstelle

6-polige Mini-DIN-Buchse (PS/2) am PC

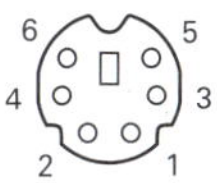

1 Signal
2 nicht angeschlossen
3 Masse
4 Power + 5 V DC
5 Clock (Takt)
6 nicht angeschlossen

Diese Schnittstellen wurden von IBM in den PS/2-Computern eingesetzt.

Diese Schnittstelle wird in manchen Computern für den Anschluss der Maus und der Tastatur verwendet.

Schnittstellenkopplungen, Schnittstellenkonverter
Interface Coupings, Interface Converters

Art	Bemerkungen

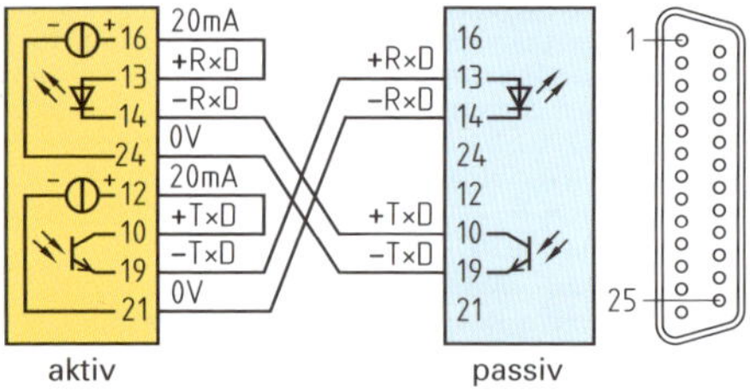

20-mA-Schnittstelle

Die Reichweite für eine gesicherte bitserielle Datenübertragung beträgt bis zu 1000 m. Die Funktionsweise beruht auf eingeprägten Strömen von bis zu 2,5 mA für das Binärzeichen 0 und von 20 mA ± 30% für das Binärzeichen 1. Die Synchronisierung der beiden Teilnehmer erfolgt mit Softwarehandshake oder Hardwarehandshake (engl. handshake = Hände schütteln). Von den zwei Teilnehmern darf nur einer eine 20-mA-Schnittstelle mit eingeprägtem Strom besitzen. Diese wird als aktiv bezeichnet. Die Stecker und Buchsen sind meist 25-polig.

TxD	Transmit Data, Sendedaten
RxD	Receive Data, Empfangsdaten
20 mA	Stromquellen für Senden oder Empfangen

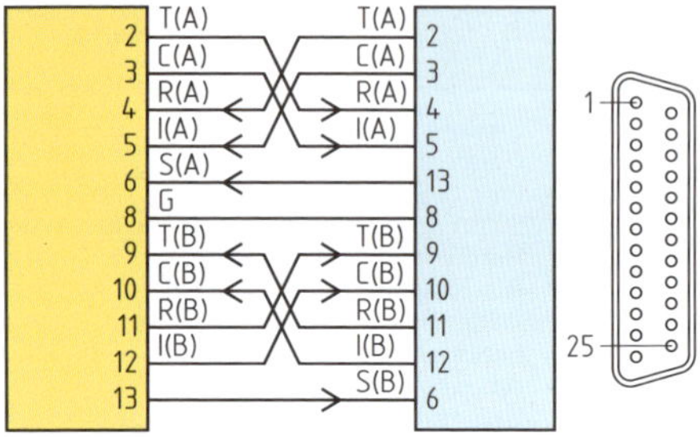

RS-422-Schnittstelle

Die Reichweiten der RS-422-Doppelstromschnittstelle betragen bis zu 1200 m. Die bitseriellen Datenübertragungen können mit bis zu 10 Mbit/s erfolgen. Verwendet werden z.B. 25-polige Stecker bzw. Buchsen.

T(A)	Transmit	Sendedaten
T(B)		Sendedaten-Rückleitung
C(A)	Control	Steuern
C(B)		Steuern-Rückleitung
R(A)	Receive	Empfangsdaten
R(B)		Empfangsdaten-Rückleitung
I(A)	Indication	Bereitmelden
I(B)		Bereitmelden-Rückleitung
S(A)	Step	Schritt-Takt (Bittakt)
S(B)		Schritt-Takt-Rückleitung
GND	Ground	Masse

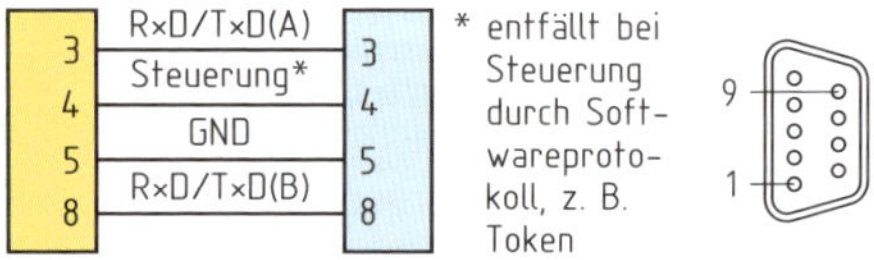

RS485-2-Draht-Schnittstelle

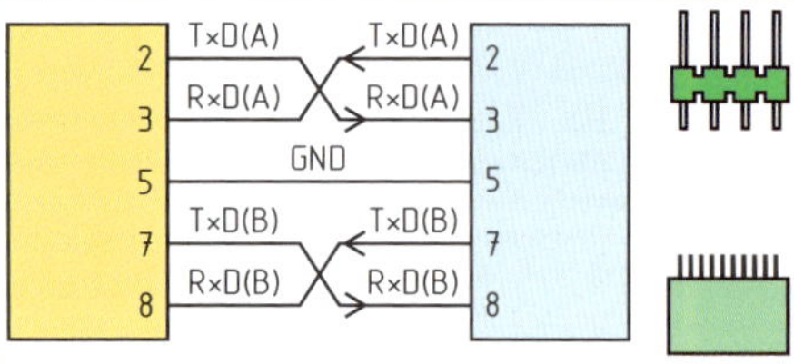

RS485-4-Draht-Schnittstelle

Die RS485-Schnittstelle (EIA 485) gibt es in 2-Draht-Ausführung und in 4-Draht-Ausführung. Die 2-Draht-Schnittstelle arbeitet im Halbduplex-Betrieb (zeitversetztes Senden und Empfangen), die 4-Draht-Schnittstelle arbeitet im Duplex-Betrieb (gleichzeitiges Senden und Empfangen). Die Datensignale werden auf den verdrillten Datenleitungen A und B nichtinvertiert und invertiert übertragen. Im Empfänger wird aus der Differenz der beiden Spannungspegel das ursprüngliche Datensignal rekonstruiert. Gleichtaktstörungen wirken sich somit nicht auf die Übertragung aus.

Die Pinbelegung ist nicht einheitlich festgelegt. Ferner gibt es verschiedene Stecker, Stiftleisten und Buchsen zum Koppeln der Teilnehmer. Übertragung bis 1200 m mit 100 kbit/s, bis 10 m mit 12 Mbit/s. Punkt-zu-Punkt-Verbindung möglich, meist jedoch Verwendung als Bussystem mit bis zu 32 Teilnehmen. Mit Kaskadenschaltung (Hub-Schaltung) erweiterbar. Sendeberechtigung im Busbetrieb wird über Token gesteuert, z.B. bei PROFIBUS.

USB-Centronics

Stecker 25-polig/9-polig

Schnittstellenkonverter

Schnittstellenkonverter (Auswahl)

USB – V.24 (RS232) USB – SATA USB – Centronics USB – SCSI USB – RS422 USB – RS485 USB – Firewire USB – PS2 USB – RJ45 (Ethernet)	D-Sub: Stecker 25-polig zu Buchse 9-polig D-Sub zu RJ11/RJ12/RJ45 PCMCIA zu USB/Firewire/SATA USB zu SD

SATA: Schnittstelle bei Festplatten, Centronics: Parallelschnittstelle zu Druckern (alt), SCSI: Schnittstelle z.B. Scanner (alt), SD: Schnittstelle für Speicherkarten (Memory Cards).

Betriebssystem Windows Operating System Windows

Aufgabe	Aktionen	Bemerkungen
Programme (Apps) starten	Kachel oder rechte Maustaste klicken → Alle Apps → Programm anklicken	Start (Kachel-Darstellung) ist aus allen Anwendungen heraus anklickbar, Maus in linke untere Bildschirmecke.
Bildschirmschoner einstellen	Desktop-Kachel → mit rechter Maustaste in leeren Bildschirm klicken → Anpassen → Bildschirmschoner	Die Art des Bildschirmschoners sowie dessen Aktivierungszeit können ausgewählt werden.
Datum, Uhrzeit einstellen	Apps → Systemsteuerung → Zeit Sprache Region → Datum u. Uhrzeit	Datum, Uhrzeit verändern durch Anklicken. Auch durch Klick auf Zeit in Taskleiste.
Neuen Ordner anlegen	(Apps → Explorer) gewünschte Ordnerposition anklicken mit rechter Maustaste → Neu → Ordner	Ordner werden auch als Verzeichnis bezeichnet. Durch Anklicken des Textrahmens Neuer Ordner kann ein Name vergeben werden.
Ordner kopieren	Explorer öffnen → gewünschten Ordner anklicken → rechte Maustaste drücken und gedrückt das Zielverzeichnis anfahren → Maustaste loslassen → Kopieren	Alle im Ordner enthaltenen Dateien werden mitkopiert. Durch Markieren von mehreren Ordnern können mehrere Ordner samt Dateien auf einmal kopiert werden.
Datei kopieren	Explorer öffnen → gewünschten Ordner anklicken → zu kopierende Datei anklicken → rechte Maustaste drücken und gedrückt das Zielverzeichnis anfahren → Maustaste loslassen → Kopieren	Sollen mehrere Dateien kopiert werden, sind diese zu markieren, z.B. durch Shift-Taste und Cursor-Taste abwärts. Mit gedrückter Maustaste Cursor ins Zielverzeichnis ziehen, alle diese Dateien werden dann kopiert.
Datei verschieben	Explorer öffnen → gewünschten Ordner anklicken → zu verschiebende Datei anklicken → linke Maustaste drücken und gedrückt in Zielverzeichnis	Beim Verschieben einer Datei in einen anderen Ordner wird die Datei im ursprünglichen Ordner gelöscht.
Datei löschen	Explorer öffnen → gewünschten Ordner anklicken → zu löschende Datei anklicken → Datei → löschen	Die Datei wird zunächst in den Papierkorb geschoben und muss zur vollständigen Löschung dort nochmals gelöscht werden.
Programm-Icon auf Desktop bringen	Explorer öffnen → gewünschten Ordner → zu verschiebende Datei anklicken → linke Maustaste drücken und gedrückt Desktop anfahren, Maustaste loslassen	Hier wird eine Datei in den Ordner Desktop verschoben. Die in Desktop befindlichen Dateien erscheinen mit Symbol auf dem Desktop-Bildschirm.
Software installieren, deinstallieren	Apps → Systemsteuerung → Programme → Installieren von Programmen bzw. → Programme deinstallieren	Aus einer Programmliste können z.B. Programme entfernt werden. Systemsteuerung: Maus in rechte Bildschirmecke (Charm-Leiste) → Einstellungen → Systemsteuerung
Drucker installieren Geräte installieren	Apps → Systemsteuerung → Hardware und Sound → Drucker hinzufügen bzw. → Gerät hinzufügen	Oft muss nur die gelieferte CD gestartet werden, dann dem Dialog folgen bis der Treiber installiert ist.
MS-DOS-Modus aktivieren	Apps → Eingabeaufforderung	MS-DOS-Modus danach aktiv. MS-DOS-Modus beenden durch Eingabe exit, dann Return-Taste.
Netzwerk verbinden, trennen	Apps → Systemsteuerung → Netzwerk und Internet → Verbindung mit Netzwerk herstellen	Mit Trennen (Netzanwahl mit rechter Maustaste) erfolgt das Trennen.

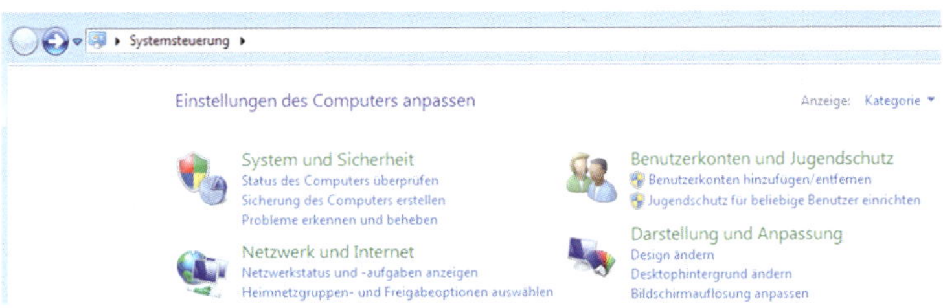

Programme im Betriebssystem Windows

Charm-Leiste

Elemente von Windows-Benutzeroberflächen
Elements of Windows User Interfaces

Element	Erklärung	Bemerkungen
 **Menü**	Die auswählbaren Menüs, z.B. Datei, Bearbeiten, sind in einer Menüleiste angeordnet.	Durch Überfahren und Anklicken der Menüs mit der Maus klappen die Menüs auf. Dieses dann aufklappende Feld wird als Pull-Down-Menü bezeichnet.
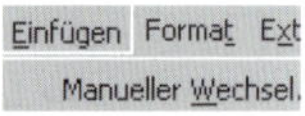 **Menüpunkt**	Nach Anklicken eines Menüs in einer Menüleiste kann ein Menüpunkt, z.B. Manueller Wechsel, angeklickt werden.	Menüpunkte sind in Pull-Down-Menüs enthalten.
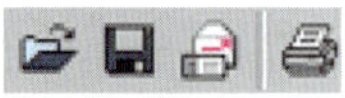 **Symbolleiste**	In der Symbolleiste sind anklickbare Symbole als Schaltflächen dargestellt. Für viele auszuführenden Funktionen gibt es Symbole.	Durch Anklicken der Schaltfläche Diskette wird die aktuell in Bearbeitung befindliche Datei auf das zuvor angewählte Laufwerk abgespeichert.
 **Button**	Ein Button (engl. button = Knopf) ist eine anklickbare Befehlsschaltfläche zum Ausführen einer Aktion.	Die bekanntesten Buttons gibt es für OK, Abbrechen, Hilfe.
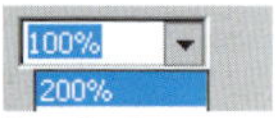 **Combo-Box**	Eine Combo-Box (Kombinationsfeld) enthält Variationen zum Auswählen. Nach Anklicken der Pfeilspitze klappt ein Auswahlfeld zum weiteren Anklicken auf.	Combo-Boxen gibt es z.B. zur Auswahl der Schriftart, des Schriftgrades oder des Zoomfaktors.
 **Bildlaufleiste**	Mittels Bildlaufleisten können Inhalte von Fenstern (Windows) gescrollt (von engl. scroll = Liste) werden, d.h. nach oben oder unten geschoben werden.	Es gibt Bildlaufleisten für waagrechtes und senkrechtes Scrollen.
 **Checkbox**	Mit Checkboxen kann eine Auswahl von verschiedenen Möglichkeiten getroffen werden. Durch Anklicken wird in ein kleines Quadrat ein Haken gesetzt.	Von den angebotenen Auswahlmöglichkeiten können mehrere gleichzeitig angeklickt werden und sind somit angewählt.
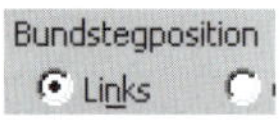 **Optionsfeld**	Mit Optionsfeldern kann eine Auswahl von sich ausschließenden Möglichkeiten getroffen werden. Durch Anklicken wird in einen kleinen Kreis ein Punkt gesetzt.	Von den angebotenen Auswahlmöglichkeiten kann nur eine angeklickt werden, z.B. bei der Papierformatauswahl entweder Hochformat oder Querformat.
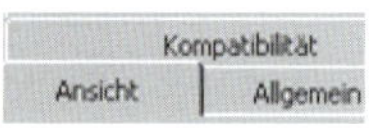 **Register**	Register (Registerkarten mit Reiter) werden verwendet, wenn sich unter einem Menüpunkt weitere Möglichkeiten zum Auswählen und Einstellen ergeben.	Register sind eine karteikartenähnliche Bildschirmdarstellung. Jede Registerkarte besitzt einen Registerreiter zu ihrer Kennzeichnung. Durch Anklicken der Registerreiter werden die Registerkarten ausgewählt.
 **Bezeichnungsfeld**	Ein Bezeichnungsfeld steht neben einem vom Benutzer mit Angaben zu versorgenden Feld und enthält dessen Benennung (Bezeichnung).	Die Benennung eines Bezeichnungsfeldes kann vom Anwender (Benutzer) nicht verändert werden.
 **Listenfeld**	Ein Listenfeld enthält einen Zahlenwert, der durch Anklicken der Pfeilspitzen um einen immer gleichen Betrag verändert werden kann.	In das den Zahlenwert ausweisende Feld kann nach Anklicken auch direkt ein Zahlenwert eingeschrieben werden.
 **Textfeld**	In ein Textfeld kann der Benutzer einen beliebigen Text eintragen.	Textfelder sind wegen der Verständlichkeit meist mit Bezeichnungsfeldern kombiniert.
 **Rahmenfeld**	Rahmenfelder besitzen eine Bezeichnung und umrahmen einen inhaltlich zusammengehörenden Fensterteil.	Die Bezeichnung des Rahmenfeldes kann vom Anwender nicht verändert werden.
 **Icon**	Als Icon bezeichnet man ein kleines, anklickbares grafisches Symbol auf dem Bildschirm.	Durch Anklicken des Icon (stilisierte Abbildung eines Gegenstandes) wird ein Programm gestartet.
 **Hyperlinktext**	Das Anklicken eines Hyperlinktextes (hyper = über, hinaus; link = Verbindung) erzeugt einen Sprung zu einem Programm, einem Text oder einer Grafik.	Hyperlinktexte sind meist in einer anderen Farbe als der Textfarbe innerhalb eines Textes dargestellt. Bei Überfahren des Hyperlinktextes verändert sich das Cursorsymbol z.B. in eine Hand.

Netze der Informationstechnik Networks of Information Technology

Topologie (Netzform)	Anwendungen	Bemerkungen
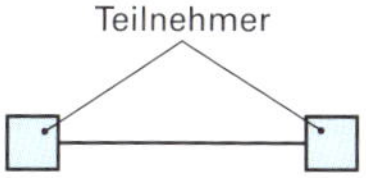 **Punkt-zu-Punkt-Verbindung**	Computertechnik: Von Computer 1 zu Computer 2, von Computer zu Peripheriegerät, von NC (numerische Steuerung) zu PC (Personalcomputer), von PC zu SPS (Speicherprogrammierbare Steuerung). Telekommunikation: Von Sprechstelle 1 zu Sprechstelle 2.	Technisch am einfachsten zu realisieren. Je nach Schnittstellen mehr oder weniger begrenzter Datenübertragungsweg, z.B. bei V.24-Schnittstelle gesichert bis 30 m. In der Telekommunikation werden ständig bestehende Punkt-zu-Punkt-Verbindungen als Standverbindungen bezeichnet.
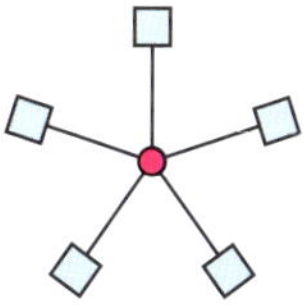 **Sternstruktur**	Computertechnik: Mehrere Computer sind über einen Sternkoppler (Switch oder Hub) gekoppelt. Telekommunikation: Von Teilnehmer 1 bis Teilnehmer *n*. Zentrale Einheit: Vermittlungsstelle.	Alle Teilnehmer sind durch eine eigene Übertragungsleitung mit einer zentralen Einheit verbunden. Abhängig von deren Leistungsfähigkeit erhalten die Teilnehmer zyklische (aufeinander folgende) Übertragungsberechtigungen oder werden über den Sternkoppler ähnlich einer Telefonverbindung durchgeschaltet. Nachteil: hoher Leitungsaufwand.
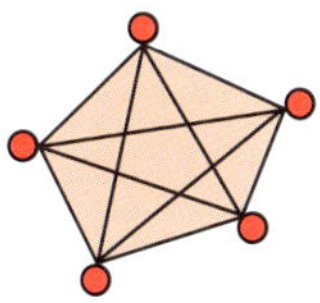 **Maschenstruktur**	Computertechnik: Im Internet. Telekommunikation: Für Vermittlungsstellen vorkommend, nicht für Teilnehmer. Vernetzung der Zentralen Vermittlungsstellen (ZVSt).	Die Maschenstruktur ist nur sinnvoll, wenn aufgrund umfangreicher Datenübertragungen die Leitungen stark benützt werden. Vorteil: kürzest mögliche Verbindungswege sowie große Ausfallsicherheit. Nachteil: hoher Leitungsaufwand, aufwendige Erweiterung.
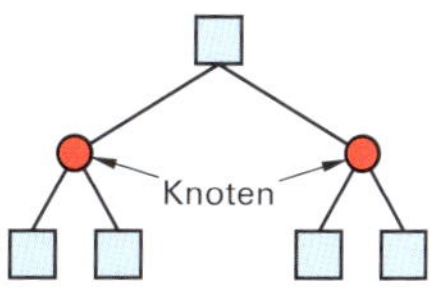 **Baumstruktur**	Computertechnik: Knoten sind Computer, Hubs, Router oder Switches. Telekommunikation: Die Vermittlungsstellen stellen Knoten dar. Netz des Selbstwähldienstes der Telekom.	Hierarchische (nach Rangordnung gegliederte) Systemstrukturen sind sichergestellt. In der Computertechnik dezentrale Ausführung der Anwendungen. Netzsegmentierung ist möglich (siehe kaskadierte Baumstruktur).
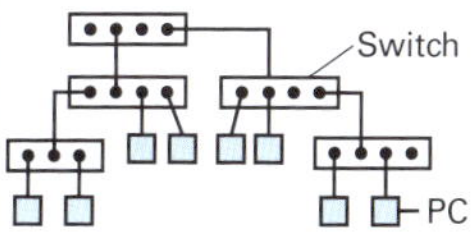 **Kaskadierte Baumstruktur**	In der Computertechnik Aufbau von LANs (Local Area Network). Die Endgeräte (PC) sind z.B. an Switches oder Hubs angeschlossen. In diesen ist das Buszugriffsverfahren realisiert, z.B. beim Ethernet.	Die Verbindung der Switches oder Hubs untereinander erfolgt meist über LWL (Glasfaserleiter). Die Anbindung der Endgeräte erfolgt über Twisted-Pair-Leitungen. Die Kaskadierung ermöglicht eine Netzsegmentierung.
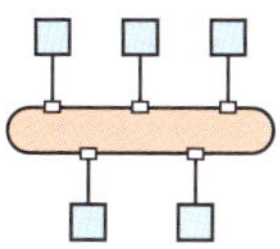 **Ringstruktur**	Computertechnik: Angeschlossen sind Computer 1 bis Computer *n* oder PC 1 bis PC *n*, z.B. beim Tokenring, FDDI-Ring oder z.T. Industrial Ethernet. Telekommunikation: Keine Anwendung.	Alle Teilnehmer sind ringförmig miteinander verbunden und wiederholen jeweils die Nachrichten zum Nachbarn. Weite Übertragungswege sind somit möglich. Nachteil: Es kann immer nur ein Teilnehmer senden.
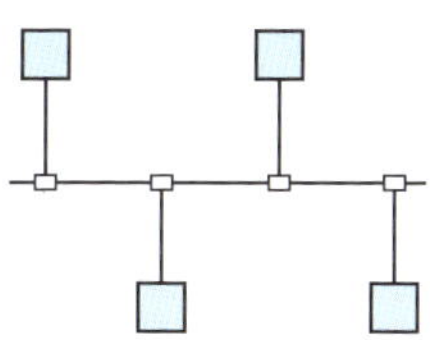 **Busstruktur**	Computertechnik: Mikroprozessorbusse: Datenbus, Adressbus, Steuerbus. Prozessbus, Feldbus, z.B. AS-i-Bus, CAN. Serielles LAN, z.B. Ethernet für Vernetzung PC, NC, SPS. Praxisgerecht siehe kaskadierte Baumstruktur Telekommunikation: ISDN ab Netzabschluss zum ISDN-Endgerät.	Die Teilnehmer sind durch einen gemeinsamen Übertragungsweg verbunden. Über definierte Buszugriffsverfahren müssen sich die Teilnehmer zur Datenübertragung anmelden. Vorteil: rasche Datenübertragung bei hoher Ausfallsicherheit. Neue Teilnehmer lassen sich einfach zuschalten. Nachteil: Es kann immer nur ein Teilnehmer senden.

Komponenten für Datennetze 1 Components for Data Networks 1

Bezeichnung	Erklärung	Bemerkungen, Anwendung, Daten
AUI-Anschluss	Von Access Unit Interface = Zugriff-Einheit-Schnittstelle.	Spezielle Steckverbindung von Datengeräten.
Balun (Mehrzahl Balune)	Von Balanced/unbalanced. Modul zur Impedanz-Anpassung	Ursprünglich Modul zum Übergang von Koax zu Twisted Pair.
Bridge	Von bridge = Brücke. Eine Bridge kann zwei LAN-Segmente miteinander verbinden oder ein LAN in zwei Segmente teilen.	Sobald die Bridge mit dem Netzwerk verbunden ist, lernt sie automatisch dessen Adressen. Bridges sind protokollunabhängig, sodass sie Daten übertragen, z. B. zwischen PCs.
Elektronischer Switch (elektronisch wirkender Mehrstellen-schalter)	Von switch = Schalter. Umschaltvorgänge laufen über Halbleiterbauteile, z. B. Transistoren. Umschalten kann über Computer, Modem oder Tastentelefon erfolgen.	Ein codegesteuerter Switch ermöglicht einem Gerät die Steuerung von z. B. 64 Geräten. Beim Matrix-Switch kann jeder Port mit jedem anderen Port verbunden werden. Ein Matrix-Switch ermöglicht mehr als einem Gerät die Steuerung anderer Geräte, z. B. wenn vier PC sich zwei Drucker und ein Modem teilen.
Ethernet-Switch	Der Ethernet-Switch übernimmt die Daten und verschickt sie paketweise zur Zieladresse. Sender und Empfänger werden entsprechend ihrer Adressen durchgeschaltet.	Jeder Port am Switch stellt einen Weg mit der vollen Bitrate dar, z. B. 100 Mbit/s, 1 Gbit/s oder 10 Gbit/s. Wegen der Punkt-zu-Punkt-Verbindung treten keine Datenkollisionen auf.
Frame-Relay (Rahmen-Relais)	Das Frame-Relay ist eine Übertragungstechnik. Es multiplext und sendet Daten in Form von Paketen.	Wird in Komponenten wie Bridges, Routers, Switches umgesetzt. Diese ermöglichen Verbindungen zu LANs und WANs.
HDSL-Modem	HDSL von High Bitrate Digital Subscriber Loop = digitale Übertragungs-Schleife mit hoher Bitrate. Ermöglicht Breitbanddienste über vorhandene Kupferleitungen ohne Repeater.	Verfügbar sind Versionen für 2 oder für 3 Aderpaare. Bei Drahtdurchmesser 0,4 mm Reichweite bei 2-Paar-Version z. B. 3,6 km, bei Drahtdurchmesser 1,2 mm und 3-Paar-Version 15,4 km.
Hub	Von hub = Mittelpunkt, Radnabe. Gerät, an das mehrere PC oder PC-Linien angeschlossen werden können. Die zu übertragenden Daten werden ungefiltert an alle angeschlossenen Teilnehmer gesendet.	Beim Repeater-Hub erfolgt zusätzlich eine Regenerierung der zum Hub eintreffenden Signale. Die Signale gehen an alle Teilnehmer.
Konverter	Von to convert = umsetzen. Sammelbezeichnung für Geräte, die Übergänge von einem System in ein anderes erlauben.	Medienkonverter für Übergang von z. B. Glasfaserleitung auf Twisted-Pair-Leitung oder umgekehrt.
Load Balancer	Ist ein Lastverteiler, der Antwortzeiten und Auslastung (Performance) von Netzwerk-Servern beurteilt und Anfragen aus dem Internet zum Server mit aktuell bester Performance weiterleitet.	Die öffentliche Internet-Domain einer Firma ist dem Load-Balancer-Computer zugewiesen. Die eigentlichen Firmen-Web-Server besitzen nach außen nicht bekannte Adressen.
Manueller Switch	Im Wesentlichen mechanisch wirksamer Schalter zum Umschalten ohne Stromversorgung.	Benutzer können sich ein Peripheriegerät teilen oder ein Benutzer kann zwischen zwei Peripheriegeräten wählen.

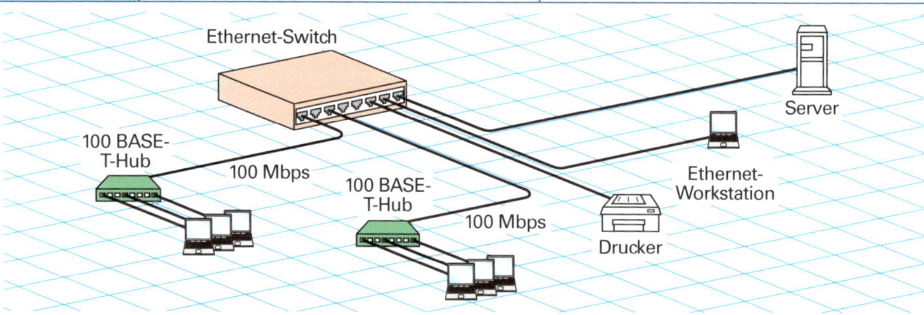

Netzwerk mit Ethernet-Switch und Hubs

Komponenten für Datennetze 2 Components for Data Networks 2

Bezeichnung	Erklärung	Bemerkungen, Anwendung, Daten
Modem	Kunstwort aus Modulator und Demodulator.	Ermöglicht den Anschluss von Digitalgeräten, z. B. PC, an das analoge Telefonnetz.
Multiplexer, lokaler (Mux, lokaler)	In der Datentechnik Gerät, welches das Zeitmultiplexverfahren ermöglicht.	Lokale Muxe machen den Anschluss von z. B. 48 Kanälen über ein einziges Kabel möglich.
Netzwerkkarte (Ethernet-Karte)	Steckkarte für den Steckplatz (Slot = Schlitz) im PC, womit ein Ethernet-Netzwerk ermöglicht wird.	Außer der Netzwerkkarte müssen Software-Treiber installiert werden.
Parallel-Seriell-Konverter	Der Konverter macht einen parallelen Anschluss kompatibel zu einem seriellen Gerät.	Anschluss z. B. eines Druckers mit parallelem Anschluss an einen seriellen Anschluss.
Patchfeld (Rangierfeld)	Ein Umsteckfeld, das dem Anschluss, dem Verteilen und Rangieren (Verändern) von Netzverbindungen dient.	Das Patchfeld erleichtert durch das Umstecken auch den Anschluss von Analysegeräten.
Puffer (Spooler, Cache)	Einrichtung zur zeitweisen Speicherung (Zwischenspeicher). Puffer enthalten RAMs zur Aufnahme und anschließender Ausgabe von Daten. Cache ist ein Zwischenspeicher für oft verwendete Daten.	Ein Puffer sorgt z. B. für den Ausgleich von Geschwindigkeitsunterschieden beim Datenfluss zwischen zwei Geräten. Puffer können serielle und parallele Ports haben.
Router	Von route = Weg. Gerät zur Verbindung verschiedener LANs. Untersuchen Pakete und stellen sie bei Fehlern wieder her, ohne Fehler weiterzugeben.	Multiprotokoll-Router unterstützen eine Vielzahl von LAN-Protokollen. Router müssen konfiguriert und installiert werden.
Repeater	Von to repeat = wiederholen. Gerät, welches Signale regeneriert und so umbildet, dass Netzsegmente miteinander kommunizieren können.	Infolge Signaldämpfung sind Netzsegmente ohne Repeater in der Länge begrenzt, z. B. auf 500 m.
Sharer (Drucker-Switch)	Der Sharer (to share = aufteilen) teilt einem Gerät bis z. B. sechs Geräte zu. Enthält meist einen Puffer.	Print-Sharer ermöglichen den Anschluss von mehreren PC an einen einzigen Drucker.
Terminaladapter Terminaladapter a/b	ISDN-Terminaladapter wandelt die digitalen ISDN-Signale in Signale des anzuschließenden Endgerätes um und umgekehrt. Häufigster Typ ist der Terminaladapter a/b. Mit diesem Adapter können analoge Endgeräte an das ISDN-Netz angeschlossen werden, z. B. Fax oder Telefon.	Terminaladapter mit Bonding (to bond = bündeln) ermöglichen Datenverkehr mit 128 kbit/s durch Bündelung beider 64-kbit/s-Kanäle. Bei der Datenübermittlung im ISDN muss auch der Empfänger mit einem Terminaladapter a/b arbeiten.
Transceiver, Sende-Empfänger	Kunstwort von to transmit = übertragen und to receive = empfangen. Gerät, welches in den Datenweg geschaltet wird, um die Übertragung zu ermöglichen oder zu verbessern.	Z. B. setzen Fiberoptik-Transceiver die elektrischen Signale in Lichtsignale oder Infrarot-Signale zur Übertragung über LWL um und optische Signale der LWL in elektrische Signale.
Verstärker	Gerät, welches die Datenübertragung über längere Strecken als ohne Verstärker ermöglicht, und zwar oft auch bei größeren Bitraten als ohne Verstärker.	Anders als bei einem analogen Signalverstärker sind zusätzlich Signalregenerierer und Konverter enthalten.

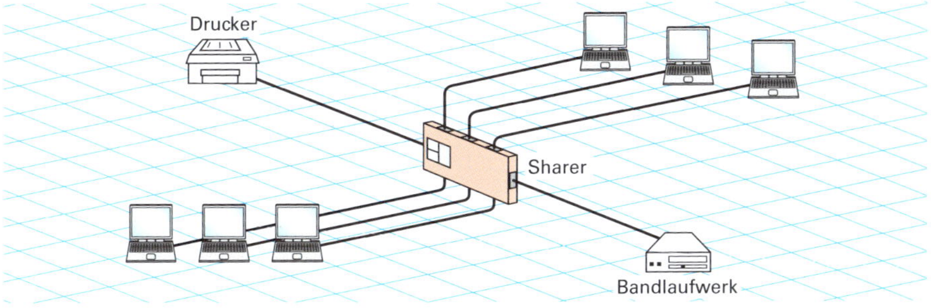

Netzwerk mit Sharer und einem Drucker

Kommunikation bei Ethernet Communication via Ethernet

Begriff	Erklärung	Bemerkungen
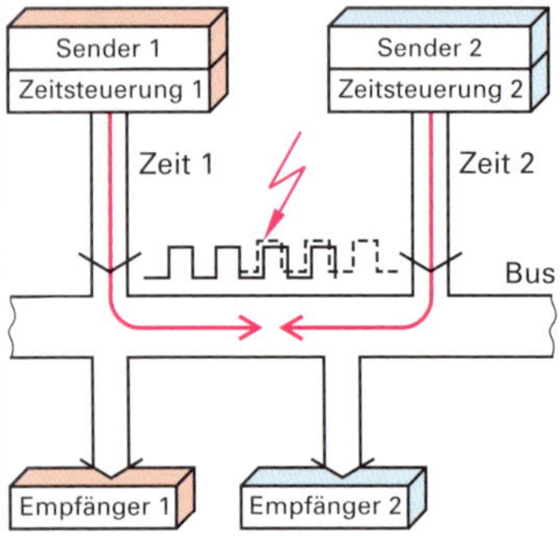 **CSMA/CD-Verfahren**	CSMA/CD steht für Carrier Sense Multiple Acces/Collision Detection (Träger für Vielfachzugriff mit Kollisionserkennung). Die Datenübertragung erfolgt paketweise. Ein gleichzeitiges Senden zweier Busteilnehmer führt zu Datenkollisionen. Die Datenübertragungen werden dann abgebrochen und nach einer mittels Zufallsgenerator im Sender festgelegten Zeit neu gestartet. Durch Bilden von Kollisiondomänen (Teilnehmer in *einem* Netzsegment) werden Datenkollisionen reduziert.	Anwendung bei Ethernet-Netzen, Fast-Ethernet-Netzen und manchen Gigabit-Ethernet-Netzen. Die Bitrate beträgt bei einfachen Ethernet-Netzen 10 Mbit/s, bei Fast-Ethernet-Netzen 100 Mbit/s und bei Gigabit-Ethernet-Netzen 1000 Mbit/s. Beim CSMA/CA-Verfahren (collision avoid = Kollisionsvermeidung) unterbricht nur ein Teilnehmer das Senden. Anwendung beim KNX.
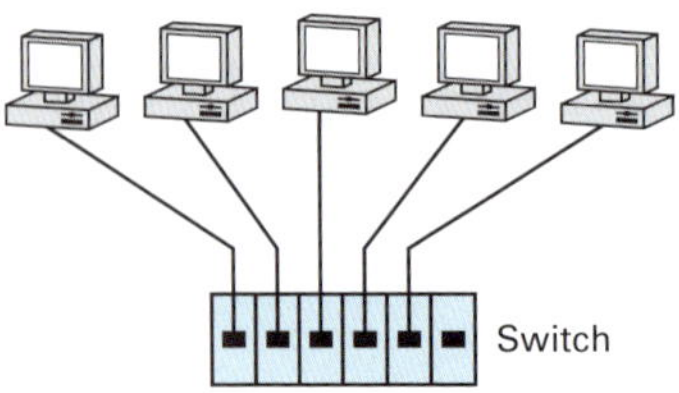 **Switch, Hub**	Ein Switch (switch = Schalter) ist ein Sternkoppler, der Sender und Empfänger entsprechend der Nachrichtenadresse durchschaltet. Das CSMA/CD-Verfahren findet kollisionsfrei im Switch Anwendung. Ein Hub (hub = Speichenrad) reicht im Gegensatz zum Switch die Daten an alle angeschlossenen Computer weiter. Datenkollisionen treten bei Switches keine auf (Punkt-zu-Punkt-Verbindung).	Ein Switch, oft auch als Bridge (bridge = Brücke) bezeichnet, kann Anschlüsse für Twisted-Pair-Leitungen (bis 90 m) 10BASE-T (10 Mbit/s), 100BASE-T (100 Mbit/s), 1000BASE-T (1000 Mbit/s) oder Glasfaserleiter (LWL, bis 2 km) 100BASE-F, 1000BASE-F besitzen.
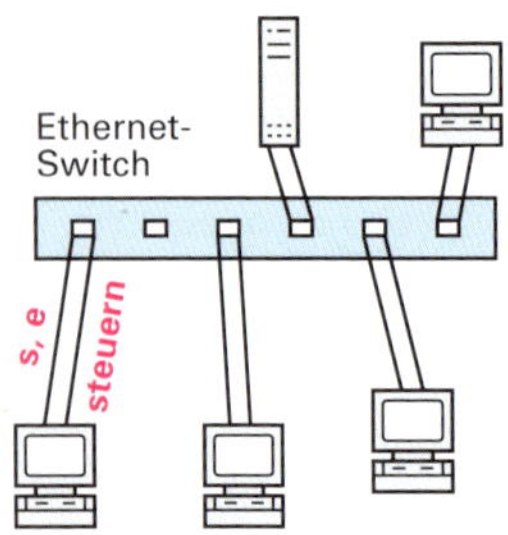 s senden, e empfangen **Switch mit Full-Duplex-Betrieb**	10-Gigabit-Ethernet-Netze und manche Gigabit-Ethernet-Netze arbeiten nicht mit dem CSMA/CD-Zugriffsverfahren. Sie arbeiten im Voll-Duplex-Betrieb und benötigen daher Switches mit der Fähigkeit der Flusskontrolle. Hierbei existiert zusätzlich zum Sende- bzw. Empfangskanal ein Rückkanal zwischen Teilnehmer und Switch zur Synchronisation von Sender und Empfänger. Der Empfänger kann dadurch dem Sender mitteilen, dass sein Datenpuffer z.B. voll ist. Der Sender reduziert daraufhin seine Datenrate.	Für 10-Gigabit-Ethernet kommen nur LWL zum Einsatz: 10GBase-SR 10GBase-SW 10GBase-LR 10GBase-LW 10GBase-ER 10GBase-EW 10GBase-LX4 S/L/E 850/1310/1550 nm. W/R/X serielle WAN-Codierung/serielle Codierung ohne WAN-Anpassung/LAN-Codierung. Je nach LWL werden Reichweiten bis über 40 km erzielt.

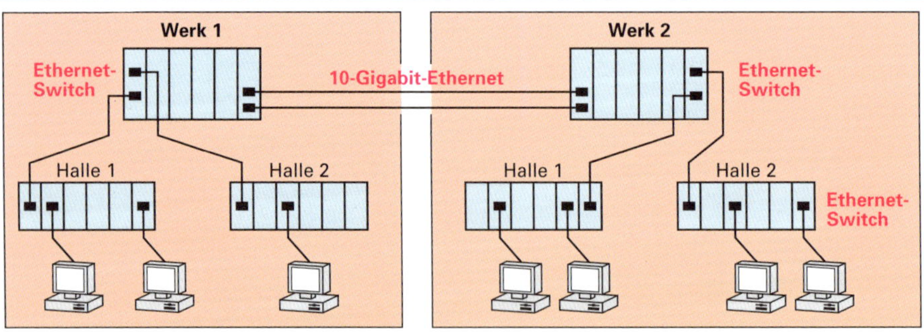

Beispiel einer Ethernet-Vernetzung von Computern über Switches

Errichten eines Ethernet-Netzwerkes Installation of an Ethernet

Ablauf	Erklärung	Bemerkungen
Planung	Erfassen der vorhandenen Computer und der Peripheriegeräte einschließlich der Betriebssysteme. Prüfung, ob Erweiterung geplant werden soll. Danach Festlegung, was in das Ethernet aufzunehmen ist.	Dabei ist zu entscheiden, welche Bestandteile der vorhandenen Einrichtung weiterverwendet, aufgerüstet oder ausgetauscht werden sollen. Leitung festlegen (LWL oder U/UTP bzw. U/FTP oder WLAN, WiFi).
Informations-beschaffung	Informationen über das Ethernet sind vor allem über das *Internet* möglich. Das betrifft allgemeine Informationen über die Technik als auch Informationen über Anbieter von erforderlichen Komponenten.	Vorschlag: Aufruf einer Suchmaschine, z.B. www.google.de, danach Eingabe des Suchbegriffes *ethernet* oder *ethernetanbieter*
Entscheidung über System	Es ist zu klären, ob Leitungsverbindung oder Wireless anzuwenden ist. Für kleine Netzwerke kommen Bustopologie und Sterntopologie in Betracht, für größere nur Sterntopologie. Sterntopologie ist in allen Fällen zu empfehlen.	Anwendung findet z.B. 100 Base TX mit Kupferleitungen U/UTP oder U/FTP der Kategorie mindestens 5, 100 Base FX (Lichtwellenleiter) oder 1000 Base SX. Beim Wireless-Netzwerk werden nur die Access-Points mit Leitungen angeschlossen.
Einholung von Angeboten	Es ist empfehlenswert, für die erforderlichen Komponenten ein schriftliches Angebot einzuholen, und zwar über die Post oder über E-Mail. Bei der Angebotseinholung ist zu klären, welche Software erforderlich ist und wie groß der erforderliche Speicherplatz ist.	Beispiele von Anbietern: www.black-box.de www.rs-components.de www.bb-europe.com www.schukat.com
Beschaffungsbedarf bei Sterntopologie mit Leitungen	Für *n* anzuschließende PCs mit *n* Netzwerkkarten ist als Sternkoppler mindestens 1 Switch bzw. 1 Hub zu beschaffen. Zum Anschluss der *n* PCs an den Sternkoppler sind *n Patchkabel* nötig, die *konfektioniert* (mit Steckern versehen) geliefert werden oder selbst aus Meterware mit speziellem Werkzeug zu fertigen sind. Zum Anschluss von *k* PCs in einem Raum sind *k* Steckdosen RJ45 und 2*k* Patchkabel zum Anschluss an diese nötig. Die Steckdosen sind z.B. mittels U/UTP oder U/FTP mit dem Sternkoppler zu verbinden.	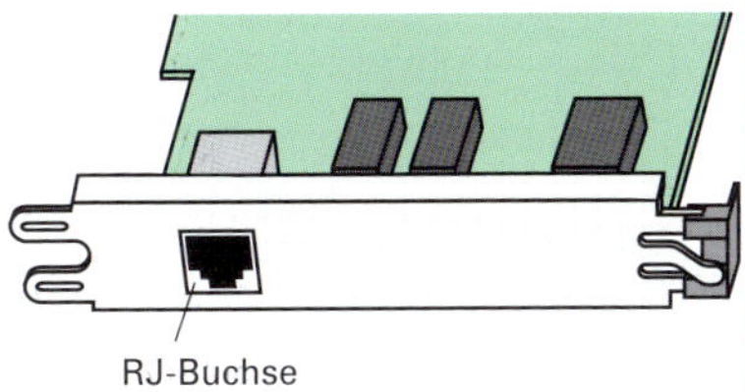 **Anschluss einer RJ45-Netzwerkkarte**
Bestellung	Die Bestellung der Komponenten und bei Bedarf der Software sollte schriftlich erfolgen.	Es ist darauf hinzuweisen, dass gemäß Angebot ein Netzwerkbetrieb möglich sein muss.
Leitungs-verlegung	Die Leitungen zwischen den Steckdosen sollten in einem Elektro-Installationskanal verlegt werden. Das gilt auch für lange Pachtkabel, die wenigstens teilweise im Installationskanal geschützt liegen sollten.	Bei Koaxialleitungen und bei Glasfaserleitungen muss der Biegeradius *r* mindestens das 4-Fache des Leitungsdurchmessers betragen. Koaxialleitungen sind am Ende mit einem Widerstand von 50 Ω abzuschließen.
Inbetrieb-nahme	Alle PCs, Hubs und Switches sind vom 230-V-Netz zu trennen. Danach sind die Steckbuchsen der Patchkabel in die Steckbuchsen der PC zu führen. Anschließend sind die PCs und die Sternkoppler einzuschalten.	Das Einbinden der Netzwerkkarten in das Netzwerk erfolgt menügeführt durch die Software, z.B. das Betriebssystem Windows, oder weitgehend automatisch von selbst bei Plug-and-Play.

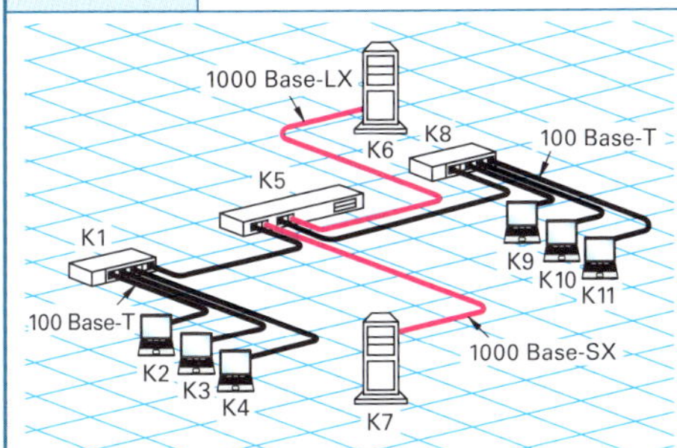

Beispiel eines Ethernet-Netzwerkes

K1 Minihub (kleiner Hub), stapelbar
K2, K3, K4 PCs
K5 Ethernet-Switch
K6 Server 1
K7 Server 2
K8 Minihub, (kleiner Hub), stapelbar
K9, K10, K11 PCs
LX Singlemode LWL, SX Multimode LWL
LWL Lichtwellenleiter, Glasfaserleiter

Der Ethernet-Switch gibt die empfangenen Telegramme nur an den im Telegramm genannten Empfänger bzw. an seinen Sternkoppler, z.B. bei einem Empfänger K2 nur an K1. Die Minihubs jedoch geben alle empfangenen Signale weiter, z.B. K1 an K2, K3 und K4.

Industrial Ethernet Industrial Ethernet

Begriff	Erklärung	Bemerkungen, Strukturen
Industrial Ethernet IE	Industrial Ethernet IE wurde für die Automatisierungstechnik zur Verarbeitung von EA-Signalen geschaffen. Bei allen IE-Arten ist die Anbindung an den Bürobereich sichergestellt. Dadurch können Anlagenzustände von einem Büroarbeitsplatz aus überprüft werden. IE ist aus Sicherheitsgründen oft in doppelt ausgelegter Ringtechnologie ausgeführt.	Für das PROFINET wurde das klassische Ethernet mit seinem TCP/IP-Protokoll (Transmission Control Protocol/ Internet Protocol) um ein Industrieprotokoll erweitert. EA-Daten können damit wesentlich schneller als bei Ethernet übertragen werden. Nicht zeitkritische Daten werden über TCP übertragen. Bei Durchschaltung des IE ins Internet können firmenexterne Servicetechniker sich bei Störfällen von an das IE angeschlossenen Produktionsanlagen mittels Ferndiagnose kundig machen.
PROFINET (process field net)	PROFINET ist eine vollduplexe IE-Variante, an die Automatisierungsgeräte und Feldgeräte sowie über ein Koppelgerät (PROFIBUS-Master mit PROFINET-Anschluss) die Geräte eines PROFIBUS DP angeschlossen werden können. Ein PROFINET-Gerät besitzt einen Anschluss für IE, zusätzlich oft auch einen Anschluss für den PROFIBUS. Ein PROFINET-Gerät besteht aus Steckplätzen, in die Module mit Kanälen zum Einlesen und Ausgeben von Prozessignalen gesteckt werden können. Man unterscheidet PROFINET IO und PROFINET CbA. www.siemens.de	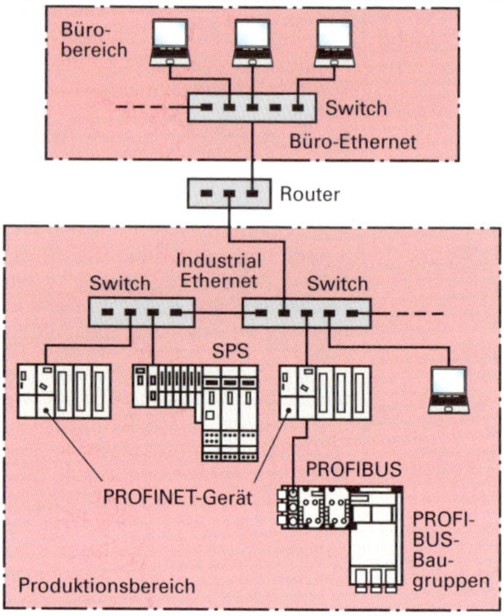
PROFINET IO	PROFINET IO (Input, Output) ermöglicht das Anschließen von Feldgeräten an Ethernet. Die Feldgeräte (IO-Device) sind einer Steuerung (SPS, IO-Controller) zugeordnet. Sie übertragen zyklisch ihre Nutzdaten als Prozessabbild zur Steuerung.	
PROFINET CbA	PROFINET CbA (Component based Automation) findet Anwendung beim Anschluss von programmierbaren Feldgeräten und Automatisierungsgeräten. Die für eine verteilte Automatisierungslösung benötigten Funktionen werden modular programmiert und als Komponenten (Module) ausgeführt.	**Beispiel für PROFINET-Netzwerk** Durch Protokollerweiterungen, z. B. bzgl. Quittierung, Betrieb sicherheitsgerichteter Geräte, z. B. Not-Aus-Taster (PROFISAFE).
Projektierung	Die Projektierung einer Automatisierungsanlage erfolgt z. B. über SIMATIC/STEP 7. Dabei wird das Anwendungsprogramm erstellt und den Geräten werden z. B. Gerätename, IP-Adresse und Ethernet-Subnetz zugeordnet.	Bei PROFINET IO müssen die Kommunikationsverbindungen der Geräte mit ihren MAC-Adressen (Media Access Control, Geräte-Identifikation ab Werk) programmiert, bei PROFINET CbA hingegen können sie grafisch durch Verschaltungslinien markiert werden.
Optisches Netz OSM OLM	Ein optisches Netz wird meist in Sternstruktur oder Ringstruktur aufgebaut. Als Übertragungsmedium dienen Lichtwellenleiter LWL. Durch Ringstruktur wird die Ausfallsicherheit bei Bruch eines LWL erhöht. Das optische Netz wird bei großen Entfernungen oder in elektromagnetisch stark belasteten Produktionsbereichen eingesetzt. Eine Mischung von elektrischen und optischen Netzsegmenten ist möglich. Die von einem Busteilnehmer (Endgerät) gesendeten Datenpakete werden vom optischen *Sternkoppler* OSM an alle anderen Teilnehmer verteilt. Das *Optical-Link-Module* OLM stellt die Verbindung zu dem mit einer elektrischen Schnittstelle ausgerüsteten Automatisierungsgerät (SPS oder PC) her.	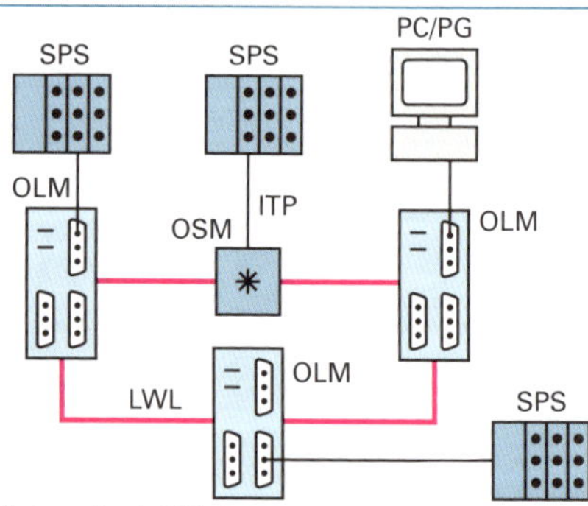 **Netzwerk mit LWL-Komponenten**

ITP Industrial Twisted Pair, OLM Optical Link Module, OSM Optical Switch Module, PG Programmiergerät

Signalübertragung Signal Transmission

Übertragungsfaktoren und Übertragungsmaße

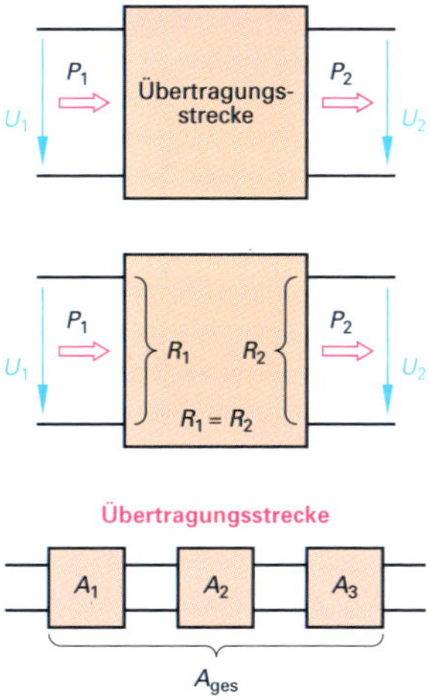

Übertragungsfaktoren

D Dämpfungsfaktor
V Verstärkungsfaktor
U Spannung

Übertragungsmaße

A Dämpfungsmaß in dB (Dezibel)
G Verstärkungsmaß in dB
U Spannung
A_1, A_2, ... Einzeldämpfungsmaße

Indizes bei *P* und *U*:

1 aufgenommene
2 abgegebene

Indizes bei *A, D, G, V*

p Leistungs-
u Spannungs-

$$D_p = \frac{P_1}{P_2} \quad (1)$$

$$D_u = \frac{U_1}{U_2} \quad (2)$$

$$V_p = \frac{P_2}{P_1} \quad (3)$$

$$V_u = \frac{U_2}{U_1} \quad (4)$$

$$A_p = 10 \cdot \lg \frac{P_1}{P_2} \quad (5)$$

$$A_u = 20 \cdot \lg \frac{U_1}{U_2} \quad (6)$$

$$G_p = 10 \cdot \lg \frac{P_2}{P_1} \quad (7)$$

$$G_u = 20 \cdot \lg \frac{U_2}{U_1} \quad (8)$$

$$A_{ges} = A_1 + A_2 + A_3 + \ldots \quad (9)$$

Verstärkungsmaße in der Übertragungsstrecke werden durch negative Dämpfungsmaße berücksichtigt: $G = -A$

Dämpfungsmaße

Dämpfungsmaß *A*	$D_p = P_1/P_2$	$D_u = U_1/U_2$	Dämpfungsmaß *A*	$D_p = P_1/P_2$	$D_u = U_1/U_2$
0 dB	1 : 1	1 : 1	6 dB	3,98 : 1	2,0 : 1
1 dB	1,26 : 1	1,12 : 1	7 dB	5,01 : 1	2,24 : 1
2 dB	1,58 : 1	1,26 : 1	8 dB	6,31 : 1	2,51 : 1
3 dB	2,00 : 1	1,41 : 1	9 dB	7,94 : 1	2,82 : 1
4 dB	2,51 : 1	1,58 : 1	10 dB	10,00 : 1	3,16 : 1
5 dB	3,16 : 1	1,78 : 1	11 dB	12,59 : 1	3,55 : 1

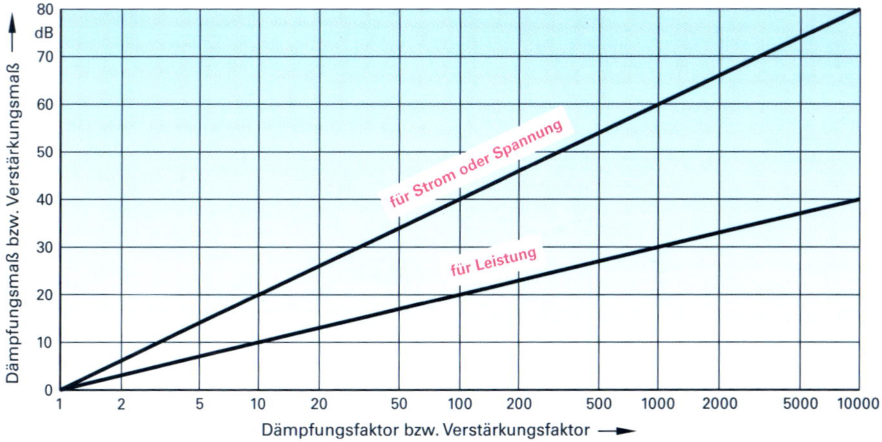

Pegel

Unter **Pegel** (Leistungs- oder Spannungspegel) versteht man das logarithmische Verhältnis einer Signalgröße zu einer Bezugsgröße (festgelegte Leistung oder Spannung).

Für Antennenanlagen verwendet man den Spannungspegel in dBµV bzw. dB(µV) an 75 Ω.

L_p Leistungspegel in dBmW
P Leistung in mW
P_0 Bezugsleistung in mW
L_u Spannungspegel in dBµV
U Spannung in µV
U_0 Bezugsspannung in µV an 75 Ω

$$L_p = 10 \cdot \lg \frac{P}{P_0} \quad (10)$$

$$L_u = 20 \cdot \lg \frac{U}{U_0} \quad (11)$$

Datenübertragung mittels Funk Wireless Data Transmission

Art	Erklärung, Prinzip	Bemerkungen
Eigenschaften elektromagnetischer Wellen		
Entstehung	Jeder Wechselstom ruft ein sich änderndes Magnetfeld und damit ein elektrisches Feld hervor. Beide zusammen bilden ein elektromagnetisches Feld.	Das elektromagnetische Feld wird umso leichter wellenförmig abgestrahlt, je höher die Frequenz des erregenden Stromes ist.
Frequenzen der Funkdatenübertragung	Es werden immer Frequenzen im ISM-Band (ISM von Industrial Scientific Medicine) von etwa 434 MHz, 868 MHz und von etwa 2,5 GHz verwendet.	Funkbus der Elektroinstallation 434 MHz und 868 MHz, Bluetooth 2,4 GHz bis 2,48 GHz, Wireless LAN 2,483 GHz. Bitraten z.B. 10 Mbps = 10 Mbit/s
Ausbreitung der Wellen	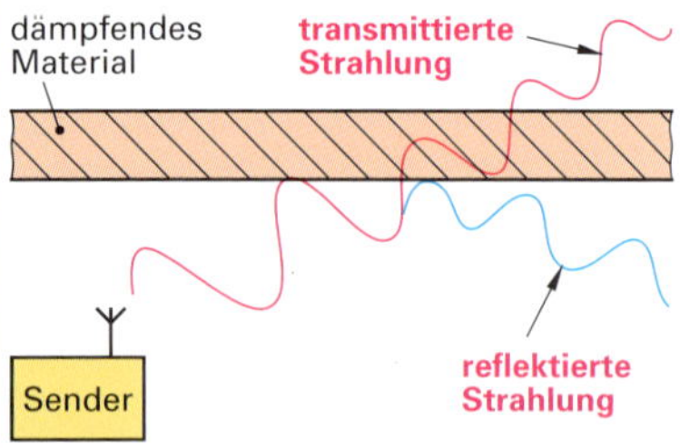	**Ausbreitung:** Im freien Raum direkte (gradlinige) Strahlung, an leitenden Wänden, z.B. Beton, durchgeleitete (transmittierte) Strahlung und an leitenden Flächen durch Reflexion reflektierte Strahlung. **Dämpfung** durch leitende Körper ist umso stärker, je besser die Leitfähigkeit ist. **Metall:** Direkte Strahlung wird abgeschirmt, starke Reflexion.
Folgen von Reflexion	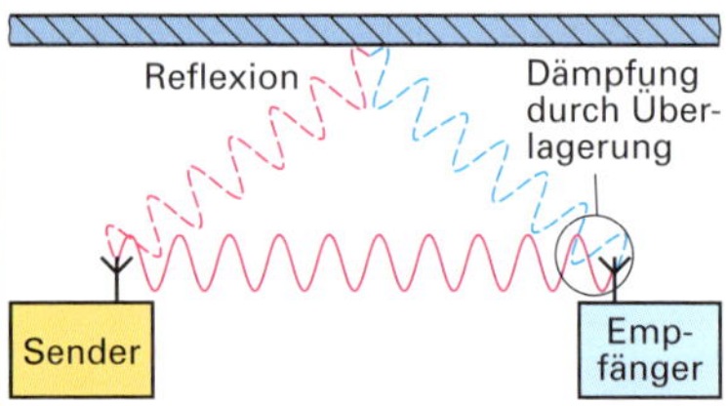	*Dämpfung* des Signals, wenn am Empfangsort transmittierte und reflektierte Welle gegenphasig sind. *Verstärkung* des Signals, bei gleicher Phasenlage. Es ist nicht vorhersagbar, ob Dämpfung oder Verstärkung eintreten.
Anwendungen		
Nahbereich meist bis etwa 10 m	Bluetooth, insbesondere zum Anschluss von Peripheriegeräten an den PC.	Im Prinzip auch für Entfernungen bis 100 m. Entscheidend ist, wie Wände, Decken und Fußböden beschaffen sind (Dämpfung).
Mittelbereich bis etwa 100 m	Elektroinstallation mit Funktechnik, z.B. zur Raumüberwachung.	Je nach Hersteller verschieden genannt, z.B. Funkbus, Funk-Management (Seite 153).
Fernbereich bis 100 km	Wireless-LAN (WLAN) z.B. zur Funk-Erweiterung von Ethernet, auch WiFi genannt.	siehe folgende Seite WiFi von Wireless Fidelity

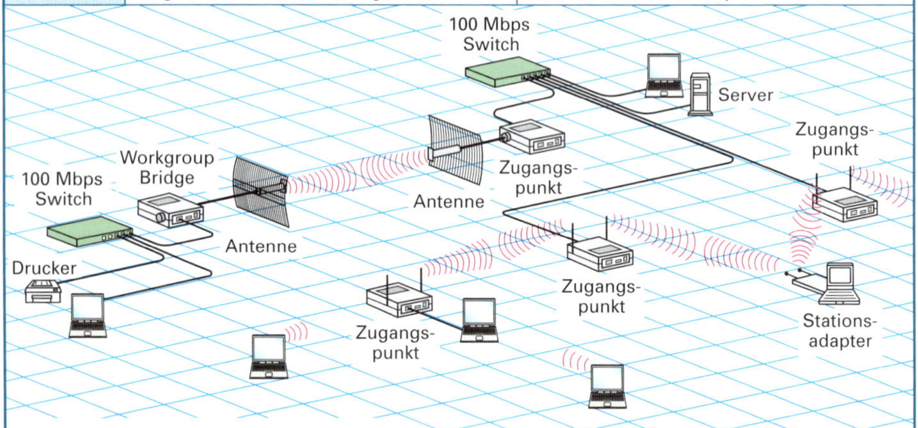

Kabellose Datenübertragung mit Funk-Bridges

Funk-LAN Wireless LAN

Begriff	Erklärung	Ansichten
LAN WLAN	*LAN* (von Local Area Network = Netz für lokalen Bereich) dient zum Vernetzen von IT-Geräten, meist als Ethernet. *Wireless LAN* (WLAN, drahtloses LAN) verbindet die Geräte über Funkwellen, die über Antennen gesendet und empfangen werden.	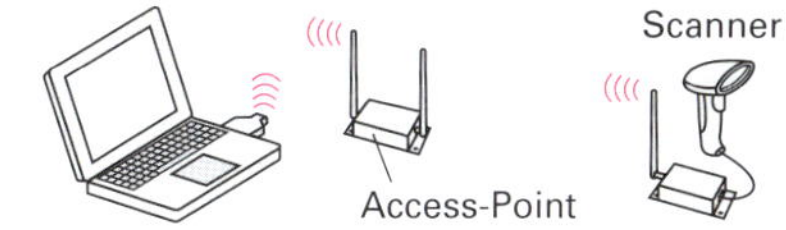 **Prinzip von WLAN**
Access-Point Modem ISM-Band Kanäle Bandbreite Frequency Hopping Sicherheit	Der *Access-Point* (auch Hotspot) arbeitet als *Modem* (Modulator und Demodulator), das die über die Leitung, z. B. einen seriellen Bus, aufgenommenen Signale moduliert, verstärkt und über die Antenne sendet oder die über die Antenne aufgenommenen Signale demoduliert, verstärkt und über eine Leitung an das angeschlossene Gerät abgibt. Der Access-Point arbeitet im *ISM-Band* (ISM von Industrial Scientific Medicine) bei 2,4 GHz. Das ist ein lizenzfreies Band von 2,4 GHz bis 2,48 GHz. Dieses Band ist in mehrere Kanäle, mit einer *Bandbreite* von etwa 1 MHz = 0,001 GHz unterteilt. Es wird *Frequency Hopping* (Frequenzsprungverfahren) angewendet. Dabei wechselt der sendende Access-Point in rascher Folge die Sendefrequenz und teilt die nächste Frequenz dem empfangenden Access-Point mit. Dadurch wird die *Sicherheit* der Übertragung erhöht.	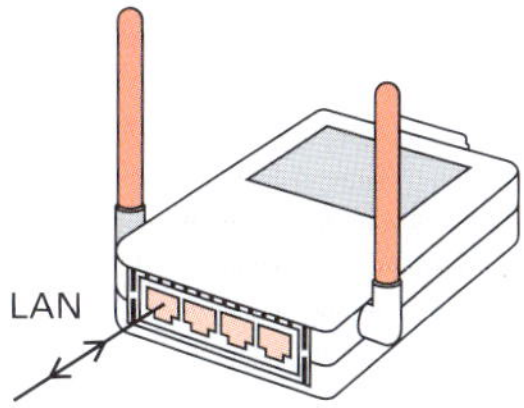 **Access-Point mit 4 Ports RJ 45** 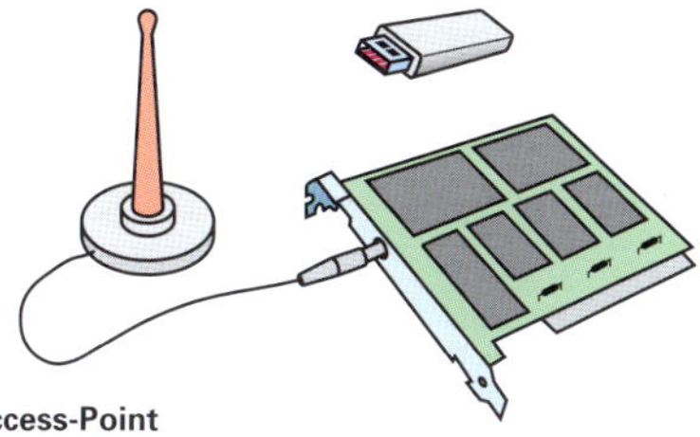 **Access-Point (Netzwerkskarte mit Antenne oder USB-Stick)**
Funk-Bridge Wired Ethernet Konfigurierung Software	Die Signalübertragung kann über Funk auch zu einer speziellen *Funk-Bridge* mit Antenne erfolgen. Diese kann mehrere Geräte, z. B. PCs, an ein *Wired Ethernet* (verdrahtetes Ethernet) anbinden. Die *Konfigurierung* (Programmierung der Anlage) erfolgt mittels der *Software*, die beim Bezug der Funk-Bridge bzw. des Access-Points vom Gerätehersteller als CD geliefert wird.	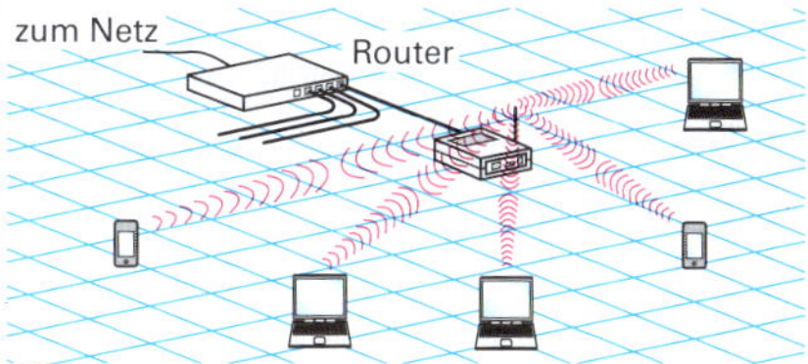 **Funk-LAN mit Bridge**
Antenne Rundstrahlantenne Richtantenne Windwiderstand Reichweite Bitrate dB (Antennengewinn)	Die *Reichweite* eines bestimmten Gerätetyps ist je nach verwendeter *Antenne* verschieden. Am kleinsten mit z. B. 100 m ist sie bei einer am Access-Point angebauten Rundstrahlantenne. *Richtantennen* erhöhen die Reichweite beträchtlich bis zu mehreren Kilometern. Sie bestehen aus gekrümmten Gitterstäben in parabelähnlicher Form. Man verwendet Stäbe anstelle von Blech, um den Windwiderstand klein zu halten. Die *Bitrate* ist beim selben Gerät umso größer, je kleiner die Entfernung ist. Sie beträgt je nach Gerätetyp und Antenne von etwa 200 kbit/s bis z. B. 150 Mbit/s.	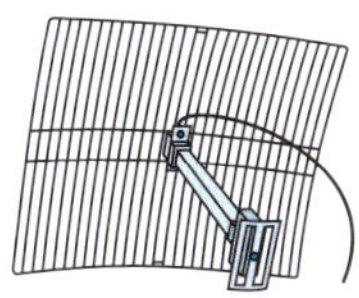 **Antenne für Funk-LAN (Beispiel)** 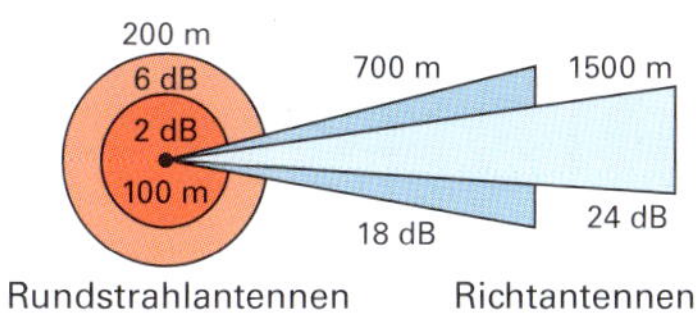 **Reichweiten beim Funk-LAN (Beispiel)**

Identifikationssysteme Identification Systems

Merkmal	Erklärung	Bemerkungen
Barcodesysteme		
Barcode-Scanner Barcode-Generator	Barcodes (bar = Strich) werden mittels Lesestiften mit eingebauten LEDs und Fotosensoren oder mittels CCD-Scannern (Charge Coupled Device = ladungsgekoppeltes Element) erfasst und über Computer ausgewertet. Bei CCD-Scannern erfolgt die Barcodeerfassung optisch, z.T. unterstützt mit sichtbarem Rotlicht. Bei anderen Scannern bescheint die interne Lichtquelle, z.B. Laser mit 670 nm, den Barcode. Die hellen Lücken werden reflektiert, die dunklen Striche absorbiert. Entsprechend werden verschieden starke elektrische Signale verschiedener Zeitdauer erzeugt. Diese werden decodiert und softwaremäßig ausgewertet.	Die Scanner und benötigten Drucker sind z.B. über die Schnittstellen RS 232, RS 422, USB oder Bluetooth an einen Computer anschließbar. Software zur Erfassung und Erzeugung (Generierung) ist über Internet beziehbar, z.B.: www.will-software.com; www.barcode.tec-it.com **Technische Daten (Beispiele)** CCD-Scanner: 270 Scans/s, Scanfeldbreite 200 mm, Lesedistanz 350 mm, min. Strichcodebreite 0,076 mm, CCD-Sensor 2 048 Pixel. Laser-Scanner: 40 Scans/s, Scanfeldbreite bis 700 mm, Lesedistanz bis 2 m, min. Strichcodebreite 0,08 mm.
Eindimensionaler Barcode	Beim eindimensionalen (linearen) Barcode werden numerische oder alphanumerische Zeichen verschlüsselt durch verschieden breite Striche und Lücken entsprechend den Binärzeichen 1 und 0 dargestellt, z.B. im Format JPEG. Bekannt ist der EAN-Code (European Article Number) mit z.B. 13 Stellen einschließlich einer Prüfstelle oder der Code 2/5 Interleaved.	Anwendungen finden Barcodes insbesondere auf Fördereinheiten, Lieferscheinen, Lagerzetteln, Ausweisen oder Etiketten auf Komponenten. Der Leseabstand meist unter 2 m. 7 61 6500 01260 8 **Beispiel eines EAN-Codes**
Zweidimensionaler Barcode	Beim zweidimensionalen Matrix-Code (Data Matrix Code, QR-Code) werden die Informationen sehr kompakt sowohl in horizontaler als auch in vertikaler Richtung verschlüsselt, z.B. für 2 000 Zeichen. Er ist in allen Richtungen lesbar.	**Beispiele QR-Code Matrix-Code**
RFID-Systeme		
Technologie	Ein RFID-Transponder (RFID von Radio Frequency Identification, transponder von transmitter = Sender und responder = Antwortsender, abfragbarer Datenträger) besteht aus einer Antenne, einem analogen Schaltkreis zum Empfangen und Senden sowie einem digitalen Schaltkreis und einem Speicher bis zu 1 MB. Die gespeicherten Daten werden über Funk ausgelesen. Im Betrieb werden Geräte zum Lesen und ggf. Schreiben benötigt.	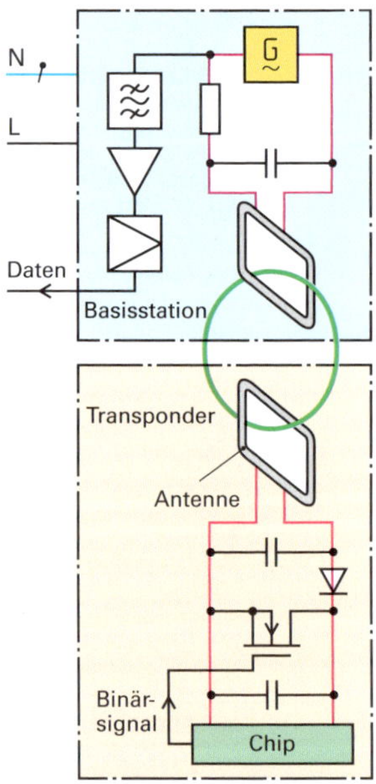
Energieversorgung	Man unterscheidet Transponder mit und ohne eigene Energieversorgung. Kleine batterielose Funkchips erhalten ihre Versorgungsspannung aus den Funksignalen der Basisstationen. Die Daten im Transponder können dann nur gelesen werden. Batteriebetriebene Transponder können sowohl gelesen als auch beschrieben werden. Sie befinden sich normalerweise im Ruhezustand, d.h., sie senden keine Informationen aus. Wird ein Aktivierungssignal empfangen, aktiviert es den Sender im Transponder.	
Frequenzbänder	Anwendung finden Frequenzen im Bereich 30 kHz bis 500 kHz mit Reichweiten bis 1 cm, Frequenzen von 10 kHz bis 15 MHz mit Reichweiten bis 1 m und Frequenzen von 850 MHz bis 950 MHz oder 2,4 GHz bis 2,5 GHz mit Reichweiten bis 30 m.	
Anwendungen	Produktkennzeichnungen im Einzelhandel und in automatisierten Transportanlagen, Werkzeugkennzeichnungen, Tierkennzeichnungen, Patientenkennungen, Chipkarten für Zugangskontrollen, Mautsysteme. Die Baugrößen reichen von wenigen Millimetern bis zu einigen Zentimetern.	**Basisstation und Transponder**

AS-i-Bussystem Actuator-Sensor-Interface Bus System

<table>
<tr><th>Komponenten</th><th>Beschreibung</th><th>Bemerkungen</th></tr>
<tr><td>
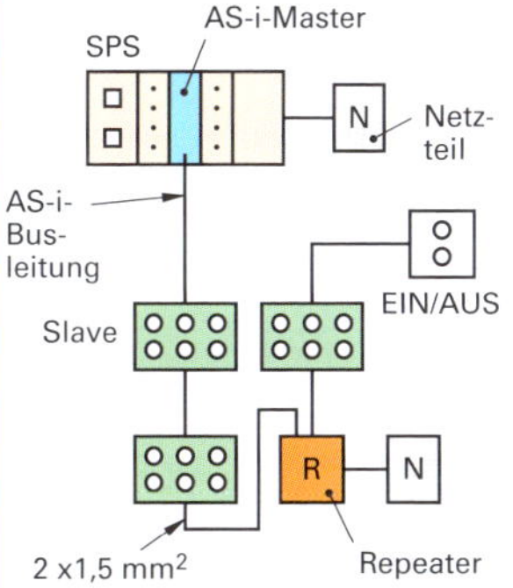

Systemstruktur
</td><td>Mit dem AS-i-Bussystem (Aktor-Sensor-Interface) wird der Verdrahtungsaufwand zum Ansteuern von Sensoren und Aktoren gegenüber einer Parallelverdrahtung zwischen Sensoren und Aktoren sowie dem Steuerungscomputer kleiner. Auch Klemmleisten, EA-Karten und Verteilungen können eingespart werden.

Ein Master (M) kann als Modul für eine Anbindung an einen Computer oder als Einschubkarte, z.B. für eine SPS, realisiert sein. Er steuert und überwacht die Slaves (S, Teilnehmer). Die Slaves sind Module, an denen die Sensoren oder Aktoren angeschlossen sind. Die Aktoren werden von manchen Herstellern auch als Aktuatoren bezeichnet.</td><td>Anzahl Teilnehmer: bis 62 je Master,
Eingänge E und Ausgänge A gesamt bis 992 (Doppelmaster),
Leitungslänge: bis 100 m,
Bus: ungeschirmte Zweidrahtleitung (DC 24 V),
Busmanagement: zyklische Abfrage der Teilnehmer, z.B. aller 5 ms.
Mittels Repeater (R) kann die Leitungslänge erweitert werden.
Verfügbar auch AS-i-Safety-Komponenten, z.B. NOT-HALT, Sicherheitsschalter, Türverriegelungen. Überwachung Slaves durch Sicherheitsmonitor.

www.bihl-wiedemann.de</td></tr>
<tr><td>
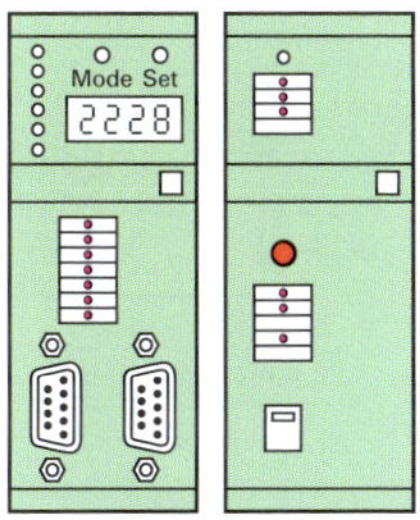

AS-i-Controller mit AS-i-Netzteil
</td><td>Soll das AS-i-Bussystem mit einem Computer ohne Einschubkarte gekoppelt werden, so ist als Master ein AS-i-Controller einzusetzen. Die Verbindung zum Computer erfolgt über eine serielle Schnittstelle, z.B. RS232, LAN (RJ-45).

Im AS-i-Controller befindet sich eine Mini-SPS, auch eine andere Feldbus-Anschaltung, z.B. PROFIBUS, ist möglich (Gateway, folgende Seite).

Die Versorgungsspannung für die Module erzeugt ein Netzteil, auch die zusätzlichen 24 V, die insbesondere für die Aktoren notwendig sind.</td><td>Die Inbetriebnahme des AS-i-Bussystems mit AS-i-Controller, also Adressierung, Funktionstest, EA-Check, erfolgt z.B. an einem PC. Das Programmieren des AS-i-Controllers durch den Anwender erfolgt mit den SPS-Programmiermethoden KOP, FUP, AWL, Strukturierter Text ST (Structured Control Language SCL) in der mitgelieferten Software.

AS-i-Master-Einschubkarten besitzen einen Projektierungsmodus zur Inbetriebnahme.</td></tr>
<tr><td>
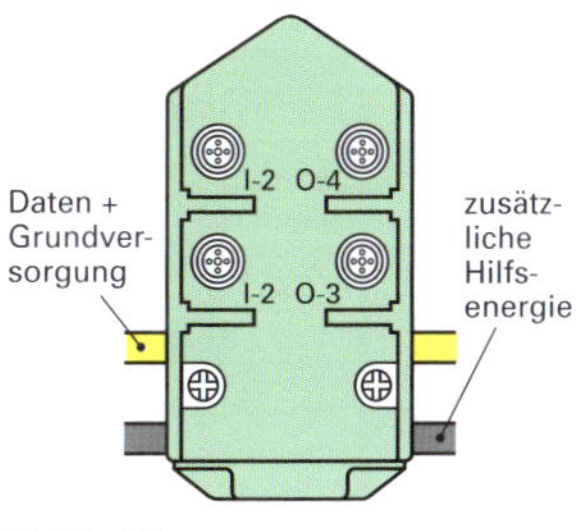

EA-Modul
</td><td>Die Sensoren und Aktoren werden über Module (Anwendermodule, Feldmodule) an den AS-i-Bus angeschlossen. Das Kompakt-Modul besitzt zwei Flachkabelschnittstellen für das gelbe AS-i-Kabel, welches die Daten und die Grundversorgungsspannung überträgt, sowie für das schwarze AS-i-Kabel für die Betriebsspannung von 24 V.

Weiter besitzt ein EA-Modul z.B. 4 Eingänge und 4 Ausgänge zur Prozessperipherie über M-12-Buchsen.

Verfügbarkeit EA-Module z.B. IP20, IP67.</td><td>Manche Module brauchen für die Betriebsspannung ein Rundkabel mit entsprechendem Anschluss. Manche Module besitzen einen 230-V-Anschluss für AC zum Schalten einphasiger Verbraucher. Es gibt auch Module mit einem 400-V-Anschluss für Drehstrom-Asynchronmotoren.

Kabelanschlüsse enthalten Dorne, die beim Anklemmen durch die Isolierung hindurch Kontakt mit der Kabelseele bilden.</td></tr>
<tr><td>

intelligenter AS-i-Sensor
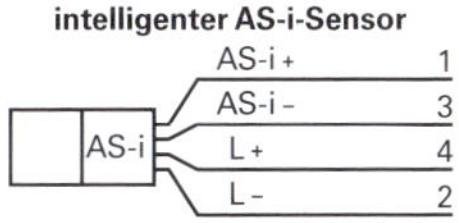

AS-i-Aktor mit externer Stromversorgung
</td><td>
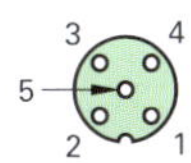

M-12-Buchse
</td><td>Pinbelegung

Art	Pin
AS-i +	1
AS-i –	3
Externe Spannung +	4
Externe Spannung –	2
Schutzleiter (PE)	5

</td></tr>
<tr><td>
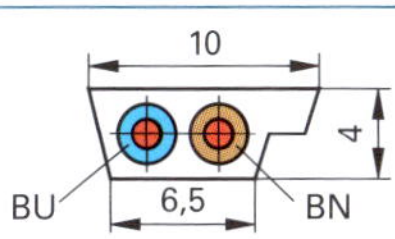

AS-i-Flachkabel
</td><td>Schutzart IP 67,
Aderquerschnitt 2 x 1,5 mm²,
Aderfarben braun (AS-i+ oder L+),
hellblau (AS-i– oder L–),
Material: Ethylen-Propylen-Gummimischung oder thermoplastisches Elastomer.</td><td>
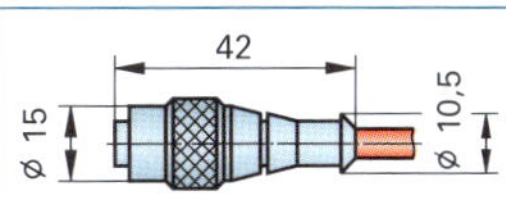

M-12-Anschluss der Sensoren, Aktoren an AS-i-Modul
</td></tr>
</table>

Sichere Querkommunikation bei Feldbussen
Safe Cross Communication at Field Busses

Merkmal	Erklärung	Bemerkungen, Darstellung
Aufgabenstellung	Bei Feldbussen ist die Anzahl der anzuschließenden Sensoren, Aktoren (Teilnehmer) begrenzt, bei AS-i z. B. bis zu 62 Teilnehmer (Slaves) je Master mit je vier Eingängen und Ausgängen. Große Anlagen erfordern oft mehrere zu koppelnde Busstränge, Feldbusse (Querkommunikation).	Mehrere Feldbusse, auch verschiedener Hersteller, können wegen der Trennung von sicherheitsrelevanten Signalen und Standardsignalen insbesondere bei Alt-Anlagen vorhanden sein. Oft ist allerdings ein gemischtes Verarbeiten dieser Signale notwendig, idealerweise sogar über die gleiche Feldbus-Leitung.
Gateway	Querkommunikation über verschiedene Feldbusse hinweg, z. B. AS-i zu PROFIBUS, CAN-Bus, auch PROFINET, erfordert Gateways mit entsprechenden Schnittstellen. Für den AS-i-Feldbus besitzt solch ein Gateway auch einen AS-i-Master. Über Gateways ist ein Zugriff auf alle Sensor-, Aktordaten im Feldbus gegeben. Bei integriertem Sicherheitsmonitor (unten) erfolgt ständiges „Abhören" der Busleitungen.	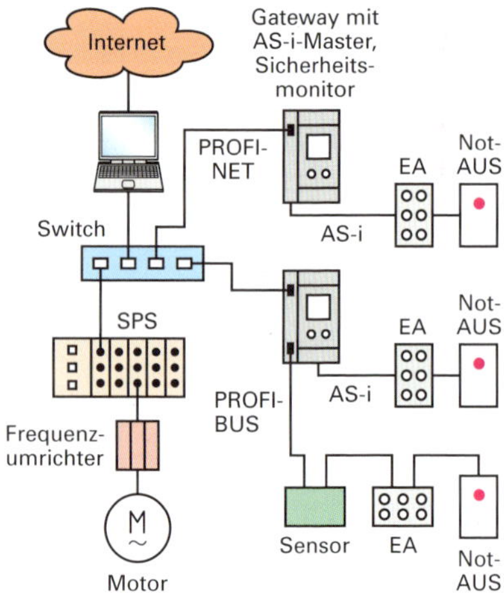 **Querkommunikation bei Feldbussen**
Komponenten	Switches ermöglichen das Verbinden mehrerer Gateways für Feldbusse sowie das Anbinden an einen übergeordneten Computer. Ferndiagnose von Anlagen ist damit über Internet möglich. Wireless-Komponeten verfügbar.	
F-Module	F-Module (fail secure, ausfallsicher) in Feldbussen ermöglichen wegen ihrer F-Eingänge E und F-Ausgänge A F-Anwendungen z. B. Ansteuerung von Lichtvorhängen, Not-AUS-Tastern, Zweihandbedienungs-Schaltern über SPS, Industrie PC. Auch Module mit F-EA *und* Standard-EA sind verfügbar.	
Sicherheits-Technologie	Mehrfache Auslegung von Hardwarestrukturen in den Schaltgeräten zum parallelen Bearbeiten von Daten. Dadurch Gewährleistung der Ausfallsicherheit.	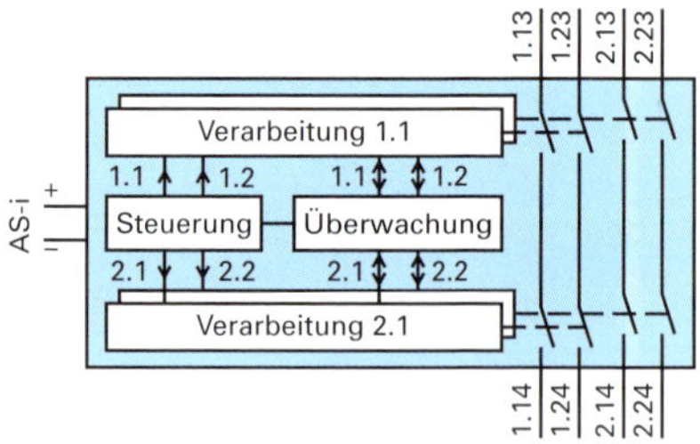 **Parallele Strukturen im Sicherheitsmonitor** Der Abschaltcode infolge betätigtem Signalgeber, defektem Busteilnehmer oder Leitungsbruch ist der gleiche. Sicherheitsrelevante Signale und Standardsignale können somit über die gleiche AS-i-Busleitung übertragen werden. www.ifm.com; www.bihl-wiedemann.de; www.siemens.com
Sicherheitsmonitor	Ein Sicherheitsmonitor (als eigenes Harware-Modul oder integriert in einem Gateway) überwacht die Datenübertragung bei AS-i zwischen Master und zugeordneten sicheren Eingängen, Ausgängen. Bei Auftreten eines sicherheitsrelevanten Ereignisses, z. B. NOT-AUS, veranlasst der Sicherheitsmonitor zentrales Abschalten.	
Datenübertragung	Das Datenübertragen zwischen Master (bei AS-i) und Busteilnehmern wird überwacht. In jedem Übertragungszyklus sind 4 Bits zur Überwachung enthalten. Nach acht Zyklen muss die Folge übertragen sein, sonst erfolgt Abschaltung (4×8-Bit-Codetabelle). Eingangsmodule senden ihre Codes zum Prüfen an den Sicherheitsmonitor, dieser seinen Code zum Prüfen an die Ausgangsmodule.	
Konfiguration Freigabekreis	Der Sicherheitsmonitor bzw. das Gateway wird über USB-Schnittstelle mittels Software, z. B. ASIMON, am PC konfiguriert (eingestellt). Es werden dabei den zu überwachenden Busabschnitten Adressen zugeordnet. Den sicheren Ausgangsmodulen eines Busabschnittes wird dann dessen Adresse zugewiesen. Bei Eintritt z. B. von Not-AUS erfahren dies dann alle Teilnehmer im Busabschnitt vom Sicherheitsmonitor gleichzeitig und „schalten aus".	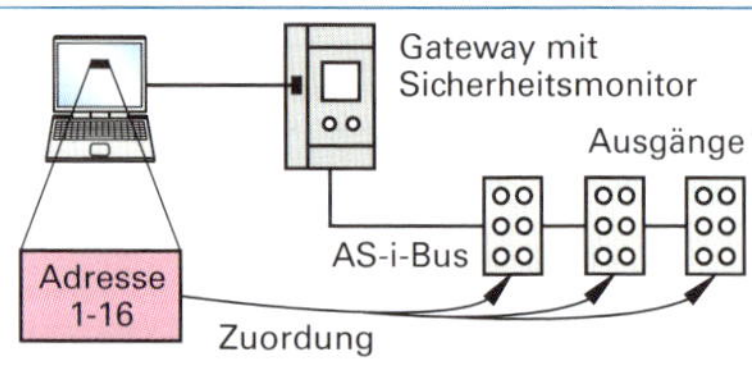 **Adressierung von sicheren Ausgangsmodulen**

PROFIBUS Process Field Bus PROFIBUS

Prinzip, Typ	Erklärung	Bemerkungen, Daten

Topologie, Buszugriffsverfahren

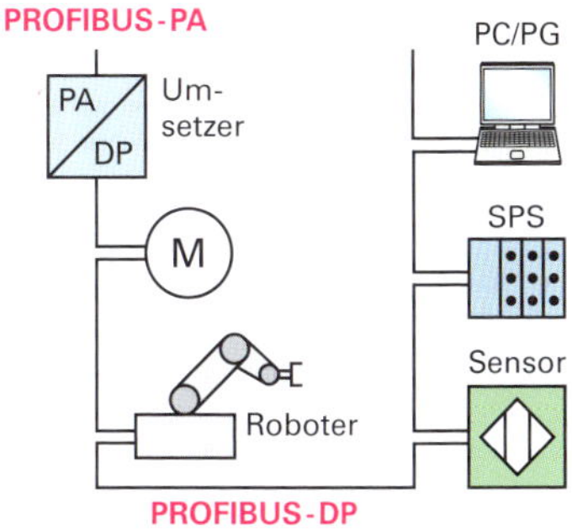

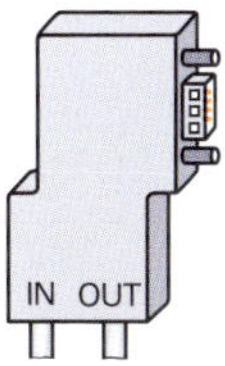

Topologie und Schnittsellenstecker

Erklärung	Bemerkungen, Daten
PROFIBUS (PB) ist firmenneutraler Feldbus mit Ausführungsvarianten DP (Dezentrale Peripherie) und PA (Process Automation), zur Ansteuerung von Sensoren, Aktoren. PROFIBUS-PA wird in explosionsgefährdeten Fertigungsbereichen eingesetzt. PB-PA-Teilnehmer werden über den Bus mit 10 mA gespeist. Das Bussystem ist in *Bussegmente* aufgeteilt, die über *Repeater* (Wiederholer) miteinander verbunden werden. Verbindung der Teilnehmer erfolgt elektrisch mit geschirmter verdrillter Zweidrahtleitung, optisch über Lichtwellenleiter (Glas, PCF und Plastik) mit OLM oder drahtlos über Infrarotstrahlung mit ILM. Im elektrischen Netz sind zur Vermeidung von Reflexionen am ersten und letzten Teilnehmer Abschlusswiderstände zuzuschalten. Die Profibus-Teilnehmer benötigen Schnittstellenkarten mit entsprechender Kommunikationssoftware.	Typische Zykluszeiten 5 ms bis 10 ms ⇒ echtzeitfähig; maximal 32 Teilnehmer je Bussegment (Linie) im elektrischen Netz; insgesamt maximal 127 Teilnehmer (Repeater zählen als Teilnehmer); Telegrammlänge bis 246 B Nutzdaten; Bitrate 9,6 kbit/s bis 12 Mbit/s in festen Stufen; PB-PA: 31,25 kbit/s; max. Bussegmentlänge 1200 m; maximale Netzgrößen: • elektrisch 9,6 km, • optisch 90 km; drahtlose Entfernung 15 m mit 1,5 Mbit/s; Netztopologien: • elektrisches Netz (Linie, Stern), • optisches Netz (Linie, Stern, Ring), • drahtloses Netz (Punkt-zu-Punkt, Punkt-zu-Mehrpunkt); Datenübertragung: PB-DP RS 485, PB-PA IEC 61158-2. Peripheriegeräte und Feldgeräte sind während des Betriebes an- und abkoppelbar.

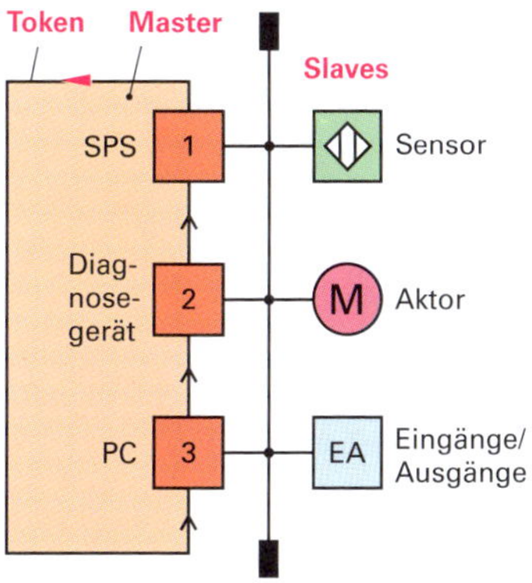

Token-Passing-Verfahren im Multi-Master-Betrieb

Erklärung	Bemerkungen, Daten
Mit PROFIBUS-DP lassen sich *Mono-Master-Systeme,* z.B. SPS ist Master, und *Multi-Master-Systeme* realisieren. Beim Multi-Master-System gibt es mehrere *Master* (*aktive* Teilnehmer der Master-Klassen 1, 2). Der Buszugriff erfolgt durch das *Token-Passing-Verfahren.* Das Zugriffsrecht wird den Mastern durch einen zyklisch umlaufenden *Token (Zeichen)* zugeteilt. Nur der Master, der den Token besitzt, kann auf den Bus zugreifen. *Slaves* (*passive* Teilnehmer) empfangen Daten und dürfen nur bei Anforderung durch einen aktiven Teilnehmer Nachrichten senden.	Typische *DP-Master-Klasse 1*: Speicherprogrammierbare Steuerungen SPS, numerische Steuerungen CNC, Robotersteuerungen RC, PC: zyklischer Prozess-Daten-Verkehr. Typische *DP-Master-Klasse 2*: Programmiergeräte (PG), Projektierungsgeräte und Diagnosegeräte: azyklische Buszugriffe, z.B. für Einstellungen. Typische Slaves: binäre Eingänge/Ausgänge für DC 24 V oder AC 230 V/400 V, analoge Eingänge/Ausgänge, pneumatische Ventile, Codelesegeräte, Messwertaufnehmer, Antriebssteuerungen. Betrieb sicherheitsgerichteter Geräte erfordert Protokollerweitungen (PROFIsave).

PROFIBUS-Leitungen

Prinzip, Typ	Erklärung	Bemerkungen, Daten
FC Standard-Leitung	Allgemein für PROFIBUS-DP.	Vorzugslängen bis 750 m.
FC Process Cable	Einsatz in explosionsgefährdeten und nicht explosionsgefährdeten Bereichen.	Bis zur Verlegung ist die Busleitung an beiden Enden mit je einer Schrumpfkappe zu versehen.
Fiber Optic Standardleitung	Universelle Leitung für Einsatz im Innen- und Außenbereich.	Abhörsicher, da keine Abstrahlung der Leitung existiert.
Flexible Fiber Optic Schleppleitung	Einsatz bei zwangsweisen Bewegungsführungen wie bewegte Maschinenteile.	Einsatz im Innen- und Außenbereich, Lieferung in festen Größen.

FC = Fast Connect, OLM = Optical Link Module, ILM = Infrared Link Module, PCF = Polymer Cladded Fiber

Fernwirksysteme Remote Control Systems

Baugruppen

Art	Erklärung	Daten, Beispiele
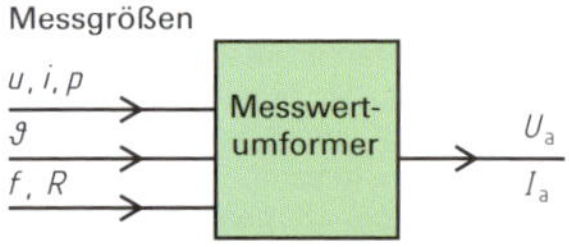 **Sensoren und Messwertumformer**	Mit Sensoren werden die benötigten Größen erfasst. Messumformer wandeln die Messgrößen in entsprechende Signale, z.B. 0 mA bis 20 mA, 0 V bis 10 V, um. Übertragungseinrichtungen leiten diese weiter.	Drehzahl: 20/min bis 7 000/min Temperatur: – 40 °C bis 160 °C Für das Messen von Spannungen, Strömen und Leistungen von Generatoren und Motoren.
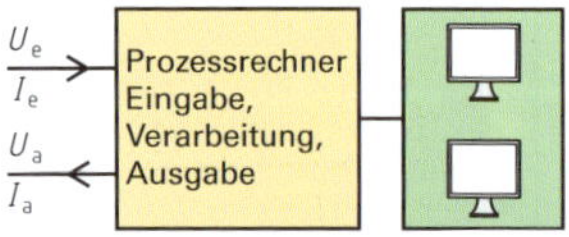 **Zentrale mit Bildschirmgeräten**	In der Zentrale werden die eingehenden Signale ausgewertet und im Leitstand angezeigt. Auswertungen erfolgen automatisch oder durch Dialog mit dem Bedienpersonal.	Je nach der anfallenden Datenmenge werden PC, SPS oder Prozessrechner verwendet.
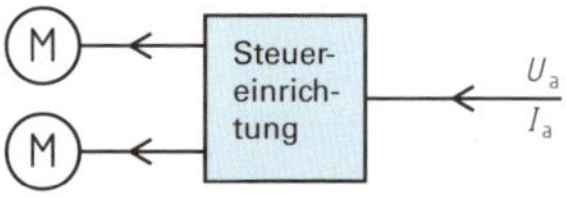 **Aktoren und Steuereinrichtung**	Steuereinrichtungen setzen die Signale der Zentrale so um, dass über entsprechende Aktoren die Anlage gesteuert werden kann.	Aktoren sind Schütze, Relais, Ventile, Pumpen, Servomotoren.

Messwertübertragungseinrichtungen

Übertragungsart	Erklärung	Daten
 **Gleichstromleitung**	Die Messgröße kann als eingeprägte Messspannung U_a oder als eingeprägter Messstrom I_a übertragen werden. Meist werden verdrillte Zweidrahtleitungen verwendet.	Ausgangsgleichspannungen U_a von 1 V bis 10 V. Kurzschlussstrom ≤ 50 mA. Ausgangsgleichströme I_a 2,5 mA, 5 mA, 10 mA, 20 mA. Leerlaufspannung ≤ 30 V.
 **Glasfaserleitung (LWL)**	Sender und Empfänger für Glasfaserleitungen werden zur optischen Übertragung von digitalen Daten verwendet. Der Sender arbeitet mit IRED, LED oder Laserdiode[1] LD, der Empfänger mit einer Fotodiode.	Bitrate für TTL-Übertragung bis 5 Mbit/s. Bitrate für V.24-Übertragung (RS232) bis 100 kbit/s. Übertragungsentfernung je nach Kabel: 200 m bis 3 000 m.
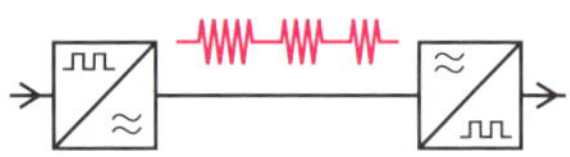 **Tonfrequenz**	Die Pulsfrequenz schaltet den Tonfrequenzsender entsprechend ein und aus. Der Tonfrequenzempfänger arbeitet als AM-Empfänger, der das jeweilige Sendesignal selektiv ausfiltert und eingeprägte Ausgangssignale abgibt.	Frequenzbereich 300 Hz bis 3 400 Hz. Kanalzahl 1 bis 25. Frequenzabstand 120 Hz/Kanal. Sendepegel ≤ 625 mV bei 1 Kanal. Sendersummenpegel ≤ 385 mV für alle verwendeten Kanäle.
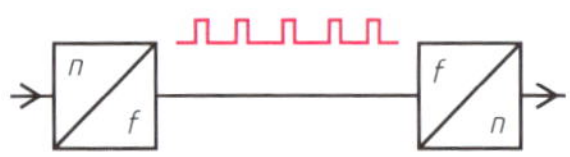 **Pulsfrequenz**	Die Eingangsgröße wird in ein Signal mit einer proportionalen Pulsfrequenz umgeformt. Auf der Empfangsseite wird aus den Sendepulsen mit einem Frequenz-Spannungs-Umsetzer ein zur Frequenz proportionaler, eingeprägter Gleichstrom oder eine eingeprägte Gleichspannung erzeugt.	Frequenzbereich 5 Hz bis 15 Hz. Für u_e = 0 V ist bei unipolarem Eingang f_0 = 5 Hz, bei bipolarem Eingang f_0 = 10 Hz. Impulsform rechteckförmig. Tastgrad 1 : 2 Spannungspegel bei Einfachimpulsen 20 V, bei Doppelimpulsen ± 20 V.

f_0 ungetastete Frequenz
I_a Ausgangsstrom
LWL Lichtwellenleiter
n Drehzahl (Messgrößenbeispiel)
t Zeit
U_a Ausgangsspannung
U_e Eingangsspannung

[1] Laser von Light Amplification by Stimulated Emission of Radiation.

Messumformer und Signalumsetzer für Fernwirksysteme
Measuring Transducers and Signal Converters for Remote Control Systems

Aufbau	Erklärung	Daten
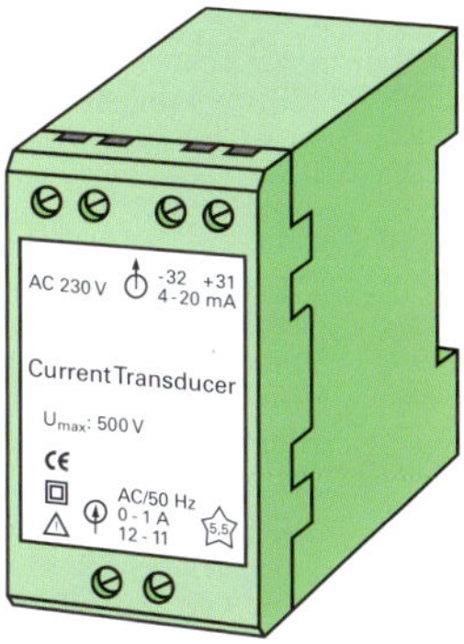 **Messumformer**	Messumformer gibt es für das Messen von Wechselspannungen und Wechselströmen. Messumformer, die ihre Betriebsspannung dem Messsignal entnehmen, nennt man passive Umformer. Diese Umformer sind nur für sinusförmige Eingangsgrößen geeignet. Messumformer mit eigener Betriebsspannung werden aktive Umformer genannt. Messumformer werden insbesondere im Kraftwerks- und Schaltanlagenbereich für die galvanische Trennung der elektrischen Signale und deren Weiterverarbeitung benötigt.	Eingangsspannungen: AC 40 V bis 500 V. Bemessungsfrequenzen: AC 50 Hz und 60 Hz. Eingangsbemessungsströme: AC 1 A bis 10 A. Die Messumformer besitzen eine Schnappbefestigung für Hutschienen mit 35 mm Breite. Über zwei zusätzliche Schraubklemmen wird die Betriebsspannung angeschlossen. Messgrößen sind Strom, Spannung, Wirkleistung, Blindleistung, Frequenz. www.automation.siemens.com
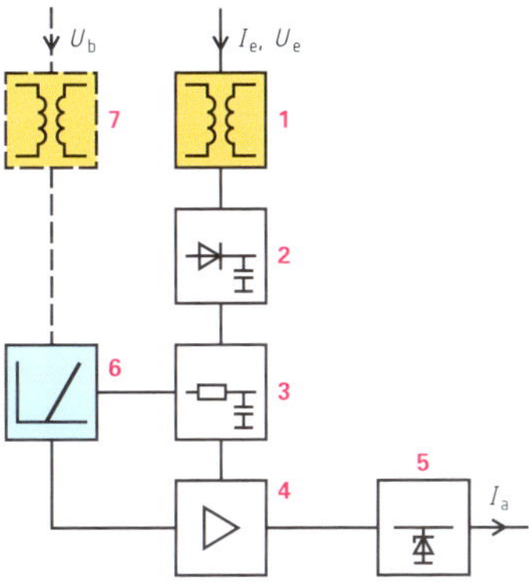 **Übersichtsschaltplan eines aktiven Messumformers**	Das Eingangssignal U_e oder I_e wird über einen Transformator 1 an die Gleichrichterbaugruppe 2 angeschlossen. Ein Tiefpass-Filter 3 beseitigt Störfrequenzen und steuert den Ausgangsverstärker 4 an. Eine Schutzbeschaltung 5 schützt den Ausgang bei Kurzschluss und Überspannungen. Mit einer Nullpunktunterdrückungsschaltung 6 kann der Ausgangsstrom gedehnt dargestellt werden. 7 Transformator für die Betriebsspannung. Übertragungskennlinien aktiver Messumformer gibt es mit • unterdrücktem Nullpunkt, • gedehntem Endbereich oder • geknickter Kennlinie.	Ausgangsströme der Messumformer: 0 mA bis 1 mA, 0 mA bis 2,5 mA, 0 mA bis 5 mA, 0 mA bis 10 mA und 20 mA. Restwelligkeit 0,5% von $\hat{i}_a$. Einstellzeit ≤ 350 ms für 99% vom Endwert von $\hat{i}_a$. Eingangssignale aktiver Messumformer: Sinussignal, Rechtecksignal, Dreiecksignal und Signale mit Phasenanschnitt. Bei *passivem* Messumformer entfällt die Baugruppe 7.
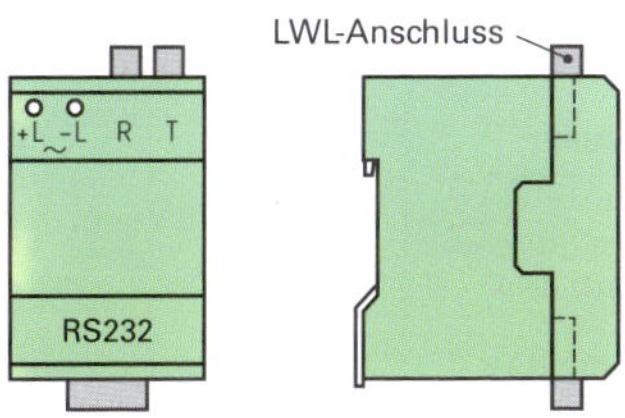 **Signalumsetzer für LWL** 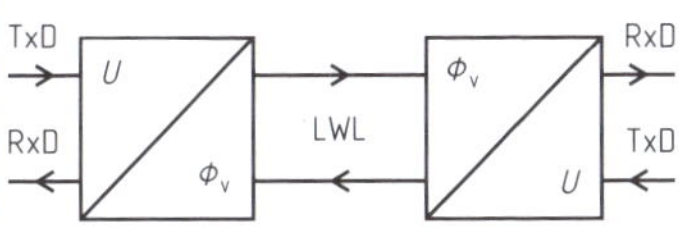 **Übersichtsschaltplan einer Übertragungsstrecke mit Signalumsetzern für LWL**	Für die störsichere Datenübertragung werden Signalumsetzer mit LWL (Lichtwellenleiter) verwendet. Es gibt Signalumsetzer für die Schnittstelle RS232 mit 9-poligem Sub-D-Stecker **(Bild)**, Schnittstelle RS485 mit Schraubanschlüssen A und B und USB. Der Anschluss der Lichtwellenleiter erfolgt mit SMA-Schraubanschlüssen.	Glasfaserdurchmesser: 50 µm oder 125 µm. Maximale Glasfaserlänge: 3 000 m. Bei Schnittstelle RS232 bedeutet • Licht AUS ≙ L-Pegel, • Licht EIN ≙ H-Pegel. Die Zuordnung ist umschaltbar. Bei Schnittstelle RS485 bedeutet • Licht EIN ≙ H-Pegel, • Licht AUS ≙ L-Pegel. Betriebsspannung U_b: AC oder DC www.automation.siemens.com

I_e Eingangsstrom
I_a Ausgangsstrom
$\hat{i}_a$ Spitze-Tal-Wert von I_a
U Signalspannung
U_b Betriebsspannung
U_e Eingangsspannung
SMA Subminiatur-Adapter
Φ_v Lichtstrom

Programmierbarer Messumformer für Fernwirksysteme
Programmable Measuring Transducer for Remote Control Systems

Prinzip, Vorgang	Erklärung	Bemerkung, Daten, Beispiel
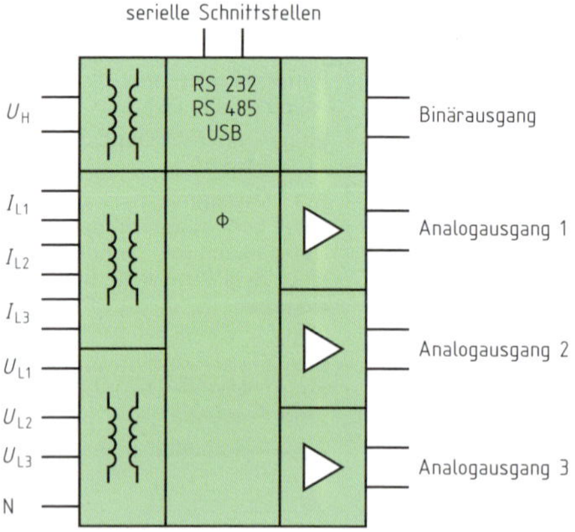 **Prinzipschaltplan**	Es sind drei Leiterspannungen und drei Leiterströme gleichzeitig auswertbar. Die Eingangswechselgrößen werden in zur Messgröße proportionale Gleichspannungen gewandelt. An jedem der analogen Ausgänge können Spannung, Strom, Wirkleistung, Blindleistung, Scheinleistung, Leistungsfaktor, Phasenverschiebungsfaktor, Phasenwinkel oder Frequenz ausgegeben werden. Der Binärausgang liefert z. B. Impulse zur Arbeitsmessung.	Eingangsspannungen: AC 230 V/400 V. Bemessungsfrequenzen $16\frac{2}{3}$ Hz, 50 Hz und 60 Hz. Eingangsströme 1 A bis 10 A. Der Messumformer besitzt eine Schnappbefestigung für Hutschienen mit 35 mm Breite. Binärausgang 256 bis 7 200 Impulse/h. Schnittstellen RS232 oder RS485 mit Bitraten von 2 400 bit/s bis 38 400 bit/s; USB. www.energy-portal.siemens.com
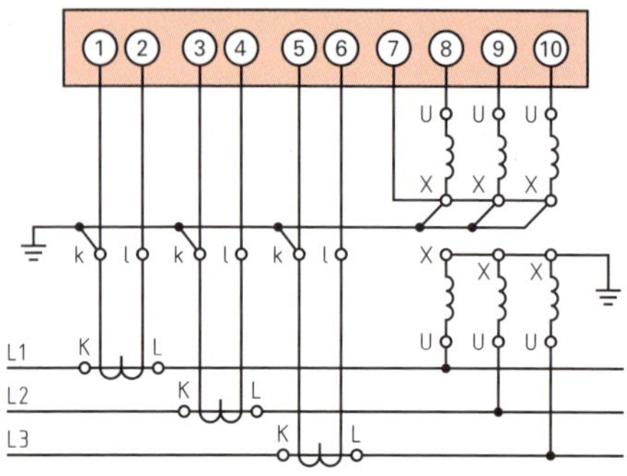 **Anschlussplan für ein Drehstromnetz für Hochspannung mit beliebiger Belastung**	Strangströme I_1 an Klemmen 1 und 2, I_2 an Klemmen 3 und 4, I_3 an Klemmen 5 und 6. Spannungen U_1 an Klemme 8, U_2 an Klemme 9, U_3 an Klemme 10. geerdeter Leiter an Klemme 7 Es können neun vom Messumformer erzeugte Signale auf dem Bildschirm eines PC in digitaler und/oder analoger Form ausgegeben werden **(Bild)**.	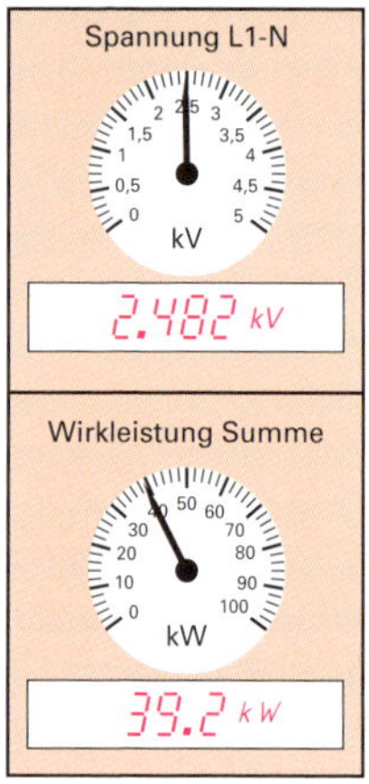
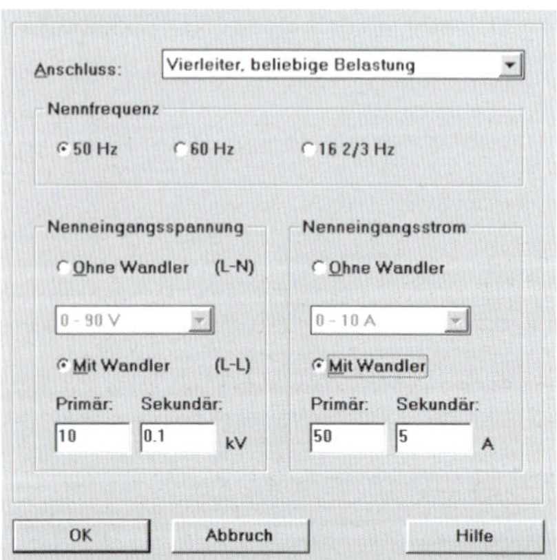 **Fensterausschnitt zum Einstellen der Eingangsgrößen**	**Grundeinstellungen** • Anschlussart auswählen, • Nennfrequenz (Bemessungsfrequenz) anklicken, • Eingangsspannung wählen, • Eingangsstrom wählen. **Ausgänge festlegen** Ausgang anklicken • Messgröße einstellen, • Messbereich einstellen, • Ausgangssignalart einstellen. **Kalibrieren (Eichen)** • Sollwert eingeben, • Kalibrierschaltfläche im Menü Gerät anklicken.	Dreileiter oder Vierleiter, beliebige Belastung. 50 Hz, 60 Hz, $16\frac{2}{3}$ Hz. Ohne Wandler, mit Wandler. Ohne Wandler, mit Wandler. Ausgang 1, 2, 3 oder Binärausgang. Wirkleistung, Strom. 1 MW bis 100 MW 0 mA bis 20 mA 70 V, 230 V, 400 V. Gerät wird auf die neuen Werte eingestellt.

Anschluss an das Telefonnetz Connection to the Telephone Network

Schaltung	Erklärungen

Teilnehmeranschlussarten

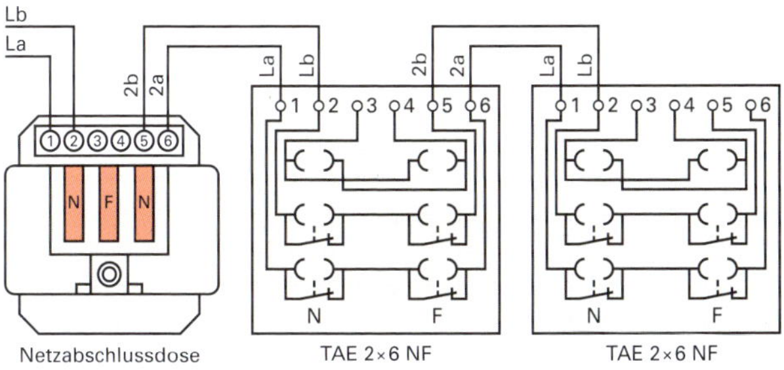

Analoger Anschluss

Netzabschluss ist meist eine Dose TAE-3 x 6-NFN. An ihr kann die Funktion der Telefonleitung durch Einstecken eines Telefongerätes am Anschluss F oder eines Nebenstellengerätes N, z. B. Anrufbeantworter, geprüft werden.

Weitere Dosen TAE werden in Reihe geschaltet **(Bild)**.

Oft verwendete Dosen sind z. B. TAE 3 x 6 NFN, TAE 2 x 6 NF und TAE 6F.

Die Dosen enthalten Kontakte, die durch Einstecken eines Gerätesteckers geöffnet werden.

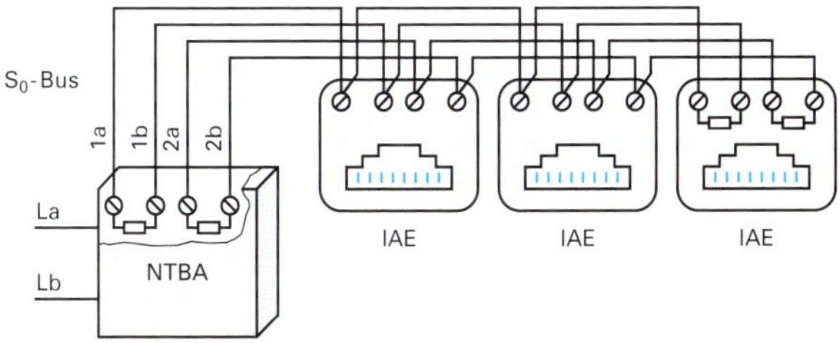

ISDN-Basisanschluss (Mehrgeräteanschluss)

Netzabschluss ist ein NTBA mit dem S_0-Bus. Der S_0-Bus hat vier Leiter.

Busförmiges (paralleles) Anschalten von bis zu 12 Anschlussdosen. Abschluss der Vierdrahtleitung am Anfang und am Ende durch Abschlusswiderstände der Größe vom Wellenwiderstand (100 Ω).

Die letzte Dose muss mit zwei 100-Ω-Widerständen bestückt werden **(Bild)**.

Anschlusssysteme

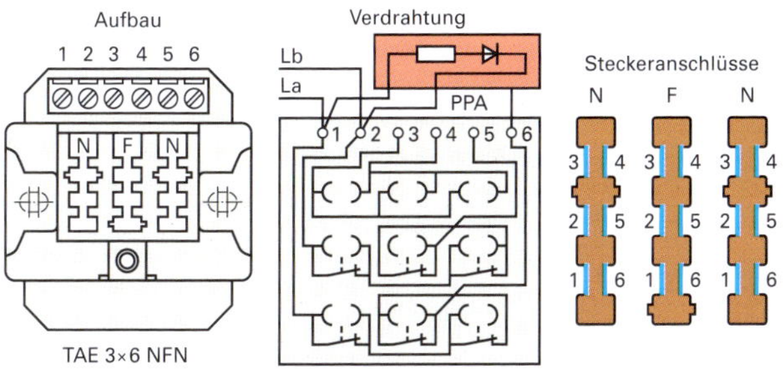

Analoges Anschlusssystem mit TAE

Mit PPA:

Analoger Netzabschluss bei einfachen Endstellen. Dieser fällt in die Zuständigkeit des Netzbetreibers. Wegen des PPA kann der Netzbetreiber durch Adertauschen vom Prüfplatz aus prüfen, ob die Leitung gleichstrommäßig in Ordnung ist.

Ohne PPA:

Anschluss eines F-Gerätes und in Reihenschaltung dazu bis zwei N-Geräte.

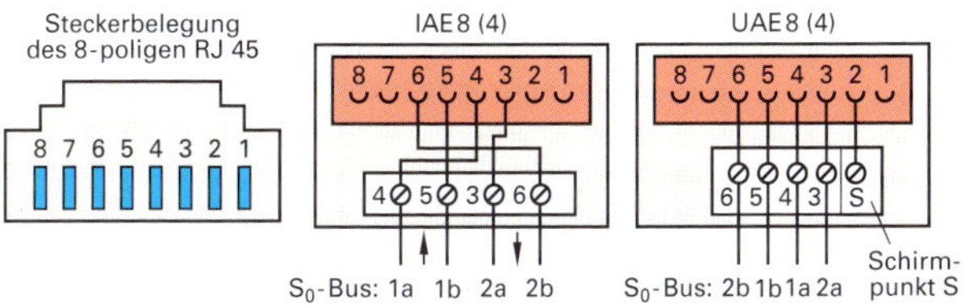

Anschlusssysteme mit RJ-45-Steckverbindern

Zu beachten ist die unterschiedliche Belegung der Anschlüsse bei IAE-Dosen und UAE-Dosen. Oft haben nur die mittleren vier Anschlüsse Kontaktfedern.

Es gibt auch UAE-Dosen mit 8 Anschlüssen, z. B. die Dosen UAE 8 (8) für RJ-45-Stecker.

Der 6-pol. RJ-12-Stecker wird für analoge Anschlüsse verwendet.

IAE	ISDN-Anschluss-Einheit
UAE	Universal-Anschluss-Einheit
NTBA	Network Termination for Basic Access = Netzwerkabschluss für den Basisanschluss
PPA	Passiver Prüfabschluss
RJ	Registered Jack = genormter Stecker (Standardisierter Steckverbinder)
TAE	Telekommunikations-Anschlusseinheit

Telekommunikation mit ISDN
Telecommunication via International Services Digital Network

ISDN-Netzschnittstellen	Erklärung	Bemerkungen
 **Anlage mit U_{K0}-Schnittstelle**	Die U_{K0}-Schnittstelle verbindet die Teilnehmervermittlungsstelle mit dem Netzabschlussgerät.	NT **N**etwork **T**erminal (Netzabschlussgerät) TVSt Teilnehmervermittlungsstelle
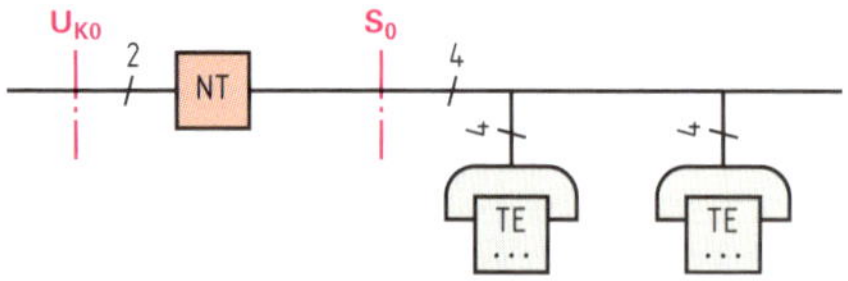 **Anlage mit S_0-Schnittstelle**	Am Netzabschlussgerät NT wird der S_0-Bus angeschlossen. Es dürfen höchstens 8 Endgeräte am S_0-Bus in Betrieb sein.	TE Terminal Equipement, z. B. ISDN-Telefon S_0-Bus vierdrähtiger Bus mit getrennter Sende- und Empfangsleitung
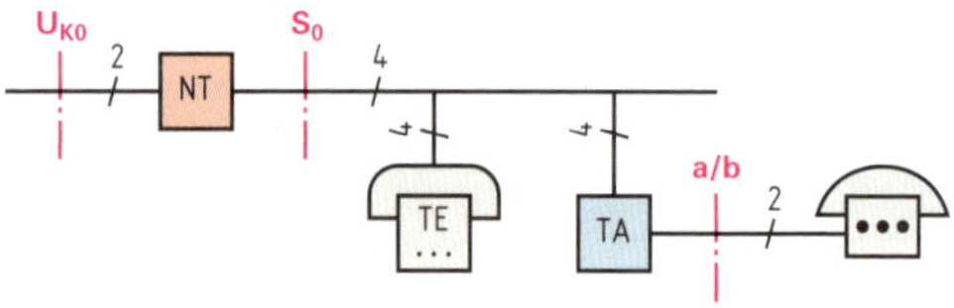 **Anlage mit R-Schnittstelle**	Über die a/b-Schnittstelle werden analoge Endgeräte mit einem TA an das ISDN angeschlossen. Der Anschluss zwischen TA und analogem Endgerät wird als R-Schnittstelle bezeichnet.	TA Terminaladapter Ein TA dient zum Anschluss von bis zu zwei analogen Geräten an ISDN. Der TA wandelt Steuersignale des Analoggerätes in S_0-Bus-Signale um und soweit möglich auch umgekehrt.

Anschlusseinheiten und Leitungslängen bei der Teilnehmerinstallation

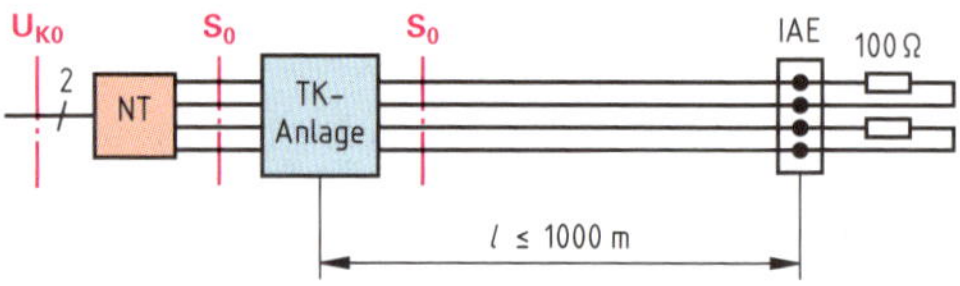 **Punkt-zu-Punkt-Anschaltung**	Nur eine IAE-Dose an einen Basisanschluss installiert. S_0-Bus mit Widerständen von 100 Ω abschließen. Die max. Leitungslängen sind vom Kabeltyp abhängig.	TK-Anlage Telekommunikationsanlage IAE ISDN-Anschluss-Einheit Falsch angeschlossene Widerstände führen zu Störungen.
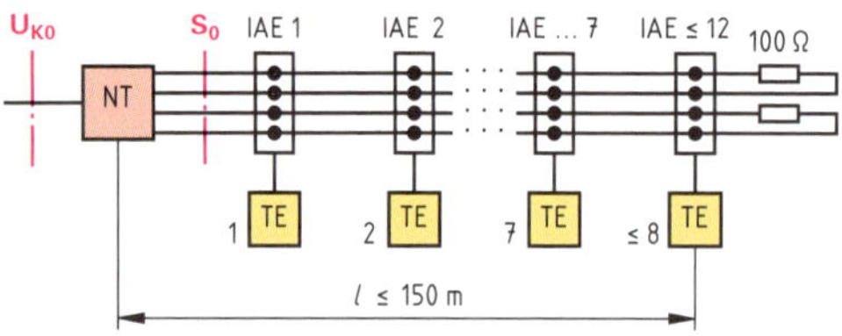 **Punkt-zu-Mehrpunkt-Verbindung**	Auf einer Länge von max. 150 m können bis zu 12 IAE-Dosen installiert werden. Das gilt auch, wenn der NT in der Mitte des S_0-Busses angeschlossen ist.	Es dürfen höchstens 8 TE am S_0-Bus angeschlossen sein. An den Leitungsenden sind Abschlusswiderstände mit 100 Ω erforderlich.

Dienstmerkmale

Dienst		Bemerkungen	Dienst		Bemerkungen
Anklopfen	CW	Anzeige bei besetztem Telefon	Geschlossene Benutzergruppe	CUG	Festgelegte Benutzergruppe
Anrufweiterschaltung	DDS	Weiterleitung auf anderen Anschluss	Halten	HOLD	Gespräch halten
Dreierkonferenz	3PTY	Drei Teilnehmer zusammengeschaltet	Mehrfachnummer	MSN	Rufnummer zuordnen
Durchwahl	DDI	Direktwahl an TK-Anlage	Rufnummerübermittlung	CLIP	Rufnummer wird übermittelt
Gebührenanzeige	AOC	Gebühreninformationen	Rufnummerunterdrückung	CLIR	Rufnummer wird nicht angezeigt

ISDN und Internet-Telefonie (VoIP) ISDN and Voice over IP

Verfahren	Erklärungen	Bemerkungen, Daten, Formeln

ISDN

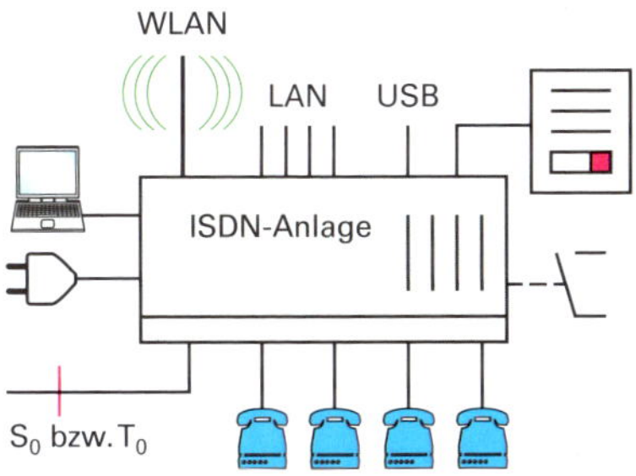

Weitere Einstellungen:
- Einstellung des Wahlverfahrens IWV (Impulswahl) oder MFV (Mehrfrequenzwahl) für jedes der angeschlossenen Telefone,
- Festlegung eines Programmierpassworts,
- Klingelton, Anklopfen, Anrufweiterschaltung, Amts-Berechtigung, Gebührenerfassung und -zuteilung, ISDN-Diensterkennung, direkter Amtszugang, Konferenz, Kurzwahl, Freigabe- und Sperrnummern, Vorzugsamt, Wählton, Makeln (Hin- und Herschalten).

Anlagenmerkmale:
- Interner S_0-Bus (Anschluss von ISDN-Telefonen),
- Schnittstelle zu Türsprechanlagen („FTZ123 D12"),
- Schnittstelle zu Alarmanlagen,
- potenzialfreie Schaltrelais,
- Einspeisung von Wartemusik,
- ADSL-Modem,
- LAN-Router,
- LAN-Switch mit WLAN.

Programmierschritte:

Anlagenanschluss:
- „Anlagenanschluss" in der Anlage einstellen,
- Eintragung der Anlagenrufnummer und der DDIs (Durchwahlnummern),
- Festlegung, welches Telefon bei welcher DDI klingelt.

Mehrgeräteanschluss:
- „Mehrgeräteanschluss" einstellen,
- Eintragung der MSNs (Rufnummern),
- Festelgung, welches Telefon bei welcher MSN klingelt,
- Festlegung, welche MSN einen abgehenden Ruf übernimmt.

VoIP-Prinzip

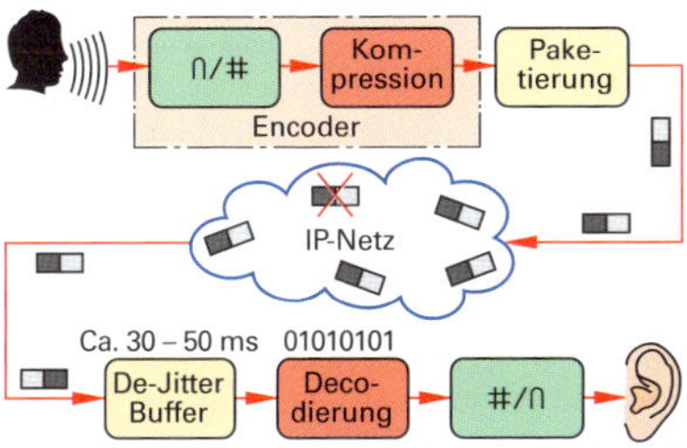

VoIP bedeutet Sprach- und Bildübertragung über IP-Netzwerke, z. B. Internet, Intranet, LAN.

Funktionsprinzip:
Verbindungsaufbau und Verbindungsabbau erfolgen über SIP. Der Teilnehmer erhält von einem Provider, z. B. sipgate, eine SIP-Adresse, z. B. sip:Meier@sipgate.de. Endgeräte muss man einmalig während der Startphase bei dem zugewiesenen SIP-Server, z. B. sipgate.de, registrieren.

Verbindungsaufbau:
- Endgerät schickt Nachricht an den Server.
- Der Server leitet den Verbindungswunsch an das Endgerät des Anzurufenden weiter.
- Das Endgerät schickt eine entsprechende Nachricht zurück an den Server, die von diesem an den Anrufer weitergeleitet wird.
- Beim Angerufenen klingelt es, der Anrufer hört ein Rufzeichen.

Wählprogramm

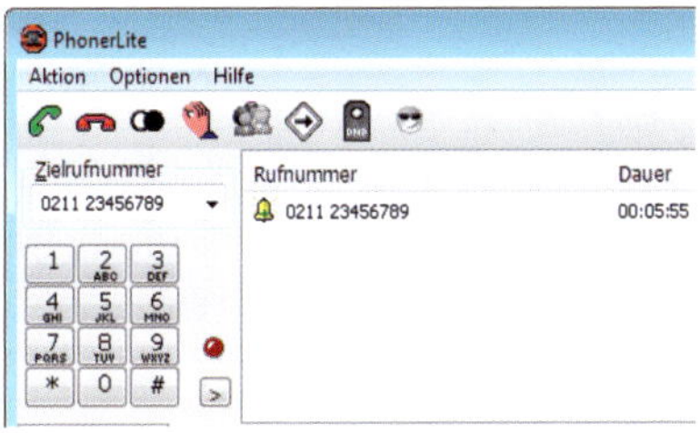

Gesprächsübertragung:
Die Endgeräte senden sich die Sprachdatenpakete direkt über das Protokoll RTP in Echtzeit mit üblich 93,6 kBit zu.

VoIP-Endgeräte

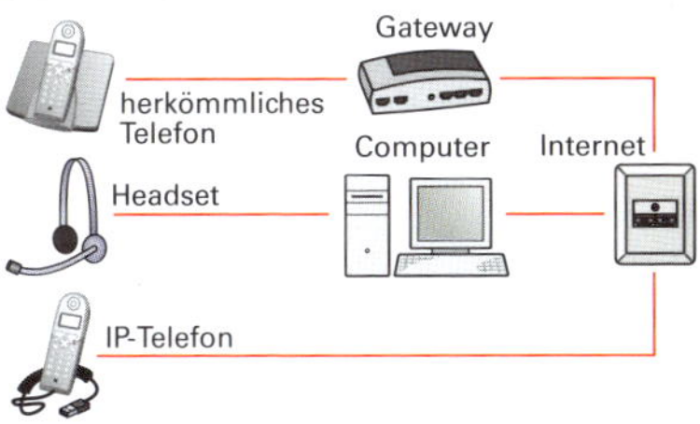

Endgeräte:
- IP-Telefon,
- Headset, Soundkarte im PC,
- Analogtelefon mit Gateway.

VoIP-Anbieter können freie Rufnummern aus dem Nummernvorrat von Ortsnetzen erhalten und an ihre Kunden vergeben.
Dialer-Programme, z. B. PhonerLite, ermöglichen das Telefonieren direkt über PC.

VoIP von Voice over = Stimme über und IP Internet Protocol; SIP von Session Initiation Protocol = Sitzungsbeginn Protokoll; RTP von Real Time Transport Protocol = Echtzeit-Transportprotokoll; Gateway = Protokollumsetzer

Internet-Zugänge Internet Accesses

Prinzip, Schaltung	Erklärung	Bemerkungen, Daten
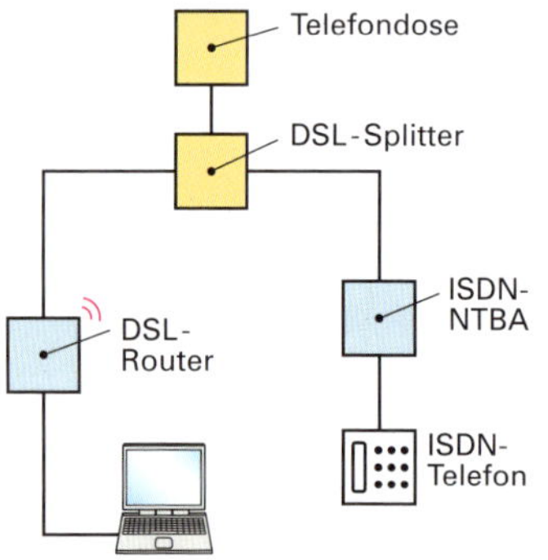 **DSL-Anschluss**	Der Internetzugang über das Telefonnetz erfolgt über • ein externes analoges Modem oder eine PC-interne analoge Karte, • eine PC-interne ISDN-Karte über NTBA des ISDN-Telefonanschlusses oder meist • einen DSL-Splitter, ein DSL-Modem und eine Ethernet-Netzwerkkarte im PC. Der Splitter dient zur Trennung des DSL-Signals und des Telefon- bzw. ISDN-Signals. Bei ISDN können während des Internetzugangs beide Kanäle A, B und beim Analoganschluss kann der Telefonkanal genutzt werden.	Maximale Bitraten: • Analoganschluss, 56 kbit/s, • ISDN-Anschluss, 64 kbit/s, mit Kanalbündelung, 128 kbit/s, • DSL-Anschluss (meist ADSL), Downstream (Internet ⇒ PC), 6 Mbit/s bis 50 Mbit/s, Upstream (PC ⇒ Internet) 1 Mbit/s bis 10 Mbit/s. DSL-Anschlüsse sind örtlich begrenzt, da die Kommunikationsleitung von der Vermittlungsstelle zum Hausanschluss aus Kupfer bestehen muss und nicht länger als etwa 4 km sein darf. Durch den Einsatz eines DSL-Routers (Hardware, Software) können mehrere PCs über einen DSL-Anschluss auf das Internet zugreifen.
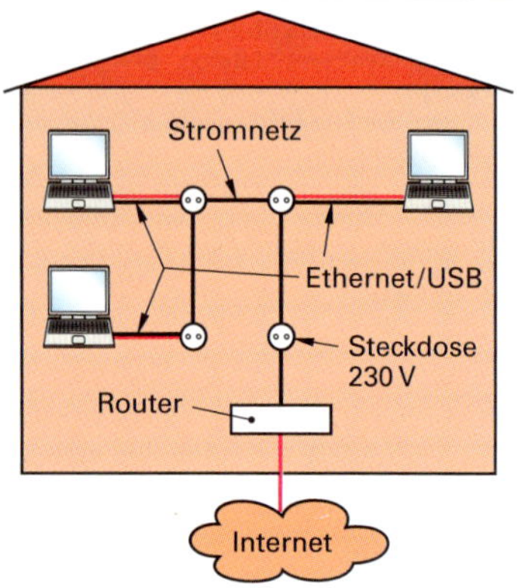 **Powerline-Anschluss**	Powerline Communication PLC nutzt als Kommunikationskanal das vorhandene Stromnetz. In die Steckdosen des Stromnetzes werden geeignete Adapter gesteckt, die Anschlüsse für USB oder RJ-45 (Ethernet) besitzen (**Bild rechts**). Der Anschluss zum Endgerät (PC, Drucker, Modem) erfolgt über USB-Leitungen oder RJ-45-Leitungen. Die Netzspannung 230 V wird mit Trägerfrequenzen von z.B. 4,5 MHz bis 27 MHz überlagert, die mit dem Nutzsignal moduliert sind. Infolge der genutzten Busstruktur kann immer nur ein Gerät senden oder empfangen.	Reichweite der Datenübertragung über Stromnetz hängt von Qualität der Leitungen im Haus bzw. Störquellen im Stromnetz ab. Negativ wirken Stromzähler, Verlängerungskabel und Mehrfachsteckdosen. Innerhalb eines Stromkreises liegt die Reichweite bei etwa 250 m mit einer Übertragungsrate von bis zu 200 Mbit/s. 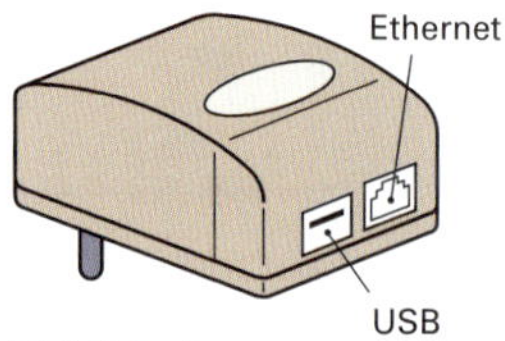 **PLC-Adapter**
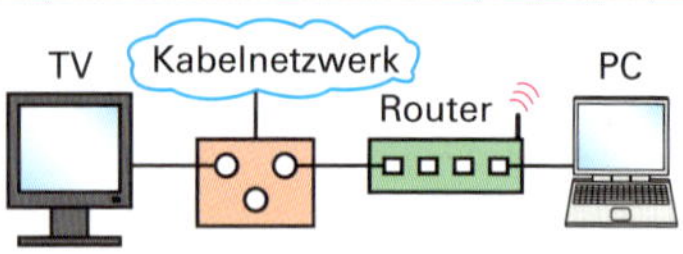 **Internetzugang über TV-Kabel** 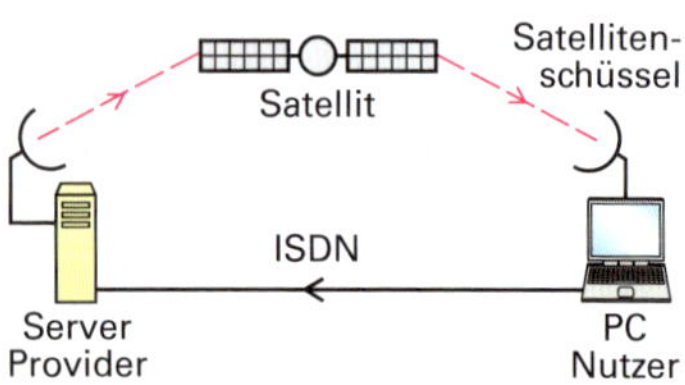 **Internetzugang über Satellit (SkyDSL)**	Internetzugänge erfolgen zunehmend über Breitbandanschlüsse. Allerdings ist das Verständnis von Breitband unterschiedlich (> 1 bis 150 Mbit/s). Breitband-Übertragungstechnologien sind DSL, TV-Kabel, Mobilfunk (UMTS, LTE), Satellit. Glasfaserleitungen meist nur in Großstädten. Je nach Internet-Service-Provider werden diese Technologien angeboten. www.t-online.de; www.breitband-anbieter.de; de.skydsl.eu	Mittels Kabelmodem werden die Internet-Daten auf die Signale des Kabelfernsehens aufmoduliert und über dessen Koaxialkabel übertragen. Bei der Satellitenübertragung wird zunächst eine Verbindung z.B. über ISDN mit dem Internet-Service-Provider aufgebaut. Die Internet-Daten werden mittels Satellit zum Internet-Nutzer übertragen. Mobilfunk LTE (Long Term Evolution) bietet > 100 Mbit/s. www.lte-breitband.com

ISDN Integrated Services Digital Network = dienstintegrierendes Netzwerk, NTBA Network Terminator Basic Access = Netzabschlussgerät, ADSL Asymmetric DSL = Asymmetrischer Digitaler Teilnehmer Anschluss, DSL Digital Subscriber Line = Digitaler Teilnehmer Anschluss, provider = Versorger, browser von to browse = schmökern

Anwendungen des Internets Internet applications

Suchen

Anwendung	Erklärung	Bemerkungen, Beispiele
Suchdienst	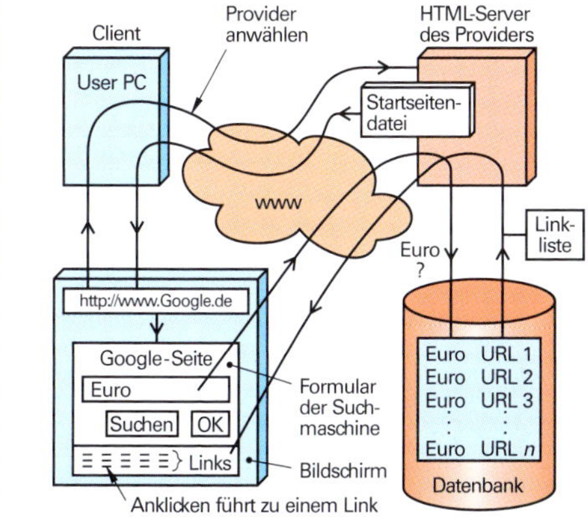 **Arbeiten mit einem Suchdienst**	Der Nutzer (User) gibt im Browser die Startadresse eines Suchdienst-Providers ein. Der angewählte Provider startet ein Programm, das seine Startseite an den User schickt. Der User gibt den Suchbegriff ein und klickt den Button Suchen an. Ein gefundener Begriff wird vom Suchprogramm des Providers aus der Datenbank ausgelasen und mit einer Linkliste zum User übertragen. Aus dieser wählt der User einen passenden Link aus. **Suchmaschinen:** www.google.de www.altavista.de www.fireball.de www.bing.com
Such-maschine Suchkatalog	**Suchmaschine:** Der Server des Providers durchsucht mit einem Suchprogramm (Spider = Spinne) die Server im Internet ständig nach neuen oder geänderten Seiten und erstellt dabei Listen für die User. **Suchkatalog:** Menschen (Redakteure) durchsuchen durch Software unterstützt das Internet nach Begriffen und erstellen Kataloge für die User.	**Suchkataloge:** www.yahoo.de www.web.de

Gebäudetechnik

PC-basierte Kontroll- und Steuereinheit	 **Bildschirmanzeige Gira-Control-Client**	Vom Control-Client (Handy, Smartphone, PC) sind z. B. bedienbar: • Beleuchtung und Heizung, • Zentralsteuerung von Licht, Jalousie, Lüftung, • Lichtszenenmanagement, • Steuern von Raumtemperaturen, Raumbeleuchtungen, Hausbelüftung. • Türkommunikation und Außenbereichüberwachung, • Wetterstation, Wetterprognosen, • Internetdienste, E-Mail, News, • Steuern von Musikanlagen.
Home Server	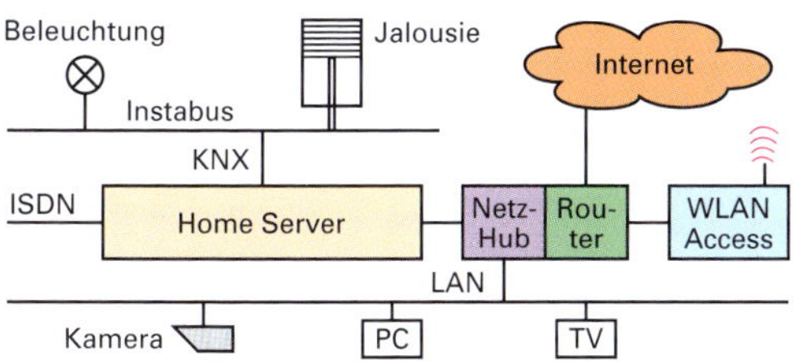	Der Server ist ein zentraler Steuercomputer für die Haustechnik. Er hat Schnittstellen für • KNX-Bus zur Haussteuerung, • ISDN für Alarmanlagen, • 10/100 Mbit Ethernet-LAN für den Anschluss von WLAN, Türkommunikationssystem, Internet und Intranet. www.gira.de, www.jung.de

Sichern und Schützen von Daten Backing up and Protecting Data

Methode	Erklärung	Bemerkungen
Datensicherheit und Zugriffsschutz		
Versioniertes Speichern	Das versionierte Speichern von Daten verhindert Überschreiben von Daten oder Dateien.	Bei jedem Speichern wird eine neue Version der zu speichernden Datei abgelegt.
Backup	Daten werden auf z.B. externen Festplatten oder DVDs gespeichert (backup = zurücklegen).	Beim Zwischenbackup werden unveränderte Daten nicht erneut gespeichert.
Virenschutz	Antivirenprogramme erkennen/entfernen Computer-Viren (Schadsoftware, Malware).	Antivirenprogramme müssen regelmäßig aktualisiert werden. www.panda-software.de
Firewall	Eine Firewall (firewall = Brandschutzwand) verhindert den unerlaubten Zugriff aus dem Internet auf einen Computer.	Bei Einzelcomputern wird die Firewall über eine zu installierende Software realisiert, in Computernetzen durch einen Firewall-Computer.
Passworte	Jeder Benutzer (User) einer Computeranlage besitzt ein Passwort, das er zu Beginn seiner Arbeit am Computer eingeben muss.	Passwörter müssen aus Sicherheitsgründen von Zeit zu Zeit geändert werden. Sie sollten keine üblichen Worte oder Namen sein.
Fingerprint	Fingerabdruck ermöglicht Zugang zum Computer.	Lesegerät am Computer oder über USB-Stick.
Kopierschutz durch Dongle	Stecken eines Dongles (Hardwarebox) auf z.B. die USB-Schnittstelle des Computers.	Verschlüsselungstabelle im Dongle wird von Anwendersoftware geprüft. www.aladin.de/produkte/hardlock
Installationsschutz	Mehrere Möglichkeiten: Prüfen der Seriennummer (Host-ID) des Computers, Prüfen einer Freischaltnummer (Key) des Herstellers, Einbringen nicht kopierbarer Markierung in CD.	Beim Programmlauf werden diese Nummern bzw. Codes geprüft. Bei fehlerhaftem Prüfergebnis erfolgt ein Abbruch des Programmlaufes. www.kms-medienservice.de
Lizenzschutz	In Computernetzen verwalten Lizenzserver die erlaubten Zugriffe auf eine Anwendersoftware und vergeben hierzu zum Freischalten Keys (Freischaltnummer).	Nur eine begrenzte Anzahl von Keys wird vergeben. Nach Beenden der Arbeit werden die Keys wieder an den Lizenzserver zurückgegeben.
Verschüsselung	Daten werden mittels Algorithmus verschlüsselt und vom Empfänger entschüsselt.	Bei Funksystemen (Wireless) ist WPA2 (Wi-Fi Protected Access 2) üblich.
Datenschutz		
Gesetzliche Grundlagen	Grundgesetz GG, Bundesdatenschutzgesetz BDSG, Telekommunikationsgesetz TKG, EU-Datenschutzrichtlinie, Telekommunikations-Kundenschutzverordnung TKV, Urheberrecht.	Überwachung der gesetzlichen Bestimmungen erfolgt durch Datenschutzbeauftragte. Ab 20 Mitarbeitern, die sich mit Daten beschäftigen, ist ein Datenschutzbeauftragter erforderlich.
Bundesdatenschutzgesetz BDSG	Das BDSG dient dem Schutz des Bürgers vor missbräuchlicher Verwendung der über ihn gespeicherten persönlichen Daten. Das BDSG gilt für Behörden des Bundes bzw. der Länder nur in begrenztem Umfang.	Anlage zu §9 „10 Gebote des Datenschutzes“: Zugangskontrolle, Speicherkontrolle, Zugriffskontrolle, Eingabekontrolle, Transportkontrolle, Datenträgerkontrolle, Benutzerkontrolle, Übermittlungskontrolle, Auftragskontrolle, Organisationskontrolle. www.bfd.bund.de

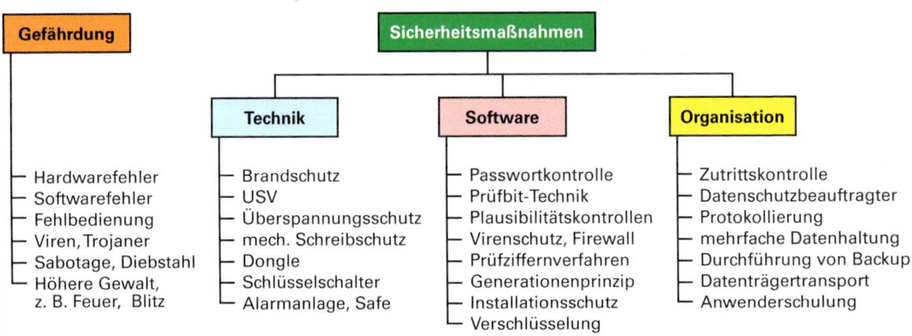

Gefährdungsbereiche und Maßnahmen zur Sicherheit von Daten (Auswahl)

Antennen, Betriebsmittel für Antennenanlagen
Antennas, Electrical Equipment for Antenna Systems

Bereich		LW	MW	UKW	FI	FIII	FIV/V	FVI	Bemerkungen
Empfangs-Antenne		Draht- oder Stabantenne, Ferritantenne		Dipole, Kreuz-dipole, Yagia.	Yagiantennen			Parabol-antenne	
Frequenz-bereich in MHz		0,149 bis 0,284	0,527 bis 1,607	87,5 bis 108	47 bis 68	174 bis 230	470 bis 862	10 700 bis 12 750	Bei FVI wird die Empfangsfrequenz im LNC auf 950 MHz bis 2 150 MHz umgesetzt.
Antennenweiche		1,5 dB	1,5 dB	1,5 dB	1 dB	1 dB	0,5 dB	0,8 dB	A_K = 40 dB, SM ≥ 65 dB
Stammleitungs-verteiler		9 dB	9 dB	5,5 dB	5,5 dB	5,5 dB	6 dB	4,5 dB	A_K = 22 dB zwischen den Ausgängen, SM ≥ 65 dB
Stich-leitungs-verteiler	A_D	1 dB	1 dB	1 dB	1 dB	1 dB	1dB	2,5 dB	A_K = 36 dB zwischen den Abzweigern, SM ≥ 65 dB
	A_A	20 dB	20 dB	20 dB	20 dB	20 dB	20 dB	15 dB	
Steckdosen für Einzel-Ant.-Anlagen	A_A	0,5 dB	0,5 dB	1 dB	0,8 dB	0,5 dB	0,5 dB	1,5 dB	A_K = 0 dB, SM ≥ 65 dB
für GA-Anlagen	A_D	0,8 dB	0,8 dB	0,8 dB	0,8 dB	0,8 dB	0,8 dB	1,5 dB	A_K = Rdf ↔ TV ≥ 50 dB, TV ↔ TV ≥ 34 dB, SM ≥ 65 dB
	A_A	16 dB	16 dB	16 dB	14 dB	14 dB	14 dB	14 dB	
A.-Verstärk.	G_u	26 dB	26 dB	34 dB	34 dB	33 dB	34 dB	25 dB	SM = 61 dB
Pegel am Ausgang	L_{umax}	111 dBμV	111 dBμV	116 dBμV	116 dBμV	116 dBμV	116 dBμV	95 dBμV	L_{umax} gilt je Kanal bei Verstärkung von zwei Kanälen.

Antennen

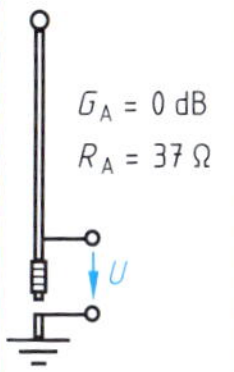

Stabantenne

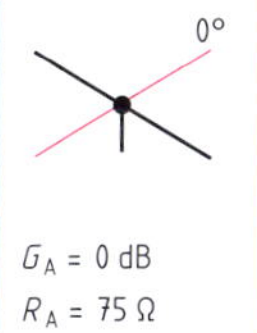

Dipolantenne

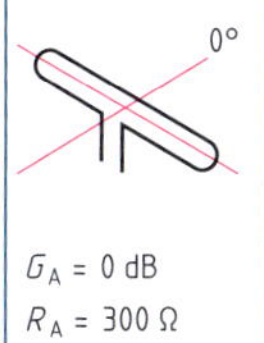

Faltdipol

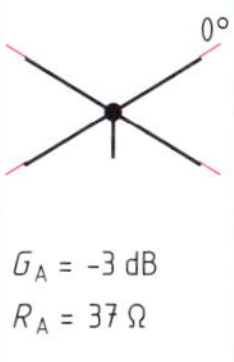

Kreuzdipol

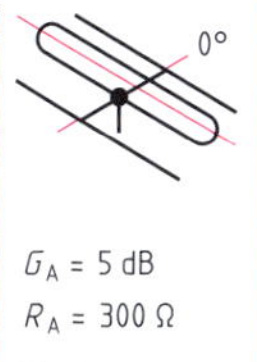

Yagiantenne

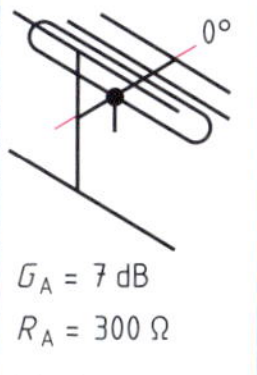

Yagiantenne

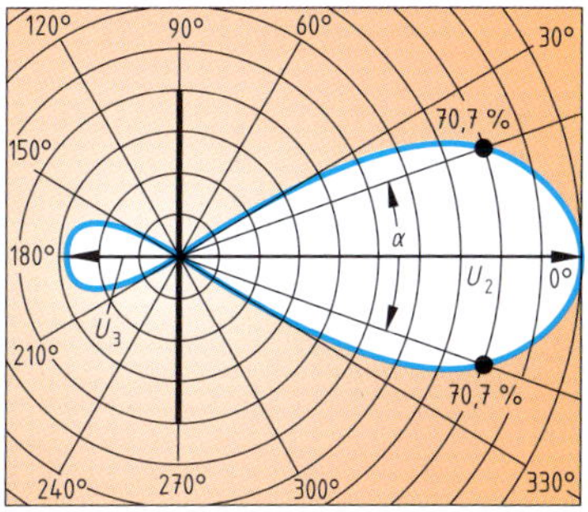

Richtcharakteristik einer Richtantenne

$$G_A = 20 \cdot \lg \frac{U_2}{U_1} \quad (1)$$

$$G_{VR} = 20 \cdot \lg \frac{U_2}{U_3} \quad (2)$$

Koaxialleitung

Wellenwiderstand:	75 Ω
Gleichstromwiderstand bei 100 m Leitungslänge und Kurzschluss am Leitungsende	2,3 Ω bis 10 Ω
Schirmungsmaß:	55 dB bis 75 dB
Verlegung: Direkt in Putz oder auf Putz, in Isolierrohren. Sicherheitsabstand zu elektrischen Anlagen in Räumen	10 mm
im Freien	20 mm

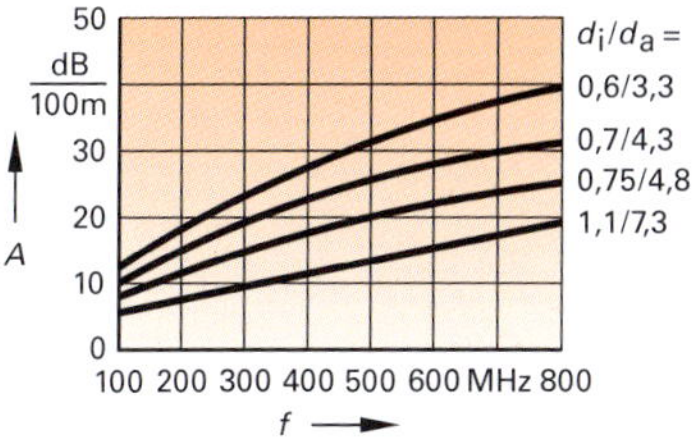

A Dämpfungsmaß, A_A Anschlussdämpfung, A_D Durchgangsdämpfung, A_K Kopplungsdämpfungsmaß, d_a Außendurchmesser, d_i Innendurchmesser, f Frequenz, G_A Antennengewinnmaß, G_u Spannungsverstärkungsmaß, G_{VR} Vor-Rück-Verhältnismaß, L_{umax} maximaler Spannungspegel, R_A Fußpunktwiderstand, SM Schirmungsmaß, U_1 Antennenspannung eines Dipols in Hauptempfangsrichtung, U_2 Spannung der Mehrelementeantenne in Hauptempfangsrichtung, U_3 Spannung der Mehrelementeantenne in Rückwärtsrichtung, α Öffnungswinkel.

Satellitenempfang Satellite Reception

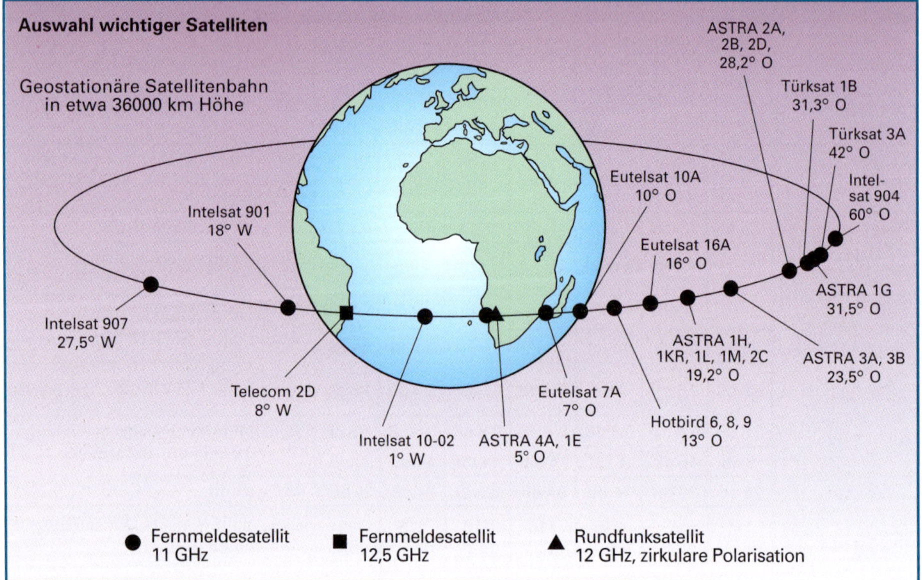

ASTRA-Ausleuchtzonen (Beispiele)

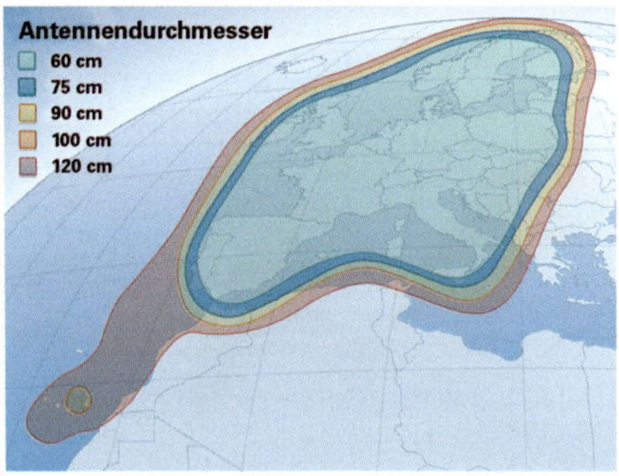

ASTRA 1H, Westbeam

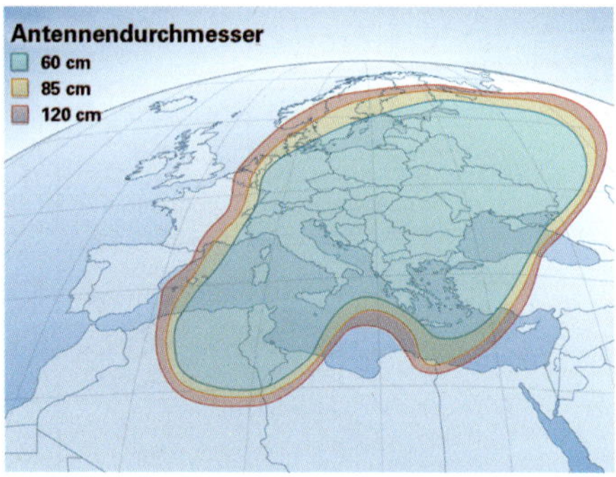

ASTRA 2C, Westbeam

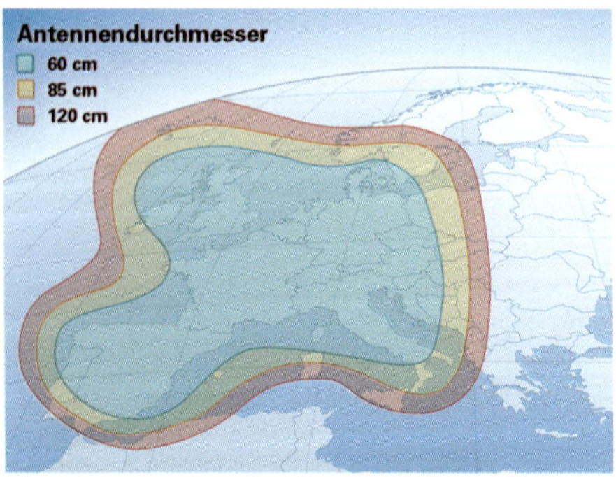

ASTRA 1E, vertikale Polarisation

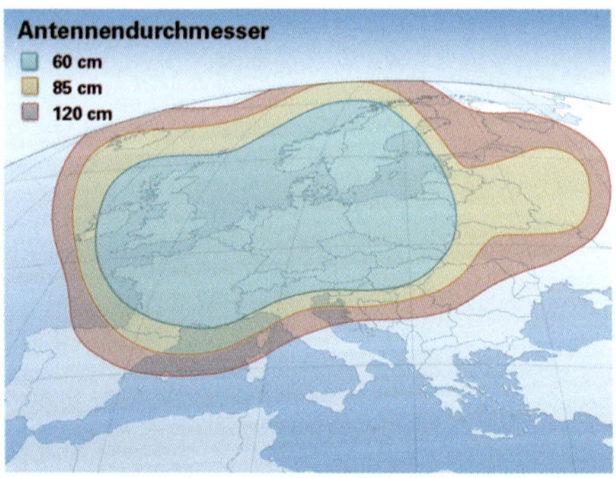

ASTRA 1E, horizontale Polarisation

SAT-Anlagen Satellite Equipment

Merkmal	Übersicht	Bemerkungen, Anwendung
Einzelteilnehmeranlage		**Single User Installation**
Aufbau	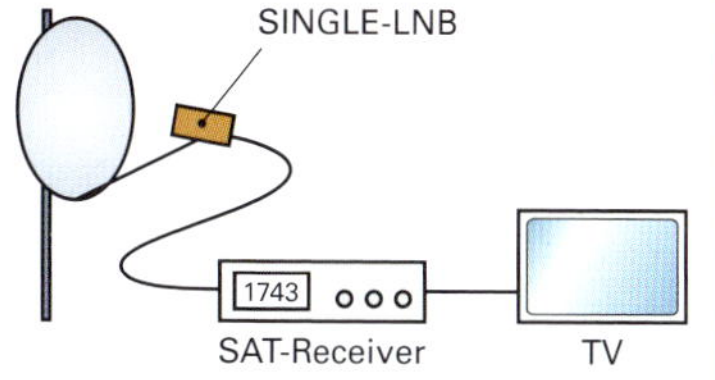	**Einfachster Aufbau:** • Antenne mit Single-LNB (Low-Noise-Block-Converter), setzt das Satelliten-Signal mit etwa 11 GHz in eine SAT-ZF (Zwischenfrequenz 950 bis 2 150 MHz) um, • ein SAT-Receiver (setzt SAT-ZF in Audio/Video um, wird über SCART in den TV eingespeist), • Empfang eines Kanals, • keine Erweiterungsmöglichkeit.
Multifeed-anlage	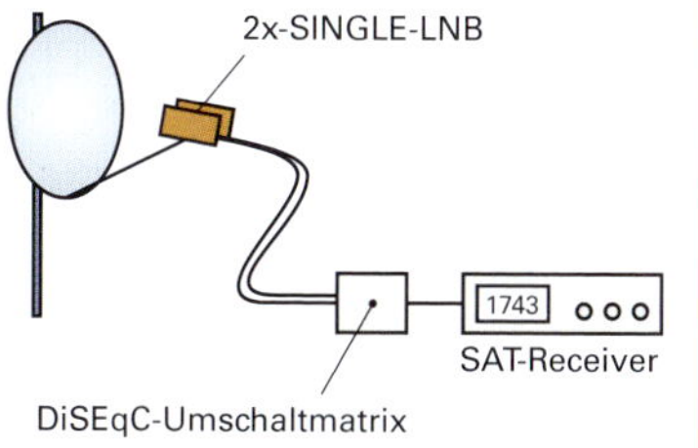	**Empfang von zwei benachbarten Satelliten** • Empfang von z. B. ASTRA und Hotbird mit einer Antenne. • Pro Satellit wird ein eigener LNB benötigt. • Die Antenne sollte einen Durchmesser von 90 cm haben. • Die Ausrichtung der Antenne erfolgt überwiegend auf den leistungsschwächeren Satelliten und schielend auf den weiteren Satelliten. • Die Multifeedhalterung muss beide LNBs in einem bestimmten Abstand aufnehmen. • Die Umschaltung zwischen den Satelliten erfolgt mit einer DISEqC-Umschaltmatrix.
Mehrteilnehmeranlagen		**Multi User Installation**
LNB mit mehreren schaltbaren Ausgängen	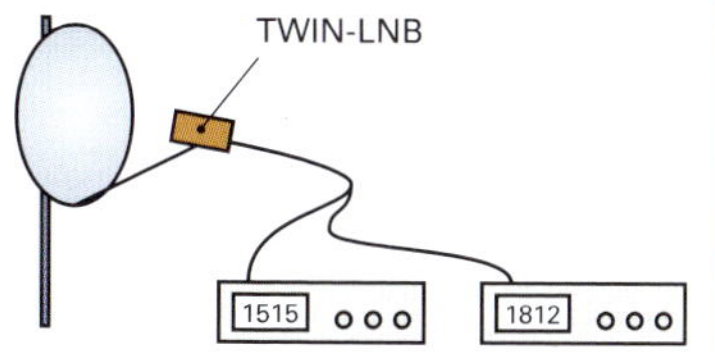	**LNB mit mehreren umschaltbaren Ausgängen:** • Jeder LNB-Ausgang ist auf jedes SAT-Band und auf jede Polarisation schaltbar, • LNBs mit zwei („TWIN"), vier („QUAD") und acht („OCT") gleichwertigen Ausgängen erhältlich, • sternförmige Leitungsverlegung, • an jeder Leitung nur ein Receiver anschließbar, • Empfang der Programme eines Satelliten.
LNB mit mehreren festen Ausgängen	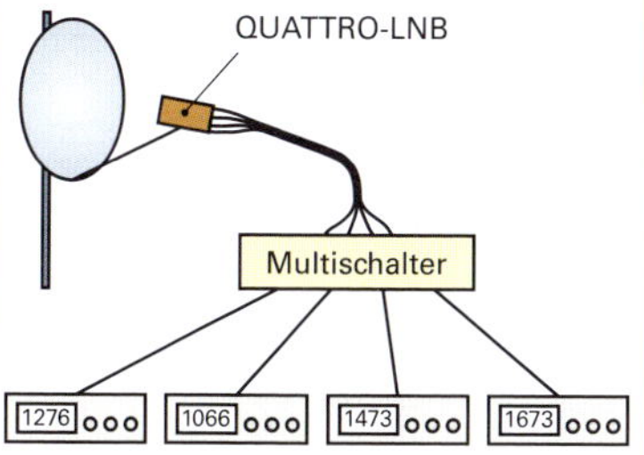	**LNBs mit mehreren festen Ausgängen:** • LNBs haben vier („QUATTRO") Ausgänge, • jeder LNB-Ausgang hat festgelegtes Signal (oberes oder unteres Band, vertikale oder horizontale Polarisation), • Multischalter (Schaltmatrix) erforderlich, • sternförmige Leitungsverlegung, • an jeder Leitung nur ein Receiver anschließbar, • Empfang der Programme mehrerer Satelliten möglich bei passendem Multischalter, • kaskadierbare Multischalter lassen den Anschluss beliebig vieler Receiver zu.
Anlagen mit Kopfstation		**Head end Installation**
Neue Anordnung der SAT-Kanäle	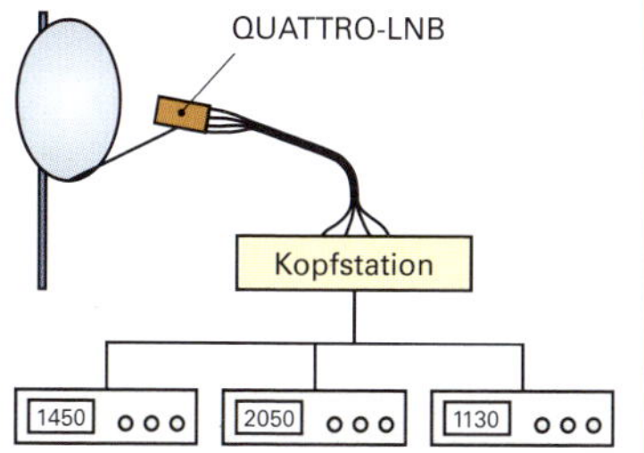	**Einfacher Aufbau:** • QUATTRO-LNB, • Kopfstation setzt die gewünschten Kanäle in SAT-ZF hintereinander, • beliebige Leitungsverlegung, • beliebig viele Receiver an einer Leitung anschließbar, • Empfang mehrerer Satelliten möglich, • Umrüstung vorhandener BK-(Breitbandkabel)-Hausnetze notwendig, • Einstellung direkt an der Kopfstation oder mit PC, • für Häuser mit wenigen Wohneinheiten.

Satellitenantennenanlagen Antenna Systems for Satellite Receivers

Satellitenempfangsantennen

Antenne, Begriff	Antennenbauform	d_{min}	d in m	Flächen-wirkungs-grad	Gewinn bei 12,1 GHz	Halb-werts-breite	Neben-keulen-dämpfung	Empfang zirkularer Polarisat.	Wind-last in N
Offset-antenne	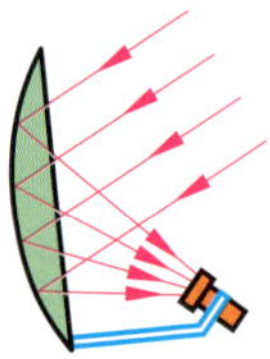	≥ 10 λ	0,60	60% bis 70%	34,75 dB	≤ 3°	sehr gut	sehr gut	276
		≥ 10 λ	0,90	60% bis 70%	38,5 dB	≤ 2°	sehr gut	sehr gut	660
		≥ 10 λ	1,20	60% bis 70%	41,2 dB	≤ 1,5°	sehr gut	sehr gut	1300
Zentral gespeiste Antenne	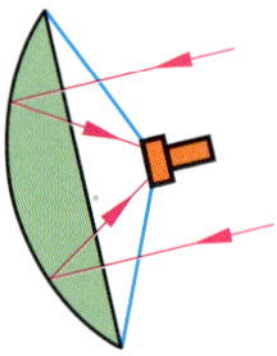	≥ 20 λ	1,50	50% bis 60%	43,3 dB	≤ 1,2°	gut	gut	2000
		≥ 20 λ	1,80	50% bis 60%	44,9 dB	≤ 1,2°	gut	gut	2700
Flach-antenne	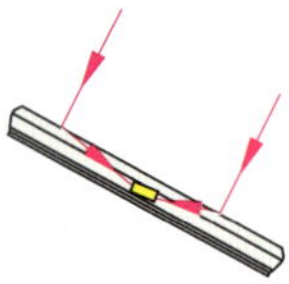	≥ 10 λ	0,5	50% bis 60%	50 dB	≤ 3°	gut	gut	180

Ausrichten der Satelliten-Antenne

Elevation- und Azimut-winkel

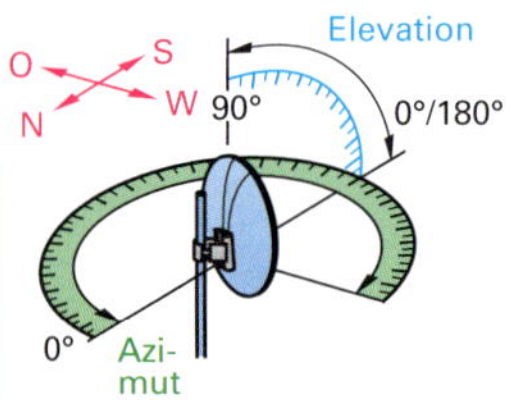

Beim Ausrichten ist zu beachten:

- Der Empfang darf nicht durch Hindernisse gemindert werden.
- Die Antenne ist auf den Satelliten auszurichten.
- Die Ausrichtung auf den Azimut- und Elevationswinkel muss in Abhänigkeit der Satellitenposition und des Empfangsortes erfolgen.
- Azimut- und Elevationswinkel können z.B. aus folgender Tabelle oder der Montageanleitung entnommen werden.
- Den Azimutwinkel richtet man mithilfe eines Kompasses aus.
- Die Einstellung des Elevationswinkels wird über eine Markierung an der Spiegelhalterung vorgenommen.

Empfangs-orte	Östliche Länge L_A	Nördliche Breite B_A	Intelsat 907 L_S = 27,5° W		ASTRA 2C, … 28,2° O		ASTRA 1H, … L_S = 19,2° O		ASTRA 1E L_S = 23,5° O	
			α_E	α_A	α_E	α_A	α_E	α_A	α_E	α_A
Berlin	13,24°	52,31°	19,4	227,4	28,4	161,6	29,9	172,7	29,4	167,1
Bremen	8,19°	53,04°	21,0	222,3	26,8	156,2	28,6	166,9	27,8	161,4
Dresden	13,71°	51,05°	20,1	228,4	30,0	161,7	31,3	172,9	30,8	167,5
Düsseldorf	6,47°	51,12°	23,4	220,9	28,0	153,3	30,3	164,1	29,3	158,5
Hamburg	9,59°	53,33°	20,3	223,3	26,6	157,8	28,5	168,3	27,7	162,8
Hannover	9,44°	52,24°	21,2	223,6	27,7	157,1	29,6	168,0	28,8	162,4
Kiel	10,08°	54,20°	19,4	223,5	25,9	158,1	27,6	169,0	26,9	163,6
Magdeburg	11,59°	52,13°	20,3	225,8	28,4	159,3	29,9	170,4	29,4	165,0
Mainz	8,16°	50,01°	23,5	223,1	29,6	154,7	31,8	166,0	30,8	160,3
München	11,34°	48,08°	23,4	227,3	32,4	158,1	34,3	169,8	33,5	163,8
Stuttgart	9,11°	48,46°	24,2	224,8	31,1	155,4	33,6	166,9	32,6	161,1

B_A Breitengrad des Antennenstandortes, d Durchmesser der Satellitenantenne, L_A Längengrad des Antennenstandortes, L_S Längengrad des Satellitenstandortes, α_A Azimut, α_E Elevation, λ Wellenlänge

Digitales Fernsehen über terrestrische Antenne, DVB-T
Digital Video Broadcasting-Terrestrial

Begriffe, Merkmal	Erklärung	Bemerkungen, Darstellungen
DVB-T	Digital Video Broadcasting-Terrestrial (DVB-T) ist die englische Bezeichnung für die digitale Abstrahlung von Fernsehprogrammen im VHF- und UHF-Bereich.	Die Bild- und Toninformationen werden durch ein standardisiertes Verfahren digitalisiert, komprimiert und terrestrisch gesendet.
Eigenschaften Symbol DVB-T DVB-T-Empfang	Pro Fernsehkanal können bis zu vier digitale Programme gegenüber einem Programm beim analogen Fernsehen übertragen werden, da Bild- und Tonsignale nach dem MPEG-2-Standard codiert sind. Die Bild- und Tonqualität ist gegenüber dem analogen Fernsehen erheblich besser. Zusätzlich können besondere multimediale Datendienste, z.B. elektronische Programmführer (Electronic Programme Guide, EPG), übertragen werden. Ferner Empfang von Radioprogrammen. Neben stationärem Empfang ist auch portabler und mobiler Empfang mit gleicher Qualität realisierbar („Überall-Fernsehen" bzw. „Überall-Empfang", www.ueberallfernsehen.de).	**Nachteile:** Kein hochauflösendes Fernsehen (HDTV) möglich. Je nach Region gibt es wenige Fernsehprogramme und unterschiedliche Programmbelegungen. Kein Video Programming System (VPS) zur einfachen Aufnahme von Sendungen vorhanden. **Empfangsbereiche:** VHF: 174 bis 230 MHz, UHF: 470 bis 862 MHz **Kennzeichnung:** Das Symbol zeigt an, dass der jeweilige DVB-T-Empfänger, z.B. Set-Top-Box, festgelegte Mindestanforderungen erfüllt, die für den typischen DVB-T-Empfang erforderlich sind.
Geräte Empfänger Antennenausrichtung	Für jedes zu nutzende Gerät, z.B. Fernseher, Videorekorder, PC, benötigt man je einen eigenen DVB-T-Empfänger, z.B. Set-Top-Box. Je nach Sendernähe und ausreichender Feldstärke ist eine Außenantenne, Dachantenne oder Zimmerantenne notwendig. Eine vorhandene Außenantenne des analogen Fernsehens kann weiter genutzt werden (Seite 323). Bei einer Antenne mit Richtwirkung ist die Ausrichtung auf einen der Sender empfehlenswert, um störungsfreien Empfang sicherzustellen.	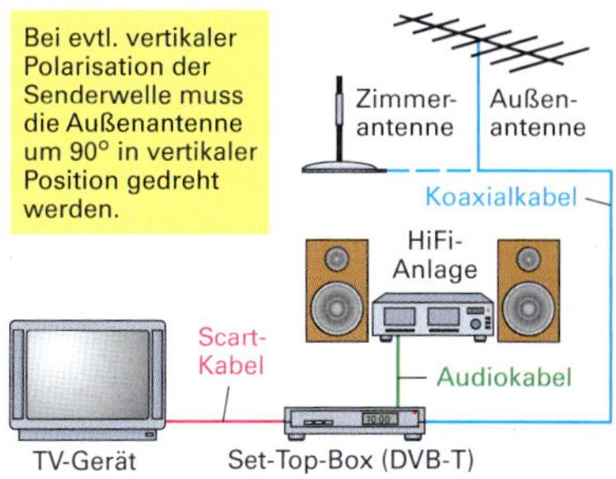 **DVB-T-Fernsehanlage**
Gemeinschaftsantennenanlage Frequenzbereiche Pegel Kabel Schirmung Sternverteilung Abschlusswiderstand	Ältere Gemeinschafts-Antennenanlagen können dann weiter verwendet werden, wenn ihr Frequenzbereich 174 MHz bis 862 MHz beträgt. Kanalumsetzer von UHF nach VHF können nicht weiterverwendet werden. Breitbandverstärker können ähnlich wie im analogen Betrieb gepegelt werden. Die Pegel sollten nach der Einführung von DVB-T überprüft werden, wobei Übersteuerung zu vermeiden ist. Koaxialkabel und andere Komponenten der Anlage sollten ein Schirmungsdämpfungsmaß von 85 dB oder mehr aufweisen. Koaxialkabel sollten doppelt abgeschirmt sein. Bei Neuanlagen ist eine Sternverteilung einer Baumstruktur vorzuziehen. Stammleitungen sind mit einem Abschlusswiderstand von 75 Ω in der Enddose abzuschließen.	Als Mindestpegel an Antennensteckdosen im Fernsehbereich sind 60 dBμV notwendig. Der Höchstpegel von 80 dBμV darf an Antennensteckdosen im Fernsehbereich nicht überschritten werden (folgende Seite). 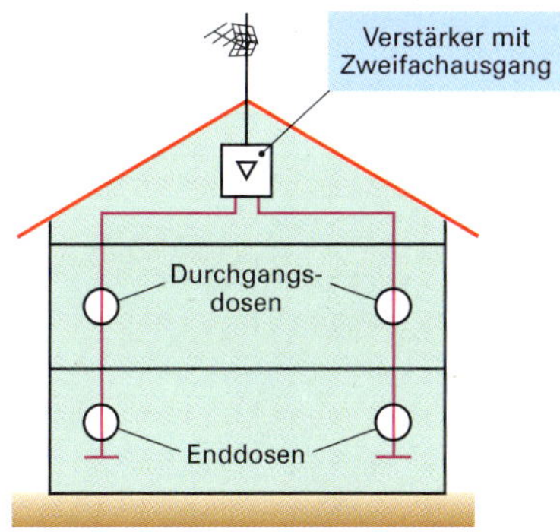 **Gemeinschaftsantennenanlage**

Gemeinschaftsantennenanlagen Master Antenna Systems

Signaleinspeisung

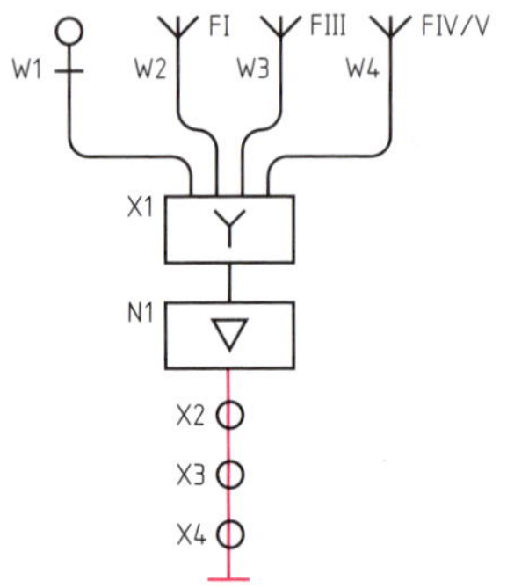

Antennenanlage mit einer Stammleitung

Das Signal wird durch die Steckdosen geführt.
Abschlusswiderstand in der letzten Steckdose: 75 Ω

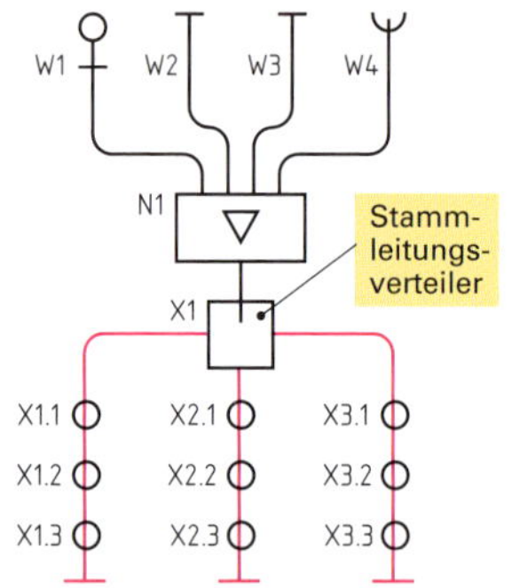

Stammleitungssystem

Das Signal wird auf mehrere Stammleitungen verteilt und durch die Steckdosen geführt.
Abschlusswiderstand in der letzten Steckdose: 75 Ω

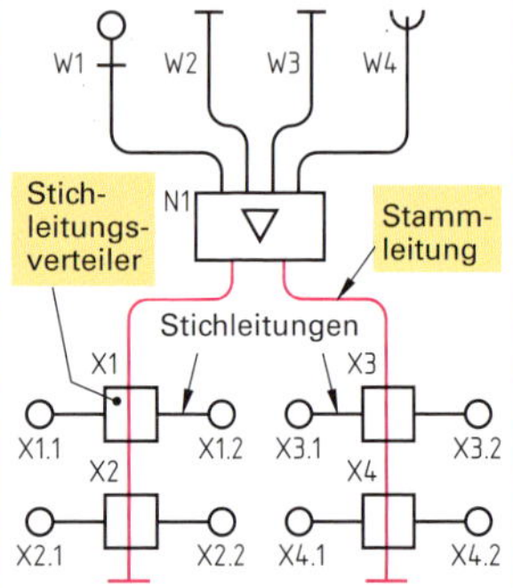

Stichleitungssystem

Das Signal wird über Stichleitungsverteiler aus der Stammleitung ausgekoppelt. Die Stichleitung wird nicht, die Stammleitung wird mit 75 Ω abgeschlossen.

Geforderter Nutzpegel am Empfänger

Bereich	UKW Mono	UKW Stereo	SAT-ZF	DVB-S	DVB-S2	DVB-C	DVB-T	Berechnung
L_{umin} in dBμV	40	50	47	47	47	41, 47, 54*	26…54*	$L_u = 20 \cdot \lg \frac{U}{U_0}$
L_{umax} in dBμV	70	70	77	77	77	61, 67, 74*	74	$U_0 = 1\ \mu V$ an 75 Ω

Reduzierung des Ausgangspegels bei Antennenverstärkern

Anzahl der belegten Kanäle	1	2	3	4	5	6	7	8	9	10	11	12	–	–	Bemerkungen
Absenkung von L_{umax} in dBμV	0	0	2	3	4	5	5,5	6	6,5	7	7,5	8	–	–	Werden bei Bereichs- und Mehrbereichsverstärkern mehr als zwei Kanäle verstärkt, so ist L_{umax} am Ausgang abzusenken.

Entkopplung von zwei Antennensteckdosen

Die Grundentkopplung zwischen zwei beliebigen Dosen muss mindestens 22 dB betragen.
Zwischen den Empfängeranschlüssen für UKW und Fernsehen wird eine Kopplungsdämpfung von mindestens 50 dB gefordert.
Fernsehkanäle können sich gegenseitig stören. Die Kopplungsdämpfung muss ≥ 60 dB sein, wenn folgende Kanalkombinationen auftreten: 5 und 10, 6 und 11, 7 und 12.
Die Kopplungsdämpfung muss ≥ 50 dB sein, wenn folgende Kanalkombinationen auftreten:

störender Kanal	2					3					4				Bemerkungen
gestörter Kanal	5	27	38	49	60	7	21	32	44	56	9	25	38	50	
störender Kanal	5	6	7	8		9		10		11		12		–	
gestörter Kanal	42	45	47	21	50	22	53	24	55	26	58	28	60	–	Wird der Mindestpegel L_{umin} am Empfängeranschluss um *x* dB überschritten, so darf der geforderte Mindestwert für die Kopplungsdämpfung von z. B. 50 dB um *x* dB unterschritten werden.
störender Kanal	21	22	23	24	25	26	27	28	29	30	31	32	33	34	
gestörter Kanal	26	27	28	29	30	31	32	33	34	35	36	37	38	39	
störender Kanal	35	36	37	38	39	40	41	42	43	44	45	46	47	48	
gestörter Kanal	40	41	42	43	44	45	46	47	48	49	50	51	52	53	
störender Kanal	49	50	51	52	53	54	55	–	–	–	–	–	–	–	
gestörter Kanal	54	55	56	57	58	59	60	–	–	–	–	–	–	–	

L_u Spannungspegel, U Spannung, U_0 Bezugsspannung, USB unterer Sonderkanalbereich, OSB oberer Sonderkanalbereich, * je nach Modulation und/oder Code-Rate andere Werte

Errichtung von Antennenanlagen Installation of Antenna Systems

Montage, mechanische Sicherheit

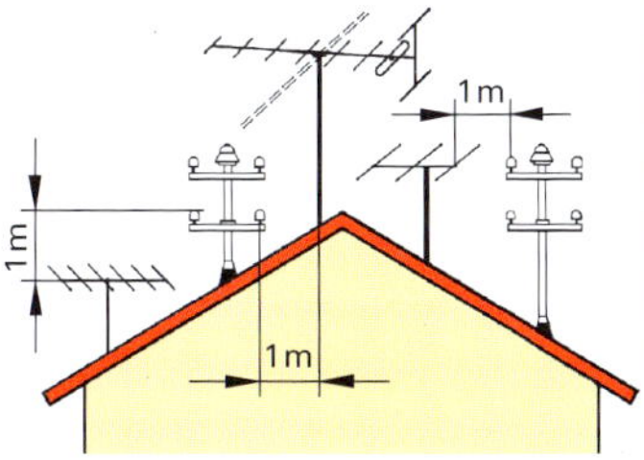

Abstände von Antennen und Freileitungen

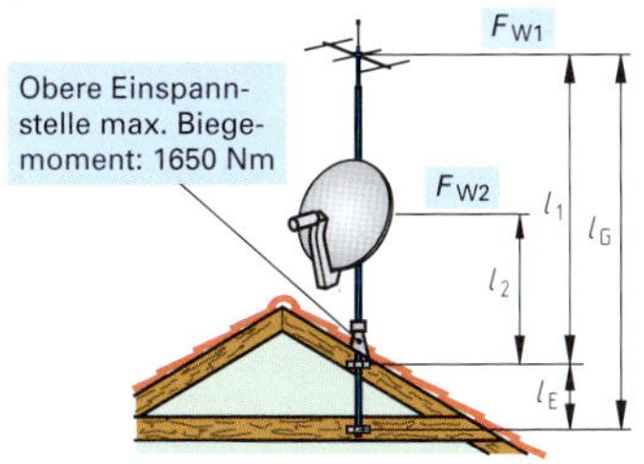

Montage von Antennen

Bei der Montage ist allgemein zu beachten:

- Abstände zu Freileitungen von Starkstromanlagen sind einzuhalten (**Bild**).
- Bei Spannungen bis 1000 V muss der Abstand zu einem beliebigen Teil der Antenne 1 m betragen.
- Bei Spannungen über 1000 V muss der Abstand mindestens 3 m betragen.
- Bei Hausinstallationen bis 1000 V ist ein Abstand von mindestens 10 mm in geschlossenen Räumen zwischen dem Kabelnetz und einem Starkstromverteilernetz einzuhalten (im Freien mindestens 20 mm).
- Abstände zu bestehenden Antennen und Fernmeldeanlagen so wählen, dass keine Kopplungen entstehen.
- Zwischen den Antennen sollte der Abstand mindestens 1 m betragen.
- Bauteile zur Befestigung von Antennen müssen ausreichende mechanische Festigkeit und Korrosionsschutz aufweisen.
- Antennenanlagen nicht an Schornsteinen und Entlüftungsschächten montieren.
- Vor der Montage ist eine Windlastberechnung durchzuführen.

$$M_1 = F_{w1} \cdot l_1 \quad (1)$$

$$M_2 = F_{w2} \cdot l_2 \quad (2)$$

$$M_G = M_S + M_1 + M_2 + \ldots \quad (3)$$

$$M_{max} \geq M_G \quad (4)$$

$$l_E \geq \frac{1}{6} \cdot l_G \quad (5)$$

Sind die Antennen mehr als 20 m über der Geländeoberfläche montiert, so sind die vom Hersteller angegebenen Windlasten mit dem Faktor 1,37 zu multiplizieren.

Elektrische Sicherheit von Antennenanlagen

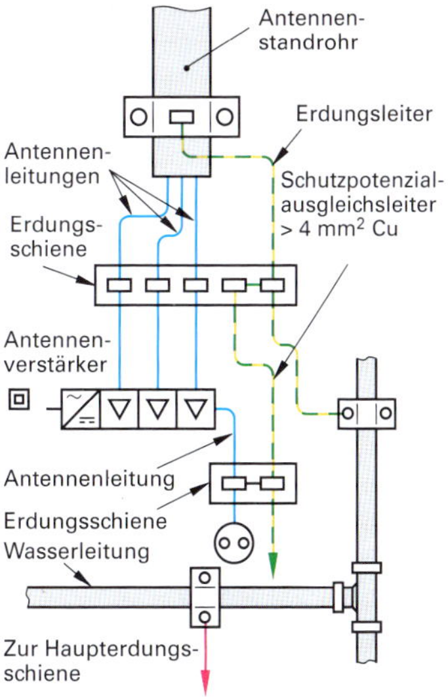

Erdung einer Antennenanlage

Erder

Oft vorhandene Erder: Fundamenterder, Ringerder, metallene Rohrnetze, im Erdreich liegend und untereinander elektrisch leitend verbunden. Blitzschutzanlagen, Stahlskelette, metallene Wasserverbrauchsleitungen, Heizungsrohrleitungen.

Banderder aus verzinktem Stahl, 5 m lang, 0,5 m tief im Erdreich verlegt.

Staberder aus verzinktem Stahl, 2,5 m lang annähernd senkrecht im Erdreich.

Bei Einbauantennen, bei Antennen unter der Dachhaut, bei Zimmerantennen und bei Fensterantennen, die 2 m unterhalb der Dachkante montiert sind und höchstens 1,5 m Ausladung haben, ist eine Erdung nicht nötig.

Erdungsleiter

Kupfer	16 mm², eindrähtig, blank oder isoliert, z. B. H07V-U, NYY, NYM
Aluminium	25 mm², eindrähtig, isoliert, in Innenräumen auch blank, z. B. NAYY
Stahl	50 mm², verzinkt, z. B. Rundstahl mit 8 mm ∅ oder Bandstahl 2,5 mm x 20 mm

F_w Windlast der Antenne, l Abstand der Antenne zur obersten Einspannstelle, l_E Einspannlänge des Standrohres, l_G gesamte Rohrlänge, M Einspannmoment der Antenne, M_G Gesamtmoment, M_{max} zulässiges Moment des Standrohres, M_S Eigenmoment des Standrohres.
Indizes 1 und 2 für Antennen 1 und 2, FI, FIII, FIV, FV Fernsehbänder 1, 3, 4, 5

Breitbandkommunikationsanlagen (BK-Anlagen)
Systems for Broadband Communication

Übertragungstechnische Kennwerte am Übergabepunkt

Signale am Übergabepunkt	Frequenzbereich in MHz	Kanalraster (Frequenzraster)	Frequenz-abweichung in kHz	Nutzpegel in dBμV
Fernsehsignale TV				
Bereich FI	47 bis 68	7 MHz	± 120	60 bis 80
Bereich FIII	174 bis 230	7 MHz	± 120	60 bis 80
Unterer Sonderkanalbereich USB	111 bis 174	7 MHz	± 120	60 bis 80
Oberer Sonderkanalbereich OSB	230 bis 300	7 MHz	± 120	60 bis 80
Erweiterter Sonderkanalber. ESB	302 bis 446	8 MHz	± 120	60 bis 80
UKW-FM-Tonsignal, Bereich FII	87,5 bis 108	(≥ 300 kHz, Vielfaches von 50 kHz)	± 20	62 bis 79
Digitale Tonsignale	111 bis 125	14 MHz	–	–
	125 bis 139	14 MHz	–	–
Datensignal in Vorwärtsrichtung	70 bis 75	–	–	–
Datensignal in Rückwärtsrichtung	4 bis 10	–	–	–
Pilotsignale	80, 15	–	± 8	–
	287,25 oder	–	± 120	
	280,25	–	± 120	

Merkmale am Übergabepunkt

Merkmale	Kennwerte	Merkmale	Kennwerte
Abweichung der Übergabepegel einzelner Signale TV	≤ 3 dB	**Differenz der Signalpegel** beim Fernsehen	
UKW	≤ 3 dB	47 MHz bis 300 MHz	≤ 8 dB
Änderung des Pegels	≤ 2 dB	47 MHz bis 440 MHz	≤ 10 dB
Rückflussdämpfung in Verteilrichtung bei 47 MHz	≥ 20 dB	– bei 1 Zwischenkanal	≤ 3 dB
		– bei 10 Zwischenkanälen	≤ 5 dB
		beim UKW-Rundfunk	≤ 4 dB
bis 440 MHz abnehmend	1,5 dB / Oktave	beim digitalen Hörrundfunk	noch offen

Anforderungen für den Anschluss von privaten BK-Anlagen an das BK-Netz

Merkmale	Kennwerte	Merkmale	Kennwerte
Nutzsignal an Breitbandsteckdosen TV	60 dBμV bis 84 dBμV	Kopplungsdämpfung zwischen den Ausgängen von zwei oder mehr Breitbandsteckdosen	
Tonsignal	56 dBμV bis 80 dBμV	Ausgang TV ↔ Ausgang TV	
Hochfrequentes Rauschabstandsmaß bei Fernsehsignalen	≥ 49 dB	Frequenzbereich 4 MHz bis 47 MHz	≥ 30 dB
		47 MHz bis 790 MHz	≥ 40 dB
Geräuschspannungsabstandsmaß bei Tonsignalen	≥ 57 dB	790 MHz bis 862 MHz	≥ 30 dB
Schirmungsmaß bei Koaxialkabel		Ausgang TV ↔ Ausgang Rundfunk	
Frequenzbereich 30 MHz bis 108 MHz	≥ 70 dB	Frequenzbereich 150 kHz bis 1605 kHz	≥ 50 dB
> 108 MHz bis 470 MHz	≥ 75 dB	87,5 MHz bis 108 MHz	≥ 50 dB
> 470 MHz bis 862 MHz	≥ 70 dB	Ausgang Rundfunk ↔ Ausgang TV Frequenzbereich 108 MHz bis 862 MHz	≥ 46 dB
Schirmungsmaß für aktive und passive Bauteile		Ausgang Rundfunk ↔ Ausgang Rundfunk	
Frequenzbereich 30 MHz bis 470 MHz	≥ 75 dB	Frequenzbereich 510 kHz bis 1605 kHz	≥ 22 dB
> 470 MHz bis 862 MHz	≥ 65 dB	87,5 MHz bis 108 MHz	≥ 42 dB
Kopplungsdämpfung zwischen Breitbandsteckdose und Übergabepunkt	≥ 14 dB	Störstrahlungsleistungspegel im Frequenzbereich 30 MHz bis 1000 MHz	≤ 20 dBpW
Rückflussdämpfung der an den Übergabepunkt angeschlossenen Einrichtungen im Frequenzbereich bis 440 MHz	≥ 14 dB	Störstrahlungsspannungspegel im Frequenzbereich 30 MHz bis 1000 MHz	≤ 39 dBμV

Teil AS: Automatisierungs- und Antriebssysteme, Steuern und Regeln
Part AS: Automation and Drive Systems, Controlling

Komponenten, Baugruppen

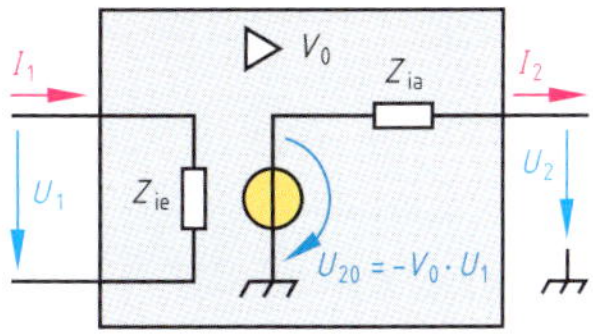

Steuern und Regeln

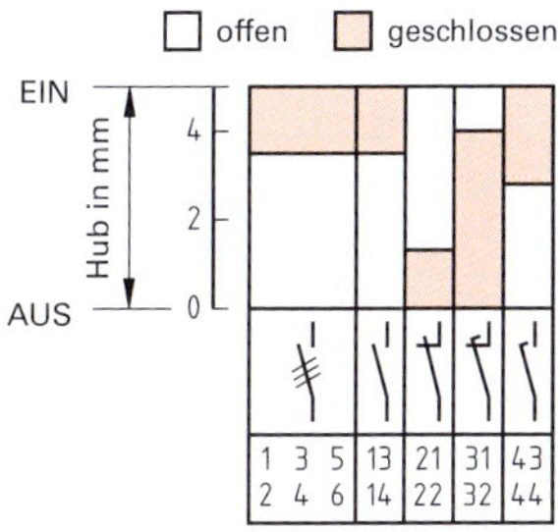

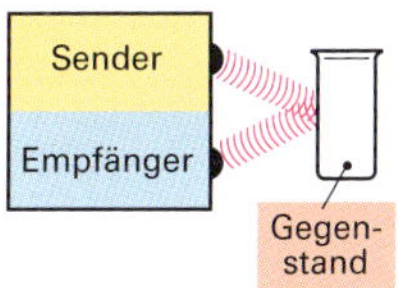

Motoren, Antriebstechnik

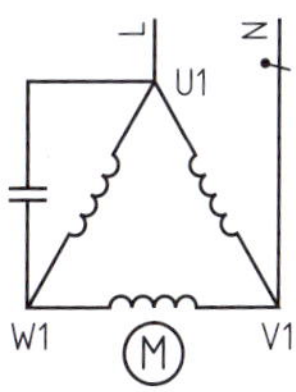

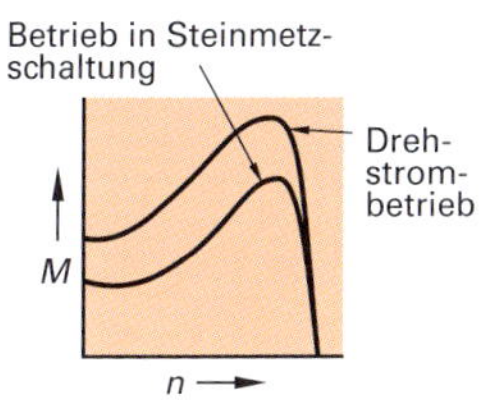

Verstärker-Grundschaltungen Basics of Amplifiers

Grundschaltungen mit bipolaren Transistoren

Größen	Emitterschaltung	Kollektorschaltung	Basisschaltung
B Basis C Kollektor E Emitter	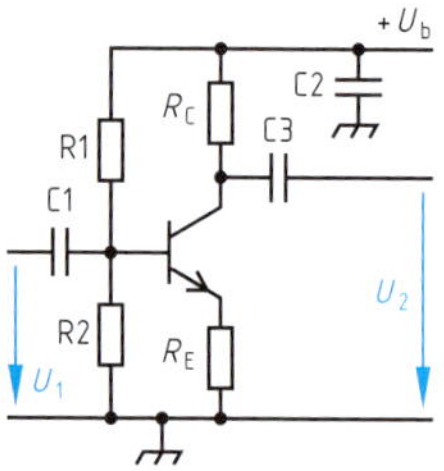	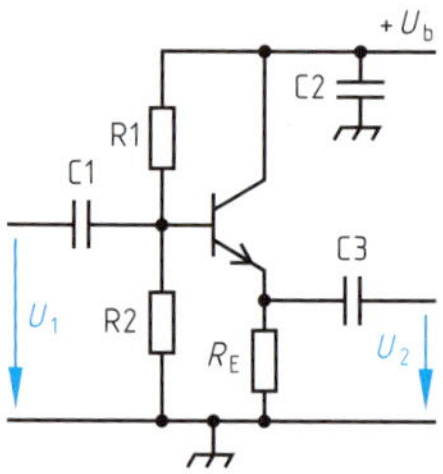	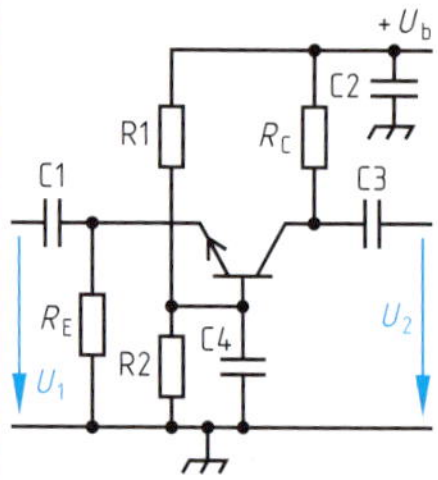
Anwendungsbeispiele	für NF- und HF-Verstärker, soweit nicht IC oder Operationsverstärker	in NF-Eingangsstufen, z. B. Impedanzwandler	noch als HF-Verstärker

Emitterschaltung

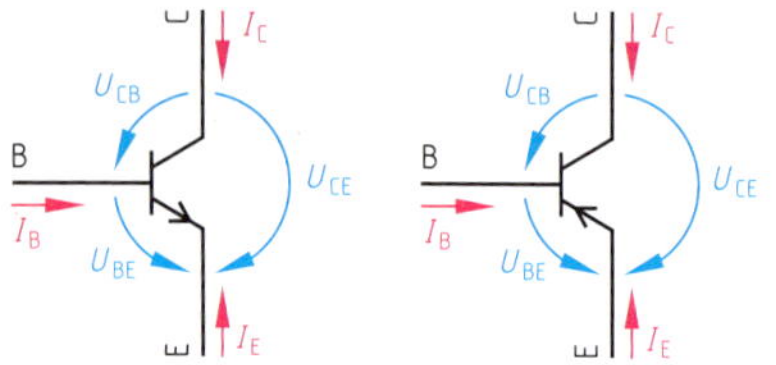

Bezugspfeile für NPN- und PNP-Transistoren

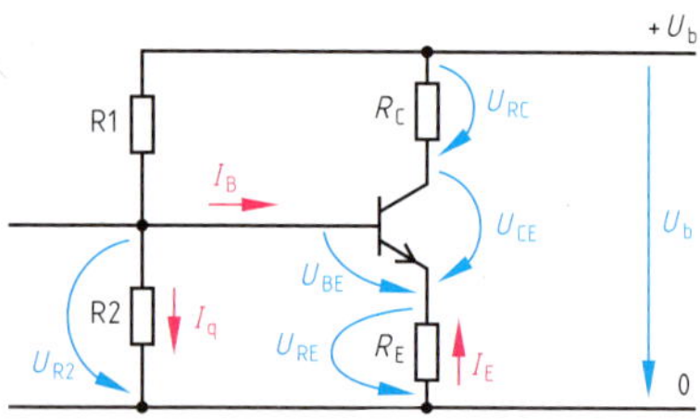

Basisspannungsteiler

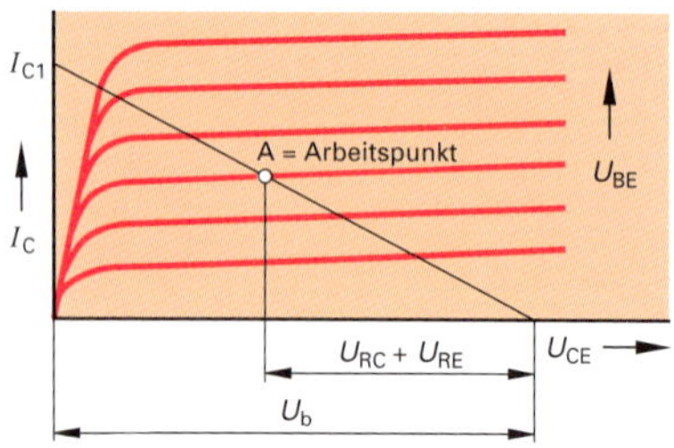

Arbeitsgerade für Gleichstrom

$$U_{CE} = U_{BE} + U_{CB} \quad (1)$$

$$I_B + I_C + I_E = 0 \quad (2)$$

$P_{-} = U_{BE} \cdot I_B + U_{CE} \cdot I_C$

Für $I_B \ll I_C$:

$$P_{-} \approx U_{CE} \cdot I_C \quad (3)$$

$$B = \frac{I_C}{I_B} \quad (4)$$

$I_q \approx 3 \cdot I_B$ bis $5 \cdot I_B$

$U_{R2} = U_{BE} + (I_C + I_B) \cdot R_E$

$$q = \frac{I_q}{I_B} \quad (5)$$

Für $I_B \ll I_C$:

$$U_{R2} \approx U_{BE} + I_C \cdot R_E \quad (6)$$

$$R_2 = \frac{U_{R2}}{I_q} \quad (7)$$

Konstruktion der Arbeitsgeraden:
Für $I_C = 0 \Rightarrow U_{CE} = U_b$

$$R_1 = \frac{U_b - U_{R2}}{I_B + I_q} \quad (8)$$

Für $U_{CE} = 0$:

$$I_C = \frac{U_b}{R_C + R_E} \quad (9)$$

$$V_u = \frac{U_2}{U_1} = \frac{u_2}{u_1} \quad (10)$$

$$V_p = \frac{P_2}{P_1} \quad (11)$$

$$V_i = \frac{I_2}{I_1} = \frac{i_2}{i_1} \quad (12)$$

B	Gleichstromverhältnis	P_{-}	Gleichstromleistung	U_{CB}	Kollektor-Basis-Spannung
f_c	Grenzfrequenz	q	Querstromverhältnis	U_{R2}	Spannungsfall an R2
I_B	Basisstrom	R_1, R_2	Spannungsteiler-Widerstände	U_1, u_1	Eingangsspannung
I_C	Kollektorstrom	R_C	Kollektorwiderstand	U_2, u_2	Ausgangsspannung
I_E	Emitterstrom	U_b	Betriebsspannung	V_i	Stromverstärkungsfaktor
I_q	Querstrom	U_{CE}	Kollektor-Emitter-Spannung	V_u	Spannungsverstärkungsfaktor
I_1, i_1	Eingangsstrom	U_{BE}	Basis-Emitter-Spannung	V_p	Leistungverstärkungsfaktor

Grundlagen des Operationsverstärkers
Basics of the Operational Amplifier

Schaltung, Kennlinie	Erklärung	Bemerkungen

Differenzverstärker

Prinzip

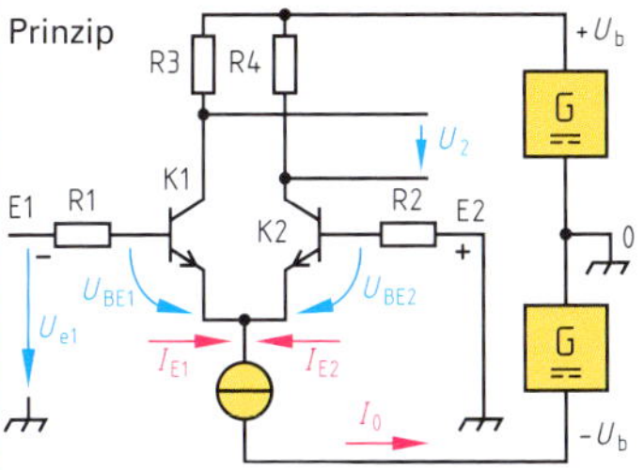

Schaltung

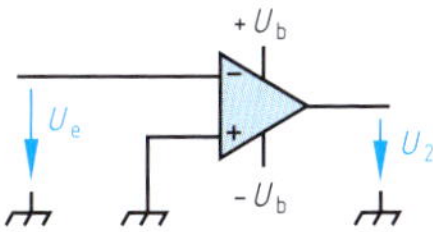

Differenzverstärker als Invertierer geschaltet

Ein Differenzverstärker besteht aus zwei Transistorstufen mit einer gemeinsamen Konstantstromquelle. R3 und K1 sowie R4 und K2 lassen sich als Zweige einer Brückenschaltung auffassen. Die Basis E2 des Transistors K2 wird an Masse gelegt. Die zweite Basis dient als Eingang E1. Durch Anlegen einer kleinen Spannung an E1 wird K1 angesteuert, d.h. sein Durchlasswiderstand ändert sich. Dadurch ändern sich gleichzeitig U_{BE2} gegensinnig und damit auch der Widerstand von K2. Die Ausgangsspannung U_2 ist proportional zur Differenz der Eingangsspannungen an E1 und E2. Je nach Eingangssignal liegt die Ausgangsspannung zwischen einem positiven oder negativen Maximalwert ($\pm U_b$).

Meist werden zur Spannungsversorgung zwei Spannungsquellen benötigt (z.B. $U_b = \pm$ 15 V). Diese werden an den Schaltzeichen des Operationsverstärkers meist nicht dargestellt.

Die Eingänge werden nach ihrer Wirkung auf den Ausgang als −Eingang (invertierender Eingang) oder +Eingang (nicht invertierender Eingang) bezeichnet.

Die meisten Verstärker-IC haben als erste Stufe eine Differenzverstärkerschaltung.

Konstanter Strom

$$I_0 = I_{E1} + I_{E2} \quad (1)$$

Verhalten des Operationsverstärkers

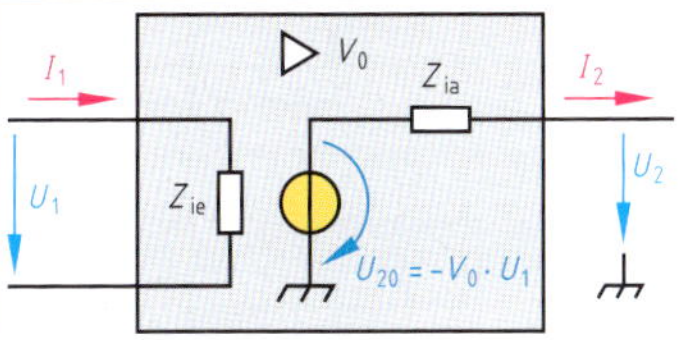

Ersatzschaltung des Operationsverstärkers

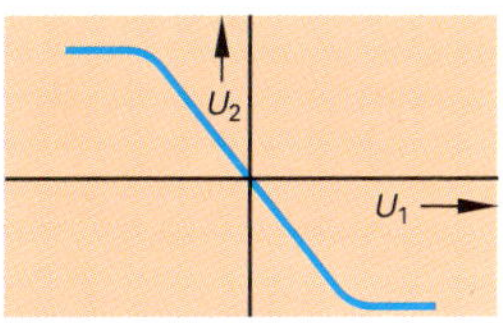

Ausgangsspannung U_2 des Invertierers als Funktion von U_1

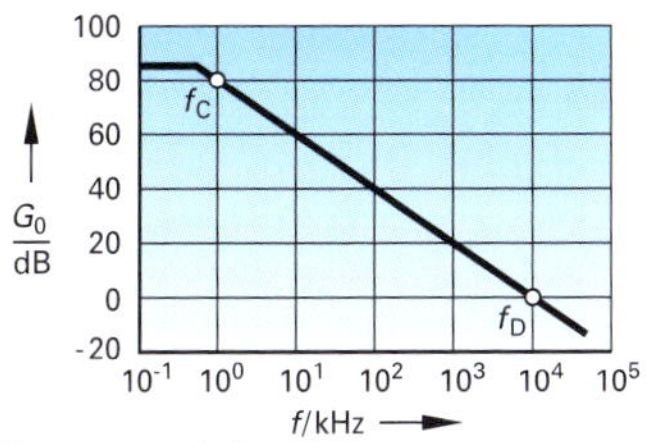

Frequenzverhalten

Ein Operationsverstärker besteht meist aus einem Differenzverstärker als Eingangsschaltung und mehreren gleichspannungsgekoppelten Verstärkerstufen, sodass sein Leerlaufverstärkungsfaktor V_0 sehr groß ist. Selbst sehr kleine Eingangsspannungen bewirken recht große Ausgangsspannungsänderungen, die nur durch $\pm U_b$ begrenzt werden. Daher wird der Operationsverstärker beschaltet.

Ein Operationsverstärker wirkt invertierend, da U_2 positiv bei negativer Ansteuerung an E1 ist. Der Eingang E1 erhält im Schaltzeichen deshalb ein Minuszeichen. Ein Operationsverstärker wirkt dann nicht invertierend, wenn bei positiver Ansteuerung an E2 auch die Ausgangsspannung U_2 positiv ist.

Infolge interner Phasendrehung bei hohen Frequenzen besteht Schwingneigung. Daher ist eine Reduzierung der Verstärkung um 20 dB/Dekade notwendig. Es wird dazu eine Gegenkopplung mit einer RC-Schaltung verwendet (Frequenzkompensation). Meist ist diese bereits im IC vorhanden.

Kenngrößen

Größe	Typischer Wert	Näherung
V_0	10^4 bis 10^6	∞
Z_{ie}	100 kΩ bis 10^3 GΩ	∞
Z_{ia}	10 Ω bis 5 kΩ	0

Schaltzeichen und Formelzeichen

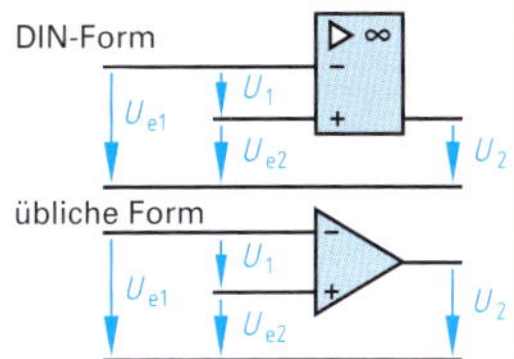

$$Z_{ie} = \frac{U_1}{I_1} \quad (2)$$

$$Z_{ia} = \frac{\Delta U_2}{\Delta I_2} \quad (3)$$

$$V_0 = \frac{U_2}{U_1} \quad (4)$$

$$G_0 = 20 \lg \frac{U_2}{U_1} \quad (5)$$

$$G_{CM} = 20 \lg \frac{U_2}{U_{1CM}} \quad (6)$$

$$f_c = \frac{f_D}{V} \quad (7)$$

- f_c Grenzfrequenz
- f_D Durchtrittsfrequenz
- G_0 Leerlauf-Spannungsverstärkungsmaß in dB
- G_{CM} Gleichtaktverstärkungsmaß in dB
- I_1 Eingangsstrom
- I_{E1}, I_{E2} Emitterstöme
- I_2 Ausgangsstrom
- U_{e1}, U_{e2} Eingangsspannungen
- U_1 Differenzeingangsspannung
- U_2 Differenzausgangsspannung
- U_{1CM} Eingangsspannung bei gleichphasiger Ansteuerung
- U_b Betriebsspannung
- V Spannungsverstärkungsfaktor
- V_0 Leerlauf-Spannungsverstärkungsfaktor
- Z_{ie} Eingangsinnenwiderstand bei Differenzansteuerung
- Z_{ia} Ausgangsinnenwiderstand
- Δ Zeichen für Differenz

Schaltungen mit Operationsverstärkern 1
Circuits with Operational Amplifiers 1

Schaltung	Formeln	Spannungsverläufe
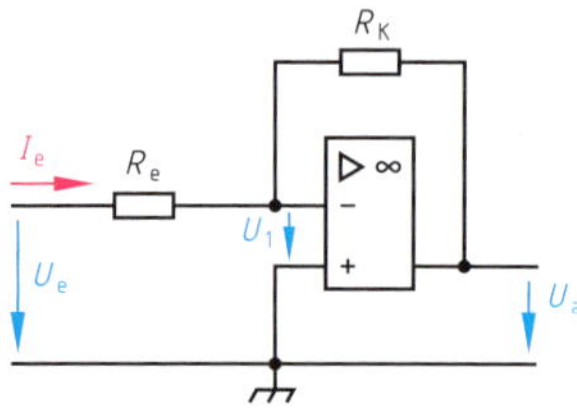 **Invertierer**	$U_1 \approx 0$ $I_e \cdot R_K + U_a - U_1 = 0$ $I_e \cdot R_e + U_1 = U_e$ $U_a = -I_e \cdot R_K$ $U_e = I_e \cdot R_e$ **1** $\frac{U_a}{U_e} = -\frac{R_K}{R_e}$ **2** $V_u = -\frac{U_a}{U_e}$ Minuszeichen bedeutet Invertieren.	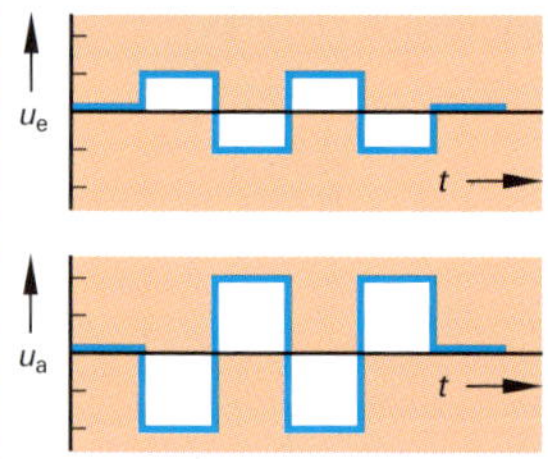
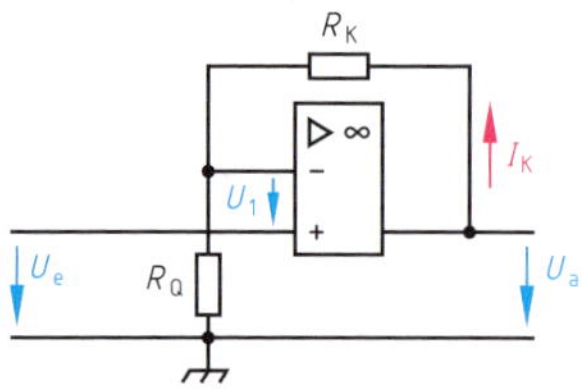 **Nichtinvertierer**	$U_1 \approx 0$ $U_e = -I_K \cdot R_Q$ $U_a = -I_K\,(R_Q + R_K)$ **3** $\frac{U_a}{U_e} = 1 + \frac{R_K}{R_Q}$ **4** $V_u = 1 + \frac{R_K}{R_Q}$ Pluszeichen bedeutet Nichtinvertieren.	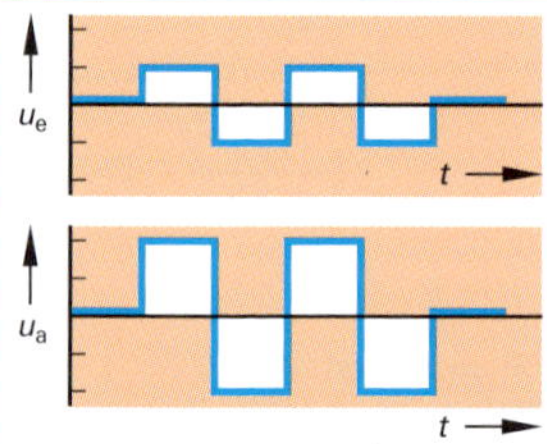
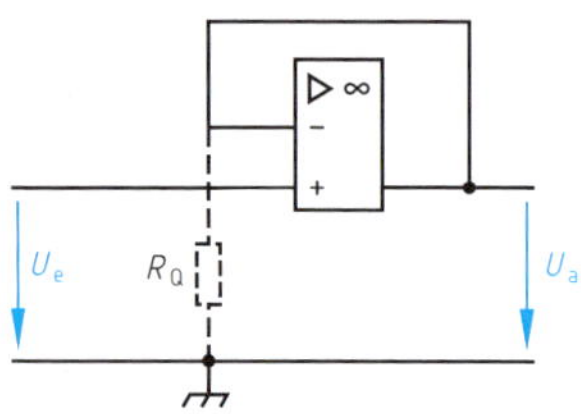 **Impedanzwandler**	$R_Q = \infty$ $\frac{R_K}{R_Q} = 0$ $\frac{U_a}{U_e} = 1$ **5** $V_u = 1$ R_e ist sehr groß ($\rightarrow \infty$)	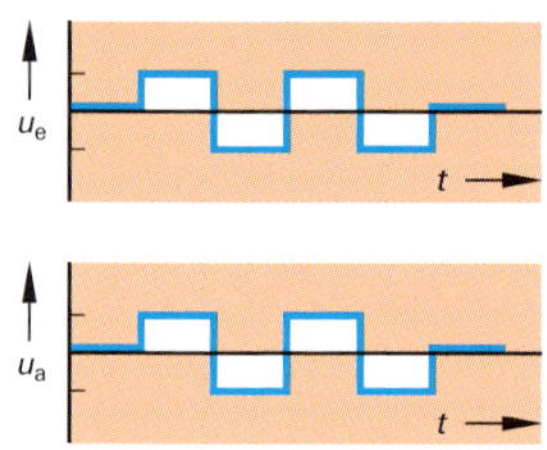
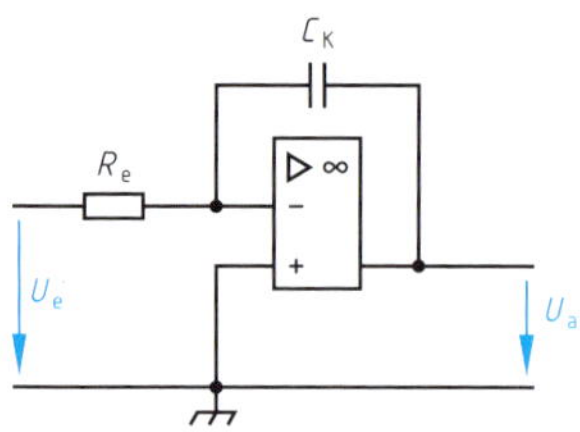 **Integrierer**	Für nicht sinusförmige Größen: **6** $\Delta U_a = -\frac{U_e}{C_K \cdot R_e} \cdot \Delta t$ Für sinusförmige Größen: $\frac{U_{a\sim}}{U_{e\sim}} = -\frac{X_{CK}}{R_e}$ **7** $U_{a\sim} = -\frac{1}{R_e \cdot \omega \cdot C_K} \cdot U_{e\sim}$	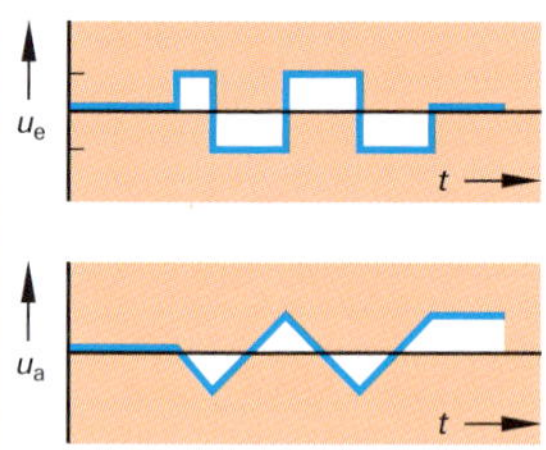
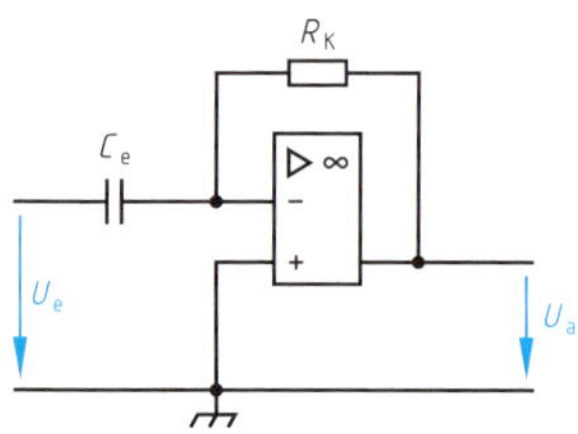 **Differenzierer**	Für nicht sinusförmige Größen: **8** $U_a = -R_K \cdot C_e \frac{\Delta U_e}{\Delta t}$ Für sinusförmige Größen: $\frac{U_{a\sim}}{U_{e\sim}} = -\frac{R_K}{X_{Ce}}$ **9** $U_{a\sim} = -R_K \cdot \omega \cdot C_e \cdot U_{e\sim}$	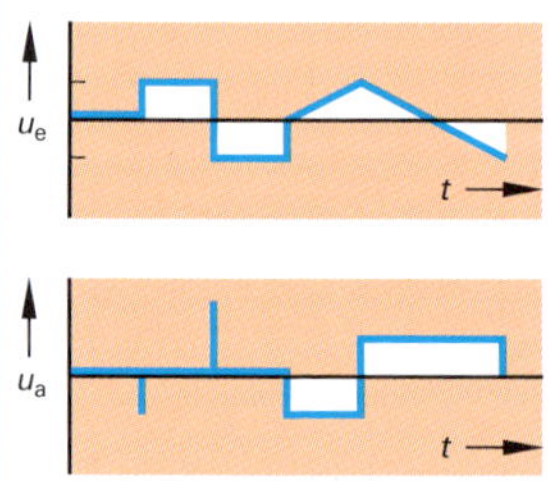

C_e Eingangskapazität, C_K Kopplungskapazität, I_e Eingangsstrom, I_K Kopplungsstrom, R_e Eingangswiderstand, R_K Rückkopplungswiderstand, R_Q Querwiderstand, U_1 Spannung zwischen invertierendem und nicht invertierendem Eingang, U_a Ausgangsspannung, $U_{a\sim}$ Ausgangswechselspannung, U_e Eingangsspannung, $U_{e\sim}$ Eingangswechselspannung, V_u Spannungsverstärkungsfaktor, X_C kapazitiver Blindwiderstand

Schaltungen mit Operationsverstärkern 2
Circuits with Operational Amplifiers 2

Schaltung	Formeln	Spannungsverläufe, Stromverläufe

Summierverstärker

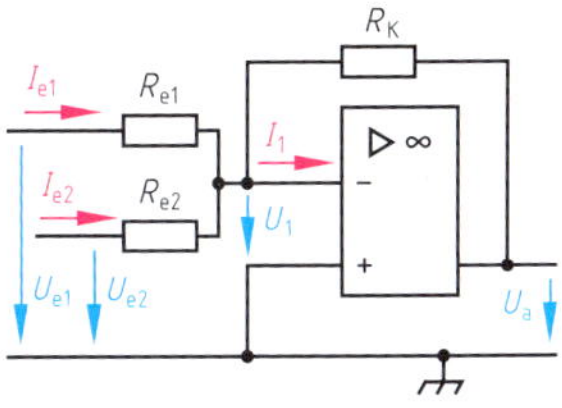

$U_{e1} = I_{e1} \cdot R_{e1} + U_1$

$U_{e2} = I_{e2} \cdot R_{e2} + U_1$

$U_1 = R_K\,(I_{e1} + I_{e2}) + U_a$

$U_1 \approx 0;\; I_1 \approx 0$

$U_a = -R_K\,(I_{e1} + I_{e2})$

$$U_a = -\left[\frac{R_K}{R_{e1}} \cdot U_{e1} + \frac{R_K}{R_{e2}} \cdot U_{e2}\right] \quad (1)$$

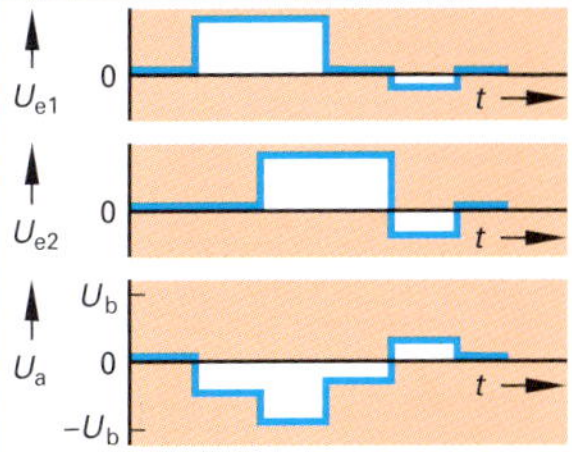

Subtrahierverstärker

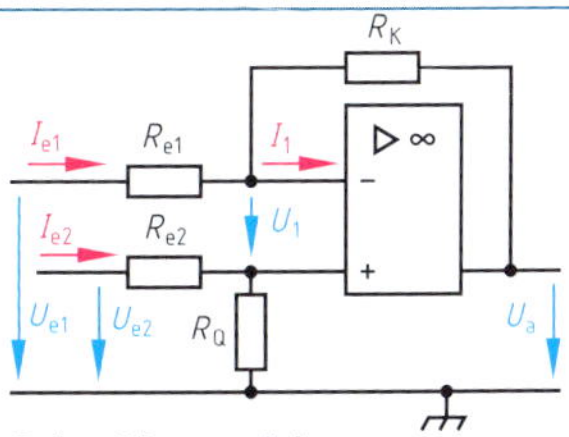

$U_1 \approx 0;\; I_1 \approx 0$

$U_{e1} - U_{e2} = I_{e1} \cdot R_{e1} - I_{e2} \cdot R_{e2}$

$I_{e1} = (U_{e1} - U_a)/(R_{e1} + R_K)$

$I_{e2} = U_{e2}/(R_{e2} + R_Q)$

$$U_a = \frac{R_Q(R_{e1} + R_K)}{R_{e1}(R_{e2} + R_Q)} \cdot U_{e2} - \frac{R_K}{R_{e1}} \cdot U_{e1} \quad (2)$$

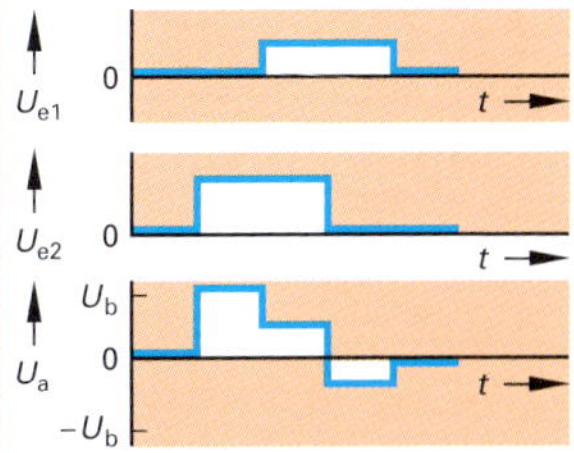

Spannungskomparator

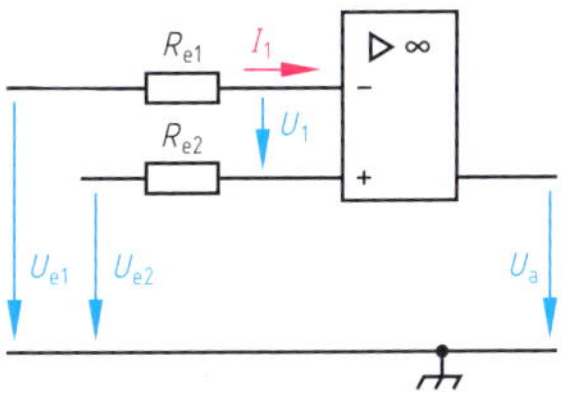

$U_1 \approx 0;\; I_1 \approx 0;\; V_0 \approx 10^4 \ldots 10^5$

$U_{e1} - U_{e2} - U_1 = 0$

$U_1 = U_{e1} - U_{e2}$

$U_a = -V_0 \cdot U_1 = -V_0 \cdot (U_{e1} - U_{e2})$

Volle Aussteuerung, wenn $U_{e1} \neq U_{e2}$

$$U_a = +U_b, \text{ wenn } U_{e1} < U_{e2}$$
$$U_a = -U_b, \text{ wenn } U_{e1} > U_{e2} \quad (3)$$

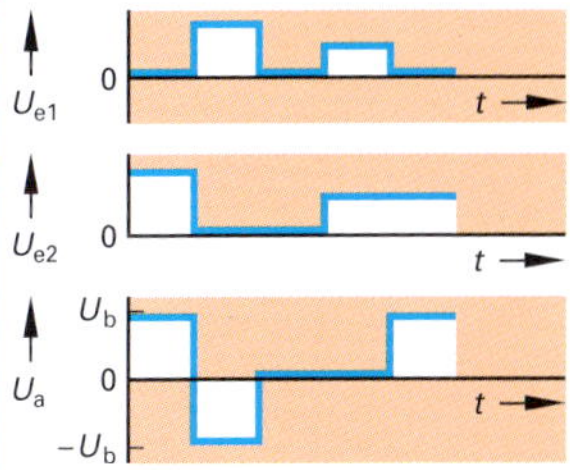

Spannungs-Stromumsetzer

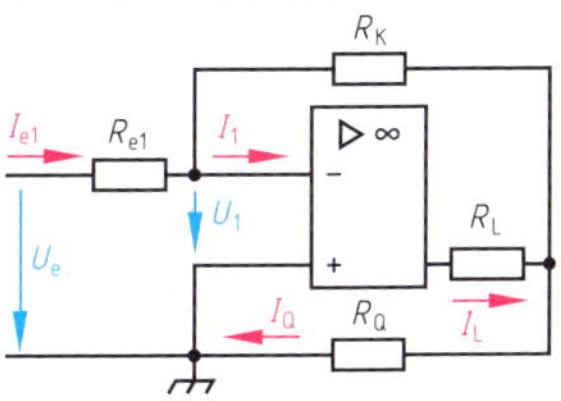

$U_1 \approx 0;\; I_1 \approx 0$

$I_{e1} \cdot R_K = -I_Q \cdot R_Q$

$U_e = I_{e1} \cdot R_{e1}$

$I_L = -I_{e1} + I_Q$

$$I_L = -\frac{1}{R_{e1}}\left(1 + \frac{R_K}{R_Q}\right) \cdot U_e \quad (4)$$

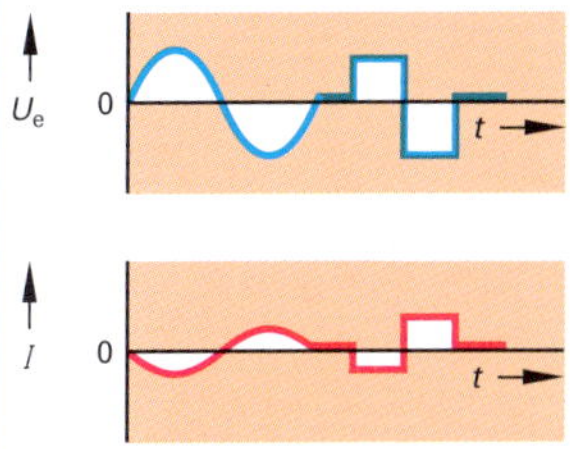

Konstantstromquelle

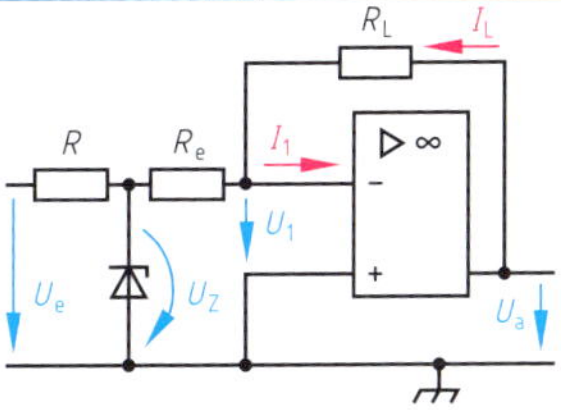

$U_Z = -I_L \cdot R_e + U_1$

$U_1 \approx 0;\; U_e > U_Z$

$I_1 \approx 0$

$$I_L = -\frac{U_Z}{R_e} \quad (5)$$

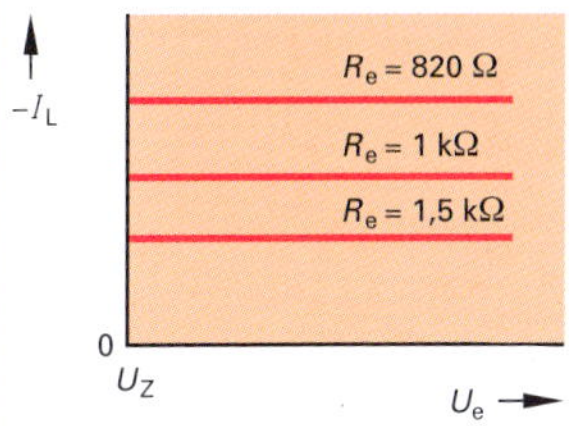

Schwellenwertschalter, Schmitt-Trigger

Siehe Seite „Schalttransistor und Kippschaltungen".

Es gibt nichtinvertierende und invertierende Schwellwertschalter.

I_{e1}, I_{e2} Eingangsströme, I_L Laststrom, R_{e1}, R_{e2} Eingangswiderstände, R_K Rückkopplungswiderstand, R_L Lastwiderstand, R_Q Querwiderstand, U_1 Spannung zwischen invertierendem und nicht invertierendem Eingang, U_a Ausgangsspannung, U_{e1}, U_{e2} Eingangsspannungen, U_Z Z-Diodenspannung, V_0 Leerlauf-Spannungsverstärkungsfaktor.

Aufgaben von Stromrichtern **Tasks of Power Converters**

Eingangsspannung, Aufgabe	Schaltzeichen	Ausgangsspannung	Stellmittel, Schaltung, Trigger-Bauelemente
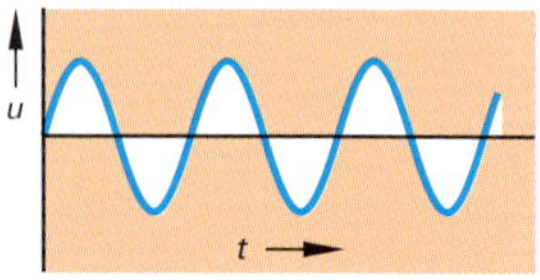 **Schalten, Vielperiodensteuerung**	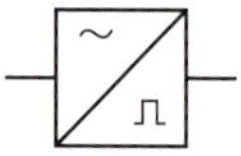	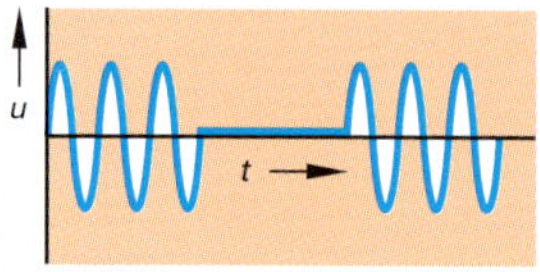	P-Gate-Thyristor, N-Gate-Thyristor, Triac, GTO-Thyristor. Zum Triggern: Nullspannungsschalter, Diac.
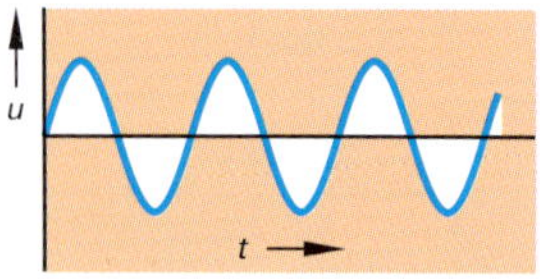 **Gleichrichten**	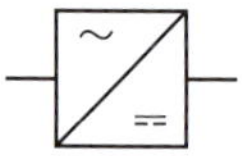	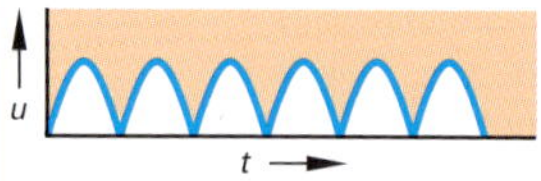	Ungesteuerte und halbgesteuerte Schaltung: Dioden, Thyristoren, gesteuerte Schaltung: Zweipuls-Brückenschaltung.
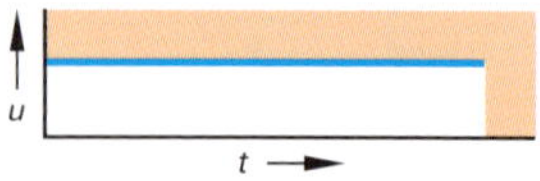 **Wechselrichten**	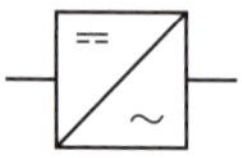	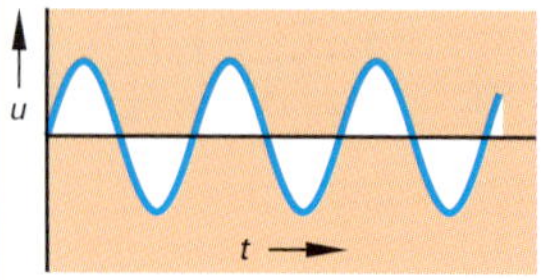	Transistoren, IGBT, P-Gate-Thyristor, N-Gate-Thyristor, rückwärts leitender Thyristor, GTO-Thyristor, MCT-Thyristor.
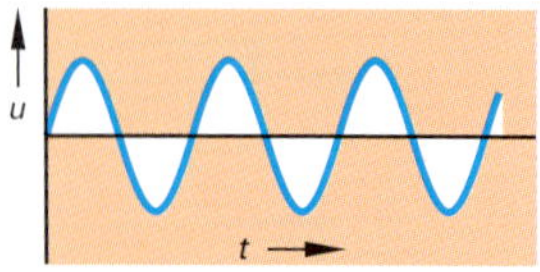 **Umrichten**	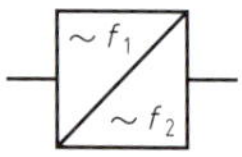	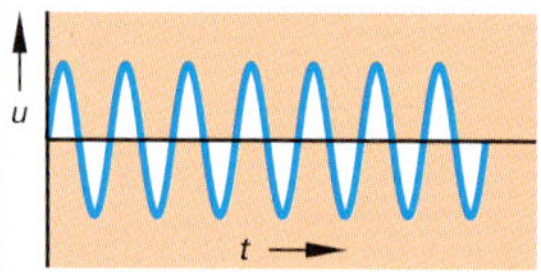	Nach Gleichrichtung mit Transistoren oder IGBT, seltener Direktumrichtung mit Thyristoren.
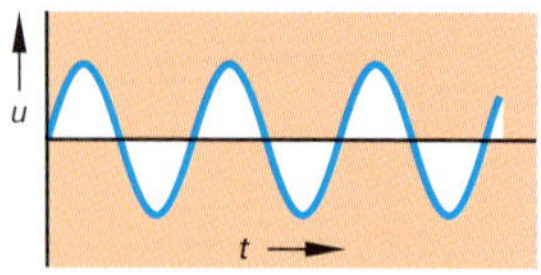 **Stellen (Wechselspannung)**	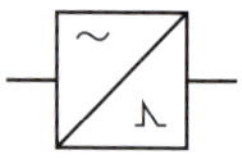	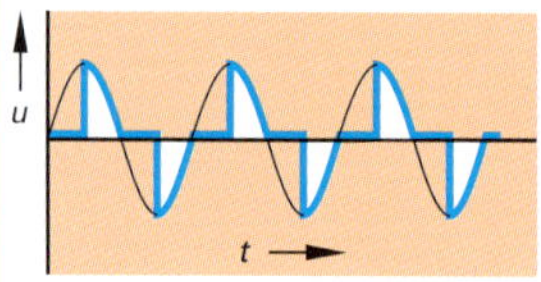	Triac, P-Gate-Thyristoren, z.B. in Gegenparallelschaltung.
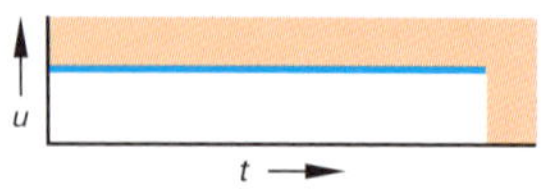 **Stellen (Gleichspannung)**	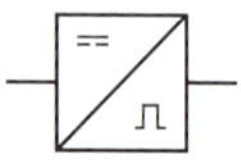	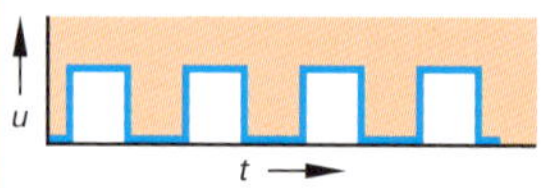	Transistor, IGBT, GTO-Thyristor, mit Löschkreis: MCT-Thyristor oder P-Gate-Thyristor oder rückwärts leitender Thyristor.
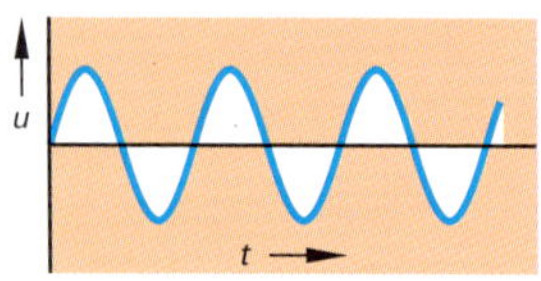 **Gleichrichten und Stellen**	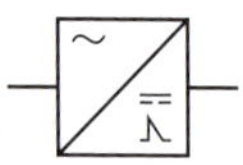	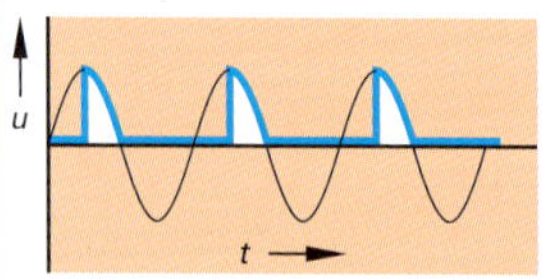	P-Gate-Thyristor oder N-Gate-Thyristor. In Einwegschaltung. Triggerung wie bei Schalten (siehe oben).

Diac Kunstwort aus Diode und alternating current = Wechselstrom, GTO von Gate-Turn-Off = Gate-Abschalten, Triac Kunstwort aus Triode = Bauelement mit drei Anschlüssen und alternating current.

Benennung von Stromrichterschaltungen Identification of Power Converters

Kennzeichen der Grundschaltungen

Kennbuchstabe	Schaltungsfamilie	Kennzahl	Benennung
E M B D	Einwegschaltung mit einzelnem Hauptzweig Mittelpunktschaltung Brückenschaltung Verdopplerschaltung (praxisüblich, nicht genormt)	Pulszahl p ($p = 1, 2, 3, 6$)	p-Puls-Mittelpunktschaltung p-Puls-Brückenschaltung Zweipuls-Verdopplerschaltung p-Puls-Vervielfacherschaltung
V	Vervielfacherschaltung (praxisüblich, nicht genormt)		
W	Wechselwegschaltung	Phasenzahl m	m-Phasen-Wechselwegschaltung m-Phasen-Polygonschaltung

Ergänzende Kennzeichen

Kennzeichen	Bedeutung	Kennzeichen	Bedeutung
A	anodenseitig	K	katodenseitig
C	vollgesteuerte Schaltung	L	Zweigpaar in Zweiwegschaltungen
D	Polygonschaltung, z. B. Dreieck	N	Sternschaltung mit Neutralleiteranschluss
F	Freilaufzweig	P	Parallelschaltung
FC	gesteuerter Freilaufzweig	Q	Löschzweig
H	halb gesteuerte Schaltung	R	Rücklaufzweig
HA	anodenseitig halb gesteuert	S	Reihenschaltung
		U	ungesteuerte Schaltung
HK	katodenseitig halb gesteuert	Y	Sternschaltung ohne Neutralleiteranschluss
HZ	im Zweigpaar halb gesteuerte Zweipuls-Brückenschaltung	+	Verbindungszeichen für mehrere Grundschaltungen oder Sätze
I	Gegenparallelschaltung (I von invers)		

Benennungsbeispiele

Benennung, Kennzeichen	Schaltungen zur DC-Steuerung	Benennung, Kennzeichen	Schaltungen zur AC-Steuerung
Zweipuls-Mittelpunkt-schaltung M2CK oder M2C oder M2K oder M2	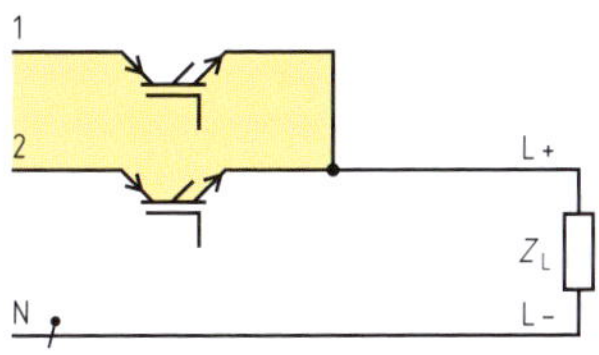	Einphasen-Wechselweg-schaltung W1C oder W1	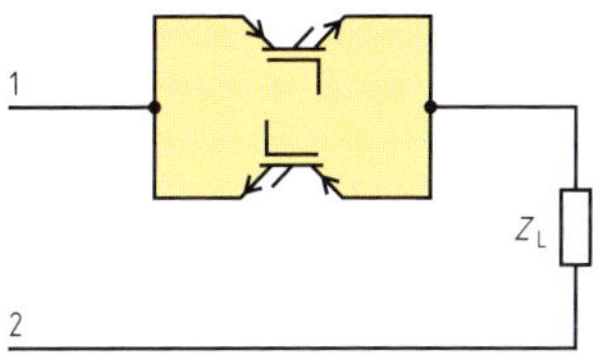
Zweipuls-Brücken-schaltung vollgesteuert B2C oder B2	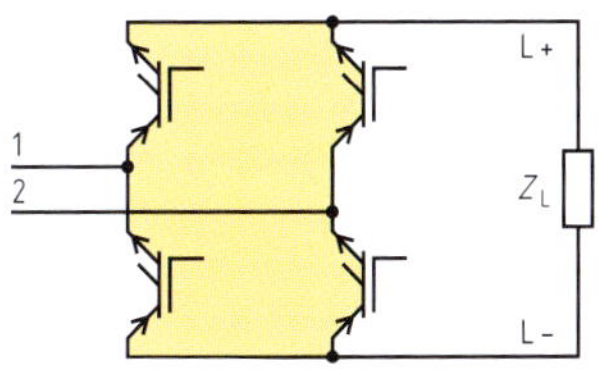	Dreiphasen-Polygon-schaltung G3C-3D oder G3-3D	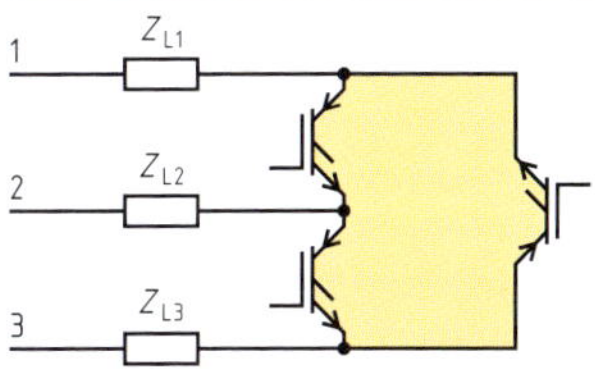
Sechspuls-Brückenschal-tung halbge-steuert mit Freilaufdiode B6HKF oder B6HF oder B6KF oder B6F oder B6	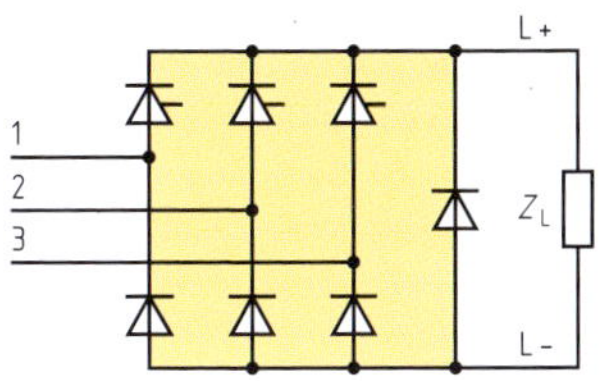	Zweipuls-Brücken-schaltung mit steuer-barem Kurz-schlusszweig B2U + E1C	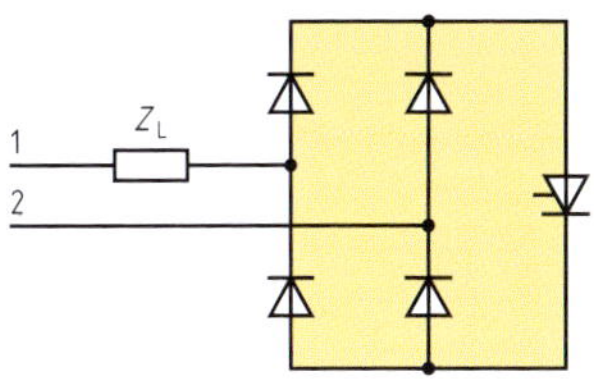

Schaltungen für Gleichrichter und Stromrichter
Circuits for Rectifiers and Power Converters

Benennung	Schaltplan	Spannungsverlauf	Formeln	Bemerkungen
Einwegschaltung E1	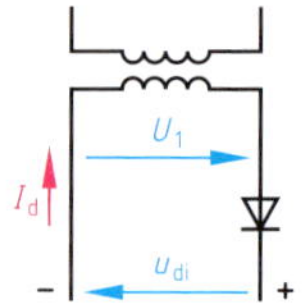	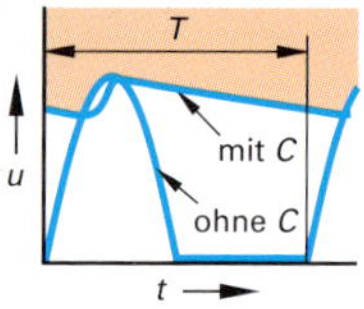	$P_T/P_d = 3{,}1$ Ohne C: $U_{di}/U_1 = 0{,}45$ Mit C: $U_{di}/U_1 = 1{,}41$ $I_Z = I_d$	Belastung mit Gegenspannung beansprucht das gleichrichtende Element mit einer doppelten Sperrspannung.
Zweipuls-Mittelpunktschaltung M2	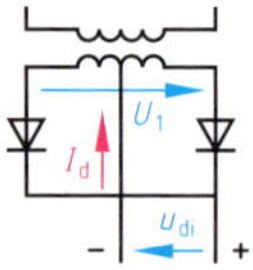	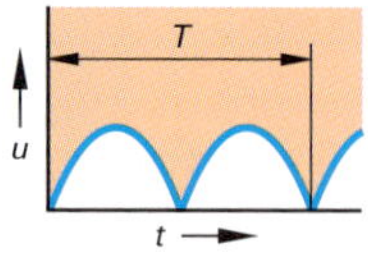	$U_{di}/U_1 = 0{,}45$ $P_T/P_d = 1{,}5$ $I_Z = I_d/2$	Transformator muss einen Mittelabgriff haben.
Dreipuls-Mittelpunktschaltung (Sternschaltung) M3	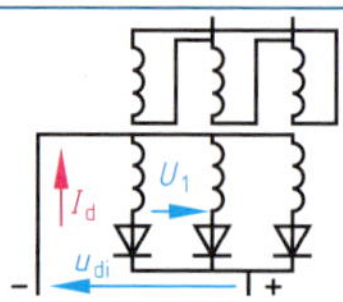	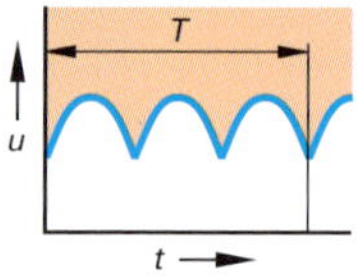	$U_{di}/U_1 = 0{,}676$ $P_T/P_d = 1{,}5$ $I_Z = I_d/3$	Im Sternpunktleiter fließt der gesamte Gleichstrom.
Doppel-Dreipuls-Mittelpunktschaltung M3.2	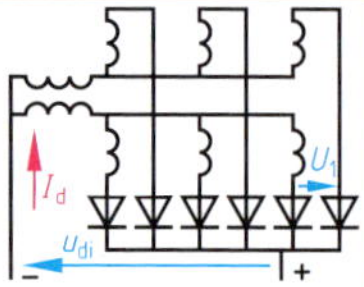	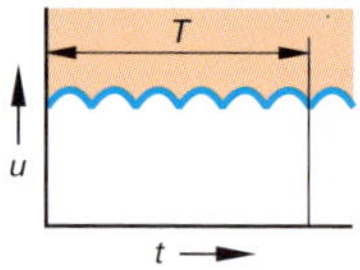	$U_{di}/U_1 = 0{,}68$ $P_T/P_d = 1{,}3$ $I_Z = I_d/6$	Bei Entlastung (Abnahme des Laststroms) steigt die Spannung an.
Zweipuls-Brückenschaltung B2	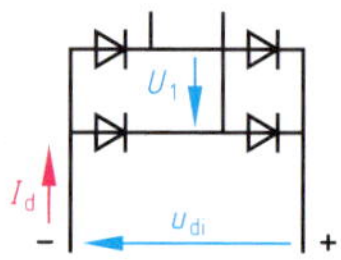	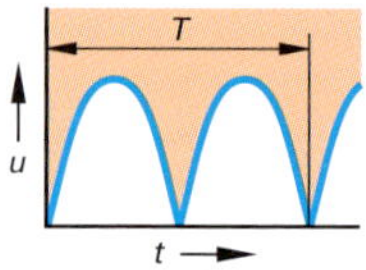	$U_{di}/U_1 = 0{,}9$ $P_T/P_d = 1{,}23$ $I_Z = I_d/2$	Für niedrige Spannungen (< 5 V) weniger geeignet, weil U_d um das Doppelte der Schleusenspannung kleiner ist als U_{di}.
Sechspuls-Brückenschaltung B6	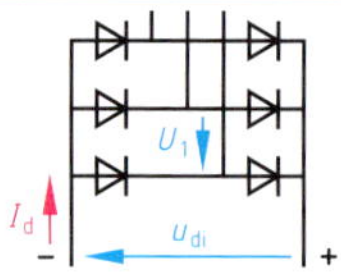	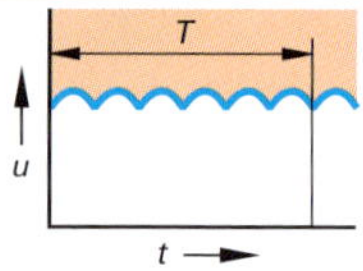	$U_{di}/U_1 = 1{,}35$ $P_T/P_d = 1{,}1$ $I_Z = I_d/3$	
Einpuls-Verdopplerschaltung D1	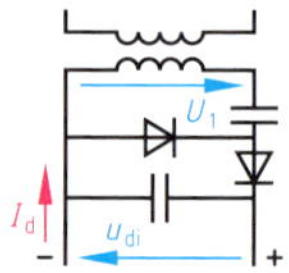	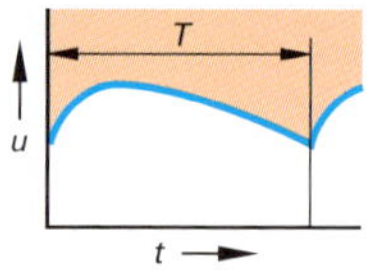	$U_{di}/U_1 = 2{,}82$ $P_T/P_d = 1{,}55$ $I_Z = I_d$	Sperrspannung ist gleich der Summe von der abgegebenen Gleichspannung U_d und der Anschlusswechselspannung.
Zweipuls-Verdopplerschaltung D2	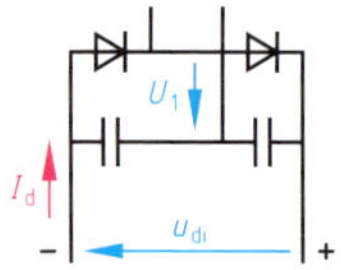	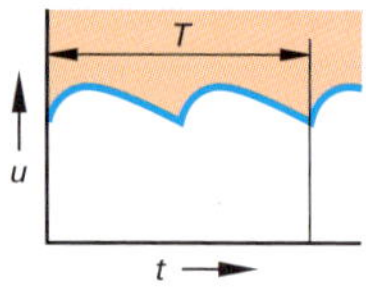	$U_{di}/U_1 = 2{,}82$ $P_T/P_d = 1{,}55$ $I_Z = I_d$	

I_d Gleichstrom
I_Z Stromstärke im Zweig
P_d Gleichstromleistung
P_T Transformatorbauleistung
T Periodendauer von U_1
t Zeit
u Spannung Augenblickswert
U_1 Anschlussspannung
U_d Gleichspannung
U_{di} ideelle Leerlauf-Gleichspannung (Effektivwert)

Wechselwegschaltungen, Steuerkennlinien

Bidirectional Connections, Control Characteristics

Wechselwegschaltungen

Schaltung, Bezeichnung | Eigenschaften, Anwendung | Stromverlauf bei Widerstandslast

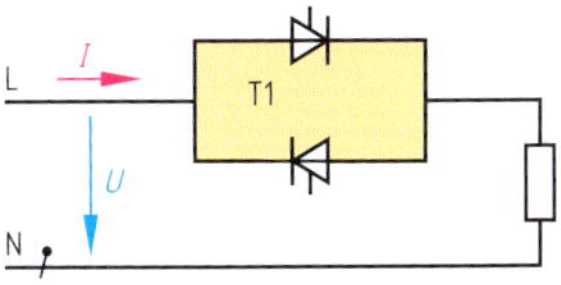

Vollgesteuerte Einphasen-Wechselwegschaltung W1C

- Symmetrische Lastspannung,
- bei $\alpha > 0°$ muss das Netz Blindleistung liefern,
- bei $\alpha > 0°$ wird die Netzspannung durch Oberschwingungen verzerrt,
- Stellbereich 0% bis 100%,
- mit Triac als Dimmer für Leistungen bis etwa 3 kVA.

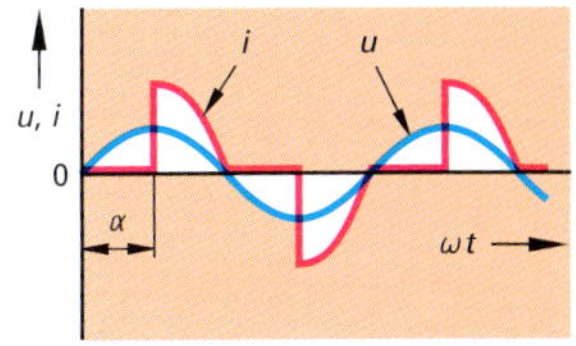

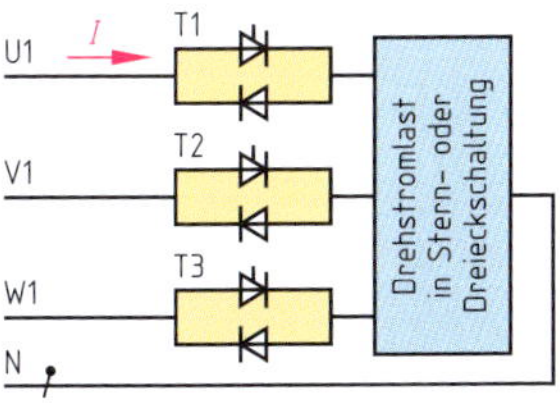

Halbgesteuerte Dreiphasen-Wechselwegschaltung W3H

Bei symmetrischer Last ist V1 ohne T2 an die Drehstromlast geführt.

- Einfache Ansteuerung,
- Anschluss an N nur bei Sternschaltung der Lastwiderstände möglich,
- ohne N bei unsymmetrischer Last erfolgt unsymmetrische Lastspannung und Geräuschbildung bei Motorlast,
- für einfache Drehstromantriebe.

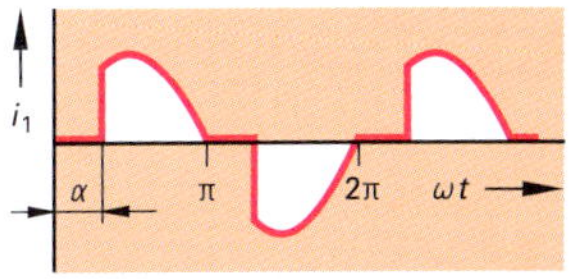

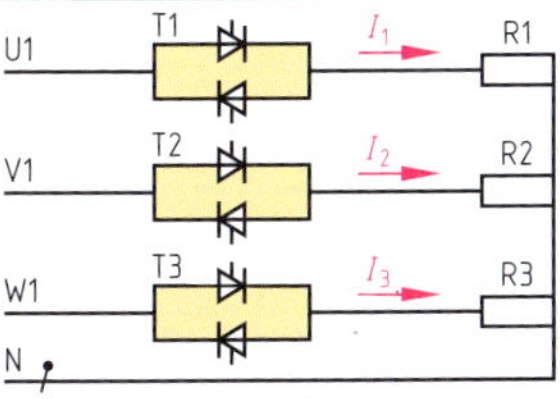

Vollgesteuerte Dreiphasen-Wechselwegschaltung W3C

Bei symmetrischer Last ist V1 ohne T2 an R2 geführt.

- Erhöhter Aufwand für die Ansteuerung der Thyristoren,
- Betrieb ohne N führt zu anderer Kurvenform, ist nur für $\alpha < 5\pi/6 \mathrel{\hat{=}} 150°$ möglich,
- für Drehstromantriebe mit steuerbarer Lastspannung,
- für Beleuchtungssteuerung großer Anlagen (3W1C).

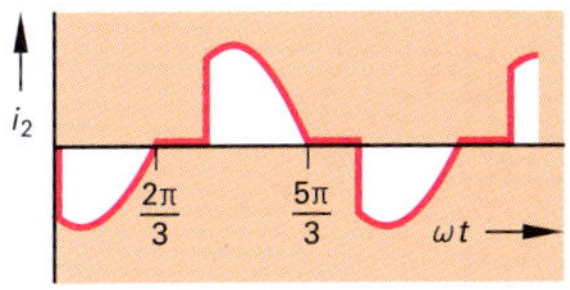

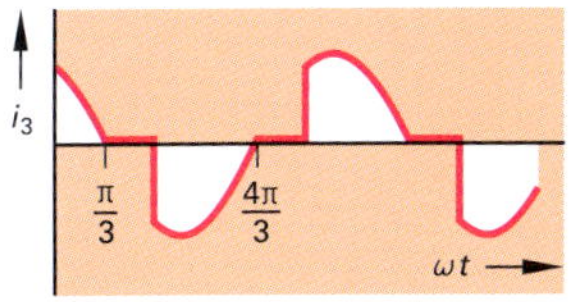

Ströme bei Anschluss an N

In neuen Niederspannungsanlagen werden an Stelle von Thyristoren meist IGBTs eingesetzt.

Steuerkennlinien von vollgesteuerten Schaltungen bei Widerstandslast

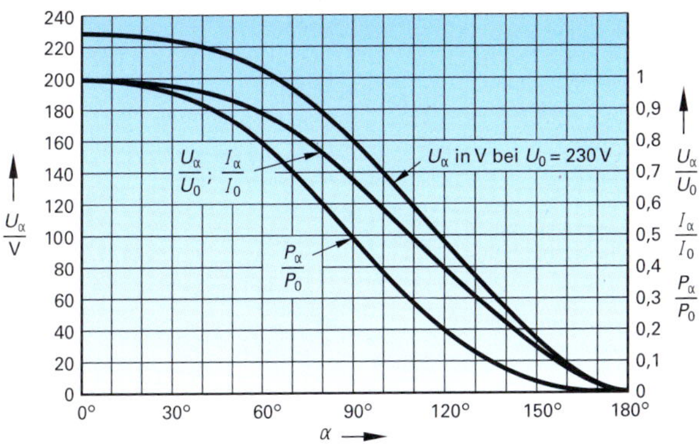

Bei Widerstandslast

$$U_\alpha = U_0 \cdot \sqrt{1 + \frac{\sin(2\alpha)}{2\pi} - \frac{\alpha}{180°}} \quad (1)$$

$$I_\alpha = I_0 \cdot \sqrt{1 + \frac{\sin(2\alpha)}{2\pi} - \frac{\alpha}{180°}} \quad (2)$$

$$P_\alpha = P_0 \cdot \left(1 + \frac{\sin(2\alpha)}{2\pi} - \frac{\alpha}{180°}\right) \quad (3)$$

C	vollgesteuert (von controlled = gesteuert)	t	Zeit	α	Zündwinkel in °	Index α bei Zündwinkel α
I, i	Stromstärke	U, u	Spannung	ω	Kreisfrequenz	Index 0 bei $\alpha = 0°$
P	Wirkleistung	W	Wechselweg	$\omega \cdot t$	Winkel in rad	

Betriebsquadranten bei Antrieben, Linearmotoren
Operational Quadrants for Drives, Linear Motors

Quadranten der Antriebstechnik

Erklärung	Form 1 (zu bevorzugende Form)	Form 2
Quadranten 1 bis 4 von elektrischen Antrieben je nach Art der Motorkennlinie (Unterschiede in Quadranten 2 und 4)	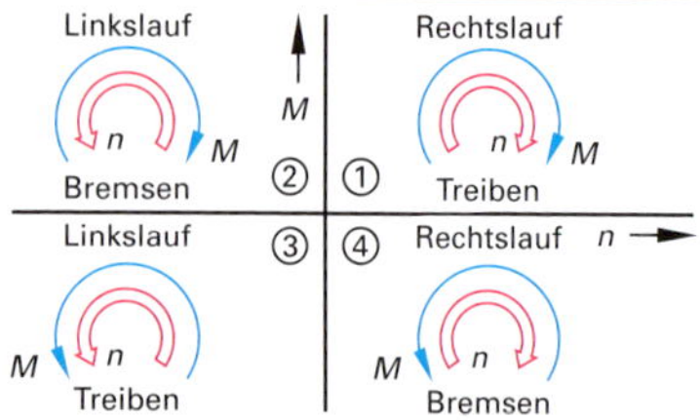	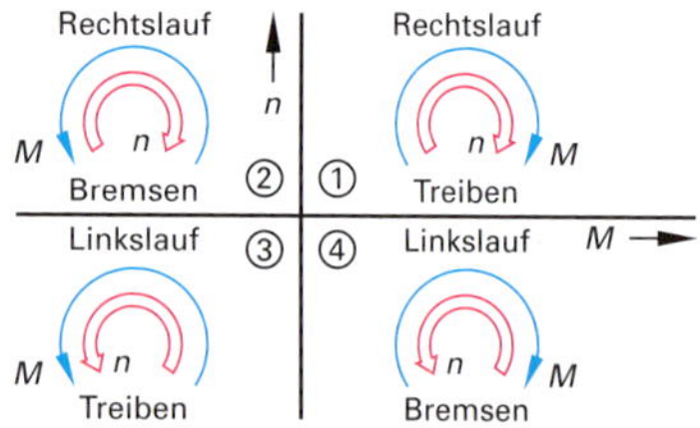

Linearanriebe

Art	Aufbau, Wirkungsweise	Bemerkungen
Wechselstrom-Linearmotoren	Der *Induktor* des **Drehstromlinearmotor** (DLM) entspricht dem Stator eines Drehstrommotors, der aufgeschnitten und in die Länge gestreckt ist **(Bild)**. In der Drehstromwicklung des Induktors wird ein magnetiches *Wanderfeld* erzeugt. Es gibt DLM mit einem oder mit zwei Induktoren, die einander gegenüber liegen. Ein Teil des DLM ist der *Anker*, der dem Rotor des Drehstrommotors entspricht. Er besteht aus einem massiven Leiter, z. B. Aluminium oder Stahl. Im Anker werden Wirbelströme induziert, die den Anker in Richtung des Wanderfeldes bewegen. Die Kraftmoment-Drehzahlkennlinie verläuft wegen des größeren Schlupfes flacher als beim Kurzschlussläufermotor. Der **Polysolenoid-Linearmotor (Bild)** ist eine Sonderform des Wechselstromlinearmotors mit röhrenförmigem Induktor. Die Wicklung besteht aus Scheibenspulen, der Anker ist eine massive Stahlwelle.	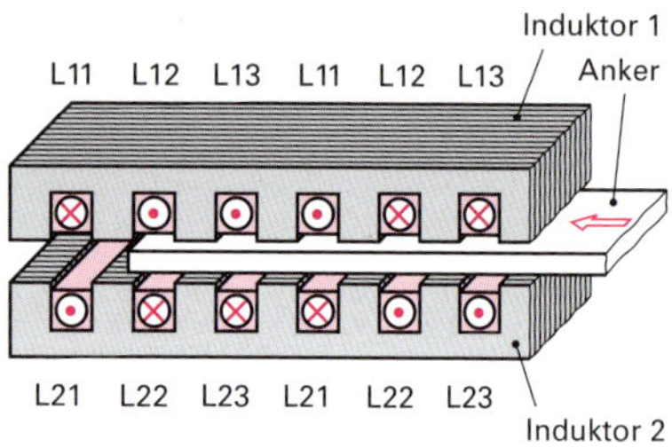**Wechselstromlinearmotor mit zwei Induktoren**
Linearschrittmotoren	Beim **Reluktanz-Schrittmotor** sind mehrere Pole nebeneinander angeordnet **(Bild)**, die nacheinander erregt werden. Meist werden 4 Stränge verwendet. Der Anker stellt sich so ein, dass beim erregten Pol die Zähne einander gegenüberstehen. Beim **Hybrid-Schrittmotor** enthält der Induktor einen Permanentmagneten. Der Anker ist ohne Erregerstrom frei beweglich ohne Vorzugslage. Beide Stränge werden nacheinander erregt.	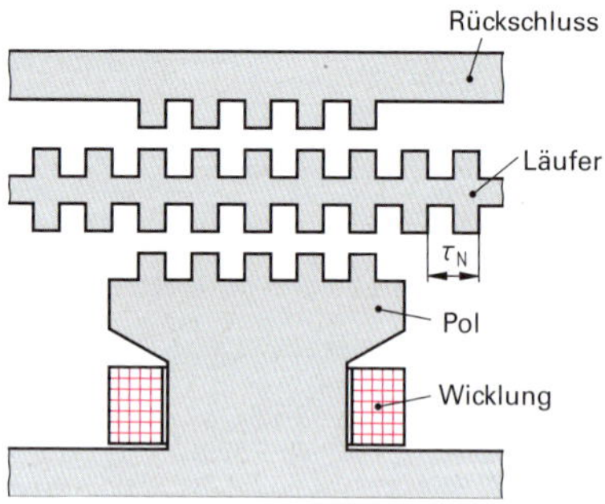**Pol eines Reluktanz-Schrittmotors**
Gleichstrom-Linearmotoren	Beim **Gleichstromlinearmotor** (GSL) mit *Dauermagnetläufer* **(Bild)** werden zwei magnetische Flüsse von zwei feststehenden Spulen am Ende der Hublänge erzeugt. Dabei wird der Dauermagnetläufer von dem einen magnetischen Fluss angezogen und vom anderen abgestoßen. Die Hublänge dieses Motors ist auf etwa 0,20 m begrenzt. **Kommutierender GSL** hat eine unbegrenzte Hublänge. Er besteht aus beliebig vielen, gleich aufgebauten Polen und einem Dauermagnetläufer. Die Pole werden elektronisch so angesteuert, dass ein Pol abgeschaltet, der nächste Pol umgepolt und der darauffolgende Pol eingechaltet wird.	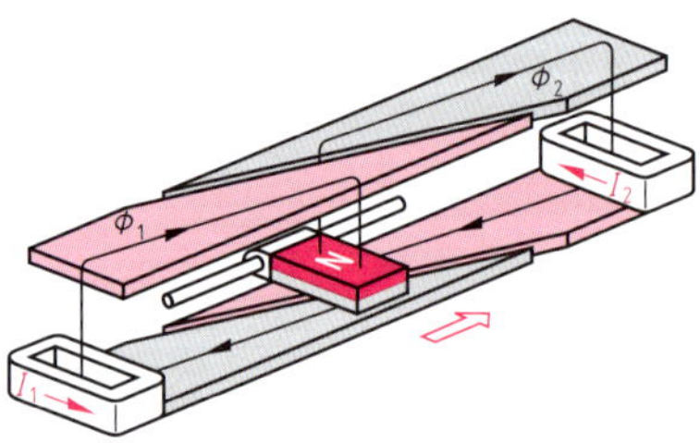**GSL mit Dauermagnetläufer**

Halbgesteuerte Stromrichter Half-controlled Power Converters

Benennung, Kennzeichen	Schaltung	Spannungsverlauf	Formeln, Bemerkungen
Anodenseitig halbgesteuerte Zweipuls-Brückenschaltung B 2 H A	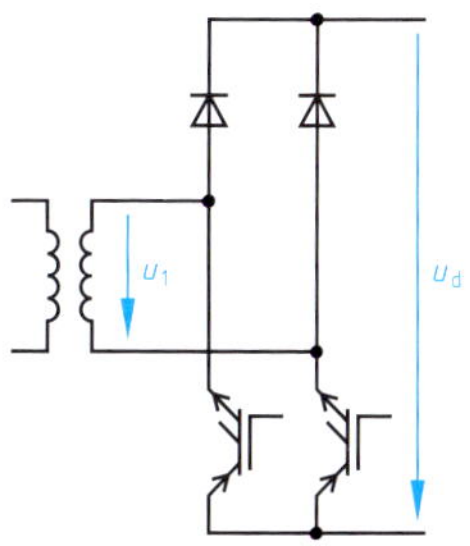	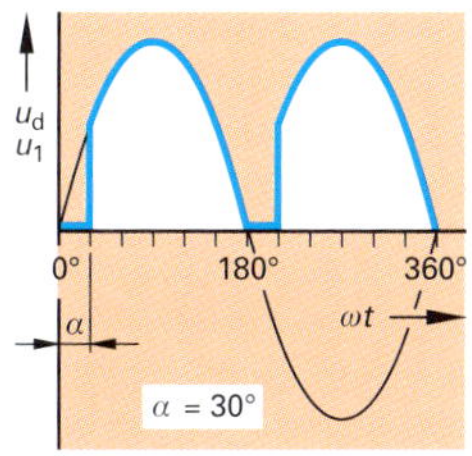	Für $\alpha = 0°$: $$U_{di} = \frac{2 \cdot \hat{u}_1}{\pi}$$ **1** Für $\alpha > 0°$: $$U_{di\alpha} = \frac{U_{di}}{2} \cdot (1 + \cos\alpha)$$ **2** Anwendbar bei einem Leistungsbedarf bis 10 kW in einer Energierichtung und geringen Anforderungen an Welligkeit und Oberschwingungsgehalt.
Zweigpaar-halbgesteuerte Zweipuls-Brückenschaltung B 2 H Z	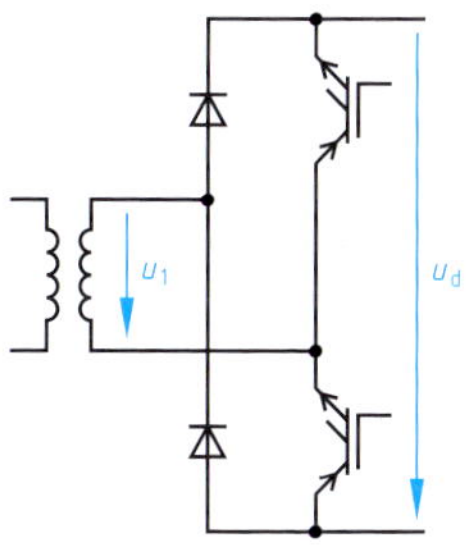	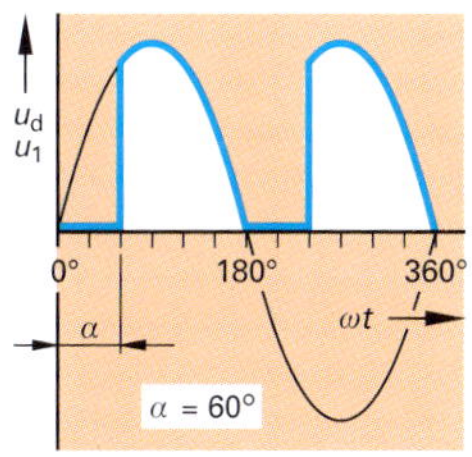	Die Spannung $U_{di\alpha}$ lässt sich auf null zurücksteuern. Für $\alpha = 0°$: $$U_{di} = \frac{2 \cdot \hat{u}_1}{\pi}$$ **3** Für $\alpha > 0°$: $$U_{di\alpha} = \frac{U_{di}}{2} \cdot (1 + \cos\alpha)$$ **4** Anwendbar wie B 2 H A. Im Bahnbetrieb für höhere Leistungen einsetzbar.
Katodenseitig halbgesteuerte Sechspuls-Brückenschaltung mit Freilaufzweig B 6 H K F	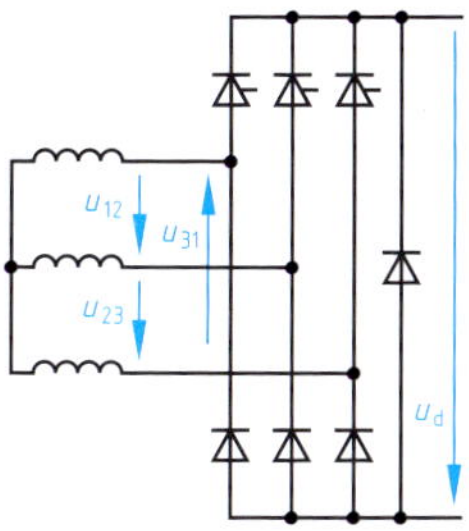	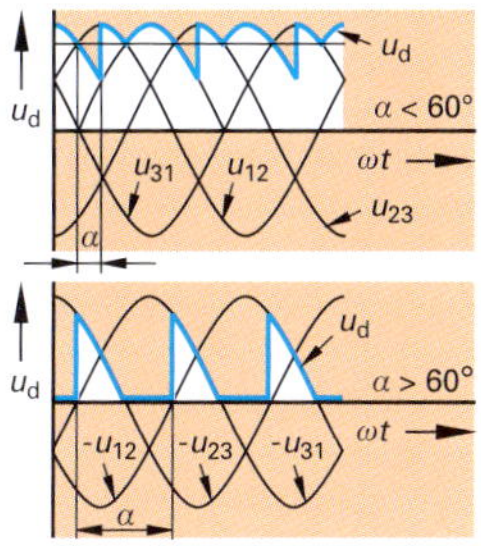	Für $\alpha = 0°$: $$U_{di} = \frac{3 \cdot \hat{u}_{12}}{\pi}$$ **5** Für $\alpha > 0°$: $$U_{di\alpha} = \frac{U_{di}}{2} \cdot (1 + \cos\alpha)$$ **6** Anwendbar zur Erzeugung von Gleichspannungen $U_{di\alpha} > 300$ V und für Gleichstromantriebe, im 1. oder 3. Quadranten.
Reihenschaltung von zwei zweigpaarhalbgesteuerten Zweipuls-Brückenschaltungen 2 B 2 H Z S	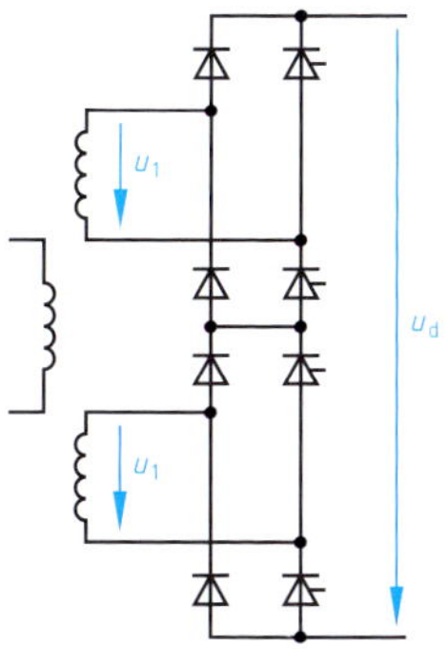	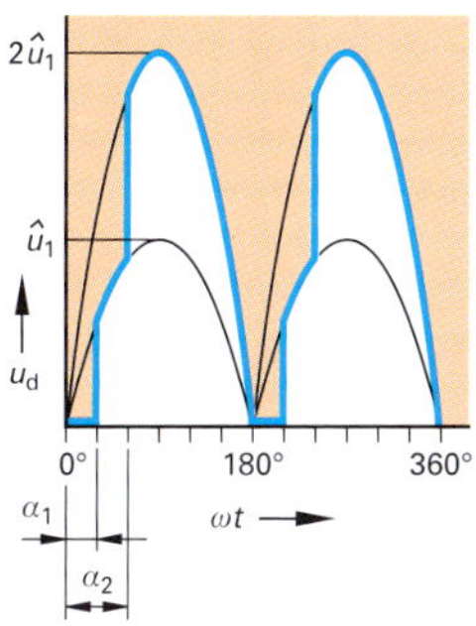	Interner Freilaufkreis über die Dioden, verbesserter Leistungsfaktor, geringere Welligkeit der Gleichspannung gegenüber den B 2 H-Schaltungen. Für $\alpha_1 = \alpha_2 = 0°$: $$U_{di} = \frac{4 \cdot \hat{u}_1}{\pi}$$ **7** Für $\alpha_1 > 0°$ und $\alpha_2 > 0°$: $$U_{di\alpha} = \frac{U_{di}}{2} \cdot \left(1 + \frac{\cos\alpha_1 + \cos\alpha_2}{2}\right)$$ **8** Im Bahnbetrieb bei hohem Leistungsbedarf einsetzbar.

t Zeit, T Periodendauer, u_1 Anschlussspannung, u_{12}, u_{23}, u_{31} Leiterspannungen, u_d Spannung auf der Gleichstromseite des Stromrichters, U_{di} arithmetischer Mittelwert der ideellen Gleichspannung bei $\alpha = 0°$, $U_{di\alpha}$ arithmetischer Mittelwert der ideellen Gleichspannung bei Anschnittsteuerung, α Steuerwinkel, ω Winkelgeschwindigkeit.

Vollgesteuerte Stromrichter Fully-controlled Power Converters

Benennung, Kennzeichen	Schaltung	Ausgangsspannung	Formeln, Bemerkungen
Zweipuls-Mittelpunkt-schaltung M 2 C	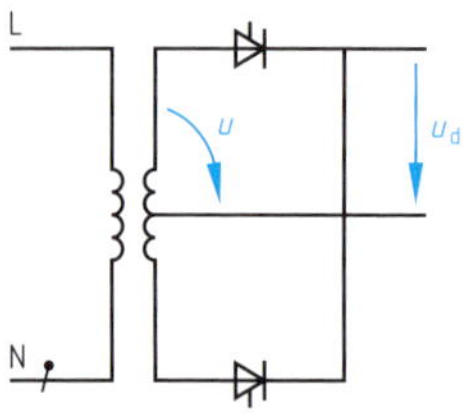 Bei Niederspannung sind an Stelle der Thyristoren meist IGBTs eingesetzt.	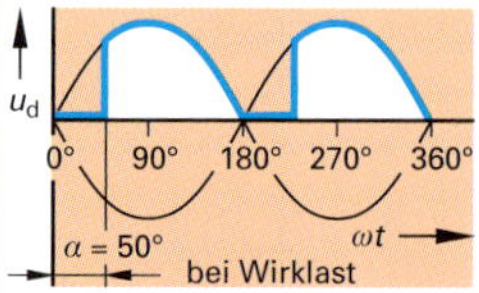 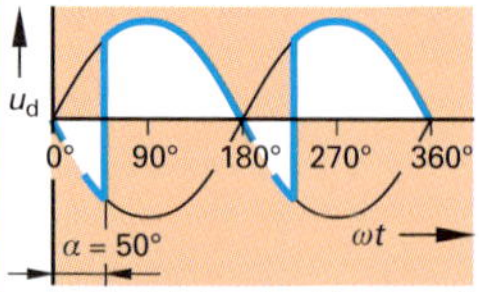 bei induktiver Last ($\omega \cdot L \gg R$)	Bei $\alpha = 0°$: $U_{di} = \frac{2 \cdot \hat{u}}{\pi}$ **1** Bei Wirklast und $\alpha > 0°$: $U_{di\alpha} = \frac{U_{di}}{2} \cdot (1 + \cos \alpha)$ **2** Bei induktiver Last und $\alpha > 0°$: $U_{di\alpha} = U_{di} \cdot \cos \alpha$ **3** Anwendbar in einem Leistungsbereich bis 10 kW bei kleinen Anforderungen an den Oberschwingungsgehalt.
Dreipuls-Mittelpunkt-schaltung (Sternschaltung) M 3 C	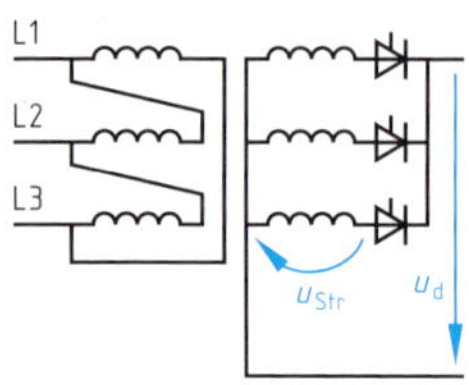 Bei Niederspannung sind an Stelle der Thyristoren meist IGBTs eingesetzt.	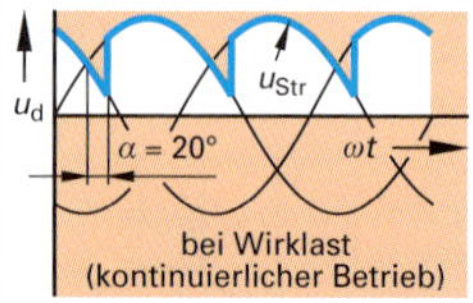 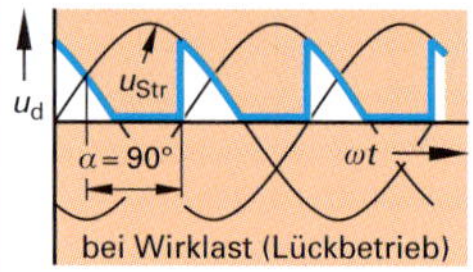	Bei $\alpha = 0°$: $U_{di} = \frac{3 \cdot \sqrt{3} \cdot \hat{u}_{Str}}{2 \cdot \pi}$ **4** Bei Wirklast und $\alpha \leq 30°$: $U_{di\alpha} = U_{di} \cdot \cos \alpha$ **5** Bei Wirklast, $\alpha = 30°$ bis $150°$: $U_{di\alpha} = \frac{U_{di}}{\sqrt{3}} \cdot [1 + \cos(\alpha + 30°)]$ **6** Anwendbar nur, wenn Sternpunktleiter belastbar ist.
Doppel-Dreipuls-Mittelpunkt-schaltung M 3.2 C	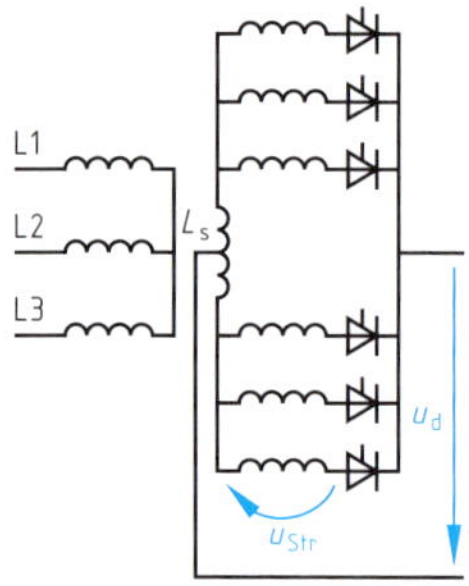	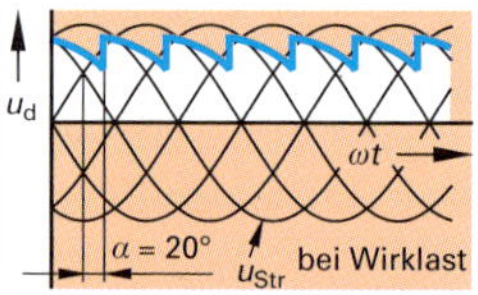 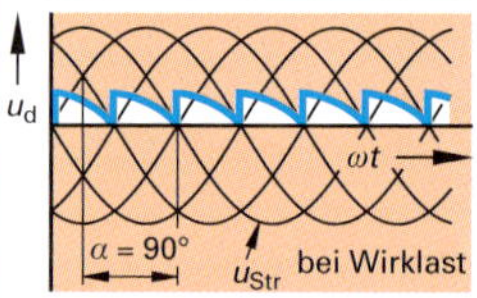	Bei $\alpha = 0°$: $U_{di} = \frac{3 \cdot \sqrt{3} \cdot \hat{u}_{Str}}{2 \cdot \pi}$ **7** Bei Wirklast und $\alpha \leq 30°$: $U_{di\alpha} = U_{di} \cdot \cos \alpha$ **8** Bei Wirklast, $\alpha = 30°$ bis $150°$: $U_{di\alpha} = \frac{U_{di}}{\sqrt{3}} \cdot [1 + \cos(\alpha + 30°)]$ **9** Vorteil gegenüber M3: Kleinere Welligkeit.
Sechspuls-Brücken-schaltung B 6 C	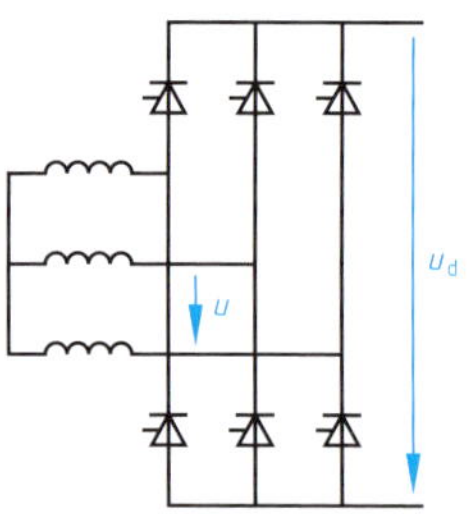	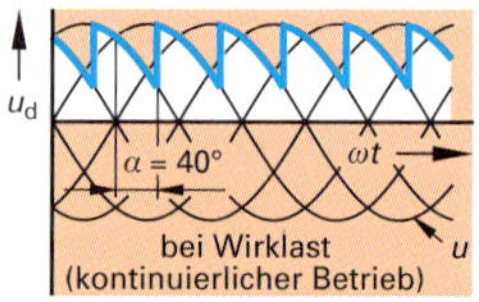 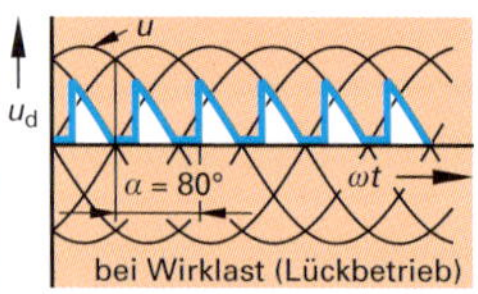	Bei $\alpha = 0°$: $U_{di} = \frac{3 \cdot \hat{u}}{\pi}$ **10** Bei Wirklast und $\alpha < 60°$: $U_{di\alpha} = U_{di} \cdot \cos \alpha$ **11** Bei Wirklast, $\alpha = 60°$ bis $120°$: $U_{di\alpha} = U_{di} \cdot [1 + \cos(\alpha + 60°)]$ **12** Anwendbar bei großen Leistungen und Nennspannungen ≥ 300 V.

t Zeit, $\hat{u}$ Höchstwert Spannung (Leiterspannung im Drehstromnetz), u_d Spannung auf Gleichstromseite Stromrichters, U_{di} arithmetischer Mittelwert der ideellen Gleichspannung bei $\alpha = 0°$, $U_{di\alpha}$ arithmetischer Mittelwert der ideellen Gleichspannung bei Anschnittsteuerung, u_{Str} Strangspannung, α Steuerwinkel, ω Winkelgeschwindigkeit.

Wechselrichter **Inverter**

Benennung, Kennzeichen	Schaltung	Spannungsverlauf, Stromverlauf	Bemerkungen, Anwendungen
Netzgeführter Wechselrichter in vollgesteuerter Dreipuls-Mittelpunktschaltung (Sternschaltung) M 3 C	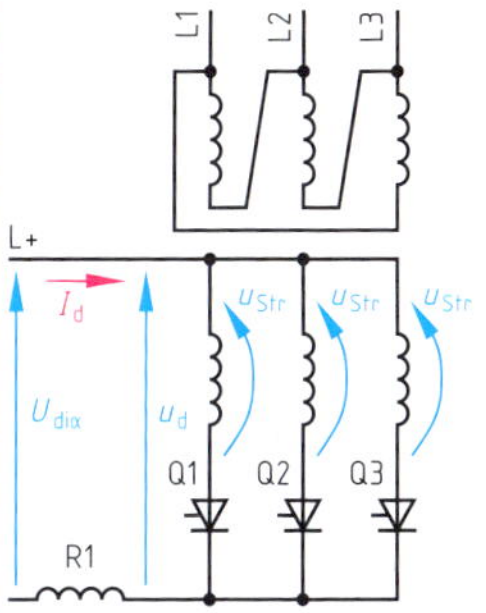	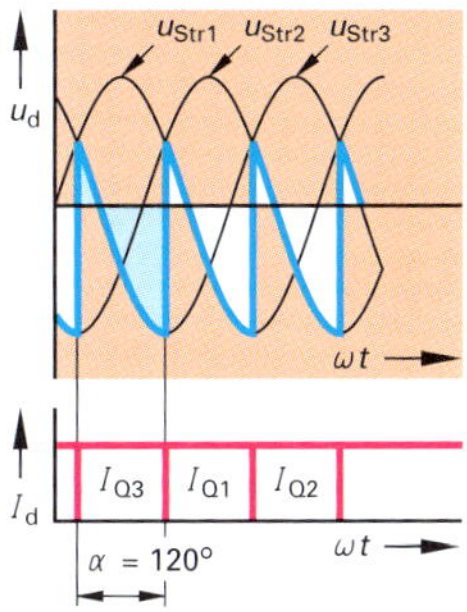	$U_{di\alpha} = \frac{3 \cdot \sqrt{3} \cdot \hat{u}_{Str}}{2 \cdot \pi} \cdot \cos\alpha$ Der Gleichspannungserzeuger mit der Spannung U_0 treibt über die Stränge und die von der Dreiphasenwechselspannung periodisch geschalteten Thyristoren bzw. IGBTs den Strom I_d. Dadurch wird Energie ins Drehstromnetz geliefert. Für Nutzbremsung, z.B. bei Lasthebekränen, Aufzügen.
Selbstgeführter Wechselrichter in Zweipuls-Mittelpunktschaltung M 2 I	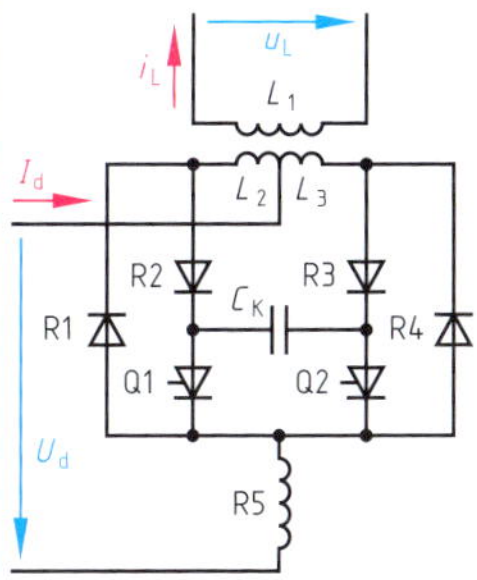	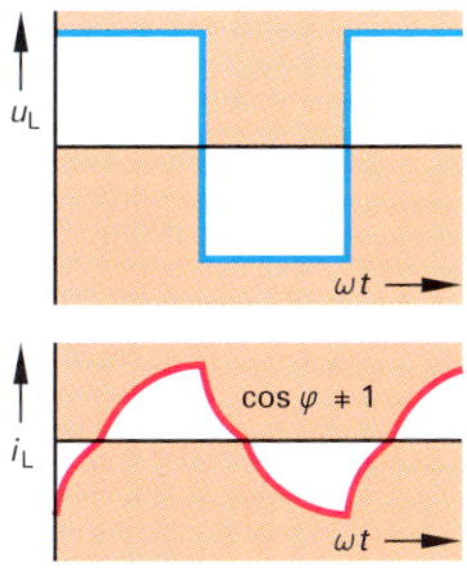	Die Thyristoren bzw. IGBTs werden abwechselnd periodisch gezündet und durch die Kondensatorspannung U_{CK} gesperrt. Der Strom I_d fließt als Rechteckstrom abwechselnd über L_2, R2, Q1 und L_3, R3, Q2. Dadurch entsteht am Ausgang eine Rechteckwechselspannung. Bei induktiver Belastung ändert sich der Laststrom I_L nach einer Exponentialfunktion. Für Notstromversorgungen.
Selbstgeführter Wechselrichter in Sechspuls-Brückenschaltung (B 6 U) I (B 6 C)	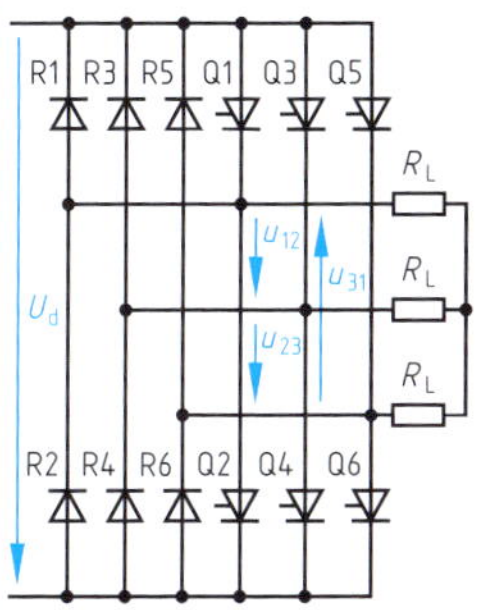	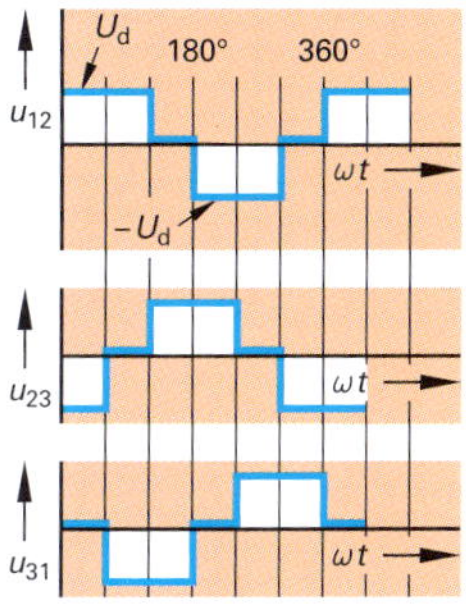	Die Hauptventile Q1 bis Q6 bestehen aus Transistoren, IGBTs oder GTO-Thyristoren. Die Ventile schalten die Gleichspannung U_d periodisch auf die Ausgänge der Schaltung. Bei induktiver Belastung wird über die Brücke R1 bis R6 Energie von der Last an die Gleichspannungsquelle zurückgeliefert. Zur Versorgung lebenswichtiger Verbraucher, z.B. in Krankenhäusern, Flugplatzbeleuchtungsanlagen.
Lastgeführter Wechselrichter mit Parallelschwingkreis B 2 C	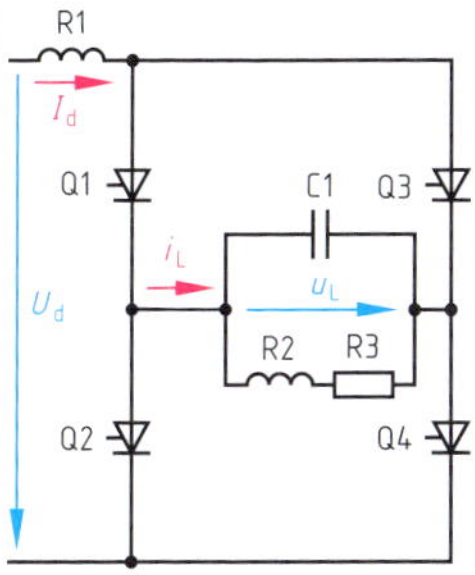	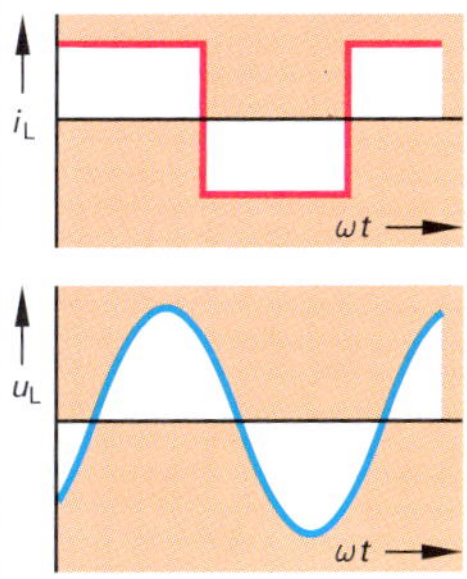	Die sich diagonal gegenüberliegenden Thyristoren bzw. IGBTs Q1Q4 bzw. Q2Q3 werden abwechselnd gezündet. Dem Schwingkreis wird dadurch über die Glättungsdrossel R1 ein Rechteckstrom eingeprägt. Am Schwingkreis entsteht eine Sinusspannung, wenn die Schaltfrequenz der Eigenfrequenz des Schwingkreises entspricht. Für induktive Schmelzanlagen und Erwärmungsanlagen.

cos φ Leistungsfaktor, I_d Strom auf der Gleichstromseite des Stromrichters, i_L Laststrom, t Zeit, U_0 induzierte Spannung, u_{12}, u_{23}, u_{31} Leiterspannungen, U_{CK} Spannung an C_K, U_d Spannung auf der Gleichstromseite des Stromrichters, $U_{di\alpha}$ arithmetischer Mittelwert der Gleichspannung bei Anschnittsteuerung, u_L Lastspannung, u_{Str} Strangspannung, ω Winkelgeschwindigkeit.

Gleichstromsteller, U-Umrichter Direct Current Chopper, U-Converter

Art, Eignung	Schaltung des Leistungsteils	Bemerkungen, Anwendungen
Gleichstromsteller		
Prinzip (Gleichstromsteller mit IGBT für Einquadrantenbetrieb)	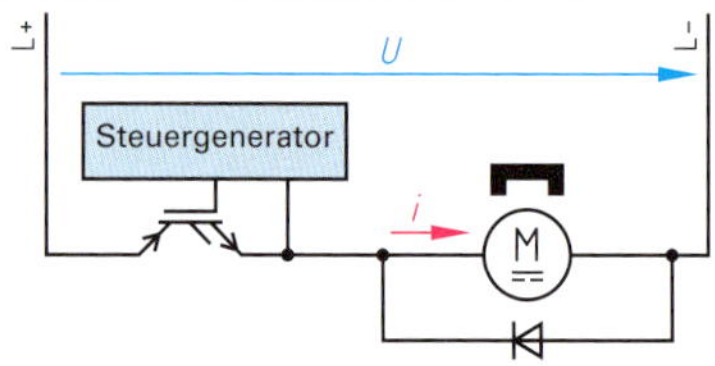	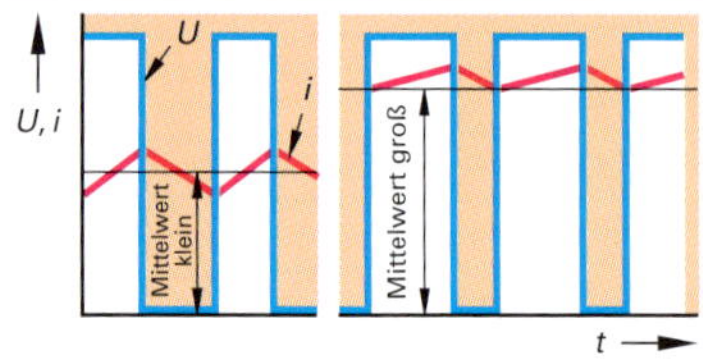
Gleichstromsteller für Einquadrantenbetrieb	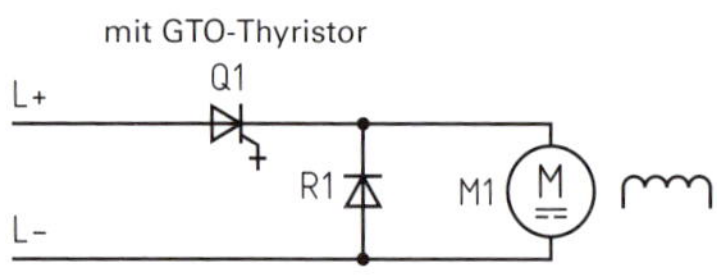	Der Gleichstromsteller für einen Gleichstrommotor besteht aus einem elektronischen *Schalter* und einer *Freilaufdiode*. Die Speisung der gesamten Schaltung erfolgt z. B. aus einem Akkumulator oder aus einem vorgeschalteten Gleichrichter. Meist arbeitet der Gleichstromsteller mit gleichbleibender Frequenz des Steuergenerators.
Gleichstromsteller mit IGBT-Brücke für Vierquadrantenbetrieb ohne Totzeit	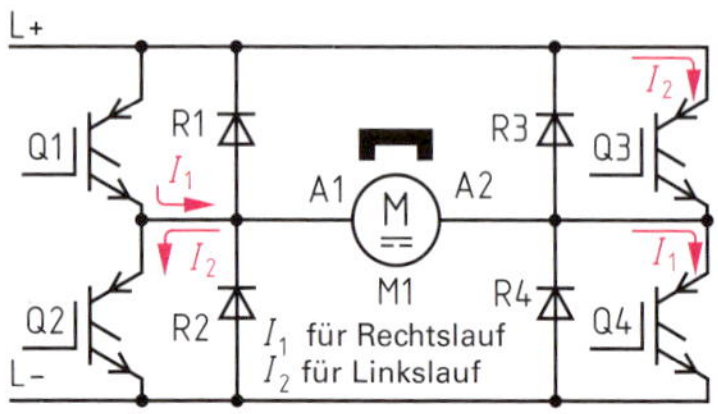	Thyristor-Gleichstromsteller arbeiten nicht verzögerungsfrei, weil *innerhalb* des Taktes die Zündung erfolgt. Fast verzögerungsfrei arbeiten dagegen Gleichstromsteller mit Transistoren oder IGBTs. Diese werden in einer Brückenschaltung betrieben. Freilaufdioden sind wegen der Induktivität des Motors erforderlich.
Umrichter mit Gleichspannungs-Zwischenkreis (U-Umrichter)		
Prinzip eines Umrichters mit Gleichstrom-Zwischenkreis	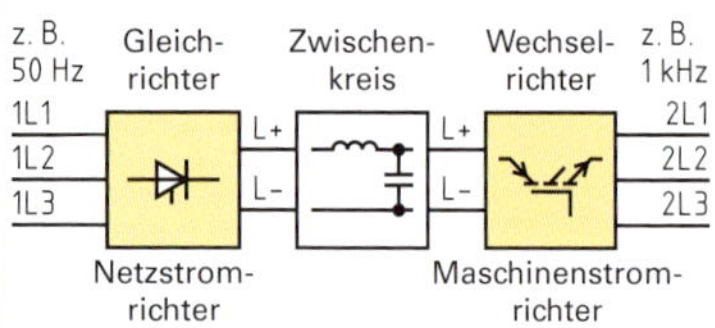	**Gleichrichter** einphasige (0,25 kW bis 2 kW) oder dreiphasige (0,37 kW bis 5,5 kW) Brückenschaltung aus Dioden oder/und Thyristoren bzw. IGBTs. **Zwischenkreis** mit Energiespeicherung durch Induktivität und/oder Kapazität. **Wechselrichter** Brückenschaltung z. B. aus IGBTs oder Thyristoren und Dioden.
Gleichrichter T1 bei Bedarf mit Rückspeise-Wechselrichter T2, bezeichnet als Netzstromrichter (B6U) I (B6C)	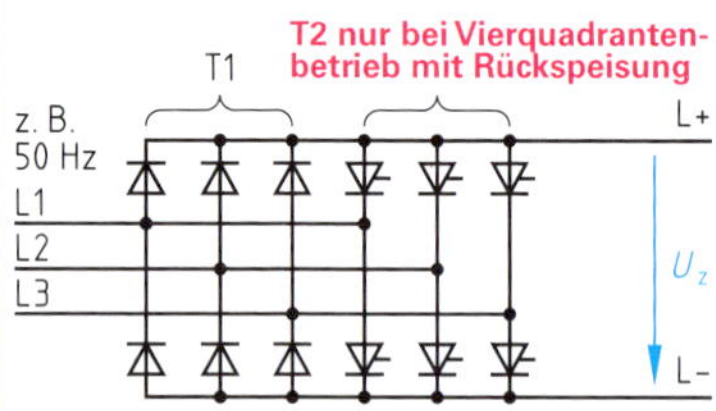	**Netzstromrichter ohne Rückspeisung** T1 für konstante U_z mit sechs (für Dreiphasenbrücke) bzw. vier (für Einphasenbrücke) Dioden, für steuerbare U_z zur Hälfte ersetzt durch Thyristoren bzw. IGBTs *(Zweiquadrantenbetrieb)*. **Netzstromrichter mit Rückspeisung** Zusätzlich T2 aus Thyristoren bzw. IGBTs gegenparallel zur Stromrückspeisung beim Bremsen *(Vierquadrantenbetrieb)*.
Wechselrichter mit Rückstromdioden, bezeichnet als Maschinenstromrichter (B6C) I (B6U)	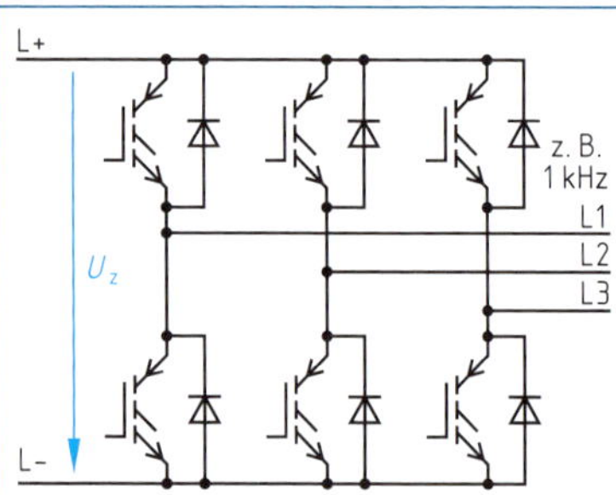	**Maschinenstromrichter** Wechselrichter für *Vierquadrantenbetrieb* als voll gesteuerte Brückenschaltung aus sechs (für Dreiphasenbrücke) bzw. vier (für Einphasenbrücke) gesteuerten Elementen, z. B. IGBTs oder GTOs. Wegen der induktiven Last sind sechs bzw. vier *Rückstromdioden* (Blindleistungsdioden) gegenparallel zu den gesteuerten Elementen integriert. Diese bewirken beim Bremsbetrieb die Rückspeisung des Stromes in den Zwischenkreis durch Gleichrichtung. Die Ansteuerung der gesteuerten Elemente erfolgt durch einen Steuergenerator.

U-Umrichter U-Converter

Schaltung, Benennung	Erklärung

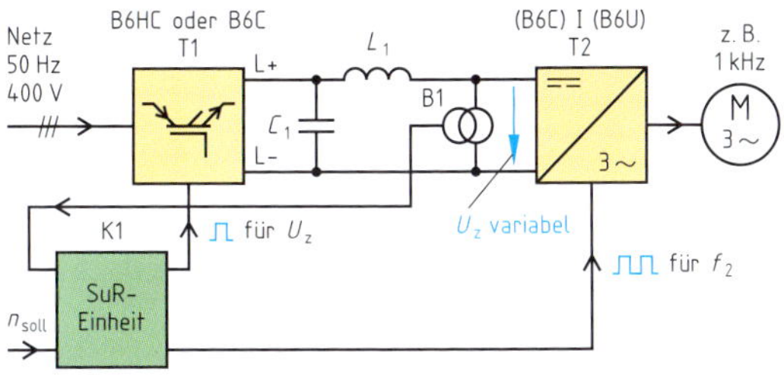

U-Umrichter für PAM im Zweiquadrantenbetrieb

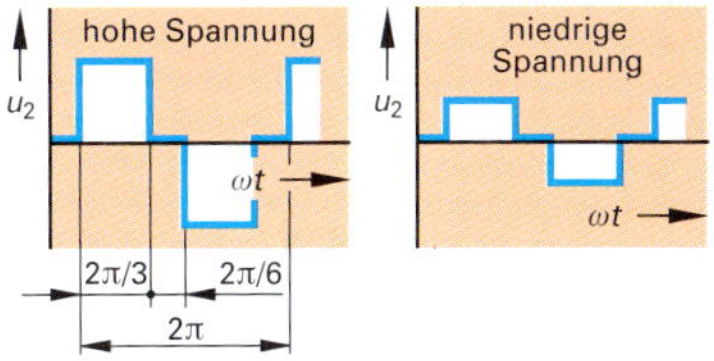

Vierquadrantenbetrieb zum Bremsen *mit* Energierückspeisung über T1 mit Schaltung B6C ist möglich, wenn Zwischenkreisspannung U_z umgepolt wird. Motorleistung bis 10 kW.

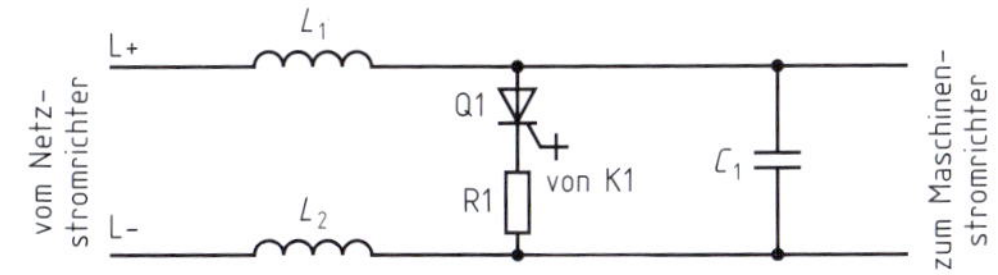

Zwischenkreis des U-Umrichters für PAM im Vierquadrantenbetrieb

Vierquadrantenbetrieb zum Bremsen *ohne* Energierückspeisung (Verlustbremsung) ist bei Antrieben bis etwa 10 kW möglich, wenn in den Zwischenkreis der belastbare Widerstand R1 gelegt wird, der zum Bremsen über den Thyristor Q1 an die Zwischenkreisspannung gelegt wird. Die vom Antrieb (z. B. Motor) beim Bremsen gelieferte Rückspeiseenergie gelangt in den Zwischenkreis und wird in R1 in Wärme umgesetzt.

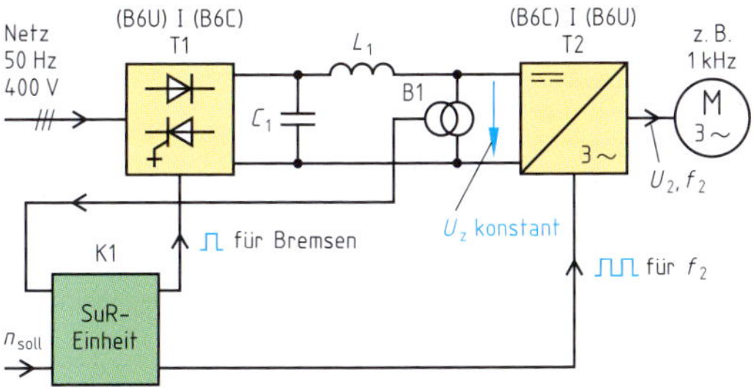

U-Umrichter für PWM im Vierquadrantenbetrieb

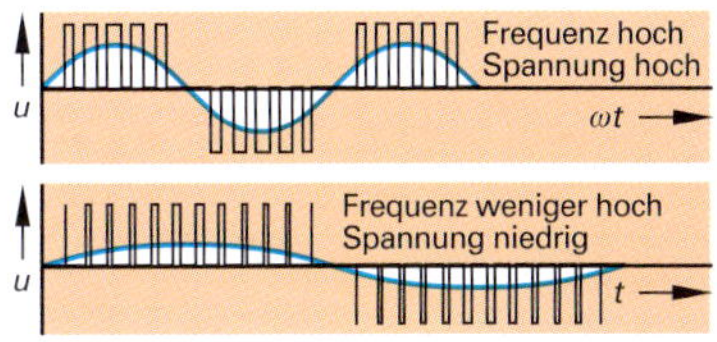

In T1 arbeiten die Dioden als Gleichrichter, die Thyristoren beim Bremsen (Nutzbremsung) als Wechselrichter. Spannungssteuerung in T2 durch Steuerung der Pausendauern (gleichbleibend oder sinusbewertet), Frequenzsteuerung durch Impulszahl je Halbperiode. Motorleistung bis 500 kW.

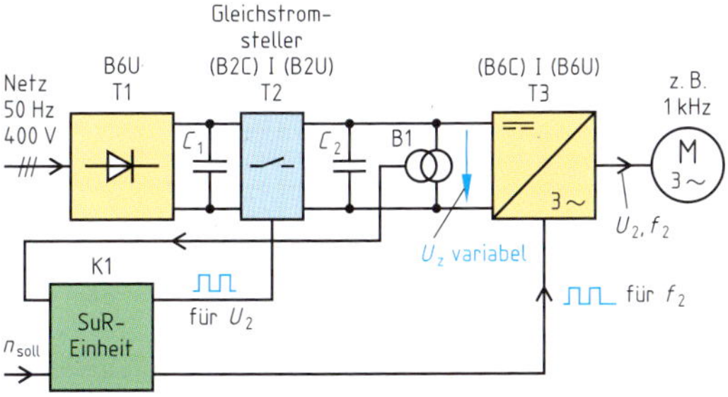

U-Umrichter für PWM mit variabler Amplitude im Zweiquadrantenbetrieb

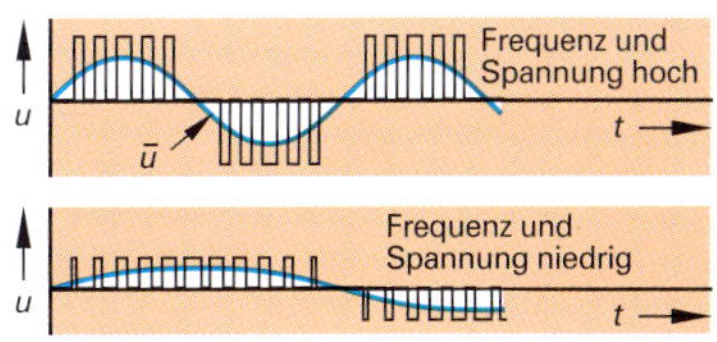

Am Ausgang von T1 liegt wegen B6U eine konstante U_z. Diese wird von einem Gleichstromsteller je nach Bedarf herabgesetzt. In T3 wird die variable U_z mit hoher Frequenz (bis 50 kHz) so getaktet, dass eine PWM entsteht. Spannungssteuerung durch Steuerung der Pausendauern *und* Steuerung der Spannungshöhe von U_z.

B1	Spannungswandler DC/DC	I	gegenparallel	f_2	Ausgangsfrequenz
B2	Zweipuls-Brückenschaltung	PAM	Pulsamplituden-Modulation	n_{soll}	Soll-Drehzahl
B6	Sechspuls-Brückenschaltung	PWM	Pulsweiten-Modulation	U_2	Ausgangsspannung
C	voll gesteuert	SuR	Steuern und Regeln	U_z	Zwischenkreis-Spannung
HC	halb gesteuert				

Sonstige Zeichen und Formelzeichen sind aus den Bildern erkennbar.

Ansteuerschaltungen für Halbleiter Triggering for Semiconductors

Schaltung	Spannungsverlauf, Stromverlauf	Bemerkungen
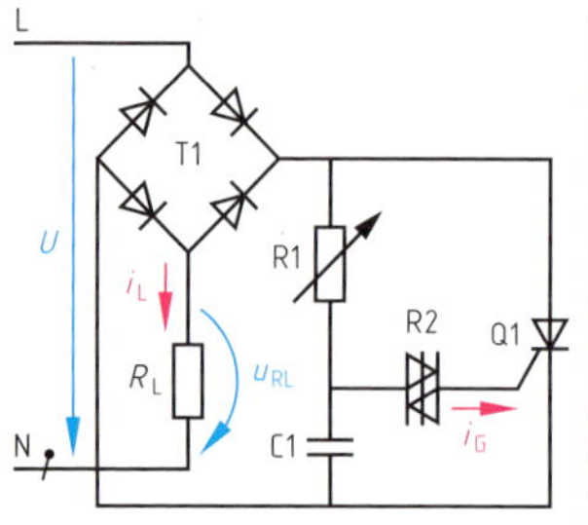 **Spannungssteuerung durch Phasenanschnitt**	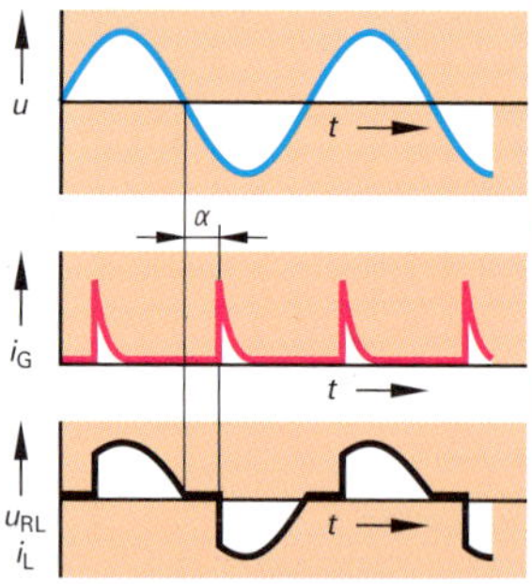	Der Thyristor zündet zu einem definierten Zeitpunkt durch den Zündimpuls i_G. Dieser Impuls entsteht durch Entladen des Kondensators C1 über Diac R2 und Thyristor Q1, sobald die Zündspannung des Diac erreicht ist. Der Zündzeitpunkt kann durch Veränderung des Ladestromes i_L und damit durch Änderung des Steuerwinkels α beeinflusst werden. Bei Niederspannung wird anstelle des Thyristors ein IGBT eingesetzt. Steuerwinkel: $\alpha = 0°$ bis 180°
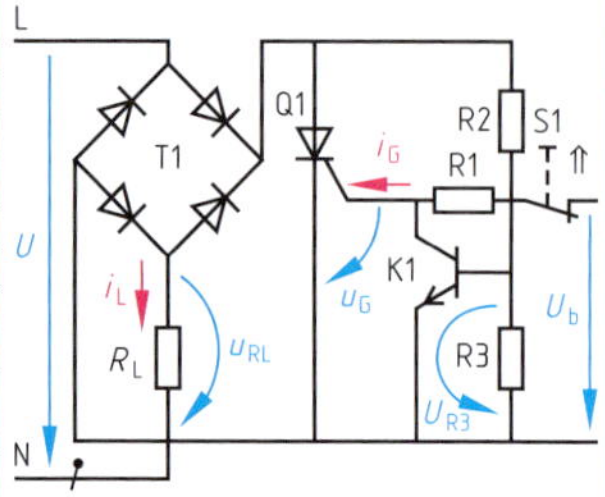 **Spannungssteuerung mit Nullspannungsschalter**	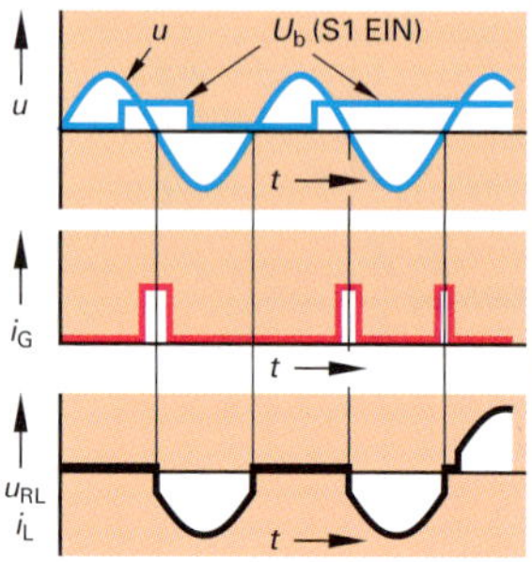	Thyristor Q1 erhält im Nulldurchgang nach dem Schließen des Schalters S1 einen Steuerstrom i_G aus der Betriebsspannungsquelle U_b und kann zünden. Bei $U_{R3} = U_S \geq 0{,}6$ V leitet Transistor K1 den Steuerstrom ab und verhindert ein Zünden.
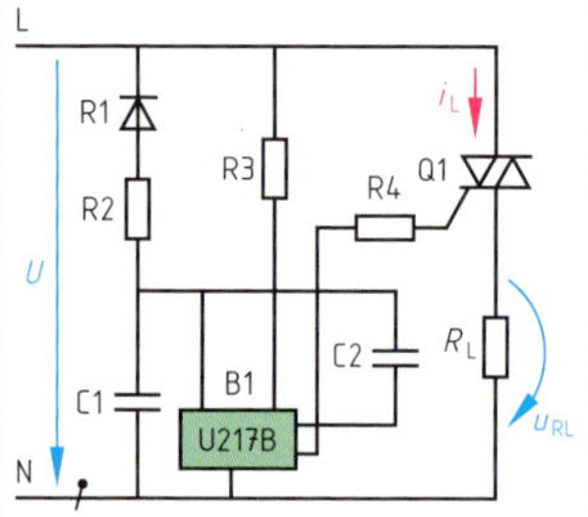 **Leistungsänderung durch Vielperiodensteuerung**	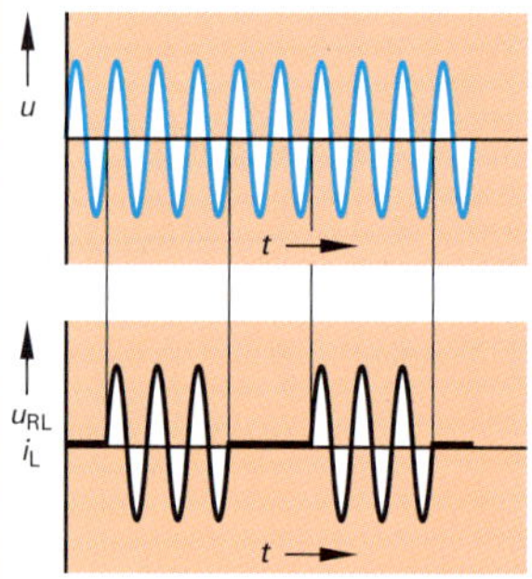	Bei der symmetrischen Vielperiodensteuerung (Schwingungspaketsteuerung) wird der Stromdurchgang durch den Triac Q1 während einer Zahl von ganzen Schwingungen freigegeben und während einer Zahl folgender ganzer Schwingungen gesperrt. Ein Verändern des Tastgrades g ändert die mittlere Leistungsaufnahme des Verbrauchers.
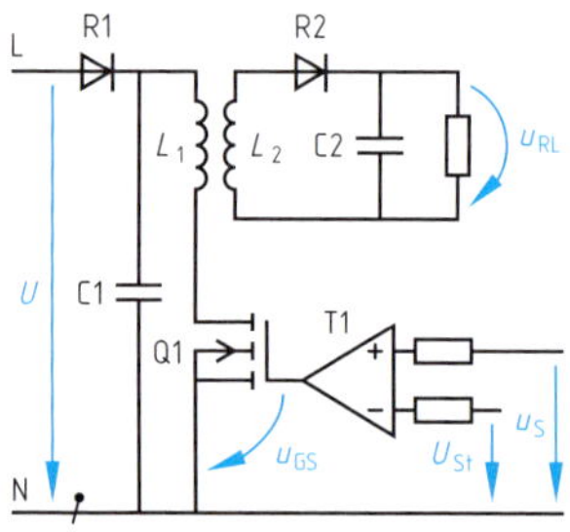 **Spannungssteuerung durch Pulsweitenmodulation**	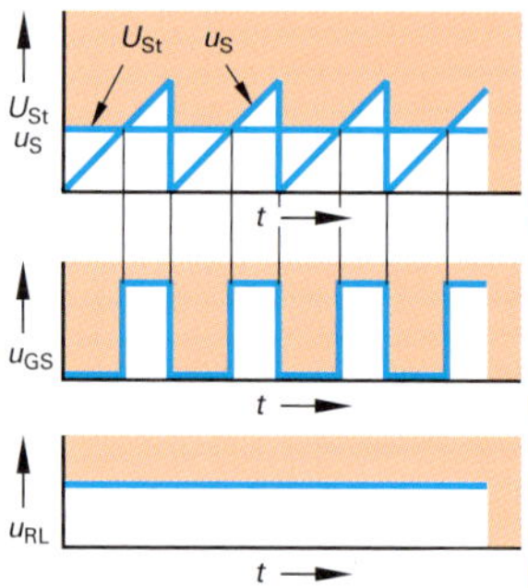	Die Energie, welche die Spule L_1 aus dem Netz aufnimmt, hängt von der Zeitdauer ab, in welcher der MOSFET Q1 leitet. Solange R2 sperrt, gibt Spule L_1 die Energie über Spule L_2 an den Verbraucher ab. Durch Verändern des Tastgrades g der Spannung U_{GS} lassen sich die Spannung U_{RL} und damit die mittlere Leistungsaufnahme des Verbrauchers steuern.

i_G Gatestrom, i_L Laststrom, t Zeit, U Netzspannung, U_b Betriebsspannung, u_G Gatespannung, U_{GS} Gate-Sourcespannung, u_{RL} Spannung am Lastwiderstand, U_S Schleusenspannung, U_{St} Steuerspannung, α Steuerwinkel.

Glättung und Spannungsstabilisierung — Smoothing and Voltage Stabilisation

Stabilisierungsfaktor, Glättungsfaktor

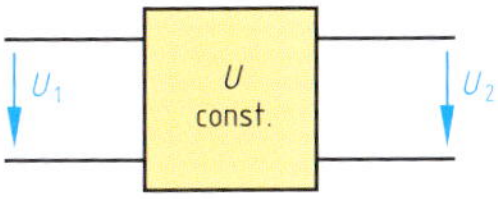

Allgemein: $S = \frac{\Delta U_1 / U_1}{\Delta U_2 / U_2}$

$$S = \frac{\Delta U_1 \cdot U_2}{\Delta U_2 \cdot U_1} \quad (1)$$

$$G = \frac{\Delta U_1}{\Delta U_2} \quad (2)$$

$$G = S \cdot \frac{U_1}{U_2} \quad (3)$$

Schaltzeichen

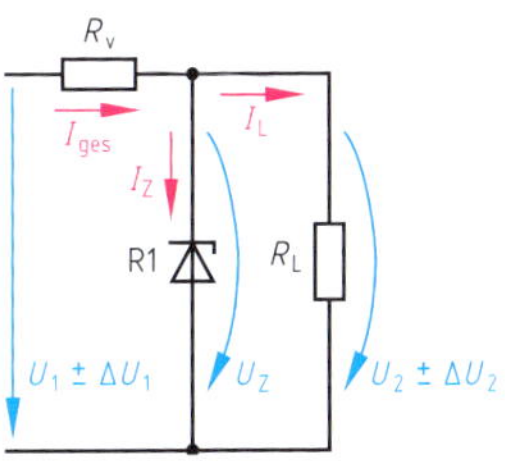

Parallelstabilisierung mit Z-Diode

Stabilisierung mit Z-Diode

P_{vmax} tritt in der Z-Diode im Leerlauf auf

Mit $U_{Zmin} \approx U_{Zmax} \approx U_Z$:

$$R_{vmin} = \frac{U_{1max} - U_Z}{I_{Zmax} + I_{Lmin}} \quad (4)$$

$P_v \leq I_{Zmax} \cdot U_Z$:

$$r_Z = \frac{\Delta U_Z}{\Delta I_Z} \quad (5)$$

$$I_{ges} = I_Z + I_L \quad (6)$$

$$R_{vmax} = \frac{U_{1min} - U_Z}{I_{Zmin} + I_{Lmax}} \quad (7)$$

Mit $\Delta I = \frac{\Delta U_Z}{r_Z} = \frac{\Delta U_1}{R_v + r_Z} \Rightarrow \Delta U_Z = \frac{\Delta U_1 \cdot r_Z}{R_v + r_Z}$

Mit $\Delta U_Z = \Delta U_2$: $S = \frac{(R_v + r_Z)\, U_2}{r_Z \cdot U_1}$ in $G = S \cdot \frac{U_1}{U_2} \Rightarrow$

Mit $R_v >> r_Z$:

$G = \frac{R_v + r_Z}{r_Z} \Rightarrow$

$$G = 1 + \frac{R_v}{r_Z} \quad (8)$$

$$G = \frac{R_v}{r_Z} \quad (9)$$

Stabilisierung mit Reihentransistor

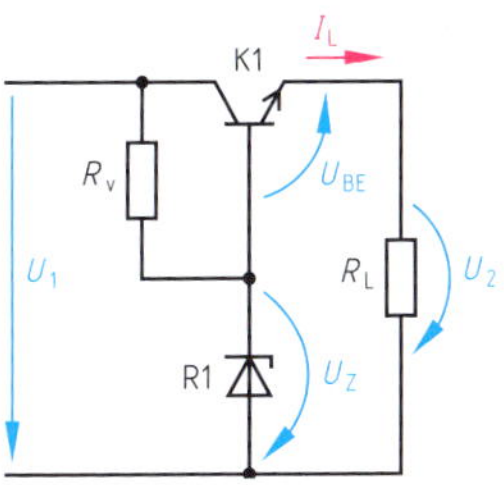

Serienstabilisierung durch Reihentransistor

$$U_2 = U_Z - U_{BE} \quad (10)$$

Mit $U_{BE} \approx 0{,}6$ V:

$$U_2 = U_Z - 0{,}6\ \text{V} \quad (11)$$

Mit $I_L \approx I_C$:

$$R_{Lmin} = \frac{U_2}{I_{Cmax}} \quad (12)$$

Mit $I_L = I_C + I_B = I_B\,(1 + B)$:

$$U_{1min} = U_2 + U_{CEmin} \quad (13)$$

$$R_{vmax} = \frac{U_{1min} - U_Z}{I_{Zmin} + I_{Bmax}} \quad (14)$$

Mit $I_{Bmax} = \frac{I_{Lmax}}{B + 1}$:

$$U_{1max} = R_v\,(I_{Zmax} + I_{Bmax}) + U_Z \quad (15)$$

$$U_{1max} = R_v \left(I_{Zmax} + \frac{I_{Lmax}}{B + 1}\right) + U_Z \quad (16)$$

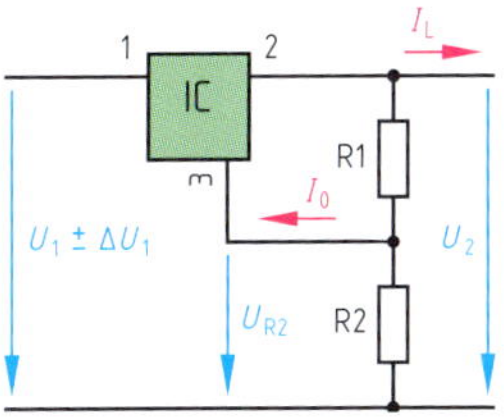

Festspannungsregler

Festspannungsregler

Festspannungsregler können durch Beschaltung auf andere Spannungen eingestellt werden.

Für $I_0 \approx 0$:

$$U_2 = \frac{R_1 + R_2}{R_2}\, U_{R2} \quad (17)$$

B	Gleichstromverhältnis	P_v	Verlustleistung	U_{CE}	Kollektor-Emitter-Spannung
G	Glättungsfaktor	R_v	Vorwiderstand	U_Z	Zenerspannung
I_0	Steuerstrom	R_L	Lastwiderstand	ΔI_L	Laststromschwankung
I_B	Basisstrom	R_1, R_2	Spannungsteilerwiderstände	ΔU_1	Eingangsspannungsschwankung
I_C	Kollektorstrom	r_Z	differenzieller Widerstand	ΔU_2	Gesamte Ausgangsspannungsschwankung
I_E	Emitterstrom	S	Stabilisierungsfaktor	U_{R2}	Spannung am Widerstand R_2
I_L	Laststrom	U_1	Eingangsspannung	Δ	Zeichen für Differenz
I_Z	Zenerstrom	U_2	Ausgangsspannung		
I_{ges}	Gesamtstrom	U_{BE}	Basis-Emitter-Spannung		
min, max	Indizes für Größtwert und Kleinstwert				

Grundlagen der Schaltnetzteile Basics of Switch-mode Power Supplies

Baugruppen im Schaltnetzteil

Baugruppe	Erklärung	Eigenschaften
1 Netzgleichrichterschaltung	Die Netzspannung wird gleichgerichtet und gesiebt. Eine Filterschaltung, z.B. ein Tiefpass, entstört das Netz.	Eingangsspannung 230 V, Frequenz 50 Hz, Grenzfrequenz des Tiefpasses bis 100 kHz.
2 Schalter	Die Gleichspannung vom Netzgleichrichter wird meist in eine Rechteckwechselspannung umgewandelt. Als Schalter werden meist Feldeffekttransistoren verwendet.	Durchlasswiderstand $R_{DS} < 0{,}1\ \Omega$, Eingangsspannung 50 V bis 1000 V, Schaltleistung 50 W bis 200 W, Steuerungsart Spannungssteuerung.
3 Transformator	Der Ferritkerntransformator dient zur gewünschten Spannungsübersetzung, zur galvanischen Netztrennung und je nach Arbeitsprinzip auch zur Speicherung magnetischer Energie.	Frequenz bis 200 kHz, übertragbare Leistung bis 1000 W, Sättigungsflussdichte $\hat{B} = 0{,}1$ T bis 0,45 T.
4 Ausgangsgleichrichterschaltung	Die hochfrequente Sekundärspannung wird mit Schottkydioden, FRED-Dioden oder FRD-Dioden (kleine Sperrverzögerung und kleine Vorwärtsspannung) gleichgerichtet und dann gesiebt.	Rückwärtsspannung 35 V bis 200 V, Vorwärtsstrom 1 A bis 300 A, Durchlasskapazität z.B. 0,5 pF.
5 Regelverstärker	Schaltnetzteile enthalten eine Regelung. Dabei wird eine Ausgangsgröße, z.B. die Spannung U_a, einem gegebenen Sollwert nachgeführt.	Speisespannung 2 V bis 36 V, Eingangsstrom < 150 nA.
6 Potenzialtrennung	Zur Potenzialtrennung im Regelkreis werden meist Optokoppler oder Transformatoren verwendet.	Isolationsspannungsfestigkeit bis 5300 V.
7 Steuer- und Überwachungsschaltung	Es werden spezielle Schaltkreise verwendet, die eine Regelung durch Veränderung des Tastgrades bei konstanter oder veränderlicher Frequenz des Schalttransistors erlauben, z.B. TDA 4601.	Betriebsspannung 10 V bis 30 V, Frequenzbereich 16 kHz bis 200 kHz, Tastgrad $g = t_i/T = 1:2$ bis $1:20$.

Übersichtsschaltplan eines Schaltnetzteiles

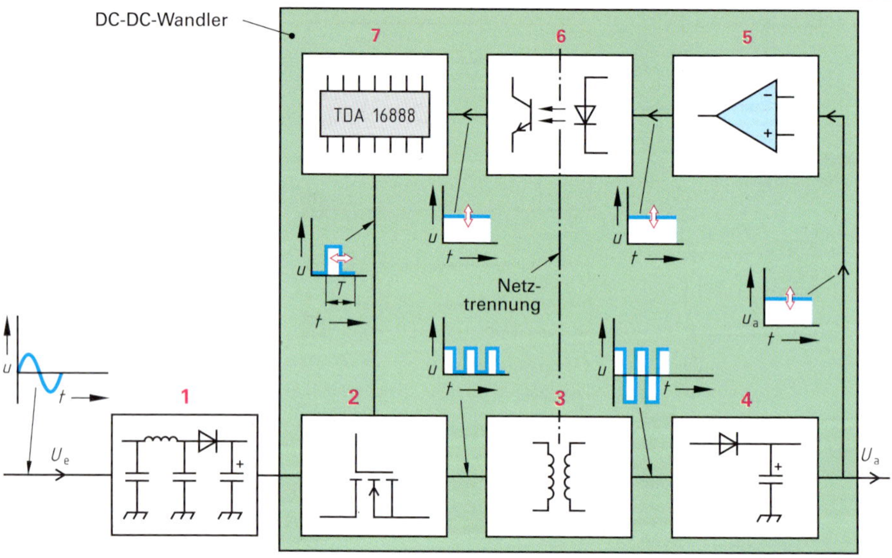

$\hat{B}$ magnetische Flussdichte
R_{DS} Drain-Source-Widerstand
U_e Eingangswechselspannung
U_a Ausgangsgleichspannung
u Augenblickswert der Spannung
t Augenblickswert der Zeit
T Periodendauer
t_i Impulsdauer

FR(E)D von Fast Recovery (Epitaxial) Diode = sehr schnell freiwerdende Diode

Schaltnetzteile Switch-mode Power Supplies

Schaltung, Ansicht	Wirkungsweise	Bemerkungen, Daten
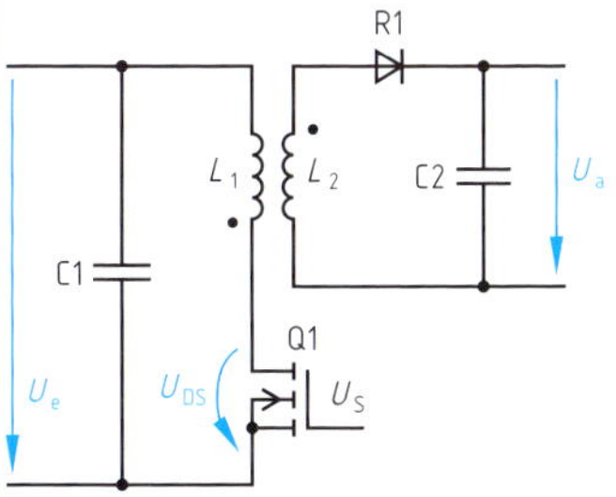 **Eintaktsperrwandler**	C1 glättet die Eingangsspannung und liefert die vom Wandler beanspruchten pulsartigen Ströme. Bei eingeschaltetem Q1 wird das Magnetfeld im Kern von L_1L_2 aufgebaut. Da L_2 gegensinnig gepolt ist, fließt kein Strom in der Ausgangswicklung, weil R1 sperrt. Bei abgeschaltetem Q1 kehren sich die Spannungen an den Wicklungen um und R1 leitet jetzt. Während dieser Zeit fließt der Strom durch L_2. Über die Diode R1 lädt sich nun der Kondensator C2 auf. Flyback converter	Vorteile: Großer Regelbereich bei Betriebsspannungsänderungen. Nachteile: Transistorspitzensperrspannung $U_{DS} > 2 \cdot U_e$, Kern mit Luftspalt erforderlich. Starkes magnetisches Streufeld und Wirbelströme.
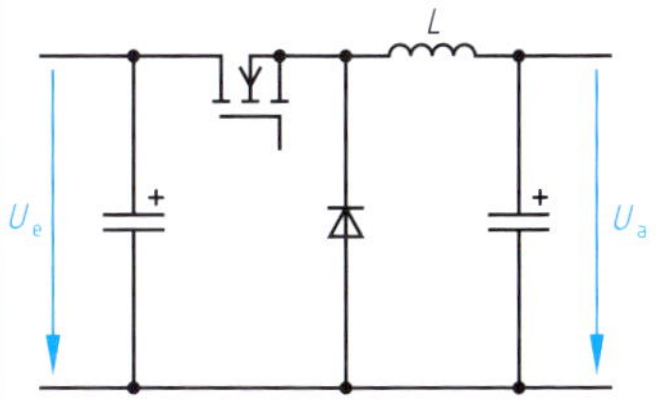 **Abwärtswandler**	Der Abwärtswandler setzt eine Eingangsspannung in eine niedrigere Ausgangsspannung um. Der Transistor arbeitet als pulsweitenmodulierter Schalter. Buck-converter, Step-down converter	Lastunabhängige Ausgangsspannung. Der Transistor wird mit hoher Frequenz im kHz-Bereich geschaltet. Hoher Wirkungsgrad. Ersetzt längsgeregelte lineare Netzteile, auf Motherboards zur Prozessorversorgung.
① Eingangsspannungsanschluss ② DC-Ausgang ③ Kontrollleuchte ④ Potenziometer ⑤ Spannungswahlschalter ⑥ Hutschienen-Entriegelung 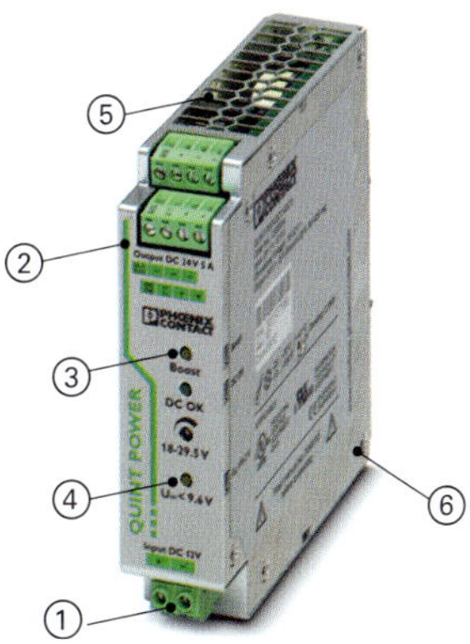 Eingang: U_e = 12 DC Eingangsspannungsbereich 9 V DC bis 18 V DC I_e = 15 A Ausgang: U_a 24 V DC ±1 % **DC-DC-Wandler 12 V DC auf 24 V DC**	DC-DC-Wandler erzeugen geregelte Gleichspannungen. Es gibt z. B. Module für Ausgangsspannungen von 12 V, 24 V und 48 V. Eigenschaften: • Konstante Spannung an langen Leitungen durch Anpassen der Ausgangsspannung • galvanische Trennung • großer Eingangsspannungsbereich • hoher Wirkungsgrad • Schaltspannung erzeugt Störfrequenzen	Einstellbereich von 18 V DC bis 29,5 V DC I_a = 5 A Verlustleistung im Leerlauf < 2 W, bei Nennleistung 13,5 W Wirkungsgrad > 90 % bei 12 DC Gewicht 0,4 kg ϑ_u von –25° bis 70°C
	Module für redundante Stromversorgung	
	Entkoppeln, Überwachen, Regeln 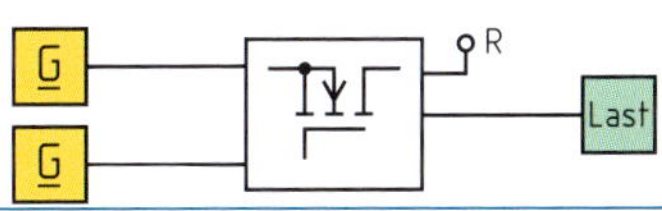	Eingang: U_e = 18 V bis 30 V, $I_e = 2 \times 10$ A Ausgang: U_a 24 V DC, I_a = 20 A
	Entkoppeln und Überwachen 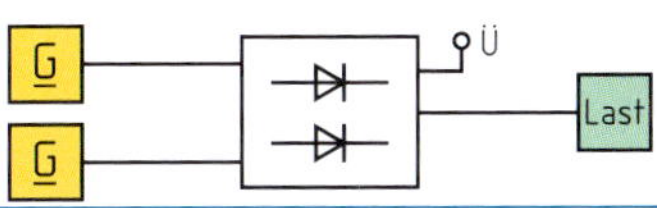	Eingang: U_e = 10 V bis 30 V, $I_e = 2 \times 10$ A Ausgang: U_a 24 V DC, I_a = 20 A
	Entkoppeln 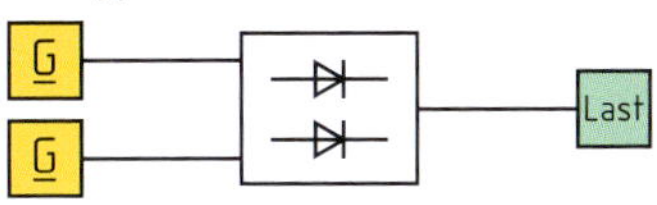	Eingang: U_e = 10 V bis 30 V, $I_e = 2 \times 20$ A Ausgang: U_a 24 V DC, I_a = 40 A

I_a Ausgangsstrom, U_a Ausgangsspannung, U_{DS} Drain-Source-Spannung, U_e Eingangsspannung, U_S Steuerspannung, ϑ_u Umgebungstemperatur

Schalttransistor und Kippschaltungen
Switching Transistor and Multivibrators

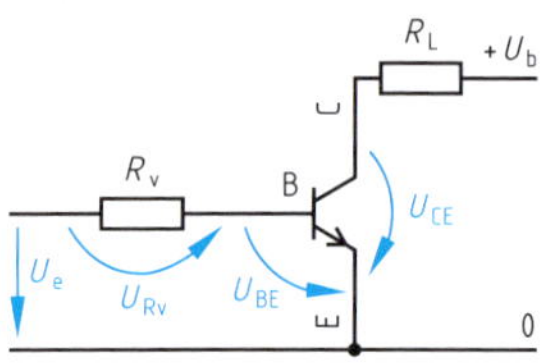

Transistor als Schalter

$$I_{Bmin} = \frac{I_{Cmax}}{B_{min}} \qquad I_B = \ddot{u} \cdot I_{Bmin} \quad (1)$$

$$U_{Rv} = U_e - U_{BE} = I_B \cdot R_v \quad (2)$$

$$I_B = \frac{\ddot{u} \cdot I_{Cmax}}{B_{min}} \quad (3)$$

$$U_{Rv} = \frac{\ddot{u} \cdot I_{Cmax}}{B_{min}} \cdot R_v \quad (4)$$

$$R_L = \frac{U_b - U_{CEsat}}{I_{Cmax}} \quad (5)$$

$$R_v = \frac{(U_e - U_{BE}) \cdot B_{min}}{\ddot{u} \cdot I_{Cmax}} \quad (6)$$

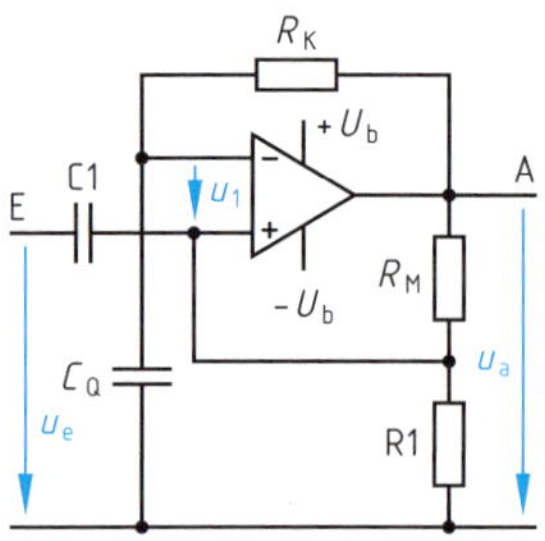

Astabile Kippschaltung

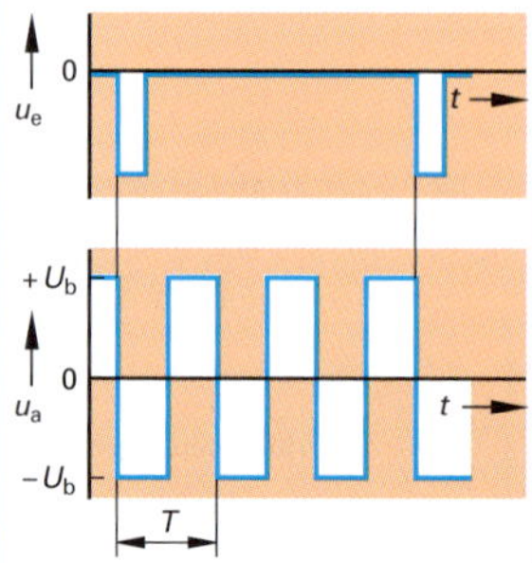

$$f_0 \approx \frac{1}{2 \cdot R_K \cdot C_Q \cdot \ln\left(1 + \frac{2\,R_1}{R_M}\right)} \quad (7)$$

Über R_K wird durch U_a der Kondensator C_Q aufgeladen, bis U_1 die Richtung wechselt und U_a damit auch (Mitkopplung). C_Q wird dann über R_K umgeladen, bis U_1 wieder die Richtung wechselt. Mit U_e kann die Kippstufe synchronisiert werden.

Anwendung:

Synchronisierbarer Rechteckgenerator.

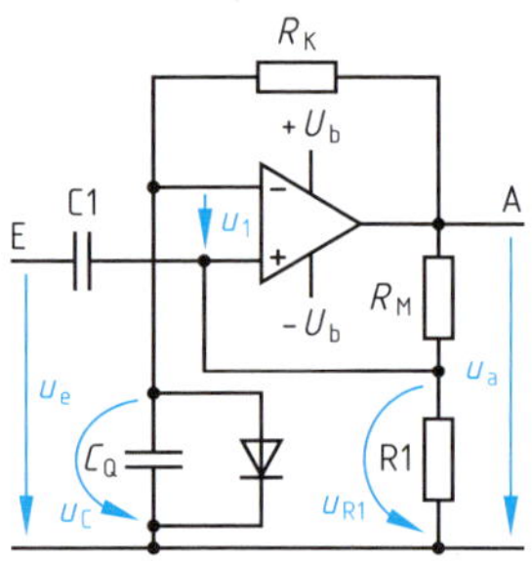

Monostabile Kippschaltung (Monoflop)

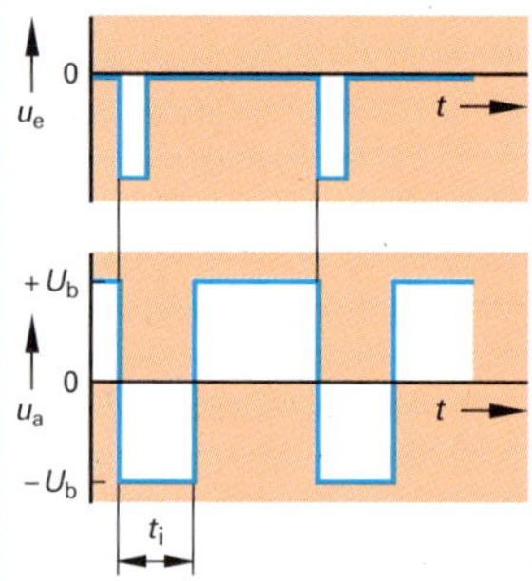

$$t_i \approx R_K \cdot C_Q \cdot \ln\left(1 + \frac{R_1}{R_M}\right) \quad (8)$$

Im stabilen Zustand ist u_a positiv. Ein negativer Impuls an E schaltet u_a negativ. C_Q lädt sich über R_k negativ auf, bis $u_C > u_{R1}$ ist. Damit wechselt u_1 die Richtung und u_a wird wieder positiv.

Anwendungen:

Einzelimpulsgeber, Impulsformer.

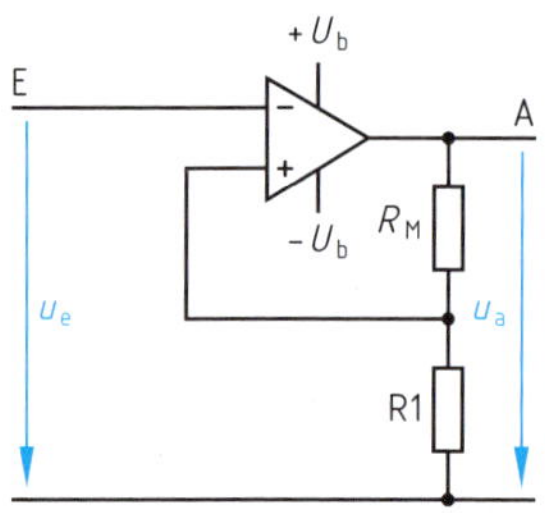

Schwellwertschalter, nicht invertierend (Schmitt-Trigger)

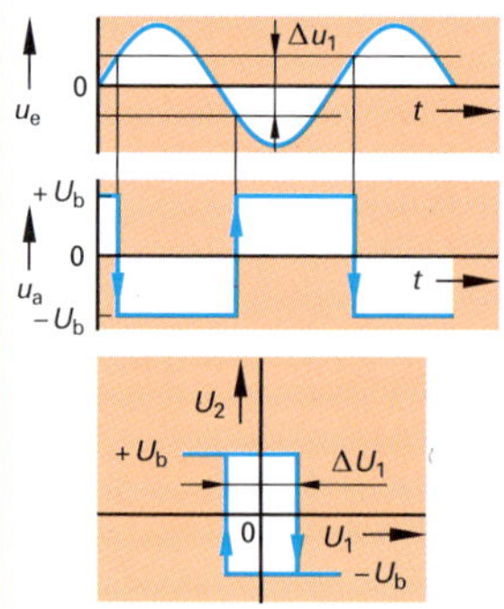

$$\Delta U_1 \approx \frac{R_1}{R_M + R_1} \cdot (U_{b1} - U_{b2}) \quad (9)$$

Bei Ansteuerung mit $+u_e$ kippt die Ausgangsspannung auf $\approx -U_{b2}$. Wird u_e negativ, kippt die Ausgangsspannung auf $\approx +U_{b1}$.

Dieser Schwellwertschalter invertiert das Eingangssignal.

Es gibt auch nicht invertierende Schwellwertschalter.

Anwendungen:

Impulsformer, Flankenversteilerung, Erzeugung des Trigger-Signals beim Oszilloskop.

B Gleichstromverhältnis, C_Q Querkondensator, f_0 Schwingfrequenz, R_1, R_2, R_3, R_5 Spannungsteilerwiderstände, R_K Rückkopplungswiderstand, R_L Lastwiderstand, R_M Mitkopplungswiderstand, R_v Basisvorwiderstand, t_i Impulsdauer, u_a Ausgangsspannung, U_b Betriebsspannung, u_{BE} Basis-Emitterspannung, u_c Kondensatorspannung, U_{CEsat} Kollektor-Emitter-Sättigungsspannung, u_e Eingangsspannung, u_1 Spannung zwischen invertierendem und nicht invertierendem Eingang, *ü* Übersteuerungsfaktor, ΔU_1 Schaltdifferenz.

Halbleiterrelais und Sicherheitsrelais SSR and Safety Relais

Schaltung	Erklärung	Daten
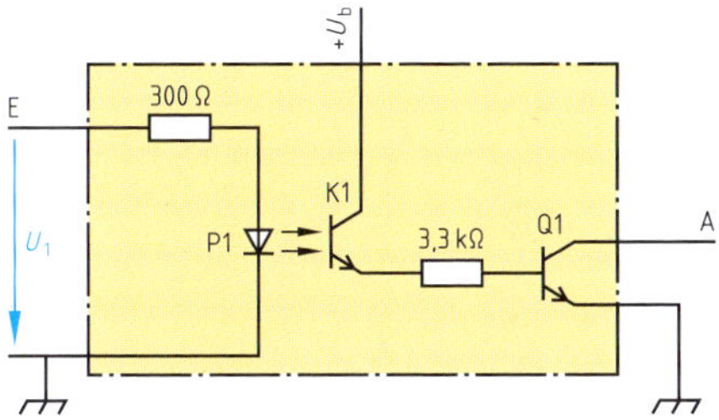 **DC-Schalter mit DC-Ansteuerung**	Nach Anlegen der Steuerspannung U_1 sendet die IRED (von Infrarot emittierende Diode) P1 Infrarotstrahlung aus. Diese Strahlung schaltet den Fototransistor K1 in den leitenden Zustand. Damit wird Q1 leitend und die Ausgangsspannung sinkt auf fast 0 V. Betriebsspannung U_b ist erforderlich. DC Gleichspannung (Direct Current)	Steuerspannungen für EIN + 5 V, für AUS ≤ 1 V. Der Steuerkreis ist TTL-kompatibel. Steuerstrom 14 mA, Hilfsstrom 12 mA. Schaltspannung 4 V bis 16 V. Schaltstrom ≤ 0,5 A. Isolationsspannung zwischen Eingang und Ausgang 4 000 V. www.matsushita-relais.de
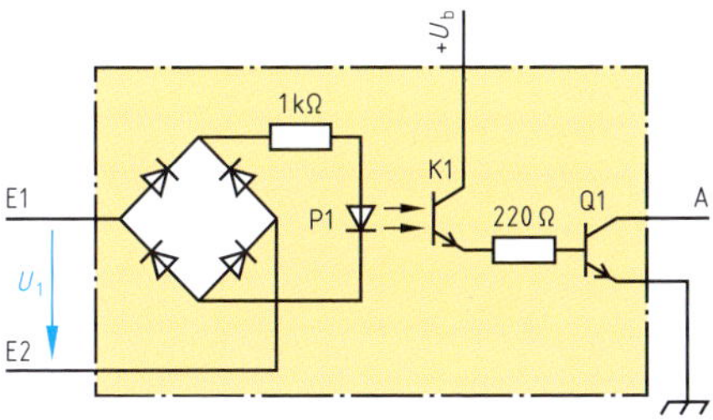 **DC-Schalter mit Ansteuerung durch AC oder DC**	Eine Eingangsgleichspannung oder Eingangswechselspannung U_1 steuert über eine Brückengleichrichterschaltung die IRED P1 an. Diese Diode schaltet mit ihrer Infrarotstrahlung den Fototransistor K1 und damit auch Q1 durch. Betriebsspannung U_b ist erforderlich. AC Wechselspannung (Alternating Current)	Steuerspannungen für EIN ±10 V bis ± 32 V, für AUS ≤ 3 V. Steuerstrom 25 mA, Hilfsstrom 12 mA. Schaltspannung 4 V bis 30 V. Schaltstrom ≤ 0,5 A. Isolationsspannung zwischen Eingang und Ausgang 4 000 V.
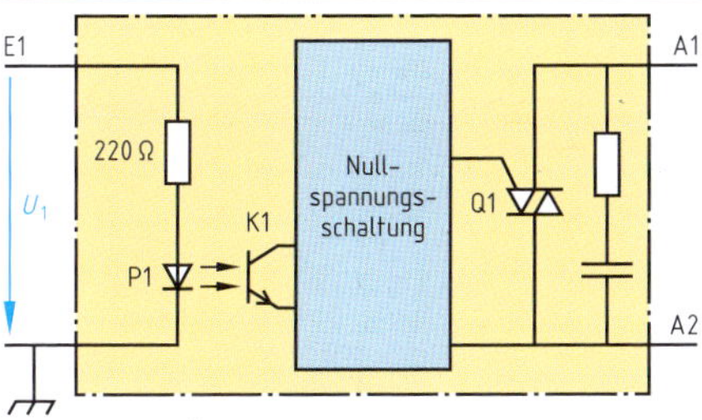 **AC-Schalter mit DC-Ansteuerung**	Nach Anlegen der Steuerspannung U_1 wird K1 durch die Infrarotstrahlung von P1 leitend. Der Fototransistor K1 steuert mit der Nullspannungsschaltung den Triac Q1. Die Nullspannungsschaltung bewirkt, dass der Triac-Strom immer von Null aus ansteigt. Dadurch werden Netzstörungen und Funkstörungen verringert.	Steuerspannungen für EIN + 5 V, für AUS < 1 V. Der Steuerkreis ist TTL-kompatibel. Steuerstrom 12 mA. Schaltspannung 24 V bis 240 V AC. Schaltstrom 3 A Maximum, 20 mA Minimum. Isolationsspannung zwischen Eingang und Ausgang 5 000 V.
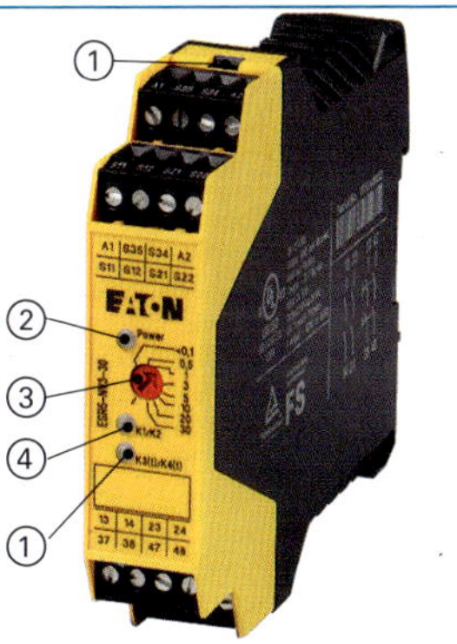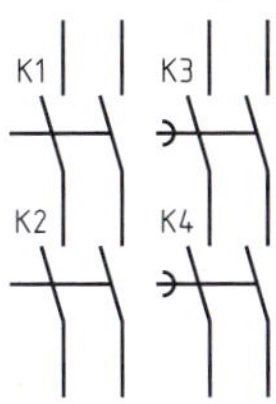 **Sicherheitsrelais**	Es werden Sicherheitsfunktionen wie z. B. NOT-HALT, Schutztür- und Lichtgitter-Überwachung und Zweihandschaltungen überwacht. Gerät ist aktiv, wenn alle LEDs leuchten. Blinken bedeutet Fehler. ① Reset ② Netzspannung (Power) ③ Zeitdrehgeber für Verzögerungszeit ④ K1/K2 unverzögerte Freigabekontakte ⑤ K3(t)/K4(t) verzögerte Freigabekontakte	Eingangsnennspannung U_{eN} 24 V DC I_{eN} = 75 mA Schaltspannungen: U_{amax} 250 V AC/DC U_{amin} 15 V AC/DC Grenzdauerstrom: I_{amax} = 6 A I_{amin} = 25 mA Ausgangskreise kurzschlussfest Einstellbare Verzögerungszeit bei K3/K4 von 0,1 s bis 30 s Ansprechzeit bei K1/K2 von 150 ms Wiederbereitschaftszeit: 330 ms www.eaton.com

Kleinsteuerung easy Small Contoller easy

Systemaufbau

Komponente	Erklärung	Daten, Bemerkungen
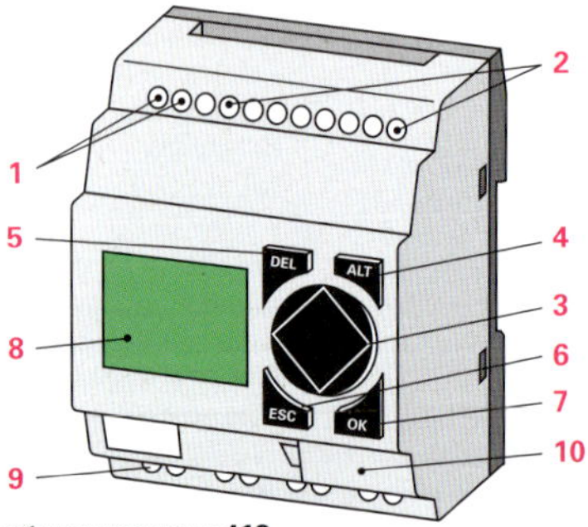 **Kleinsteuerung easy 412**	1 Betriebsspannung 2 Eingänge I1 bis I8 3 Cursor-Tasten ◁▷△▽ 4 Steuertaste [ALT] 5 Steuertaste [DEL] 6 Steuertaste [ESC] 7 Steuertaste [OK] 8 Anzeige-Display 9 Ausgänge Q1 bis Q4 10 Anschluss für Speicherkarte oder PC-Verbindung über V.24-Schnittstelle	Betriebsspannung je nach Typ: DC 24 V, AC 115 V bis AC 240 V. Eingänge: 8 bis 12, bei den DC-Typen 2 analog nutzbar. Ausgänge: 4 bis 8. Bei AC Relais-Ausgänge mit I = 10 A bei ohmscher Last und I = 3 A bei induktiver Last, bei DC 24 V parallel schaltbare Transistorausgänge mit I = 0,5 A.
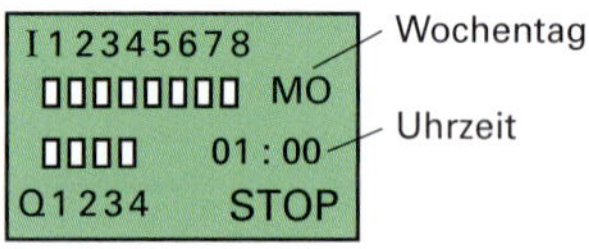 **Statusanzeige bei laufendem Programm**	▮ Ein ▯ Aus bei Eingängen und Ausgängen	Es werden der Wochentag, die Uhrzeit und die Betriebsart RUN oder STOP gezeigt.
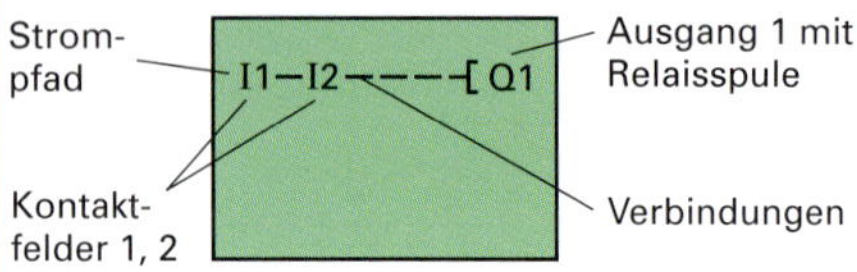 **Schaltplananzeige bei Anwahl von STOP**	Schaltplanelemente: I Kontakt Eingang Q Kontakt Ausgang --- Verbindungen -[Kontakt Relaisspule	Es werden Kontaktfelder, Strompfade, Spulenfelder und die Verbindungen angezeigt. www.eaton.com www.moeller.net

Programmierung einer Reihenschaltung

Vorgehen	Erklärung	Bemerkungen
Softwareprogrammierung am PC Programm easy-soft starten → Menü Schaltplan → Neu → Menü Ansicht → Darstellung → Darstellungsart → Gerät [OK] → Doppelklick auf Cursor → I,1 [OK] → Linie einfügen → Doppelklick auf Cursor → I,2 [OK] → Linie einfügen → Doppelklick auf Cursor → [Q,1 [OK] → Datei speichern → Menü Simulation → Wirkungsweise I/R → Schließer rastend [OK] ↵ Menü Simulation → I/Q-Fenster [OK] → Menü Simulation → RUN → I1, I2 anklicken → Leuchte Q1 Ein. Menü Online → Schaltplan → Auf Gerät übertragen → Gerät mit ▽ auf STOP [OK] → RUN wird angezeigt.	Die Schaltung wird auf dem Bildschirm vom Eingang ausgehend zum Ausgang hin entworfen. Fertige Schaltung durch Simulation testen, Schaltprogramm über serielle Leitung zum Steuerrelais übertragen. Programmlauf starten, es erscheint die Anzeige RUN im Hauptmenü, Schaltung ist in Betrieb.	Schaltungen lassen sich als Verdrahtungsplan, Stromlaufplan oder KOP entwerfen. Der Verdrahtungsplan setzt die Programmierschritte der Handprogrammierung am Bildschirm um. Funktionsblöcke für: Zeitfunktionen, Stromstoß, Selbsthaltung, analoge Signale.
Handprogrammierung Einschalten → Statusanzeige erscheint → [OK] PROGRAMM.. LOESCHE PROG → [OK] PROGRAMM RUN/STOP PARAMETER STELLE UHR [OK] → → Schaltplananzeige erscheint → I [OK] → 1 [OK] → I [OK] → 1 △ 2 [OK] [ALT] ▷ ▷ [OK] -[Q [OK] 1 [OK] → Statusanzeige erscheint. Programmablauf starten: [ESC] → PROGRAMM [ESC] ▽ RUN [OK], Schaltung arbeitet. Schaltung testen: → PROGRAMM [OK] Schaltplananzeige zeigt I1–I2 -----[Q1.	Anwählbare Menüpunkte blinken. Die easy-Betriebsarten sind RUN oder STOP. Bei easy wird vom Eingang zum Ausgang „verdrahtet“. Nach Anschluss an die Betriebsspannung und dem Anschluss von 2 Schaltern an I1 und I2 wird das Steuerrelais getestet: Beide Schalter betätigen, Lampe an Q1 leuchtet.	Anwählbare digitale Grundfunktionen: UND Reihenschaltung mit Schließern, ODER Parallelschaltung mit Schließern, NAND Parallelschaltung mit Öffnern, NOR Reihenschaltung mit Öffnern, XOR Reihenschaltung und Parallelschaltung von Öffnern und Schließern.

Kleinsteuerung LOGO! Small Controller LOGO!

Systemaufbau

Aufbau

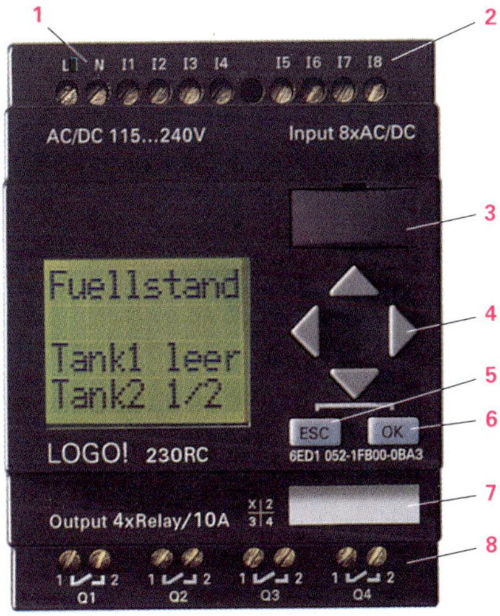

Kleinsteuerung LOGO!

Erklärung

1 Betriebsspannung zwischen L und N
2 Eingänge I1 bis I8
3 EPROM-Speichereinheit
4 Cursor-Tasten
◀ nach links
▶ nach rechts
▲ nach oben
▼ nach unten
5 Steuertaste ESC
6 Steuertaste OK
7 Anzeige-Display
8 Ausgänge Q1 bis Q4

Das Grundgerät gibt es mit Display und Bedienelementen als Logo! und ohne als Pure.Logo! Pure wird verwendet, wenn keine Parameter zu ändern oder keine Informationsmeldungen anzuzeigen sind. Es kann nur mit Software programmiert werden. Programmstart erfolgt mit einer RUN/STOP-Taste auf der Kleinsteuerung.

Daten, Bemerkungen

Betriebsspannung je Typ DC 12 V, 24 V, AC 24 V, AC/DC 115 V bis 240 V.

Zahl der Eingänge 8, davon bei den DC-Typen 2 analog nutzbar.

Zahl der Ausgänge 4.

Je Ausgang ein Relais, mit Dauerstrom $I = 10$ A bei DC 24 V Transistorausgänge mit $I = 0{,}3$ A.

Schaltfrequenz bei ohmscher Last 2 Hz, induktiver Last 0,5 Hz.

Es gibt Erweiterungsmodule für 16 Eingänge und Ausgänge, Analogmodule mit z.B. 2 Eingängen, Kommunikationsmodule für z.B. KNX oder AS-i-Bus.

www.automation.siemens.com/logo

Programmierungsarten

Vorgehen	Erklärung	Bemerkungen
Softwareprogrammierung am PC Programm Logo!Soft Comfort starten → Co → I → Eingangssymbol mit gedrückter linker Maustaste auf Zeichenfläche ziehen. Co → Q → Ausgang auf Zeichenfläche, wie oben. GF → & → Grundfunktion auf Zeichenfläche, wie oben. → Cursor auf Elementanschlüsse, diese mit betätigter linker Maustaste verbinden. → Simulation starten Eingänge I einschalten → Anzeigesymbol Lampe leuchtet bei Funktion. Menü Extras → PC → Logo, Schaltprogramm wird in die Kleinsteuerung übertragen, → ESC → > Start, Programmablauf wird gestartet.	Schaltungen werden als Funktionspläne entworfen. Bei der Softwareprogrammierung kann vom Eingang zum Ausgang programmiert werden. Nichtbenutzte Eingänge müssen mit Pegel lo (low) oder hi (high) verbunden werden. Leiter mit H-Pegel haben rote Farbe. Fertige Schaltung in einem Simulationslauf testen.	Schachtelungstiefe: Beginnend von den Ausgängen Q können je nach Typ des Steuerrelais zwischen 9 Verknüpfungsebenen und 58 Verknüpfungsebenen von digitalen Funktionen programmiert werden. Schaltprogramm über serielle Leitung zur Kleinsteuerung übertragen. Mit ESC → > Start starten.
Handprogrammierung ESC ▶ > Program.. / PC/Card.. / Clock / Start — OK ▶ > Edit Prg / Prg Name / Clear Prg / Password — ▶ Q1 OK … ESC ▶ > Start Programmablauf wird gestartet. Bei laufendem Programm wird Zeit und Datum angezeigt. Programmänderung ESC ▶ > STOP / Set Param / Set Clock / Prg Name — OK ▶ > Program.. / PC/Card.. / Clock / Start (weiter wie oben) ESC ▶ > Start Programmablauf wird gestartet.	Unprogrammiertes Steuerrelais zeigt den Text: No Program Press ESC Mit ESC Start-Menü anwählen. Mit Cursortasten auf Zeile Program... Mit OK Editor-Menü anwählen. Mit Cursortaste auf Edit Prg. Mit OK Programmeingabe mit Auswahl eines Ausgangs, z.B. Q1, beginnen.	Auswählbare digitale Grundfunktionen: AND Reihenschaltung mit Schließern, OR Parallelschaltung mit Schließern, NOT Inverter, NAND Parallelschaltung von Öffnern, NOR Reihenschaltung mit Öffnern, XOR Wechsler Funktionsblöcke für: Zeitfunktionen, Stromstoß, Selbsthaltung, analoge Signale.

Kleinsteuerungen werden auch Steuerrelais genannt.
> Cursorsymbol auf dem Display der Kleinsteuerung, → nächster Vorgang.

Struktogramme und Programmablaufpläne (PAP)
Structograms and Program Flowcharts

Struktogramm	Bezeichnung, Bedeutung	Programmablaufplan	SCL-Sprachelemente
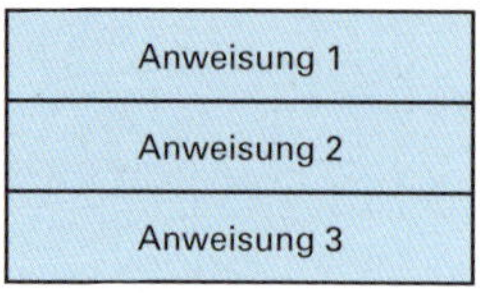	Folgeblock Der Folgeblock kann Wertzuweisungen, Rechenoperationen oder Eingabeanweisungen und Ausgabeanweisungen umfassen.	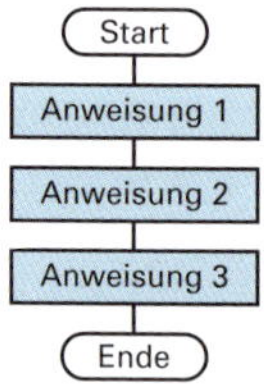	*Anweisung 1;* *Anweisung 2;* *Anweisung 3*

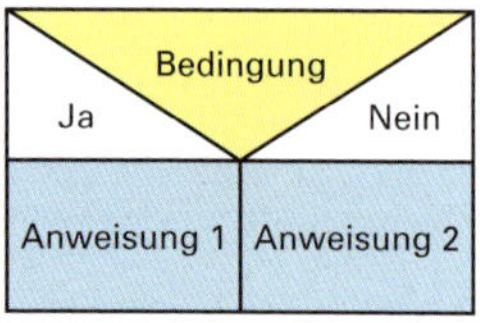	Verzweigungsblock (Auswahlblock), zweiseitig
	Der Verzweigungsblock enthält eine Verzweigung mit den Alternativen ja oder nein. Je nach Bedingung werden die Anweisungen der einen oder der anderen Alternative ausgeführt.
		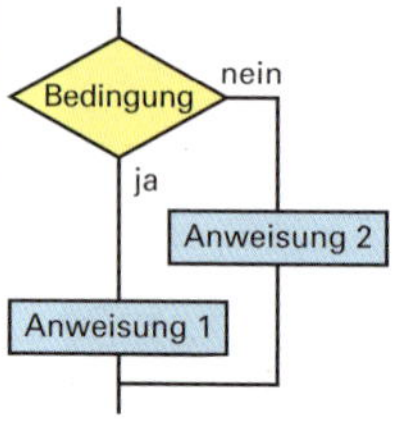	IF *Bedingung* THEN
			Anweisung 1
			ELSE
			Anweisung 2;
			END_IF;

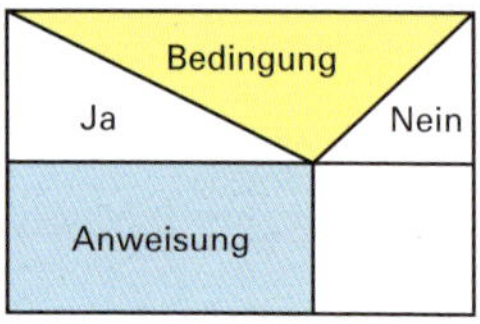	Verzweigungsblock, einseitig Bei diesem Verzweigungsblock enthält nur eine Alternative Anweisungen. Die andere Alternative wird ohne Operation durchlaufen.	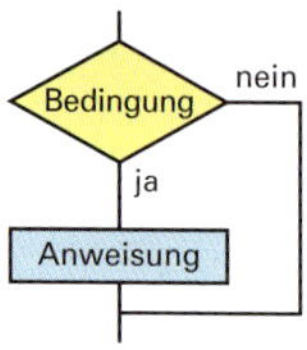	IF *Bedingung* THEN *Anweisung;* END_IF;
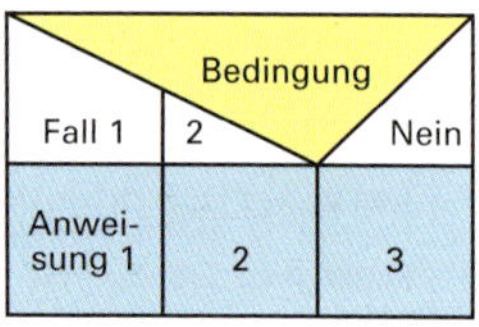	Verzweigungsblock, mehrfach Beim mehrfachen Verzweigungsblock werden in Abhängigkeit einer Bedingung mehrere Alternativen angeboten.	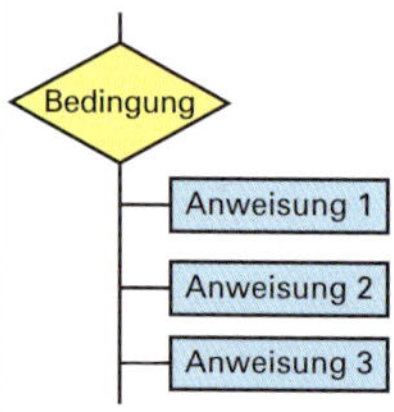	CASE *Ausdruck* OF 1: *Anweisung 1;* 2: *Anweisung 2;* ELSE *Anweisung 3* END_CASE;
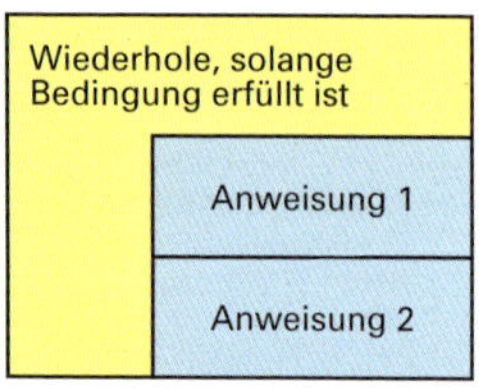	Wiederholungsblock mit Anfangsbedingung Die Anweisungen dieses Blockes werden wiederholt, solange die Bedingung erfüllt ist. Die Bedingung wird am Anfang der Schleife geprüft.	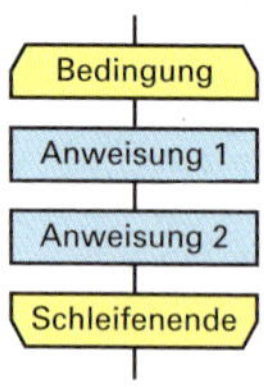	WHILE *Bedingung* DO *Anweisung 1;* *Anweisung 2* END_WHILE;
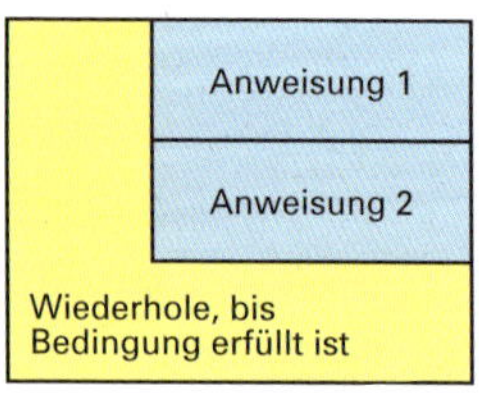	Wiederholungsblock mit Endebedingung Die Anweisungen dieses Blockes werden wiederholt, bis die Bedingung erfüllt ist. Die Bedingung wird erst am Ende der Schleife geprüft.	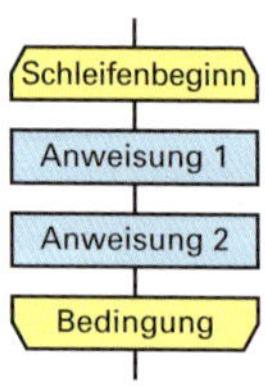	REPEAT *Anweisung 1;* *Anweisung 2* UNTIL *Bedingung;* END_REPEAT;

Die Farben sind nicht Bestandteil der Sinnbilder, sie dienen hier nur zur Hervorhebung.
SCL von structured control language = strukturierte Steuerungssprache.

Speicherprogrammierbare Steuerung SPS Programmable Logic Control PLC

Aufbau, Vorgang

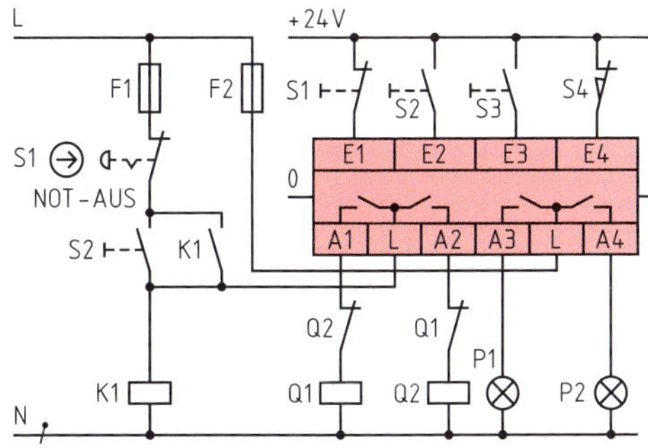

Anschluss an das 230-V-Netz

Begriffe	Erklärung
Maßnahme zur Drahtbruchsicherheit	Schließer erzeugen externe EIN-Signale und Öffner externe AUS-Signale.
Maßnahme zur Erdschlusssicherheit	Die AUS-Signale müssen von Öffnern erzeugt werden. Bei Erdschluss wird der Steuerstromkreis von einer Überstrom-Schutzeinrichtung abgeschaltet.
NOT-AUS-Schaltung	Die NOT-AUS-Einrichtung muss ein mechanischer Schalter sein. Das gilt nicht bei speziellen Sicherheits-SPS.
Verriegelung	Schütze werden z. B. durch gegenseitige Öffner in ihren Steuerstromkreisen verriegelt.

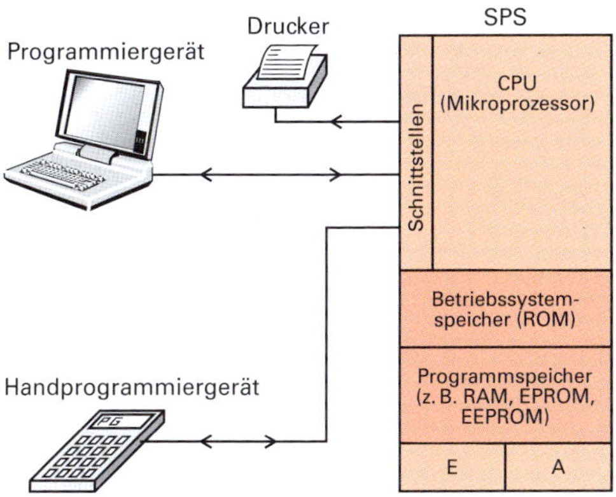

SPS-Baugruppen und periphere Geräte

Begriffe	Erklärung
Anwenderprogramm	SPS-Programm zur Lösung der Aufgabenstellung.
Ausgabeeinheit A	Verbindet die Steuersignale mit den Stellgliedern, z. B. mit Schützen.
AWL	Anweisungsliste, enthält die einzelnen Programmbefehle.
Eingabeeinheit E	Verbindet die SPS mit den verschiedenen Signalgebern.
Handhabungsbefehle (Handling-Befehle)	Steuern die SPS. Sie werden ohne Zeilennummern eingegeben.
KOP	Kontaktplan ähnelt dem Stromlaufplan.
FUP	Funktionsplan verwendet Symbole der Digitaltechnik.
Merker	Entspricht einem Hilfsschütz, ist ein RAM.

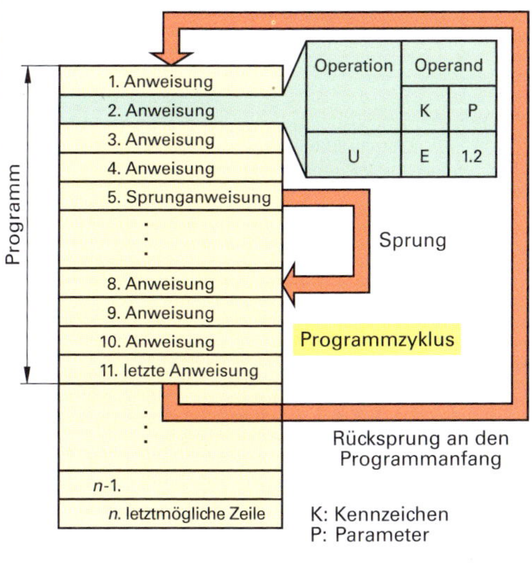

Programmabarbeitung

Begriffe	Erklärung
FBS	Funktionsbausteinsprache
Programmiergerät	Meist Notebook/Laptop mit Software für KOP, FUP, AWL, SCL, GRAFCET und Simulation.
Operandenteil	Kennzeichnet Eingänge, Ausgänge, Merker, Zeitglieder und Adressen.
Operationsteil	Legt Signalverarbeitung und Programmorganisation fest.
SCL	Structured Control Language oder ST strukturierter Text.
GRAFCET	Programmablauf dargestellt als spezieller Funktionsplan nach GRAFCET.
Steueranweisung	Besteht aus Operationsteil und Operandenteil.
Zähler	Funktionsbaustein, oft eigener Geräte-Einschub.
Zeitstufe	Erzeugt Verzögerungszeit, z. B. Einschalt- oder Ausschaltverzögerung.
Zykluszeit	Zeit für einen Durchlauf des Anwenderprogrammes, z. B. 2 ms bis 10 ms.

Signalkopplungen für SPS und Mikrocomputer
Signal Coupling for PLC and Microcomputer

<table>
<tr><th>Schaltung</th><th>Erklärung, Anwendung</th><th>Daten (Beispiele)</th></tr>
<tr><td>
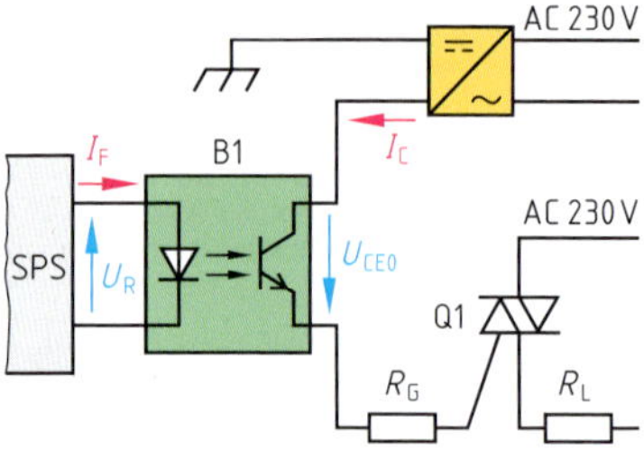

Optokoppler</td><td>Optokoppler mit IRED (Infrarot emittierende Diode) und Fototransistor oder Fotothyristor trennen galvanisch den Steuerkreis vom Lastkreis, auch bei unterschiedlichen Versorgungsspannungen.

Der Fototransistor benötigt eine Betriebsspannung U_b.</td><td>IRED:
Vorwärtsstrom I_F = 60 mA
Sperrspannung U_R = 5 V
Fototransistor:
I_C = 100 mA, U_{CE0} = 30 V
Stromübertragungsverhältnis
$I_C / I_F \geq 0{,}5$ bei I_F = 10 mA
U_{Ip} = 8 000 V</td></tr>
<tr><td>
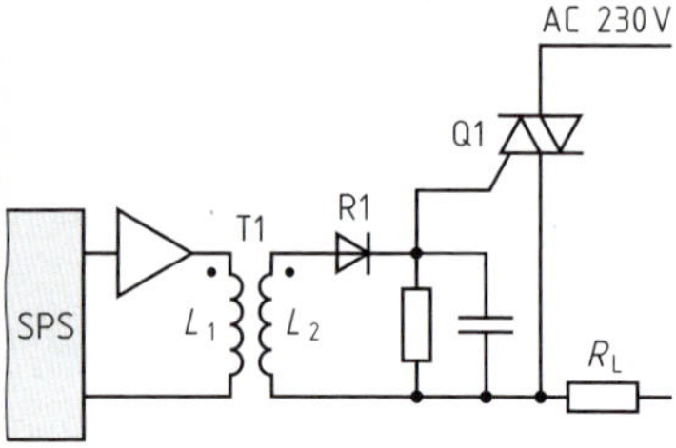

Zündübertrager</td><td>Ein Schaltspannungsverstärker sorgt für eine genügend große Zündspannung am Gate des Triac. Seine Betriebsspannung U_b kann z.B. die SPS liefern.

Zündübertrager werden für die Ansteuerung von Thyristoren und Triacs für die galvanische Trennung von Steuerkreis und Lastkreis verwendet.</td><td>Übersetzungsverhältnis des Übertragers T1 $ü$ = 1 : 1
Maximal zulässige Dauerspannungen zwischen den Wicklungen U_{Is} = 400 V, U_p = AC 3,1 kV.
Induktivitäten
L_1 = 150 mH, $L_{2\sigma}$ = 400 µH
Mindestwert der Spannungszeitfläche $\int u\,dt$ = 2 000 µVs</td></tr>
<tr><td>
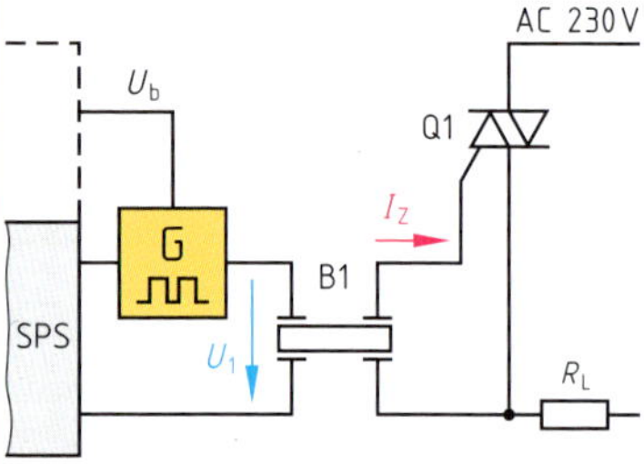

Piezo-Zündkoppler</td><td>Die elektrischen Impulse des Impulsgenerators werden im Piezo-Keramikmaterial in mechanische Schwingungen umgesetzt und anschließend wieder in eine Spannung zurückverwandelt. Piezo-Zündkoppler verwendet man zur Ansteuerung von IGBTs bzw. Thyristoren und Triacs. Dabei sind Steuerkreis und Lastkreis galvanisch getrennt.</td><td>Stromübersetzungsverhältnis $ü > 1:1$
I_Z = 100 mA
Betriebsspannung $\hat{\check{u}}_1$ = 4 V
Betriebsfrequenz f = 92 kHz
P_{max} = 1,5 W bei 120 °C
U_{Ip} = DC 4 kV
R_{Is} = 10 GΩ</td></tr>
<tr><td>
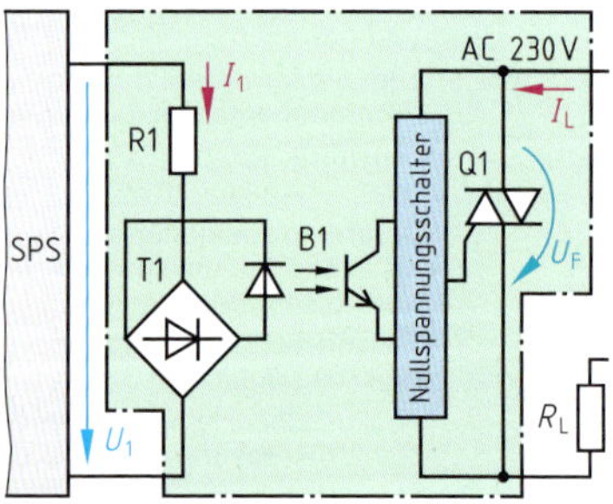

Elektronisches Lastrelais</td><td>Eine IRED steuert den Ausgangskreis mit einem Triac über einen Fotoempfänger und einen Nullspannungsschalter an.

Anwendung: als Schalter für Wechselstrom und als Treiber für IGBTs bzw. Leistungsthyristoren und Triacs. Nullspannungsschalter schalten beim Nulldurchgang die Spannung. Sie werden in Schaltungen für Wechselstromsteller verwendet.</td><td>Kriechstrecke ≥ 8,2 mm
Rückwärtsspannung
$U_R \geq$ 600 V
Vorwärtsstrom I_F = 0,3 A
S = 66 VA
$U_1 \leq$ DC 6 V
$I_F \leq$ 2 mA
U_{Ip} = DC 5 300 V
Zulässige Stromsteilheit $di/dt \leq$ 10 A / µs
Zulässige Spannungssteilheit $du/dt \leq$ 10 kV / µs
Keine RC-Beschaltung notwendig.
www.phoenix-contact.de</td></tr>
</table>

I_C Kollektorstrom, I_F Vorwärtsstrom, I_Z Zündstrom, L_1, L_2 Induktivitäten, $L_{2\sigma}$ Streuinduktivität von L_2, P_{max} höchstzulässige Verlustleistung, S Schaltleistung, R_G Gatewiderstand, R_{Is} Isolationswiderstand, R_L Lastwiderstand, U_{CE0} Kollektor-Emitter-Leerlaufspannung, U_1 Eingangsspannung, U_{Is} höchstzulässige Isolationsspannung, U_{Ip} höchstzulässige Isolationsprüfspannung, U_P Prüfspannung zwischen Eingangswicklung und Ausgangswicklung.

Steueranweisungen für SPS 1 Control Instructions for PLC 1

Funktion, Funktionsgleichung	Funktionsplan (FUP)	Kontaktplan (KOP), Erklärungen	Anweisungsliste (AWL)
UND $y_A = e_{01} \wedge e_{02}$	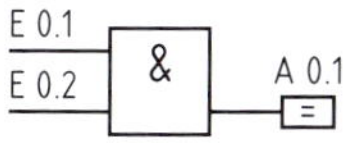	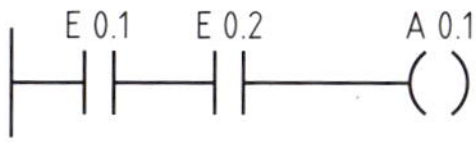	U E 0.1 U E 0.2 = A 0.1
ODER $y_A = e_{01} \vee e_{02}$	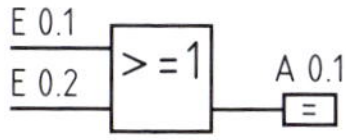	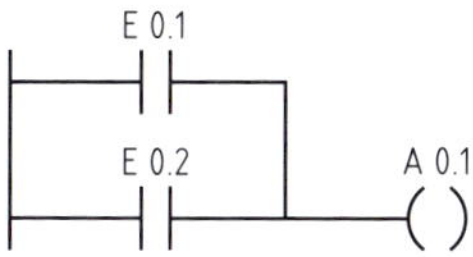	O E 0.1 O E 0.2 = A 0.1
NICHT $y_A = \bar{e}_{01}$	Eingang 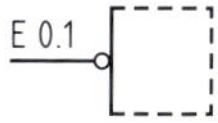 Ausgang 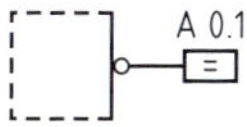	 	UN E 0.1 .. ... = A 0.1 Invertierung des Ausgangssignals: .. ... UN A 0.1 .. ...
Exklusiv-ODER (Antivalenz, XOR) $y_A = (e_{01} \wedge \bar{e}_{02}) \vee (\bar{e}_{01} \wedge e_{02})$	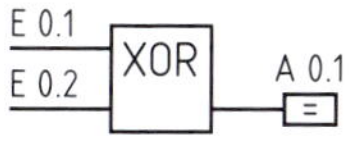	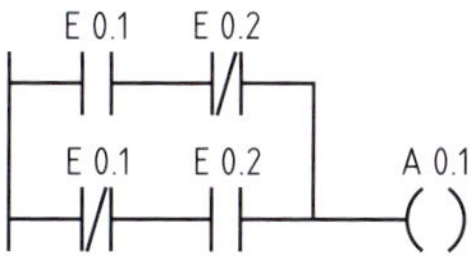	U E 0.1 UN E 0.2 O UN E 0.1 U E 0.2 = A 0.1
Exklusiv-NOR (Äquivalenz, XNOR) $y_A = (e_{01} \wedge e_{02}) \vee (\bar{e}_{01} \wedge \bar{e}_{02})$	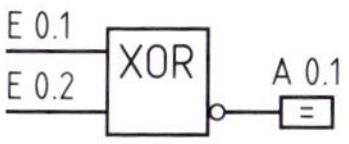	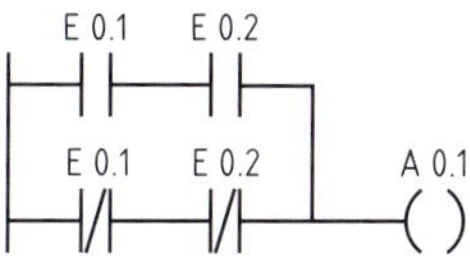	U E 0.1 U E 0.2 O UN E 0.1 UN E 0.2 = A 0.1
Zuweisung (einfache und mehrfache Zuweisung)	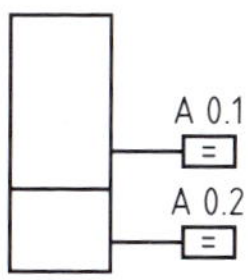	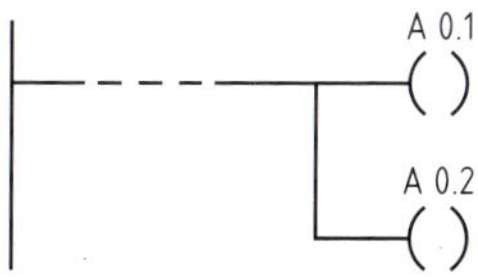	.. .. = A 0.1 = A 0.2
Programmieren mit Speicher: Dominierendes (vorrangiges) Setzen	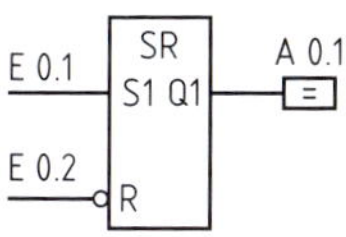	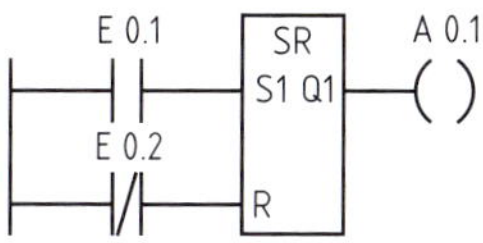	UN E 0.2 R A 0.1 U E 0.1 S A 0.1 . ...
Dominierendes (vorrangiges) Rücksetzen	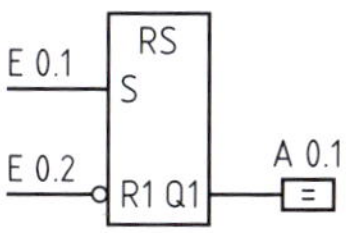	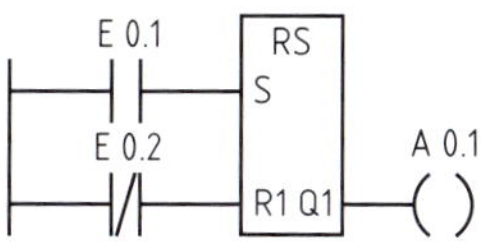	U E 0.1 S A 0.1 UN E 0.2 R A 0.1 . ...

Bei Siemens-SPS S7 sind die Namen frei zuordenbar, z. B. statt E 0.1 kann „Lampe 1“ verwendet werden.

Steueranweisungen für SPS 2 Control Instructions for PLC 2

Funktionen, Zähler

Funktion	Funktionsplan (FUP)	Kontaktplan (KOP)	Anweisungsliste (AWL)
Addieren	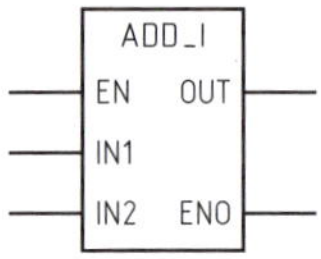	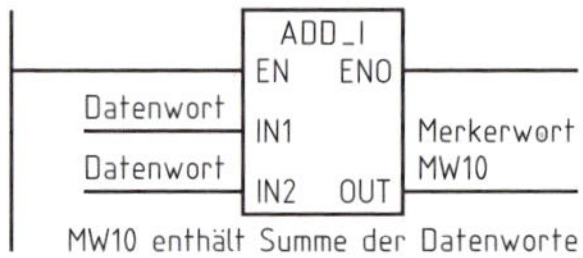	L 50 L 20 +I T MW10 NOP 0
Multiplizieren	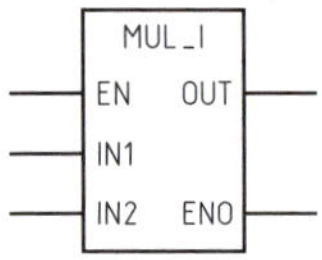	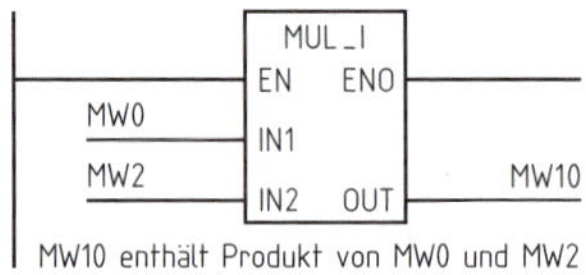	L MW0 L MW2 *I T MW 10 NOP 0
Zählen (Vorwärts-zählen mit Rücksetzen)	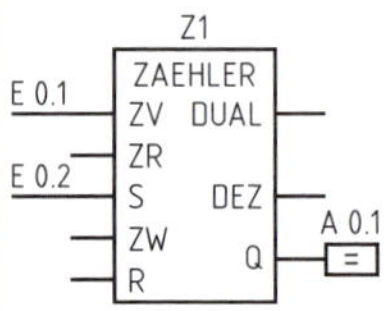	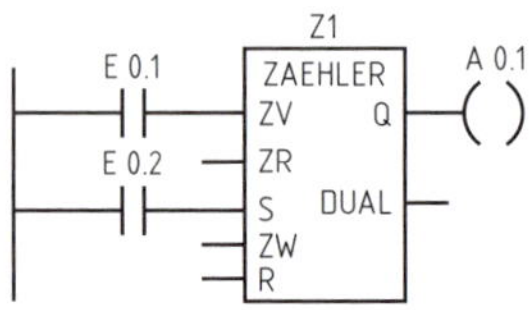	U E 0.1 ZV Z 1 U E 0.1 L K 2020 S Z 1 U Z 1 = A 0.1
Vergleichen	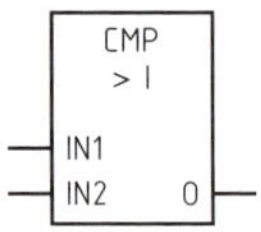	Es werden 6 Vergleichsarten unterschieden: > größer > = größer gleich < kleiner < = kleiner gleich != gleich < >, > < ungleich	U(L E 0.1 L E 0.2 >F) = A 0.1

Steueranweisungen (D Deutsch, E Englisch nach DIN EN 61131-3)

E	D	Bedeutung, Übersetzung, Symbol	E	D	Bedeutung, Übersetzung, Symbol
AND	U	AND ≙ UND-Elemente, &	NOP	NOP	No Operation ≙ Leerschritt
ADD	ADD	Addition	NOT	N	NICHT
CTD	ZR	Counter Down ≙ Zähler-Rückwärts	M	M	Memory ≙ Merker
CAL	BA	Call ≙ Bausteinaufruf	O,OUT	A	Output ≙ Ausgang
CMP	CMP	Compare ≙ Vergleichen	OR	O	OR ≙ ODER-Element, /
COS	COS	Kosinusfunktion	P	I	Pulse ≙ Impuls
CTU	ZV	Counter Up ≙ Zähler-Vorwärts	R	R	Reset ≙ Rücksetzen
DIV	DIV	Division	RL	RM	Reset Latch ≙ Merker rücksetzen
EM	BE	End of Module ≙ Blockende	S	S	Set ≙ Setzen
EN	EN	Enable ≙ Freigabe	SIN	SIN	Sinusfunktion
EP	PE	End of Program ≙ Programmende			
EQ	GL	Equal ≙ gleich, !=	SL	SM	Set Latch ≙ Merker setzen
GT	GR	Greater than ≙ größer, >	SUB	SUB	Subtraktion
GE	GRG	Greater than or Equal to ≙ größer gleich, > =	T	T	Timer, Zeitglied; TON, TOF
I, IN	E	Input ≙ Eingang	T	T	Transfer, Übertragen nach
			TOF	SA	Setze Ausschaltverzögerung
JMP	SP	Jump ≙ Sprung, unbedingt	TON	SE	Setze Einschaltverzögerung
L, LD	L, LD	Load ≙ Laden, z. B. L A01, !	TP	SI	Setze Impuls
LT	KL	Less than ≙ kleiner, <	SHL	SHL	Shift Left Bits
LE	KLG	Less than or Equal to ≙ kleiner gleich, < =	SHR	SHR	Shift Right Bits
			:=	=	Zuweisung, =
MUL	MUL	Multiplikation	(...)	(...)	Klammern, (...)
			...	"..."	Kommentarbegrenzung, "..."

Programmbeispiele für SPS Program Examples for PLC

Stromlaufplan	Funktionsplan (FUP)	Kontaktplan (KOP)	Anweisungsliste (AWL)
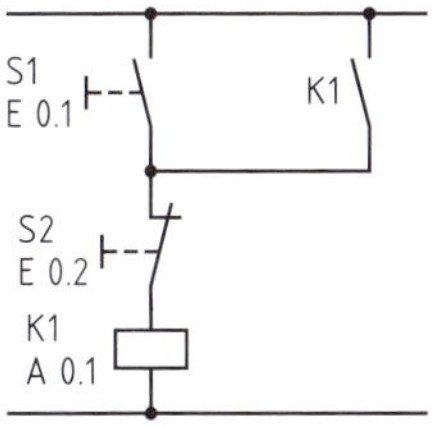 **Selbsthaltung mit dominierendem Rücksetzen**	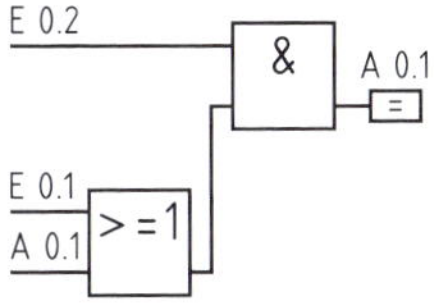	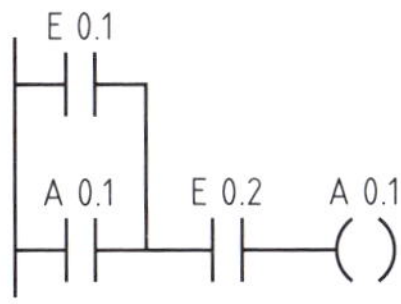	U(U E 0.1 O A 0.1) U E 0.2 = A 0.1
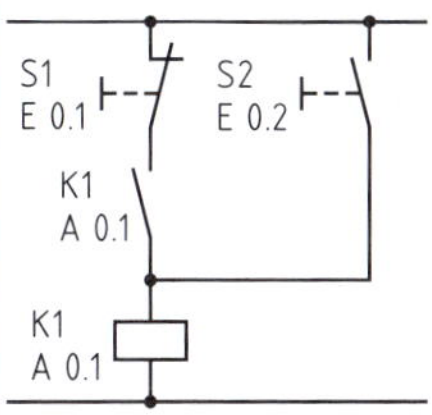 **Selbsthaltung mit dominierendem Setzen**	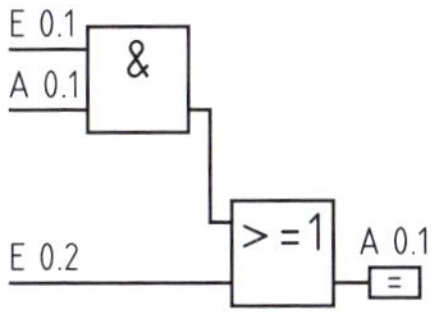	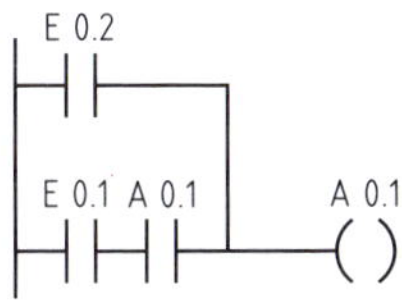	U E 0.1 U A 0.1 O E 0.2 = A 0.1
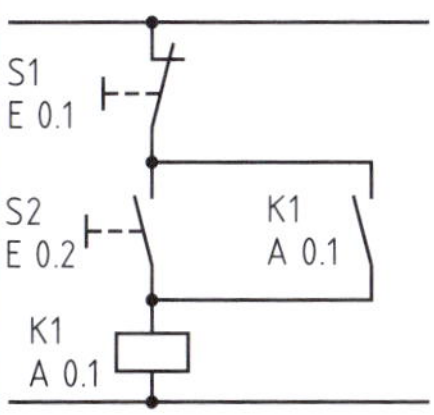 **RS-Speicher, Rücksetzen dominierend**	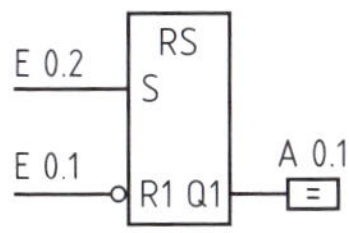	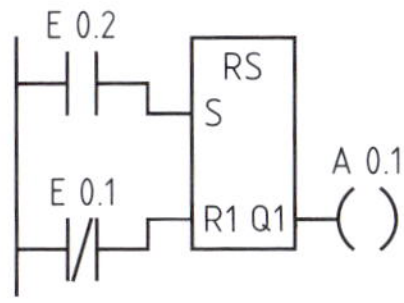	U E 0.2 S A 0.1 UN E 0.1 R A 0.1
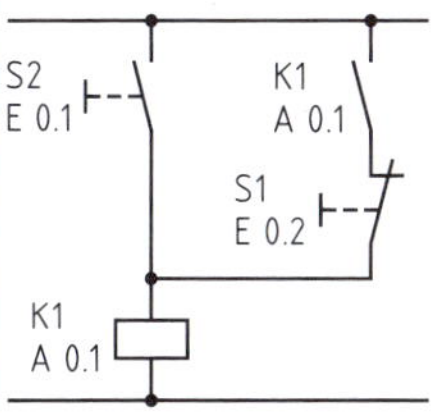 **RS-Speicher, Setzen dominierend**	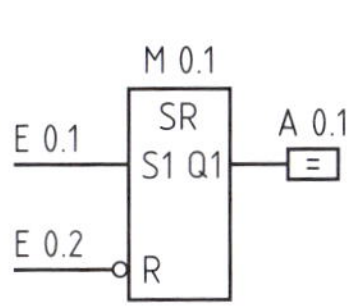	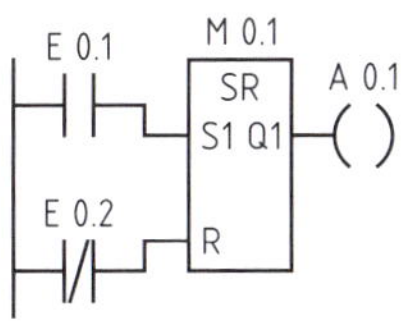	UN E 0.2 R M 0.1 U E 0.1 S M 0.1 U M 0.1 = A 0.1
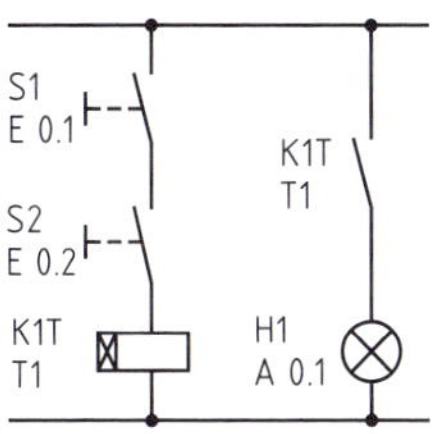 **Einschaltverzögerung**	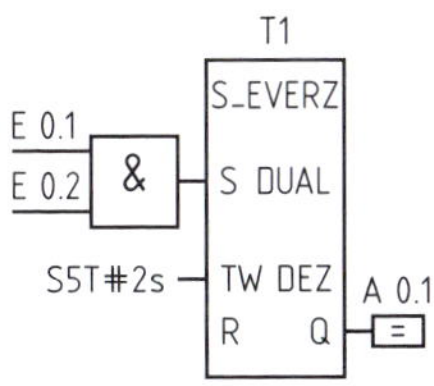	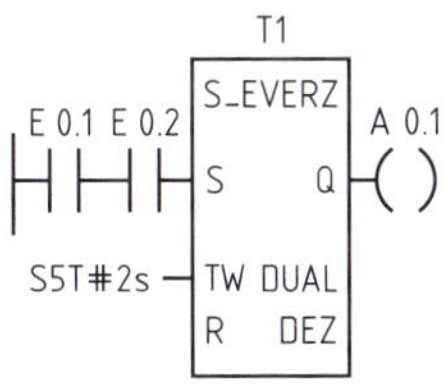	U E 0.1 U E 0.2 L S5T#2s SE T1 U T1 = A 0.1

Zähler und Zeitglieder in SPS Counters and Timers in PLC

Funktion	Funktionsplan	Anweisungsliste	Bemerkungen
Vorwärtszähler mit Startwert 20	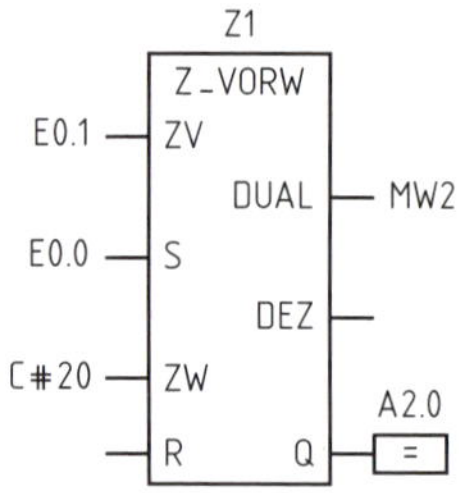	L C#20 U E 0.0 S Z 1 U E 0.1 ZV Z 1 U Z 1 = A 2.0 L Z 1 T MW 2	Der Vorwärtszähler Z1 wird mit dem Startwert 20 geladen, wenn E 0.0 von 0 auf 1 wechselt. Wechselt der Signalzustand an E 0.1 von 0 auf 1, wird der Zähler Z1 um 1 erhöht. A 2.0 ist 1, wenn der Zählerwert ungleich Null ist. Mit L Z1 wird der Zählerwert dualcodiert in den Akkumulator geladen, dann ins Merkerwort 2, mit LC Z1 ist BCD-codiertes Auslesen möglich. www.siemens.com
Rückwärtszähler von 10 bis 0	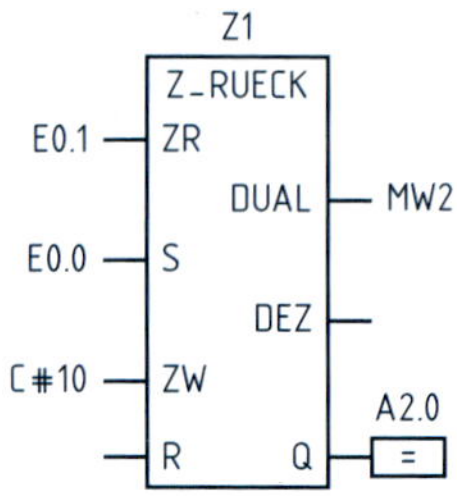	L C#10 U E 0.0 S Z 1 U E 0.1 ZR Z 1 U Z 1 = A 2.0 L Z1 T MW 2	Der Rückwärtszähler Z1 wird mit dem Startwert 10 geladen, wenn E 0.0 von 0 auf 1 wechselt. Wechselt der Signalzustand an E 0.1 von 0 auf 1, wird der Zählerwert um 1 erniedrigt. A 2.0 ist 1, wenn der Zählerwert ungleich Null ist. Mit L Z1 wird der Zählerwert dualcodiert in den Akkumulator geladen, mit LC Z1 BCD-codiert.
Einschaltverzögerung mit Zeitwert 100 ms	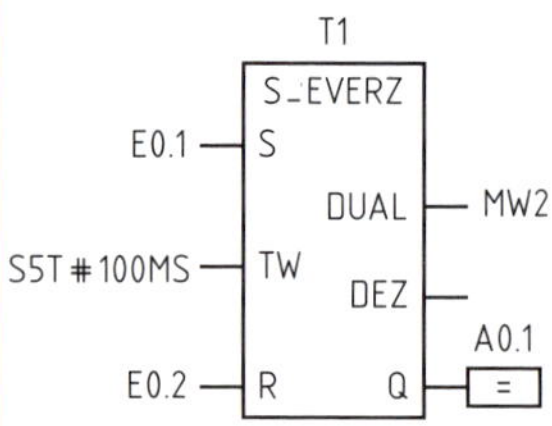	U E 0.1 L S5T#100MS SE T 1 U E 0.2 R T 1 U T 1 = A 0.1 L T 1 T MW 2	**Setzen der Einschaltverzögerung** Wechselt der Signalzustand an E 0.1 von 0 nach 1, wird die Zeit im Zeitglied T1 gestartet. Wechselt der Signalzustand an E 0.1 erneut von 0 nach 1 bevor die Zeit abgelaufen ist, wird sie erneut gestartet. Mit SE T1 wird die Einschaltverzögerungsfunktion programmiert. Stunden (H), Minuten (M), Sekunden (S) und Millisekunden (MS) können eingestellt werden, z.B. 3 h, 5 min, 10 s mit L S5T#3H5M10S.
Ausschaltverzögerung mit Zeitwert 10 s	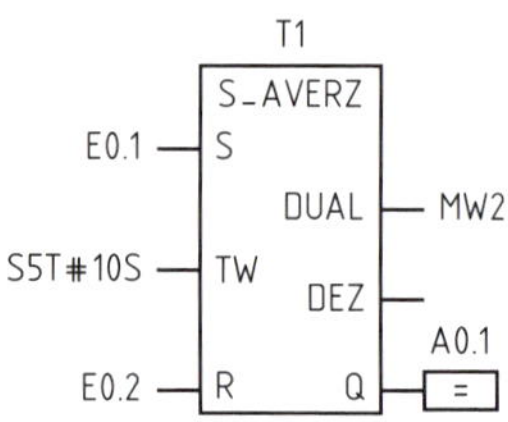	U E 0.1 L S5T#10S SA T 1 U E 0.2 R T 1 U T 1 = A 0.1 LC T 1 T MW 2	**Setzen der Ausschaltverzögerung** Wechselt der Signalzustand an E 0.1 von 1 nach 0, wird die Zeit im Zeitglied T1 gestartet. Mit SA T1 wird die Ausschaltverzögerungsfunktion programmiert. Das Signal an A 0.1 bleibt bis zum Ablauf der Zeit auf 1. Der aktuelle Zeitwert kann über L bzw. LC dualcodiert oder BCD-codiert abgefragt werden.

DEZ	aktueller Wert BCD-codiert	S	Setzen	ZR	Rückwärtszählen
DUAL	aktueller Wert dualcodiert	R	Rücksetzen	ZW	Zählerwert
L	Laden dualer Wert	T	Transferieren, Übertragen	LC	Laden BCD-codiert
MW	Merkerwort (2 Byte)	TW	Zeitwert Voreinstellung	SA	Setze Ausschaltverzögerung
Q	binärer Ausgang	ZV	Vorwärtszählen	SE	Setze Einschaltverzögerung

Programmiersprachen Strukturierter Text ST, Ablaufsprache AS
Programming Structured Control Language SCL, Sequence Language AS

Strukturierter Text für SPS

Anweisungen

Schlüsselwort	Anweisung	Beispiel	Erklärung

IF...THEN...
END_IF
	IF *Bedingung*
	THEN *Anweisung 1*;
	[ELSE *Anweisung 2*;]
	END_IF;
		IF temp<17 THEN
		heizen:=true;
		END_IF;
			Wenn-Dann-Anweisung. Wenn Temperatur kleiner als 17 °C ist, Ausgang heizen ansteuern.

CASE...OF... END_CASE	CASE *Var* OF *Wert 1: Anweisung 1*; *Wert n: Anweisung n*; [ELSE *Anweisung*;] END_CASE;	CASE wert OF 1: ausg1:= true; ausg2:= true; 2: ausg3:= true; END_CASE;	Anweisung für Fallunterscheidungen. Ist wert = 1, Variablen ausg1, ausg2 setzen. Bei wert = 2 ausg3 setzen.

FOR...TO...
END_FOR
	FOR *Zählervar*:= *Startwert* TO *Endwert* [BY *Schrittweite*] DO *Anweisungen*; END_FOR;	FOR i:= 1 TO 10 DO
		ausg[i]:= true;
		END_FOR;
			Zählschleife. Vom Feld ausg[i] werden die ersten 10 Elemente mit dem Wert true belegt.

WHILE...DO...
END_WHILE
	WHILE *Bedingung* DO *Anweisungen*; END_WHILE;	WHILE eing1 DO
		sum:= sum + 1;
		END_WHILE;
			Schleife mit Bedingungsprüfung am Anfang. Solange eing1 true ist, wird sum hochgezählt.

REPEAT...
UNTIL...
END_REPEAT
	REPEAT *Anweisungen*;
	UNTIL *Bedingung*
	END_REPEAT;
		REPEAT
		sum:= sum + 1;
		UNTIL eing1:=false
		END_REPEAT;
			Schleife mit Bedingungsprüfung am Ende. sum wird hochgezählt bis eing1 false ist.

Operatoren

Schlüsselwort	Erklärung	Beispiel	Bemerkung

AND
OR
XOR
NOT
	UND
	ODER
	Exklusiv ODER
	Negation
		a:= b AND c;
		a:= b OR c;
		a:= b XOR c;
		a:= b NOT b;
			UND wirkt auf jedes Bit.
			ODER wirkt auf jedes Bit.
			XOR wirkt auf jedes Bit.
			NOT wirkt auf jedes Bit.

+, –, *, /
**
MOD
	Grundrechenarten
	Potenzieren
	Modulofunktion
		a:= b+3*4;
		a:= b**2;
		a:= b MOD 2;
			$a = b+12$
			$a = b^2$
			Restermittlung bei Division

<, > <=, >= =, <>	kleiner, größer kleiner gleich, größer gleich gleich, ungleich	IF a > b THEN... IF a >= c THEN... IF a <> b THEN	Wenn $a > b$ dann ... Wenn $a \geq c$ dann ... Wenn $a \neq b$ dann ...

Ablaufsprache AS für SPS

Beschreibung

Die Ablaufsprache wird zur Strukturierung eines Programmes in Schritte (S) bzw. Aktionen eingesetzt, die über Weiterschaltbedingungen (Transitionen, T) verknüpft sind. Jede Aktion und jede Transition muss entweder in AWL, KOP, FUP oder ST geschrieben sein.
Aktionen sind SPS-Programmteile. Zum nächsten Schritt bzw. zur nächsten Aktion wird weitergeschaltet, wenn z. B. eine Variable > 0.
Parallelzweige hängen an einer gemeinsamen Transition. An der Stelle, an der die Parallelzweige zusammenkommen, wird gewartet, bis die Aktion des letzten Schrittes abgearbeitet worden ist. *Alternativzweige* besitzen jeweils an ihrem Eingang eine eigene Transition. Es ist immer nur ein Zweig in Bearbeitung.

Parallelverzweigung

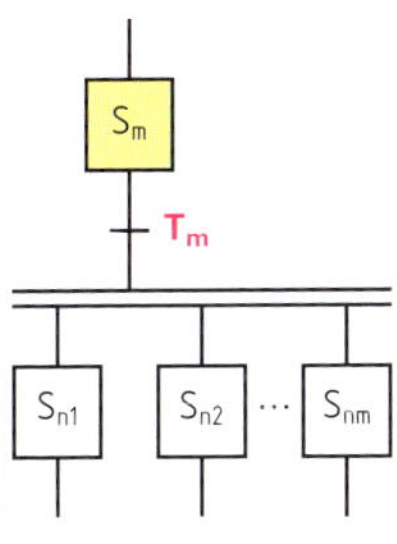

Alternativverzweigung

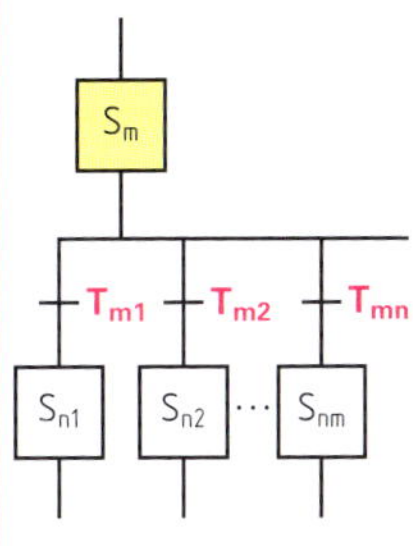

[] in Spalte Anweisung: optional, wahlweise bei Bedarf. Variable sind je nach Datentyp mit INT, REAL, BOOL, BYTE, STRING, DATE oder TIME zu vereinbaren.

Programmstruktur für SPS S7 Program Structure for PLC S7

Programmelement	Erklärung	Bemerkungen
Organisationsbausteine OB OB 1	Organisationsbausteine werden vom SPS-Betriebssystem aufgerufen. Mit ihnen wird die zyklische Programmbearbeitung gesteuert, ferner die Alarmbehandlung. Das Anwenderprogramm besteht aus dem OB 1 und meist noch anderen Programmelementen (Bild). Der OB 1 wird zyklisch vom Betriebssystem aufgerufen und abgearbeitet und nur von alarmbehandelnden OB unterbrochen. www.siemens.com	Unterschieden werden neben dem zyklischen OB 1, Uhrzeitalarme, Verzögerungsalarme, Weckalarme, Prozessalarme, Fehleralarme (z.B. Zeitfehler, Stromversorgungsfehler, CPU-Hardwarefehler) oder Hintergrundzyklus. Dieser besitzt die niederste Priorität bzgl. dem Unterbrechen anderer OB. Die Prioritäten sind vorgegeben. Von manchen OB können sie verändert werden. Daneben gibt es noch OB für Neustart (OB 100) und Wiederanlauf (OB 101). Die Anlauf-OB werden z.B. nach Netz-EIN vom SPS-Betriebssystem gestartet.
Funktionsbausteine FB	FB besitzen zugeordnete Datenbausteine (DB) zur Speicherung von Daten (Instanz-Datenbausteine). Ein FB kann auch auf verschiedene DB zugreifen.	FB können wiederum FB oder FC, SFB, SFC aufrufen. Anwendung für Programmabläufe. FB werden vom SPS-Hersteller erworben oder vom Anwender programmiert.
Funktionen FC	Der Aufruf erfolgt in anderen Programmelementen (Bausteinen). Während dem Programmlauf erzeugte Daten gehen nach dem Programmlauf verloren. Zur Speicherung von Daten muss auf globale Datenbausteine zugegriffen werden.	Anwendung für Steuerungsprogramm und z.B. für mathematische Funktionen (Radizieren = Wurzelziehen, Quadrieren, Logarithmieren, trigonometrische Funktionen). FC werden vom SPS-Hersteller erworben oder vom Anwender programmiert.
Datenbausteine DB	DB dienen zur Speicherung von Daten, mit denen das Anwenderprogramm arbeitet. Auf DB können OB, FB und FC zugreifen. Unterschieden werden Instanz-Datenbausteine und globale Datenbausteine.	In den Instanz-Datenbaustein sind die aktuellen Parameterwerte und statischen Daten der zugeordneten FB gespeichert. Einem FB können mehrere Instanz-DB zugeordnet sein. Auf globale DB können alle OB, FB und FC zugreifen.
Systemfunktionsbausteine SFB	SFB sind Teil des SPS-Betriebssystems. Sie werden vom Hersteller mitgeliefert und können vom Anwenderprogramm aus aufgerufen werden. Für SFB müssen mit dem Anwenderprogramm zugeordnete Instanz-Datenbausteine angelegt werden.	SFB gibt es z.B. zum Datenaustausch mit externen Geräten, zum Betreiben externer Geräte (Remotebetrieb).
Systemfunktionen SFC	SFC sind ebenfalls Teil des SPS-Betriebssystems.	SFC gibt es z.B. zum Kopieren von Daten, zum Übertragen von Daten von und zu Signalbaugruppen, zum Meldungserzeugen, zum Verändern von Baugruppenparametern, zum Aktualisieren von Uhrzeiten.
Systemdatenbausteine SDB	SDB werden nur vom SPS-Betriebssystem ausgewertet. In SDB sind z.B. Zuordnungslisten bzgl. Peripheriegeräten und Schnittstellen sowie Parameterlisten von Baugruppen mit ihren Voreinstellwerten (Defaultwerten) gespeichert.	Jede CPU besitzt eigene SDB. Beim Speichern veränderter Voreinstellwerte werden SDB erzeugt, auf die dann bei Neustart oder Wiederanlauf zugegriffen wird.

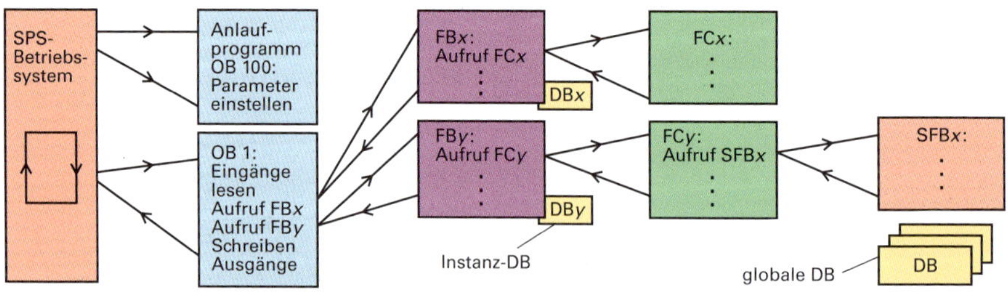

Struktur eines SPS-S7-Programmes

Wortverarbeitung bei SPS Word processing with PLC

Begriff	Erklärung	Bemerkungen, Beispiel
Anwendung		
Aufgabe analoge Werte Sensor AD-Umsetzer Digitalwort	Bei der SPS-Wortverarbeitung geht es darum, auch Werte eines analogen Signales (analoge Werte) in digitaler Form mittels SPS-Programm, z. B. in AWL, FUP, so zu verarbeiten wie sonstige digitale Werte. Die analogen Werte werden über einen analogen Sensor und einen daran angeschlossenen AD-Umsetzer als Digitalzahlen (Digitalworte) der SPS wortweise zum Einlesen bereitgestellt. Nach entsprechender Verarbeitung kann die SPS Aktionen auslösen, z. B. Ventile ansteuern. www.automation.siemens.com	Beispiel: In einer Steuerschaltung für einen Motor M1 soll eine SPS eine Warnlampe einschalten, sobald M1 eine größere Drehzahl als 2550/min erreicht. Ein Sensor gibt dabei eine drehzahlproportionale Spannung von 3 V für 3000/min ab. Der 16-Bit-AD-Umsetzer überdeckt den Bereich bis 27648 für 5 V (siehe unten). Bei der Drehzahl > 2550/min, d. h. 2,55 V mit Digitalwert 14100, gibt die SPS 1-Signal an ein Lampenschütz über SPS-Ausgang A1.1 aus.
Operanden, Operatoren, Umrechnung analog/digital		
Eingänge	Unterschieden werden Eingangsbyte EB (8 bit) , Eingangswort EW (16 bit), Eingangsdoppelwort ED (32 bit).	EW3 besteht aus den Eingangsbytes EB3 und EB4, also den Eingängen E3.0 bis E3.7 und E4.0 bis E4.7.
Ausgänge	Unterschieden werden Ausgangsbyte AB, Ausgangswort AW, Ausgangsdoppelwort AD.	AW3 enthält die Ausgangsbytes AB3 und AB4 → Ausgänge A3.0 bis A3.7, A4.0 bis A4.7
Merker	Unterschieden werden Merkerbyte MB, Merkerwort MW, Merkerdoppelwort MD.	MW3 → MB3, MB4 → Merkerbits M3.0 bis M3.7 und M4.1 bis M4.7.
Peripherie P	P-Ausgangswort PAW enthält digitalen Wert für analoges Signal. P-Eingangswort PEW enthält digitalen Wert von analogem Signal.	PAW 256 → Ausgabe an Analogausgang 256, DA-Wandlung in Ausgabeeinheit. PEW 256 → gelesen wird vom Analogeingang 256, AD-Wandlung in Eingabeeinheit.

Laden L
Transferieren T, Move
Addition: +I, +D, +R
Subtraktion: -I, -D, -R
Multiplikation: *I, *D, *R
Division: /I, /D, /R
Vergleichen: ==I, ==D,==R
<>, >, <, >=, <=
	Operator L kopiert Wert unter Operandenadresse in Akkumulatorregister (Akku) 1 der CPU (der SPS). Zweiter L-Befehl schiebt Inhalt Akku1 nach Akku 2.
	Mit Operator T wird Wert im Akku 1 der CPU in Operandenadresse kopiert. In FUP, KOP erfolgt dies mit Move-Operator.
	Arithmetische Funktionen bzw. Vergleichsfunktionen wirken auf Inhalte von Akku 1, Akku 2, auf Speicherinhalte, Konstante.
	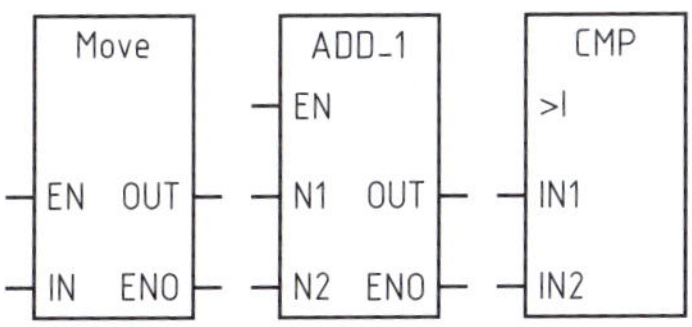
	Operationen Move, Addition, Vergleichen in FUP, KOP
		Es bedeuten: I ganze Zahl 16 bit, D ganze Zahl 32 bit, R reelle Zahl (Gleitpunktzahl).
		L PEW 256 // Drehzahl-Spannungswert // in Akku1 laden
		L 14100 // Akku1 -> Akku2, Maximal- // Spannungswert -> Akku2
		>I // Inhalt Akku2 > Akku1?
		SPB SM1 // wenn ja, springe (bedingt) // zu Sprungmarke SM1
		// Befehle wenn nein
		SM1: // Sprungmarke SM1
		= A1.1 // 1-Signal für Lampenschütz
		// weitere Befehle
		SPS-Programmausschnitt in AWL für o. g. Beispiel

Strom-, Spannungsbereiche

Umrechnungen

10 V	10 mA	20 mA	Digitalwert 16 bit
10,000	10,000	20,000	27648
0,000	0,000	0,000	0
–10,000	–10,000	–20,000	–27648
1 bis 5 V	**0 bis 20 mA**	**4 bis 20 mA**	**Digitalwert 16 bit**
5,000	20,000	20,000	27648
3,000	10,000	12,000	13824
1,000	0,000	4,000	0

Umrechnung analoge ⟷ digitale Werte erfolgt mit Dreisatzrechnung.

27648 bedeuten 15 bit für maximalen Wert, 1 Bit Vorzeichen und Reserve für Über-/Unterlauf.

Berechnung digitaler Wert DW:
DW = (AW – minWert) / (maxWert – minWert) ∗ 27648

Berechnung analoger Wert AW:
AW = DW / 27648 ∗ (maxWert – minWert) + minWert

Dem Variablennamen vorangestelltes #-Zeichen markiert eine lokale Variable, die nur im aktuellen Baustein bekannt ist. Von mit „ ...“ begrenzten Variablennamen bedeuten globale in allen Bausteinen bekannte Variable.

Ablaufsteuerungen mit GRAFCET 1 Sequential Control by GRAFCET 1

Symbol	Beschreibung	Beispiel
	**Anfangsschritt** (Quellschritt, Initialschritt). Das Symbol bedeutet, dass dieser Schritt die Anfangssituation darstellt. Schritte erhalten alphanumerische Kennzeichnungen. Der * in den Symbolen ist durch die jeweilige Schrittnummer zu ersetzen.	
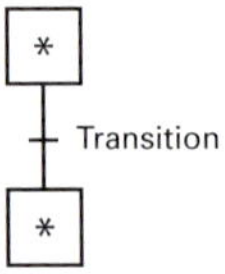	Zwischen zwei Schritten steht eine **Weiterschaltbedingung** (Transition) auf der rechten Seite. Es ist immer nur ein Schritt aktiv. Schritte und Transitionen wechseln sich ab. Kommentare werden in Anführungszeichen angegeben.	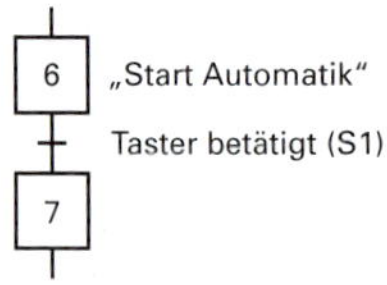
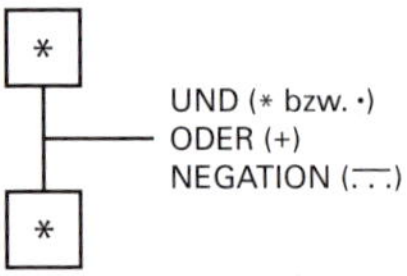	**Transitionsbedingungen** dürfen in Textform, durch grafische Symbole und mithilfe Boole'scher Ausdrücke beschrieben werden. Für Boole'sche Ausdrücke gilt: UND ⇒ ∗, ODER ⇒ +, NEGATION ⇒ $\overline{X}$	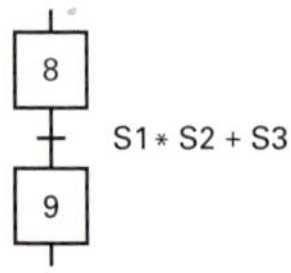
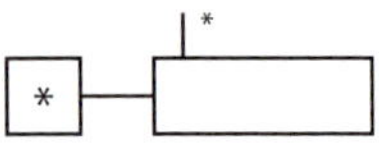	**Aktion mit Zuweisungsbedingung** ist erfüllt, wenn der zugehörige Schritt aktiv und die Zuweisungsbedingung erfüllt ist. Beispiel: Wird der Schritt 5 aktiviert und ist die Zuweisungsbedingung A5 erfüllt, dann wird Schütz K1 aktiv (Wert 1). In allen anderen Fällen ist der Wert „0“.	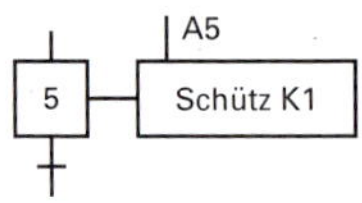
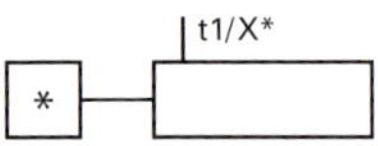	**Zeitliche Transitionen** werden durch eine vorgestellte Zeitangabe beschrieben. Die Transition kann einen Namen erhalten, der links und in Klammern stehen muss. Wird im Beispiel Schritt 15 aktiviert, so wird nach Ablauf von 5 s K1 aktiv.	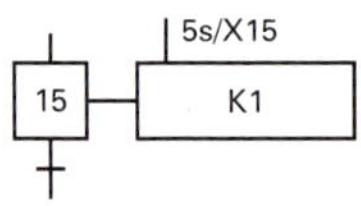
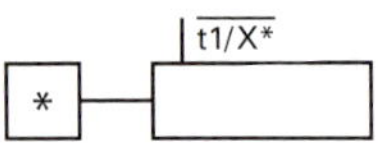	**Zeitbegenzte Aktion** erhält man durch Negation der Bedingung einer zeitverzögerten Aktion. Im Beispiel wird K1 für 5 s nach Aktivierung des Schrittes 15 aktiv.	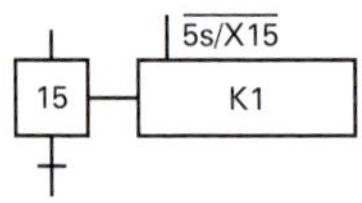
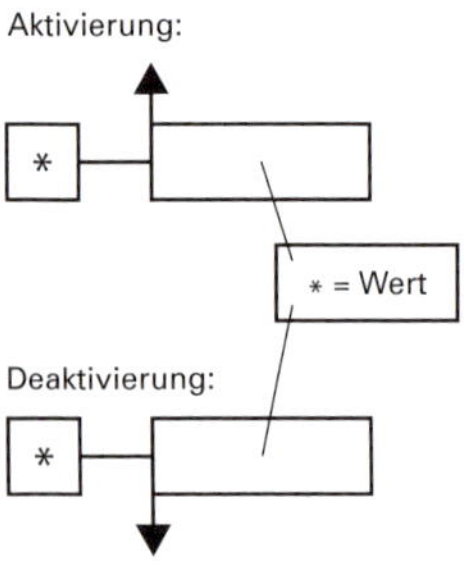	**Speichernde Aktionen** werden zu einem bestimmten Zeitpunkt mit einem Befehl einmal ausgeführt. Ein weiterer Befehl bestimmt die Rücknahme. Man unterscheidet: • Aktion bei Aktivierung des Schrittes, • Aktion bei Deaktivierung des Schrittes. Beispiele: a) Sobald Schritt 10 aktiv wird, wird das Schütz K1 aktiv (Wert 1). Ist Schritt 10 nicht mehr aktiv, so bleibt der Wert 1 aktiv. b) Schütz K1 wird auf 0 gesetzt, wenn Schritt 15 deaktiviert wird.	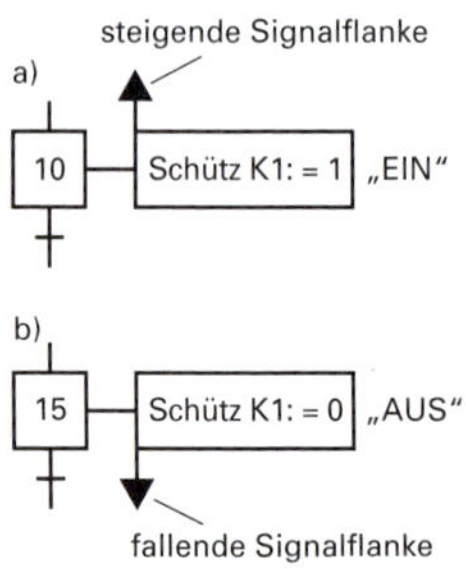

GRAFCET, nach franz. GRAphe Fonctionnel de Commande Étape Transition = Darstellung der Steuerungsfunktion mit Schritten und Weiterschaltbedingungen. Man verwendet GRAFCET für Programmierung und Beschreibung von Ablaufbeschreibungen in der Automatisierungstechnik.

Ablaufsteuerungen mit GRAFCET 2 Sequential Control by GRAFCET 2

Darstellung	Beschreibung
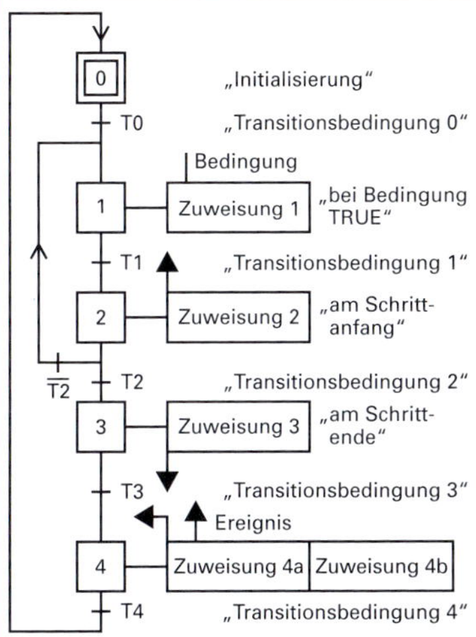	Der GRAFCET startet mit dem ersten Schritt (Initialisierung, doppelt umrahmtes Quadrat). Ist die Transitionsbedingung T0 erfüllt, wird in Schritt 1 die Aktion (Zuweisung 1, hier falls die Bedingung TRUE ist) ausgeführt, solange der Schritt aktiv ist. Soll eine Aktion darüber hinaus wirksam sein, muss die Aktion mit := speichernd markiert werden. Ist T1 erfüllt, wird Schritt 1 deaktiviert und Schritt 2 aktiviert. Dessen Aktion wird wegen des ↑ bei Schrittbeginn ausgeführt. Sprünge und Schleifen sind möglich (hier $\overline{T2}$ nach Schritt 1). Kommentare dürfen im GRAFCET zwischen „" eingetragen werden. In Schritt 3 wird die Aktion (Zuweisung 3) wegen des ↓ erst am Schrittende ausgeführt. Mehrere Aktionen (Zuweisungen 4a und 4b) eines Schrittes werden neben- oder untereinander gezeichnet. ↰ bedeutet, dass die Aktion während eines Ereignisses (hier bei steigender Flanke von Ereignis) ausgeführt wird. Nach Erfüllung von T4 erfolgt ein Rücksprung zum Anfangsschritt. www.grafcet.de
Beispiel 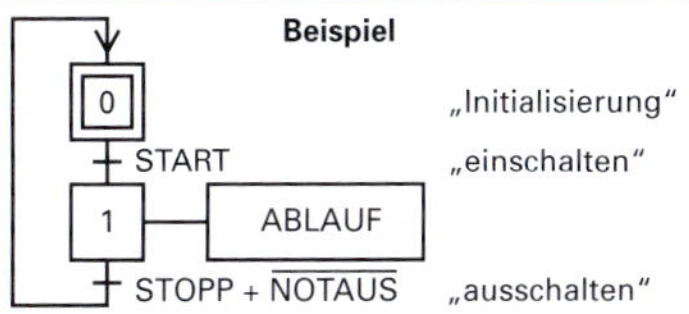	Ist START gleich TRUE, wird Schritt 1 aktiv und setzt ABLAUF auf TRUE. Wird STOPP oder $\overline{\text{NOTAUS}}$ gleich TRUE, wird Schritt 1 deaktiviert und ABLAUF wird wieder FALSE. So steht die Variable ABLAUF weiteren GRAFCETs, z. B. als Ablauf-Bedingung, zur Verfügung.

Operatoren	Beispiele	Beschreibung
+, ∗ bzw. ·	S1+S2, 1B1∗2B1	Logisches ODER (+) UND (∗, ·) es gilt Punkt-vor-Strich,
Überstrich	$\overline{\text{S1}}$·S3	Negation,
:=	1M1:=1	speichernd wirkende Zuweisung (Aktion),
(...)	S1·(S2+$\overline{\text{S3}}$)	Gruppierung logischer Ausdrücke durch Klammern,
/	2s/2M1/5s, $\overline{\text{4s/X8}}$	Zeitverzögerung/Zeitverlängerung, Zeitbegrenzung.

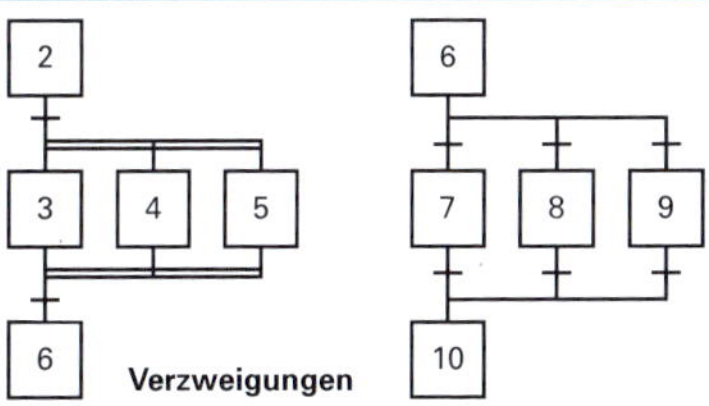

Verzweigungen

Parallele Ablaufkette: alle Teilabläufe laufen gemeinsam ab, sie wird durch Doppelstriche gekennzeichnet. Erst wenn alle Teilabläufe durchlaufen sind, schaltet eine gemeinsame Transition in den nächsten Schritt.

Alternative Ablaufkette: je nach Transitionsbedingungen läuft genau ein Teilablauf ab (gegenseitige Verriegelung).

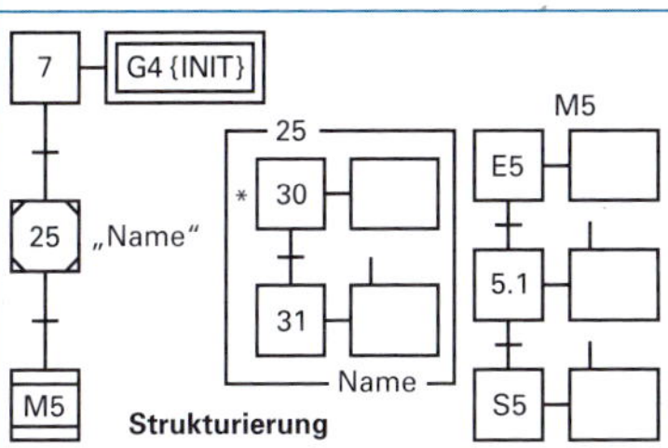

Strukturierung

Hierarchie: Werden GRAFCETs in mehrere Teile aufgeteilt, steuert ein übergeordnetes GRAFCET untergeordnete mit Zwangsbefehlen, erkennbar an der Doppellinie.

Einschließung: Teilabläufe von GRAFCETs können getrennt gezeichnet und in andere GRAFCETs eingeschlossen werden.

Makros dienen zur Strukturierung in Grob-Fein-Ebenen. Makros entsprechen Unterprogrammen und haben einen Einstiegspunkt E und einen Ausstiegspunkt S.

GRAFCET ist nach EN 60848 eine genormte Beschreibungssprache zur Darstellung von Ablaufsteuerungen. Sie ist Nachfolgerin des Funktionsplans (DIN 40719). Die Abläufe sind in Schritte und Transitionen unterteilt. GRAFCET bietet die Möglichkeit, Hierarchien zur exakten Definition von Grob-Fein-Strukturen anzulegen.

Alphanumerische Kennzeichnung der Anschlüsse
Alphanumeric Identification of Connectors

Elektrische Maschinen

Kennzeichen	Bei drehenden Maschinen	Bei Transformatoren	Beispiele
Ziffer vor dem Kennbuchstaben	Unterscheidung gleichartiger Wicklungen, z. B. für verschiedene Drehzahlen.	Unterscheidung von Oberspannung (kleinere Ziffer) und Unterspannung (größere Ziffer).	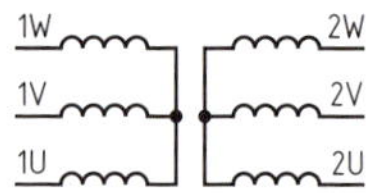
Kennbuchstabe für (Art der Wicklung)	A Ankerwicklung B Wendepolwicklung C Kompensationswicklung D Reihenschluss-Feldwicklung E Nebenschluss-Feldwicklung F Fremderregte Feldwicklung H Hilfswicklung Längsachse J Hilfswicklung Querachse K, L, M } auf der Sekundärseite von Induktionsmaschinen, z. B. Schleifringläufermotoren Z Hilfswicklung Kondensatormotor U, V, W, N wie bei Transformatoren	U Strang 1 V Strang 2 W Strang 3 N Sternpunkt Bei Spannungswandlern entfällt der Kennbuchstabe, z. B. 1.1 Anfang Oberspannung 2.2 Ende Unterspannung Bei Stromwandlern K, L Primärwicklung (K Kraftwerksseite) k, l Sekundärwicklung Bei Drosselspulen wie bei Transformatoren.	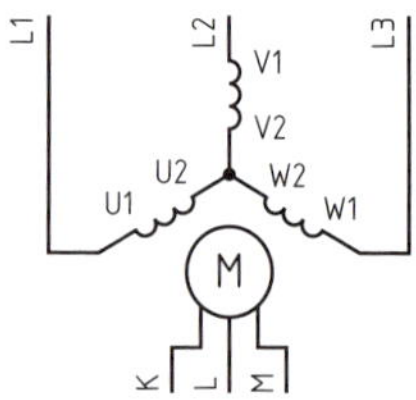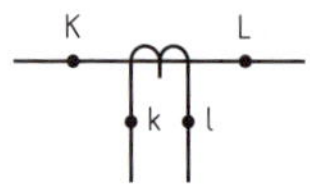
Ziffer nach dem Kennbuchstaben	1 Anfang 2 Ende Weitere Ziffern für Abgriffe zwischen 1 und 2	1 Anschluss an Netzleiter (Anfang) 2 Anschluss an Sternpunkt oder Netzleiter (Ende) Weitere Ziffern für Abgriffe zwischen 1 und 2	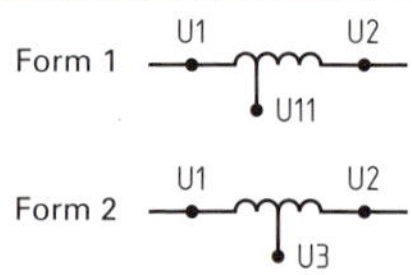

Stromrichtersätze und Stromrichtergeräte

Kennzeichen	Bei Stromrichtersätzen	Bei Stromrichtergeräten	Beispiele
Kennbuchstabe (Art des Anschlusses)	A Anodenseitiger Anschluss K Katodenseitiger Anschluss G Steueranschluss 1 (Gate) H Steueranschluss 2 (Hilfskatode) M Zusammenschaltung zu Gleichstromanschluss	C Gleichstromanschluss (bei Gleichrichterbetrieb auch + zulässig) D Gleichstromanschluss (bei Gleichrichterbetrieb auch – zulässig) U, V, W, N } Wechselstromanschlüsse (entsprechend wie bei Transformatoren)	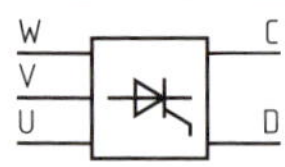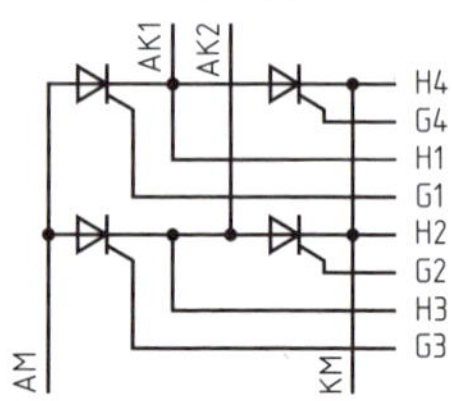
Ziffer nach dem Kennbuchstaben	Reihenfolge der Pulszahl	1 Eingang 2 Ausgang	

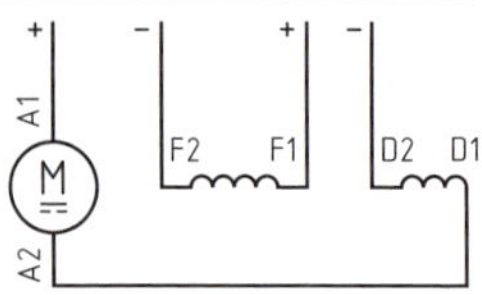

Fremderregter Motor mit Reihenschluss-Hilfswicklung

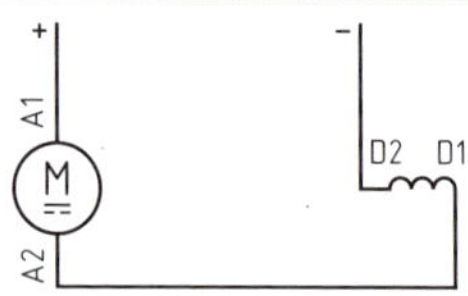

Reihenschlussmotor

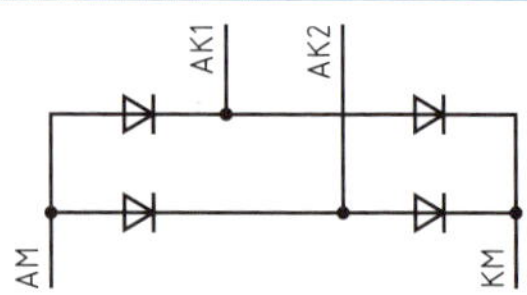

Stromrichter B2U

Bei drehenden Maschinen sind nach VDE 0530-8 alle Wicklungen mit 3 Locken (Halbkreisen) gezeichnet. Nach DIN EN 60617-6 sind es 4 bei Fremderregung, 3 bei Reihenschluss, 2 bei Wendepolen und Kompensation.

Steuerungstechnik Open Loop Control Engineering

Begriff	Beispiel	Bemerkungen
Steuerkette	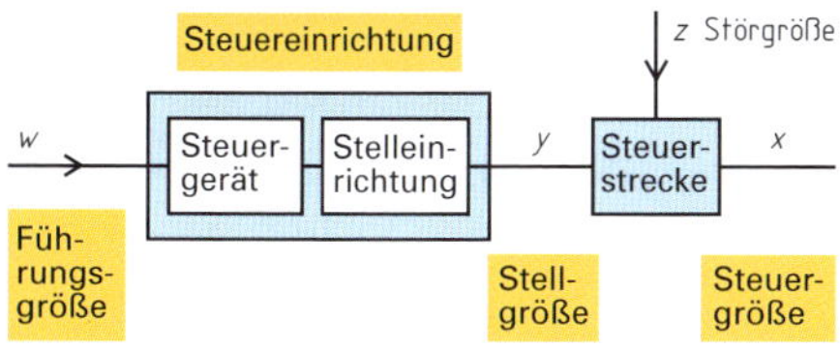 **Offener Wirkungsweg einer Steuerkette**	Die Steuergröße *x*, meist gleichzeitig die Aufgabengröße *x*, soll der Führungsgröße *w* in vorgegebener Abhängigkeit folgen. Die Führungsgröße *w* ist Eingangsgröße der Steuerkette. Die Aufgabengröße *x* wird von der Steuerung beeinflusst. Die Steuerstrecke ist der gemäß Aufgabe zu beeinflussende Teil der Steuerungsanlage. Die Störgröße *z* wirkt auf die Steuerkette von außen in unerwünschter Weise ein.
Führungssteuerung	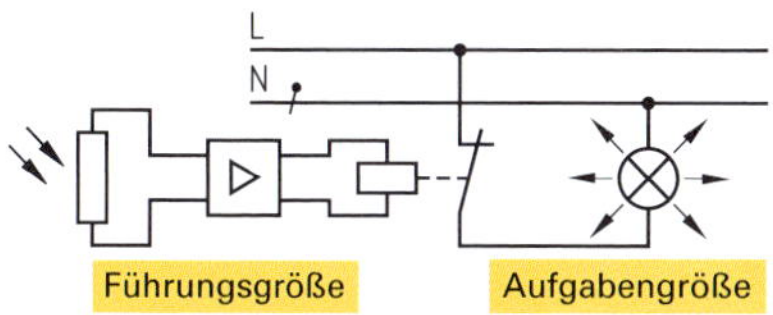 **Dämmerungsschalter**	Bei der Führungssteuerung wird durch Änderung der Führungsgröße die Aufgabengröße unmittelbar geändert. Bei einem Dämmerungsschalter ist die Führungsgröße das Tageslicht, bei einer automatischen Blendensteuerung die Objekthelligkeit.
Haltegliedsteuerung (Verbindungsprogrammierte Steuerung)	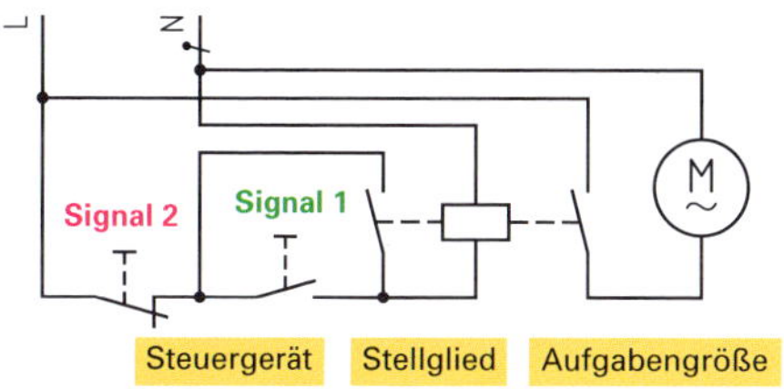 **Motorschützschaltung**	Eine Haltegliedsteuerung ist z.B. eine Schützschaltung mit Selbsthaltekontakt. Das Schütz bleibt auch dann angesteuert, wenn die Führungsgröße nicht mehr wirkt. Die Ausgangslage muss dann durch ein entsprechendes Signal erwirkt werden. Eine Motorschützschaltung besitzt einen Taster für EIN und einen Taster für AUS. Bei einer Alarmanlage ist die Eingangsgröße z.B. ein unterbrochener Infrarotstrahl. Die Abschaltung erfolgt über eine Handabschaltung.
Ablaufsteuerung (Folgesteuerung)	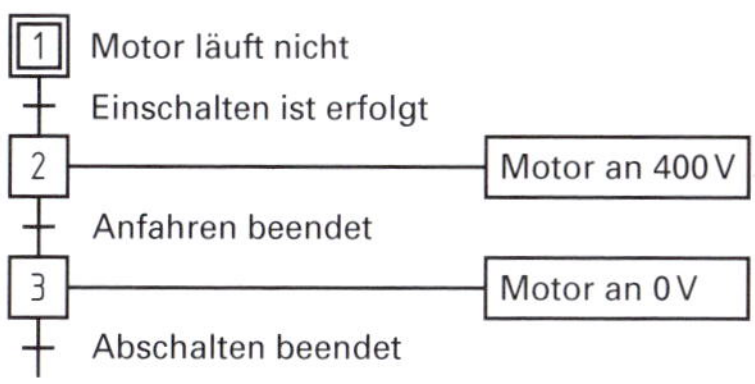 **Funktionsplan für Teil einer Förderanlage**	Bei einer Ablaufsteuerung (Folgesteuerung) erfolgt der nächste Steuerungsschritt erst, wenn der vorhergehende Schritt abgeschlossen ist. Das Weiterschalten kann zeitabhängig oder prozessabhängig erfolgen. Ablaufsteuerungen werden mit Wegdiagrammen, Zustandsdiagrammen oder Funktionsplänen dargestellt. Beispiele von Ablaufsteuerungen sind Förderanlagen, Ampelsteuerungen, maschinelle Anlagen.
Zeitgeführte Ablaufsteuerung	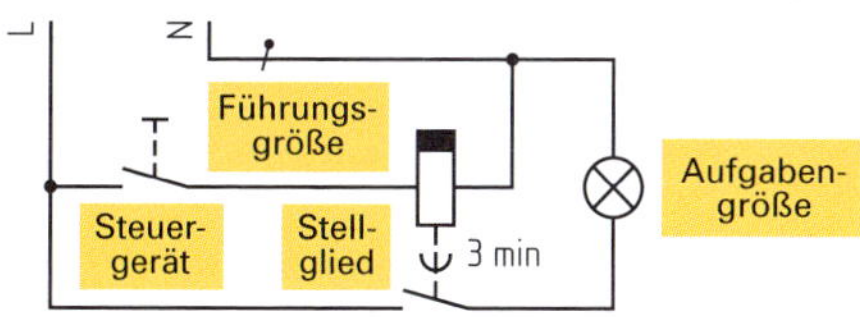 **Treppenhausschaltung**	Bei einer zeitgeführten Ablaufsteuerung sind die einzelnen Steuerschritte von der Zeit abhängig. Zum Einsatz kommen hierzu Uhrwerke, Zeitrelais, Nockenschaltwerke oder Programmanweisungen, die auf den Timer des Computers zugreifen. Beispiele mit zeitgesteuerten Führungsgrößen sind Treppenhausschaltungen, Heizungsanlagen.
Wegplansteuerung	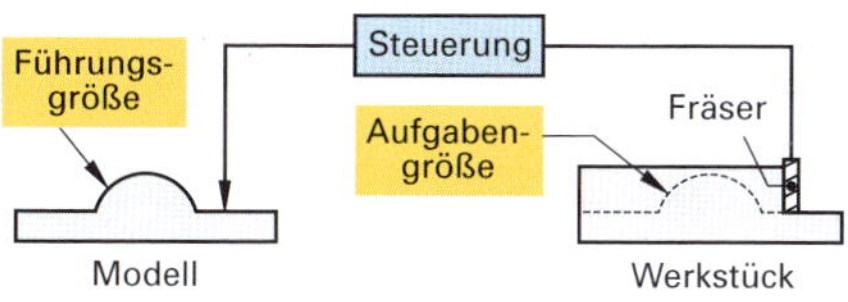 **Nachformfräsen**	Bei der Wegplansteuerung liefert z.B. eine Schablone eine wegabhängige Führungsgröße. Wegplansteuerungen sind Ablaufsteuerungen. Typische Anwendungen sind Nachformfräsmaschinen, Graviermaschinen. In der Vergangenheit waren Anwendungsbeispiele auch Nachformdrehmaschinen (Kopierdrehmaschinen).

Führungssteuerungen und Ablaufsteuerungen werden oft durch Mikrocomputer, PCs oder Speicherprogrammierbare Steuerungen (SPS) verwirklicht.

Elektronische Steuerungen von Verbrauchsmitteln
Electronic Control of Electrical Consumers

Name	Liniendiagramme	Bemerkungen, Schaltungsprinzip
Symmetrische Anschnittsteuerung (symmetrische Phasenanschnittsteuerung)	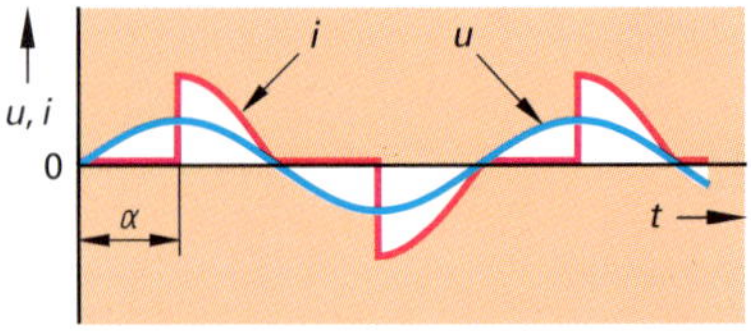	Häufiges Verfahren zur Steuerung von Wechselstromlasten, insbesondere von Beleuchtungsanlagen mittels Dimmer. Nachteil: Induktiver Blindleistungsbedarf und hochfrequente Störung. 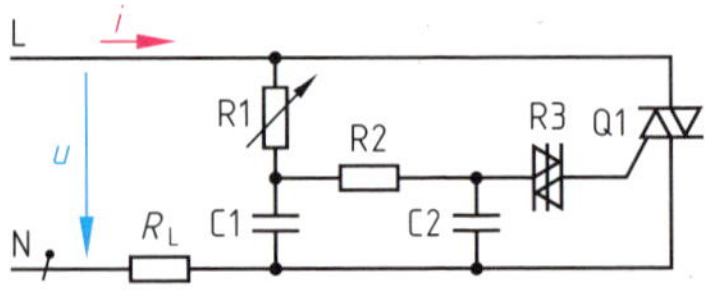
Symmetrische Abschnittsteuerung (symmetrische Phasenabschnittsteuerung)	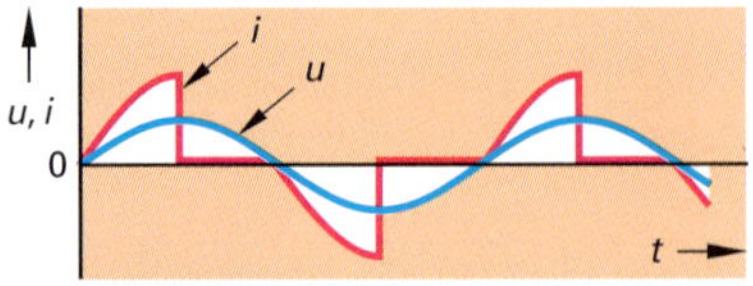	Steuerung von Wechselstromlasten, z.B. mit Dimmern vom Typ C. Das Einschalten erfolgt mittels Nullspannungsschalter, das Abschalten mit IGBT oder Transistor. Vorteile gegen Anschnittsteuerung: Weniger hochfrequente Störstrahlung. Aufnahme von kapazitiver Blindleistung, wie Kondensator.
Symmetrische Sektorsteuerung	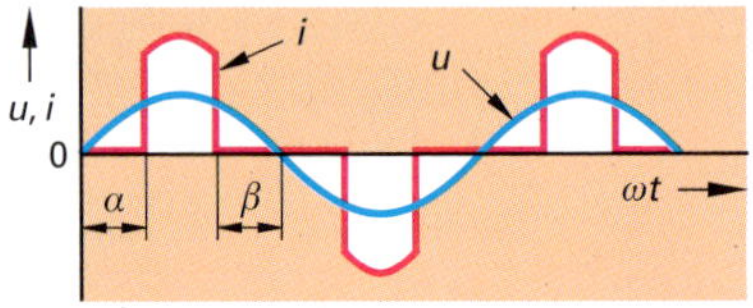	Steuerung von Wechselstromlasten, z.B. mit Dimmern vom Typ RLC. Die symmetrische Sektorsteuerung ist eine Kombination von Anschnitt- und Abschnittsteuerung. Bei ihr wird keine Phasenverschiebung hervorgerufen, sie erzeugt aber eine stoßartige Netzbelastung und ruft Oberschwingungen hervor.
Symmetrische Vielperiodensteuerung (symmetrische Schwingungspaketsteuerung)	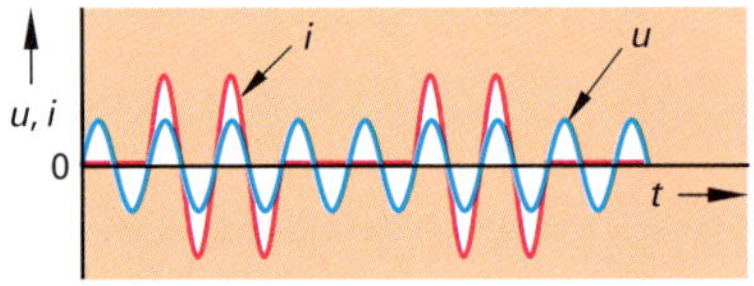	Häufiges Verfahren zur Steuerung von Wechselstromlasten, insbesondere von elektrischen Heizungsanlagen. Nicht geeignet zur Beleuchtungssteuerung und zur Drehzahlsteuerung. Einschalten erfolgt durch Nullspannungsschalter, Abschalten durch Thyristor infolge Unterschreiten des Haltestroms.
Unsymmetrische Anschnittsteuerung (Schaltung E1C)	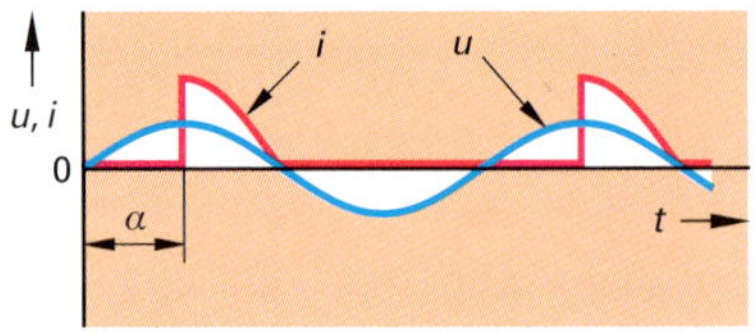	Stromrichter zur Steuerung von kleinen Gleichstromlasten. Nachteil: Magnetisierung des vorgeschalteten Transformators. 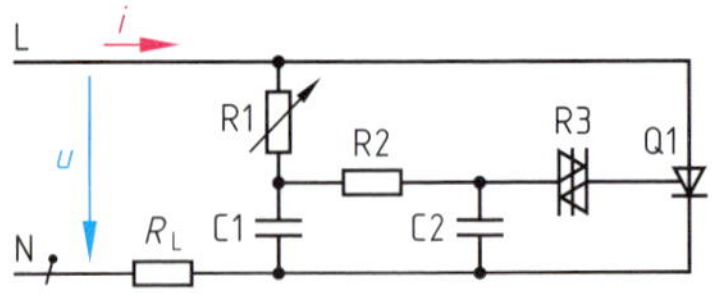 Ohne Magnetisierung des Tansformators arbeiten B2C oder B2H (Seite 337).
Unsymmetrische Vielperiodensteuerung	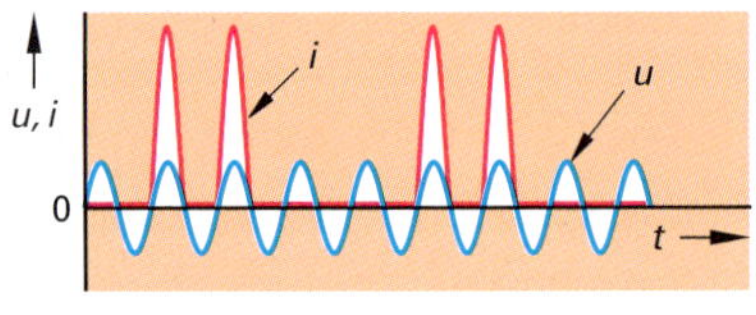	Verfahren zur Steuerung von Gleichstromlasten, bei denen stromlose Pausen von mehreren Perioden möglich sind, z.B. beim Laden von Akkumulatoren. Einschalten und Abschalten wie bei der symmetrischen Vielperiodensteuerung. Nachteil ihr gegenüber: Magnetisierung vorgeschalteter Transformatoren.

Anschnittsteuerung (Phasenanschnittsteuerung), Abschnittsteuerung und Sektorsteuerung dürfen nur angewendet werden, wenn eine andere Steuerung, z.B. mit Schwingungspaketen, nicht ausreicht, z.B. bei der Helligkeitssteuerung von Lampen. Alle elektronischen Steuerungen rufen störende Einflüsse im Netz (Netzrückwirkung) hervor. Deshalb gelten Grenzwerte der Anschlussleistung (siehe folgende Seite).

i Stromstärke, *t* Zeit, *u* Spannung, *α* Zündwinkel, Steuerwinkel, *β* Löschwinkel

Grenzwerte der Anschlussleistung im öffentlichen Netz nach TAB
Limit Values for Loads Connected to the National Grid

Anschnittsteuerung, Sektorsteuerung oder Abschnittsteuerung, Gleichrichtung

Steuereinrichtung, Gerät	Maximale Anschlussleistung je Verbrauchseinheit		
	AC 230 V	AC 400 V	3 AC 400 V
Steller für Glühlampen	1,7 kW	3,4 kW	5,1 kW
Steller für Motoren oder Entladungslampen mit induktivem Vorschaltgerät	3,4 kVA	6,8 kVA	10,2 kVA
Röntgengeräte, Tomographen und ähnliche medizinische Geräte	1,7 kVA	–	5 kVA
Kopiergeräte	4 kVA	–	7 kVA
symmetrische Anschnittsteuerung, Sektorsteuerung bzw. Abschnittsteuerung	bei Wärmegeräten 200 W, bei Netzteilen 75 W		
symmetrische Anschnittsteuerung, Sektorsteuerung bzw. Abschnittsteuerung nur während des Einschaltvorganges	bis zur zulässigen Bemessungsleistung		
unsymmetrische Gleichrichtung (Einwegschaltung)	bei Wärmegeräten 100 W, bei Netzteilen 75 W		
Gleichrichtung in Netzteilen zur Stromversorgung elektronischer Geräte ≥ 75 W.	Keine Begrenzung in TAB, da nach EN 61000 ab 75 W der Aufnahmestrom oberschwingungsarm (sinusförmig) sein muss.		

Vielperiodensteuerung

Liniendiagramme,	Schalthäufigkeit je Minute	Maximale Anschlussleistung je Verbrauchseinheit bei		
		AC 230 V	AC 400 V	3 AC 400 V
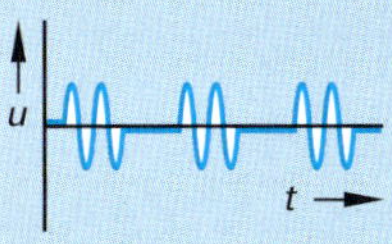	≥ 1000	0,4 kW	1,0 kW	2,0 kW
	300 bis < 1000	0,6 kW	1,5 kW	3,2 kW
	55 bis < 300	1,0 kW	2,4 kW	4,8 kW
	7,5 bis < 55	1,7 kW	4,3 kW	8,7 kW
	4,5 bis < 7,5	2,3 kW	5,6 kW	11,3 kW
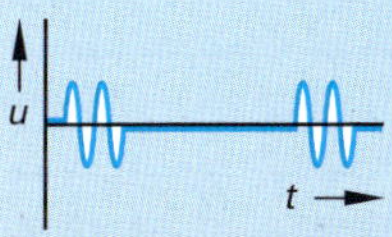	3,5 bis < 4,5	2,5 kW	6,0 kW	12,0 kW
	2,5 bis < 3,5	2,7 kW	6,6 kW	13,3 kW
	1,5 bis < 2,5	2,9 kW	7,3 kW	14,7 kW
	0,76 bis < 1,5	3,7 kW	9,2 kW	18,7 kW
	< 0,76	4,0 kW	10,0 kW	20,0 kW

Motoren, Schweißgeräte

Art	Maximale Leistung oder maximaler Anzugstrom		
	AC 230 V	AC 400 V	3 AC 400 V
gelegentlich geschalteter Motor	1,7 kVA	–	5,2 kVA oder $I_a = 60$ A
Motoren mit störender Netzrückwirkung (häufiges Schalten, schwankende Last)	30 A	–	$I_a = 30$ A
Schweißgeräte	2 kVA	2 kVA	2 kVA
	Größere Geräte können vom VNB (bisher EVU genannt) genehmigt werden, wenn der $\cos \varphi \geq 0{,}7$ ist.		

AC 230 V: Anschluss an einen Außenleiter und den Neutralleiter.
AC 400 V: Anschluss an zwei Außenleiter.
3 AC 400 V: Anschluss an drei Außenleiter und evtl. Neutralleiter, Belastung gleichmäßig auf die Außenleiter verteilt.
I_a Anzugstrom; $\cos \varphi$ Wirkfaktor (bei Sinusform ist $\cos \varphi$ = Leistungsfaktor λ)
Die angegebenen Grenzwerte dürfen nur mit Genehmigung des VNB (Verteilungsnetzbetreiber) überschritten werden.

Hilfsstromkreise Auxiliary Circuits

vgl. DIN VDE 0100-557

Begriff	Erklärung	Schaltungen, Bemerkungen
Hilfsstromkreis Stromversorgung Transformator	Ein *Hilfsstromkreis* ist ein Stromkreis, der kein Hauptstromkreis ist. *Steuerstromkreise* und *Messstromkreise* sind Hilfsstromkreise. *Stromversorgung* des Hilfsstromkreises erfolgt durch AC 50 Hz bis 230 V, AC 60 Hz bis 227 V oder DC bis 220 V. Meist erfolgt sie aus dem Hauptstromkreis, bei DC über einen Gleichrichter. Ein *Transformator* bewirkt die erwünschte *Trennung* vom Hauptstromkreis. Bei SELV oder PELV muss das ein Sicherheitstransformator sein.	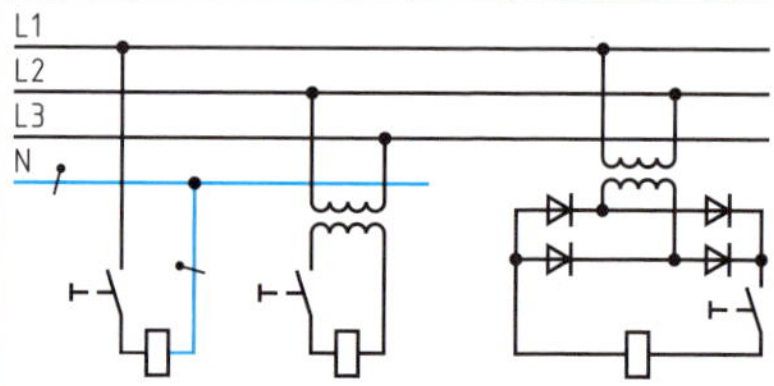 **Stromversorgungen für den Hilfsstromkreis**
Trennung vom Hauptstromkreis Überstrom-Schutzeinrichtung	Die Transformatoren müssen beim Drehstromnetz eingangsseitig (primärseitig) an zwei Außenleiter angeschlossen sein. Hilfsstromkreise ohne Trennung vom Hauptstromkreis muss man an einen Außenleiter und den Neutralleiter anschließen. Ungeerdete Hilfsstromkreise erfordern eine Isolationsüberwachungseinrichtung. Überstromschutz dient nur dem Kurzschlussschutz.	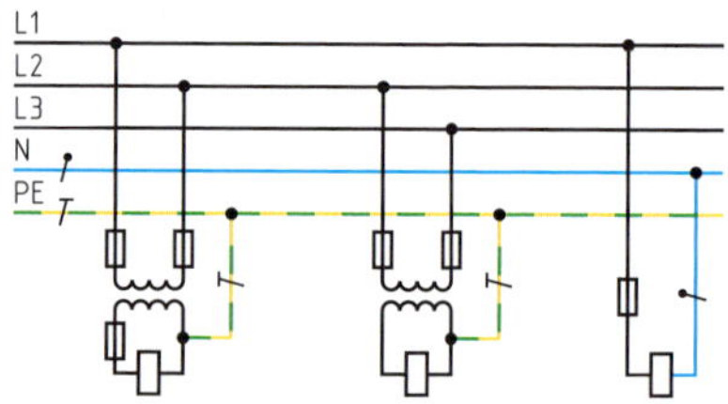 **Anordnung der Überstrom-Schutzeinrichtungen**
Messstromkreis Direktmessung Wandlermessung	Bei direktem Anschluss von Messstromkreisen an den Hauptstromkreis sind anzuwenden • Überstrom-Schutzeinrichtungen zum Kurzschlussschutz oder • kurzschluss- und erdschlusssichere Verlegung, z. B. Mantelleitung, Verlegung nicht in der Nähe von brennbaren Stoffen. Bei *Spannungswandlern* muss die Ausgangsseite (Sekundärseite) geerdet und gegen Kurzschluss gesichert sein. Bei *Stromwandlern* erfolgt nie eine Sicherung gegen Kurzschluss und bei Niederspannung auch keine Erdung.	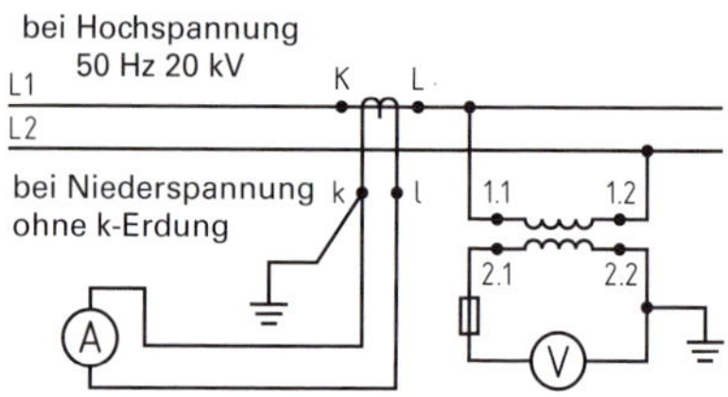 **Wandlermessungen**
Einschalten Abschalten Wirkglieder, z. B. Schützspulen	Hilfsstromkreise müssen so ausgeführt sein, dass ein einzelner Leiterbruch, Körperschluss oder Erdschluss die Anlage in einem sicheren Zustand, z. B. AUS, erhält oder in einen solchen überführt. Deshalb erfolgt das Abschalten durch Öffner und das Einschalten durch Schließer. *Wirkglieder*, z. B. Schützspulen, sind auf einer Seite direkt (ohne Schaltglieder) mit dem geerdeten Leiter zu verbinden. Beim IT-System dürfen Wirkglieder an zwei Außenleiter angeschlossen sein. Dann sind die Außenleiter durch zweipolige Schaltglieder zu schalten. Die Außenleiter sind gegen Kurzschluss zu sichern.	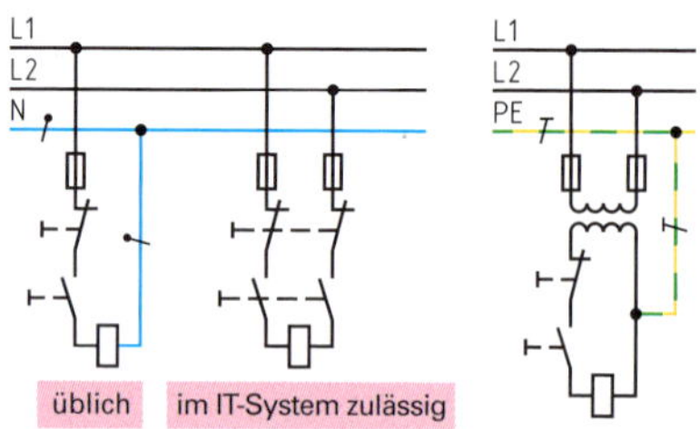 **Anordnung der Taster**
Doppelte Schlüsse (Körperschlüsse, Erdschlüsse)	Hilfsstromkreise müssen auch bei doppelten Schlüssen gegen Fehlschaltungen, z. B. Einschalten ohne Einschaltsignal, geschützt sein. Das wird bei geerdeten Hilfsstromkreisen durch Überstrom-Schutzeinrichtungen bewirkt, die beim 1. Körperschluss oder Erdschluss innerhalb von 5 s die Stromversorgung abschalten. Bei ungeerdeten Hilfsstromkreisen muss eine Anzeige den Isolationsfehler optisch und/oder akustisch melden. Der Isolationswiderstand muss je V der Nennspannung mindestens 100 Ω betragen.	① oder ② löst F1 aus ③ löst F1 aus, wenn S2 betätigt 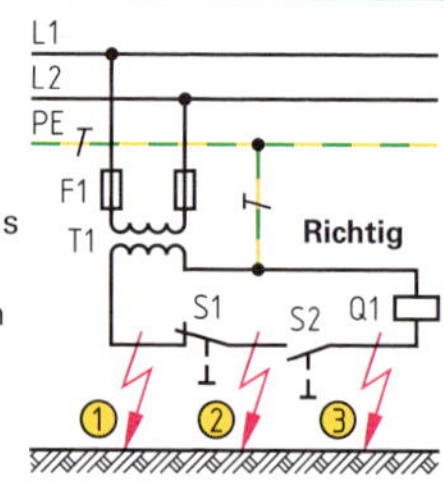 **Verhinderung von Fehlschaltungen bei Erdschluss**

Sicherheitsbezogene Teile von Steuerungen

Safety Related Machine Controls

Beurteilung von Risiko und Steuerung

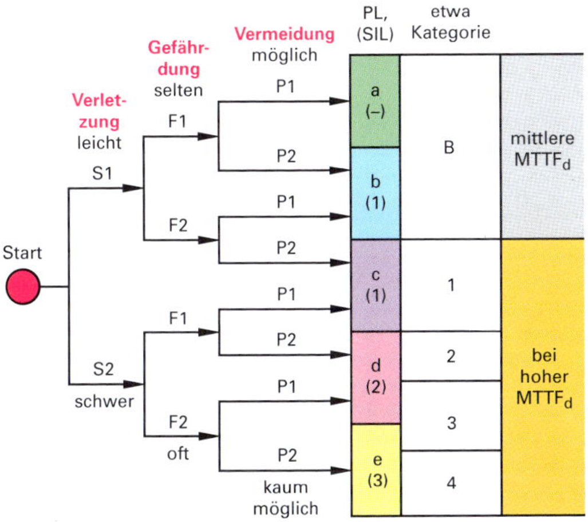

Risikograph nach EN ISO 13849-1

Sicherheitsbezogene Teile von Steuerungen müssen dort verwendet werden, wo bei Versagen der Steuerung eine Gefährdung eintritt. Man erhält den erforderlichen Performance Level PL durch eine Risikoabschätzung mittels Risikograph **(Bild)**.

Der PL ist abhängig von der Architektur (logischer Aufbau) der Schaltung und von der mittleren Ausfallzeit $MTTF_d$ der Komponenten. Die Architektur der Schaltung wird durch Kategorien Cat angegeben (folgende Seite). Bei $MTTF_d$ genügt die Unterscheidung in niedrige, mittlere und hohe $MTTF_d$. Ergibt die Risikoabschätzung einen PL der Größe c, dann muss mindestens Cat 1 mit hoher $MTTF_d$ angewendet werden.

Anstelle von PL wird für die funktionale Sicherheit bei Steuerungen von Anlagen, z.B. SPS, der Wert von SIL angegeben, z.B. SIL2. Damit liegt ein PL der Größe d vor. Bei SIL2 muss mindestens Cat 2 mit hohem $MTTF_d$ vorliegen.

Abkürzungen und Begriffe

Begriff	Erklärung	Bemerkungen
PL	Performance Level = Gütepegel. Man unterscheidet die PL a bis e zur Festlegung der Fähigkeit von sicherheitsbezogenen Teilen einer Steuerung hinsichtlich des Ausführens einer Sicherheitsfunktion. Der PL ist abhängig von der Kategorie und der $MTTF_d$. PL e ist der höchste Level (Pegel).	Eine Sicherheitsfunktion ist die Funktion einer Steuerung, z.B. Funktion zum Stillsetzen einer Maschine im Notfall. Der Ausfall solch einer Funktion erhöht die Sicherheitsrisiken unmittelbar.
SIL	Safety Integrity Level = Sicherheits-Integritäts-Pegel. Vier Stufen (Levels) von SIL. SIL 3 höchste, praktisch vorkommende Stufe. SIL 4 Tod, Verlust Auge, Arm. PL: a, b, c, d, e SIL: –, 1, 1, 2, 3	Zu gewichtende Risikoelemente sind Häufigkeit des Betretens der Anlage, Wahrscheinlichkeit und Vermeidbarkeit einer Verletzung. Nach SIL erfolgt meist das Zertifizieren einer Steuerung bzw. Maschine, Anlage.
Kategorie (Cat)	Cat von category = Kategorie. Ermöglicht die Beurteilung der Leistungsfähigkeit sicherheitsbezogener Teile einer Steuerung beim Auftreten von Fehlern, d.h. Einstufung bzgl. Widerstand gegen Fehler und Verhalten im Fehlerfall.	Kategorie B ist die Basiskategorie (Grundkategorie), bei den Kategorien 1 bis 4 nimmt die Sicherheit steigend zu, die Steuerungsstrukturen (Architekturen) werden komplexer.
SRP/CS	Safety-Related Parts of Control Systems = sicherheitsbezogenes Teil einer Steuerung, das auf sicherheitsbezogene Eingangssignale reagiert und sicherheitsbezogene Ausgangssignale erzeugt.	Maschinensteuerungen, Auswerteeinheiten, Sicherheitsschaltgeräte.
$MTTF_d$	Mean Time To Dangerous Failure = mittlere Zeit bis zum gefahrbringenden Ausfall eines Gerätes. Die Angabe erfolgt als Wahrscheinlichkeit, z.B. > 10^{-5} bis 10^{-4} je Stunde.	$MTTF_d$ – Zeit niedrig – 3 Jahre bis 10 Jahre mittel – 10 Jahre bis 30 Jahre hoch – 30 Jahre bis 100 Jahre
FMEA	Failure Mode Effect Analysis = Fehlermöglichkeits- und Einflussanalyse. Analytische Methode zur systematischen und vollständigen Erfassung potenzieller Fehler und Ausfallzuständen von Komponenten eines Systems sowie deren Auswirkungen.	Eine FMEA ist während der Konzeptionsphase einer Steuerung durchzuführen. Softwareunterstützung z.B. durch APIS IQ-Software. www.apis.de
Diversität	Zum Erfüllen der Sicherheitsaufgabe mit hoher Zuverlässigkeit sind die Betriebsmittel derart redundant auszulegen, dass die Umsetzung mit ungleichartigen Mitteln erfolgt.	Eine Drehzahlüberwachung wird z.B. durch einen elektrischen Tachogenerator und einen mechanischen Fliehkraftschalter verwirklicht.

Architekturen von Steuerungen Architectures of Machine Controls

Art	Steuerungsstruktur, Erklärung	Prinzip
Cat B PL a, b	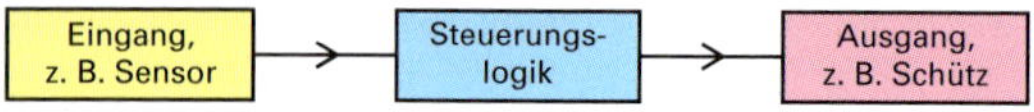 Das Erreichen der Sicherheit erfolgt u. a. durch die Auswahl geeigneter Bauteile, z. B. Sicherheitsrelais. Diese besitzen eine Zwangsführung der Kontakte, sodass Öffner- und Schließerkontakte nie gleichzeitig geschlossen sein können.	Sicherheitsbezogene Teile von Steuerungen und/oder deren Schutzeinrichtungen sowie deren Bauteile müssen den zu erwartenden Einwirkungen standhalten, z. B. Schalthäufigkeiten, elektromagnetische Felder, Vibrationen. Das Auftreten eines Fehlers darf zum Verlust der Sicherheitsfunktion führen. www. pilz.de; www.elan.de
Cat 1 PL c	Cat 1 hat dieselbe Steuerungsstruktur wie Cat B. Bewährte Bauteile und bewährte Sicherheitsprinzipien sind anzuwenden. Die Wahrscheinlichkeit eines Ausfalles ist kleiner als bei Cat B.	Anforderungen von Cat B müssen erfüllt sein. Ziel ist die Vermeidung von Fehlern.
Cat 2 PL a, b c, d	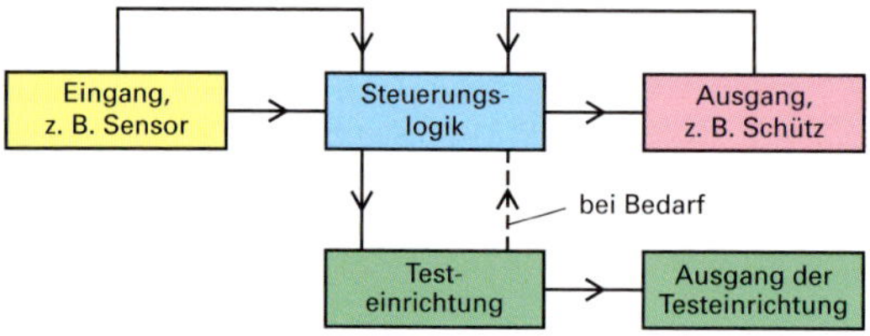	Wie bei Cat 1. Außerdem: In geeigneten Zeitabständen muss die Sicherheitsfunktion durch die Maschinensteuerung selbst überprüft werden. Das Auftreten eines Fehlers kann zum Verlust der Sicherheitsfunktion zwischen den Überprüfungsabständen führen. Durch die Prüfung wird der Verlust der Sicherheitsfunktion erkannt. Vor Produktion mit einer Maschine muss z. B. die Sicherheitsfunktion „Schutztüre" getestet werden.
Cat 3 PL b, c d, e	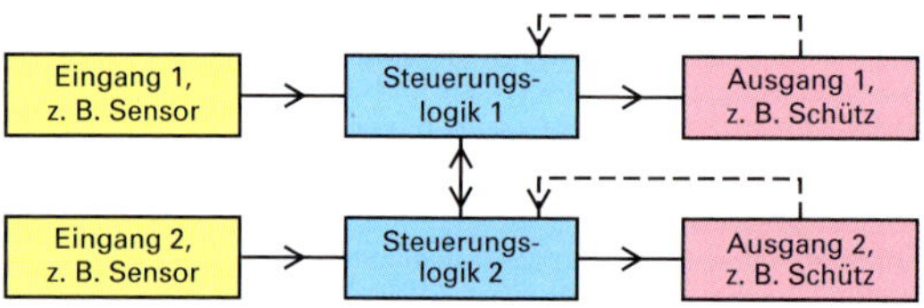 Sicherheitsbezogene Teile sind doppelt ausgeführt. Wenn möglich, Überwachen der Ausgänge durch Steuerungslogik, Überwachen der doppelt ausgelegten Steuerungslogiken gegenseitig.	Wie bei Cat 1. Außerdem: Sicherheitsbezogene Teile sind so auszulegen, dass • ein einzelner Fehler in einem Teil nicht zum Verlust der Sicherheitsfunktion führt und dass • der einzelne Fehler mit nach dem Stand der Technik geeigneten Mitteln erkennbar ist, sofern die Prüfung in angemessener Weise durchführbar ist. Eine Anhäufung von Fehlern darf zum Verlust der Sicherheitsfunktion führen.
Cat 4 PL e	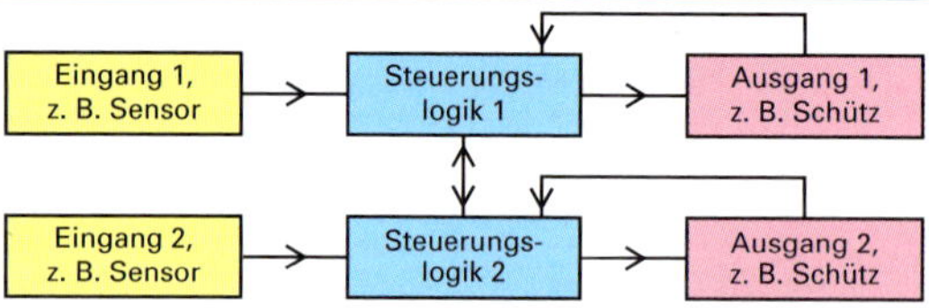 **Wie bei Cat 3, jedoch mit Überwachungen**	Wie bei Cat 3. Außerdem: Sicherheitsbezogene Teile sind so auszulegen, dass der einzelne Fehler vor oder bei der nächsten Anforderung der Sicherheitsfunktion erkannt wird. Eine Anhäufung von Fehlern darf nicht zum Verlust der Sicherheitsfunktion führen.
	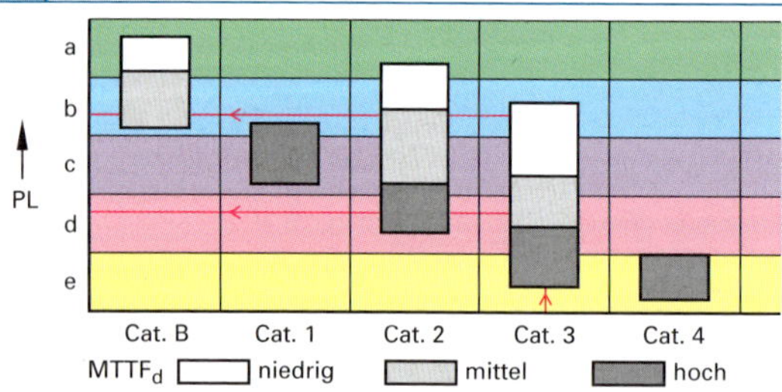 **Abhängigkeiten PL, Cat und $MTTF_d$**	Je nach der Qualität der verwendeten Komponenten einer Steuerung ändert sich bei derselben Architektur der Performance Level PL (**Bild**). Bei niedrigem $MTTF_d$ ist bei der anspruchsvollen Cat 2 allenfalls ein PL von b zu erreichen. Bei der aufwendigen Cat 3 ist bei niedrigem $MTTF_d$ gerade PL b zu erreichen, mit mittlerem $MTTF_d$ aber PL d. Bei Cat 2, 3 und 4 ist gefordert, dass Fehler erkannt werden, ehe ein Schaden eingetreten ist.

Elektrische Niederspannungs-Ausrüstung von Maschinen

Electrical Low-Voltage Equipment of Machines

vgl. EN 60204-1 (VDE 0113-1)

Art	Erklärung	Bemerkungen

Stromversorgung, Toleranzen, Oberschwingungen, EMV

Die Größen müssen im *Toleranzbereich* liegen. Die *Oberschwingungsspannungen* bis zur 5. Teilschwingung dürfen höchstens 10 % des gesamten Effektivwertes betragen. Bei DC darf die *Welligkeit* (Spitze zu Tal) höchstens 15 % der Nennspannung betragen.

Wegen *EMV* (Seite 250) sind

- Gehäuse strahlungssicher auszuführen,
- empfindliche Stromkreise zu erden,
- Leiter möglichst dicht an Masse zu führen.

Toleranzbereiche der Versorgung

Größe	bei AC	bei DC
Dauerbetriebsspannung	0,9 bis 1,1 U_n	bei Bb 0,85 bis 1,15 U_n bei Fz 0,7 bis 1,2 U_n bei Ub 0,9 bis 1,1 U_n
Frequenz, d	0,99 bis 1,01 f_n	–
Frequenz, k	0,98 bis 1,02 f_n	–

f_n Nennfrequenz, U_n Nennspannung, Bb Batteriebetrieb, d dauernd, Fz Fahrzeug, k kurzzeitig, Ub Umrichterbetrieb

Netz-Trenneinrichtung

Netz-Trenneinrichtung muss vorhanden sein, z.B.

- ein Leistungsschalter mit Trennstrecke,
- ein anderes trennendes Schaltgerät, z.B. ein RCD oder ein Motorschutzschalter,
- eine Stecker-Steckdosenkombination bei flexibler Zuleitung.

Halbleiterschütze

Halbleiterschütze sind zum Trennen nicht geeignet. Stromkreise zur Instandhaltung sollten davon getrennt eine eigene Trenneinrichtung haben. *Basisschutz* und *Fehlerschutz* erfolgen nach Seite 208. Wegen der Erdung der Steuerstromkreise wird PELV an Stelle von SELV angewendet.

Basisschutz, Fehlerschutz, Überstromschutz

Überstrom-Schutzeinrichtungen sind nach der Bemessungsstromregel (Seite 165) auszuwählen, wobei die Belastbarkeit der Leitungen in der Maschine kleiner ist als bei 25 °C **(Tabelle)**.

Motoren

Motoren mit Bemessungsleistungen über 0,5 kW müssen gegen unzulässige Erwärmung geschützt sein, z.B. durch Motorschutzschalter.

Strombelastbarkeit von PVC-isolierten Cu-Leitern bei Maschinen (Umgebungstemperatur 40 °C)

symmetrisch belastete Drehstromleitung

A in mm²	Verlegeart B1	B2	C	E
0,75	8,6	8,5	9,8	10,4
1	10,3	10,1	11,7	12,4
1,5	13,5	13,1	15,2	16,1
2,5	18,3	17,4	21	22
4	24	23	28	30

Steuerstromkreise AC oder DC

A in mm²	Verlegeart	B2	C	E
0,2	nicht anwendbar	4,3	4,4	4,4
0,5		7,5	7,5	7,8
0,75		9,0	9,5	10

weitere Werte siehe VDE 0113, Verlegearten Seite 166

Potenzialausgleich

Schutzpotenzialausgleich (Maßnahme für den Fehlerschutz) und *Funktionspotenzialausgleich* (zur Verminderung von Betriebsstörungen infolge von Isolationsfehlern) sind bei Maschinen auszuführen **(Bild)**.

Steuerstromkreis

Steuerstromkreise sind als Hilfsstromkreise (Seite 370) auszuführen und zu erden, meist durch Verbindung mit dem Schutzleiter. Steuergeräte und optische Anzeigen müssen farbig gekennzeichnet sein (Seite 203).

Drucktaster

Drucktaster sollen zusätzliche Symbole haben **(Tabelle)**.

NOT-AUS, NOT-HALT

Handlungen im Notfall erfolgen durch Einrichtungen zum *NOT-AUS* (Abschalten) oder *NOT-HALT* (Abschalten und Abbremsen).

Verdrahtungstechnik. Anschlüsse müssen gegen Lockern gesichert sein, z.B. durch Zahnscheiben. Jeder Leiter muss an jedem Anschluss wie in der Dokumentation gekennzeichnet sein.

Leiterfarben

Wenn die Leiter durch Farben identifiziert (kenntlich gemacht) werden, so sind die Leiter

- **schwarz** für AC- oder DC-Hauptstromkreise,
- **rot** für AC-Steuerstromkreise,
- **blau** für DC-Steuerstromkreise,
- **orange** für Stromkreise, die nicht von der Netz-Trenneinrichtung abgeschaltet werden.

Dokumentation

Dokumentation

Über Errichten, Betrieb und Instandhaltung muss eine Dokumentation angefertigt werden mit z.B. Schaltplänen, Stücklisten, Betriebsanweisungen und Instandhaltungshinweisen.

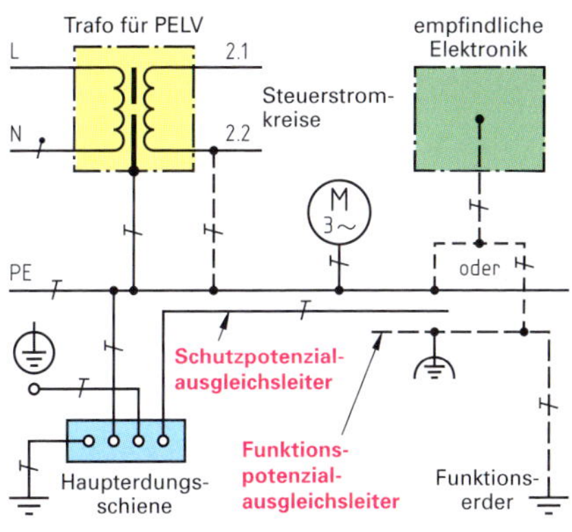

Schutzpotenzialausgleichsleiter und Funktionspotenzialausgleichsleiter

Symbole für Drucktaster

START oder EIN	STOPP oder AUS	wechselweise EIN oder AUS	Drücken EIN, Loslassen AUS

Schütze Contactors

Arten und Wirkungsweise von elektromagnetischen Schützen

Diagramm, Schaltung	Erklärung	Bemerkungen
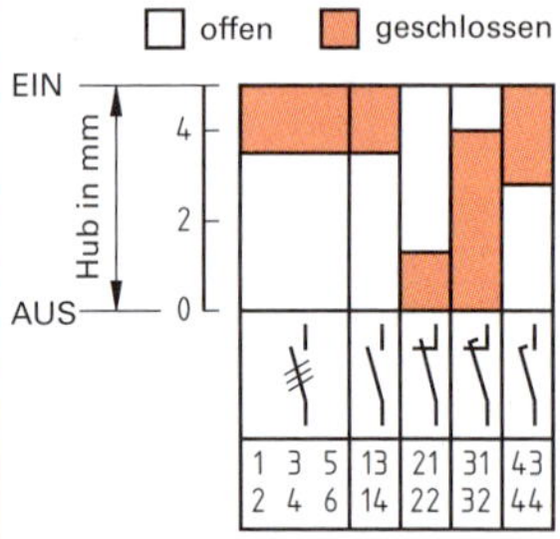 **Schaltdiagramm eines Schützes**	Elektromagnetische Schütze enthalten Erregerspule, beweglichen Anker, fest und bewegliche Schaltstücke. Beim *konventionellen Antrieb* wird die Schützspule direkt mit der Steuerspannung angesteuert, bei *elektronischem Antrieb* liegt vor der Spule eine Elektronik (kleinerer Steuerstrom, breiter Bereich der Steuerspannung). Meist öffnen zuerst die Öffner der Hilfskontakte, dann schließen die Schließer der Hilfskontakte, dann die Schließer für den Hauptstromkreis.	Wechselstromschütze werden durch AC gesteuert, Gleichstromschütze durch DC. AC-Steuerung verursacht Brummen, DC-Steuerung ist geräuschlos nach dem Schaltvorgang. Schütze haben für den Hauptstromkreis meist drei Schaltstrecken 1-2, 3-4, 5-6 und für die Hilfsstromkreise (Steuerstromkreise) mehrere Hilfskontakte. Hilfsschütze sind kleine Schütze mit mehreren Hilfskontakten zum Steuern des Erregerstromes von großen Schützen.
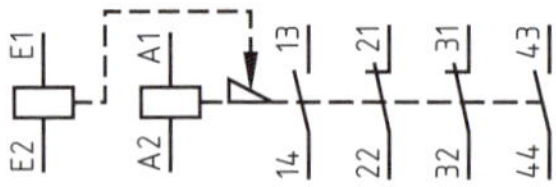 **Verklinkbares Hilfsschütz**	Verklinkte Schütze werden eingesetzt, wenn nach Ausfall der Steuerspannung die Schaltstellung erhalten bleiben soll. Nach Anlegen der Steuerspannung verklinken sie mechanisch.	Zum Entklinken muss ein Spannungsimpuls an die Anschlüsse einer Entklinkspule E1-E2 gelegt werden. Meist ist über eine Betätigungstaste auch Entklinken von Hand möglich.

Grundschaltung von Schützen

Hauptstromkreis, Schaltfunktion	Hilfsstromkreis, Schaltfunktion	Benennung, Bemerkungen
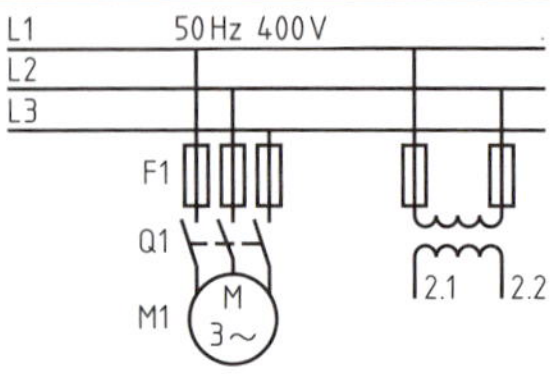 $y_{M1} = \overline{f_1} \wedge q_1$	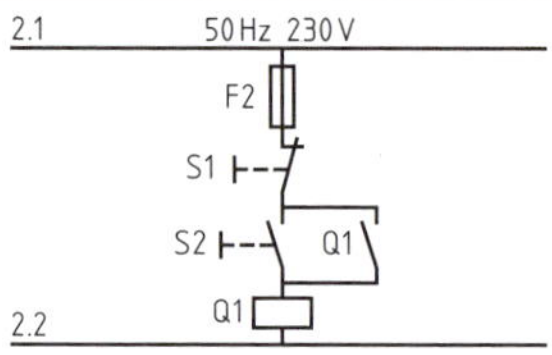 $y_{Q1} = \overline{f_2} \wedge \overline{s_1} \wedge (s_2 \vee q_1)$	*Schütz mit Haltekontakt* Betätigung von S2 bringt Q1. Q1 schaltet M1 ein und hält sich über den Haltekontakt (Schließer) Q1. Betätigen von S1 führt zur Abschaltung von Q1 und damit von M1. Übliche Grundschaltung der Schützschaltungen.

Schutzbeschaltung der Erregerspule (Schützspule)

aufsteckbarer Entstörbaustein	Eignung	Verlauf von Spulenstrom und Spulenspannung	Erklärung
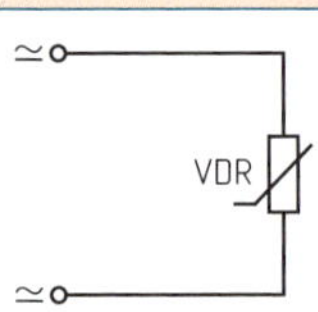	AC und DC, verpolungssicher	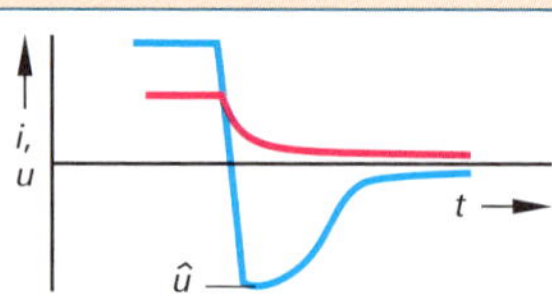	Die Schutzbeschaltung der Spulen dient der Verringerung der Ausschalt-Induktionsspannung, die zur Zerstörung der Elektronik führen kann. Hier kleine Abfallverzögerung.
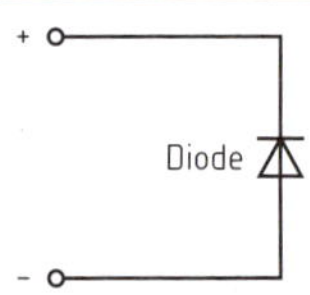	DC, nicht verpolungssicher	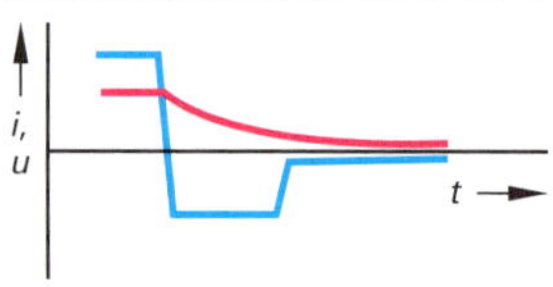	Schaltung mit Diode ist bei DC-Antrieb zuverlässig. Der Anschluss muss der Polung der Spannung entsprechen. Die Schaltung führt aber zu großer Abfallverzögerung.
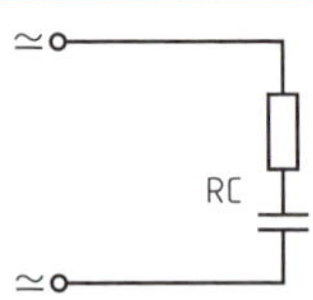	AC und DC, verpolungssicher	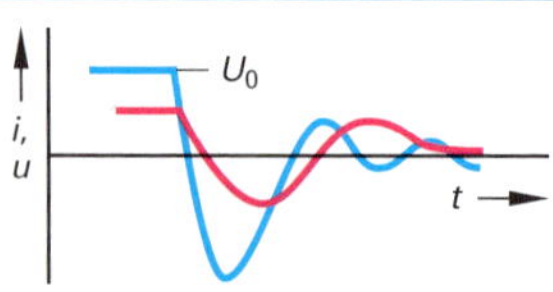	Schaltung ist für AC sehr gut geeignet, sie muss aber zur Spule genau bemessen sein. Deshalb ist nicht jeder RC-Baustein für jede Spule geeignet. Kleine Abfallverzögerung.

Spezielle Schützarten Special Types of Contactors

Prinzip, Ansicht	Erklärung	Bemerkungen

Halbleiterschütze

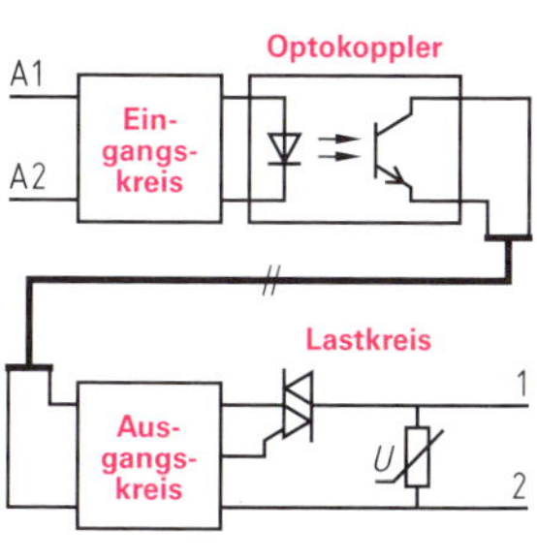

Bestandteile eines Halbleiterschützes

Eingangskreis zur Anpassung des Steuersignals, z.B. durch Gleichrichtung eines AC-Signals.

Optokoppler zur Potenzialtrennung der Steuerspannung.

Ausgangskreis zur Erzeugung der Steuerspannungen für die bis sechs IGBTs bzw. Thyristoren des Lastkreises in der Weise, dass der Laststrom beim Nulldurchgang der Spannung einsetzt (Nullspannungsschalter).

Lastkreis zur Steuerung der Last. Überspannungsableiter sind zum Schutz der Last integriert (eingebaut).

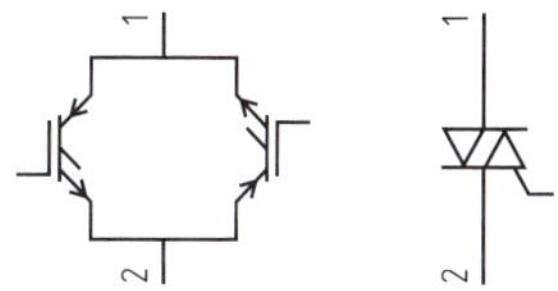

Leistungsteil je Pol von Halbleiterschützen

Jeder Pol des Schützes steuert eine Phase des Laststromes mittels Einphasenwechselwegschaltung von IGBTs bzw. Thyristoren oder bei kleiner Leistung mittels Triac.

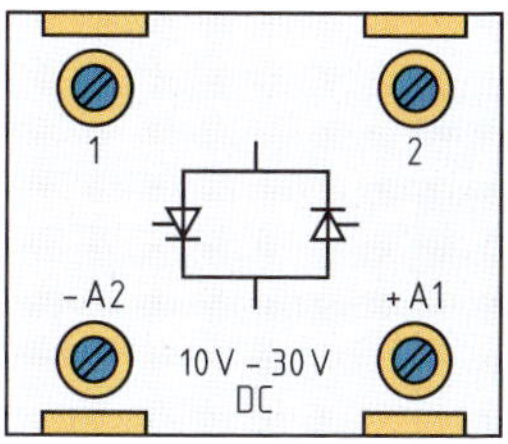

Ansicht eines einpoligen Halbleiterschützes

Lastdaten 3 AC 400 V/230 V, bis 50 A.

Steuerspannungen DC oder AC von 10 V bis 240 V.

Kühlkörper bei kleiner Leistung, z.B. 0,55 kW, nicht erforderlich.

Einpoliges Halbleiterschütz, z.B. zur Steuerung von Einphasenstrom.

Zweipoliges Halbleiterschütz zur Steuerung von Drehstrom, auch mit zwei zusätzlichen Wechselwegschaltungen als Wendeschütz.

Dreipoliges Halbleiterschütz zur Steuerung von Drehstrom.

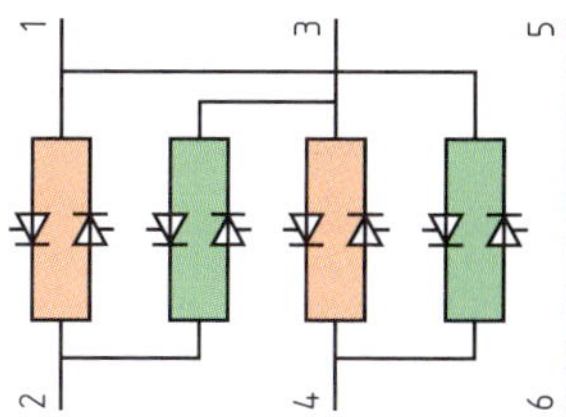

Schaltung eines zweipoligen Halbleiterschützes für Drehstromantrieb als Wendeschütz

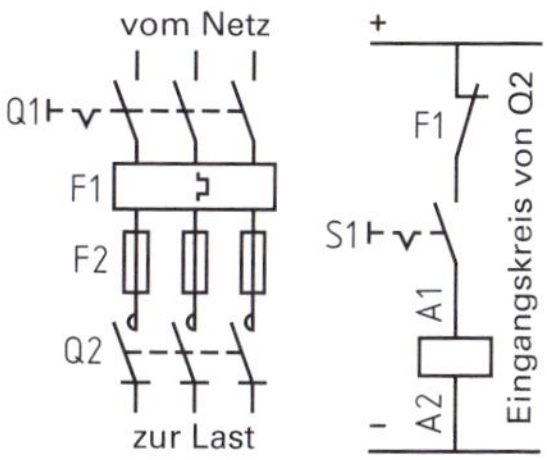

Stromlaufplan eines Halbleiterschützes

Vorteile von Halbleiterschützen: geräuschloses Schalten, lange Lebensdauer.

Nachteile von Halbleiterschützen: keine sichere Trennung vom Netz, in jedem Fall zusätzliche trennende Schalter nötig.

Die große Wärmeentwicklung erfordert meist Kühlkörper.

Die Empfindlichkeit gegen Überströme erfordert Sicherungen vom Typ Z und meist getrennte Bimetallrelais.

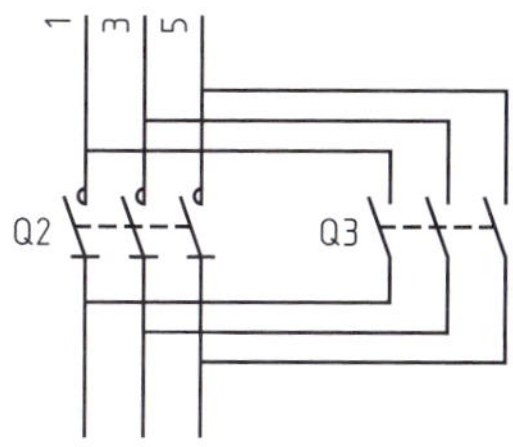

Schaltung eines Bypass-Schützes ohne Eignung als Wendeschütz

Vakuumschütze

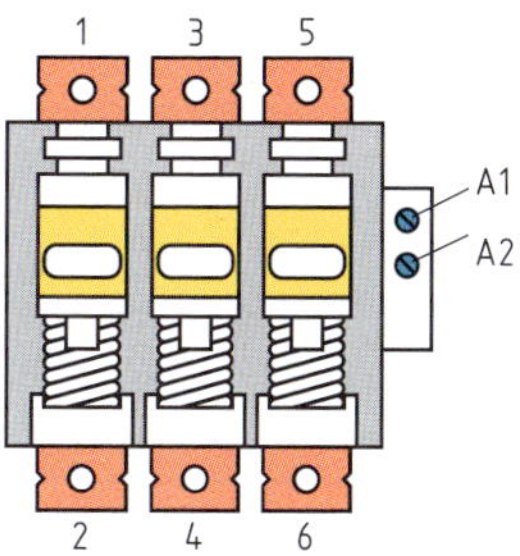

Ansicht eines Vakuumschützes bei abgenommenem Deckel

Lastdaten 3 AC 400 V, je nach Typ 185 A bis 820 A, für AC-1 bis AC-6 (Seite 377).

Steuerspannungen an A1, A2, DC 24 V bis 250 V, AC 48 V bis 600 V.

Der Hauptkontakt jedes Pols bewegt sich in einer Vakuumschaltröhre. Es entsteht beim Abschalten kein Lichtbogen, der Strom reißt bei AC schlagartig ab. Die hohe Schaltüberspannung wird durch integrierte Überspannungsableiter begrenzt. Der Kontaktabbrand ist klein und kann durch ein Fenster überwacht werden. Für DC-Lasten ungeeignet.

1 beweglicher Leiter
2 Faltenbalg
3 Vakuum
4 Getter (bindet eindringende Luft)
5 beweglicher Kontakt
6 Fenster für Stellungsanzeige
7 fester Kontakt

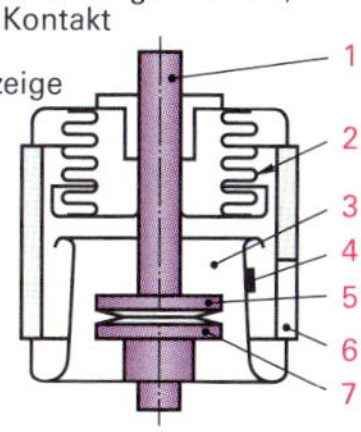

Vakuumschaltröhre eines Poles des Vakuumschützes

Kennzeichnung und Antriebe der Schütze
Identification and Excitations of Contactors

Impedanzen (Last-Scheinwiderstände) von Niederspannungsschaltgeräten

Anschlüsse	Art	Anschlüsse	Art
A1 A2 B1 B2 C1 C2 D1 D2	Schützspule, Ansteueranschlüsse Zweite Wicklung einer Schützspule Arbeitsstromauslöser Unterspannungsauslöser	E1 E2 U1 U2 X1 X2	Verriegelungsmagnete Motor Leuchtmelder

1 kennzeichnet den Anfang, 2 das Ende. 1 und 2 können elektrisch gleichwertig sein, z. B. bei Widerständen.

Kennzeichnung der Schaltglieder (vgl. DIN EN 50011 und DIN EN 50013)

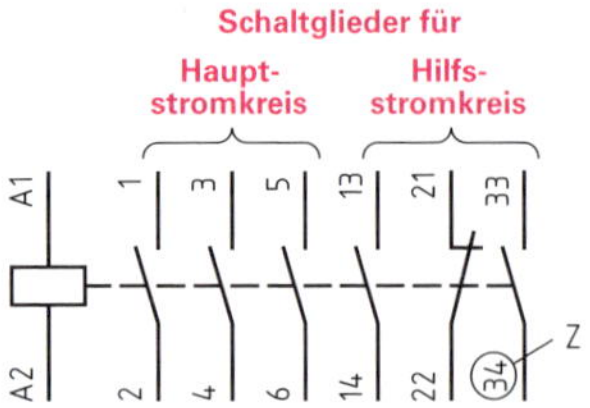

Die Ordnungsziffer nummeriert die Hilfsschaltglieder.

Die Funktionsziffer gibt deren Aufgabe an.

Anschlüsse	Art des Schaltgliedes	Anschluss mit Ordnungsziffer	Art des Schaltgliedes	Anschluss mit Funktionsziffer	Art des Schaltgliedes
1–2 3–4 5–6	Schaltglied (meist Schließer) für den Hauptstromkreis	1X, 2X, 3X ... z. B. 11, 12...	Hilfsschaltglieder in der Reihenfolge der Anordnung	Y1, Y2 Y3, Y4 Y1, Y2, Y4	Öffner-Hilfsschaltglied Schließer-Hilfsschaltglied Wechsler-Hilfsschaltglied
Zwei Ziffern z. B. 11, 21...	Hilfsschaltglieder z. B. Öffner-Eingänge	9 X z. B. 95, 96	Hilfsschaltglieder für Überlast-Schutzeinrichtung	Y5, Y6 Y7, Y8	Öffner- / Schließer- } Hilfsschaltglied mit besonderer Funktion

Antriebe elektromagnetischer Schütze

Antrieb	Erklärung	Ansicht, Schaltung
AC-Antrieb, konventionell	Antrieb durch AC-Magneten. Beim Einschalten hat das Magnetsystem einen großen Luftspalt → kleine Impedanz → großer Einschaltstrom → ruckartiges Anziehen. Nach dem Anziehen ist der Luftspalt sehr klein → große Impedanz → kleiner Haltestrom → kleine Halteleistung. Im Eisenkern ist ein Spaltpolring angeordnet → induzierter Strom im Spaltpolring mit Phasenverschiebung gegen den Spulenstrom → Magnetwirkung auch beim Nulldurchgang des Spulenstroms → bessere Gleichförmigkeit der Haltekraft (weniger Brummen).	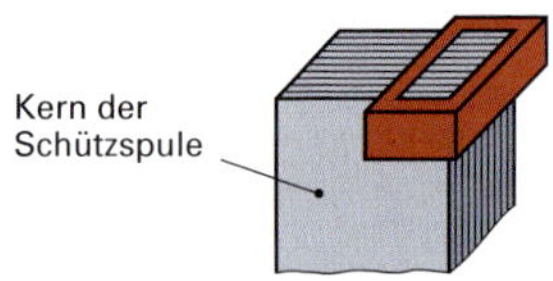 **Anordnung des Spaltpolrings**
UC-Antrieb, U von universal	Antrieb durch DC-Magneten, der an eine Dioden-Brückenschaltung angeschlossen ist **(Bild)**. Wirkung wie beim DC-Antrieb. Wird eine DC-Spannung an die Brückenschaltung angeschlossen, so kann diese beliebig gepolt sein. **Vorteil:** Kein Brummgeräusch, sanfter Anzug, auch bei AC-Ansteuerung.	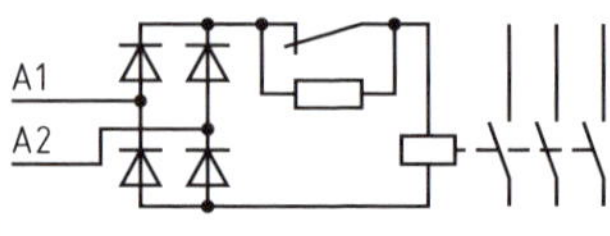
elektronischer Antrieb	Vor der DC-Antriebsspule liegt eine elektronische Schaltung mit Stromversorgung vom Netz zur Verstärkung der Steuerspannung und zur Regelung des Spulenstromes **(Bild)**. Stromverkleinerung mittels Widerstand wie beim DC-Antrieb ist überflüssig. Die kleine Steuerleistung der Antriebsschaltung ermöglicht direkten Anschluss an SPS oder an Kleinsteuerungen.	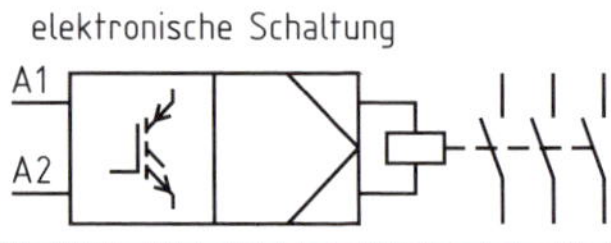
Weitbereichs-Antrieb	Aufbau wie bei beschriebenem elektronischen Antrieb. Die elektronische Schaltung ist erweitert um eine Weitbereichsstufe, die aus einer fast beliebig hohen Eingangsspannung eine konstante Ausgangsspannung für die Magnetspule erzeugt. Im Prinzip besteht die Weitbereichsstufe aus Gleichrichterbrücke und geregeltem Gleichstromsteller zur Pulsweitenmodulation.	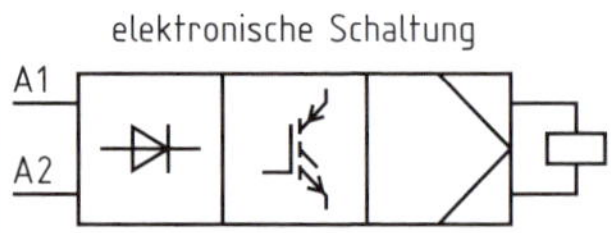

Gebrauchskategorien und Prüfbedingungen von Schützen
Utilisation Categories and Test Conditions Applying to Contactors

Gebrauchskategorien von Schützen, Motorstartern und Hilfsstromschaltern

Kategorie	Typische Anwendungsfälle
AC-1	Nicht induktive oder leicht induktive Lasten, Widerstandsöfen.
AC-2	Schleifringläufermotoren mit Anlassen und Reversieren (Drehrichtungsumkehr).
AC-3	Käfigläufermotoren mit Anlassen und Ausschalten des laufenden Motors.
AC-4	Käfigläufermotoren mit Anlassen, Reversieren (Drehrichtungsumkehr) und Tippbetrieb.
AC-5a	Schalten von Gasentladungslampen.
AC-5b	Schalten von Glühlampen.
AC-6a	Schalten von Transformatoren.
AC-6b	Schalten von Kondensatoren.
AC-7a	Haushaltgeräte, schwach induktiv.
AC-7b	Motoren für Haushaltgeräte.
AC-8a	Kühlkompressor, mit manueller Rückstellung.
AC-8b	Kühlkompressor, automatische Rückstellung.
AC-11	Elektromagnete, z. B. für Spannzeuge oder Hubmagnete.
DC-1	Nicht induktive oder leicht induktive Lasten, Widerstandsöfen.
DC-2	Fremderregte Motoren (Nebenschlussmotoren) mit Anlassen und Ausschalten von laufenden Motoren.
DC-3	Motoren wie bei DC-2, aber zusätzlich mit Reversieren (Drehrichtungsumkehr) und Tippbetrieb.
DC-4	Reihenschlussmotoren mit Anlassen und Ausschalten von laufenden Motoren.
DC-5	Reihenschlussmotoren mit Anlassen, Reversieren und Tippbetrieb.
DC-6	Schalten von Glühlampen.
DC-11	Elektromagnete, z. B. für Spannzeuge oder Hubmagnete.

Prüfbedingungen für Schütze

Kategorie	Bemessungsstrom I_N in A	Einschalten			Ausschalten		
		I/I_N	U/U_N	Bei AC cos φ bei DC L/R	I_C/I_N	U_r/U_N	Bei AC cos φ bei DC L/R
Prüfbedingungen für die elektrische Lebensdauer							
AC-1	alle Werte	1	1	0,95	1	1	0,95
AC-2	alle Werte	2,5	1	0,65	2,5	1	0,65
AC-3	≤ 17	6	1	0,65	1	0,17	0,65
	> 17	6	1	0,35	1	0,17	0,35
AC-4	≤ 17	6	1	0,65	6	1	0,65
	> 17	6	1	0,35	6	1	0,35
AC-11	alle Werte	10	1	0,7	1	1	0,4
DC-1	alle Werte	1	1	1 ms	1	1	1 ms
DC-2		2,5	1	2 ms	1	0,1	7,5 ms
DC-3		2,5	1	2 ms	2,5	1	2 ms
DC-4		2,5	1	7,5 ms	1	0,3	10,0 ms
DC-5		2,5	1	7,5 ms	2,5	1	7,5 ms
DC-11		1	1	6 ms · P/W	1	1	6 ms · P/W
Prüfbedingungen zum Nachweis von Einschaltvermögen und Ausschaltvermögen (Beispiele)							
AC-1	alle Werte	1,5	1,1	0,95	1,5	1,1	0,95
AC-2	alle Werte	4	1,1	0,65	4	1,1	0,65
AC-3	≤ 17	10	1,1	0,65	8	1,1	0,65
	$17 < I_N \leq 100$	10	1,1	0,35	8	1,1	0,35
	> 100	8 vgl[1]	1,1	0,35	6 vgl[2]	1,1	0,35

I Einschaltstrom, I_C Ausschaltstrom (C von cut = Schnitt), I_N Bemessungsstrom des Schützes, $P = U_N \cdot I_N$ Bemessungsleistung, U Leerlaufspannung, U_N Bemessungsspannung, U_r wiederkehrende Spannung, L Induktivität des Prüfstromkreises, P/W Bemessungsleistung in W, R Wirkwiderstand des Prüfstromkreises, cos φ Leistungsfaktor. Statt Vorsatz Bemessungs- auch Nenn- üblich.

[1] mindestens 1000 A für I oder I_C; [2] $I_C \geq 800$ A

Schützschaltungen 1 Contactor Circuits 1

Art	Hauptstromkreis	Steuerstromkreis
Schützschaltung mit thermischem Überstromrelais	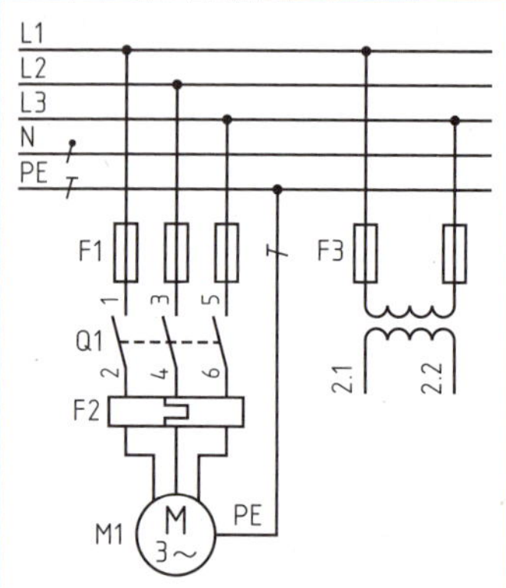	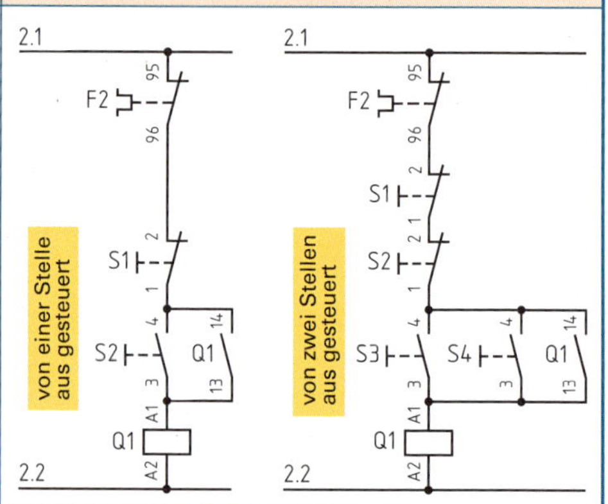
Wendeschützschaltung	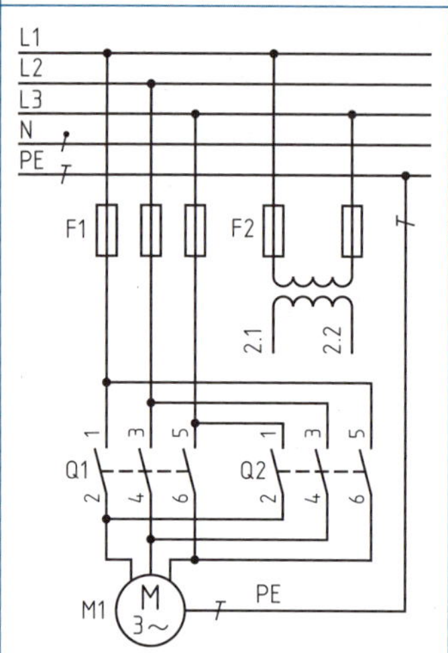	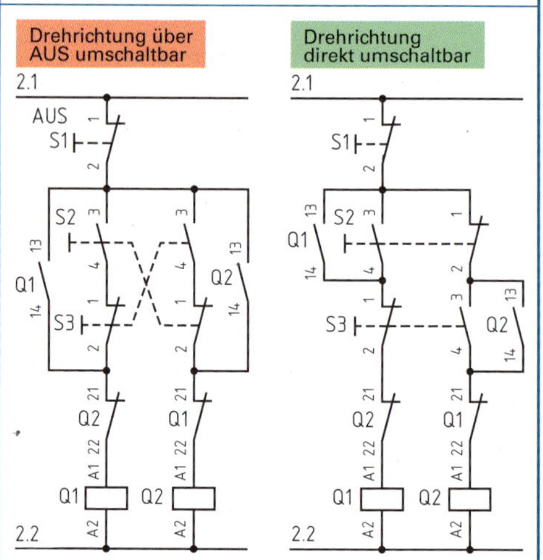
Automatische Sterndreieck-Schützschaltung mit Überstromrelais (Für Anordnung von F2 gibt es weitere Möglichkeiten)	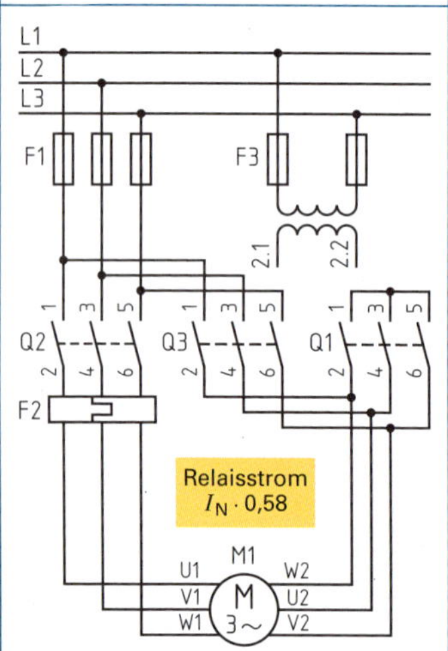	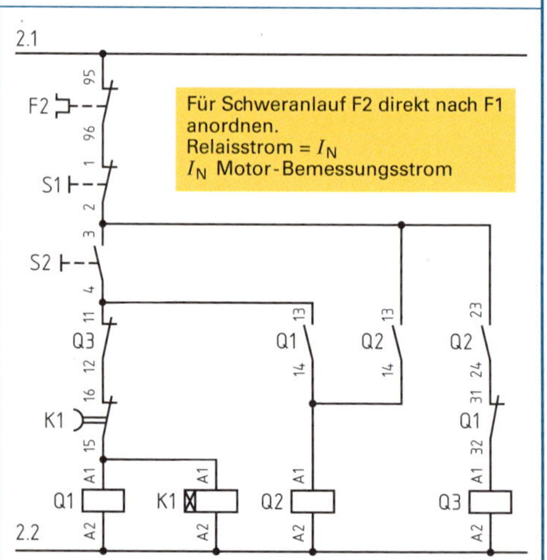

Schützschaltungen 2 Contactor Circuits 2

Polumschaltschütze für zwei getrennte Wicklungen

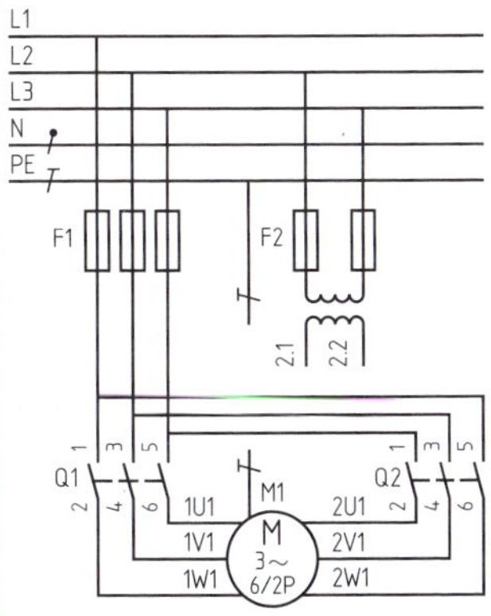

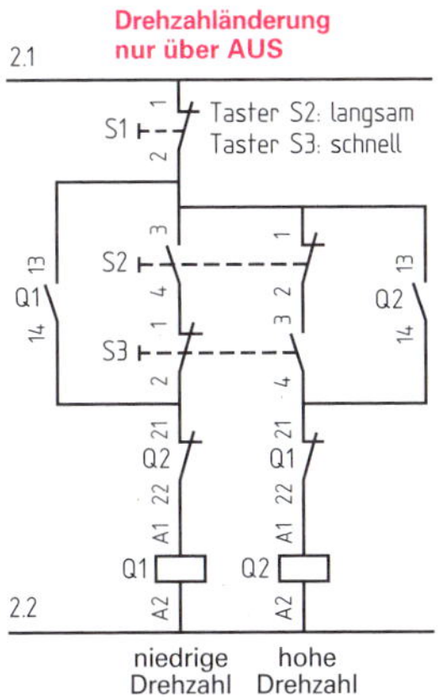

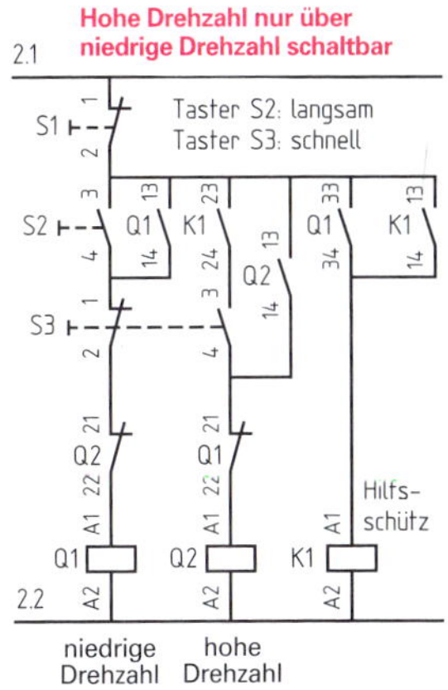

Polumschaltschütze für Dahlanderschaltung

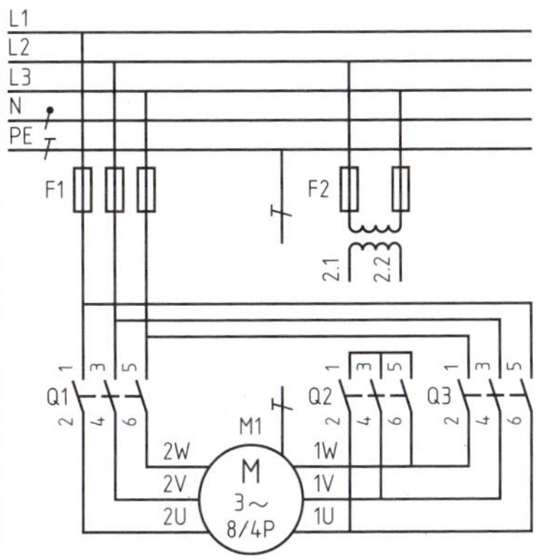

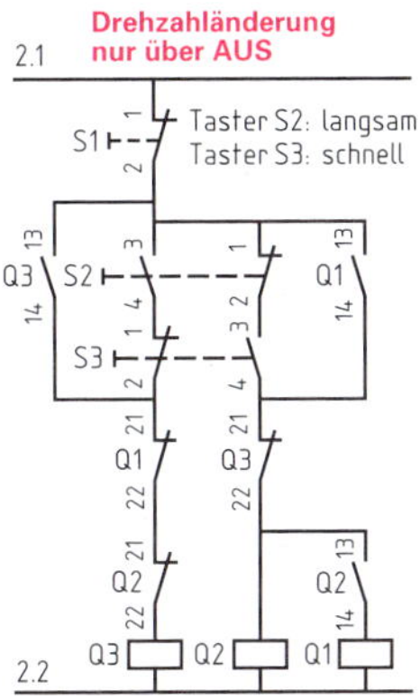

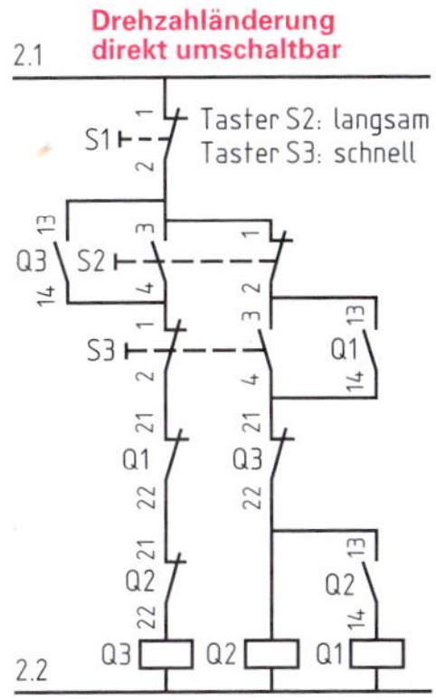

Drehstrom-Schleifringläufer-Selbstanlasser mit Netzschütz

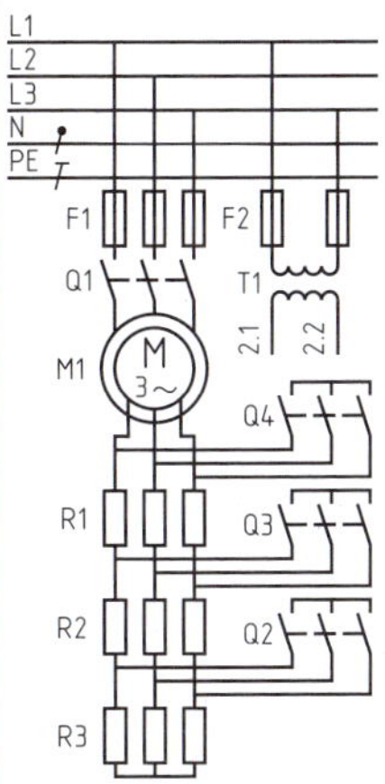

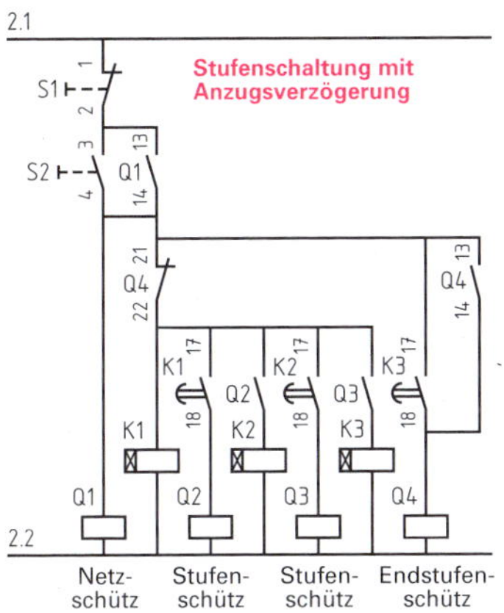

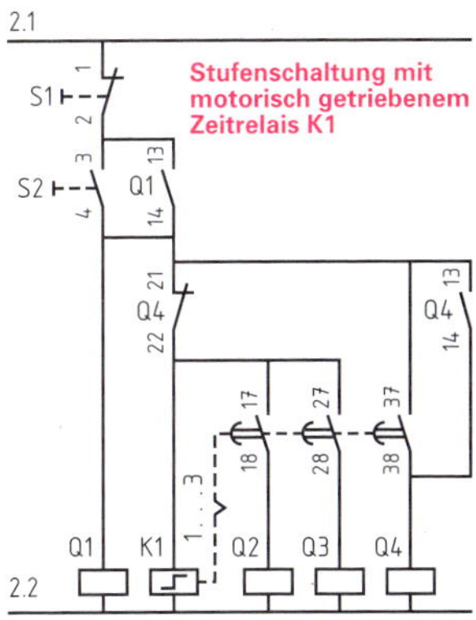

Reihenfolge der Kontaktgebung:
Schließer für Q2 - Q3 - Q4
Q4 trennt K1 vom Netz

Schützschaltung mit Steuereinrichtung
Contactor Circuit with Control Devices

Beispiel mit Steuerung über Steuergerät

Aufgabe

Eine Lackieranlage soll über eine Reset-Taste S1 betriebsbereit geschaltet werden, sofern alle Schütze nach der Abschaltung ihre Ausgangsstellung einnehmen. Prüfung geschieht durch Spiegelkontakte. Der Kompressor (Drucklufterzeuger) mit dem durch Schütz Q2 gesteuerten Motor m1 soll nur arbeiten, wenn zuvor die Absaugung mit dem Motor m2 und Schütz Q3 eingeschaltet wurde. Motor m2 soll auch allein arbeiten können. Vor dem Einschalten eines Schützes soll mittels Spiegelkontakten in Q1, Q2 und Q3 die Betriebsbereitschaft der Schütze geprüft werden.

Erklärung, Bemerkungen

Spiegelkontakte sind Öffner in Schützen, die anzeigen, dass das Schütz nach einer Schaltung im ordnungsgemäßen Zustand ist, also z. B. nicht hängen blieb. Spiegelkontakte sind meist Öffner im jeweiligen Schütz, bei denen mechanisch sicher ist, dass sie nicht gleichzeitig den Zustand der Hauptkontakte des Schützes annehmen können.

Lösungsvorschlag:

3 Taster EIN,
3 Taster AUS,
3 Schütze mit je 1 zusätzlicher Spiegelkontakt,
1 Steuergerät, z. B. Kleinsteuerung oder SPS oder Steuerrelais.

Die Schütze dienen hier als Stellglieder für die Lastströme der Motoren. Die logischen Verknüpfungen werden durch die Parametrierung (Programmierung) des Steuergerätes hergestellt. Reale Öffner im Hilfsstromkreis dienen beim Einschalten als *Spiegelkontakte* zur Überprüfung der Ruhestellung der Kontakte des Schützes. Danach muss das Programm die Überbrückung der Spiegelkontakte mittels ODER-Funktion bewirken.

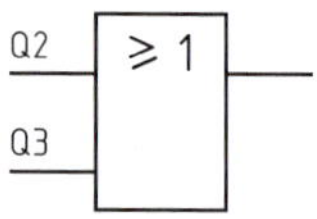

Überbrückung der Spiegelkontakte

Hauptstromkreis:
Außer den Schützen Q2 und Q3 für zwei Antriebe ist ein Rücksetz-Schütz Q1 zur Überwachung der Ruhelagen von Q1 bis Q3 vorhanden sowie ein trennender Motorschutzschalter F1.

Hilfsstromkreis:
Im Hilfsstromkreis von Q1 bis Q3 sind Spiegelkontakte zum Überprüfen der Ruhestellungen von Q1 bis Q3 vorhanden. Betätigung von S1 bringt die programmierte Freigabe der Schaltung durch Q1, wenn die Schutztüre geschlossen ist und alle Spiegelkontakte die ordnungsgemäße Ruhestellung der Schütze gemeldet haben. Erst dann können Q2 und Q3 arbeiten, und zwar je nach Parametrierung der Kleinsteuerung, also z. B. Motor 1 und Motor 2.

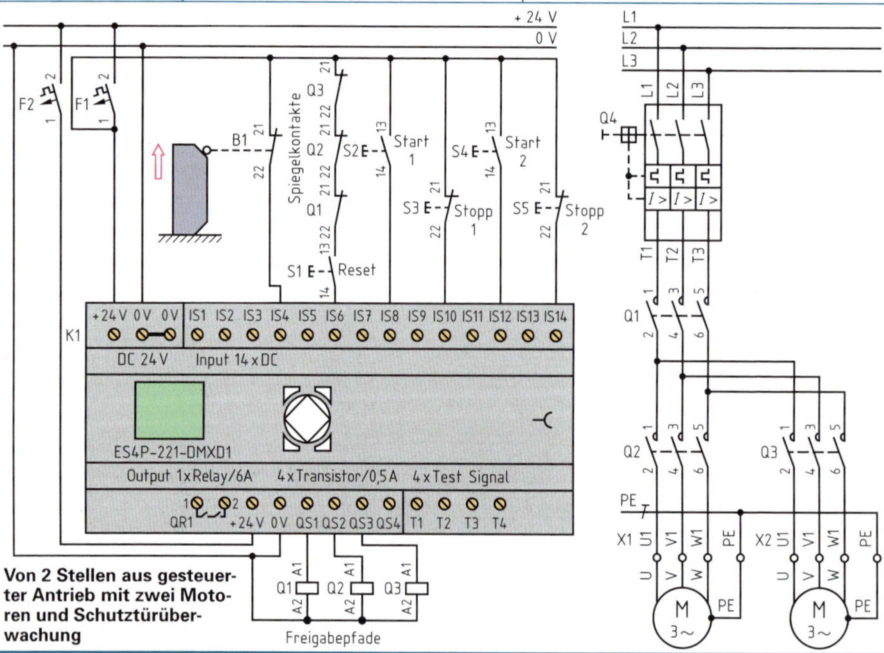

Von 2 Stellen aus gesteuerter Antrieb mit zwei Motoren und Schutztürüberwachung

Motorschutz Motor Protection

Motorschutzeinrichtung, Schaltung	Auslösekennlinie	Wirkungsweise

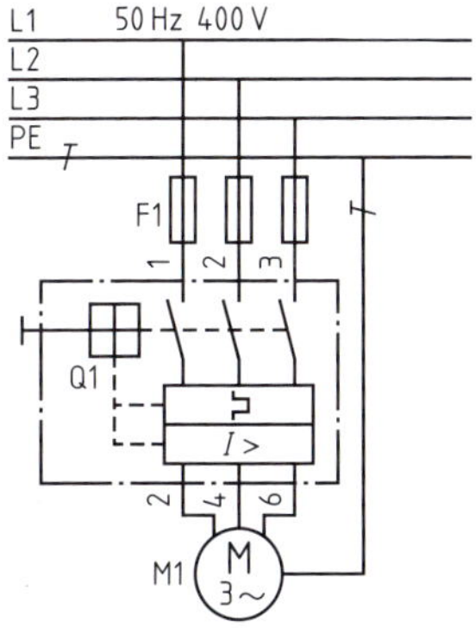

Motorschutzschalter mit thermischem und elektromagnetischem Auslöser

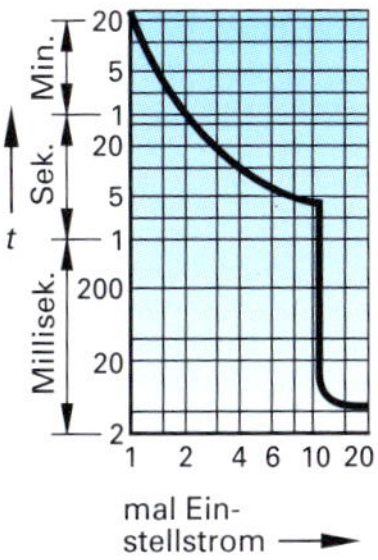

Motorschutzschalter überwachen die Wicklungstemperatur indirekt über die Stromaufnahme des Motors. Bei zu hoher Stromaufnahme auch nur eines Stranges der Motorwicklung wirkt die thermische Auslöseeinrichtung (Bimetallauslöser) auf ein Schaltschloss ein, das dann allpolig abschaltet. Der Ansprechstrom kann eingestellt werden.

Die Auslösung erfolgt verzögert. Die Auslösezeit hängt von der Stromstärke ab und liegt meist im Minutenbereich, selten im Sekundenbereich.

Motorschutzschalter sind meist zusätzlich mit einem elektromagnetischen Auslöser ausgerüstet, der die Anlage bei Kurzschluss schützt. Die elektromagnetische Auslösung spricht beim 11-fachen Bemessungsstrom I_N innerhalb von einigen Millisekunden an.

Bei Motorschutzschaltern für Drehstrom, die an einphasiger Wechselspannung betrieben werden, sind alle Kontakte in Reihe zu schalten.

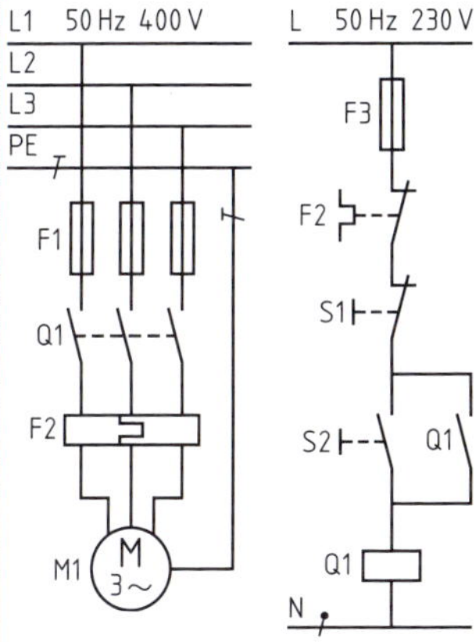

Motorschutzrelais als Bimetallrelais

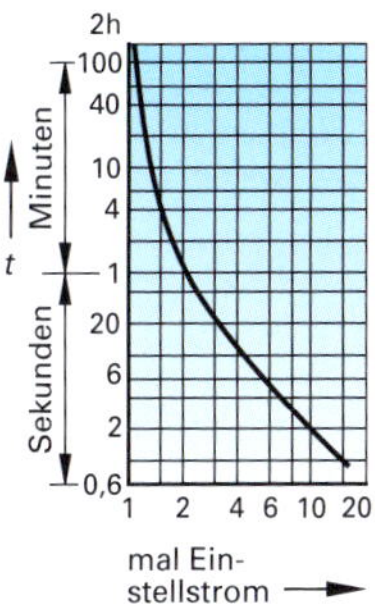

Motorschutzrelais überwachen die Wicklungstemperatur indirekt über die Stromaufnahme des Motors. Die Leiterströme fließen durch Widerstände, die in Reihe zur Motorwicklung geschaltet sind und die Bimetallstreifen erwärmen. Bei Erreichen des Ansprechstromes wird der Steuerstromkreis des Schützes Q1 von F2 geöffnet und der Motor dadurch allpolig vom Netz abgetrennt. Mit einer Einstellvorrichtung kann man den Ansprechstrom einstellen. Motorschutzrelais werden mit und ohne Wiedereinschaltsperre bzw. auch mit einer Umschaltmöglichkeit geliefert. Die Sperre lässt sich von Hand lösen.

Motorschutzrelais werden bis I_N = 70 A verwendet.

Bei der Motorschutzeinrichtung mit *Wandlerrelais* können Ströme bis etwa I_N = 600 A indirekt überwacht werden. Bei kleineren zu überwachenden Stromstärken, z.B. 35 A, wird der Außenleiter mehrmals durch den Wandler geschleift.

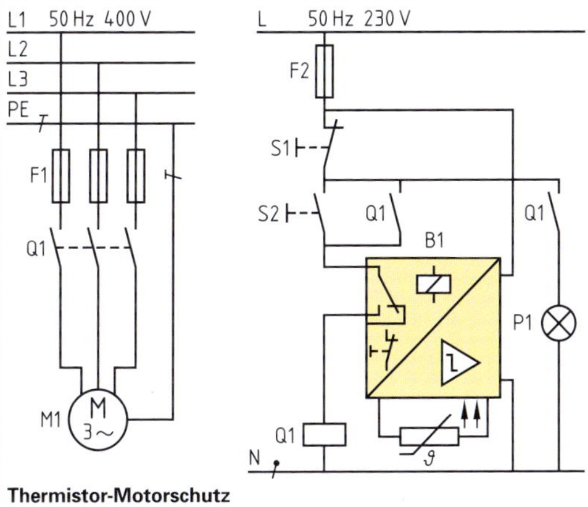

Thermistor-Motorschutz

Der *Thermistor-Motorschutz* überwacht mit temperaturabhängigen Widerständen, z.B. PTC, direkt die Wicklungstemperatur des Motors. Je nach Kaltwiderstand des PTC können bis zu neun PTC in Reihenschaltung in die Ständerwicklung eines Motors eingebaut werden. Die PTC-Schaltung steuert über eine Transistorverstärkerschaltung mit Kippverhalten ein Ausgaberelais an, das seinerseits das Hauptschütz steuert.

Bei thermischer Auslösung und bei Ausfall einer Leiterspannung fällt das Hauptschütz ab. In beiden Fällen wird die Störung optisch angezeigt. Das Hauptschütz kann über den Taster S2 oder eine Rücksetztaste von B1 wieder eingeschaltet werden, wenn die Auslöseursache beseitigt ist.

Elektronischer Motorschutz Electronic Protection for Motors

Schutzfunktionen	Schutzzeichen	Erklärung
Thermischer Schutz		Der thermische Schutz erfolgt durch die Simulation der Maschinenerwärmung durch Kupferverluste und Eisenverluste mit einer RC-Schaltung (Zweikörper-Abbild). Er löst beim Überschreiten des Temperaturgrenzwertes aus. Das erlaubt die volle thermische Ausnützung der Motoren bei vollem Schutz.
Phasenausfallschutz		Bei Ausfall eines Außenleiters wird unabhängig von der Belastung innerhalb von 2 s ausgelöst und angezeigt.
Erdschlussschutz		Der Erdschlussdetektor erfasst den Erdschluss entweder durch Messung des Nullstroms in der Sternpunktverbindung der drei Hauptstromwandler des Erfassungsmodules oder mit Hilfe eines Summenstromwandlers (I_A 5 mA, 10 mA, 50 mA, bis 250 mA).
Blockierschutz		Werden Förderanlagen, Steinbrecher im normalen Betrieb durch verklemmte Teile blockiert, so löst das Motorschutzrelais bei einem Ansprechstrom (1 bis 4 · I_e) innerhalb 0,1 s bis 1 s aus. Motor und Antriebsteile (Getriebe, Kupplung) werden dadurch vor mechanischer Überbeanspruchung geschützt.
Drehrichtungsschutz		Bei mobilen Anlagen, z. B. Kühlanlagen, Baumaschinen, kann es irrtümlich zu falschen Drehrichtungen kommen. Ein Detektor für Drehrichtung überwacht die festgelegte Phasenfolge und löst innerhalb von 0,5 s aus.
Unterlastschutz		Bei Unterschreiten der Ansprechschwelle 0 bis 1,1 · I_e erfolgt eine Auslösung innerhalb von 5 s bis 20 s. Alle Schutzfunktionen werden manuell zurückgestellt und quittiert.

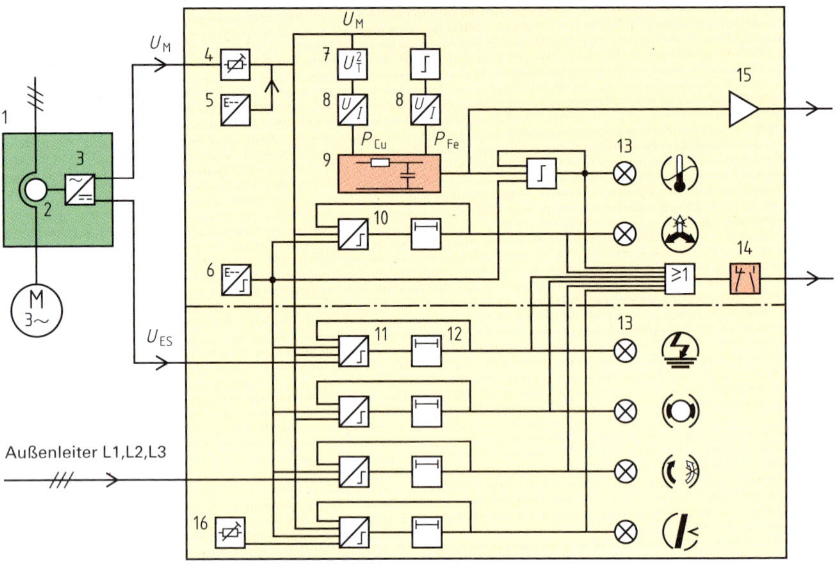

Übersichtsschaltplan eines elektronischen Motorschutzes

1 Erfassungsmodul
2 Hauptstromwandler
3 Gleichrichter
4 Einstellung auf Bemessungsstrom I_N des Motors
5 Funktionsprüftaste 6 · I_e
6 Rückstelltaste
7 Quadrierung von U_T (P_{cu})
8 Spannung/Strom-Umsetzer
9 Thermisches Ersatz-Netzwerk (Zweikörper-Abbild)
10 Phasenausfall-Detektor
11 Detektoren für Erdschluss, Blockierung, Drehrichtung, Unterlast
12 Verzögerungsglieder
13 Auslöseanzeigen
14 Ausgangsrelais für Steuerung
15 Erwärmungsausgang
16 Ansprechschwelle Unterlast
I_e Stromeinstellwert
U_M dem Motorstrom proportionale Messspannung
U_T Messspannung zur Bildung der Kupferverluste ($I^2 \cdot R$)
U_{ES} Erdschluss-Auslösespannung

Steuerung durch Motorschalter Control via Motor Switches

Wendeschaltungen

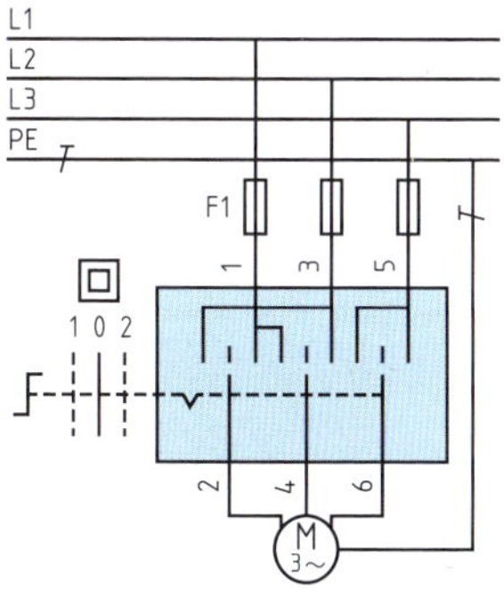

Wendeschaltung Form 1

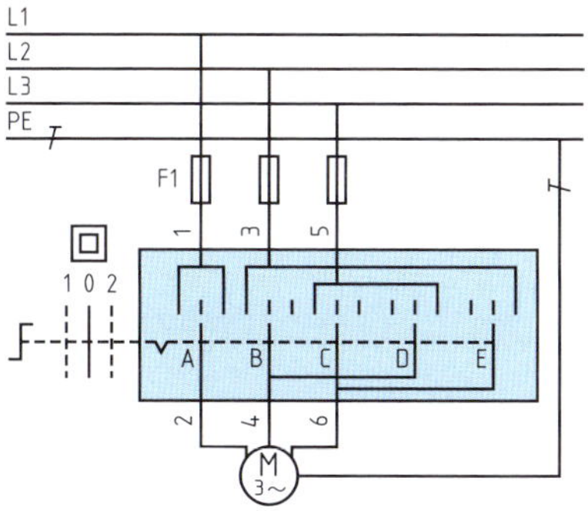

Wendeschaltung Form 2

Schalt-stellung	Schaltglied A	B	C	D	E
0					
1	X	X	X		
2	X			X	X

X Schaltglied geschlossen

Schaltglied offen

Stern-Dreieckschaltungen

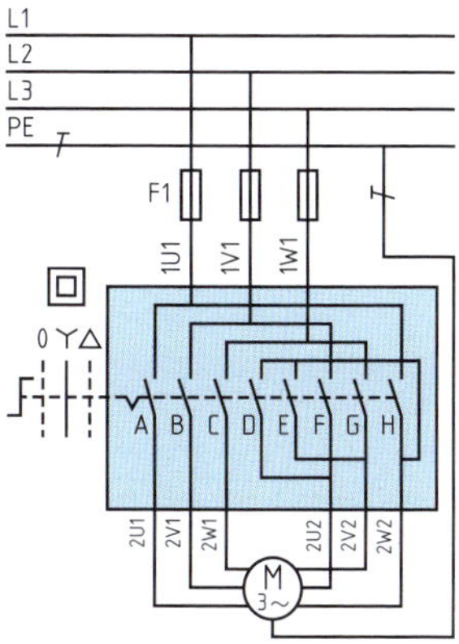

Stern-Dreieckschaltung

Schalt-stellung	Schaltglied A	B	C	D	E	F	G	H
1 (0)								
2 (Y)	X	X	X	X	X			
3 (Δ)	X	X	X			X	X	X

X Schaltglied geschlossen

Schaltglied offen

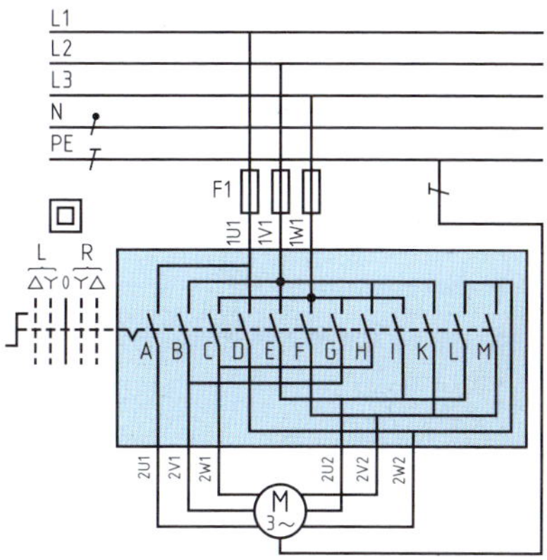

Stern-Dreieck-Wendeschaltung

Polumschaltungen

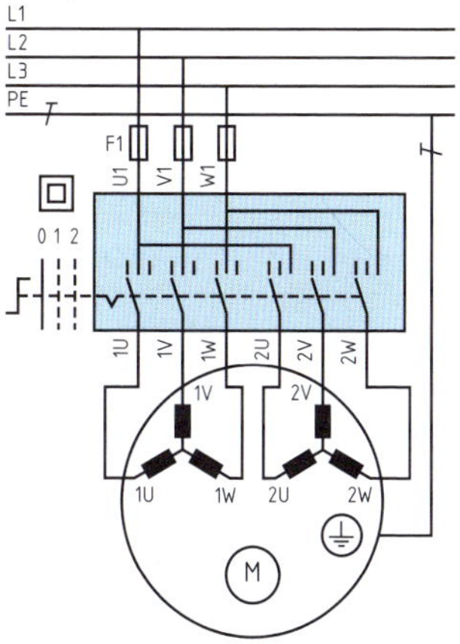

Polumschaltung mit zwei getrennten Wicklungen

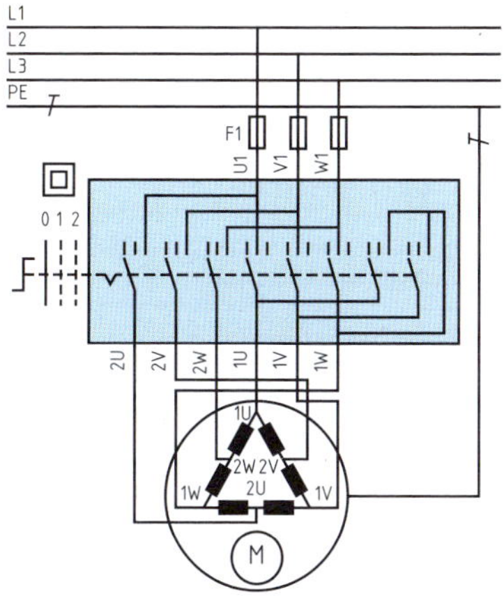

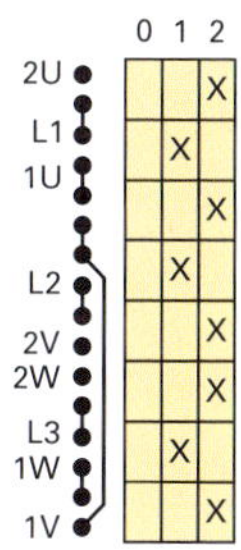

Dahlanderschaltung

X Schaltglied geschlossen

Schaltglied offen

Optoelektronische Näherungsschalter (Lichtschranken)

Optoelectronic Proximity Switches (Light Barriers)

Arten von Lichtschranken

Prinzip, Name	Wirkungsweise	Vorteile, Nachteile	Anwendungen
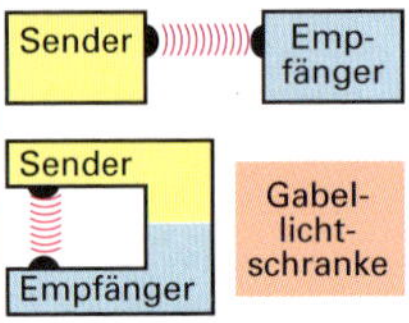 **Einweglichtschranke**	Der Sender strahlt seine IR-Strahlung gebündelt auf den gegenüberliegenden Empfänger. Die Unterbrechung des Strahls löst beim Empfänger den Schaltvorgang aus.	Für große Entfernungen (bis 120 m). Unempfindlich gegen umgebungsbedingte Störeinflüsse. Exakte Ausrichtung erforderlich (Ausnahme: Gabellichtschranke).	Grenztaster, Positionsgeber, Werkzeugbruchkontrolle, Etikettenabtastung, Schaltfahnenerfassung. Fiberoptiken mit Metallmantel sind für Temperaturen bis 290 °C einsetzbar.
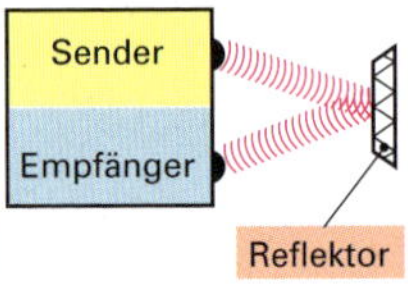 **Reflexionslichtschranke**	Der Sender strahlt die gebündelte IR-Strahlung auf einen Reflektor, z. B. einen Glasreflektor. Dieser wirft den Strahl in die Empfängeroptik zurück. Eine Unterbrechung löst im Empfänger den Schaltvorgang aus.	Für Entfernungen bis 10 m. Sender und Empfänger sind in einem Gehäuse untergebracht. Der Einsatz polarisierten Lichts verhindert Reflexionsverwechslungen.	Siehe Einweglichtschranke. Bevorzugter Einsatz überall dort, wo ein Empfänger schwierig zu montieren ist. Leicht justierbare Reflektoren sind fast überall anzubringen.
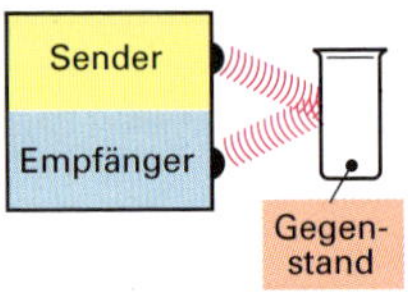 **Reflexionslichttaster**	Der vom Sender ausgesandte IR-Strahl wird von einem Gegenstand auf den Empfänger reflektiert. Um unempfindlich gegen Störlicht zu sein, wird der IR-Strahl mit einer hohen Frequenz gepulst.	Einfache Montagebedingungen, deshalb flexibel in der Anwendung. Sender und Empfänger sind in einem Gehäuse untergebracht. Da jede Oberfläche verschieden reflektiert, ist ein Erkennen verschiedener Oberflächen möglich.	Siehe Einweglichtschranke. Überall dort, wo weder Empfänger noch Reflektoren montiert werden können. In industriellen Fertigungsstraßen mit elektropneumatischen Steuerungen.

Technische Daten bei 20 °C

Art		Einweglichtschranke	Zweiweglichtschranke	Reflexionslichttaster
Betriebsspannung in V	DC	12 bis 240	12 bis 240	10 bis 55
	AC	24 bis 240	24 bis 240	20 bis 250
Strombelastbarkeit in mA		250	250	250
Schaltfrequenz in Hz		40 bis 140	70 bis 160	70 bis 160
Reichweite in m		120	5	0,3
Strahlungsquelle		IRED (Infrarot-LED), meist Galliumarsenid für eine Wellenlänge von 850 nm.		
Sendefrequenz		250 kHz, zur Vermeidung von Fremdstrahlungseinfluss.		

Abmessungen, Schaltung eines Reflexionslichttasters, Anwendungsbeispiele

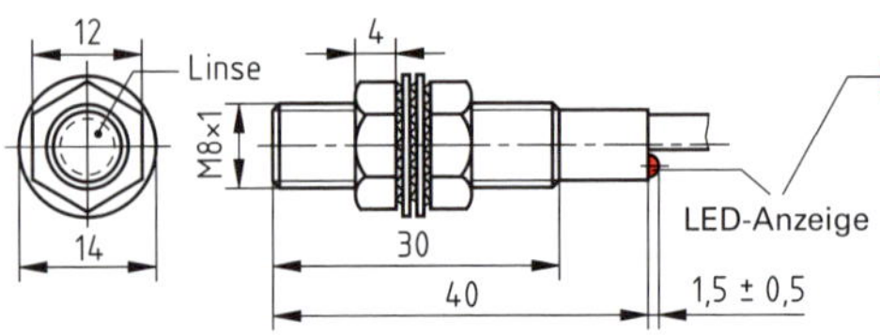

Abmessungen

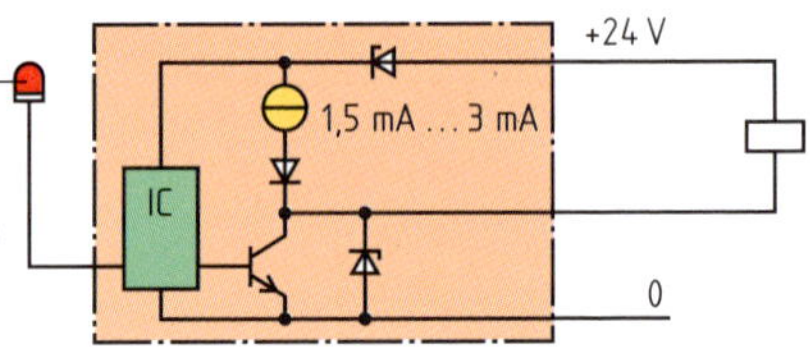

Schaltung

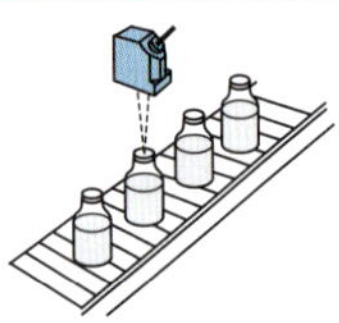

Erkennen von Flaschenverschlüssen

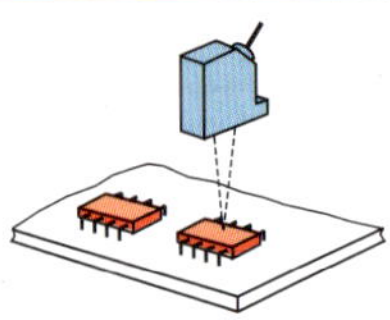

Erkennen von Bauhöhen elektronischer Bauteile

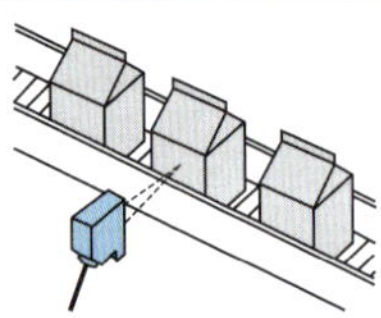

Zählen von Milchtüten

Näherungsschalter (Sensoren) Proximity Switches (Sensors)

Prinzip, Name, Aufbau	Wirkungsweise	Daten bei 20 °C, Anwendung
Arten von Näherungsschaltern (Sensoren)		
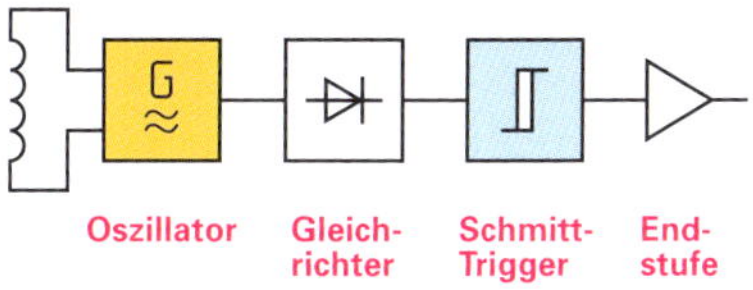 **Induktiver Näherungsschalter**	Der Oszillator mit LC-Schwingkreis erzeugt ein hochfrequentes elektromagnetisches Feld, das an der aktiven Fläche des Sensors austritt. Bei Eintritt von leitfähigem Material in den aktiven Bereich wird der Oszillator bedämpft. Der Schmitt-Trigger schaltet.	Betriebsspannungen DC 10 V... 40 V, AC 20 V...264 V, Strombelastbarkeit bis 500 mA, Reststrom bis 7 mA. Schaltabstand einstellbar: maximal 30 mm (60 mm), Schaltfrequenz bis 1 kHz. Schutzart IP 54 erlaubt Einsatz in Explosionsschutz-Zone 2. Ausgangsfunktion als Schließer oder als Öffner wählbar. Die Sensoren arbeiten berührungslos und deshalb völlig verschleißfrei. Bei metallenen Teilen werden induktive oder kapazitive Sensoren, bei nichtmetallischen Teilen kapazitive Sensoren eingesetzt.
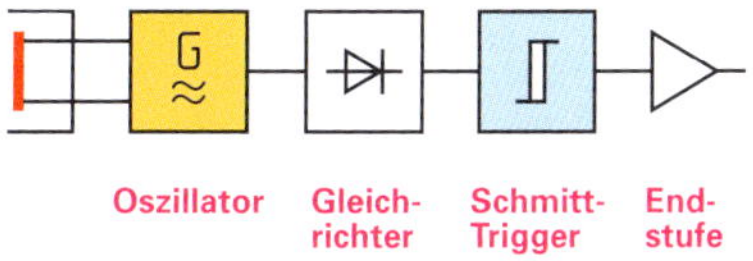 **Kapazitiver Näherungsschalter**	Die Kapazität des Schwingkreises vom Oszillator wird durch Einbringen anderer Medien in den aktiven Bereich verändert. Dies wird zur Steuerung von Schaltvorgängen ausgenützt. Der Bemessungsschaltabstand (z.B. 5 mm) wird meist auf eine Wasseroberfläche bezogen.	
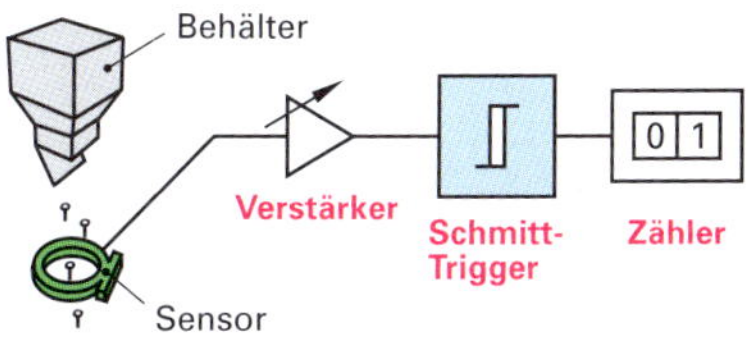 **Ringsensor zur Erkennung durchfallender Teile**	Der Ringsensor ist ein induktiver Näherungsschalter, der schnell fallende Metallteile registriert. Er erfasst Objekte ab 0,3 mm Durchmesser und 1 mm Länge.	Betriebsspannung AC 230 V. Leistungsaufnahme 3 VA max. Empfindlichkeit einstellbar. Ausgang: Transistor DC 40 V, 100 mA Relais AC 250 V, 2 A Schutzart IP 67
Anwendungen bei Überwachungseinrichtungen		
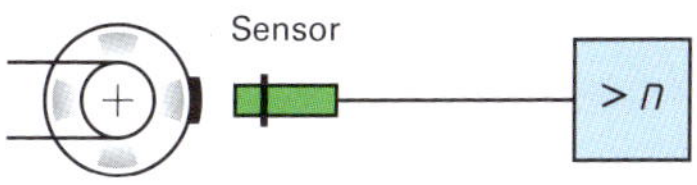 **Drehzahlwächter**	Der Sensor (Drehzahlgeber) arbeitet je nach Einsatzfall mit induktivem oder kapazitivem Abtastprinzip. Bei Durchfahren der aktiven Zone des Sensors wird ein Impuls abgegeben. Die Impulsfolge wird mit der Soll-Drehzahl verglichen.	Einstellbereich 5 bis 5 000 Impulse/min. Betriebsspannung AC 230 V, DC 24 V, Stromaufnahme 70 mA, Schaltleistung 1250 VA, Einsatz bei • Rührwerken und • Förderanlagen.
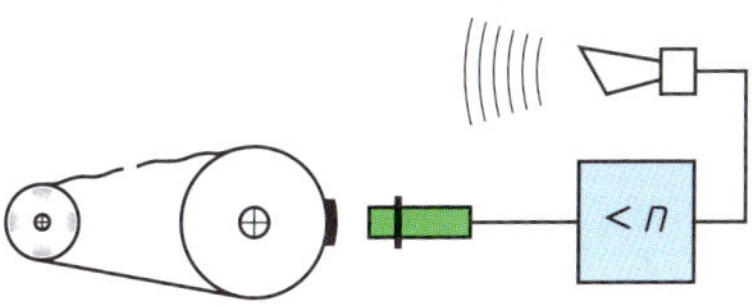 **Stillstandswächter (einstellbare Anlaufüberbrückung)**	Beim Durchfahren der aktiven Zone des Sensors wird ein Impuls abgegeben. Die Impulsfolge wird im Stillstandswächter mit der eingegebenen Impulszahl verglichen. Bei Unterschreitung der Impulszahl spricht über die Endstufe ein Relais an.	Anlaufüberbrückungszeit einstellbar 0 s bis 15 s. Einstellbereich 5 bis 100 Impulse/min. Betriebsspannung AC 230 V, DC 24 V, Stromaufnahme 70 mA, Schaltleistung 1250 VA, Einsatz bei Förderschnecken.
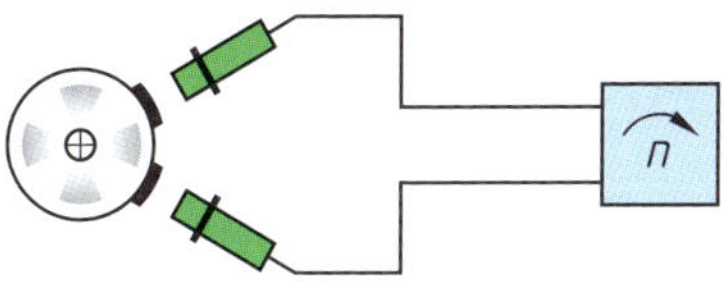 **Drehrichtungsmelder**	Zwei Sensoren geben bei Durchfahren ihrer aktiven Zonen nacheinander einen Impuls ab. Die Impulsfolge wird dem Drehrichtungsmelder zugeführt, der aus der zeitlichen Folge die Drehrichtung bestimmt. Eine nachgeschaltete Endstufe steuert die Relais für die Drehrichtung an.	Betriebsspannung AC 230 V, Schaltleistung 625 VA, Rückstellzeit einstellbar 1 s bis 15 s. Einsatz bei • Förderbändern, • Hubeinrichtungen, • Aufzügen.

Ultraschall-Sensoren Ultrasonic Sensors

Aufbau und Wirkungsweise

Schaltung, Anordnung

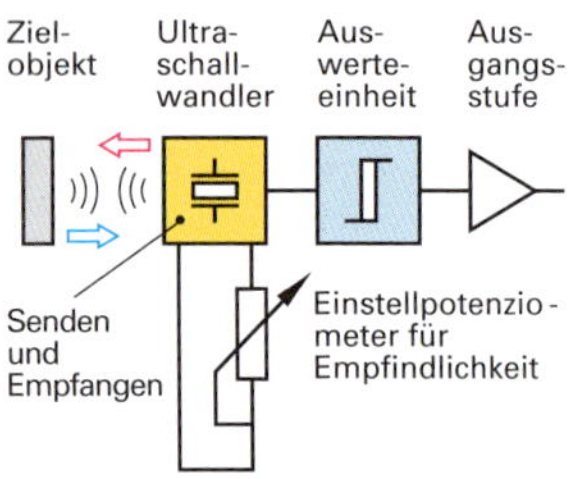

Objekterkennung mit Ultraschallsensoren

Merkmale

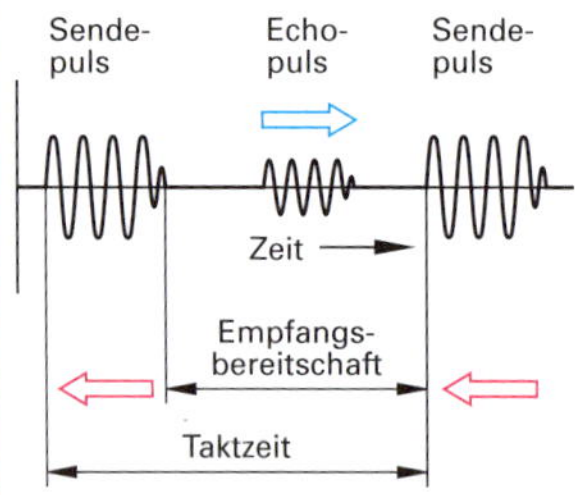

Pulse bei Ultraschallsensoren

Erklärung, Begriffe

Bei angelegter Betriebsspannung wird der Schwingquarz des Schallgebers für kurze Zeit angeregt. Er sendet dadurch Ultraschallwellen aus. Dann wird der Schallgeber auf Empfang umgestellt und die eingehenden Ultraschallimpulse werden ausgewertet. Zuerst prüft die Auswerteeinheit, ob das aufgenommene Signal das Echo der ausgesendeten Ultraschallwellen ist. Fällt diese Prüfung positiv aus, wird die Laufzeit des Schalls als Maß für den Abstand eines Objektes ermittelt.

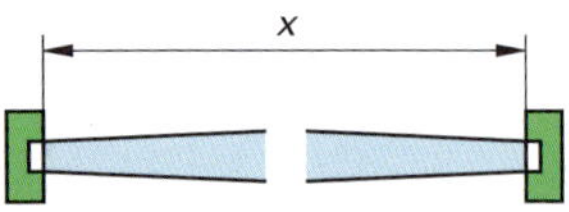

Störbeeinflussung gegenüberliegender Ultraschall-Sensoren

Mindestabstand von Sensoren

Erfassungsbereich	Mindestabstand x in m
bis 0,3 m	> 1,2
0,2 m bis 1 m	> 4,0
0,8 m bis 6 m	> 25,0

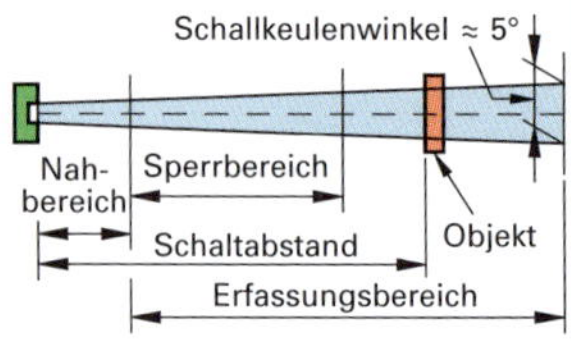

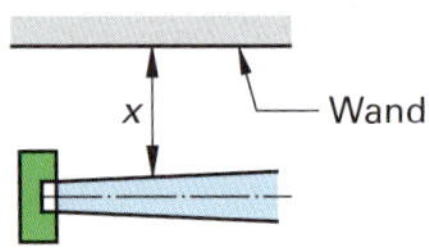

Störbeeinflussung von Ultraschall-Sensoren zu benachbarten Wänden oder Körpern

Mindestabstände zu Wänden

Erfassungsbereich	Mindestabstand x in m
bis 0,3 m	> 0,03
0,2 m bis 1 m	> 0,15
0,8 m bis 4 m	> 0,4

Ein Objekt im Nahbereich kann Fehlsignale hervorrufen, durch die ein Objekt in größerem Schaltabstand vorgetäuscht wird. Deshalb sollte der Nahbereich immer von Objekten freigehalten werden.

Innerhalb des Erfassungsbereiches kann der Näherungsschalter zwischen Objekten im eingestellten Schaltbereich und im davor liegenden Sperrbereich unterscheiden.

Objekte mit größerem Abstand als dem eingestellten Erfassungsbereich werden nicht erfasst.

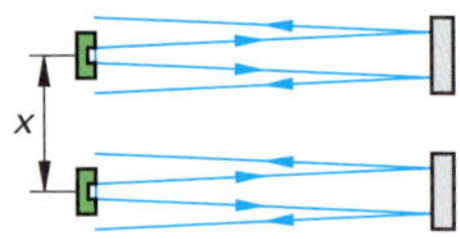

Störbeeinflussung paralleler Ultraschall-Sensoren

Mindestabstände paralleler Sensoren

Erfassungsbereich	Mindestabstand x in m
bis 0,3 m	> 0,15
0,2 m bis 1 m	> 0,6
0,8 m bis 6 m	> 2,5

Daten von Ultraschall-Näherungsschaltern

Bemessungs-Schaltabstand	1000 mm	6000 mm
Nutzschaltabstand	200 mm bis 1000 mm	800 mm bis 6000 mm
Anzahl der Schaltbereiche	1	1
Schaltbereichsbreite (am Schaltabstand)	30 mm	60 mm
Öffnungswinkel der Schallkeule	etwa 5°	etwa 5°
Wandlerfrequenz	200 kHz	80 kHz
Reproduzierbarkeit des Schaltabstandes	± 1,5 mm	± 9 mm
Schalthysterese (Schaltdifferenz zwischen EIN und AUS)	≤ 10 mm	≤ 60 mm
Normmessplatte	20 mm x 20 mm	100 mm x 100 mm
Schaltfrequenz	4 Hz	1 Hz
Ansprechzeit	≤ 100 ms	≤ 240 ms

Bemessungsspannung DC 24 V; Betriebsspannung U_b DC 20 V bis 30 V und ± 10 % Restwelligkeit; Leerlaufstromaufnahme ≤ 40 mA; Dauerstrom 300 mA; maximale Ausgangsspannung $U_a = U_b - 3$ V; Schaltzustandsanzeige mit LED.

Regelungstechnik Automatic Control Engineering

Begriff	Erklärung	Bemerkungen
Abtastregelung	Die Regelgröße wird nur zu den Abtastzeitpunkten mit der Führungsgröße verglichen.	Die Eingangssignale werden mit AD-Umsetzern digitalisiert. Das Ausgangssignal wird von einem DA-Umsetzer bearbeitet.
Festwertregelung	Die Führungsgröße ist auf einen festen Wert eingestellt.	Von der Regeleinrichtung muss nur die Störgröße ausgeregelt werden.
Folgeregelung	Die Regelgröße muss der sich ändernden Führungsgröße angepasst werden.	Zeitgeführte Regelungen sind Folgeregelungen.
Führungsgröße w	Ihr soll die Regelgröße in vorgegebener Abhängigkeit folgen.	Die Führungsgröße mit ihrem Sollwert wird von der Regelung nicht beeinflusst.
Mehrpunktregelung	Die Stellgröße kann nur endlich viele unterschiedliche Werte annehmen.	Zweipunktregeleinrichtungen oder Dreipunktregeleinrichtungen.
Messglied	Dient zur Messung der Regelgröße und zur Erzeugung der Rückführgröße.	In ihr werden bei Bedarf Signalumsetzungen durchgeführt.
Regeldifferenz e	Ist die Differenz zwischen Führungsgröße und Rückführgröße, $e = w - r$.	Meist sind Rückführgröße und Regelgröße identisch.
Regelglied	Das Regelglied korrigiert den Regelgrößenverlauf.	Die gebräuchlichsten Regelglieder sind P-Glieder, PI-Glieder, PD-Glieder und PID-Glieder.
Regelgröße x	Ist die zu beeinflussende Ausgangsgröße des Regelkreises.	Die Regelgröße soll dem Verlauf der Führungsgröße angepasst werden.
Reglerausgangsgröße m	Ist die Eingangsgröße für die Stelleinrichtung.	Wird anhand der Regeldifferenz und dem Regelalgorithmus erzeugt.
Regelkreis	Umfasst Regeleinrichtung, Regelstrecke, Messeinrichtung und Rückführung.	Ein Regelkreis besitzt wegen der Rückführung einen in sich geschlossenen Wirkungsweg.
Regelstrecke	Ist der nach Aufgabe zu beeinflussende Teil einer Anlage.	Regelstrecken werden mit Übertragungsgliedern wie P-Glieder, I-Glieder und Totzeitglieder dargestellt.
Rückführgröße r	Ist eine aus der Messung der Regelgröße hervorgegangene Größe.	Die Rückführgröße wird zum Vergleichsglied zurückgeführt. $e = w - r$.
Stelleinrichtung	Umfasst den Steller und das Stellglied.	Ein Schützantrieb ist z. B. der Steller, die Schützkontakte stellen das Stellglied dar.
Stellgröße y	Ist die Eingangsgröße der Regelstrecke.	Die Stellgröße überträgt die steuernde Wirkung auf die Strecke.
Störgröße z	Beeinflusst den Verlauf der Regelgröße in unerwünschter Weise.	Die Störgröße kann auch auf die Regeleinrichtung wirken.
Zeitdiskrete Regelung	Eine zeitdiskrete Regelung liegt vor, wenn der Regelgrößenverlauf mit einem Computer geregelt wird.	Die Regelung kann über Mikrocomputer, PC, SPS oder Prozessrechner erfolgen (siehe Abtastregelung).
Zeitkontinuierliche Regelung	Die Regelung des Regelgrößenverlaufs erfolgt zeitlich ununterbrochen, z. B. über beschaltete Operationsverstärker.	Im Regelkreis kommen nur analoge Signale vor.

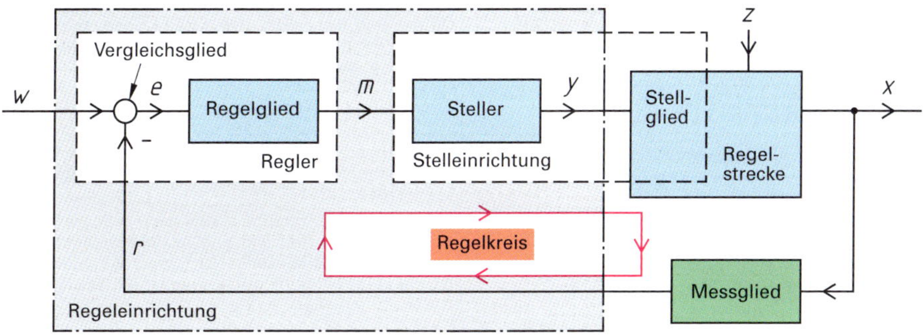

Struktur des Regelkreises

e Regeldifferenz, r Rückführgröße, w Führungsgröße, x Regelgröße, y Stellgröße, m Reglerausgangsgröße, z Störgröße

Unstetige Regelglieder Discontinuous Control Elements

Arten von unstetigen Regelgliedern

<table>
<tr><th>Schaltzeichen, Benennung</th><th>Verlauf der Reglerausgangsgröße</th><th>Regelgrößenverlauf</th><th>Bemerkungen</th></tr>
<tr><td>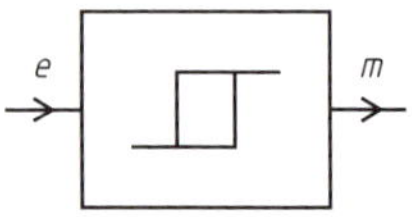

Zweipunkt-Regelglied</td><td>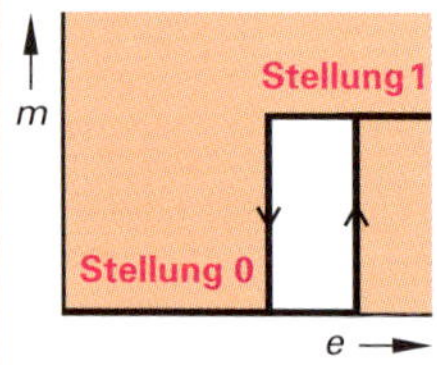
</td><td>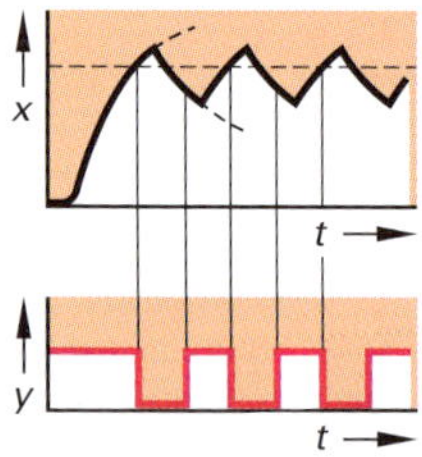
</td><td>Bei Zweipunktreglern gibt es zwei Stellungen, z.B. EIN und AUS. Solche Regler eignen sich für einfache regelungstechnische Aufgaben, z.B. Thermostatregelung im Bügeleisen.
Die Umschaltzeitpunkte der Regelgröße sind außer vom Verlauf der Stellgröße auch vom Trägheitsverhalten (Totzeitverhalten) der Regelstrecke abhängig. Zwei Zweipunktregler ermöglichen einen Dreipunktregler.</td></tr>
<tr><td>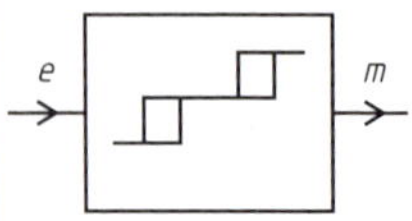

Dreipunkt-Regelglied</td><td>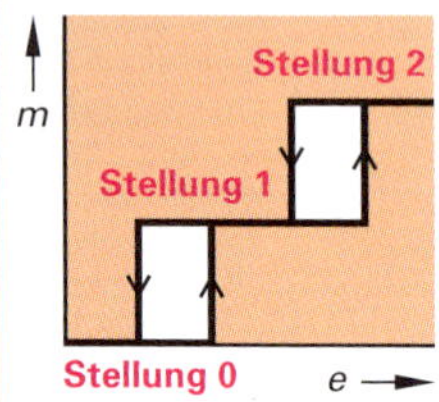
</td><td>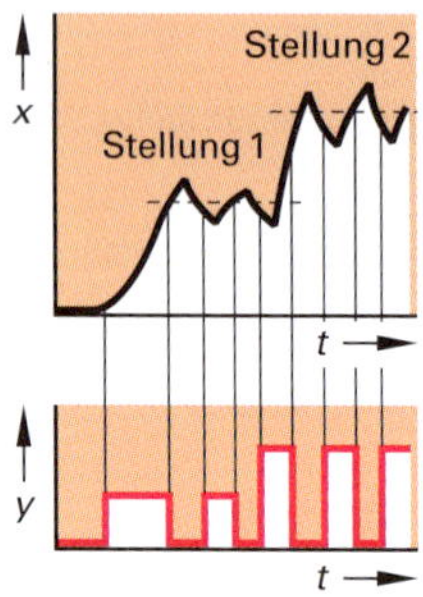
</td><td>Bei Dreipunktreglern gibt es drei Stellungen. Eine Dreipunktregelung findet z.B. bei einem Glühofen als Regelstrecke Anwendung, bei dem zwei Heizkörper verschiedener Leistung vorkommen.
Aus einem Dreipunktregler kann durch Ändern der Schaltpunkte ein Zweipunktregler realisiert werden.
Die Umschaltzeitpunkte der Regelgröße sind wie beim Zweipunktregler vom Trägheitsverhalten der Regelstrecke abhängig.</td></tr>
</table>

Anwendungen

<table>
<tr><th>Beispiel</th><th>Bemerkungen</th></tr>
<tr><td>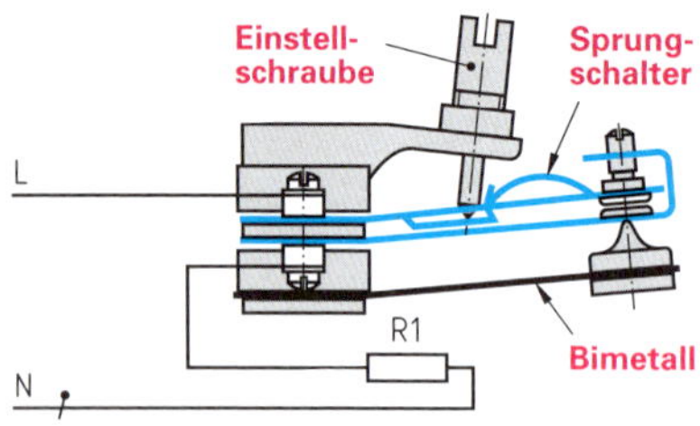

Temperaturregelung mit Zweipunktregler</td><td>Beim Bügeleisen regelt ein Zweipunktregler die Temperatur. Die Regelgröße (Ausgangsgröße) des Systems Bügeleisen ist die Temperatur. Über eine Einstellschraube wird die Temperatur eingestellt, bei deren Erreichen nicht weiter geheizt wird. Der Heizwiderstand R1 in der Bügeleisensohle ist die Regelstrecke.
Die Eingangsgröße von R1 ist der Strom. Der Strom ist also die Stellgröße. Das Bügeleisen besitzt wegen dem Öffnen und Schließen des Stromkreises eine Zweipunktregeleinrichtung. Wird der Strom abgeschaltet, dann steigt die Temperatur noch eine kurze Zeit an (Verzugszeit). Entsprechend träge steigt beim Schließen des Stromkreises die Temperatur.</td></tr>
<tr><td>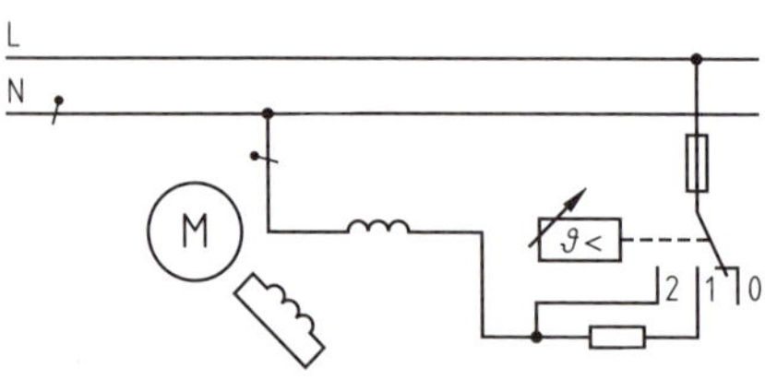

Drehzahlregelung mit Dreipunktregler</td><td>Die Drehzahl eines Heizgeräteventilators soll mit einem Dreipunktregler in Abhängigkeit der Temperatur geregelt werden.
In Schaltstellung 0 steht der Ventilator. In Schaltstellung 1 ist auf kleine Drehzahl und in Schaltstellung 2 auf große Drehzahl eingestellt. Der Temperaturregler schaltet, wenn die Isttemperatur kleiner ist als die eingestellte Schalttemperatur.</td></tr>
</table>

e Regeldifferenz, *t* Zeit, *x* Regelgröße, *y* Stellgröße, *m* Reglerausgangsgröße

Digitale stetige Regelglieder **Digital Continuous Control Elements** vgl. DIN EN 60027-6

Schaltzeichen, Benennung	Erklärung	Sprungantwort	Bemerkungen beim Einsatz von SIPART
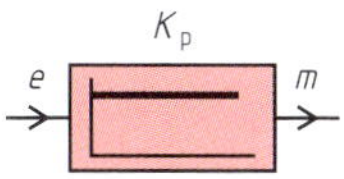 **P-Regelglied**	Der P-Regler besteht aus einem P-Glied (Proportional-Glied). Bei seiner Anwendung in Regelstrecken mit P-Verhalten gibt es eine bleibende Regelabweichung. P-Regler werden bei Regelstrecken mit I-Verhalten verwendet. Die Reglereinstellung erfolgt über den Proportional-Beiwert K_p.	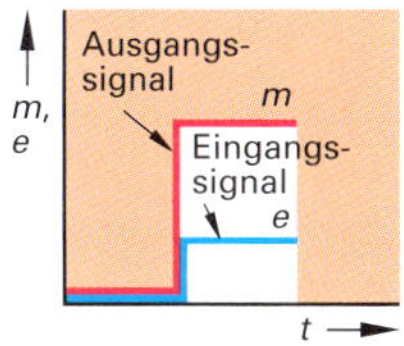	Beim digitalen Universalregler SIPART wird der Sollwert der Regelgröße eingestellt und die Regeldifferenz im Handbetrieb automatisch ausgeregelt. Werkseingestellter K_p (0,1) wird dann im Automatikbetrieb vergrößert, bis Regelkreis zum Schwingen neigt. K_p wieder verringern, bis kein Schwingen vorliegt.
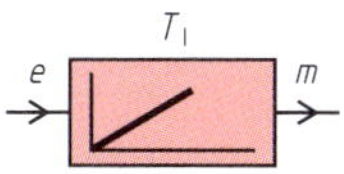 **I-Regelglied**	Der I-Regler besteht aus einem I-Glied (Integrier-Glied). Er regelt langsam und wird bei Regelstrecken mit P-Verhalten eingesetzt. Bei einer Strecke mit I-Verhalten neigt der Regelkreis zur Instabilität. Kenngröße vom I-Regelglied ist die Integrierzeit T_I.	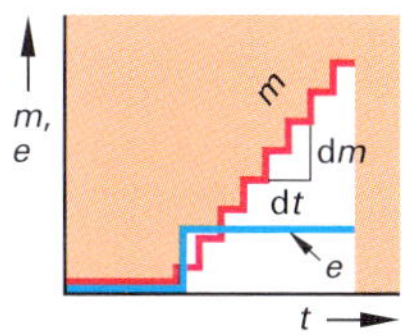	Reine I-Regler kommen in der Praxis kaum vor. Mit SIPART-Reglern kann kein I-Regler realisiert werden. $T_I = 1/K_I$ K_I Integrations-Beiwert
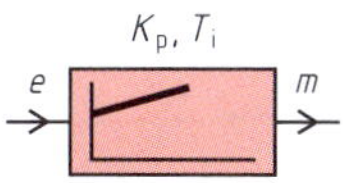 **PI-Regelglied**	Der PI-Regler besteht aus einer Parallelschaltung von P-Glied und I-Glied. Die Regeldifferenz wird schnell und vollständig ausgeregelt. Die Reglereinstellung erfolgt über den Proportional-Beiwert K_p und die Nachstellzeit T_i.	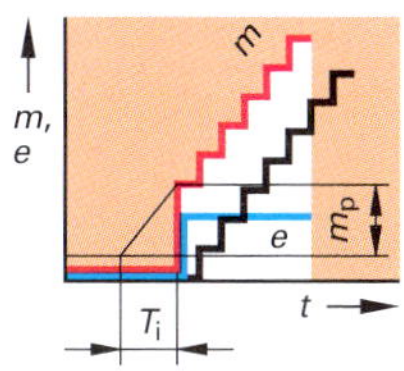	Zunächst gleiches Vorgehen wie beim P-Regelglied bis kein Schwingen mehr vorliegt. Werkseingestelltes T_i (9984 s) so lange verringen, bis Regelkreis zu schwingen beginnt. Dann T_i leicht erhöhen, bis kein Schwingen mehr vorliegt.
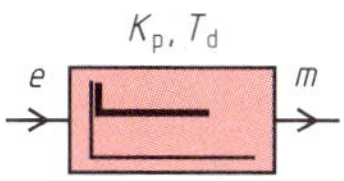 **PD-Regelglied**	Der PD-Regler besteht aus einer Parallelschaltung von P-Glied und D-Glied (Differenzier-Glied). Er wird bei Regelstrecken mit I-Verhalten angewendet. Die Regeldifferenz wird schnell und vollständig ausgeregelt. Vorhalteverstärkung V_d und Vorhaltezeit T_d bestimmen den D-Anteil.	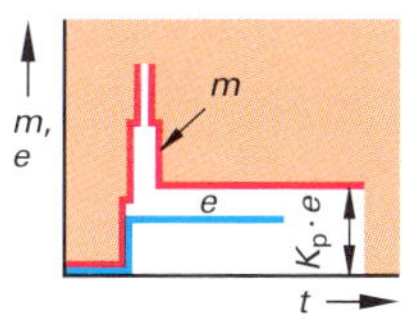	Zunächst gleiches Vorgehen wie bei P-Regelglied. Durch Vergrößern von K_P dann Schwingungsneigung erzeugen, mit Vergrößern von T_d (1s) Schwingen beseitigen. Diesen Vorgang wiederholen, bis Schwingungen nicht mehr beseitigbar sind.
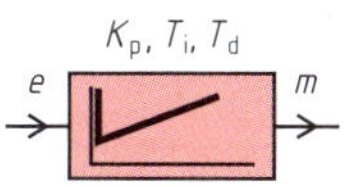 **PID-Regelglied**	Der PID-Regler besteht aus einer Parallelschaltung von P-Glied, I-Glied und D-Glied. Die Regeldifferenz wird bei gleicher Dämpfung schneller ausgeregelt oder bei gleicher Schnelligkeit besser gedämpft als beim PI-Regler.	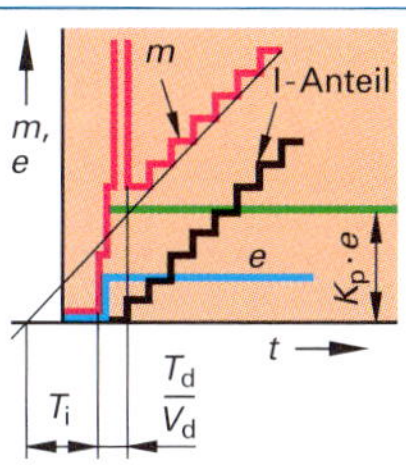	Zunächst gleiches Vorgehen wie bei PD-Regelglied. Liegt nach dem Einstellen von K_P und T_d kein Schwingen vor, wird durch Verringern vom im Werk eingestellten T_i Schwingungsneigung erzeugt. T_i dann ein wenig vergrößern, bis kein Schwingen mehr vorliegt.

Bei Kenntnis des Verhaltens der Regelstrecke können die Regelparameter auch nach Einstellrichtlinien (siehe nachfolgende Seiten) eingestellt werden. SIPART: www.siemens.com, siehe auch Seite 391.

dt	Zeitänderung	e	Regeldifferenz	T_I	Integrierzeit	V_d	Vorhalteverstärkung
dm	Reglerausgangsgrößenänderung	K_p	Proportional Beiwert	T_i	Nachstellzeit	m	Reglerausgangsgröße
		t	Zeit	T_d	Vorhaltezeit	m_P	m vom P-Anteil

Analoge stetige Regelglieder **Analogue Continuous Control Elements** vgl. DIN EN 60027-6

Schaltung	Formeln	Sprungantwort
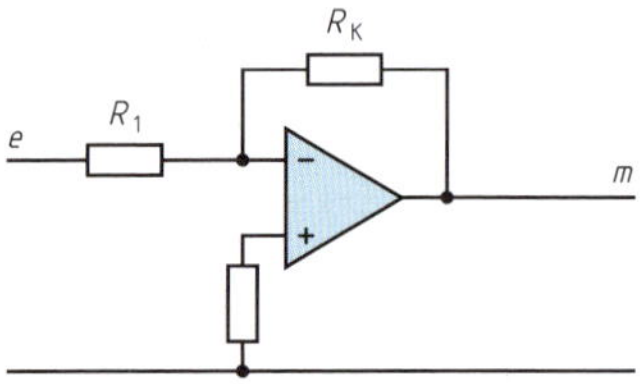 **P-Regelglied**	$K_p = \frac{R_K}{R_1}$ $K_p = \frac{m}{e}$	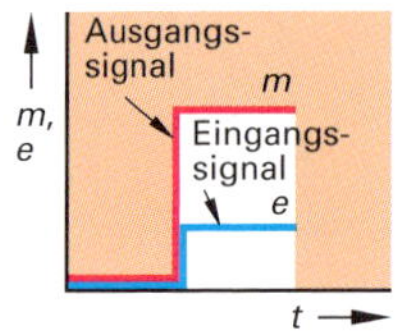
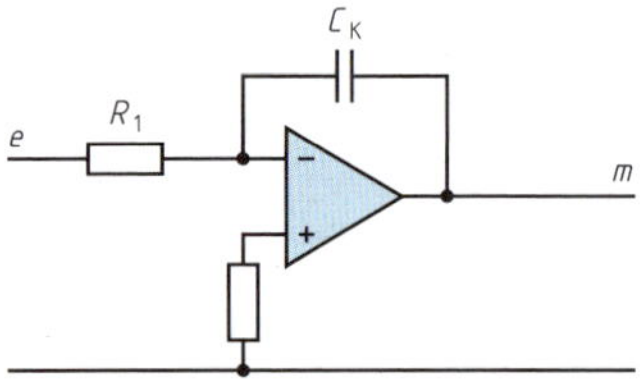 ***I*-Regelglied**	$K_I = \frac{1}{e} \cdot \frac{\Delta m}{\Delta t}$ $K_I = \frac{1}{R_1 \cdot C_K} = \frac{1}{T_I}$	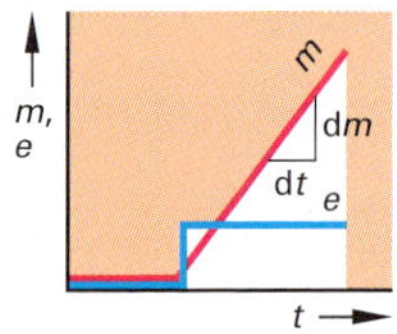
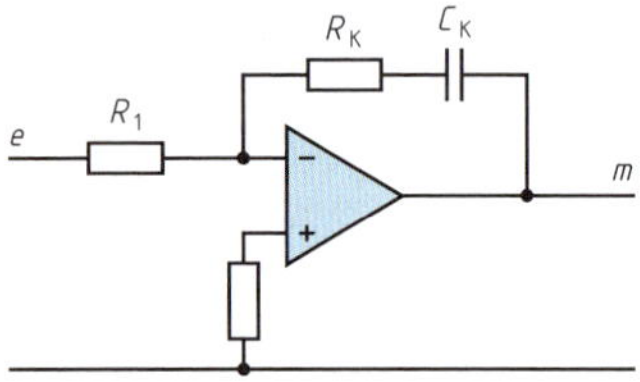 **PI-Regelglied**	$K_P = \frac{m}{e} = \frac{R_K}{R_1}$ $T_i = R_K \cdot C_K$ $T_I = R_1 \cdot C_K$ $K_I = \frac{K_P}{T_i} = \frac{1}{R_1 \cdot C_K}$	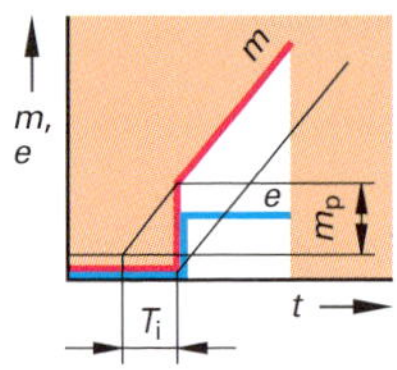
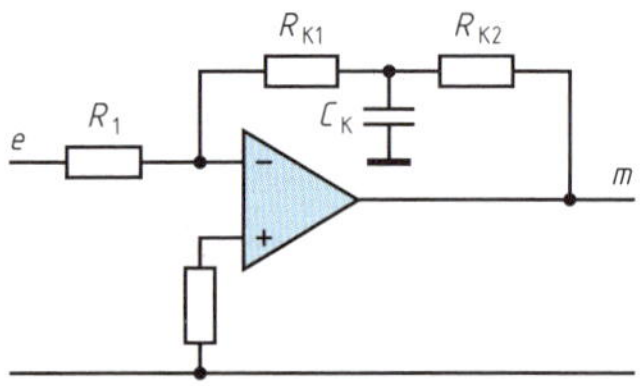 **PD-Regelglied**	$K_P = \frac{R_{K1} + R_{K2}}{R_1} = \frac{K_D}{T_d}$ $T_d = \frac{R_{K1} + R_{K2}}{R_{K1} + R_{K2}} \cdot C_K$	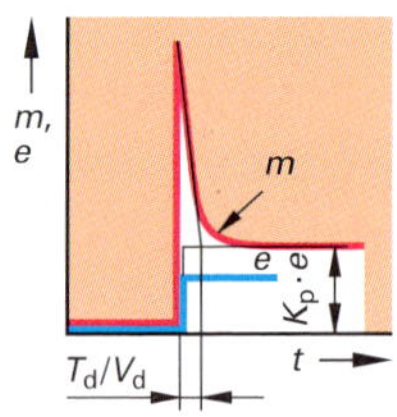
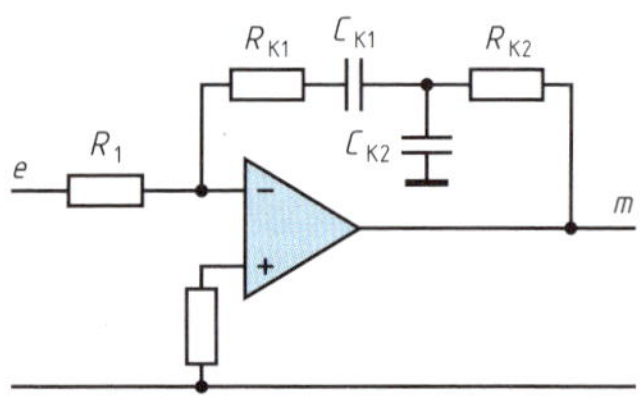	$K_P = \frac{R_{K1} + R_{K2}}{R_1}$ $T_d = \frac{R_{K1} \cdot R_{K2}}{R_{K1} + R_{K2}} \cdot C_{K2}$ $T_i = (R_{K1} + R_{K2}) \cdot C_{K1}$	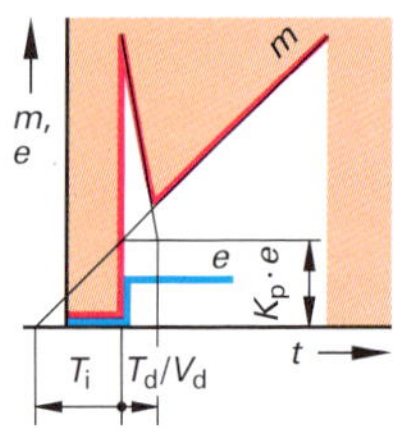

Bei Kenntnis des Verhaltens der Regelstrecke können die Regelparameter auch nach Einstellrichtlinien (siehe nachfolgende Seiten) eingestellt werden.

d*t* Zeitänderung	K_D Differenzierbeiwert	T_I Integrierzeit	V_d Vorhalteverstärkung
d*m* Reglerausgangsgrößenänderung	K_I Integrierbeiwert	T_i Nachstellzeit	*m* Reglerausgangsgröße
e Regeldifferenz	K_p Proportional-Beiwert	T_d Vorhaltezeit	m_p *m* vom P-Anteil
	t Zeit		

Digitale Regelung Automatic Digital Control

Merkmal	Erklärung	Darstellungen, Bemerkungen
Computer-gestützte Regelung	Bei der computergestützten Regelung ist ein Computer, z.B. ein PC, die Regeleinrichtung. Der Computer muss mit entsprechenden Boards (Steckkarten) für die Signaleingabe und Signalausgabe ausgestattet sein. Das Regelungsprogramm ist im Computer mittels CD-Eingabe oder über entsprechende Speicherchips installiert. In den Computer sind der Sollwert der Regelgröße sowie, über einen Sensor erfasst, der Istwert der Regelgröße (Prozessgröße), z.B. ein Temperaturwert, einzugeben.	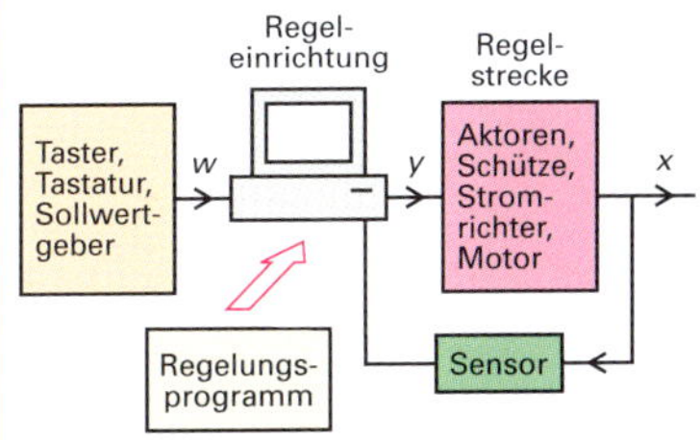 **Regelkreis mit PC**
Digitalisierung	Die meist analogen Prozessgrößen werden von einem Analog-Digital-Umsetzer (ADU) der Datenerfassungskarte des PC digitalisiert. Die Digitalsignale werden dann vom PC mittels des installierten Regelungsprogrammes bearbeitet. Die Ergebniswerte des Regelungsprogrammes stellen das digitale Ausgangssignal des Computers dar. Dieses ist bei Bedarf vor seiner Weitergabe an eine entsprechende Stelleinrichtung mit einem Digital-Analog-Umsetzer (DAU) in ein analoges Signal umzuwandeln.	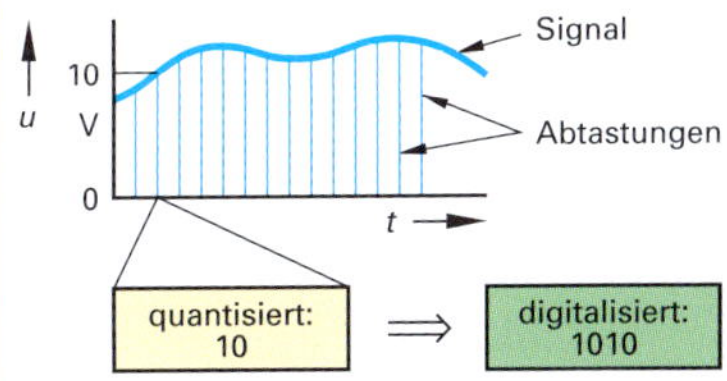 **Abtastung und Quantisierung**
Digitale Regelungsfunktionen	Digitale Regler besitzen meist mehrere Funktionen: • Handregelung, automatische Regelung, • Festwertregelung, Folgeregelung, • Zweipunktregelung, Dreipunktregelung, • P-Regelung, PI-Regelung, PD-Regelung, PID-Regelung. Neben Regelungsaufgaben können auch Steuerungsaufgaben bewältigt werden.	Mit einem digitalen Regler können meist mehrere Regelkreise unabhängig voneinander betrieben werden. Die Regelparameter für eine optimale Regelung der Anlage sind meist nicht bekannt. Die Werkseinstellungen der Regelparameter sorgen für einen stabilen Regelkreis. Die Optimierung der Regelparameter erfolgt durch empirisches Vorgehen (Seite 389).
Universal-regler SIPART	SIPART besteht aus einem Grundgerät mit Bedienfeld, analogen und binären Eingängen und Ausgängen, in welches rückseitig Steckkarten für DAU, ADU, weitere Eingänge und Ausgänge (analog, digital), Schnittstellen für RS232 oder PROFIBUS gesteckt werden können. Die Bedienung erfolgt über eine Folientastatur mit Schutzart IP64. 1 Anzeige Regelgröße, 2 Anzeige Regelgrößen-Sollwert, 3 Taste für Sollwertänderung, 4 Anzeige Stellgröße, 5 Taster intern/extern, 6 Taster Hand/Automatik, 7 Taster für Stellgröße. www.siemens.com	**Bedienfeld des Universal-reglers SIPART** 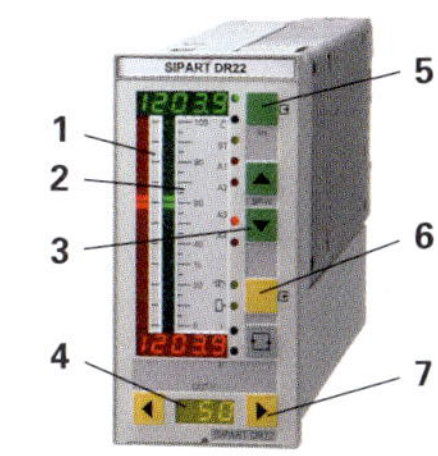
Einstellung	Mit drei Bedienebenen erfolgt das Einstellen des Reglers. In der Auswahlebene wird eine Parameterliste ausgewählt, deren Parameter in der Konfigurierebene geändert und aktiviert werden können. Es gibt Listen für Parameter des Online-Betriebs, des Offline-Betriebs, von Zeitprogramm-Reglern sowie der Strukturschalter. Mit Strukturschaltern (menügeführter Dialog) werden die Funktion und Struktur des Reglers, z.B. Festwertregler, Folgeregler, Zweipunktregler, P-Regler und Ansprechschwellen, einschließlich der Art der Eingangssignale und Ausgangssignale, festgelegt. In der Liste für die Parameter des Online-Betriebs sind z.B. enthalten die Reglerparameter für den Proportional-Beiwert K_P, die Nachstellzeit T_i, die Vorhaltezeit T_d und die Vorhalteverstärkung V_d. In der Konfigurierebene werden den jeweiligen Parametern der ausgewählten Liste ihre Werte manuell zugewiesen.	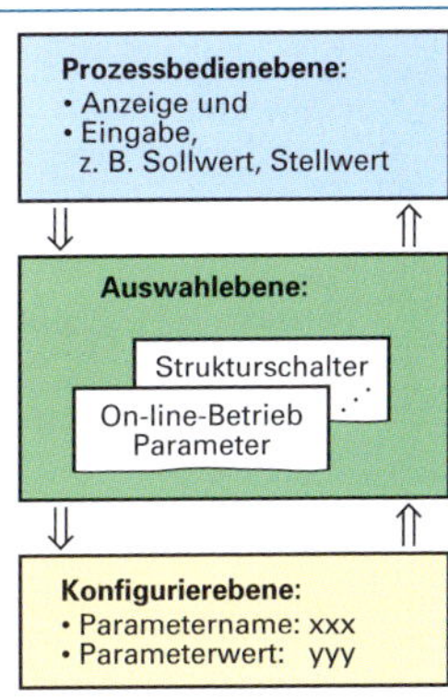 **Bedienebenen des digitalen Reglers SIPART**

Einstellung von Regelkreisen 1 Setting of Control Loops 1

Reglerwerte und Einstellkennwerte für Regelstrecken höherer Ordnung

Reglertyp	Einstellbereich	Einstellkennwerte für Regelstrecken
P-Regler	Proportionalbereich $X_{p\%} = 1\%$ bis 30% $K_p = \frac{100\%}{X_{p\%}} = 100$ bis $3{,}3$	$K_p \approx 0{,}3 \frac{T}{T_t \cdot K_s}$ bis $0{,}7 \frac{T}{T_t \cdot K_s}$
PI-Regler	Proportionalbereich $X_{p\%} = 2\%$ bis 40% $K_p = 50$ bis $2{,}5$ Nachstellzeit $T_i = 2$ s bis 150 s oder 0,5 min bis 30 min	$K_p \approx 0{,}3 \frac{T}{T_t \cdot K_s}$ bis $0{,}7 \frac{T}{T_t \cdot K_s}$ $T_i \approx 1\,T$ bis $4\,T$ $T = T_t + T_i$
PID-Regler	Proportionalbereich $X_{p\%} = 2\%$ bis 40% $K_p = 50$ bis $2{,}5$ Nachstellzeit $T_i = 2$ s bis 150 s oder 0,5 min bis 30 min Vorhaltezeit $T_d = 0{,}5$ s bis 30 s oder 0,1 min bis 5 min	$K_p \approx 0{,}6 \frac{T}{T_t \cdot K_s}$ bis $1{,}2 \frac{T}{T_t \cdot K_s}$ $T_i \approx 1\,T$ bis $2\,T$ $T_d \approx 0{,}4\,T_t$ bis $0{,}5\,T_t$

Einzustellende Parameter für die wichtigsten verfahrenstechnischen Regelgrößen

Reglertyp	Regelgröße	K_p	$X_{p\%}$	T_i	T_d
PID	Temperatur	10 bis 2	10% bis 50%	1 min bis 20 min	0,2 min bis 3 min
PI	Druck	10 bis 3	10% bis 30%	10 s bis 60 s	–
PI	Durchfluss	1 bis 0,5	100% bis 200%	10 s bis 30 s	–
PID	Analyse	0,5 bis 0,2	200% bis 500%	10 min bis 20 min	2 min bis 5 min
P	Niveau	20 bis 1	5% bis 100%	–	–
PI	Niveau	20 bis 2	5% bis 50%	1 min bis 20 min	–

Kennwerte von Regelstrecken

Regelgröße	Regelstrecke (Beispiele)	T_t bzw. T_e	T_s bzw. T_b	$K_{is} \cdot y_h$
Temperatur	Kleiner, elektrisch beheizter Ofen	0,5 min bis 1 min	5 min bis 15 min	1 K/s
	Großer, elektrisch beheizter Ofen	1 min bis 5 min	10 min bis 60 min	0,3 K/s
	Destillationskolonne	1 min bis 7 min	40 min bis 60 min	0,1 bis 0,5 K/s
	Dampfüberhitzer	30 s bis 2,5 min	1 min bis 4 min	2 K/s
	Raumheizung	1 min bis 5 min	10 min bis 60 min	1 K/min
	Großer, gasbeheizter Glühofen	0,2 min bis 5 min	3 min bis 60 min	–
	Autoklav (2,5 m^3)	0,5 min bis 0,7 min	10 min bis 20 min	–
	Hochdruckautoklav (1000 °C, 40 bar)	12 min bis 15 min	200 min bis 230 min	–
Druck	Gasrohrleitung	0	0,1 s	–
	Trommelkessel mit Ölfeuerung	0	150 s	–
Drehzahl	Kleiner elektrischer Antrieb	0	0,2 s bis 10 s	–
	Großer elektrischer Antrieb	0	5 s bis 40 s	–
Elektrische Spannung	Kleine Generatoren	0	1 s bis 5 s	–
	Große Generatoren	0	5 s bis 10 s	
Niveau	Trommelkessel	0,6 s bis 1 s	–	0,1 cm/s bis 0,3 cm /s
Durchfluss	Rohrleitung (Gas)	0 s bis 5 s	0,2 s bis 10 s	–
	Rohrleitung (Flüssigkeit)	0	0	–

K_p Proportionalbeiwert des Reglers
k_{pkrit} (K_{ps}) Kritischer Proportionalbeiwert, bei dem die Regelgröße ungedämpft schwingt
K_s Übertragungsbeiwert einer Regelstrecke mit Ausgleich
K_{is} Übertragungsbeiwert einer Regelstrecke ohne Ausgleich
Q Ausgleichswert der Strecke
T_i Nachstellzeit des I-Reglers
T_d Vorhaltezeit des D-Reglers
T_b Ausgleichszeit der Strecke
T_s Zeitkonstante der Strecke
T_t Totzeit der Strecke
T_e Verzugszeit der Strecke
T_{krit} Schwingungszeit des instabilen Regelkreises
T Verzögerungszeit der Strecke
X_p Regelbereich des P-Reglers
X_{pkrit} (X_{ps}) Regelbereich des P-Reglers, bei dem der Regelkreis gerade instabil wird
$X_{p\%}$ prozentualer Regelbereich (Skalenbereich)
X_R Reglereingangsgröße
y_h größter Stellbereich der Stellgröße

Einstellung von Regelkreisen 2 Setting of Control Loops 2

Einstellregeln (nach Ziegler und Nichols) und Einstelldaten aus der Sprungantwort

Reglertyp	Einstellregeln	Einstelldaten aus der Sprungantwort
P	$K_p = \frac{T_s}{K_s \cdot T_t}$	$X_p = 1$ bis $1{,}5 \cdot X_R$
PI	$K_p = 0{,}9 \cdot \frac{T_s}{K_s \cdot T_t}$, $T_i = 3{,}3 \cdot T_t$	$X_p = 1{,}1 \cdot X_R$, $T_i = 2{,}5$ bis $3{,}5\,(T_t + T_e)$
PID	$K_p = 1{,}2 \cdot \frac{T_s}{K_s \cdot T_t}$, $T_i = 2 \cdot T_t$, $T_d = 0{,}5 \cdot T_t$	$X_p = 0{,}8 \cdot X_R$, $T_i = 2 \cdot (T_t + T_e)$, $T_d = 0{,}5\,(T_t + T_e)$

Reglereinstellung nach der Stabilitätsgrenze (Verfahren nach Ziegler und Nichols)

Reglertyp	kritische Einstellwerte	kritische Reglerbereiche
P	$K_p = 0{,}5 \cdot K_{pkrit}$	$X_{p\%} \approx 2 \cdot X_{pkrit\%}$
PI	$K_p = 0{,}45 \cdot K_{pkrit}$, $T_i = 0{,}83 \cdot T_{krit}$	$X_{p\%} \approx 2{,}2 \cdot X_{pkrit\%}$, $T_i \approx 0{,}85 \cdot T_{krit}$
PID	$K_p = 0{,}6 \cdot K_{pkrit}$, $T_i = 0{,}5 \cdot T_{krit}$, $T_d = 0{,}125 \cdot T_{krit}$	$X_{p\%} \approx 1{,}7 \cdot X_{pkrit\%}$, $T_i \approx 0{,}5 \cdot T_{krit}$, $T_d \approx 0{,}12 \cdot T_{krit}$

Liegen die Daten der Strecke nicht vor, so lässt sich die optimale Reglereinstellung auf folgendem Weg finden: Man betreibt den Regler als reinen P-Regler ($T_i \to \infty$, $T_d = 0$) und wählt den Übertragungsbeiwert K_p so klein, dass der Regelkreis stabil ist. Anschließend wird K_p so lange vergrößert, bis im Regelkreis Dauerschwingungen einsetzen und der Regelkreis instabil, d.h. kritisch wird. Die kritischen Daten werden zur Einstellung verwendet.

Zeitverhalten von Regelstrecken

Sprungantwort-Verfahren

Beim Sprungantwort-Verfahren wird die Übergangsfunktion experimentell ermittelt.

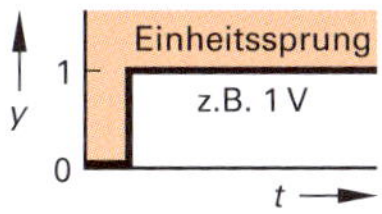

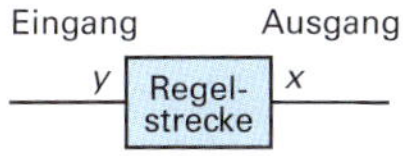

Bezeichnung Kenngrößen	Stell-Sprungantwort	Beispiel	Übergangsverhalten
Regelstrecke ohne Verzögerung P_0-Strecke $K_{ps} = \frac{x}{y}$	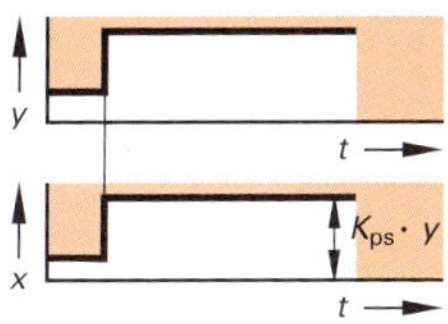	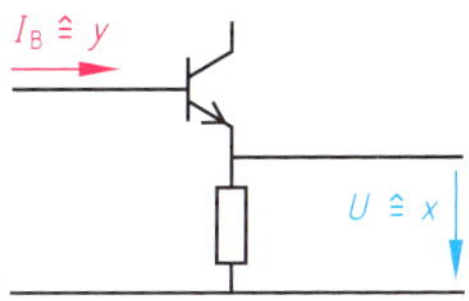	x folgt proportional unverzögert der Eingangsgröße y.
Regelstrecke 1. Ordnung PT_1-Strecke $K_{ps} = \frac{x_\infty}{y}$	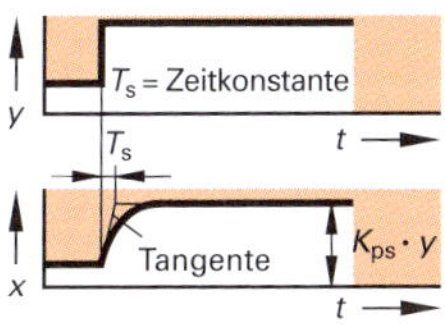	RC-Glied 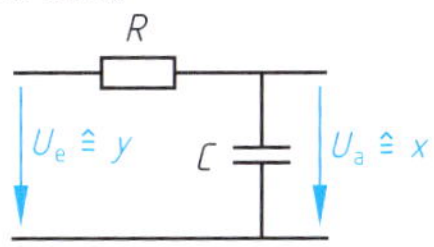	x folgt proportional der Eingangsgröße, aber bei Änderungen verzögert nach einer e-Funktion.
Regelstrecke mit Totzeit PT_t-Strecke $K_{ps} = \frac{x}{y}$	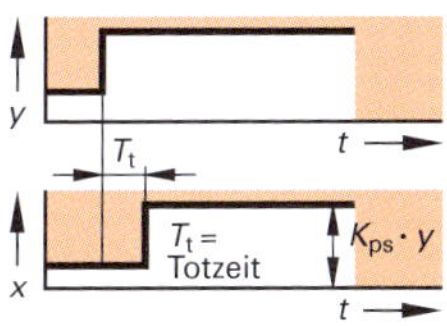	Mischung zweier Flüssigkeiten 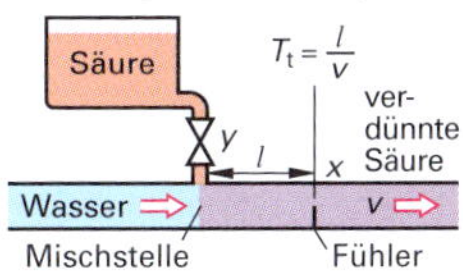	x folgt proportional der Eingangsgröße y, jedoch um die Zeit T_t verzögert.

Für Regelstrecken ohne Ausgleich sind statt K_s der Ausdruck K_{is} und statt $\frac{T_e}{K_g}$ der Ausdruck T_e einzusetzen.

l Länge, v Strömungsgeschwindigkeit, I_B Basisstrom, U_e Eingangsspannung, U_a Ausgangsspannung, x_∞ Reglerausgangsgröße nach Einschwingvorgang, sonstige Erklärung der Formelzeichen siehe vorhergehende Seite.

Betriebsarten und Grenzübertemperaturen bei Maschinen

Operating Modes and Temperature Rise Limits of Machines

Betriebsarten S1 bis S9

Betriebsart	Leistung, Temperatur	Betriebsbedingungen, Bemerkungen, Anwendungen
Dauerbetrieb **S1**	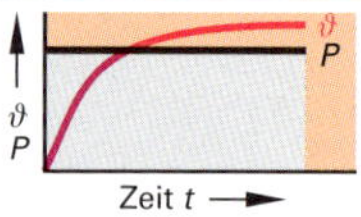	Unter Bemessungslast wird eine gleichbleibende Temperatur erreicht, die auch bei längerem Betrieb nicht mehr ansteigt. Das Betriebsmittel kann pausenlos unter Bemessungslast arbeiten, ohne dass die zulässige Temperatur überschritten wird. Beispiel: Antriebsmotor für Wasserwerkspumpe.
Kurzzeitbetrieb **S2**	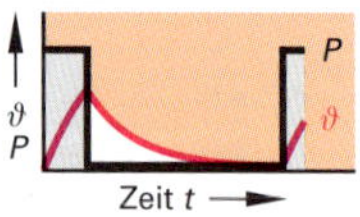	Die Betriebsdauer unter Bemessungslast ist kurz im Vergleich zur Pause. Genormte Betriebsdauern 10 min, 30 min, 90 min. Diese Zeit kann das Betriebsmittel unter Bemessungslast arbeiten, ohne dass die zulässige Temperatur überschritten wird. Beispiel: Antriebsmotor für Garagentor.
Aussetzbetriebe[1] **S3, S4, S5**	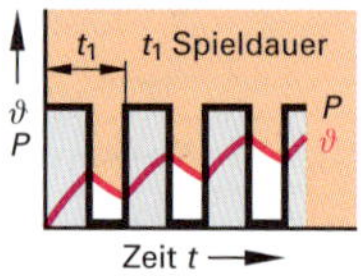	Betriebsdauer unter Bemessungslast und die folgende Pause sind kurz. Das Betriebsmittel kann unter Bemessungslast nur während der angegebenen ED (Einschaltdauer) in % der Spieldauer arbeiten. Genormte ED: 15%, 25%, 40%, 60%. Die Spieldauer beträgt 10 min, wenn nicht anders angegeben. Beispiele: Hebezeugmotor (S3), Antriebsmotor für Schalttisch (S4), Antriebsmotor für Positionierung (S5).
Ununterbrochener periodischer Betrieb mit Aussetzbelastung **S6**	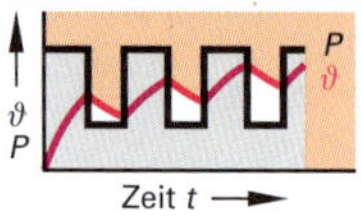	Diese Betriebsart entspricht S3, jedoch bleibt in den Belastungspausen das Betriebsmittel eingeschaltet, arbeitet also im Leerlauf. Einschaltdauer und Spieldauer werden wie bei S3 angegeben. Beispiel: Bohrmaschine (sofern leer durchlaufend).
Ununterbrochener periodischer Betrieb mit elektrischer Bremsung **S7**	Die Maschine läuft an, wird belastet und danach elektrisch gebremst, z. B. durch Einspeisen von Gleichstrom. Anschließend läuft sie sofort wieder hoch. Die Maschine kann in dieser Weise pausenlos arbeiten, wenn die angegebenen Trägheitsmomente J_M des Motors und J_{ext} der Last sowie die Spieldauer nicht überschritten werden. Wenn keine Spieldauer angegeben ist, so beträgt sie 10 min. Beispiel: Antriebsmotor für Fertigungseinrichtung.	
Ununterbrochener periodischer Betrieb mit Drehzahländerung **S8**	Die Maschine läuft dauernd unter wechselnder Last und mit häufig wechselnder Drehzahl. Die Maschine kann in dieser Weise pausenlos arbeiten, wenn für jede Drehzahl die angegebenen Werte nicht überschritten werden (Trägheitsmomente J_M und J_{ext}, Spieldauer, wenn von 10 min abweichend, Bemessungsleistungen und Einschaltdauer. Beim Trägheitsmoment von 1 kg · m² liegt ein Verhalten gegen Beschleunigung wie bei einer Masse von 1 kg im Abstand von 1 m von der Drehachse vor). Beispiel: Aufzugsmotor.	
Ununterbrochener Betrieb mit nichtperiodischer Last- und Drehzahländerung **S9**	Ein Betrieb, bei dem sich Last und Drehzahl innerhalb des Betriebsbereiches nichtperiodisch ändern. Dabei treten Lastspitzen auf, die weit über der Bemessungsleistung liegen können. Beispiel: Motor für Presse.	

[1] Bei S3 ist der Anlaufstrom für die Erwärmung unerheblich. Bei S4 ist der Anlaufstrom für die Erwärmung erheblich. Bei S5 erwärmt zusätzlich der Bremsstrom die Maschine. Bei S4 und S5 sind zusätzlich zur Einschaltdauer ED das Trägheitsmoment J_M des Motors und das externe (äußere) Trägheitsmoment J_{ext} der Last angegeben.

Grenzübertemperaturen in K (Kelvin)

Thermische Klasse/Isolierstoffklasse	105/A	120/E	130/B	155/F	180/H
1. Einlagige Feldwicklungen	65	80	90	110	135
2. Sonstige Wicklungen	60	75	80	105	125
3. Stromwender, Schleifringe	60	70	80	90	100
4. Sonstige Teile in Berührung mit Wicklungen	60	75	80	100	125

Übersteigt die Eintrittstemperatur des gasförmigen Kühlmittels, z. B. Luft, 40 °C oder von Wasser 25 °C, so ist die höchstzulässige Übertemperatur im gleichen Umfang zu verringern.

Bei Betrieb in 1000 m bis 4000 m über Meeresspiegel sind die zulässigen Übertemperaturen kleiner.

Bei Maschinen: Um 1% je 100 m Höhenzunahme über 1000 m.

Bei Transformatoren mit Selbstkühlung (S): Öltransformatoren um 2%, Trockentransformatoren um 2,5%/100 m,
mit Fremdlüftung (F): Öltransformatoren um 3%, Trockentransformatoren um 5% je 500 m Höhenzunahme über 1000 m.

Effizienz von elektrischen Antrieben Efficiency of Electrical Drives

Daten	Erklärung	Bemerkungen

Standards für effiziente Antriebe

IEC-Bezeichnung	US-Bezeichnung	alte EU-Bezeichnung
IE1	Standard Efficiency	EFF3
IE2	High Efficiency	EFF2
IE3	Premium Efficiency	EFF1
IE4	Super Premium Efficiency	–

Elektromotoren benötigen etwa die Hälfte des erzeugten Stromes. Bei elektrischen Antrieben besteht ein großes Potenzial zum Energiesparen. Deshalb werden elektrische Antriebe nach ihrer Effizienz unterschieden.
Bei industriellen Neuanlagen seit 2011 mindestens IE2.

Eine Möglichkeit zur Erhöhung der Effizienz ist der Einsatz von Cu anstelle von Al für den Läuferkäfig und von besserem Magnetmaterial (Elektroblech) mit kleineren Verlusten bei Käfigläufermotoren.

Wirkungsgrade nach IEC 60034 bei vierpoligen Motoren (gerundete Werte)

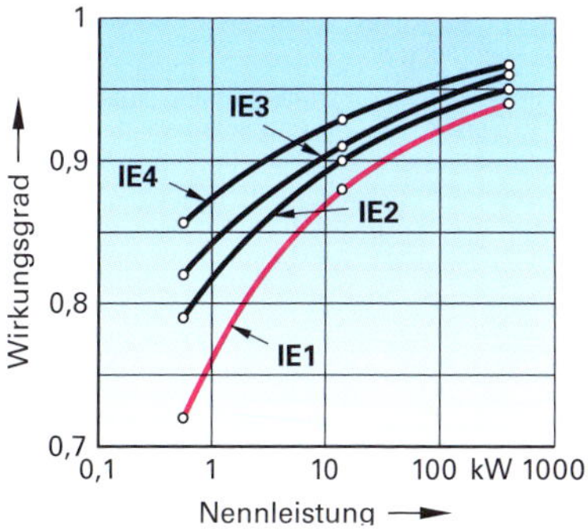

Mindestwirkungsgrade von vierpoligen Elektromotoren bei voller Last für Nennleistungen von 0,75 kW bis 370 kW für 50 Hz

Der Wirkungsgrad großer Motoren ist höher als bei kleinen Motoren, weil durch die kompakte Bauart weniger verloren geht vom Magnetfeld und von der magnetischen Wirkung des Stromes. Der Wirkungsgrad von vierpoligen Motoren ist meist am größten, weil für diese häufige Bauart die Abmessung der Maschine günstiger als bei anderen Motoren gewählt wird. Bei sechspoligen Motoren ist dagegen der Wirkungsgrad kleiner, weil bei gleicher Leistung das Kraftmoment größer sein muss. Der Wirkungsgrad von Motoren für 60 Hz ist größer als der von 50 Hz, weil bei 60 Hz die Drehzahl größer ist als bei 50 Hz.

Die angegebenen Wirkungsgrade gelten nur für den Betrieb bei Nennlast. Bei herabgesetzter Belastung sinkt der Wirkungsgrad stark ab, weil dann der Leistungsfaktor der Maschine sinkt.

Deshalb wird bei von Umrichtern gespeisten Antrieben bei Teillast die Spannung oft herabgesetzt. Dadurch verhält sich der Motor wie ein Motor mit kleinerer Nennlast.

Für niedrige Drehzahlen sind Motoren mit großer Polzahl weniger geeignet als Getriebemotoren mit hoher Drehzahl.

Mindestwirkungsgrade η von Motoren verschiedener Klassen, Polzahlen und Frequenzen

vgl. EN DIN 60034-30

Klasse	IE1			IE2			IE3			IE4		
P_N in kW	Anzahl der Pole (doppelte Polpaarzahl)											
	2	4	6	2	4	6	2	4	6	2	4	6
Motoren für 50 Hz												
0,12	53,6	53,6	53,2	64,0	69,7	63,2	68,5	73,7	67,1	76,1	77,1	72,7
0,75	72,1	72,1	70,0	77,4	79,6	75,9	80,7	82,5	78,9	85,0	85,7	82,8
1,5	77,2	77,2	75,2	81,3	82,8	79,8	84,2	85,3	82,5	87,6	88,2	85,9
4	83,1	83,1	81,4	85,8	86,6	84,6	88,1	88,6	86,8	90,6	91,2	89,5
7,5	86,0	86,0	84,7	88,1	88,7	87,2	90,1	90,4	89,1	92,1	92,7	91,4
30	90,7	90,7	90,2	92,0	92,3	91,7	93,3	93,6	92,9	94,6	95,1	94,3
160	93,8	93,8	93,8	94,8	94,9	94,8	95,6	95,8	95,6	96,2	96,5	96,0
800	94,8	94,8	94,4	95,8	95,7	95,4	96,5	96,5	96,3	96,7	96,8	96,6

Bei 50 Hz entsprechen 2 Pole der synchronen Drehzahl (Drehfelddrehzahl) von 3000/min,
4 Pole der synchronen Drehzahl (Drehfelddrehzahl) von 1500/min und
6 Pole der synchronen Drehzahl (Drehfelddrehzahl) von 1000/min.

Klasse	IE1			IE2			IE3			IE4		
Motoren für 60 Hz												
0,75	77,0	78,0	73,0	75,5	82,5	80,0	77,0	85,5	82,5	85,0	85,7	82,8
1,5	81,0	81,5	77,0	84,0	84,0	86,5	85,5	86,5	88,5	87,6	88,2	85,9
7,5	87,5	87,5	86,0	89,5	89,5	89,5	90,2	91,7	91,0	91,7	92,8	92,5
30	90,2	91,7	91,7	91,7	93,0	93,0	92,4	94,1	94,1	94,6	95,1	94,3
800	94,1	94,5	94,1	95,4	95,8	95,0	95,8	96,2	95,8	96,7	96,8	96,7

Bei 60 Hz entsprechen 2 Pole der synchronen Drehzahl (Drehfelddrehzahl) von 3600/min,
4 Pole der synchronen Drehzahl (Drehfelddrehzahl) von 1800/min und
6 Pole der synchronen Drehzahl (Drehfelddrehzahl) von 1200/min.

Drehstrommotoren für Stromrichterspeisung

Threephasemotors for connverter feed

<table>
<tr><th>Benennung</th><th>Aufgabe, Ausführung</th><th>Darstellung, Symbol, Daten, M(n)-Kennlinen</th></tr>
<tr><td colspan="3">Bestandteile der geeigneten Motoren</td></tr>
<tr><td>Ständer (Stator)</td><td>Erzeugung des magnetischen Ständerdrehfeldes. Enthält die dreiphasige Wicklung mit den Strängen U1U2, V1V2, W1W2 (Seite 366). Diese können je nach Spannung in Stern Y oder in Dreieck Δ geschaltet sein (Seite 48).</td><td>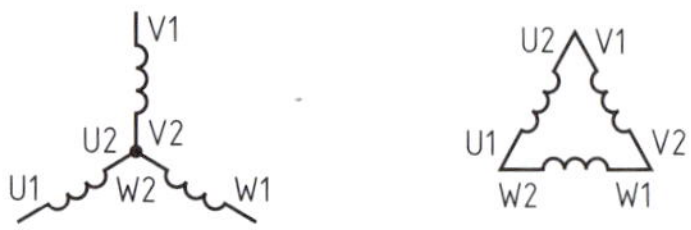
</td></tr>
<tr><td>Läufer (Rotor) als Käfigläufer (Induktionsmotor, Asynchronmotor)</td><td>Das magnetische Ständerdrehfeld induziert in den Stäben des Käfigs eine Spannung, wenn das Drehfeld des Ständers sich schneller dreht als der Läufer. Dadurch entsteht ein magnetisches Läuferdrehfeld mit derselben Polzahl wie das Ständerfeld. Ständerdrehfeld und Läuferdrehfeld bewirken zusammen das Kraftmoment auf den Läufer.</td><td>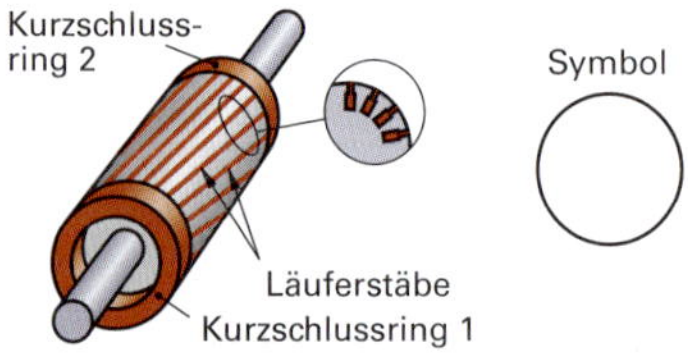
</td></tr>
<tr><td>Läufer (Rotor) beim permanent-erregten Synchronmotor</td><td>Der Läufer enthält so viele Pole aus Permanentmagneten, wie das Ständerdrehfeld Pole hat, z. B. 4 Pole (2 Polpaare). Der sich drehende Läufer dreht sich auch unter Belastung durch eine Arbeitsmaschine synchron (mit derselben Drehzahl) zum Ständerdrehfeld. Allerdings ist eine Anlaufhilfe erforderlich, da im Stillstand des Läufers die Kraftmomente in schneller Folge die Richtung ändern.</td><td>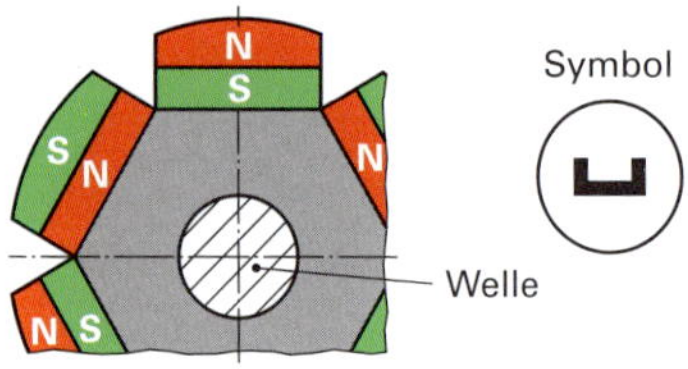
</td></tr>
<tr><td>Läufer beim Reluktanzmotor

(Reluktanz = magnetischer Widerstand)</td><td>Beim Reluktanzmotor ist der magnetische Widerstand quer zur Läuferachse verschieden, sodass Polpaare wie beim Synchronmotor entstehen. Anlasshilfen sind Läuferstäbe wie beim Käfigläufer oder ein spezieller Ständer-Stromrichter. Der Motor läuft asynchron an, geht dann bei einer Drehzahl nahe der Drehfelddrehzahl in den Synchronismus.</td><td>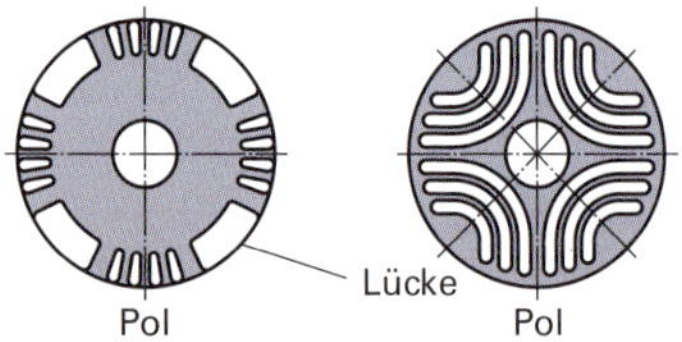
</td></tr>
<tr><td colspan="3">Effizienz und Wirtschaftlichkeit der drei Typen</td></tr>
<tr><td>Käfigläufermotor</td><td>Häufigster Drehstrommotor. Effizienzklassen bis IE 3 sind erreichbar.</td><td>Anlaufmoment, Sattelmoment, Nennmoment, Kippmoment Seite 414.</td></tr>
<tr><td>Permanent-erregter Synchronmotor</td><td>Der Motor, der mit entsprechender Elektronik den höchsten Wirkungsgrad erzielt. Effizienzklassen bis IE4 sind möglich. Erforderlich ist ein Stromrichter zur Frequenzregelung. Zum Anlauf wird, gesteuert von einem Sensor, die Frequenz von 0 Hz an hochgefahren bis zur Frequenz der erforderlichen Arbeitsdrehzahl des Motors. Nachteilig sind aufwendige und anfällige Elektronik sowie Bedarf an teuren Permanentmagneten mit Elementen der seltenen Erden.</td><td>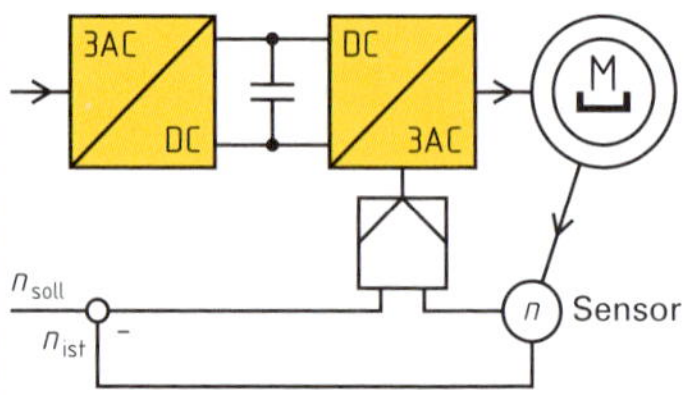

System regelbarer Synchronmotor</td></tr>
<tr><td>Reluktanzmotor</td><td>Die hohen Beschaffungskosten der permanent-erregten Synchronmotoren führten zur Wiederentdeckung der Reluktanzmotoren.
Wegen der kleinen Läuferverluste sind Effizienzklassen bis IE4 möglich. Der Motor ist über Frequenzumrichter in seiner Drehzahl steuerbar und dabei ohne Sensor und Rechnerprogramm selbstanpassend.
Es liegt ein sychronisierter Asynchronmotor mit sychroner Drehzahl vor.</td><td>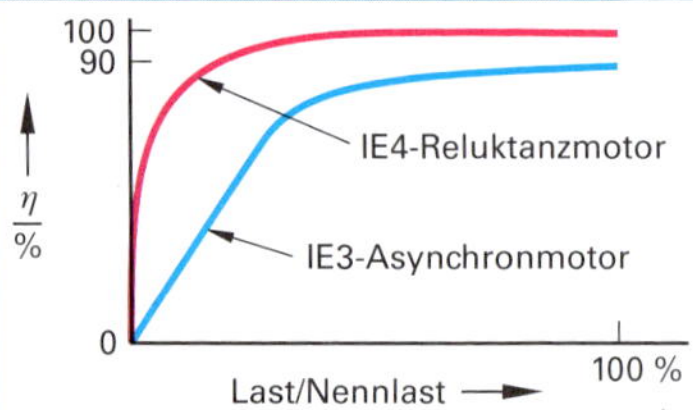

Wirkungsgrade</td></tr>
</table>

Oberflächengekühlte Käfigläufermotoren (Normmotoren)
Surface-cooled Squirrel Cage Motors (Standard Motors)

Wellenenden bei IM B3, IM B6, IM B7, IM B8, IM V5, IM V6 und Bemessungsleistungen

Größe (*h* in mm) (siehe Bild)	*d* x *l* in mm 3000/min	*d* x *l* in mm 1500/min	Bemessungsleistung (Nennleistung) in kW 3000/min	1500/min	1000/min	750/min
56	9 x 20		0,09/0,12	0,06/0,09	–	–
63	11 x 23		0,18/0,25	0,12/0,18	–	–
71	14 x 30		0,37/0,55	0,25/0,37	–	–
80	19 x 40		0,75/1,1	0,55/0,75	0,37/0,55	–
90 S	24 x 50		1,5	1,1	0,75	–
90 L			2,2	1,5	1,1	–
100 L	28 x 60		3	2,2/3	1,5	0,75/1,1
112 M			4	4	2,2	1,5
132 S	38 x 80		5,5/7,5	5,5	3	2,2
132 M			–	7,5	4/5,5	3
160 M	42 x 110		11/15	11	7,5	4/5,5
160 L			18,5	15	11	7,5
180 M	48 x 110		22	18,5	–	–
180 L			–	22	15	11
200 L	55 x 110		30/37	30	18,5/22	15
225 S	55 x 110	60 x 140	–	37	–	18,5
225 M			45		30	22
250 M	60 x 140	65 x 140	55		37	30
280 S	65 x 140	75 x 140	75		45	37

Abmessungen bei IM B3, IM B6, IM B7, IM B8, IM V5, IM V6

vgl. DIN 42673-1

Baugröße *h* in mm	*a* in mm	*b* in mm	*w* in mm	Schraube *s*	*XA* in mm	*XB* in mm	*Y* in mm	*Z* in mm
56	71	90	36	M 5	62	104	174	166
63	80	100	40	M 6	73	110	210	181
71	90	112	45	M 6	78	130	224	196
80	100	125	50	M 8	96	154	256	214
90 S	100	140	56	M 8	104	176	286	244
90 L	125						298	
100 L	140	160	63	M 10	122	194	342	266
112 M	140	190	70		134	218	372	300
132 S	140	216	89	M 10	158	232	406	356
132 M	178						440	
160 M	210	254	108	M 12	186	274	545	480
160 L	254						562	
180 M	241	279	121	M 12	208	312	602	554
180 L	279						632	
200 L	305	318	133	M 16	240	382	680	600
225 S	286	356	149	M 16	270	428	764	675
225 M	311							
250 M	349	406	168	M 20	300	462	874	730
280 S	368	457	190	M 20	332	522	984	792
280 M	419						1036	

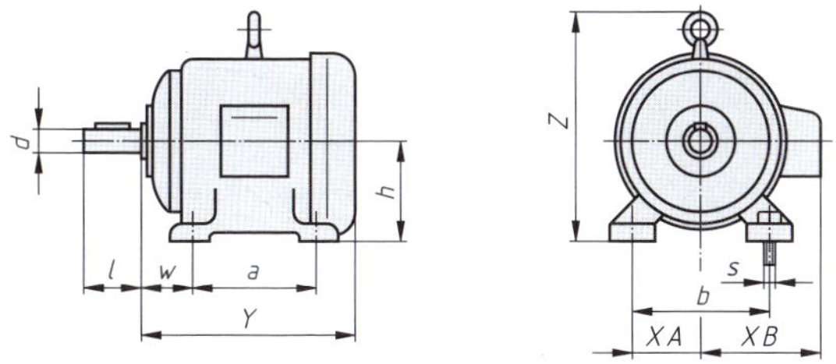

Betriebsdaten von Käfigläufermotoren Seite 536

Bauformen IM siehe folgende Seite.

Bei Größenangabe bedeuten L lange Form, S (von short) kurze Form, M mittelkurze Form.

Die Motoren brauchen der nebenstehenden Zeichnung nicht zu entsprechen.

Die angegebenen Maße sind jedoch einzuhalten.

Bauformen von drehenden elektrischen Maschinen

vgl. DIN EN 60034-7

Types of Construction of Rotating Electrical Machines

Bild	Erklärung IEC-Code I IEC-Code II
Maschinen ohne Lager	
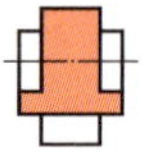	Ohne Welle, Füße hochgezogen A2, IM 5510
Maschinen mit Schildlagern für waagerechte Anordnung B	
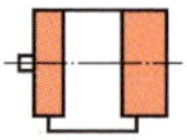	2 Schildlager, 1 freies Wellenende IM B3, IM 1001
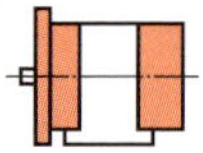	Flanschmotor mit Füßen IM B35, IM 2001
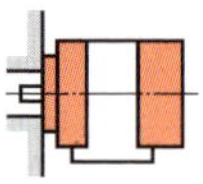	Wie IM B35, aber kein Zugang von der Gehäuseseite IM B34, IM 2101
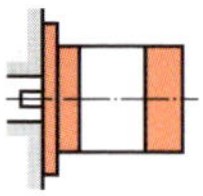	Wie IM B35, aber ohne Füße (Flanschanbau) IM B5, IM 3001
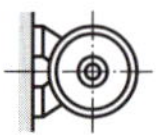	Wie IM B3, aber für Wand-befestigung; Füße links IM B6, IM 5051
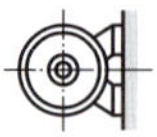	Wie IM B3, aber für Wand-befestigung; Füße rechts IM B7, IM 1061
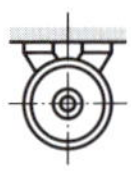	Wie IM B3, aber für Decken-befestigung IM B8, IM 1071
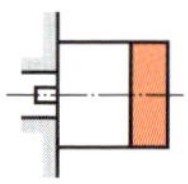	Wie IM B5, aber nur 1 Schild-lager IM B9, IM 9101

Bild	Erklärung IEC-Code I IEC-Code II
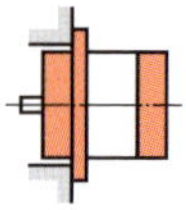	Wie IM B35, aber ohne Füße IM B10, IM 4001
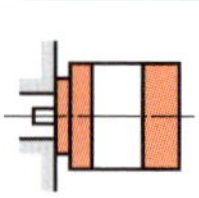	Wie IM B34, aber ohne Füße IM B14, IM 3601
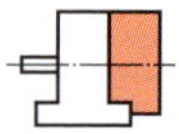	Wie IM B3, aber ohne Lager auf Antriebsseite IM B15, IM 1201
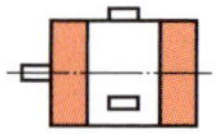	Ohne Füße, ohne Flansch (Einbau in Rohr) IM B30, IM 9201
Maschinen mit Schildlagern und/oder Stehlagern	
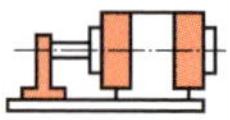	2 Schildlager, 1 Stehlager, Grundplatte C2, IM 6010
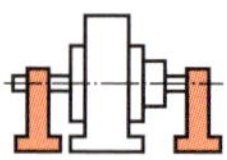	2 Stehlager, mit Füßen D9, IM 7201
Maschinen für senkrechte Anordnung V	
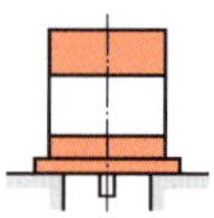	Mit 2 Führungs-lagern, Flansch und Wellenende unten, Flansch in Lagernähe IM V 1, IM 3011
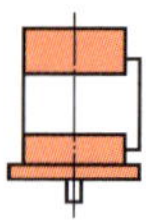	2 Schildlager, Flansch unten, mit Füßen zur Wandbefestigung IM V15, IM 7201

Bild	Erklärung IEC-Code I IEC-Code II
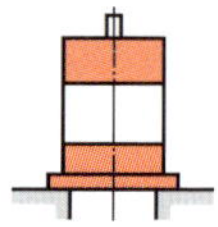	Wie IM V 1, aber Wellenende oben IM V2, IM 3231
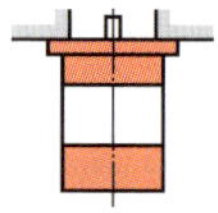	Wie IM V2, aber mit Flansch oben IM V3, IM 3031
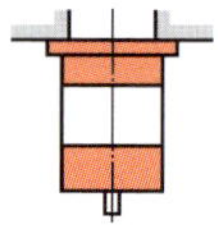	Wie IM V3, aber Wellenende unten IM V4, IM 3211
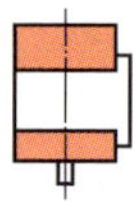	Wie IM V15, aber ohne Flansch IM V5, IM 1011
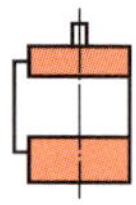	Wie IM V5, aber Wellenende oben IM V6, IM 1031
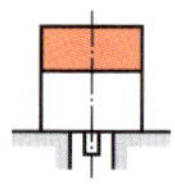	1 Schildlager, ohne Wälzlager am Wellenende IM V8, IM 9111
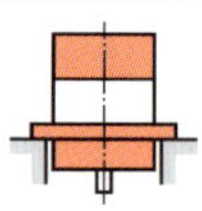	Wie IM V1, aber Flansch in Gehäusenähe IM V10, IM 4011
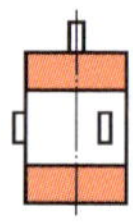	Ohne Füße, ohne Flansch, zum Einbau in Rohr IM V31, IM 9231
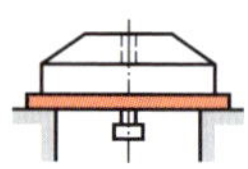	Querlager oben, Kupplungsflansch unten W1, IM 8015

IM-Code I (alphanumerisch = Buchstabe + Zahl)

Grundzeichen: [IM] [1] + [2]

Buchstabe [1]: B mit Lagerschildern, Welle horizontal
V mit Lagerschildern, Welle vertikal

Bauformen mit A, C, D, W nur in alten Anlagen.

Zahl [2]: codiert Lager, Befestigung, Wellenende

IM-Code II (numerisch = nur Zahlen)

Grundzeichen: [1] + [2] + [3] + [4]

[1] Fußanbau, Flanschanbau, Lager (codiert)
[2] Befestigung, Lager
[3] Lage Wellenende und Befestigung
[4] Art Wellenende

Berechnungsformeln für drehende elektrische Motoren
Calculation Formulas for Rotating Electrical Motors

Motorart	Berechnungsformeln
alle drehende Motoren MS MA M (=) M (~)	**Kraftmoment** an Riemenscheibe: $M = F \cdot r$ **(1)** **Winkelgeschwindigkeit**: $\omega = 2 \cdot \pi \cdot n$ **(2)** **mechanische Leistung**: $P_{mec} = \omega \cdot n$ **(3)** **Wirkungsgrad**: $\eta = \frac{P_{mec}}{P}$ **(4)**
	Elektrische Leistungsaufnahme ist zu berechnen aus U, I, $\cos\varphi$ nach den Seiten mit Formeln 31-1 für DC, 34-3 für AC, 48-8 für 3AC,
ein- und mehrphasige Synchronmotoren MS	**Drehfelddrehzahl**: $n_s = \frac{f}{p}$ **(5)** **Drehzahl, Umdrehungsfrequenz**: $n = n_s$ **(6)** **Polzahl**: $z = 2 \cdot p$ **(7)**
einphasige und mehrphasige Asynchronmotoren MA ~ MA 3~	**Drehfelddrehzahl** wie Formel 5 **Stromstärke** bei Drehstrommotoren: $I = \frac{P}{\eta \cdot \sqrt{3} \cdot U \cdot \cos\varphi}$ **(8)** bei Einphasenmotoren: $I = \frac{P}{\eta \cdot U \cdot \cos\varphi}$ **(9)** **Läuferfrequenz**: $f_L = \frac{f \cdot s}{100\%}$ **(10)** $f_L = f - \frac{f \cdot n}{n_s}$ **(11)** **Schlupf**: $s = \frac{(n_s - n) \cdot 100\%}{n_s}$ **(12)** **Drehzahl, Umdrehungsfrequenz**: $n = \frac{f}{p}\left(1 - \frac{s}{100}\right)$ **(13)**
Gleichstrommotor, fremderregt oder Nebenschlussmotor M (=)	**Ankerspannung**: $U_a = U_i + (R_a + R_v) \cdot I_a$ **(14)** **induzierte Ankerspannung**: $U_i \approx \frac{P_a}{I_a}$ **(15)** **Ankerstrom**: $I_a = \frac{P_a}{\eta \cdot U_a}$ **(16)** **Ankerstrom im Stillstand**: $I_{St} = \frac{U_a}{R_a + R_v}$ **(17)** **Drehzahlabnahme**: $s = \frac{(n_s - n) \cdot 100\%}{n_s}$ **(18)** **Erregerstrom**: $I_e = \frac{U_e}{R_e}$ **(19)**
DC-Reihenschlussmotor M (=)	**Stromstärke**: $I = \frac{P}{\eta \cdot U}$ **(20)** **Strom im Sillstand**: $I_{St} = \frac{U}{R_e + R_v + R_a}$ **(21)** **Kraftmoment**: $M = \frac{C_M}{n^2}$ **(22)**

- C_M Kraftmoment-Koeffizient der Maschine
- $\cos\varphi$ Wirkfaktor, Leistungsfaktor
- F Kraft
- f Netzfrequenz
- f_L Läuferfrequenz
- I Stromstärke
- I_a Ankerstrom
- I_e Erregerstrom
- I_{st} Ankerstrom im Stillstand
- M Kraftmoment, Moment
- M_{st} Moment im Stillstand
- n Drehzahl, Umdrehungsfrequenz
- Δn Abnahme in % gegenüber Leerlauf
- n_0 Leerlaufdrehzahl
- n_s Drehfelddrehzahl
- P elektrische Leistung
- P_a mechanische Ankerleistung
- P_{mec} mechanische Leistung
- p Polpaarzahl
- R_a Ankerwiderstand
- R_e Erregerwiderstand
- R_v Vorwiderstand
- s Schlupf in %
- U Netzspannung
- U_a Ankerspannung
- U_e Erregerspannung
- U_i induzierte Spannung
- U_{Str} Strangspannung
- z Polzahl ($z = 2 \cdot p$)
- Δ Delta, Zeichen für Differenz
- η Eta, Wirkungsgrad
- φ Phi, Phasenverschienung zwischen U und I
- ω Omega, Winkelgeschwindigkeit

Leistungsschilder von drehenden elektrischen Maschinen
Nameplates of Rotating Electrical Machines

Motoren, Generatoren, Umformer

Feld	Erklärung
1	Firmenzeichen
2	Typenbezeichnung der Maschine
3	Stromart
4	Arbeitsweise (z. B. Motor, Generator)
5	Maschinennummer der Fertigung
6	Schaltart der Ständerwicklung bei Synchron- und Induktionsmaschinen, und zwar

Phasenzahl	Schaltung	Zeichen
1 ~	offen	$\vert$
	mit Hilfsstrang	⊥
3 ~	unverkettet	$\vert\vert\vert$
3 ~ verkettet in Schaltung	Stern	Y
	Dreieck	△
	Stern mit herausgeführtem Mittelpunkt	Y
6 ~ verkettet in Schaltung	Doppeldreieck	✡
	Sechseck	⬡
	Stern	✳
2 ~	unverkettet	$\vert^2$
	verkettet, allgemein, z. B. in L-Schaltung	L
n ~	unverkettet	$\vert^n$

Feld	Erklärung
7	Bemessungsspannung, Nennspannung
8	Bemessungsstrom, Nennstrom
9	Bemessungsleistung (Abgabe). Bei Synchrongeneratoren in kVA oder VA, sonst in kW oder W.
10	Einheiten kW, W, kVA, VA
11	Betriebsart (entfällt bei S1 = Dauerbetrieb) und Bemessungsbetriebszeit bzw. relative Einschaltdauer. Beispiel: S2 30 min, S3 40% ED

Feld	Erklärung	
12	Bemessungsleistungsfaktor λ bzw. cos φ. Bei Synchronmaschinen ist das Zeichen u (untererregt) anzufügen, wenn Blindleistung aufgenommen werden soll.	
13	Drehrichtung (auf die Antriebseite gesehen): → (Rechtslauf) ← (Linkslauf)	
14	Bemessungsdrehzahl. Außerdem angegeben: Bei Motoren mit Reihenschlussverhalten die Höchstdrehzahl n_{max}; bei Generatoren, die von Wasserturbinen angetrieben werden, die Durchgangsdrehzahl n_d der Turbine; bei Getriebemotoren die Enddrehzahl n_z des Getriebes.	
15	Bemessungsfrequenz, Nennfrequenz	
	bei Schleifringläufer	bei Gleichstrommaschine und Synchronmaschine
16	„Läufer“ bzw. „Lfr“	„Erreger“ bzw. „Err“
17	Schaltart, wenn keine 3 AC-Schaltung	–
18	Läuferstillstandsspannung in V	Bemessungserregerspannung in V
19	Läuferstrom in Bemessungsbetrieb. Angabe entfällt, falls Ströme kleiner als 10 A.	Erregerstrom
20	Thermische Klasse (Seite 225). Gehören Ständer und Läufer zu verschiedenen Klassen, wird zuerst die Klasse des Ständers, dann die Klasse des Läufers angegeben (z. B. E/F).	
21	Schutzart, z. B. IP 23	
22	IE-Klasse (Seite 395). Gewicht in Tonnen (t). Angabe entfällt, wenn ≤ 1 t.	
23	Zusätzliche Vermerke, z. B. VDE 0530/…, Kühlmittelmenge bei Fremdbelüftung und bei Wasserkühlung.	

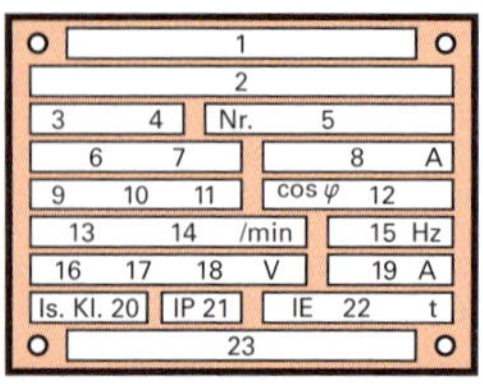

Wird die Wicklung einer Maschine neu gewickelt oder umgeschaltet, so muss zusätzlich ein weiteres Schild mit Firmenbezeichnung, Jahreszahl und gegebenenfalls neuen Angaben angebracht werden.

(Leistungsschilder von Transformatoren siehe Seite 225).

Geräte mit elektrischen Maschinen

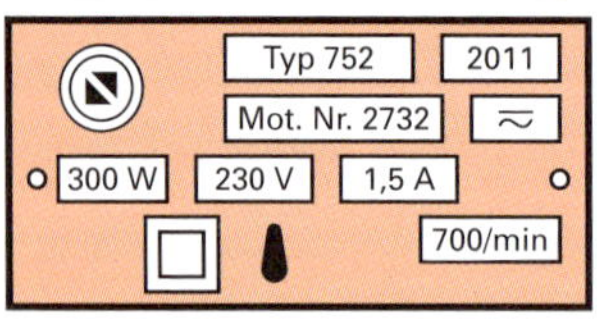

Leistungsschild einer Handbohrmaschine

Außerdem sind anzugeben:
Bemessungsaufnahme in W;
bei Schutzklasse II Symbol ⧈;
ein Symbol für die Feuchtigkeits-Schutzart, z. B. 💧.

Bei Kleingeräten, wie tragbaren Elektrowerkzeugen, Staubsaugern, Küchenmaschinen, Tonbandgeräten, wird kein genormtes Leistungsschild verwendet. Die Inhalte folgender Felder sind aber meist auf dem Leistungsschild angegeben: Felder 1, 2, 3, 6, 7, 11, 14, 15 (teilweise).

Drehstrommotoren Three-phase Motors

Motorart	Synchronmotor	Schleifringläufermotor	Käfigläufermotor
Schaltzeichen und Anschluss für Rechtslauf (F1F2 entfällt bei Dauermagneterregung)	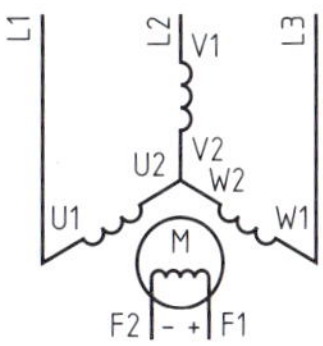	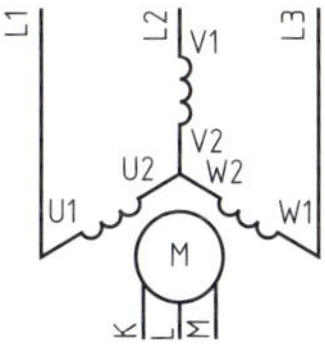	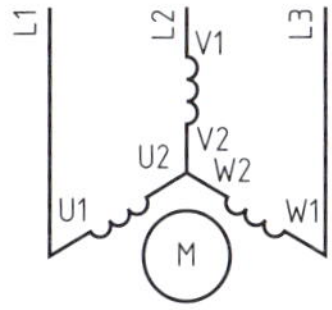
Kraftmomentkennlinien	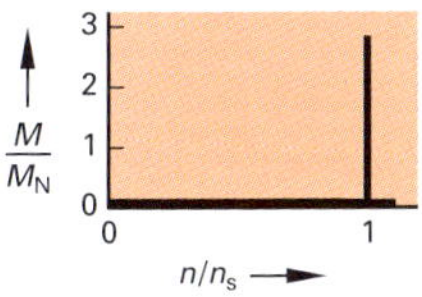	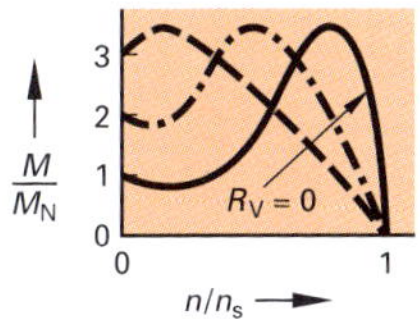	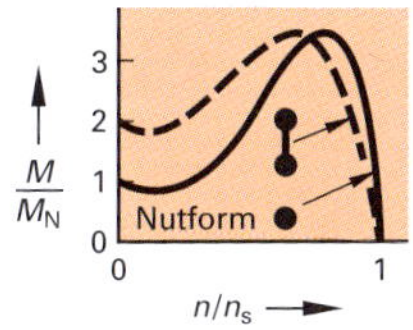
Drehrichtungsumkehr	Durch Vertauschen zweier Außenleiter		
Schaltung an den Anschlussklemmen	Der Ständer ist wie beim Käfigläufermotor anzuschließen. Läuferanschluss 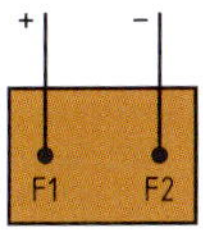 Entfällt bei Dauermagneterregung	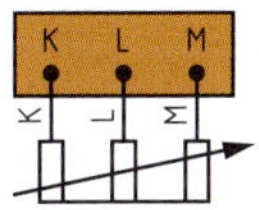 Läufer in Y oder Δ 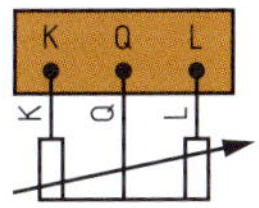 Läufer in V (zweiphasig)	bei Sternschaltung 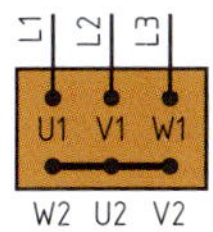 bei Dreieckschaltung 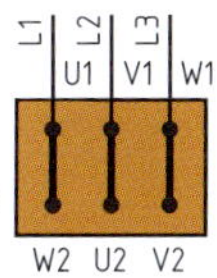
Häufigstes Anlassen	bei Anlaufkäfig: direktes Einschalten ohne Erregung	Anlasswiderstände im Läuferkreis	direktes Einschalten (falls möglich bei Einstellung für niedrige Drehzahl)
M_A / M_N	0,5 bis 1 mit Anlaufkäfig	kleine Motoren bis 4, große Motoren bis 2	0,4 bis 2
I_A / I_N	3 bis 7	≈ 1 bei Anlauf mit M_N	3 bis 7
Kurzzeitige Überlastbarkeit	1,5- bis 4-fach	1,6- bis 2,5-fach	1,6- bis 3-fach
Steuern der Drehzahl	Steuern der Frequenz durch FU (Frequenzumrichter)	Läuferzusatzwiderstände	Polumschaltung, Frequenzsteuerung
Drehzahlstellbereich	bis 1:∞ bei Servomotoren bis 1:10 bei Schiffsantrieben	bei Läuferzusatzwiderständen bis 1:3	bei Polumschaltung mit 4 Stufen bis 1:8
	bei Frequenzsteuerung mit Umrichter bis 1:100, mit Drehzahlregler bis 1:∞		
Elektrisches Bremsen ohne zusätzliche Bremse	Nutzbremsung durch Betrieb als Generator. Mit Anlaufkäfig auch Gegenstrombremsung.	Nutzbremsung durch Betrieb als Generator, insbesondere bei Polumschaltung. Verlustbremsung durch Gegenstrombremsung sowie durch Speisen des Ständers mit Gleichstrom oder Einphasenwechselstrom.	
Anwendungsbeispiele	Servomotoren, Kolbenverdichter, Umformer, Propellerantriebe auf Schiffen	Hebezeuge, Förderanlagen, Verdichter, Steinbrecher, Verschiebebühnen	Werkzeugmaschinen, Verarbeitungsmaschinen, Landwirtschaftsmaschinen, Hebezeuge

I_A Anzugsstrom, I_N Bemessungsstrom, M Moment, Kraftmoment, M_A Anzugsmoment, M_N Bemessungsmoment, n Drehzahl, Umdrehungsfrequenz, n_s Drehfeldzahl (synchrone Drehzahl), R_V Anlasswiderstand, ∞ unendlich.

Polumschaltbare Motoren Pole-changing Motors

Polumschaltbarer Motor mit zwei getrennten Wicklungen

Schaltung

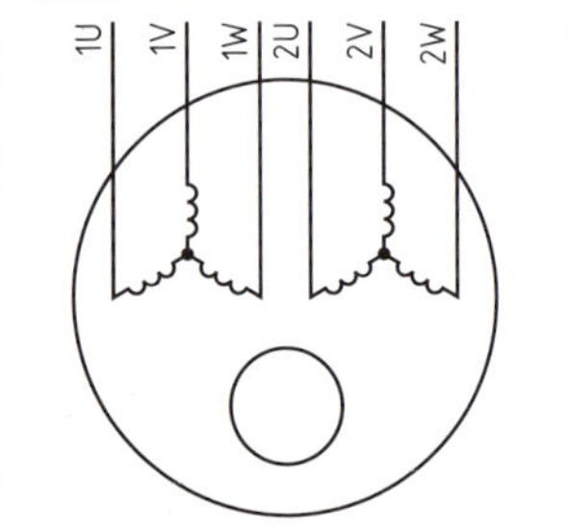

Klemmbrett

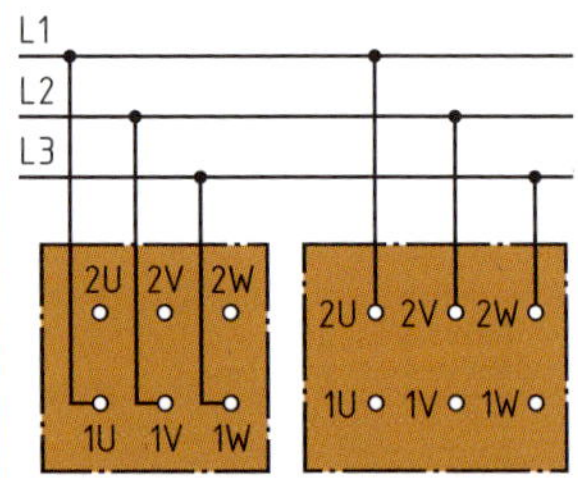

Erklärung

- Zwei getrennte Ständerwicklungen mit verschiedenen Polzahlen ermöglichen 2 Drehzahlen.
- Die Drehzahlen können in einem beliebigen, ganzzahligen Verhältnis stehen, z. B. 3/2.
- Motoren mit getrennten Wicklungen erfordern einen höheren Wicklungsaufwand.
- Gebräuchliche Maschinen: Polzahl: 2/4; 4/6; 4/8; 6/8

Dahlander Motoren mit umschaltbarer Wicklung (Δ/YY)

Schaltung für niedrige Drehzahl

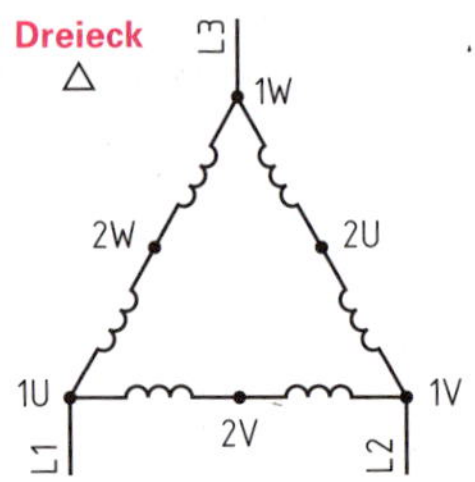

Klemmbrett für niedrige Drehzahl

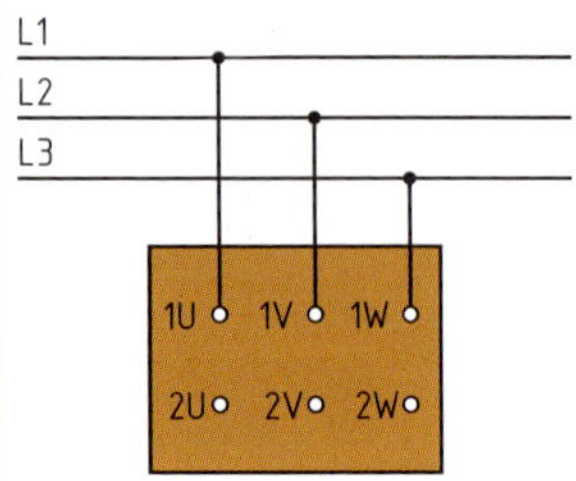

Erklärung

- Jeder Strang der Ständerwicklung ist in zwei Wicklungsteile unterteilt (Wicklung mit Mittelanzapfung).
- Meist wird die Schaltungsvariante Δ/YY für fast gleiches Kraftmoment ausgeführt.
- Dreieckschaltung für niedrige Drehzahl.
- Zwei Motorschutzrelais erforderlich, weil bei hoher Drehzahl höhere Leistungsaufnahme erfolgt.

Schaltung für hohe Drehzahl

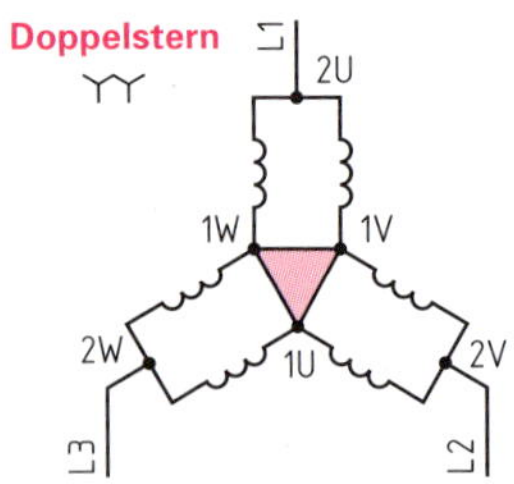

Klemmbrett für hohe Drehzahl

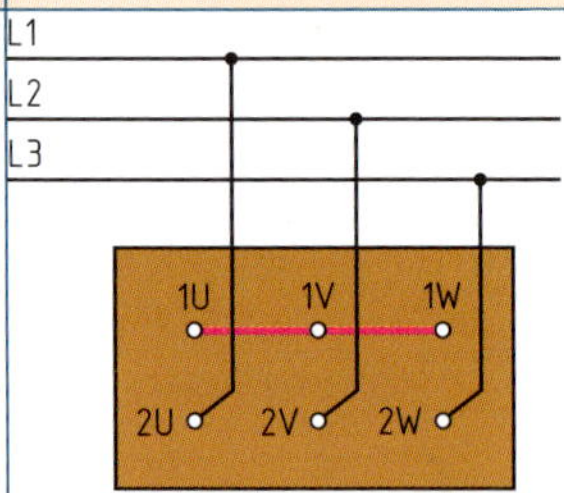

Durchflutungsansicht

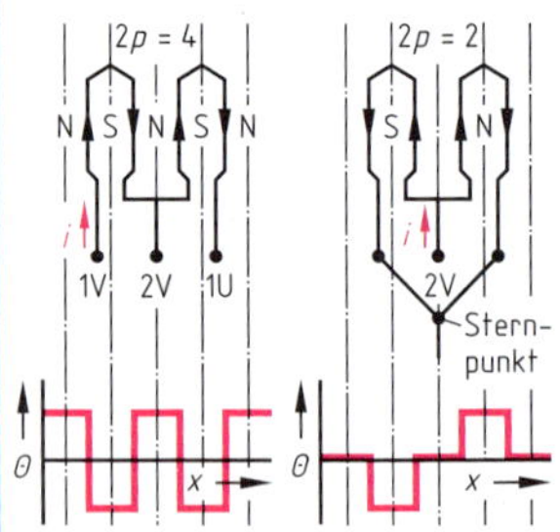

Dahlander Motoren mit umschaltbarer Wicklung (Y/YY)

Schaltung für niedrige Drehzahl

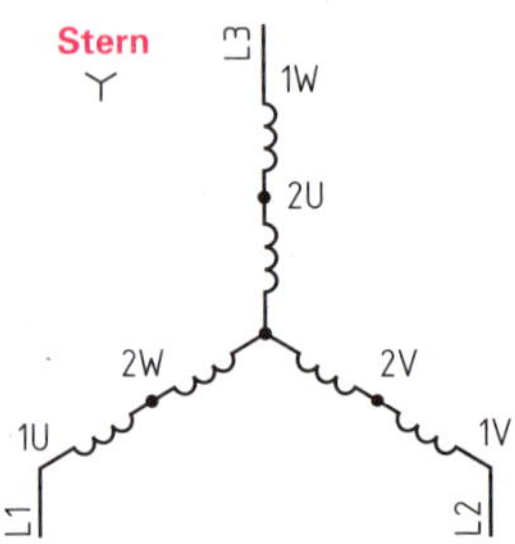

Schaltung für hohe Drehzahl

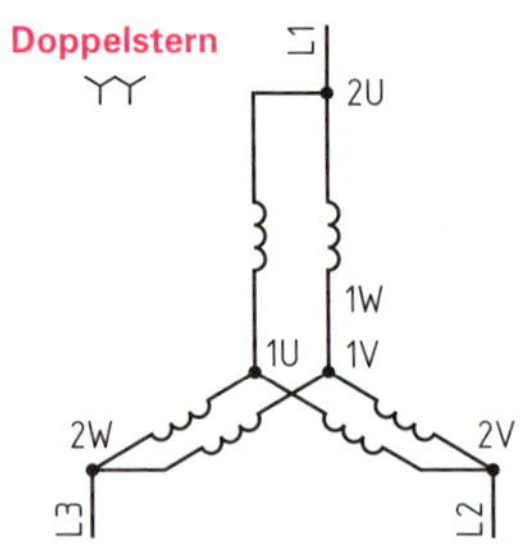

Erklärung

- Jeder Strang der Ständerwicklung ist in zwei Wicklungsteile unterteilt (Wicklung mit Mittelanzapfung).
- Die seltenere Schaltungsvariante Y/YY für unterschiedliches Kraftmoment ausgeführt.

Wicklungen auf dieser Seite dargestellt nach DIN EN 60034-8 (VDE 0530-8)

Fehlerbeseitigung bei Drehstrom-Asynchronmotoren
Troubleshooting on Three-phase Asynchronous Motors

Fehler	Mögliche Ursache	Abhilfe
Käfigläufermotor und Schleifringläufermotor		
Motor läuft nicht an.	Unterbrechung der Zuleitung.	Unterbrechung beseitigen.
Motor erreicht unter Last nicht die volle Drehzahl.	Widerstandsmoment zu groß oder bei einem Strang sind Anfang und Ende vertauscht oder schlechter Kontakt, z.B. am Schalter.	Stärkeren Motor verwenden. Strang umpolen. Kontakte prüfen und evtl. säubern.
Beim Einschalten starkes Brummen.	Ein Außenleiter ist ohne Spannung oder der Läufer liegt am Blechpaket an.	Netz prüfen. Lager erneuern.
Drehzahl fällt bei Belastung stark ab.	Überlastung oder Sternschaltung statt Dreieckschaltung oder Leitung hat zu kleinen Querschnitt.	• Stärkeren Motor verwenden. • Schaltung berichtigen. • Stärkere Leitung verwenden.
Motor erwärmt sich schon im Leerlauf.	• Falsche Schaltung, meist Dreieckschaltung statt Sternschaltung oder • Netzspannung zu hoch oder zu niedrig oder • ungenügende Kühlung oder • falsche Drehrichtung (wenn Lüfterflügel schräg gestellt sind).	Schaltung berichtigen. Netzspannung prüfen und Ursache für Abweichung beseitigen. Luftwege prüfen und reinigen. Drehrichtung berichtigen.
Einzelne Ständerspulen werden heiß.	Windungsschluss oder Körperschluss. Nachweis durch Messen der Strangströme oder der Strangwiderstände.	Zutreffendenfalls Wicklung erneuern bzw. Motor ersetzen.
Motor erwärmt sich bei Belastung zu stark.	Überlastung oder Motor ist in Stern statt in Dreieck geschaltet oder Netzspannung zu niedrig.	• Stärkeren Motor nehmen. • Schaltung berichtigen, • Stern-Dreieckschalter prüfen. • Spannung messen, VNB benachrichtigen.
Ein Strang erwärmt sich stark, Motor bleibt bei Belastung stehen.	Falscher Anschluss des Stern-Dreieck-Schalters oder schlechter Kontakt an einer Anschlussklemme.	• Schaltung richtigstellen. • Kontakte säubern, • Kontaktschrauben anziehen.
Lager werden heiß.	Schmiermittel verbraucht oder Lager beschädigt.	Lager ausbauen, prüfen, schmieren, evtl. erneuern.
Käfigläufermotoren		
Polumschaltbarer Motor läuft mit falscher Drehzahl.	Schaltungsfehler, z.B. am Schalter.	Schaltung prüfen und berichtigen.
Motor läuft an, bleibt aber bei niedriger Drehzahl hängen.	Nutzahlverhältnis zwischen Läufer und Ständer ungünstig oder Läuferwiderstand zu klein.	Konstruktionsfehler. Rückfrage beim Hersteller. Läufer auswechseln. Kurzschlussringe abdrehen.
Läufer wird heiß, Motor zieht schlecht an und brummt.	Schlechter Kontakt zwischen Käfigstäben und Kurzschlussringen.	Läufer auswechseln.
Schleifringläufermotoren		
Bürsten feuern.	Schmutzige Kontaktfläche oder Schleifringe sind rau oder haben Rillen oder schlechtes Aufliegen der Bürsten oder zu kleine Bürstendruckkraft.	Bürsten und Schleifringe reinigen und polieren. Schleifringe auf Drehmaschine egalisieren (ausgleichen). Bürsten mit Schmirgelleinwand einschleifen. Feder straffer einstellen oder ersetzen.
Starker Drehzahlabfall bei Belastung.	Widerstand im Läuferstromkreis zu groß, z.B. durch schlechten Kontakt, oder zu schwache Leitung zum Anlasser.	Läuferströme messen. Widerstände verkleinern, z.B. Kontakte reinigen oder stärkere Leitung nehmen.
Unrunder Lauf	Im Läuferkreis sind schlechte Kontakte.	Prüfen auf lockere Kontakte, auch im Läufer.

Einphasen-Wechselstrommotoren Single-phase A.C. Motors

Motorart	Asynchronmotoren mit Käfigläufer	Drehstrom-Käfigläufermotor in Steinmetzschaltung	Universalmotor
Schaltzeichen und Anschluss für Rechtslauf	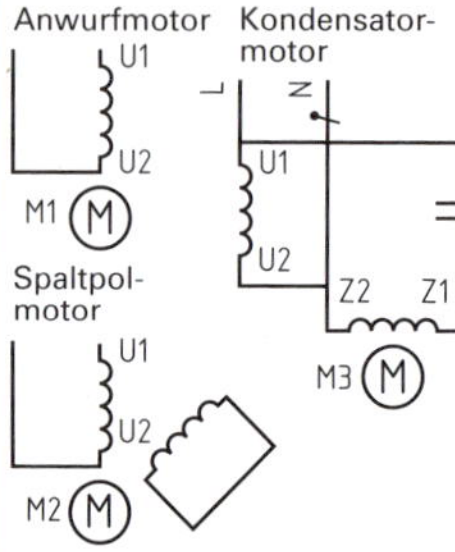	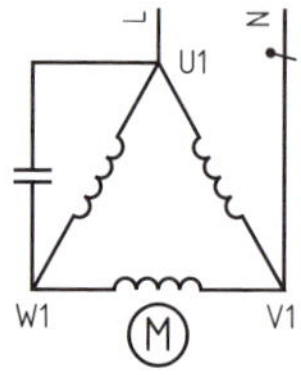	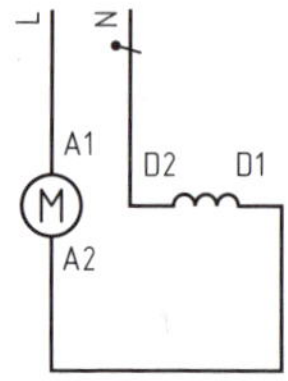
Kraftmomentkennlinien	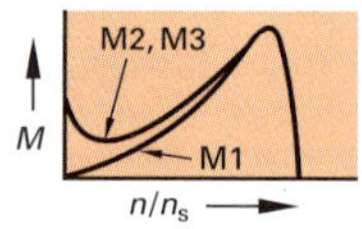	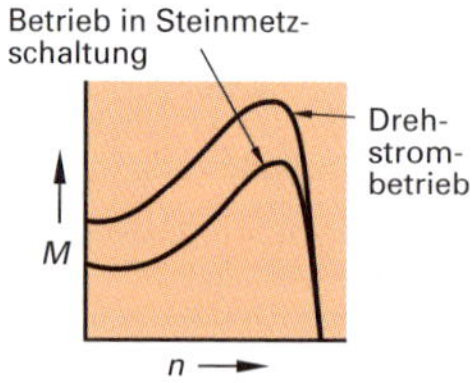	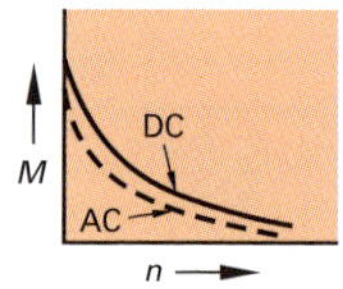
Drehrichtungsumkehr	Anwurfmotor M1: geänderte Anwurfrichtung. Spaltpolmotor M2: meist nicht umschaltbar. Kondensatormotor M3: Umpolen der Hilfswicklung Z1 Z2.	Kondensator am anderen Netzleiter anschließen.	Umpolen des Ankers A1 A2 oder der Erregerwicklung (Feldwicklung) D1 D2.
Schaltung an den Anschlussklemmen	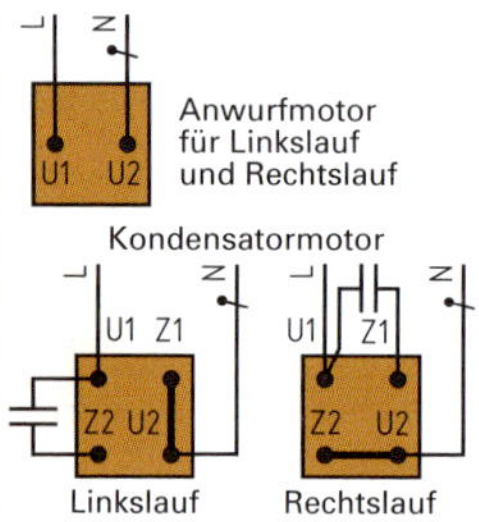	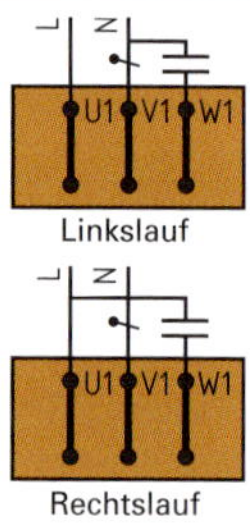	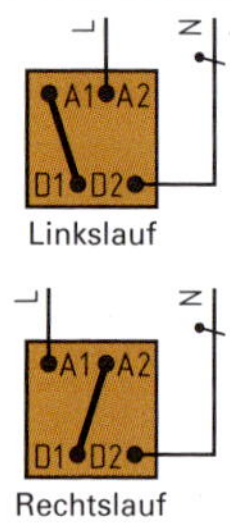
M_A/M_N Anzugsmoment / Bem.moment	M1: 0 M2: bis 0,5 M3: ohne Anlaufkondensator 0,3 bis 0,5 mit Anlaufkondensator bis 3,5	0,2 bis 0,7 abhängig von der Kondensatorkapazität	bis 3 abhängig von der Spannung
I_A/I_N Anzugsstrom / Bem.strom	M2: bis 2 M1, M3: bis 5	2 bis 5 abhängig von der Kondensatorkapazität	bis 4 abhängig von der Spannung
kurzzeitige Überlastbarkeit	M1, M2: bis 1,5-fach M3: bis 2,5-fach	bis 2,2 x Bemessungsleistung	bis 3 x Bemessungsleistung
Steuern der Drehzahl durch	Polumschaltung, Frequenzsteuerung, bei Frequenzsteuerung mit Umrichter und Drehzahlregelung bis 1 : ∞.		Ankerparallelwiderstand
	Änderung der Anschlussspannung, z.B. mit Thyristoren, Vorwiderständen, Stelltransformatoren.		
Drehzahlstellbereich	1:2 bis 1:4 geregelt bis 1:1000	1:2	1:10 bis 1:50
elektrisches Bremsen	Gegenstrombremsung (nur beim Kondensatormotor)	Gegenstrombremsung, Polumschaltung beim Herunterschalten	nicht üblich
Anwendungsbeispiele	Maschinen aller Art, z.B. Werkzeugmaschinen.	Umwälzpumpe, Ölbrenner	Haushaltsmaschinen, Büromaschinen

Gleichstrommotoren D.C. Motors

Motorart	Fremderregter Motor (Motor mit Nebenschlussverhalten)	Reihenschlussmotor	Dauermagneterregter Doppelschlussmotor
Schaltzeichen und Anschluss für Rechtslauf (mit Anlasser, ohne Feldsteller, z. T. ohne Wendepol- und Kompensationswicklung)	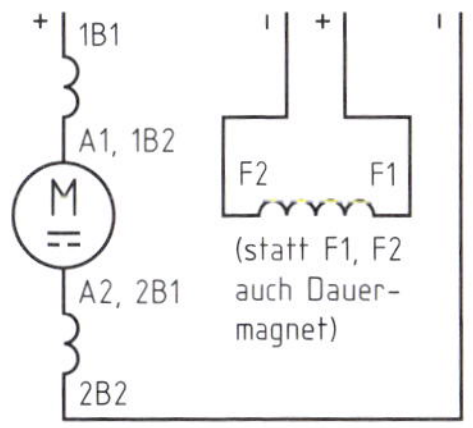	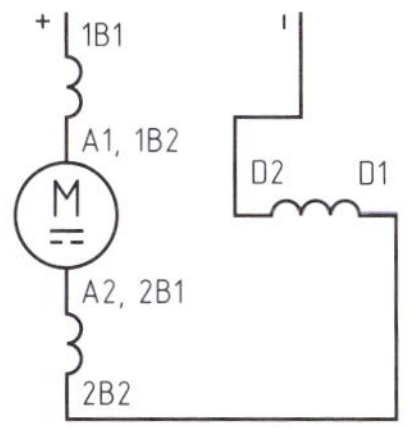	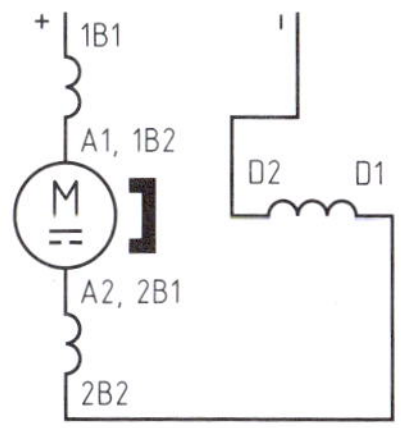
Kraftmomentkennlinien	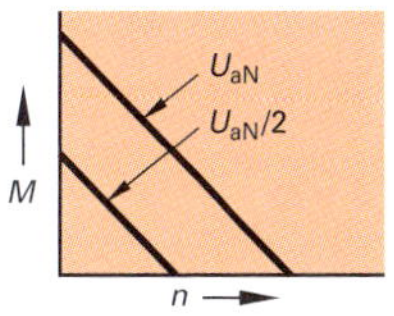	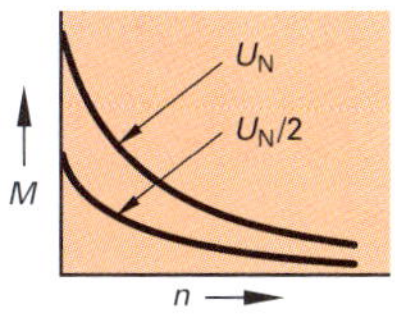	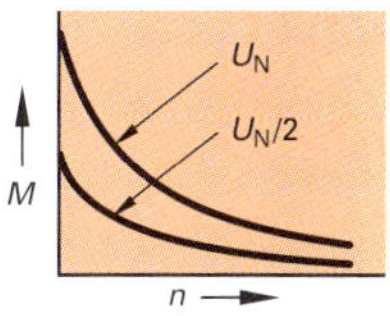
Drehrichtungsumkehr	Umpolen der Reihenschaltung von Anker-, Wendepol- und Kompensationswicklung oder Umpolen der Erregerwicklung (Feldwicklung).		
Anlassen	Durch Verkleinerung der Ankerspannung, und zwar beim fremderregten Motor bei voller Erregerspannung.		
Schaltung an den Anschlussklemmen (Am Klemmenbrett stehen A1 und A2 für den gesamten Ankerstromkreis)	fremderregter Motor mit Erregerwicklung 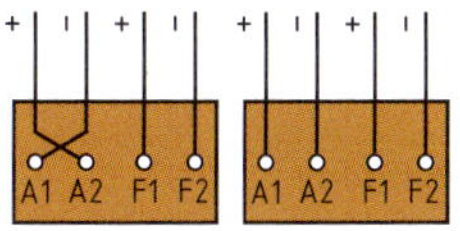 für Linkslauf für Rechtslauf fremderregter Motor mit Dauermagneterregung 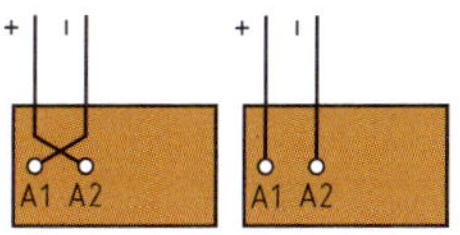 für Linkslauf für Rechtslauf	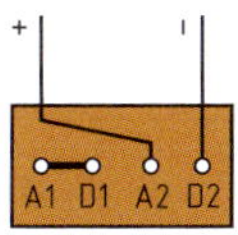 für Linkslauf 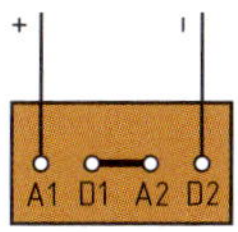 für Rechtslauf	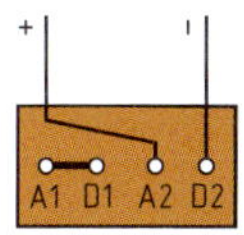 für Linkslauf 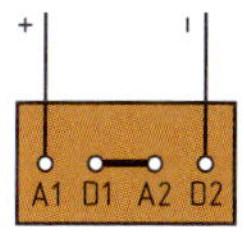 für Rechtslauf
Anzugsmoment, Anzugsstrom	Je nach Anlassschaltung bis zum 2,5-fachen Bemessungswert (Nennwert).		
kurzzeitige Überlastbarkeit	unkompensiert: bis 1,8-fach kompensiert: bis 2,2-fach	bis 2,5 x Bemessungsleistung	unkompensiert: bis 1,8-fach kompensiert: bis 2,2-fach
Steuern der Drehzahl	Unterhalb der Bemessungsdrehzahl: Durch Verkleinern der Ankerspannung. Oberhalb der Bemessungsdrehzahl: Durch Verkleinern der Erregerspannung.		
Drehzahlstellbereich	Bei Verkleinern der Ankerspannung, ohne Regler bis 1:10, mit Regler bis 1:∞. Bei Verkleinern der Erregerspannung (Feldstellung) bis 3:1.		
elektrisches Bremsen	Gegenstrombremsung, z. B. durch Umschalten des Ankers. Nutzbremsung (Energierücklieferung) durch Betrieb als Generator.		
	Widerstandsbremsung	Nutzbremsung mit parallelgeschalteter Erregerwicklung, sonst Widerstandsbremsung	Widerstandsbremsung
Anwendungsbeispiele	Werkzeugmaschinen, Förderanlagen	Elektrische Fahrzeuge, Hebezeuge, Anlassmotoren für Kraftfahrzeuge	Werkzeugmaschinen, Walzwerkantriebe

M Moment, M_N Bem.moment, *n* Drehzahl, *U* Spannung, U_{aN} Ankerbem.spannung, U_N Bemessungsspannung

Servomotoren Servomotors

<table>
<tr><th>Aufbau, Benennung</th><th>Erklärung</th><th>Typische Daten, Anwendung</th></tr>
<tr>
<td>
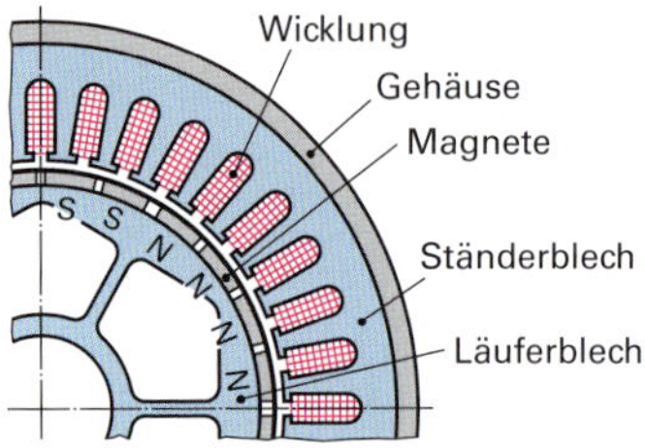

Drehstrom-Servomotor

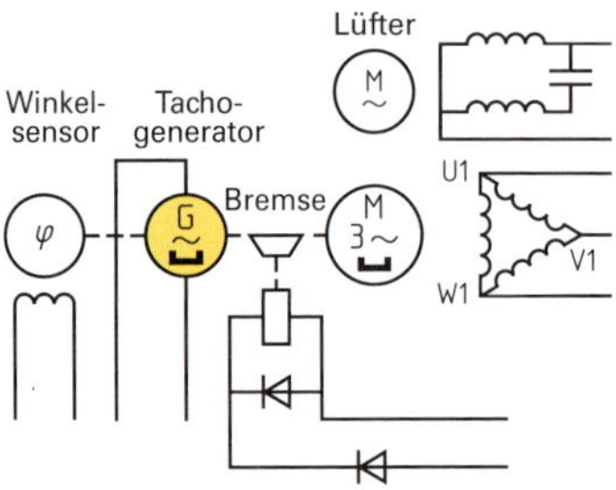

Schaltung eines Drehstrom-Servomotors
</td>
<td>
Drehstrom-Servomotoren haben meist einen dauermagneterregten Läufer (Bild). Oft ist eine Fremdbelüftung vorhanden (Bild). Ein Tachogenerator gibt die Ist-Drehzahl an die elektronische Steuerung. Drehzahl und Drehrichtung werden durch Pulsweitenmodulation vom Steuergerät eingestellt. Beim Anlauf wird die Frequenz schnell von null zum Sollwert hochgefahren.

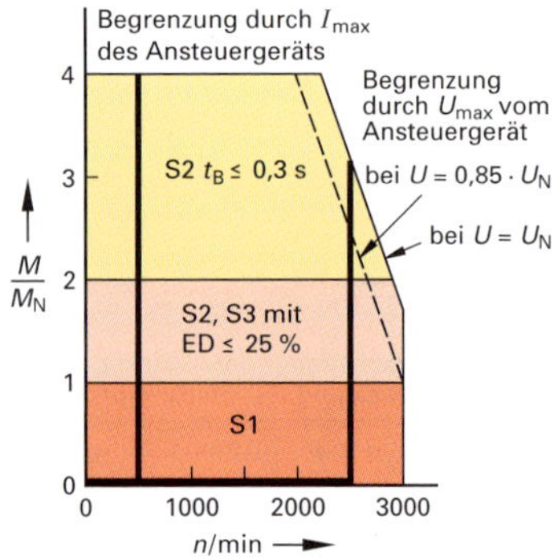

Arbeitsbereich eines Drehstrom-Servomotors mit Ansteuergerät
</td>
<td>
J = 0,006 kgm^2
n_{max} = 3000 / min
m = 22 kg
M_N = 11 Nm
I_N = 22 A
I_{max} = 105 A
K = 0,5 Nm/A
(M_{max} = 53 Nm)
τ_{mech} = 5 ms
τ_{el} = 10 ms

Für Vorschubantriebe, Positionierungsantriebe und Roboterantriebe in Verbindung mit Getrieben.
</td>
</tr>
<tr>
<td>
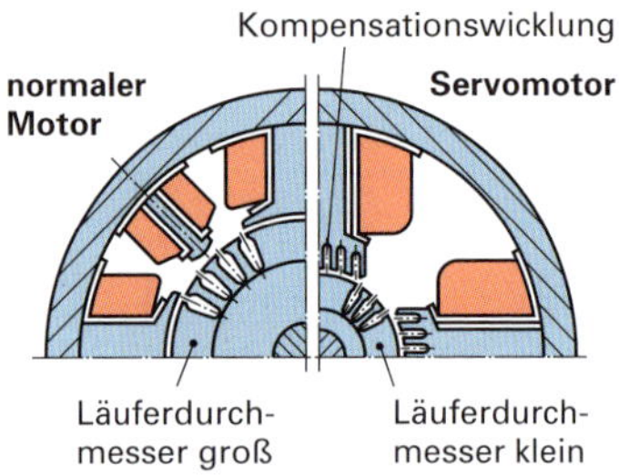

Aufbau von Gleichstrommotoren

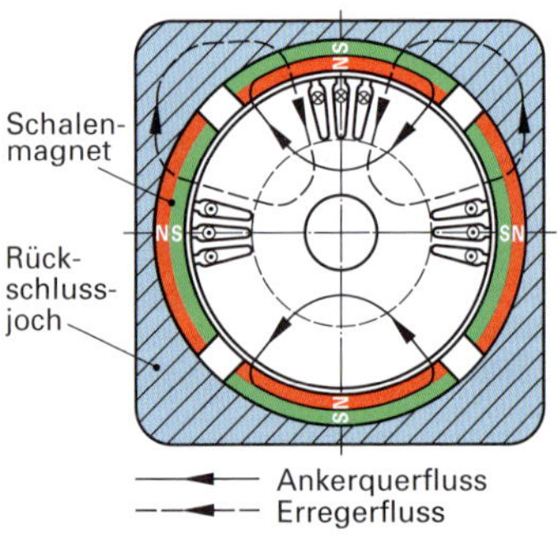

Aufbau von Gleichstrom-Servomotoren mit Dauermagneterregung
</td>
<td>
Gleichstrom-Servomotoren sind fremderregte Gleichstrommotoren (Bild). Wegen der möglichen Überlastbarkeit ist eine Kompensationswicklung vorhanden. Das verfügbare Kraftmoment hängt von der Betriebsart (S1, S2, S3) und der Drehzahl ab (Bild). Die Ansteuerung erfolgt fast verzögerungsfrei über Transistor-Stellglieder oder mit einer Totzeit von einigen Millisekunden über Thyristor-Stellglieder. Besonders reaktionsschnell sind Gleichstrommotoren mit eisenlosem Läufer.

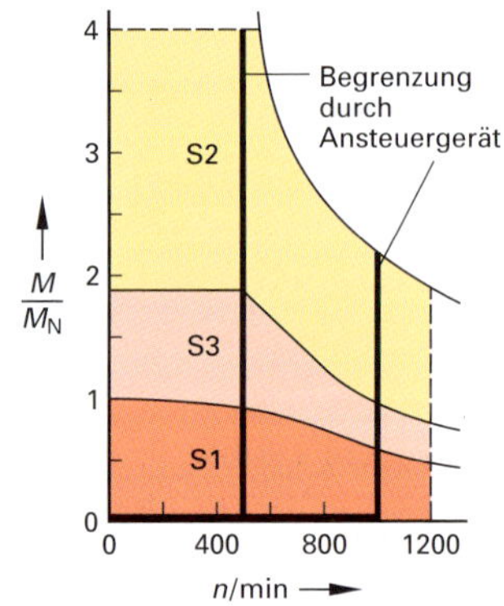

Arbeitsbereich eines Gleichstrom-Servomotors mit Ansteuergerät
</td>
<td>
J = 0,008 kgm^2
n_{max} = 6000 / min
m = 30 kg
M_N = 9 Nm
I_N = 15 A
I_{max} = 100 A
K = 0,6 Nm/A
(M_{max} = 60 Nm)
τ_{mech} = 7 ms
τ_{el} = 15 ms

τ_{mech} erhöht sich durch zusätzliche Trägheitsmomente erheblich.
Eisenloser Läufer: für besonders reaktionsschnelle Antriebe.
Läufer mit Eisen: wie bei Drehstrom-Servomotoren, aber weniger reaktionsschnell.
</td>
</tr>
</table>

I_N Bemessungsstromstärke, J Trägheitsmoment des Läufers, K Kraftmomentkoeffizient, m Masse, M_{max} maximales Kraftmoment, M_N Bemessungsmoment, n Drehzahl, S1 Dauerbetrieb, S2 Kurzzeitbetrieb, S3 Aussetzbetrieb, τ_{el} elektrische Zeitkonstante, τ_{mech} mechanische Zeitkonstante.

Ansteuerung von Servomotoren Activation of Servomotors

Ansteuersystem mit SIMOTION

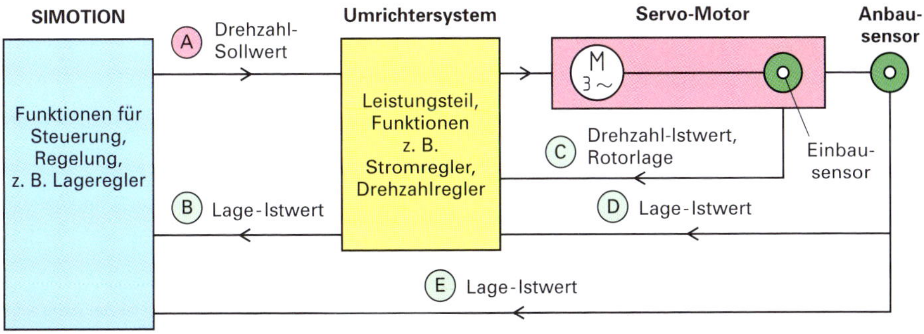

Komponenten

Komponente	Erklärung	Bemerkungen
Steuerung SPS SIMOTION Schnitt-stellen	Zum Steuern eines Servomotors werden eine Steuerung, ein Frequenzumrichter und Messsysteme benötigt. Das Ansteuern des Frequenzumrichters kann über SPS mit Funktionen bzgl. Positionierung und Regelungen oder über eine vergleichbare Multifunktionsbaugruppe, z.B. SIMOTION, erfolgen. Als Schnittstellen sind bei SIMOTION analoge und digitale Eingänge und Ausgänge, PROFIBUS, PROFINET sowie eine Onboard-Antriebsschnittstelle für Antriebssysteme mit Analogschnittstelle oder mit Puls-Richtungsschnittstelle (Schrittantriebe) verfügbar.	Möglichkeiten zum Ansteuern von Servomotoren mit den Schnittstellen A bis E **(Bild)**: • A als Onboard-Antriebsschnittstelle mit C, E ohne B, D. • Oder: mit B, C ohne D, E. • A als PROFIBUS-Schnittstelle mit C, D ohne B, E. Lage-Istwert wird über A zurückgemeldet. • A als PROFINET-Schnittstelle mit C, D ohne B, E. Lage-Istwert wird über A zurückgemeldet. www. automation.siemens.com/mc
Frequenz-umrichter Umrichter-system Überwachen Bremsen, Regeln Tipp-Betrieb	Die Frequenzumrichter z.B. der Umrichtersysteme SIMODRIVE, SIMATIC ET 200, SINAMICS, steuern den Servomotor an. Diese Umrichter besitzen Funktionen zur • Motordatenidentifikation, • Überwachung, z.B. Lastmoment, Überlast, Temperatur, insbesondere als Motorschutz, • Wiedereinschaltung, • elektromechanischen Bremsung, • Regelung, z.B. Drehzahlregelung, Kraftmomentregelung, *U*(f)-Regelung (Schlupfkompensation). Ferner ermöglichen sie auch die Betriebsart JOG (Tipp-Betrieb, to jog = trotten).	Die Betriebsart JOG ermöglicht das Positionieren des Motors in eine bestimmte Lage. Über eine Winkelschrittgeberschnittstelle (WSG) können Lage-Istwert und Nullpunkt an die SIMOTION-Steuerung übertragen werden. Das Eingeben von Parameterwerten erfolgt über spezielle Bediengeräte, z.B. einen anzuschließenden PC. Parameter gibt es z.B. bzgl. anzuschließendem Motor, Gebern, Umrichterfunktionen, Sollwerten, Motorsteuerung, Motorregelung, Datenübertragung. www.automation.siemens.com/mc
Servomotor	Als Servomotoren kommen meist Synchronmotoren zum Einsatz, die mit integrierten Gebern (Einbaugeber) zum Erfassen der Lage und der Geschwindigkeit (Drehzahl) des Rotors ausgestattet sind.	An Einbausensoren werden hohe Anforderungen bzgl. der zulässigen Betriebstemperatur gestellt, da sie in unmittelbarer Umgebung der aktiven Motorteile betrieben werden.
Messsystem (Sensor) Einbau-sensoren Anbau-sensoren	Angewendet werden optoelektronische inkrementelle oder absolute Messsysteme, induktive Messsysteme (Resolver), kapazitive Messsysteme. Die Lageerfassung mit Einbausensoren ist nicht immer ausreichend genau. Die Drehbewegung des Servomotors kann über Getriebe oder Riemen übertragen werden. Um nun die Lage auch z.B bei Schlupf korrekt zu erfassen, werden Messsysteme direkt an der Maschine angebracht (Anbausensoren).	Der optoelektronische Sensor beruht z.B. auf Glasmaßstäben mit Strichteilungen oder auf Codescheiben, über die durch Lichtbestrahlung bei Lageänderungen Lichtwechsel erzeugt werden, die durch Fotodioden in elektrische Signale umgesetzt werden und dadurch auswertbar sind. www.automation.siemens.com/mc www.asm-sensor.com

Schrittmotoren Stepper Motors

Art, Benennung	Wirkungsweise, Erklärung

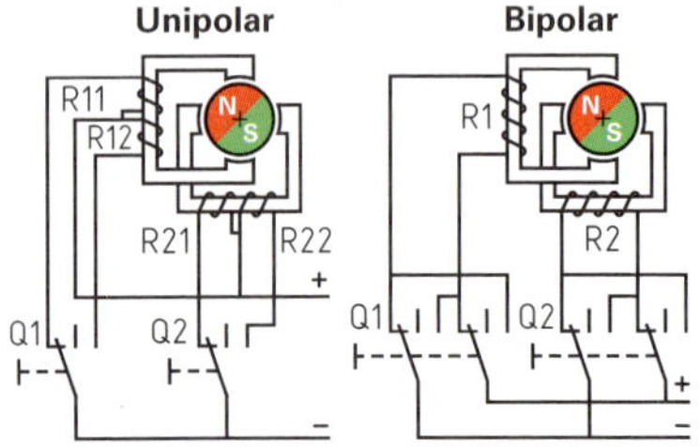

Zweistrang-Schrittmotoren

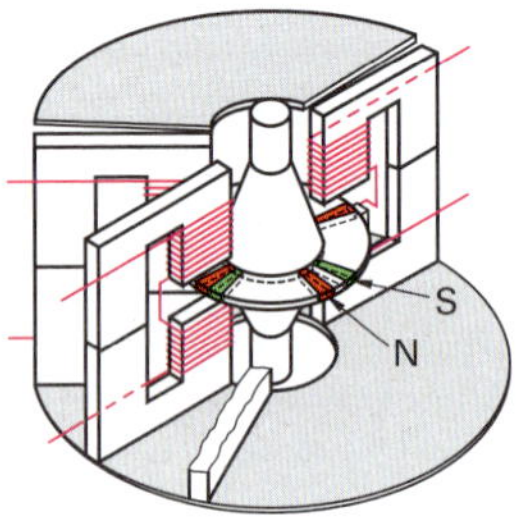

Scheibenmagnet-Schrittmotor

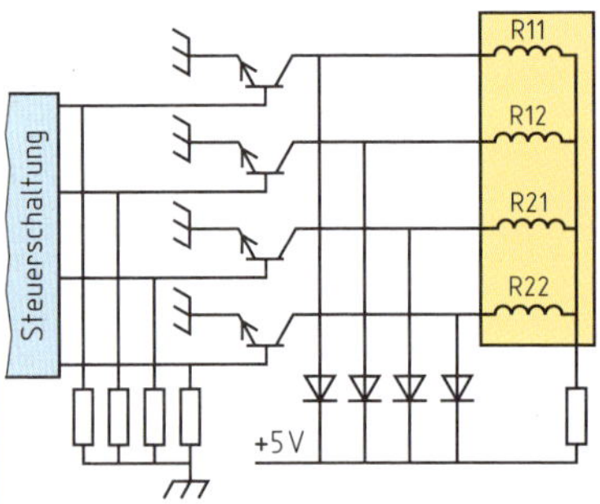

Prinzip einer unipolaren Schrittmotor-Steuerschaltung

Prinzip:

Der Dauermagnetläufer dreht sich bei jedem Rechteckimpuls einer Gleichspannung um den Schrittwinkel weiter.

Betrieb:

Eine elektronische Ansteuerschaltung liefert die Impulse in der richtigen Reihenfolge.

Arten:

Es gibt Einstrang-Schrittmotoren, Zweistrang-Schrittmotoren und Fünfstrang-Schrittmotoren.

Wicklung:

Die Wicklung jedes Stranges kann unipolar oder bipolar (selten) ausgeführt sein. Bei der unipolaren Form fließt der Strom im Wicklungsstrang in derselben Richtung, bei der bipolaren Form auch in wechselnden Richtungen.

Anwendung der Schrittmotoren:

Genaues Positionieren (Erreichen einer vorgegebenen Lage) z. B. bei Druckern, Plottern, Büromaschinen.

Taktfolge für einen Zweistrang-Schrittmotor

Schritt-Nr.		Vollschrittbetrieb schwarz Halbschrittbetrieb zusätzl. rot	
Linkslauf ↑	Rechtslauf ↓	Schalter Q1	Schalter Q2
4 ≙ 0	0 ≙ 4	←	←
$3^1/_2$	$^1/_2$	←	Mitte
3	1	←	→
$2^1/_2$	$1^1/_2$	Mitte	→
2	2	→	→
$1^1/_2$	$2^1/_2$	→	Mitte
1	3	→	←
$^1/_2$	$3^1/_2$	Mitte	←

← Schalterstellung links, → desgl. rechts

Die Schalter Q1 und Q2 sind durch die Transistoren der Steuerschaltungen verwirklicht.

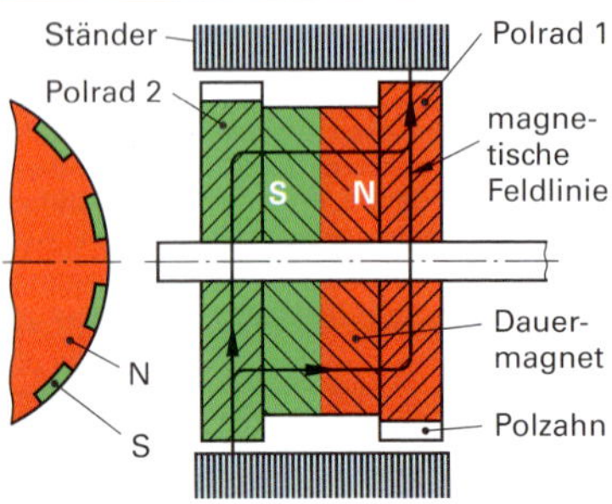

Läufer mit Gleichpolprinzip für Schrittmotor mit kleinem Schrittwinkel

Bei Halbschrittbetrieb:

$$\alpha = \frac{180°}{2p \cdot m} \quad (1)$$

$$z_u = 2 \cdot 2p \cdot m \quad (3)$$

$$n = \frac{f_{sch}}{2 \cdot 2p \cdot m} \quad (5)$$

Bei Vollschrittbetrieb:

$$\alpha = \frac{360°}{2p \cdot m} \quad (2)$$

$$z_u = 2p \cdot m \quad (4)$$

$$n = \frac{f_{sch}}{2p \cdot m} \quad (6)$$

Durch eine elektronische Schaltung kann beim Halbschrittbetrieb die Phasenverschiebung in vier Teile geteilt werden, sodass der Vollschritt in acht Mikroschritte unterteilt wird *(Mikroschrittbetrieb)*.

$2p$ Polzahl, f_{sch} Schrittfrequenz, m Strangzahl, n Drehzahl (Umdrehungsfrequenz), p Polpaarzahl, z_u Schrittzahl/Umdrehung, α Schrittwinkel

Kleinstmotoren Micromotors

Begriffe	Erklärung, typische Daten	Ansichten
Leistungsarten Umgebungstemperatur Leistungsbereich Kurzzeitbetrieb Anwendungen	*Typenleistung* ist die im empfohlenen Leistungsbereich maximale Abgabeleistung. *Dauerbetriebsbereich* ist der Bereich für dauernde Belastung bei einer Umgebungstemperatur von 25 °C. *Empfohlener Leistungsbereich* ist kleiner als der Dauerbetriebsbereich. Motor darf *kurzzeitig* und wiederholt überlastet werden. Roboter, Positionierungsantriebe, zahnärztliche Geräte, Dialysegeräte, Lüfter, Kfz-Mechatronik, Nivelliergeräte, Beamer, Fahrtenschreiber, Lesegeräte.	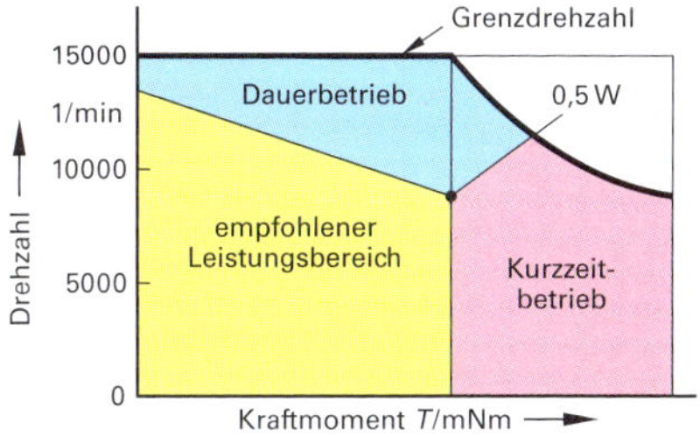 **Betriebsbereiche eines Kleinstmotors 0,5 W**
DC-Motor mit Edelmetallbürsten Permanentmagnete eisenloser Außenläufer Spezialwicklung	Der Läufer ist eisenlos mit einer Spezialwicklung aus Cu-Drähten und läuft als Außenläufer um den innen liegenden Dauermagnet-Ständer. Die Welle besteht oft aus Keramik. P_{typ} = 0,5 W bis 8 W, z.B. bei P_{typ} = 0,5 W: $n \leq$ 16 000/min, $T \leq$ 0,6 mNm η = 0,6, U_N = 12 V, $I_a \leq$ 130 mA 1 Flansch, 2 Permanentmagnet, 3 Gehäuse (magnetischer Rückschluss), 4 Welle, 5 Wicklung, 6 Kollektor-Wicklung-Platte, 7 Kollektor, 8 Gleitlager, 9 Bürsten, 10 Deckel, 11 Anschluss	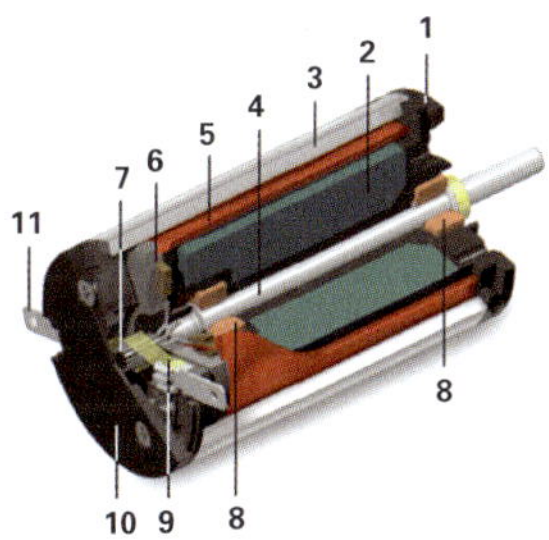 **DC-Motor mit Edelmetallbürsten** www.maxonmotor.com
DC-Motor mit Graphitbürsten	P_{typ} = 1,5 W bis 250 W, z.B. bei P_{typ} = 60 W: $n \leq$ 7 800/min, $T \leq$ 47 mNm η = 0,79, U_N = 12 V, $I_a \leq$ 60 A	Aufbau entsprechend wie bei DC-Motor mit Edelmetallbürsten, jedoch hier mit Graphitbürsten, Kupferkollektor und Kugellagern. Geeignet für größere Leistungen.
EC-Motor elektronische Kommutierung Ständer mit Spezialwicklung Innnen- oder Außenläufer mit Permanentmagneten Ansteuerung der drei Stränge	Im Prinzip liegt ein dreiphasiger Synchronmotor vor, der über die Elektronik mit Gleichspannungen angesteuert wird. Die drei Stränge sind in Stern oder in Dreieck geschaltet. P_{typ} = 1,5 W bis 400 W, z.B. bei P_{typ} = 15 W: $\eta \leq$ 50 000/min, $T \leq$ 44 mNm bei 10 000/min, η = 0,68, U_N = 24 V Je nach Elektronik der Steuerschaltung wird jeder Strang mit *blockförmiger* oder *sinusförmiger* Spannung angesteuert. Dadurch entsteht ein magnetisches Drehfeld. 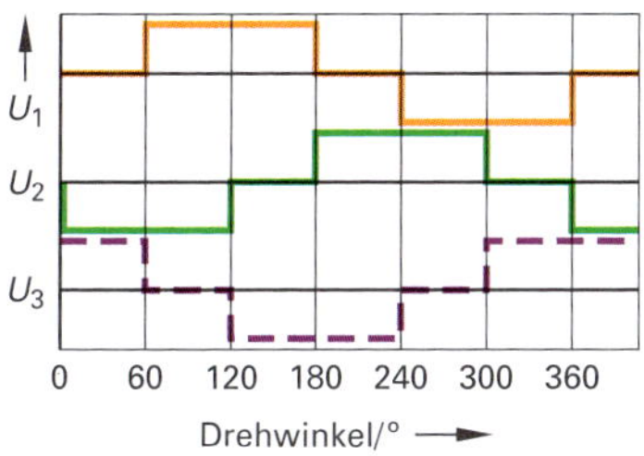 **Ansteuerung der Stränge**	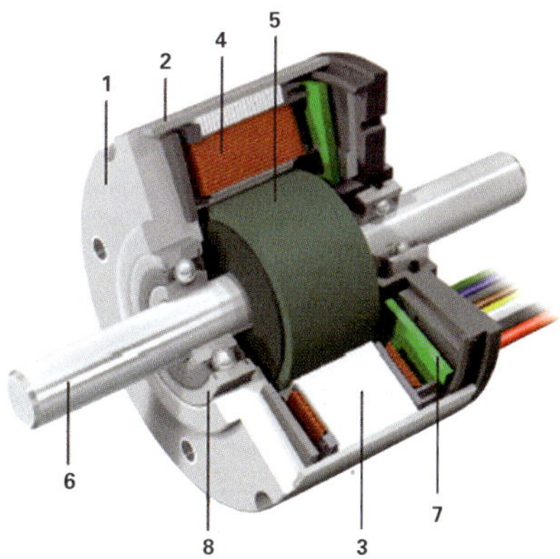 **EC-Motor mit Innenläufer** 1 Flansch, 2 Gehäuse, 3 Ständerpaket, 4 Wicklung, 5 Permanentmagnet (Läufer), 6 Welle, 7 Leiterplatte mit Hall-Sensoren, 8 Kugellager www.maxonmotor.com

I_a maximaler Anlaufstrom
T maximales Dauerdrehmoment
n Grenzdrehzahl
U_n Bemessungsspannung
P_{typ} Typenleistung
η Wirkungsgrad

Daten von Kleinstantrieben, Getriebe von Kleinstmotoren
Data of Microdrives, Gearboxes of Mini Drives

Typ	Ø in mm	Länge in mm	Kommutierung	Typenleistung in W	Masse in g	maximaler Wirkungsgrad in %	Schaltung zur Stromversorgung
DC-Motoren mit eisenlosem Läufer (Beispiele)							www.maxonmotor.com
RE8	8	16	EB	0,5	4,1	68	
RE13	13	19,2/21,6	EB	1,2	12/15	68/70	
RE13	13	31,4/33,8	EB	2,5	12–15	78/80	
RE15	15	22,3	EB CLL	1,6	20	71 bis 74	
RE35	35	70,9	GB	90	340	66 bis 86	
RE40	40	71	GB	150	480	83 bis 92	
RE75	75	201,5	GB	250	2800	77 bis 84	
DC Servomotor, umrichtergespeist (Beispiele)							www.maxonmotor.com
EC6	6	21	BL	1,2	2,8	41 bis 50	
EC16	16	40,2	BL	15	34	67 bis 68	
EC22	22	bis 67,7	BL	bis 50	85 bis 130	73 bis 86	
EC6 flach	6	2,2	BL	0,03	0,32	–	
EC14 flach	13,6	11,7	BL	1,5	8,5	39,4	
EC20 flach	20	9,5	BL	3	15	62,5	
EC90 flach	90	27,1	BL	90	648	86	

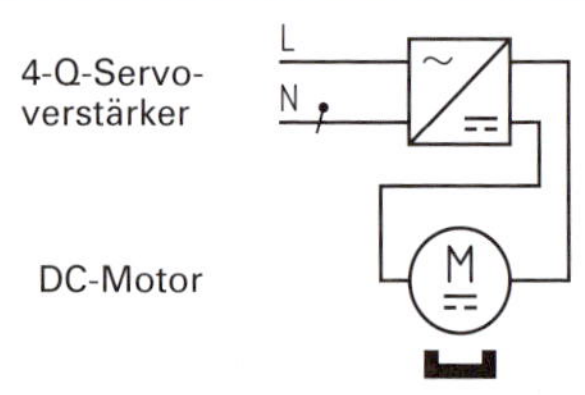

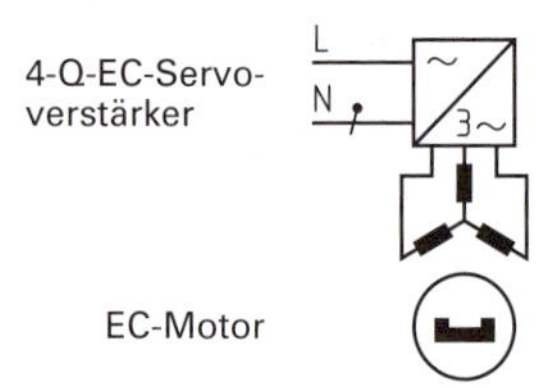

Getriebe von Kleinstmotoren

Stirnradgetriebe

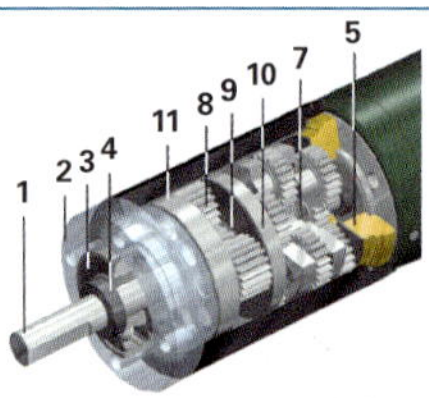

Planetengetriebe

Oft sollen Kleinstmotoren ein größeres Kraftmoment abgeben als ihrer Baugröße entspricht. Mechanische Getriebe setzen die Drehzahl herunter, das Kraftmoment aber fast im umgekehrten Verhältnis herauf. Wird z.B. die Drehzahl auf 1/10 herabgesetzt, steigt das Kraftmoment auf das 10-Fache. Besonders große Untersetzungsverhältnisse bis 6000 : 1 werden mit Planetengetrieben möglich. Diese besitzen mehrere Planetenzahnräder, die um ein Sonnenzahnrad kreisen.

1 Abgangswelle, 2 Flansch, 3 Lager Abgangswelle, 4 axiale Sicherung, 5 Zwischenplatte, 6 Zahnrad, 7 Motorritzel, 8 Planetenräder, 9 Sonnenrad, 10 Planetenträger, 11 Hohlrad

Stirnradgetriebe bestehen meist aus mehreren Stufen. Jede Stufe besteht aus der Paarung eines kleinen Zahnrades mit einem großen. Das erste Zahnrad ist direkt auf die Motorwelle gesetzt. Je nach Stufenzahl sind Untersetzungen bis etwa 5000 : 1 möglich.

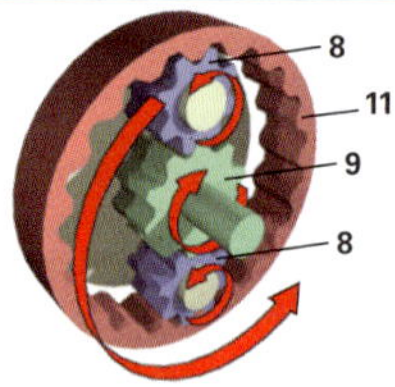

Prinzip des Planetengetriebes

Getriebedaten

Typ	ø in mm	Länge in mm	Getriebeart	Moment (je nach Länge) in Nm	Masse (je nach Länge) in g	Untersetzung (je nach Länge)
GP6	6	7 bis 17,3	PG	0,002 bis 0,03	1,8 bis 3,4	3,9 : 1 bis 854 : 1
GS 16 K	16	11,8 bis 20,8	SG	0,01 bis 0,03	9 bis 11,7	12,1 bis 5752 : 1
GP 81	81	84 bis 127	PG	20 bis 120	2300 bis 3700	3,7 : 1 bis 308 : 1

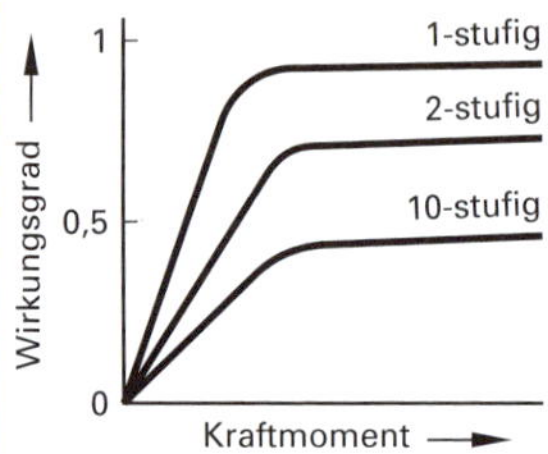

A Metallausführung, BL bürstenlos, CLL Capacitor Long Life, DC Gleichstrom, EB Edelmetallbürsten, EC elektronisch kommutiert, GB Graphitbürsten, K Kunststoffausführung, PG, GP Planetengetriebe, RE Rare Earth Magnet, SG, GS Stirnradgetriebe, Q Quadrant

Linearantriebe Linear Drives

Begriff, Name	Erklärung, Prinzip	Bemerkungen, Ansichten, Daten
Arten der Linearantriebe LA		
Linearmotoren	Elektromagnetischer, nicht drehender Motor, beruhend auf der Kraftwirkung von Strom im Magnetfeld.	AC-Linearmotoren (Seite 340) und DC-Linearmotoren.
Hydraulische LA	Lineare Verstellung eines Kolbens durch eine Flüssigkeit unter Wirkung einer Pumpe.	Ähnliche Wirkung durch Pneumatik möglich (siehe Seite 100).
LA mit drehendem Motor	Die Drehbewegung des drehenden Motors wird durch mechanische Mittel in eine Linearbewegung (Längsbewegung) umgesetzt.	Typische Größen: Geschwindigkeiten 0,2 mm/s bis 150 mm/s, Positioniergenauigkeit 0,04 mm.
Sonstige LA	Wirkung von Piezoeffekt und Ultraschall oder Wirkung von Joule-Effekt (Magnetostriktion).	Beim Piezo-LA erreichbare Genauigkeit bis 0,02 μm.

Linearantriebe mit drehenden Elektromotoren

Zahnriementrieb Zahnriemen, Antriebswelle, Schlitten

Die motorisch angetriebene Antriebswelle greift mit ihren Zähnen in einen Zahnriemen ein und bewegt ihn. Am Zahnriemen ist ein Schlitten befestigt. Dieser bewegt sich mit dem Zahnriemen in einer Führung und trägt das Arbeitsgerät, z. B. eine Transportwanne oder auch ein Werkzeug.

Zahnstangentrieb

Beim Zahnstangentrieb greift ein Zahnrad als Antrieb in eine Zahnstange ein, sodass ein Schlitten bewegt wird. Die Genauigkeit ist wegen des Spiels bei beiden Antrieben gering.

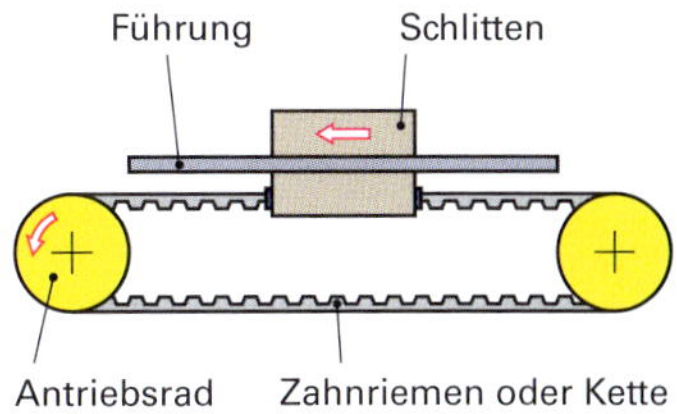

Zahnriementrieb

Spindelantriebe

Bei Spindelantrieben wird eine *Mutter* durch die Spindeldrehung axial zur Spindel bewegt. Die Mutter ist dabei verbunden mit dem zu bewegenden Teil, z.B einem Werkzeugträger.

Spindelarten

- Metrische Spindel mit metrischem Gewinde,
- Trapezspindel mit Trapezgewinde,
- Kugelumlaufspindel (Kugelspindel) mit Rundgewinde.

Spindelmutter

Die *Spindelmutter* hat ein entsprechendes Gewinde.

metrische Spindel

- Preiswert, einfache Herstellung,
- selbsthemmend,
- niedriger Wirkungsgrad, nicht spielfrei, geringe Genauigkeit,

Trapezspindel

- wie metrische Spindel aber
- stärker belastbar.

Kugelumlaufspindel (Kugelspindel)

In der Kugelspindel wälzen sich Kugeln durch die geschliffenen Laufrinnen der Spindel und der Mutter und gelangen anschließend über einen Rückführkanal in der Mutter zurück.

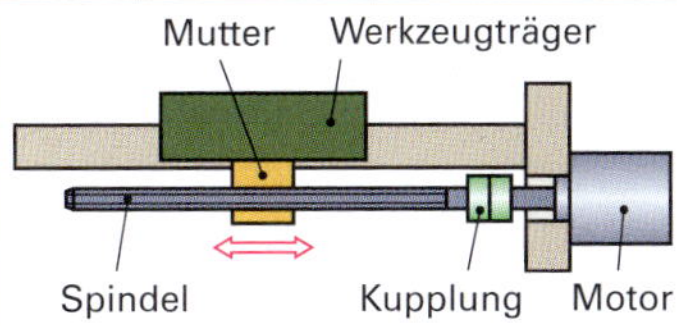

Teile des Spindelantriebs

Metrische Spindel mit Spindelmotor
www.maxonmotor.de

Antriebsmotor

Synchronmotor mit Dauermagneterregung oder Asynchronmotor, meist über Elektronik (Zwischenkreisumrichter) vom Netz gespeist. Oft mit Untersetzungsgetriebe, z.B. Planetengetriebe. Motordrehzahl bis n_{mot} = 8000/min.

Anwendung

Antriebe an Maschinen für die Zustellung von Werkzeugen oder Bearbeitungsmodulen in beliebigen Richtungen mit Verschiebelängen von 0,10 m bis etwa 2 m.

Daten von Spindelantrieben

Spindel	i_{mot}	$F \leq$	v mm/s	η
M6 x 1	1 : 1 bis 850 : 1	350 N	0,2 bis 5,6	0,2 bis 0,35
Kugeluml.sp. 6 x 2		500 N	0,3 bis 150	0,47 bis 0,81

F Vorschubkraft, i_{mot} Untersetzung, v Vorschubgeschwindigkeit, η Wirkungsgrad

Piezo-Aktoren und Piezo-Antriebe Piezo Aktuators and Piezo Drives

Begriff, Name	Erklärung, Daten
Piezo-Effekt	Bei manchen Kristallen, z.B. Quarz SiO_2, und an speziellen Keramiken entsteht eine Ladungsverschiebung, wenn sie durch eine Kraft verformt werden **(Bild)**. Dadurch entsteht zwischen leitenden Begrenzungen des Kristalls eine Spannung. Dieser Piezo-Effekt (von
Piezokeramik	griech. pièzein = drücken) ist umkehrbar. Wenn an derartige Piezo-Stoffe eine Spannung angelegt wird, entsteht eine Längenänderung und damit eine Kraft. Die Längenänderung ist klein, wirkt aber sehr schnell. Dadurch kann die Steuerfrequenz bis über 100 kHz betragen.
Piezo-Aktor	Beim Piezo-Aktor werden dünne Piezoscheiben aufeinander geschichtet und parallel an Spannung angeschlossen **(Bild)**. Da jede Scheibe nur eine sehr kleine Dehnung hervorbringt, stapelt man sehr viele Scheiben zu einem stabförmigen Aktor. Piezo-Aktoren verwendet man zur Feineinstellung, z.B. bei der Chipherstellung.

Daten

Daten eines Piezo-Aktors	
Längenänderung je Aktorlänge 1 kV/mm	0,0005 = 0,05%
Stellkraft je Aktorquerschnitt	20 N/mm^2
Grenzfrequenz	bis 100 kHz

Begriff, Name	Erklärung, Daten
Piezo-Ultraschallmotor Reibschiene	Beim Piezo-Ultraschallmotor wirken zwei oder mehr Piezo-Aktoren von beiden Seiten auf eine Reibschiene **(Bild)**. Mittels einer Feder ist jeder Aktor über Polster (engl. Pads) gegen die Reibschiene gespannt und bewirkt so die Selbst-
Selbsthaftung	haftung. Die Aktoren werden elektrisch mit hoher Frequenz erregt. Dabei schwingen sie mechanisch, z.B. in Form einer Wanderwelle **(Bild)** oder einer Ellipse. Je nach der Frequenz der elektrischen Ansteuerung der Piezo-Aktoren verläuft die Schwingung in die gewünschte Richtung und bewegt so den Stab vorwärts oder rückwärts.
Information	Weitere Informationen www.faulhaber.com, www.physikinstrumente.de

Daten

Daten eines Piezo-Ultraschallmotors	
Geschwindigkeit	bis 0,15 m/s
Auflösung	0,02 μm
Stellweg	Nur begrenzt von der Länge der Schiene
Ansteuerung	Generator für Ultraschallfrequenz

Ansichten

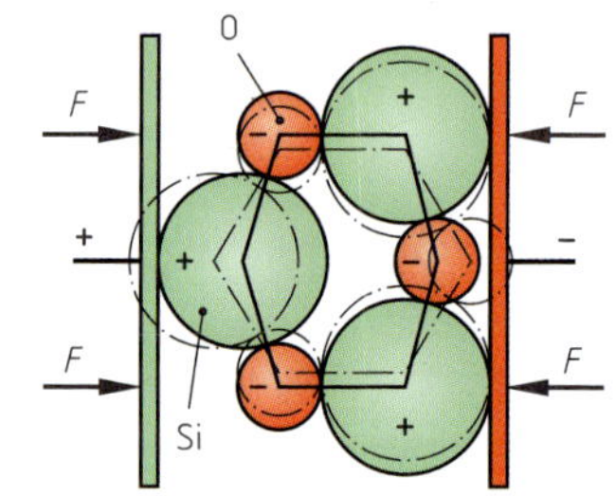

Ladungsverschiebung durch Kraftwirkung beim Quarz SiO_2

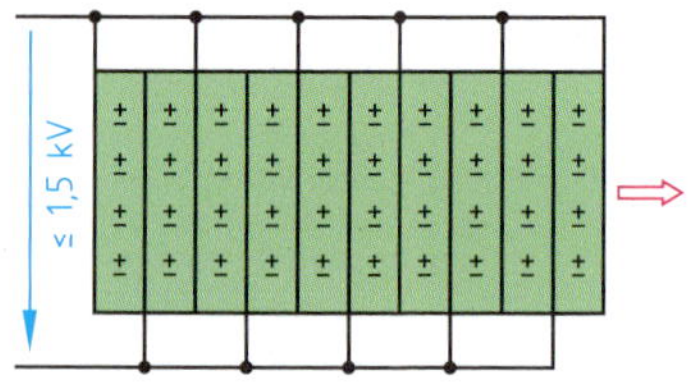

Aufbau eines Piezo-Aktors

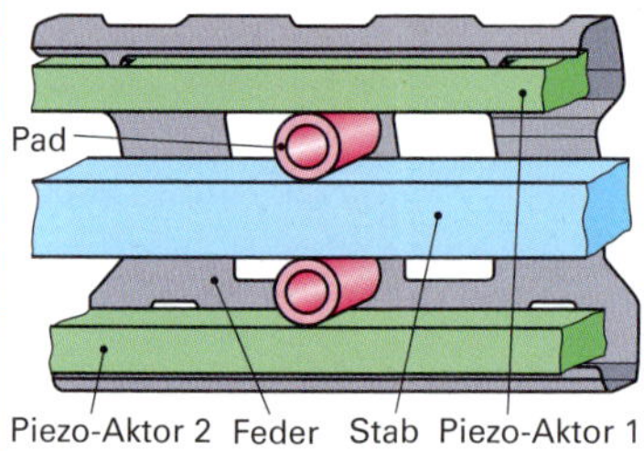

Aufbau eines Piezo-Ultraschallmotors
www.faulhaber.com

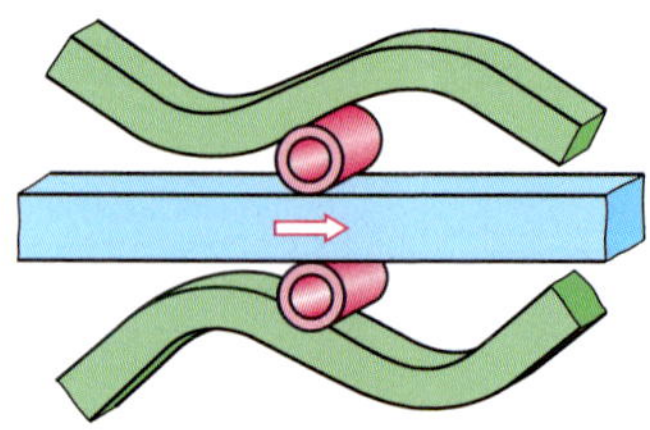
Wirkung der Wanderwelle

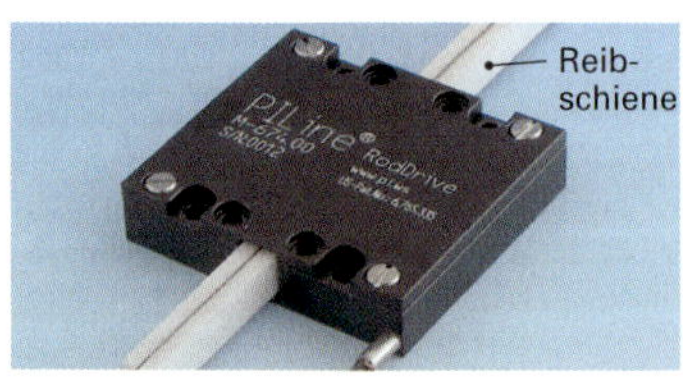

Piezo-Ultraschallmotor
www.physikinstrumente.de

Prüfung elektrischer Maschinen Verification of Electrical Machines

Prüfungsart	Zweck der Prüfung	Anwendung der Prüfung
Erwärmungsprüfung	Nachweis, dass in der Bemessungsbetriebsart die höchstzulässige Übertemperatur nicht überschritten wird.	Bei Großmaschinen und Neukonstruktionen, sonst nur Stichproben (Typenprüfung).
Wicklungsprüfung	Nachweis des Isoliervermögens der Wicklungsisolation.	Bei allen gefertigten oder reparierten Maschinen (Serienprüfung).
Stromüberlastbarkeitsprüfung	Nachweis, dass die Maschine gelegentlich kurzzeitig überlastbar ist.	Wie bei Erwärmungsprüfung.
Kurzschlussprüfung	Nachweis der mechanischen Festigkeit gegenüber dem Kurzschlussstrom.	Nur bei Synchrongeneratoren.
Schieflastprüfung	Nachweis, dass die Maschine an einem Netz mit unsymmetrischer Last arbeiten kann.	Nur bei Drehstrom-Synchrongeneratoren.
Kommutierungsprüfung	Nachweis, dass die Kommutierung vom Leerlauf bis zur zulässigen Überlastung einwandfrei (feuerfrei) arbeitet.	Wie bei der Erwärmungsprüfung, aber nur bei Stromwendermaschinen.
Kurvenformprüfung	Nachweis, dass die Maschine nicht unzulässig starke Oberschwingungen von 200 Hz bis 5 kHz (Fernsprechbereich) erzeugt.	Nur bei Synchronmaschinen ≥ 300 kVA.

Wicklungsprüfung

Wicklungsart	Nennwerte der Maschine, Bemerkungen	Prüfspannung in V
Alle Wicklungen außer den nachfolgend genannten	< 1 kW bzw. < 1 kVA, < 100 V < 10 MW bzw. 10 MVA ≥ 10 MW (MVA) und $U_N \leq 24$ kV ≥ 10 MW (MVA) und $U_N > 24$ kV	$U_P = 2\ U_N + 500$ V $U_P = 2\ U_N + 1000$ V (mind. aber 1,5 kV) $U_P = 2\ U_N + 1000$ V nach Vereinbarung mit Besteller
Schleifringläuferwicklung	Falls Drehfeldumkehr möglich. Falls Drehfeldumkehr nicht möglich.	$U_P = 4\ U_{L0} + 1000$ V $U_P = 2\ U_{L0} + 1000$ V
Erregerwicklung von Synchronmaschinen	Bei Synchronmaschinen für asynchronen Anlauf. Die Erregerwicklung muss dabei auf einen äußeren Widerstand geschaltet sein.	$U_P = 10\ U_e$ mindestens 1,5 kV, höchstens 3,5 kV
Fremderregte Erregerwicklung	Bei Gleichstrommaschinen.	$U_P = 2\ U_e + 1000$ V (mindestens aber 1,5 kV)
Ständig kurzgeschlossene Wicklungen	Z.B. bei Kurzschlussläufern.	Keine Wicklungsprüfung erforderlich.
Teilweise erneuerte Wicklungen	Alter Wicklungsteil ist zu reinigen und zu trocknen.	$U_{PT} = 0{,}75\ U_P$ (U_P von oben)
Wicklungen bei Maschinenrevision	$U_N < 100$ V $U_N \geq 100$ V	Nach Reinigung u. Trocknung: $U_P = 500$ V $U_P = 1{,}5\ U_N$ (mindestens 1 kV)

Prüfdauer	Anlegen von U_P, Maschinennennwerte	Prüfschaltung
1 min (nach Erreichen von U_P) Einminutenprüfung	Bei allen Maschinen: Man beginnt mit $U_P / 2$ bzw. $U_{PT} / 2$ oder weniger und steigert dann innerhalb von $t \geq 10$ s allmählich auf die volle Prüfspannung.	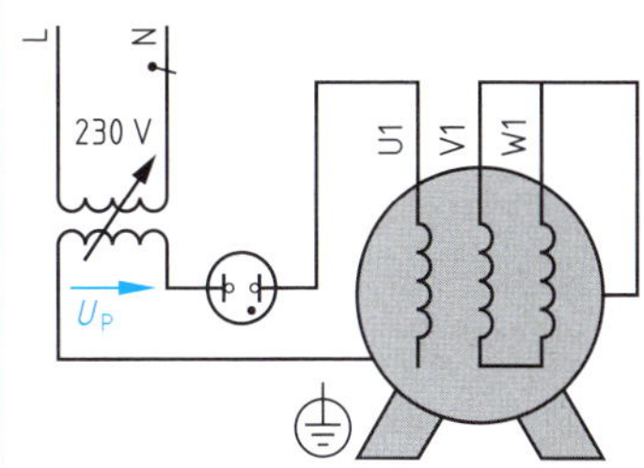
5 s (nur bei Serienprüfung)	Maschinen ≤ 200 kW (kVA) und $U_N \leq 660$ V können anstelle der Einminutenprüfung sofort an die volle Prüfspannung gelegt werden.	
1 s (nur bei Serienprüfung)	Maschinen ≤ 5 kW (kVA) können anstelle der Einminutenprüfung auch für nur 1 s sofort an die 1,2-fache Prüfspannung gelegt werden.	

U_e Erregerspannung (Nennerregerspannung bzw. höchste Erregerspannung), U_{L0} Läuferstillstandsspannung, U_N Bemessungsspannung, Nennspannung, U_P Prüfspannung, U_{PT} Prüfspannung bei teilweise erneuerter Wicklung.

Antriebstechnik Drive Systems

Momente von Arbeitsmaschinen und Elektromotoren

Widerstandsmoment von Arbeitsmaschinen			Kraftmoment von Elektromotoren	
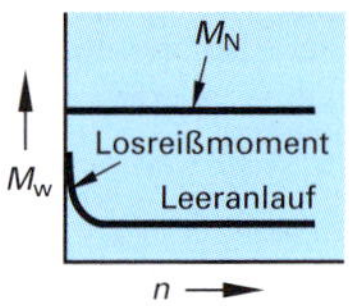	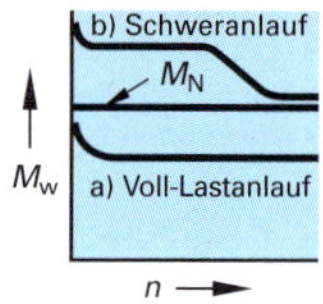	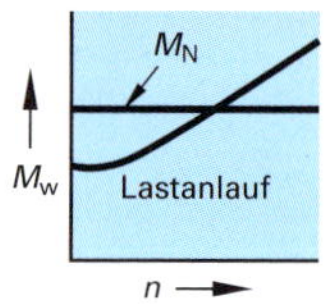	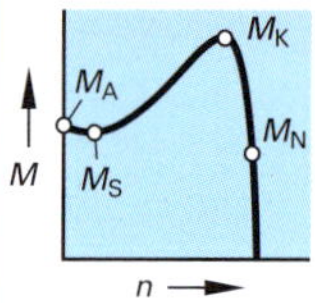	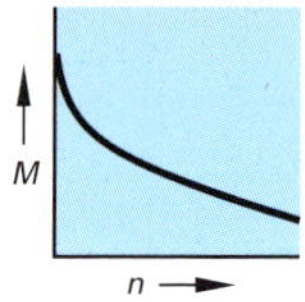
Belastung erst nach dem Hochlauf, z.B. Drehmaschinen, Fräsmaschinen, Sägen, Pressen, Stanzen.	Widerstandsmoment a) fast so groß wie Motorbemessungsmoment M_N. b) größer als M_N.	Widerstandsmoment steigt mit Drehzahl, z.B. bei Lüftern, Kreiselpumpen, Verdichtern.	Anzugsmoment M_A Sattelmoment M_S Bem.moment M_N Kippmoment M_K. Käfigläufermotor.	Kraftmoment steigt mit abnehmender Drehzahl. Reihenschlussmotor, Universalmotor.

Bremsen von Antrieben mit Drehstromasynchronmotoren

Bezeichnung	Erklärung	Schaltung (Prinzip)	Anwendung
Brems-Lüftmagnet (Federdruckbremsung)	Bremskraft durch Feder. Sobald die Erregerspule eingeschaltet ist, wird die Bremse gelöst (gelüftet). Verlustbremsung.	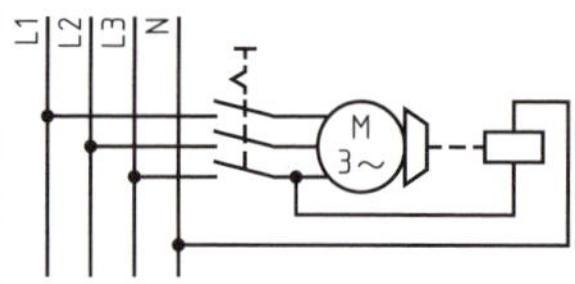	Werkzeugmaschinen, Hebezeuge. Sonderform: Bremsmotor (Stopp-Motor).
Elektrohydraulischer Bremslüfter	Bremskraft durch Feder. Sobald der Bremslüftermotor eingeschaltet ist, wird Öl in einen Zylinder gepumpt, sodass sich ein Kolben bewegt. Dadurch wird die Bremse je nach Drehzahl mehr oder weniger gelöst. Verlustbremsung.	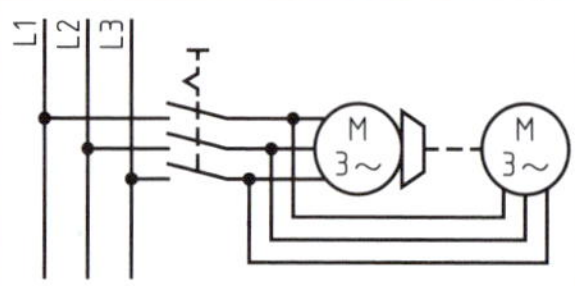	Hebezeuge (zum Stillsetzen, auch bei Last am Haken; zur Drehzahlsteuerung).
Gegenstrombremsung	Die Bremskraft wird vom Motor hervorgerufen, weil dessen Drehfeld durch Vertauschen zweier Außenleiter einen anderen Drehsinn erhält. Nach Stillsetzen des Antriebes muss abgeschaltet werden, da sonst Anlauf in umgekehrter Drehrichtung erfolgt. Verlustbremsung.	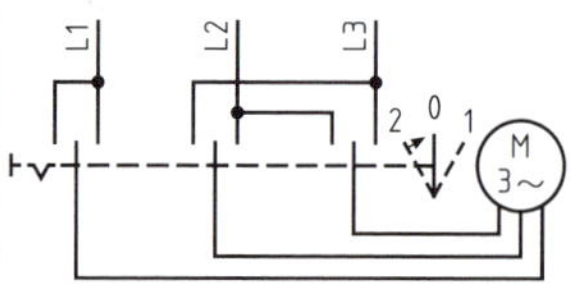	Maschinen mit großer Schwungmasse, z.B. Pressen; auch Hebezeuge beim Kontern (Gegensteuern).
Übersynchrone Senkbremsschaltung	Motor wird von der Last angetrieben und arbeitet als Asynchrongenerator. Nutzbremsung.	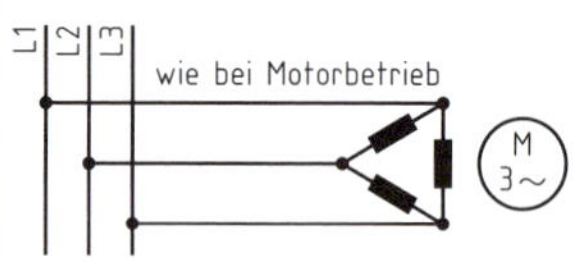	Hebezeuge (beim raschen Senken), besonders bei polumschaltbaren Motoren.
Untersynchrone Senkbremsschaltung	Schleifringläufermotor, mit großem Widerstand im Läuferkreis und als Einphasenmotor geschaltet, entwickelt bei Rechtslauf ein Kraftmoment nach links. Im Stillstand keine Bremskraft. Verlustbremsung.	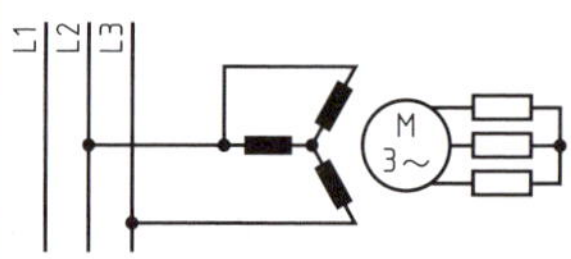	Hebezeuge (beim langsamen Senken).
Gleichstrombremsung	Ständerwicklung des Motors wird an niedrige Gleichspannung gelegt. Der durch Induktion entstehende Läuferstrom bremst. Verlustbremsung.	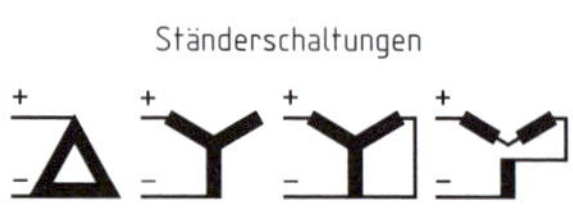	Werkzeugmaschinen, Fördermaschinen.

M Kraftmoment, Moment, M_N Motorbem.moment, M_w Widerstandsmoment der Arbeitsmaschine, n Drehzahl.

Wahl des Antriebsmotors Selection of the Drive Motor

Wichtige Motorarten für Antriebe

Motorart	Vorteile	Nachteile
Drehstrom-Kurzschlussläufer	Wartungsarm, robust, billig, funkstörfrei.	Großer Einschaltstrom führt bei häufigem Schalten zu Erwärmung. Drehzahl beim polumschaltbaren Motor in 2 (selten 3) Stufen steuerbar. Sonst nur über Umrichter steuerbar, z. B. Zwischenkreisumrichter.
Drehstrom-Synchronmotor	Konstante Drehzahl. Kraftmoment von Spannungsschwankung wenig abhängig.	Drehzahl nur über Umrichter steuerbar, z. B. Zwischenkreisumrichter mit Pulsweitenmodulation. Erfordert oft Gleichstrom für Erregung.
Drehstrom-Schleifringläufer	Sehr großes Anzugsmoment. Drehzahl beschränkt steuerbar.	Anlasser erforderlich, Kohlebürsten brauchen Wartung. Im Betrieb Funkenbildung. Gesteuerte Drehzahl ist lastabhängig.
Fremderregter Motor für Gleichstrom	Drehzahl sehr gut steuerbar. Nutzbremsung unter Energierücklieferung möglich. Häufiges Einschalten möglich.	Gleichstrom nötig. Erfordert sorgfältige Wartung. Anlasseinrichtung, z. B. steuerbarer Gleichrichter, notwendig. Teuer in der Anschaffung. Im Betrieb Funkenbildung.
Reihenschlussmotor für DC und AC	Sehr großes Anzugsmoment. Drehzahl kann größer sein als bei vorgenannten Motoren.	Wie bei den anderen Gleichstrommotoren. **Achtung:** Geht im Leerlauf durch, daher kein Riementrieb möglich.

Drehzahlsteuerung

Motorart	Art der Drehzahlsteuerung	Erklärung, Bemerkungen, Schaltung
kleiner Kurzschlussläufermotor, vor allem beim Einphasenmotor	Spannungssteuerung zur Schlupfänderung mittels Vorwiderstand oder Wechselstromsteller, z. B. in Wechselwegschaltung.	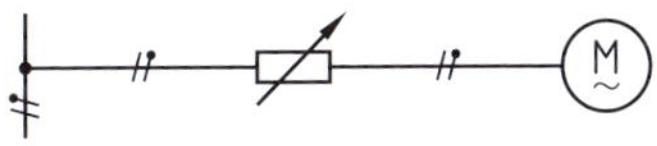 **Drehzahlsteuerung eines Spaltpolmotors**
Drehstrom-Kurzschlussläufermotor (Drehstrom-Asynchronmotor) und Drehstrom-Synchronmotor	Polumschaltung (Dahlanderschaltung) Frequenzsteuerung mittels *Zwischenkreisumrichter*, meist U-Umrichter (Seite 345). Wichtigstes Verfahren zur Drehzahlsteuerung von Drehstrommotoren.	Polzahlverhältnis und damit Drehzahlverhältnis meist 1 : 2, häufig Anwendung bei Kurzschlussläufermotoren. Frequenzverhältnis bis 1 : 1000 bei Regelung bis 1 : ∞. Der Umrichter kann an den Motor angebaut sein (Umrichtermotor). Häufige Anwendung bei Synchronmotoren und Asynchronmotoren.
fremderregter Gleichstrommotor (oft eigentlich falsch als Nebenschlussmotor bezeichnet)	Stromsteuerung im Ankerkreis. Bei AC-Anschluss mittels gesteuertem Gleichrichter. Bei DC-Anschluss mittels Gleichstromsteller. Auch zum Anlassen geeignet. Für hohe Drehzahlen auch durch Spannungssteuerung des Erregerkreises (nicht zum Anlassen geeignet).	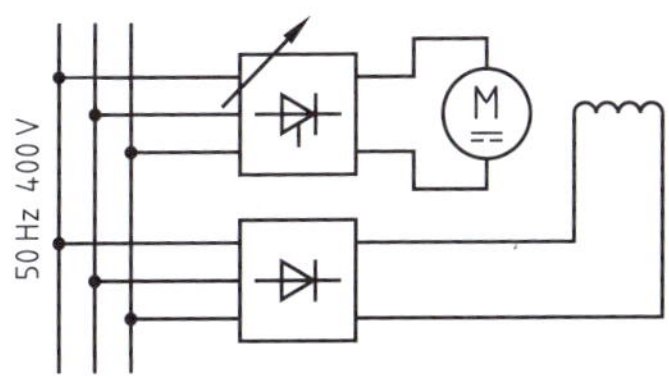 **Drehzahlsteuerung eines Gleichstrommotors**
Reihenschlussmotor für DC oder AC (bei AC-Eignung als Universalmotor bezeichnet)	Stromsteuerung in der Zuleitung. Bei DC mittels Vorwiderstand oder Gleichstromsteller, bei AC mittels Vorwiderstand oder Wechselstromsteller. Auch zum Anlassen geeignet.	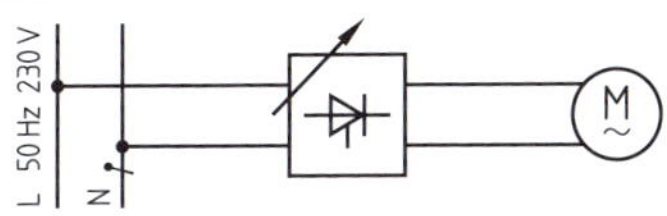 **Drehzahlsteuerung eines Universalmotors**
Drehstrom-Schleifringläufermotor (noch bei Altanlagen anzutreffen)	Stromsteuerung zur Schlupfänderung im Läuferkreis mittels Wirkwiderständen. An Stelle der Wirkwiderstände kann Gleichrichtung und Rückspeisung an das Netz über Wechselrichter erfolgen.	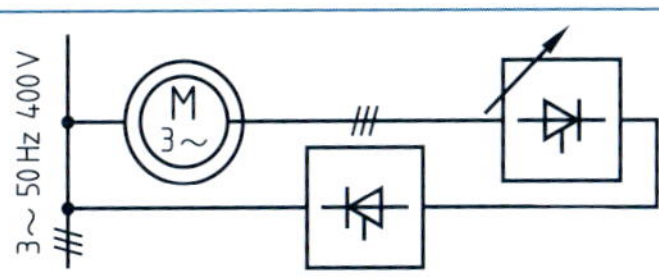 **Untersynchrone Wechselrichterkaskade**

Anlassen von Kurzschlussläufermotoren Starting of Squirrel Cage Motors

Prinzip

<table>
<tr><th>Ursache</th><th>Bedingung</th><th>Folgerung</th></tr>
<tr>
<td>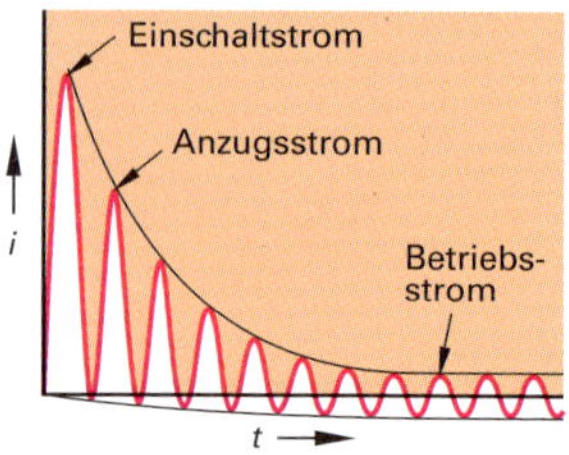

Stromverlauf</td>
<td>Anschluss an das öffentliche Niederspannungsnetz nach TAB
<table>
<tr><th>Motorenart</th><th>Bedingung</th></tr>
<tr><td>Einphasen-motoren</td><td>Scheinleistung nicht über 1,7 kVA.</td></tr>
<tr><td>Drehstrom-motoren</td><td>Anzugsstrom nicht über 60 A oder Scheinleistung bis 5,2 kVA bei gelegentlichem Schalten.</td></tr>
</table></td>
<td>Bei Drehstrom-Kurzschlussläufermotoren mit einer Bemessungsleistung von mehr als 4 kW muss beim Einschalten die Spannung heruntergesetzt sein, damit der Einschaltstrom, der bis zum 10-Fachen des Bemessungsstromes betragen kann, begrenzt bleibt. Der Einschaltstrom sinkt im selben Verhältnis, wie die Spannung herabgesetzt wird. Dagegen nimmt das Kraftmoment etwa quadratisch ab, bei halber Spannung also auf ein Viertel.</td>
</tr>
</table>

Anlaufschaltungen

<table>
<tr><th>Schaltung</th><th>Erklärung</th><th>Bemerkungen</th></tr>
<tr>
<td>Direktes Einschalten</td>
<td>Einschalten z. B. mit Motorschalter, elektromagnetischem Schütz oder Halbleiterschütz.</td>
<td>Am öffentlichen Netz bei Drehstrommotoren bis 4 kW möglich.</td>
</tr>
<tr>
<td>Einschalten mit Stern-Dreieck-Schalter</td>
<td>In der Sternschaltung beträgt der Einschaltstrom nur ein Drittel des Einschaltstroms der Dreieckschaltung.</td>
<td>Am öffentlichen Netz für Bemessungsleistung bis 11 kW. Bemessungsleistung und Moment sind in Y nur ein Drittel der Werte in △.</td>
</tr>
<tr>
<td>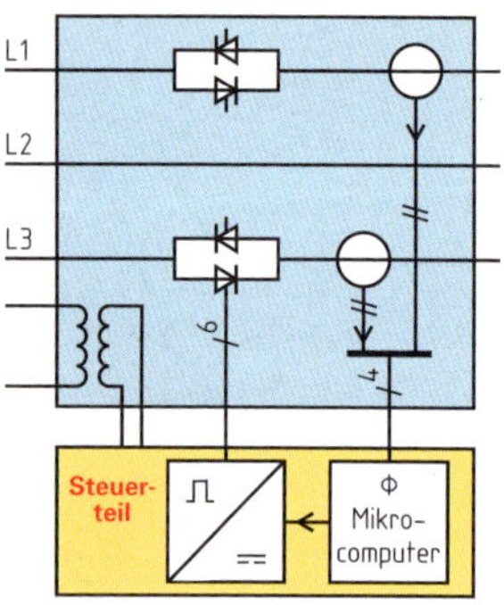

Elektronischer Motorstarter</td>
<td>Der Steuerteil enthält einen Mikrocomputer und eine Steuereinheit zur Erzeugung der Impulse für die IGBTs oder Thyristoren. Die Motorstarter haben meist zwei oder drei Antiparallelschaltungen von IGBTs oder Thyristoren.

Elektronische Motorstarter erhöhen während der Anlaufzeit mittels Abschnittsteuerung die Spannung an den Motorklemmen von etwa 40% auf 100% der Bemessungsspannung des Motors.

Elektronische Motorstarter trennen wegen der Halbleiter nicht sicher vom Netz. Es muss deshalb immer ein Schalter mit Trennvermögen vorgeschaltet sein, z. B. Leistungsschalter oder Leitungsschutzschalter.</td>
<td>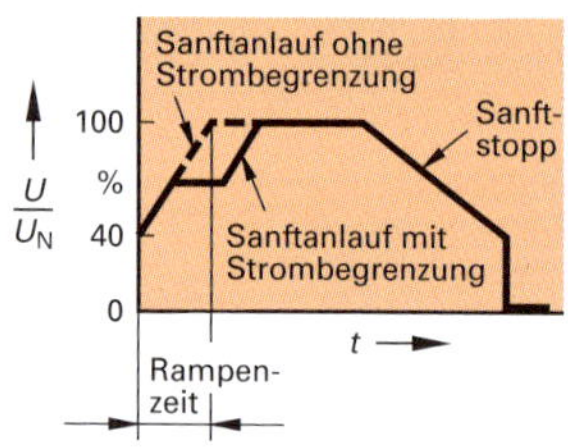

Spannungsverlauf beim elektronischen Motorstarter

Geeignet am öffentlichen Netz für Drehstrom-Kurzschlussläufermotoren bis zu einer Bemessungsleistung von 15 kW.</td>
</tr>
<tr>
<td>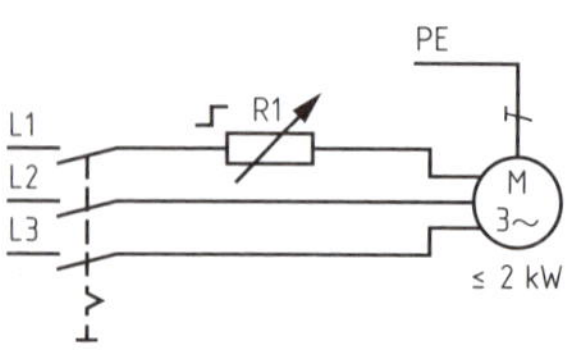

Kusa-Schaltung</td>
<td>Herabsetzung der Spannung durch drei Drosselspulen oder drei Wirkwiderstände. Bei Drehstrommotoren mit der Angabe Y 400 V kann am 400-V-Netz ein Sternpunktanlasser, auch als Flüssigkeitsanlasser mit Elektrolyt, verwendet werden. Für Motoren bis 2 kW kann die Kusa-Schaltung (Kusa von Kurzschlussläufer-Sanftanlauf) mit nur einem Widerstand verwendet werden.</td>
<td>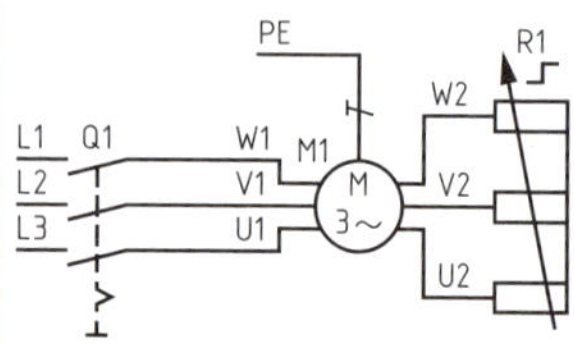

Schaltung mit Sternpunktanlasser</td>
</tr>
<tr>
<td>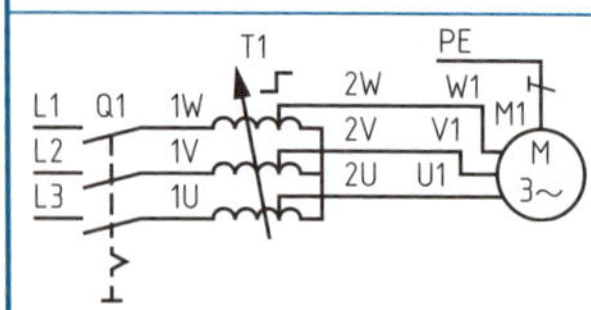

Schaltung mit Anlauftransformator</td>
<td>Herabsetzung der Spannung durch einen stellbaren Drehstromtransformator, meist in Sternschaltung. Der Einschaltstrom aus dem Netz wird dabei herabgesetzt durch die kleinere Spannung und durch die Stromübersetzung des Transformators.</td>
<td>Mit Anlauftransformatoren können Drehstrom-Kurzschlussläufermotoren bis zu einer Bemessungsleistung von 15 kW angelassen werden.

Nachteilig beim Anlassen mit Transformator zum Herabsetzen der Anlaufspannung sind die hohen Anschaffungskosten.</td>
</tr>
</table>

Planung von Automatisierungsanlagen — Planning of Automated Systems

Merkmal	Erklärung	Bemerkungen
Auftragsklärung Lastenheft	Mittels Lastenheft beschreibt der Auftraggeber seine Anforderungen an die zu entwickelnde Anlage, z. B. Funktionen, Abläufe, Komponenten, Zusammenwirken mit über- oder untergeordneten Systemen. Der Auftragnehmer muss darauf achten, dass das Lastenheft für seine Planungsphase ausreichend ist.	Insbesondere wegen der späteren Anlagenwartung kann es für den Auftraggeber sinnvoll sein, zu verbauende Komponenten dem Auftragnehmer vorzuschreiben.
Generelle Überlegungen	Kosten und Termine sind neben Funktionen und Qualität bestimmend. Daher sind zu prüfen das Zukaufen von Dienstleistung und Komponenten, die Auswahl der Dienstleister und Hersteller, das zu schützende Knowhow, die spätere Erweiterbarkeit, Instandhaltung, Instandsetzung der Anlage, die Risiken bzgl. Technik, Kosten, Kapazitäten (Personal), Terminen.	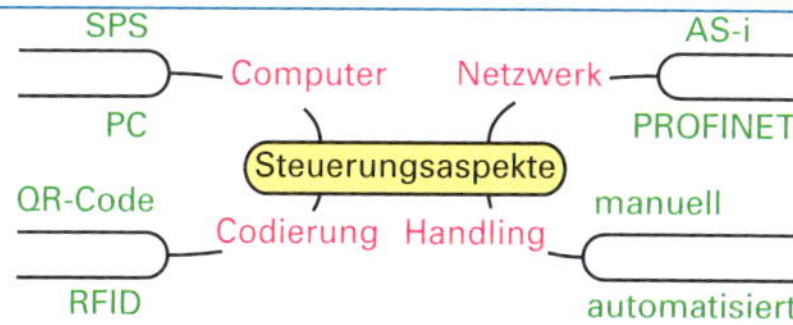 **Technische Vorüberlegungen (Beispiel)**
Projektplanung Projektphasen Arbeitspakete	Automatisierungsanlagen aufzubauen, erfordert eine Projektplanung, bei der über einen Projektstrukturplan (PSP) die erforderlichen Arbeitspakete mit Verantwortungen sowie Abschätzungen von Aufwänden und Investitionen definiert werden. Arbeitspakete umfassen innerhalb der Projektphasen markante Tätigkeiten, z. B. Entwicklung Antriebsbandsteuerung, Entwicklung Anbindung Kommissionierungssystem. Ferner ist eine Terminplanung für die Projektphasen vorzunehmen.	Neben der Gesamtverantwortung (Projektleitung) müssen auch die Berichtswege während der späteren Projektarbeit geklärt sein. Automatisierungsprojekte werden meist in Projektphasen wie z. B. Erfassung Istsituation, Konzeption, Beschaffung, Entwicklung/Umsetzung, Inbetriebnahme/Test und Abnahme strukturiert. Bei der Terminplanung sind Meilensteintermine mit Zielsetzungen zu planen. www.aewb-nds.de/Qualitaet/Handbuch-Projektmanagement.pdf
Auftragsdetaillierung Pflichtenheft Referenzbesuche	Erfolgt auf Basis Lastenheft und PSP. Ergebnis ist das vom Auftragnehmer erstellte Pflichtenheft. In ihm sind die zur Umsetzung erforderlichen Funktionen und Abläufe so beschrieben, dass eine Umsetzung unmittelbar erfolgen kann. Anhand dieser Beschreibung ist die bisherige Projektplanung bzgl. Terminen, Kapazitäten, Kosten abgestimmt mit dem Auftraggeber zu überarbeiten.	Bestandteile des Pflichtenheftes sind Textbeschreibungen, Zeichnungen, Ablaufpläne, Diagramme, zu verarbeitende Daten bei IT-Systemen, IT-Schnittstellenbeschreibungen, Bildschirmdialoge, Ausgabedarstellungen, tabellarische Darstellungen der Projektkosten, Terminpläne. Begleitende Referenzbesuche, um vergleichbare Anlagen im Betrieb kennenzulernen, sind in dieser Konzeptionsphase als Anregung hilfreich.
Festlegung begleitender Maßnahmen	Die Projektsteuerung erfordert, dass zu festgelegten Zeitintervallen der Projektleiter mittels Statusberichten von den Verantwortlichen der Arbeitspakete gemäß PSP informiert wird. Hierzu sind z. B. auch Projektfortschrittsdiagramme und Risikobewertungsmatrixen bzgl. Terminen, Kapazitäten, Kosten zu erstellen. Der Projektleiter muss ggf. seine Geschäftsleitung mit derartigen Unterlagen informieren. Zu verfolgen sind Ist/Soll-Abweichungen von Terminen, Kosten, z. B. durch Ampeldarstellungen.	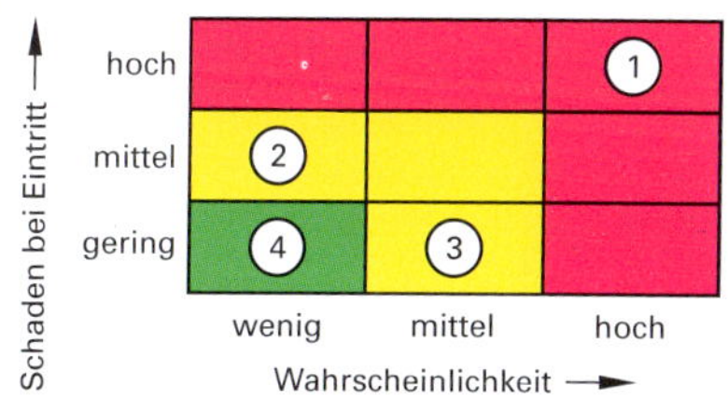 **Risikomatrix für Themen 1,2,3,4**
Festlegung koordinierender Tätigkeiten	Der Projektleiter muss sicherstellen, dass beteiligte Mitarbeiter ihre Informationen bekommen. Verschiedene Entwicklungen sind ggf. verzahnt zu steuern, ebenso Inbetriebnahmen, Tests, Schulungen und Dokumentationserstellung. Abstimmungen, je nach Aufgabenstellung und Brisanz täglich, wöchentlich, monatlich mit Kurzprotokollen. Projektfortschrittsdiagramme, Projektpläne mit Terminen, personalisierte mit Terminen versehene Aktivitätenpläne sind dem Projektteam bereitzustellen. Unterstützung durch Softwareprodukte, z. B. fx-project. www.heise.de	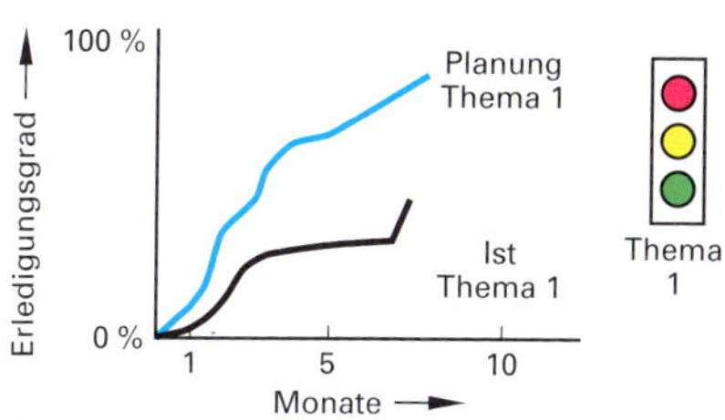 **Projektfortschrittsdiagramm, Ampeldarstellung**

EU-Maschinenrichtlinie EC Directive on Machinery

Merkmal	Erklärung	Bemerkungen
Ziel	Festlegen der grundlegenden Sicherheits- und Gesundheitsschutzanforderungen in Bezug auf Konstruktion und Bau von in Verkehr gebrachten Maschinen. Die Nachweispflicht hierfür liegt beim Maschinenhersteller.	Die CE-Kennzeichnung soll als einzige Kennzeichnung anerkannt sein, welche die Übereinstimmung der Maschine mit den Anforderungen dieser Richtlinie und anderen Richtlinien garantiert. Nicht betroffen sind u.a. Beförderungsfahrzeuge zu Land, Wasser, Luft.
Spezifische Richtlinien	Existieren bzgl. Gefährdungen spezifische Richtlinien, z. B. VDE 0113-1 elektrische Ausrüstung von Maschinen, so gelten diese.	www.maschinenrichtlinie.de; www.cen.eu
Sicherheits- und Gesundheitsschutzanforderungen	Maschinen sind so zu konstruieren und zu bauen, dass sie ihrer Funktion gerecht werden, auch unter Berücksichtigung einer vernünftigerweise vorhersehbaren Fehlanwendung der Maschine.	Zu beachten sind u. a. Materialien, Beleuchtungseinrichtungen, Ergonomie, Bedienungsplatzgestaltung, Schutzvorrichtungen. Eine gestörte Energieversorgung darf nicht zu einer Gefahr werden.
Steuerungen, Befehlseinrichtungen, Antriebe	Es muss sichergestellt sein, dass Defekte in Hardware und Software nicht zu Gefährdungen führen, eine Maschine nicht unkontrolliert reagiert, Stellteile vorhersehbaren Beanspruchungen standhalten und gut sichtbar sind.	Das Stillsetzen der Maschine ist gemäß Notfall oder Normal betriebsbedingt zu gewährleisten. Eine gewählte Steuerungs- oder Betriebsart muss allen anderen Steuerungs- und Betriebsfunktionen außer dem NOT-HALT übergeordnet sein.
Schutzmaßnahmen gegen mechanische Gefährdungen	Materialien müssen geeignete Festigkeit, Beständigkeit bzgl. Alterung, Korrosion und Verschleiß besitzen. Maschinen müssen standsicher sein. Risiken bzgl. herabfallender oder herausschleuderbarer Teile, Kanten, unkontrollierter Bewegungen ist entgegenzuwirken.	In der Betriebsanleitung ist anzugeben, welche Inspektionen und Wartungsarbeiten in welchen Abständen aus Sicherheitsgründen durchzuführen sind. Es ist anzugeben, welche Teile dem Verschleiß unterliegen und nach welchen Kriterien sie auszutauschen sind.
Anforderungen an Schutzeinrichtungen	Trennende und nicht trennende Schutzeinrichtungen müssen stabil gebaut sein, ausreichend Abstand zum Gefahrenbereich haben und dürfen nicht auf einfache Weise wirkungslos gemacht werden können.	Die Anforderungen an feststehende trennende Schutzeinrichtungen, bewegliche trennende Schutzeinrichtungen mit Verriegelung, zugangsbeschränkende verstellbare Schutzeinrichtungen und an nichttrennende Schutzeinrichtungen sind einzuhalten.
Risiken durch sonstige Gefährdungen	Diese Risiken betreffen z. B. die elektrische Energieversorgung, statische Elektrizität, nichtelektrische Energieversorgung, Montagefehler, extreme Temperaturen, Brand, Explosion, Lärm, Vibrationen.	Desweiteren werden Vorgaben gemacht bzgl. Strahlung, Emission gefährlicher Werkstoffe und Substanzen, Risiken, in einer Maschine eingeschlossen zu werden, Ausrutsch-, Stolper- und Sturzrisiken und Blitzschlag.
Instandhaltung	Maschinen müssen instandhaltungsgerecht konstruiert sein, d. h. alle Stellen, die für den Betrieb, das Einrichten und die Instandhaltung der Maschine zugänglich sein müssen, müssen gefahrlos erreicht werden können.	Schnittstellen zum Anschluss von Diagnoseeinrichtungen sind vorzusehen, Energiequellen müssen trennbar sein. Ein Eingreifen des Bedienungspersonals muss sicher auszuführen sein. Gefahrloses Reinigen innen liegender Maschinenteile muss sichergestellt sein.
Informationen	Informationen an den Maschinen müssen in verständlicher Form, z. B. mittels verständlicher Symbole oder Piktogramme, dargestellt werden. Von besonderer Bedeutung sind Warnhinweise, Warneinrichtungen und Kennzeichnungen an den Maschinen.	Jeder Maschine muss eine Betriebsanleitung in der Sprache desjenigen Landes beiliegen, in dem sie in Betrieb genommen wird. Verkaufsprospekte dürfen bzgl. Aspekten der Sicherheit und des Gesundheitsschutzes nicht der Betriebsanleitung widersprechen.

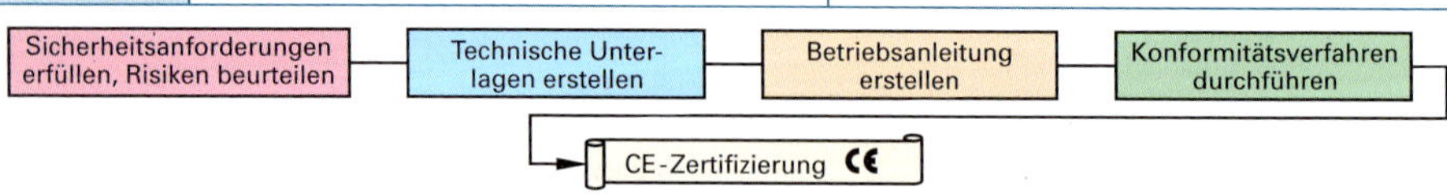

CE-Zertifizierung auf Basis der EU-Maschinenrichtlinie

Teil W: Werkstoffe, Verbindungstechnik
Part W: Materials, Connecting, Joining and Bonding

Werkstoffe

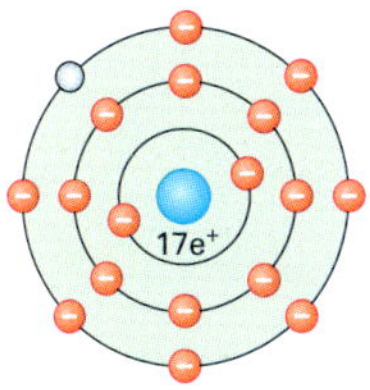

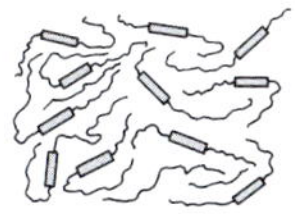

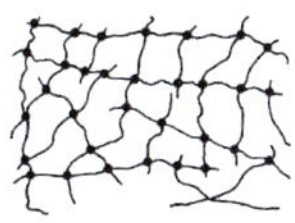

Leitungen, Kabel

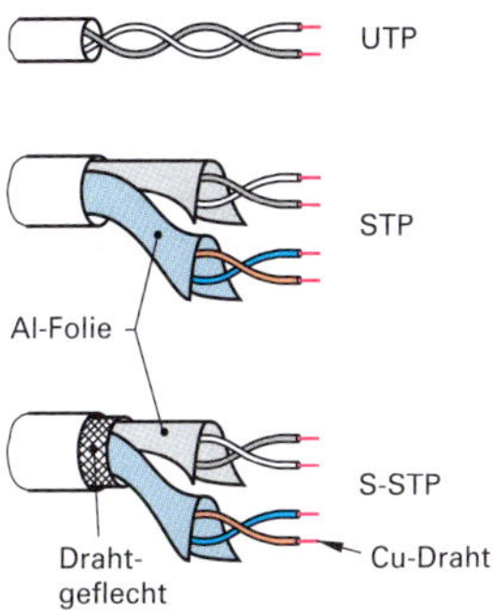

Steckverbinder, Installationsrohre

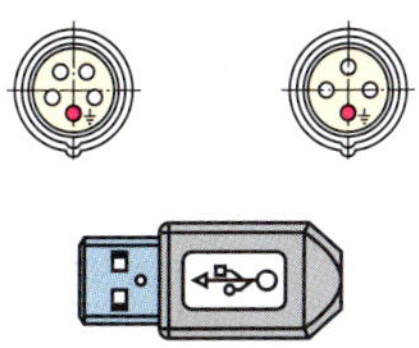

Schrauben, Gewinde, Passungen

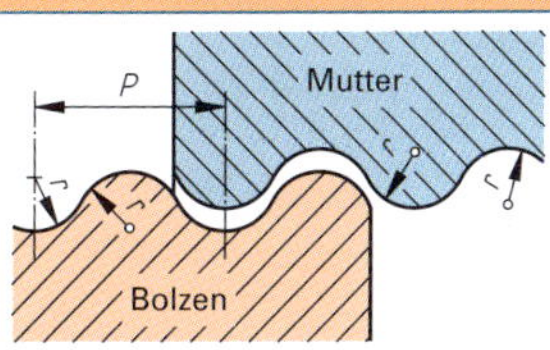

Periodensystem der Elemente

Gruppe	I a	I b	II a	II b	III a	III b	IV a	IV b	V a	V b	VI a	VI b	VII a	VII b	VIII a	VIII b			Schale
1. Periode	$^{1}_{1}\mathrm{H}$														$^{4}_{2}\mathrm{He}$				K
2. Periode	$^{7}_{3}\mathrm{Li}$		$^{9}_{4}\mathrm{Be}$		$^{11}_{5}\mathrm{B}$		$^{12}_{6}\mathrm{C}$		$^{14}_{7}\mathrm{N}$		$^{16}_{8}\mathrm{O}$		$^{19}_{9}\mathrm{F}$		$^{20}_{10}\mathrm{Ne}$				L
3. Periode	$^{23}_{11}\mathrm{Na}$		$^{24}_{12}\mathrm{Mg}$		$^{27}_{13}\mathrm{Al}$		$^{28}_{14}\mathrm{Si}$		$^{31}_{15}\mathrm{P}$		$^{32}_{16}\mathrm{S}$		$^{35}_{17}\mathrm{Cl}$		$^{40}_{18}\mathrm{Ar}$				M
4. Periode	$^{39}_{19}\mathrm{K}$		$^{40}_{20}\mathrm{Ca}$			$^{45}_{21}\mathrm{Sc}$		$^{48}_{22}\mathrm{Ti}$		$^{51}_{23}\mathrm{V}$		$^{52}_{24}\mathrm{Cr}$		$^{55}_{25}\mathrm{Mn}$		$^{56}_{26}\mathrm{Fe}$	$^{59}_{27}\mathrm{Co}$	$^{59}_{28}\mathrm{Ni}$	N
		$^{64}_{29}\mathrm{Cu}$		$^{65}_{30}\mathrm{Zn}$	$^{70}_{31}\mathrm{Ga}$		$^{73}_{32}\mathrm{Ge}$		$^{75}_{33}\mathrm{As}$		$^{79}_{34}\mathrm{Se}$		$^{80}_{35}\mathrm{Br}$		$^{84}_{36}\mathrm{Kr}$				
5. Periode	$^{85}_{37}\mathrm{Rb}$		$^{88}_{38}\mathrm{Sr}$			$^{89}_{39}\mathrm{Y}$		$^{91}_{40}\mathrm{Zr}$		$^{93}_{41}\mathrm{Nb}$		$^{96}_{42}\mathrm{Mo}$		$^{99}_{43}\mathrm{Tc}$		$^{101}_{44}\mathrm{Ru}$	$^{103}_{45}\mathrm{Rh}$	$^{106}_{46}\mathrm{Pd}$	O
		$^{108}_{47}\mathrm{Ag}$		$^{112}_{48}\mathrm{Cd}$	$^{115}_{49}\mathrm{In}$		$^{119}_{50}\mathrm{Sn}$		$^{122}_{51}\mathrm{Sb}$		$^{128}_{52}\mathrm{Te}$		$^{127}_{53}\mathrm{J}$		$^{131}_{54}\mathrm{Xe}$				
6. Periode	$^{133}_{55}\mathrm{Cs}$		$^{137}_{56}\mathrm{Ba}$			$^{139}_{57}\mathrm{La}$	L¹	$^{179}_{72}\mathrm{Hf}$		$^{181}_{73}\mathrm{Ta}$		$^{184}_{74}\mathrm{W}$		$^{186}_{75}\mathrm{Re}$		$^{190}_{76}\mathrm{Os}$	$^{192}_{77}\mathrm{Ir}$	$^{195}_{78}\mathrm{Pt}$	P
		$^{197}_{79}\mathrm{Au}$		$^{201}_{80}\mathrm{Hg}$	$^{204}_{81}\mathrm{Tl}$		$^{207}_{82}\mathrm{Pb}$		$^{209}_{83}\mathrm{Bi}$		$^{210}_{84}\mathrm{Po}$		$^{210}_{85}\mathrm{At}$		$^{222}_{86}\mathrm{Rn}$				
7. Periode	$^{223}_{87}\mathrm{Fr}$		$^{226}_{88}\mathrm{Ra}$			$^{227}_{89}\mathrm{Ac}$	A²												Q

¹ Lanthaniden	$^{140}_{58}\mathrm{Ce}$	$^{141}_{59}\mathrm{Pr}$	$^{144}_{60}\mathrm{Nd}$	$^{147}_{61}\mathrm{Pm}$	$^{150}_{62}\mathrm{Sm}$	$^{152}_{63}\mathrm{Eu}$	$^{157}_{64}\mathrm{Gd}$	$^{159}_{65}\mathrm{Tb}$	$^{163}_{66}\mathrm{Dy}$	$^{165}_{67}\mathrm{Ho}$	$^{167}_{68}\mathrm{Er}$	$^{169}_{69}\mathrm{Tm}$	$^{173}_{70}\mathrm{Yb}$	$^{175}_{71}\mathrm{Lu}$		P
² Aktiniden	$^{232}_{90}\mathrm{Th}$	$^{231}_{91}\mathrm{Pa}$	$^{238}_{92}\mathrm{U}$	$^{237}_{93}\mathrm{Np}$	$^{242}_{94}\mathrm{Pu}$	$^{243}_{95}\mathrm{Am}$	$^{247}_{96}\mathrm{Cm}$	$^{249}_{97}\mathrm{Bk}$	$^{251}_{98}\mathrm{Cf}$	$^{254}_{99}\mathrm{Es}$	$^{253}_{100}\mathrm{Fm}$	$^{256}_{101}\mathrm{Md}$	$_{102}\mathrm{No}$	$_{103}\mathrm{Lr}$		Q

Atombau und chemische Bindung

Massen: Proton $167{,}26 \cdot 10^{-21}$ g
Neutron $167{,}49 \cdot 10^{-21}$ g
Elektron $0{,}91095 \cdot 10^{-30}$ g

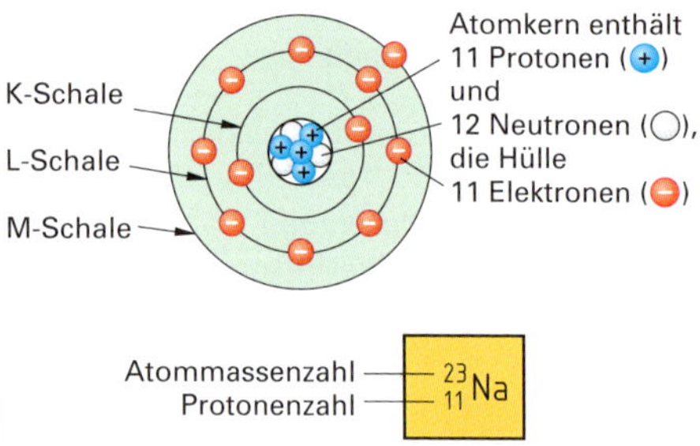

Atommodell nach Rutherford und Bohr für Natrium

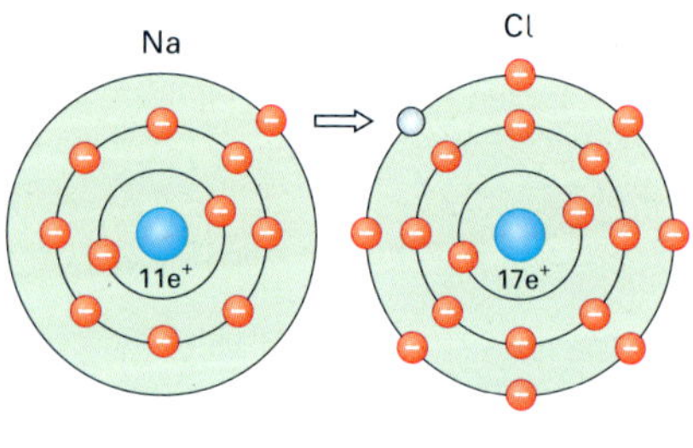

Ionenbindung von Natrium (Na) und Chlor (Cl)

Atommassenzahl = Protonenzahl + Neutronenzahl **1**

Protonenzahl = Ordnungszahl im Periodensystem der Elemente **2**

Die **Ionenbindung** (heteropolare Bindung) entsteht durch Elektronenübergang von einem Atom zum anderen. Dabei neigen Atome mit 1 bis 3 Außenelektronen (meist Metalle) zur Abgabe von Elektronen. Atome mit 5 bis 7 Außenelektronen (meist Nichtmetalle) nehmen dagegen leicht Elektronen auf. Die beteiligten Atome erreichen dadurch Edelgas-Struktur (Na^{+} hat die gleiche Elektronenhülle wie Ne, die Hülle von Cl^{-} ist gleich der von Ar). Die unterschiedlich geladenen Ionen ziehen sich an und bilden einen Ionenkristall. Bei Auflösung in Wasser gehen die Ionen in Lösung.

Die **Atombindung** (homöopolare Bindung) wird zwischen zwei Atomen durch ein oder mehrere (höchstens drei) gemeinsame Elektronenpaare bewirkt.

Die **polarisierte Atombindung** entsteht zwischen verschiedenartigen Atomen im Molekül. Hierbei zieht ein Kern das gemeinsame Elektronenpaar stärker an als der andere (Ladungsverschiebung ≙ Polarisierung).

Bei der **Metallbindung** geben die Metallatome Außenelektronen an ein gemeinsames *Elektronengas* ab. Die entstehenden Metallionen bilden ein räumliches Gitter (Metallkristallgitter). Zwischen den Metallionen können sich die abgegebenen Elektronen frei bewegen. Die Anziehung zwischen den Metallionen und den freien Elektronen hält den Kristall zusammen. Die freien Elektronen verursachen die typischen Metalleigenschaften, z. B. elektrische Leitfähigkeit und Undurchsichtigkeit.

Stoffwerte Specific Material Values

Metalle und Legierungen

Stoff	Symbol	Dichte ϱ in $\frac{kg}{dm^3}$	Schmelztemperatur in °C	Siedetemperatur in °C	Spezif. Wärmekapazität c in $\frac{kJ}{kg \cdot K}$	Längenausdehnungskoeffizient in 10^{-6}/K (0 °C ... 100 °C)	Spezifischer Widerstand ϱ_{20} in $\frac{\Omega \cdot mm^2}{m}$	Elektrische Leitfähigkeit γ_{20} in $\frac{m}{\Omega \cdot mm^2}$	Temperaturkoeff. α in $\frac{10^{-3}}{K}$
Aluminium (99,5%)	Al	2,70	658	2057	0,921	23,8	0,0278	36	4,0
Barium	Ba	3,5	701	1640	0,293	19	0,4	2,5	6,5
Blei	Pb	11,34	327,4	1740	0,130	29,4	0,208	4,8	4,22
Chrom	Cr	7,19	1890	2500	0,452	6,6	0,130	6,7	3,0
Eisen (rein)	Fe	7,87	1539	2740	0,461	11,5	0,1	10	6,57
Gold	Au	19,3	1063	2970	0,130	14,2	0,022	45,7	3,98
Cadmium	Cd	8,64	321	767	0,234	29,4	0,077	13	4,2
Kobalt	Co	8,9	1490	3168	0,419	12,6	0,062	16,1	6,6
Kupfer (99,9%)	Cu	8,9	1085	2600	0,389	17,0	0,0178	56	3,9
Lithium	Li	0,534	179	1317	3,582	56	0,086	11,7	4,9
Magnesium	Mg	1,74	650	1102	1,047	26	0,044	22,7	4,1
Mangan	Mn	7,43	1245	2150	0,502	23,0	1,85	0,54	6,3
Molybdän	Mo	10,2	2620	4800	0,272	5,1	0,047	21	4,7
Nickel (99,5%)	Ni	8,85	1452	3000	0,461	13,0	0,095	10,5	5,5
Platin	Pt	21,5	1770	3827	0,134	9,0	0,098	10,2	3,8
Quecksilber	Hg	13,5	−38,9	357,25	0,138	182[1]	0,9406	1,063	0,9
Silber	Ag	10,5	960	2210	0,234	19,3	0,0167	60,0	4,1
Titan	Ti	4,54	1670	3280	0,528	8,4	0,8	1,25	5,46
Wismut	Bi	9,8	270	1477	0,126	13,5	1,07	0,94	4,5
Wolfram	W	19,3	3370	5900	0,142	4,5	0,055	18,2	4,6
Zink	Zn	7,14	419,5	907	0,394	29,8	0,0625	16	4,2
Zinn	Sn	7,28	231,8	2275	0,226	27	0,115	8,7	4,63
Aldrey	AlMgSi	2,7	–	–	–	23	0,0328	30,5	3,6
Aluchrom	CrAl 20 5	7,2	1500	–	0,461	12	1,37	0,73	0,05
Konstantan	CuNi 44	8,9	1280	–	0,410	15,2	0,49	2,04	0,04
Manganin	CuMn 12 NiAl	8,4	960	–	0,406	19,5	0,43	2,33	0,01
Nickelin	CuNi 30 Mn	8,8	1180	–	0,398	16	0,4	2,5	0,15

[1] Raumausdehnung, ϱ_{20} spez. Widerstand bei 20 °C, γ_{20} Leitfähigkeit bei 20 °C

Nichtmetalle, fest

Stoff	Dichte ϱ in $\frac{kg}{dm^3}$	Schmelztemp. in °C	Siedetemp. in °C	Spezif. Wärmekapazität $\frac{kJ}{kg \cdot K}$	Stoff	Dichte ϱ in $\frac{kg}{dm^3}$	Schmelztemp. in °C	Siedetemp. in °C	Spezif. Wärmekapazität $\frac{kJ}{kg \cdot K}$
Asphalt	1,1...1,5	80...100	≈ 300	0,921	Kochsalz	2,15	802	1440	0,867
Beton	1,8...2,4	–	–	0,879	Schwefel	2,07	112,8	441,6	0,754
Borax	1,72	741	–	1,005	Silicium	2,33	1420	2600	0,758
Diamant (C)	3,51	3540	≈ 4000	0,502	Speckstein	2,7	–	–	–
Gips	2,3	1200	–	1,089	Ton	1,8...2,6	1500...1700	–	0,879
Glas	2,4...2,7	≈ 700	–	0,837	Zement	0,82...1,9	–	–	–
Kalkstein	2,6...2,8	970	–	1,130	Isolierstoffe	siehe besondere Tabellen			

Flüssigkeiten

Stoff	Dichte ϱ in $\frac{kg}{dm^3}$	Schmelztemp. in °C	Siedetemp. in °C	Spezif. Wärmekapazität $\frac{kJ}{kg \cdot K}$
Benzin	0,68...0,75	−30	40...210	2,093
Benzol	0,88	5,4	80	1,674
Kalilauge (21% KOH)	1,2	–	–	–
Petroleum	0,81	−70	150...300	2,093
Salpetersäure (rein)	1,58	−41,3	86	1,717
Salzsäure (25% HCl)	1,12	–	–	–
Schwefelsäure (konz.)	1,84	10,5	338	1,382
Spiritus	0,816	−90	78	2,428
Tetrachlorkohlenstoff	1,595	−22,8	77	–
Trichlorethylen	1,47	−86	87	1,298
Wasser (rein)	1,0 (4 °C)	0	100	4,187

Gase (Dichte in kg/m³ bei 0 °C und 1013 hPa)

Stoff	Dichte	Schmelztemp. in °C	Siedetemp. in °C	Spezif. Wärmekapazität $\frac{kJ}{kg \cdot K}$
Argon	1,78	−190	−186	0,544
Helium	0,18	−272	−269	5,234
Kohlenstoffmonoxid	1,25	−205	−191	1,047
Kohlenstoffdioxid	1,98	–	− 78,5	0,879
Krypton	3,7	−157	−151,7	0,251
Luft	1,29	−220	−194	1,005
Neon	0,899	−249	−246	1,025
Sauerstoff	1,43	−218,5	−183	0,921
Stickstoff	1,25	−210	−196	1,047
Wasserstoff	0,09	−259	−253	14,277
Xenon	5,8	−111,5	−108,1	0,159

Stahlnormung Steel Standardization

Stahlarten

vgl. DIN EN 10027 (2000)

Unlegierte Stähle
Kein Element darf den Grenzgehalt nach Tabelle G (siehe unten) erreichen.

- **Qualitätsstähle** SGN 01…07, 91…97
  z. B. Baustähle, Vergütungsstähle, Automatenstähle, Druckbehälterstähle, Feinkornbaustähle
- **Edelstähle** SGN 10…13, 15…18
  z. B. Einsatzstähle, Vergütungsstähle, Werkzeugstähle, Stähle für Flammhärtung und Induktionshärtung

Legierte Stähle
Mindestens ein Element erreicht oder überschreitet den Grenzgehalt nach Tabelle G.

- **Qualitätsstähle** SGN 08, 09, 98, 99
  z. B. Schienenstähle, Elektrobleche, -bänder, Dualphasenstähle, Stähle mit kornfeinenden Elementen (B, Nb, Ti, V)
- **Edelstähle** SGN 20…89
  z. B. Wälzlagerstähle, Maschinenbaustähle, Werkzeugstähle, Schnellarbeitsstähle, Nitrierstähle

Nicht rostende Stähle
Mindestens 10,5% Chrom, höchstens 1,2% Kohlenstoff.

Wärmebehandlung nicht vorgesehen

Merkmale R_e und R_m

Verwendungszweck und Bezeichnungsgruppen

S Stahlbaustähle
E Maschinenbaustähle
H Flacherzeugnisse aus höherfesten Stählen
D Flacherzeugnisse zum Kaltumformen
P Druckbehälterstähle
T Verpackungsblech, -band
L Leitungsrohrstähle
B Betonstähle
Y Spannstähle
M Elektroblech, -band
R Schienenstähle
T Verpackungsblech, -band

Beispiele: S185, E335

Kennzahl: N/mm²

Wärmebehandlung vorgesehen

Merkmale C-Gehalt und Legierungsanteile

Chemische Zusammensetzung und Bezeichnungsgruppen mit Beispielen

Unlegierte Stähle mit einem Mn-Gehalt von < 1%	Unlegierte Stähle mit einem Mn-Gehalt von ≥ 1%, Unlegierte Automatenstähle
C15E C45	16MnCr 5 9SMnPb28

Merkmale C-Gehalt und Legierungsanteile

Chemische Zusammensetzung und Bezeichnungsgruppen mit Beispielen

Legierte Stähle mit einem Legierungselement-Gehalt < 5% (ausgenommen Automatenstähle)	Legierte Stähle mit einem mittleren Gehalt an Legierungselementen > 5%	Schnellarbeitsstähle
31CrMo12 42CrMo 4	X 6Cr13 X20Cr13	HS 6-5-2 HS 10-4-3-10

Kennzahlen

N/mm²	C-Gehalt-Kennzahl	Element	Faktor	Mittlerer Legierungs-element-Gehalt in %	Wolfram Molybdän Vanadium Kobalt in %
		Cr, Co, Mn, Ni, Si, W	4		
		Al, Be, Cu, Mo, Nb, Pb, Ta, Ti, V, Zr	10		
		C, Ce, N, P, S	100		
		B	1000		

Kennzahl = mittlerer Gehalt x Faktor

Tabelle G: Grenzgehalte für die Einteilung in legierte und unlegierte Stähle

Element	Al	B	Bi	Co	Cr	Cu	La	Mn	Mo	Nb	Ni	Pb	Se	Si	Te	Ti	V	W	Zr
Grenzgehalte in %	0,30	0,0008	0,10	0,30	0,30	0,40	0,10	1,65	0,08	0,06	0,30	0,40	0,10	0,60	0,10	0,05	0,10	0,30	0,05

Als Stahl bezeichnet man Werkstoffe, die hauptsächlich aus Eisen bestehen und weniger als 2% C enthalten.

Al	Aluminium	Ce	Cer	Mn	Mangan	P	Phosphor	Ta	Tantal
B	Bor	Co	Kobalt	Mo	Molybdän	Pb	Blei	Ti	Titan
Be	Beryllium	Cr	Chrom	N	Stickstoff	S	Schwefel	V	Vanadium
Bi	Wismut	Cu	Kupfer	Nb	Niob	Se	Selen	W	Wolfram
C	Kohlenstoff	La	Lanthan	Ni	Nickel	Si	Silicium	Zr	Zirkonium
R_e	Streckgrenze	R_m	Zugfestigkeit	SGN	Stahlgruppennummer				

Leitende Werkstoffe der Elektrotechnik (Nichteisenmetalle)
Conducting Materials in Electrical Engineering (Nonferrous Metals)

NE-Leichtmetall (Dichte < 5 kg/dm³) Zahlenwerte für 20 °C

Aluminium für elektrotechnische Zwecke (E-Al) Dichte ϱ = 2,7 kg/dm³

Benennung nach DIN EN 573	Zustand	Reingehalt %	Elektrische Leitfähigkeit $\frac{m}{\Omega \cdot mm^2}$	Spezifischer Widerstand ϱ_{20} $\frac{\Omega \cdot mm^2}{m}$	Verwendung
EN AW-Al 99,5	Weichgeglühter Draht	99,5	35,4 34,8	0,02825 0,02874	Freileitungen, Bleche Wicklungsdrähte isolierte Leitungen und Kabel, Fahrdrähte, Stromschienen, Erder
EN AW-Al 99,3	Drähte für isolierte Leitungen und Kabel	99,3	34,5	0,02899	

NE-Schwermetall (Dichte ≥ 5 kg/dm³) Zahlenwerte für 20 °C

Kupfer für elektrotechnische Zwecke (E-Cu) Dichte ϱ = 8,96 kg/dm³

Benennung	Zustand	Drahtdurchmesser mm	Elektrische Leitfähigkeit $\frac{m}{\Omega \cdot mm^2}$	Spezifischer Widerstand ϱ_{20} $\frac{\Omega \cdot mm^2}{m}$	Verwendung
E-Cu F 20 bis E-Cu F 37	Weichgeglühter, unverzinnter Draht	–	57	0,01754	Stromschienen, Fahrdrähte, isolierte Leitungen und Kabel, Antennen, Wicklungsdrähte und Freileitungsdrähte
	Weichgeglühter, verzinnter Draht	< 0,1 0,1...0,3 ≥ 0,3	54 55,5 56,5	0,01852 0,01802 0,01770	
	Kaltgezogener Draht R_m > 300 N/mm²	< 1 ≥ 1	55 56	0,01818 0,01786	

Sonstige NE-Schwermetalle

Kurzzeichen	Mindestgehalt %	Benennung, Eigenschaften, Verwendung	Kurzzeichen	Mindestgehalt %	Benennung, Eigenschaften, Verwendung
Zinn (Sn) Dichte ϱ = 7,3 kg/dm³ und Zink (Zn) Dichte ϱ = 7,2 kg/dm³					
Sn 98,0 Sn 99,0	98,0 Sn 99,0 Sn	Verzinnen von Drähten, Barren, Platten oder Stangen	Sn 99,75 Sn 99,9	99,75 Sn 99,9 Sn	Lieferart: in Blöcken, Barren, Platten oder Stangen
Zn 99,995 Zn 99,99 Zn 99,95	99,995 Zn 99,99 Zn 99,95 Zn	Tiefzieh-Messing, Tiefzieh-Neusilber, Verzinkung	Zn 99,5 Zn 98,5 Zn 97,5	99,5 Zn 98,5 Zn 97,5 Zn	Hüttenzink für Verzinkung, Zinkbleche und -bänder, Legierungswerkstoff
Blei (Pb) Dichte ϱ = 11,3 kg/dm³					
Pb 98,5 Pb 99,75	98,5 Pb 99,75 Pb	Umschmelzblei, Bleilötungen für Legierungen	Pb 99,985 Pb 99,99	99,985 Pb 99,99 Pb	Feinblei, für Bleifarben; optische Gläser
Pb 99,9	99,9 Pb	Hüttenblei; für Legierungen	Pb 99,9 Cu	99,9 Pb	Feinblei; für chemische Geräte
Pb 99,94	99,94 Pb	Hüttenblei; für Hartblei			

Werkstoffe für elektrische Widerstände (Widerstandslegierungen)

Kurzzeichen	Zusammensetzung % Al	Cr	Cu	Fe	Mn	Ni	Spezif. Widerstand ϱ_{20} $\frac{\Omega \cdot mm^2}{m}$	Belastbarkeit bis °C	Temp.-koeffizient α in $\frac{1}{K}$ 20...60 °C	Mittlere Wärmedehnung 10^{-6}/K 20...400°	Handelsname, z.B.	Verwendung und Eigenschaften
CuMn 12 Ni	–	–	Rest	–	12	2	0,43	60	0,00001	19,5	Manganin	Präzisions-, Mess- und Vorschaltwiderstände (temperaturunabhängig)
CuNi20Mn10	–	–	Rest	–	10	20	0,49	300	±0,00002	17,5	Isabellin	
CuNi 44	–	–	Rest	–	1	44	0,49	600	±0,00004	15	Konstantan	
CuMn 2 Al	0,8	–	Rest	–	2	–	0,125	200	–	18	ISA 13	Anlass-, Stell- und Belastungswiderstände (temperaturabhängig)
CuNi 30 Mn	–	–	Rest	–	3	30	0,40	500	–	16	Nickelin	
CuMn 12 NiAl	1,2	–	Rest	–	12	5	0,50	500	–	19	ISA 50	
NiCr 80 20	–	20	–	–	–	Rest	1,12	1200	–	15	Cronix	Elektr. Öfen, Lötkolben, hochbel. Widerstände
NiCr 60 15	–	15	–	20	–	Rest	1,13	1150	–	15	Cronifer II	

Magnetisierungskennlinien Magnetization Characteristics

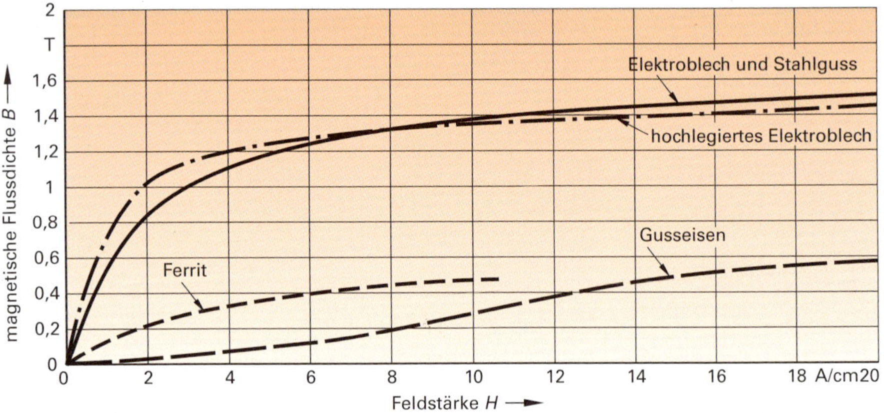

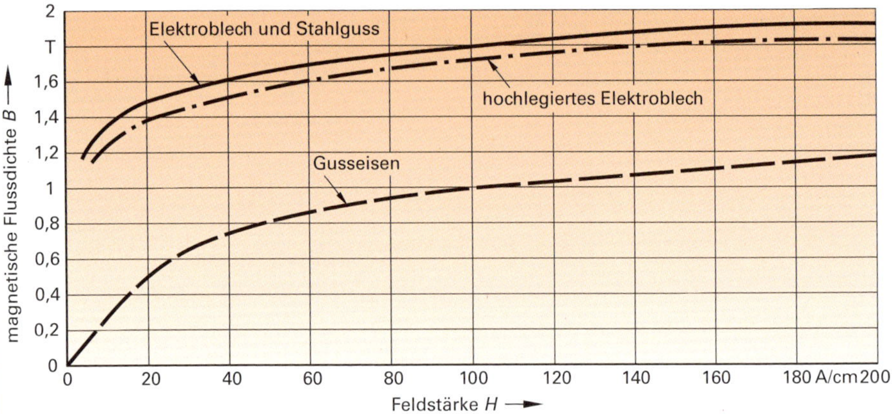

Magnetisierungskennlinien der wichtigsten ferromagnetischen Werkstoffe

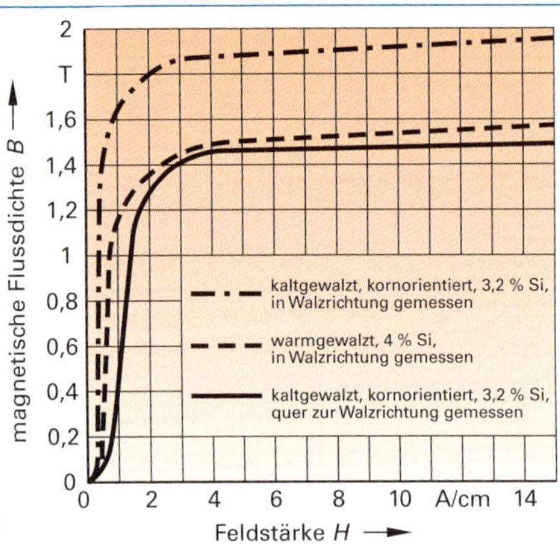

Magnetisierungskennlinien von Transformatorenblechen

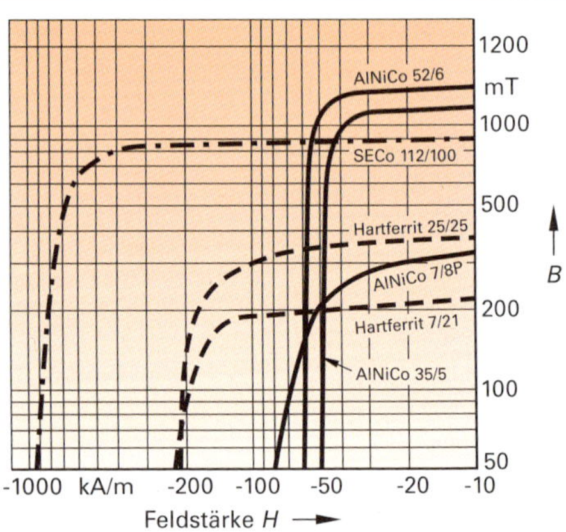

Entmagnetisierungskennlinien von Dauermagnetwerkstoffen

Magnetwerkstoffe Magnetic Materials

Elektroblech, kaltgewalzt, nicht kornorientiert, schlussgeglüht

Sorte	Bemessungsdicke	Ummagnetisierungsverlust P[1] W/kg bei		Magnetische Flussdichte in T (Tesla) bei einer Feldstärke *H* in A/m			Biegezahl	Dichte
	mm	1,5 T	1,0 T	2 500	5 000	10 000	mind.	kg/dm^3
V 250-35 A	0,35	2,50	1,00	1,49	1,60	1,70	2	7,60
V 270-35 A		2,70	1,10	1,49	1,60	1,70	2	7,60
V 300-35 A		3,00	1,20	1,49	1,60	1,70	3	7,65
V 330-35 A		3,30	1,30	1,49	1,60	1,70	3	7,65
V 310-50 A	0,50	3,10	1,25	1,49	1,60	1,70	3	7,60
V 350-50 A		3,50	1,50	1,50	1,60	1,70	5	7,65
V 400-50 A		4,00	1,70	1,51	1,61	1,71	5	7,65
V 470-50 A		4,70	2,00	1,52	1,62	1,72	10	7,70
V 700-50 A		7,00	3,00	1,58	1,68	1,76	10	7,60

[1] Ummagnetisierungsverlust P 1,5 bzw. 1,0 ist die bei einer Wechselfeldmagnetisierung von 50 Hz auftretende Verlustleistung in W/kg bei Raumtemperaturen 18 °C bis 28 °C.

Magnetische Werkstoffe für Übertrager (Übertragerbleche)

Blechsorte	Zusammensetzung	Dichte kg/dm^3	Spezif. Widerst. $\frac{\Omega \cdot mm^2}{m}$	Koerzitivfeldstärke A/cm	Flussd. bei Sättigung T	Curie-Temp.[1] °C	Permeabilität μ_{16}[2] bzw. μ_4	Handelsnamen	Verwendung
A 0	Stahl mit 2,5% bis 4,5% Si	7,7	0,40	1	2,03	750	400...450	Trafoperm (VAC) Hyperm 4 (Krupp)	Übertrager, Relais, Ringkerne, Messwandler, Fehlerstromschalter
A 2		7,63	0,55	0,6	2,0	750	700...850		
A 3		7,57	0,68	0,35	1,92	750	500...850		
C 2	Stahl mit 3,5% bis 4,5% Si	7,55	0,5	0,3	2,0	750	550...1300		
C 5		7,65	0,45	0,15	2,0	750	–		
D 1	Stahl mit 36% bis 40% Ni	8,15	0,75	0,6	1,3	250	1500...2 100	Permenorm (VAC)	Relaisteile und Polschuhe
D 1a		8,15	0,75	0,5	1,3	250	900...2 400		
D 3		8,15	0,75	0,15	1,3	250	1000...2 900		
F 3	Ni-Fe-Legierung mit ≈ 50% Ni	8,25	0,45	0,1	1,5	470	μ_4 = 1200...4 000	Permenorm (VAC) Hyperm 50 (Krupp)	Magnetverstärker, Zähl- und Speicherkerne
E 3	Ni-Fe-Legierung mit ≈ 75% Ni und weiteren Zusätzen (Mn, Si, Mo, Cu, Cr)	8,6	0,50	0,02	0,75	400	μ_4 = 2 500...20 000	Mumetall, Permalloy (VAC) Hyperm 766 (Krupp)	NF- und HF-Übertrager, Filter, Drosseln, magnetische Abschirmungen
E 4		8,7	0,55	0,01	0,70	270 bis 400	μ_4 = 4 000...40 000		

[1] Bei der Curie-Temperatur (Curiepunkt) findet eine sprunghafte Entmagnetisierung statt.

[2] μ_{16} bzw. μ_4 bedeutet, dass die Permeabilitätswerte bei der Feldstärke 0,016 $\frac{A}{cm}$ bzw. 0,004 $\frac{A}{cm}$ ermittelt wurden.

Dauermagnetwerkstoffe

Werkstoff	Chemische Zusammensetzung in Masse-%, Rest Fe					$(B \cdot H)_{max}$-Wert	Remanenzflussdichte	Koerzitivfeldstärke	Permeabilitätszahl	Dichte
	Al	Co	Cu	Ni	Ti	kJ/m^3	mT	kA/m	μ_r	kg/dm^3
AlNiCo 9/5	11...13	bis 5	2...4	21...28	bis 1	9	550	47	4...5	6,8
AlNiCo 18/9	6...8	24...34	3...6	13...19	5...9	18	600	86	3...4	7,2
AlNiCo 52/6	8...9	23...26	3...4	13...16	–	52	1250	56	1,5...3	7,2
AlNiCo 35/5	8...9	23...26	3...4	13...16	–	35	1120	48	3...4,5	7,2
AlNiCo 7/8p	6...8	24...34	3...6	13...19	5...9	7,9	340	84	2...3	5,5
PtCo 60/40	77...78 Pt 22...23 Co					60	600	400	1,1	15,5
FeCoVCr 4/1	51...54 Co 3...15 V bis 6 Cr Rest Fe					4,0	1000	5	9...25	8,2
SECo 112/110	Seltenerdmetall-Kobalt-Legierung					112	750	1000	1,1	8,1
Hartferrit 7/21	Zusammensetzung: $MeO \cdot x \cdot Fe_2O_3$ mit Me = Ba, Sr, Pb mit x = 4,5...6,5					6,5	190	210	1,2	4,9
Hartferrit 25/25						25	370	250	1,1	4,8
Hartferrit 9/19p						9,0	220	190	1,1	3,4

Lote, Thermobimetalle, Kohlebürsten Solders, Thermal Bimetals, Carbon Brushes

Bleifreie Weichlote für Schwermetalle (Biolote)

Kurzzeichen	Zusammensetzung %	Schmelztemperatur °C	Verwendung
S-Sn42Bi58	42Sn58Bi	138	für temperaturempfindliche Bauteile
S-Sn95,5Ag4Cu0,5	95,5Sn4Ag0,5Cu	217	Elektrogeräte, Elektronik
S-Sn96Ag4	96Sn4Ag	221	Elektronik, Feinwerktechnik, Automobilbereich
S-Sn95Sb5	95Sn5Sb	240	Elektrogerätebau, Feinwerktechnik
S-Sn97Cu3	97Sn3Cu	250	Heizungs-, Kältetechnik, Feinmechanik

Hartlote für Schwermetalle

Kurzzeichen	Zusammensetzung %	Arbeitstemperatur °C	Verwendung
B-Ag44CuZn-675/735	44Ag30Cu26Zn	730	St, Cu, Cu-Leg., Ni, Ni-Leg. für dynamische Betriebsbelastungen
B-Ag50CdZnCu-620/640	50Ag19Cd15Cu16Zn	630	Cu-Legierungen, Edelstähle, Edelmetalle
B-Ag40ZnCdCu-595/630	40Ag20Cd19Cu21Zn	610	St., gehärteter St., Cu, Cu-Leg., Ni, Ni-Leg.
B-Ag72Cu-780	72Ag28Cu	780	Schutzgaslötungen: Cu, Cu-Leg., Ni, Ni-Leg.
B-Ag49ZnCuMnNi-680/705	49Ag16Cu23Zn7,5Mn;4,5Ni	690	Hartmetalle und schwer benetzbare Stoffe.

Thermobimetalle

Kurzzeichen	Bestandteile	Spezifische Ausbiegung α in 10^{-6}/K ± 5%	Anwendungsgrenze °C	Spezifischer Widerstand ϱ_{20} bei 20 °C $\mu\Omega \cdot m$ ± 5%	Dichte ϱ bei 20 °C kg/dm³	Verwendung
TB 20110[1]	MnCuNi	20,8	350	1,10	7,8	Temperaturregler, Blinkschalter, Überstromschalter, Zündhilfen für Leuchtstofflampen, Brandmelder, Thermometer, thermische Auslöser.
TB 1577	NiMn 20 6	15,5	450	0,78	8,1	
TB 1577	X 60 NiMn 14 7					
TB 1170	NiMn 20 6	11,7	450	0,70	8,1	
TB 1170	X 60 NiMn 14 7					
TB 1075	NiCr 16 11	10,8	550	0,75	8,0	
TB 0965	NiMn 20 6	9,0	450	0,65	8,2	
TB 1555	NiMn 20 6	15,0	450	0,55	8,2	
TB 1435	NiMn 20 6	14,8	450	0,35	8,3	
TB 1425	NiMn 20 6	14,0	450	0,25	8,3	

[1] **TB 20110**: Bezeichnung eines Thermobimetalls mit der spezifischen Ausbiegung $\alpha = 20{,}0 \cdot 10^{-6}$/K und dem spezifischen Widerstand ϱ von 1,10 $\mu\Omega \cdot m$ bei 20 °C.

Kohlebürsten

Sorte	Zulässige Stromdichte J A/cm²	Spez. Widerstand ϱ_{20} bei 20 °C $\frac{\Omega \cdot mm^2}{m}$	Maximale Umfangsgeschwindigkeit v in m/s	Verwendungsbeispiele
Harte Kohlen	8	40... 60	15...30	Kleinmotoren, Universalmotoren für Haushaltsgeräte, elektrische Handbohrmaschinen.
Graphitkohlen	12	10...100	20...50	Ortsfeste Maschinen bis 100 kW, Maschinen mit Stahlschleifringen.
Edelkohlen (Elektrografitkohlen)	12	15... 50	40...60 (bis 90)	Bahnmotoren, Schweißmaschinen, Schaltkontakte, für Maschinen mit Kupfer-, Messing- und Bronzeschleifringen.
Metallhaltige Kohlen (Bronzekohlen)	25	0,1...5	20...40	Kleinstmotoren, Fahrzeuglichtmaschinen, Scheibenwischermotoren, Maschinen mit Schleifringen aus Kupfer, Messing oder Bronze bei J >10 A/cm².

Kontaktwerkstoffe, Freileitungen Contact Materials, Overhead Power Lines

Kontaktwerkstoffe

Werkstoff	Leitfähigkeit γ_{20} $\frac{m}{\Omega \cdot mm^2}$	Schmelztemp. °C	Dichte ϱ kg/dm³	Eigenschaften, Zusammensetzung	Verwendung
Kupfer (E-Cu)	56	1085	8,9	Durch Lichtbogen entsteht eine schlecht leitende Oxidschicht; billig	Kontaktstücke für Walzenschalter
Silber (Feinsilber)	60	960	10,5	Leitende Oxidschicht, nicht schwefelbeständig, geringe Härte, geringer Übergangswiderstand	Für Kontakte allgemein, z.B. in Schützen und Relais
Gold (Feingold)	45,7	1063	19,3	Chemisch beständig, weich, Kontakte kleben leicht	Kontaktstücke der Fernmeldetechnik
Wolfram	18,2	3370	19	Hoher Schmelzpunkt, geringer Abbrand, sehr hart, verschleißfest	Unterbrecherkontaktstücke, Reglerkontaktstücke.
Quecksilber	1,04	−38,9	13,5	Wartungsfrei, chemisch beständig, hohe Lebensdauer, giftig	Explosionssichere Schaltgeräte, Hg-Schaltröhren
Kohle	0,03...12	–	1,6...5,4	Verschweißt nicht, keine Oxidschicht, selbstschmierend, verwendbar bis 400 °C	Kohlebürsten, Schleifstücke, Druckkontakte, Stromabnehmer
Silberbronze	30...50	700...1100	8,9...9,2	Gute Federeigenschaften 1 bis 7% Ag; 0,2% Cd; Rest Cu	Stromführende Federn, Kontaktmesser, Schweißelektrode
Hartsilber	52...56	920	10,4	Lichtbogenfest, hart 3 bis 4% Cu; Rest Ag	Schütz- und Relaiskontaktstücke, Kontaktbimetall
Silber-Cadmium	16	880	10,1	Cd wirkt lichtbogenlöschend 5 bis 20% Cd; Rest Ag	Gleichstromkontaktstücke, Lichtschalter, Thermostate

Freileitungswerkstoffe

Werkstoff	Cu	Al	Aldrey (E-AlMgSi)	Al/St 1,4	Al/St 1,7	Al/St 4,3	Al/St 6	Al/St 7,7	Al/St 11,3
Mindestquerschnitt in mm²	10	16	16	16/2,5					
Dichte in kg/dm³	8,9	2,7	2,7	4,91	4,66	3,75	3,5	3,36	3,2
Zulässige Zugspannung $\sigma_{z\,zul}$ in N/mm²	190	80	120	200	190	115	110	100	–
Längenausdehnungskoeffizient α in 10^{-6}/K	17	23	23	15	15,3	17,8	19	19,4	20,9
Leitfähigkeit γ_{20} $\frac{m}{\Omega \cdot mm^2}$	56	35,38	30,5	Für den Aluminiumanteil mindestens 35,4					

Die Zahlen bei den Angaben Al/St 1,4 ...Al/St 11,3 geben das Verhältnis des Aluminiumquerschnitts zum Stahlquerschnitt an, z.B. Al/St = 105/75 = 1,4.

Aluminium-Stahl-Seile

Bem.-querschnitt Al/St mm²	Querschnittsverhältnis Al/St ≈	Seil-∅ mm	Aluminium-Anteil Drahtzahl	Aluminium-Anteil ∅ mm	Stahl-Anteil Drahtzahl	Stahl-Anteil ∅ mm	Masse ≈ kg/1000 m	Bruchlast kN	Dauerbelastbarkeit[1] A
25/4	6	6,8	6	2,25	1	2,25	97	9,02	140
35/6	6	8,1	6	2,7	1	2,7	140	12,70	170
50/8	6	9,6	6	3,2	1	3,2	196	17,18	210
70/12	6	11,7	26	1,85	7	1,44	284	26,31	290
95/15	6	13,6	26	2,15	7	1,67	383	35,17	350
105/75	1,4	17,5	14	3,1	19	2,25	899	106,69	–
120/20	6	15,5	26	2,44	7	1,9	494	44,94	410
185/30	6	19	26	3,0	7	2,33	744	66,28	535
1045/45	23,1	43,0	72	4,3	7	2,87	3249	217,87	1580

[1] Die Werte gelten für eine Windgeschwindigkeit von 0,6 m/s und Sonneneinwirkung bei einer Ausgangstemperatur von 35 °C und einer Seil-Endtemperatur von 80 °C.

Isolierstoffe 1 Insulants 1

Einteilung nach Herkunft

Isolierstoffart	Natürliche Stoffe	Abgewandelte Stoffe	Synthetische Stoffe
Anorganische Isolierstoffe	Glimmer, Marmor, Speckstein; Gase zur Isolation, z.B. Luft	Glas, keramische Stoffe, z.B. Porzellan, Ton, Schamotte, Steatit (gebrannter Speckstein)	Synthetischer Glimmer, Titandioxid, Bariumtitanat
Organische Isolierstoffe	Faserstoffe, z.B. Baumwolle, Zellstoff, Seide; Naturharze; Fette, Öle, Mineralöle	Zellulose, Celluloid, Cellulosetriester, Celluloseester, Papier, Pressspan, Vulkanfiber, Gummi, Kunsthorn	Thermoplaste (Plastomere), Duroplaste (Duromere), Elastomere; Silikone

Einteilung nach Anordnung der Moleküle

Thermoplaste		Duroplaste	Elastomere
	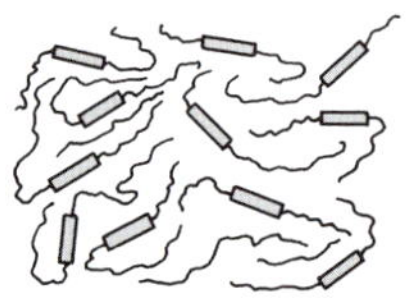	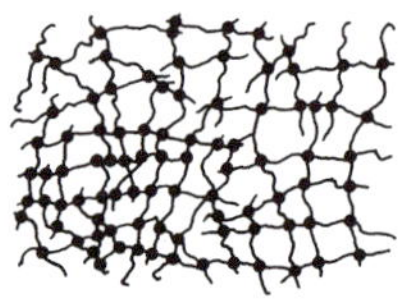	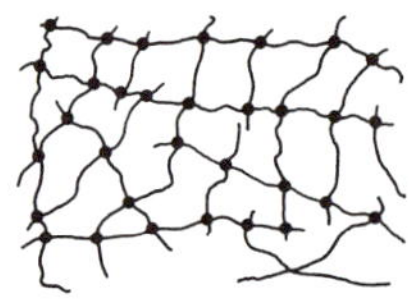
Fadenmoleküle wie in einem Wattebausch verfilzt. In der Kälte hart und spröde. Bei höherer Temperatur mehrfach umformbar und schweißbar. In geeigneten Flüssigkeiten lösbar. Oberhalb der Zersetzungstemperatur wird der Werkstoff zerstört.	Unverzweigte Fadenmoleküle mit dazwischen liegenden kristallinen Bereichen. Kristallisation durch Recken (Strecken) in Vorzugsrichtung gefördert. Chemische Beständigkeit, Elastizität, Härte und Zugfestigkeit verstärkt.	Makromoleküle, die vielfach räumlich vernetzt sind. Moleküle nur zwischen den Querverbindungen verschiebbar (hohe Rückstellkräfte). Duroplaste erweichen nicht durch Erwärmen. Sie sind nicht schweißbar und nicht löslich.	Ungeordnete Fadenmoleküle, die weitmaschiger und weniger vernetzt sind als die Duroplaste. Gummi-elastisches Verhalten in weitem Temperaturbereich. Thermisch nicht umformbar, in bestimmten Lösungsmitteln quellend.

Glimmer und Glimmererzeugnisse

Spaltglimmer	Feinglimmer	Mikanit	Mikafolium
Aus Blockglimmer durch Spalten parallel zu den Schichtebenen hergestellt.	Chemisch oder physikalisch in elastische und biegsame Schuppen unterteilt.	Spaltglimmer, der durch ein Bindemittel, z.B. Kunstharz, Silikon oder Epoxidharz, zusammengehalten wird.	Dünner Träger, auf den Feinglimmerfolie einlagig oder zweilagig geklebt ist.

Lebensdauer von Isolierstoffen

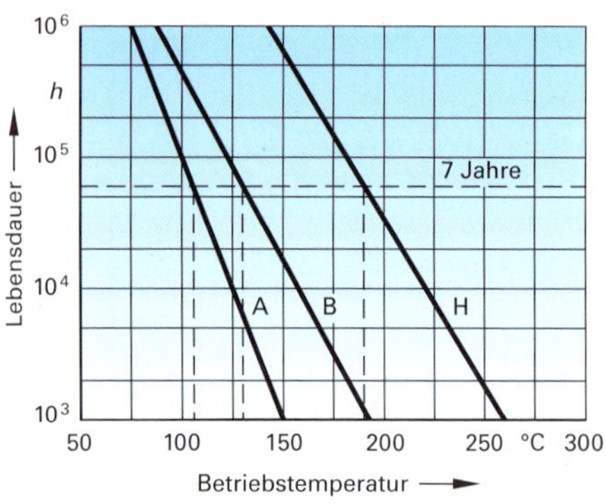

Die Lebensdauer eines Isolierstoffes hängt von seiner Betriebstemperatur ab.
Die Lebensdauer verringert sich, wenn die Temperatur zunimmt: Bei Isolierstoffen der Temperaturbeständigkeitsklasse A halbiert sich die Lebensdauer bei einer Temperaturzunahme von 8 K, bei Klasse B von 10 K und für Klasse H von 12 K.

Beispiel:
Hat ein Isolierstoff der Beständigkeitsklasse B bei 100 °C eine Lebensdauer von $4{,}2 \cdot 10^5$ h (= 48 Jahre), beträgt sie bei 110 °C noch 24 Jahre und bei 120 °C nur 12 Jahre.

Die höchstzulässige Temperatur (Grenztemperatur) eines Isolierstoffs bestimmt die Isolierstoffklasse.
Dem nebenstehenden Diagramm liegt die Annahme zugrunde, dass der Isolierstoff bei seiner Grenztemperatur betrieben eine Lebensdauer von 7 Jahren besitzt.
Eine höhere bzw. niedrigere Lebensdauer verschiebt die Schaulinien nach oben bzw. nach unten.

Isolierstoffe 2 Insulants 2

Werkstoff	Dichte ϱ in kg/dm³	Festigkeit Zug in N/mm²	Festigkeit Druck in N/mm²	Durchschlagfestigkeit E_d in kV/mm	Permittivitätszahl ε_r	Spez. Widerstand ϱ_{20} in $\Omega \cdot$ cm	Verlustfaktor tan δ in 10^{-3} = W/kvar bei 50 Hz	Verlustfaktor tan δ in 10^{-3} = W/kvar bei 1 MHz	Wärmeleitfähigkeit λ_{20} in $\frac{kJ}{m \cdot h \cdot K}$
Gase bei Normtemperatur (0 °C) und Normdruck (1013 hPa), Flüssigkeiten									
Luft	1,293 kg/m³	–	–	2,1	1	–	–	–	0,092
Stickstoff	1,25 kg/m³	–	–	2,3	1	–	–	–	0,084
Wasserstoff	0,09 kg/m³	–	–	1,3	1	–	–	–	0,703
Argon	1,78 kg/m³	–	–	–	1	–	–	–	0,067
Wasser (4 °C, rein)	1,0	–	–	–	80	–	–	–	2,093
Isolieröl (Mineralöl)	0,87	–	–	20	2...2,4	10^{13}	5	–	0,544
Silikonöl	0,94	–	–	–	–	–	–	–	0,795
Feste Isolierstoffe									
Schichtstoffe									
Pressspan	1,2...1,4	70	–	10...13	2,5...4	–	–	–	–
Lackpapier	1,5	–	–	5...10	3...6	–	10	–	–
Hartpapier mit Phenolharz	1,4	70...100	100...140	20...30	4...8	10^{10}	100	70	1,005
Hartgewebe mit Phenolharz	1,35	70...100	bis 200	6,5	4...8	10^{8}	300	–	1,214
Lackglasseide	1,4	150	180	–	–	10^{12}	–	–	–
Silikonglasseide	1,5	50	200	30	–	10^{11}	10	–	–
Glimmererzeugnisse									
Naturglimmer	2,5...3,2	300	–	30...70	6...8	10^{17}	0,2...1,5	0,1...0,3	2,428
Mikanit	2...2,6	–	–	20...30	5	–	10	–	–
Mikafolium	2	–	–	30	4	–	–	–	–
Samikafolium	2	–	–	25	4,2	–	–	–	1,005
Mykalex	2,8...3,3	30...60	120...400	15	8	10^{10}	–	1...1,8	–
Synthetischer Glimmer	3	300	–	20	6,3	10^{14}	–	–	1,256
Zellulosekunststoffe									
Zelluloseacetat	1,2...1,3	40	50	15	4...7	10^{11}	30	60	0,921
Zelluloseacetobutyrat	1,2	43	60	20	3,5	10^{13}	10	17	0,754
Duroplaste									
Phenolharz (PF)	1,25	50	300	20	5	10^{12}	300	30	0,712
Melaminharz (MF)	1,5	60	–	10...15	6...10	–	–	–	–
Pressmassen mit anorganischer Füllung	1,3...1,4	–	–	5...20	6	–	–	–	–
Polyesterharz (UP)	1,3	40	–	10...15	3	10^{11}	30	–	0,879
Epoxidharz (EP)	1,1...1,4	70	120	35	3,7...4,2	10^{16}	7	–	–
Thermoplaste									
Polycarbonat (PC)	1,2	60	80	20	2,8	10^{15}	1	10	0,712
Polyisobutylen (PIB)	0,93	20...60	–	23	2,2	10^{15}	0,4	0,4	–
Weitere Thermoplaste siehe Seite „Kunststoffe als Isolierstoffe"									
Fluorkunststoffe									
Polytetrafluorethylen (PTFE)	2,1	25	15	20...40	2	10^{18}	0,5	0,5	0,879
Silikone (SI)									
Silikonharz	1,65	90	150	20...70	3	10^{15}	0,5...1	–	–
Silikonkautschuk	1,2...2,3	30	–	20...30	2,5	10^{14}	20	–	–
Kautschuk									
Naturkautschuk (weich)	1,1	25	–	25	2,5	bis 10^{16}	2	12	0,628
Synthetischer Kautschuk	1,2	25	–	25	2,4	10^{14}	6	12	–
Glas und Keramik									
Hartglas	2,5...3,8	100	900	10...40	4..8	10^{13}	1...4	4,6	3,768
Quarzglas	2,1...2,5	20	250	35...40	4	10^{18}	0,5	–	35,588
Porzellan	2,3...2,6	30...50	400...500	35	5...6	10^{12}	20	6...12	3,349
Steatit Typ 221	2,7	60...90	1000	30...45	6	10^{12}	1...1,5	0,3...0,5	5,862
Rutil Typ 311	3,7	–	30...90	10...20	40...60	10^{12}	0,3...2	0,3...2	–
Bariumtitanat Typ 350	5	–	–	3...50	bis 3000	–	–	2,5...25	–
Korund Typ 710	3,8	–	bis 3000	–	9	–	–	–	43,961

Kunststoffe als Isolierstoffe Synthetic Materials as Insulants

Kunststoff	Kurzzeichen	Eigenschaften ϱ in g/cm³	ϑ_{max} in °C	ϱ in $\Omega \cdot cm$	E_d in kV/mm	Anwendung, besondere Eigenschaften	Handelsnamen (Beispiele)
Thermoplaste							
Acrylnitril-Butadien-Styrol	ABS	1,03 ...0,17	85 ...105	10^{15}	20...50	Batteriekästen, Gehäuse, Geräteteile. Schlagzäh, kratzfest.	Novodur, Perluran
Celluloseacetat	CA	1,26	70...95	10^{14}	30...40	Gehäuse für elektrische Geräte, Filme, Brillengestelle. Ölbeständig, transparent, zäh.	Cellidor, Tenite, Cellon
Polyamid 12	PA 12	1,02	140...150	10^{14}	50...60	Präzisionsteile der Elektrotechnik, Lebensmittelfolien.	Durethan, Ultramid
Polyethylen Weich-PE	PE, LDPE[1]	0,92 ...0,96	90...110	10^{17}	70...100	Flaschen. Wenig witterungsbeständig.	Baylon, Hostalen, Trolen
Hart-PE	HDPE[2]					Wannen, Körbe, Eimer, Rohre.	Vestolen A
Vernetztes PE	VPE					Kabelisolierung und Kabelmäntel bis 380 kV	Polythene, Trofil
Polyethylenterephthalat	PETP	1,37	160	10^{14}	50...100	Aderisolierung, Zahnräder, Gehäuse, Rohre. Hart, abriebfest.	Vestolur A, Trevira
Polybutylenterephthalat	PBTP	1,3					Vestolur B
Polycarbonat	PC	1,2	140	10^{16}	30...50	Steckerleisten, Gehäuse, Helme. Hart, zäh, maßhaltig, steif.	Makrolon, Lexan
Polyoxymethylen (Acetalharz)	POM	1,41	110...140	10^{15}	50...70	Armaturen, Schaltrelais, Zahnräder. Maßhaltig, abriebfest.	Hostaform, Dynal, Delrin
Polymethylmethacrylat	PMMA	1,18	85...100	10^{17}	40	Leuchtenabdeckungen, Faserleiter, Linsen. Glasklar, spröde.	Plexiglas, Vedril
Polypropylen	PP	0,9	130...140	10^{17}	70...90	Batteriekästen, Haushaltsgeräte. Harte Oberfläche.	Hostalen, Novolen
Polystyrol	PS	1,05	75...90	10^{17}	50	Spulenkörper, Isolierfolien. Sehr gute elektrische Eigenschaften.	Styroflex, Vestyron
Polyurethan	PUR (PU)	1,1...1,25	80	10^{14}	27	Hartschaumstoffe	Derethan U
Polyvinylchlorid	PVC hart	1,35...1,4	70...80	10^{16}	20...50	Elektroinstallationsrohre. Chemikalienbeständig.	Rhenalon, Hostalit
	PVC weich	1,2...1,3	60...70	$10^{10}...10^{15}$	20...35	Drahtisolation, Fußbodenbelag. Geringe chemische Beständigkeit.	Acella, Pegulan
Styrol-Butadien	SB	1,04	75...85	10^{16}	40...100	Installationsmaterial, Gehäuse. UV-Strahlungsempfindlich.	Vestyron, Hostyren
Duroplaste							
Epoxidharze	EP	1,1...1,4	180	10^{14}	35	Präzisionsteile, Zweikomponentenkleber.	Araldit, Terokal
Phenol-Formaldehyd	PF	1,25	140...200	$10^{8}...10^{12}$	20	Elektrische Kleinteile. Dunkelt nach, spröde.	Bakelite, Trolitan
Polyester, ungesättigt	UP	1,3	170	10^{12}	10...15	Schalter, Karosserieteile. Sehr fest, licht- und farbecht.	Vestopal, Bakelite

E_d Durchschlagfeldstärke, ϑ_{max} höchstzulässige Temperatur, ϱ 1. Dichte oder 2. spezifischer elektrischer Widerstand, hier bezogen auf einen Würfel mit der Kantenlänge 1 cm.
[1] LD von Low Density = niedrige Dichte, [2] HD von High Density = hohe Dichte.

Weitere Isolierstoffe Other Insulants

Isolierstoff-gruppe	Werkstoff, Beispiel	Aufbau, Rohstoffe, besondere Eigenschaften	Anwendungen
Feste Isolierstoffe			
Keramik (Sammelbegriff für gebrannte Tonwaren)	Porzellan	Aluminiumsilikat aus Kaolin, Feldspat und Quarz. Hart, spröde, bruchfest.	Hoch- und Niederspannungs-isolatoren.
	Steatit	Magnesiumsilikat aus gebranntem Talk oder Speckstein.	Kondensatoren, Glühlampen-fassungssockel.
	Speckstein	Nicht vollständig gesintert, spanabhebend bearbeitbar, nimmt Feuchtigkeit auf.	In der Hochvakuumtechnik, da leicht entgasbar.
Gummi	Weichgummi, Hartgummi	Kautschuk mit Schwefel und Ruß gemischt, auf 120 °C bis 180 °C erhitzt (vulkanisiert).	Isolationsmaterial für bewegliche Leitungen, Dichtungen, Akkumulatorengehäuse.
Silikone	Silikongummi, Silikonlack, Silikonharz	Silicium-organische Verbindungen werden destilliert und polykondensiert. Für feuchte Atmosphäre geeignet.	Wärmebeständige, flammwidrige Isolationen, Wicklungsisolation, Tränklacke, Tränkharze für Leiter, Spulen, Wicklungen.
Glimmer	Muskovit, Paragonit, Mikanit	Mineral in Form von Platten, durchsichtig, nicht hygroskopisch.	Isolation von Hochspannung und Wärmegeräten, Kondensatoren, Schutzbrillen, Hochtemperaturschmiermittel.
Gießharze	Epoxidharz (EP), Ionomere Kunstharze, Polyurethan (PUR)	Gussteile werden aus Gießharzen aus zwei Komponenten bei Raumtemperatur vergossen (Kalthärter) oder zum Aushärten erwärmt (Warmhärter). Als Füllstoffe werden Glasfasern, Kohlefasern, Mineralien oder Glasseide verwendet. Brennbar.	Vergussmasse von Transformatoren, Trägermaterial für gedruckte Platinen im UHF-Bereich, Vergussmasse von Muffen für Kabel und Abdichtungen.
Vergussmassen	Polyester, ungesättigt	Polyethylenterephthalat, maßhaltig, farb- und lichtecht, fest.	Schalter, Sturzhelme.
Zellulose-produkte	Papier	Lösen von Lignin und Harzen aus Holzschliff ergibt Zellstoff zur Herstellung von Papier und Pressspan.	Kondensatorpapier, Kabelpapier, Lackpapier. Pressspan als Nutisolation.
Pressstoffe	Hartpapier (Hp)	Walzen von mit Kunstharzen getränkten Papierbahnen.	Isolierplatten, Montageplatten, Trägermaterial für billige gedruckte Schaltungen.
	Hartgewebe (Hgw)	Schichtwerkstoff aus Kunstharz und Gewebebahnen.	Nutisolation elektrischer Maschinen, Spulenkörper.
	Verbundspan (Vsp)	Aus Bahnen verschiedener Isolierstoffe durch Verkleben hergestellt.	Nutisolation, Zwischenlagen.
Flüssige oder gasförmige Isolierstoffe			
Öle	Transformatoröl, Kabelöl, Schaltgeräteöl, Kondensatoröl	Aus Erdöl wird durch Destillation Mineralöl gewonnen. Für Anwendungen in der Elektrotechnik, frei von Gasen und Flüssigkeiten.	Isolation und Kühlung von Transformatoren, Löschen von Lichtbögen, Ölkabel, Kondensatordielektrikum.
Synthetische Öle	Silikonöl	Chemischer Aufbau wie bei Ölen, aber C-Atome durch Si-Atome ersetzt.	Wie Öle.
Schwefel-fluoride	Schwefel-hexafluorid SF_6	Schwefelhexafluorid ist ein schweres, farbloses, geruchloses, ungiftiges und unbrennbares Gas.	In Hochspannungsschaltern, Transformatoren, Röntgenanlagen, UHF-Hohlleitungen.

Hilfsstoffe Auxiliary Materials

Gips (Calciumsulfat $CaSO_4 \cdot 2\,H_2O$)

Art	Gewinnung	Verarbeitung	Eigenschaften, Verwendung
Baugips	Naturgips wird erhitzt (gebrannt). Er verliert dabei einen großen Teil seines Kristallwassers. Brenntemperatur 120 °C bis 180 °C. Der gebrannte Gips wird gemahlen.	Gipspulver in Wasser einstreuen und rühren, bis ein milchiger Brei entsteht (Gipsmörtel). Kleine Mengen anmachen und schnell verarbeiten. Mit zuviel Wasser angemachter und zu lang gerührter Gips hat wenig Festigkeit und trocknet mit Rissen.	Gips dient z.B. zum Füllen von Löchern, zum Eingipsen von Dosen und Kleinteilen. Er gibt keine Risse beim Trocknen. Gips darf nicht im Freien verwendet werden, weil er durch Feuchtigkeit gelöst wird.
Estrichgips	Brenntemp. über 1000 °C.	Sehr langs. Abbinden; große Härte.	Für Fußböden und Kunststeine.

Zement

Art	Gewinnung	Verarbeitung	Eigenschaften, Verwendung
Portlandzement	3 Teile Kalkstein und 1 Teil Ton werden gemahlen und in Trommelöfen bis zum Beginn des Sinterns gebrannt. Die entstandenen Klinker werden unter Zugabe von geringen Mengen Gips zu Zementpulver gemahlen.	Zur Herstellung von Zementmörtel mischt man 1 Teil Portlandzement mit 2 bis 3 Teilen feinkörnigem Sand (Quarzsand) und gibt so viel Wasser zu, dass ein zäher Brei entsteht. Nicht mit Gips mischen! Mit zu wenig Wasser angemachter Zement haftet schlecht, zu nasser Zementmörtel fließt. Frisch angemacht reagiert er stark basisch.	Abbindezeit 3 bis 24 Stunden. Volle Festigkeit nach 1 bis 2 Tagen. Wird zum Füllen größerer Löcher und zum Befestigen von Stahlkonstruktionen verwendet. Lang oder unsachgemäß gelagerter Zement wird unbrauchbar.
Tonerdezement	Aus Kalk ($CaCO_3$) und Bauxit (Al_2O_3)	Erreicht bereits nach 24 Stunden seine volle Festigkeit und kann bei Temperaturen bis herab zu −10 °C verarbeitet werden.	

Flussmittel

Aufgabe	Flussmittel sollen auf vorgereinigten Lötstellen die noch vorhandene Oxidschicht entfernen und die Bildung einer neuen Oxidschicht verhindern. Die Wirktemperatur der Flussmittel liegt unterhalb der Arbeitstemperatur (AT). Korrosionswirksame Rückstände müssen entfernt werden.		
Weichlöten	Stark korrodierend 3.2.2 (F-SW 11) 3.2.1 (F-SW 12)	Bedingt korrodierend 3.2.1 (F-SW 13), 3.1.1 (F-SW 21) 3.2.1 (F-SW 13), 3.1.1 (F-SW 21) 2.1.3 (F-SW 23), 2.1.2 (F-SW 25) 1.2.2 (F-SW 28)	Nicht korrodierend 1.1.1 (F-SW 31) 1.2.3 (F-SW 33)
Hartlöten	Wirktemperaturen von 550 °C bis 850 °C FH 10, FH 11, FH 12 Für Stahl und Hartmetalle	Wirktemperaturen von 600 °C bis 1100 °C FH 20, FH 21, FH 30, FH 40 Für Metalle	Wirktemperaturen von 600 °C bis 900 °C FL 10, FL 20
Flussmitteltypen	Harze Kolophonium, ohne Kolophonium	organische wasserlösliche, nicht wasserlöslich	anorganische Salze, Säuren, alkalische

Schmiermittel und Kühlmittel

Art	Dichte ϱ in kg/dm³	Bemerkungen
für Feinmech. Motorenöl Getriebeöl	0,9 0,91 0,91	kleine Viskosität mittlere Viskosität große Viskosität
Getriebefett Wälzlagerfett	0,92...0,94 0,92	Schmierfette sind Aufquellungen von Metallseifen.
Feste Schmierstoffe Graphit (C), Molybdändisulfid (MoS_2), Talkum	2,26 – 2,7	Werden meist anderen Schmiermitteln beigemischt.

Art	Dichte ϱ in kg/dm³	spez. Wärmekapazität c in $\frac{kJ}{kg \cdot K}$	Verwendung
Flüssigkeiten Wasser Öl Bohröl Bohremulsion	 1 0,9 (Seife gelöst in Mineralöl) (Bohröl + Wasser)	 4,187 1,884	Umlaufkühlung, Metallbearbeitung
Gase Luft Wasserstoff	g/dm³ 1,293 0,09	 1,005 14,277	Gebläsekühlung, Konvektionskühlung, Umlaufkühlung

Leitungen und Kabel Wires and Cables

Kurzzeichen	Beispiel	Aderzahl	Kurzzeichen	Beispiel	Aderzahl
JZ-602	 **Schleppkettensteuerleitung RC von Robotics Cable**	1	PUR	 **PUR-Spiralkabel**	2…5
LiYY	 **PVC-Datenleitung**	2…100	FRNC	 **Doppeltgeschirmtes Sat-Koaxialkabel für Digital-TV**	1
H05V-K	 **PVC-Einzelader-Verdrahtungsleiter**	1	A-DF(ZN) 2Y4Y	 **LWL-Außenkabel**	2…144
SiHF	 **Silikon-Schlauchleitung**	2…25	UTP 4x 2x AWG	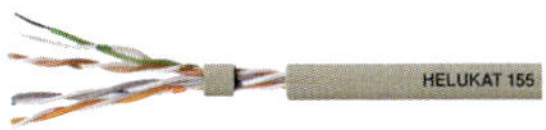 **LAN-Kabel**	4x2
FZ-LSi	 **Leuchtröhrenleitung**	1	H05VV-F	 **PVC-Schlauchleitung**	2…5
HL-NV24 Niedervolt	 **Halogenleuchten-Leitung**	2	NYY	 **Energiekabel und Steuerkabel**	3…5
HL-NV480 Hochvolt	 **Halogenleuchten-Leitung**	3	H05RR-F	 **Gummischlauchleitung**	2…5
NHXH-FE180	 **Sicherheitskabel, halogenfrei**	3	N2XSY	 **VPE-isoliertes Einleiter-Mittelspannungskabel**	1

Bei nicht genormten Leitungen sind die Herstellerbezeichnungen angegeben. www.lappkabel.de

Isolierte Starkstromleitungen Insulated Power Cables and Cords

Kennfarben der Adern von isolierten Starkstromleitungen und Kabeln

Aderzahl	Mehraderleitungen mit Schutzleiter	Mehraderleitungen ohne Schutzleiter
1	gnge, bl, sw oder weitere Farben, jedoch nicht gelb oder grün oder mehrfarbig	
2	gnge – sw (nur festverlegt ab 10 mm²)	br – bl (flexibel, für Geräte Schutzklasse II)
3	gnge – br – bl	br – sw – gr
4	gnge – br – sw – gr	bl – br – sw – gr
5	gnge – bl – br – sw – gr	bl – br – sw – gr – sw
mehr als 5	gnge – sw mit Zahlenaufdruck 1, 2, 3, 4, 5 …	sw mit Zahlenaufdruck 1, 2, 3, 4, 5, 6 …

Klammerangaben enthalten Kurzzeichen nach IEC 757 bl (BU) blau, br (BN) braun, gnge (GNYE) grün-gelb, sw (BK) schwarz, gr (GY) grau (siehe Seite 442)

Buchstaben-Kurzzeichen für nicht harmonisierte isolierte Starkstromleitungen

Kurzzeichen	Bedeutung	Beispiel
A	Ader	N4G**A**
	Aluminium	NYRAM**A**
B	Bleimantel	N**B**UY
BU	Bleimantel mit Umhüllung	NY**BU**Y
C	Abschirmung (C = kapazitiver Schutz)	NSH**C**ÖU
F	Flachleitung, feindrähtig	NI**F**LÖU
	Stegleitung	NYI**F**
FF	feinstdrähtig	NSL**FF**ÖU
G	Gummi-Isolation	N2**G**SA
H	Hochfrequenzschutz	N**H**YRUZY
I	Stegleitung (Imputzleitung)	NY**I**F
	Illuminationsleitung	N**I**FL
J	International gekennzeichneter grüngelber Schutzleiter	NYM-**J**
K	Kabel, Leitung	NT**K**
L	Leitung	NY**L**
LR	Leuchtröhrenleitung	NY**LR**ZY
M	Mantelleitung	NY**M**
MA	Metallmantel aus Aluminium	NYRA**MA**
MZ	Metallmantel aus Zink	NYRA**MZ**
N	Genormte Leitung	**N** …
O	Leitung ohne grüngelben Schutzleiter (meist nicht mehr verfügbar)	NYM-**O**

Kurzzeichen	Bedeutung	Beispiel
PL	Pendelschnur (Pendel-Litze)	N**PL**
R	Rohrdraht	NY**R**AMZ
RU	Rohrdraht mit Umhüllung	NY**RU**ZY
S	Sonderleitung	N**S**GAÖU
SA	Schnurleitung	N**SA**
SL	Schweißleitung	N**SL**F
SS	sehr starke Ausführung	N**SS**HÖU
T	Leitungstrosse	N**T**M
TK	Theaterkabel	N**TK**
U	Umhüllung	NYR**U**ZY
V	Verdrehungsbeanspruchung, verdrehungssicher	NMH**V**ÖU
W	wetterfeste Tränkmasse	NFY**W**
Y	Kunststoffisolierung,	N**Y**IF
	Kunststoffmantel	NYBU**Y**
Z	Zinkmantel	NYRAM**Z**
	Zugentlastung	NYM**Z**
E	eindrähtig	–
M	mehrdrähtig	NYM2x10**M**
Ö	öl- und benzinbeständig	NSSH**Ö**U
R	gerillter Metallmantel	NYRUZY**R**
U	flammwidrig, hitzefest	NSSHÖ**U**
ÖU	ölbeständig und flammwidrig	NIFL**ÖU**
W	erhöhte Wärmebeständigkeit	NYFA**W**
4	wärmebest. Gummimischung	N**4**GA

Angabe, ob Schutzleiter vorhanden

Anhang bei Leitung mit Schutzleiter	Anhang bei Leitung ohne Schutzleiter
Nach DIN VDE 0250: Anhang – J Nach DIN VDE 0281/0282: Anhang – G	Nach DIN VDE 0250: Anhang – O Nach DIN VDE 0281/0282: Anhang – X

Beispiele:

NYM-J 3X2,5: Mantelleitung 3 x 2,5 mm²

H07RN-F4G1,5: Schwere Gummischlauchleitung 4 x 1,5 mm²

Hinweis:

Nach DIN VDE 0100-410:6-2007 muss in Niederspannungsanlagen jeder Stromkreis einen geerdeten Schutzleiter enthalten, also bei Mehraderleitungen eine grüngelbe Ader. Deshalb sind Mehraderleitungen zur festen Verlegung ohne Schutzleiter nicht überall verfügbar (s. auch Seite 128).

Starkstromleitungen Power Cables and Cords

Schlüssel für harmonisierte Starkstromleitungen

Kennzeichen der Bestimmung
- Harmonisierte Bestimmung — H
- Anerkannter nationaler Typ — A

Bemessungsspannung (Nennspannung) U_0/U
- 100/100 V — 01
- 300/300 V — 03
- 300/500 V — 05
- 450/750 V — 07

Isolierwerkstoff
- PVC — V
- Natur- und/oder Styrol-Butadienkautschuk — R
- Silikon-Kautschuk — S

Mantelwerkstoff
- PVC — V
- Natur- und/oder Styrol-Butadienkautschuk — R
- Polychloroprenkautschuk — N
- Glasfasergeflecht — J
- Textilgeflecht — T

Besonderheiten im Aufbau
- H — flache, aufteilbare Leitung
- H2 — flache, nicht aufteilbare Leitung

Leiterart
- U — eindrähtig
- R — mehrdrähtig
- K — feindrähtig bei Leitungen für feste Verlegung
- F — feindrähtig bei flexiblen Leitungen
- H — feinstdrähtig bei flexiblen Leitungen
- Y — Lahnlitze (Litze aus dünnen Flachdrähten)

... — **Aderzahl**

Schutzleiter
- X — ohne Schutzleiter
- G — mit Schutzleiter (grün-gelbe Ader)

... **Bemessungsquerschnitt des Leiters**

Beispiele:

H07V-U 1,5 BK (NYA) Kunststoffaderleitung, 1,5 mm², schwarz

H05V-K 0,75 BN (NYAF) Kunststoffverdrahtungsleitung, feindrähtig, 0,75 mm², braun

Anerkannte nationale Typen isolierter Leitungen erhalten anstelle des Anfangsbuchstabens H den Buchstaben A.

Beispiel: A07RN-F 3 x 2,5 (NMHÖU)

Leitungen für feste Verlegung

Kurzzeichen	Bezeichnung U_0/U	Aufbau der Leitung	Aderzahl, Querschnitt in mm²	Verwendung
Kunststoffaderleitung				
H07V-U H07V-R H07V-K	PVC-Aderleitung (Verdrahtungsleitung) 450/700	einadrig, ein- oder mehrdrähtige oder feindrähtige Leiter, Kunststoffisolierhülle feindrähtig für feste Verlegung	1 x 1,5 bis 1 x 16 1 x 6 bis 1 x 400 1 x 1,5 bis 1 x 240	Bei geschützter Verlegung in Geräten sowie in und an Leuchten. Zugelassen für Verlegung in Rohren, auf und unter Putz. Betriebstemperatur bis 90 °C.
Stegleitungen				
NYIF NYIFY	Stegleitung 230/400	PVC-isolierte Kupferleiter, Adern mit Abstand flach nebeneinander gelegt, gemeinsamer Steg aus Gummi (F) oder Kunststoff (FY).	3 x 1,5 bis 5 x 1,5 3 x 2,5 bis 5 x 2,5 3 x 4,0 bis 4 x 4,0	In trockenen Räumen für feste Verlegung in oder unter Putz. Nicht zulässig in Holzhäusern und landwirtschaftlichen Gebäuden.
Mantelleitungen				
NYM	PVC-Mantelleitung 300/500	PVC-isolierte Kupferleiter, Adern verseilt, Füllmantel, Kunststoffaußenmantel. Bei hoher Personenkonzentration besser NHX MH verwenden (folgende Seite).	1 x 1,5, 3 bis 12 x 1,5 1 x 2,5, 3 bis 5 x 35	In allen Räumen für feste Verlegung über, unter, in und auf Putz.
Kunststoff-Fassungsadern				
H05V-U H05V-K	PVC-Verdrahtungsleitung 300/500	eindrähtiger Kupferleiter, Kunststoffisolierhülle feindrähtig	1 — 0,5 bis 1 1 — 1	In allen Räumen für feste Verlegung über, unter in und auf Putz in Rohren.

U_0 Spannung zwischen Außenleiter und Erde, U Spannung zwischen zwei Außenleitern, U_0/U Spannungsverhältnis, wird hier Bemessungsspannung (Nennspannung) genannt.

Weitere Leitungen für feste Verlegung Other Cables for Permanent Installation

Kurzzeichen	Bezeichnung	Aufbau der Leitung	Aderzahl	Querschnitt mm^2	Nennspannung U_0/U	Verwendung
Kunststoff-Leuchtröhrenleitungen						
NYL	PVC-Leuchtröhrenleitung	Blanker, feindrähtiger Cu-Leiter, Kunststoffisolierhülle, gelb	1	1,5	4/8 kV	Für feste Verlegung in Leuchtröhrenanlagen (Buchstabenleitung).
NYLC	Geschirmte Leuchtröhrenleitung	Wie NYL, mit Außenbeflechtung aus verzinnten Cu-Drähten, mit Beidraht.	1	1,5	4/8 kV	In Räumen mit Hochfrequenzanlagen.
Leitungen für feste Verlegung mit Gummiisolation oder Silikonisolation						
H05S-U H05S-K	Silikonaderleitung mit erhöhter Wärmebeständigkeit, ohne Beflechtung	Einadriger Kupferleiter, Isolierhülle aus Silikon Feindrähtiger Kupferleiter, Isolierhülle aus Silikon	1	0,5 bis 2,5	300/500 V	Bei erhöhten Umgebungstemperaturen zur festen Verlegung in und an Leuchten und in Geräten. Verlegung in Rohren auf oder unter Putz.
H05Z-K H07Z-K	Aderleitung, Isolierung vernetztes Polymer	Feindrähtige Aderleitung halogenfrei, selbstverlöschend, schwache Rauchentwicklung	1	bis 1 bis 1,5 bis 70	300/500 V 450/750 V 0,6/1 kV	Verdrahtung von Schaltanlagen, Verteilern, Geräten und Leuchten. Zulässige Betriebstemperatur am Leiter 90 °C.
N7YA N7YAF	ETFE-Aderleitung mit erhöhter Wärmebeständigkeit	Eindrähtiger Kupferleiter Feindrähtiger Kupferleiter	1 1	0,25 bis 6	450/750 V	Bei Umgebungstemperaturen > 55 °C. Leitertemperatur bis 135 °C. Leitungen in Betriebsmitteln und in Rohren.
NIFLÖU	Illuminationsflachleitung	Feindrähtiger, verzinnter Cu-Leiter, Gummihülle, 2 Adern flach in rechteckigem Gummimantel (Adernabstand 7 mm)	2	1,5	300/500 V	Im Freien für freitragende Verlegung außerhalb des Handbereichs zum Anschluss von Illuminationsfassungen bei geringer mech. Beanspruchung.
NHXH FE	Sicherheitskabel für Niederspannung	Kupferleitung mit teils keramikhaltiger Isolation	1 bis 24	1 bis 400	0,6/1 kV	Besonderer Schutz gegen Feuer und Brandschäden. Halogenfrei. FE, Flammeinwirkung bis 750 °C.
NHXMH	Starkstromleitung	Kupferleitung, Aderisolation aus PE Ersetzt in öffentlichen Räumen mit vielen Personen, z. B. Bahnhöfen, die Mantelleitung NYM (DIN VDE 0250-214).	3 bis 24	1,5 bis 10	300/500 V	Feste Verlegung. Halogenfrei, selbstverlöschend, schwache Brandfortleitung, schwache Rauchentwicklung. Zulässige Betriebstemperatur am Leiter 70 °C.
N2XH	Niederspannungskabel	Kupferleiter, Aderisolation aus PE	1 bis 4	4 bis 240	0,6/1 kV	Feste Verlegung. Halogenfrei, selbstverlöschend, schwache Brandfortleitung, schwache Rauchentwicklung. Zulässige Betriebstemperatur am Leiter 90 °C.
NYPLYW	Pendelschnur mit erhöhter Wärmebeständigkeit	Feindrähtiger Cu-Leiter, Isolierhülle aus PVC. Bis 90 °C Leitertemperatur.	2 bis 4	0,75	230/400 V	Für Schnur- und Zugpendel sowie für feste Verlegung in und an Leuchten.

U_0 Spannung zwischen Außenleiter und Erde, U Spannung zwischen zwei Außenleitern, U_0/U Spannungsverhältnis, wird hier Bemessungsspannung (Nennspannung) genannt, ETFE von Ethylen-Tetrafluorethylen.

Leitungen zum Anschluss ortsveränderlicher Betriebsmittel
Cables for the Connection of Mobile Equipment

Kurzzeichen	Bezeichnung	Aufbau der Leitung	Aderzahl	Querschnitt mm^2	Nennspannung U_0/U	Verwendung
Zwillingsleitungen						
H03VH-Y	Leichte Zwillingsleitung	Zweiadrig, Isolierhülle über beide Leiter aus thermoplastischem Kunststoff.	2	etwa 0,1	300/300 V	Zum Anschluss besonders leichter Handgeräte, z.B. elektrischer Rasierapparate.
H03VH-H	Zwillingsleitung	Wie H03VH-Y	2	0,5 und 0,75	300/300 V	Bei sehr kleiner mechanischer Beanspruchung in Haushalten, Büroräumen und Küchen für leichte Handgeräte.
Gummischlauchleitungen 05RN und 07RN						
H05RN-F	Gummischlauchleitung, leichte Ausführung	Verzinnte feindrähtige Kupferleiter, Trennschicht um den Leiter erlaubt, Isolierhülle aus Gummi, gummiertes Gewebeband um jeden Leiter zulässig, Mantel aus Gummi.	2 bis 5	0,75 bis 2,5	300/500 V	Bei kleiner mechanischer Beanspruchung in Haushalt, Küche und Büroräumen für leichte Handgeräte (Staubsauger, Bügeleisen, Küchengeräte, Lötkolben, Toaster) und in Möbeln.
H07RN-F	Gummischlauchleitung, schwere Ausführung	Feindrähtige Kupferleiter, Trennschicht über Leiter, bei verzinnten Leitern nicht erforderlich. Isolierhülle aus Gummi, gummiertes Gewebeband um jede Ader zulässig. Mantel aus Polychloropren.	1	1,5 bis 400	450/750 V	Bei mittlerer mechanischer Beanspruchung in trockenen u. feuchten Räumen, im Freien, in explosionsgefährdeten Betrieben, z.B. für große Kochkessel, Heizplatten, Handleuchten, Elektrowerkzeuge, Heimwerkergeräte. Auch fest verlegbar, z.B. in Möbeln.
			2	1...25		
			3 und 4	1 bis 95		
			5	1...25		
Kunststoffschlauchleitungen						
H03VV-F H03VVH2-F	Leichte Kunststoffschlauchleitung (runde Ausführung). Flache Ausführung	Blanker, feindrähtiger Kupferleiter, Kunststoffisolierhülle, Außenmantel rund Außenmantel flach.	2 und 3	0,5 und 0,75	300/300 V	Bei kleiner mechanischer Beanspruchung in Haushalten, Küchen und Büroräumen, für leichte Handgeräte, z.B. für Rundfunkgeräte, Tischleuchten, Stehleuchten, Büromaschinen.
H05VV-F	Mittlere Kunststoffschlauchleitung	Isolierhülle über jedem Leiter, Zwickelfüllung, Trennschicht um die verseilten Adern zulässig, Kunststoffmantel.	2 bis 5	1 bis 2,5	300/500 V	Bei mittlerer mech. Beanspruchung in Haushalten, Küchen und Büroräumen, für Hausgeräte auch in feuchten Räumen, z.B. Waschmaschinen, Kühlschränke, Heimwerkergeräte.
Silikon-Aderschnüre						
N2GSA	Silikon-Aderschnur	Feindrähtige Cu-Leiter, Isolierhülle aus Silikon.	2 und 3	0,75 bis 1,5	300/300 V	Bei kleiner mechanischer Beanspruchung in Hausgeräten und in gewerblichen Betrieben.
Sonstige Leitungen zum Anschluss ortsveränderlicher Stromverbraucher						
H01N2-D	Schweißleitung	Blanker, feindrähtiger Cu-Leiter, Gewebeband, Gummimantel.	1	16 bis 120 und 25 bis 70	100/200 V	Hochbewegliche Elektrodenanschlussleitung an Schweißgeräten.
NFLG	Gummischlauchleitung mit Tragorgan	Feindrähtiger umsponnener Cu-Leiter, Gummiisolierhülle, Gewebeband, Tragorgan aus Faserstoff.	ab 6	0,75 bis 6	300/500 V	Aufzugs- und Förderanlagen, Leitungen an Werkzeugmaschinen, in Innenräumen und feuchten Räumen.

U_0 Spannung zwischen Außenleiter und Erde, U Spannung zwischen zwei Außenleitern, U_0/U Spannungsverhältnis, wird hier Nennspannung (Bemessungsspannung) genannt.

Leitungen und Kabel für Melde- und Signalanlagen
Wires and Cables for Alarm and Signalling Systems

Schlüssel der Leitungen und Kabel für Melde- und Signalanlagen

A-	2Y	C	Y	X	P	A

- A-: Typ
- 2Y: Isoliermaterial der Ader
- C: Schirm
- Y: Material von Mantel/Schutzhülle
- X: Verseil-Elemente, Aderzahl, Durchmesser in mm
- P: Verseilart, Anordnung
- A: Bewehrung

Es werden meist nicht alle Positionen angegeben.

Kurzzeichen	Bedeutung
Typ	
A-	Außenkabel
FL-	Flachleitung
J- (sprich i)	Installations-leitung
Li-	Litzenleiter
Lif	hochflexibel
RG-	Koaxialleitung
S-	Schaltkabel
Isoliermaterial	
Y	PVC (Polyvinylchlorid)
Yu	PVC, flammwidrig
Yw	PVC, wärme-beständig
2Y	PE (Polyethylen)
02Y oder 2X	VPE (vernetztes PE)
2HX	VPE, flammwidrig

Kurzzeichen	Bedeutung
3Y	Polystyrol PS
4Y	Polyamid PA
5Y	Polytetrafluor-ethylen PTFE
8Y	Polyimid PJ
9Y	Polypropylen PP
11Y, PUR	Polyurethan PU
Schirm	
C oder Cb	Kupfergeflecht
(K)	Cu-Band über PE-Mantel
(L)	Aluminiumband
(mS)	Stahlband
(St)	statischer Schirm
Bewehrung	
A	Al-Drähte
B	Stahlband

Kurzzeichen	Bedeutung
Mantel, Schutzhülle	
Y, 2Y ...	siehe Isolier-material
G, 26 bis 86	Gummi
H	halogenfrei
L	Aluminium
M	Bleimantel
Verseilart, Anordnung	
DM	Dieselhorst-Martin
P	Paarverseilung
St, Stl bis StVI	Sternvierer (nach Frequenz ansteigend)
Bd	Bündelverseilung
Lg	Lagenverseilung
rd	rund
se	sektorförmig

Leitungen und Kabel für Melde- und Signalanlagen zur festen Verlegung

Kurzzeichen	Bezeichnung	Aufbau	Verwendung
Y	Kunststoff-Ader-leitung (Installati-onsdraht)	Ader: Cu-Draht 0,6 mm oder 0,8 mm, PVC-Isolierung oder PE-Isolierung. 1 Ader oder verseilt 2 bis 4 Adern.	In trockenen Räumen zur festen Verlegung in Isolationsrohren aP und uP.
YR	Kunststoff-Mantelleitung	Ader: Cu-Draht, ∅ 0,8 mm, Isolierung wie bei Y, Mantel aus PVC oder PE, 2 bis 24 Adern.	In trockenen und feuchten Räumen zur festen Verlegung aP und uP.
YRE	Schwachstrom-Erdkabel	Aufbau wie YR, aber verstärkter Mantel. Aderzahl 4 bis 16.	Wie YR und zusätzlich zur Verlegung im Erdboden.
IFY	Klingel-Stegleitung	Ader: Wie bei Y. 2 oder 3 Adern.	In trockenen Räumen zur festen Verlegung iP und uP.
A 2Y (St) 2Y	Außen-Kunststoff-kabel	Aufbau wie bei YRE. Aderzahl 2 x 2 bis 100 x 2.	Zur festen Verlegung oberirdisch und unterirdisch.
J-Y (St) Y	Installations-Kunststoffkabel	Adern wie bei Y, Aufbau wie YR, aber verstärkter Mantel mit Schirm. Aderzahl 2 x 2 bis 80 x 2.	Wie YR. Qualitätsleitung, z.B. für KNX-TP.
JE-Y (St) Y	Installationsleitung	Aufbau wie YR, aber verstärkter Mantel mit Schirm.	Wie J-Y(St)Y bei erhöhten Anforderungen.
YCYM	Installations-Kunststoffkabel mit Cu-Schirm	Aufbau wie J-Y (St)Y, aber mit Cu-Schirm.	Wie JE-Y(St)Y, z.B. für KNX-TP mit 2 x 2 x 0,8.

aP auf Putz, iP im Putz, uP unter Putz.

Leitungen in Datennetzen Cables and Wires in Data Networks

Aufbau und Art der Leitungen

Art	Aufbau, Daten	Bemerkungen
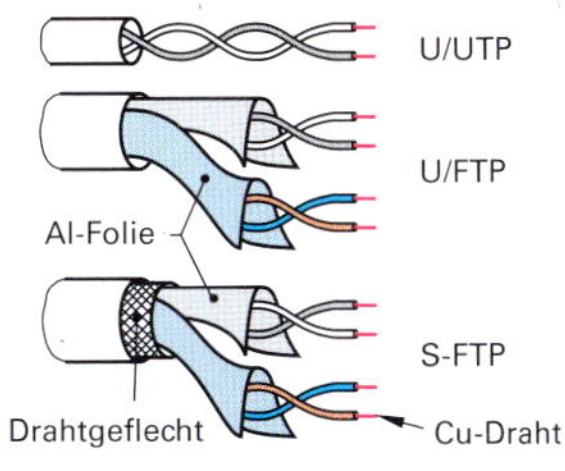 **Doppelader-Leitungen Twisted Pair**	Geschirmte Doppelader U/FTP, ungeschirmte Doppelader U/UTP. Leitung mit Gesamtschirm und mit Doppelader-Schirmung S/FTP, Leitung mit Gesamtschirm aber ohne Doppelader-Schirmung SF/UTP. Leitungen enthalten mehrere Doppeladern. S/FTP bzw. SF/UTP gibt es je nach Qualität in 7 Kategorien. P von Pair, S von Shielded, T von Twisted, U von Unshielded, F von foil. Leitungslänge ≤ 25 m bis ≤ 100 m, Wellenwiderstand 85 Ω bis 115 Ω.	Baumförmige oder sternförmige Punkt-zu-Punkt-Verbindung. Bei Ethernet Anschluss ab einem Repeaterport (oder Hub) zur Ethernet-Karte des PC oder zu einem Mini-Receiver UTP bzw. STP. **Anwendungsbeispiel:** Twisted-Pair-Ethernet (100 BASE-T, 1000 Base-T)
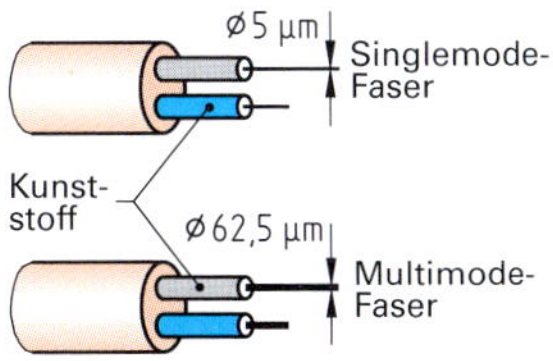 **Doppelfaserkabel**	Multimode-Doppelfaserkabel (Mm) oder Singlemode-Doppelfaserkabel (Sm). Baumförmige oder sternförmige Punkt-zu-Punkt-Verbindung. Anschluss an zwei Repeater-Ports. Meist Verwendung für Primärverkabelung. Anwendung z. B. bei Faseroptik-Ethernet (LWL-Ethernet).	Art / Faser / Leitung: 10 BASE-F / Mm / ≤ 1000 m 100 BASE-FX / Mm, Sm / ≤ 400 m 1000 BASE-SX (850 nm) / Mm / ≤ 250 m 1000 BASE-LX (1300 nm) / Mm / ≤ 500 m; Sm / ≤ 2000 m 10 GBASE-ER (1550 nm) / Sm / ≤ 40 km
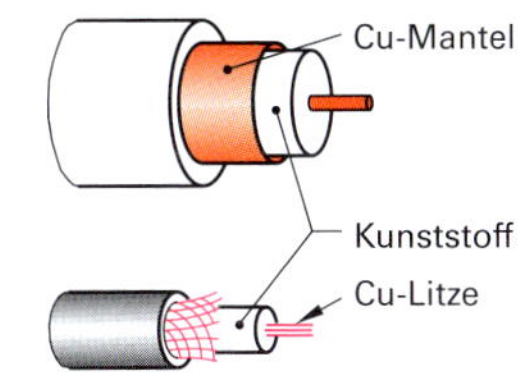 **Koaxialkabel**	Bei 10 BASE-5 Anschluss über Transceiver und Transceiverkabel an die Busleitung. Bei 10 BASE-2 Anschluss über Einfach-Transceiver (T-Stück) und Transceiverkabel an die Busleitung oder über Thin-Wire-Dosen. Abschlusswiderstände notwendig. Thick-Wire-Ethernet für 10 BASE-5, Thin-Wire-Ethernet (Cheapernet) für 10 BASE-2.	Wird für Neuanlagen nicht mehr verwendet. Wellenwiderstand 50 Ω. Bei 10 BASE-5 Teilnehmeranzahl ≤ 100, Leitungslänge ≤ 500 m. Bei 10 BASE-2 Teilnehmeranzahl ≤ 30, Leitungslänge ≤ 185 m.

STP 100 BASE- T

- STP: Name
- 100: Bitrate (etwa) in Mbit/s
- T: Maximale Leitungslänge etwa (in 100 m) oder Kennbuchstaben, z. B. T (Twisted), F (Fibre = Faser), X (extended)

Angabe der Leitungsqualität

Begriff	Erklärung
Kategorie 5 (Qualitätsstufe 5)	Leitung geeignet für Frequenzen bis 100 MHz und Bitraten bis 100 Mbit/s.
Nebensprechen, Nebensprechdämpfung in dB (NEXT)	Unerwünschter Übergang des Signals von einer Doppelader zur nächsten.
ACR (Attenuation-to-Crosstalk-Ration), Signaldynamik in dB	Verhältnis von Dämpfung zu Nebensprechen. ACR = A – NEXT.
Kategorie 6 (Qualitätsstufe 6)	Geeignet für Duplexbetrieb, Frequenz bis 250 MHz.
Kategorie 7 (Qualitätsstufe 7) (in Vorbereitung Kategorie 8)	Doppelte Bandbreite von Kat. 5. Unterstützt Gigabit-Ethernet. ACR-Wert mindestens 10 dB bei 600 MHz.

Daten

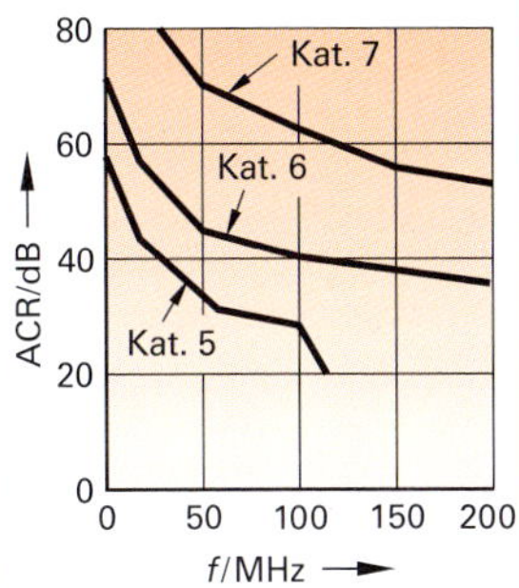

Eignung von Datenleitungen

Leitungen für Kleinspannungsbeleuchtung Wires for ELV Lighting

Grundlagen

vgl. DIN VDE 0100 Teil 715

Art der Leitung	Erklärung	Bemerkungen
Isolierte Leitungen Isolierte Leitungen in Elektroinstallations-Rohr oder -Kanal, Mantelleitungen und Kabel, flexible Leitungen.	Es können die üblichen Leitungen nach VDE verwendet werden. Der Spannungsfall soll ab Transformator höchstens 5% der Nennspannung betragen.	Mindestquerschnitt 1,5 mm² Cu, bei flexiblen Leitungen bis 3 m Länge aber nur 1 mm² Cu. Freihängende Leitungen wegen der mechanischen Festigkeit 4 mm² Cu.
Blanke Leitungssysteme Stangensystem, Seilsystem.	Nur bis Nennspannung AC 25 V oder DC 60 V zulässig, und zwar nur in trockenen Räumen.	Mindestquerschnitt 4 mm² Cu. Leiter entfernt von brennbarem Material verlegen.
Schienensysteme	Die Anforderungen von VDE 0711-300 müssen erfüllt sein.	Mindestquerschnitte wie bei isolierten Leitungen.
Hängende Systeme	Mindestbelastbarkeit 5-fache Masse der Leuchten.	Die Belastbarkeit muss aber mindestens 5 kg betragen.

Leitungssysteme

Ansicht | Erklärung

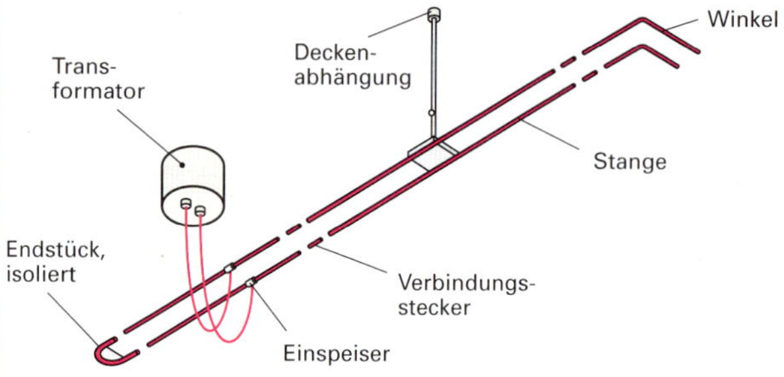

Stangensystem

Komponenten

Stangen: 6 mm x 700 mm,
Querschnitt 6 mm² Cu,
Winkel: Querschnitt 6 mm² Cu,
Ringkern-Transformator: 100 VA oder 200 VA,
Einspeiser,
leitende Verbindungsstecker,
isolierende Verbindungsstecker,
Deckenabhänger,
Endstücke mit Isolierstücken,
Leuchten,
Leuchtmittel: NV-Halogenlampen, LED-Lampen.

www.conrad.de

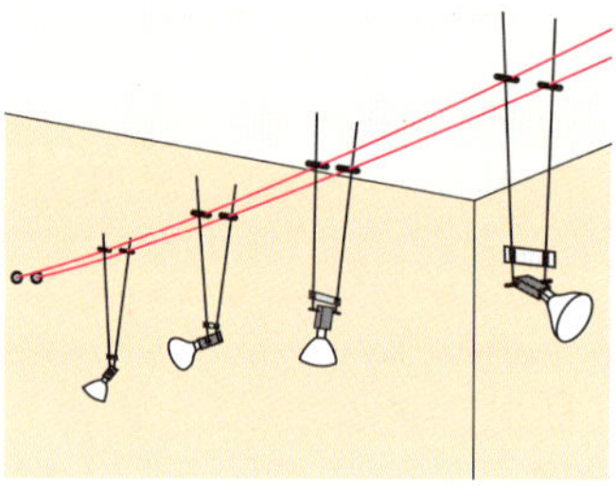

Seilsystem

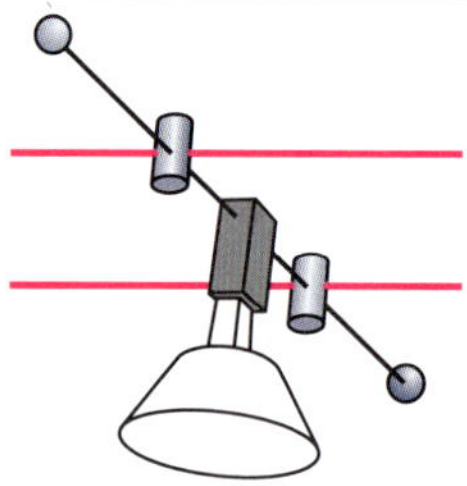

Seilleuchte

Komponenten

Seile aus verzinnten Kupferdrähten, mit Stahlkern wegen der Festigkeit, nicht isolierte Seile 4mm² Cu oder 6 mm² Cu, isolierte Seile 4 mm² oder 6 mm² Cu, Transformator 150 VA bis 300 VA, Spann-Montageset mit Dübeln, Haken und Seilspannern,
Spannschloss,
Lampenhalter,
Leuchtmittel: LED oder NV-Halogen.

www.conrad.de

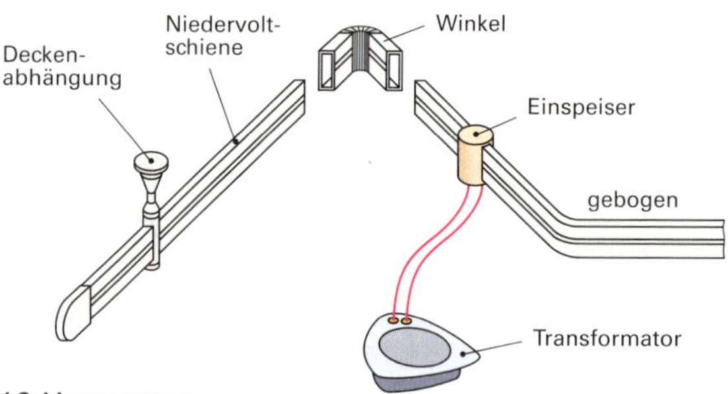

NV-Schienensystem

Komponenten

Schiene (1000 mm x 5 mm x 23 mm, mittels Biegevorrichtung biegbar),
Ringkerntransformator 105 VA bis 300 VA,
Einspeiseranschluss,
Deckenaufhängungen,
Flexverbinder (Eckenverbinder),
Längsverbinder,
Leuchten,
Leuchtmittel: LED oder NV-Halogen.

Die NV-Schienensysteme sind ähnlich aufgebaut wie die Schienensysteme für 230 V.

Multimediaverkabelung im Heimbereich Multimediacable for Home

Begriff	Erklärungen
Multimediaverkabelung	Bei der Multimediaverkabelung kommen für Kommunikationsdienste, z.B. Telefonie, Rundfunk, Internet, Fernsehen, Computer und gebäudetechnische Anwendungen, besondere Anschlüsse (TARA, Telekommunikationsanschluss, Rundfunkanschluss) zum Einsatz. www.hager.de www.homeway.de
TARA-Anschluss	Der TARA-Anschluss (informationstechnischer Mehrdiensteanschluss) enthält je nach Anforderung einen RJ45-Anschluss, einen Telefonanschluss sowie BK-Sat-Anschlüsse. In jedem Raum sollte ein TARA-Anschluss je 3,75 m Raumumfang (Summe der Raumseitenlängen) vorhanden sein. Die Anschlüsse sollten entlang der Wandlänge angebracht werden.
Multimediakabel	Zum Anschluss eines TARA-Anschlusses verwendet man Multimediakabel. Es besteht aus einem Datenkabel (mindestens Kat. 5e) und einem Koaxialkabel. Die Länge ist begrenzt. Zwischen Wohnungsverteiler und TARA: 100 m. Größere Anlagen können über Glasfaserkabel verbunden werden.
Verkabelung	Die Verkabelung zu den Anschlüssen hat sternförmig zu erfolgen. Vorteil: Teilnehmer können einfach zu- oder abgeschaltet werden (servicefreundlich). Nachteil: hoher Kabelaufwand Dazu verlegt man parallel zur Energieversorgung das Netzwerkkabel und/oder Koaxialkabel zur TV-Übertragung.
Wohnungsverteiler	Jede Wohnung ist über einen Wohnungsverteiler zu versorgen, um die Verkabelung zu den einzelnen Räumen zu ermöglichen. In der Nähe des Wohnungsverteilers müssen Anschlüsse zur Stromversorgung vorhanden sein.
Netzzugangsverkabelung	Ist die Schnittstelle in Einfamilienhäusern zwischen dem externen Netz und der inneren Verkabelung. Das externe Netz liefert Kommunikations-Signale von Telefon- und Kabelgesellschaften. Sind mehrere Etagen vorhanden, so sollten für jede Etage Kleinverteiler vorgesehen werden.
Hausübergabepunkt	Die äußeren Signale werden über den Hausübergabepunkt HÜP der Anlage zugeführt. An dem HÜP kann sich eine Zentrale, z.B. bei einem Einfamilienhaus, anschließen. Die Zentrale nimmt die Verkabelungen und die Übertragungseinrichtungen, z.B. NTBA, Telefonanlage, Splitter, Router, DSL-Modem, SAT-Multischalter, auf.

Aufbau, Beispiele

TARA-Mehrdiensteanschluss

Multimediakabel

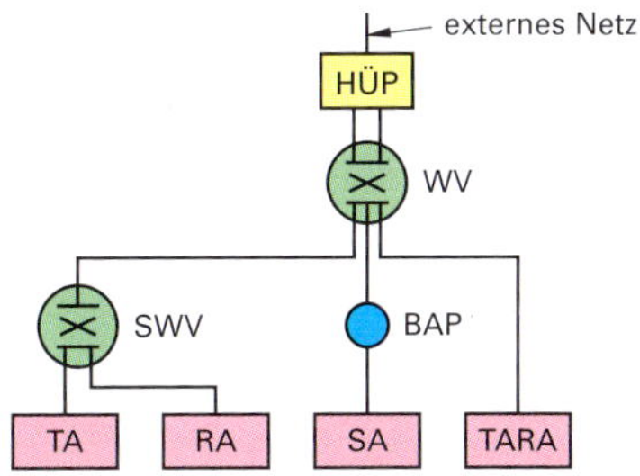

HÜP Hausübergabepunkt
WV Wohnungsverteiler
SWV sekundärer Wohnungsverteiler
BAP Bereichsanschlusspunkt
SA Steueranschluss
TA informationstechnischer Anschluss
RA Rundfunkanschluss

Kommunikationskabelanlage (Prinzip)

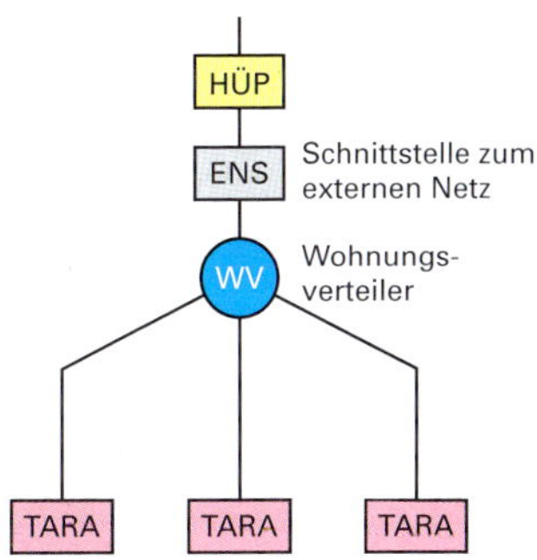

Wohnungsverteiler

Code zur Farbkennzeichnung, Starkstromkabel
Code for Colour Marking, Power Cables

Code zur Farbkennzeichnung

Farbe	Kurzzeichen IEC 757	Kurzzeichen, üblich	Farbe	Kurzzeichen IEC 757	Kurzzeichen, üblich
Schwarz	BK (Black)	sw	Violett	VT (Violett)	vi
Braun	BN (Brown)	br	Grau	GY (Grey)	gr
Rot	RD (Red)	rt	Weiß	WH (White)	ws
Orange	OG (Orange)	or	Rosa	PK (Pink)	rs
Gelb	YE (Yellow)	ge	Gold	GD (Gold)	–
Grün	GN (Green)	gn	Türkis	TQ (Turquoise)	tk
Blau	BU (Blue)	bl	Silber	SR (Silver)	–

Starkstromkabel

Kurzzeichen	Bezeichnung	Verwendung
Kabel mit Isolation und Mantel aus Kunststoff		
NYY	Kabel mit Isolierung und Schutzhülle aus PVC	Innenräume, Kabelkanäle, Erde
NAYY	Wie NYY, jedoch Leiter aus Aluminium	Schaltanlagen in Kraftwerken u. ä.
NYCY	Wie NYY mit konzentrischem Mittelleiter unter der Schutzhülle	Hausanschluss, Straßenbeleuchtung.
NYCWY	Wie NYY mit mehrdrähtigem Kupferleiter und wellenförmig aufgebrachtem konzentrischem Leiter	Meist in Ortsnetzen.
NYSY	Wie NYY mit Kupferschirm unter der Schutzhülle	Bei schwierigen Verlegeverhältnissen, Schachtanlagen, Seekabel.
NYFGbY	Wie NYY mit Flachdrahtbewehrung und Gegenwendel aus Stahlband	
2XFGY	Kabel mit Isolierung aus vernetztem PE und Schutzhülle aus PVC	Seekabel, bei rauen Betriebsbedingungen.
NA2XS(F)2Y	Kabel mit Abschirmung	Erdkabel für Industrienetze.
Kabel mit glattem Aluminiummantel		
NKLY	Kabel mit Aluminiummantel und Kunststoffschutzhülle	Kabel in Ortsnetzen für Niederspannung.
NKLDEY	Wie NKLY; Al-Mantel mit Dehnungselementen u. Kunststofffolie	
NAKLDEY	Wie NKLDEY, jedoch mit Aluminiumleitern	
NHEKLY	Dreimantel-H-Kabel mit Al-Mantel und Kunststoffschutzhülle	
Kabel mit Kunststoffisolation und Bleimantel		
NYK	Kabel mit Kunststoffisolierung und blankem Bleimantel	Energie- und Steuerkabel in Kraftwerken und Schaltanlagen.
NYKA	Wie NYK, aber mit äußerer Schutzhülle	
NYKY	Wie NYK, aber mit äußerer Schutzhülle aus Kunststoff	
NYKFGbY	Wie NYKY, aber mit Flachdrahtbewehrung und Gegenwendel aus Stahlband	Tankstellen und Raffinerien.

Kennzeichnung der Adern in mehr- und vieladrigen Kabeln vgl. DIN-VDE 0293-308

Zahl der Adern	Kabel mit Schutzleiter	Kabel ohne Schutzleiter	Kabel mit konzentrischem Leiter
2	gnge/sw (ab 10 mm^2)	bl/br	bl/br
3	gnge/bl/br	br/sw/gr	br/sw/gr
4	gnge/br/sw/gr	bl/br/sw/gr	bl/br/sw/gr
5	gnge/bl/br/sw/gr	bl/br/sw/gr/sw	bl/br/sw/gr/sw
6 und mehr	gnge/weitere Adern sw mit Zahlenaufdruck	Adern schwarz mit Zahlenaufdruck	Adern schwarz mit Zahlenaufdruck

Farbkurzzeichen: gnge = grün-gelb, bl = blau, br = braun, sw = schwarz, gr = grau.
Bei Kabeln mit massegetränkter Papierisolierung gilt naturfarben als braun und grün-naturfarben als grün-gelb.

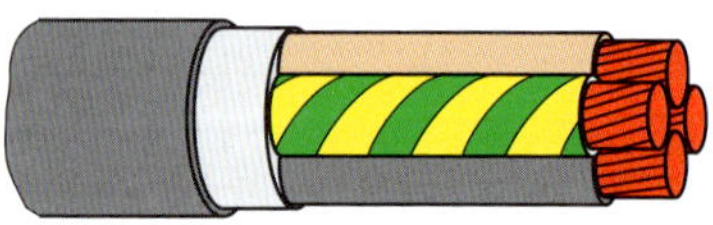

Kabel NYY

Kabel NAYCWY

Kabel für die Energieverteilung Cables for Power Distribution

Netz	Erklärung, Daten
Niederspannungsnetz	**Bemessungsspannung** bis AC 1 kV, DC 1,5 kV. **Leiterform** rund oder sektorförmig **(Bild)**, meist massive Leiter aus Al, bis 10 mm^2 auch Cu. **Aderzahl** bei AC meist 3 (Dreileiterkabel), außen liegender konzentrischer Leiter als PEN-Leiter (**Bild, vorhergehende Seite**) und als mechanischer Schutz. **Isolierung** meist VPE, Mantel PVC oder PE.
Mittelspannungen oberhalb 1 kV bis 36 kV	**Bemessungsspannung** bis 36 kV, meist 10 kV und 20 kV (Dreieckspannung, also Außenleiter gegen Außenleiter). **Leiterzahl** bis 10 kV oft 3 Leiter (Dreileiterkabel) oberhalb 10 kV meist 1 Leiter (Einleiterkabel), bei den alten *Massekabeln* aber 3 Leiter. **Isolierung** bei neuen Kabeln meist VPE, Mantel PE oder VPE. **Probleme:** 1. *Gasentladung* bei hoher Spannung bildet Ozon, welches die Isolierung schädigt. 2. *Wasser* kann durch den Mantel diffundieren und bildet Watertrees (Wasserbäume), die das Feld verformen und zu Gasentladung führen. **Abhilfe:** 1. Innere Leitschicht verhindert Feldverdichtungen, äußere Leitschicht (meist geerdet) bewirkt Schirmung nach außen. 2. Ein Vlies unter der äußeren Leitschicht quillt bei Wasserzutritt, z.B. infolge beschädigtem Mantel, auf und verhindert Ausbreiten des Wassers in Kabelrichtung („längswasserdicht"). Al-Folie im Mantel verhindert Eindiffundieren des Wassers („querwasserdicht"). **Verlegung von Einleiterkabeln:** Kabel nebeneinander verlegt sind besser gekühlt, rufen aber Wirbelströme hervor, bündelweise Verlegung verringert Wirbelströme.
Hochspannungen 110 kV, 220 kV, 380 kV und mehr	Kabelaufbau wie bei Mittelspannung, aber mit dickerer Isolierung je nach Spannung und querwasserdicht. Anwendung zur Versorgung von Umspannwerken in Innenstädten. *Kunststoffkabel* werden als Einleiterkabel verlegt. *Gaskabel* verwendet man ab 220 kV als Dreileiterkabel, die weniger Platz brauchen als drei Einleiterkabel. *Gasaußendruckkabel* bestehen aus einem Dreileiter-Massekabel in einem Stahlrohr, das mit Stickstoff (N2) von etwa 15 bar gefüllt wird **(Bild)**. Der Stickstoff drückt die Adern zusammen und verhindert das Entstehen von Hohlräumen, die zur Gasentladung führen. *Gasinnendruckkabel* sind gleich aufgebaut, die Adern haben aber keinen Mantel. Der Stickstoff dringt in die Adern ein und verhindert Durchschläge. Bei 15 bar hat Stickstoff etwa die elektrische Festigkeit von Öl. **Massekabel:** Adern sind mit vielen Lagen Kabelpapier isoliert, das mit zähflüssigem Öl getränkt ist („Masse"), Schutz durch wasserdichten Bleimantel mit Stahlbewehrung.

Ansichten

Leitertypen im Niederspannungsnetz

Buchstaben nach N bei Kabeln

Buchstabe	Bedeutung
A	Aluminiumleiter
Y	Isolierung PVC
C	konzentrischer Cu-Leiter
W	wellenförmiger Cu-Leiter
S	Schirm aus Kupfer
2X	Isolierung VPE
2Y	Isolierung PE
-J	grün-gelber Schutzleiter

Für die Kabelbezeichnung sind die Kennbuchstaben von innen nach außen anzugeben.

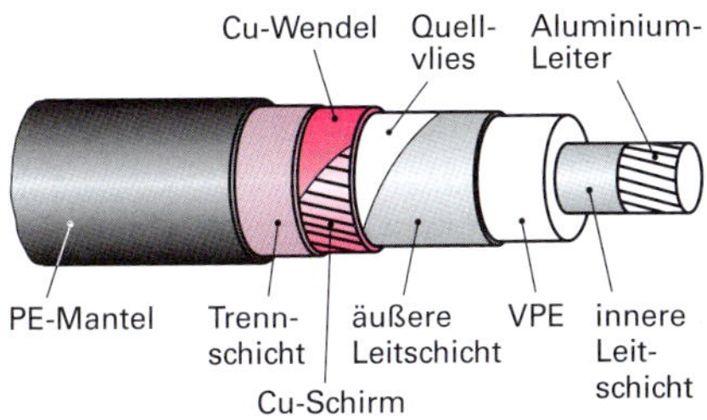

Mittelspannungskabel NA2XC2Y für 20 kV

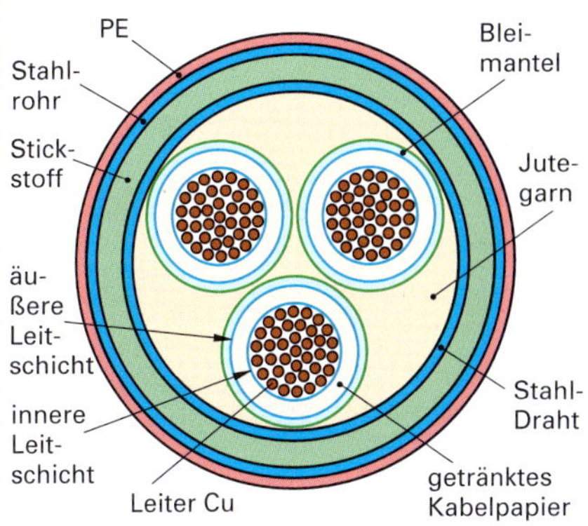

Gasaußendruckkabel 220 kV

Al Aluminium
bar Druckeinheit 1 bar = 0,1 MPa
Cu Kupfer
N_2 Stickstoff (Gas)
PE Polyethylen
St Stahl
VPE vernetztes Polyethylen

Steckvorrichtungen der Energietechnik Connectors in Power Engineering

Steckvorrichtungen in Installationen

System, Marktname	Schuko	Perilex		„IEC-, EUROPA (CEE)-, RUND-, INDUSTRIESTECKVORRICHTUNGEN“											
Typische Form der Steckdose	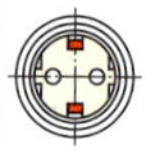	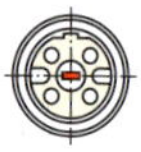	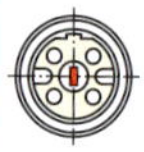									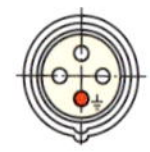			
Empfohlene Kernfarbe	–			Violett		Blau		Rot							
Phasen, Stromstärke	1 16 A	3 N 16 A	3 N 25 A	1 16 o. 32 A		1 16 o. 32 A		3 N 16 bis 125 A				3 16 bis 125 A			
Polzahl	2 P + PE	3 P + N + PE		zweipolig 2 P		dreipolig 2 P + PE		fünfpolig 3 P + N + PE				vierpolig 3 P + PE			
Bemess.spg. Frequenz 50 Hz	250 –	400/230 V –		bis 50 V –		230 V –		400 V/230 V –				400 V –			
Bem.strom-stärke (A)	10/16	16	25	16	32	16	32	16	32	63	125	16	32	63	125
Klemmbereich (mm^2)	1,5...2,5	1,5...4	2,5...10	4...2 x 6		1,5 ...4	2,5 ...10	1,5 ...4	2,5-10	6-25	25 ...70	1,5 ...4	2,5-10	6-25	25...70
Überstrom-schutz	Der Bemessungsstrom der vorgeschalteten Überstrom-Schutzeinrichtung darf den Bemessungsstrom der Steckvorrichtung nicht übersteigen.														
Vorzugsweise Verwendung	Hausinstallation und ähnliche Zwecke			Industrielle und ähnliche Zwecke											
	Landwirtschaft, Baustellen	Hotels, Laboratorien, Textilverarbeitende Betriebe, Großküchen		Landwirtschaft, Baustellen								Schifffahrt			

CEE-Industriesteckvorrichtung

Polzahl	Lage (Uhrzeigerstellungen) der Schutzkontaktbuchse zur Unverwechselbarkeitsnut									
3	Frequenz Hz Spannung V	50, 60 110 bis 130	50, 60 220 bis 240	50, 60 380 bis 415	50, 60 500	50, 60 750	50, 60[1]	Gleichstrom > 50 bis 250	Gleichstrom > 250	
	Lage der Schutzkontaktbuchse	4 h	6 h	9 h	7 h	5 h	12 h	3 h	8 h	
	Kennfarbe	gelb	blau	rot	schwarz	schwarz		blau		
4	Frequenz Hz Spannung V	50, 60 110 bis 130	50, 60 220 bis 240	50, 60 380 bis 415	60 440	50, 60 500	50, 60 750	50, 60[1]	100 bis 300 50 bis 440	>300 bis 500 50 bis 440
	Lage der Schutzkontaktbuchse	4 h	9 h	6 h	11 h für Schiffe	7 h	5 h	12 h	10 h nicht für 63 A und 125 A	2 h
	Kennfarbe	gelb	blau	rot	rot	schwarz	schwarz		grün	grün
5	Frequenz Hz Spannung V	50, 60, 110 bis 130	50, 60, 127/220 bis 138/240	50, 60, 220/380 bis 240/415	50, 60, 500	50, 60, 750	60, 250/440			
	Lage der Schutzkontaktbuchse	4 h	9 h	6 h	7 h	5 h	11 h für Schiffe			
	Kennfarbe	gelb	blau	rot	schwarz	schwarz	rot			

[1] Alle Spannungen nach Trenntransformatoren.

Internationale, einphasige Steckvorrichtungen

Form	Verwendungsgebiet	Form	Verwendungsgebiet
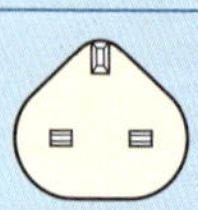	Alle Commonwealth-Länder, Afrika, Asien, Großbritannien, Mittlerer Osten (Kombistecksystem British Standard für Steckdosen mit Rund- und Rechteck-Kontaktöffnungen)		Italien
	Europa, Südamerika, Afrika		Nord-/Mittel-/Südamerika, Japan, Süd-/Ost-Asien, Osteuropa
	Hongkong, Indien, China, Großbritannien		Australien, Neuseeland, China u. a. (Kombistecksystem durch auswechselbaren Steckerstift für Steckdosen mit und ohne Kinderschutz)

Steckverbinder Connectors

Art	Ansicht, Kurzzeichen
Vierpolige oder mehrpolige Steckverbinder	
Western-Typen	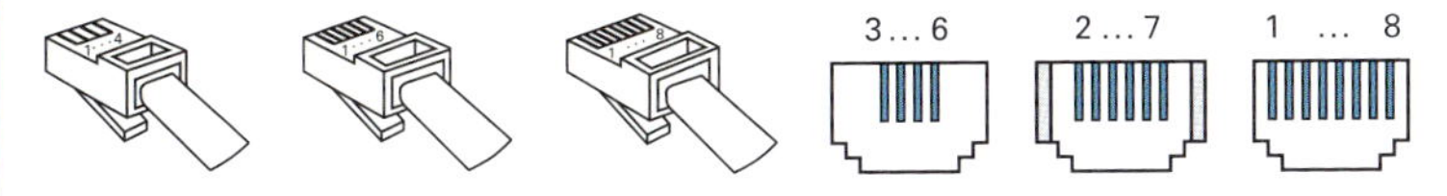 RJ-11 RJ-12 RJ-45 (Stecker); 3 … 6 RJ-11, 2 … 7 RJ-12, 1 … 8 RJ-45 (Buchsen)
USB-Typen 2.0	 Typ A (upstream) 1 2 3 4; Typ B (downstream) 4 3 1 2
USB-Typen 3.0 mit 2.0	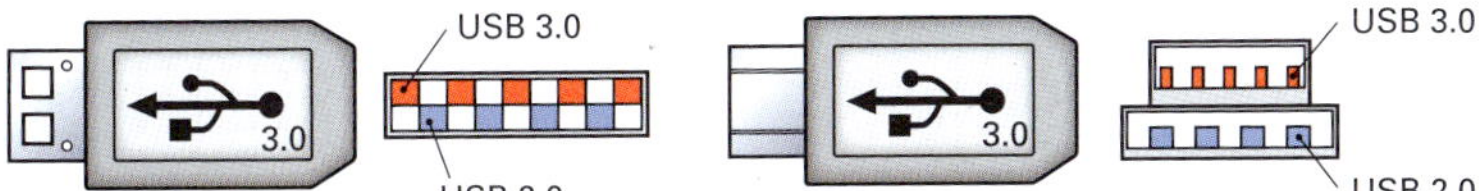 Typ A, USB 3.0, USB 2.0; Typ B, USB 3.0, USB 2.0
Firewire-Typen (IEEE 1394)	 6-polig 5 3 1 6 4 2; 4-polig 4 3 2 1
V-Typen, DB-Typen	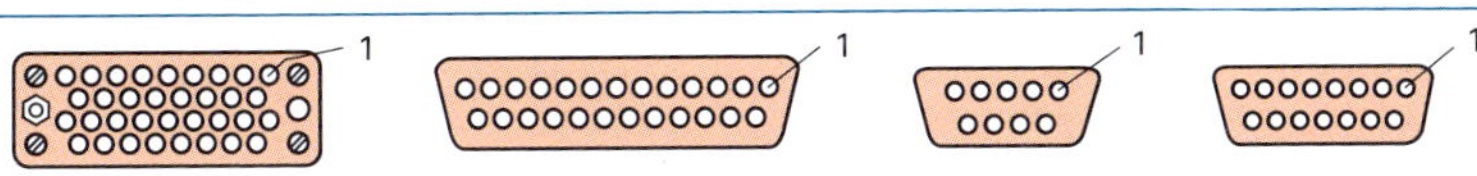 V.35; V.24, Centronics am PC; DB9; DB15
SCSI-Steckverbinder, Centronics-Stecker	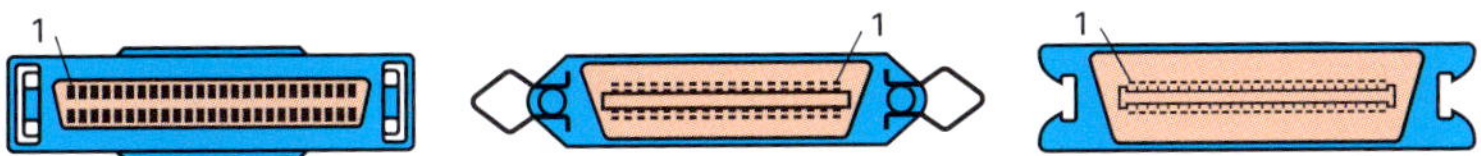 SCSI (Stecker); Centronics (36-Pin) (Stecker); Centronics (Parallel, Stecker)
DIN-Typen (Buchsen)	 4-Pin Mini DIN; 5-Pin DIN; PS/2 6-Pin Mini DIN; 8-Pin Mini DIN
Einpolige oder zweipolige Verbinder	
Koax-Typen und Twinax-Typ	 TNC; BNC; Twinax
Glasfaser-Steckverbinder	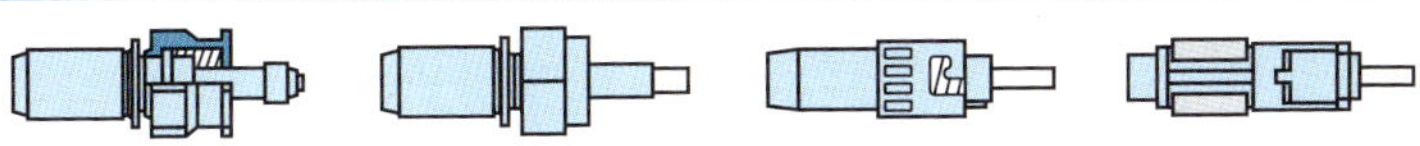 SMA 905; SMA 906; ST; SC Bei Duplex-Leitungen sind zwei Stecker auf jeder Seite.

Steckverbinder des PC auch Seite 297.

Steckverbinder RJ45 und RJ11 Connectors RJ45 and RJ11

Schaltung	Erklärung	Ansicht

Codierung und Anschlüsse

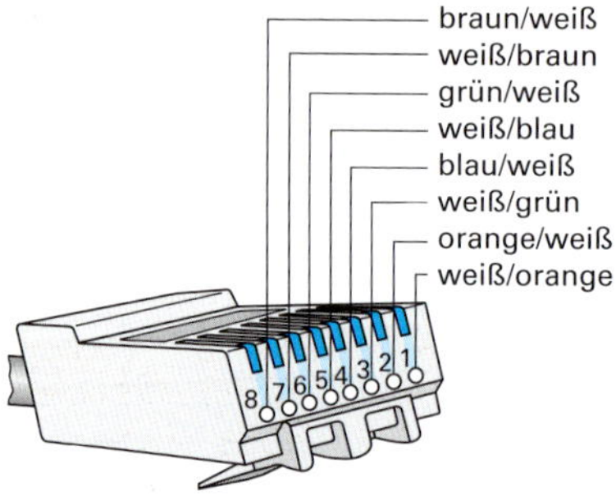

Stecker RJ45 belegt nach TIA/EIA 568B

Für die Gebäudeverkabelung verwendet man in Europa 568B und in USA meist 568A.

Farbe	Paar	568A Pin	568B Pin
WH/BU	1	5	5
BU/WH	1	4	4
WH/OR	2	3	1
OR/WH	2	6	2
WH/GN	3	1	3
GN/WH	3	2	6
WH/BN	4	7	7
BN/WH	4	8	8

568A

568B

Buchsen RJ45

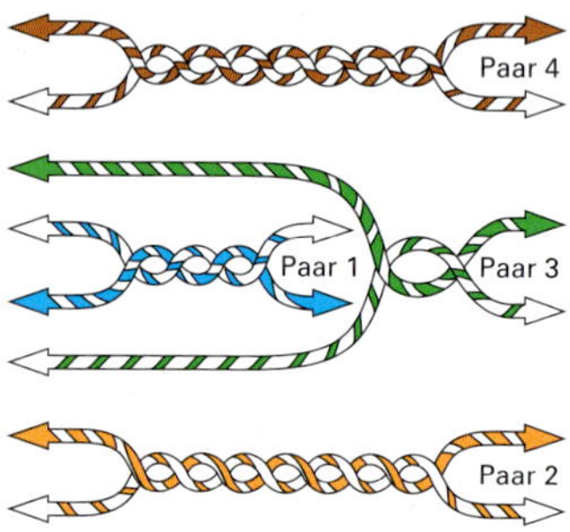

Verbindung von DTEs zu DCEs bei 568B

Die Adernfarben BU (Blau), BR (Braun), GN (Grün) und OR (Orange bzw. Gelb) können einfarbig sein oder mit WH (Weiß) kombiniert.

Werden bei den IAE nur 2 Adernpaare benötigt, so nimmt man den Stecker RJ11 mit nur 4 Kontakten oder RJ45 mit 8 Kontakten, von denen man aber nur die mittleren verwendet, z.B. bei IAE 8 (4).

Bei Verbindungen von DTEs (Daten erzeugenden Geräten, z. B. PCs) zu DCEs (Daten übertragende Geräte, z.B. Hubs) werden die Adern 1:1 verbunden, z.B. Pin 1 zu Pin 1).

Bei Verbindung von DTEs untereinander oder von DCEs untereinander müssen die Adern gekreuzt werden (Crossover-Kabel).

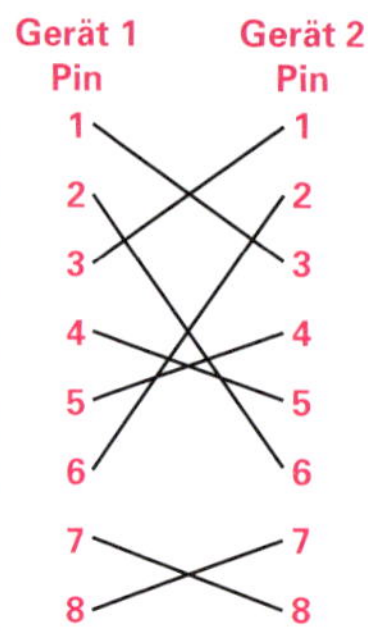

Kreuzung beim Crossover-Kabel nach 568A und 568B

Anschlusseinheiten IAE und UAE

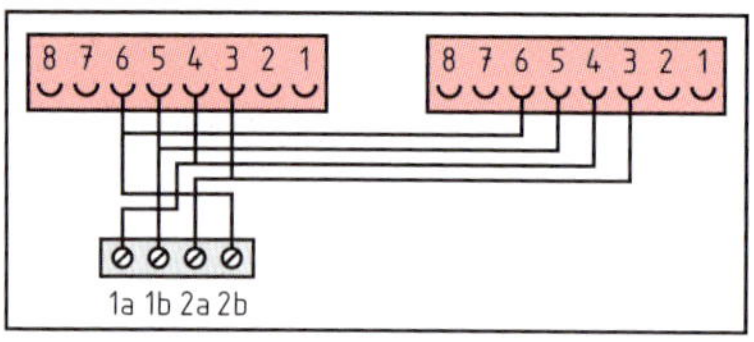

Die **IAE 2 x 8 (4)** besteht aus 2 Buchsen der Breite 8 (8 Kontakte), von denen aber nur die mittleren 4 (Kontakte 3 bis 6) für ISDN verwendet werden. Die Anschlüsse der beiden Buchsen sind parallel geschaltet, sodass zwei Endgeräte angeschlossen werden können.

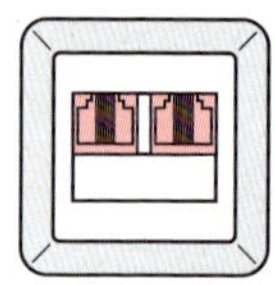

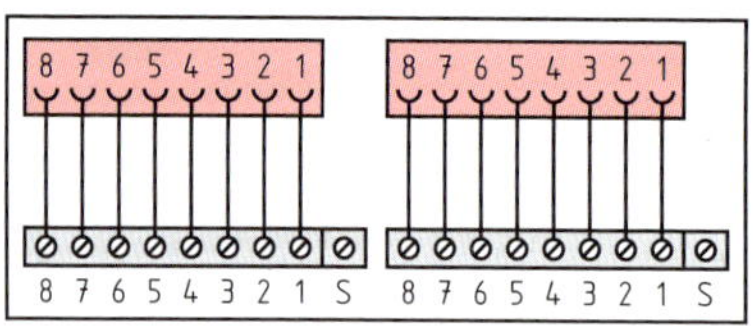

Die **UAE 2 x 8 (8)** besteht aus 2 Buchsen UAE 8(8) die parallel geschaltet sind oder ohne elektrische Verbindung als UAE 8/8 (8/8). Es gibt auch UAE, bei denen der Stecker in der Buchse 2 Öffner betätigt, z.B. UAE 8 (8) +2. Dadurch kann ein Endgerät das andere abschalten.

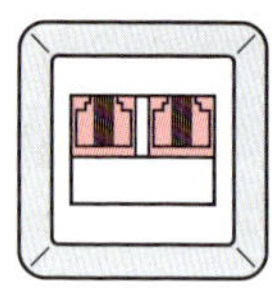

BN Brown, BU Blue, DCE Data Communication Equipment, DTE Data Terminal Equipment, EIA Electronic Industries Association, GN Green, IAE ISDN-Anschlusseinheit, ISDN Integrated Services Digital Network, OR Orange, Pin = Anschluss, RJ Registered Jack, S Schirmung, TIA Telecommunication Industries Association, UAE Universal-Anschlusseinheit, WH White

Lötfreie Anschlusstechnik Solderless Connections

Werkzeuge	Erklärung	Ausführung
Schrauben		
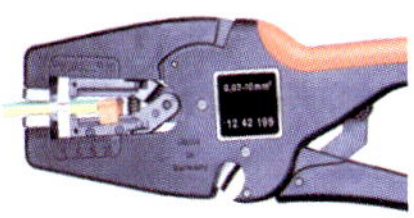 **Selbsteinstellende Abisolierzange**	Bei Schraubverbindungen erfolgt die Sicherung gegen selbsttätiges Lösen durch Federringe oder Zahnscheiben. Biegerichtung der Öse und Drehrichtung der Schraube müssen gleich sein. Die Öse wird dann beim Anziehen nicht aufgebogen. Beim Abisolieren darf der Leiter nicht gekerbt werden. Selbsteinstellende Abisolierzangen passen sich automatisch den verschiedenen Leiterquerschnitten von 0,2 mm^2 bis 6,0 mm^2 an. Sie eignen sich für ein-, mehr- und feindrähtige Leiter mit Standart-Isolation. Ein einstellbarer Längenanschlag ermöglicht Absiolierlängen von 6,0 mm bis 18,0 mm.	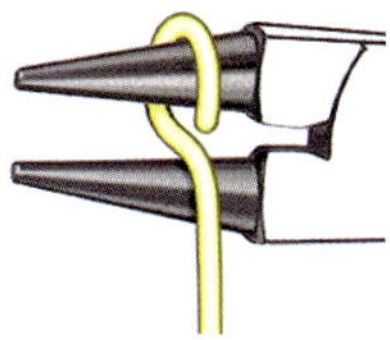 **Drahtöse**
Crimpen		vgl. DIN EN 60352-2
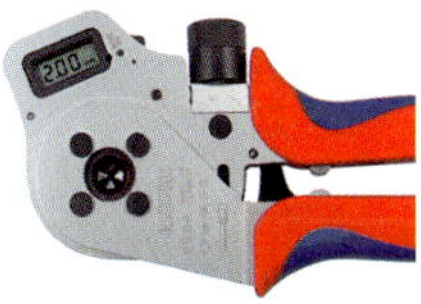 **Vierdorncrimpzange** www.knipex.de	Eine Crimpverbindung (to crimp = quetschen, pressen) ist eine nicht lösbare Verbindung und wirkt wie eine Kaltverschweißung. Der feste Sitz der Litze am Anschlussteil bestimmt den Durchgangswiderstand. Crimphülse und Leiterquerschnitt müssen aufeinander abgestimmt sein. Crimpvorgang: • Crimpeinsatz und ggf. Zubehör montieren. • Kabel auf erforderliche Länge abisolieren. • Verbinder dem Querschnitt entsprechend in Crimpeinsatz einlegen, mittels Zangendruck halten, Kabel in Verbinder einführen, Zange schließen und danach öffnen.	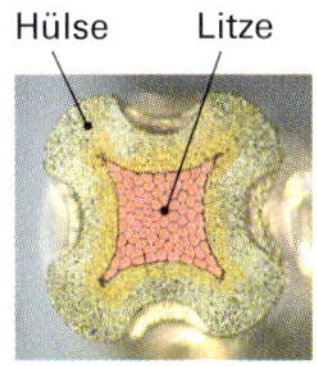 **Crimpverbindung** www.inge-herrmann.de
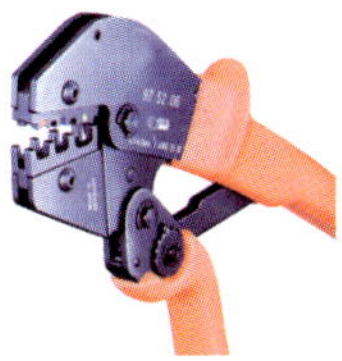 **Handcrimpzange**	Kabelschuhe ermöglichen ein vereinfachtes elektrisches Kontaktieren der Leiter durch Schrauben (Öse, Gabel) oder Stecken (Flachsteckverbinder). Man unterscheidet drei Arten: • Kabelschuhe zum Schrauben • Crimpkabelschuhe • Presskabelschuhe Farbkennzeichnung: rot = 0,5 bis 1 mm^2, blau = 1,5 bis 2,5 mm^2, gelb 4 bis 6 mm^2 Querschnitt.	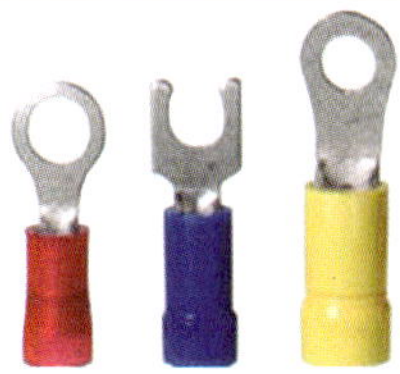 **Presskabelschuhe**
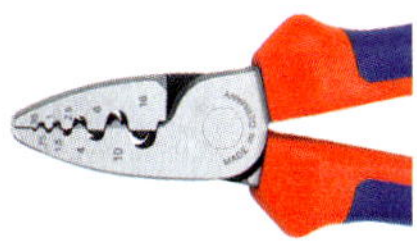 **Aderendhülsenzange**	Aderendhülsen, a) unisoliert, b) isoliert, schützen die abisolierten Enden von Litzenleitungen. Diese dürfen nicht verdrillt werden. Mit der Aderendhülsenzange wird die Hülse verpresst. Zum Anschluss zweier Adern in einer Klemme gibt es Duo-Aderendhülsen. Das Verlöten von Litzenenden ist in der Elektroindustrie verboten. Unterschiedliche Formen der Endhülse nach dem Pressen: • Trapez (DIN) • Quadrat • Rechteck • V-Form • Sechseck	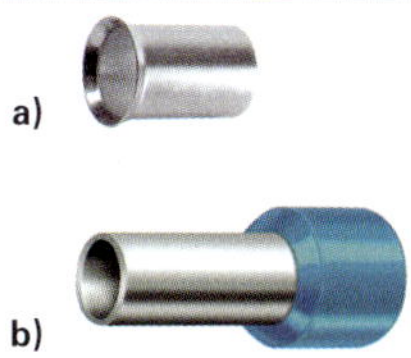 **Aderendhülsen**
Wire-Wrap-Verdrahtung		vgl. DIN EN 60352-1
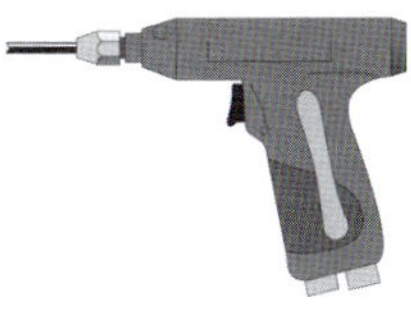 **Wire-Wrap-Werkzeug** www.apextoolgroup.eu	Durch die Wire-Wrap-Verdrahtung (wire = Draht, to wrap = wickeln) wird der anzuschließende Leiter mit dem Wickelstift (Anschlusselement des Bauteils) verbunden. Das Werkzeug wickelt den massiven, runden Kupferleiter unter mechanischer Spannung in mehreren Windungen stramm um den kantigen Wickelstift. Dadurch entsteht an den Kanten eine korrosionsichere Verbindung. Draht-∅ bei handgeführten Werkzeugen: ∅ 0,25 mm bis ∅ 1,0 mm (AWG 30 bis AWG 18).	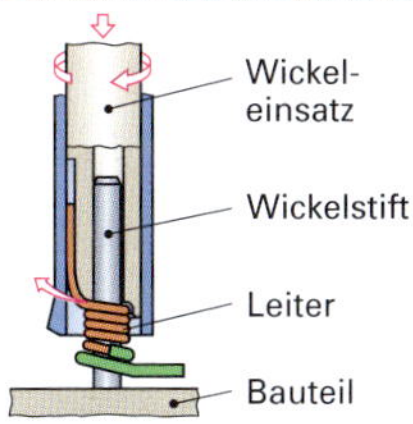 **Wire Wrap**
AWG = American Wire Gauge (Amerikanisches Drahtmaß).		

Installationsrohre Cable Conduits

Nenndurchmesser in mm, bei Kunststoff-Isolierrohren für PVC-Aderleitungen

Leiteranzahl	Dickwandrohr, z. B. für H07V-U						Dünnwandrohr, z. B. für NYM					
	Bemessungsquerschnitte in mm^2						Bemessungsquerschnitte in mm^2					
	1,5	2,5	4	6	10	16	1,5	2,5	4	6	10	16
1	16	16	16	16	20	20	16	16	16	16	16	20
2	20	25	25	32	32	32	16	16	16	20	25	25
3	20	25	25	32	32	40	16	20	20	20	25	32
4	25	25	32	32	40	50	20	20	20	25	32	40
5	25	25	32	32	40	50	20	20	25	25	32	40

Innendurchmesser und Außendurchmesser von Installationsrohren

Außendurchmesser in mm (Nennweite)	Innendurchmesser in mm										
	Kunststoffrohre						Stahlpanzerrohre			Aluminiumrohre	
	starr			biegsam			starr		biegsam	starr	
	Druckbeanspruchung										
	320N leicht	750N mittel	1250N schwer	320N leicht	750N mittel	1250N schwer	1250N schwer	4000N sehr schwer	1250N schwer	1250N schwer	4000N sehr schwer
16	13,7	13,0	12,2	10,7	10,5	10,7	14,0	13,0	10,7	14,0	12,7
20	17,4	16,9	15,8	14,1	13,5	13,0	18,0	16,8	14,1	18,0	16,5
25	22,1	21,4	20,6	18,3	17,4	16,9	22,6	21,8	18,3	22,6	21,5
32	–	27,8	26,6	24,3	23,5	21,4	30,6	28,8	24,3	29,2	28,4
40	–	35,4	34,4	31,2	30,1	31,2	37,6	36,8	31,2	37,2	36,2
50	–	44,3	43,2	39,6	37,7	39,6	47,6	46,8	39,6	47,0	46,2
63	–	55,6	54,8	50,6	50,1	50,6	60,0	59,4	50,6	59,4	58,8

Anwendung von Installationsrohren

Anwendungsgebiet		Kunststoffrohre (Isolierrohre)						Metallrohre	
		Starre Rohre bei Druckbeanspruchung			Flexible Rohre bei Druckbeanspruchung			Stahlpanzerrohre	Flexible Stahlrohre
		leicht	mittel	schwer	leicht	mittel	schwer		
Installation	auf Putz	–	–	X	–	X	X	X	X
	unter Putz	X	X	X	X	X	X	X	X
	im Putz	X	X	X	X	X	X	X	X
	auf Holz	–	–	X	–	X	X	X	X
Verlegung im Erdreich (Als Schutzrohr für Erdkabel)		–	–	–	–	–	X	–	–
Verlegung in Schüttbeton		–	X	X	–	X	X	X	X
Verlegung in Rüttelbeton		–	–	X	–	–	X	X	X
Verlegung in Estrich		–	–	X	–	–	X	X	X

Dübel Fixings

Dübelarten und Leitungsbefestigungen

 Spreizdübel	 Universaldübel	 Langschaftdübel	 Gipskartondübel	 Nageldübel
 Plattendübel	 Porenbetondübel	 Gasbetondübel	 Messingdübel	 Metallspreizdübel
 Ankerbolzen	 Bolzenanker	 Hochleistungsanker	 Schwerlastanker	 Hohldeckenanker
 Kabelbügel	 Leitungsschlaufe	 Einzelschelle	 Doppelschelle	 Montagesockel

Montagehinweise

Allgemein 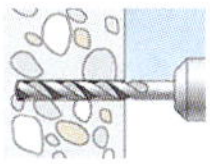 Bohrloch bohren	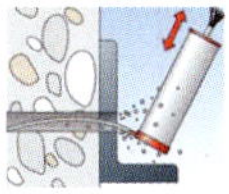 Bohrstaub entfernen	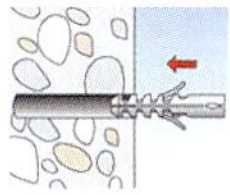 Dübel setzen	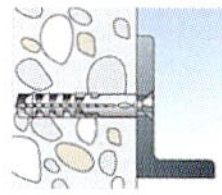 Teil montieren
Hohlmauer-Montage  Bohren ohne Schlag, Bohrstaub entfernen	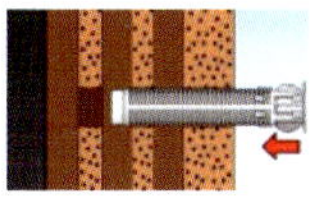 Siebhülse einsetzen	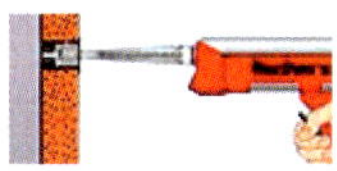 Verbundmörtel von innen nach außen einspritzen.	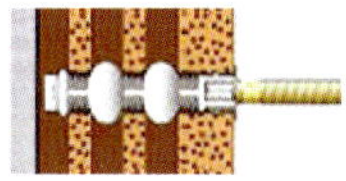 Gewindestange **eindrehen**, aushärten lassen.
Art des Schlusses Die auftretenden Kräfte leitet der Dübel durch verschiedene Tragemechanismen oder einer Kombination daraus ab.	Reibschluss 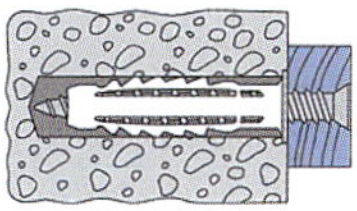	Formschluss 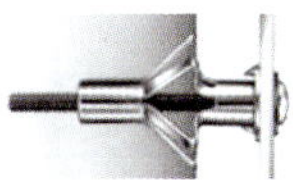	Stoffschluss 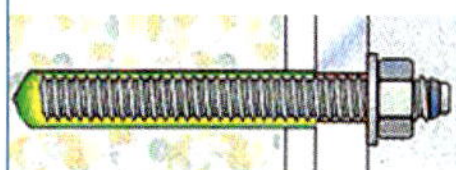
Baustoffe	Beton, Vollsteine	Platten-Bauelemente, Loch-, Hohlblocksteine	Beton
Bohrarten Je nach Untergrund	Schlagbohren	Bohren ohne Schlag	Hammerbohren
Montageart Je nach Dübelart	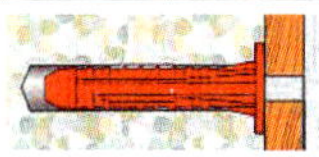 Vorsteckmontage	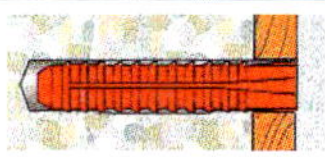 Durchsteckmontage	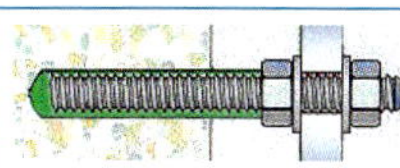 Abstandsmontage
Bohrerdurchmesser, Bohrungstiefe, Dübellänge	Bohrlochtiefe = $B + A$ Schraubenlänge = $A + B + C$ Bohrerdurchmesser ≈ Dübeldurchmesser. Die nichttragende Schicht darf nicht zur Verankerungstiefe beitragen.	A ≥ Schraubendurchmesser B Dübellänge C Montageteildicke D nichttragende Schicht E Schraubenlänge h_{ef} Effektive Verankerungstiefe	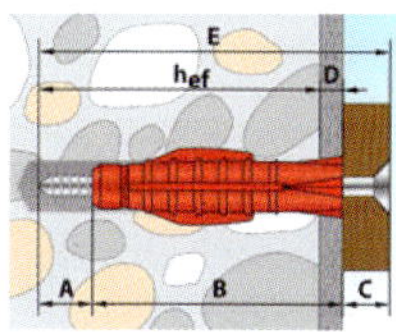
Mindestabstände der Bohrlöcher	**Beton** $R \geq h_{ef}$ $S \geq 2 \times h_{ef}$	**Mauerwerk, Porenbeton** $R \geq 2 \times h_{ef}$ $S \geq 4 \times h_{ef}$	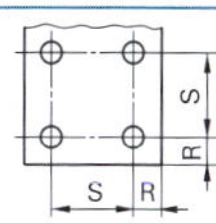

Bildquelle: MediaServiceOnline Unternehmensgruppe Fischer www.fischer.de, www.tox.de

Bezeichnungsbeispiele für Schrauben und Muttern
Nomenclature and Samples of Screws and Nuts

Schrauben und Gewindestifte

Zylinderschraube DIN EN ISO 1207	Senkschraube DIN EN ISO 2009	Senkschraube DIN EN ISO 7046	Linsensenkschraube DIN EN ISO 2010	Linsensenkschraube DIN EN ISO 7047
Sechskantschraube mit Schaft DIN EN ISO 4014	Sechskant-Passschraube DIN 609	Kreuzlochschraube DIN 404	Rändelschraube hohe Form DIN 464	Flügelschraube DIN 316
Flachrundschraube DIN 603	Blechschraube DIN ISO 7049	Bohrschraube DIN EN ISO 15483	Sechskant-Holzschraube DIN 571	Senk-Holzschraube DIN 97
Stiftschraube DIN 835, 938, 939	Gewindestift mit Schaft DIN EN ISO 2342	Gewindestift DIN EN 27435	Gewindestift DIN EN 27434	Gewindestift DIN EN ISO 4028

Merkmale

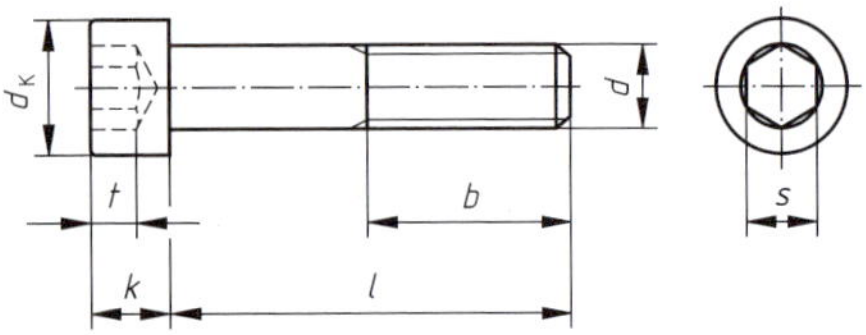

Zylinderschraube DIN EN ISO 4762 – M8 × 40 - 8.8

b	Gewindelänge	M8	metrisch, Durchmesser *d* 8 mm
d	Gewindenenndurchmesser	40	Länge / 40 mm
d_K	Kopfdurchmesser	8.8	Festigkeitsklasse
k	Kopfhöhe		
l	Schaftlänge		
s	Schlüsselweite		www.boellhoff.de
t	Werkzeugeindringtiefe		www.reyher.de

Innenantriebsarten

Schlitz	Innendreikant	Innenvierkant	Innenfünfkant
Innensechskant	Innensechskant mit Schlüsselführung	Innenvielkant	Innenvielzahn
Innensechsrund	Innensechsrund Plus	Innensechsrund mit Schlüsselführung	Tri-Wing
Kreuzschlitz Form H	Kreuzschlitz Form Z	Motorq	Einwegschlitz

Muttern

Sechskantmutter Typ 1 DIN EN ISO 4032	Sechskantmutter niedrige Form DIN EN ISO 4035	Sechskant-Schweißmutter DIN 929	Niedrige Sechskant-Kronenmutter DIN 979	Sechskant-Kronenmutter DIN 935
Rändelmutter, hohe Form DIN 466	Rändelmutter, niedrige Form DIN 467	Schlitzmutter DIN 546	Zweilochmutter DIN 547	Kreuzlochmutter DIN 548
Sechskant-Hutmutter hohe Form DIN 1587	Sechskant-Hutmutter niedrige Form DIN 917	Sechskantmutter mit Flansch DIN EN 1661	Sechskantmutter mit Klemmteil DIN EN ISO 7040	Flügelmutter DIN 315

Metrische ISO-Gewinde Metric ISO Threads

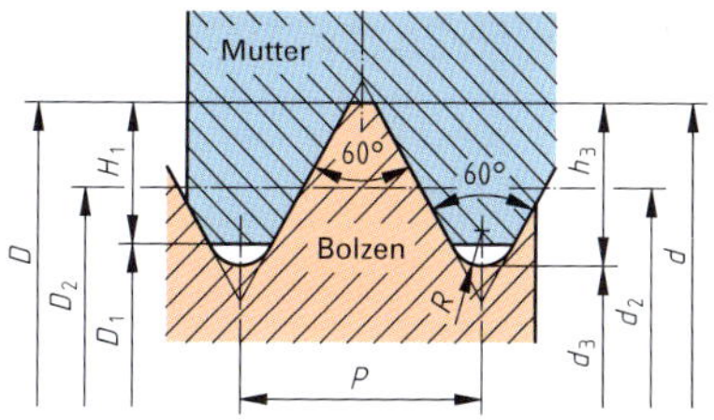

Nenndurchmesser	$d = D$
Steigung	P
Gewindetiefe des Bolzengewindes	$h_3 = 0{,}6134 \cdot P$
Gewindetiefe des Muttergewindes	$H_1 = 0{,}5413 \cdot P$
Rundung	$R = 0{,}1443 \cdot P$
Flanken-∅	$d_2 = D_2 = d - 0{,}6495 \cdot P$
Kern-∅ des Bolzengewindes	$d_3 = d - 1{,}2269 \cdot P$
Kern-∅ des Muttergewindes	$D_1 = d - 1{,}0825 \cdot P$
Kernlochbohrer-∅	$= d - P$
Flankenwinkel	$= 60°$

Regelgewinde (Auswahl)

Maße in mm

Gewinde-bezeichnung	Steigung	Kern-∅		Gewindetiefe		Kernloch-bohrer	Durchgangsloch-∅ für Schrauben		Sechs-kant-schlüssel-weite	Mutternhöhe
	P	Bolzen d_3	Mutter D_1	Bolzen h_3	Mutter H_1	∅	fein	mittel		≈ $0{,}8 \cdot d$
M 1	0,25	0,693	0,729	0,153	0,135	0,75	1,1	1,2	2,5	0,8
M 1,2	0,25	0,893	0,929	0,153	0,135	0,95	1,3	1,4	3	1
M 1,6	0,35	1,170	1,221	0,215	0,189	1,3	1,7	1,8	3,2	1,3
M 2,5	0,45	1,948	2,013	0,276	0,244	2,1	2,7	2,9	5	2
M 3	0,5	2,387	2,459	0,307	0,271	2,5	3,2	3,4	5,5	2,4
M 4	0,7	3,141	3,242	0,429	0,379	3,3	4,3	4,5	7	3,2
M 5	0,8	4,019	4,134	0,491	0,433	4,2	5,3	5,5	8	4
M 6	1	4,773	4,917	0,613	0,541	5,0	6,4	6,6	10	5
M 8	1,25	6,466	6,647	0,767	0,677	6,8	8,4	9	13	6,5
M 10	1,5	8,160	8,376	0,920	0,812	8,5	10,5	11	16	8
M 12	1,75	9,853	10,106	1,074	0,947	10,2	13	14	18	10
M 16	2	13,546	13,835	1,227	1,083	14	17	18	24	13

Elektrogewinde

Maße in mm

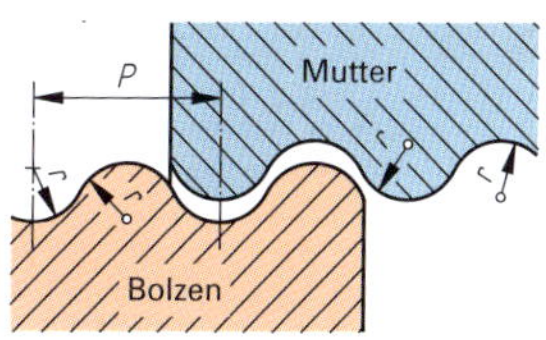

Bezeichnung: Gewinde E 27

Für Glühlampen E 5, E 10, E 14, E 27 und E 40

Für Sicherungen E 14, E 16, E 18, E 27 und E 33

Kurz-zeichen	Gangzahl auf 1″	Steigung P	Rundung r
E 5	≈ 25	1	0,293
E 10	14	1,814	0,531
E 14	9	2,822	0,822
E 16	≈ 10	2,5	0,708
E 18	≈ 8,5	3	0,875
E 27	7	3,629	1,025
E 33	6	4,233	1,187
E 40	4	6,350	1,850

Kabeleinführungen

Maße in mm

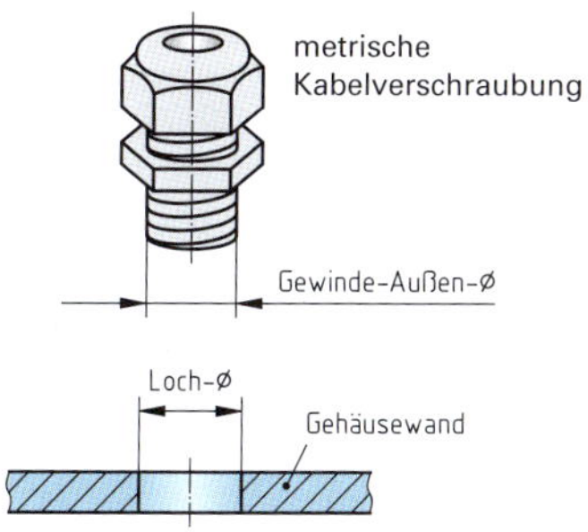

Kurz-zeichen	Gewinde-Außen-∅	Gehäusewand Loch-$∅^{+0,2}_{-0,4}$	Ersatz für
M 12	12,0	12,5	Pg 7 bis Pg 48
M 16	16,0	16,5	
M 20	20,0	20,5	
M 25	25,0	25,5	
M 32	32,0	32,5	
M 40	40,0	40,5	
M 50	50,0	50,5	
M 63	63,0	63,5	

Toleranzen und Passungen Limits and Fits

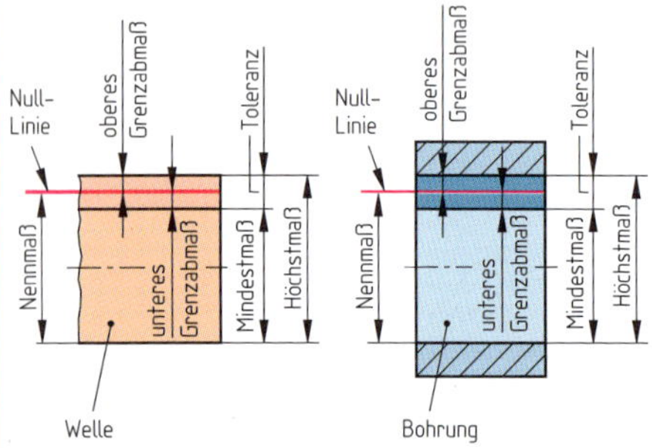

Als **Welle** bezeichnet man das Rundteil, das in eine Bohrung eingefügt werden soll (Achsen, Bolzen, Stifte, Wellen, Zapfen).

Spiel: Durchmesserunterschied zwischen Bohrung und Welle, wenn der Bohrungsdurchmesser größer als der Wellendurchmesser ist.

Übermaß: Durchmesserunterschied zwischen Welle und Bohrung, wenn der Wellendurchmesser größer als der Bohrungsdurchmesser ist.

Nennmaß: Das in der Zeichnung angegebene Maß, auf das sich die Abmaße beziehen.

Nennabmaße: Das „obere Grenzabmaß" und das „untere Grenzabmaß" sind die Grenzen der zulässigen Abweichung.

Toleranz: Unterschied zwischen Höchstmaß und Mindestmaß.

Istmaß: Maß des fertigen Werkstücks.

Beispiel:

Nennmaß Ø **25** $^{+0{,}009}_{-0{,}004}$ oberes Abmaß / unteres Abmaß

Höchstmaß = 25 + 0,009 = 25,009 mm
Mindestmaß = 25 – 0,004 = 24,996 mm
Toleranz = 25,009 – 24,996 = 0,013 mm

Die Toleranzen werden nach ISO durch Kurzzeichen (Buchstaben und Zahlen) hinter dem Nennmaß angegeben.
Die **Buchstaben** (A...Z für Bohrungen, a...z für Wellen) geben die Lage der Toleranz zur Null-Linie an.
Die **Zahlen** (01; 0; 1; 2...18) bedeuten die Größe der Toleranz und damit die Qualität (Güte) des Arbeitsverfahrens.

Passungsarten

System Einheitsbohrung

Einheits-bohrung H ...	Wellentoleranzen		
	abcdefgh	jkmnp	prstuvxyz za zb zc
	Spiel-passungen	Übergangs-passungen	Übermaß-passungen

System Einheitswelle

Einheits-welle h ...	Bohrungstoleranzen		
	ABCDEFGH	JKMNP	PRSTUVXYZ ZA ZB ZC
	Spiel-passungen	Übergangs-passungen	Übermaß-passungen

Beim **System Einheitsbohrung** werden alle Bohrungen ohne Rücksicht auf die herzustellenden Passungen einheitlich mit H-Toleranzen gefertigt. Das **Mindestmaß** einer Bohrung geht dadurch genau bis zur Null-Linie und ist gleich dem Nennmaß. Das **Höchstmaß** geht um die Toleranz über die Null-Linie hinaus. Die Art der Passung wird durch eine entsprechende Wellentoleranz (a...z) erreicht.

Beim **System Einheitswelle** erhalten alle Wellen h-Toleranzen. Das **Höchstmaß** einer Welle geht deshalb bis zur Null-Linie und ist gleich dem Nennmaß. Das **Mindestmaß** der Welle ist um die Toleranz kleiner als ihr Nennmaß. Die Art der Passung wird durch eine entsprechende Bohrungstoleranz (A...Z) erreicht.

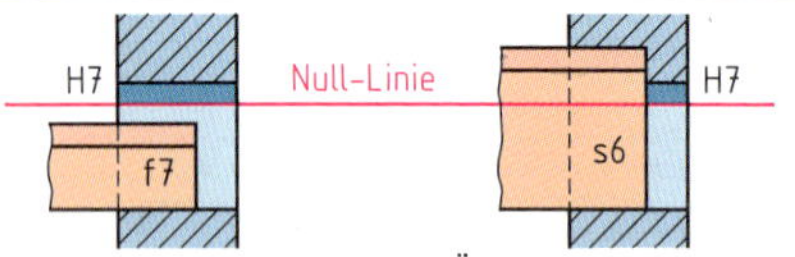

Spielpassungen **Übermaßpassungen**

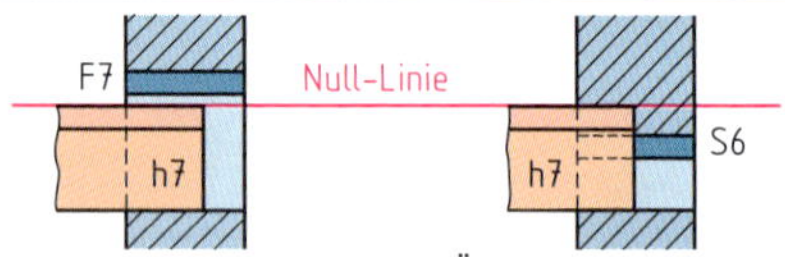

Spielpassungen **Übermaßpassungen**

Maßeintragung mit Toleranzangaben

Rundpassung

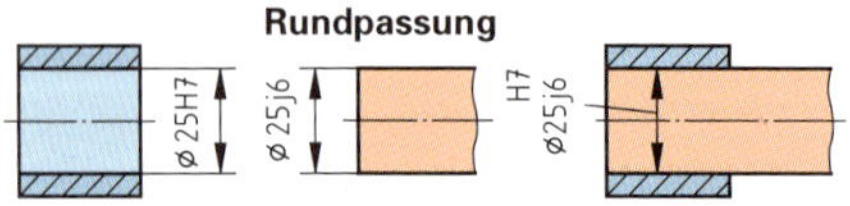

Teile getrennt gezeichnet

Teile zusammengebaut gezeichnet

Bei zusammengefügt dargestellten Teilen wird die Toleranz für die Bohrung *vor* oder *über* die Toleranz der Welle eingetragen:

∅ 25 H7/j6

oder ∅ 25 $\frac{H7}{j6}$

Flachpassung

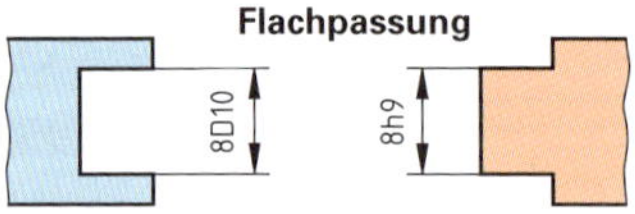

Das Außenteil erhält Bohrungskurzzeichen.

Das Innenteil erhält Wellenkurzzeichen.

Teil BU: Betrieb und sein Umfeld, Umwelttechnik, Anhang
Part BU: The Company and its Environment, Environmental Technology, Annex

Arbeitnehmer-Geschäftsprozesse

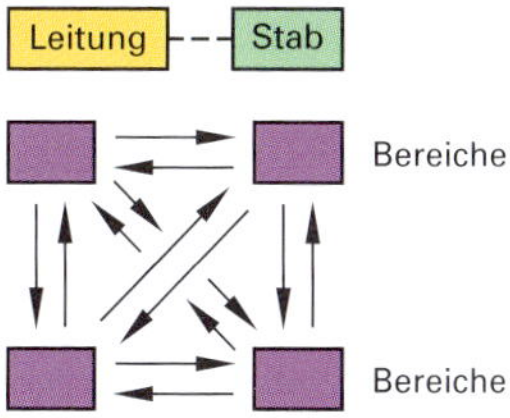

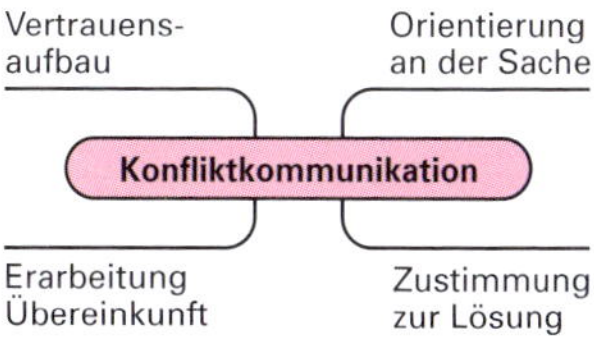

Betriebliche Geschäftsprozesse

Umwelttechnik

Anhang

Organisationsformen in Unternehmen Organization Structures of Companies

Organisationsform	Erklärung	Bemerkungen
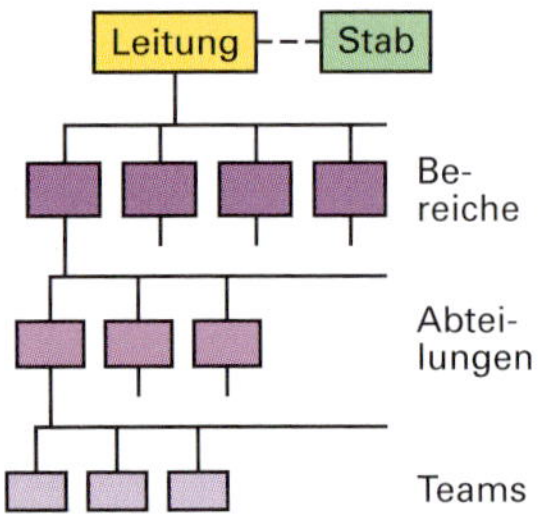 **Liniensystem**	Fachliche und personelle Weisungen gehen von oben nach unten von zentralen Stellen aus. Es liegt eine hierarchische Baumstruktur vor. Das Unternehmen ist in Bereiche, Abteilungen und Teams gegliedert. Diese Untergliederung erfolgt nach Funktionen oder Prozessen. Jeder Mitarbeiter erhält nur von seinem unmittelbaren Vorgesetzten Anweisungen. Das ausschließliche Liniensystem kommt selten vor.	Geschäftsleitungen lassen sich in größeren Unternehmen meist von Experten, die als Stabsstellen fungieren, beraten. Eine feinere Untergliederung ist zu vermeiden, da ein guter Informationsfluss einen kurzen Berichtsweg erfordert. Die Kompetenzen und Zuständigkeiten sind beim Liniensystem klar geregelt.
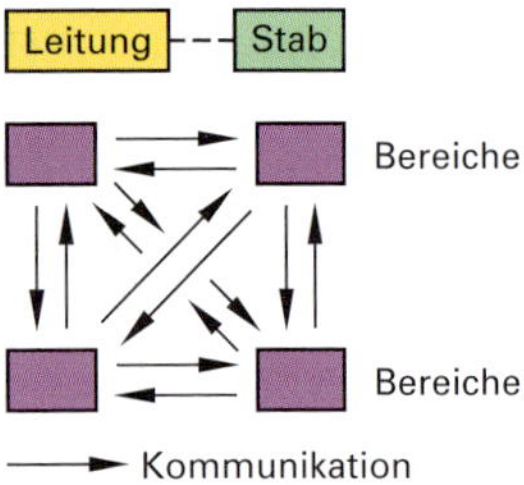 **Funktionssystem**	Beim Funktionssystem sind die Zuständigkeiten nach Funktionen oder Prozessen aufgeteilt. Die Bereichsleiter handeln selbstständig. Zwischen den Bereichen herrschen Kunden-Lieferanten-Beziehungen. Ein ausschließliches Funktionssystem wird nirgends angetroffen. Es wird nur auf der Bereichsleiterebene gelebt. Die unteren Leitungsebenen sind dagegen entsprechend dem Liniensystem organisiert.	Die oberste Leitung (Leitungsteam) gibt nur Zielsetzungen aus und entscheidet in unternehmenswichtigen Fällen. Der Bereichsleiter einer Fertigung beschafft z.B. über den Bereich Informatik anhand seines genehmigten Budgets einen PC, ohne die oberste Leitung hierüber zu informieren.
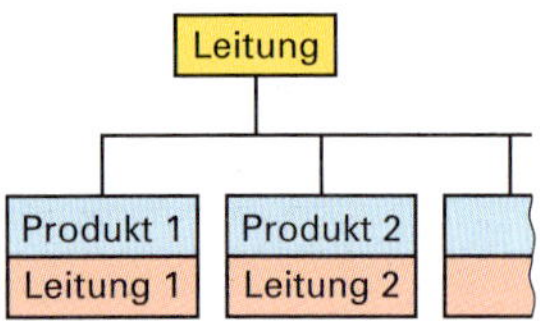 **Spartensystem**	Beim Spartensystem unterstehen der obersten Leitung produktbezogene, eigenverantwortliche Geschäftsbereiche oder Geschäftsfelder. Innerhalb einer Sparte kommt meist die Mischform aus Funktionssystem und Liniensystem vor.	Prinzipiell wird bei dieser Organisationsform auch von Unternehmen im Unternehmen gesprochen. Es bietet sich an, das Spartensystem in einem Unternehmen mit einer Matrixorganisation zu kombinieren.
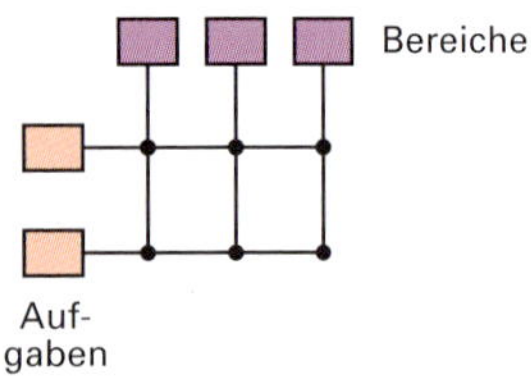 **Matrixorganisation**	Bei einer Matrixorganisation werden von einzelnen Personen oder auch von Bereichen sogenannte Querschnittsaufgaben als Shared Service für mehrere Bereiche wahrgenommen/angeboten. Die Matrixorganisation kommt nur in Verbindung mit den oben beschriebenen Organisationsformen vor.	Gleiche Strategien können in unterschiedlichen Bereichen umgesetzt werden. Marketing-Strategien können z.B. von einer Personengruppe für mehrere Produktbereiche entwickelt werden. Die Matrixorganisation zwingt zur Teamarbeit, da Entscheidungen und Weisungen in Abstimmung erfolgen müssen.
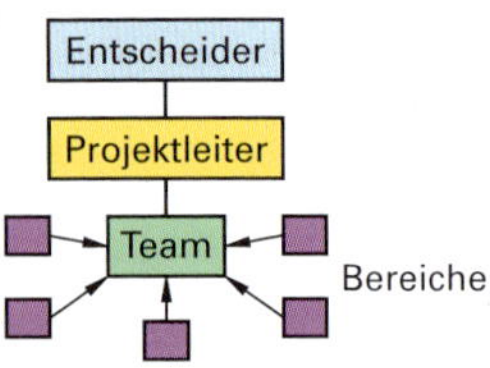 **Projektmanagement**	Diese Organisationsform kommt nur in Verbindung mit den oben beschriebenen Organisationsformen vor. Über Abteilungen oder Bereiche hinweg werden Projektteams gebildet, die eine vorgegebene Aufgabe umzusetzen haben. Geleitet wird ein Projektteam von einem Projektleiter, der meist an ein Entscheidergremium berichtet.	Bei der Bildung von Projektteams ist zu beachten, dass gleiche Mitarbeiter nicht in zu vielen Projektteams mitwirken und somit überlastet werden. Nach Beendigung der Projektarbeit wird das Projektteam wieder aufgelöst.

Organisation der Arbeit Organization of Work

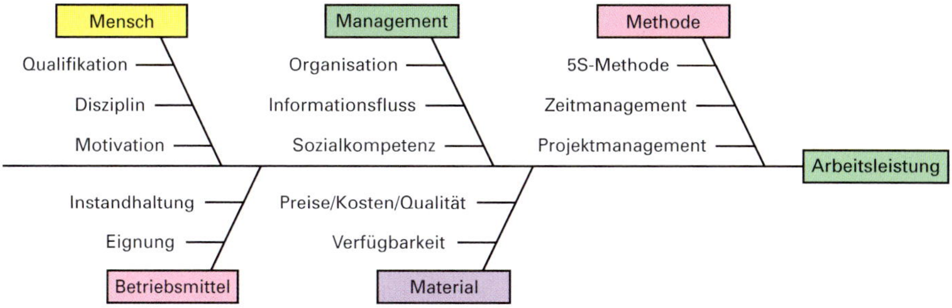

Einfluss auf Arbeitsleistung (Ursache-Wirkungsdiagramm)

Merkmal	Erklärung	Bemerkungen
Gestaltung des Arbeitsplatzes 5S-Methode	Der Arbeitsplatz ist übersichtlich, aufgeräumt und sicher zu gestalten. Er ist einzuteilen in leicht bedienbare (erreichbare) Bereiche bzgl. • der Arbeitsfläche, z.B. Schreibtisch, Werkbank, • aktuell benötigter Unterlagen, • aktuell benötigter Hilfsmittel, z.B. Schreibstifte, Betriebsmittel, Materialien, Konzeptpapier, • Telefon und PC, ggf. mit Drucker, Scanner. Werkzeuge, Materialien und Schreibstifte, auch nicht unmittelbar benötigte, sind sortiert abzulegen bzw. nach Arbeitserfüllung geordnet aufzuräumen. Beim Arbeiten mit PC ist insbesondere eine themenbezogene Ordnerstruktur anzulegen.	Die 5S-Methode (Toyota) ist unterstützend: • Sortieren der Arbeitsgegenstände, • Setzen (Anordnen) der Arbeitsgegenstände, • Sauberkeit des Arbeitsplatzes, • Standardisierung von Abläufen (bedeutet auch: einmal am Tag aufräumen), • Selbstdisziplin bzgl. Ordnung. Für die erledigte Arbeit sind geordnete Ablagemöglichkeiten zu schaffen. Abfalleimer müssen verfügbar sein und regelmäßig geleert werden. Auf geeignete Lichtverhältnisse und Belüftung ist am Arbeitsplatz zu achten. www.bester-betrieb.de
Strukturierung der Arbeitsaufgaben ABC Analyse	Umfangreiche Arbeitsaufgaben sind in überschaubare Teilaufgaben zu zerlegen. In einer To-Do-Liste (Arbeitsliste, was zu tun ist) sind die notwendigen Aktivitäten aufzuschreiben. Diese Liste ist regelmäßig zu aktualisieren. Ferner sind diese Aktivitäten zu priorisieren (nach der Wichtigkeit ordnen) und zu terminieren. Notwendige Abstimmungsgespräche mit anderen Beteiligten sind einzuplanen. Die Gesprächsziele sind vorab festzulegen.	Das Priorisieren von Aktivitäten erfolgt z.B. anhand einer ABC-Analyse. A-Aufgaben sind sehr wichtig und sofort zu bearbeiten. Sie müssen selbst in die Hand genommen werden. B-Aufgaben sind durchschnittlich wichtig, sie sind zeitlich einzuplanen. C-Aufgaben sind nicht dringlich, dennoch sind sie einzuplanen und können delegiert werden. Absolut unwichtige Aufgaben sind am besten dem Papierkorb zuzuordnen.
Beschaffung von Informationen, Hilfsmitteln	Die Informationsbeschaffung erfolgt meist im Internet oder firmeninternen Intranet, hier speziell über Suchmaschinen. Natürlich dienen auch Besprechungen der Informationsbeschaffung. Die Beschaffung (Bestellung) von Betriebsmitteln und Materialien erfolgt zunehmend auch über Internet.	Bekannte Suchmaschinen sind z.B. www.google.com oder www.bing.com. Über diese Suchmaschinen können auch Lieferanten und Hersteller ausfindig gemacht werden zum Bestellen der gewünschten Betriebsmittel und Materialien.
Zeitmanagement	Effektives Arbeiten erfordert optimalen Umgang mit der Zeit, d.h. strukturiertes Arbeiten (siehe oben), zügige Besprechungen mit klarer Zielsetzung, Einsatz geeigneter Hilfsmittel, klar formulierte Fragestellungen und Anweisungen, beachten der 80:20-Regel.	Bei der 80:20-Regel (Pareto-Prinzip) wird mit 20% des gesamten Zeitaufwandes 80% vom Ergebnis erzielt. Für die restlichen 20% Ergebnis wird hingegen 80% der Zeit benötigt. Es ist daher zu überlegen, wie nahe muss das Ergebnis den 100% sein.
Persönliche Ziele	Effektives Arbeiten wird unterstützt durch z.B. folgende Zielsetzungen: Notwendigkeit von Besprechungen prüfen, gut vorbereitet in Besprechungen gehen, einhalten der 80:20-Regel, Schreibtisch und Postfach am Tagesende sind aufgeräumt und die Themen des nächsten Tages sind festgelegt.	Zeitlimits für das Bewältigen der Aufgaben sind oft sinnvoll. Die eigene Arbeit sollte regelmäßig hinsichtlich Verschwendung von Zeit geprüft werden.

Arbeitsplanung, Netzplantechnik Job Planning, Network Planning

Begriff	Erklärung, Beispiel	Bemerkungen
Arbeitsplanung		
Arbeitsvorbereitung	Die Arbeitsvorbereitung dient der Durchführung und Optimierung von Arbeitsabläufen, vor allem im Produktionsbereich. Sie umfasst: • Auftragserfassung (Pflichtenheft, Zeichnung), • Bedarfsplanung (Material, Arbeitsmittel, Zeit, Personal), • Arbeitsablaufplanung (Arbeitsschritte), • Kontrolle (Funktionskontrolle).	Detaillierte Zeichnungen, z. B. Installationsschaltplan, bilden die Grundlagen für die Erstellung der Bedarfsplanung. Die Kontrolle umfasst Qualitätskontrolle, Kontrolle des Arbeitsfortschrittes sowie die Zeit- und Kostenkontrolle.
Arbeitsablaufplan	Für aufwendige Arbeiten werden der Arbeitsablauf in zeitlicher Reihenfolge mit den erforderlichen Betriebsmitteln und Vorrichtungen in einem Arbeitsablaufformular aufgelistet. Bei Serienproduktion werden Rüstzeiten und Bearbeitungszeiten als Vorgabezeiten angegeben.	Für den Unterricht und die projektorientierte Abschlussprüfung kann der folgende Arbeitsablaufplan als Grundlage verwendet werden. Dieser kann um weitere Rubriken, z. B. Umweltschutz, erweitert werden.

Arbeitsablaufplan		Auftrag: Netzgerät		Bearbeiter: Maier		Blatt-Nr.: 1	
Lfd. Nr.	Arbeitsschritte	Werkzeuge, Maschinen, Arbeitsmittel	Arbeitssicherheit	Informationen zu Ausführung, Kontrolle, Abweichungen	Datum	Zeit Soll	Zeit Ist
1	Netzteilplatine bestücken	Lötkolben, Lötzinn, Lötabsauger, Schaltplan, Bauelemente	Verbrennungsgefahr durch Lötkolben	Bauelemente nicht überhitzen	02. 05. 13	60 min	65 min

Netzplantechnik

Begriff	Erklärung, Beispiel	Bemerkungen
Netzplantechnik NPT	Die Netzplantechnik NPT wird eingesetzt zur Planung, Steuerung und Überwachung von sehr komplexen Projekten. Die Netzplantechnik verwendet als Darstellungselemente den *Pfeil* und den *Knoten*. Der Pfeil symbolisiert einen Vorgang oder dient zur Beschreibung einer Beziehung zwischen zwei Knoten (Anordnungsbeziehung). Ein Knoten stellt je nach Verfahren ein Ereignis oder einen Vorgang dar.	Die Netzpläne gibt es als: • Ereignis-Knoten-Netzplan EKN, • Vorgangs-Pfeil-Netzplan VPN und • Vorgangs-Knoten-Netzplan VKN. Der VKN ist durch die große Menge an Zeitdaten für den Unterricht zu komplex.

Ereignis-Knoten-Netzplan EKN

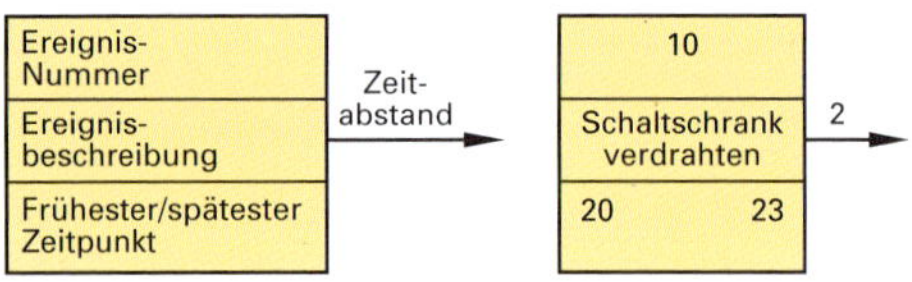

Ereignisknoten **Beispiel**

Beginnend mit dem Startereignis werden durch aufeinanderfolgende Knoten alle folgenden Projektereignisse beschrieben. Der Pfeil gibt den zeitlichen Abstand zwischen den Knoten an. Zeiten, Zeitpunkte werden in Tagen oder Wochen angegeben.

Vorgangs-Knoten-Netzplan VKN

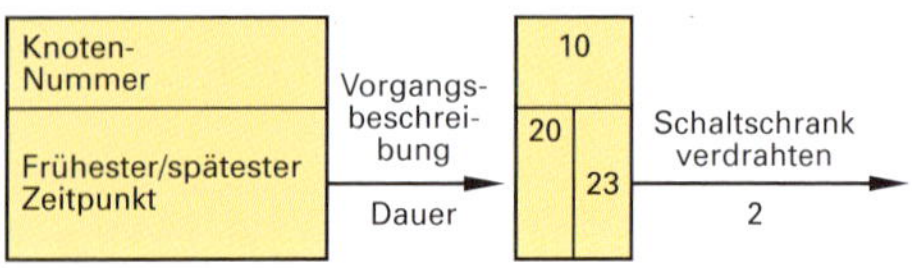

Vorgangsknoten **Beispiel**

Dem Startvorgang folgen die einzelnen Vorgänge, die durch Pfeile dargestellt werden. Das Netz endet mit dem Zielvorgang.

Terminplanung

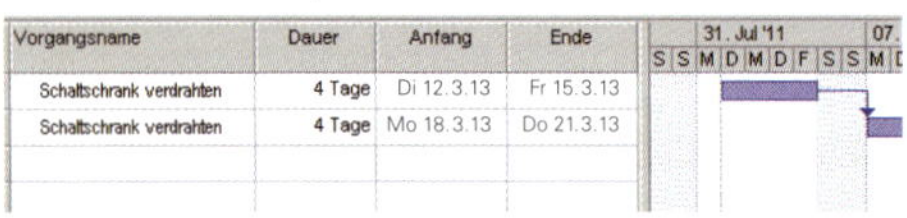

Ausschnitt Terminplanung Tages-/Wochenübersicht

Als Grundlage dienen die errechneten bzw. geschätzten Zeiten der Vorgänge und zeitlichen Abstände zueinander. Diese können übersichtlich in Form von Balkendiagrammen dargestellt werden. Die Erstellung erfolgt häufig mittels IT-Programmen, z. B. *Microsoft Project*.

Arbeiten im Team Teamwork

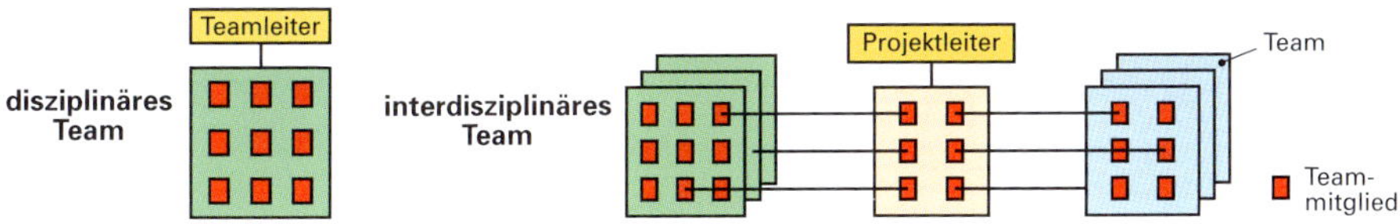

Arbeiten im Team

Begriff	Erklärung	Bemerkungen
Team	Ein Team ist eine Gruppe von Personen mit dem Ziel, Aufgaben oder Probleme gemeinsam zu analysieren und zu lösen. Teamarbeit ist zum Bewältigen umfangreicher Aufgaben wegen fachlicher Gesichtspunkte sowie ggf. wegen der Akzeptanz der Ergebnisse notwendig. Ein Team benötigt einen Teamsprecher. In Projektteams ist dies der Projektleiter. Seine Aufgabe ist es, das Team zu leiten, zu motivieren und einen Teamgeist (Wir-Gefühl) zu erzeugen.	Bei Projektteams ist auf die richtige Zusammensetzung zu achten, z. B. dass das benötigte fachliche, technische und betriebswirtschaftliche Know-How für das zu lösende Thema vorhanden ist. Das Einbinden des Anwenders und das persönliche Miteinander bestimmt den Erfolg der Teamarbeit. In einer betrieblichen Organisation ist die Unterstützung eines Projektteams durch eine Führungskraft als Pate zweckmäßig.
Meeting	In Meetings (Treffen, Zusammenkommen, Besprechungen) treffen Personen mit dem Ziel zusammen, das Lösen einer Aufgabe oder eines Problems zu besprechen. Auf einen geeigneten Raum mit notwendiger technischer Ausstattung ist zu achten.	Ein Meeting erfordert eine Vorbereitung, einen Moderator und eine Agenda (Tagesordnung). Die Beteiligten sind anhand dieser frühzeitig zu informieren. Geräte wie Overhead-Projektor, Beamer, Flipchart sind bei Bedarf vorab zu organisieren. Ebenso ist für eine notwendige Verpflegung zu sorgen.
Agenda	Die Agenda (Tagesordnung) enthält die zu besprechenden Themen eines Meetings. Neben dem Ort und der Zeitdauer der Besprechung sind die vorgesehenen Zeitspannen für die einzelnen Themen sowie deren Verantwortliche in der Agenda niederzuschreiben.	Es ist Aufgabe des Einladenden zu einem Meeting, meist der Projektleiter, eine Agenda zu erstellen. Es ist zu beachten, dass die Zeitspannen für die Themen richtig bemessen sind. Die Verantwortlichen der zu behandelnden Themen sind aus Gründen ihrer Vorbereitung frühzeitig zu informieren.
Protokoll	Im Protokoll sind mindestens die während des Meetings getroffenen Entscheidungen schriftlich festzuhalten. Ein Protokoll ist vom Protokollschreiber zu unterschreiben. Bei themenkritischen Besprechungen ist das Protokoll von allen Besprechungsteilnehmern zu unterschreiben.	Zu Beginn eines Meetings muss der Protokollschreiber benannt werden. Im Protokoll sind Datum, Teilnehmer, Tagesordnungspunkte und getroffene Entscheidungen festzuhalten, ggf. auch Beiträge von den einzelnen Teilnehmern.
Moderator	Der Moderator ist der Organisator und Lenker eines Meetings. Dies muss nicht der Teamleiter oder Projektleiter sein.	Ein Moderator nimmt eine neutrale Position in der Meinung ein. Durch geschickte Fragestellungen muss er mit den Teilnehmern die gestellte Aufgabe erarbeiten.
Brainstorming	Brainstorming (engl. brainstorm = Geistesblitz) wird in Meetings angewandt, wenn zunächst nur Ideen gesammelt werden.	Die gesammelten Ideen sind nach Themen oder Abläufen (Prozessen) zu ordnen, daraus sind dann die weiteren Schritte abzuleiten.
Entscheidung	Entscheidungen müssen in Meetings getroffen werden. Deshalb muss zu Beginn eines jeden Meetings das Ziel des Meetings den Teilnehmern mitgeteilt werden.	Getroffene Entscheidungen sind einzuhalten. Andernfalls sind die Gründe offen zu diskutieren. Dies darf allerdings nicht zu oft geschehen.
Konsens	Entscheidungen, die im Konsens der Teilnehmer (in Übereinstimmung) getroffen werden, sind von den Teilnehmern akzeptiert.	Die Fähigkeit, in strittigen Situationen Zugeständnisse und Abstriche in der Sache zu tätigen, ist eine Grundvoraussetzung für funktionierende Teamarbeit.
Abstimmen, Abstimmung	Unter Abstimmen versteht man, eine Übereinkunft zu finden (Konsensfindung). Entscheidungen, die aufgrund von Mehrheiten (Abstimmung) gefällt werden, können bei den Anwendern zum Scheitern des Projektes führen.	In einer funktionierenden und erfolgreichen Teamarbeit müssen die Anwenderinteressen vertreten sein.

Umgang mit Konflikten Managing Conflicts

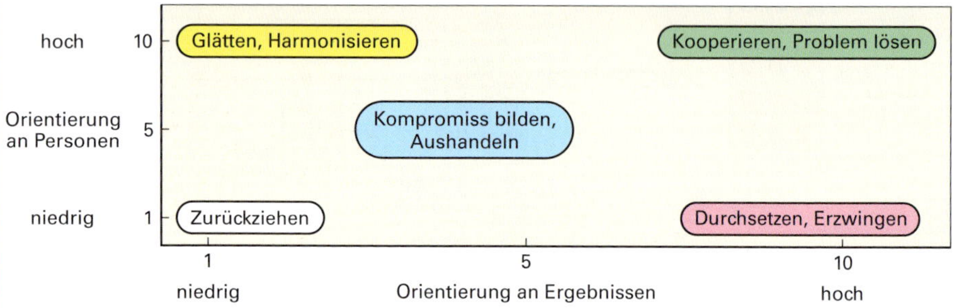

Konfliktstrategien

Begriff, Schritt	Erklärung	Bemerkungen
Sozialer Konflikt	Ein sozialer Konflikt (lat. confligere = zusammenstoßen, kämpfen) ist eine Spannung zwischen voneinander abhängigen Personen (Konfliktbeteiligte), die versuchen, unvereinbar erscheinende Handlungen zu verwirklichen. Konflikte entstehen meist auf der Sachebene und führen auf die Beziehungsebene. Der eigentliche Sachverhalt tritt dann in den Hintergrund, die andere Person *wird zum Problem*. Konflikte führen zu Veränderungen.	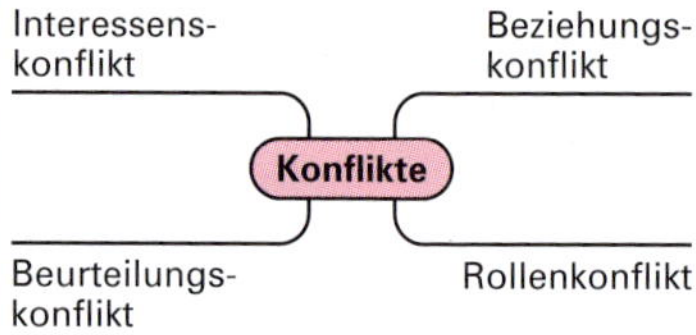 **Wichtige Arten von Konflikten**
Konflikt wahrnehmen	Auffallende Symptome bei Konfliktbeteiligten sind z.B. Unfreundlichkeit, bissige Bemerkungen, ironische Bemerkungen, Sich-aus-dem-Weg-gehen, geistige Blockade, Sabotage von Entscheidungen. Weitere Merkmale sind absichtliche Fehler, böse Blicke, Dienst nach Vorschrift, Ablehnung, Sturheit, falsche Freundlichkeit.	• Missverständniss • Polarisierung • Feindseligkeit • Aggression ↓ **Eskalation** **Ausprägungen des Konfliktverhaltens**
Konflikt analysieren, Konflikt diagnostizieren	• Klärung der Beteiligten am Konflikt. • Klärung der Streitfrage, des Streitgegenstandes. • Klärung der Ziele und der Beweggründe (Motivation) der Konfliktbeteiligten. • Klärung der bisherigen Konflikt-Lösungsaktivitäten. • Klärung der Rolle des Konfliktlotsen (außenstehender Konfliktbetroffener).	Auch mögliche Hintermänner im Konflikt ermitteln. Ansichten und Einstellungen der Konfliktbeteiligten klären. Klären der Vorteile und Nachteile für die Konfliktbeteiligten. Bewerten der bisherigen Maßnahmen und dabei erzielten Fortschritte. Sofern *ich* der Lotse bin: Welches Ziel verfolge ich im Konfliktfall?
Konflikt behandeln Konflikt-moderation	Konfliktbeteiligte oder außenstehende Konfliktbetroffene, z.B. Vorgesetzte, können wie folgt mit dem Konflikt umgehen: • abwarten, bis sich der Konflikt von allein erledigt, • den Konflikt derart verschärfen, dass ein Konfliktbeteiligter aufgibt und z.B. die Firma wechselt, • nachgeben bzw. einen Konfliktbeteiligten zum Nachgeben ermuntern, • den Konflikt herunterspielen und verniedlichen, • verhandeln und einen Kompromiss anstreben, • schlichten und eine Entscheidung treffen, • harmonisieren und alle Beteiligten zufrieden stimmen. Als außenstehender Konfliktbetroffener muss man sich in die Konfliktbeteiligten hinein versetzen und sollte sich neutral verhalten (Konfliktmoderator). Von den Konfliktbeteiligten wird Bereitschaft zur Konfliktbeseitigung, d.h. Kompromissfähigkeit, Sachlichkeit, Offenheit und Toleranz, erwartet. www.vorgesetzter.de	Im Konfliktgespräch erfolgt nach der Konfliktanalyse das Herausfinden des kleinsten gemeinsamen Nenners, das Umformulieren der Störungen in Wünsche bzw. Erwartungen, das Sammeln von Lösungen und deren Bewertung sowie das gemeinsame Festhalten des Ergebnisses. 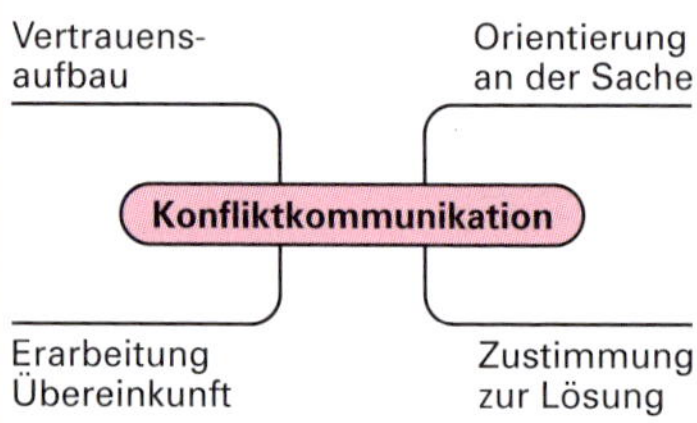 **Verhandlungsschritte im Konfliktgespräch**

Prozesse analysieren und gestalten Analysing and Creating of Processes

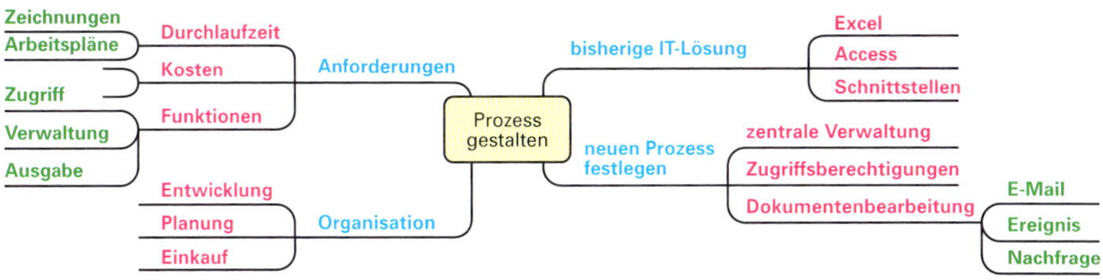

Prozessgestaltung mit Mindmap-Diagramm

Schritt	Aktionen	Erklärung, Bemerkungen
Verbreitungen treffen	Aufgabenstellung klären und niederschreiben. Ergebnistermin abklären.	Eine eindutige Aufgabenstellung ist zwingende Voraussetzung.
Projekt-organisation festlegen	Projektentscheidergremium auswählen, berufen. Projektleiter auswählen und berufen. Projektteam benennen. Projektstrukturplan gliedern und festlegen. Arbeitspakete festlegen. Verantwortungen festlegen. Meilensteintermine mit Entscheidern festlegen. Projektbudget abstimmen.	Entscheider müssen befugt sein. Er muss durchsetzungsfähig sein. Es muss kompetent sein. Z.B. Funktionsanalyse, System-Analyse, Sollprozessgestaltung, Qualifizierung. Sie dienen zur Aufwandsermittlung. Jedes Arbeitspaket erfordert einen Verantwortlichen. Für Genehmigungen wichtig. Notwendige Mittel müssen bereit stehen.
Ist-Zustand analysieren	Gesamtprozess in Unterprozesse gliedern. Automatisierte und manuelle Tätigkeiten in den Prozessen ermitteln. Anzahl der am Prozessablauf beteiligten Bereiche oder Personen ermitteln. Beim Prozessablauf eingesetztes System/eingesetzte Anlage analysieren und bewerten. Schwachstellen der realisierten Lösung erarbeiten.	Systematisches Aufsplitten des Gesamtprozesses sorgt für Übersichtlichkeit. Bisherige Unterbrechungen im Prozessablauf werden sichtbar. Eine bisher verteilte Verantwortung wird augezeigt. Bisherige Lösung auf mögliche Weiterentwicklung prüfen. Beispiele sind Durchlaufzeiten, unklare Zuständigkeiten, schlechte Qualifikation.
Soll-Prozess gestalten	Neue Anforderungen an den Prozess bzw. die Unterprozesse erarbeiten. Einfluss der bestehenden Betriebsorganisation auf den Prozess untersuchen. Ausprägung der bestehenden Anlage auf den neuen Prozessablauf untersuchen. Neue verfügbare Systeme hinsichtliche gestellter Anforderungen bewerten und beschaffen. Neuen Prozess festlegen. Neue Prozessverantwortung klären, Prozess-Owner (Eigentümer) festlegen. Abgleich Schwachstellen alte zu neue Lösung. Qualifizierungspotenzial für betroffene Mitarbeiter aufzeigen.	Beispiele sind kürzere Durchlaufzeiten, Vereinheitlichung von Prozessabläufen. Bei Bedarf muss umorganisiert werden. Oft ist die Anpassung einer bestehenden Anlage sehr kostspielig. Neue Systeme besitzen oft Prozessabläufe, die so nicht einsetzbar sind. Anpassungen sind dann sehr kostspielig. Gestellte Anforderungen berücksichtigen. Jeder Prozess muss in *einer* Verantwortung liegen. Schwachstellen alter Lösung abdecken. Neu gestaltete Prozesse erfordern meist umfangreichen Schulungsbedarf.
Kosten-Nutzen-Betrachtungen durchführen	Anfallende Aufwäde zusammenstellen. Erwarteten Nutzen zusammenstellen. Kosten-Nutzen-Betrachtung beeinflusst die Entscheidung zur Prozess-Neugestaltung.	Personalkosten, Entwicklungskosten, Lizenzkosten, Schulungskosten, Wartungs- und Betreuungskosten. Personalkosten, Investitionsvermeidungskosten, Wartungskosten, Durchlaufzeitreduzierung. Die Einmal-Kosten für den neu zu gestaltenden Prozess müssen z.B in drei Jahren durch den Nutzen amortisiert sein.
Ergebnis darstellen	Die neuen Prozessabläufe sind übersichtlich darzustellen mit den Aufgabenzuordnungen der Prozessbeteiligten, dem Projektnutzen und den Projektkosten.	Zur grafischen Darstellung gibt es geeignete IT-Tools, z.B. Together. Darstellungsformen sind z.B. Ablaufdiagramme, Zustandsdiagrame, Mindmap-Diagramme.

Vorbereitung einer Präsentation *Preparing a Presentation*

Handlung	Beschreibung	Bemerkungen
Vorbereitung	• Themenstellung klären. • Teilnehmergruppe klären: Anzahl und Niveau der Teilnehmer. • Ziel der Teilnehmer klären oder festlegen. • Dauer des Vortrages klären. • Technische Austattung des Vortragsraumes klären. • Geeignetes Softwaretool, z.B PowerPoint, für Erstellung von Bildern auswählen.	Das Niveau der Teilnehmer bestimmt die fachliche Tiefe des Vortrages im zur Verfügung stehenden Zeitrahmen. Wichtig ist, dass die Teilnehmer angesprochen werden. Die Teilnehmer müssen das Vorgetragene verstehen. Die Dauer des Vortrages legt bei einem Folienvortrag die Anzahl Folien fest. Bei PC-Präsentation ist ein Wireless Presenter zur Fernsteuerung hilfreich.
Mediengerät bereitstellen	• Overhead-Projektor für Folienpräsentation. • Beamer (LCD-Projektor, DLP-Projektor) für Präsentationen von PC-erzeugten Bildern, • Whiteboard für PC-Präsentation. 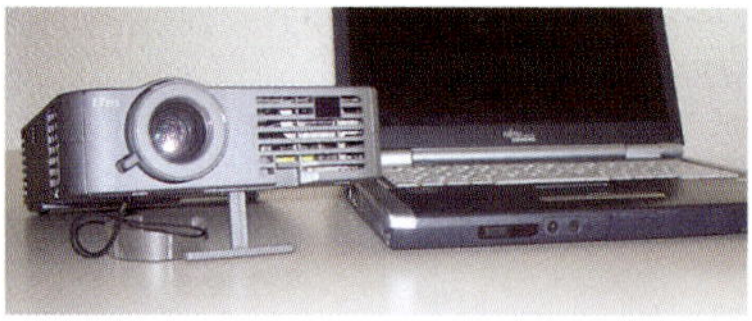 **LCD-Projektor oder DLP-Projektor mit PC**	Whiteboard ist eine weiße Tafel, anschließbar an PC. Bild aus PC wird über Beamer projiziert. Geschrieben wird mit Finger, farblosem Stift. Schrift auf Whiteboard in PC übernehmbar. 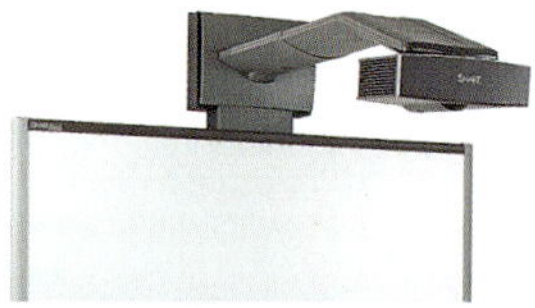 **Whiteboard**
Vortrags-erstellung	• Eine an die Wand projizierte Bildseite (Chart, Folie) muss mindestens eine Minute stehen bleiben. • Schriftgrad (Schriftgröße) mindestens 18 pt. • Maximal sieben Schriftzeilen je Bildseite, Bildseite nicht überladen. • Diagramme und Tabellen nicht mit Zahlen überladen. • Jede Bildseite muss ihr Bildseitenthema, die Archivnummer und ggf. das Firmenlogo enthalten (**Bild unten**). • Alle Bildseiten ähnlich strukturieren. • Vortrag in Schwerpunkte gliedern. • Titelseite und Seite für Vortragsgliederung nicht vergessen zu erstellen. • Vortrag vorab laut vorsprechen.	Eine Bildseite muss vom Zuhörer in Ruhe gelesen werden können. Die Schriftgröße darf deshalb keinesfalls zu klein gewählt werden. Die Leistungsfähigkeit des Projektors sowie die Größe des Vortragsraumes sind hier mitbestimmend. Als Schriftfarbe ist bei hellem Seitenhintergrund schwarz am besten geeignet. Ein Seitenhintergrund mit Strukturen ist zu vermeiden. Zu viele Farben auf einer Bildseite verwirren. Beim Verwenden verschiedener Farben ist den Farben ein Sinn zuzuordnen. Bei Bildschirmanimationen (animation = Bewegung) ist auf eine Beschränkung der bewegten Elemente zu achten.
Präsentation	• Kurze Zielangabe des Vortrages. • Nicht zu schnell sprechen. • Nicht zu viele Handbewegungen und Körperbewegungen vornehmen. • Bei der Wortwahl auf nicht allgemein bekannte Fremdworte, Fachausdrücke oder Abkürzungen verzichten. • Am Vortragsende eine kurze Zusammenfassung geben.	Der Vortragende darf keine Hektik verbreiten. In der Sprechweise ist dennoch eine gewisse Lebhaftigkeit gefordert. Zur Aufmunterung der Zuhörer kann auch einmal eine passende, kurze Anekdote erzählt werden. Zu witzig darf man nicht werden. Der Vortragende soll die Zuhörer während seines Vortrages anschauen.

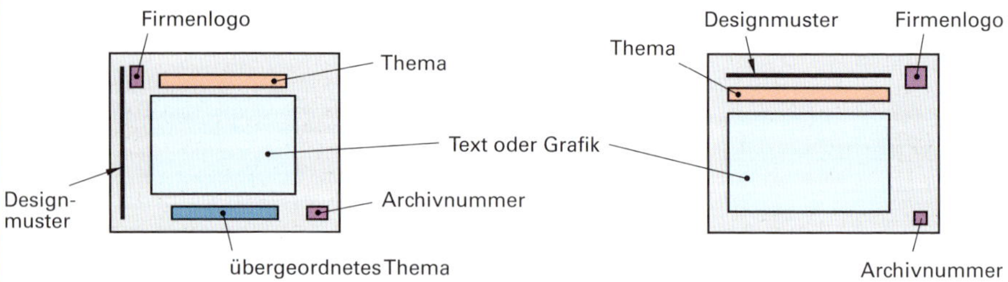

Mögliche Einteilungen von Bildseiten

Präsentation eines Projektes Presentation of project

Ablauf	Erklärung	Bemerkungen, Beispiel
Vorbereitung vorab	Die Präsentationsmedien, z.B. Flipchart, Pinnwand, Overhead-Projektor, Beamer, White-Board sind zur Aufbereitung der Präsentation festzulegen.	Vor Präsentationsbeginn ist der Präsentationsraum hinsichtlich der Verfügbarkeit der Präsentationsmedien zu überprüfen.
Persöliche Vorstellung	Vom Vortragenden ist zu Beginn der Präsentation sein Vorname und Name zu nennen und nach Möglichkeit auf ein Flipchart zu schreiben. Ein Schüler sollte noch seine Klasse, ein Berufstätiger seine Abteilung oder Firma mit Nennung wesentlicher Firmenangaben erwähnen. Der Grund der Präsentation ist zu erläutern.	„Sehr geehrte Damen und Herren, mein Name ist Max Müller, ich komme aus der Klasse 12a und möchte Ihnen meine Abschlussarbeit über ... vorstellen. Das Thema war für mich eine Herausforderung, wie Sie nachfolgend hören werden. Ich bin mir sicher, es wird auch Ihnen interessante Aspekte liefern."
Vorstellung des Themas	Das Thema des Projektes muss in seiner genauen Aufgabenstellung genannt werden. Ferner ist das Ziel des Projektes und sein Grund zur Durchführung zu erläutern. Auf die Bedeutung des Themas für die Zuhörer ist hinzuweisen.	Neben den Angaben zum Namen des Vortragenden sind die Aufgabenstellung und das Datum auf dem ersten Chart bei einer Präsentation z.B. über Beamer niederzuschreiben, andernfalls in deutlicher Schrift auf einer Flipchart-Seite.
Randbedingungen im Projekt	Durch das Darlegen von Randbedingungen werden den Zuhörern zu bewältigende Schwierigkeiten und insbesondere die Grenzen des Projektes aufgezeigt.	Typische Randbedingungen sind Einhaltung von vorgegebenen Terminen und Kosten, Verwenden möglichst vieler Standardkomponenten, Erweiterbarkeit hinsichtlich weiterer Funktionen, Beschränkungen beim Einbau.
Anforderungen durch die Aufgabenstellung	Die aus der Aufgabenstellung resultierenden Anforderungen sind zu erläutern. Den Zuhörern muss die Komplexität der Aufgabe nahe gebracht werden. Dadurch kann der Vortragende indirekt auf seine Kompetenz hinweisen.	Anforderungen können sein Übertragbarkeit der Lösung auf eine andere ähnliche Aufgabenstellung, Bedienungsfunktionen, Mindestfunktionsumfang, automatisierte Datenbereitstellung, Konstruktionsoptimierungen infolge Einbau-Platzbeschränkung.
Umsetzung	Die methodische Vorgehensweise zur Lösungsfindung, der realisierte Funktionsumfang, die Bedienung sowie Angaben zur technischen Umsetzung sind in angemessenem Niveau zu erläutern. Arbeitspakete können z.B. vorbereitet auf einer Pinwand erläutert werden.	Es ist zu beachten, dass die Zuhörer nicht mit zu tiefen technischen Einzelheiten konfrontiert werden. Der Vortragende muss die Zuhörer aufmerksam beobachten und deren mögliches Desinteresse frühzeitig erkennen.
Zusammenfassung	Vor Beendigung der Präsentation ist nochmals kurz das Wichtigste zusammenzufassen. Besondere Herausforderungen sowie Erkenntnisse während der Projektarbeit sind zu erwähnen. Wichtigen Projekt-Partnern ist zu danken.	„Zum Schluss meiner Präsentation möchte ich nochmals kurz zusammenfassen. Nach gründlicher Analyse von ... entstand ein Konzept mit den Eigenschaften ... Dieses Konzept wurde umgesetzt. Besonders zu beachten war dabei ... Dank der zielstrebigen Zusammenarbeit aller Beteiligten wurden Termin und Kosten eingehalten."
Diskussion	Am Ende der Präsentation sind durch den Vortragenden die Zuhörer aufzufordern, Fragen zu stellen. Falls sich bei der Diskussion manche Zuhörer langweilen sollten, ist die Diskussion zeitlich zu begrenzen mit Hinweis, im kleinen Kreis die Diskussion fortzusetzen.	Von den Zuhörern gestellte Fragen sind in erläuternder Weise zu beantworten, also nicht nur mit ja oder nein.

Flipchart

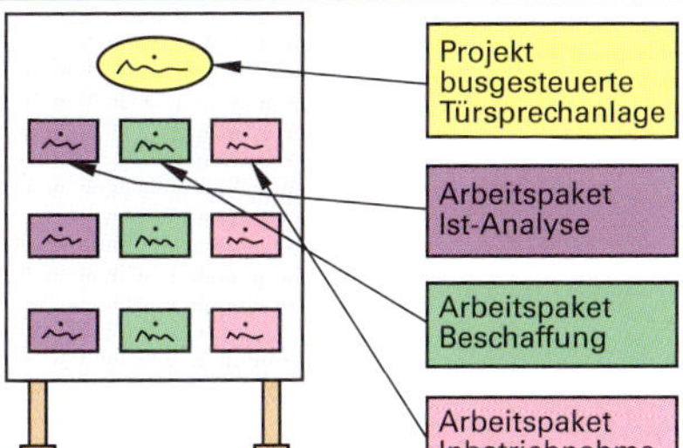

Pinnwand

Diagramme für Präsentationen Diagrams for Presentations

Diagramm	Erklärung	Bemerkungen, Anwendung
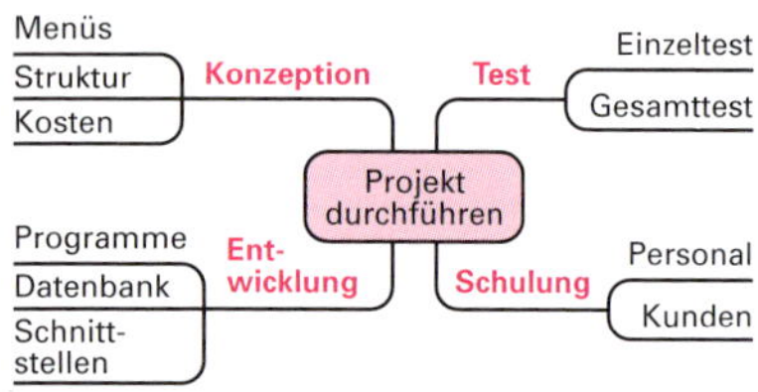 **MindMap-Diagramm**	Engl. Mind Map von Gedanken-Landkarte. Bildhafte Darstellung von Gedankengängen. Darstellung vom Übergeordneten (Abstrakten) zum Untergeordneten (Konkreten). Unterschieden werden Thema, Hauptäste und Verzweigungen.	Findet Anwendung zur Strukturierung eines Prozesses, zur Veranschaulichung von Sachverhalten, oft insbesondere während der *Brainstorming-Phasen* (Überlegungsphasen).
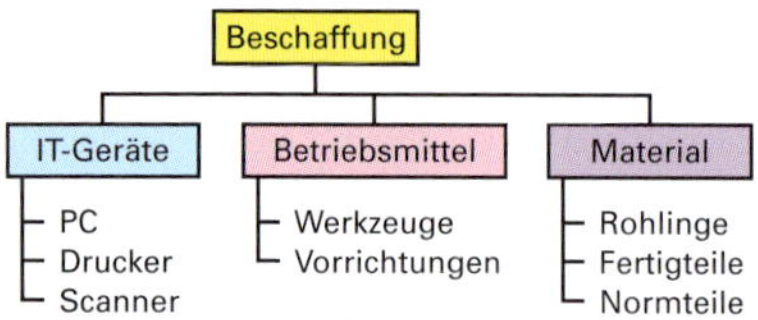 **Hierachiediagramm**	Zur Darstellung hierarchischer Zusammenhänge. Durch die Linien werden die Zusammenhänge innerhalb einer Gliederung mit ihren Untergliederungen abgebildet.	Darstellung einer betrieblichen Organisation (Organigramm). Darstellung von Funktionen mit ihren Subfunktionen. Darstellung von Projektstrukturen mittels *Projektstrukturplänen.*
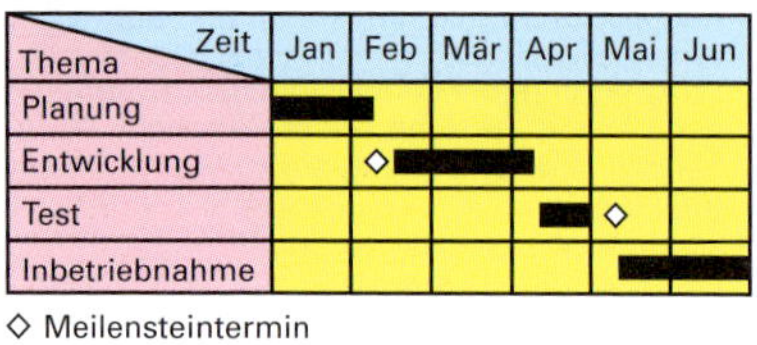 **Zeitplan-Diagramm**	Im Zeitplan-Diagramm werden Aktivitäten einer Zeitachse zugeordnet. Abhängigkeiten zwischen Aktivitäten können in dafür entwickelten Softwaresystemen eingestellt werden. An einem *Meilensteintermin* wird die nächste Projektphase freigegeben.	Das Zeitplan-Diagramm findet insbesondere zur zeitlichen Planung von Projekten als *Projektphasenplan* Anwendung. Die Schwerpunkte eines Projektes können einer Zeitachse zugeordnet werden. Im Zeitplan-Teil sind auch Meilensteintermine enthalten.
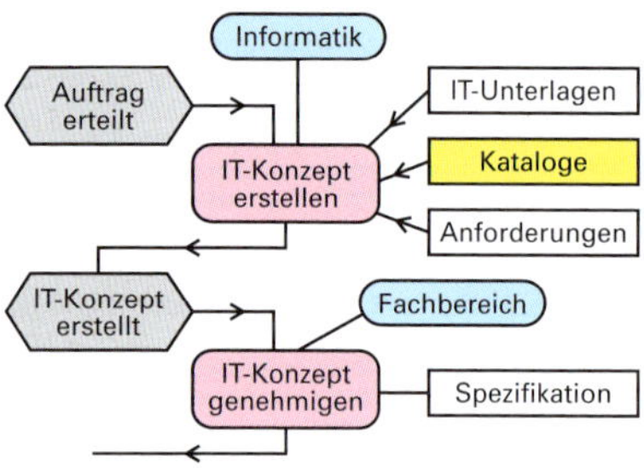 **Prozesskettendiagramm**	Ereignisse, Funktionen, Objekte (Informationen, Materialien, Personalkapazitäten) und Organisationseinheiten werden mit verschiedenen Symbolen dargestellt. Unterschieden werden *ereignisgesteuerte Prozessketten* EPK und *Vorgangskettendiagramme* VKD. Mit Verknüpfungselementen (Konnektoren) UND, ODER, Exklusiv ODER können komplexe Prozessabläufe abgebildet werden.	Anwendung bei Ablaufanalysen. Bei VKD werden Ereignisse, Funktionen, Objekte, Organisationseinheiten tabellarisch und somit übersichtlicher dargestellt. Ferner wird in dieser Tabelle vermerkt, ob die Verarbeitung der Informationen im Dialog, automatisiert oder manuell erfolgt.
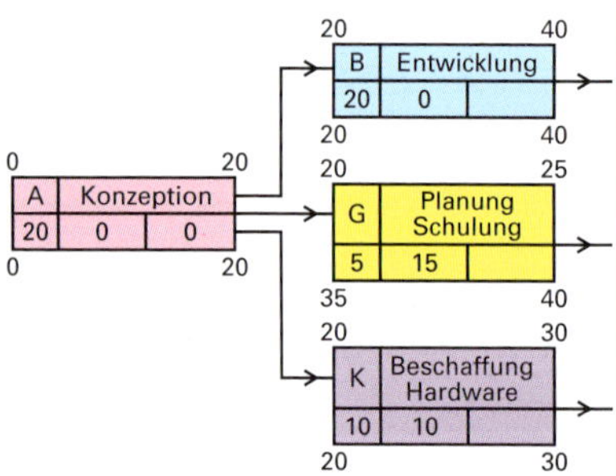 **Netzplandiagramm**	Auch *Vorgangsknotennetz* genannt. FAZ FEZ Vorgang | Beschreibung Dauer | GP | FP SAZ SEZ FAZ frühester Anfangszeitpunkt FEZ frühester Endzeitpunkt SAZ spätester Anfangszeitpunkt SEZ spätester Endzeitpunkt FP freier Puffer in Tagen GP Gesamtpuffer in Tagen	Zur Beschreibung von Teilarbeiten in Projekten, Prozessen. Berücksichtigt werden hierbei insbesondere verschiedene Zeitpunkte. FP = FAZ – FEZ GP = SAZ – FAZ Im *Netzplandiagramm* sind Funktionsanalyse Strukturanalyse) und Zeitanalyse gemeinsam dargestellt. Der Inhalt eines Netzplandiagrammes lässt sich auch tabellarisch recht anschaulich darstellen.

Durchführung von Projekten Realising Projects

Begriff	Erklärung	Bemerkungen

Aufgaben

- Projektinhalt festlegen
- Projektrisiken abwägen
- Wirtschaftlichkeit analysieren
- Projektziele festlegen
- Projekt abgrenzen
- Projektvoraussetzungen prüfen
- Projektorganisation festlegen
- Projektarbeitspakete definieren
- Terminplan ausarbeiten

Projektplanung

Entwicklungsprojekte benötigen ab einer mehrwöchigen Entwicklungsdauer eine fundierte (gründliche) Projektplanung. Nur so ist neben einer genauen Beschreibung der anzugehenden Tätigkeiten und Investitionen auch eine realistische Aufwands- und Kostenabschätzung möglich.

Insbesondere die Projektziele sind als Lastenheft genau zu beschreiben. Das Projekt ist als Projektstrukturplan in Arbeitspakete zu gliedern. Eine Projektorganisation muss festgelegt werden.

Projekte, die größere Investitionen und Personalkosten erfordern, müssen unbedingt eine Projektorganisation besitzen. Hierzu müssen ein Projektleiter, sein Stellvertreter, die Projektmitarbeiter und ein Entscheidergremium benannt werden.

Das Entscheidergremium muss oft mit Mitgliedern der Unternehmensleitung besetzt sein. Für die am Projekt beteiligten Personen muss deren für das Projekt verfügbare Arbeitszeit festgelegt sein.

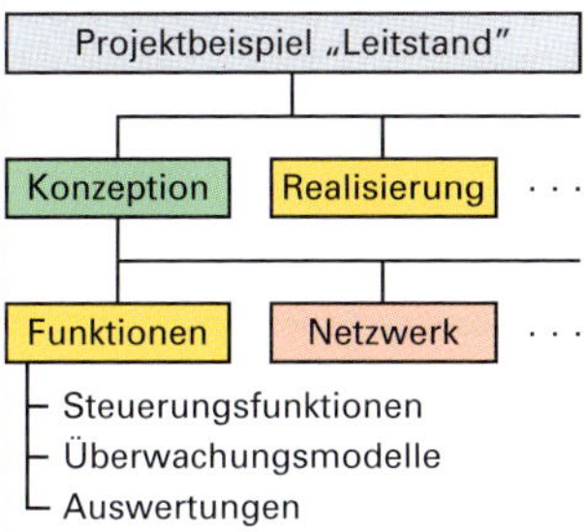

Projektstrukturplan

Von wesentlicher Bedeutung ist das Strukturieren eines Projektes anhand von Arbeitspaketen. Die einzelnen Arbeitspakete sind im Laufe des Projektes zu bearbeiten. Zum Projektbeginn sind den Arbeitspaketen grobe Schätzungen bezüglich Arbeitsaufwand in Personentagen (PT) und notwendigen Investitionen zuzuordnen.

Anhand der geschätzten Personentage und der bekannten Personalkapazitäten kann der Projektphasenplan einschließlich der Terminplanung erstellt werden.

Es empfiehlt sich, dem Strukturieren in Arbeitspakete große Sorgfalt zukommen zu lassen. Nur dadurch wird erreicht, dass Projekte hinsichtlich Terminen und Kosten nicht unterschätzt werden.

Zum Projektbeginn ist festzulegen, nach welchen erledigten Arbeitspaketen Meilensteinsitzungen mit dem Projekt-Entscheidergremium stattfinden sollen. Nur so ist eine ständige Unterstützung durch das Management sichergestellt.

Phase	1	2	3
Phasenergebnis			
Zugeordnete Arbeitspakete			
Arbeitsaufwand			
Invest			
Externe Kosten			
Kosten gesamt			
Meilensteintermine			

Projektphasenplan

In der Phasenplanung eines Projektes sind die einzelnen Projektphasen entsprechend z.B. Phase 1, 2, 3, 4, strukturiert. In jeder Projektphase sind die zugeordneten Merkmale zu beschreiben (**Bild**).

Beim Arbeitsaufwand sind die Personentage je Phase einzutragen und zusätzlich die daraus resultierenden Kosten (Berücksichtigung der Personentagessätze, z.B. 700 € je Tag).

An den Meilensteinterminen ist für das Entscheidergremium wichtig zu erfahren, welche Kosten und Arbeitsaufwände bisher anfielen und noch anstehen.

Hinsichtlich der Arbeitspakete ist empfehlenswert, diese zu nummerieren, sodass in dieser Tabelle (**Bild**) nur Nummern aufzulisten sind.

Bei Invest sind die für Hardware-Software-Beschaffungen zu tätigenden Investionen einzutragen.

Bei externen Kosten sind z.B. Schulungskosten und externe Entwicklungskosten einzutragen.

Die Phasenergebnisse sind schlagwortartig zu beschreiben.

Merkmale	2013	2014	2015
Kosten • einmalig • laufend			
Kosteneinsparung • einmalig • laufend			
Kostenvermeidung • einmalig • laufend			

Kosten-Nutzenbetrachtung

Anhand der mit Personentagen und Investionen versehenen Arbeitspakete wird die Kosten-Nutzen-Betrachtung durchgeführt. Hierbei sind auf der Kostenseite einmalig anfallende Kosten, ständig anfallende Kosten, z.B. Wartungsgebühren, Betreuungsaufwände, zu berücksichtigen.

Auf der Seite der Kosteneinsparungen sind ebenfalls einmalige Effekte und ständig anfallende Einsparungen, z.B. geringere Wartungsgebühren, zu betrachten.

In die Kosten-Nutzen-Betrachtung können auch Effekte einer Kostenvermeidung einfließen. Dies sind Kosten, die durch Umsetzung des Projektes nicht anfallen, z.B. das Vermeiden einer Personalzusatzeinstellung.

Eine Kosten-Nutzen-Betrachtung ist über einen mehrjährigen Zeitraum anzustellen.

Systematisches Marketing Systematic Marketing

- Marketingpotenziale
  - Gestaltung
    - Qualität
    - Aufmachung
    - Verpackung
  - Service
    - Kundendienst
    - Garantieleistungen
    - Beratungsleistungen
  - Prozess
    - neue Produkte
    - Änderungen von Produkteigenschaften
    - Produktausmusterung
  - Angebot
    - Kernsortiment
    - Randsortiment
    - Sortimentbreite
    - Sortimenttiefe

Marketing-Wirkungskreis

Merkmal	Erklärung	Bemerkungen, Beispiele
Marketing-Strategie	Eine Marketing Strategie ist schriftlich festzulegen. Sie beschreibt den Nutzen, den Sie Ihren Kunden bringt, beschreibt Ihre Kunden und beantwortet die Frage, wieso Ihre Kunden gerade mit Ihnen Geschäfte machen und nicht mit Ihren Mitbewerbern.	Die Beschreibung dieser Themen beeinflusst die Ausrichtung eines Unternehmens ganz wesentlich. Deshalb ist hier große Sorgfalt aufzuwenden. Neben dem Produkt selbst und seinem Design sind z. B. Qualität, Know-How, rasche Reaktionszeiten, günstige Preise darzustellen. Bei Privatkunden sind Alter, Beruf, Einkommen, Interessen von Bedeutung, bei Unternehmen Merkmale wie Größe, Branche, Markt, Region.
Marketing-Ziele	Die Marketing-Ziele sind in der Regel für 12 Monate im Voraus zu planen. Sie sind die Voraussetzung zur Festlegung des Marketing-Budgets.	Beispiele können sein: • bis zum Jahresende mindestens 2 Fachartikel in der Presse platzieren, • 40 neue Interessentenadressen gewinnen, • 4 neue Kunden gewinnen, • 10 neue Aufträge gewinnen, • den Umsatz um 10% steigern.
Marketing-Maßnahmen	Die Marketing-Maßnahmen hängen von den Marketing-Zielen ab. Zu klären ist außerdem die Zielgruppe einer Marketing-Maßnahme, ferner der Kostenrahmen einer Maßnahme. Je nach Zielgruppe wirken Marketing-Maßnahmen unterschiedlich. Die Marketingmaßnahmen sind von Zeit zu Zeit hinsichtlich ihres gebrauchten Erfolges zu bewerten und dementsprechend zu verstärken oder zu reduzieren.	Beispiele von Marketingmaßnahmen sind: • ansprechende Verpackungen der Produkte, • regelmäßige Kundenzeitschrift per Post oder E-Mail verteilen, • Kleinanzeigen oder größere Anzeigen in Zeitschriften und Zeitungen aufgeben, • Eintragung in Adressbücher und Branchenverzeichnisse vornehmen, • Radio-Werbung, TV-Werbung vornehmen, • Außenwerbung, z. B. Plakate, durchführen, • Mitglied werden in Berufs-Verbänden, • eigene Website im Internet erstellen, • Werbegeschenke verteilen, • Rabattaktionen starten.
Marketing-Aktionsplan	Im Marketing-Aktionsplan sind für jedes Marketing-Ziel bzw. für jede Marketing-Maßnahme die notwendigen Aktionen festzulegen. Der Aktionsplan muss je Aktion den Zieltermin und das auszugebende Budget enthalten.	Beispiele für Bestandteile von Aktionsplänen sind: • Rhetorik-Kurs besuchen, • Vortragstexte formulieren, • Vereine für einen Beitritt auswählen, • Anzeigenteste schreiben, • Anzeigentexte von anderen vorab lesen lassen, • Medien für Anzeigen auswählen, • Tagessätze mit Rabattstaffelungen festlegen.
Marketing-Budget	Das Marketing-Budget kann anhand der Marketing-Ziele, nach Umsatz oder nach Wertsein eines Neukunden geplant werden. Die Marketing-Maßnahmen sind hinsichtlich ihres zu erwartenden Nutzens bei der Budgetierung zu bewerten.	Viele Marketing-Maßnahmen wirken erst mittelfristig. Damit sich eine Anzeige in einer Fachzeitschrift auszahlt, muss diese oft mehrfach hintereinander geschaltet werden. Es ist darauf zu achten, dass für nicht erfolgsbringende Maßnahmen nicht zu viel Geld ausgegeben wird.

Kommunikation mit Kunden Communication with Customers

Gesprächseröffnungsphase	Argumentationsphase	Abschlussphase
• Informationsfragen	• Informationsfragen • Alternativfragen • Detaillierungsfragen • Gegenfragen	• Kontrollfragen • Alternativfragen • Gegenfragen

Fragearten in den Phasen eines Kundengespräches

Art	Beschreibung	Bemerkungen, Beispiel
Kontakteröffnung Gesprächseröffnung	Zeigen Sie sich offen und freundlich. Gehen Sie bei Bedarf auf den Kunden zu. Die ersten Sekunden Ihres Eindruckes beim Kunden sind für einen positiven Gesprächsverlauf entscheidend. Bieten Sie höflich Ihre Hilfe an.	Beobachten Sie, ob ein Kunde „umherirrt". Lächeln Sie. Stellen Sie sich vor. Zeigen Sie sich motiviert.
Argumentation	Sie müssen geschickt fragen und aktiv zuhören. Den Kunden mit Argumenten nicht überfordern. Beachten, was er versteht. Dem Kunden den Nutzen des Produktes oder der Dienstleistung näherbringen.	Geeignete Worte sind ... das erlaubt Ihnen ... ... das bringt Ihnen ... ... dadurch sparen Sie ...
Abschluss	Sie müssen erkennen, wann die Zeit für einen Verkaufsabschluss reif ist. Nicht überargumentieren.	Kontrollfragen, Gegenfragen stellen.
Nach Abschluss	Denken Sie an die Zeit nach dem Verkauf. Versprechen Sie nichts, was Sie oder das Produkt nicht halten können.	Siehe Regeln der Reklamationsbehandlung.
Fragetechniken		
Offene Frage	Die Antwort der Frage ist offen.	„Wie kann ich Ihnen helfen?"
Geschlossene Frage	Die Antwort ist mit der Fragestellung vorab festgelegt, z.B. ja oder nein. Diese Frageform ist nicht immer geeignet.	„Sollen wir eine Messung vornehmen?"
Direkte Frage	Es wird unmittelbar erfragt, was der Fragende wissen möchte.	„Wann erfolgte die letzte Inspektion?"
Indirekte Frage	Über die Frage wird eine Strategie verfolgt. Für Verkaufsgespräche nicht empfehlenswert, da Sie Zeit verlieren. Wird angewendet z.B. in Vorstellungsgesprächen.	„Haben Sie leicht einen Parkplatz gefunden?" → Prüfung, ob Führerschein vorhanden.
Informationsfrage	Um unmittelbar Fakten und Meinungen zu erfahren. W-Fragen (wer, wann, wieviel, aber nicht warum fragen).	„Welches Gerät hatten Sie bisher im Einsatz?"
Gegenfrage	Empfiehlt sich dann, wenn man die gestellte Frage nicht beantworten kann oder will.	„Wann können Sie liefern?" → „Wann benötigen Sie das Gerät?"
Detaillierungsfrage	Wird benutzt, wenn der Kunde auf eine zuvor gestellte Frage nicht antworten kann oder will.	Zweite nachgeschobene Frage.
Alternativfrage	Als Antwort sind zwei Alternativen möglich. Beide Alternativen sollten für einen Berater/Verkäufer positiv sein.	„Sollen wir die Maßnahmen am Montag oder am Mittwoch ausführen?" (Dienstag geht nicht.)
Kontrollfrage	Dient zum Feststellen, ob Kunde und Berater/Verkäufer sich richtig verstanden haben.	„Nur der Schalter im Bad funktioniert also nicht?"
Regeln der Reklamationsbehandlung		
Kunde ernst nehmen Zuhören	Reklamation auch dann ernst nehmen, wenn Sie selbst anders denken. Die Bewertung Ihres Service erfolgt durch den Kunden. Was wird reklamiert? Nicht erbrachte, fehlerhafte oder unvollständige Dienstleistung? Irrtum des Käufers? Bei Bedienungsfehler des Kunden dessen Gesichtsverlust vermeiden.	Den Kunden nicht als unqualifiziert darstellen. Verteidigen Sie nicht das Produkt oder die verkaufte Dienstleistung.
Aufmerksamkeit zeigen	Gezielt nachfragen, Körpersignale geben.	Kurzlaute geben: ja, aha. Blickkontakt, Nicken.
Verständnis zeigen	Es soll beim Kunden der Eindruck erweckt werden, dass er ernst genommen wird.	Versuchen Sie eine Lösung aufzuzeigen.
Gleiches Interesse zeigen	Unterstreichen Sie, dass auch Sie an der Lösung des Problems größtes Interesse haben.	„Ich kann Sie verstehen."
Entschuldigen	Bei Produktfehlern oder fehlerhaft erbrachten Dienstleistungen sollten Sie sich entschuldigen, vielleicht sogar ein kleines Geschenk überreichen. Dies bringt Vertrauen.	Eine Entschuldigung ist hier kein Zeichen von Schwäche.
Unkompliziert zeigen	Versuchen Sie sofort eine Lösung zu finden. Schlecht ist: Das müssen wir erst einmal einschicken. Kommen Sie in zwei Wochen wieder.	„Ich biete Ihnen in der Zwischenzeit ein Ersatzgerät an."

Durchführung von Kundenschulungen Execution of Customer Trainings

Merkmal	Erklärung	Bemerkungen
Ankündigung einer Schulung Profil Aufgaben	Das Anbieten von Schulungen kann z. B. mittels Internet, gezieltem Anschreiben an Kunden oder als Angebot beim Produktkauf erfolgen. Das Profil der Zielgruppe muss z. B. im Ausschreibungstext der Schulung beschrieben sein. Zu überlegen ist, die Schulungsvoraussetzungen der Teilnehmer vorab zu testen, z. B. durch interaktives Lösen von Aufgaben auf Internetseiten des Schulungsanbieters.	**Thema**: SIMATIC, Projektieren mit ... **Voraussetzungen**: Kenntnisse SIMATIC S7 ... **Beschreibung/Lernziele**: Dieser Kurs vermittelt die Kenntnisse ... **Inhalt**: Arbeiten mit SIMATIC-Modulen ... **Zielgruppen**: Programmierer, Projektierer, ... **Struktur einer Schulungsankündigung**
Vorbereitung von Schulungen Lernziele	Zu klären sind Schulungsinhalt (Lernziele), Zielgruppe der Schulungsteilnehmer, Schulungsort, Schulungsart, Zeitrahmen der Schulung, notwendige Infrastruktur, Preisgestaltung, Marketing, Bewirtung während der Schulung, grober Ablauf der Schulungsveranstaltung.	Schulungsinhalte z. B. Bedienen und Anwenden von Produkten, Anwenden von Abläufen (Prozessen). Schulungen beim Kunden, beim Hersteller, beim Vertreiber eines Produktes. Individuell gestaltete Schulungen gemäß Angebot bestellen, zu Standardschulungen selbst anmelden.
Infrastruktur, Medien Schulungsunterlagen eLearning	Die Ausstattung des Schulungsraumes (Infrastruktur) ist zu klären bzw. die notwendigen Geräte sind zu beschaffen und auf Funktionsfähigkeit zu prüfen. Es ist zu beachten, dass jeder Schulungsteilnehmer einen Arbeitsplatz mit z. B. PC und notwendiger Softwareausstattung besitzt, ggf. ist auch ein Laborarbeitsplatz erforderlich. Zu Beginn der Schulung müssen die Schulungsunterlagen vorliegen. Sofern die Schulung mittels eLearning erfolgt, muss die eLeaming-Software ausgetestet und bedienungssicher zur Verfügung stehen (Web-based-Training, WBT).	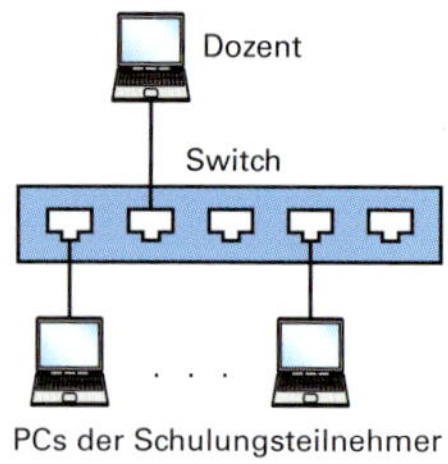 **Funktionen** • Dozent sendet an alle • Dozent sieht jeden Teilnehmer • einer sendet an alle **Vernetzte Schulungsarbeitsplätze**
Schulungsunterlagen Übungen Fachbegriffe	Umfassen einen Theorieteil, der das Thema vermittelt. Femer muss ein Übungsteil vorhanden sein, der die während der Schulung zu bearbeitenden Übungsbeispiele mit Lösungen und Lösungswegbeschreibung enthält. Der Übungsteil muss auch für eine spätere Nachbetrachtung geeignet sein. Schulungsunterlagen müssen in Kapitel gegliedert, mit aussagekräftigen Bildern versehen sein und sollten ein Glossar bzgl. wichtiger Fachbegriffe, Fach-Fremdworte und Abkürzungen zum schnellen Nachschlagen besitzen.	5/2-Wegeventil steuert den Pressenzylinder. Zylinder ist so lange ausgefahren, wie Ausgang A3.2 angesteuert wird 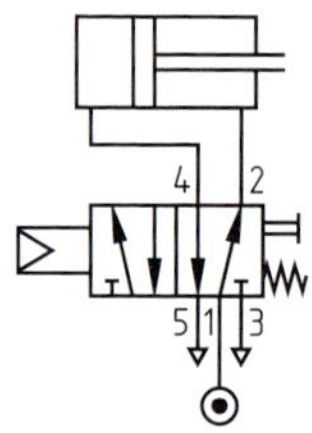 **Auszug aus Schulungsdokumentation**
Ablauf einer Schulung Agenda Praxisnähe	Orientiert sich an festgelegter Agenda. Die Teilnehmer sollten sich zu Schulungsbeginn gegenseitig bekannt machen, ebenso sollte der Dozent sich vorstellen. Die Agenda muss mit den Teilnehmern besprochen und bei Bedarf angepasst werden. Den Übungsbeispielen ist die größte Bedeutung zuzuordnen. Auf Praxisnähe ist Wert zu legen. Der Dozent muss verständlich vortragen und darauf achten, dass die Teilnehmer den Themen gedanklich folgen können.	• Agenda vorstellen, ggf. anpassen • Teilnehmer, Dozent vorstellen • Theorie des Schulungsthemas behandeln • Praktische Übungen vornehmen • Vermitteltes Wissen testen • Feedback einholen • Zertifikate an Teilnehmer austeilen **Schulungsablauf**
Abschluss Feedback	Die Schulungsteilnehmer erhalten als Bescheinigung ihrer Schulungsteilnahme ein Zertifikat. Vor Verlassen des Schulungsraumes sollte den Schulungsteilnehmern ein Fragebogen ausgehändigt werden, in welchem die Zufriedenheit der Teilnehmer erfragt wird. Dadurch wird den Teilnehmern Wertschätzung vermittelt, ferner können mit diesen Informationen (Feedback) zukünftige Schulungsabläufe verbessert werden.	Skala 1 bis 4 (genau richtig, ungeeignet) – Abdeckungsgrad ☐ – Praxisnähe ☐ – Schulungsunterlagen ☐ – Vermittelter Stoff ☐ – Stoffmenge ☐ **Beispiele für Themen eines Fragebogens**

Bestandteile eines Tarifvertrages   Constituents of Tariff Agreement

Bestandteil	Erklärung	Bemerkungen
Entlohnung nach ERA	Entgelt-Rahmenabkommen ERA gültig für die Metall- und Elektroindustrie. Keine Unterscheidung zwischen Arbeitern/Angestellten. Begriffe Lohn und Gehalt sind durch Entgelt ersetzt.	Zusätzlich zum Entgelt-Rahmen des Tarifes gibt es Leistungszulagen, die je nach Unternehmen stark verschieden sind. Bis zu 17 ERA-Gruppen für Entgeltfindung, je nach Bundesland verschieden.
Ausbildungsvergütung	Festlegung der Vergütungen in den einzelnen Ausbildungsjahren.	Ist in jedem Bundesland leicht verschieden.
Arbeitszeit	Festlegung der Wochenarbeitszeit. Teilarbeitszeit ist getrennt zu regeln.	Die maximale Mehrarbeit je Woche ist ebenfalls festgeschrieben.
Zuschläge	Für Mehrarbeit, Schichtarbeit, Nachtarbeit, Sonntagsarbeit, Feiertagsarbeit, 24. und 31. Dezember.	Sind je nach Tarifgebiet verschieden. Auch z. T. abhängig von der Tageszeit.
Bezahlung bei Arbeitsausfall	Zu unterscheiden ist Arbeitsausfall durch Betriebsstörung und Arbeitsverhinderung, z. B. wegen Kinderbetreuung, Todesfall, Geburt, Eheschließung.	Für die vom Arbeitgeber zu vertretenden Ausfallzeiten infolge Betriebsstörung ist der durchschnittliche Verdienst zu bezahlen. Für die Arbeitsverhinderung sind zu bezahlende Arbeitstage definiert.
Fortzahlung von Lohn und Gehalt bei Krankheit	Ist durch den Arbeitgeber für mindestens 6 Wochen sicherzustellen.	Arbeitsunfähigkeitsbescheinigungen sind dem Arbeitgeber z. B. spätestens am 3. Tag vorzulegen.
Urlaub	Festlegung der jährlichen Urlaubstage als Arbeitstage.	Das Durchschnittseinkommen wird im Urlaub weiterbezahlt. Zusätzlich gibt es Urlaubsgeld.
Sonderzahlungen	Das sogenannte 13. Monatseinkommen, welches meist weniger als ein Monatseinkommen ist, sowie weitere Zahlungen, wie Prämien.	13. Monatseinkommen ist gestaffelt nach der Betriebszugehörigkeit. Voller Anspruch oft erst nach vier Jahren.
Freistellungsansprüche	Beispiele sind Tod des Ehegatten, Tod von Kindern, Eheschließung, Geburt, Elternzeit, Weiterbildung.	Arztbesuche sind in der Regel außerhalb der Arbeitszeit vorzunehmen.
Verdienstsicherung	Ist nach Lebensalter und Betriebszugehörigkeitszeit geregelt, z. B. ab 54. Lebensjahr (Alterssicherung).	Es wird ein Alterssicherungsbetrag als Mindestverdienst ermittelt, z. B. der Verdienst zum Zeitpunkt der Alterssicherung.
Probezeiten	In dieser Zeit kann vom Unternehmen gekündigt werden.	Die Kündigung ist auch vom Arbeitnehmer möglich. Die Probezeit ist maximal 6 Monate.
Kündigung	Vom Unternehmen und Arbeitnehmer sind Kündigungsfristen einzuhalten. Kündigungsschutz oft ab 54. Lebensjahr.	In der Probezeit sind die Fristen deutlich kürzer als danach. Meist 4 Wochen zum Monatsende. Kündigt der Arbeitgeber, so ist die Kündigungszeit abhängig von der Zeit der Betriebszugehörigkeit. Der Beschäftigte hat Anspruch auf ein Arbeitszeugnis.
Beschäftigungssicherung	Absenkung der Wochenarbeitszeit, um in wirtschaftlich schwierigen Zeiten Kündigungen zu vermeiden.	Die Absenkungen sind je nach Tarifgebiet festgelegt. Alternativ erfolgt oft Kurzarbeit.
Qualifizierung	Zwischen Arbeitnehmer und Arbeitgeber ist der erforderliche Qualifizierungsbedarf festzulegen.	Die Kosten der Qualifizierungsmaßnahmen sind vom Arbeitgeber zu tragen.

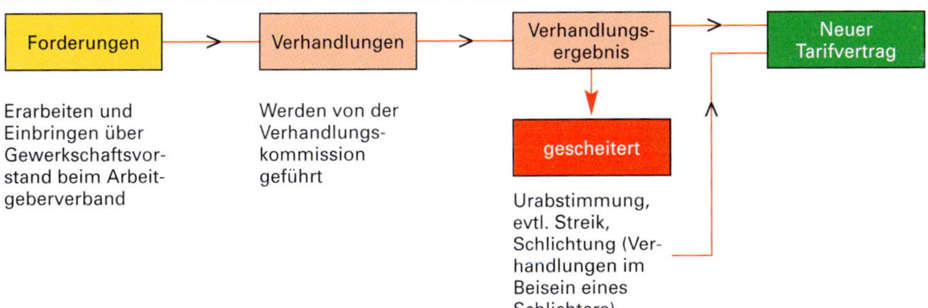

Entstehung eines Tarifvertrages

Rechtsgeschäfte im Betrieb Legal Transactions in the Company

Vertrag	Vertragspartner	Vertragsinhalt	Form	Regelung im BGB
Gesellschaftsvertrag	mehrere Gesellschafter	Verpflichtung der Gesellschafter, den im Vertrag vorgesehenen Zweck zu fördern.	Notarielle Beurkundung empfohlen	§§ 706 bis 740
Dienstvertrag (Arbeitsvertrag)	Arbeitnehmer/ Arbeitgeber	Leistung von Diensten (Arbeit) gegen Bezahlung.	Schriftform empfohlen	§§ 611 bis 630 (außerhalb BGB weitere Gesetze)
Kaufvertrag	Käufer/Verkäufer	Gegen Bezahlung Veräußern von Sachen und Rechten.	Für größere Sachen Schriftform empfohlen. Bei Grundstücken ist notarielle Beurkundung Pflicht.	§§ 433 bis 514, bei Grundstücken zusätzlich §§ 873 bis 902
Mietvertrag (Leasingvertrag)	Mieter/Vermieter	Gegen Bezahlung Überlassung der vermieteten Sache zum Gebrauch.	Für Häuser oder Hausteile Schriftform empfohlen.	§§ 535 bis 580, bei Wohnungen zusätzliche Gesetze
Pachtvertrag	Pächter/Verpächter	Gegen Bezahlung Überlassung der verpachteten Sache zum Gebrauch und zum Genuss der Erträge.	Schriftform empfohlen. Bei Grundstücken mit notarieller Beurkundung.	§§ 580 bis 597
Leihvertrag	Verleiher/Entleiher	Ohne Bezahlung Überlassung der entliehenen Sache zum Gebrauch.	Schriftform empfohlen	§§ 598 bis 606
Werkvertrag	Besteller/Unternehmer	Gegen Bezahlung Herstellung eines versprochenen Werkes, z.B. einer Sache, auch aus Material des Bestellers.	Schriftform empfohlen	§§ 631 bis 650
Werklieferungsvertrag	Besteller/Unternehmer	Gegen Bezahlung Herstellung eines versprochenen Werkes mit Lieferung des Materials.	Schriftform empfohlen	§§ 631 bis 650 zuzüglich Bestimmungen über Kaufvertrag
Darlehensvertrag	Darlehensnehmer/Darlehensgeber	Überlassung von Geld oder anderer vertretbarer Sachen, z.B. Goldbarren, gegen oder ohne Vergütung	Schriftform empfohlen	§§ 607 bis 610

Verträge können von *natürlichen Personen* (Menschen nach der Geburt) oder von *juristischen Personen* (Zusammenschlüsse anderer Personen) geschlossen werden.

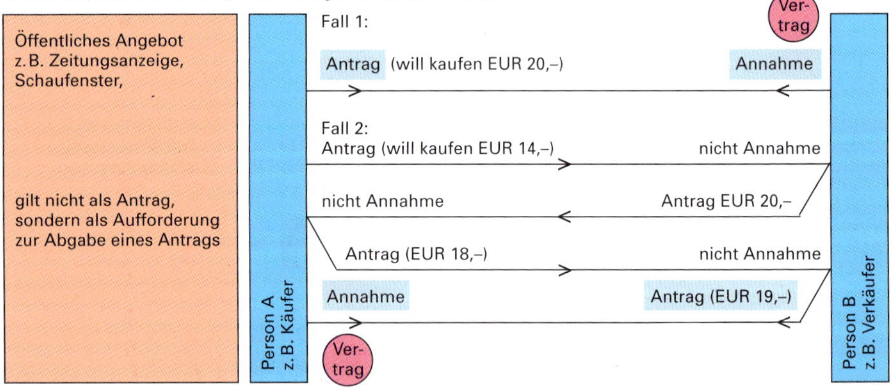

Vorgehen beim Zustandekommen von Verträgen

Kosten und Kennzahlen Costs and Key Figures

Kostenarten

Kosten	Erklärung	Bemerkungen, Beispiele
Fertigungs-Materialkosten FMK	Die Kosten des Materials für das Produkt.	Von außen zugelieferte Teile sind als Material anzusehen.
Material-Gemeinkosten MGK	Kosten, die wegen des Materials anfallen, ohne Fertigungs-Materialkosten zu sein.	Kosten der Materialbeschaffung, Abfallentsorgung, Lagerkosten.
Fertigungslöhne FL	Löhne, die bei der Fertigung des Produktes anfallen.	Stundenlöhne der Produktion, Akkordlöhne. Auch Montagelöhne.
fertigungsbedingte Gemeinkosten (Lohngemeinkosten) FGK	Kosten, die wegen der Fertigung anfallen, ohne Fertigungslöhne oder materialbedingte Gemeinkosten zu sein.	Sozialaufwendungen, Arbeitgeberanteil zur Sozialversicherung, Urlaubsgeld, bezahlte Krankheitstage.
verwaltungsbedingte Gemeinkosten VwGK	Gemeinkosten (allgemeine Kosten), die wegen der Verwaltung des Betriebes anfallen.	Kosten des Rechnungswesens, Personalwesens, der Unternehmensplanung, Management, Informatik und Betriebsräte.
vertriebsbedingte Gemeinkosten VtGK	Gemeinkosten (allgemeine Kosten), die wegen des Vertriebs entstehen.	Raumkosten und Personalkosten des Vertriebes.

Ermittlung der Gemeinkostensätze

Zuschlagsätze	Erklärung	Berechnung der Zuschlagsätze
Material-Gemeinkostensatz MGKS	Material-Gemeinkosten je Fertigungs-Materialkosten	$MGKS = \frac{MGK \cdot 100\%}{FMK}$ **1**
Fertigungs-Gemeinkostensatz FGKS	fertigungsbedingte Gemeinkosten je Fertigungslöhne	$FGKS = \frac{FGK \cdot 100\%}{FL}$ **2**
Verwaltungs-Gemeinkostensatz VwGKS	verwaltungsbedingte Gemeinkosten je Herstellkosten (siehe folgende Seite)	$VwGKS = \frac{VwGK \cdot 100\%}{HK}$ **3**
Vertriebs-Gemeinkostensatz VtGKS	vertriebsbedingte Gemeinkosten je Herstellkosten (siehe folgende Seite)	$VtGKS = \frac{VtGK \cdot 100\%}{HK}$ **4**

Mit Hilfe der Gemeinkostensätze, die z.B. jährlich ermittelt werden, werden die Gemeinkostenzuschläge zu den einzelnen Positionen (Material, Löhne, Entgelt) berechnet (siehe folgende Seite).

Wichtige Kennzahlen zur Betriebsbeurteilung

Kennzahl	Erklärung	Bemerkungen
Rentabilität des Eigenkapitals	$RdE = \frac{\text{Gesamtgewinn} \cdot 100\%}{\text{Eigenkapital}}$	Maß für Fähigkeit zur Gewinnerzielung.
Rentabilität des Umsatzes	$RdU = \frac{\text{Gesamtgewinn} \cdot 100\%}{\text{Umsatz}}$	Maß für Gewinn je Umsatzeinheit.

FGK fertigungsbedingte Gemeinkosten
FGKS Fertigungs-Gemeinkostensatz
FL Fertigungslöhne
FMK Fertigungs-Materialkosten
HK Herstellkosten
MGK Material-Gemeinkosten
MGKS Material-Gemeinkostensatz
RdE Rentabilität des Eigenkapitals
RdU Rentabilität des Umsatzes
VtGK vertriebsbedingte Gemeinkosten
VtGKS Vertriebs-Gemeinkostensatz
VwGK verwaltungsbedingte Gemeinkosten
VwGKS Verwaltungs-Gemeinkostensatz

Kalkulation der Kosten Cost Accounting

Vorwärtskalkulation der Verkaufspreise

Ermittlung von	Rechengang	Beispiel Schaltschrank	
Materialkosten MK	Fertigungs-Materialkosten + Material-Gemeinkosten	FMK MGK (z.B. 20% von FMK)	850,00 € 170,00 €
Herstellkosten HK	Materialkosten + Fertigungslöhne + fertigungsbedingte Gemeinkosten	MK FL FGK (z.B. 70% von FL)	1020,00 € 1100,00 € 770,00 €
Selbstkosten SeK	Herstellkosten + verwaltungsbedingte Gemeinkosten + vertriebsbedingte Gemeinkosten	HK VwGK (z.B. 10% von HK) VtGK (z.B. 20% von HK)	2890,00 € 289,00 € 578,00 €
Barverkaufspreis ohne Provision BVP	Selbstkosten + kalkulatorischer Gewinn provisionsfreier Barverkaufspreis	SeK G (z.B. 10% von SeK) BVP	3757,00 € 375,70 € 4132,70 €
Skontozuschlag S	$+ S = \frac{SS \cdot BVP}{100\% - SS - PS}$	S (z.B. SS = 2%)	88,88 €
Provisionszuschlag P	$+ P = \frac{PS \cdot BVP}{100\% - SS - PS}$	P (z.B. PS = 5%)	222,19 €
rabattfreier Rechnungspreis RP Rabattzuschlag R	rabattfreier Rechnungspreis $+ R = \frac{RS \cdot RP}{100\% - RS}$	RP R (z.B. RS = 20%)	4443,77 € 1110,94 €
Nettoverkaufspreis NVP	Nettoverkaufspreis + Mehrwertsteuer MwSt	 MwSt (z.B. 19% von NVP)	5554,71 € 1055,39 €
Bruttoverkaufspreis BRVP	Bruttoverkaufspreis	BRVP	**6610,10 €**

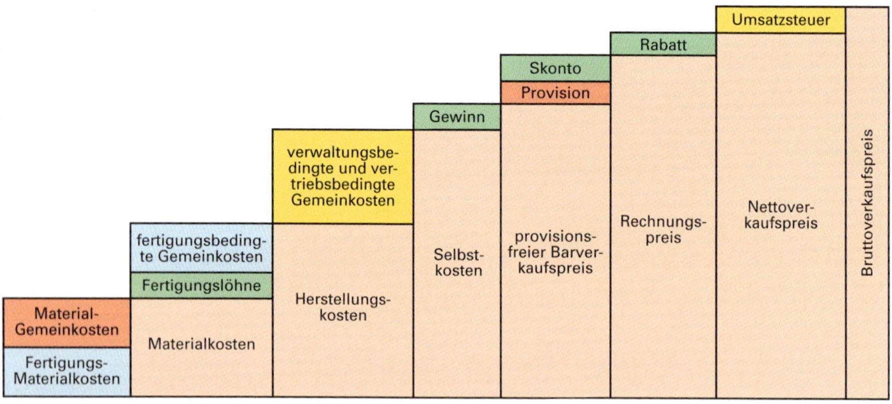

Vorgehensweise bei der Vorwärtskalkulation

Divisionskalkulation

Ermittlung der Herstellkosten je Mengeneinheit HKM	$\frac{\text{gesamte Herstellkosten}}{\text{hergestellte Menge}}$	10 Schaltschränke verursachen HK = 28 900,00 € $HKM = \frac{28\,900{,}00\ €}{10} = \mathbf{2\,890{,}00\ €}$

BRVP	Bruttoverkaufspreis
BVP	provisionsfreier Barverkaufspreis
FGK	fertigungsbedingte Gemeinkosten
FL	Fertigungslöhne
FMK	Fertigungs-Materialkosten
G	kalkulatorischer Gewinn
HK	Herstellkosten
HKM	mengenbezogene Herstellkosten
MGK	Material-Gemeinkosten
MK	Materialkosten
MwSt	Mehrwertsteuer
NVP	Nettoverkaufspreis
P	Provision, z.B. des Vertreters
PS	Provisionssatz (Provision in %)
R	Rabatt
RP	Rechnungspreis
RS	Rabattsatz (Rabatt in %)
S	Skonto
SeK	Selbstkosten
SS	Skontosatz (Skonto in %)
VtGK	vertriebsbedingte Gemeinkosten
VwGK	verwaltungsbedingte Gemeinkosten

Erstellen eines Angebotes Preparing a Quotation

Aufbau	Erklärung	Bemerkungen
Angebotskopf	Der Angebotskopf enthält die Adresse des Kunden, das Datum der Angebotserstellung, die Verwaltungsnummer des Angebotes sowie die Überschrift des Angebotes (Stammdaten).	Zusätzlich sind anzugeben: Ersteller des Angebotes, dessen Telefonnummer und E-Mail-Adresse. Die eigene Adresse steht zu Beginn des Angebotes oder am Ende.
Position	Positionen in einem Angebot sind unterschiedliche Waren/Leistungen, z.B. Artikel, Arbeitsstunden. Positionen werden nummeriert.	Es können fortlaufende Zahlen oder auch aufsteigende Gliederungsnummern, z.B. 1.1, 1.2, 1.3, verwendet werden.
Positionsbezeichnung	Die Waren/Leistungen eines Angebotes sind mit einem Begriff zu beschreiben.	Bei Artikeln aus einem Katalog ist die exakte Bezeichnung daraus zu verwenden.
Menge	Die angebotenen Waren/Leistungen sind mit ihren Mengen anzubieten.	Eine Menge ist die Anzahl, z.B. 5 Stück.
Einheit	Die angebotenen Waren/Leistungen sind mit ihren Einheiten anzubieten.	Als Einheiten kommen z.B. kg, m, Stück, Stunden vor.
Einzelpreis	Der Einzelpreis gibt an, was die Menge 1 kostet.	Preis für 1 Stück, 1 laufender Meter, 1 kg, 1 Std.
Gesamtpreis	Der Gesamtpreis gibt an, was die angebotenen Mengen einer Ware/Leistung kosten.	Der Gesamtpreis ist der Preis einer einzelnen Position.
Alternativposition	Eine alternative (wahlweise) Position ersetzt auf Wunsch des Kunden die Position.	In der Summe sind Alternativpositionen nicht enthalten.
Zusatzkosten	Zusatzkosten sind Kosten, die zusätzlich zur angebotenen Ware/Leistung anfallen.	Zusatzkosten können z.B. Transportkosten, Verpackungskosten, Fahrtkosten sein.
Summe, Betrag	Die Summe (der Betrag) ist die Addition der Gesamtpreise der Positionen unter Berücksichtigung des Mehrwertsteuerbetrages.	In der Summe ist der Rabattanteil nicht zu berücksichtigen.
Rabatt, Skonto	Der gewährte Nachlass, z.B. bei Barzahlung, ist zu vermerken.	Der Rabattsatz in % sowie die dadurch reduzierte Summe sind getrennt auszuweisen.
Lieferzeit	Die Lieferzeit gibt an, wann die angebotenen Waren/Leistungen geliefert werden können.	Die Lieferzeit ist unbedingt in Abhängigkeit des Bestelldatums anzugeben.
Zahlungsbedingungen	Die Zahlungsbedingungen geben den Zeitpunkt der Zahlung sowie einen Hinweis auf vereinbarte Rabatte an.	Bei Aufträgen, deren Erfüllung sich über Monate erstreckt, sind Abschlagszahlungen zu vereinbaren.
Gültigkeit	Ein Angebot darf nur für eine bestimmte Zeit gültig sein, z.B. zwei Monate.	Einkaufspreise und Stundenlöhne können sich ändern.
Allgemeine Geschäftsbedingungen	In den allgemeinen Geschäftsbedingungen AGB ist all das geregelt, was im Angebot nicht unmittelbar aufgeführt ist.	Angaben z.B. zu Lieferbedingungen, Gewährleistung, Haftung, Rückbehaltung, Eigentumsvorbehalt.
Erfüllungsort	Erfüllungsort ist der Ort, an dem der erteilte Auftrag ausgeführt wird.	Gesetzlich sind Warenschulden Holschulden, Geldschulden aber Bringschulden.
Gerichtsstand	Als Gerichtsstand ist die Stadt des zuständigen Gerichts des anbietenden Unternehmens für einen Streitfall zu nennen.	Bei Verhandlungen mit Großkonzernen verlangen diese oft als Gerichtsstand das Gericht ihres Hauptstandortes.
Abschlusssatz	Ein freudlicher Abschlusssatz am Ende des Angebotes mit Unterschrift ist angebracht.	Beispiel: Über Ihren Auftrag würden wir uns freuen.

Angebot 2014/35
Wohnhausneubau

Position	Positionsbezeichnung	Menge	Einheit	Einzelpreis	Gesamtpreis
1	HAGE ZU26 Verteilerschrank 950 MM 6-reihig liefern und montieren	2,00	Stck	€ 63,83	€ 127,66
2	HAGE CD225D RCD-Schutzschalter 25/0.03 2 pol.	1,00	Stck	€ 30,46	€ 30,46
3	KAB+LTG NYM-J 5×2,5 RG Kunststoffmantelleitung Ring in Rohre oder Kanäle einziehen	62,00	m	€ 2,35	€ 145,70

Ausschnitt aus Beispiel eines Angebotes

Lastenheft, Pflichtenheft Design-of-Work, Scope-of-Work Specification

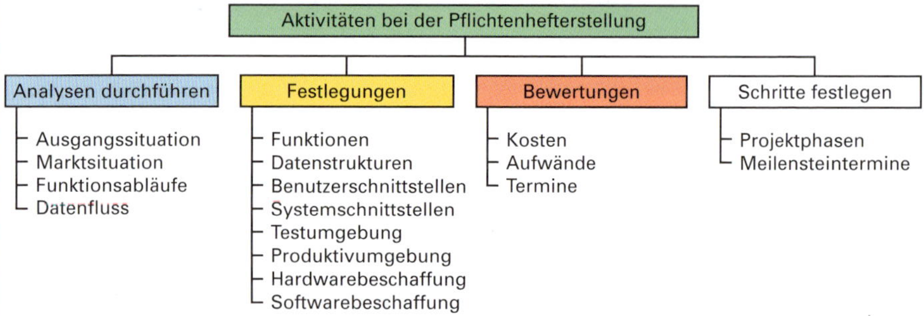

Entstehung eines Pflichtenheftes

Merkmal	Erklärung	Bemerkungen, Beispiele
Struktur eines Lastenheftes		
Inhaltsverzeichnis	Das Inhaltsverzeichnis enthält die Kapitelüberschriften des Lastenheftes.	Jedes Kapitel besitzt eine Kapitelnummer.
Auftraggeber	Der Auftraggeber des Projektes ist zu nennen.	Name, Abteilung, Telefon, E-Mail.
Zweck des Projektes	Beschreibung des Projektanlasses, des Projektzieles.	Verbesserte Performance (Betriebsbereitschaft), kleinere Wartungskosten.
Ausgangssituation	Beschreibung bestehender Systeme, Datenstrukturen, organisatorischer Abläufe.	Beschreibung der Nachteile der gegenwärtigen Situation.
Aufgabenstellung	Beschreibung aus Sicht des Auftraggsgebers.	Neue Funktionen, Benutzerdialoge, Ausgabedaten an Drucker.
Randbedingungen	Beschreibung der Anbindung, Einbindung existierender Lösungen.	Schnittstellen zu existierenden Geräten, Datenbanken, Programmen.
Terminrahmen	Nennung Endtermin, ggf. Zwischentermine.	Begründung zur Betonung der Wichtigkeit, z. B. Kundenwunsch.
Kostenrahmen	Angabe der zur Verfügung stehenden Mittel.	Investitionen, Kosten.
Struktur eines Plichtenheftes		
Inhaltsverzeichnis	Auflistung der Kapitelüberschriften.	Kapitel mit Kapitelnummern.
Auftraggeber	Wie im Lastenheft beschrieben.	Siehe Lastenheft.
Zweck des Projektes	Wie im Lastenheft beschrieben.	Siehe Lastenheft.
Analyse Istsituation	Beschreibung der Istsituation bzgl. z. B. Anzahl Benutzer, Funktionen, Performance, Schnittstellen, Datenfluss, tangierter Systeme.	Beschreibung Wartungsaufwände, Grenzen in der Lösung.
Funktionsspezifikation	Beschreibung aus Sicht des Auftragnehmers. Gliederung in Unterfunktionen. Aufzeigen funktionaler Zusammenhänge durch Grafiken.	Beschreibung der Realisierungsmöglichkeiten und deren Abhängigkeiten.
Datenspezifikation	Analyse der Daten, Datenmengen und der Datenflüsse, zugeordnet zu Funktionen.	Festlegung der Datentypen oder der Datenbankstrukturen.
Schnittstellenspezifikation	Definition der Schnittstellen hardwareseitig und softwareseitig zu tangierenden Systemen. Definition der Benutzeroberfläche.	Festlegung von Übertragungsverfahren, Bildschirmmasken, Druckerausgaben.
Rahmenbedingungen	Beschreibung von Voraussetzungen zum Entwickeln, Testen, Schulen und Produktivgehen.	Nennung von Beschaffungskosten, notwendigen Projektpartnern.
Qualitätsbetrachtungen	Beschreibung von Maßnahmen während der Entwicklungsphase und von Kennzahlen in der Einführungsphase und im Betrieb.	Richtlinien zur Dokumentation, Softwareerstellung. Führen von Checklisten, Messungen bzgl. Zeiten, Speicherplatz.
Realisierungsvorschlag	Unter Berücksichtigung von Marktrecherchen und der Ausgangssituation ist eine Empfehlung für die Realisierung niederzuschreiben.	Der Realisierungsvorschlag muss unter wirtschaftlichen Gesichtspunkten erfolgen.
Projektplanung	Arbeitspakete, Schritte der Projektumsetzung, Terminplanung und Kostenabschätzung.	Die Verantwortlichkeiten von Auftraggeber und Auftragnehmer sind festzulegen.
Kosten-Nutzen-Analyse	Den Kosten sind die Nutzenpotenziale gegenüber zu stellen, z. B. kürzere Durchlaufzeiten.	Muss nicht unbedingt Bestandteil eines Plichtenheftes sein.

Computerunterstützte Planung der Elektroinstallation
Computer-aided Planning of Electrical Installations

<table>
<tr><th>Tätigkeit</th><th>Beschreibung</th><th>Darstellungen</th></tr>
<tr><td>Projekt anlegen (Projektstammdaten)</td><td>Für die computerunterstützte Planung der Elektroinstallation sind zunächst als Projektstammdaten die Adresse des Auftraggebers, die Lieferadresse und die Art des Auftrages zu speichern. Der Umfang des Auftrages mit den Einzelpositionen wird entsprechend dem Ausschreibungstext (Leistungspositionen) festgelegt. Die Einzelpositionen der Ausschreibungstexte können meist aus Vorlagen der eingesetzten Software kopiert oder aus externer Datei importiert werden.

Informationen über geeignete Software sind z. B. unter www.zveh.de erhältlich.</td><td>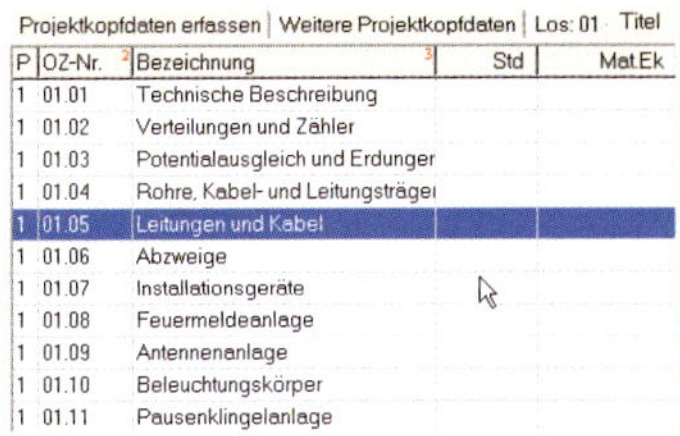

Leistungspositionen eines Projektes</td></tr>
<tr><td>Projekt kalkulieren</td><td>Zur Projektkalkulation werden die Projektstammdaten von der Kalkulationssoftware eingelesen. Jeder Leistungsposition muss in der Kalkulationssoftware eine Stückliste zugeordnet sein. Die Stückliste enthält die benötigten Komponenten, die z. B. zum Verlegen einer Mantelleitung notwendig sind, einschließlich deren Material-Einzelkosten (Ek) und der Verarbeitungaufwände.
Die Material-Ek der Komponenten sowie deren Verarbeitungszeiten können aus elektronischen Leistungskatalogen von Lieferanten oder des ZVEH importiert und manuell ergänzt werden.</td><td>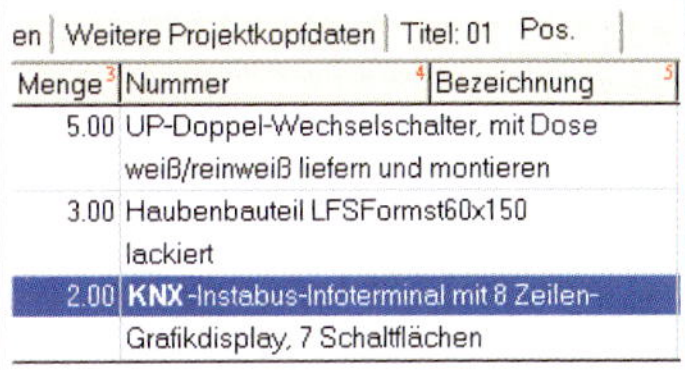

Stücklistendaten einer Leistungsposition</td></tr>
<tr><td>Angebot erstellen</td><td>Die elektronische Angebotserstellung baut auf der Projektkalkulierung auf. Der Preis der Leistungspositionen wird vom Computer auf Basis der Preise der Komponenten, deren benötigter Mengen und deren Verarbeitungszeiten unter Berücksichtigung der Stundenlöhne von Vorarbeiter, Facharbeiter und Meister berechnet. Zusätzliche Aufwände, wie z. B. Einrichten der Baustelle, sind zu ergänzen.
Nach vollständiger Erstellung des Angebotes kann dieses ausgedruckt werden.

Weitere Informationen unter www. in-software.de</td><td>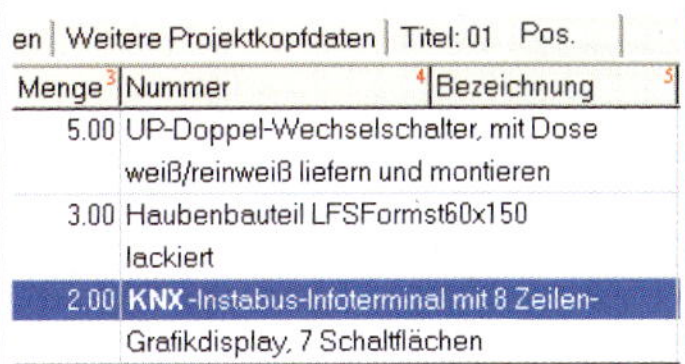

Auszug aus der Angebotserstellung</td></tr>
<tr><td>Projekt abrechnen</td><td>Zum Abrechnen eines Projektes muss vor der Rechnungsstellung das Aufmaß für die Leistungspositionen des Angebotes ermittelt werden. Dabei werden z. B. Anzahl installierter Dosen, Schalter und verlegte Leitungsmeter ermittelt und in die Positionen der Abrechnungssoftware eingegeben.
Im Dialog werden diese Daten Raum für Raum des betroffenen Gebäudes entsprechend den Leistungspositionen des Angebotes in den Computer eingegeben. Nach vollständiger Eingabe kann die Rechnung ausgedruckt werden.</td><td>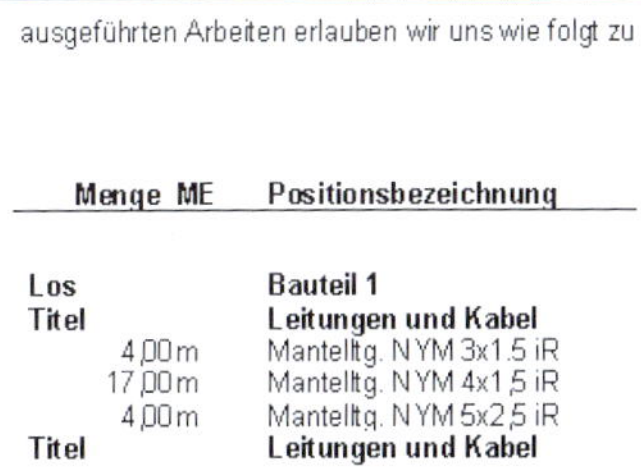

Aufmaßdaten zur Rechnungsstellung</td></tr>
<tr><td>Kleinaufträge erfassen</td><td>Bei Kleinaufträgen wird computerunterstützt ein Formular für Kundendienstaufträge oder Reparaturaufträge erstellt. Dazu sind Auftragskopfdaten wie Adresse des Auftraggebers, die Auftragsbezeichnung und die Lieferanschrift zu erfassen. Nach Auswahl des Monteurs ist auch dessen Name im Auftrag zu ergänzen.
Das ausgedruckte Auftragsformular wird dem Monteur zur Kenntnisnahme seiner Aufgabe und zur späteren Gegenzeichnung durch den Auftraggeber übergeben. Es dient auch als Arbeitsbericht zum Arbeitsnachweis.

Weitere Informationen z. B. unter www.lc-top.de oder www.elektro-software.de.</td><td>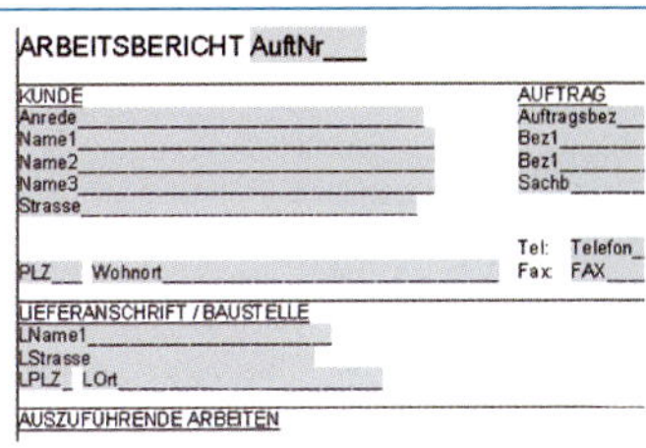

Auszug aus Auftrags-, Arbeitsberichtsformular</td></tr>
</table>

Zertifizierung, Auditierung Certification, Auditing

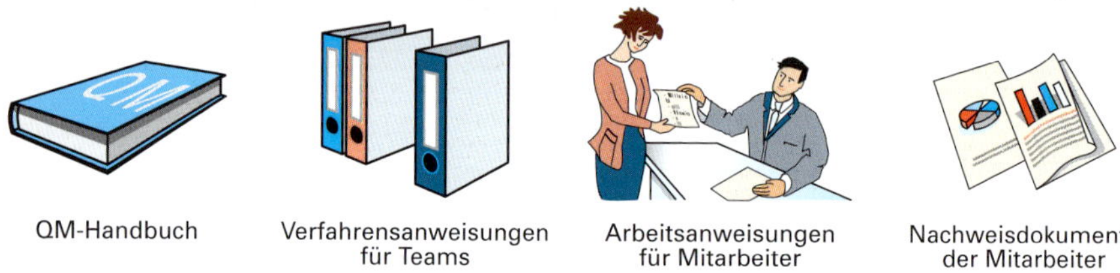

Dokumentationen eines Qualitätsmanagementsystems

Begriff	Bedeutung	Erklärung
Zertifizierungsgesellschaft	Eine Zertifizierungsgesellschaft ist eine anerkannte Firma oder Institution, die gegen Bezahlung einem Unternehmen bescheinigt, dass es ein Qualitätsmanagementsystem eingeführt hat und anwendet. Das Unternehmen ist anschließend zertifiziert und erhält ein Zertifikat mit einer Gültigkeit von drei Jahren.	Durch das Arbeiten nach den Vorgaben eines Qualitätsmanagementsystems soll den Kunden nachgewiesen werden, dass ständige Anstrengungen zum Erreichen bester Produktqualität, z. B. nach DIN ISO 9000, TS 16949, DIN ISO 14000, unternommen werden.
Qualitätsmanagementsystem (QM-System)	Die Vorgaben und Ergebnisse des Qualitätsmanagementsystems sind in verschiedenen Dokumentationen festzuhalten (**Bild**). Wesentlich ist die Existenz eines QM-Handbuches (QM von Qualitäts-Management). In ihm sind organisatorische Zuständigkeiten und Vorgaben hinsichtlich der Gestaltung der Ablaufprozesse des Unternehmens beschrieben.	Das QM-Handbuch enthält Vorgaben z. B. zur Lenkung (Weiterleitung) von Dokumenten und Daten, zu Produktkennzeichnungen, zu Planungsabläufen, Prüfabläufen, zum Umgang mit fehlerhaften Produkten, zur Beschaffung, Lagerung, Verpackung, Konservierung, Herstellung sowie zu Schulungen.
Externes Audit	Die Durchführung der Zertifizierung durch eine Zertifizierungsgesellschaft wird als externes Audit (lat. audire = zuhören, anhören) bezeichnet. Mehrere Auditoren prüfen dabei mehrere Tage die Unterlagen bzgl. Prozessabläufe in verschiedenen Unternehmensbereichen. Auditiert werden hauptsächlich Abteilungsleiter. Externe Audits müssen mindestens alle drei Jahre stattfinden. Jährliche Zwischenaudits sind möglich.	Vielfach auditieren Unternehmen auch ihre Zulieferanten. Geprüft werden z. B. Unterlagen und deren Lenkung bzgl. Spezifikationen, Produktsicherheitsanalysen, Entwicklungsplänen, Entwicklungsfreigaben, Produktionssteuerung, Produktionsüberwachung, Prüfablaufsteuerung, Prüfablaufüberwachung. Die Art der Aufbewahrung von Dokumenten und Daten sowie das Wiederfinden dieser wird ebenfalls geprüft.
Systemaudit	Geprüft wird das gesamte Qualitätsmanagementsystem, insbesondere auch erzielte Verbesserungen gegenüber dem Vorgängeraudit. Systemaudits werden von externen Auditoren und auch von firmeninternen Auditoren durchgeführt.	Firmeninterne Auditoren sind Qualitätsbeauftragte im Unternehmen oder Qualitätsberater der Fachbereiche. Die internen Audits dienen der Vorbereitung für das externe Audit und sind Voraussetzung hierfür.
Verfahrensaudit	Geprüft werden Verfahrensanweisungen hinsichtlich Aktualität, Richtigkeit der Abläufe, Bekanntheit im Unternehmen sowie ihrer Anwendung im Unternehmen.	Kommt als internes Audit zum Einsatz.
Projektaudit	Geprüft wird, ob die entsprechenden Verfahrensanweisungen in den Projekten eingehalten werden.	Kommt als internes Audit zum Einsatz.
Auditplan	Enthält alle Audits mit den jeweiligen Terminen. Die Planung der Audits erfolgt in Abstimmung mit den zu auditierenden Personen.	Die internen Auditpläne sind Dokumentationsbestandteil für das externe Audit. Auditpläne müssen aufbewahrt werden.
Auditbericht	Am Ende eines Audits werden die untersuchten Merkmale in einem Bericht hinsichtlich der Bewertungspunkte oder Erfüllungsgrade festgehalten.	Die Auditoren gehen anhand von Checklisten ihre Analyse an, z. B. bzgl. Verantwortlichkeiten, Schulungen, Unternehmensstrategie, Dokumentenlenkung, Prozessplanung, Beschaffung, Produktführung, Lenkung von Qualitätsprotokollen.

Gefährliche Stoffe Hazardous Substances

Arbeitsplatzgrenzwerte (AGW)

Chemischer Name, Handelsname, chemische Formel	AGW in mg/m^3	AGW in ml/m^3
Arsenwasserstoff AsH_3	0,05	0,014
Quecksilberdampf Hg	0,1	0,011
Phosphorwasserstoff (Phosphin) PH_3	0,15	0,1
Ozon O_3	0,2	0,09
Brom Br_2	0,7	0,1
Methanol (Formaldehyd) $H_2C = O$	1,2	0,9
Chlor Cl_2	1,5	0,5
Asbest-Fasern	2	–
Nitrobenzol $C_6H_5NO_2$	5	0,9
Schwefeldioxid SO_2	5	1,75
Chlorwasserstoff (Salzsäure-Gas) HCl	7	4,3
Tetrachlorethan (Acetylen-tetrachlorid) $(CHCl)_2$	7	0,93
Stickstoffdioxid NO_2	9	4,4
Tetrachlordibenzodioxin (Dioxin)	10	0,88
Cyanwasserstoff (Blausäure) HCN	11	9
Schwefelwasserstoff H_2S	15	9,9
Phenol (Carbolsäure) C_6H_5OH	7,8	2
Kohlenstoffdisulfid (Schwefelkohlenstoff) CS_2	20	5,9
Salpetersäure-Gas HNO_3	5,2	2
Benzol C_6H_6	26	7,5
Ammoniak (Salmiakgeist) NH_3	35	46
Trichlormethan (Chloroform) $CHCl_3$	50	9,4
Kohlenstoffmonoxid CO	35	30
Tetrachlormethan (Tetrachlorkohlenstoff) CCl_4	65	9,5
Benzindämpfe	150	30
Cyclohexanon (Anon) C_6H_{10}	80	20
Methylcyclohexanon $C_7H_{12}O$	230	46
Trichlorethen (Trichlorethylen, Tri) C_2HCl_3	260	44
Methanol (Methylalkohol) CH_3OH	270	200
Dichlormethan (Methylenchlorid) CH_2Cl_2	360	95
Dioxan (Diethylendioxid) $C_4H_8O_2$	360	92
Ethanal (Acetaldehyd) $CH_3–CHO$	390	198

Der AGW ist die höchstzulässige Konzentration eines Gases, Dampfes oder von Schwebstoffen in der Luft, die 8 Stunden am Tag – auch wiederholt, regelmäßig und langfristig – die Gesundheit der Beschäftigten nicht beeinträchtigt.
Die AGW-Einheit ml/m^3 (oder cm^3/m^3) ist gleichbedeutend mit ppm (parts per million = Teile auf eine Million $= 1:10^6$).

Kennzeichnung gefährlicher Stoffe nach GHS (Globally Harmonized System)

Bezeichnung	Symbol	GHS-Nr.	Merkmale
Totenkopf mit gekreuzten Knochen		GHS06	Tödlich beim Verschlucken (je nach Stoff): • Tödl. Dosis ≤ 25 mg/kg Körpergewicht. • Tödliche Dosis 25 mg/kg … 200 mg/kg Körpergewicht.
Ausrufezeichen		GHS07	Gesundheitsschädlich beim Verschlucken: • Tödliche Dosis 0,3 g/kg … 2 g/kg Körpergewicht.
Gesundheitsgefahr		GHS08	Besondere Gesundheitsgefahren, z. B. krebserzeugende Wirkung.
Ätzwirkung		GHS05	Zerstört Stoffe und lebendes Gewebe.
Explodierende Bombe		GHS01	Explosionsgefahr: • Explodiert durch Schlag, Reibung oder Entzündung.
Flamme		GHS02	Hochentzündlich und leichtentzündlich: • Stoffe mit Zündtemperaturen ≤ 0 °C und Siedetemperaturen ≤ 35 °C. • Selbst- oder leichtentzündliche Stoffe, die mit Wasser, brennbare Gase bilden.
Flamme über Kreis		GHS03	Brandfördernd bzw. oxidierend: • Können brennbare Stoffe entzünden oder Brände fördern.

Risikosätze (H-Sätze) für Gefahrstoffe
Risk Statements (H-Statements) for Hazardous Materials

Satz	Bedeutung
H200	Instabil, explosiv
H201	Explosiv, Gefahr der Massenexplosion
H202	Explosion, große Gefahr durch Splitter, Spreng- und Wurfstücke
H203	Explosiv, Gefahr durch Feuer, Luftdruck oder Splitter, Spreng- und Wurfstücke
H204	Gefahr durch Feuer oder Splitter, Spreng- und Wurfstücke
H205	Gefahr der Massenexplosion bei Feuer
H220	Extrem entzündbares Gas
H221	Entzündbares Gas
H222	Extrem entzündbares Aerosol
H224	Flüssigkeit und Dampf, extrem entzündbar
H225	Flüssigkeit und Dampf, leicht entzündbar
H226	Flüssigkeit und Dampf, entzündbar
H228	Entzündbarer Feststoff
H240	Erwärmung kann Explosion verursachen.
H241	Erwärmung kann Brand oder Explosion verursachen.
H242	Erwärmung kann Brand verursachen.
H250	Entzündet sich in Berührung mit Luft selbst.
H251	Selbsterhitzungsfähig; kann in Brand geraten.
H252	In großen Mengen selbsterhitzungsfähig; kann in Brand geraten.
H260	In Berührung mit Wasser entstehen entzündbare Gase, die sich spontan entzünden können.
H261	In Berührung mit Wasser entstehen entzündbare Gase.
H270	Kann Brand verursachen oder verstärken; Oxidationsmittel.
H271	Kann Brand oder Explosion verursachen; starkes Oxidationsmittel.
H272	Kann Brand verstärken; Oxidationsmittel.
H280	Enthält Gas unter Druck; kann bei Erwärmung explodieren.
H290	Kann gegenüber Metall korrosiv sein.

Satz	Bedeutung
H300	Lebensgefahr bei Verschlucken
H301	Giftig bei Verschlucken
H302	Gesundheitsschädlich bei Verschlucken
H304	Kann bei Verschlucken und Eindringen in die Atemwege tödlich sein.
H310	Lebensgefahr bei Hautkontakt
H311	Giftig bei Hautkontakt
H312	Gesundheitsschädlich bei Hautkontakt
H314	Verursacht schwere Verätzungen der Haut und schwere Augenschäden.
H315	Verursacht Hautreizungen.
H317	Kann allergische Hautreaktionen verursachen.
H318	Verursacht schwere Augenschäden.
H319	Verursacht schwere Augenreizung.
H330	Lebensgefahr bei Einatmen
H331	Giftig bei Einatmen
H332	Gesundheitsschädlich bei Einatmen
H334	Kann bei Einatmen Allergie, asthmaartige Symptome oder Atembeschwerden verursachen.
H335	Kann die Atemwege reizen.
H336	Kann Schläfrigkeit und Benommenheit verursachen.
H340	Kann genetische Defekte verursachen.
H350	Kann Krebs verursachen.
H360	Kann die Fruchtbarkeit beeinträchtigen oder das Kind im Mutterleib schädigen.
H362	Kann Säuglinge über die Muttermilch schädigen.
H370	Schädigt Organe.
H371	Kann Organe schädigen.
H400	Sehr giftig für Wasserorganismen.
H410	Sehr giftig für Wasserorganismen mit langfristiger Wirkung.
H411	Giftig für Wasserorganismen, mit langfristiger Wirkung.

Satz	Bedeutung
H412	Schädlich für Wasserorganismen, mit langfristiger Wirkung.
H413	Kann für Wasserorganismen schädlich sein mit langfristiger Wirkung.
EU-H-Sätze	
EUH001	In trockenem Zustand explosionsgefährlich
EUH006	Mit und ohne Luft explosionsfähig
EUH014	Reagiert heftig mit Wasser
EUH018	Kann bei Verwendung explosionsfähige, entzündbare Dampf/Luft-Gemische bilden.
EUH019	Kann explosionsfähige Peroxide bilden.
EUH044	Explosionsgefahr bei Erhitzen unter Einschluss.
EUH029	Entwickelt bei Berührung mit Wasser giftige Gase.
EUH031	Entwickelt bei Berührung mit Säure giftige Gase.
EUH032	Entwickelt bei Berührung mit Säure sehr giftige Gase.
EUH070	Giftig bei Berührung mit den Augen.
EUH071	Wirkt ätzend auf die Atemwege.
EUH203	Enthält Chrom (VI). Kann allergische Reaktionen hervorrufen.
EUH205	Enthält epoxidhaltige Verbindungen. Kann allergische Reaktionen hervorrufen.
EUH206	Nicht zusammen mit anderen Produkten verwenden, da gefährliche Gase (Chlor) freigesetzt werden können.
EUH208	Enthält *Name des sensibilisierenden Stoffes.* Kann allergische Reaktionen hervorrufen.
EUH209/ 209A	Kann bei Verwendung entzündbar werden.
EUH210	Sicherheitsdatenblatt auf Anfrage erhältlich.
EUH401	Zur Vermeidung von Risiken für Mensch und Umwelt die Gebrauchsanleitung einhalten.

H-Satz-Aufbau: H + Ziffer + Nummer → H = Hazard Statement = Gefahrenhinweise;
Ziffer: 2 physikalische Gefahren, 3 Gesundheitsgefahren, 4 Umweltgefahren; Nummer = laufende Nummer

Sicherheitsratschläge (P-Sätze) für Gefahrstoffe
Precautionary Statements for Hazardous Materials

Satz	Bedeutung	Satz	Bedeutung	Satz	Bedeutung
P101	Ärztlicher Rat erforderlich, Verpackung oder Etikett bereithalten.	P262	Nicht in die Augen, auf die Haut oder auf die Kleidung gelangen lassen.	P361	Alle kontaminierten Kleidungsstücke sofort ausziehen.
P102	Darf nicht in die Hände von Kindern geraten.	P264	Nach Gebrauch gründlich waschen.	P363	Kontaminierte Kleidung vor erneutem Tragen waschen.
P103	Vor Gebrauch Kennzeichnungsetikett lesen.	P270	Bei Gebrauch nicht essen, trinken oder rauchen.	P370	Bei Brand: *Anweisungen*
P201	Vor Gebrauch besondere Anweisungen einholen.	P271	Nur im Freien oder in gut belüfteten Räumen verwenden.	P372	Explosionsgefahr bei Brand.
P202	Vor Gebrauch sämtliche Sicherheitsratschläge lesen und verstehen.	P272	Kontaminierte Arbeitskleidung nicht außerhalb des Arbeitsplatzes tragen.	P373	Keine Brandbekämpfung, wenn das Feuer explosive Stoffe, Gemische, Erzeugnisse erreicht.
P210	Von Hitze, Funken, offener Flamme, heißen Oberflächen fernhalten. Nicht rauchen.	P280	Schutzhandschuhe, Schutzkleidung, Augenschutz, Gesichtsschutz tragen.	P375	Wegen Explosionsgefahr Brand aus der Entfernung bekämpfen.
P211	Nicht gegen offene Flamme oder andere Zündquelle sprühen.	P281	Vorgeschriebene persönliche Schutzausrüstung verwenden.	P381	Alle Zündquellen entfernen, wenn gefahrlos möglich.
P220	Von Kleidung, brennbaren Materialien fernhalten, entfernt aufbewahren.	P283	Schwer entflammbare/ flammhemmende Kleidung tragen.	P391	Verschüttete Mengen aufnehmen.
P221	Mischen mit brennbaren Stoffen unbedingt verhindern.	P284	Atemschutz tragen.	P301 +P310	Bei Verschlucken: Sofort Giftinformationszentrum oder Arzt anrufen.
P222	Kontakt mit Luft nicht zulassen.	P285	Bei unzureichender Belüftung Atemschutz tragen.	P302 +P334	Bei Kontakt mit der Haut: In kaltes Wasser tauchen, nassen Verband anlegen.
P223	Kontakt mit Wasser wegen heftiger Reaktion und möglichem Aufflammen unbedingt verhindern.	P231 +P232	Unter inertem Gas handhaben. Vor Feuchtigkeit schützen.	P304 +P340	Bei Einatmen: An die frische Luft bringen und in einer Position ruhigstellen, die das Atmen erleichtert.
P230	Feucht halten mit …	P235 +P410	Kühl halten. Vor Sonnenbestrahlung schützen.	P307 +P311	Bei Explosion: Giftinformationszentrum, Arzt anrufen.
P231	Unter inertem Gas (Schutzgas) handhaben.	P301	Bei Verschlucken: *Anweisungen*	P309 +P311	Bei Explosion oder Unwohlsein: Giftinformationszentrum, Arzt anrufen.
P232	Vor Feuchtigkeit schützen.	P302	Bei Berührung mit der Haut: *Anweisungen*	P332 +P313	Bei Hautreizung: Ärztlichen Rat einholen, ärztliche Hilfe hinzuziehen.
P233	Behälter dicht verschlossen halten.	P304	Bei Einatmen: *Anweisungen*	P337 +P313	Bei anhaltender Augenreizung: ärztlichen Rat, ärztliche Hilfe holen.
P234	Nur im Originalbehälter aufbewahren.	P305	Bei Kontakt mit den Augen: *Anweisungen*	P342 +P311	Bei Symptomen der Atemwege: Giftinforationszentrum oder Arzt anrufen.
P235	Kühl halten.	P306	Bei kontaminierter Kleidung: *Anweisungen*	P370 +P376	Bei Brand: Undichtigkeit beseitigen, wenn gefahrlos möglich.
P240	Behälter und zu befüllende Anlage erden.	P309	Bei Explosion oder Unwohlsein	P370 +P380	Bei Brand: Umgebung räumen.
P241	Explosionsgeschützte elektrische Betriebsmittel, Lüftungsanlagen, Beleuchtung verwenden.	P310	Sofort Giftinformationszentrum oder Arzt anrufen.	P402	An trockenem Ort aufbewahren.
P242	Nur funkenfreies Werkzeug verwenden.	P330	Mund ausspülen.	P403	An gut belüftetem Ort aufbewahren.
P243	Maßnahmen gegen elektrostatische Aufladungen treffen.	P333	Bei Hautreizung oder Ausschlag: *Anwesiungen*	P404	In geschlossenem Behälter aufbewahren.
P244	Druckminderer frei von Fett und Öl halten.	P334	In kaltes Wasser tauchen, nassen Verband anlegen.	P405	Unter Verschluss aufbewahren.
P250	Nicht schleifen, stoßen, reiben.	P336	Vereiste Bereiche mit lauwarmem Wasser auftauen. Betroffenen Bereich nicht reiben.	P410	Vor Sonnenbestrahlung schützen.
P251	Behälter steht unter Druck: nicht durchstechen oder verbrennen, auch nicht nach Verwendung.	P340	Betroffene Person an die frische Luft bringen und in einer Position ruhigstellen, die das Atmen erleichtert.	P412	Nicht Temperaturen von mehr als 50 °C aussetzen.
P260	Staub, Rauch, Gas, Nebel, Dampf, Aerosol nicht einatmen.	P350	Behutsam mit viel Wasser und Seife waschen.	P420	Von anderen Materialien entfernt aufbewahren.

P-Satz-Aufbau: P + Ziffer + Nummer → P = Precautionary Statements = Sicherheitshinweise; Ziffer: 1 Allgemein, 2 Vorsorgemaßnahmen, 3 Empfehlungen, 4 Lagerhinweise, 5 Entsorgung; Nummer = laufende Nummer

Umgang mit Elektroschrott Handling Electronic Waste

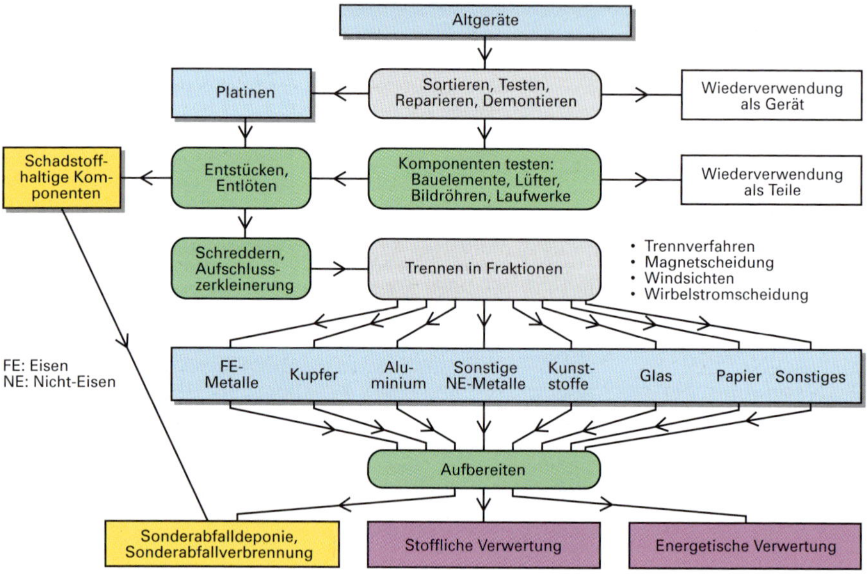

Aufbereitung von Elektroschrott

Begriff	Erklärung	Bemerkungen
Abfall	Abfälle sind bewegliche Sachen, von denen sich der Besitzer trennt, trennen will oder trennen muss.	Bewegliche Sachen sind Abfälle, bis sie oder die aus ihnen gewonnenen Stoffe oder erzeugte Energie dem Wirtschaftskreislauf wieder zugeführt werden.
Abfallentsorgung	Umfasst das Gewinnen von Stoffen oder Energie aus Abfällen (Abfallverwertung) und das Ablagern von Abfällen. Hierzu gehören auch die notwendigen Maßnahmen des Einsammelns, Beförderns, Behandelns und Lagerns. Luft, Gewässer, Böden dürfen dabei nicht verunreinigt werden.	Elektroschrott muss durch Rücknahme beim Händler oder Hersteller oder über Sammelstellen öffentlich-rechtlicher Entsorger, z.B. Landkreis, entsorgt werden. Sonstiger Gewerbemüll kann von privaten, zertifizierten Entsorgern entsorgt werden.
Vermeidung	Verhindern von Abfällen, Luftverunreinigungen (Immissionsschutz).	Keine Behandlung der Stoffe notwendig.
Wiederverwendung	Eine erneute Nutzung des gebrauchten Produktes ist für den gleichen Verwendungszweck möglich.	CD-RW, DVD-RW, Stecker, Schalter, manche Geräte oder Bauelemente sind wiederverwendbar oder weiterverwendbar.
Weiterverwendung	Eine erneute Nutzung des gebrauchten Produktes ist für einen anderen Verwendungszweck möglich.	
Wiederverwertung	Wiederholter Einsatz von Altstoffen, Produktionsabfällen oder Betriebsstoffen zur Erzeugung gleichwertiger Werkstoffe.	Eine sortenreine Stofftrennung (Trennen in Fraktionen) sowie hochwertige Aufbereitungsverfahren sind Voraussetzung hierzu.
Weiterverwertung	Einsatz von Altstoffen, Produktionsabfällen oder Betriebsstoffen in einem anderen Produktionsprozess als dem, aus dem sie hervorgegangen sind.	Die neu entstandenen Werkstoffe können von schlechterer Qualität als die Ausgangswerkstoffe sein.
Recycling	Stoffliche Verwendung oder Verwertung.	Von to recycle = wieder aufbereiten.
Downcycling	Recycling, das zu einem Produkt geringeren Wertes führt (von down = unten, niedrig).	Beispiel: Zusammenschmelzen von nicht sortenreinen Thermoplasten.
Energetische Verwertung	Verbrennung unter Verwertung der freiwerdenden Energie.	Schadstoffe dürfen dabei nicht an die Umwelt abgegeben werden.

Normen Standards

Art	Erklärung	Beispiel
Normbegriffe		
Norm	Eine Norm ist das veröffentlichte Ergebnis einer Normungsarbeit. Angabe Jahr und Monat nach einem Doppelpunkt, z. B. :1999-12.	DIN 1302:1999-12
Entwurf	Vom Herausgeber der Norm zur Stellungnahme veröffentlichtes Ergebnis einer Normungsarbeit mit dem Hinweis, dass die Norm davon abweichen kann.	E DIN EN 1175-1 (Teil 1)
Vornorm	Ergebnis einer Normungsarbeit im Rang zwischen Entwurf und Norm, die aber bei Bedarf später abweichen kann.	DIN V VDE V 0664-420 (VDE V 0664-420)
Teil	Teil einer Norm, der als eigenes Druckwerk vom Herausgeber bezogen werden kann. Angabe des Teils nach -, z. B. -520.	DIN VDE 0100-520
Beiblatt	Ergänzung von meist mehreren Seiten zu einer Norm. Das Beiblatt kann als eigenes Druckwerk bezogen werden.	Beiblatt 1 zu DIN VDE 0100-520:2008-10
Anwendungsleitfaden	Leitfaden zur Handhabung einer Norm, der als eigenes Druckwerk bezogen werden kann. Angabe nach dem Teil, z. B. 3-10.	DIN IEC 60300-3-10: 2004-04
Hauptabschnitt	Teil einer Norm, der als eigenes Druckwerk bezogen werden kann. Angabe nach dem Teil 3, z. B. -3-4.	DIN IEC 60300-3-4:1999-04
Berichtigung	Änderung einer fehlerhaft herausgegebenen Norm, z. B. DIN EN 61547 Berichtigung 1 zu DIN EN 615472010-07 oder Berichtigung zu VDE 0875-15-2 Berichtigung 1:2010-07.	VDE 0875-15-2 Berichtigung 1:2010-7
Arten der Normen nach Herausgeber		
DIN-Norm	Deutsche Norm, die vom Deutschen Institut für Normung (DIN) herausgegeben wird, meist mit weiteren Normungszusätzen.	DIN 1301
EN-Norm	Europäische Norm, herausgegeben von CEN (Communité Europeén de Normalisation), Brüssel.	EN 60300-1:2003
DIN-EN-Norm	Europäische Norm, deren Fassung den Status (Zustand) einer deutschen Norm erhalten hat. Herausgabe durch DIN.	DIN EN 60300-1:2004-02
IEC-Norm	Internationale Norm der International Electrotechnical Commission (IEC), vor allem aus Bereich Elektrotechnik.	IEC 60300-1:2003
DIN-IEC-Norm	Deutsche Norm, die fachlich unverändert aus der IEC-Norm übernommen ist.	DIN IEC 62271-4
ISO-Norm	Internationale Norm der International Standardization Organization (ISO), Genf, vor allem aus dem Bereich Maschinenbau.	ISO 1219-2:1995
DIN-ISO-Norm	ISO-Norm, die den Status einer DIN-Norm erhalten hat.	DIN ISO 1219-1:1996-3 (Teil 1 vom März 1996)
VDE-Bestimmung	Norm, erarbeitet vom Verband der Elektrotechnik Elektronik Informationstechnik (VDE), z. B. Teil 520, Oktober 2008.	VDE 0100-520:2008-10
DIN-VDE-Norm	VDE-Bestimmung, welche den Status einer deutschen Norm erhalten hat.	DIN VDE 0100-520:2008-10
DIN-EN-Norm (VDE)	DIN-EN-Norm, die zugleich eine VDE-Bestimmung ist.	DIN EN 60079-18 (VDE 0170-9)
VDE-AR-N	VDE-Anwendungsregel für das Niederspannungsnetz. Vom VDE erarbeitete Arbeitsempfehlungen, beruhend auf VDE-Normen oder Normen mit VDE-Zuweisung.	VDE-AR-N 4105
VDI-Richtlinie	Empfehlungen des Vereins Deutscher Ingenieure (VDI), die noch nicht genormt sind.	VDI 2229:1979-06
DIN-EN-ISO	Europäische Norm, die unverändert eine ISO-Norm wurde und deren deutsche Fassung eine DIN-Norm ist.	DIN EN ISO 4288:1998-04
ÖVE	Norm des Österreichischen Vereins für Elektrotechnik, Schreibweisen in Zusammensetzungen entsprechend VDE.	ÖVE/ÖNORM EN 8007: 2002-11
UL ANSI, NEMA	Standard von Underwriters Laboratories Incorporated (ein US-amerikanisches Normeninstitut). Weitere Standards der USA.	UL 508A

Wichtige Normen 1 Important Standards 1

Mathematik, Physik, Schaltungstheorie, Bauelemente

N	Nr.	Titel	Seite
DIN	1301	Einheitennamen, Einheitenzeichen	15f
DIN	1302	Allg. mathematische Zeichen und Begriffe	17f
DIN	1304	Formelzeichen	12
DIN	1305	Masse, Wägewert, Kraft, Gewichtskraft, Gewicht, Last, Begriffe	23f
DIN	1311	Schwingungen und schwingungsfähige Systeme	50
DIN	1313	Größen	15f
DIN	1314	Druck, Grundbegriffe, Einheiten	24
DIN	1315	Winkel, Begriffe, Einheiten	20
DIN	1318	Lautstärkepegel, Begriffe, Messverfahren	
DIN	1320	Akustik, Begriffe	
DIN	1324	Elektromagnetisches Feld	
DIN	1333	Zahlenangaben	
DIN	1338	Formelschreibweise und Formelsatz	14
DIN	4000	Elektrische und elektronische Relais und Schütze, Thyristoren	59f 378
DIN	5031	Strahlungsphysik, Lichttechnik	
DIN	5483	Zeitabhängige Größen	
DIN	5487	Fourier-Transformation	
DIN	5493	Logarithmische Größen und Einheiten	19
DIN	19225	Regler	
DIN	40015	Frequenz- und Wellenlängenbereiche	33
DIN	40108	Elektrische Energietechnik, Stromsysteme	48
DIN	40110	Wechselstromgrößen	30
DIN	40146	Nachrichtenübertragung, Grundbegriffe	
DIN	40148	Übertragungssysteme	
DIN	40200	Nennwert, Bemessungswert u. a. (Begriffe)	
DIN	41772	Stromrichter	
DIN	41871	Gehäuse für Halbleiterbauelemente	61
DIN	44081	Temperaturabhängige Widerstände, Kaltleiter	
DIN EN	50011	Anschlussbezeichnung von Hilfsschaltgliedern	
DIN EN	50160	Merkmale der Spannung in öffentlichen Elektrizitätsversorgungsnetzen	
DIN EN	60038	IEC-Normspannungen	30
DIN EN	60062	Kennzeichnung von Widerständen und Kondensatoren	52
DIN EN	60146	Halbleiter Stromrichter, Gleichstrom-Direktumrichter	
DIN EN	60375	Vereinbarungen für Stromkreise und magnetische Kreise	
DIN EN	60384	Festkondensatoren	53
DIN EN	60393	Potenziometer	40
DIN EN	60738	Thermistoren	
DIN EN	60747	Halbleiterbauelemente, Gleichrichterdiode	85
DIN EN	61051	Varistoren	
DIN EN	61921	Leistungskondensatoren	32
DIN EN	61988	Plasmabildschirme	
DIN IEC	60063	Vorzugsreihen für die Nennwerte von Widerständen und Kondensatoren	51
DIN IEC	60469	Impulstechnik	
DIN IEC	60747	Teil 8: Halbleiterbauelemente, Feldeffekttransistoren	57
DIN VDE	0532	Transformatoren und Drosselspulen	58

Technische Dokumentation, Messen

N	Nr.	Titel	Seite
DIN	406	Technische Zeichnungen, Maßeintragung	73
DIN	461	Grafische Darstellung in Koordinatensystemen	68
DIN	1319	Grundlagen der Messtechnik	
DIN	1421	Gliederung und Benummerung von Texten	
DIN	1422	Gestaltung von Manuskripten	102
DIN	5008	Tabellen, Diagramme und Abbildungen in Texten	68
DIN	19277	Leittechnik, Grafische Symbole und Kennbuchstaben der Prozessleittechnik	101
DIN	19235	Messen, Steuern, Regeln, Meldung von Betriebszuständen	
DIN	42402	Anschlussbezeichnungen für Transformatoren und Drosselspulen	
DIN	43456	Klemmenbezeichnung für Hilfsstromkreise	80
DIN	43802	Strichskalen und Zeiger von Messgeräten	
DIN	43807	Messen, Steuern, Regeln; Elektrische Messgeräte	84
DIN	43855	Elektrizitätszähler, Schilder	
DIN	43856	Elektrizitätszähler, Tarifschaltuhren	112
DIN	43863	Elektrizitätszähler, Tarifschaltgeräte	
DIN	66000	Informationsverarbeitung, Mathematische Zeichen und Symbole	
DIN	66261	Informationsverarbeitung, Sinnbilder für Struktogramme	
DIN EN	55016	Geräte zur Messung von Funkstörungen	
DIN EN	60027	Formelzeichen für die Elektrotechnik	
DIN EN	60044	Messwandler	
DIN EN	60191	Halbleiterbauelemente, Gehäusezeichnungen	85
DIN EN	60445	Anschlüsse-Kennzeichnung elektrischer Betriebsmittel wie Widerstände, Sicherungen, Relais, Schütze, Transformatoren, umlaufende elektrische Maschinen ...	
DIN EN	60617	Grafische Symbole für Schaltpläne	77ff
DIN EN	60848	GRAFCET, Funktionspläne der Ablaufsteuerung	364
DIN EN	60870	Fernwirkeinrichtungen und -systeme	
DIN EN	61010	Sicherheitsbestimmungen für elektron. Mess-, Steuer-, Regel- und Laborgeräte	104
DIN EN	61032	Schutz von Personen und Ausrüstung durch Gehäuse-Prüfsonden	
DIN EN	61082	Dokumente der Elektrotechnik, Regeln	74
DIN EN	61187	Elektrische und elektronische Messgeräte	84
DIN EN	61346	Kennbuchstaben der Objekte, (Betriebsmittel) in Schaltplänen	78
DIN EN	61557	Geräte zum Prüfen, Messen oder Überwachen von Schutzmaßnahmen	215
DIN EN ISO	128	Technische Zeichnungen, Linien	69
DIN EN ISO	216	Papierformate	69
DIN EN ISO	1101	Geometrische Tolerierung	
DIN EN ISO	1302	Oberflächenbeschaffenheit	73
DIN EN ISO	3098	Schriften	69
DIN EN ISO	10628	Grafische Symbole für verfahrenstechnische Anlagen	101
DIN ISO	128	Technisches Zeichnen, allgemeine Grundlagen der Darstellung	71f
DIN ISO	1219	Fluidtechnik, Grafische Symbole und Schaltpläne	100

N = Norm   DIN   DIN EN   DIN EN ISO   DIN IEC   DIN ISO   DIN VDE

Wichtige Normen 2 Important Standards 2

N	Nr.	Titel	Seite
DIN ISO	2768	Allgemeintoleranzen	
DIN ISO	5455	Technische Zeichnungen, Maßstäbe	69
DIN ISO	5456	Techn. Zeichnungen, Projektionsmethoden	70
DIN VDE	0403	Durchgangsprüfgeräte	
DIN VDE	0411	Elektrische Mess-, Steuer-, Regel- und Laborgeräte	84
DIN VDE	0413	Geräte zum Prüfen der Schutzmaßnahmen	
DIN VDE	0414	Messwandler	
DIN VDE	0701	Geräte-Wiederholungsprüfung	
DIN VDE	0876	Geräte zur Messung von Funkstörungen	

Elektrische Installation

N	Nr.	Titel	Seite
DIN	18014	Fundamenterder	157
DIN	18015	Elektrische Anlagen in Wohngebäuden, Mindestausstattung	160
DIN	25424	Fehlerbaumanalyse	
DIN	43870	Zählerplätze	159
DIN EN	54	Mehrfachsensor Brandmelder	137
DIN EN	12464	Beleuchtung von Arbeitsstätten	185
DIN EN	13321	Gebäudeleittechnik, KNXnet/IP Kommunikation	141ff
DIN EN	50090	Elektrische Systemtechnik für Heim und Gebäude (ESHG)	153f
DIN EN	50486	Hauskommunikationssysteme	133f
DIN EN	60662	Natriumdampf-Hochdrucklampen	189
DIN EN	61095	Elektromechanische Schütze für Hausinstallation	165
DIN VDE	0100	-100 Errichten von Niederspannungsanlagen, allgemeine Grundsätze	172
DIN VDE	0100	-420 Errichten von Starkstromanlagen mit Nennspannungen bis 1000 V	
DIN VDE	0101	Starkstromanlagen über 1 kV	
DIN VDE	0105	Betrieb von elektrischen Anlagen	
DIN VDE	0276	Strombelastbarkeit von Starkstromkabeln	171
DIN VDE	0282	Elektrische Kabel und Leitungen	125
DIN VDE	0290	Typkurzzeichen von isolierten Leitungen	
DIN VDE	0298	Verwendung von Leitungen und Kabeln	
DIN VDE	0829	Elektrische Systemtechnik für Heim und Gebäude	141

Sicherheit, Energieversorgung

N	Nr.	Titel	Seite
DIN	4844	Grafische Symbole, Sicherheitsfarben und Sicherheitszeichen	203
DIN	6280	Sicherheitsstromversorgung	248
DIN	14674	Brandmeldeanlagen	262
DIN	40108	Elektrische Energietechnik, Stromsysteme	
DIN	40729	Akkumulatoren, Galvanische Sekundärelemente	245
DIN	40737	Blei-Akkumulatoren	245
DIN	41300	Kleintransformatoren	222
DIN	41776	Stromrichter, Anforderungen	
DIN	42027	Stellmotoren, Einteilung, Übersicht	
DIN	42547	Transformatoren und Drosselspulen, Leistungsschilder	219
DIN	50900	Elektrochemie, Korrosion der Metalle	243
DIN	54841	Erdverlegte Kabel, Warneinrichtung	232
DIN	58118	Augen- und Gesichtsschutz	201
DIN EN	352	Gehörschützer	201
DIN EN	626	Sicherheit von Maschinen	
DIN EN	1838	Notbeleuchtung	247
DIN EN	13237	Explosionsgefährdete Bereiche	182
DIN EN	16448	Schutzkleidung-Körperschutz	201
DIN EN	50110	Arbeiten in elektrischen Anlagen	
DIN EN	50131	Alarmanlagen, Einbruch- und Überfall-	265
DIN EN	50160	Merkmale der Spannung in öffentlichen Elektrizitätsversorgungsnetzen	
DIN EN	50308	Windenergieanlagen	236
DIN EN	50346	Prüfung installierter Verkabelung	
DIN EN	55011	Funkentstörung, Grenzwerte und Messverfahren	
DIN EN	55014	Elektromagnetische Verträglichkeit, Anforderungen an Haushaltsgeräte, Elektrowerkzeuge	250
DIN EN	60038	IEC-Normspannungen	
DIN EN	60079	Anlagen in explosionsgefährdeten Bereichen	182
DIN EN	60086	Primärbatterien	244
DIN EN	60529	Schutzarten der Gehäuse (IP-Code)	242
DIN EN	60825	Sicherheit von Lasereinrichtungen	
DIN EN	60898	Leitungsschutzschalter	
DIN EN	60909	Kurzschlussströme in Drehstromnetzen	
DIN EN	61000	Elektromagnetische Verträglichkeit (EMV)	250
DIN EN	61010	Sicherheitsbestimmungen für elektrische Mess-, Steuer-, Regel- und Laborgeräte	
DIN EN	61032	Schutz von Personen und Ausrüstung durch Gehäuse-Prüfsonden	
DIN EN	61140	Schutz gegen elektrischen Schlag	208
DIN EN	62040	Unterbrechungsfreie Stromversorgungssysteme	249
DIN EN	61173	Photovoltaische Stromerzeugungssysteme (PV), Überspannungsschutz	238
DIN EN	61243	Arbeiten unter Spannung	123
DIN EN	61434	Sekundärzellen und Batterien	244
DIN EN	62040	Unterbrechungsfreie Stromversorgung (USV)	249
DIN EN	62282	Brennstoffzellentechnologie	241
DIN EN	62305	Blitzschutz	254f
DIN EN	62433	Elektromagnetische Störungen, EMI	251f
DIN EN	62638	Wiederholungsprüfung elektr. Geräte	216
DIN EN	62676	Videoüberwachungsanlagen	266
DIN EN ISO	9001	Qualitätsmanagement	474
DIN EN ISO	13790	Energieeffizienz von Gebäuden	
DIN EN ISO	13849	Sicherheit von Maschinen, Steuerungen	371
DIN EN ISO	17050	CE-Kennzeichnung, Konformitätserklärung	278
DIN ISO	9000	Qualitätssicherung	474
DIN VDE	0132	Brandbekämpfung in elektrischen Anlagen	
DIN VDE	0165	Anlagen in explosionsgefährdeten Bereichen	182
DIN VDE	0250	-214 Installationsleitung NHXMH mit verbessertem Verhalten im Brandfall	
DIN VDE	0470	IP-Schutzarten	242
DIN VDE	0510	Akkumulatoren und Batterieanlagen	
DIN VDE	0532	Transformatoren und Drosselspulen	225ff
DIN VDE	0570	Sicherheit von Transformatoren, Netzgeräten, Drosseln und dergleichen	219
DIN VDE	0636	Niederspannungssicherungen	
DIN VDE	0675	Überspannungsschutzgeräte	
DIN VDE	0682	Arbeiten unter Spannung	123
DIN VDE	0641	Leitungsschutzschalter	
DIN VDE	0833	Gefahrenmeldeanlagen	264
DIN VDE	0875	Maßnahmen zur Funkentstörung	

N = Norm — DIN — DIN EN — DIN EN ISO — DIN IEC — DIN ISO — DIN VDE

Wichtige Normen 3 Important Standards 3

N	Nr.	Titel	Seite
		Informations- und kommunikationstechnische Systeme	
DIN	40015	Frequenz- und Wellenlängenbereiche	
DIN	40146	Nachrichtenübertragung, Grundbegriffe	
DIN	40148	Übertragungssysteme	
DIN	66000	Informationsverarbeitung, Mathematische Zeichen und Symbole der Schaltalgebra	288
DIN	66001	Informationsverarbeitung, Sinnbilder und ihre Anwendung	
DIN	66020	Schnittstellenanforderungen zwischen DEE und DÜE in Datennetzen	302
DIN	66021	Datenübertragung	
DIN	66250	Informationsverarbeitung, Zahlenverarbeitung für den Datenaustausch	
DIN	66258	Schnittstellen für die Datenübermittlung	
DIN	66274	Informationstechnik, Internetzugänge	320
DIN EN	14908	PROFIBUS	313
DIN EN	50098	ISDN-Basisanschluss	319
DIN EN	61158	Industrielle Kommunikationsnetze, Feldbusse	306
DIN EN	300473	Digitaler Fernsehrundfunk (DVB), Antennenanlagen	323
DIN EN	300652	Breitband-Funkzugangsnetze (BRAN)	330
DIN EN ISO	13407	Interaktive Systeme	
DIN ISO	1177	Digitale Datenübertragung	
DIN ISO	15887	Datenkomprimierung	
DIN ISO	19005	PDF-Format	
DIN VDE	0815	Installationskabel und -leitungen der IT-Technik	
DIN VDE	9592	Informationsverarbeitung, Computer-Grafik und Bildverarbeitung	
		Automatisierungs- und Antriebssysteme, Steuern und Regeln	
DIN	19235	Messen, Steuern, Regeln, Meldung von Betriebszuständen	
DIN	42021	Schrittmotoren	408
DIN	42027	Kleinstmotoren, Stellmotoren	409
DIN	42673	Käfigläufer-Asynchronmotoren IM B3, oberflächengekühlt	397 96
DIN	44030	Lichtschranken und Lichttaster	384
DIN	55003	Bildzeichen für NC-Werkzeugmaschinen	
DIN	66025	Programmaufbau für NC-Maschinen	
DIN	66215	Programmieren numerische gesteuerter Werkzeugmaschinen, CLDATA	
DIN	66217	Koordinatenachsen und Bewegungsrichtungen bei numerisch gesteuerten Arbeitsmaschinen	
DIN	66257	Begriffe für NC-Maschinen	
DIN EN	50347	Drehstromasynchronmotoren	
DIN EN	60034	Drehende elektrische Maschinen	224
DIN EN	60848	GRAFCET, Funktionspläne der Ablaufsteuerung	364f
DIN EN	61131	Speicherprogrammierbare Steuerungen (SPS)	355ff
DIN EN	61800	Drehzahlveränderbare elektrische Antriebe	
DIN EN ISO	10218	Industrieroboter	
DIN IEC	60034	Drehende elektrische Maschinen	224
DIN IEC	60072	Leistungsreihe elektrischer Maschinen	
DIN ISO	0100	- 557 Hilfsstromkreise	370
		Werkstoffe, Verbindungstechnik	
DIN	13	Metrisches ISO-Gewinde	451
DIN	202	Gewinde, Übersicht	451
DIN	267	Mechanische Verbindungselemente	
DIN	4000	Nichteisenmetalle, Sachmerkmale	423
DIN	41611	Lötfreie elektrische Verbindungen	447
DIN	57250	Isolierte Starkstromleitungen	434
DIN EN	515	NE-Metalle, Werkstoffzustand	423
DIN EN	1044	Hartlote	426
DIN EN	1045	Flussmittel zum Hartlöten	432
DIN EN	1412	Kupfer, Kupferlegierungen	
DIN EN	10027	Stahlnormung	422
DIN EN	20273	Durchgangslöcher für Schrauben	
DIN EN	29454	Flussmittel zum Weichlöten	432
DIN EN	60404	Magnetische Werkstoffe, Teil 5: Dauermagnetwerkstoffe	425
DIN EN	60216	Elektroisolierstoffe	428ff
DIN EN ISO	286	ISO-Toleranzen	452
DIN EN ISO	9453	Weichlote	426
DIN VDE	0210	Freileitungen über AC 1 kV	
DIN VDE	0211	Bau von Starkstrom- Freileitungen bis 1000 V	
DIN VDE	0292	Typkurzzeichen von isolierten Leitungen	434
DIN VDE	0293	Aderkennzeichnung bis 1000 V	
DIN VDE	0855	Kabelnetze für Fernseh-und Tonsignale	
		Betrieb und sein Umfeld, Umwelttechnik, Anhang	
DIN	276	Kostenplanung	470
DIN	31051	Grundlagen der Instandhaltung	
DIN	40581	Techn. Dokumentation zur Beurteilung gefährlicher Stoffe in Elektro- und Elektronikgeräten	478
DIN EN	60721	Klassifizierung von Umweltbedingungen	
DIN EN	61082	Dokumente der Elektrotechnik- Regeln und Leitfäden zur Darstellung	462
DIN EN	61193	Qualitätsbewertungssysteme	
DIN EN	62079	Erstellen von Anleitungen	102
DIN EN ISO	9000	Qualitätsmanagementsysteme, Grundlagen und Begriffe	474
DIN EN ISO	9001	Qualitätsmanagementsysteme, Anforderungen	474
DIN EN ISO	9241	Mensch-System-Interaktion, Grundsätze der Dialoggestaltung	457
DIN EN ISO	14001	Umweltmanagementsysteme, Anleitung zur Anwendung	
DIN EN ISO	14004	Umweltmanagementsysteme, allgemeiner Leitfaden über Grundsätze	
DIN IEC	60050	-351 Internationales Wörterbuch der Elektrotechnik, Leittechnik	
DIN ISO	10001	Qualitätsmanagement- Kundenzufriedenheit, Leitfaden für Verhaltenskodizes	465
DIN ISO	10002	Qualitätsmanagement-Kundenzufriedenheit, Behandlung von Reklamationen	466
DIN IEC	2343	Recycling elektrischer und elektronischer Geräte	478

Beuth Verlag GmbH Burggrafenstr. 6 10787 Berlin:
- Praxishandbuch Stahlnormen
- DIN-Normen und techn. Regeln für die Elektroinstallation
- Die neue Gefahrstoffverordnung, Gefahrstoffrecht und Anpassung zu REACH (**R**egistration, **E**valuation, **A**uthorisation, and Restriction of **Ch**emicals).

N = Norm DIN DIN EN DIN EN ISO DIN IEC DIN ISO DIN VDE DIN IEC

Wichtige Teile des VDE-Vorschriftenwerks Important Parts of VDE-Regulations

VDE	**0100**	Errichten von Niederspannungsanlagen
VDE	0101	Starkstromanlagen mit Nenn-Wechselspannungen über 1 kV
VDE	0102	Kurzschlussströme in Drehstromnetzen
VDE	0103	Kurzschlussströme, Berechnung der Wirkung
VDE	0104	Errichten und Betreiben elektrischer Prüfanlagen
VDE	0105	Betrieb von elektrischen Anlagen
VDE	0106	Messung von Berührungsstrom und Schutzleiterstrom
VDE	0108	Sicherheitsbeleuchtungsanlagen
VDE	0110	Niederspannungsanlagen, Isolationskoordination
VDE	0113	Elektrische Ausrüstung von Maschinen, Anzeigen, Kennzeichnung, Bedienen, Schutzeinrichtungen
VDE	0115	Bahnanwendungen, Anlagen, Betrieb, Schutzeinrichtungen
VDE	0116	Elektrische Ausrüstung von Feuerungsanlagen
VDE	0128	Errichten von Leuchtröhrenanlagen mit Nennspannungen über 1 kV
VDE	0131	Errichtung und Betrieb von Elektrozaunanlagen
VDE	0140	Schutz gegen elektrischen Schlag
VDE	0141	Erdungen in Wechselstromanlagen für Nennspannungen über 1 kV
VDE	0160	Ausrüstung von Starkstromanlagen mit elektronischen Betriebsmitteln
VDE	0165	Errichten elektrischer Anlagen in explosionsgefährdeten Bereichen
VDE	0168	Errichten von Anlagen im Freien, die erschwerten Bedingungen unterworfen sind (einschließlich Steinbrüchen und Tagebau)
VDE	0185	Errichten von Blitzschutzanlagen
VDE	**0210**	Bau von Starkstrom-Freileitungen mit Nennspannungen über 1 kV
VDE	0211	Bau von Starkstrom-Freileitungen mit Nennspannungen bis 1 kV
VDE	0228	Maßnahmen für Beeinflussung von Fernmeldeanlagen durch Starkstromanlagen
VDE	0293	Aderkennzeichnung von Starkstromkabeln und Starkstromleitungen bis 1 kV
VDE	0298	Verwendung von Kabeln und isolierten Leitungen für Starkstromanlagen
VDE	**0411**	Bestimmungen für elektronische Messgeräte und Regler
VDE	0413	Geräte zum Prüfen der Schutzmaßnahmen in elektrischen Anlagen
VDE	0414	Bestimmungen für Messwandler
VDE	0418	Elektrizitätszähler (Anforderungen, Prüfbedingungen)
VDE	0435	Elektrische Relais
VDE	**0510**	Bestimmungen für Akkumulatoren und Batterie-Anlagen
VDE	0530	Bestimmungen für drehende elektrische Maschinen
VDE	0532	Bestimmungen für Transformatoren und Drosselspulen
VDE	0544	Lichtbogenschweißeinrichtungen und verwandte Verfahren
VDE	0545	Bestimmungen für Widerstands-Schweißeinrichtungen
VDE	0550	Bestimmungen für Kleintransformatoren
VDE	0560	Regeln für Kondensatoren
VDE	**0606**	Verbindungsmaterial bis 750 V, Installations-Kleinverteiler und Zählerplätze bis 250 V gegen Erde
VDE	0620	Steckvorrichtungen bis 400 V 25 A (Teil 101 bis 250 V und 2,5 A).
VDE	0660	Bestimmungen für Niederspannungsschaltgeräte
VDE	0675	Schutz elektrischer Anlagen gegen Überspannungen
VDE	0680	Schutzkleidung, Schutzvorrichtungen und Werkzeuge zum Arbeiten an unter Spannung stehenden Betriebsmitteln
VDE	0681	Geräte zum Betätigen, Prüfen und Abschranken unter Spannung stehender Betriebsmittel mit Spannungen über 1 kV
VDE	**0700**	Sicherheit elektrischer Geräte für den Hausgebrauch und ähnliche Zwecke
VDE	0701	Instandsetzung, Änderung und Prüfung elektrischer Geräte für den Hausgebrauch und ähnliche Zwecke
VDE	0702	Wiederholungsprüfung an elektrischen Geräten
VDE	0710	Leuchten mit Betriebsspannungen unter 1 kV
VDE	**0800**	Errichten und Betrieb von Anlagen der Informationstechnik und Kommunikationstechnik
VDE	0855	Kabelnetze für Ton- und Fernsehrundfunksignale
VDE	0860	Bestimmungen für netzbetriebene elektronische Geräte für den Heimgebrauch
VDE	0872	Funkstöreigenschaften von Geräten der Unterhaltungselektronik
VDE	0875	Bestimmungen für die Funkentstörung von Betriebsmitteln und Anlagen
VDE	0878	Elektromagnetische Verträglichkeit EMV, Funkstöreigenschaften

Teile von DIN VDE 0100 Errichten von Niederspannungsanlagen 1
Parts of DIN VDE 0100 Erection of Low Voltage Installations 1

Teil	Deutsche Bezeichnung, z. T. vereinfacht	Englische Bezeichnung, z. T. vereinfacht
Anwendungsbereich, Begriffe und allgemeine Angaben Area of Use, Definitions and Generals		
100	Bestimmungen allgemeiner Merkmale, Begriffe	Assessment of general Characteristics, Definitions
200	Begriffe	Definitions
Schutzmaßnahmen Protection for Safety		
410	Schutz gegen elektrischen Schlag	Protection against Electric Shock
420	Schutz gegen thermische Auswirkungen	Protection against Thermal Effects
430	Schutz von Kabeln und Leitungen bei Überstrom	Protection of Cables and Cords at Overcurrent
442	Schutz von Niederspannungsanlagen bei Erdschlüssen in Netzen mit höherer Spannung	Protection of Low Voltage Installations against Faults between High-Voltage Systems and Earth
443	Schutz bei Überspannungen infolge Blitz oder Schaltvorgängen	Protection against Overvoltages of Lightnings or due to Switchings
444	Schutz gegen elektromagnetische Störungen (EMIs)	Protection against Electromagnetic Interferences (EMIs)
450	Schutz gegen Unterspannung	Protection against Undervoltage
460	Trennen und Schalten	Isolation and Switching
482	Brandschutz bei besonderen Risiken oder Gefahren	Protection against Fire where Particular Risks or Danger exist
Auswahl und Errichtung elektrischer Betriebsmittel Erection of Electrical Equipment		
510	Allgemeine Bestimmungen	Common Rules
520	Kabel- und Leitungsanlagen	Wiring Systems
530	Schalt- und Steuergeräte	Switchgears and Controlgears
534	Überspannungs-Schutzeinrichtungen (ÜSE)	Surge Protective Devices (SPD)
537	Geräte zum Trennen und Schalten	Devices for Isolation and Switching
540	Erdungsanlagen, Schutzleiter, Schutzpotenzialausgleichsleiter	Earthing Arrangements, Protective Conductors and Protective Bonding Conductors
550	Steckvorrichtungen, Schalter und Installationsgeräte	Plug-and-Socket Devices, Switches and Installation Equipment
551	Niederspannungs-Stromerzeugungsanlagen	Low-Voltage Generating Sets
557	Hilfsstromkreise	Auxiliary Circuits
559	Leuchten und Beleuchtungsanlagen	Luminairs and Lighting Installations
560	Elektrische Anlagen für Sicherheitszwecke	Supplies for Safety Services
570	Koordinierung elektrischer Einrichtungen	Coordination of Equipment
Prüfungen Verifications		
600	Prüfungen	Verifications
Betriebsstätten und Anlagen besonderer Art Special Installations or Locations		
701	Räume mit Badewanne oder Dusche	Locations Containing a Bath or Shower
702	Becken von Schwimmbädern und andere Becken	Swimming Pools and other Basins

Teile von DIN VDE 0100 Errichten von Niederspannungsanlagen 2
Parts of DIN VDE 0100 Erection of Low Voltage Installations 2 (Fortsetzung)

Teil (Folge)	Deutsche Bezeichnung, z. T. vereinfacht	Englische Bezeichnung, z. T. vereinfacht
703	Räume und Kabinen mit Saunaheizung	Rooms and Cabins containing Sauna Heaters
704	Baustellen	Construction and Demolition Sites
705	Landwirtschaftliche Betriebsstätten	Agricultural and Horticultural Premises
706	Leitfähige Bereiche mit begrenzter Bewegungsfreiheit	Conducting Locations with Restricted Movement
708	Elektrische Anlagen von Campingplätzen	Electrical Installations in Caravan Parks
709	Marinas (Liegeplätze für Boote)	Marinas
710	Medizinisch genutzte Bereiche	Medical Locations
711	Ausstellungen, Shows und Stände	Exhibitions, Shows and Stands
712	PV-Stromversorgungssysteme	Photovoltaic Power Supply Systems
713	Möbel	Furnitures
714	Beleuchtungsanlagen im Freien	Outdoor Lighting Installations
715	Kleinspannungsbeleuchtungsanlagen	Extra-Low-Voltage Lighting Installations
717	Anlagen auf Fahrzeugen oder in transportablen Baueinheiten	Electrical Equipment in mobile or Transportable Units
718	Bauliche Anlagen für Menschenansamm-lungen	Installations for Gathering of People
721	Elektrische Anlagen von Caravans und Motorcaravans	Electrical Installations in Caravans and Motor-Caravans
722	Stromversorgung von Elektrofahrzeugen	Power Supply of Electric Vehicles
723	Unterrichtsräume mit Experimentier-einrichtungen	Class-Rooms with Experimental Equipment
729	Bedienungsgänge	Operation Gangways
731	Elektrische Betriebsstätten und abge-schlossene elektrische Betriebsstätten	Electrical Locations and Locked Electrical Locations
732	Hausanschlüsse in öffentlichen Kabelnetzen	Cables Entries into Buildings in Public Cable Networks
736	NS-Stromkreis in HS-Schaltfeldern	LV-Circuits in HV-Switchboards
737	Feuchte und nasse Bereiche	Humid and Wet Areas in Locations
739	Zusätzlicher Schutz gegen direktes Berühren	Additional Protection in the Case of Direct Contact
740	Vorübergehend errichtete elektrische Anlagen	Temporary electrical Installations
753	Fußboden- und Decken-Flächenheizungen	Floor and Ceiling Heating Systems
799 E	Lichtwerbeanlagen mit einer Bemessungs-Ausgangs-Leerlaufspannung bis 1000 V	Lighting Installations for Advertising with a Rated Output Voltage not exceeding 1000 V

Zusätzliche Angaben bei Normen

E Entwurf
BZ beabsichtigte Zurückziehung
KM Manuskript zum Kurzverfahren
KV Kurzverfahren (angekündigte neue Norm)
TZ zurückgezogen
Ü Zurückziehung mit Übergangsfrist

Brandschutzschalter Arc Fault Detection Device AFDD

Begriff	Prinzip	Erklärung
Brandursachen der Niederspannungsanlage trotz RCD und Leitungsschutzschalter		
Fehlerlichtbogen (Störlichtbogen)	Fehlerlichtbögen in Niederspannungsanlagen sind meist kleine Lichtbögen zwischen Außenleiter und Neutralleiter. Deren Energie kann bei AC 230 V mit Überstrom-Schutzeinrichtung 16 A kurzzeitig über 4 kW betragen und so eine brennbare Umgebung, z. B. Holz, entzünden.	Die Fehlerstrom-Schutzeinrichtung tritt nicht in Funktion, solange der PE oder die Erde keinen Strom führen. Die Überstrom-Schutzeinrichtung schaltet kurzzeitig nur bei einem direkten Kurzschluss ab, der wenigstens zum etwa 5-Fachen des Nennstromes der Schutzeinrichtung führt.
Serielle Fehlerlichtbögen	Durch Unterbrechung des Stromkreises vor oder hinter der Last können serielle Lichtbögen entstehen, z. B. durch korrodierte Kontakte. Erhöht ist die Gefahr, wenn an der Unterbrechungsstelle brennbarer Staub angehäuft ist.	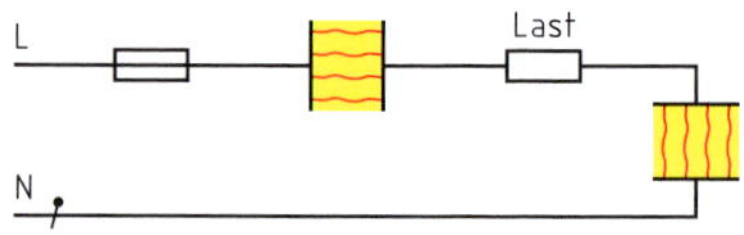 **Serielle Fehlerlichtbögen**
Parallele Fehlerlichtbögen	Durch örtliche Schädigung der Isolation zwischen L und N, z. B. durch eingeklemmte Leiter L und N, erwärmt ein Fehlerstrom die Fehlerstelle bis zur Verkohlung der Isolierung, die zu einem Lichtbogen führt. Besondere Gefahr bei Leitungen ohne Schutzleiter.	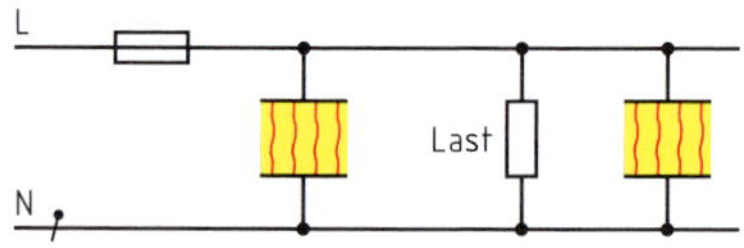 **Parallele Fehlerlichtbögen**
Wirkungsweise und Aufbau des AFDD		
Prinzip des Brandschutzschalters AFDD	Der AFDD (Arc Fault Detection Device) spürt einen Fehlerlichtbogen auf und veranlasst dann eine Überstrom-Schutzeinrichtung oder eine RCD bzw. RCBO zum Abschalten der Stromversorgung.	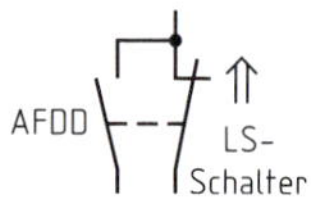 **AFDD mit LS-Schalter** 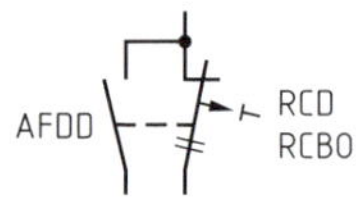 **AFDD mit RCD oder RCBO**
Sensorik für Lichtbögen	Jeder elektrische Lichtbogen besteht aus Gasstrecken, die in rascher Folge ihren Widerstand ändern. Dadurch ruft im Netz ein Lichtbogen hochfrequente Spannungsstöße hervor, wie sie z. B. vor über 100 Jahren zum „Funken" von Signalen in Gebrauch waren. Die hochfrequenten Spannungen werden beim AFDD über Filter entnommen und nach Gleichrichtung und Verstärkung zum Betätigen des Schutzschalters verwendet. www.siemens.com/low-medium-voltage	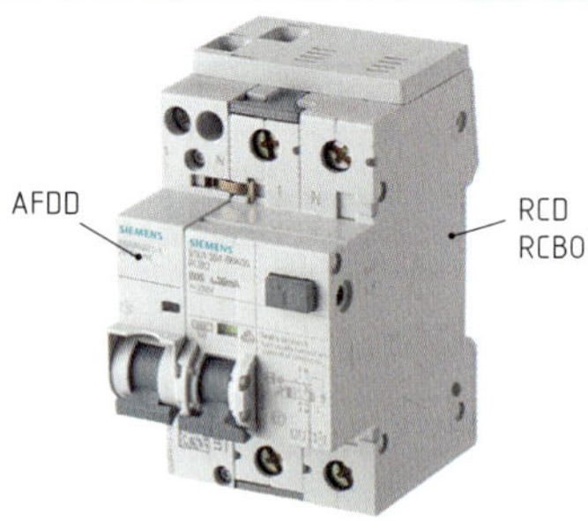 **AFDD (links) mit RCBO (rechts) auf der Hutschiene (Pressebild Siemens)**
Verbreitung und Anwendung	AFDD sind in den USA seit Jahren gebräuchlich und werden dort in Übereinstimmung mit Normen bei Brandgefährdung eingesetzt. Von den in Deutschland elektrisch verursachten Bränden werden etwa 40 000/Jahr durch Installationsfehler hervorgerufen und davon etwa 30 % durch Störlichtbögen. Deshalb wurden von Siemens Brandschutzschalter entwickelt.	**Anwendung:** bei erhöhtem Sachrisiko und Personenrisiko. **Typenbezeichnung:** Siemens 5SM6 **Normung:** VDE 0100-530 empfiehlt schon jetzt Störlichtbogenschutzeinrichtungen. VDE 0100-420 soll künftig die Forderung nach AFDD enthalten, vor allem für Schlafzimmer und Kinderzimmer

Glossar Glossary

Nachfolgend werden die wichtigsten Fachbegriffe der angeführten Techniken erklärt. Kurzformen sind z.B. auf den Seiten 493 bis 500. Wenn Sie einen Ausdruck im Glossar nicht finden, dann suchen Sie ihn im Sachwortverzeichnis und schlagen Sie die dort genannte Seite auf.

A

absolut (lat. absolutus = abgelöst, losgelöst), für sich allein bestehend, unabhängig, unbedingt.

Abszisse (lat. abscissus = weggerissen, getrennt), waagrechte Achse im Koordinatensystem.

Adhäsion, Haften verschiedener Stoffe aneinander.

Adsorption, Aufnahme von Gasen, Dämpfen oder gelösten Stoffen an der Oberfläche fester Körper.

adsorbieren, an der Oberfläche aufnehmen.

Akkumulator (lat. accumulare = anhäufen), Sammler; elektrochemischer Energiespeicher, Rechenregister.

Aktor, der (lat. actor = Verrichter), Bauelement oder Baugruppe, nach Ansteuerung wird eine Wirkung erzielt, z.B. Schütz EIN. Bei manchen Bussystemen Aktuator genannt.

Aktuator, der, siehe Aktor.

Akustik (griech. akoustos = hörbar), Lehre vom Schall.

akustisch, zur Lehre vom Schall gehörend.

Algorithmus (von griech. arithmos = Zahl), Rechenvorschrift zum Lösen einer Aufgabe in logischer Schrittfolge als effektives Verfahren zum Lösen eines Problems.

alphanumerisches Zeichen, Zeichen aus Zeichenvorrat, der Buchstaben, Ziffern und Sonderzeichen enthält.

Amplitude, Schwingungsweite, Ausschlag.

analog, entsprechend, ähnlich, gleich verhaltend.

Analog-Digital-Umsetzer, elektronische Schaltung, die ein Analogsignal in eine Folge von Binärsignalen umsetzt.

Analyse, Zerlegung, Auflösung eines Ganzen in seine Glieder, z.B. Zerlegen einer chemischen Verbindung.

Anode (griech. ana = hinauf, hodos = Weg), Elektrode, von der aus der Strom in einen Halbleiter, eine Flüssigkeit, ein Gas oder das Vakuum eintritt.

Anweisung, Arbeitsvorschrift in einer Programmiersprache.

Äquivalent (lat. aequus = gleich, valere = wert sein), Gleichwert, Gegenwert.

Arbeitspaket, zu einem Thema gehörende Aufgaben, die im Rahmen eines Projektes abzuarbeiten sind.

Assembler (to assemble = versammeln, zusammenfügen), prozessororientierte Programmiersprache aus Kürzeln für die Befehle.

astabil, nicht feststehend, unbeständig.

astatisch (griech. astatos = unstet), verhindert die Einwirkung von Fremdfeldern.

asynchron (griech. synchronos = gleichzeitig, a-Verneinung), nicht gleichzeitig, nicht gleichlaufend.

Atom (griech. atomos = unteilbar), der kleinste Teil eines chemischen Grundstoffes. Ein Atom kann nicht weiter geteilt werden, ohne dass sich seine chemischen Eigenschaften ändern.

axial (lat. axis = Achse), in Richtung der Achse.

B

Basis (griech. basis = Grundlage, Sockel), Fußpunkt; mittlere Halbleiterzone oder Anschluss bei Transistoren.

Befehl, Anweisung, die sich in der benutzten Programmiersprache nicht mehr in Unteranweisungen zerlegen lässt.

Betriebsmittel, notwendige Komponente zum Betreiben einer Anlage.

Betriebssystem, Programme, die den Betrieb eines Computers ermöglichen.

bi-, Vorsilbe für „zweifach", „doppelt".

bidirektional, zweifach gerichtet.

binär (lat. bini = je zwei), aus zwei Einheiten bestehend.

Bit, das, Kurzform für Binärzeichen, Mehrzahl Bits, als Einheit bit.

BIOS (Basic Input Output System), enthält Programme zum Starten eines PC.

Blank, das, von blank = Leerzeichen. Leerraum zwischen Zeichen.

Bluetooth, Name geht auf Wikingerkönig Blauzahn zurück. Standard für Funkübertragung zwischen Geräten.

BNC, der, Kurzform von Bajonet Nut Connector, Steckverbinder für Koaxialleitung.

Boole'sche Funktion Funktion der Schaltalgebra, insbesondere logische Funktionen, z.B. ODER, UND, NICHT.

Botnetz (bot = Roboter im Internet), Verbund von mit Trojaner infizierten Computern, mit dessen Hilfe andere Computer angegriffen werden.

Browser (to browse = blättern), Programm, welches das Durchsuchen einer Datei ermöglicht.

Bus, auch Bussystem, Übertragungsstrecke, z.B. Leitung, an die viele Teilnehmer angeschlossen werden können.

Byte, Einheit für Wortlänge von 8 bit, Kurzform B.

C

CD, von Compact Disc = kompakte Platte (Scheibe), digitaler Massenspeicher in Form einer dünnen Scheibe.

Charakteristik (griech. charakter = das Eingeprägte, Eingeschnittene), Kurve, die das kennzeichnende Verhalten veranschaulicht.

Chatten, das, von chat = Plauderei. Austausch von Meinungen im Internet.

Chip (chip = Schnipsel), Einkristall-Halbleiterplättchen, in das eine elektronische Schaltung eingearbeitet ist; allgemeine Bezeichnung für eine integrierte Schaltung.

Client-Server (Kunde, Dienstleister), über ein Datennetz verbundene Computer. Der Client-Computer wird vom Server-Computer mit Daten bzw. Programmen versorgt und speichert Daten zu diesem zurück.

Code (lat. codex = Schreibtafel, Verzeichnis), Regeln für die Zuordnung von Zeichen zweierlei verschiedener Alphabete (oder anderer Zeichenvorräte).

Controller, der, von to control = steuern. Einrichtung zum Steuern eines Anlagenteiles.

Compiler, Programm zur Übersetzung eines Programms in eine andere Programmiersprache.

Cookie (cookie = Keks), kleine Datei, die bei Internet-Nutzung auf dem Computer des Nutzers installiert wird.

CPU (von central processing unit), Kurzform für Zentrale Prozess-Einheit eines Computers, z.B. der Mikroprozessor.

D

Dämpfung, Abschwächung eines Signales, z.B. nach Durchlaufen einer elektronischen Komponente.

Dekade (griech. dekas = Anzahl von zehn), Zehnzahl, zehn Stück, zehn Teile. *dekadisch*, zehnteilig.

Demodulator, Baugruppe, die Signalschwingungen (z.B. Tonschwingungen) aus dem modulierten Träger zurückgewinnt (siehe Modulation).

Dezimale (lat. decem = zehn), der zehnte Teil; Ziffer, die bei einer Zahl rechts vom Komma steht.

Dielektrikum, elektrischer Nichtleiter. In ihm bleibt ein elektrisches Feld auch ohne dauernde Ladungszufuhr bestehen.

Diffusion (lat. diffundere = ausbreiten), gegenseitige Durchdringung und Mischung von Teilchen infolge der Wärmebewegung.

digital (lat. digitus = Finger zum Zählen), ziffernmäßig; Darstellung von Signalen oder Größen in ziffernmäßiger Form.

Digital-Analog-Umsetzer, elektronische Schaltung, die eine Folge von Binärzeichen in ein Analogsignal umsetzt.

Dimmer (to dim = verdunkeln), elektrischer Steller zum Einstellen der Lichthelligkeit.

Dipol, Zweipol, z.B. Antenne aus zwei gleich langen elektrisch leitenden Teilen.

disjunktiv (lat. disiunctus = getrennt), begriffliches Verhältnis „entweder...oder", z.B. „entweder Signal 1 oder Signal 2".

Dissoziation (lat. dissociatio = Trennung), Trennung einer Verbindung, z.B. Zerlegung von Molekülen in bewegliche Ionen.

Dotieren (lat. dotare = mitgeben), Halbleitertechnik: Einbauen von Fremdatomen in den Halbleiterwerkstoff.

Download, der und das, von to download = herunterladen. Das Herunterladen von Dateien aus dem Internet.

Drain (drain = Senke, Abfluss), Anschluss bei einem Feldeffekttransistor.

dual (lat. duo = zwei), Zweiheit bildend, Zweizahl.

DSL, Digital Subscriber Line, digitale Teilnehmer-Anschlussleitung.

Duplexbetrieb, Vollduplexbetrieb, Nachrichtenübertragung, z.B. Datenübertragung, gleichzeitig in beiden Richtungen (Senden und Empfangen).

Duroplast (Duromer), härtbarer Kunststoff, der nach dem Aushärten nicht mehr durch Erwärmen erweicht werden kann.

DVD, von Digital Versatile Disc = digitale vielseitig verwendbare Platte (Scheibe), digitaler Massenspeicher mit mehreren GB in Form einer dünnen Scheibe.

Dynamik (griech. dynamos = Kraft), Bewegungslehre. *dynamisch*, von „Kräften" bewirkt.

E

Echtzeitbetrieb, der, Betrieb mit einem Computer, der so schnell arbeitet, dass er die ihm gestellten Aufgaben scheinbar sofort löst, auch Realtime-Betrieb genannt.

Effekt (lat. efficere = hervorbringen), Wirkung, Erfolg. *effektiv,* wirksam, tatsächlich.

Elastomere, formfeste Kunststoffe, die elastisch verformbar sind.

Elektrode, Übergangsstelle von metallischen Leitern auf Leitung durch Ionen (in Gasen oder Flüssigkeiten) oder durch frei bewegliche Elektronen (in Halbleitern oder im Vakuum).

Elektrolyse, Zerlegen von stromleitenden Flüssigkeiten (Säuren, Laugen, gelöste oder geschmolzene Salze) durch den elektrischen Strom.

Element, in der Chemie: Grundstoff, in der Elektrotechnik: Spannungserzeuger, z.B. galvanisches Element.

Eloxieren, Oberflächentechnik zum Erzeugen einer oxidischen Schutzschicht auf Aluminium.

Emission (lat. emittere = aussenden), Aussenden einer Strahlung oder Aussenden von Teilchen, z.B. von Elektronen, *emittieren,* aussenden, ausstrahlen.

EMI (engl. Electromagnetic Interferences) Elektromagnetische Störungen, z.B. durch Schalten starker Ströme.

Emitter, eine Halbleiterzone oder ein Anschluss bei Transistoren.

EMV Elektromagnetische Verträglichkeit.

Energie (griech. energeia = wirkende Kraft), Fähigkeit eines physikalischen oder technischen Systems, Arbeit zu verrichten.

Erodieren, thermisches, abtragendes Fertigungsverfahren für leitfähige Materialien.

Erosion (lat. erosio = Ausnagung), Abtragung durch Wind und Wasser.

Expansion, Ausdehnung, z.B. von Gasen.

Exponent (lat. exponere = herausheben, -stellen), oben rechts angefügte Hochzahl eines mathematischen Ausdrucks (der Basis). Der Exponent gibt an, wie oft die Basis mit sich selbst multipliziert werden soll.

F

Faktor (lat. factor = der etwas macht, besorgt), mitbestimmender Umstand; Mathematik: Vervielfältigungszahl, Teil eines Produkts.

Feldbus, der, Bussystem zur Vernetzung von Aktoren und Sensoren.

File, der und das, file = Liste. Anderer Ausdruck für Datei.

flexibel, biegsam, biegbar, geschmeidig.

Fluoreszenz, Aufleuchten beim Einfall von Strahlen.

Frequenz (lat. frequentia = Häufigkeit), z.B. Zahl der Schwingungen in einer Sekunde (Einheit: Hertz) oder Zahl der Umdrehungen in der Zeiteinheit (Umdrehungsfrequenz).

Frigistor (lat. frigidus = kalt und engl. resistor = Widerstand), Halbleiterbauelement, das sich bei Stromdurchgang an einer Stelle abkühlt.

Funktion (lat. functio = Verrichtung), Betätigungsweise, Wirkungsweise; Mathematik: Abhängigkeit, gesetzmäßige Beziehung zwischen zwei oder mehreren Größen.

G

Gate (gate = Tor), Anschluss bei einem Feldeffektransistor (FET). Die Spannung zwischen Gate und Source bestimmt die Wirkung des FET.

Gateway, Hardware/Software zum Verbinden unterschiedlicher Netze für Computer.

Gemeinkosten, Kosten, die einem Produkt nicht direkt zurechenbar sind. Sie werden über einen Verteilungsschlüssel umgelegt, z.B. Gehälter, Abschreibungskosten, Raumkosten.

Generator (lat. generator = Erzeuger), z.B. Spannungserzeuger.

GPS, Global Positioning System, satellitengestütztes Ortungssystem.

GUD Gasturbinen- und Dampfturbinen-Kraftwerk.

H

Halbduplexbetrieb, Nachrichtenübertragung nacheinander in beiden Richtungen (Senden oder Empfangen).

Hardware (hardware = harte Ware), alle Bauteile und Geräte (einer Datenverarbeitungsanlage), die man sehen und anfassen kann.

HDMI, High Definition Multimedia Interface, verlustfreie Übertragung von Bild- und Tonsignalen.

homogen (griech. homo = gleich und genes = Art), gleichartig, gleichförmig.

horizontal (griech. horizon = Grenzlinie), waagerecht.

Hydraulik (griech. hydraulike = Wasserkunst), Lehre von der Bewegung der Flüssigkeiten; *hydraulisch,* mit Flüssigkeitsdruck arbeitend, mit Flüssigkeitsantrieb.

Hysterese, Hysteresis (griech. hysteros = später, darauf folgend), Fortdauer einer Wirkung nach Aufhören der Ursache; magnetische Hysteresis: Zurückbleiben der Magnetisierung magnetischer Stoffe gegenüber der Feldstärke.

I, J

Icon (von griech. eikon = Bild), das. In der Computertechnik bildhaftes Symbol zum Anklicken, auch als Ikon geschrieben.

Impedanz (lat. impedire = behindern, hemmen), Elektrotechnik: Scheinwiderstand bei Wechselstrom.

implementieren, von to implement = verwirklichen. Einbauen, in etwas einfügen.

Impuls (lat. impulsus = Anstoß), Antrieb, Anregung, Anstoß; Elektronik: Kurzzeitiger Strom- oder Spannungsstoß.

Inch, das, andere Bezeichnung für das Zoll, 1 inch = 25,4 mm.

Index, Mehrzahl: **Indizes**, Anzeiger, tiefgesetztes Unterscheidungszeichen z.B. U_1, U_2, U_a.

Indikation (lat. indicatio = Anzeige), Anzeige, Merkmal.

Indikator (lat. indicare = anzeigen), Anzeiger für einen Vorgang, z.B. ein Stoff, der durch auffälligen Farbwechsel einen chemischen Vorgang anzeigt.

Induktion, Entstehen einer elektrischen Spannung in einem Leiter bei Änderung eines Magnetfeldes oder bei Bewegung des Leiters im Magnetfeld. Magnetische Induktion: Dichte des magnetischen Flusses. *Induktiv,* auf Induktion beruhend. *Induzieren* (lat. inducere = hineinführen), herbeiführen; Zeitwort zu Induktion.

instabil, unbeständig.

Interface (interface = Trennfläche), Schnittstelle, Anpassungsschaltung.

interpolieren (lat. interpolare = dazwischenstellen), Ermitteln weiterer Zahlenwerte in einer Zahlenfolge.

Interrupt (lat. interruptio = Abbrechen, Unterbrechen), Unterbrechen eines laufenden Computerprogramms, um in der Zwischenzeit z.B. ein Dienstprogramm durchzuführen.

Ion, Mehrzahl: **Ionen** (griech. ion = gehend, wandernd), elektrisch geladene Atome oder Atomgruppen. *Ionisation,* Vorgang, durch den Ionen entstehen.

IrDA, von Infrarot-Datenschnittstelle. Schnittstelle, bei der Daten mittels Infrarot-Impulsen übertragen werden.

JPEG, von Joint Photographic Experts Group. Format für komprimierte Bilddarstellung.

K

Kapazität (lat. capacitas = Fassungsfähigkeit), Fassungsvermögen, Aufnahmefähigkeit.

Kaskade (ital. cascata = Wasserfall), Hintereinanderschaltung gleichartiger Bauteile oder Baugruppen.

Katode (griech. kathodos = das Hinabgehen), Elektrode, die positive Ladung aus einem Halbleiter, einer Flüssigkeit, einem Gas oder dem Vakuum aufnimmt.

kinetisch (griech. kinetikos = zum Bewegen gehörig), auf Bewegung beruhend.

Koeffizient (lat. coefficere = mitbewirken), mitwirkender Teil; Mathematik: Größe, mit der eine veränderliche Größe malgenommen wird.

Kollektor (lat. collectus = Ansammlung), Stromwender, der aus Kupferlamellen mit isolierenden Zwischenlagern zusammengesetzte Teil einer elektrischen Maschine, auf dem die Bürsten schleifen.

Halbleitertechnik: Stromsammler, eine Halbleiterzone oder ein Anschluss bei Transistoren.

Kollision, die, von lat. collisio = Zusammenstoß. In der IT Zusammenstoß von Bits bei der Datenübertragung mittels Bus.

Kommutator (lat. commutare = vertauschen), Stromwender.

kompatibel (franz. compatible = vereinbar), vereinbar austauschbar.

Kompensation (lat. compensatio = Ausgleichung), Ausgleich, Aufheben einander entgegengesetzter Wirkungen.

Kompressor (lat. compressio = Zusammendrücken), Gasverdichter, Maschine zum Verdichten von Gasen und Dämpfen.

komprimieren, von lat. comprimere = zusammendrücken, verdichten.

Kondensator (lat. condensare = verdichten), Elektrotechnik: „Verdichter" für elektrische Ladungen. Dadurch Bauelement zum Speichern elektrischer Ladungen.

Kondensator bei Dampfturbinen: Vorrichtung zum Niederschlagen des Abdampfes.

Konstante (lat. constans = standhaft), unveränderliche Größe, feststehender Wert.

Kontakt (lat. contactus = Berührung), Berühren oder Verbinden von elektrischen Leitern zum Herstellen einer leitenden Verbindung.

Konvektion (lat. convectio = das Zusammenbringen), Strömen von Teilchen, Mitführen von Energie (z.B. Wärme) einer Strömung.

Koordinaten (lat. coordinare = beiordnen), zusammenfassende Bezeichnung von Abszisse und Ordinate. Zahlen, welche die Lage eines Punktes in der Ebene oder im Raum festlegen.

Korona (lat. corona = Kranz), Kreis, Strahlenkranz (um die Sonne), Glimmentladung an elektrischen Leitern.

Korrosion (lat. corrosio = Zernagung), Zerstören der Oberfläche von Werkstoffen; korrodieren.

L

Lamelle (lat. lamella = Blättchen), dünnes Blättchen, Streifen.

latent (lat. latens = verborgen), verborgen, versteckt, nicht hervortretend; z.B. latente Wärme: die beim Schmelzen oder Verdampfen gebundene Wärmemenge, die sich nicht in einer Temperaturerhöhung zeigt.

Lumineszenz (lat. lumen = Licht), Anregung eines Leuchtstoffes zum Leuchten (meist ohne gleichzeitige Temperaturerhöhung).

M

Magnetostriktion Längenänderung magnetischer Werkstoffe im Magnetfeld.

Marktplatz, elektronischer, Softwaresystem eines Marktplatzbetreibers zur Abwicklung von Handelsgeschäften im Internet.

modifizieren, von lat. modificere = gehörig abmessen. Verwendet im Sinne von zweckmäßig verändern.

Modul, der (lat. modulus, Verkleinerungsform von modus = Maß), Form; bei Zahnrädern: Verhältnis der Zahnteilung zur Zahl π.

Modul, das, Baugruppe, z.B. aus Leiterplatten, auf denen Bauelemente angeordnet sind; bei Software: kleines Programm, Programmteil.

Modulation (lat. modulus = Takt), Beeinflussung eines Trägers im Takt der Signalfrequenz, z.B. Aufprägen der Niederfrequenz auf die Hochfrequenz; *modulieren.*

Modulator, Baugruppe zur Durchführung der Modulation.

Molekül (lat. molecula = kleine Masse), kleinster Teil eines Stoffes, der aus mehreren Atomen zusammengesetzt ist.

Monitor (lat. monitor = Aufseher), Kontrollgerät (meist mit Bildschirm) zum Überwachen einer elektronischen Anlage; Programm zum Steuern oder Koordinieren anderer Programme oder Programmteile.

N

Netzlaufwerk, Verzeichnis, auf welches der Computer über ein Datennetz (Netzwerk) zugreifen kann.

NFC, Near Field Communication. Datenaustausch in Funktechnologie über kurze Strecken.

Nomogramm (griech. nomos = Zahl, Regel, gramma = Zeichen, Buchstabe), Schaubild oder Zeichnung zum zeichnerischen Lösen einer Rechnung.

numerisch, zahlenmäßig der Zahl nach.

Numerus (lat.), Zahl.

Nutzdaten, Teil eines Datenpaketes, welches die zu übertragende Nachricht darstellt, also ohne Startbit, Stopbit, Prüfbits und ähnliches.

O

Ordinate (lat. ordo = Ordnung), senkrechte Achse des Koordinatensystems.

Oszilloskop (lat. oscillare = schaukeln, schwingen, griech. skopein = schauen), Messgerät zum Sichtbarmachen elektrischer Schwingungsvorgänge.

Oxidation, chemischer Vorgang der Verbindung eines Stoffes mit Sauerstoff.

P

Parameter (zu griech. para = neben und metron = Maß), kennzeichnende Größe, die z.B. den Ablauf eines technischen Prozesses beeinflusst.

Patchkabel, das, von to patch = einpassen. Steckbares Verbindungskabel.

Periode (griech. periodos = Umlauf), Kreislauf, Zeitabschnitt, in dem sich ein Vorgang regelmäßig wiederholt, *periodisch,* regelmäßig wiederkehrend.

Peripheriegerät (griech. peripher = am Rande befindlich), Gerät, welches an den Computer über eine Schnittstelle angeschlossen wird, z.B. Drucker, Bildschirm, Festplattenlaufwerk.

Permeabilität (lat. permeare = durchdringen), Durchlässigkeit. Zahlenwert der angibt, wievielmal mehr Feldlinien in einem magnetischen Werkstoff entstehen als im Vakuum oder in Luft.

Permittivität (lat. permittere = erlauben), Maß für die Veränderung eines elektrischen Feldes durch ein Dielektrikum.

Phase (griech. phasis = Anzeige, Erscheinung), Bewegungszustand eines schwingenden Teilchens in jedem Augenblick der Bewegung. Wird in der Elektrotechnik auch noch für „Außenleiter" verwendet.

Phishing, von fishing = fischen, persönliche Daten ausspionieren, z.B. Passworte, Bankdaten

piezoelektrisch (griech. piezein = drücken), Entstehen elektrischer Ladung an manchen Kristallen durch Druck oder Zug.

Planar- (lat. planus = flach), Vorsatzwort für Silicium-Halbleiterbauelemente, das angibt, dass der elektrische Strom nur in einer dünnen Schicht des Kristalls fließt, z.B. Epitaxie-Planar-Transistor.

pneumatisch (griech. pneumatikos = zum Hauch, zum Wind gehörig), Luft..., Druckluft....

Polarisation, elektrische: Bilden von Gegenspannungen bei der Elektrolyse durch chemische Veränderung an den Elektroden, z. B. durch Abscheiden von Wasserstoff. Richtung des elektrischen Feldes einer elektromagnetischen Welle.

Polarität, Vorhandensein gegensätzlicher Pole.

Port, der, von port = Pforte. Kanal für Signalübertragung, auch Anschluss.

Portal, (lat. porta = Türe, Tor), gemeinsame Benutzeroberfläche für unterschiedliche IT-Anwendungen.

Potenziometer, einstellbarer Widerstand, der so geschaltet ist, dass an ihm ein beliebiger Teil der verfügbaren Spannung abgegriffen werden kann.

Potenz, Mathematik: Produkt gleicher Faktoren, wobei die Anzahl der Faktoren durch die Hochzahl (Exponent) angegeben wird; z. B. $2^3 = 2 \cdot 2 \cdot 2$.
Potenzieren, in die Potenz erheben.

primär (lat. primarius = zu den ersten gehörend), an erster Stelle, erst..., ursprünglich, grundlegend, wesentlich.

Profil, Seitenansicht, Umriss, Querschnitt.

Programm, Plan; Plan zur Steuerung, der einem Computer oder einer Maschine eingegeben wird.

Projektion (lat. proiectio = das Vorwerfen), maßgetreue zeichnerische Darstellung eines Körpers auf einer ebenen Fläche; Bildwurf.

Proportion (lat. proportio = Ebenmaß, Gleichmaß), Verhältnis, Größenverhältnis.
Proportional, im gleichen Verhältnis stehend.

Protokoll, das, vom lat. protocollum = der Papyrosrolle vorhergehendes Blatt. 1. Niederschrift einer Verhandlung. 2. In der IT normenähnliche Niederschrift über den Datenaustausch.

Prototyp (griech. prototypos = ursprünglich), Urbild, Muster.

Provider (to provide = anbieten), Anbieter von Diensten, z. B. Zugang zum Internet.

Provision (lat. provisio = Vorsorge), in Prozenten einer Wertgröße, z. B. Umsatz, berechnete Leistungsvergütung.

Puls, der, regelmäßige Form von Impulsen.

Pyrometer (griech. pyr = Feuer, Hitze und metron = Maß), Messgerät zur Temperaturmessung.

R

RAM, Random Access Memory, Areitsspeicher des Computers

radial (lat. radius = Stab, Radspeiche), von einem Mittelpunkt ausgehend oder auf ihn zuführend.

Radius, Halbmesser eines Kreises.

RCD, von residual current protective device = Reststrom-Schutzgerät; Fehlerstromschutzschalter, Schutzeinrichtung in Niederspannungsnetzen.

re-, Vorsilbe für „wieder-“, „zurück“, „neu-“.

Reduktion (lat. reducere = zurückführen), Zurückführung, Minderung; chemisch: Entzug von Sauerstoff aus einer chemischen Verbindung.

Reflektor (lat. reflectere = zurückbiegen, -wenden), Vorrichtung zum Sammeln und Zurückwerfen von Strahlen. Bei Antennen: elektrischer Leiter, der in gewissem Abstand hinter dem Dipol angeordnet ist.

Reflexion, Spiegelung, Zurückwerfen von Strahlen an einer Fläche.

Reflex, zurückgeworfene Strahlen.

Rekristallisation, Neubildung von Kristallen. (Kristall: fester, regelmäßiger Körper, der von ebenen Flächen begrenzt ist.)

Relais, elektrisches Betriebsmittel, das durch eine geringe Steuerleistung betätigt wird.

Release, das, von release = Freigabe. Freigegebene Software oder Softwareversion.

Reluktanz (lat. reluctari = sich sträuben), magnetischer Widerstand.

Repulsion (lat. repulsio = Zurückweisung), Zurückweisung, Abstoßung.

Resonanz (lat. resonare = widerhallen), Mitschwingen. Resonanz tritt ein, wenn die einwirkende Frequenz gleich (oder etwa gleich) der Eigenfrequenz ist.

ROM, der, von Read Only Memory = Nur-Lesespeicher, Festwertspeicher.

Rotation (lat. rotare = im Kreise drehen), Drehung um eine Achse. Zeitwort: *rotieren.*

Rotor (lat. rotare = im Kreis drehen), drehender oder drehbarer Teil.

S

Schaltalgebra, mathematische Rechenvorschrift zur Beschreibung von Zuständen binärer Schaltungen in Form von Schaltfunktionen. Grundoperatoren sind UND, ODER, NICHT. Auch boolesche Algebra genannt.

Schnittstelle, Stelle der Übergabe von Signalen vom einen System zum anderen, z. B. vom Computer zum Drucker. Es gibt Hardwareschnittstellen und Softwareschnittstellen.

sekundär (lat. secundus = folgender, zweiter), an zweiter Stelle, untergeordnet.

Sensor (von lat. sensus = Gefühl) Fühler für eine physikalische Größe, z. B. für die Temperatur.

Server (lat. servare = bewahren), Computer, der Daten im Netzwerk bereithält.

Smart Grid, computergesteuertes Leitungsnetz mit verbrauchsabhängiger Energieverteilung basierend auf zentraler und dezentraler Energieeinspeisung.

Software (engl. software = weiche Ware), alle nichttechnischen oder nicht-physikalischen Funktionsbestandteile eines Computers; meist die Bezeichnung für die Programme, die man zum Benutzen der Computer-Hardware braucht.

Source (source = Quelle), Anschluss bei einem Feldeffekttransistor. Der Widerstand der Strecke Drain–Source wird durch die Spannung zwischen Gate und Source bestimmt.

SPAM, von spiced ham = gepökeltes Dosenfleisch, unerwünschte Massen-E-Mail, auch Junk-Mail.

spektrografisch, durch fotografisches Aufnehmen eines Spektrums hergestellt.

Spektrum (lat. specere = sehen), durch Lichtzerlegung entstehendes farbiges Band.
spektral, vom Spektrum ausgehend oder darauf bezogen.

spezifisch, eigentümlich, kennzeichnend.

Glossar Glossary

SSD, Solid State Drive, Festspeicher ohne mechanische Bauteile.

stabil (lat. stabilis = fest, standhaft), beständig, dauerhaft, unveränderlich; Gegensatz zu labil, unbeständig.

Stereo-, „körperlich…", „räumlich…", „Raum…".

Stroboskop (griech. strobos = das sich Im-Kreis-drehen und skopein = beschauen), optische Geräte zur Beobachtung periodischer Vorgänge mit Lichtblitzen, z.B. von Drehungen.

switch, der, von to switch = schalten. 1. Schalter, 2. intelligenter Sternkoppler, der Sendersignale entsprechend der Adresse zum Empfänger durchschaltet.

symmetrisch (griech. symmetria = Ebenmaß), spiegelbildlich, gleichmäßig, ebenmäßig; Symmetrie.

synchron (griech. syn = zusammen, zugleich und griech. chronos = Zeit), gleichzeitig, zeitlich gleichlaufend.

Synchronisierung, Herstellen einer Gleichzeitigkeit, eines Gleichlaufs.

Synchronoskop, Messgerät zum Anzeigen des Gleichlaufs beim Parallelschalten von Generatoren.

T

thermisch, Thermo-, die Wärme betreffend, „Wärme-".

Thermistor (griech. thermos = warm und engl. resistor = Widerstand), temperaturabhängiger Widerstand.

Thermoplast (Plastomer), Kunststoff, der wiederholt durch Erwärmen erweicht und dabei plastisch verformt werden kann.

Thermostat, Temperaturregler zum Aufrechterhalten einer bestimmten Temperatur.

Thyristor (griech. thyra = Tür und engl. resistor = Widerstand), steuerbarer Siliciumgleichrichter.

Toleranz (lat. tolerare = dulden), zulässige Abweichung vom vorgeschriebenen Maß.

Topologie, die, von griech. topos = Gegend und Logos = Lehre. 1. Lehre von der Geländeform, 2. in der IT-Technik Formen der Datennetze.

Torsion (lat. torsio = Drehung), mechanische Verdrehung, Verdrillung.

Transduktor, Magnetverstärker; Drossel, deren Eisenkern durch Gleichstrom vormagnetisiert wird, steuerbarer, induktiver Blindwiderstand.

Transistor, steuerbares Halbleiterbauelement mit mindestens drei Anschlüssen.

Transponder, Kunstwort aus Transmitter (lat. transmittere = senden) und Responder (lat. respondere = antworten); Schaltung (Chip) mit Datenspeicher zum drahtlosen Informationsaustausch mit einer Basisstation.

Trigger (trigger = Auslöser), Betriebsmittel zur Erzeugung eines Auslöseimpulses, z.B. Diac.

Trojaner, von Trojanisches Pferd, ein bei einer Programminstallation unbemerkt mitinstalliertes Virusprogramm, oft auch zum Ausspionieren des PC.

Twistes Pair, verdrilltes Paar; Kupferkabel mit vier oder acht Adern, wobei jeweils zwei Adern zum Schutz gegen Störstrahlungen miteinander verdrillt sind.

U

UART (Universal Asynchronous Receiver Transmitter), Chip für serielles Senden und Empfangen von Daten.

Übertragungsgeschwindigkeit, anderer Ausdruck für Bitrate, Einheit bit/s.

UEFI (Universal Extensible Firmware Interface), Nachfolgesystem von BIOS zum Starten von 64-Bit-PC.

Umrichter, elektronische Baugruppe zur Umwandlung eines Stromes oder einer Spannung mit fester Frequenz in eine andere Frequenz.

Update, das, von up to date = modern, zeitgemäß. Zusätzlicher oder zu ersetzender Programmteil zur Modernisierung eines Programmes oder vollständiger Ersatz eines Programmes.

Upload, der, Datentransfer z.B. von PC zum Server.

USB, Universal Serial Bus, PC-Anschluss für externe Geräte.

USV, Kurzform von unterbrechungsfreier Strom-Versorgung.

UTP (Unshielded Twisted Pair), nicht abgeschirmte verdrillte Leitung für Computernetze.

V

Vakuum (lat. vacuum = das Leere), luftleerer Raum.

Valenz (lat. valere = gelten, wert sein). Chemie: Wertigkeit; Zahl, die angibt, wie viel Atome Wasserstoff oder andere einwertige Atome ein Atom eines Grundstoffes zu binden oder zu ersetzen vermag.

Varistor (lat. varius = verschieden, veränderlich und engl. resistor = Widerstand), spannungsabhäniger Widerstand.

Vektor (lat. vector = Träger, Fahrer), gerichtete Größe: Größe, die durch Zahlenwert, Einheit und Richtung bestimmt ist.

verifizieren (verification = Nachprüfung, Bestätigung), durch Überprüfen die Richtigkeit bestätigen.

vertikal (lat. vertex = Scheitel), senkrecht.

Vibration (lat. vibrare = zittern, schwingen), Schwingung, Erschütterung.

virtuell (lat. virtus = Kraft), 1. nicht unmittelbar, aber der Möglichkeit nach vorhanden, 2. scheinbar.

Virus, das (auch der) von Lat. virus = Gift. 1. Krankheitserreger, 2. in der IT-Technik eingeschleustes Programm zur Störung der Anlage.

Z

Ziffer, Zeichen aus dem Zeichenvorrat zur Zahlendarstellung.

zirkular (lat. circulus = Kreis), kreisförmig.

Zoll siehe Inch.

Zone (griech. zone = Gürtel), räumlicher Bereich, Schicht.

Zugriffsrechte, Berechtigungen für Zugriff auf Computer, Computernetz.

Zugriffszeit, erforderliche Zeit bis zum Zugriff (Lesen oder Schreiben) auf einen Speicherinhalt.

zyklisch, von lat. cyclus = Kreis. Wiederholt in gleicher Reihenfolge.

Kurzformen von Fachbegriffen Short Cuts of Technical Terms

Kurzform	Herkunft, Bedeutung
3GPP	Third Generation Partnership Project
4PSK	Phase Shift Keying mit 4 Symbolen (=QPSK)
64QAM	QAM mit 64 Symbolen
AC	Alternating Current
ACIM	AC Induction Motor
ACK	Acknowledgement
ACM	Adaptive Coding and Modulation
ADC	Analog Digital Converter / Apple Display Connector
ADSL	Asymmetric Digital Subscriber Line
AEC	Active Energy Control
AF	Antenna Factor / Arc Fault
AFC	Alcaline Fuel Cell
AFD	Arc Fault Detection
AFDD	Arc Fault Detection Device
AFE	Active Front End
AFH	Adaptive Frequencey Hopping
AFIS	Automated Fingerprint Identification System
AGC	Automatic Gain Control
A-GPS	Assited Global Positioning System
ALS	Ambient Light Sensor
ALU	Arithmetic Logic Unit
AM	Amplitude Modulation / Air Mass /
AmI	Ambiente Intelligence
AMT	Active Management Technology
ANSI	American National Standards Institute
AOI	Automatic Optical Inspection
AP	Access Point
APD	Avalanche Photo Diode
API	Application Programming Interface
AR	Arrestor
ARPCP	Auxiliary Resonant Commutated Pole Converter
ASA	American Standards Association
ASAM	Association for Standardization of Automation and Measurement
ASI	Advanced Switching Interconnect / Actuator Sensor Interface
ASIC	Application Specific Integrated Circuit
ASK	Amplitude Shift Keying
ASSP	Application Specific Standard Product
ASTM	American Society for Testing and Material
ASU	Active Supply Unit
ASV	Advanced Super View
ATA	Advanced Technology Attachements
ATE	Automatic Test Equipment
ATM	Asynchronous Transfer Mode
ATS	Automatic Tooling Systems
AWG	American Wire Gauge
AWM	Appliance Wiring Material
B2B	Business to Business
B2C	Business to Customer / Business to Consumer
BASIC	Beginner's All purpose Symbolic Instruction Code
BCD	Binary Coded Decimal
BD	Blue ray Disc
BDD	Binary Decision Diagram
BDEW	Bundesverband der Energie- und Wasserwirtschaft
BER	Bit Error Rate / Ration
BetrSichV	Betriebssicherheitsverordnung
BGA	Ball Grid Array
BI	Business Intelligence
BIOS	Basic Input Output System
BKZ	Baukostenzuschuss
BLDC-Motor	Brushless DC-Motor
BMBF	Bundesministerium für Bildung und Forschung
BMS	Building Management System, Business Master Solution
BN	Bonding Network
BNC	Bayonet Nut Coupling
BPON	Broadband Passive Optical Network
bps	Bits per second
BPS	Bytes Per Second
BRC	Bonding Ring Conductor
BSS	Business Support System
BTS	Base Transceiver Station
C2C	Consumer to Consumer
CAB	Conformity Assessment Body
CAN	Controller Area Network
CAV	Constant Angular Velocity
CbC	Chip-by-Chip
CBR	Circuit Breaker
CC	Converter

Kurzformen von Fachbegriffen Short Cuts of Technical Terms

Kurzform	Herkunft, Bedeutung
CCD	Charge Coupled Device
CCFL	Cold Cathode Fluorescent Lamp
CCIR	Commité Consultatif International pour la Reglementation des Radio-communications
CCM	Constant Coding and Modulation
CCP	Compact Cooling Package
CCS	Common Cause Failure
CCT	Clean Coal Technology
CD	Compact Disc
CDM	Charge Device Mode
CDMA	Code Division Multiple Access
CDN	Coupling-Decoupling Network
CE	Consumer Electronics / Communauté Européenne / Conducted Emission
CENELEC	Europäisches Komitee für elektro-technische Normung
CFL	Cold Fluorescent Lamp
CGI	Common Gateway Interface
CiA	CAN in Automation
CIB	Converter-Inverter-Brake
CIF	Common Intermediate Format
CIP	Common Industrial Protocol
CISC	Complex Instruction Set Computer
CLL	Capacitor Long Life
CLV	Constant Linear Velocity
CMD	Contactor Monitoring Device
CMI	Common Mode Interference
CML	Common Mode Level
CMOS	Complementory Metal Oxid Semi-conductor
CMR	Common Mode Rejection
CMTC	Cable Modem Termination System
CMV	Common Mode Voltage
CMYK	Cyan, Magenta, Yellow, Black
CNC	Common Mode to Normal Mode / Computerized Numerical Control
COB	Chip on Board
CoC	Chip on Chip
COFDM	Coded Orthogonal Frequency Divisi-on Multiplex
COP	Coefficient of Performance
COS	Change of State
COT	Customer Owned Tooling
CP	Cyclic Prefix
CPE	Customer Premises Equipment

Kurzform	Herkunft, Bedeutung
CPL	Call Processing Language / Central Patching Location
CPRI	Common Public Radio Interface
CPS	Control Protective Switchgear
CPU	Central Processor Unit
CRC	Cyclic Redundancy Check
CRM	Customer Relation Management
CRQ	Cyclic Redundancy Check
CRT	Cathode Ray Tube
CS	Circuit Switched
CSA	Cross Sectional Area
CSD	Circuit Switched Data
CSI	Current Source Inverter
CSMA	Carrier Sense Multiple Access
CSMA/CA	Carrier Sense Multiple Access / Colli-sion Avoidance
CSR	Corporate Social Responsibility
CSS	Cascading Style Sheet / Coded Sen-sor Safety
CT	Computer Tomographic
CTIA	CellularTelecommunication and Inter-net Association
CTL	Current Transfer Logic
CTP	Cordless Telephone Profile
CUT	Circuit Under Test
CVP	Concentrator Photo Voltaik
CWDM	Coarse Wavelength Division Multi-plexer
D2B	Domestic Digital Bus
DAB	Digital Audio Broadcast
DAC	Digital Analog Converter
DALI	Digital Addressing Lighting Interface
DAS	Direct Attached Storage
DC	Direct Current
DCT	Device Connection Technology
DDC	Display Data Channel
DDS	Direct Digital Synthesizer
DECT	Digital Enhanced Cordless Telephone
DES	Data Encryption Standard
DFB	Distributed Feedback
DFP	Digital Flat Panel
DFT	Design For Test / Discrete Fourier Transform
DGE	Dynamic Gain Equalizer
DHTML	Dynamic HTML
DIB	Dynamic Ingress Blocking

Kurzformen von Fachbegriffen Short Cuts of Technical Terms

Kurzform	Herkunft, Bedeutung
DIE	Integrated Development Enviroment
DIL	Dual In-Line
DIMM	Dual In Line Memory Module
DIN	Deutsches Institut für Normung
DIO	Density Input Output
DIP	Dual In-Line Package
DKE	Deutsche Kommission für Elektrotechnik Elektronik Informationstechnik
DL	Downlink
DLNA	Digital Living Network Alliance
DLP	Digital Light Processing
DMB	Digital Media Broadcasting
DMD	Digital Mirror Device
DMFC	Direct Methanol Fuel Cell
DMM	Digital Multimeter
DMO	Digital Mirror Device
DMS	Digital Metering System
DMX	Digital Multiplex / Digital Multiplexed Signal
DNS	Domaine Name System
DOE	Diffractive Optical Element
DOM	Device Operation Model
DRAM	Dynamic RAM
DRM	Digital Radio Mondiale /
DRX	Discontinuous Reception
DSC	Digital Signal Controller
DSL	Digital Subscriber Line
DSLAM	Digital Subscriber Line Access Multiplexer
DSP	Digital Signal Processor
DSS	Digital Satellite System
DTC	Direct Torque Control
DTE	Data Terminal Equipment
DTM	Device Type Manager
DTX	Discontinuous Transmission
DVB	Digital Video Broadcast
DVD	Digital Versatyle Disc
DVGA	Digital controlled Variable Gain Amplfier
DVI	Digital Visual Interface
DVM	Digital Voltmeter
DVR	Digital Video Recorder
DWDM	Dense Wavelength Division Multiplex
DWORD	Double Word
EAM	Enterprise Asset Management
EAN	European Article Number
EAROM	Electrically Alterable ROM
EBB	Equipotential Bonding Bar
EBIT	Earnings Before Interest and Taxes
EBITA	Earnings Before Interest, Taxes and Amortisation
EBS	Equipotential Bonding System
EC	Electronic Commutated
ECM	Enterprise Content Management
ECT	Embedded Computer Technology
ECU	Electronic Control Unit
EDI	Electronic Data Interchange
EDID	Extended Digital Interface Data
EFK	Elektrofachkraft
EFKffT	EFK für festgelegte Tätigkeiten
EFM	Eight to Fourteen Modulation
EFQM	European Foundation for Quality Management
EHCI	Enhanced Host Controlled Interface
EIDE	Enhanced Integrated Drive Electronics
EISA	European Imaging and Sound Association
E-LAN	Ethernet LAN
ELV	Extra Low Voltage
EMF	Electromagnetic Force
EMI	Elektromagnetic Interferences
EMV	Elektromagnetische Verträglichkeit
EN	Europäische Norm
EnEV	Energie-Einsparungsverordnung
ENX	European Network Exchange
EOEM	Electronics Original Equipment Manufacturing
EoF	Ethernet over Fibre
EoWDM	Ethernet over WDM
EPC	Embedded PC / Evolved Packet Core
EPS	Embedded Power System
ERA	Entgelt-Rahmenabkommen
ERP	Enterprise Resource Planning
ESD	Electrostatic Discharge
ESL	Electronic System Level
ESMF	Enhanced Singlemode Fibre
ESR	Equivalent Series Resistance
ETDM	Electrical Time Division Multiplexing
ETSI	European Telecommication Standards Institute

Kurzformen von Fachbegriffen **Short Cuts of Technical Terms**

Kurzform	Herkunft, Bedeutung
EU	Engineering Unit / Europäische Union
EUP	Elektrotechnisch unterwiesene Person
EV	Electric Vehicle
EVC	Ethernet Virtual Container
EVM	Error Vector Magnitude
EVÖ	Elektrotechnischer Verein Österreich
EVSE	Electric Vehicle Supply Equipment
FBD	Function Block Diagram
FC	Fibre Channel
FCC	Federal Communication Commission
FDD	Frequency Division Duplex
FDI	Field Device Integration
FEM	Finite Elemente Methode
FDT	Field Device Tool
FET	Field Effect Transistor
FIR	Fast Infrared
FMEA	Failure Mode and Effects Analysis
FNN	Forum Netztechnik, Netzbetrieb
FPGA	Field Programmable Gate Array
FPS, fps	Frames per Second
FRE	Funkrundsteuerempfänger
FSB	Front Side Bus
FSK	Frequency Shift Keying
FTP	File Transfer Protocol
FTTH	Fibre to the Home
FTTP	Fibre to the Premises
FWA	Fixed Wireless Access
FWD	Free Wheeling Diode
GCT	Gate Commutated Turn-Off Thyristor
GDT	Gas Discharge Tube
GFP	Generic Framing Procedure
GigE	Gigabit Ethernet
GIS	Gasisolierte Schaltanlage
GPIB	General Purpose Interface Bus
GPON	Gigabit Optical Network
GPS	Global Positioning System
GRAFCET	Graphe Functionel de Command Étape Transition
GRM	Geschaltete Reluktanz-Maschine
GSM	Global System for Mobile Communication
GTO	Gate Turn Off Thyristor
HCS	Hard Clad Silica Fibre
HD	High Definition

Kurzform	Herkunft, Bedeutung
HDC	High Definition Camcorder
HDSL	High-bit-rate DSL
HDTV	High Definition Television
HE	Home Entrance
HEV	Hybrid Electric Vehicle
HGÜ	Hochspannungs-Gleichstromübertragung
HIL	Hardware In the Loop
HMI	Human Machine Interface
HTC	High Tech Computer
HTML	Hypertext Markup Language
HTTP	Hypertext Transfer Protocol
HÜP	Hausübergabepunkt
HV	High Voltage
HVDC	High Voltage Direct Current
IBN	Isolated Bonding Network
IBS	Intelligent Building System
IC	Integrated Circuit
IDC	Insulation Displacement Contact
IEC	International Electrotechnical Comission
IED	Intelligent Electronic Device
IEEE	Institute of Electrical and Electronics Engineers
IEGT	Injection Enhanced Gate Transistor
IEV	International Electrical Vocabulary
IFD	Image File Directory
IGBT	Insulated Gate Bipolar Transistor
IGCT	Insulated Gate Commutated Thyristor
IGR	Insulated Gate Rectifier
IM	Incident Management
IMD	Insulation Monitoring Device
IMS	IP Multimedia Subsytem
IN	Intelligent Network
IO	Input / Output
IP	Intellectual Property / Internet Protocol / International Partnership
IPC	Industrie-PC
IPM	Intelligent Power Module
IR	Infrared
IrDA	Infrared Data
IRED	Infrared Emitting Diode
ISDN	Integrated Services Digital Network
ISO	International Standardization Organization

Kurzformen von Fachbegriffen Short Cuts of Technical Terms

Kurzform	Herkunft, Bedeutung
ISO	International Standardization Organization
IT	Information Technology
ITG	Informationstechnische Gesellschaft
ITU	International Telecommunication Union
JEDEC	Joint Electronic Devices Engeneering Council
JFET	Junction Field Effect Transistor
JIG	Joint Interest Group
JMX	Java Management Extension
JPEG	Joint Photographic Experts Group
KM	Konfiguration Management
KVP	Kontinuierlicher Verbesserungsprozess
LabVIEW	Laboratory Virtual Instrumentation Engineering Workbench
LAD	Ladder Diagram
LAN	Local Area Network
LAR	Leitungsanlagenrichtlinie
LCD	Liquid Chrystal Display
LCI	Load Commuted Inverter
LCoS	Liquid Chrystal on Silicon
LED	Light Emitting Diode
LEMP	Lightning Electromagnetic Puls
LPL	Lightning Protection Level
LPS	Lightning Protection System
LPZ	Lightning Protection Zone
LSB	Least Significant Bit
LTE	Long Term Evolution
LTV	Linear Transfer Vehicle
LUT	Look-Up-Table
LVDS	Low-Voltage Differential Signaling
LVDT	Linear Variable-Differential Transformer
LXI	LAN extension for Instruments
M2M	Machine to Machine
MAC	Multiplay Accumulator / Medium Access Control
MAP	Manufacturing Automation Protocol
MC	Motion Control
MCC	Motor Control Center
MCH	Multicast Channel
MCM	Motor Condition Monitor
MCOB	Multiple Chip on Board
MCS	Mobile Content Server
MCT	MOS-Controlled Thyristor
MCU	Microcontroller Unit
MDD	Module Device Driver
MEMS	Microelectromechanical System
MEPS	Minimum Energy-Efficiency Performance Standard
MES	Manufacturing Execution System
MESH-BN	Meshed Bording Network
MHD	Micro Hybrid Drive
MID	Mobile Internet Device
MIMO	Multiple Input Multiple Output
MIPS	Million Instructions Per Second
MISO	Multiple Input Single Output
MMC	Multimedia Card
MME	Mobility Management Entity
MMI	Mensch Maschine Interface
MOV	Metal-Oxide Varistor
MPP	Maximum Power Point
MRCD	Modular RCD
MSB	Multi Service Board Network
MSC	Mobile Switching Centre
MSN	Multible Subscriber Number
MSO	Multiple-system operator
MTTF	Mean Time To Failure
MUC	Multi Utility Communication
MVD	Multi Variable Digital
N	Neutralleiter
NACK	Negative Acknowledgement
NAS	Network Attached Storage
NAT	Network Address Translation
NCC	Network Communication Controller
NEMA	National Electrical Manufacturer Association
NEXT	Near-End-Crosstalk
NIC	Network Interface Card
NIR	Near Infrared
NT	Network Terminal
NTBA	Network Termination Basic Access
NTBBA	Network Termination Broadband Basic Access
NTP	Network Time Protocol
OAM	Operation, Administration and Maintenance
OCB	On-Chip Bus

Kurzformen von Fachbegriffen Short Cuts of Technical Terms

Kurzform	Herkunft, Bedeutung	Kurzform	Herkunft, Bedeutung
OCh	Optical Channel	PDU	Protocol Data Unit
OCP	On-Chip Protocol	PE	Protection Earth
OCPD	Over-Current Protective Device	PEC	Parallel Earthing Conductor
ODP	Open Data Port	PEFC	Polymer Electrolyte Fuel Cell
ODU	Optical Data Unit	PELV	Protective Extra Low Voltage
OEO	Optical Electrical Optical	PEN	Leiter PE + N
OFDM	Orthogonal Frequency Division Multiplexing	PFC	Power Factor Correction
OFDMA	Orthogonal Frequency Division Multiple Access	PGA	Programmable Gain Amplifier
OH	Overhead	PID	Packet Identifier
OLED	Organic LED	PIR	Passive Infrared
OLM	Optical Link Module	PL	Performance Level
ÖNORM	Österreichische Norm	PLC	Programmable Logic Control, Powerline Communication
ONT	Optical Network Terminal	PLD	Pogrammable Logic Device
ONU	Optical Network Unit	PLL	Phase Locked Loop
OSA	Open Service Access	PND	Personal Navigation Device / Profibus-Nutzorganisation
OSI	Open System Interconnection	PoE	Power over Ethernet
OSSD	Output Signal Switching Device	POF	Plastic Optical Fibre
OTDM	Optical Time Division Multiplexing	PON	Passive Optical Network
OTN	Optical Transport Network	POTS	Plain on Telephone Service
ÖVE	Österreichischer Verband für Elektrotchnik	PPP	Point-to-Point Protrocol / Public Private Partnership
OVPN	Optical VPN	PRCD	Portable RCD
PA	Power Amplifier	PSA	Persönliche Schutzausrüstung
PAC	Programmable Automation Controller	PSK	Phase Shift Keying / Pre-Shared Key
PAFC	Phosphoric Acid Fuel Cell	PSTN	Public-switched Telephone Network
PALC	Plasma Addressed Liquid Cristal	PTFE	Polytetrafluorethylene
PAM	Power Amplifier Module	PTP	Point to Point
PAN	Personal-Area Network	PTT	Push-to-talk
PAPR	Peak-to-Average Power Ratio	PV	Photo Voltaik
PB	Protective Bonding	PWM	Pulse Width Modulation
PC	Personal Computer	QAM	Quadratur Amplitude Modulation
PCB	Printed-Cicuit Board	QMS	Quality Management System
PCE	Process Control Engineering	QoR	Quality of Results
PCI	Peripheral Component Interconnect / PC Industrial	QoS	Quality of Service
		QPSK	Quadrature Phase Shift Keying
PCT	Phase Controlled Thyristor	RAM	Random Access Memory
PCU	Packet Control Unit	RCBO	Residual Current Operated Circuit Breaker with integral Overcurrent protection
PD	Power Device		
PDA	Packet Data Application / Personal Digital Assistent	RCCB	Residual Current Operated Circuit-Breaker without integral Overcurrent Protection
PDF	Portable Document Format		
PDP	Plasma Display Panel	RCD	Residual Current protective Device
PDS	Power Drive System	RCD-K	RCD kurzzeitverzögert

Kurzformen von Fachbegriffen **Short Cuts of Technical Terms**

Kurzform	Herkunft, Bedeutung
RCD-S	RCD selectiv (verzögert abschaltend)
RC-IGBT	Reverse Conducting IGBT
RCM	Residual Current Monitor
RCP	Remote Copy Protocol
RCU	Residual Current protective Unit
RF	Register File
RFID	Radio Frequency Identification
RIM	Research in Motion
RNC	Radio Network Controller
ROM	Read Only Memory
RRC	Radio Resource Control
RRM	Radio Resource Management
RSS	Really Simple Syndication
RTC	Real Time Clock
RTD	Resistive Temperature Device
RTL	Register-Transfer Level
RTU	Remote Telecontrol Unit / Remote Terminal Unit
SaaS	Software as a Service
SAR	Successive Approximation Register
SAS	Stationsautomatisierungssystem /
SAW	Storage Area netWork
SBB	Service Building Blocks
SC	Short Circuit
SCD	Substation Configuration Description
SCE	Service Creation Environment
SC-FDMA	Singel Carrier Frequency Division Multiple Access
SCP	Secure Copy
SCPD	Short Cicuit Protective Device
SCR	Silicon Controlled Rectifier
SCSI	Small Computer System Interface
SD	Secure Digital
SDM	Space Division Multiplexing
SDMA	SDM Access
SDS	Short Data Service
SED	Surface conduction electron Emitter Display
SELV	Safety Extra Low Voltage
SEV	Schweizerischer Elektrotechnischer Verein
SFB	Selective Fuse Breaking
SFTP	Secure File Transfere Protocol
SI	Service Information
SiC	Siliciumkarbid

Kurzform	Herkunft, Bedeutung
SIL	Safety Integrity Level
SIP	Session Initiation Protocol / System-in-Package
SIR	Serial Infrared
SISO	Single Input Single Output
SMA	Subminiatur Adapter
SMD	Surface Mounted Device
SMPS	Switch Mode Power-Supply
SMS	Short Message Service
SOAP	Simple Object Access Protocol
SoC	System on Chip
SOE	Sequences Of Events
SOFC	Solid-Oxid-Fuel-Cell
SPC	Statistic Process Control
SPD	Surge Protection Device
SPI	Serial Peripheral Interface
SQL	Structured Query Language
SRAM	Static RAM
SSL	Secure Socked Layer /Solid State Lighting
SSR	Solid State Relay
ST	Structured Text
STP	Spanning Tree Protocol
SUI	Simple User Interface
SVD	Singular Value Decomposition
TA	Terminal Adeptor
TAB	Technische Anschlussbedingungen der VDEW
TASE	Telecontrol Application Service Element
TCA	Telecommunications Computing Architecture
TCI	Tool Calling Interface
TCL	Transverse Conversion Loss
TCM	Tandem Connection Monitoring
TCO	Total Cost of Ownership
TD	Trigger Decoder
TDC	Time to Digital Converter
TDD	Time Division Duplex
TDM	Time Division Multiplex
TFT	Thin Film Transistor
TIFF	Tagged Image File Format
TISPAN	Telecommunications & Internet converged Services & Protocols for Advanced Networking
TK	Telekommunikation

Kurzformen von Fachbegriffen **Short Cuts of Technical Terms**

Kurzform	Herkunft, Bedeutung
TLS	Transport Layer Security
TMS	True Modular System
TNV	Telecommunication Network Votage
ToD	Turn-off Device
TOSA	Transmitter Optical Subassembly
TPU	Time Processor Unit
TQM	Total Quality Management
TRBS	Technische Regeln zur Betriebssicherheit
TSPD	Transient-Surge Protection Device
TTI	Transmission Time Interval
TV	Television
TVS	Transient Voltage Suppressor
TVSD	Transient Voltage Suppressor Diode
UCTE	Union for the Coordination of Transmission of Electricity
UDP	User Datagram Protocol
UE	User Equipment
UHP	Ultra High Purity
UL	Underwriters Laboratories Inc. / Uplink
UL-SCH	Uplink shared Channel
UML	Unified Modelling Language
UMTS	Universal Mobile Telecommunication System
UMTS	Universal Mobile Telecommunication System
UPE	User Plane Entity
UPnP	Universal Plug and Play
UPS	Uninterruptible Power System
URL	Universal Resource Locator
USB	Universal Serial Bus
ÜSG	Überspannungs-Schutzgerät
USITT	United States Institute of Theatre Technology
USV	unterbrechungsfreie Stromversorgung
UTRA	Universal Terrestrial Radio Access Network
UWB	Ultra Wide Band
VAN	Virtual Automation Network
VCM	Variable Coding and Modulation
VCO	Voltage Controlled Oscillator
VCSEL	Vertical-cavity Surface Emitting Laser
VDA	Verband deutscher Automobilhersteller
VDC	Voltage Direct Current

Kurzform	Herkunft, Bedeutung
VDE	Verband der Elektrotechnik Elektronik Informationstechnik
VDEW	Verband deutscher Elektrizitätswerke
VDMA	Verband deutscher Maschinenbau-Anstalten
VDSL	Very high Data Digital Subscriber Line
VEFK	Verantwortliche Elektrofachkraft
VLAN	Virtual LAN
VNB	Verteilungsnetzbetreiber
VOA	Variable Optical Attenuator
VOB	Verdingungsordnung für Bauleistungen
VoIP	Voice over IP
VoWLAN	Voice over WLAN
VPN	Virtual Private Network
VRML	Virtual Reality Modelling Language
VSC	Voltage Source Converter
W3C	World Wide Web Consortium
WAN	Wide Area Network
WCDMA	Wideband Code Division Multiple Access
WCN	Windows Connect Now
WDM	Wavelength Division Multiplexing
WFM	Workforce Management
Wi-Fi	Wireless Fidelity
Wimax	Worldwide Interoperability for Microwave Access
WLAN	Wireless Local Area Network
WMM	Wireless Multimedia
WPF	Windows Presentation Foundation
WRC	World Radiocommunication Conference
WSDL	Web Service Description Language
WTB	Wired Trigger Bus
XAML	Extensible Advanced Markup Language
XFC	Extreme Fast Control
XML	Extensible Markup Language
ZPL	Zone Patching Location
ZVEH	Zentralverband der elektro- und informationstechnischen Handwerke
ZVEI	Zentralverband der elektrotechnischen Industrie

Fachliches Englisch (Englisch-Deutsch) Technical English (English-German)

a.c. (alternating current) Wechselstrom
a.c. converter Wechselstromumrichter
a.c. voltage Wechselspannung
a.c.meter Wechselstromzähler
abandon, to abbrechen
abatement Abnahme
abbreviate, to (ab)kürzen
aberration Ablenkung
ability Fähigkeit
ability to withstand short circuits Kurzschlussfestigkeit
abonent Teilnehmer
abort, to abbrechen
about etwa, über, ungefähr
abrade, to abschleifen
abrasion Abnutzung
abrupt plötzlich
abscissa Abszisse, x-Koordinate
absence Abwesenheit
absolute absolut
absolute maximum ratings Grenzdaten
absolute temperature scale Kelvin Skale
absorb, to absorbieren, auffangen
absorbed absorbiert
absorption Aufnahmevermögen
absorptive aufnahmefähig
abundance Häufigkeit
abuse Missbrauch
abut, to angrenzen
accelerate, to beschleunigen
acceleration Beschleunigung
accentuate, to hervorheben
accept, to annehmen, aufnehmen
acceptance Akzeptanz, Annehmbarkeit
acceptor Empfänger
access Anschluss, Zugriff
accident Störung, Unfall
account Rechnung, Berechnung
accumulation Anhäufung
accuracy Genauigkeit
accurate genau, richtig
achievable erreichbar
achieve, to erreichen
acid Säure
acidfree säurefrei
acidic sauer
acknowledge Anerkennung, Bestätigung
acquisition Erfassung
across entlang, quer
active aktiv, Wirk-
active power Wirkleistung
actor Wirkungselement
actual aktuell
actuate, to auslösen, betätigen
adapt, to anpassen
adaption Anpassung, Lernfähigkeit
add, to addieren, hinzufügen
additional zusätzlich
address Adresse
advance, to fortschreiten, vorrücken
aerea Fläche, Bereich
aerea medical medizinischer Bereich
aerial Antenne
after nach (zeitlich)
again ferner, wieder
against gegen
age, to altern
aged gealtert
agenda Tagesordnung, Terminplaner
agent Mittel, Wirkstoff
aging Alterung
agitation Erschütterung
ago vor
agree, to übereinstimmen
agreement Abkommen
ahead voran
aim Ziel
air Luft
air conditioning Klimatisierung
aircraft Flugzeug
alarm Warnung, Störungsmeldung
algorithm Algorithmus
align, to ausrichten, abgleichen
alloy Legierung
ambient temperature Umgebungstemperatur
ampacity Strombelastbarkeit
amperage Stromstärke in Ampere
ampere turns elektrische Durchflutung, Amperewindungen
amplifier Verstärker
ancient alt
angle Winkel
angular frequency Kreisfrequenz
anhydric wasserfrei
antenna Antenne
aperture Blende, Öffnung
apparatus Gerät
apparent offenbar, scheinbar
apparent power Scheinleistung
application Anwendung
approach Näherung
approach, to sich nähernd
approximation Näherung, näherungs...
approximative näherungsweise
arc Lichtbogen
area Bereich
arm's reach Handbereich
ascend, to ansteigen
at an, in, um, zu
attach, to anbringen, anschließen
attenuation Dämpfung
available verfügbar, gültig
avalanche Lawine
avoid, to vermeiden
AWG (American Wire Gauge) amerikanisches Drahtmaß

back zurück, Rück..., Rückseite
back bias Rückwärtsspannung
back cover Rückwand
back surface Rückseite
back up, to retten, sichern
back, to beistehen
backbiased in Rückwärtsrichtung vorgespannt
backbone Rückgrat
backing Unterstützung, Verstärkung, Belag
backslash Gang, Spiel
backup Datensicherung
backup, to ergänzen
backward rückwärts
balance, to abgleichen, ausgleichen
balk, to ausweichen, verhindern
ball Ball, Kugel
ball bearing Kugellager
balloone, to verbreitern, erweitern
bang Knall, lauter Schlag
bank Bank, Anordnung, Gruppe
bar Balken, Querstreifen
bare nackt, bar
bare, to entblößen
barrage Sperre
barred gesperrt
barrier Abdeckung
barring Sperre
base Sockel, Grund-
base insulation Basisisolation
basic grundlegend, Grund...
basic insulation Basisisolierung
basic protection Basisschutz
basket Korb
bat Druckwelle
batch Stapel, Füllung
batch, to abzählen
bathroom Bad
bathtube Badewanne
bathtube case Badewannengehäuse
battery Akkumulator, Batterie
bay Rahmen, Gestell
bayonet Bajonett
bayonet nut connector BNC-Stecker (Bajonett-Stecker mit Überwurfmutter)
be, to sein
beam Strahl, Strahlenbündel
bear, to tragen
beat, to schlagen
because weil
bed Bett, Grundplatte
before bevor
behaviour Verhalten, Benehmen
bell Glocke, Haube
belong, to gehören
below unterhalb
bench Bank, Werkbank
benchmark Bezugspunkt, Bewertung
bend Bogen, Biegung
beneath unterhalb, tiefer
between dazwischen
bias angelegte Spannung, Vorspannung
bias, to vorspannen, vormagnetisieren
big groß
binary binär, dual
binary code Binärcode
binary input Binäreingang
bistable multivibrator Flipflop
bitrate Bitrate
black schwarz
blackout Ausfall
bladder Blase
blade Blatt
blank leer, bloß

blink, to blinken
block diagram Blockschaltplan, Übersichtsschaltplan
blower Lüfter
blue blau
board Brett, Platine
body Hauptteil, Körper
bolt Bolzen, Stift
bond Kontaktierung, Verbindung
bonding Verbindung
book Buch
boolean nach Boole
Boolean algebra Boole'sche Algebra
boost, to anheben, verstärken
booster Spannungsverstärker
booster diode Schaltdiode
boot, to laden, stoßen, nützen
bootless nutzlos
bootstrap loader Urladeprogramm
bore Bohrung, Bohrloch
both beide
bottle Flasche
bottom Boden, Grund-
bound Grenze, Grenzgebiet
boundary Grenzschicht, Trennungslinie
bow, to durchbiegen
bracket Klammer
brain Gehirn
brainstorming Anstrengen des Gehirns, Nachdenken
brake Bremse
brake, to bremsen
branch Zweig
branch box Abzweigdose
branch, to verzweigen
branchpoint Verzweigungspunkt, Knoten
braze, to hartlöten
brazing solders Hartlote
breadboard circuit Versuchsschaltung
breadth Breite
breakdown Durchbruch
breake, to brechen, unterbrechen
breaking Abschaltung
breaking capacity Ausschaltvermögen
breakpoint Haltepunkt
breakthrough Durchbruch
bridge Brücke
bridge connection Brückenschaltung
bridge, to überbrücken
bright glänzend, hell
brightness Leuchtdichte
broad breit
broadcast, to senden
brown braun
browse, to blättern
brush Bürste
bubble Blase
buffer Puffer
buffered gepuffert
build, to bauen
building brick Baustein
built-in eingebaut
built-in set Einbausatz
bulb Kolben, Glühbirne
bulk kompakt, massiv, Ladung, Masse
bunch, to bündeln
burden Belastung, Last
burn, to (ein)brennen
burner Brenner
burst Stoß, Impuls
bush Buchse, Hülse
busy besetzt, geschäftig
button Knopf, Taste, Schaltfläche
buzzer Summer, Sirene
bypass, to überbrücken

Cabinet Gehäuse, Schrank
cable Kabel, Leitung
cable code Leitungscode
cable ladder Kabelpritsche
cable tray Kabelwanne
calculate, to berechnen
calibrate, to abgleichen, kalibrieren
caliper Maß (Lehre)
call, to rufen, anrufen
caller Rufer
camouflage Tarnung, Täuschung
cancel, to abbrechen
capacitance Kapazität
capacitor Kondensator
capture, to abtasten
carbon Kohle, Kohlenstoff
careful sorgfältig, vorsichtig
carriage Vorschub
carrier Träger
carry, to tragen, leiten
Cartesian coordinates kartesische Koordinaten
cartridge Kassette
case Fall, Angelegenheit, Gehäuse
cash bares Geld
cast iron Gusseisen
cathode ray oscilloscope Elektronenstrahl-Oszilloskop
cause Grund
chain Kette
chamber Kammer
change, to umwandeln
channel Kanal
characteristic Kennziffer, Kennlinie
characteristics for switchgears Kennzeichen für Schaltgeräte
charakter Buchstabe, Zeichen, Symbol
charge elektrische Ladung
charging technique Ladetechnik
chip Halbleiterplättchen
chlorine Chlor
choke Luftklappe, Drosselspule
choose, to wählen
chop, to zerhacken
chopped abgeschnitten
chopper Zerhacker
chord Sehne (Mathe.)
circuit Stromkreis, Kreis
circuit breaker Sicherung
circuit design Schaltungsentwurf
circuit diagram Schaltplan
circular kreisförmig
clamp Klammer
clean rein, fremdspannungsfrei, sauber
clear, to klären
client Kunde, untergeordneter Computer
clip Klemme, Klammer
clock Takt
close dicht, lückenlos
closed loop Regelkreis
cloud Wolke, Internet
cluster Anhäufung, Bündel
clutch Kupplung
coat, to beschichten
code Kennzahl, Schlüssel
code converter Code-Umsetzer
code letter Kennbuchstabe
code, to codieren, verschlüsseln
coefficient Koeffizient
coil Spule
coin Münze
coincide, to zusammenfallen
cold Kälte, kalt, stromlos
cold line stromlose Leitung
collapse, to zusammenbrechen
collect, to sammeln
collimate, to einstellen, justieren
color identification Farbkennzeichnung
colorimeter Farbmessgerät
common gemeinsam, Masseanschluss
commutate, to umpolen, vertauschen
commutation Kommutierung
comparison Vergleich
compatibility Verträglichkeit, Kompatabilität
compile, to zusammensetzen
component Bestandteil, Bauteil, Bauelement
compose, to zusammensetzen
compound Mischung, Verbindung
compound, to verbinden
computation Berechnung, Verarbeitung
computer-controlled computergesteuert
concealed verdeckt, verborgen
concurrence Parallelbetrieb
condition Bedingung
conduct, to leiten
conductor Leiter, Ader
conduit Elektroinstallationsrohr
cone Kegel
configuration Anordnung
connect, to verbinden
connection diagram Anschlussplan
connector Verbinder
connector plug Stecker
console Bedienplatz
constituent Bestandteil, Komponente
construction types Bauformen
consultation Rücksprache, Beratung
contact protection Berührungsschutz
contact resistance Übergangswiderstand

contactless kontaktlos
contactor Schütz
container Behälter
contamination Verunreinigung
content Inhalt, Rauminhalt
continue, to fortfahren
continuous duty Dauerbetrieb
continuous rating Nenndauerlast
contour Form, Umriss
contract, to zusammenziehen
control Steuerung, Regelung (Vorgang)
control, to steuern, regeln
controlgear Steuergerät
controlled gesteuert
controller Steuerung, Regelung (Gerät)
conversion Umrichten
converter Umsetzer, Umrichter
copy, to kopieren
cosine Cosinus
counter Zähler
couple, to koppeln, umschalten
coupling Kupplung
cover Abdeckung
cover, to abdecken
create, to erzeugen
crest Kuppe, Maximum
crimp, to quetschen
cross connection Kreuzschaltung
cross coupling Kreuzkopplung, Querkopplung
cross section Querschnitt
crossing Kreuzung
crossover point Umschaltpunkt
current Strom, elektrischer Strom / aktuell, gegenwärtig
current booster Stromverstärker
current-carrying capacity Strombelastbarkeit
curve Kurve, Biegung
customer Kunde, Anwender
customize, to anpassen
cut, to abschneiden, trennen
cutout diode Durchbruchdiode

d.c. (direct current) Gleichstrom
damage, to beschädigen, zerstören
damp, to abschwächen, dämpfen
danger Gefahr
dangerous gefährlich
dark dunkel
dash Stoß, Strich, Linie
data Daten, Angaben
data logger Datenerfassungsgerät
database Datenbank, Datenbestand
date Datum, Termin
dead tot, stromlos
dead short vollständiger Kurzschluss
death Tod
debug, to entwanzen, bereinigen
debugger Entwanzer, Fehlersuchprogramm
decay, to abfallen, zerfallen
decelerate, to (sich) verlangsamen
decide, to (sich) entscheiden
decimal dezimal
declination Abweichung
decode, to decodieren, entschlüsseln
decode, to entschlüsseln, decodieren
decontaminate, to entgiften, entkontaminieren
decoupling Entkopplung
decrease, to verringern, abnehmen
decrement Abnahme
default Ausbleiben, Nichteinhalten
defrosting transformer Auftautransformator
degree Grad, Rang, Stufe
deinsulate, to abisolieren
delay Laufzeit, Verzögerung
delay, to aufschieben, verzögern
delete, to zerstören, löschen
deletion Löschung
deliver, to abgeben, ausliefern
delivery Lieferung
delta voltage Dreieckspannung
demount, to abbauen
density Dichte
dependence Abhängigkeit
dependent on abhängig von
deplete, to ausräumen, entleeren
deployment Aufstellung
depress, to drücken
depth Tiefe
derating Lastminderung, Unterbelastung
design Entwurf
design current Betriebsstrom
desk Pult, Tisch
desktop computer Tischcomputer
desolder, to auslöten
destination address Zieladresse
detail Einzelheit
determine, to entscheiden
development Enteicklung
deviation Biegung, Neigung
device Bauelement, Baustein, Gerät
diagram Schaubild, Kennlinie, Schaltplan
dial code Rufnummer
dial, to wählen, auswählen
difference Differenz, Unterschied
difficult schwierig
digit Ziffer, Zeichen
digital control digitale Regelung
digital memory digitaler Speicher
digitize, to digital darstellen
digitizing Digitalisierung
dimension Abmessung
dip, to eintauchen
direct contact direktes Berühren
directory Verzeichnis
disabling Abschaltung
disc (USA) Platte, Scheibe
discharge Entladung
disconnector Abschaltautomat
discrete einzeln, getrennt
disengage, to befreien, frei machen
disk (brit.) Platte, Scheibe
displacement Entfernung, Verlagerung
display Bildschirm, Anzeige
dissipation Verbrauch, Verlust
distance Abstand, Distanz
distant entfernt
distribution circuit Verteilungsstromkreis
disturbance Störung
diversion Ablenkung
divide, to teilen, einteilen
domain Bereich, Gebiet
domestic network Inlandsnetz
dominate, to dominieren, vorherrschen
dominating dominierend
doped dotiert
dot Punkt
dot, to koppeln, logisch verknüpfen
dotted line punktierte Linie
double doppelt, Doppel-
double-way connection Zweiwegschaltung
down abwärts, unten, nach unten
download, to herunterladen
downsized klein gebaut
downtime Stillstandszeit
drain Senke
draw, to zeichnen, ziehen, entnehmen
drawing Zeichnung, Plan
drift, to abweichen, verschieben
drill, to bohren
drilled hole Bohrung, Bohrloch
drive Antrieb, Laufwerk
drive, to antreiben
driver Treiber
drop-out Abfall, Ausfall
dry trocken, stromlos
dual zweifach
dummy Atrappe, Blind-
dummy jack Blindbuchse
dye Farbe

earth Erde, Masse
earth electrode Erder
earth fault Erdschluss
earthing Erdung
earthing conductor Erdungsleiter
easy leicht
edge Kante, Flanke
edge connector Steckerleiste
edge triggered flankengesteuert
edit, to aufbereiten, überarbeiten
edition Ausgabe
editor Text-Aufbereitungsprogramm
educate, to erziehen, ausbilden
effect Wirkung, Ergebnis
effect, to ausführen, bewirken
effective effektiv, tatsächlich
efficiency Wirkungsgrad, Leistungsfähigkeit
ejector Auswerfer

electric elektrisch
electric current elektrischer Strom
electric flux density elektrische Flussdichte
electric shock elektrischer Schlag
electric source Stromquelle
electrical elektrisch (adverbial)
electrical angle Phasenwinkel
electrochemistry Elektrochemie
electrode Elektrode (Stromeintrittstelle und Stromaustrittstelle)
electron beam Elektronenstrahl
electronic control elektronische Regeling
electronic power-supply elektronisches Vorschaltgerät
embed, to einbetten, umgeben
embedded eingebaut
emergency Notfall, Not...
emergency stop Not-Halt
enable Freigabe
enclosure Umhüllung
encoder Codierer
engage, to einschalten, kuppeln
engine Maschine, Motor
engineering Technik
enhancement Anreicherung
entry Eingabe Eingabegerät
environment Umgebung, Umwelt
equation Gleichung
equipment Apparatur, Gerät
equipotential bonding Potenzialausgleich
equivalent circuit Ersatzschaltung
equivalent leakage current Ersatzableitstrom
erase, to löschen
erect, to aufbauen, errichten
erection Aufbau, Errichtung, Montage
erratic plötzlich
error Fehler, Irrtum
error rate Fehlerrate
escape, to fliehen, entkommen
estimate, to abschätzen
estimation Abschätzung
etch, to ätzen
evaluation Auswertung, Bewertung
evaporation Aufdampfung, Verdampfen
evenness Ebenheit
examine, to prüfen, untersuchen
exchange, to austauschen
excite, to erregen
excitement Erregung
exclude, to ausschließen
executive Leitprogramm, Leitender
exert, to anwenden
exit Ausgang
exit, to verlassen, austreten
expand, to erweitern, ausdehen
expect, to erwarten
experience Erfahrung
experienced erprobt
explodable explosionsfähig, explodierbar
exposed-conductive-parts Körper elektrischer Betriebsmittel
expression Ausdruck
extend, to ausdehnen, erweitern
extended ausgedehnt
extension Erweiterung
extension lead Verlängerungskabel
external außen
extraneous conductive part Fehler, Ausfall
extraneous voltage Fremdspannung
extremal position Endlage
eye Auge

face Stirnseite, Vorderseite
faceplate Frontplatte
factory Fabrik, Werk
fade, to schwächer werden
fail Störung
failure Ausfall, Unterbrechung
failure rate Ausfallrate
fall time Abfallzeit
fall, to fallen, abfallen
fan Fächer, Lüfter
fan in Eingangslastfaktor
fast schnell
fatality Ausfall, Versagen
fatigue, to ermüden (Werkstoffe)
fault Fehler, Störung
fault current Fehlerstrom
fault protected mit Fehlerschutz
fault protection Fehlerschutz
fault voltage Fehlerspannung
feature Eigenschaft, Merkmal
feed, to füttern, speisen
feedback Rückkopplung
fetch Abruf
fiber Glasfaser, Lichtleitfaser
fiber optics Technik der Lichtwellenleiter
field Feld
field line Feldlinie
field pattern Feldlinien-Verlauf
field strength Feldstärke
field winding Erregerwicklung
file Datei
final circuit Endstromkreis
fire alarm annunciator Brandmelder
fire prevention Brandverhütung
flag Flagge, Kennzeichen
flash Blitz
flashlight Blitzlicht, Taschenlampe
flat modul flache Baugruppe
flicker, to flackern
floating fließend, erdfrei, potenzialfrei
floor heating Fußbodenheizung
floppy schlaff
fluorescent lamp Glimmlampe, Leuchtstofflampe
flux density Flussdichte
flyback converter Sperrwandler
foot Fuß, Basis, Ende
forbidden verboten
force Kraft
formatted formatiert, formatgebunden
formula Formel
forward bias Vorwärtsspannung
forward converter Durchflusswandler
forward direction Durchlassrichtung
frame Rahmen
frequency Frequenz, Häufigkeit
friction Reibung
front panel Frontplatte
fuel cell Brennstoffzelle
fuel cell power station Brennstoffzellen-Kraftwerk
full power Nennlast, Bemessungslast
function Betriebsweise, Funktions...
furnish, to ausrüsten
fuse Sicherung, Schmelzsicherung
fuse switch Überstrom-Schutzschalter
fusible leicht schmelzbar
fusible link abschmelzbare Verbindung
fuzzy unklar, unscharf

gain Verstärkung
gamble Glücksspiel
gap Lücke, Abstand
gas Benzin (USA), Gas
gate Gitter, Tor
gate circuit Steuerschaltung
gate controlled über das Gate gesteuert
gate current Steuerstrom
gate voltage Steuerspannung
gate, to auslösen, durchlassen
gauge Maß, Drahtmaß
gauge, to messen, kalibrieren
gear motor Getriebemotor
general allgemein
general purpose Allzweck-, Mehrzweck-
generate, to erzeugen
generating plant Elektrizitätswerk
get, to bekommen, haben, werden
giant Riesen-, Höchst-
glass Glas
glaze, to polieren, verglasen
glitch kurzzeitiger Störimpuls
goods Güter, Waren
green grün
grey grau
grid Versorgungsnetz
grind, to schleifen
grip Griff
groove Kerbe, Nut, Rille
grooved pin Kerbstift
ground (USA) Erde
ground, to erden
grounding Erdung
group Gruppe
group hunting line Sammelleitung

guide Anleitung, Handbuch
guide wire Leitdraht
guideline Richtlinie
gun Kanone, Strahlsystem

hair Haar
half byte Halbbyte (4 Bits)
halogen bulb Halogenlampe
hand-held equipment Handgerät
handle Griff
handle, to arbeiten, ausführen
handling Bearbeitung
handshake Händeschütteln
hang, to aufhängen, blockieren
harddisk Festplatte
harm Schaden
harmonics Oberschwingungen, Harmonische
hash Gehacktes, Mischmasch
hazardous gefährlich
hazardous live part gefährliches aktives Teil
head Kopf, Leiter einer Abteilung
header Nachrichtenkopf, Überschrift
hear, to hören
heart Herz
heart pacer Herzschrittmacher
heat Hitze, Wärme
heat conduction Wärmeleitung
heat engine Wärmekraftmaschine
heat sink Kühlkörper
heavy current cable Starkstromleitung
hidden verborgen, versteckt
high frequency Hochfrequenz
high quality hochwertig
high-speed steel Schnellarbeitsstahl
hint Hinweis
history Geschichte, Protokoll
hole Loch, Lücke
home Grundstellung, Heim
hose cable Schlauchleitung
host Wirt, Hauptcomputer
host computer übergeordneter Computer
hostile feindlich, unwirtlich
hot heiß, nicht geerdet
hot line 1. Spannung führende Leitung, 2.Direktverbindung
hour Stunde
housing Gehäuse
hub Speichenrad, Sternkoppler
hum trouble Brummstörung
hum, to brummen

ice Eis
icon (kleines) Bild
identification Bezeichnung
identify, to bestimmen, nachweisen
idle in Ruhe, spannungslos, leerlaufend, zwecklos
idle condition Ruhezustand
idle current Ruhestrom
idle interval stromlose Dauer
idle power Blindleistung
idle, to in Ruhe versetzen
idling Leerlauf
illuminance Beleuchtungsstärke
image Bild, Abbild
image sensor Bildabtaster
imbalance Unsymmetrie
immediate unmittelbar, direkt
immobile unbeweglich
immune unempfindlich, immun
impact voltage Stoßspannung
impact, to stoßen
impedance Scheinwiderstand, impedanz
implant, to einpflanzen
implement Arbeitsgerät, Zubehör
in phase gleichphasig
inaccuracy Ungenauiglеit
inch Zoll (25,4 mm)
inching kurzes Einschalten
incident Störung
inclusion Einbau, Einschluss
increment Zunahme
independent earth electrode unabhängiger Erder
index Stichwortverzeichnis
inductor Induktionsspule, Drosselspule
inert träge
inertness Reaktionsträgheit
infeed Einspeisung, Zuführung
inflammable site feuergefährdete Betriebsstätte
inherent feedback innere Rückkopplung
inhibit Sperr...
inhibit, to blockieren, hemmen
initiate, to auslösen, beginnen
initiating switch Schalter zur Inbetriebnahme
injure, to beschädigen
inlet Eingang, Eingangs-
input Eingang
input unit Eingabegerät
input voltage Eingangsspannung
input, to eingeben
instant value Augenblickswert
insulance Isolationswiderstand
insulant Isolierstoff
insulant classes Isolierstoffklassen
insulate, to isolieren, dämmen
insulate, to dämmen, isolieren
insulated isoliert
insulation test Isolationsprüfung
integrate, to einbauen, integrieren
intensity Helligkeit, Strahlstärke
inter zwischen
interchange Austausch, Wechsel-
interface Anpassungsschaltung, Schnittstelle
interface, to anschließen, verbinden
interference Störung, Einmischung
interrupt Unterbrechung
intrinsic wirklich, eigenleitend
intrude, to aufschalten
invalid ungültig
inverse feedback Gegenkopplung
invert, to umkehren, invertieren
inverting input invertierender Eingang
iron Eisen, Lötkolben
isolate, to trennen, entriegeln

jack Buchse, Steckdose
jitter (das) Flimmern
jitter, to zittern, flattern
job management Auftragsverwaltung
jogging Tastbetrieb, Tippen
join Verbindung, Übergang
join, to verbinden, vereinigen
jump, to springen, verzweigen
jumper Überbrückungsstecker
junction Anschluss, PN-Übergang

kernel Kern, Hauptsache
key Schlüssel, Taste
keyboard Tastatur
keyword Schlüsselwort
knob Knopf, Drehknopf
knock, to anklopfen
know-how Fachwissen

label Kennzeichen, Etikett
label, to kennzeichnen, markieren
lag, to nacheilen
land Land, Leiterbahn, Kontaktfleck
language Sprache
large weit, umfangreich
latch Auffang-Flipflop, Zwischenspeicher
latent gebunden
lattice (Kristall)Gitter
lay Dralllänge einer Leitung
layer Lage, Schicht
lead 1. Blei, 2.Anschlussdraht
lead voltage drop Spannungsfall
lead, to leiten, ableiten, voreilen
leading führend
leading current voreilender Strom
leakage current Ableitstrom
least geringst, kleinst

least significant bit niedrigstwertiges Bit
length Länge
letter symbol Formelzeichen
level Ebene , Niveau
library Bücherei, Bibliothek
light emitting diode Leuchtdiode, LED
lighting Beleuchtung
lightning protection Blitzschutz
limit Grenze, Grenzwert
limitation Begrenzung
line Linie, Leitung
line adapter Leitungsanschluss
line-to-line voltage Spannung Außenleiter-Außenleiter
link Bindeglied, Schmelzeinsatz
link, to verbinden, verknüpfen
liquid crystal device Flüssigkristallanzeige
liquids Flüssigkeiten
list Liste, Tabelle
list, to auflisten
listener Nachrichtenaufnehmer
live part aktiver Teil
load Last, Lastwiderstand
load cell Kraftmessdose
load, to laden
local lokal, örtlich
location Standort
lock, to einrasten
locking rastend
locking button rastende Taste
logic circuit Logikschaltkreis
longword Langwort (32 Bits)
loop Schleife
loss Verlust, Dämpfung
loss factor Verlustfaktor
LPZ (lightning protection zone) Blitzschutzzone
luminance Leuchtdichte
luminous intensity Lichtstärke

machine Anlage, Maschine, Computer
macro Unterprogramm
magnetdiode Magnetdiode
magnetic bias(ing) Vormagnetisierung
magnetic flux density magnetische Flussdichte
mail Post
main hauptsächlich, Versorgungsleitungnetz
main cable Hauptkabel, Netzkabel
mainframe Grundgerät, Hauptcomputer
mains Versorgungsnetz
mains failure Netzausfall
main program Hauptprogramm
maintenance Wartung, Instanthaltung
management Verwaltung, Leitung
manipulation Betätigung
manual händisch, manuell, Handbuch
manually von Hand (Adverb)
mark Marke, Zeichen
master Meister, Hauptgerät
mean Mittelwert
mean delay mittlere Wartezeit
measure Maß
measurement Messung, Maß
measuring point Prüfpunkt
melt, to schmelzen
memory Gedächtnis, Speicher
message Nachricht, Meldung
messenger Bote
metal coat Metallüberzug
micro .. Kleinst..., Mikro...
mill Fabrik
mill, to fräsen
milling Fräsen
mind, to beachten
mobile beweglich, ortsveränderlich
mode Art, Betriebsart
modification Änderung
module Modul, Baugruppe
moisture Feuchtigkeit
monitor Bildschirmgerät, Prüfprogramm, Prüfgerät
monitor, to abhorchen, kontrollieren
monitoring system Überwachungssystem
motherboard Hauptplatine
mounting Aufbau, Montage
move, to bewegen, übertragen
multiaccess Mehrfachzugriff
multiple vielfach
multiple access Vielfachzugriff
multiplex line Multiplexverbindung
multiplex, to bündeln (von Kanälen), arbeiten im Multiplexbetrieb
multiply vielfach
multiply, to multiplizieren
multitag Mehrfachkennzeichnung
multitasking Mehrprozessverarbeitung
multplier Multiplizierer
mush Störung
mute, to dämpfen
mutual gegenseitig
mutual conductance Steilheit

nail Nagel
narrow schmal
need, to brauchen, benötigen
needle Nadel, Zeiger
network Netzwerk, Netz
neutral Mittelleiter, Neutralleiter
neutral conductor Neutralleiter
noise Lärm, Geräusch, Rauschen
noise immunity Störfestigkeit
noise value Rauschfaktor
nominal voltage Nennspannung, Bemessungsspannung
nonvolatile nichtflüchtig
notation Schreibweise, Darstellungsweise
notch Einschnitt, Kerbe
novel neuartig
number Nummer
nut Schraubenmutter, Nut

Occupy, to belegen, besetzen
off abgeschaltet
office Büro
off-line nicht an Netz angeschlossen
off-state Sperrzustand
ohmic drop Spannungsfall
on eingeschaltet
one-wave rectifier Einweggleichrichter
one-cycle multivibrator monostabile Kippschaltung
one-way circuit Einwegschaltung
on-line an Netz angeschlossen
open offen
open circuit Leerlauf
open-circuit voltage Leerlaufspannung
operate, to bedienen, betätigen
operating instruction Betriebsanleitung
operating mode Betriebsart
operating system Betriebssystem
operational amplifier Operationsverstärker
opposite entgegengesetzt
optical optisch
optical conductor Lichtwellenleiter
optical isolator Optokoppler
ordinary gewöhnlich, normal
origin Ausgangspunkt, Nullpunkt
oscillation Schwingung
oscillator circuit Schwingkreis
out aus, heraus
output Abgabe, Ausbeute, Ausgang
output amplifier Ausgangsverstärker
output voltage Ausgangsspannung
output, to abgeben
over über
overcurrent Überstrom
overflow Überlauf
overhead line Freileitung
overload Überlast
overview Überblick, Übersichtsplan
overvoltage Überspannung
overvoltage protection Überspannungsschutz

pack, to bestücken, verdichten
package Pack, Verpackung, Zusammenstellung
pad Polster, Anpassungsglied
page Seite
paint, to malen, aufbringen
pair (Werte)Paar
panel Feld, Platte
paper Papier
paper jam Papierstau
parallel operation Parallelbetrieb
parallel, to parallel schalten
parity Gleichheit
parity checker Paritätsprüfer
parser Analysesystem
part Teil, Bauteil
partial teilweise
partially teilweise (adverbial)
password Kennwort
paste, to einfügen, einkleben
patch cord Verbindungsschnur
patch, to einfügen, flicken, zusammenschalten
path Pfad, Weg
path time diagram Weg-Zeit-Diagramm
pattering Strukturierung
pattern Charakteristik, Struktur
pause, to unterbrechen, warten
pay, to bezahlen
peak Spitze, Maximum
peak value Höchstwert
peak-to-peak Spitze zu Spitze
penetrate, to durchdringen, eindringen
people Leute, Volk
performance Arbeitsweise, Güte
period Zeitraum
periodic duty Aussetzbetrieb
periodic operation periodischer Betrieb
permanent magnet Dauermagnet
permeability Permeabilität, magnetische Durchlässigkeit
phase angle Phasenwinkel
phase control Phasensteuerung
phase delay Phasenverschiebung
phase fired control Anschnittsteuerung
phase locked loop Phasenregelkreis
photomultiplier Fotovervielfacher
photoprinter Fotokopiergerät
pin Stift
pink rosa
pipe Rohr, Röhre
place Platz, Ort
place of fulfillment Erfüllungsort
plant Anlage
plate Platte, Elektrode
plate resistance Innenwiderstand
playback Wiedergabe
plot, to grafisch darstellen
plug Verbindungsstecker
plug connector Steckverbinder
plug, to stecken, stöpseln
plugged gesteckt
plug-in board (große) Steckkarte
plug-in jumper Steckbrücke
point Punkt
point charge Punktladung
poll, to abfragen, abrufen
pollution Verunreinigung
port 1. Ein-Ausgabe-Baustein, 2. Kanal
port, to übertragen
portable tragbar
position Lage, Stellung
positive slope ansteigende Flanke
power Arbeit, Kraft, Leistung
power booster Leistungsverstärker
power cable Netzkabel
power electronics Leistungselektronik
power factor Leistungsfaktor
power frequency Netzfrequenz
power lead Netzleitung
power outage Netzausfall
power pack Netzteil
power plant Starkstromanlage
power stage Leistungsstufe
power supply Stromversorgung
prealign, to voreinstellen
preamplifier Vorverstärker
precaution Warnung, Richtlinie
preceding vorhergehend
precision Genauigkeit
predominant vorherrschend
prefetching Vorab-Abruf
prescribe, to vorschreiben
preset, to voreinstellen
press, to drücken, pressen
pressure Druck, mechanische Spannung
prevalent allgemein, verbreitet
prevent, to verhindern
primary cell galvanisches Element, Primärelement
prime, to ausrüsten
print, to drucken
printer Drucker
printout Ausdruck
private network privates Netz
probe Messfühler, Sensor
probe, to mit Prüfspitze abtasten
process Fertigung, Prozess, Verfahren
profound gründlich
program abort Programmabbruch
prompt Aufforderungszeichen
protect, to schützen
protection Schutz, Absicherung
protective schützend
provide, to abgeben, versorgen
provider Versorger
pull, to ziehen
pulsatance Kreisfrequenz
pulse Impuls, Puls, Stoß
pulse edge Impulsflanke
pulse number Pulszahl
pulse operation Pulsbetrieb

quality group Gütegruppe
quench Funkenlöschung
query Fragezeichen, Abfrage
queue Warteschlange
quick schnell
quick fuse schnelle Sicherung
quicksort schnelle Sortierung
quiet ruhig, gedämpft
quit, to verlassen

rack Einschub, Gestell
radiation Strahlung
radiation dosage Strahlungsdosis
radio bearing Funkpeilung
radio interference suppression Funkentstörung
radio technology Rundfunktechnik
random zufällig, regellos
range Bereich
rate Rate, Tarif
rated current Nennstrom, Bemessungsstrom
rated power Bemessungsleistung
rating plate Leistungsschild
ratings Betriebsdaten
RCD (residual current protective device) Fehlerstrom-Schutzeinrichtung
reactance Blindwiderstand
reactive Blind...
reactive factor Blindleistungsfaktor
reactor Drosselspule
read, to lesen
rear hinterer Teil, Rück...
rear, to aufziehen, erheben
reason Grund
recall Rückruf
recall, to abrufen (Daten), zurückrufen
receive, to aufnehmen, empfangen
receiver Empfänger
recharge device Ladegerät
recharge, to wiederaufladen
rechargeable wiederaufladbar
recognize, to erkennen
recombination Wiedervereinigung
record, to aufzeichnen
rectifier Gleichrichter
rectify, to gleichrichten
redundant überflüssig, redundant
reference arrow Bezugspfeil, Zählpfeil
reference power Bezugsleistung
region Bereich
regulate, to regeln
regulation Änderung
relay Relais
release Freigabe
release, to auslösen, abfallen, freigeben
releasing characteristic Auslösekennlinie
reliability Betriebssicherheit
reliable zuverlässig
remedy Fehlerbeseitigung
remote Fern-, entfernt
remote processing Fernverarbeitung
repeater Wiederholer, Zwischenverstärker
replacement Ersatz, Austausch
reply message Quittung
reply, to antworten, wiederholen
request Anforderung
rescue Rettung, Hilfe
resettable rücksetzbar
residual Rest...
residual current Differenzstrom, Fehlerstrom
residual current protective device Fehlerstrom-Schutzeinrichtung

resistance physikalischer Widerstand
resistivity spezifischer Widerstand
resistor Widerstand (als Bauelement)
resolver Drehmelder
restriction Beschränkung
restrictor Sperre
return, to zurückkehren
reversal Umkehrung
revolution Umdrehung
ring, to läuten, klingeln
ripple Welligkeit
ripple frequency Brummfrequenz
rise time Anstiegszeit
rod Stab, Stange
rotational speed Drehzahl
router Wegsucher, Pfadfinder
rubber Gummi
rule of three Dreisatzrechnung

Safety precaution Schutzmaßnahme
safety services Sicherheitszwecke
sample Abtastwert
sample, to abtasten, Probe entnehmen
sampling Abtastung
sampling rate Abtastrate
sampling theorem Abtastheorem
satellite communication service Satellitenfunk
saturation Sättigung
save, to retten, abspeichern
scale Skala, Maßstab
scale, to maßstabgetreu ändern, skalieren
scaled skaliert, bemessen
scan, to abtasten
scanner Abtastgerät
scatter, to Funken sprühen
schedule Aufstellung, Plan
schedule, to organisieren, aufzeichnen
scheduling Planung
scope Oszilloskop
score Einschnitt, Kerbe
scramble, to krabbeln, verrühren, verschlüsseln
screen Abschirmung, Bildschirm
screen dimension Bildschirmgröße
screened geschirmt
screw Schraube
screw locks Schraubensicherung
screw threads Gewinde
screwdriver Schraubendreher
scroll, to Bildschirm rollen
seal, to abdichten
sealing Abdichtung
section Abschnitt, Kapitel, Teilung
security Sicherheit
select, to auswählen
selectance Trennschärfe
selective amplifier Selektivverstärker
selector Wähler
self selbst
self-locking selbsthemmend
self-powered mit Batterie betrieben
semiconductor Halbleiter
semipermeable halbdurchlässig
sensitivity Empfindlichkeit
sensor Messfühler, Sensor
sequence Ablauf, Folge
sequential sequenziell, folgerichtig
server Diener, Bedieneinheit
service Dienst
service instruction Bedienungsanweisung
setup Geräte-Grundeinstellung
shape Form, Gestalt
share, to teilen, aufteilen
shear stress Scherspannung
shearing Abscherung
sheet metal Blech
shielded abgeschirmt
shielding Abschirmung
shift, to verschieben, umschalten
shock Erschütterung, Stoß
shock current gefährlicher Körperstrom
short kurz
short circuit Kurzschluss
short, to kurzschließen
short-circuit strength Kurzschlussfestigkeit
shower Dusche
side Seite
signaling, signalling Signal-Übertragung
silicon Silicium
silicone Silikon
simultaneously gleichzeitig
sine current Sinusstrom
single-board computer Einplatinencomputer
single-phase motor Einphasenmotor
single-way connection Einwegschaltung
sink Senke, aufnehmendes Bauteil
site Standort, Lage
site, to anbringen, aufstellen
size Größe, Abmessung
skilled person Fachkraft
skin Haut
skin, to abisolieren
skip Auslassung, Sprung
skip, to übergehen, überspringen
slack joint Wackelkontakt
slacken, to durchhängen, sich lösen
slave Sklave, untergeordnetes Gerät
slave operation Master-Slave-Betrieb
slope Anstieg, Flanke, Neigung
smoothing Glättung
socket Buchse, Fassung, Steckdose
socket outlet Steckdose
solder Lot, Lötzinn
solder lug Lötfahne, Lötöse
solder, to löten
solid Festkörper, fest, massiv
sonic frequency Schallfrequenz
sound Klang, Laut, Schall
source Quelle
space Abstand, Weltraum
spark Funke
spark gap Funkenstrecke
speaker Sprecher, Nachrichtengeber
specify, to spezifizieren, angeben
speech circuit Sprechkreis
speed Drehzahl, Geschwindigkeit
speed controller Drehzahlregler
spell, to buchstabieren
sphere Bereich, Kugel, Sphäre
spring Feder
stability Stabilität
stage Gerüst, Stufe, Stadium
standby electric source Ersatzstromquelle
steel Stahl
stepper motor Schrittmotor
stored program gespeichertes Programm
strength value Festigkeitswert
strip Streifen
subroutine Unterprogramm
subscriber Teilnehmer, Abonnent
supplementory insulation zusätzliche Isolierung
supply Einspeisung, Versorgung
supply payment Einspeisevergütung
supply system Versorgungseinrichtung
supporting forces Auflagerkräfte
suppression Unterdrückung Unterdrückung
surface Oberfläche
surface contours Oberflächenprofil
surface mounted oberflächenmontiert
surge Stoß, Stromstoß
surge dissipator Überspannungsableiter
surge impedance Wellenwiderstand
surge protection device Überspannungsableiter
surge relay Stromstoßrelais
survey Übersicht
swan socket Bajonettfassung
sweep time Ablenkzeit
switch Schalter
switchgear Schaltgerät
switching circuit Schaltkreis
switching power supply Schaltnetzteil
switching transient Einschaltvorgang
switching-off Ausschalten
symmetrical symmetrisch
synchronous synchron, gleichlaufend
synthesize, to künstlich erzeugen

table Tabelle, Tafel, Tisch
tabulate, to tabellieren, Tabelle aufstellen
tag Etikett, Kennzeichen
tail Ausläufer, Schwanz, hinteres Ende
talker Sprecher, Sendegerät
tap Abgriff, Anzapfung
tape Band, Streifen
tape Gurt, Band, Streifen
target Ziel, Auftreffplatte
task Aufgabe, Rechenprozess
tax Steuer
teach, to lehren, unterrichten
technician Techniker
telecontrol device Fernwirkgerät
telephone technology Fernsprechtechnik
temporary vorübergehend
tension springs Zugfedern
terminal Endstation, Endgerät
test board Prüfplatz
thermal strip Bimetallstreifen
thread Gewindegang, Faden
thread, to aufreihen, einfädeln
three-phase Dreiphasen...
three-phase current Drehstrom
three-phase power supply Drehstromnetz
three-phase transformer Drehstromtransformator
three-pin dreipolig
three-state Schaltung mit 3 Ausgangszuständen
threshold Schwelle, Grenzwert
throughout power Durchgangsleistung
thumb Daumen
thumbnail Daumennagel
time Zeit
time delay Zeitverzögerung
timeout Sperrzeit
timer Zeitmesser
timing diagram Zeitablaufdiagramm
toggle Kipphebel, Kipp-
top oben, Oberteil
torque Kraftmoment, Moment
touch current Berührungsstrom
touch voltage Berührungsspannung
tough zäh, robust
track Schiene, Spur
trackball Rollkugel, Steuerkugel
trail Schwanz, Weg
trailer Nachsatz
transceiver Sende-Empfänger
transducer Wandler, Messwandler, Umformer
transformer Wandler, Transformator
transit Durchgang, Transit
transmitter Übertrager
trap Falle
triangle Dreieck
trigger Auslöser, Auslöseimpuls
trigger, to ansteuern durch Impulse
tunable abstimmbar
tune, to abstimmen
turning Drehen
twisted verdrillt, verseilt

ultimate unbedingt
umbrella Schirm
unbalance Unsymmetrie
unconditional unbedingt
uniphase-motor Einphasenmotor
unit Bauelement, Baustein, Einheit
universal allgemein
user Anwender, Nutzer
user interface Benutzeroberfläche

Valley Tal, Minimum
value Wert
valve Ventil
versatile veränderlich, vielseitig
visible sichtbar
visual sichtbar, Seh-, Sicht-
visual power Scheinleistung
voice Stimme
void Blase, Leerraum, Fehlerstelle
volatile flüchtig
voltage elektrische Spannung
voltage glitch Spannungsspitze
voltage reference Bezugsspannung
volume Volumen, Lautstärke

Wafer Halbleiter- Einkristallscheibe
waste Abfall
wattage elektrische Leistung in W
wattmeter Leistungsmesser
wave Welle
waveform Schwingungsform
wavelength Wellenlänge
web Gewebe, Netz
weld, to schweißen
welding Schweißen
white weiß
width Breite, Dicke
winding Windung, Wicklung
winding diagram Wicklungsplan
window Fenster
wire Draht, Leiter
wire break Drahtbruch
wire stripper Abisolierwerkzeug
wireless drahtlos, Funk-
wireless plant Funkanlage
wirewound drahtgewickelt
wiring Verdrahtung
wiring system Leitungssystem, Kabelsystem
work, to arbeiten, bearbeiten, funktionieren
working voltage Betriebsspannung
worst case ungünstigster Fall
wrap terminal Wickelanschluss
write, to schreiben, aufzeichnen
wrong unrichtig, falsch

X-radiated röntgenbestrahlt
X-ray Röntgenstrahlung
X-switch Kreuzschalter

Y-amplifier Vertikalverstärker, Y-Verstärker
Y-connection Sternschaltung
yellow gelb

Zero Null
zero flag Kennzeichen für Null
zigzag connection Zickzackschaltung
zone Bereich, Zone
zoom schrittweise Vergrößerung
zoom lense Gummilinse, Zoom-Objektiv

Bildquellenverzeichnis Source of images

Die meisten Bilder entstammen dem Arbeitsumfeld der Autoren. Ergänzend hierzu haben die nachfolgend aufgeführten Unternehmen und Institutionen die bildliche Ausgestaltung unterstützt. Dabei sind für diese alle Rechte vorbehalten. Kein Teil darf ohne vorherige schriftliche Genehmigung weitergegeben, in einem Datensystem gespeichert oder in irgendeiner Form, weder elektronisch noch mechanisch, durch Fotokopie, Aufnahme noch durch andere Art übertagen werden.

Die Anschriften weiterer Firmen, die mit Bildern dieses Buch unterstützt haben, sind im Verzeichnis „Firmen und Dienststellen" am Buchende aufgeführt. Die Autoren danken dafür allen Beteiligten sehr herzlich.

ABUS-Sicherheitstechnik	z.B. 86444 Affing	www.abus.com	266, -6
Cooper Tools GmbH	74354 Besigheim	www.apextoolgroup.	447-9, -10
CREE	Morrisville, NC 27560; USA	www.cree.com	196, 4
Deutsche Energieagentur GmbH	10115 Berlin	www.dena.de	275-(1-14), 276-(1-8)
Dr, F. Faulhaber GmbH	71101 Schönaich	www.faulhaber.com	412-3
Eaton Industries	53115 Bonn	www.moeller.net	351-1
Fischerwerke GmbH & Co. KG	72178 Waldachtal	www.fischer.de	449-(1-24)
Fluke Deutschland GmbH	79286 Glottertal	www.fluke.com	114-2
GIRA	42477 Radevormwald	www.gira.de	153-2
Gossen Metrawatt GmbH	90449 Nürnberg	www.gossenmetrawatt.com	Umschlag,104-1
Häberle, Verena	88069 Tettnang	-	230-1, 298-5, -6
Hager Vertriebsgesellschaft mbH &Co KG	66440 Blieskastel	www.hager.de	113-2, 441-1
Inge Hermann GmbH	35687 Dillenburg	www.inge-hermann.de	447-4
KNIPEX-Werk, Gustav Putsch KG	42349 Wuppertal	www.knipex.de	125-3, 125-4, 447-1, -2, -3, -5, -7
lappkabel	70565 Stuttgart	www.lappkabel.de	433-(1-16)
maxon motor ag	6072 Sachsel/OW, Schweiz	www.maxonmotor.com	409-2,-3, 410-3, 410-4,-5, 411-3
Mobotix AG	67722 Langmeil	www.mobotix.com	266-5
Nichia	491 Oka, Japan	www.nichia.com	196-8
OSRAM GmbH	81543 München	www.osram.de	196-1, -2, -3, -5, -6, -7, -9, -10, -11
Physik Instrumente GmbH	76228 Karlsruhe/ Palmbach	www.physikinstrumente.de	412-5
Schalk Steuerungstechnik GmbH	87784 Westerheim	www.schalk.de	140-3, 261-1
Schmitt, Siegfried	76887 Bad Bergzabern	–	447-6, -8
Siemens AG	80333 München	www.siemens.com	Umschlag, 353-1, 391-3, 486-4
Somfy GmbH	72108 Rottenburg (Neckar)	www.somfy.com	131-7
TOX-DÜBEL-TECHNIK GmbH	72205 Krauchenwies	www.tox.de	449-(25-35)
ZF Friedrichshafen AG	88046 Friedrichshafen	www.zf.com	Umschlag

Sachwortverzeichnis

Bei Schwerpunktseiten sind die Seitenzahlen **fett** gedruckt. Diese Seiten erklären die jeweiligen Begriffe. Die nicht fett gedruckten Seitenzahlen führen zu Bereichen, in denen Begriffe vorkommen.

Hinweis: Kurzformen von Begriffen, z.B. AFDD, sind ab Seite 493 erklärt. Weitere Worterklärungen erfolgen im Glossar ab Seite 487.

Hinweise zum Arbeiten mit dem Sachwortverzeichnis

1. Suchen nach einer Erklärung	
Erklärungen des Suchwortes stehen auf den mit **fetten Zahlen** angegebenen Seiten.	Bei den nicht fetten Seitenzahlen findet man Anwendungen oder auch anderweitiges Vorkommen des Begriffes.
Beispiel 1: Was bedeutet Induktion? Man findet mit **Induktion** die Seiten 35 (nicht fett) und **37 (fett)**. Auf Seite **37** findet man mit den Formeln 6 und 9 zwei Arten der Induktion zur Spannungserzeugung.	Die Seite 35 führt zum Hinweis, dass die magnetische Kraftflussdichte auch als magnetische Induktion bezeichnet wird (DIN 1301-1).
Beispiel 2: Wie werden Halbleiter angesteuert? **Ansteuerung** führt mit **407** zu keinem brauchbaren Ergebnis, da hier nur für Servomotoren. Das ähnliche Suchwort **Ansteuerschaltung** führt richtig zu **346**.	Es kann zwekcmäßig sein, das Suchwort zu modifizieren, wenn kein Ergebnis. Eine Suche bei **Halbleiter** führt ebenfalls zu **346**. Es kann also zweckmäßig sein, nach dem bekannten Objekt einer Tätigkeit zu suchen.
2. Suchen nach Erklärung von Kurzform (Abkürzung)	
Beispiel 3: Welche Bedeutung hat OLED? Bei Kurzformen versagt meist das Sachwortverzeichnis, weil dafür die Kurzformen ab Seite 493 stehen.	Man findet unter Kurzformen ab Seite 493 für OLED **organic LED** und für LED **light emitting diode**.
3. Suche nach Zahlenwerten	
Beispiel 4: Wie groß ist der spezifische Widerstand ϱ (rho) von Silber? Das Suchwort **Silber** führt zur Seite **411** mit dem Zahlenwert der Leitfähigkeit von Silber **60**, deren Kehrwert ist der Zahlenwert von ϱ, der zu berechnen ist zu 1/60 = **0,0167**.	Man kann auch unter einem Oberbegriff das gewünschte Ergebnis ohne Rechnung finden. Hier z. B. findet man unter **Stoffwerte** auf Seite **405** für ϱ von Silber **0,0167**.

Unterstützende Firmen und Dienststellen 1
Supporting Companies and Offices 1

Die nachfolgend aufgeführten Firmen und Dienststellen haben die Autoren durch Beratung, durch Zurverfügungstellung von Druckschriften, Fotos und Dateien sowohl bei der Textbearbeitung als auch bei der bildlichen Ausgestaltung des Buches unterstützt. Es wird ihnen hierfür herzlich gedankt.

ABB Deutschland AG
68309 Mannheim
www.abb.de

ABUS
58300 Wetter
www.abus.com

Agentur f. erneuerbare Energien
10117 Berlin
www.unendlich-viel-energie.de

AGK Hochleistungswerkstoffe GmbH
44369 Dortmund
www.agk.eu

Ahlborn Mess- und Regelungstechnik GmbH
83607 Holzkirchen
www.ahlborn.com

Airbus Deutschland GmbH
21129 Hamburg
www.airbus.de

ANALOG DEVICES, Inc.
Norwood, MA 02062 USA
www.analog.com

ANTARIS SOLAR GmbH & Co. KG
63857 Waldaschaff
www.antaris-solar.de

ASM Automatik Sensorik Messtechnik GmbH
85452 Moosinning
www.asm-sensor.de

Autodesk Deutschland
81379 München
www.autodesk.de

Balluff GmbH
73765 Neuhausen
www.balluff.com

BASF SE
67056 Ludwigshafen
www.basf.com

B&B Electronics
Ottawa, IL 61350 USA
www.bb-europe.com

Berker GmbH & Co. KG
58567 Schalksmühle
www.berker.de

Beuth Verlag GmbH
10787 Berlin
www.beuth.de

Black Box Deutschland GmbH
85399 Hallbergmoos
www.black-box.de

BMBF, Bundesministerium für Bildung und Forschung
11055 Berlin
www.bmbf.de

BMW AG
80788 München
www.bmw.de

Bosch Rexroth AG
97816 Lohr am Main
www.boschrexroth.com

Busch-Jaeger Elektro GmbH
58513 Lüdenscheid
www.busch-jaeger.de

Carl Zeiss AG
73447 Oberkochen
www.zeiss.de

Conrad Electronic SE
92240 Hirschau
www.conrad.de

Danfoss GmbH
63073 Offenbach am Main
www.danfoss.de

Dehn + Söhne GmbH & Co. KG
90489 Nürnberg
www.dehn.de

DIAS Infrared GmbH
01217 Dresden
www.dias-infrared.de

DIN, Deutsches Institut für Normung e. V.
10787 Berlin
www.din.de

DLR, Deutsches Zentrum für Luft- und Raumfahrt e. V.
51147 Köln
www.dlr.de

DMG, Gildemeister AG
33689 Bielefeld
www.gildemeister.com

Dr. Fritz Faulhaber GmbH
71101 Schönaich
www.faulhaber.com

Dr. Johannes Heidenhain GmbH
83292 Traunreut
www.heidenhain.de

EADS Deutschland GmbH
81663 München
www.eads.com

Eaton Industries GmbH
53115 Bonn
www.eaton.com

ebm-papst GmbH & Co. KG
74673 Mulfingen
www.ebmpapst.com

ECHELON GmbH
33602 Bielefeld
www.echelon.de

EnBW Energie Baden-Württemberg AG
76131 Karlsruhe
www.enbw.de

Evonik Industries AG
45128 Essen
www.evonik.com

FAG, Schaeffler KG
91074 Herzogenaurach
www.fag.de

Farnell GmbH
82041 Oberhaching
www.farnell.de

Festo AG & Co. KG
73734 Esslingen
www.festo.com

Festo Didactic GmbH & Co. KG
73770 Denkendorf
www.festo-didactic.com

Fischerwerke GmbH & Co. KG
72178 Waldachtal
www.fischer.de

Fluke Deutschland GmbH
34123 Kassel
www.fluke.de

Fraunhofer Gesellschaft
80686 München
www.fraunhofer.de

Friwo Gerätebau GmbH
48346 Ostbevern
www.friwo.de

GE, General Electric Deutschland
80802 München
www.ge.com/de

Gira, Giersiepen GmbH & Co. KG
42477 Radevormwald
www.gira.de

Unterstützende Firmen und Dienststellen 2
Supporting Companies and Offices 2

Gossen-Metrawatt,
GMC-I Messtechnik GmbH
90449 Nürnberg
www.gossenmetrawatt.com

GRAFCET,
Festo Didactic GmbH & Co. KG
73770 Denkendorf
www.festo-didactic.com

GRAF-SYTECO GmbH & Co. KG
78609 Tuningen
www.graf-syteco.de

Greisinger electronic GmbH
93128 Regenstauf
www.greisinger.de

Gustav Hensel GmbH & Co. KG
57368 Lennestadt
www.hensel-electric.de

Hager Vertriebs GmbH & Co. KG
66440 Blieskastel
www.hager.de

Hamamatsu Photonics
Deutschland GmbH
82211 Herrsching
www.hamamatsu.com

Handwerker Software
31139 Hildesheim
www.elektrosoftware.de

Hewlett-Packard GmbH
71034 Böblingen
www.hp.com

Hirschmann,
Belden Electronics GmbH
72654 Neckartenzlingen
www.hirschmann.com

homeway GmbH
96465 Neustadt/Coburg
www.homeway.de

IBM Deutschland GmbH
71139 Ehningen
www.ibm.de

ICP Deutschland GmbH
72768 Reutlingen
www.icp-deutschland.de

ifm electronic gmbh
45128 Essen
www.ifm-electronic.de

Index-Werke GmbH & Co. KG
73730 Esslingen
www.index-werke.de

IN-Software GmbH
76307 Karlsbad
www.in-software.com

Institut für Verbundwerkstoffe
67663 Kaiserslautern
www.ivw.uni-kl.de

IZE, Informationszentrale der
Elektrizitätswirtschaft
60555 Frankfurt
www.economia48.com

Jenoptik AG
07739 Jena
www.jenoptik.de

Jung, Albrecht GmbH & Co. KG
58579 Schalksmühle
www.jung.de

KABELSCHLEPP GmbH
57482 Wenden-Gerlingen
www.kabelschlepp.de

Kappa optronics GmbH
37130 Gleichen
www.kappa-vision.com

KIT, Karlsruher Institut für
Technologie
76131 Karlsruhe
www.kit.edu

KNIPEX-WERK
42334 Wuppertal
www.knipex.de

KNX Deutschland
60528 Frankfurt a.M.
www.knx.de

KUKA Roboter GmbH
86165 Augsburg
www.kuka-robotics.com

Kyocera Fineceramics GmbH
41460 Neuss
www.kyocera.de

Lapp GmbH
70565 Stuttgart
www.lappkabel.de

Legrand GmbH
59494 Soest
www.legrand.de

Leitz, Hexagon Metrology GmbH
35578 Wetzlar
www.leitz-messtechnik.de

LONMARK INTERNATIONAL
San Jose, CA 95126 USA
www.lonmark.org

LTE Breitband Internet
und 4G Mobilfunk
37139 Adelebsen
www.lte-breitband.com

LTN Servotechnik GmbH
83624 Otterfing
www.ltn.de

LumaSense Technologies GmbH
60326 Frankfurt am Main
www.lumasenseinc.com

Mahle GmbH
70376 Stuttgart
www.mahle.com

MAICO,
Elektroapparate-Fabrik GmbH
78056 Villingen-Schwenningen
www.maico-ventilatoren.com

Maschinenfabrik
Berthold Hermle AG
78559 Gosheim
www.hermle.de

Matsushita Electric Works
Deutschland GmbH
83607 Holzkirchen
www.matsushita.de

maxon motor ag
CH 6072 Sachseln
www.maxonmotor.com

Max Planck,
Gesellschaft zur Förderung
der Wissenschaft e. V.
80539 München
www.mpg.de

Megatron Elektronik AG & Co.
Industrietechnik
85640 Putzbrunn/München
www.megatron.de

Microsoft Deutschland GmbH
85716 Unterschleißheim
www.microsoft.de

microTOOL GmbH
13355 Berlin
www.microtool.de

Mitsubishi Electric Europe B.V.
40880 Ratingen
www.mitsubishielectric.de

Mobotix AG
67722 Langmeil
www.mobotix.com

MSI Sicherheitstechnik GmbH
55218 Ingelheim
www.msi-sicherheitstechnik.de

MTU Aero Engines GmbH
80995 München
www.mtu.de

Unterstützende Firmen und Dienststellen 3
Supporting Companies and Offices 3

Nexans Deutschland GmbH
30179 Hannover
www.nexans.de

Noliac A/S
DK 3490 Kvistgaard
www.noliac.com

NTI AG
CH 8957 Spreitenbach
www.linmot.com

OSRAM GmbH
81543 München
www.osram.de

Panasonic Deutschland GmbH
22525 Hamburg
www.panasonic.de

Pepperl + Fuchs GmbH
68307 Mannheim
www.pepperl-fuchs.de

Philips Deutschland GmbH
20001 Hamburg
www.philips.de

PHOENIX CONTACT GmbH & Co. KG
32825 Blomberg
www.phoenixcontact.de

Physik Instrumente (PI) GmbH & Co. KG
76228 Karlsruhe/Palmbach
www.physikinstrumente.de

Piller Group GmbH
37520 Osterode
www.piller.com

Pilz GmbH & Co. KG
73760 Ostfildern
www.pilz.de

PMA Prozess- und Maschinen-Automation GmbH
34123 Kassel
www.pma-online.de

Reis Group Holding GmbH & Co. KG
63785 Obernburg
www.reisrobotics.de

Robert Bosch GmbH
70049 Stuttgart
www.bosch.com

RS Components GmbH
64546 Mörfelden-Walldorf
www.rs-components.de

RWE AG
45128 Essen
www.rwe.de

RWTH Aachen
52056 Aachen
www.rwth-aachen.de

Sandvik Coromant Deutschland
40549 Düsseldorf
www.coromant.sandvik.com/de

SAP Deutschland AG & Co. KG
69190 Walldorf
www.sap.com

Schalk Steuerungstechnik GmbH
87784 Westerheim
www.schalk.de

Schmersal Holding GmbH & Co. KG
42279 Wuppertal
www.schmersal.com

Schukat electronic
40789 Monheim
www.schukat.com

Seeger-Orbis GmbH & Co. oHG
61462 Königstein
www.seeger-orbis.de

Siemens AG
80333 München
www.siemens.com

Telekom Deutschland GmbH
53227 Bonn
www.telekom.de

TCS, TürControlSysteme AG
39307 Genthin
www.tcs-germany.de

Tognum AG
88045 Friedrichshafen
www.tognum.com

Toshiba Europe GmbH
41460 Neuss
www.toshiba.de

Trumpf GmbH & Co.
71252 Ditzingen
www.trumpf.com

TU9, Der Verband der führenden TU`s in Deutschland
13629 Berlin
www.tu9.de

TÜV Rheinland Holding AG
51105 Köln
www.tuv.com/de

Umweltbundesamt
06813 Dessau-Roßlau
www.umweltbundesamt.de

VDA, Verband der Automobilindustrie
10117 Berlin
www.vda.de

VDE, Verband der Elektrotechnik, Elektronik, Informationstechnik
60596 Frankfurt am Main
www.vde.de

VDI, Verein Deutscher Ingenieure e. V.
40468 Düsseldorf
www.vdi.de

Vicor Europe
85737 Ismaning
www.vicoreurope.com

Volkswagen AG
38440 Wolfsburg
www.volkswagen.de

WAGO Kontakttechnik GmbH
32423 Minden
www.wago.com

Walter Bautz GmbH
64347 Griesheim
www.walterbautz-gmbh.de

Wissenschafts- und Kongresszentrum Darmstadt GmbH
64283 Darmstadt
www.darmstadtium.de

ZF Friedrichshafen AG
88046 Friedrichshafen
www.zf.com

ZVEH Zentralverband der dt. Elektro- und Informationstechnischen Handwerke
60487 Frankfurt am Main
www.zveh.de

ZVEI Zentralverband Elektrotechnik- und Elektroindustrie e.V.
60528 Frankfurt am Main
www.zvei.de

Betriebsdaten von Käfigläufermotoren   Operating Data of Squirrel Cage Motors

Größe	P_N in kW	n_N in 1/min	I_N in A	M_N in Nm	η in %	$\cos\varphi$	$\frac{I_A}{I_N}$	$\frac{M_A}{M_N}$	$\frac{M_K}{M_N}$	m in kg
Drehstrommotoren bei 50 Hz / 400 V, nicht polumschaltbar										
Drehfelddrehzahl n_s = 3 000/min										
56	0,12	2 760	0,4	0,42	55	0,80	4,5	2,0	2,0	3,5
63	0,25	2 765	0,7	0,86	65	0,81	4,5	2,3	2,2	4,0
71	0,55	2 800	1,3	1,88	70	0,85	4,9	2,3	2,2	6,5
80	1,1	2 850	2,4	3,69	77	0,85	5,2	2,4	2,3	8,1
90S	1,5	2 860	3,2	5,0	82	0,82	6,2	2,5	2,4	12,9
90L	2,2	2 860	4,6	7,3	82	0,85	6,8	2,8	2,6	14,8
100L	3	2 895	6,1	9,9	83	0,85	7,2	2,4	2,6	21
112M	4	2 895	7,8	13	84	0,88	7,6	2,4	2,8	25
132S	5,5	2 925	10,6	18	85	0,88	7,0	2,2	2,6	43
132M	7,5	2 925	14,3	24	86	0,88	7,5	2,4	2,6	50
160M	15	2 935	29	49	90	0,84	7,1	2,1	3,0	82
160L	18,5	2 940	34	60	91	0,86	7,5	2,3	3,1	92
Drehfelddrehzahl n_s = 1500/min										
56	0,09	1 300	0,3	0,66	52	0,75	2,7	1,7	2,0	3,3
63	0,18	1 325	0,6	1,30	60	0,77	2,7	1,7	2,0	3,8
71	0,37	1 375	1,1	2,6	62	0,78	3,2	1,7	2,0	4,5
80	0,75	1 400	1,8	5,1	74	0,80	5,0	2,3	2,1	8,0
90S	1,1	1 405	2,6	7,5	75	0,81	5,0	2,1	2,2	12,3
90L	1,5	1 410	3,5	10	75	0,82	5,2	2,2	2,2	14,5
100L	3	1 415	6,5	20	81	0,82	6,2	2,7	2,5	24
112M	4	1 435	8,4	27	83	0,83	7,0	2,9	2,6	29
132S	5,5	1 450	11	36	84	0,85	7,0	2,2	2,3	39
132M	7,5	1 450	15	49	86	0,85	7,6	2,4	2,7	53
180S	18,5	1 460	35	121	91	0,85	6,2	2,6	2,8	165
180M	22	1 460	41	144	91	0,85	6,4	2,6	2,8	180
Polumschaltbare Drehstrommotoren in Dahlanderschaltung n_s = 1500/min bzw. 3 000/min										
71	0,37	1 370	1,2	2,6	62	0,72	3,2	1,6	2,0	5,0
	0,55	2 760	1,7	1,9	65	0,74	3,3	1,7	2,0	
80	0,55	1 400	1,6	3,8	65	0,75	4,3	1,7	1,9	8,0
	0,75	2 850	2,0	2,6	70	0,77	4,5	1,8	2,0	
90S	1,0	1 430	2,7	6,7	69	0,77	5,3	1,8	2,0	13
	1,2	2 890	3,0	4,0	75	0,78	5,4	1,9	2,0	
100L	2,0	1 450	5,0	13	72	0,80	5,9	2,1	2,1	21
	2,6	2 900	5,8	8,36	76	0,85	6,6	2,2	2,1	

Einphasenwechselstrommotoren mit Betriebskondensator bei 50 Hz/230 V

Größe	P_N in kW	n_N in 1/min	I_N in A	$\cos\varphi$	$\frac{I_A}{I_N}$	$\frac{M_A}{M_N}$	C_B in µF	U_C in V	$\frac{M_K}{M_N}$	m in kg
63	0,12	2 800	1,2	0,94	3,0	0,6	4	400	2,0	5
71	0,5	2 760	2,4	0,95	3,0	0,45	10	400	2,0	8
80	0,9	2 800	6,2	0,97	4,0	0,35	20	400	2,0	11
90S	1,1	2 820	7,4	0,97	3,4	0,38	30	400	2,6	14
90L	1,7	2 800	11	0,97	3,5	0,35	40	400	2,8	17
63	0,12	1 390	1,2	0,94	2	0,54	5	400	3,0	5
71	0,3	1 380	1,6	0,95	2,6	0,52	12	400	3,0	8
80	0,6	1 380	4,1	0,94	3,3	0,64	16	400	2,9	11

C_B Kapazität des Betriebskondensators, $\cos\varphi$ Leistungsfaktor, I_A Anzugsstrom, I_N Bemessungsstrom, m Masse, M_A Anzugsmoment, M_K Kippmoment, M_N Bemessungsmoment, n_N Bemessungsdrehzahl, n_s Drehfelddrehzahl, P_N Bemessungsleistung, U_C Kondensatorspannung, η (Eta) Wirkungsgrad, φ (Phi) Phasenverschiebungswinkel.
S von short = kurz, L von long = lang, M von medium = mittel
Die Werte der Tabelle wurden Firmenkatalogen entnommen und entsprechen nicht immer den Normen.